2025
최신개정

名品

최신 출제기준 반영

에너지관리산업기사

최갑규 저

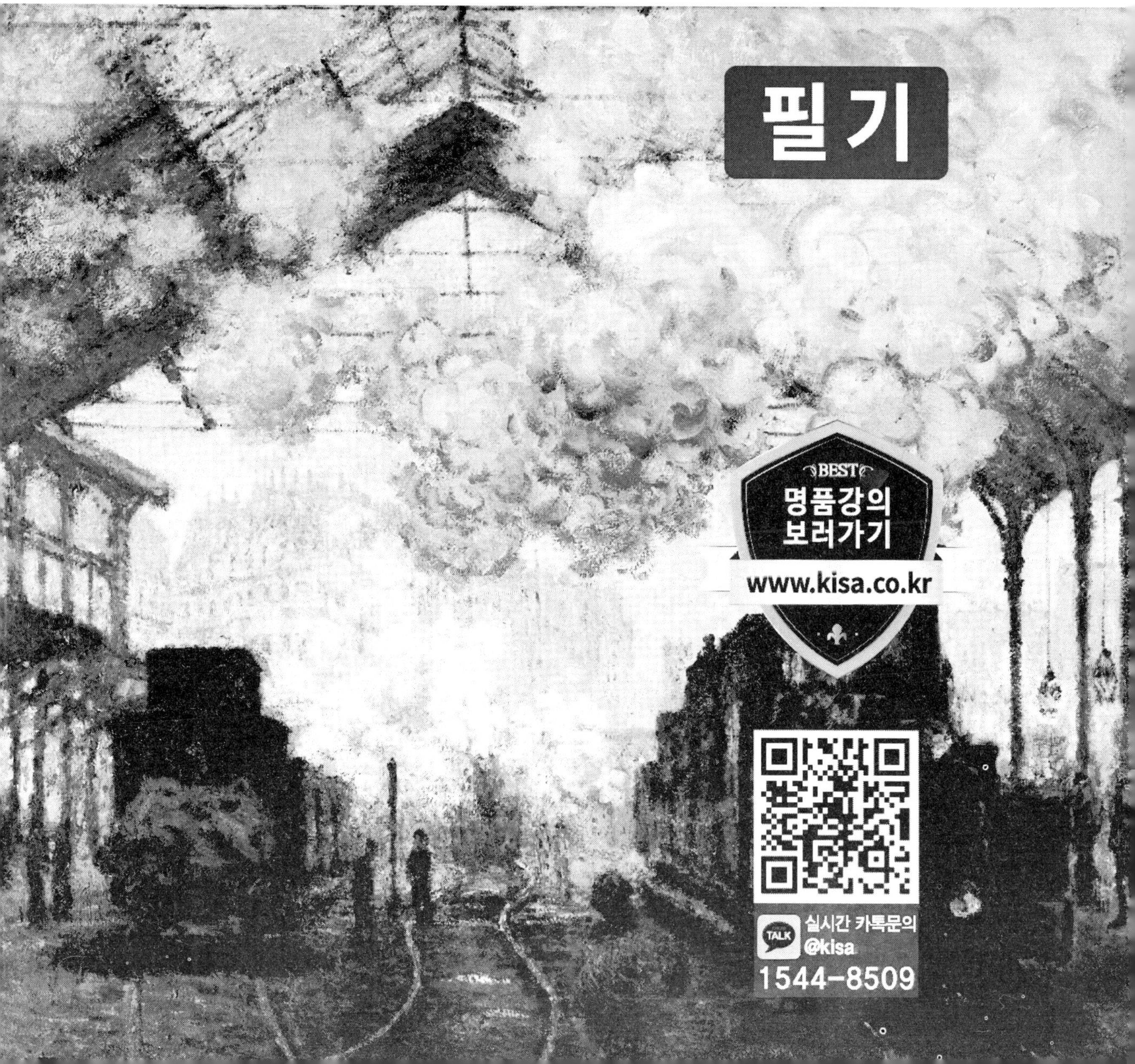

필기

BEST
명품강의
보러가기
www.kisa.co.kr

실시간 카톡문의
@kisa
1544-8509

머리말

우리나라는 급속한 경제성장과 더불어 산업시설의 발달로 에너지 취급이 큰 폭으로 증가하고 있다. 에너지를 취급하는 모든 시설에는 법적으로 자격증을 선임하도록 되어 있다.

에너지관리산업기사 자격증은 실생활에 꼭 필요한 자격증이라 할 수 있다.

이에 저자는 에너지관리산업기사 필기를 짧은 기간 동안 한 권으로 공부할 수 있도록 기출문제를 완벽·정리하였고 또한 각 문제마다 충분한 해설로 수험생이 최대한 쉽게 이해할 수 있도록 본 교재를 집필하게 되었다.

본서는 국가기술자격시험에서 출제되는 기준과 출제경향을 철저하고 세밀하게 파악·분석하여 시험에 응시하는 모든 수험생들이 가장 쉽고 빠르게 접근할 수 있도록 국가기술자격증에 출제되었던 과년도 문제를 체계적으로 복습하게 구성이 되어 있다.

필기 문제를 최대한 많이 수록하려고 노력하였고 최근 출제된 기출문제 중심으로 에너지관리산업기사 시험에 대비할 수 있도록 구성하였다.

이에 에너지관리산업기사 시험을 준비하시는 여러분께 많은 도움이 되었으면 좋겠고 많은 합격자가 이 책을 통해서 배출 되었으면 하는 바람이다.

마지막으로 본 교재를 집필하는데 있어 오타나 잘못된 내용이 나오지 않도록 최대한 노력을 기울였으나 내용 중에 본의 아니게 미비된 부분이나 오타가 있으면 지속적으로 수정될 것을 약속드리며 수험생 여러분의 최종 합격을 기원하며 본 교재가 출판되도록 도움을 주신 ㈜올배움 관계자 여러분께 감사드립니다.

저자 최갑규

자격시험안내

1 개요

열에너지는 가정의 연료에서부터 산업용에 이르기까지 그 용도가 다양하다. 이러한 열사 용처에 있어서 연료 및 이를 열원으로 하는 열의 유효한 이용을 도모하고 연료사용 기구의 품질을 향상시킴으로써 연료자원의 보전과 기업의 합리화에 기여할 인력을 양성하기 위해 자격 제도 제정

2 시행기관 및 원서접수

한국산업인력공단(www.q-net.or.kr)

3 진로 및 전망

- 각종 산업기계, 공장, 사무실, 아파트 등에 동력이나 난방을 위한 열을 공급하기 위하여 보일러 및 관련장비를 효율적으로 운전할 수 있도록 지도, 안전관리를 위한 점검, 보수업무를 수행.
- 유류용보일러, 가스보일러, 연탄보일러 등 각종 보일러 및 열사용기자재의 제작, 설치시 효율적인 열설비류를 위한 시공, 감독하고 보일러의 작동상태, 배관상태 등을 점검하는 업무 수행.

4 시험과목 및 검정방법

구분	시험과목	검정방법
필기시험	① 열 및 연소설비 ② 열설비설치 ③ 열설비운전 ④ 열설비안전관리 및 검사기준	객관식 4지 택일형 과목당 20문항
실기시험	열설비 취급실무	복합형 : 4시간 30분정도 (필답 1시간 30분, 작업 3시간 정도)

5 합격기준

① 필기 : 100점을 만점으로 하여 과목당 40점 이상, 전 과목 평균 60점 이상
② 실기 : 100점을 만점으로 하여 60점 이상

6 응시절차

1	필기원서접수	Q-net를 통한 인터넷 원서접수
		필기접수 기간내 수험원서 인터넷 제출
		사진(6개월 이내에 촬영한 90*120픽셀 사진파일(JPG) 수수료 전자결제
		시험장소 본인 선택(선착순)
2	필기시험	수험표, 신분증, 필기구(흑색 싸인펜 등) 지참
3	합격자 발표	Q-net을 통한 합격 확인(마이페이지 등)
		응시자격(기술사, 기능사, 산업기사, 서비스 분야 일부 종목)
		제한 종목은 합격예정자 발표일로부터 8일 이내에(토, 공휴일 제외)
		반드시 응시자격서류를 제출하여야 되며 단, 실기접수는 4일 임
4	실기원서 접수	실기접수기간내 수험원서 인터넷(www.Q-net.co.kr) 제출
		사진(6개월 이내에 촬영한 반명함판 사진파일(JPG), 수수료(정액)
		시험일시, 장소, 본인 선택(선착순)
		단, 기술사 면접시험은 시행 10일전 공고
5	실기시험	수험표, 신분증, 필기구, 공학용 계산기, 수험자 지참준비물(작업형 시험한정) 지참
6	최종합격자 발표	Q-net를 통한 합격확인(마이페이지 등)
7	자격증 발급	(인터넷) 공인인증 등을 통한 발급, 택배 가능 (방문수령) 여권규격사진 및 신분확인서류

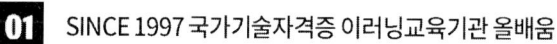

모두 바르게 빨리 **올배움** 한다.

이러닝교육기관 올배움이 특별한 이유!

01 SINCE 1997 국가기술자격증 이러닝교육기관 올배움

02 고객이 신뢰하는 브랜드대상 수상기관

03 합격생이 인정하는 최고의 명품강의

합격강의 올배움

올배움 www.kisa.co.kr 1544-8509 카톡 ID : kisa

[전국 한국산업인력공단 안내]

기관명	기술자격시험팀 연락처	주소
울산지사	• 자격시험부 : 052-220-3223~4 / 052-220-3210~3218	울산시 중구 종가로 347(교동)
서울지역본부	• 응시자격서류 제출검사 : 02-2137-0503~6 • 자격증발급 : [우편]02-2137-0516 [방문]02-2137-0509 • 실기(필답, 작업)시험 : 02-2137-0521~4	서울 동대문구 장안벚꽃로 279(휘경동 49-35)
서울서부지사 (구, 서울동부지사)	• 필기 및 실기 응시자격 서류 제출심사 및 자격증 발급 (필기서류제출심사) 02-2024-1707, 1708, 1710, 1728 (자격증발급)02-2204-1728 • 실기(필답, 작업)시험 : 02-2024-1702,1704,1706,1711,1712	서울시 은평구 진관3로 36(진관동 산100-23)
서울남부지사	• 자격증발급 : 02-6907-7137 • 필기 및 실기 : 02-6907-7133~9, 7151~156	서울시 영등포구 버드나루로 110(당산동)
강원지사(춘천)	• 자격증발급 : 033-248-8516 • 국가기술자격시험 : 033-248-8512~3, 8515~9	강원도 춘천시 동내면 원창 고개길 135(학곡리)
강원동부지사(강릉)	• 자격증발급 : 033-650-5711 • 국가기술자격시험 : 033-650-5713(필), 033-650-5717(실)	강원도 강릉시 사천면 방동길 60(방동리)
부산지역본부	• 국가기술자격시험 : 051-330-1918, 1922, 1925~6, 1928	부산시 북구 금곡대로 441번길 26(금곡동)
부산남부지사	• 자격시험부 : 051-620-1910~9	부산시 남구 신선로 454-18(용당동)
경남지사	• 자격시험부 : 0522-212~7240~245, 248, 250	경남 창원시 성산구 두대로 239(중앙동)
대구지역본부	• 국가기술자격시험 : 053-580-2451~2361	대구시 달서구 성서공단로 213(갈산동)
경북지사	• 국가자격검정(자격시험부) : 054-840-3031~34	경북 안동시 서후면 학가산 온천길 42(명리)
경북동부지사(포항)	• 국가자격검정(자격시험부) : 054-230-3251~8	경북 포항시 북구 법원로 140번길 9(장성동)
경북서부지사	• 국가기술자격시험 : 054-713-3022~3025	경북 구미시 산호대로 253(구미첨단의료기술타워)
인천지역본부 (구, 중부지역본부)	• 자격시험부 : 032-820-8619,8622~8635 • 자격증발급 및 응시자격 : 032-820-8679	인천시 남동구 남동서로 209(고잔동)
경기지사	• 자격증 발급 : 031-249-1224 • 기술자격 필,실기시험 : 031-249-1212~7, 219, 221, 224	경기도 수원시 권선구 호매실로 46-68(탑동)
경기북부지사	• 자격시험(필기) : 031-850-9122,9123,9127,9128 • 자격시험(실기) : 031-850-9123, 9173	경기도 의정부시 추동로 140(신곡동)
경기동부지사 (성남)	• 시험시행 및 응시자격서류 : 031-750-6222~9, 6216 • 자격증 발급 : 031-750-6226, 6215	경기 성남시 수정구 성남대로 1217(수진동)
경기남부지사	• 자격시험부 : 031-615-9001~9006 • 응시자격서류 및 자격증 발급 : 031-615-9001	경기 안성시 공도읍 공도로 51-23
광주지역본부	• 기술자격시험 : 062-970-1761~67, 69, 99	광주광역시 북구 첨단벤처로 82(대촌동)
전북지사	• 국가기술자격시험 : 063-210-9221~7	전북 전주시 덕진구 유상로 69(팔복동)
전남지사	• 정기시험 : 061-720-8531,8532,8534~8536,8539,8561	전남 순천시 순광로 35-2(조례동)
전남서부지사(목포)	• 기사필(실)기 : 061-288-3327, • 기능사필(실)기 : 061-288-3326	전남 목포시 영산로 820(대양동)
제주지사	• 국가자격검정(자격시험부) : 064-729-0701~2 • 국가기술자격 : 064-729-0712,0715,0717~8	제주 제주시 복지로 19(도남동)
대전지역본부	042-580-9131~7, 9139	대전광역시 중구 서문로 25번길 1(문화동)
충북지사	• 국가기술(정기) : 043-279-9041~9046	충북 청주시 흥덕구 1순환로 394번길 81(신봉동)
충남지사	• 국가기술자격 정기시험 : 041-620-7632~9	충남 천안시 서북구 천일고 1길 27(신당동)
세종지사	• 자격시험부 : 044-410-8021-8023	세종특별자치시 한누리대로 296(나성동)

출제기준(필기)

직무분야	환경·에너지	중직무분야	에너지·기상	자격종목	에너지관리산업기사	적용기간	2023.1.1.~2025.12.31

○ 직무내용 : 에너지 관련 설비 장치에 대한 구조 및 원리를 정확히 이해하고 산업, 건물 등의 에너지 관련 설비를 시공, 보수, 유지 관리하는 직무

필기검정방법	객관식	문제 수	80	시험시간	2시간

필기과목 명	문제 수	주요항목	세부항목	세세항목
열 및 연소설비	20	1. 열의 기초	1. 상태량 및 단위	1. 온도 2. 비체적, 비중량, 밀도 3. 압력 4. 단위계
			2. 열역학 법칙	1. 일과 열 2. 내부에너지 3. 엔탈피 4. 엔트로피 5. 유효 및 무효에너지 6. 열역학 법칙
			3. 이상기체	1. 상태방정식 2. 상태변화
			4. 증기설비 관리	1. 증기의 특성 2. 증기 선도 3. 증기사이클
			5. 열전달	1. 전도, 대류, 복사 2. 진열량 3. 열관류
		2. 보일러 연소설비 관리	1. 연소 일반	1. 연료의 종류 및 특성 2. 공기량 및 공기비 3. 연소가스량 4. 발열량 5. 연소온도 6. 연소효율

필기과목 명	문제 수	주요항목	세부항목	세세항목
			2. 연료공급설비 관리	1. 연료공급설비의 특징 2. 연료공급설비의 점검 3. 화재 및 폭발
			3. 연소장치 관리	1. 연소장치의 종류 및 특징 2. 연소장치의 점검
			4. 통풍장치 관리	1. 통풍장치의 종류 및 특징 2. 통풍장치의 점검
		3. 보일러 에너지 관리	1. 에너지원별 특성 파악	1. 에너지원의 종류 및 특성 2. 에너지원의 저장, 공급, 연소 방식
			2. 에너지효율 관리	1. 에너지 사용량 2. 열정산
			3. 에너지 원단위 관리	1. 에너지 원단위 산출 2. 에너지 원단위 비교 분석
		4. 냉동설비 운영	1. 냉동기 관리	1. 냉매의 구비조건 및 종류 2. 냉동능력, 냉동률, 성능계수 3. 냉동기의 종류 및 특징
열설비설치	20	1. 요로	1. 요로의 개요	1. 요로 일반 2. 요로내의 분위기 및 가스의 흐름
			2. 요로의 종류 및 특성	1. 철강용로의 구조 및 특징 2. 제강로의 구조 및 특징 3. 주물용해로의 구조 및 특징 4. 금속가열 열처리로의 구조 및 특징 5. 기타 요로 6. 축로의 방법 및 특징 7. 노재의 종류 및 특징
		2. 보일러 배관설비	1. 배관도면 파악	1. 열원 흐름도 2. 배관도면의 도시기호 3. 배관 이음
			2. 배관재료 준비	1. 배관 재료의 종류 및 용도

필기과목 명	문제 수	주요항목	세부항목	세세항목
			3. 배관상태 점검	1. 배관의 부속기기 및 용도 2. 배관 방식 3. 배관 장애 및 점검
			4. 보온상태 점검	1. 보온·단열재의 종류 및 특성 2. 보온·단열효과 3. 보온상태 점검
		3. 보일러 부속설비	1. 보일러 급수장치 설치	1. 급수장치의 원리 2. 분출장치
			2. 보일러 환경설비	1. 보일러 환경설비의 종류 및 특징 2. 대기오염방지 장치 3. 슈트블로우 등
			3. 열회수장치	1. 열회수장치의 종류 및 특징 2. 열회수장치 점검
			4. 계측기기	1. 계측의 원리 2. 유체 측정(압력, 유량, 액면, 가스) 3. 온도 및 열량 측정 4. 계측기기 유지관리 5. 계측기기 점검
		4. 보일러 부대설비	1. 증기설비	1. 증기설비의 종류 및 특징 2. 증기밸브 3. 응축수 회수 장치
			2. 급수·급탕설비	1. 급수·급탕설비의 종류 및 특징 2. 급수·급탕설비의 점검
			3. 압력용기	1. 압력용기의 종류 및 특징 2. 압력용기의 점검
			4. 열교환장치	1. 열교환장치의 종류 및 특징 2. 열교환장치의 점검
			5. 펌프	1. 펌프의 종류 및 특징 2. 펌프의 점검
			6. 온수설비	1. 온수설비의 종류 및 특징 2. 온수설비의 점검

필기과목 명	문제 수	주요항목	세부항목	세세항목
열설비운전	20	1. 보일러 설비운영	1. 보일러 관리	1. 보일러의 종류 및 특징 2. 보일러의 본체 및 연소장치, 부속장치 3. 보일러 열효율 4. 급탕탱크 관리 5. 보일러의 장애
			2. 보일러 고장시 조치	1. 수위 이상 점검 2. 불착화 점검 3. 전동기 과부하 점검 4. 과열정지 점검 5. 비상정지
		2. 보일러 운전	1. 보일러운전 준비	1. 보일러 및 부속·부대설비 가동 전 점검
			2. 보일러 운전	1. 보일러의 운전중 점검 2. 부속장치 정상 작동 확인 3. 연소상태 확인 4. 계측기 상태 확인 5. 고장 원인 파악 6. 보일러의 운전후 점검 7. 휴지 시 보존관리
			3. 흡수식 냉온수기 운전	1. 정상운전 확인 2. 고장 원인 파악
		3. 보일러 수질 관리	1. 수처리설비 운영	1. 급수의 성분 및 성질 2. 수처리설비의 기능 3. 수처리설비의 자동제어
			2. 보일러수 관리	1. 보일러수 관리 2. 수질관리 기준
		4. 보일러 자동제어 관리	1. 도면 파악	1. 설계도면 도시기호 2. 자동제어 시스템의 계통도 3. 자동제어 입출력 관제점
			2. 자동제어기기 점검	1. 자동제어기기의 동작 특징 2. 자동제어기기의 고장 원인
			3. 제어설비상태 점검	1. 자동제어 정상상태 값 2. 검출기의 정상작동 점검

필기과목 명	문제 수	주요항목	세부항목	세세항목
			4. 자동제어 운용관리	1. 자동제어설비 운용관리 항목 2. 자동제어설비 프로그램 운용
열설비안전 관리 및 검사기준	20	1. 보일러 안전관리	1. 법정 안전검사	1. 안전관련 법규 2. 검사 대상 기기와 검사항목 3. 설치검사, 안전검사, 성능검사
			2. 보수공사 안전관리	1. 안전사고의 종류 및 대처 2. 안전관리교육 3. 안전사고 예방 4. 작업 및 공구 취급 시의 안전
		2. 보일러 안전장치 정비	1. 안전장치 정비	1. 안전장치의 종류 및 특징 2. 안전장치 점검
		3. 에너지 관계법규	1. 에너지법	1. 법, 시행령, 시행규칙
			2. 에너지이용 합리화법	1. 법, 시행령, 시행규칙
			3. 열사용기자재의 검사 및 검사면제에 관한 기준	1. 특정열사용기자재 2. 검사대상기기의 검사 등
			4. 보일러 설치시공 및 검사기준	1. 보일러 설치시공기준 2. 보일러 계속사용 검사기준 3. 보일러 개조검사기준 4. 보일러 설치장소변경 검사기준

필기과목 명	문제 수	주요항목	세부항목	세세항목
열설비 취급 및 안전관리	20	1. 보일러 취급	1. 보일러 운전 및 조작	1. 증기 보일러의 운전 및 조작 2. 온수 보일러의 운전 및 조작
			2. 보일러 가동 전의 준비사항	1. 신설 보일러의 가동 전 준비 2. 사용 중인 보일러의 가동 전 준비
			3. 점화 및 운전 중의 취급	1. 기름 연소 보일러의 점화 2. 가스 연소 보일러의 점화 3. 증기 발생 시의 취급
			4. 보일러 정지시의 취급	1. 정상 정지시의 취급 2. 비상 정지시의 취급
			5. 보일러 보존	1. 보일러 청소 2. 보일러 보존법
			6. 보일러 용수관리	1. 보일러 용수의 개요 2. 보일러 용수처리 방법 3. 청관제의 사용방법 및 보일러 세관
		2. 보일러 안전관리	1. 안전관리의 개요	1. 안전일반 2. 작업 및 공구 취급 시의 안전 3. 화재안전
			2. 보일러 손상과 방지대책	1. 보일러 손상의 종류와 특징 2. 보일러 손상 방지대책
			3. 보일러 사고와 방지대책	1. 보일러 사고의 종류와 특징 2. 보일러 사고 방지대책
		3. 에너지 관련 법규	1. 에너지법	1. 법, 시행령, 시행규칙
			2. 에너지이용합리화법	1. 법, 시행령, 시행규칙

차례

[제1장] 열 및 연소설비 ··· 1
[제2-1장] 열설비 설치 ··· 27
[제2-2장] 계측 및 에너지 진단 ··· 67
[제3장] 열설비운전 ··· 96
[제4장] 열설비안전관리 및 검사기준 ·· 157

에너지관리산업기사 과년도 출제문제

2014년 제1회 ·· 194
2014년 제2회 ·· 219
2014년 제4회 ·· 242
2015년 제1회 ·· 268
2015년 제2회 ·· 294
2015년 제4회 ·· 318
2016년 제1회 ·· 344
2016년 제2회 ·· 368
2016년 제4회 ·· 393
2017년 제1회 ·· 420
2017년 제2회 ·· 444
2017년 제4회 ·· 470
2018년 제1회 ·· 496
2018년 제2회 ·· 521
2018년 제4회 ·· 547
2019년 제1회 ·· 576
2019년 제2회 ·· 601
2019년 제4회 ·· 626
2020년 제1·2회 ·· 653
2020년 제3회 ·· 682

에너지관리산업기사 과년도 모의고사

- CBT 모의고사 제1회 ······ 708
- CBT 모의고사 제2회 ······ 736
- CBT 모의고사 제3회 ······ 764
- CBT 모의고사 제4회 ······ 794
- CBT 모의고사 제5회 ······ 821
- CBT 모의고사 제6회 ······ 847
- CBT 모의고사 제7회 ······ 875

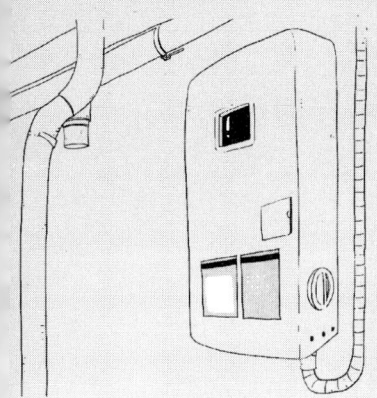

제1장 열 및 연소설비

01 완전연소 반응식

① $C_3H_8 + 5O_2 \rightarrow 3CO_2 + 4H_2O$

② $CH_4 + 2O_2 \rightarrow CO_2 + 2H_2O$

③ $C_4H_{10} + 6.5O_2 \rightarrow 4CO_2 + 5H_2O$

④ $C_2H_2 + 2.5O_2 \rightarrow 2CO_2 + H_2O$

02 공기비(과잉공기계수) $= \dfrac{A}{A_0} = \dfrac{N_2}{N_2 - 3.76O_2} = \dfrac{CO_2(\max\%)}{CO_2(\%)}$

과잉공기율 $= (m-1) \times 100$

03 이상기체 상태 방정식

① $PV = RT$ ② $PV = nRT$

③ $PV = \dfrac{WRT}{M}$ ④ $PV = ZnRT$

⑤ $PV = \dfrac{ZWRT}{M}$ ⑥ $PV = GRT$

04 압력 = 1 atm = 76 cmHg = 760 mmHg = 0.76 mHg
  = 1.0332 kg/cm² = 1033.2 g/cm² = 10332 kg/m²
  = 10.332 mH₂O = 1033.2 cmH₂O = 10332 mmH₂O
  = 30 inHg = 14.7 PSI = 1.103 bar = 1013 mbar
  = 101325 N/m² = 101325 Pa = 101.3 kPa = 0.10332 MPa
  = 760 Torr

05 연소반응식
  ① C + O₂ → CO₂ + 97200 kcal/kmol
  ② H₂ + $\frac{1}{2}$O₂ → H₂O + 68000 kcal/kmol
  ③ S + O₂ → SO₂ + 80000 kcal/kmol

06 ① 오토사이클

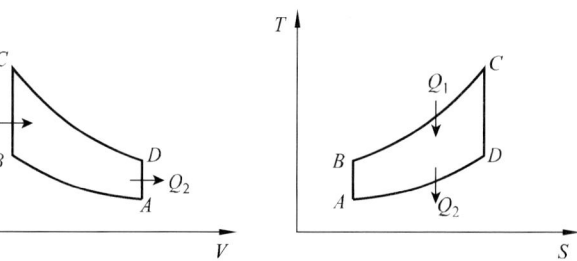

  ㉠ A-B : 단열압축   ㉡ B-C : 등적가열
  ㉢ C-D : 단열팽창   ㉣ D-A : 등적방열

② 카르노사이클 P - V선도

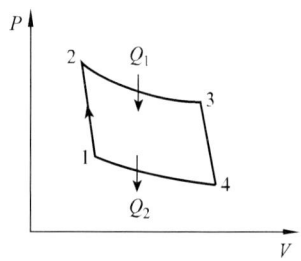

  ㉠ 1-2 : 단열압축   ㉡ 2-3 : 등온팽창
  ㉢ 3-4 : 단열팽창   ㉣ 4-1 : 등온압축

③ 냉동사이클

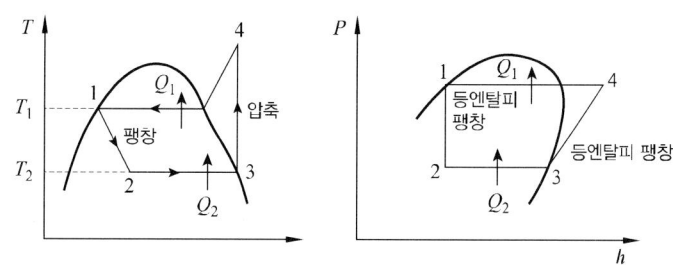

㉠ 1-2(단열팽창=등엔탈피팽창) : 팽창밸브를 지나 교축팽창시키면 엔탈피가 일정한 상태에서 압력과 온도가 내려가 습증기가 된다.
㉡ 2-3(등온팽창) : 습증기가 증발기에 들어가서 외부로부터 열 Q2를 받아 증발하여 냉동시키려는 물체를 냉각
㉢ 3-4(단열압축) : 건포화증기의 냉매를 압축기로 과열증기로 만듦
㉣ 4-1(등온압축=냉각과정) : 과열증기가 압축기에 의해 냉각되어 열량 Q1을 방출하고 포화액으로 되는 등온 냉각 과정

④ COP(성적계수) : $Q_2/A_w = \dfrac{Q_2}{Q_1 - Q_2} = T_2/T_1 - T_2$

브레이톤사이클 : 단열압축 → 정압가열 → 단열팽창 → 정압배기

07 ① 열효율 = $\dfrac{T_1 - T_2}{T_1} \times 100$

② 성적계수 = $\dfrac{T_2}{T_1 - T_2}$

③ 열펌프 = $\dfrac{T_1}{T_1 - T_2}$

08 단열 압축시 온도(T_2) = $\left(\dfrac{P_2}{P_1}\right)^{\frac{k-1}{k}} \times T_1$

09 폴리트로픽 압축
① 등압변화 ($n = 0$)
② 등온변화 ($n = 1$)
③ 등적변화 ($n = \infty$)
④ 단열변화 ($n = k$)

10 열효율 $= 1 - \left(\dfrac{1}{\varepsilon}\right)^{k-1}$ (오토사이클)

여기서, ε(압축비)

11 실제건배기 가스량 $= (m - 0.21)A_0 + 1.867C + 0.7S + 0.8N$

이론공기량$(A_0) = 8.89C + 26.67\left(H - \dfrac{O}{8}\right) + 3.33S$

이론산소량$(O_0) = 1.867C + 5.6\left(H - \dfrac{O}{8}\right) + 0.7S$

12 정수

① $\dfrac{848\,kg \cdot m/kmol \cdot K}{M}$

② $1.987\ cal/mol \cdot K$

③ $8.314\ J/mol \cdot K$

④ $0.082\ L \cdot atm/mol \cdot K$

13 $Q = u + A_w = u + APV$

14 액화온도

① 천연가스 : -162℃   ② 프로판 : -42.1℃
③ 부탄 : -0.5℃   ④ 산소 : -183℃
⑤ 수소 : -253℃   ⑥ 질소 : -196℃
⑦ 아세틸렌 : -84℃ 등

15 유동층연소의 특징

① 미분쇄할 필요가 없다.
② 부하변동에 따른 적응력이 좋지 않다.
③ 도시쓰레기 및 오물의 소각로서 많이 사용된다.

16 습연소가스량(G_{wd}) = $(1-0.21)A_0 + CO_2 + H_2O$

$1C_3H_8 + 5O_2 \rightarrow 3CO_2 + 4H_2O$

$A_0 = \dfrac{5}{0.21} = 23.8$

∴ $G_{wd} = (1-0.21)23.8 + 3 + 4 = 25.802$

17 ① 습포화 증기 엔탈피 = 포화수엔탈피+건조도×증발잠열
② 건포화 증기 엔탈피 = 포화수엔탈피+증발잠열
③ 과열증기 엔탈피 = 건포화 증기 엔탈피 + C × △T

18 ① 단열압축 : 등엔트로피 일정
② 단열팽창 : 등엔탈피 일정

19 집진장치 선택을 위한 고려사항
① 분진의 입자크기　　　② 설치장소
③ 예상집진효율　　　　④ 입자비중
⑤ 입자밀도　　　　　　⑥ 온도
⑦ 부식성　　　　　　　⑧ 점성 및 폭발성
⑨ 입도분포

20 집진장치
(1) 건식 집진 장치
① 중력침강식 : 함진배기 중의 입자를 중력에 의해 포집하는 방식으로 수십 μ이상의 거칠은 입자의 포집에 사용되며 입력손실은 대략 5~10[mmAq] 정도이다. 처리가스속도가 늦을수록, 흐름이 균일할수록 집진율이 높다.
② 관성력식 : 함진가스를 방해판 등에 충돌시켜 기류의 급격한 전환에 의해 침강력을 가지게 될 때 분리포집하는 방식으로 전환각도가 적고 전환회수가 많을수록 집진율이 높다.

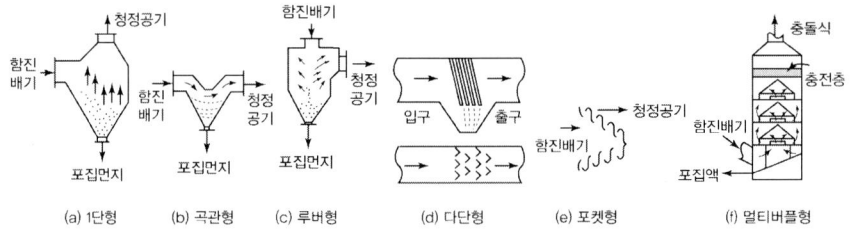

(a) 1단형　(b) 곡관형　(c) 루버형　(d) 다단형　(e) 포켓형　(f) 멀티버플형

③ 원심력식 : 함진가스에 선회운동을 주어 입자에 작용하는 원심력에 의하여 입자를 분리하는 방식으로 내통경은 적게 처리가스 속도는 크게 하면 집진율이 높아진다. 접선유입식, 축류식 등이 있으며 소형의 싸이클론을 다수 설치한 블로우다운 방식의 멀티싸이클론이 있다.

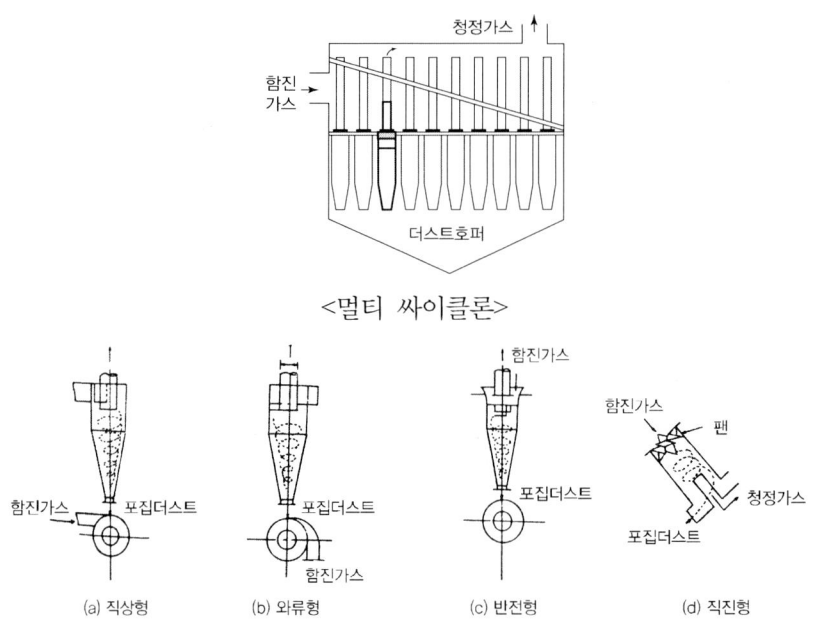

<멀티 싸이클론>

(a) 직상형　(b) 와류형　(c) 반진형　(d) 직진형

④ 여과식 : 함진가스를 여과제(filter)를 통하여 분리, 포집하는 방식이다. 내면여과방식과 표면여과방식으로 나뉘며 표면여과방식 중 대표적인 백(bag) 필터가 있다.

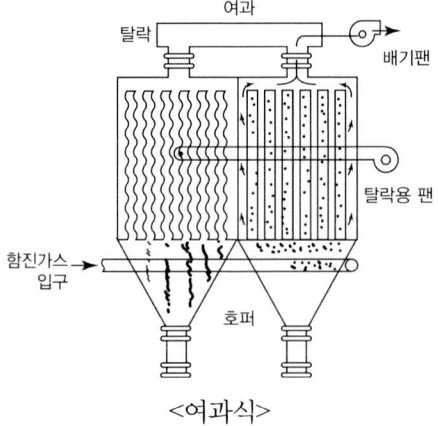

<여과식>

⑤ 전기식 : 고압의 직류전원을 사용하여 방전극 근처에서 양이온과 자유전자로부터 이루어지는 프라스마 형성에 의해 입자를 전리하는 방식으로 이러한 방전을 코로나 방전현상이라 하며 가스 중 함유입자는 음이온으로 되어 부착 분리되어 제거하는 장치이다(코트렐 집진장치가 대표적이다).

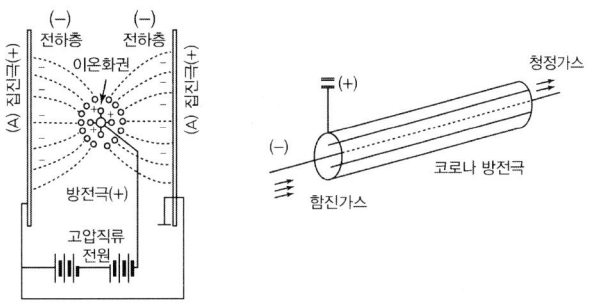

<코로나 방전관>

[특징]
① 압력손실이 적다.
② 적용범위가 넓다.
③ 더스트의 외부 배출이 용이하다.
④ 미세입자의 포집이 용이하고 가장 높은 집진율을 얻을 수 있다.

(2) 습식 집진장치

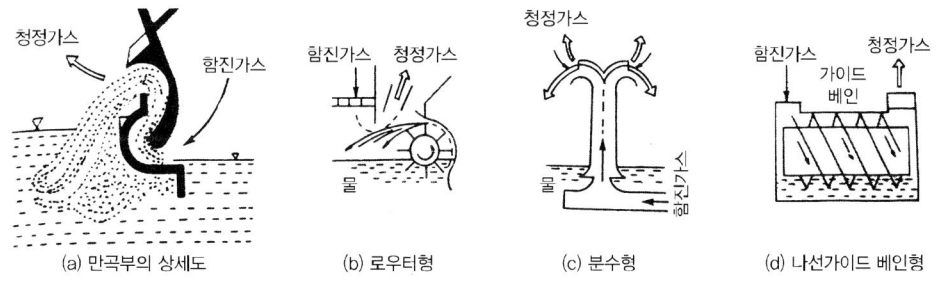

<유수식 세정 집진장치의 예>

① 가압수식 : 물을 가압공급하여 함진가스를 세정하여 분리제거하는 방식으로 벤튜리젯트, 싸이클론스크레버 형식과 충전탑이 있다.
② 유수식
※ 집진 장치 선정시 고려할 사항
   1. 입도분포   2. 입자비중
   3. 입자 밀도   4. 입자 형상
   5. 용적   6. 온도
   7. 부식성   8. 점성 및 폭발성

<벤튜리 스크러버>

21 축류식 송풍기 풍량 조절 방법

날개를 동익가변시켜 풍량조절

등온변화 $\Delta S = GR\ln\left(\dfrac{P_1}{P_2}\right)$

22

효율 = $\dfrac{\text{유효열}}{G_f \times H_\ell} \times 100$

23 몰리에르선도

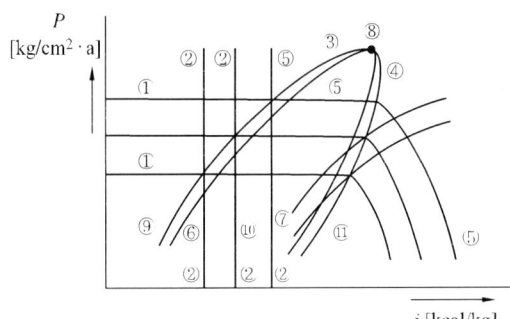

① 등압선 ② 등엔탈피선
③ 포화액선 ④ 건조포화증기선
⑤ 등온선 ⑥ 등건조도선
⑦ 등엔트로피선 ⑧ 임계점
⑨ 과냉각액 구역 ⑩ 습포화증기 구역
⑪ 과열증기 구역

24 몰리엘선도를 이용하여 증기의 상태를 해석할 경우 가장 편리한 계산식
엔탈피 변화계산

25 ① 열전도율(kcal/mh°C) : 어떤 물체 1m를 1시간 동안 1°C 올리는데 필요한 열량
② 열전달율(열관류율) kcal/m²h°C : 어떤 물체 1m²를 1시간 동안 1°C 올리는데 필요한 열량

26 열역학 법칙
① 열역학 제 1법칙 (에너지 보존의 법칙)
  ㉠ 일은 열로 변환시킬 수 있고 열은 일로 변환 시킬 수 있다
  ㉡ 1 kcal = 427 kg·m
  ㉢ 일의 열당량 = $\dfrac{1\,\text{kcal}}{427\,\text{kg}\cdot\text{m}}$
  ㉣ 열의 일당량 = $\dfrac{427\,\text{kg}\cdot\text{m}}{1\,\text{kcal}}$
② 열역학 제 2법칙(엔트로피의 법칙)
  ㉠ 100%의 열효율을 가지 기관은 만들 수 없다.
  ㉡ 외부에서 열을 가해주지 않고는 저온에서 고온으로 이동할 수 없다
③ 열역학 제 0법칙(열평형의 법칙 = 온도를 정의)
④ 열역학 제 3법칙 : 어떤 경우라도 절대온도 0K에 도달할 수 없다는 법칙

27 연소가스 폭발원리
① 프리퍼지 포스트 퍼지 부족시   ② 공기보다 연료먼저 투입시
③ 점화시 착화가 늦은 경우   ④ 2차 공기의 예열 부족시
⑤ 연소실 내 기름이 흘러 들어간 경우

28 정적, 정압비열
① 엔탈피 = $u + APV = u + RT$
② 기체상수 = $C_p - C_v$
③ 정적비열 = $\dfrac{1 \times R}{K-1}$
④ 정압비열 = $\dfrac{K \times R}{K-1}$

29 연소 부하율이 높은 순서

가스터빈 → 미분탄연소 보일러 → 중유 연소 보일러 → 머플로

30 $Q = G \cdot C_v \cdot \Delta t = GC_V(T_2 - T_1)$

$T_2 = \dfrac{Q}{GC_v} + T_1$

31 $CH_4 + 2O_2 \rightarrow CO_2 + 2H_2O$

$22.4 \, m^3 \quad 2 \times 22.4 \, m^3$

$1 \, m^3 \quad\quad x$

$x = \dfrac{1 \, m^3 \times 2 \times 22.4 \, m^3}{22.4 \, m^3} = 2 \, m^3/m^3$

$A_0 = \dfrac{O_0}{0.21} = \dfrac{2}{0.21} = 9.52 \, m^3/m^3$

32 건연소 가스량 $= (1 - 0.21)A_0 = (1 - 0.21)2.38$

$H_2 + \dfrac{1}{2}O_2 \rightarrow H_2O \quad = 1.88$

$A_0 = \dfrac{0.5}{0.21} = 2.38 \, m^3/m^3$

33 $\dfrac{V_1}{T_1} = \dfrac{V_2}{T_2} \quad\quad V_2 = \dfrac{V_1 \times T_2}{T_1}$

34 ① $C + O_2 \rightarrow CO_2 + 97200 \, kcal/kmol$

$\quad$ 12 kg $\quad$ 32 kg $\quad$ 44 kg

12 kg/kmol = 97200 kcal/kmol

$\quad\quad$ 1 kg $= x$

$x = \dfrac{1 \, kg \times 97200 \, kcal}{12 \, kg} = 8100 \, kcal/kg$

② $S + O_2 \rightarrow SO_2 + 80000 \, kcal/kmol$

$\quad$ 32 kg $\quad$ 32 kg $\quad$ 64 kg

32 kg = 80000 kcal

$$1\,\text{kg} = x$$

$$x = \frac{1\,\text{kg} \times 80000\,\text{kcal}}{32\,\text{kg}} = 2500\,\text{kcal/kg}$$

35 축소 노즐에서 가역단열팽창 시 일어나는 현상
① 압력감소   ② 엔트로피증가   ③ 온도감소   ④ 엔탈피감소

36 상태량
① 내부에너지   ② 엔탈피   ③ 깁스자유에너지

37 냉매가 갖추어야할 조건
① 증발 잠열이 커야 한다.   ② 증발온도가 낮아야 한다.
③ 임계온도가 높아야 한다.   ④ 화학적으로 안정되어야 한다.
⑤ 증발 온도에서 압력이 대기압보다 높아야 한다.
⑥ 압축비가 적을 것   ⑦ 점도가 적을 것
⑧ 금속에 대한 부식성이 적을 것   ⑨ 인체에 대한 독성이 없을 것
⑩ 누설시 발견이 용이할 것   ⑪ 인화 폭발성이 없을 것

38
① 절탄기, 공기 예열기 : 저온부식원인 (S, SO_2, SO_3, H_2SO_4)
② 과열기, 재열기 : 고온부식원인 (V, V_2O_5)

39
① $K = °C + 273$

② $°C = \dfrac{5}{9}(°F - 32)$

③ $°R = 1.8K$

④ $°R = °F + 460$

⑤ $°F = \dfrac{9}{5} \times °C + 32$

40 랭킨사이클 작동유체의 흐름
펌프 → 보일러 → 터빈 → 응축기 → 펌프

41 수증기의 증발잠열
① 포화온도가 감소하면 증가한다.
② 포화압력이 증가하면 감소한다.
③ 건포화 증기 엔탈피 = 포화수엔탈피 + r(증발잠열)
   증발잠열 = 건포화증기엔탈피 - 포화수엔탈피

42 기체연료 $1\,m^3$ 완전 연소시 연소가스가 가장 많이 발생하는 것

① $2CO + 1O_2 \rightarrow 2CO_2$

    $2 \times 22.4\,m^3$ $2 \times 22.4\,m^3$ $x = \dfrac{1\,m^3 \times 2 \times 22.4\,m^3}{2 \times 22.4} = 1\,m^3$

    $1\,m^3$ x

② $C_3H_8 + 5O_2 \rightarrow 3CO_2 + 4H_2O$

    $22.4\,m^3$ $3 \times 22.4\,m^3$ $x = \dfrac{1\,m^3 \times 3 \times 22.4\,m^3}{22.4} = 3\,m^3$

    $1\,m^3$ x

③ $2H_2 + 1O_2 \rightarrow 2H_2O$

    2×22.4 2×22.4 $x = \dfrac{1 \times 2 \times 22.4}{2 \times 22.4} = 1\,m^3$

    1 x

④ $2C_4H_{10} + 13O_2 \rightarrow 8CO_2 + 10H_2O$

    2×22.4 8×22.4 $x = \dfrac{8 \times 22.4\,m^3}{2 \times 22.4} = 4\,m^3$

    1 x

43 기체연료의 특징
① 적은 공기량으로 완전연소 시킬 수 있다.
② 가스 누설시 폭발의 위험이 있다.
③ 발열량이 낮은 연료로 고온을 얻을 수 있다.
④ 운반, 저장이 어렵다.
⑤ 황분, 회분이 거의 없어 전열면 오손이 없다.
⑥ 연소효율 및 점화 효율이 좋다.
⑦ 고온도 분위기 조성
⑧ 집중가열 균일가열 분위기 조성가능
⑨ 연소 후 유해 성분의 잔류가 거의 없다.
⑩ 화염 온도의 상승이 비교적 용이하다.

44 고정탄소 = 100 - (수분 + 회분 + 휘발분)

$$연료비 = \frac{고정탄소}{휘발분}$$

45 음속(C)= $\sqrt{K \cdot g \cdot R \cdot T}$
$= \sqrt{1.4 \times 9.8 \times 29.24 \times (273 + \delta)} = 331\,\mathrm{m/sec}$

46 H_ℓ(저위발열량)= $H_h - 600(9H + W)$

여기서, H_h(고위발열량)

H(수소%)

W(수분%)

47 증기 동력 사이클에서 열효율을 높이기 위해 사용하는 방식

재생 - 재열사이클

48 엔트로피 변화($\triangle$S)= $R \ln\left(\dfrac{V_2}{V_1}\right)$

49 댐퍼의 형상에 따른 분류

① 스폴리티 댐퍼   ② 버터플라이 댐퍼   ③ 시로코형 댐퍼

50 $w = \dfrac{P_1 V_1}{K-1}\left\{1 - \left(\dfrac{P_2}{P_1}\right)^{\frac{K-1}{K}}\right\}$

$= \dfrac{400 \times 2}{1.4-1}\left\{1 - \left(\dfrac{100}{400}\right)^{\frac{1.4-1}{1.4}}\right\} = 654.1\,\mathrm{KJ}$

51 작동유체의 상태변화가 있는 사이클은 랭킨사이클이다.

52
$x = 0$ (포화수 엔탈피)

$0 < x < 1$ (습포화증기 엔탈피)

$x = 1$ (건 포화증기 엔탈피)

$x > 1$ (과열증기 엔탈피)

53 기체 동력 사이클
① 가스터빈　② 불꽃점화 자동차기관　③ 디젤기관

54
① 수소(H_2) : 2g ÷ 29g = 0.0689

② 메탄(CH_4) : 16g ÷ 29g = 0.5

③ 일산화탄소(CO) : 28g ÷ 29g = 0.965

④ 프로판(C_3H_8) : 44g ÷ 29g = 1.52

　1보다 작으면 공기보다 가볍고 1보다 크면 공기보다 무겁다.

55

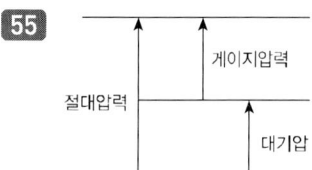

① 절대압력 = 게이지압력 + 대기압

② 게이지압력 = 절대압력 - 대기압

③ 대기압 = 절대압력 - 게이지압력

56 습증기 건도
습증기 1 kg 중에 포함되어 있는 건포화 증기의 양을 습증기 1 kg으로 나눈 것

57 회분이 연소에 미치는 영향
① 전열면에 고착하여 전열방해

② 연료의 질 저하

③ 고온부식 발생

④ 보일러 벽이나 내화 벽돌에 부착하여 장치손상

⑤ 용융온도가 낮은 회분은 클린커(Clinker)를 작용시켜 통풍방해

⑥ 통풍에 지장을 주어연소 효율을 저하시킨다.

58 단위

① 열관류율(열전달율 = 열통과율) : $kcal/m^2h°C$
② 열전도율 : $kcal/mh°C$
③ 비열 : $kcal/kg°C$
④ 연소실 열부하 : $kcal/m^3h$
⑤ 전열면 열부하 : $kcal/m^2h$
⑥ 증발배수 : kg/kg
⑦ 열용량 : $kcal/°C$

59 액체 연료를 무화시키는 목적

① 단위 중량당 표면적을 크게 하기 위해
② 연소효율, 점화 효율을 높이기 위해
③ 연료와 연소용 공기의 혼합을 고르게 하기 위해

60 원심식 송풍기

① 터보형 송풍기(후향날개)
    ㉠ 고속회전으로 소음이 크다.   ㉡ 풍압이 높다.
    ㉢ 대형이며 가격이 비싸다.   ㉣ 효율이 높다.
    ㉤ 설치면을 크게 차지한다.
② 플레이트 송풍기
    ㉠ 효율이 높다.
    ㉡ 풍압이 낮다.
    ㉢ 풍량을 그다지 많지 않다.
③ 다익형 송풍기(전향날개)
    ㉠ 효율이 낮고 설치 면적이 적다.
    ㉡ 저전압 저회전에 사용
    ㉢ 소형 경량이며 값이 싸다.

61 안전장치

① 안전밸브   ② 화염 검출기
③ 방폭문   ④ 가용전
⑤ 증기압력제한기   ⑥ 증기압력 조절기

62 유압분무식(압력 5~20kg/cm²)
① 대용량의 제작에 사용
② 무화매체가 필요없다.
③ 설비가 간단하면 분무상태가 양호
④ 유량조절범위가 증가(1 : 1.5 정도)
⑤ 압력이 낮으면 무화가 불량
⑥ 유지 및 보수가 간단
⑦ 분출유량은 유압의 평방근에 비례

63 $C_P > C_V$ (정압비열은 정적 비열보다 항상 크다)

$K(비열비) = \dfrac{C_P}{C_V}$ (비열비는 항상 1보다 크다)

64 랭킨사이클의 효율을 올리기 위한 방법
① 배출되는 증기의 온도를 낮춘다.
② 유입되는 증기의 온도를 높인다.
③ 유입되는 증기의 압력을 높인다.
④ 배출되는 증기의 압력을 낮춘다.

65 연소 형태

표면 연소	고체가 표면의 고온을 유지하며 타는 것	목탄, 코크스, 금속분
분해 연소	고체가 가열되어 열분해가 일어나고 가연성 가스가 공기중의 산소와 타는 것	석탄, 목재, 종이, 플라스틱
자기 연소	공기 중의 산소를 필요로 하지 않고 자신이 분해되면서 타는 것	화약, 폭약
증발 연소	고체가 가열되어 가연성 가스를 방생하며 타는 것	장뇌, 나프탈렌, 송지
증발 연소	액체의 면에서 증발하는 가연성 증기가 공기와 혼합 연소 범위 내에 있을 때 열원에 의해 타는 것	알콜, 휘발유 등유, 경유
혼합 연소	가연성 기체가 공기와 혼합하여 타는 것	프로판 가스
확산 연소	가연성 기체와 공기의 혼합 가스가 밀폐용기 중에 있을 때 점화되면 폭발적으로 타는 것	아세틸렌, 수소, 메탄

66 H_h(고위발열량) $= 8100C + 34000(H - \dfrac{O}{8}) + 2500S$

$= \{8100 \times 0.72 + 34000(0.053 - \dfrac{0.089}{8}) + (2500 \times 0.004)\}|$

$= 7265.75$ kcal/kg <탄소 72%, 수소 5.3%, 산소 8.9%, 수분 0.4>

67 임계점

증발잠열이 0 kcal/kg이고 액체와 기체의 구별이 없어지는 지점

68 이론습배기가스량(이론습연소가스량)

$G_{ow} = G_{od} + 1.25(9H + W)$

69 $Q = GRT \ln\left(\dfrac{V_2}{V_1}\right)$ <질량 1kg, 기체상수 0.287kJ/kg·K, 온도 100℃, V_1 : 1, V_2 : 6>

$= 1 \times 0.287 \times (273 + 100) \times \ln\left(\dfrac{6}{1}\right) = 243.23$ KJ

70 어떤계가 한 상태에서 다른 상태로 변할 때 이계의 엔트로피 변화는 증가, 감소, 불변 모두 가능하다.

71 안전밸브

증기압 이상 상승시 이상 증기압을 외부로 배출하여 사고 방지

① 안전밸브 분출용량 계산식

㉠ w(저양정식 ; kg/h)$= \dfrac{(1.03P+1)A}{22}$

㉡ w(고양정식 ; kg/h)$= \dfrac{(1.03P+1)A}{10}$

㉢ w(전양정식 ; kg/h)$= \dfrac{(1.03P+1)A}{5}$

㉣ w(전양식 ; kg/h)$= \dfrac{(1.03P+1)A}{2.5}$

P(kg/cm²) : 최고사용압력
A(mm²) : 밸브시트 단면적

② 스프링식 안전밸브 유량제한 기구
   ㉠ 저양정식 : 안전밸브의 리프트가 시트지름의 $\frac{1}{40}$ 이상 $\frac{1}{15}$ 미만인 것
   ㉡ 고양정식 : 안전밸브의 리프트가 시트지름의 $\frac{1}{15}$ 이상 $\frac{1}{7}$ 미만인 것
   ㉢ 전양정식 : 안전밸브의 리프트가 시트지름의 $\frac{1}{7}$ 이상인 것
   ㉣ 전양식 : 시트지름이 목부지름보다 $\frac{1}{7}$ 이상인 것
③ 누설시 원인
   ㉠ 스프링 장력 감쇄시
   ㉡ 조종압력이 너무 낮다.
   ㉢ 밸브시트에 이 물질이 낀 경우
   ㉣ 시트와 밸브축이 이완된 경우
   ㉤ 밸브와 시트의 가공이 불량한 경우

72 화염 검출기 종류
① 플레임아이 : 화염의 발광체 이용(광전관, Pbs셀, Cds셀, 자외선 광전관)
② 플레임로드 : 화염의 이온화 현상 이용
③ 스텍스위치 : 화염의 발열현상이용(버너분사 정지에 수십초가 걸리므로 주로 소용량 보일러 사용)

73 탄화도 증가에 따라 석탄의 일반적인 성질
① 휘발성이 감소한다.
② 고정탄소량이 증가한다.
③ 수분이 감소한다.
④ 착화온도가 높아진다.

74
$Q_1 = 15℃$ 물 → $100℃$물   <질량 1kg, 비열 4.2kJ/kg>

$Q_1 = G \cdot C \cdot \triangle T$
$\quad = 1 \times 4.2 \times (100-15)$
$\quad = 357$

$\triangle S(엔트로피) = \dfrac{\Delta Q}{T} = \dfrac{357\,kJ}{(273+15)} = 1.197\,kJ/K$

75 G_{od}(이론건배기가스량)$= 8.89C + 21.07\left(H - \dfrac{O}{8}\right) + 3.33S + 0.8N$

G_w(실제건배기가스량)$= G_{od} + (m-1)A_0$

$G_{od} = 8.89 \times 0.87 + 21.07(0.1) + 3.33 \times 0.03 + 0.8 \times 0$

$\quad\quad = 9.94 \text{ Nm}^3/\text{kg}$ <탄소 : 87%, 수소 : 10%, 황 : 3%>

76 자연통풍에서 통풍력을 크게 하는 방법
① 연돌의 상부 단면적을 크게 한다.
② 연돌의 높이를 높인다.
③ 배기가스 온도를 높인다.
④ 연도의 굴곡부를 줄인다.

77 옐로우팁
불빛의 색상이 적황색으로 1차 공기가 부족한 경우 발생하는 불빛의 모양

78 굴뚝의 통풍력을 발생시키는 방법
① 압입 송풍기를 사용하는 방법
② 흡입 송풍기를 사용하는 방법
③ 연소에서 연소가스와 외부 공기의 밀도차에 의해 생기는 압력차를 이용하는 방법

79 엔트로피
열역학 제 2법칙과 관련된 것으로 비가역 사이클에서는 항상 엔트로피가 증가한다.

80 액체 연료의 점도와 관련 있는 것
① 스톡스(Stokes)
② 포아즈(poise)
③ 캐논 - 펜스케(Cannon - Fenske)

81 ① 현열 : 물체의 상태변화 없이 온도만 변화
② 잠열 : 온도 없이 상태만 변함
③ 물의 증발 잠열 : 539 kcal/kg
④ 얼음의 융해 잠열 : 80 kcal/kg
⑤ 물의 임계 압력 : 225.65 kg/cm² (22.56MPa)
⑥ 물의 임계 온도 : 374.15℃

82 $P = \dfrac{W}{A} = \dfrac{100\,\text{kg}}{0.785 \times 5^2} = 5.09\,\text{kg/cm}^2$

1.0332 kg/cm² = 101.3 kPa
        5.09 = x

$x = \dfrac{5.09 \times 101.3}{1.0332\,\text{kg/cm}^2} = 499\,\text{kPa} + 101.3\,\text{kPa} = 600.34\,\text{kPa}$

83 열정산의 목적
① 열의 손실 파악
② 열설비의 성능능력 파악
③ 열설비의 구축자료
④ 조업방법을 개선

84 열정산의 기준
① 측정은 매 10분마다
② 측정시간은 2시간
③ 발열량은 고위발열량 기준
④ 증기의 건도는 0.98로 한다(주철제보일러는 0.97로 한다)
⑤ 부하는 정격부하 상태
⑥ 온도는 외기온도 기준
⑦ 압력변동은 ±7%이내
⑧ 증기발생량 변동은 ±15%이내
⑨ 사용연료 : 액체는 kg, 기체는 Nm³

85 열정산의 방법

(1) 입열항목
    ① 연료의 연소열
    ② 연료의 현열
    ③ 급수의 현열
    ④ 공기의 현열
    ⑤ 노내분입증기 보유열

(2) 출열항목
    ① 배기가스 손실열
    ② 불완전연소에 의한 손실열
    ③ 미연분에 의한 손실열
    ④ 방사에 의한 손실열
    ⑤ 발생증기 보유열

86 열정산 측정방법

(1) 연료량
    ① 액체연료 : 체적식유량계, 용량탱크, 중량탱크 허용오차 ±1.0%
    ② 고체연료 : 연소직전에 계량(계량기허용오차 ±1.5%)
    ③ 기체연료 : 체적식 오리피스유량계(허용오차 ±1.6%)

(2) 급수량
    ① 체적식유량계 용량탱크, 중량탱크, 오리피스유량계 : 허용오차 ± 1.0%

(3) 급수온도측정 : 절탄기 입구에서 측정(절탄기가 없는 경우 보일러 몸체의 입구에서 측정)

(4) 발생증기량 측정 : 급수량에서 산정한다.

(5) 배기가스온도의 측정 : 보일러 최종가열기 출구에서 측정

87 보일러 여열효율

(1) 입·출열에 의한 계산

$$\eta = \frac{유효출열}{입열} \times 100 = \frac{G \times (h'' - h')}{G_f \times H_l} \times 100$$

여기서, 입열=H_l+연료의 현열+공기현열

  G(kg/h) : 실제증발량

  G_f(kg/h) : 연료소비량

  H_l(kJ/kg) : 저위발열량

  h''(kJ/kg) : 발생증기엔탈피

  h'(kJ/kg) : 급수엔탈피

(2) 손실열법에 의한 계산

$$\eta = \frac{입열 - 손실열}{입열} \times 100 = \left(1 - \frac{손실열}{입열}\right) \times 100$$

(3) 기타 열효율 공식

$$\eta = \frac{G_e \times 539}{G_f \times H_l} \times 100 = \frac{G_e \times 2256}{G_f \times H_l}$$

$$= \frac{G \times C \times \triangle t}{G_f \times H_l} \times 100$$

$$= \frac{난방부하}{G_f \times H_l} \times 100$$

88 연소효율과 전열효율

(1) 연소효율 $= \dfrac{Q_r}{H_l} \times 100 = \dfrac{H_l - (H_1 + H_2)}{H_l}$

여기서, H_1 : 미연탄소에 의한 손실열량(kJ/kg)

  H_2 : 불완전연소에 의한 손실열량(kJ/kg)

(2) 전열효율 : 연소실에서 실제로 발생한 열량과 보일러에서 발생된 유효열량과의 비

$$\eta = \frac{Q_e(유효열량)}{Q_r} \times 100$$

$$= \frac{H_l - (배기가스손실열 + 미연분 + 미연, 불완전연소에 의한 손실열)}{Q_r}$$

(3) 보일러효율=연소효율×전열효율×100

$$= \frac{Q_r}{H_l} \times \frac{Q_e}{Q_r} \times 100$$

$$= \frac{Q_e}{H_l} \times 100$$

89 보일러 용량

(1) 보일러의 크기
   ① 정격용량　　　　　　② 정격출력
   ③ 보일러마력　　　　　④ 상당증발량
   ⑤ 상당방열면적　　　　⑥ 전열면적

(2) 상당증발량(kg/h) : 기준증발량(환산증발량)이라고도 하며 표준대기압하에서 100℃ 포화수가 100℃건포화증기로 변화시키는 경우의 1시간당 증발량

$$G_e(kg/h) = \frac{G \times (h'' - h')}{539 kcal/kg} = \frac{G \times (h'' - h')}{2256 kJ/kg}$$

(3) 보일러마력(B-HP)
   ① 표준대기압(760mmHg)에서 100℃의 포화수 15.65kg을 1시간에 100℃의 포화증기로 바꿀 수 있는 능력
   ② 상당증발량이 15.65kg을 1시간에 증발시킬 수 있는 능력
   ③ 보일러 마력 $= \frac{G \times (h'' - h')}{15.65 \times 539} = \frac{G \times (h'' - h')}{15.65 \times 2256}$
   ④ 노통보일러 1마력 : 0.465m²
      수관보일러 1마력 : 0.929m²

(4) 전열면 증발율(kg/m²·h) : 보일러의 전열면적 1m² 당 1시간동안의 실제증발량
   ① 전열면 실제증발량 $= \frac{G}{A}$
   ② 전열면 상당증발량 $= \frac{G_e}{A} = \frac{G \times (h'' - h')}{A \times 539} = \frac{G \times (h'' - h')}{A \times 2256}$

(5) 증발계수(단위없음) : 보일러에서 발생한 순수열량을 표준상태의 증발잠열로 나눈 값

$$= \frac{h'' - h'}{539} = \frac{h'' - h'}{2256}$$

(6) 증발배수(kg/kg) : 연료 1kg이 발생시킨 증발능력

① 증발배수 = $\dfrac{G}{G_f}$

② 환산증발배수 = $\dfrac{G_e}{G_f} = \dfrac{G \times (h'' - h')}{G_f \times 539} = \dfrac{G \times (h'' - h)}{G_f \times 2256}$

(7) 전열면열부하(kcal/m² · h) : 보일러 전열면적당 1m²당 1시간동안 보일러 열출력

전열면열부하 = $\dfrac{G \times (h'' - h')}{A}$

(8) 연소실열부하(kcal/m³ · h) : 보일러 연소실용적 1m³당 연료를 소비시켜 발생된 총열량

∴ 연소실열부하 = $\dfrac{G_f \times (H_l + 연료현열 + 공기현열)}{V}$

90 에너지원의 종류

(1) 기계열
 ① 압축열   ② 마찰열
 ③ 스파크열

(2) 전기열
 ① 유도열   ② 유전열
 ③ 아크열   ④ 정전기열
 ⑤ 저항열   ⑥ 낙뢰에 의한 열

(3) 화학열
 ① 자연발화열   ② 연소열
 ③ 분해열   ④ 융해열
 ⑤ 생성열

91 냉동기의 종류 및 특징

(1) 터보식 냉동기 : 압축기, 응축기, 증발기로 구성
   압축기는 임펠러의 회전에 의해서 냉매가스를 압축하는 터보압축기 사용

[특징]
① 고속회전으로 소음과 진동발생
② 흡입 댐퍼 조절가능

92 흡수식

(1) 최근에는 2중효용으로서 직접연소방식으로는 경유와 도시가스등에 의한 연소방식
(2) 증발된 저온, 저압의 냉매 증기를 흡수기에서 흡수제에 흡수한 다음 이것을 다시 발생기에서 가열하여 고온·고압의 냉매증기로 만들어 응축기로 보낸다.
(3) 흡수기 → 발생기 → 응축기 → 팽창밸브
(4) 특징
　① 압축시간에 비해 예냉시간이 길다.
　② 압축기 전용의 전동기가 없어 소음진동이 없다.
　③ 증기를 사용하므로 전력 수용량이 적고 수전설비가 적게든다.
　④ 증기보일러 설비를 갖추고 여름철에도 보일러 운전이 필요
　⑤ 냉각탑과 냉각수 용량이 압축식에 비해 크다.
　⑥ 냉수온도를 낮게 운전할 경우 동결의 염려가 있다.
(5) 냉매　흡수제
　　NH_3 – 물
　　물 – $LiBr$
(6) 1RT=6640kcal/h

93 왕복동식 냉동기

(1) 압축기 : 압축기 → 응축기 → 증발기 → 팽창밸브
(2) 특징
　① 용량이 비교적 적고, 소·중량에 사용
　② 회전수는 200~3500rpm정도로 비교적 낮다.
　③ 진동이 크다.

94 스크루 냉동기

[특징]
① 서징이 없어서 용량제어 범위가 넓다.
② 내구성이 우수하며 장시간 연속운전할 수 있다.
③ 송출밸브와 흡입밸브는 없고 연속압축식이므로 맥동이나 진동이 적다.
④ 대용량의 오일분리기, 오일펌프등을 필요로 한다.
⑤ 고압축비에서 체적효율이 매우 높다.

95 로터리 냉동기

[특징]
① 체적효율이 좋다.
② 소형, 경량이면서 가스압축에 의한 맥동이 적다.
③ 부품수가 적고 구조가 간단하다.
④ 압축기의 과열방지를 위해 중간냉각기가 필요하다.
⑤ 액냉매가 실린더에 흡입되지 않도록 하기 위한 액분리기가 필요

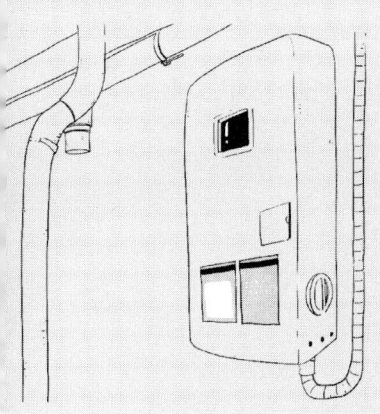

제 2-1 장
열설비설치

01 패킹(가스켓)

① 플랜지 패킹
   ㉮ 석면 조인트 시트 : 광물질의 미세한 섬유로 450[℃]의 고온 배관에도 사용된다.
   ㉯ 합성수지 패킹 : 가장 우수한 것으로 테플론이 있으며 내열범위는 -260~260[℃]까지이다.
   ㉰ 오일시일 패킹 : 한지를 내유가공한 것으로 내열도가 낮아 펌프, 기어박스 등에 사용된다.
   ㉱ 금속 패킹 : 구리, 납, 연강, 스테인레스강 등이 있으며 탄성이 적어 누설 위험이 있다.
   ㉲ 고무 패킹 : 네오플랜의 합성고무는 내열범위가 -46~121℃이다.
② 나사용 패킹
   ㉮ 페인트 : 광명단을 혼합사용하는 것으로 오일 배관에는 사용하지 못한다.
   ㉯ 일산화연 : 페인트에 소량의 일산화연을 혼합사용하며 냉매배관에 많이 사용된다.
   ㉰ 액상합성수지 : 내열범위가 -30~130[℃] 정도로 약품에 강하고 내유성이 강해 증기, 기름, 약품배관에 사용된다.
③ 글랜드 패킹 : 밸브의 회전부분에 기밀을 유지할 목적으로 사용된다.
   ㉮ 석면각형 패킹 : 석면을 각형으로 짜서 만든 것으로 내열, 내산성이 좋아 대형 밸브 그랜드로 사용한다.
   ㉯ 석면 얀 : 석면을 꼬아서 만든 것으로 소형 밸브, 수면계의 콕크 주로 소형 밸브 그랜드로 사용한다.
   ㉰ 아마존 패킹 : 면포와 내열 고무 콤파운드를 가공 성형한 것으로 압축기의 그랜드용에 쓰인다.

㉣ 모울드 패킹 : 석면, 흑연, 수지 등을 배합 성형한 것으로 밸브, 펌프 등의 그랜드 용에 쓰인다.

02 검사대상기기의 개조검사
① 증기보일러를 온수보일러로 개조하는 경우
② 연료 또는 연소방법을 변경하는 경우
③ 보일러 섹션증감에 의하여 용량을 변경하는 경우
④ 철금속 가열로로서 산업통상부장관이 정하여 고시하는 경우의 수리

03 특정 열사용기자재
① 보일러
   ㉠ 강철제보일러
   ㉡ 주철제보일러
   ㉢ 온수보일러
   ㉣ 구멍탄용온수보일러
   ㉤ 축열식 전기보일러
② 압력용기
   ㉠ 1종압력용기
   ㉡ 2종압력용기
③ 요업요로
   ㉠ 회전가마
   ㉡ 터널가마
   ㉢ 셔틀가마
   ㉣ 연속식유리용융가마
   ㉤ 불연속식유리용융가마
   ㉥ 유리용융도가니가마
④ 금속요로
   ㉠ 용선로
   ㉡ 비철금속용융로
   ㉢ 철금속가열로
   ㉣ 금속균열로
   ㉤ 금속소둔로

04 강철제 보일러의 수압시험압력
① 최고 사용 압력이 0.43 MPa 이하 : $P \times 2$배
② 최고 사용 압력이 0.43~1.5 MPa 이하 : $P \times 1.3 + 0.3$
③ 최고 사용 압력이 1.5 MPa 초과 : $P \times 1.5$배

05 급수펌프의 구비조건
① 고온·고압에 견딜 것
② 병렬운전에 지장이 없을 것
③ 취급이용이하고 효율이 좋아야 한다.
④ 저부하에서도 효율이 좋고 작동이 간단해야 한다.
⑤ 원심펌프는 고속운전에 지장이 없어야 한다.
⑥ 구조가 간단하고 부하변동에 대응하여야 한다.

06
① 셔틀요 : 1개의 가마에 2개의 대차를 사용
　㉠ 조업주기단축
　㉡ 작업간단
　㉢ 요채의보유열이용간단
② 승염식요 : 소성실 4~5개 인접시켜 앞소성실의 폐가스열을 뒷소성실에 이용

07 계속사용검사
① 안전검사　　② 운전성능검사　　③ 재사용검사

08 주철관의 접합
① 소켓 접합 : 허브(hub)에 스피고트(spigot)를 삽입 얀(yarn)을 단단히 꼬아 감고 정으로 다진 후 납을 채워 다시 정으로 다져(코킹) 접합하는 방법이다.
※ 주의사항
　1. 얀은 기밀유지 및 굽힘성을 부여하고 납은 얀의 이탈을 방지할 목적으로 사용된다.

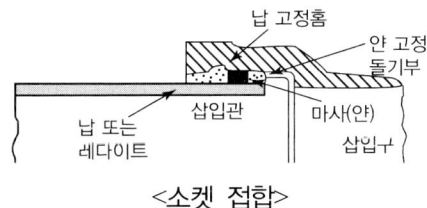

<소켓 접합>

　2. 급수관(얀 $\frac{1}{3}$, 납 $\frac{2}{3}$) 배수관(얀 $\frac{2}{3}$, 납 $\frac{1}{3}$)
　3. 납은 충분히 가열된 것으로 단 1회에 붓고 수분으로 인한 납의 비산에 주의한다.
　4. 코킹(다지기)은 누설을 방지하기 위해 하는 것으로 얇은 정에서 점차 두꺼운 정으로 확실히 작업한다.

② 기계적 접합 : 플랜지 접합과 소켓 접합의 장점을 취한 것으로 150[mm] 이하의 수도관에 사용 된다. 다소의 굴곡에도 누수가 발생하지 않으며 스패너 하나만으로도 시공할 수 있고 수중작업에도 용이하게 사용된다.

③ 플랜지 접합 : 플랜지가 달린 주철관을 서로 맞추어 볼트로 죄어 접합하는 것으로 사용유체에 따라 패킹제는 고무, 마, 석면, 납, 동 등을 사용하여 그리스를 발라두면 해체시 편리하다.

<기계적 접합>　　　　　<플랜지 접합>

④ 빅토리 접합 : 빅토리형 주철관을 고무링과 금속제 칼라를 사용 접합하는 것으로 관지름이 350[mm] 이하이면 2분, 400[mm] 이상이면 4분하여 조여준다. 특히 관내의 압력이 증가함에 따라 고무링이 관벽에 밀착하여 더욱더 기밀이 유지된다.

⑤ 타이톤 접합 : 원형의 고무링 하나만으로 접합하는 방법이다.

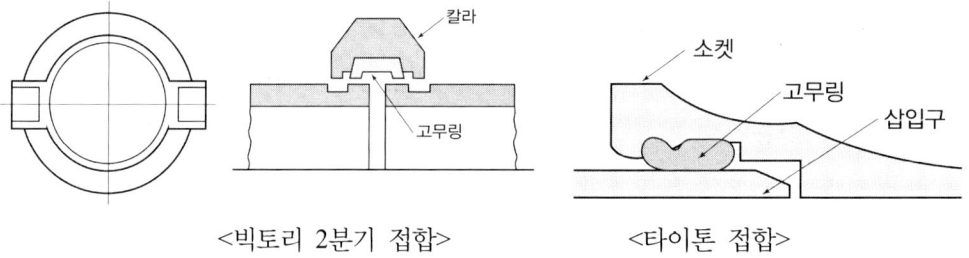

<빅토리 2분기 접합>　　　　　<타이톤 접합>

09 증기트랩(스팀트랩)

관내응축수를 배출해서 수격작용 및 부식 방지
① 기계적 트랩 : 포화수와 포화증기의 비중차 이용(버킷트, 플로우트 트랩)
② 온도조절 트랩 : 포화수와 포화증기의 온도차이용(바이메탈, 벨로우즈 트랩)
③ 열역학적 트랩 : 포화수와 포화증기의 열역학적인 특성차(오리피스, 디스크 트랩)

10 배관의지지

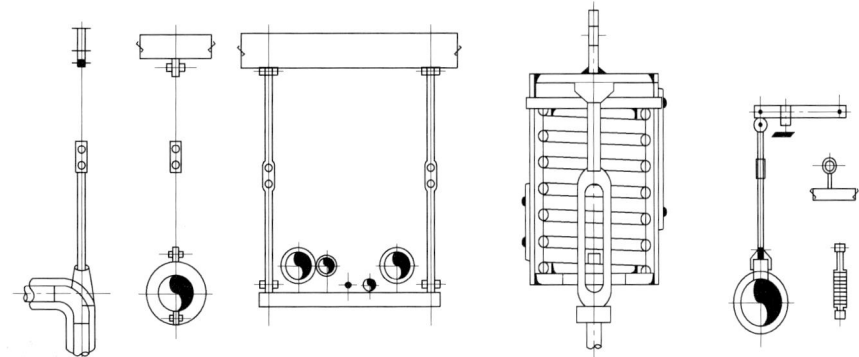

<리지드 행거>   <스프링 행거>   <콘스탄트 행거>

(1) 행거 : 배관의 하중을 위에서 잡아주는 장치이다.
   ① 리지드 행거(rigid hanger) : 비임에 턴버클을 이용 지지하는 것으로 상하방향에 변위에 없는 곳에 사용한다.
   ② 스프링 행거(spring hanger) : 턴버클 대신 스프링을 사용한 것이다.
   ③ 콘스탄트 행거(constant hanger) : 배관의 상하이동에 관계없이 관지지력이 일정한 것으로 중추식과 스프링식이 있다.

(2) 서포트
   ① 파이프 슈(pipe shoe) : 관에 직접 접속하는 지지구로 수평배관과 수직배관의 연결부에 사용된다.
   ② 리지드 서포트(rigid support) : H 비임이나 I 비임으로 받침을 만들어 지지한다.
   ③ 스프링 서포트(spring support) : 스프링의 탄성에 의해 상하 이동을 허용한 것이다.
   ④ 로울러 서포트(roller support) : 관의 축 방향의 이동을 허용한 지지구이다.

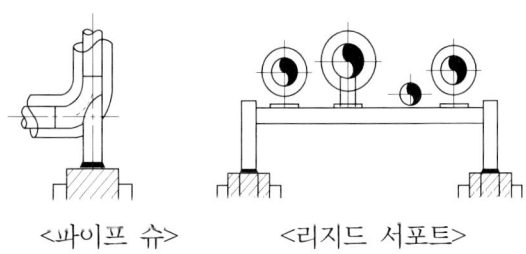

<파이프 슈>   <리지드 서포트>

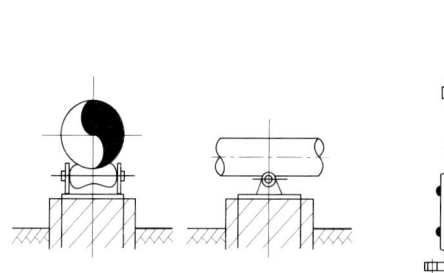
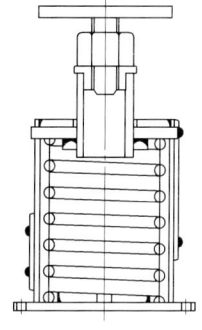

<롤러 서포트>   <스프링 서포트>

(3) 리스트레인(restrain) : 열팽창에 의한 배관의 이동을 구속 또는 제한하는 장치이다.
　① 앵커(anchor) : 리지드 서포트의 일종으로 관의 이동 및 회전을 방지하기 위해 지지점에 완전히 고정하는 장치이다.
　② 스톱(stop) : 배관의 일정한 방향과 회전만 구속하고 다른 방향은 자유롭게 이동하게 하는 장치이다.
　③ 가이드(guide) : 배관의 곡관부분이나 신축 조인트부분에 설치하는 것으로 회전을 제한하거나 축방향의 이동을 허용하며 직각방향으로 구속하는 장치이다.

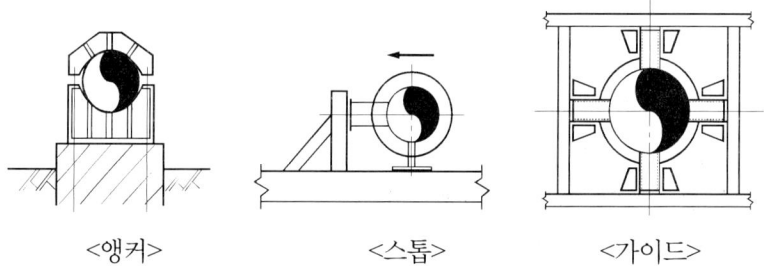

<앵커>　　　<스톱>　　　<가이드>

11 보온재의 구비조건
① 비중이 적어야 한다(가벼워야 한다).
② 사용온도에 견디고 변질되지 말아야 한다.
③ 기계적 강도가 있어야 한다.
④ 다공질이며 기공이 균일해야 한다.
⑤ 흡습성이 적어야 한다.
⑥ 불연성이며 유독가스가 발생되지 말아야 한다.

12 보염장치(착화와 연소화염을 안정시키고 공기와 연료의 혼합을 도모케 하여 저공기비연소를 하게 하는 장치)

① 설치 목적
　㉠ 연료의 분무를 돕고 공기와의 혼합을 양호하게 한다.
　㉡ 안정된 착화를 도모한다.
　㉢ 화염의 형상을 조절한다.
　㉣ 연소실의 온도분포를 고르게 하고 국부과열을 방지한다.
　㉤ 연소가스의 체류시간을 지연시켜 돕는다.

② 종류
　㉠ 버너 타일 : 버너의 첨단부분을 보호하며 화염의 모양을 형성시켜 연속화염을 안정시키는 내화재로 구축된 장치이다.
　㉡ 콤버스터 : 저온의 노에서도 연소를 안정시켜 분출흐름의 모양을 안정시킨 장치이다.

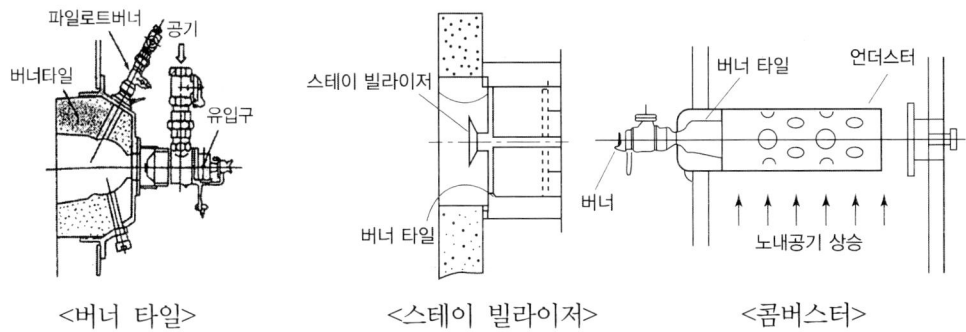

<버너 타일>　　<스테이 빌라이저>　　<콤버스터>

　㉢ 스테이 빌라이저 : 연료유의 분무흐름이나 연소공기 사이에서 저유속 흐름을 유도함으로 불꽃의 안정성을 유지케 하는 장치이다.
　㉣ 윈드 박스(Wind box) : 버너 벽면에 설치된 밀폐상자로 공기흐름을 적절히 유지하며 동압을 정압 상태로 바꾸어 착화나 연속화염을 안정시키는 장치이다.

13 신축이음

① 루우프형
　㉠ 신축곡관형, 만곡형　　㉡ 고압증기의 옥외 배관에 사용
　㉢ 응력이 생김　　㉣ 곡률반경은 관지름의 6배 이상
② 슬리이브형
　㉠ 미끄럼형, 슬라이드형

③ 벨로우즈형
　　㉠ 파상형, 주름통식, 펙레스신축이음　　㉡ 응력이 생기지 않음
④ 스위블형
　　㉠ 방열기용　　㉡ 나사의 회전에 의해 신축흡수

14 돌로마이트 내화물 특징
① 내스폴링성 크다.
② 소화성이 크다.
③ 염기성슬래그에 대한 저항이 크다.

15 소용량 강철제보일러
최고사용압력이 0.35MPa 이하이고 전열면적이 5m^2 이하인 것

16 규석 벽돌의 특징
① 내식성, 내마모성이 크다.
② 고온강도가 크다.
③ 열전도율이 비교적 크다.

17 보일러를 본체구조에 따른 분류
① 원통형 보일러　　② 수관식 보일러　　③ 특수보일러

18 압력계 안지름
① 동관 : 6.5mm 이상
② 강관 : 12.7mm 이상

19 과열기 설치형식에서 대향류의 특징
① 열전달이 양호하고 고온에서 배열관의 손상이 크다.
② 열전달량이 다른 배열에 비해 크다.
③ 가스와 증기의 평균온도차가 크다.
④ 과열관은 고온가스에 의한 소손율이 크다.

20 내화물중 내화도가 가장 낮은 것
샤모트질 벽돌

21
증기 : 어두운 적색, 가스 : 황색, 물 : 청색

22 관류보일러의 특징
① 부하변동에 대한 압력변화가 크다.
② 드럼이 없어 순환비 ($\frac{급수량}{증발량}$)가 1이다.
③ 전열면적당 보유수량이 적어 시동시간이 짧다.
④ 수관군의 배치가 자유롭다.
⑤ 고압대용량에 적합하고 열효율이 높다.
⑥ 내부구조가 복잡해 청소, 검사, 수리 곤란
⑦ 가동부하가 짧아 부하측에 대응하기 쉽다.
⑧ 완벽한 급수처리를 해야 한다.
⑨ 고압이므로 증기의 열량이 크다.

23 보일러응축수를 회수하여 재사용 하는 이유
① 보일러 효율상승   ② 연료소비량 감소   ③ 보일러급수질 향상

24 안전밸브 분출량
① 저양정식(W)kg/h = $\frac{(1.03P+1)A}{22}$

② 고양정식(W)kg/h = $\frac{(1.03P+1)A}{10}$

③ 전양정식(W)kg/h = $\frac{(1.03P+1)A}{5}$

④ 전양식(W)kg/h = $\frac{(1.03P+1)A}{2.5}$

25 대차를 쓸 수 있는 가마
셔틀가마

26 수관식 보일러의 특징
① 보일러 효율이 높다.
② 고압대용량에 적합하다.
③ 전열면적당 보유수량이 적어 가동시간이 짧다.
④ 구조가 복잡하여 청소, 검사, 수리가 곤란
⑤ 순환통로가 좁다 스케일장애가 심각하므로 완벽한 급수처리를 요함
⑥ 제작이 까다로우며 비용도 많이 든다.
⑦ 고온 고압의 증기를 발생하여 열의 이용도를 높였다.
⑧ 외분식이어서 노벽으로의 방산손실이 많다

27 열전도율 순서
은 > 구리 > 금 > 알루미늄 > 마그네슘 > 아연 > 니켈 > 철 > 납

28 유량조절범위
① 유압식 : ㉠ 논리턴식 : 1 : 1 : 5 ㉡ 리턴식 : 1 : 3
② 회전식 : ㉠ 1 : 5
③ 고압기류식 : ㉠ 1 : 10
④ 저압기류식 : ㉠ 1 : 5

29 관류보일러의 종류
① 슬처어
② 옛모스
③ 벤손
④ 람진
⑤ 가와사키

30 동관용 공구
① 동관용 공구
  ㉮ 토치 램프 : 납땜, 동관접합, 벤딩 등의 작업을 하기 위해 가열용으로 사용하는 가열공구로서, 가솔린용과 석유용이 있다.
  ㉯ 사이징 투울 : 동관의 끝을 성확하게 원형으로 가공하는 공구
  ㉰ 튜브 벤더 : 동관 굽힘용 공구
  ㉱ 익스펜더 : 동관의 확관용 공구
  ㉲ 플레어링 투울 : 동관의 압축 접합용 공구

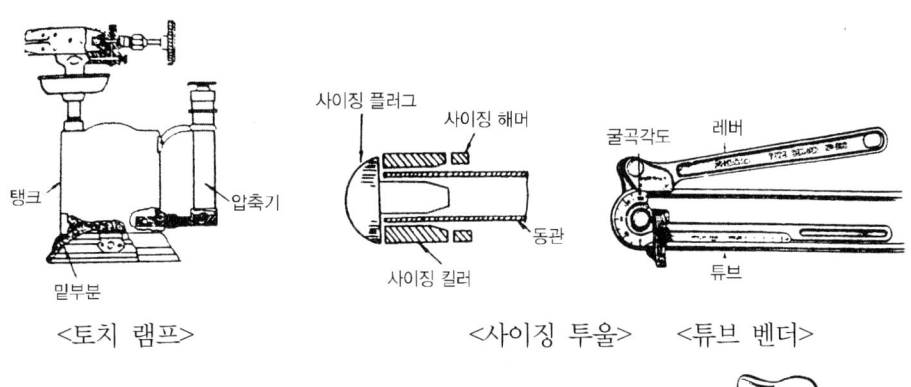

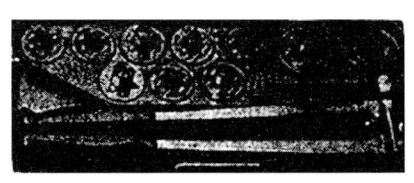
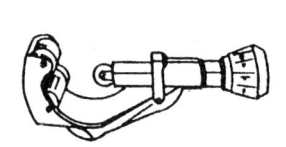

31 열매체 보일러의 종류
① 모빌섬　　② 수은　　③ 다우삼　　④ 카네크롤　　⑤ 세큐리티53

32 계측기의 구비조건
① 구조가 간단하고 취급이 쉬워야 한다.
② 견고하고 신뢰성이 높아야 한다.
③ 보수가 용이해야 한다.
④ 설치되는 장소 주위 조건에 대하여 내구성이 있어야 한다.

33 수위검출기의 종류
① 부자식(플로우트식)　　　　② 전극식
③ 자석식　　　　　　　　　　④ 코우프스식(금속관열팽창이용)

34 방청용 도료
① 광명단 도료 : 연단을 아마인유와 혼합한 것으로 밀착력 및 풍화에 강해 녹을 방지하기 위한 페인트 밑칠에 사용한다.
② 산화철 도료 : 산화제2철을 보일유나 아마인유에 혼합한 것으로 도막이 부드럽고 가격이 싸지만 녹방지가 완벽하지 못하다.

③ 알루미늄 도료(은분) : 알루미늄분말을 유성 바니스에 혼합한 것으로 열을 잘 반사하여 방열기에 사용한다. 400~500[℃]의 내열성을 가지며 방청효과가 매우 좋다.

35 팽창탱크
체적팽창이나 이상압력 팽창 흡수 사고방지
① 설치 목적
   ㉠ 체적팽창, 이상압력 팽창 흡수
   ㉡ 보충수 공급
   ㉢ 관내온수온도와 압력을 일정하게 유지
   ㉣ 관수를 배출하지 않아 열손실 방지

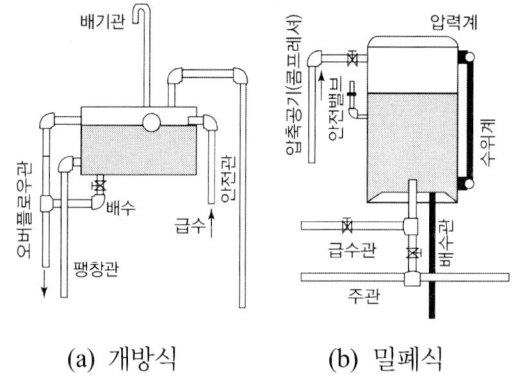

(a) 개방식   (b) 밀폐식

36 부정형 내화물
① 캐스터블 내화물   ② 플라스틱 내화물   ③ 내화모르타르

37 검사대상기기 검사의 유효기간
① 설치 검사 : ㉠ 보일러 : 1년 ㉡ 압력용기 및 철금속가열로 : 2년
② 개조 검사 : ㉠ 보일러 : 1년 ㉡ 압력용기 및 철금속가열로 : 2년
③ 안전 검사 : ㉠ 보일러 : 1년 ㉡ 압력용기 및 철금속가열로 : 2년
④ 운전 성능 검사 : ㉠ 보일러 : 1년 ㉡ 압력용기 및 철금속가열로 : 2년

38 신호전송방법

① 공기압 신호전송
- ㉮ 사용조작압력은 0.2~1[kg/cm²]이다.
- ㉯ 신호전달거리가 100~150[m] 정도이다.
- ㉰ 온도제어 등에 적합하고 위험이 적다.
- ㉱ 배관이 용이하고 보존이 쉽다.
- ㉲ 내열성이 우수하나 압축성이므로 신호전달에 지연이 된다.
- ㉳ 희망특성을 살리기 어렵다.

② 유압식 신호전송
- ㉮ 사용유압은 0.2~1[kg/cm²]이다.
- ㉯ 신호전달거리가 300[m] 정도이다.
- ㉰ 높은 유압이 필요하다.
- ㉱ 인화 위험성이 많다.

③ 전기식 신호전송
- ㉮ 사용전류는 4~30[mA] 또는 10~50[mADC]의 전류를 통일신호로 한다.
- ㉯ 신호전달거리는 0.3~10[km]까지 가능하다.
- ㉰ 신호전달의 지연이 없고 배선이 용이하다.
- ㉱ 대규모 조작력이 필요한 경우에 사용된다.
- ㉲ 높은 기술을 요하며 가격이 비싸다.

39 버스팅(busting)

크롬이나 크롬-마그네시아벽돌이 고온에서 산화철을 흡수하여 표면이 부풀어 오르거나 떨어져 나가는 현상

40 동판두께$(t) = \dfrac{PD}{200SE - 1.2P} + C$

41 동관의 종류

(1) 인탈산동관 : 1종과 2종이 있고, 용접성이 우수하며 수도용, 냉난방용 기기, 열교환기용, 급수관, 송유관, 급탕관에 사용된다.

(2) 황동관 : 동과 아연(Zn)의 합금으로 기계적 성질, 내식성이 우수하여 구조용, 열교환기, 각종 기기의 부품으로 사용된다.

(3) 단동관 : 아연을 10~15[%] 포함한 황동관으로 내구성이 특히 강하다.
(4) 규소청동관 : 규소(Si) 2.5~3.5[%]를 포함한 청동관으로 내산성이 특히 강하다.
(5) 니켈동합금관 : 니켈(Ni) 63~70[%]를 포함한 합금동관으로 내식 및 기계적 강도가 크다.

42 인젝터

① 특징
　㉮ 장점
　　　㉠ 동력이 필요 없다.
　　　㉡ 설치장소를 적게 차지한다.
　　　㉢ 구조가 간단하며 가격이 저렴하다.
　　　㉣ 급수가 예열되어 열응력 발생을 방지한다.
　㉯ 단점
　　　㉠ 흡입양이 낮아 급수조절이 어렵다.
　　　㉡ 증기압이 낮으면 급수가 곤란하다.
　　　㉢ 구조상 소용량이다.
　　　㉣ 급수온도가 높아지면 급수가 곤란하다.
② 인젝터 작동불능원인
　㉮ 증기 속에 수분이 많이 포함되었다.
　㉯ 증기압력이 낮거나(2 kg/cm² 이하) 너무 높다(10 kg/cm² 이상).
　㉰ 급수온도가 높다(50℃ 이상).
　㉱ 흡입측의 공기 누입
　㉲ 노출부의 마모·파손
　㉳ 인젝터 과열시
③ 작동순서
　㉮ 인젝터 출구측 밸브를 연다.
　㉯ 인젝터 급수 밸브를 연다.
　㉰ 인젝터 증기 밸브를 연다.
　㉱ 인젝터 조절 핸들을 연다.

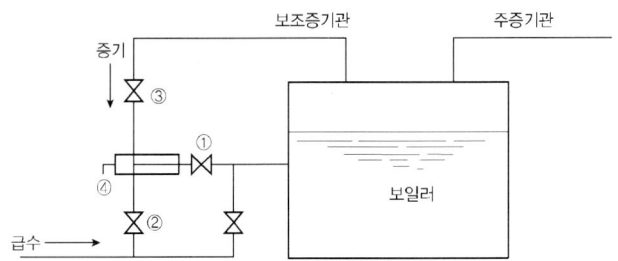

④ 인젝터 : 보일러에서 발생한 증기를 사용하여 급수하는 방식으로 증기압 2[kg/cm²] 증기로 공급되는 급수를 가열하며 공급하게 된다. 이때 급수는 인젝터작용에 의하여 보일러 내의 압력 이상의 압력으로 변하게 된다.

증기의 열에너지 → 운동 에너지로 변화 → 압력 에너지로 변화 → 급수

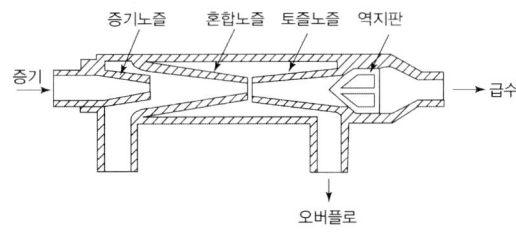

<인젝터의 구조>

43 동력, 마력 공식

$$kW = \frac{rQH}{102 \times E}$$

$$kW = \frac{rQH}{102 \times E \times 60}$$

$$kW = \frac{rQH}{102 \times E \times 3600}$$

$$PS = \frac{rQH}{75 \times E}$$

$$PS = \frac{rQH}{75 \times E \times 60}$$

$$PS = \frac{rQH}{75 \times E \times 3600}$$

44 동관

① 동관의 특징

㉮ 전기 및 열전도성이 좋아 열교환기용으로 우수하게 사용된다.

㉯ 전연성이 풍부하고 가공이 용이하다.

㉰ 연수(煙水)에 부식되는 성질이 있어 증류수 및 증기관에는 적합하지 않다.

㉱ 유기약품에 침식되지 않아 화학공업용으로 사용된다.

㉲ 무게는 가벼우나 외부충격에 약하다.

㉳ 알칼리에는 강하다 산에는 약하다.

㉴ 가격이 비싸다.

45 주철제 보일러의 특징
① 섹션증감으로 용량조절이 용이하다.
② 전열면적이 크고 효율이 좋다.
③ 저압이므로 파열시 피해가 적다.
④ 주문제작으로 복잡한 구조로 제작이 가능.
⑤ 내식 내열성이 우수
⑥ 인장 및 충격에 약하다.
⑦ 고압·대용량에 부적합하다.
⑧ 열에 의한 부동팽창으로 균열이 생기기 쉽다.
⑨ 구조가 복잡하므로 내부청소 및 검사가 곤란하다.

46
① 절탄기(이코노마이져) : 연소가스 여열을 이용하여 급수를 예열하는 장치
② 공기예열기(에어프리히터) : 연소가스 여열을 이용하여 연소용 공기를 예열하는 장치

47 단열 벽돌을 요로에 사용하였을 때 나타나는 효과
① 요로의 열용량이 적어진다.
② 열전도도가 작아진다.
③ 내화벽돌을 배면에 사용시 내화벽돌의 스폴링을 방지
④ 노내온도가 균일해진다.

48 보일러의 용량 표시 방법
① 정격출력　　　　　　　② 정격용량
③ 보일러마력　　　　　　④ 상당증발량
⑤ 전열면적　　　　　　　⑥ 상당방열면적

49 배기가스온도
전열면 최종출구에서 측정

50
① 시정수(time constant) : 출력이 최대 출력의 63%에 이를 때까지의 시간
② 펄수(pulse) : 극히 짧은 시간 동안 흐르는 신호용약전류
③ 외관 : 제어계를 혼란시키는 외적작용 온도, 압력, 가스공급압

51 ① 재생형 연료전지 : 태양 전지 혹은 풍력시스템과 연계하여 외부의 전원 공급없이 지속적으로 전기를 공급할 수 있는 시스템

② 이산형 연료전지 : 연료의 화학에너지를 전기화학반응에 의해 직접 발전하는 신에너지기술이며 연료전지 가운데 가장 많이 개발되었으며 실용화에 근접한 기술

52 용존산소

점식의 원인

53 특수보일러

① 열매체보일러 : 모빌섬, 수은, 다우삼, 카네크롤
② 간접가열보일러 : 슈미트, 레플러
③ 폐열보일러 : 하이네, 리히보일러

54 부속 장치

① 안전장치　　　　　　　② 급수장치
③ 송기장치　　　　　　　④ 통풍장치
⑤ 예열장치(폐열회수장치)

55 순환비 $= \dfrac{급수량}{증발량}$

56 $Q = \dfrac{\lambda A \Delta t}{d} \quad \lambda = \dfrac{Q \times d}{A \times \Delta t}$

57 증기트랩의 종류

① 기계적 트랩 : 포화수와 포화증기의 비중차이용(버킷트 트랩, 플로우트 트랩)
② 온도조절 트랩 : 포화수와 포화증기의 온도차 이용(바이메탈, 벨로우즈)
③ 열역학적 트랩 : 포화수와 포화증기의 열역학적 특성차 이용(오리피스트랩, 디스크트랩)

58 보일러의 종류
① 원통형보일러
  ㉠ 입형 보일러 : 입형연관, 입형횡관, 코크란
  ㉡ 연관 보일러 : 횡연관, 기관차, 케와니
  ㉢ 노통연관보일러 : 노동연관펙케이지형, 하우덴존슨, 스코치
② 수관식 보일러
  ㉠ 자연순환식 : 바브콕, 쓰네기찌, 타꾸마, 2동D형
  ㉡ 강제순환식 : 베록스, 라몽
  ㉢ 관류식 : 슬처어, 옛모스, 벤숀, 람진
③ 특수 보일러
  ㉠ 열매체 보일러 : 모빌섬, 수은, 다우삼, 카네크롤
  ㉡ 간접가열 보일러 : 슈미트, 레플러
  ㉢ 폐열 보일러 : 하이내, 리히

59 가마를 사용하는데 있어 내용수명과의 관계
① 온도의 급변   ② 열처리온도   ③ 가마내의 부착물

60 변경신고, 중지신고, 폐기신고
15일 이내

61 터널요의 구성요소
① 예열대   ② 소성대   ③ 냉각대

62 내화물의 구비조건(용융점이 높은 비금속 물질을 말하며 한국공업규격 내화물의 내화도 SK26번 (1580°C 이상)
① 팽창 또는 수축이 적을 것
② 내화도가 높을 것(융점이 높을 것)
③ 사용온도에서 연화 또는 변화하지 않을 것
④ 급격한 온도 변화에 견딜 것(스폴링에 견딜 것)
⑤ 마모에 강할 것
⑥ 열용량은 축열 및 연료손실에 따른 조건을 구비할 것
⑦ 열전도도는 목적에 맞게 적거나 클 것
⑧ 화학적 침식에 저항력이 있을 것

63 ① 연관 : 관속에 연소가스가 흐르고 관외부에 물이 흐름
② 수관 : 관속에 물이 흐르고 관외부에 연소가스가 흐름

64 왕복식 펌프
① 워싱턴 펌프
② 웨어 펌프
③ 플런저 펌프

65 겔로웨이관 설치시 잇점
① 관수 순환 촉진
② 전열면적증가
③ 화실 내벽의 강도 증가

66 증기보일러의 안전밸브
스프링식 안전밸브
① 안전밸브 분출 용량 계산식
  ㉠ 저양정식(W) = $\dfrac{(1.03P+1)AS}{22}$
  ㉡ 고양정식(W) = $\dfrac{(1.03P+1)AS}{10}$
  ㉢ 전양정식(W) = $\dfrac{(1.03P+1)AS}{5}$
  ㉣ 전양식(W) = $\dfrac{(1.03P+1)AS}{2.5}$
② 누설시 원인
  ㉠ 스트링 장력 감쇄시   ㉡ 조정압력이 너무 낮다.
  ㉢ 밸브시트에 이물질이 낀 경우   ㉣ 시트와 밸브축이 이완된 경우
③ 안전밸브 및 압력 방출장치의 크기 : 안전밸브 및 압력 방출장치의 크기는 호칭지름 25A 이상으로 한다(단, 다음의 보일러에서는 호칭지름 20A 이상으로 할 수 있다).
  ㉠ 최고사용압력이 1 kg/cm² 이하의 보일러
  ㉡ 최고사용압력이 5 kg/cm² 이하의 보일러 동체의 안지름이 500 mm 이하이며 동체의 길이가 1000 mm 이하인 것
  ㉢ 최대증발량이 5 T/h 이하인 관류보일러

ⓐ 소용량 보일러
　　ⓔ 최고사용압력이 5kg/cm² 이하의 보일러로 전열면적이 2m² 이하인 것
④ 증기보일러에는 2개 이상의 안전밸브를 설치하여야 한다(단, 전열면적이 50 m² 이하인 경우는 1개 이상 설치)

67 $Q_1 = \sqrt{P_1}$ $Q_2 = \sqrt{P_2}$

$Q_2 = \dfrac{Q_1 \times \sqrt{P_2}}{\sqrt{P_1}} = \dfrac{300 \times \sqrt{900}}{\sqrt{2500}} = 180 \, \text{m}^3/\text{h}$

68 인정검사 대상기기 조종자의 교육을 이수한자의 조정범위
① 증기 보일러로써 최고사용압력이 1 MPa 이하이고, 전열면적이 10 m² 이하인 것
② 압력 용기
③ 열매체를 가열하는 보일러로서 용량이 581.5kW 이하인 것

69 증기트랩의 구비조건
① 동작이 확실한 것
② 내식 내마모성이 클 것
③ 마찰저항이 적을 것
④ 응축수를 연속적으로 배출할 수 있을 것
⑤ 공기의 배제나 정지 후 응축수빼기가 가능한 것

70 검사대상기기의 종류

구분	검사대상기기	적용범위
보일러	강철제보일러 주철제보일러	[아래에 해당하는 것은 제외] 1. 최고사용압력이 0.1 MPa 이하이고, 동체의 안지름이 300 mm 이하이며, 길이가 600 mm 이하인 것 2. 최고사용압력이 0.1 MPa 이하이고, 전열면적이 5 m² 이하인 것 3. 2종 관류보일러 4. 온수를 발생시키는 보일러로서 대기개방형인 것
	소형온수보일러	가스를 사용하는 것으로서 가스사용량이 17 kg/h(도시가스는 232.6 kW)을 초과하는 것
압력용기	1종, 2종 압력용기	열사용기자재의 압력용기의 적용범위에 따른다.
요로	철금속가열로	정격용량이 0.5 MW를 초과하는 것

71 입형보일러의 특징

① 효율은 일반적으로 낮다.
② 설치면적이 비교적 작은 곳에 유리
③ 보일러 통을 수직으로 세워 설치
④ 증기발생이 빠르고 설비비가 적게 든다.

72 에너지 교환 재료

① 투과재료   ② 반사재료   ③ 집열재료

73 무기질 보온재

① 탄산 마그네슘 : 250℃ 이하
② 그라스울 : 300℃ 이하
③ 석면 : 400℃ 이하
④ 규조토 : 500℃ 이하
⑤ 암면 : 500℃ 이하
⑥ 규산칼슘 : 650℃ 이하
⑦ 펄라이트 : 650℃ 이하
⑧ 실리카화이버 : 1100℃ 이하
⑨ 세라믹화이버 : 1300℃ 이하

74 분출목적
① 관수의 pH 조절 ② 관수농축 방지
③ 부식 방지 ④ 프라이밍 포밍발생 방지
⑤ 슬러지, 스케일생성 방지 ⑥ 관수순환 촉진

75 $Q = \dfrac{\lambda \cdot A \cdot \Delta t}{d} = \dfrac{3.3 \times (400-50)}{0.2} = 5775\,\text{kcal/h} \times 10\text{h} = 57750\,\text{kcal}$

76 스케줄 번호(sch.No) $= \dfrac{P}{S} \times 10 = \dfrac{P}{S} \times 1000$

여기서, $P = \text{kg/cm}^2$, $S = \text{kg/mm}^2$

77 원통형 보일러의 특징
① 구조상 고압 대용량에 부적합
② 급수처리가 간단하다.
③ 수면이 넓어 기수공발이 적다.
④ 구조가 간단하고 취급이 용이
⑤ 청소, 검사, 수리가 용이
⑥ 관수의 보유수량이 많아 부하변동에 큰 영향이 없다.
⑦ 예열부하가 커서 부하에 대응하기 어렵다.
⑧ 전열면적이 적어 효율이 낮다.
⑨ 보유수량이 많아 폭발시 피해가 크다

78 증기보일러의 전열면에서 벽의 두께는 22 mm, 열전도율은 50 kcal/mh°C이고 열전달률은 열가스 측이 18 kcal/m²h°C, 물 측이 5200 kcal/m²h°C이다. 물 측에 평균두께 3 mm의 물 때 (열전도율 1.8 kcal/mh°C)와 가스 측에 평균 두께 1 mm의 그을음(열전도율 0.1 kcal/mh°C)이 부착되어 있는 경우 열관류율은 약 몇 kcal/m²h°C인가? (단, 전열면은 평면이다.)

$K = \dfrac{1}{\dfrac{1}{\alpha_1} + \dfrac{d_1}{\lambda_1} + \dfrac{d_2}{\lambda_2} + \dfrac{d_3}{\lambda_3} + \dfrac{1}{\alpha_2}} = \left(\dfrac{1}{18} + \dfrac{0.03}{1.8} + \dfrac{0.001}{0.1} + \dfrac{0.022}{50} + \dfrac{1}{5200} \right)$

$= 14.74\,\text{kcal/m}^2\text{h}^{0.2}$

79 강관의 접합
① 나사 접합　② 용접접합　③ 플랜지 접합

80 대수평균온도차(향류) = $\dfrac{(T_1 - t_2) - (T_2 - t_1)}{\ln(T_1 - t_2)/(T_2 - t_1)} = \dfrac{(80 - 30) - (30 - 20)}{\ln(80 - 30)/(30 - 20)} = 24.86°C$

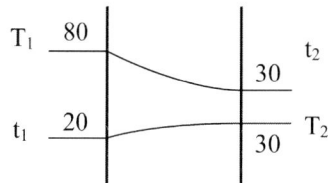

81 그리스트랩
식당 따위의 대규모 주방에서 물을 사용하고 내보낼 때 유출되는 유지를 분리할 목적으로 설치

82 검사대상기기
① 강철제보일러　　　　② 주철제보일러
③ 온수보일러　　　　　④ 1종, 2종 압력용기
⑤ 철금속가열로

83 내화 모르타르의 구비조건
① 화학조성이 사용벽돌과 같을 것
② 시공성이 좋을 것
③ 필요한 내화도를 가질 것
④ 건조, 소성에 의한 팽창, 수축이 적을 것

84
① 고로 : 광석에서 금속을 얻는 공정에 사용되는 노
② 용광로 : 철광석을 탄소를 이용해 선철을 만들거나 납, 구리등의 제련할 때 사용

85 용선로(큐폴라)
① 주철의 용해에 사용 된다.
② 열효율이 좋고 용해시간이 빠르다.
③ 규격은 매시간당 용해할 수 있는 중량(톤)으로 표시

86 ① 풍량(Q_2) = $Q_1 \times \left(\dfrac{N_2}{N_1}\right) \times \left(\dfrac{D_2}{D_1}\right)^3$

② 풍압(P_2) = $P_1 \times \left(\dfrac{N_2}{N_1}\right)^2 \times \left(\dfrac{D_2}{D_1}\right)^2$

③ 동력(kW^2) = $kW_1 \times \left(\dfrac{N_2}{N_1}\right)^3 \times \left(\dfrac{D_2}{D_1}\right)^5$

87 유기질 보온재
① 폼류 : ㉠ 경질우레탄폼 ㉡ 폴리스틸렌폼 ㉢ 염화비닐폼
② 펠트류 : ㉠ 양모 ㉡ 우모
③ 텍스류 : ㉠ 톱밥 ㉡ 녹재 ㉢ 펄프
④ 코르크류 : ㉠ 탄화콜크
⑤ 기포성수지

88 내화물의 구비조건
① 팽창 및 수축이 작을 것
② 고온에서 내압력을 가질 것
③ 마모에 강할 것
④ 상온 및 사용온도에서 압축강도가 클 것
⑤ 스폴링에 견딜 것(급격한 온도변화에 견딜 것)
⑥ 사용목적에 따라 적당한 열전도율을 가질 것
⑦ 화학적 침식에 저항력이 있을 것
⑧ 내화도가 높고 융점 및 연화점이 높을 것
⑨ 열용량은 측열 및 연료손실에 따른 조건을 구비할 것

89 ① 스폴링(spalling) : 얇게 금이 가는 현상
② 버스팅(Bursting) : 어떤 현상이 연속적이고 집중적으로 발생하는 것
③ 관석(scale) : 부착하면 열전도율이 감소한다.
④ 샌드시일(sand seal) : 터널가마의 레일 바퀴부분이 연소가스에 의해서 부식되지 않도록 하는 시공법

90 완전 연소시 : CO_2 발생

불완전 연소시 : CO 발생

91 방청용 도료
① 광명단 도료 : 연단을 아마인유와 혼합한 것으로 밀착력 및 풍화에 강해 녹을 방지하기 위한 페인트 밑칠에 사용한다.
② 산화철 도료 : 산화제2철을 보일유나 아마인유에 혼합한 것으로 도막이 부드럽고 가격이 싸지만 녹방지가 완벽하지 못하다.
③ 알루미늄 도료(은분) : 알루미늄분말을 유성 바니스에 혼합한 것으로 열을 잘 반사하여 방열기에 사용한다. 400~500[°C]의 내열성을 가지며 방청효과가 매우 좋다.
④ 합성수지도료 : ㉮ 프탈산 도료 ㉯ 요소멜라민 도료 ㉰ 염화비닐 도료 등이 있다.

92 노통연관 보일러의 특징
① 내분식이므로 열손실이 적다.
② 전열면적이 넓어 노통보일러보다 효율이 좋다.
③ 구조가 복잡하여 청소·수리가 곤란하다.
④ 급수처리가 까다롭다.
⑤ 증발속도가 빨라 과열로 인한 스케일 부착이 쉽다.

93 폴리에틸렌관의 이음법
① 용착슬리브이음 : 관끝의 외면과 조인트 내면을 동시에 가열용융접합
② 테이퍼조인트 접합 : 유니온과 같은 형식으로 포금제 테이퍼조인트 사용집합
③ 인서트조인트 접합 : 50 A 이하의 집합 클램프와 인서트소켓사용접합

94 불연속식요
① 도염식요　② 승염식요　③ 횡염식요

95 곡관부길이$(l) = \dfrac{2\pi RQ}{360} = \dfrac{2 \times 3.14 \times 90 \times 90}{360} = 141.3\,\text{mm}$

여기서, R(mm) : 곡률반지름
　　　　Q(°) : 각도

96 수관식보일러에서 수관의 배열을 마름모형으로 배열시키는 주된 이유
→ 연소가스 접촉에 의한 전열을 양호하게 하기 위해

97 증기과열기의 종류
① 열가스흐름에 의한 분류 : 병류형, 향류형, 혼류형
② 열가스접촉에 의한 분류 : 접촉(대류)과열기, 복사(방사)과열기, 접촉 복사 과열기

98 돌로마이트의 화학 성분
$CaCO_3$(탄산칼슘), $MgCO_3$(탄산마그네슘)

99 배관용 강관
① SPP(배관용탄소강관) : 사용압력이 10 kg/cm^2 이하인 기름, 증기, 물 배관에 사용
② SPPS(압력배관용탄소강관) : 사용압력이 10 kg/cm^2 이상 100 kg/cm^2 미만
③ SPPH(고압배관용탄소강관) : 사용압력이 100 kg/cm^2 이상
④ SPHT(고온배관용탄소강관)
⑤ SPLT(저온배관용탄소강관)

100 크롬 마그네시아 내화물
전기로나 시멘트 소성요회전가마의 소성내 내벽이 사용하기 가장 적합한 내화물

101 부정형내화물의 종류
① 캐스터블 내화물
② 플라스틱 내화물
③ 스프레이내화물
④ 레밍내화물
⑤ 내화모르타르

102 머플로
전기로의 일종으로 가열되는 재료가 산화되는 것을 방지하기 위하여 용기(버플) 내에서 가열하는 구조(전기로)

103
① 산성질 내화물 : ㉠ 샤모트질 ㉡ 납석질 ㉢ 규석질
② 중성질 내화물 : ㉠ 탄소질 ㉡ 크롬질 ㉢ 고알루미나질
③ 염기성 내화물 : ㉠ 마그네시아질 ㉡ 돌로마이트질

104 구식(그루빙)
팽창, 수축의 반복적인 응력에 의해 V,U자형의 홈의 만듦
[구식 발생 장소]
① 노통보일러의 경판접합부 및 만곡부
② 관, 판, 나사스테이 만곡부
③ 연돌관, 화실하단, 노통의 플랜지만곡부

105 동력용나사 절삭기 형식
① 오스타식 ② 호보식 ③ 다이헤드식

106 주철제 보일러
주물로 제작한 형식으로 내부구조를 복잡하게 하여 전열 면적이 비교적 큰 저압용 보일러
조합방식은 전후, 좌우, 맞세움 조합으로 섹션을 용량에 알맞게 조절 사용
<특징>
① 섹션증감으로 용량조절이 가능
② 전열면적이 크고 효율이 높다.
③ 저압이므로 파열사고시 피해가 적다.
④ 내식, 내열성이 우수하다.
⑤ 현장반입시 조립식으로 유지
⑥ 인장 및 충격에 약하다.
⑦ 고압대용량에 부적합하다.
⑧ 구조가 복잡하므로 내부청소 및 검사가 곤란하다.
⑨ 열에 의한 부동팽창으로 균열이 생기기 쉽다.

107 LD 전로법
① 평로법보다 고철의 배합량이 적다.
② 평로법 보다 작업비·관리비가 싸다.
③ 평로법 보다 공장건설비가 싸다.
④ 평로법 보다 생산능률이 높다.

108 바이메탈 온도계
열팽창 계수가 다른 서로 다른 박판을 사용하여 온도 변화에 따라 휘어지는 정도를 이용한 온도계

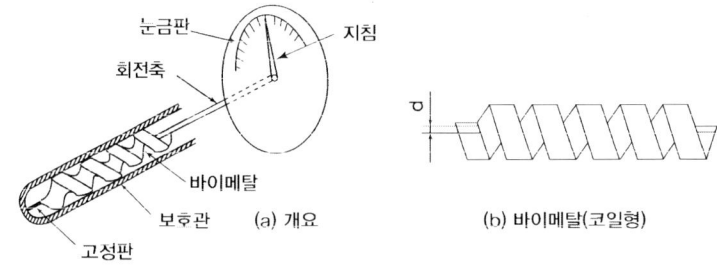

<바이메탈 온도계>

[특징]
① 고압기기의 온도 측정용   ② 응답속도가 빠르다
③ 자동온도기록 장치에서 사용   ④ 측정온도범위 -50~500℃ 정도

109 정압기의 기능
2차 압력을 일정하게 유지

110
$Q = r \times V \times A = 1000\,\text{kg/cm}^3 \times 3\,\text{m/s} \times 0.785 \times 0.1^2$
$= 23.55\,\text{kg/s}$

111 헴펠분석법
① CO_2 : KOH 30% 수용액
② O_2 : 알카리성 피롤카롤 용액
③ C_mH_n : 발연황산 25%
④ CO : 암모니아성 염화제1동액

112 분출장치의 설치 목적
① 관수 pH 조절 ② 관수농축방지
③ 프라이밍, 포밍발생방지 ④ 슬러지나 스케일 생성 방지
⑤ 부식 방지

113 겔로웨이관
① 노통의 강도보강 ② 관수순환촉진 ③ 전열면적 증가

114 체크밸브
유체의 역류방지
① 종류 : 스윙형, 리프트형

115 증기트랩 설치시 장점
① 수격작용방지 ② 부식 방지 ③ 마찰저항감소

116
설치자 변경신고 : 15일 이내
설치자 중지 신고 : 15일 이내
설치자 폐기 신고 : 15일 이내

117 방폭구조(방폭전기설비의 종류)
(1) 내압방폭구조(d) : 용기내부에서 폭발성가스가 폭발시 용기가 그 압력에 견디고 접합면이나 개구부등을 통하여 외부의 가연성가스에 인화되지 않도록 한 구조(Flame Proof Enclosure) 스위치기어, 모터, 펌프류

(2) 유입방폭구조(o) : Oil immersed Enclosure
용기내부에 기름을 주입하여 불꽃 아크 또는 고온발생 부분이 기름속에 잠기게 함으로서 기름면 위에 존재하는 가연성가스에 인화되지 않도록 한 구조
<변압기, 스위치, 기어류>

(3) 압력방폭구조(p) : pressurized enclosure
용기내부에 보호가스를 압입하여 내부의 압력을 유지함으로서 가연성가스가 용기내부로 유입되지 않도록 한 구조(모터, 판넬, 분석기류)

(4) 분질안전방폭구조(ia 또는 ib) : intrinsically safe enclosure)
    정상시 및 사고시에 발생하는 전기불꽃 아크 또는 고온부에 의하여 가연성가스가 점화되지 아니하는 것이 점화시험 기타 방법에 의해 확인된 구조
(5) 안전증방폭구조(e) : increased safety enclosure
    정상운전중에 가연성가스의 점화원이 될 전기불꽃 아크 고온부분등의 발생을 방지하기 위하여 기계적, 전기적, 구조상 또는 온도상승에 대해 특히 안전도를 증가시킨 구조
(6) 특수방폭구조 : (1)내지 (5)에서 규정한 구조이외의 방폭구조로서 가연성가스에 점화를 방지할 수 있다는 것이 시험, 기타의 방법에 의해 확인된 구조

118 난방부하 $= G \times C \times \triangle t$
$\quad\quad\quad\quad\quad = 방열기방열량 \times 방열면적$
$\quad\quad\quad\quad\quad = 열손실지수 \times 난방면적$

119 표준방열량
$1m^2$당 1시간동안 난방에 필요로 하는 열량의 값
(1) 온수난방 : $450 kcal/m^2 \cdot h$
(2) 증기난방 : $650 kcal/m^2 \cdot h$

120 방열기쪽수의 계산 $= \dfrac{난방부하}{방열기방열량 \times 쪽당\ 방열면적}$

121 방열기 도시기호

종별	기호
2주형	II
3주형	III
3세주형	3
5세주형	5
W-H	벽걸이형 수평형
W-V	벽걸이형 수직형

122 방열기 호칭법

주형방열기 종별-형×쪽수

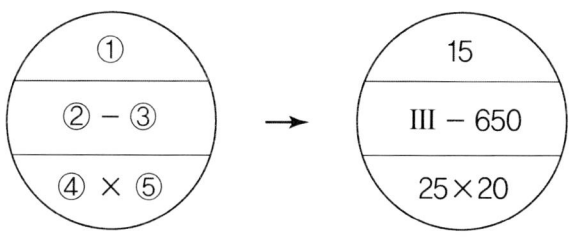

① : 쪽수
③ : 형(치수)
⑤ : 유출관경
② : 종별
④ : 유입관경

123 방열기 내 응축수량 계산

$$W = \frac{Q_r}{2256} \times A$$

여기서, Q_r(kJ/m² · h) : 증기방열기 방열량
A(m²) : 소요방열면적

124 증기난방설비

중앙식 난방 : 증기, 온수, 열풍등의 열매체를 통해 난방하는 대규모 난방방식
① 직접난방 : 온수난방, 증기난방
② 간접난방 : 공기조화설비
③ 방사난방 : 복사난방

125 증기난방의 분류

(1) 배관방식에 의한 분류
① 난관식 : 응축수와 증기가 동일관속을 흐르는 방식, 구배를 잘못하면 수격작용 발생
② 복관식 : 공급관과 환수관의 2관방식으로 증기관과 환수관이 연결되는 곳에는 반드시 증기트랩을 설치하여 증기가 환수관으로 흐르지 않도록 방지한다.(방열기 밸브는 상하 어느 태평에도 상관없고 열동식 트랩은 하부 태평에 설치한다.)

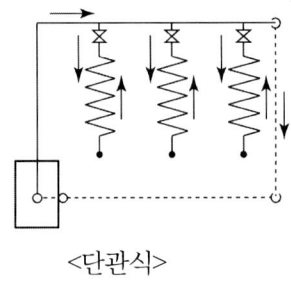 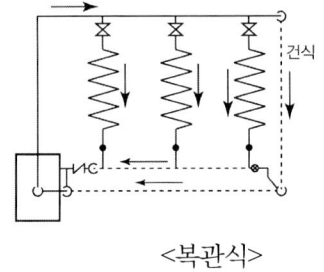

<단관식>   <복관식>

(2) 증기공급방식에 의한 분류
   ① 상향 순환식 : 수평주관을 보일러 바로 위에 설치하고 여기에 수직관 또는 분기관을 연결하여 윗층의 방열기에 증기를 공급하는 방식
   ② 하향 순환식 : 증기 수평주관을 가장 높은 층의 천정에 배관하고 이 수평주관에서 방열기에 공급하는 방식이다.

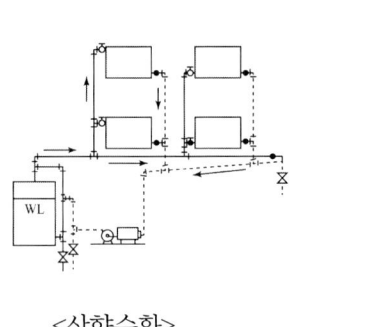 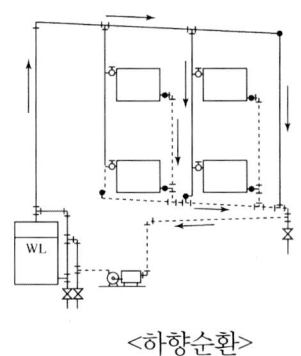

<상향순환>   <하향순환>

(3) 증기압력에 의한 분류
   ① 고압 증기난방 : 1kg/cm² · g 이상의 고압난방, 중압 0.35~1kg/cm² 정도
   ② 저압 증기난방 : 0.1~0.35kg/cm² · g의 저압난방(주철제 보일러 0.3kg/cm² · g 습증기 사용)
   ③ 진공압 증기난방 : 대기압 이하의(포화온도 100℃ 이하)증기를 생산 외기조건에 따라 실온을 조절하는 난방방식

(4) 응축수 환수방법에 의한 분류
   ① 중력 환수식 : 건수환수 방식에서의 관수의 비중력차에 의해 환수하는 방식이다.
   ② 기계 환수식 : 방열기에서 응축수 탱크까지는 중력환수 탱크에서 보일러까지는 펌프에 의한 강제순환방식이다.
   ③ 진공 환수식 : 방열기의 설치장소에 제한을 받지 않는 환수방식으로 증기와 응축수를 진공 펌프로 흡압 순환시키는 방식이다.

[진공환수식의 특징]
① 중력, 기체 환수보다 순환이 가장 빠르다.
② 발열량을 광범위 하게 조절할 수 있다.
③ 환수관의 관경을 적게 할 수 있다.
④ 버큠브레이커(Vacuum breaker)를 사용하여 진공을 일정하게 유지

(5) 환수관의 배관방식에 의한 분류
    ① 건식 환수 보일러 표준수위보다 높은 위치 650mm에 배관하여 환수하는 방식
    ② 습식환수 : 저압증기보일러의 표준수위보다 낮은 위치에 배관하여 환수하는 방식

126 증기난방배관시공

(1) 배관구배

<배관방법에 의한 구배 및 시공요령>

배관방법	구배	시공요령
단관중력 환수식	상향공급식(역류관) $\frac{1}{50} \sim \frac{1}{100}$ 하향공급식(순류관) $\frac{1}{100} \sim \frac{1}{200}$	상향, 하향 공급식 모두 끝내림구배 순류관일 경우 관경이 65mm이상 $\frac{1}{250}$ 구배
복관중력 환수식	건식환수관 $\frac{1}{200}$ 습식환수관	끝내림구배로 보일러까지 배관 환수관은 보일러 수면보다 높게 설치 증기주관은 환수관의 수면보다 400mm이상 높게 설치한다.
진공 환수식	$\frac{1}{200} - \frac{1}{300}$	건식환수를 한다.

(2) 하트포드 접속(hartford connection)
    저압증기난방의 습식 환수방식에 있어 보일러의 수위가 환수관의 접속부로의 누설로 인해 저수위사고가 일어날 것을 방지하기 위해 증기관과 환수관 사이에 표준수면에서 50mm아래에 균형관을 설치한다.

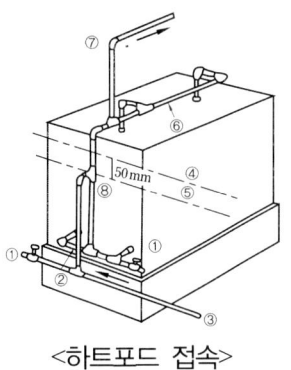

① 드레인관
② 환수 헤더
③ 환수주관
④ 표면 수면
⑤ 안전 저수면
⑥ 증기 헤더
⑦ 증기 주관
⑧ 균형관

〈하트포드 접속〉

(3) 냉각관(cooling leg)

건식 환수방식의 관말에 설치하는 것으로 관내 응축수에서 생긴 플래시(flash) 증기로 인해 보일러에 수격작용이 발생되는 것을 방지하기 위해 설치한다. 주관과 수직으로 100mm이상 내리고 하부로 150mm이상 연장하여 관내 슬러지 등 협잡물을 제거할 목적으로 드레인 포켓(drain pocket)을 만들어 준다. 이때 트랩까지 1.5m 이상 보온을 하지 않은 나관배관으로 냉각관을 설치하며 선단에는 관말트랩으로 최종처리하게 된다.

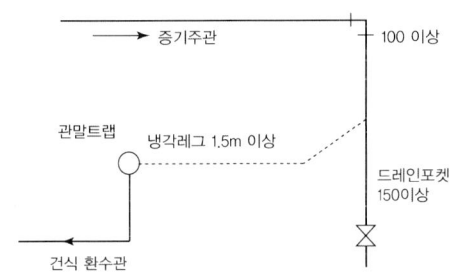

[냉각 레그 설치]

(4) 리프트 피팅(lift fitting) : 증발 탱크

저압증기 환수관이 진공 펌프의 흡입구보다 낮은 위치에 있을 때 응축수를 원활히 끌어올리기 위하여 설치하는 것으로 높이가 1.5m이하는 1단, 3m 이하는 2단으로 시공하며 환수주관보다 1~2정도 작은 치수로 급수 펌프 근처에서 1개소만 설치한다.

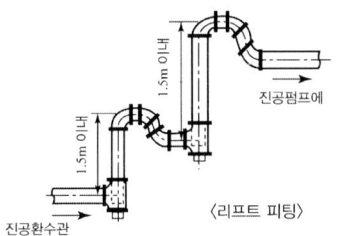 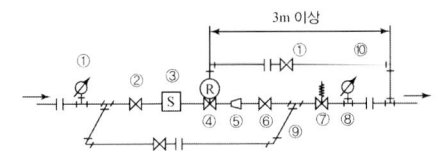

① 압력계(고압) ② 글로우브 밸브 ③ 스트레이너 ④ 감압 밸브 ⑤ 리듀서
⑥ 슬루스 밸브 ⑦ 안전 밸브 ⑧ 압력계(저압) ⑨ 바이패스관 ⑩ 파일로트관

〈리프트 피팅〉 〈감압 밸브〉

(5) 편심조인트 : 관의 구경을 변경시 수평배관에서는 응축수 협잡물의 체류를 방지하기 위해 사용

127 온수난방의 분류

(1) 온수온도에 의한 분류
　① 보통온수식 온수난방 : 85~90℃의 온수로 난방하며 장치의 최상부에 개방식 팽창탱크 설치
　② 고온수식 온수난방 : 장치내 압력을 가해 온수의 온도를 100℃이상으로 난방하며 밀폐식 팽창탱크 사용

(2) 순환방식에 의한 분류
　① 자연순환식 : 온수의 온도차에 의해 비중차로 순환하는 방식. 주로 단독주택, 소규모 난방 방식에 사용
　② 강제순환식 : 축류펌프, 센트리퓨걸펌프, 하이드레이트 등을 사용하여 온수를 순환시키는 방식

(3) 자연순환수두(mmH₂O)의 계산

$h = H(\rho_1 - \rho_2)1,000$

여기서, H(m) : 보일러에서 방열기까지의 높이
　　　　ρ_1(kg/L) : 환수관의 온수비중
　　　　ρ_2(kg/L) : 공급관의 온수비중

128 방열기 설치

① 주형방열기 : 벽과의 거리 50~60mm
② 벽걸이형방열기 : 지면으로부터 150mm높게 설치
③ 대류방열기(콘벡터) : 높이가 낮은 베이스보드 히터는 지면으로부터 90mm이상 높게 설치

129 팽창탱크

온수 보일러에서의 이상팽창압력을 흡수하는 장치로 온수의 사용온도에 따라 개방식 (85~95℃), 밀폐식(100℃이상의 온수)으로 나눈다.

[팽창탱크 설치목적]
① 체적팽창, 이상팽창압력을 흡수한다.
② 관내 온수온도와 압력을 일정하게 유지한다.

③ 보충수공급

④ 관수배출을 하지 않아 열손실 방지

※ 개방형 팽창 탱크의 높이는 최고층의 방열면보다 1m 이상 높게 설치하며 밀폐형 팽창 탱크는 설치위치에 제한을 안받는다.

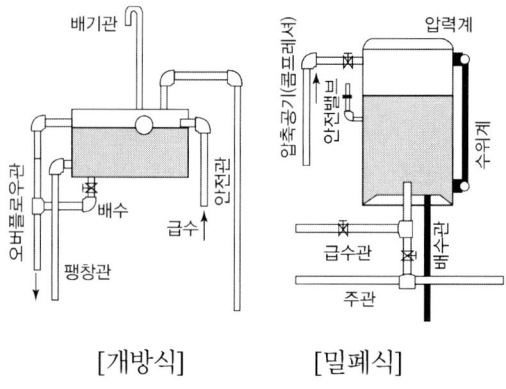

[개방식]   [밀폐식]

130 팽창탱크의 계산

(1) 온수팽창량 계산 $(\triangledown V) = V \times \left(\dfrac{1}{\rho_1} - \dfrac{1}{\rho_2} \right)$

여기서, V(l) : 장치 내 전수량

ρ_1(kg/L) : 온수밀도

ρ_2(kg/L) : 급수밀도

(2) 밀폐식 탱크의 필요압력 계산

$P = h + h_t + \dfrac{1}{2} h_p + 2 (mH_2O)$

여기서, h(m) : 밀폐탱크 내 수면에서 배관계 최고소까지의 수직거리(m)

h_t(m) : 필요온도에서만 포화증기압력에 상당하는 수두(mH₂O)

h_p(m) : 순환펌프 양정

131 복사난방의 특징

(1) 장점

① 열의 손실이 적다.

② 온도분포가 균일하다.

③ 실내공간의 이용율이 높다.

④ 쾌감도가 좋다.

(2) 단점

 ① 매입배관으로 고장수리, 점검이 어렵다.

 ② 설비비가 많이든다.

 ③ 표면부의 균열이 쉽다.

 ④ 예열이 길어 부하에 대응하기 어렵다.

132 지역난방의 특징

(1) 장점

 ① 고압의 증기 및 고온수이므로 관경을 적게할 수 있다.

 ② 작업인원 절감으로 인건비를 줄일 수 있다.

 ③ 폐열의 회수 및 쓰레기의 소각등으로 연료비가 적게든다.

 ④ 한 곳에 집중설비함으로서 건물의 공간을 유효하게 사용

 ⑤ 대규모설비로 인한 우수한 장치의 확보로 열발생설비의 고효율화 대기오염의 방지

(2) 단점

 ① 시설비가 많이든다.

 ② 설비가 길어지므로 배관손실이 있다.

 ③ 고압의 증기나 고온수를 사용하므로 취급에 어려움이 있다.

133 급수펌프

보일러에 물을 공급하는 장치로 회전형식과 왕복운동식으로 구분한다.

(1) 회전식

 ① 터빈펌프(turbine pump) : 임펠러가 케이싱속에서 고속도로 회전함에 따라 진공이 생겨 물을 빨아올리며, 빨아올려진 물이 임펠러 중심에서 압력이 생겨 토출하는 형식으로 임펠러 선단에 안내날개(guide vane)을 정착하여 유속을 작게 하여 수압을 높이는 펌프이다.

[터빈펌프의 특징]

① 고속회전에 적합하다.

② 효율이 높게 안정된 성능을 얻는다.

③ 구조가 간단하고, 취급, 보수, 관리가 편하다.

④ 토출시 흐름이 작용하고 운전상태가 양호하다.

⑤ 양정 20m이상에 사용된다.

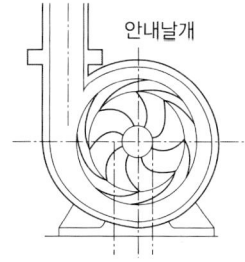

② 센트리퓨걸 펌프(centrifugal pump, 볼류트 펌프) : 터빈 펌프의 원리와 동일하나 안내날개가 없다. 20m 이하의 저양정용으로 사용된다.

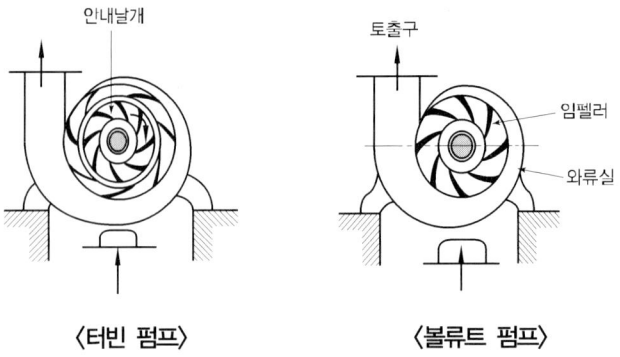

〈터빈 펌프〉　〈볼류트 펌프〉

펌프의 용량계산 $Q = A \cdot V = \frac{\pi}{4} d^2 \cdot \nu [m^3/s]$

펌프의 동력계산

· 축동력 $kW = \frac{rQH}{102 \times 3600 \times \eta}$

· 축마력 $PS = \frac{rQH}{75 \times 3600 \times \eta}$

(2) 왕복동식

① 플런저 펌프(plunger pump) : 동력이나 증기를 사용, 내부의 플런저가 수평으로 좌우 왕복운동함으로서 주로 소용량 고압으로 운전되는 펌프이다.

② 워싱톤 펌프(worthington pump) : 증기의 힘으로 내부의 증기 피스톤을 움직여 물 실린더 피스톤이 왕복운동함으로 급수를 행하는 펌프이다.

③ 웨어 펌프(wear pump) : 워싱톤 펌프의 구조와 동일하며 1개의 피스톤 봉으로 연결되었다.

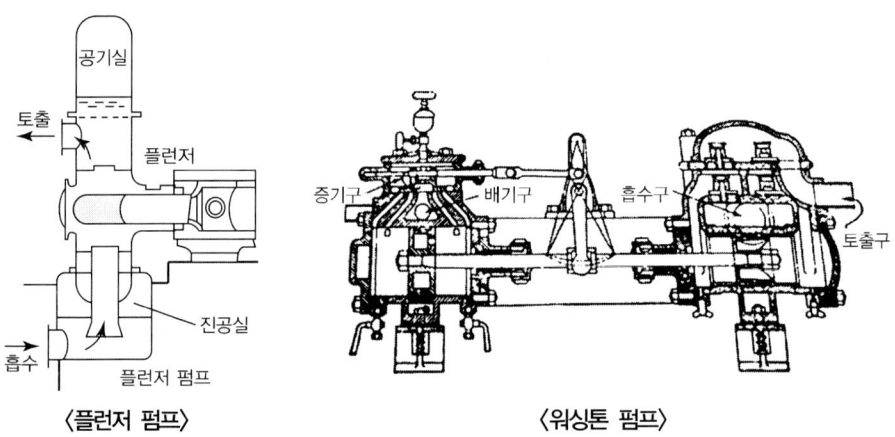

〈플런저 펌프〉　〈워싱톤 펌프〉

134 분출장치(blow-system)

(1) 분출목적
- ① 관수농축방지
- ② 관수 pH조절
- ③ 슬러지 및 스케일생성방지
- ④ 부식방지
- ⑤ 가성취화방지
- ⑥ 프라이밍, 포밍 발생 방지

(2) 종류
- ① 수저분출=단속불출
- ② 수면분출=연속분출

(3) 분출시기
- ① 보일러 점화전
- ② 고수위로 가동될 때
- ③ 프라이밍, 포밍발생시
- ④ 관수농축시
- ⑤ 운전중인 보일러는 부하가 가장 가벼울 때

(4) 분출시 주의사항
- ① 분출은 2명이 1조로하되 수위의 감시를 철저히 하도록 한다.
- ② 분출은 가급적 시동 전 또는 부하가 가장 가벼운 때 한다.
- ③ 1일 1회이상 분출하되 신속히 작업한다.

(5) 밸브설치
- ① 최소한 0.7MPa 이상에 견딜 것
- ② 보일러 가까이에 급개형 밸브, 뒤에는 서개형 밸브 설치
- ③ 호칭은 25A ~ 65A를 사용한다.
- ④ 전열면적 $10m^2$ 이하 : 20A이상
  전열면적 $10m^2$ 초과 : 25A이상

135 슈트블로우(매연분출기)

구조가 복잡한 연소실에 설치하여 손으로는 쉽게 청소하지 못하는 곳의 그을음, 분진, 재 등을 청소하는 장치로 증기분사·공기분사·물분사 등을 이용 주로 수관식보일러에 사용

(1) 슈트블로우 사용시 주의사항
    ① 한 곳으로 집중적으로 사용함으로서 전열면에 무리를 가하지 말 것
    ② 부하가 적거나(50% 이하)소화 후 사용하지 말 것
    ③ 분출기 내의 응축수를 배출
    ④ 분출하기 전 연도내 배풍기를 사용 유인통풍을 증가시킬 것

(2) 종류
    ① 롱레트렉터블형(장발형) : 고온의 전열면에 사용
    ② 쇼트렉터블형(단발형) : 연소노벽블로워
    ③ 건타입형 : 전열면블로워
    ④ 로우터리형 : 저온의 전열면블로워

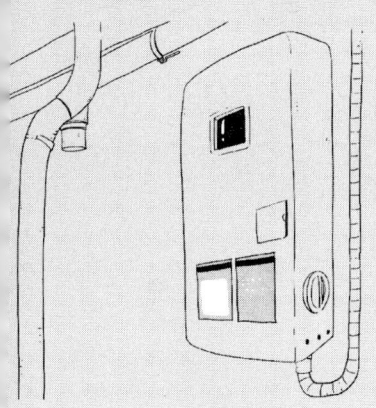

제 2-2 장

계측 및 에너지 진단

01 차압식 유량계

관내 교축기구를 설치하여 그전 후 압력차를 이용 순간 유량 측정

벤투리미터	플로우미터(노즐)	오리피스미터
① 구조가 복잡하고 교환이 어렵다. ② 압력손실이 가장 적다. ③ 가격이 비싸다. ④ 정밀도가 좋고 내구성이 좋다. ⑤ 침전물 생성 우려가 없고 대형이다.	① 오리피스에 비해 압력 손실이 적다. ② 고압유체나 슬러지유체 측정 ③ 동일 조건하에서 오리피스보다 유량 통과량이 많다.	① 구조가 간단 제작이나 장착이 용이하다. ② 좁은 장소에 설치가 가능하다. ③ 유체의 압력손실이 가장 크다. ④ 침전물 생성 우려 ⑤ 베르누이 정리 이용

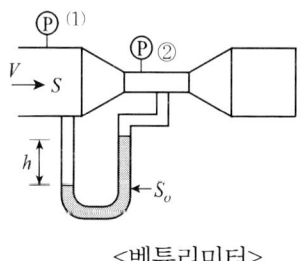

<벤튜리미터>

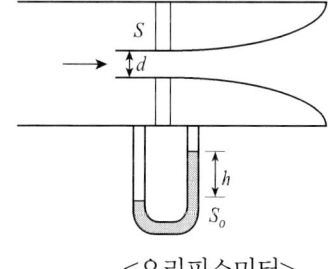

<오리피스미터>

02 계통오차

① 개인오차 : 측정자의 버릇에 의해 생기는 오차
② 이론오차 : 열팽창, 실온등에 의한 오차
③ 고유오차 : 측정기 자체의 오차

참고 우연오차 : 마찰 진동처럼 알아낼 수 없는 원인에 의해 생기는 오차로 정밀도와 관계있으며 측정, 반복을 통하여 통계적으로 처리한다.

03 1차필터 : ① 유리솜 ② 솜 ③ 석면
2차필터 : ① 카보런덤 ② 알 런덤 ③ 소결금속

04 탄성식 압력계의 종류(2차 압력계)

① 브르돈관 압력계(bourdon tube)
  ㉠ 고압장치에 가장 많이 사용되는 압력계로 2차 압력계의 대표적이다.
  ㉡ 브르돈관의 재질은 저압인 경우에는 황동, 청동, 인청동 등을 사용하며 고압일 때는 니켈강 등 특수강을 사용한다.
  ㉢ 암모니아용, 아세틸렌용 압력계에는 Cu 및 Cu 합금의 사용을 금하고 연강재를 사용한다.
  ㉣ 산소용 압력계는 '금유」라는 표시가 되어 있는 전용의 것을 사용한다.
  ㉤ 금속의 탄성원리는 이용한 압력계로 상용 압력의 1.5배 이상 2배 이하의 눈금이 있는 것을 사용한다.

② 다이어프램 압력계(격막식 압력계)
  ㉠ 미소한 압력을 측정할 때 사용(+, -차압을 측정할 수 있다)
  ㉡ 재질은 고무, 테프론, 양은, 스테인리스 등이 쓰이며 측정 가능 범위는 공업용이 20~5,000[mmAq]이다.
  ㉢ 부식성 유체의 측정이 가능하다.

〈브르돈관식 압력계〉

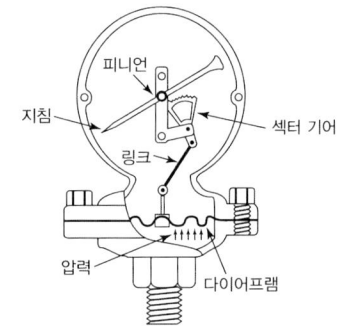

〈다이어프램 압력계〉

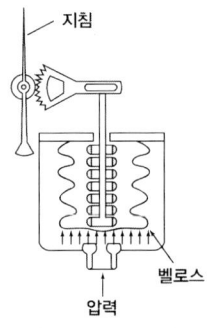

〈벨로스 압력계〉

ⓔ 온도의 영향을 받기 쉽다.
ⓕ 측정의 응답속도가 빠르다.
ⓖ 이상압력으로 파손되어도 위험성이 작다.
③ 벨로우즈 압력계
㉠ 신축에 의한 압력을 이용한다.
㉡ 유체 내의 먼지 등의 영향이 적고 압력 변동에 적응하기 어렵다.
㉢ 측정압력은 0.01~10[kg/cm^2], 정밀도는 ±1~2[%]이다.

05 수위제어 방식
① 1 요소식 : 수위만제어
② 2 요소식 : 수위, 증기량
③ 3 요소식 : 수위, 증기, 급수량

06 링 밸런스 압력계
배기가스 압력 측정에 사용되고, 연돌가스의 압력 측정에 사용

07 추치제어 방식
목표값이 변화되는 값으로 목표값을 측정하면서 제어 목표량을 목표값에 맞추는 제어
① 캐스케이드 제어 : 1차 제어 장치가 제어명령을 말하고 2차 제어 장치가 이 명령을 바탕으로 제어량을 조절하는 측정제어
② 프로그램 제어 : 목표값이 시간에 따라 미리 결정된 일정한 제어
③ 추종제어 : 목표값이 시간에 따라 임의로 변화되는 값
④ 비율제어 : 2개 이상의 제어값의 값이 정해진 비율을 보유하여 제어

08
① 시정수(Time constant) : 출력이 최대 출력의 63%에 이를 때까지의 시간
② 펄스 : 극히 짧은 시간동안 흐르는 신호용약 전류

09 화학적 가스 분석계
① 오르자트법
② 헴벨법
③ 게겔법
④ 연소식 O$_2$계
⑤ 미연소계(CO + H$_2$)

참고 물리적 가스 분석계

① 가스크로마토그래피 : 실리카겔, 활성탄 등의 흡착제를 충진한 세관(내부에 캐리어가스충전)을 통하여 그때에 나타난 이동 속도차를 이용하여 열전도율계 등으로 검출하여 측정하는 것으로 연구실용과 공업용이 있다. 특히, 선택성이 우수하며 연속측정이 가능한 가스분석계이다.

※ 캐리어가스 : H_2, N_2, Ar, He 등

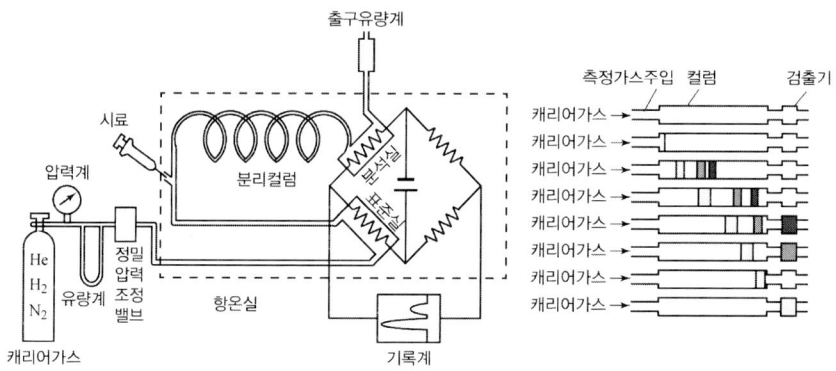

<가스크로마토 그래피>

② 세라믹식 O_2계(지르코니아식 O_2계) : 지르코니아(ZrO_2)를 주원료로 한 특수 세라믹은 온도를 높이면 산소이온만을 통과시키는 성질로 파이프 내외부에 백금의 다공질 전극을 붙임

<특징>

㉠ 측정가스 중 가연성가스가 혼합되어 있으면 측정이 곤란하다.
㉡ 응답속도가 빠르며 주위조건의 변화에도 큰 영향이 없다.
㉢ 측정부의 온도유지를 위해 전기로가 필요하다.
㉣ 측정범위가 대단히 넓다.

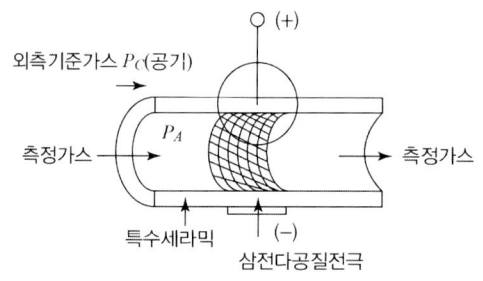

<지르코니아식 O_2계의 내부구조>

③ 자화율식 O_2계(자기식 O_2계) : 산소가 다른 가스와 비교하여 강한 상자성체이므로 자장에 흡인되는 성질을 이용한 것으로 흡인력을 직접 이용하고 자기풍 및 계면압력을 사용한 두 종류가 있으며 보급되어 있는 자기풍에 의한 것이다.

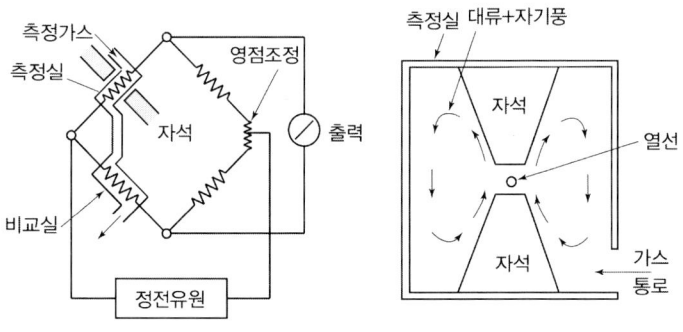

<원리>

④ 적외선 가스분석계 : 압력차를 금속박막의 변위, 전기용량의 변화로 검출하여 CO_2 농도를 지시 및 기록시키는 것으로 적외선을 흡수하지 않는 N_2, O_2, H_2, Cl_2 등 대칭성 2원자 분자를 제외한 CO, CO_2, CH_4 등 대부분의 분자를 각각 적외선 스펙트럼을 이용한 가스분석기이다.

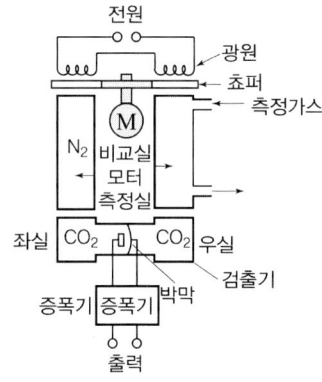

<적외선가스 분석기>

<특징>

㉠ 저농도가스의 분석에 적합하다.
㉡ 선택성이 우수하다.
㉢ 더스트 및 습기방지에 주의한다.
㉣ 대상범위가 넓고 연속측정이 용이하다.

⑤ 밀도식 CO_2계 : CO_2의 밀도와 점도를 이용한 것으로 가스 및 공기와 같은 크기의 모세관을 통과할 때 생기는 저항차에 의해 탄산가스량을 측정하는 것이며 이때의 저항차에 따라 밀도차가 일어나는 분석계이다. 즉, CO_2의 밀도가 공기에 비해 현저히 큰 점을 이용했다.

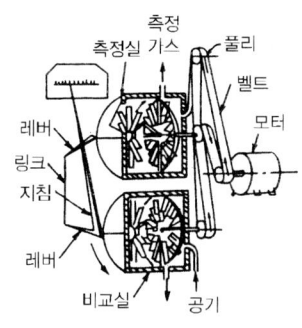

<밀도식 CO_2계>

ⓑ 열전도율형 CO_2계 : CO_2의 열전도율이 공기에 비해 극히 작은 점을 이용한 것으로 연소가스 CO_2 분석에 많이 사용된다. 측정가스를 도입하는 측정실과 공기가 담긴 비교실 속에 백금선을 두어 전류를 약 100[℃]로 가열하면 백금선의 온도는 주위 가스의 열전도에 의해 발열량이 많고 적음을 변화시키며 백금선 온도의 상승은 전기저항장치를 증가시키며 휘스톤·브리지 회로에 불평형 전압이 생겨 이때의 전압을 측정해서 CO_2 농도를 지시한다.

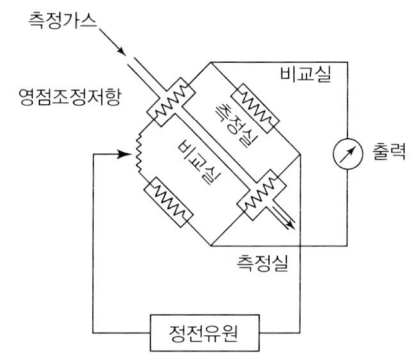

<열전도율식 CO_2계>

10 제어방식

① 연속동작

 ㉠ P동작(비례동작)

  ⓐ 잔류편차 허용될 때 사용

  ⓑ 조작량은 제어 편차의 변화속도에 비례한 동작

  ⓒ 부하변화가 적은 프로세스에 사용

  ⓓ 부하가 변화하는 등의 외란이 있으면(off - set : 잔류편차)생김

 ㉡ I동작(적분동작)

  ⓐ 잔류편차 허용되지 않을 때 사용

  ⓑ 제어의 안정성이 떨어지고 일반적으로 진동함

ⓒ D동작(미분동작)
      ⓐ 편차가 변화하는 속도에 비례해서 조작량 가감
      ⓑ 일반적으로 진동이 제어되어 빨리 안정
② 불연속 동작(on - off 동작이라고도 함)
      ㉠ 이위치동작 : 조작량이 정해진 두 값 중 하나를 취하여 밸브가 열리고 닫히는 이위치제어
      ㉡ 다위치동작 : 동작신호의 크기에 따라 조작량이 셋 이상의 정해진 값 중 하나를 취하는 것
      ㉢ 불연속 속도 조작

11 열전대온도계

두 금속의 열기전력을 이용 온도 측정(제백효과)
① PR(백금 - 백금로듐)(R형)
      ㉠ 산화성 분위기에 가장 강하다.
      ㉡ 환원성 분위기에 약하다.
      ㉢ 금속증기에 침식
      ㉣ 온도 : 0 ~ 1600°C
      ㉤ 백금 87%(+극), 백금로듐 13%(-극)
      ㉥ 값이 싸고, 정도가 높고 안정성 우수
      ㉦ 열전대온도계 중 가장 고온 측정
② CA(크로멜 - 알루멜)(K형)
      ㉠ 크로멜(Ni(90%)+Cr(10%), 알루멜(Ni(94%)+Mn(2.5%)+Al(2.0) + Fe(0.5%)
      ㉡ 산화성 분위기에 약하다.
      ㉢ 온도 : 0 ~ 1200°C
③ CC(동 - 콘스탄탄)(T형)
      ㉠ 수분에 의한 내식성이 크다.
      ㉡ 콘스탄탄(Cu(55%) + Ni(45%))
      ㉢ 온도 : -200 ~ 350°C
④ IC(철 - 콘스탄탄)(J형)
      ㉠ 환원성 분위기에 강하다.
      ㉡ 온도 : -20 ~ 850°C
⑤ 냉접점 : 얼음이나 물을 보온병에 넣어 냉접점을 0°C로 유지하기 위해 열적인 평형을 유지 시킨다.

⑥ 열전대온도계의 특징
  ㉠ 고온측정에 적합
  ㉡ 전원장치가 필요없다.
  ㉢ 원격지시기록가능
  ㉣ 측정할 곳에 직접 열접점을 넣어야 한다.
  ㉤ 보상도선이나 냉접점으로 인해 오차가 발생하기 쉽다.

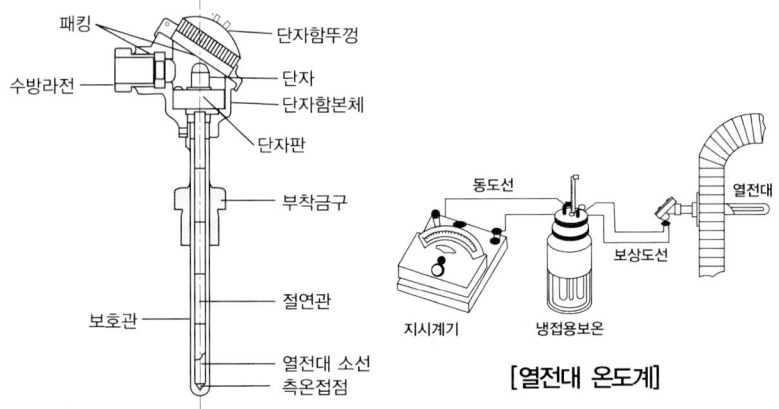

[열전대 온도계]

보상도선 - 열전대의 재료를 전부분에 사용하면 비용이 너무 많이 들기 때문에 측온부의 열전대단자에서 기준접점의 계기까지 거리를 보상도선으로 대용하고 경제적이고 편리하게 한다. 종류로는 일반용과 내열용을 나누며 일반용은 105[℃] 정도까지 견디는 비닐피복으로 침수의 위험시에도 절연이 되는 것이며 내열용은 200[℃]까지 견딜 수 있는 글라스울로 절연피복시킨다.

12 표준대기압 = 1 atm = 1.0332 kg/cm^2 = 10332 kg/m^2 = 1033.2 g/cm^2
= 76 cmHg = 760 mmHg = 0.76 mHg
= 760 Torr = 29.92 inHg = 10.332 mH$_2$O = 1033.2 cmH$_2$O
= 10332 mmH$_2$O = 1.013 bar = 1013 mbar = 101325 pa
= 101325 N/m^2 = 101.3 kPa = 0.10332 MPa

13 저항온도계의 측온체
① 동저항온도계 : 0 ~ 120℃
② 니켈저항온도계 : -50 ~ 300℃
③ 백금온도계 : -200 ~ 500℃
④ 더미스터 : -100 ~ 300℃

14 ① 상당증발량 $= \dfrac{G(h''-h')}{539}$

② 증발계수 $= \dfrac{(h''-h')}{539}$

③ 연소실열부하 $= \dfrac{G_f \times H_\ell}{V}$

④ 전열면열부하 $= \dfrac{G(h''-h')}{A}$

⑤ 증발배수 $= \dfrac{G}{G_f}$

15 복사

① 스테판 볼쯔만(Stefan-Boltzmann)의 법칙 : 완전흑체에서의 복사열전달열은 절대 온도의 4승에 비례한다. 입사 에너지를 모두 흡수하는 물체를 완전 흑체라 하며 반대로 입사 에너지를 모두 반사하는 물체를 완전백체라 한다.

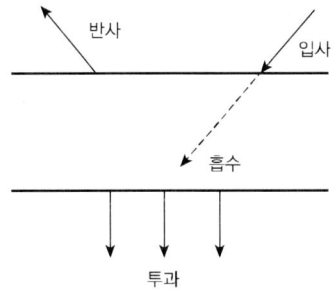

16 (복사전열량) $Q[\text{kcal/h}] = 4.88 \times \epsilon \times A\left[\left(\dfrac{T_1}{100}\right)^4 - \left(\dfrac{T_2}{100}\right)^4\right]$

(복사열전달율) $a_r(10\ \text{kcal/m}^2\text{h°C}) = \dfrac{4.88 \times \epsilon \times \left[\left(\dfrac{T_1}{100}\right)^4 - \left(\dfrac{T_2}{100}\right)^4\right]}{t_1 - t_2}$

여기서, ϵ = 흑노

T_1 = 표면부의 절대 온도[K]

T_2 = 실내의 절대 온도[K]

A = 면적[m²]

t_1 = 표면부 온도[°C]

t_2 = 실내 온도[°C]

17 직접측정방법
① 부자식(플로우트식)
② 직관식

18 O₂ Trimming 제어
배기가스 중 산소농도를 검출하며 적정공연비를 제어하는 방식

19 바이 메탈 온도계
서로 다른 금속의 열팽창계수 차이를 이용하여 온도측정
[특징]
① 구조가 간단하고 견고하다.   ② 고압기기의 온도측정용
③ 응답속도가 빠르다.   ④ 자동온도 기록장치에 사용
⑤ 측정온도 범위 -50~500℃

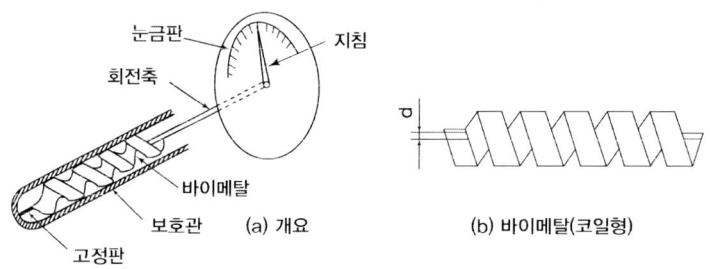

<바이메탈 온도계>

20
$V = \sqrt{2gh} = \sqrt{2 \times 9.8 \times 0.013} = 0.5$ m/sec

21 화염검출기의 종류
① 프레임 아이 : 화염의 발광체
② 프레임 로드 : 화염의 이온화(전기전도성, 온도가 가장 높음)
③ 스텍스위치 : 화염의 발열

22 중력단위
무게를 기준으로 한 단위로 힘(F), 길이(L), 시간(T)를 기준으로 하는 단위계

23 보일러 용량
① 정격출력
② 정격용량(상당증발량) : 가장 많이 사용
③ 보일러 마력
④ 전열 면적
⑤ 상당방열 면적

24 비접촉식온도계
① 광고온계 : 물체의 방사휘도와 고온계에 들어있는 기준온도의 고온체인 전구의 필라멘트 휘도를 특색파장(적색유리)을 통하여 육안으로 휘도를 비교관측하여 온도를 측정한다.
　㉮ 특징
　　㉠ 방사율에 의한 보정량이 작다.
　　㉡ 개인오차가 발생하므로 다수의 사람이 정밀측정한다.
　　㉢ 휴대 및 취급이 용이하다.
　　㉣ 비접촉식 중 가장 정확한 온도를 측정한다. (±10~15°C)
　　㉤ 측정시 수동을 요하므로 자동제어가 불가능하다.
　　㉥ 연속측정이 곤란하고 700[°C] 이하에서는 측정이 곤란하다(측정온도범위 700~3000°C).

② 광전관식 온도계 : 광고온도계와 같은 측정원리로 장점을 보다 효율적으로 이용하고 단점을 보완하여 두 개의 광전관을 통해 측온체로부터 빛을 얻어 양자의 휘도를 같도록 하여 필라멘트전류로부터 온도지시 위치를 얻게 한다.
　㉮ 특징
　　㉠ 응답속도가 매우 빠르다.
　　㉡ 자동제어 및 기록이 용이하다.
　　㉢ 이동하는 물체의 측정이 용이하다.
　　㉣ 구조가 복잡하다.
　㉯ 측정온도범위 : 700~3000[°C]

③ 방사온도계 : 물체온도가 올라가면 복사에너지가 높아진다. 이를 이용하여 온도를 측정하는 것으로 비교적 높은 온도와 온도측정을 하는데 이러한 복사 에너지는 절대온도의 4제곱에 비례한다. 즉 복사에너지

$$E = \epsilon_1 \cdot a \cdot T^4 = 4.88 \times \epsilon \times \left(\frac{T}{100}\right)^4 \text{ [kcal/m}^2\text{h]}$$

여기서, E = 복사 에너지열량, ϵ = 전방사율
a = 비례상수, T = 절대온도

㉮ 특징
　㉠ 측정지연시간이 적다.
　㉡ 자동제어 및 기록이 가능하다.
　㉢ 이동하는 물체의 표면을 고온측정한다.
　㉣ 방사율에 의한 보정량이 크고 정밀한 정도가 어렵다.
　㉤ 측정거리의 영향을 받는다.
㉯ 측정온도범위 : 50~3,000[°C]

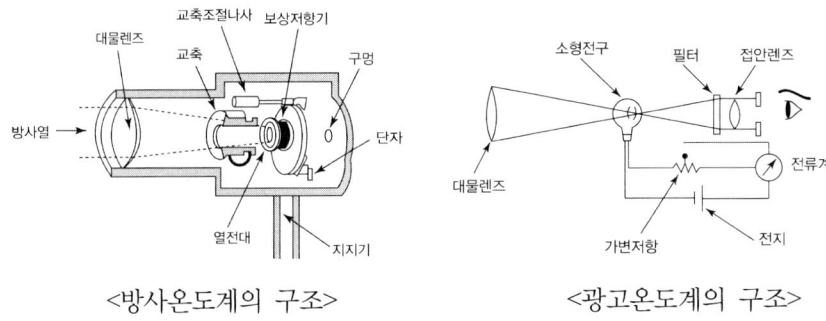

〈방사온도계의 구조〉　　〈광고온도계의 구조〉

25 보일러의 열전달 형태
전도, 대류, 복사가 동시에 일어남

26 극저온 저장탱크 액면측정
햄프슨식(차압식)액면계

27 비금속보호관

종류	최고사용온도	특징
카보란담관	1600~1700°C	• 이중보호관 및 방사고온계용 • 다공질로서 급열 급냉에 강함
자기관	1450~1550°C	• 내열성 및 알카리에 약함 • 용융금속 등 알카리에 약함
석영관	1000~1050°C	• 급열, 급냉에 잘견딤 • 산에는 강하나 알카리에는 약함 • 환원성가스에 기밀성이 약간 떨어짐

28 유량계

① 면적식 유량계 : 교축기구 전후의 압력차를 일정하게 유지하도록 교축의 면적을 변화시켜 이때의 면적을 측정하여 순간의 유량을 알아내는 방법으로 유량의 측정원리는 베르누이정리를 이용한 것이다.

 ㉮ 종류 : 로터미터·부력식·피스톤식
 ㉯ 특징
  ㉠ 진동이 적은 장소에 수직으로 설치한다.
  ㉡ 부식성 유체나 슬러리 유체의 측정에 적합하다.
  ㉢ 압력손실이 적으며 정도가 ±1~2[%]이다.
  ㉣ 유량에 따른 균등눈금을 얻는다.

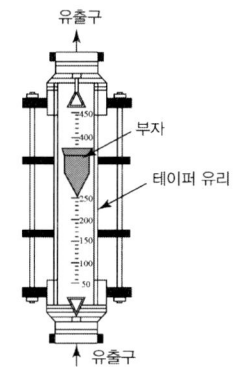

② 유속식 유량계 : 흐르는 유체의 관에 터빈이나 프로펠러 등을 설치하여 유속에 따라 압력의 변화로 회전수를 측정하여 적산하는 유량계이다.

 ㉮ 종류 : 수도메터, 축류익차식(울트만)·차압식
 ㉯ 특징
  ㉠ 구조가 간단하다.
  ㉡ 저점도의 유체 측정에 적합하다.
  ㉢ 난류에 의한 측정오차가 발생한다.
  ㉣ 정도가 ±0.5[%]이다.

③ 전자식 유량계 : 전도성의 물체가 기전력을 발생하여 도전성유체의 유속 또는 유량을 구하는 것으로 전자유도에 의한 페러데이법칙을 이용한 유량계이다.

 ㉮ 특징
  ㉠ 유량에 대한 직선의 눈금을 얻을 수 있다.
  ㉡ 검출의 시간 지연이나 압력손실이 거의 없다.

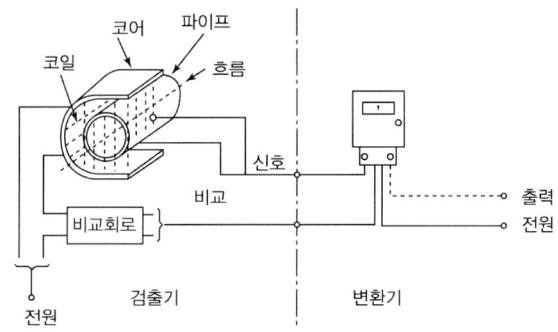

<전자식 유량계>

④ 용적식 유량계 : 유량을 일정한 분량으로 측정해서 계속 유체를 보내어 회전수의 회수에 의해 측정하는 방법으로 정도가 높은 측정을 할 수 있는 유량계로서 적산유량에 적합하다.

㉮ 종류

  ㉠ 오벌기어식   ㉡ 루우즈식
  ㉢ 가스미터식 : 건식·습식   ㉣ 로타리 피스톤
  ㉤ 로타리베인식

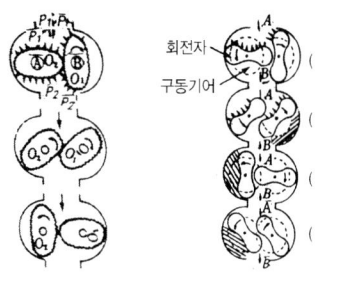 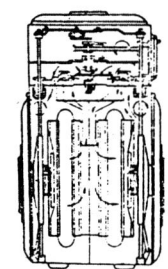 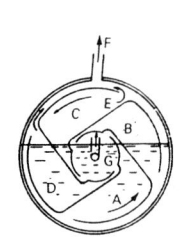 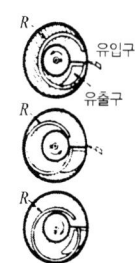

<오벌기어식>   <루우즈식>   <건식 가스미터>   <습식 가스미터>   <로타리 피스톤식>

㉯ 특징

  ㉠ 고점도 유체 측정에 적합하다.
  ㉡ 맥동의 영향이 적어 정도가 높다(± 0.2~0.5).
  ㉢ 고형물의 혼입을 막기 위해 입구측에 반드시 여과기를 설치한다.
  ㉣ 회전자의 재질은 부식을 방지하기 위해 주철, 포금, 스테인리스 등을 설치한다.

29 계측기의 측정법
① 보상법 : 알고있는 표준치와 모르는 수치를 대비하여 놓고 그 차이를 알게하여 모르는 수치를 측정
② 영위법 : 계기의 움직임이 영(0)이 되도록 장치를 가감하여 측정
③ 치환법 : 시험되는 대상과 표준가를 바꾸어 놓고 그차 또는 비를 측정하여 값을 구하는 시험법

30 서미스터 온도계
① 써미스터의 저항체 Fe, Cu, Mn, Ni, Co 등의 금속산화물의 압축소결체
② 미소온도 측정가능
③ 온도계수가 크다. (백금의 10배)
④ 응답속도가 매우 빠르다.
⑤ 국부적인 온도 측정에 적합
⑥ 온도범위 -100~300℃
⑦ 넓은 온도측정에 접합
⑧ 동일특성의 성질을 얻기 어렵다.
⑨ 외부전원이 필요

31 액면계의 종류
① 초음파식　　　　　　② 방사선식
③ 압력식　　　　　　　④ 부자식
⑤ 정전용량식　　　　　⑥ 차압식
⑦ 햄프슨식　　　　　　⑧ 고정튜브식
⑨ 회전튜브식　　　　　⑩ 슬립튜브식

32 유속식 유량계
관내에 흐르는 유체의 유속을 측정하여 관의 단면적을 곱함으로 유량을 측정한다.
① 피토우관식 유량계

$$V = \sqrt{2g\frac{(P_t - P_s)}{r}} = \sqrt{2gh} \text{ [m/s]}$$

여기서, P_t : 전압[kg/m²], P_s : 정압[kg/m²], r : 유체비중량[kg/m²]
h : 수두[m], g : 9.8[kg/s²], v : 유속 [m/s]

유량 $Q = A \times C \times V$에서 $A \times C \sqrt{2g \dfrac{P_t - P_s}{r}}$ [m³/s] $= 2gh$

<특징>
㉠ 더스트·미스트 등이 많은 유체의 측정은 부적합하다.
㉡ 기체의 속도가 5[m/sec] 이하는 부적합하다.
㉢ 유체의 압력에 대한 충분한 강도를 가져야 한다.
㉣ 노즐의 마모나 관내의 속도·분포의 상태에 따라 오차가 발생한다.
㉤ 일시적인 시험용으로 사용한다.
㉥ 유체흐름의 방향에 평형하게 피토우관을 설치한다.

33 ① 상당증발량(G_e) $= \dfrac{G \cdot (h'' - h')}{539}$

② 증발배수(kg/kg) $= \dfrac{G}{G_f}$

③ 연소실열부하(kcal/cm³h) $= \dfrac{G_f \times H_l}{V}$

④ 전열면열부하(kcal/m²h) $= \dfrac{G \times (h'' - h')}{A}$

⑤ 증발계수 $= \dfrac{h'' - h'}{539}$

여기서, G(kg/h) 실제증발량, G_f(kg/h) 연료소비량, H_l(kcal/kg) 저위발열량, A(m²) 전열면적, V(m³) 연소실용적

34 1PPM : 용액 1 kgf중의 용질 1 mg 함유
1PPb : 용액 1 Ton 중의 용질 1 mg 함유

35 보일러 1마력
상당증발량이 15.65 kg/h인 보일러의 능력
1마력 = 15.65kg/h
5마력 = x
$x = \dfrac{5마력 \times 15.65 \,\text{kg/h}}{1마력} = 78.25$마력

36 보일러 효율 $= \dfrac{G \times h'' - h'}{G_f \times H_l} \times 100 = \dfrac{G_e \times 539}{G_f \times H_l} \times 100$

$= \dfrac{G \times c \times \Delta t}{G_f \times H_l} \times 100 = \dfrac{\text{공급열}}{G_f \times H_l} \times 100$

37 kg(f) = kg m/s²

$F = MLT-2$

압력 $= \dfrac{\text{힘}}{\text{면적}}$

38 인터록제어

구비조건에 맞지 않을 때 그 조건이 충족될 때까지 다음 단계를 정지시키는 것
① 저수위 인터록　　　　　　② 저연소인터록
③ 불착화 인터록　　　　　　④ 압력초과 인터록
⑤ 프리퍼지 인터록

39 차압을 뽑아내는 방식

① 코너탭 : 조리개의 전·후에서 압력을 뽑아내는 방식
② 플랜지탭 : 조리개의 전·후 ±25.4 mm의 거리에서 뽑아내는 방식
③ 베너탭 : 하류측을 흐르는 단면적이 최소로 되는 축류위치(D0.3~D0.7)에서 차압을 뽑아내는 형식

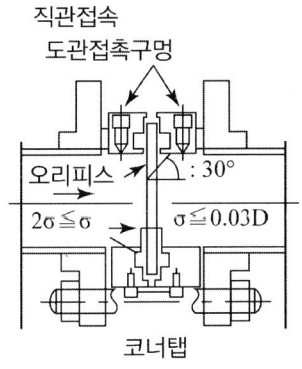
코너탭

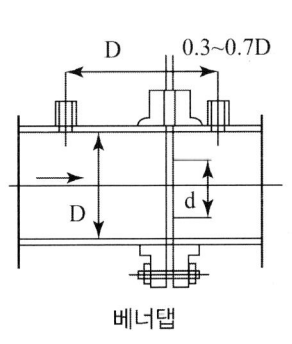
베너댑

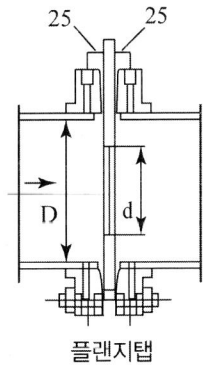
플랜지탭

<오리피스에서 차압을 뽑아내는 방식>

40 SI 기본단위
① 길이(m)   ② 질량(kg)
③ 시간(sec)   ④ 전류(A)
⑤ 온도(K)   ⑥ 광도(Cd)
⑦ 물질량(몰)

41 아르키메데스 원리 이용
① 침종식 압력계   ② 편위식 액면계

42
$V = \sqrt{2g(\text{전압} - \text{정압})} = \sqrt{2 \times 9.8 \times (12-6)} = 10.84 \text{ m/s}$

43 열정산의 목적
① 열의 손실 파악 (열의 분포상태를 알 수 있다)
② 조업 방법 개선
③ 열설비의 성능 능력 파악
④ 열정산 기초자료 (노의 개축, 축로의 자료로 이용할 수 있다)

44 조작량의 변화
① 비례동작 : 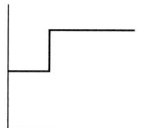   ② 적분동작 :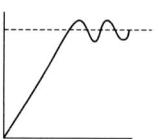

③ 미분동작 : 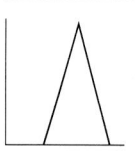   ④ PI동작 :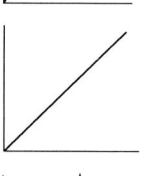

⑤ PID 동작 : 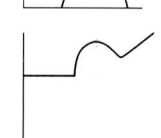   ⑥ PD 동작 :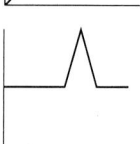

45
중량유량 $= r \times V \times A$
$= 1000 \times 1 \times 0.785 \times 0.0254^2 = 0.506 \text{ kg/s}$

46 1N(뉴턴)
질량 1 kg의 물체에 가속도 1 m/s²이 작용하여 생기가 하는 힘

47 액주계
① u자관식 압력계 ② 단관식 압력계
③ 경사관식 압력계 ④ 2액 마노미터

48 보일러 자동제어(ABC)

제어	제어량	조작량
STC(증기온도제어)	과열증기온도	전열량
FWC(급수제어)	보일러수위	급수량
ACC(자동연소제어)	증기압력계제어	연료량, 공기량
	노내압력계제어	연소가스량, 송풍량

49 열계산의 기준
① 측정시간은 1시간 ② 측정은 매 10분마다
③ 열계산은 사용연료 1 kg에 대해 ④ 증기건도는 0.98로 한다.
⑤ 발열량은 고위발열량 기준 ⑥ 기준온도는 외기온도기준 : 0°C
⑦ 압력변동은 ±7% 이내 ⑧ 증기발생량변동은 ±15% 이내

50 제겔콘온도계
내화물의 내화도 측정(600~2000°C)

51 초음파유량계의 원리
도플러 효과(어떤 파동의 파동원과 1안사체의 상대속도에 따라 소리나 전자기파의 진동수와 파장이 바뀌는 현상, 소리를 내는 관찰자가 움직일 때의 소리의 진동수가 정지해있을 때 들리는 소리의 진동수가 다르기 때문)

52 유도단위
① 넓이 : m^2
② 부피 : m^3
③ 속도 : m/s
④ 각속도 : rad/s
⑤ 각가속도 : rad/s^2
⑥ 밀도 : kg/m^3
⑦ 휘도 : Cd/m^2
⑧ 힘(N) : $kg·m/s^2$
⑨ 압력(Pa) N/m^3
⑩ 에너지(J) $N·m$

기본단위(7개)
① kg : 질량
② m : 길이
③ sec : 시간
④ A : 전류=암페어
⑤ K : 온도=켈빈
⑥ mol : 몰=물질량
⑦ Cd : 광도=칸델라

53 열정산시 측정사항
① 외기온도
② 급수량
③ 연료량
④ 연소용공기량
⑤ 급수온도측정
⑥ 발생증기량측정
⑦ 배기가스온도측정
⑧ 포화증기건조도측정
⑨ 증기압력의 측정

54 가스크로마토그래피
분리성능이 매우 좋고 선택성이 뛰어나 기체 및 비점 300℃ 이하의 액체시료분석에 사용
① 캐리어가스 : H_2, He, N_2, Ar(수헬질아)
② 부품 및 성분 : 컬럼(분리관), 기록계, 압력계, 항온조, 유량조절기, 가스샘플
③ 충진제 : 활성탄, 실리카겔, 소바비드, 뮬레큘러시브
④ 분리가 잘 안될 때 : 시료주입구 온도 높인다.

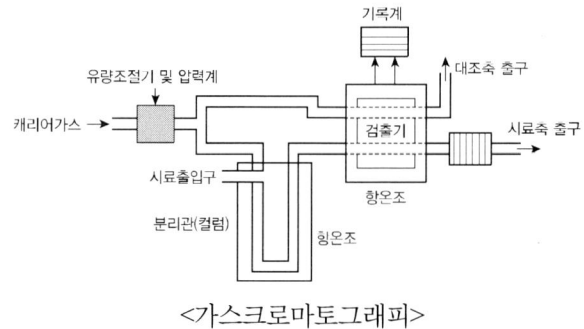

<가스크로마토그래피>

55 피드백 제어

① 피드백 제어(feed-back control system) : 자동제어방식의 기본적인 것으로 신호에 의하여 주어진 목표값과 조작한 결과인 제어량이 원인이 되어 제어동작을 되돌려 진행하는 것으로 출력측의 신호를 입력측으로 돌려보내는 조작으로 폐회로를 구성한다 (보일러의 기본제어이다).

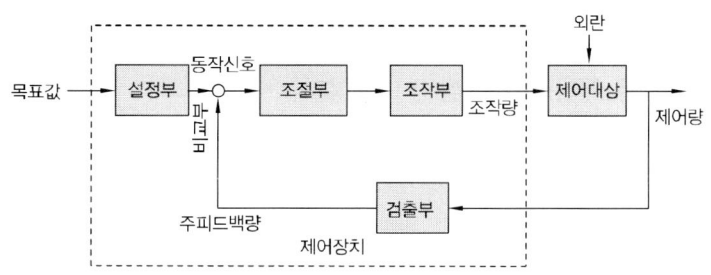

<피드백 제어장치 회로>

㉠ 제어량 : 제어대상에 대한 전체량 가운데 제어코자하는 목적의 량
㉡ 제어대상 : 제어를 행하려는 대상물
㉢ 목표값 : 제어의 출력이 소정의 값을 만족하도록 목표를 세운 외부에서 주어진 값
㉣ 검출부 : 제어대상으로부터 압력이나 온도, 유량 등의 제어량을 검출하여 신호로 만드는 역할을 하는 부분
㉤ 조절부 : 동작신호를 받아 규정된 동작을 하기 위해 조작신호를 만들어 조작부로 보내는 부분
㉥ 조작부 : 실제의 제어대상에 그 역할을 하는 부분으로 조작신호를 받아서 조작량으로 변환한다.
㉦ 외란 : 제어계를 혼란시키는 외적작용으로 가스유량, 탱크주위온도, 가스공급압, 공급온도 및 목표값 변경 등의 변화를 말한다.
㉧ 기준입력 : 목표값과 피드백신호를 비교하기 위하여 주피드백신호와 같은 종류의 신호로 목표값을 변화시켜 제어계의 폐쇄 루프에 입력하는 입력신호를 말한다.
㉨ 동작신호 : 주피드백량과 기준입력을 비교하여 얻어 들여진 편차량신호를 말하는 것으로 조절부의 입력이 되는 것이다.

56 압력식 온도계

① 액체압력식온도계 ② 기체압력식온도계 ③ 증기압력식온도계 ④ 고체팽창식

참고 유리온도계

① 수은온도계 : -30~350°C ② 베크만온도계 : 150°C이내
③ 알콜온도계 : -100°C ④ 탄소저항봉입식온도계 : -100~200°C

57 자동제어계에서 제어량의 성질에 따른 분류

① 서보기구 : 제어량이 물체의 위치, 방위, 자세 혹은 그 변화로서 있을때의 피드백제어를 총칭(예 : 항공기의 방향제어, 레이더의 방향 및 선박)
② 프로세스제어 : 도시가스공업, 석유공업, 화학공업 등의 프로세스 공업에 있어서 제품처리를 할 때의 상태량(온도, 압력, 유량, 농도, 점도, 습도, 액면)
③ 자동조정 : 부하의 전류, 전압, 전력, 주파수 등의 제어원동기가 전동기의 속도제어 및 발전기의 전압, 전류 등의 제어에 사용
④ 다변수제어

58 열량의 단위

① BTu ② CHu ③ kcal ④ J ⑤ Wh

59 상당증발량(환산증발량) = $\dfrac{G \times (h'' - h')}{539}$

여기서, G(kg/h) 실제증발량
h''(kcal/kg) 발생증기엔탈피
h'(kcal/kg) 급수엔탈피

60 압력의 단위

① KPa ② N/m^2 ③ bar ④ mbar
⑤ Pa ⑥ inHg ⑦ mmH$_2$O ⑧ MPa 등

61 신호전달방식의 종류와 특징

① 공기압 신호전송
  ㉠ 사용조작압력은 0.2~1 [kg/cm^2]이다.
  ㉡ 신호전달거리가 100~150[m] 정도이다.
  ㉢ 온도제어 등에 적합하고 위험이 적다.
  ㉣ 배관이 용이하고 보존이 쉽다.
  ㉤ 내열성이 우수하나 압축성이므로 신호전달에 지연이 된다.
  ㉥ 희망특성을 살리기 어렵다.

② 유압식 신호전송
  ㉠ 사용유압은 0.2~1[kg/cm^2]이다.
  ㉡ 신호전달거리가 300[m] 정도이다.
  ㉢ 높은 유압이 필요하다.
  ㉣ 인화 위험성이 많다.

③ 전기식 신호전송
  ㉠ 사용전류는 4~30[mA] 또는 10~50[mADC]의 전류를 통일신호로 한다.
  ㉡ 신호전달거리는 0.3~10[km]까지 가능하다.
  ㉢ 신호전달의 지연이 없고 배선이 용이하다.
  ㉣ 대규모 조작력이 필요한 경우에 사용된다.
  ㉤ 높은 기술을 요하며 가격이 비싸다.

<전달방식에 의한 각 특징 비교>

전달방식	장점	단점
공기식	1. 배관이 용이 2. 위험성이 없다. 3. 보존이 비교적 용이	1. 신호의 전달 지연이 있다. 2. 조작지연이 있다. 3. 희망특성을 살리기 어렵다.
유압식	1. 조작속도가 크다. 2. 조작력이 강대. 3. 희망특성의 것을 만드는 것이 용이	1. 기름이 넘치면 더럽다. 2. 입화의 위험이 있다. 3. 수기압정도의 유압원이 필요
전기식	1. 배선이 용이 2. 신호의 전달지연이 없다. 3. 신호의 복잡한 취급이 용이	1. 조작속도가 빠른 비례조작부를 만드는 것이 곤란하다. 2. 보존에 기술이 요한다.

62 $Q = \dfrac{\lambda \cdot A \cdot \Delta t}{d} = \dfrac{40 \times 1 \times (230-65)}{0.15} = 44000 \, \text{kcal/h}$

보일러 자동제어

① S.T.C(Steam Temperature Control) 증기온도제어

② F.W.C(Feed Water Control) 급수제어

③ A.C.C(Automatic Combustion Control) 자동연소제어

63 편위식 액면계·침종식 압력계

아르키메데스의 부력 원리 이용

64 O_2계의 종류

① 연소식 O_2계

② 세라믹식 O_2계

③ 자기식 O_2계

65 부하율 $= \dfrac{\text{실제증발량}}{\text{최대연속증발량}} \times 100$

66 보일러 마력

① 표준대기압하에서 (750 mmHg) 100℃의 포화수 15.65 kg을 1시간에 100℃의 포화증기로 바꿀 수 있는 능력

② 상당증발량이 15.65 kg인 보일러의 능력

③ 보일러 마력 $= \dfrac{G_e}{15.65}$

67 계량계측기의 교정을 나타내는 말

지시값과 표준기의 지시값 차이를 계산하는 것

68 열량측정시 가스열량계의 배기가스온도 측정

69 2차지연요소

1차지연요소 2개를 직렬로 연결한 것으로 1차지연요소보다 응답속도가 더 늦어진다.

70 SI 단위 압력단위

① 1.013 bar
② 1013 mbar
③ 101325 N/m²
④ 101325 Pa
⑤ 101.3 KPa
⑥ 0.10332 MPa 등

71 증기건도를 향상시키기 위한 방법

① 비수방지관 설치
② 기수분리기 설치
③ 프라이밍, 포밍발생방지
④ 증기트랩 설치
⑤ 증기관에서 드레인 설치

72

① 보일러 마력 $= \dfrac{G_e}{15.65} = \dfrac{G \times (h'' - h')}{15.65 \times 539}$

② 상당증발량 $(G_e) = \dfrac{G \times (h'' - h')}{539}$

③ 연소효율 $= \dfrac{Q_r}{H_e} \times 100$

④ 증발계수 $= \dfrac{h'' - h'}{539}$

⑤ 증발배수 $= \dfrac{G_f}{G_f}$

⑥ 연소실 열부하(kcal/m³h) $= \dfrac{G_f \times H_l}{V}$

⑦ 전열면 열부하(kcal/m²h) $= \dfrac{G \times (h'' - h')}{A}$

여기서, G(kg/h) : 매시간당증발량, h''(kcal/kg) : 발생증기엔탈피
h''(kcal/kg) : 급수엔탈피, Q_r : 실제발생열량, H_e : 저위발열량
G_f(kg/h) : 연료소비량

73 흡수분석법

① 오르자트분석법
  ㉠ CO_2 : KOH 30% 수용액
  ㉡ O_2 : 알카리성 피롤카롤용액
  ㉢ CO : 암모니아성 염화제1동용액

② 헴펠법
  ㉠ CO_2 : KOH 30% 수용액
  ㉡ C_mH_m : 발연황산 25%
  ㉢ O_2 : 알카리성 피롤카롤용액
  ㉣ CO : 암모니아성 염화제 제1동용액

③ 게겔법
  ㉠ CO_2 : KOH 30% 수용액
  ㉡ C_2H_2 : 옥소수은 칼륨용액
  ㉢ C_3H_6 : 87% 황산
  ㉣ C_2H_4 : 취소수용액
  ㉤ O_2 : 알카리성 피롤카롤용액
  ㉥ CO : 암모니아성염화제1동용액

74 싸이폰관

고온의 증기나 물로부터 압력계를 보호하기 위해
① 싸이폰관 안지름 : 6.5 mm 이상
② 동관 : 6.5mm 이상
③ 강관 : 12.7mm 이상

75 계측기의 보전관리사항

① 계측기의 시험 및 교정
② 보조요원의 교육
③ 정기점검과 일상점검

76 열설비에 사용되는 자동제어계의 동작 순서

검출 - 비교 - 판단 - 조작

77 액면측정방법
① 부자식 액면계 ② 정전용량식 액면계
③ 차압식 액면계 ④ 햄프슨식 액면계
⑤ 방사선식 액면계 ⑥ 고정튜브식 액면계
⑦ 슬립튜브식 액면계 ⑧ 퍼지식 액면계
⑨ 회전튜브식 액면계

78
- 부자식 액면계 : 원리 및 구조가 간단하고 고온 고압에서도 사용이 가능하고 공업적으로 가장 많이 사용되는 액면측정방식.
- 햄프슨식 액면계 : 극저온 저장탱크의 액면측정

79 계통적 오차
발생된 원인이 명백하여 보정이 가능한 오차
① 측정기자체의 오차 ② 지시의 지연에 따른 오차 ③ 개인오차

80 스텍스위치
버너분사정지에 수십초가 걸리므로 주로 소용량 보일러에 사용

81 세라믹식 O_2계(지르코니아식O_2계) 특징
① 측정가가스중 가연성 가스가 혼합되어 있으면 측정이 곤란
② 응답속도가 빠르며 주위조건변화에도 큰 영향이 없다.
③ 측정범위가 대단히 넓다.
④ 측정부의 온도 유지를 위해 전기로가 필요하다.

82
$V = C_v \sqrt{2gh}$
$= 0.95 \sqrt{2 \times 9.8 \times 5}$
$= 9.4 \, m/s$

83 간접식 액면계

① **차압식 액면계** : 액체의 높이 압력과 측정계기 압력과의 압력차에 의한 액면을 이용한 액면계로 종류로는 U자관식, 변위평형식, 힘평형식 등이 있다(고압밀폐 탱크에 적합하다).

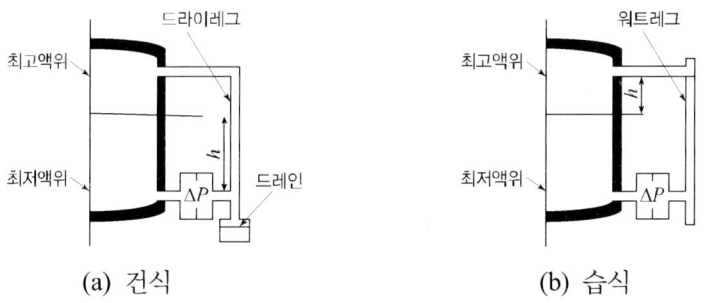

<차압계에 의한 탱크 내의 액면측정>

② **기포식 액면계** : 기포관을 액체 탱크 밑바닥에 파이프를 연결하여 일정량의 기포로부터 압축공기를 적당한 유량으로 보내어 선단으로부터 기포를 방출시키면 기포관의 배압은 액의 정압과 같아지게 되는데 기포관의 배압을 측정하여 간접적으로 액면을 측정하는 방식이다. 기포식 액면계는 고온의 액체, 부식성 액체 및 고형물을 혼입하는 액체 등에도 사용이 가능하다.

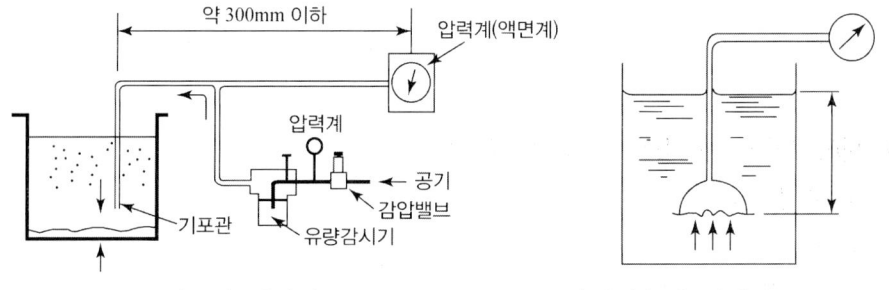

<기포식 액면계> <압력검출식 액면계>

③ **압력검출식 액면계** : 점도가 비교적 낮은 액체의 측정용으로 외부에 압력계를 장치하여 액면의 변위를 압력변화 측정의 개방식 또는 밀폐식 탱크에 사용한다. 특히 밀폐식 탱크는 내부의 압력을 압력계의 상부로 도입 균압을 시킨 후 측정하는 액면계이다.

④ **다이어프램식 액면계** : 액체의 변위에 따라 다이어프램에 작용하여 압력의 변화를 공기압의 신호변환으로 액면을 지시하는 방식이다.

⑤ **초음파식 액면계** : 초음파의 송수신기를 설치하고 발신기로부터 발사되는 초음파가 액면에 반사되어 수신기로 돌아오는 왕복시간을 측정

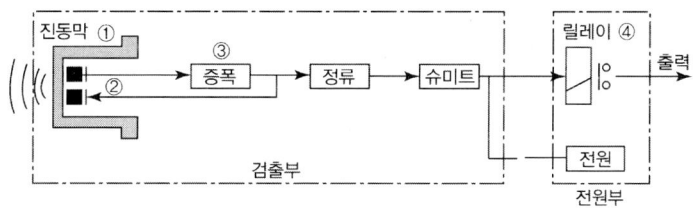

<초음파식 액면계의 제어장치>

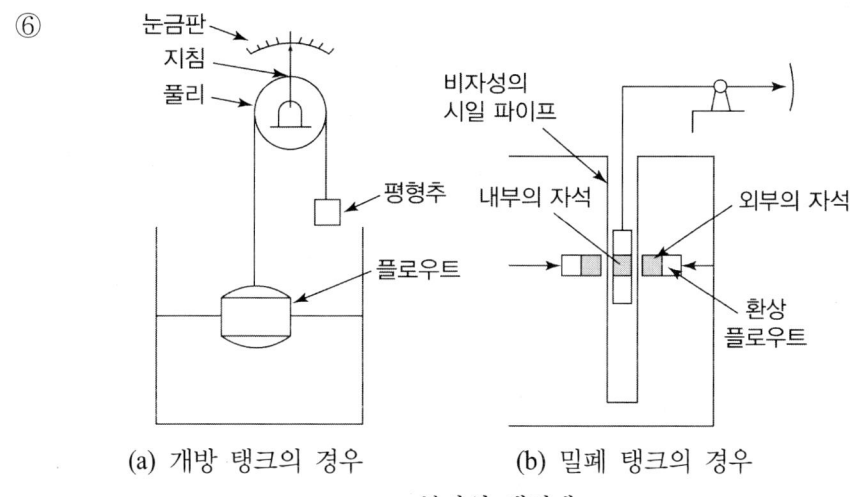

(a) 개방 탱크의 경우   (b) 밀폐 탱크의 경우

<부자식 액면계>

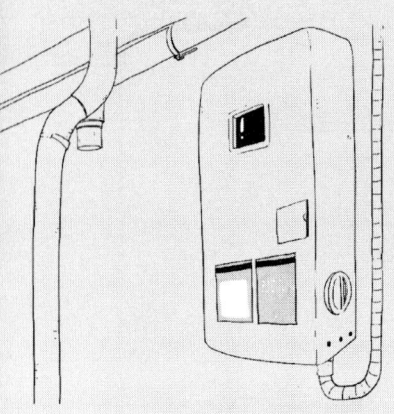

제3 과목

열설비 운전

01 보일러의 종류

(1) 원통형 보일러

① 입형보일러 : 입형연관보일러, 입형횡관보일러, 코크란보일러

② 횡형보일러

- 노통보일러 : 코르니쉬, 랭커셔
- 연관보일러 : 횡연관, 기관차, 케와니
- 노통연관보일러 : 노통연관펙케이지형, 하우덴죤슨, 스코치보일러

(2) 수관식보일러

① 자연순환식 수관보일러 : 바브콕, 쓰네기찌, 타꾸마, 2동 D형, 3동 D형

② 강제순환식 수관보일러 : 벨록스, 라몽

③ 관류식 수관보일러 : 슬처, 옛모스, 벤숀, 람진

(3) 특수보일러

① 열매체보일러 : 모빌섬, 수은, 다우삼, 카네크롤, 세큐리티53

② 간접가열보일러 : 슈미트, 레플러

③ 폐열보일러 : 하이내, 리히

02 보일러 보존방법

(1) 건조보존법(장기보존) : 6개월 이상
　　① 흡습제 : 생석회, 염화칼슘, 실리카겔, 산화알루미늄
(2) 만수보존법(단기보존) : 2~3개월
　　① 첨가약품 : 가성소다, 탄산소다, 아황산소다
　　② pH : 12~13
(3) 질소봉입법 : 질소의 순도 99.5%의 것으로 0.06MPa정도로 가압봉입하여 공기와 치환하는 방법

03 강제순환식 수관보일러의 특징

① 고온·고압의 증기를 발생, 열의 이용도를 높였다.
② 급수처리가 까다로워 양질의 급수 사용
③ 구조가 복잡하여 청소, 검사, 수리곤란
④ 내부구조가 복잡하여 연소가스의 대류나 복사전열이 잘 이루어진다.
⑤ 외분식이어서 연료의 질에 장애를 받지 않으며 연소상태도 양호
⑥ 제작이 까다로우며 비용도 많이 든다.
⑦ 증발속도가 빨라 습증기로 인한 관내장애우려
⑧ 사실상 전체가 전열면이어서 효율이 대단히 좋다.
⑨ 외분식이어서 노벽으로의 방사손실이 많다.

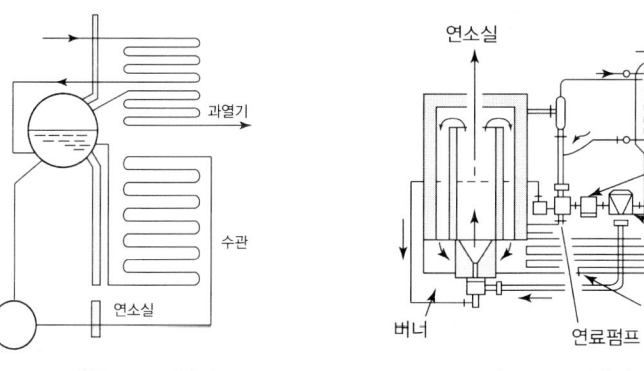

[라몽트 보일러]　　[베록스 보일러]

04 관류보일러

하나의 관계에서 급수펌프로 공급된 관수가 예열, 증발, 과열이 동시에 일어나는 형식으로 초임계압력 보일러이다.

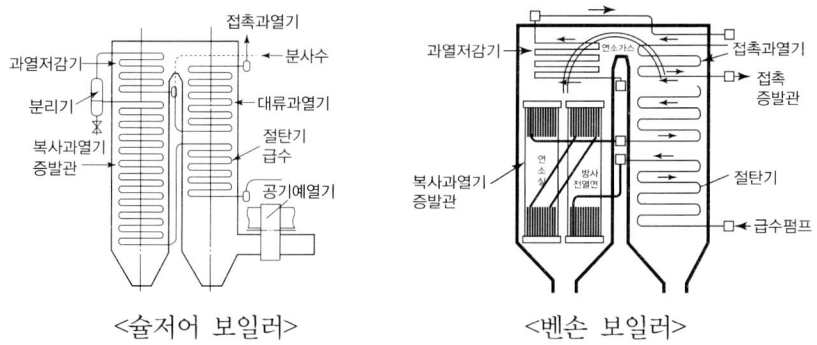

<슐저어 보일러>　　　<벤손 보일러>

(1) 관류보일러의 장·단점

　① 장점

　　㉠ 순환비($\frac{급수량}{증발량}$)가 1이어서 드럼이 필요없다.

　　㉡ 전열면적이 크고 효율이 높다.

　　㉢ 가동부하가 짧아 부하측에 대응하기 쉽다.

　　㉣ 고압이므로 증기의 열량이 크다.

　② 단점

　　㉠ 급수처리가 까다롭다.

　　㉡ 급수의 유속을 일정하게 유지

　　㉢ 내부구조가 복잡하여 청소, 검사, 수리곤란

　　㉣ 자동연소, 온도제어장치를 설치하여 부하의 변동에 대응하여야 한다.

05 노통보일러의 특징

(1) 전열면적이 적어 효율이 적다.

(2) 관내 보유수량이 많아 파열시 피해가 크다.

(3) 예열부하가 커서 부하에 대응하기 어렵다.

(4) 급수처리가 간단하다.

(5) 구조가 간단하여 청소, 검사, 수리곤란(?)

(6) 내분식이어서 연료의 질이나 연소공간 확보가 어렵다.

(7) 전열면적계산

　① 코르니쉬 보일러

　　　　㉠ 노통이 1개
　　　　㉡ A=πDL
　　② 랭커셔보일러
　　　　㉠ 노통이 2개
　　　　㉡ A=4DL
　　③ 수관식보일러
　　　　㉠ 나관 : πDLN
　　　　㉡ 반나관 : $\dfrac{\pi DLN}{2}$

06 주철제보일러의 특징

(1) 인장 및 충격에 약하다.
(2) 구조가 복잡하여 청소, 검사, 수리곤란
(3) 고압대용량에 부적합
(4) 열에 의한 부동팽창으로 균열이 생기기 쉽다.
(5) 섹션증감으로 용량조절이 양호하다.
(6) 저압이므로 파열시 피해가 적다.
(7) 주문제작으로 복잡한 구조로 제작이 가능
(8) 내식성이 우수하다.
(9) 전열면적이 크고 효율이 높다.

07 노통연관식보일러의 특징

(1) 내분식이어서 열손실이 적다.
(2) 전열면적이 크고 증발능력이 우수하다.
(3) 구조가 복잡하여 청소, 검사, 수리곤란
(4) 급수처리가 까다롭다.
(5) 증발속노가 빨라 과열로 인한 스케일부착이 쉽다.

08 열매체 보일러의 특징

(1) 낮은 압력에서도 고온의 증기를 얻을 수 있다.
(2) 겨울철 동결의 우려가 적다.
(3) 보일러 안전밸브는 밀폐식 구조로 한다.
(4) 타보일러에 비해 부식의 정도가 적다.

09 부속장치

(1) 안전장치 : 안전밸브, 화염검출기, 방폭문, 가용전, 저수위경보기, 방출밸브, 압력차단 스위치
(2) 송기장치 : 기수분리기, 비수방지관, 주증기밸브, 감압밸브, 신축이음, 증기헤더, 증기트랩
(3) 급수장치 : 급수펌프, 인젝터, 급수내관
(4) 여열장치 : 과열기, 재열기, 절탄기, 공기예열기

10 인젝터

보일러에서 발생한 증기를 사용하여 급수하는 방식으로 증기압 $2kg/cm^2$ 이상의 증기로 공급되는 급수를 가열하며 공급하게 된다. 이때 급수는 인젝터작용에 의하여 보일러 내의 압력 이상의 압력으로 변하게 된다.

증기의 열에너지 → 운동 에너지로 변화 → 압력 에너지로 변화 → 급수

[종류]
① 그레샴형(Gresham) - 급수온도 50℃이하
② 메트로폴리탄형(Metropolitan) - 급수온도 65℃이하

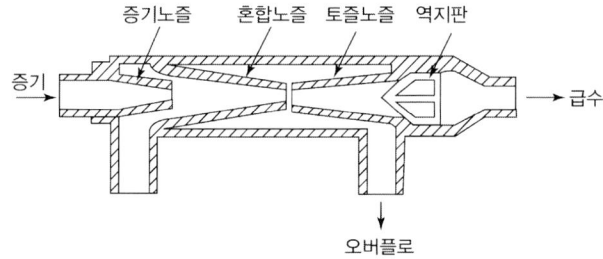

[인젝터의 구조]

(1) 특징

장점	단점
① 동력이 필요 없다.	① 흡입양정이 낮아 급수조절이 어렵다.
② 설치장소를 적게 차지한다.	② 증기압이 낮으면 급수가 곤란하다.
③ 구조가 간단하며 가격이 저렴하다.	③ 구조상 소용량이다.
④ 급수가 예열되어 열응력 발생을 방지한다.	④ 급수온도가 높아지면 급수가 곤란하다.

(2) 인젝터 작동불능원인

　① 증기 속에 수분이 많이 포함되어있다.
　② 증기압력이 낮거나(2kg/cm² 이하) 너무 높다.(10kg/cm² 이상)
　③ 급수온도가 높다(50℃ 이상)
　④ 흡입측의 공기 누입
　⑤ 노즐부의 마모·파손
　⑥ 인젝터 과열시

(3) 작동순서

　① 인젝터 출구측 밸브를 연다.
　② 인젝터 급수 밸브를 연다.
　③ 인젝터 증기 밸브를 연다.
　④ 인젝터 조절 핸들을 연다.

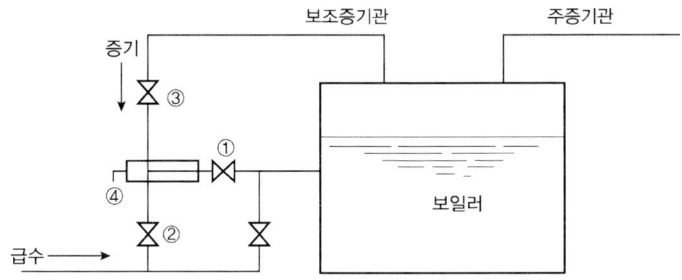

11 브리징 스페이스

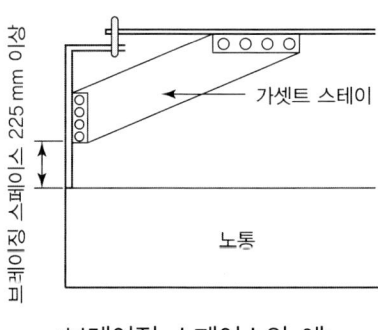

<브레이징 스페이스의 예>

(1) 노통 보일러의 경우 경판과 동판의 강도를 보강하기 위해 가셋트 스테이를 설치하게 되는게 가셋트 스테이의 하단부와 노통 사이의 거리를 브레이징 스페이스라 하고 최소 225mm 이상

(2) 노통보일러의 완충폭

경판의 두께	완충폭
13mm 이하	230mm 이상
15mm 이하	260mm 이상
17mm 이하	280mm 이상
19mm 이하	300mm 이상
19mm 초과	320mm 이상

12 아담슨 조인트(접합)

노통의 열응력에 따른 신축문제를 고려 1~2m 정도로 분할제작 플랜지형식으로 접합한 방식으로 강도보강, 노통 후부의 이음부를 보호하는 특징을 갖고 있다.

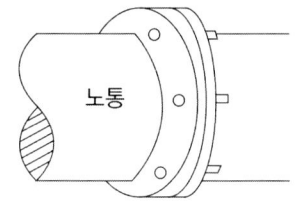

13 강제통풍방식

(1) 압입통풍방식

    ① 연소실 입구 설치

    ② 배기가스 유속 8m/s이하

    ③ 정압을 얻음

(2) 흡입통풍방식

    ① 연도중심부설치

    ② 배기가스 유속 8~10m/s

    ③ 부압을 얻음

(3) 평형통풍방식

    ① 연소실입구 + 연도중심부설치

    ② 배기가스유속 10m/s 초과

    ③ 정압+부압을 얻음

    ④ 가장 강한 통풍력을 얻을 수 있다.

14 온수발생보일러의 방출관의 안지름

(1) 전열면적이 10m² 미만 : 25A이상
(2) 전열면적이 10m² 이상 15m² 미만 : 30A 이상
(3) 전열면적이 15m² 이상 20m² 미만 : 40A 이상
(4) 전열면적이 20m² 이상 : 50A 이상

15 공기예열기, 절탄기 설치시 특징

(1) 공기예열기

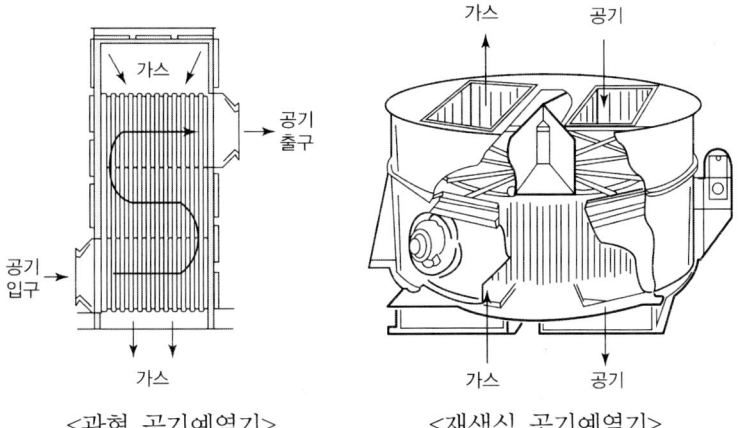

<관형 공기예열기>   <재생식 공기예열기>

① 장점
  ㉠ 연소 및 전열효율 증가
  ㉡ 보일러 열효율 증가
  ㉢ 연료의 완전연소 가능
  ㉣ 수분이 많은 저질탄 연료도 연소가 가능
② 단점
  ㉠ 저온부식 원인
  ㉡ 통풍저항 증가
  ㉢ 연도 내 청소 및 검사곤란
  ㉣ 연돌의 통풍력 저하

16 절탄기

배기가스 여열을 이용 급수를 예열하는 장치

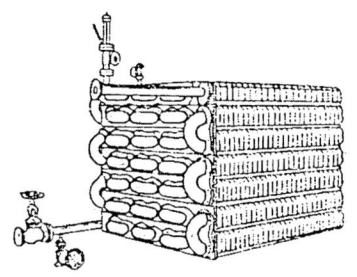 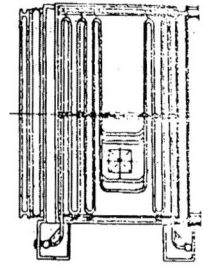

<핀붙이 이코노마이저>   <강관 이코노마이저>

① 장점
　　㉠ 보일러의 열효율 증가
　　㉡ 급수와 보일러수의 온도차를 적게하여 열응력 발생 방지
　　㉢ 급수에 포함된 일부 불순물 제거
② 단점
　　㉠ 저온부식 발생
　　㉡ 통풍저항 증가
　　㉢ 연도 내 청소 및 검사 곤란

17 증기트랩

관내 응축수를 배출하여 수격작용 및 부식방지

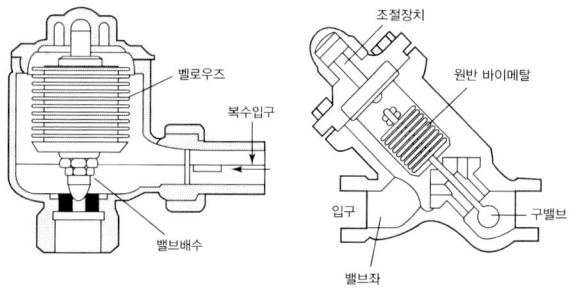

[벨로우즈 트랩]　　　　[바이메탈 트랩]

(1) 기계적 트랩 : 포화수와 포화증기 비중차 이용

　① 종류 : 버킷트, 플로우트 트랩
　　㉠ 증기누출이 거의 없다.
　　㉡ 다량의 드레인을 연속적으로 처리할 수 있다.
　　㉢ 수격작용에 다소 약하다.

㉔ 가동 시 공기빼기를 할 필요가 없다.
(2) **온도조절트랩** : 포화수와 포화증기의 온도차이용
　　① 종류 : 바이메탈, 벨로우즈, 열동식트랩
(3) **열역학적트랩** : 포화수와 포화증기의 열역학적인 특성치이용
　　① 종류 : 오리피스, 디스크트랩

18 증기축열기(steam accumulator)

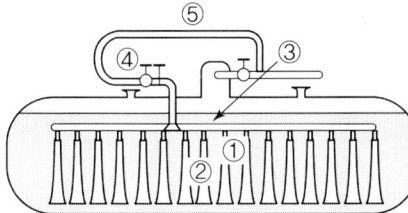

① 증기분사구
② 순환통
③ 배기관
④ 첵크 밸브
⑤ 송출관

저부하 또는 변동부하시 잉여증기를 저장하고 과부하시(peak)에 저장된 잉여증기를 공급하는 장치로 변압식과 정압식이 있다.
① 변압식 : 보일러 출구 증기측에 설치
② 정압식 : 보일러 입구 급수측에 설치

19 기수분리기(steam separator)

증기중에 수분을 제거하여 건조증기를 얻기 위한 장치

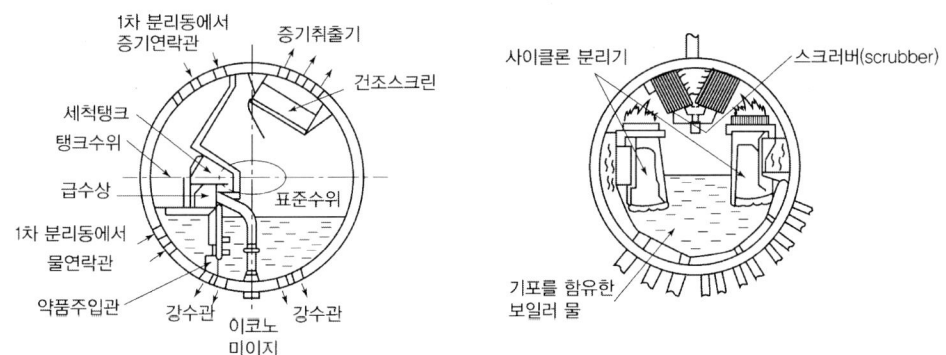

기수분리기(증기세정장치부)의 한 예

[종류]
① 사이클론식(원심력식)
② 스크레버식(장애판이용)
③ 건조스크린식(망이용)
④ 베플식(관성력이용)

20 보일러 설치 시공기준 상 보일러를 옥내에 설치하는 경우

(1) 보일러 동체 최상부로부터 천장, 배관 등 보일러 상부에 있는 구조물까지의 거리는 1.2m 이상으로 한다. (단, 소형 보일러의 경우 0.6m 이상으로 한다.)
(2) 연료를 저장 시 보일러 외측으로부터 2m 이상 거리를 두거나 반격벽으로 할 수 있다. (단, 소형보일러의 경우 1m이상으로 한다)
(3) 연도의 외측으로부터 0.3m 이내에 있는 가연성물체에 대하여는 금속 이외의 불연성 재료로 피복한다.
(4) 불연성 물질의 격벽으로 구분된 장소에 설치한다.

21 관내처리방법

(1) pH조정제 : ① 인산소다, ② 암모니아, ③ 수산화나트륨
(2) 연화제 : ① 인산소다, ② 탄산소다, ③ 수산화나트륨
(3) 탈산소제 : ① 탄닌, ② 아황산소다, ③ 히드라진
(4) 슬러지조정제 : ① 리그닌, ② 녹말(전분), ③ 탄닌
(5) 가성취화방지제 : ① 리그닌, ② 황산소다, ③ 탄산소다

22 관외처리법

(1) 용존산소제거법
   ① 탈기법 : CO_2, O_2 가스체 제거
   ② 기폭법 : Fe, Mn등 제거
(2) 현탁질 고형물 제거법(불순물 제거법)
   ① 침전법
   ② 여과법
   ③ 응집법
(3) 용해고형물 제거법
   ① 이온교환법
   ② 약제법
   ③ 증류법

23 보일러사고의 원인

(1) 제작상의 결함
   ① 재료불량
   ② 용접불량
   ③ 강도불량
   ④ 구조불량
   ⑤ 설계불량

(2) 취급상의 원인
   ① 역화
   ② 저수위
   ③ 부식
   ④ 과열
   ⑤ 압력초과

24 이상저수위 원인

(1) 급수펌프가 고장이 났을 때
(2) 급수내관이 스케일로 막혔을 때
(3) 수위 검출기가 이상이 있을 때
(4) 증기 취출량이 과대한 경우
(5) 급수탱크내 수량이 부족한 경우
(6) 수위제어장치의 기능 불량
(7) 캐리오버 발생시
(8) 수면계 지시불량으로 수위를 오판한 경우

25 신축이음

열팽창으로 인한 배관의 신축을 흡수하기 위해

(1) 루우프형
   ① 만곡형, 신축곡관형이라 한다.
   ② 고압증기의 옥외배관에 사용
   ③ 응력이 생김
   ④ 곡률반경은 관지름의 6배 이상
   ⑤ 도시기호 :

(2) 슬리이브형
   ① 미끄럼형, 슬라이드형이라 한다.
   ②

(3) 벨로우즈형
   ① 펙레스 신축이음, 주름통식, 파상형
   ② 응력이 생기지 않음

(4) 스위블형
   ① 지블이음, 지웰이음이라 한다.
   ② 방열기용
   ③ 2개이상의 엘보우를 사용시공
   ④ 나사의 회전에 의해 신축 흡수

26 스케일의 영향

① 전열면 국부과열로 인한 파열사고의 우려가 있다.
② 열전도율 저하
③ 관수순환 불량
④ 연료소비량 증대
⑤ 배기가스 온도 상승
⑥ 통수공 차단

27 탈기장치

급수중의 용존산소를 제거하여 보일러 내부 및 응축수배관의 부식을 방지하고 증기속에 산소가 섞여 응축되지 않고 존재하여 증기압력과 온도에 영향을 주는것 방지

[종류]
① 막식 탈기장치　　　　② 가열 탈기장치
③ 진공 탈기장치

28 수압시험 방법

(1) 규정된 시험수압에 도달된 후 30분경과 후 검사
(2) 수압시험은 규정된 압력의 6%이상 초과금지

29 안전저수위

(1) 입형횡관보일러 : 화실천정판 최고부위 75mm
(2) 입형연관보일러 : 화실관판최고부위 연관길이 $\frac{1}{3}$
(3) 횡연관식 : 최상단 연관 최고부위 75mm
(4) 노통보일러 : 노통최고부위 100mm
(5) 노통연관보일러
　　① 연관이 높은 경우 : 최상단 부위 75mm
　　② 노통이 높은 경우 : 노통최상단 부위 100mm

30 급수내관(Distributing pipe)

보일러내부에 급수를 행하는 관

(1) 설치위치 : 안전저수위 50mm하부
(2) 설치잇점
　　① 집중급수를 피함으로서 동내 부동팽창방지
　　② 급수가 이루어지면서 예열하게 되어 열응력발생 방지
　　③ 수면부이하에서 급수가 행해지기 때문에 수격작용 방지
(3) 보일러 동내부에 설치되는 장치
　　① 급수내관　　　　② 기수분리기
　　③ 비수방지관　　　④ 수면분출장치
　　⑤ 버팀(스테이)

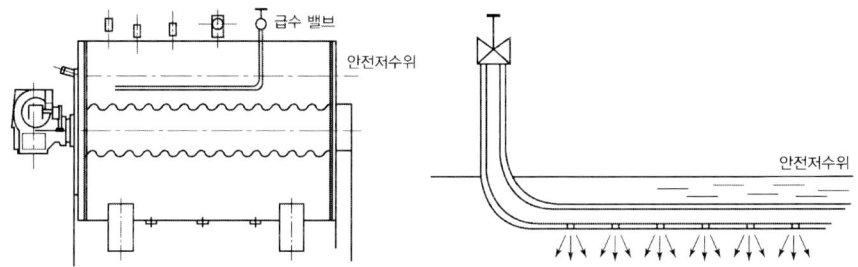

31 감압밸브

(1) 설치목적

　① 고압의 증기를 저압의 증기로 사용

　② 항상 부하측의 압력을 일정하게 유지

　③ 고압과 저압을 동시 사용

(2) 종류

　① 벨로우즈형

　② 다이어프램형

　③ 피스톤형

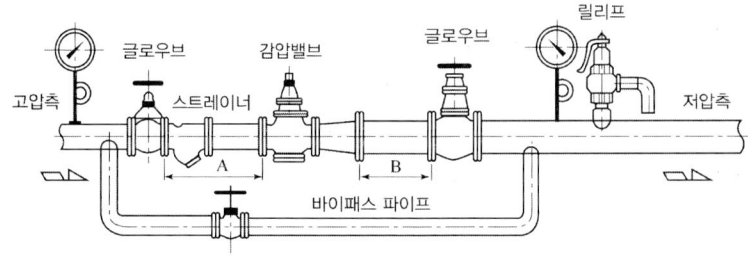

32 과열기(super heater)

(1) 특징

　① 열효율을 증가시키기 위한 장치

　② 적은양의 증기로 많은 열을 얻을 수 있다.

　③ 고온부식 발생

　④ 마찰저항 감소

　⑤ 관내부식 및 워터햄머방지

(2) 과열기의 종류

　① 열가스흐름에 의한 분류

　　㉠ 병류형 : 열가스흐름과 증기의 방향이 같음

　　　　ⓒ 향류형 : 열가스흐름과 증기의 방향이 다름
　　　　ⓒ 혼류형
　　② 열가스 접촉에 의한 분류
　　　　㉠ 접촉과열기(대류과열기)
　　　　ⓒ 복사과열기(방사과열기)
　　　　ⓒ 접촉, 복사과열기(대류, 방사과열기)

33 비수현상시조치
(1) 연소량을 가볍게 한 뒤 밸브를 닫아 수위안정도모
(2) 관수일부교환
(3) 원인을 알아내어 제거
(4) 계기류의 통수공들의 막힘을 시험

34 보일러가동전 준비사항
(1) 신설보일러
　　① 노 및 연도내의 점검
　　② 내부점검
　　③ 부속품의 정비상황점검
　　④ 부속장치의 점검
　　⑤ 자동제어장치의 점검
　　⑥ 소다보링 : 설치제작 시 부착된 페인트, 유지, 녹 등을 제거하기 위해 동내부에 소다계통의 약액을 주입하여 0.03~0.05MPa의 압력으로 2~3일간 끓여 반복분출

(2) 사용중인 보일러의 점화전 점검사항
　　① 자동제어장치의 점검
　　② 연료 및 연소상치의 점검
　　③ 분출 및 분출장치의 점검
　　④ 수위점검
　　⑤ 프리퍼지, 포스트퍼지 점검
　　　　*프리퍼지(pre-purge) : 점화 전 댐퍼를 열고 연소실, 연도내의 미연소가스를 송풍기를 이용 취출시키는 것
　　　　*포스트퍼지(post-purge) : 점화 후 댐퍼를 열고 연소실, 연도내의 미연소가스를 송풍기를 이용 취출시키는 것

*점화시 주의사항
(1) 점화는 1회에 이루어질 수 있도록 화력이 큰 불씨를 사용
(2) 연료배관 계통의 누설유무를 정기적으로 할 수 있어야 한다.(비눗물 사용)

35 육안관찰을 통한 연소상태의 판단

공기비	화염의 색	연기색
공기비 부족의 연소	어두운색	흑색
공기비적당	오렌지색	담백색
공기비 과대연소	백색	백색

36 외부청소 방법
(1) 스팀쇼킹법 (2) 워터쇼킹법
(3) 수세법 (4) 샌드블로우법

37 중화방청제
① 가성소다 ② 탄산소다
③ 인산소다 ④ 암모니아
⑤ 히드라진

38 물의 일반적 성질
(1) 표준대기압하에서 100℃에서 비등하고 0℃에서 얼음이 된다.
(2) 물의 최대밀도는 4℃에서 1g/mL로 가장 무겁다.
(3) 임계압력 22.56MPa, 임계온도 374.15℃
(4) 증발잠열 : 2256kJ/kg이다.

39 보일러 급수로 인한 장해
(1) 스케일생성
(2) 부식사고
(3) 비수현상
(4) 가성취화현상
(5) 농축으로 인한 순환불량

40 수질의 용어

(1) ppm(part's per million) : 용액 1kg중의 용질 1mg함유($\frac{1}{100만}$)

(2) ppb(part's per billion) : 용액 1ton 중의 용질 1mg함유($\frac{1}{10}$억)

(3) epm(equivalent's per million) : 용액 1kg중의 용질 1mg당량 함유

(4) DO(용존산소) Dissolved Oxygen

(5) BOD(생물학적 산소요구량) Biochemical Oxygen Demand
 BOD가 많으면 수중유기물이 많은 것

(6) 경도(Hardness)
 ① 수중의 칼슘(Ca), 마그네슘(Mg) 염류에 기인한다.
 ② 영구경도와 일시경도를 합하여 총경도라 하고 단위는 $CaCO_3$로 환산하여 ppm으로 환산

41 5대불순물과 장해

(1) **염류** : 황산염, 규산염, 탄산염(스케일의 원인)
(2) **알카리분** : 급수계통부식
(3) **산분** : pH저하로 전면식
(4) **유지분** : 포밍, 프라이밍, 과열
(5) **가스분** : O_2, CO_2, N_2, H_2S(부식의 주요원인)

42 슬러지의 주성분

(1) 탄산염
(2) 수산화물
(3) 산화철

43 추치제어 방식

목표값이 변화되는 값으로 목표값을 측정하면서 제어 목표량을 목표값에 맞추는 제어

(1) 캐스케이드 제어 : 1차제어장치가 제어명령을 발하고 2차제어장치가 이 명령을 바탕으로 제어량 조절
(2) 프로그램 제어 : 목표값이 시간에 따라 미리결정된 일정한 제어
(3) 추종제어 : 목표값이 시간에 따라 임의로 변화되는 값
(4) 비율제어 : 2개 이상의 제어값의 값이 정해진 비율을 보유하여 제어

44 제어방식

① 연속동작
  ㉠ P동작(비례동작)
    ⓐ 잔류편차 허용될 때 사용
    ⓑ 조작량은 제어 편차의 변화속도에 비례한 동작
    ⓒ 부하변화가 적은 프로세스에 사용
    ⓓ 부하가 변화하는 등의 외란이 있으면(off - set : 잔류편차)생김
  ㉡ I동작(적분동작)
    ⓐ 잔류편차 허용되지 않을 때 사용
    ⓑ 제어의 안정성이 떨어지고 일반적으로 진동함
  ㉢ D동작(미분동작)
    ⓐ 편차가 변화하는 속도에 비례해서 조작량 가감
    ⓑ 일반적으로 진동이 제어되어 빨리 안정
② 불연속 동작(on - off 동작이라고도 함)
  ㉠ 이위치동작 : 조작량이 정해진 두 값 중 하나를 취하여 밸브가 열리고 닫히는 이위치제어
  ㉡ 다위치동작 : 동작신호의 크기에 따라 조작량이 셋 이상의 정해진 값 중 하나를 취하는 것
  ㉢ 불연속 속도 조작

45 조작량의 변화

① 비례동작 :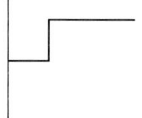
② 적분동작 :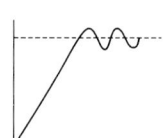
③ 미분동작 :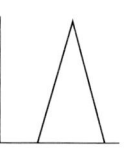
④ PI동작 :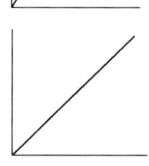
⑤ PID 동작 :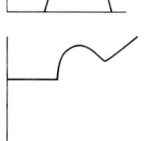
⑥ PD 동작 :

45 제어량과 조작량의 관계

제어	제어량	조작량
STC(증기온도제어)	과열증기온도	전열량
FWC(급수제어)	보일러수위	급수량
ACC(자동연소제어)	증기압력계제어	연료량, 공기량
	노내압력계제어	연소가스량, 송풍량

46 수위제어방식

(1) 1요소식 : 수위량

(2) 2요소식 : 수위, 증기량

(3) 3요소식 : 수위, 증기, 급수량

47 피드백제어

① 피드백 제어(feed-back control system) : 자동제어방식의 기본적인 것으로 신호에 의하여 주어진 목표값과 조작한 결과인 제어량이 원인이 되어 제어동작을 되돌려 진행하는 것으로 출력측의 신호를 입력측으로 돌려보내는 조작으로 폐회로를 구성한다(보일러의 기본제어이다).

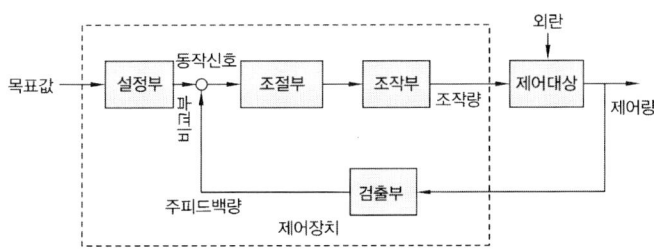

<피드백 제어장치 회로>

㉠ 제어량 : 제어대상에 대한 전체량 가운데 제어코자하는 목적의 량

㉡ 제어대상 : 제어를 행하려는 대상물

㉢ 목표값 : 제어의 출력이 소정의 값을 만족하도록 목표를 세운 외부에서 주어진 값

㉣ 검출부 : 제어대상으로부터 압력이나 온도, 유량 등의 제어량을 검출하여 신호로 만드는 역할을 하는 부분

㉤ 조절부 : 동작신호를 받아 규정된 동작을 하기 위해 조작신호를 만들어 조작부로 보내는 부분

㉥ 조작부 : 실제의 제어대상에 그 역할을 하는 부분으로 조작신호를 받아서 조작량으로 변환한다.

ⓢ 외란 : 제어계를 혼란시키는 외적작용으로 가스유량, 탱크주위온도, 가스공급압, 공급온도 및 목표값 변경 등의 변화를 말한다.
ⓞ 기준입력 : 목표값과 피드백신호를 비교하기 위하여 주피드백신호와 같은 종류의 신호로 목표값을 변화시켜 제어계의 폐쇄 루프에 입력하는 입력신호를 말한다.
ⓩ 동작신호 : 주피드백량과 기준입력을 비교하여 얻어 들여진 편차량신호를 말하는 것으로 조절부의 입력이 되는 것이다.

48 인터록 제어 : 구비조건이 맞지 않을 때 그 조건이 충족될 때까지 다음 단계를 정지시키는 것
① 저수위 인터록
② 저연소 인터록
③ 불착화 인터록
④ 압력초과 인터록
⑤ 프리퍼지 인터록

49 자동제어계에서 제어량의 성질에 따른 분류
① 서보기구 : 제어량이 물체의 위치, 방위, 자세 혹은 그 변화로서 있을때의 피드백제어를 총칭(예 : 항공기의 방향제어, 레이더의 방향 및 선박)
② 프로세스제어 : 도시가스공업, 석유공업, 화학공업 등의 프로세스 공업에 있어서 제품처리를 할 때의 상태량(온도, 압력, 유량, 농도, 점도, 습도, 액면)
③ 자동조정 : 부하의 전류, 전압, 전력, 주파수 등의 제어원동기가 전동기의 속도제어 및 발전기의 전압, 전류 등의 제어에 사용
④ 다변수제어

50 신호전달방식의 종류와 특징
① 공기압 신호전송
  ㉠ 사용조작압력은 $0.2 \sim 1[kg/cm^2]$이다.
  ㉡ 신호전달거리가 $100 \sim 150[m]$ 정도이다.
  ㉢ 온도제어 등에 적합하고 위험이 적다.
  ㉣ 배관이 용이하고 보존이 쉽다.
  ㉤ 내열성이 우수하나 압축성이므로 신호전달에 지연이 된다.
  ㉥ 희망특성을 살리기 어렵다.

② 유압식 신호전송
- ㉠ 사용유압은 0.2~1[kg/cm^2]이다.
- ㉡ 신호전달거리가 300[m] 정도이다.
- ㉢ 높은 유압이 필요하다.
- ㉣ 인화 위험성이 많다.

③ 전기식 신호전송
- ㉠ 사용전류는 4~30[mA] 또는 10~50[mADC]의 전류를 통일신호로 한다.
- ㉡ 신호전달거리는 0.3~10[km]까지 가능하다.
- ㉢ 신호전달의 지연이 없고 배선이 용이하다.
- ㉣ 대규모 조작력이 필요한 경우에 사용된다.
- ㉤ 높은 기술을 요하며 가격이 비싸다.

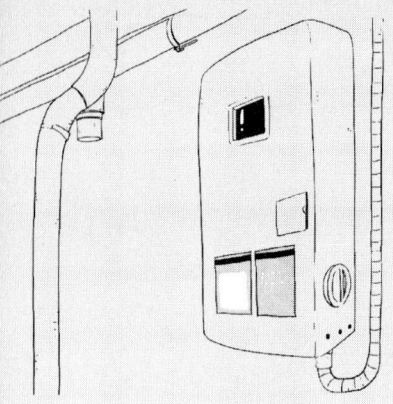

제 3 과목

열설비 운전 문제

01 운전조건에 따른 보일러효율에 대한 설명으로 틀린 것은?
① 전부하 운전에 비하여 부분부하 운전시 효율이 좋다.
② 전부하 운전에 비하여 과부하 운전시에는 효율이 낮아진다.
③ 보일러의 배기가스온도가 높아지면 열손실이 커진다.
④ 보일러의 운전효율을 최대로 유지하려면 효율부하곡선이 평탄한 것이 좋다.

해설
전부하운전효율이 부분부하 운전효율보다 좋다.

02 제어동작 중 비례 적분 미분동작을 나타내는 기호는?
① PID
② PI
③ P
④ on-off

해설
① P동작(비례동작)
② I동작(적분동작)
③ D동작(미분동작)
④ PI동작(비례, 적분동작)
⑤ PD동작(비례, 미분동작)
⑥ PID동작(비례, 적분, 미분동작)

03 장치내에서 공급된 열량중에서 그 열을 유효하게 이용한 열량과의 비율을 나타낸 것은?
① 열정산
② 발열량
③ 유효출혈
④ 열효율

정답 01 ① 02 ① 03 ④

04 다음 중 측정제어 방식이 아닌 것은?

① 캐스케이드제어 ② 비율제어
③ 시퀀스제어 ④ 프로그램제어

> **해설**
> 추치제어방식 : 목표값이 변화되는 값으로 목표값을 측정하면서 제어목표량을 목표값에 맞추는 제어
> ① 캐스케이드제어 : 1차제어장치가 제어명령을 발하고 2차제어장치가 이 명령을 바탕으로 제어량 조절
> ② 프로그램제어 : 목표값이 시간에 따라 미리결정된 일정한 제어
> ③ 추종제어 : 목표값이 시간에 따라 임의로 변화되는 값
> ④ 비율제어 : 2개이상의 제어값의 값이 정해진 비율을 보유하여 제어

05 보일러 자동제어인 연소제어에서 조작량에 해당되지 않는 것은? ④

① 연료량 ② 연소가스량
③ 공기량 ④ 전열량

> **해설**
> 보일러 자동제어에서 제어량과 조작량의 관계
>
> | 제어 | 제어량 | 조작량 |
> |---|---|---|
> | STC | 과열증기온도 | 전열량 |
> | FWC | 보일러수위 | 급수량 |
> | ACC | 증기압력계제어
노내압력계제어 | 연료량, 공기량, 연소가스량, 송풍량 |

06 계측기의 보존관의 사항에 해당되지 않는 것은?

① 정기점검과 일상점검 ② 정기적인 계측기의 교체
③ 보존요원의 교육 ④ 계측기의 시험 및 교정

> **해설**
> 계측기의 보전관리사항
> ① 계측기의 시험 및 교정
> ② 보존요원의 교육
> ③ 정기점검과 일상점검

07 도시가스 공급설비인 정압기의 기능을 바르게 설명한 것은?

① 1차압력을 일정하게 유지
② 2차압력을 일정하게 유지
③ 1차압력과 2차압력을 모두 일정하게 유지
④ 1차압력과 2차압력의 합을 일정하게 유지

해설
정압기의 기능 : 1차압력 및 2차압력의 부하유량의 변동에 관계없이 2차압력을 일정하게 유지

08 신축이음 중 온수 혹은 저압증기의 배관분기관 등에 사용되는 것으로 2개이상의 엘보우를 사용하는 것으로 나사맞춤부의 작용에 의하여 신축을 흡수하는 것은?

① 벨로우즈이음 ② 슬리브이음
③ 스위블이음 ④ 신축곡관이음

해설
신축이음
① 루우프형
 ㉠ 신축곡관형, 만곡형이라 한다.
 ㉡ 고압증기의 옥외배관에 사용
 ㉢ 응력이 생긴다.
 ㉣ 곡률반경 관 지름의 6배 이상
② 슬리이브형
③ 벨로우즈형
 ㉠ 펙레스신축이음, 주름통식, 파상형
 ㉡ 응력이 생기지 않음
④ 스위블형
 ㉠ 지블, 지웰이음
 ㉡ 방열기용
 ㉢ 2개이상의 엘보우를 사용시공
 ㉣ 나사의 회전에 의해 신축흡수

정답 07 ② 08 ③

09 증기와 응축수의 온도차이를 이용한 증기트랩은 무엇인가?

① 디스크식   ② 상향버킷식
③ 부자식   ④ 바이메탈식

해설
증기트랩의 종류
① 기계적트랩 : 포화수와 포화증기의 비중차 이용
[종류]
㉠ 버킷트 트랩(상향, 하향)
㉡ 부자식 트랩(플로우트 트랩)

② 온도조절 트랩 : 포화수와 포화증기의 온도차 이용
[종류]
㉠ 바이메탈   ㉡ 벨로우즈   ㉢ 열동식

③ 열역학적트랩 : 포화수와 포화증기의 열역학적 특성차
[종류]
㉠ 오리피스   ㉡ 디스크

10 보일러 응축수를 회수하여 재사용하는 이유로서 가장거리가 먼 것은?

① 용수비용 절감   ② 보일러효율향상
③ 절탄기사용억제   ④ 보일러 급수질 향상

해설
보일러응축수를 회수하여 재사용하는 이유
① 보일러효율향상   ② 용수비용절감
③ 보일러급수질향상   ④ 연료소비량감소

11 다음 A, B에 들어갈 안지름 크기로 맞는 것은 무엇인가?

> 압력계와 연결된 증기관은 최고사용압력에 견디는 것으로 그 크기는 황동관 또는 동관을 사용할 때는 안지름 (A)mm이상 강관을 사용할 때 (B)mm이상이어야 한다.

① A=6.5, B=12.7   ② A=8.5, B=13.7
③ A=5.5, B=11.8   ④ A=4.8, B=10.7

해설
압력계 안지름
① 동관 : 6.5mm이상(온도가 210℃이상시 사용금지)
② 강관 : 12.7mm 이상

정답 09 ④ 10 ③ 11 ①

12 보일러 본체의 구조에 따라 분류한 방법으로 가장 옳은 것은 무엇인가?
① 연관보일러, 원통보일러, 수관보일러
② 원통보일러, 수관보일러, 특수보일러
③ 노통보일러, 수관보일러, 관류보일러
④ 연관보일러, 수관보일러, 관류보일러

> 해설
>
> 보일러를 본체구조에 따른 분류
> ① 원통형 보일러
> ② 수관식 보일러
> ③ 특수보일러

13 특수유체보일러에 사용되는 열매체의 종류가 아닌 것은 무엇인가?
① 모빌썸
② 다우삼
③ 바아크
④ 카네크롤

> 해설
>
> 특수열매체 보일러의 특징
> ① 모빌섬 ② 수은 ③ 다우삼 ④ 카네크롤 ⑤ 세큐리티53

14 보일러에서 보염장치를 설치하는 목적이 아닌 것은?
① 연소 화염을 안정시킨다.
② 안정된 착화를 도모한다.
③ 연소가스 체류 시간을 짧게 해 준다.
④ 저공기비 연소를 가능하게 한다.

> 해설
>
> 보염장치 : 착화와 연소화염을 안정시키고 공기와 연료의 혼합을 도모케하여 저공기비 연소를 하게 하는 장치
> ① 설치목적
>   ㉠ 화염의 형상 조절
>   ㉡ 안정된 착화를 도모한다.
>   ㉢ 연료의 분무를 돕고 공기와의 혼합을 양호하게 한다.
>   ㉣ 연소가스의 체류시간을 지연시켜 돕는다.
>   ㉤ 연소실의 온도분포를 고르게하고 국부과열 방지
> ② 종류
>   ㉠ 버너타일
>   ㉡ 스테빌라이져
>   ㉢ 윈드박스
>   ㉣ 콤버스터

15 보일러의 동판에 점식(Pitting)이 발생하는 가장 큰 원인은?
① 급수 중에 포함되어 있는 산소 때문
② 급수 중에 포함되어 있는 탄산칼슘 때문
③ 급수 중에 포함되어 있는 인산마그네슘 때문
④ 급수 중에 포함되어 있는 수산화나트륨 때문

해설
용존산소 : 점식
산분 : 전면식

16 사용중인 보일러의 점화 전 점검 또는 준비사항이 아닌 것은?
① 수위와 압력확인　② 노벽 및 내화물의 건조
③ 노내의 환기, 송풍확인　④ 부속장치 확인

해설
점화전 점검사항
① 자동제어장치의 점검
② 연료 및 연소장치의 점검
③ 분출 및 분출장치의 점검
④ 수위점검
⑤ 프리퍼지 및 포스트퍼지 점검

17 보일러 본체가 과열되는 원인이 아닌 것은?
① 보일러 동 내부에 스케일이 부착한 경우
② 안전수위 이상으로 급수한 경우
③ 국부적으로 심하게 복사열을 받는 경우
④ 보일러수의 순환이 좋지 않은 경우

해설
과열의 원인
① 이상감수
② 전열면의 국부과열
③ 관수농축시
④ 관수의 순환불량
⑤ 스케일 생성

정답 15 ① 16 ② 17 ②

18 급수용으로 사용되는 표준대기압하에서 물의 일반적인 성질 중 맞지 않은 것은 무엇인가?

① 응고점은 100℃이다.　　② 임계압력은 22MPa이다.
③ 임계온도는 374℃이다.　④ 증발잠열은 539kcal/kg이다.

> **해설**
> ① 비등점 : 100℃
> ② 어는점(빙점) : 0℃
> ③ 임계압력 : 22.65 MPa
> ④ 임계온도 : 374.15℃
> ⑤ 증발잠열 : 539 kcal/kg(2256kJ/kg)

19 보일러 급수 중 철염이 함유되어 있는 경우 처리하는 방법으로 가장 적합한 것은?

① 기폭법　　　② 탈기법
③ 가열법　　　④ 이온교환법

> **해설**
> 외처리법
> ① 용존산소제거법
> 　㉠ 탈기법 : CO_2, O_2가스체 제거
> 　㉡ 기폭법 : Fe, Mn제거
> ② 현탁질 고형물 제거법
> 　㉠ 침전법 ㉡ 여과법 ㉢ 응집법
> ③ 용해 고형물 제거법
> 　㉠ 이온교환법 ㉡ 약제법 ㉢ 증류법

20 보일러 운전이 끝난 후 노내 및 연도에 체류하고 있는 가연성가스를 취출시키는 작업은?

① 분출작업　　② 댐퍼작동
③ 프리퍼지　　④ 포스트퍼지

> **해설**
> ① 프리퍼지(pre-purge) : 점화전 댐퍼를 열고 연소실이나 연도내의 미연소가스를 송풍기를 이용 내보내는 것
> ② 포스트퍼지(post-purge) : 점화후 댐퍼를 열고 연소실이나 연도내의 미연소가스를 송풍기를 이용 내보내는 것

정답　18 ①　19 ①　20 ④

21 보일러 이온교환처리시 주의사항으로 틀린 것은?
① 이온교환처리에 앞서 현탁물, 유리염소 등을 제거하여야 한다.
② 강산성 양이온 교환수지의 경우는 수지를 보충할 필요가 있다.
③ 원수에 대하여 수질 감시를 하여야 한다.
④ 처리수의 수질과 수량을 감시하여야 한다.

> **해설**
> 강산성 양이온교환수지의 경우 수지를 보충할 필요가 있다.

22 보일러 청관제 중 슬러지 조정제가 아닌 것은?
① 탄닌 ② 리그닌
③ 전분 ④ 수산화나트륨

> **해설**
> 내처리
> ① pH조정제 : ㉠ 인산소다 ㉡ 암모니아 ㉢ 수산화나트륨
> ② 연화제 : ㉠ 인산소다 ㉡ 탄산소다 ㉢ 수산화나트륨
> ③ 탈산소제 : ㉠ 탄닌 ㉡ 아황산소다 ㉢ 히드라진
> ④ 슬러지 조정제 : ㉠ 리그닌 ㉡ 녹말(전분) ㉢ 탄닌
> ⑤ 가성취화방지제 : ㉠ 리그닌 ㉡ 황산소다 ㉢ 탄산소다

23 보일러 관수처리가 부적당할 때 나타나는 현상으로 가장 거리가 먼 것은?
① 잦은 분출로 열손실이 증대된다.
② 프라이밍이나 포밍이 발생한다.
③ 보일러수가 농축되는 것을 방지한다.
④ 보일러 판과 관에 부식을 일으킨다.

> **해설**
> 관수처리 부족시 나타나는 현상
> ① 열손실증대
> ② 프라이밍, 포밍 발생 방지
> ③ 슬러지, 스케일 생성 방지
> ④ 부식방지
> ⑤ 가성취화방지

정답 21 ② 22 ④ 23 ③

24 증기보일러의 과열소손 방지대책이 아닌 것은?
① 보일러 수위를 이상 저하시키지 말 것
② 보일러수를 과도하게 농축시키지 말 것
③ 보일러수 중에 유지를 혼입시키지 말 것
④ 화염을 국부적으로 집중시킬 것

해설
화염을 국부적으로 집중시키지 말 것

25 보일러에서 증기를 송기할 때의 조작방법으로 틀린것은 무엇인가?
① 증기헤더의 드레인 밸브를 열어 응축수를 배출한다.
② 주증기관 내에 관을 따뜻하게 하기 위해 다량의 증기를 급격히 보낸다.
③ 주증기 밸브의 열림 정도를 단계적으로 한다.
④ 주증기 밸브를 완전히 연 다음 약간 되돌려 놓는다.

해설
주증기 밸브는 5분 이상 만개한다.

26 검출기에서 검출한 신호를 증폭하거나 다른 신호로 변화시켜 전달시키는 제어기기를 무엇이라 하는가?
① 조작부
② 조절부
③ 증폭기
④ 전송기

해설
① 전송기 : 검출기에서 검출한 신호를 증폭하거나 다른 신호로 변화시켜 전달시키는 제어기기
② 조작부 : 조절부에서 나오는 신호를 조작량으로 변환시켜 제어대상에 조작을 가하는 부분

27 여러가지 주파수의 정현파를 입력신호로 하여 출력의 진폭과 위상각의 지연으로부터 계의 동특성을 규명하는 방법은?
① 시정수
② 프로그램제어
③ 주파수응답
④ 비례제어

해설
① 시정수 : 스텝 입력에 대한 출력이 최종값의 63.2에 달하는 시간
② 주파수응답 : 여러가지 주파수의 정현파를 입력신호로 하여 출력의 진폭과 위상각의 지연으로 부터 계의 동특성을 구명하는 방법

정답 24 ④ 25 ② 26 ④ 27 ③

28 입형보일러의 특징 설명으로 틀린 것은?
① 설치면적이 적다.　　② 설치가 간편하다.
③ 전열면적이 적다.　　④ 열효율이 좋고 부하능력이 크다.

> **해설**
> 입형보일러의 특징
> ① 소용량 저압용이다.　　② 설치면적이 적다.
> ③ 열효율이 낮다.　　④ 전열면적이 작다.
> ⑤ 구조가 간단하다.

29 다음 중 관류보일러로 맞는 것은?
① 슐저(sulzer)보일러　　② 라몬트(Lamont)보일러
③ 벨록스(Velox)보일러　　④ 타꾸마(Takuma)보일러

> **해설**
> 관류보일러의 종류
> ① 슐저 ② 옛모스 ③ 벤숀 ④ 람진 ⑤ 가와사키

30 2개의 증기드럼 하부에 하나의 물 드럼을 배치하고 삼각형 순환도를 형성하는 급경사 곡관형 보일러는?
① 가르베보일러　　② 야로보일러
③ 스털링보일러　　④ 타쿠마보일러

31 보일러의 고온부식 방지대책으로 틀린 것은?
① 회분 개질제를 첨가하여 바나듐의 융점을 낮춘다.
② 연료 중의 바나듐의 성분을 제거한다.
③ 고온가스 접촉하는 부분에 보호막을 입힌다.
④ 연소가스 온도를 바나듐의 융점온도 이하로 유지한다.

> **해설**
> 고온부식 방시대책
> ① 연료중의 바나듐 제거
> ② 회분개질제를 사용하여 회분융점 높혀 고온부식 방지
> ③ 고온의 전열면 표면에 보호피막을 입힌다.
> ④ 고온의 전열면 표면에 방청도장을 입힌다.
> ⑤ 첨가제 사용한다(돌로마이트 알루미늄 분말)
> ⑥ 양질의 연료를 선택한다.

정답 28 ④　29 ①　30 ③　31 ①

32 보일러의 만수보존을 실시하고자 할 때 사용되는 약제가 아닌 것은?
① 가성소다 ② 생석회
③ 히드라진 ④ 아황산소다

해설
만수보존시 첨가약품
① 가성소다
② 아황산소다
③ 탄산소다
④ 히드라진

33 과열기의 종류 중 열가스흐름에 분류가 아닌 것은?
① 병류형 ② 대류형
③ 혼류형 ④ 향류형

해설
열가스 흐름에 의한 분류
① 병류형 ② 향류형 ③ 혼류형

34 어떤 보일러의 허용농도가 500ppm이고 급수량이 1일 50톤이며 급수중의 고형물 농도가 20ppm일 때 분출률은 얼마인가?
① 2.4% ② 3.2%
③ 4.2% ④ 5.4%

해설
$$분출율 = \frac{a}{r-a} \times 100 = \frac{20}{500-20} \times 100 = 4.16\%$$

35 잔류편차를 남기기 때문에 단독으로 사용하지 않고 다른 동작과 결합시켜 사용되는 것은?
① D동작 ② P동작
③ I동작 ④ PI동작

해설
연속동작
① P동작(비례동작) : 잔류편차 남는 동작
② I동작(적분동작) : 잔류편차 남지 않는 동작
③ D동작(미분동작) : 편차변화속도에 비례하여 조작량 가감

정답 32 ② 33 ② 34 ③ 35 ②

36 증기발생을 위해 쓰인 열량과 보일러에 공급된 열량의 비를 무엇이라 하는가?
① 전열면 열부하
② 보일러효율
③ 증발계수
④ 전열면증발율

해설

보일러효율 $= \dfrac{G \times (h'' - h')}{G_f \times H_l} \times 100$

$= \dfrac{G_e \times 539}{G_f \times H_l} \times 100$

$= \dfrac{G \times C \times \triangle t}{G_f \times H_l} \times 100$

$= \dfrac{난방부하}{G_f \times H_l} \times 100$

여기서, G(kg/h) : 실제증발량
h''(kJ/kg) : 발생증기엔탈피
h'(kJ/kg) : 급수엔탈피
G_f(kg/h) : 연료소비량
H_l(kJ/kg) : 저위발열량
G_e(kg/h) : 상당증발량
C(kJ/kg°C) : 비열(4.2kJ/kg°C)

37 어떠한 조건이 충족되지 않으면 다음 동작을 저지하는 제어방법은 무엇인가?
① 인터록제어
② 피드백제어
③ 자동연소제어
④ 시퀀스제어

해설

인터록제어 : 구비조건이 맞지 않을 때 그 조건이 충족될 때까지 다음 단계를 정지시키는 것
① 저수위 인터록
② 저연소 인터록
③ 불착화 인터록
④ 압력초과 인터록
⑤ 프리퍼지 인터록

38 보일러에 진동이 있거나 충격이 가해져도 안전하게 작동하는 안전밸브는?
① 추식안전밸브
② 레버식안전밸브
③ 지렛대식 안전밸브
④ 스프링식 안전밸브

정답 36 ② 37 ① 38 ④

39 화학세관에 사용하는 유기산에 해당하는 것은?
① 인산
② 초산
③ 구연산
④ 포름알데히드

> **해설**
> ① 유기산 : ㉠ 구연산 ㉡ 하트록산 ㉢ 옥살산 ㉣ 설파민산 ㉤ 초산 ㉥ 포름알데히드
> ② 무기산 : ㉠ 인산 ㉡ 염산 ㉢ 황산 ㉣ 질산
> ③ 유기산의 세관 : 90±5°C, 4~6시간
> ④ 무기산의 세관 : 60±5°C, 4~6시간

40 보일러 급수에 포함되는 불순물 중 경질스케일을 만드는 물질은?
① 황산칼슘($CaSO_4$)
② 탄산칼슘($CaCO_3$)
③ 탄산마그네슘($MgCO_3$)
④ 수산화칼슘($Ca(OH)_2$)

> **해설**
> 경질스케일의 원인
> ① 황산칼슘, 규산칼슘
> ② 황산마그네슘, 실리카
> 연질스케일의 원인
> ① 탄산칼슘
> ② 인산칼슘
> ③ 탄산마그네슘
> ④ 산화철

41 포밍과 프라이밍이 발생시 나타나는 현상이 아닌 것은?
① 캐리오버 현상이 일어난다.
② 수격작용이 발생할 수 있다.
③ 수면계 수위 확인이 곤란하다.
④ 수위가 급히 올라가고 고수위 사고의 위험이 있다.

> **해설**
> 프라이밍 포밍발생시 나타나는 현상
> ① 수면계 수위 확인 곤란
> ② 수격작용 발생
> ③ 캐리오버 현상 발생
> ④ 배관 부식 발생
> ⑤ 증기열량 감소

42 보일러 점화 전 역화의 폭발을 방지하기 위하여 다음 중 가장 먼저 취해야 할 조치는?
① 포스트 퍼지를 실행한다.
② 화력의 상승속도를 빠르게 한다.
③ 댐퍼를 열고 체류가스를 배출시킨다.
④ 연료의 점화가 빨리 그리고 신속하게 전파되도록 한다.

43 보일러 연소시 고온부식의 주된 원인이 되는 성분은?
① 황   ② 질소
③ 탄소   ④ 바나듐

[해설]
고온부식의 원인 : V, V_2O_5
저온부식의 원인 : S, SO_2, SO_3, H_2SO_4

44 자동제어장치에서 조절계의 종류에 속하지 않는 것은?
① 공기압식   ② 전기식
③ 유압식   ④ 증기식

[해설]
신호전송방법
① 공기압 신호전송
  ㉠ 사용조작압력은 0.2~1[kg/cm²]이다.
  ㉡ 신호전달거리가 100~150[m] 정도이다.
  ㉢ 온도제어 등에 적합하고 위험이 적다.
  ㉣ 배관이 용이하고 보존이 쉽다.
  ㉤ 내열성이 우수하나 압축성이므로 신호전달에 지연이 된다.
  ㉥ 희망특성을 살리기 어렵다.
② 유압식 신호전송
  ㉠ 사용유압은 0.2~1[kg/cm²]이다.
  ㉡ 신호전달거리가 300[m] 정도이다.
  ㉢ 높은 유압이 필요하다
  ㉣ 인화 위험성이 많다.
③ 전기식 신호전송
  ㉠ 사용전류는 4~30[mA] 또는 10~50[mADC]의 전류를 통일신호로 한다.
  ㉡ 신호전달거리는 0.3~10[km]까지 가능하다.
  ㉢ 신호전달의 지연이 없고 배선이 용이하다.
  ㉣ 대규모 조작력이 필요한 경우에 사용된다.
  ㉤ 높은 기술을 요하며 가격이 비싸다.

[정답] 42 ③ 43 ④ 44 ④

45 보일러의 용량 표시방법과 관계가 없는 것은?
① 상당증발량　　　　② 전열면적
③ 보일러마력　　　　④ 연료소비량

> 해설
>
> 보일러의 용량표시 방법
> ① 정격출력　　　　② 정격용량
> ③ 보일러마력　　　④ 상당증발량
> ⑤ 전열면적　　　　⑥ 상당방열면적

46 보일러 수위검출 및 조절을 위해 사용되는 장치 중 코프스식이 적용되는 방식은?
① 전극식　　　　　② 차압식
③ 열팽창식　　　　④ 부자식

> 해설
>
> 수위검출기의 종류
> ① 부자식(플로우트식)
> ② 자석식
> ③ 전극식
> ④ 열팽창식(코프스식, 금속관의 열팽창이용)

47 수관식보일러의 특징이 아닌 것은?
① 부하변동에 따른 압력변화가 적다.
② 전열면적이 크나 보유수량이 적어서 증기발생 시간이 단축된다.
③ 증발량이 많아서 수위변동이 심하므로 급수조절에 유의해야 한다.
④ 고압 대용량에 적합하다.

> 해설
>
> 수관식 보일러의 특징
> ① 고압, 대용량에 적합하다.
> ② 고온, 고압의 증기를 발생, 열의 이용도를 높였다.
> ③ 급수처리가 까다롭다.
> ④ 내부구조가 복잡하여 청소, 검사, 수리곤란
> ⑤ 외분식이어서 연료의 질에 장애를 받지 않는다.
> ⑥ 외분식이어서 노벽, 방산손실이 많다.
> ⑦ 제작이 까다로우며 비용도 많이 든다.
> ⑧ 증발속도가 너무 빨라 습증기 발생의 우려가 있다.
> ⑨ 증발량이 많아서 수위변동이 심하므로 급수조절에 유의
> ⑩ 효율이 90% 이상으로 매우 높다.

정답　45 ④　46 ③　47 ①

48 관류보일러 설계에서 순환비란?
① 순환수량과 포화수량의 비
② 포화수량과 발생증기량의 비
③ 순환수량과 발생증기량의 비
④ 순환수량과 포화증기량의 비

해설
순환비 = $\dfrac{급수량}{증발량}$ = $\dfrac{순환수량}{발생증기량}$

49 증기보일러의 부속장치에 해당되지 않는 것은?
① 급수장치
② 송기장치
③ 통풍장치
④ 팽창장치

해설
부속장치
① 안전장치
② 송기장치
③ 급수장치
④ 예열장치
⑤ 통풍장치

50 특수보일러에 해당되지 않는 것은?
① 벤슨 보일러
② 다우섬 보일러
③ 레플러 보일러
④ 슈미트-하트만 보일러

해설
특수보일러
① 열매체보일러
  ㉠ 모빌섬 ㉡ 수은 ㉢ 다우삼 ㉣ 카네크롤 ㉤ 세큐리티53
② 간접가열보일러
  ㉠ 슈미트 ㉡ 레플러
③ 폐열보일러
  ㉠ 하이내 ㉡ 리히

정답 48 ③ 49 ④ 50 ①

51 보일러 절탄기에 대한 설명으로 옳은 것은?
① 보일러의 연소량을 일정하게 하고 과잉열량을 물에 저장하여 과부하시 증기 방출하여 증기 부족을 보충시키는 장치이다.
② 연소가스의 여열을 이용하여 보일러 급수를 예열하는 장치이다.
③ 연도로 흐르는 연소가스의 여열을 이용하여 연소실에 공급되는 연소공기를 예열시키는 장치이다.
④ 보일러에서 발생한 습포화 증기를 압력은 일정하게 유지하면서 온도만 높여 과열증기로 바꾸어 주는 장치이다.

해설
① 증기축열기 ③ 공기예열기 ④ 과열기

52 보일러 사고에 관한 내용으로 틀린 것은?
① 압궤는 고온의 화염을 받는 전열면이 과열이 지나쳐서 견디지 못하고 안쪽으로 눌리어 오목하게 들어간 현상이다.
② 팽출은 전열면의 과열이 지나쳐 내압력 작용에 견디지 못하고 밖으로 부풀어 나오는 현상이다.
③ 라미네이션은 기포 및 가스구멍이 혼재된 강괴를 압연할 경우 강판 및 강관이 기포에 의해 내부에서 두장으로 분리되는 현상이다.
④ 블리스터는 라미네이션 상태에서 가열이 지나쳐 내부로 오목하게 들어간 현상이다.

해설
라미네이션 상태에서 고온의 열가스 접촉으로 인해 표면이 부풀어 오르는 현상

53 보일러나 배관 내에서 온수의 온도 상승으로 인한 물의 팽창에 따른 위험을 방지하기 위해 설치하는 탱크는?
① 팽창탱크   ② 순환탱크
③ 서지탱크   ④ 압력탱크

해설
팽창탱크 : 체적 팽창이나 이상 팽창압력 흡수
[역할]
① 보충수공급
② 안전밸브역할
③ 온수의 온도를 일정하게 유지

정답 51 ② 52 ④ 53 ①

54 보일러 수면계 유리관의 파손 원인으로 가장 거리가 먼 것은?
① 프라이밍 또는 포밍 현상이 발생한 때
② 수면계의 너트를 너무 무리하게 조인 경우
③ 유리관의 재질이 불량한 경우
④ 외부에서 충격을 받았을 때

> **해설**
> 수면계유리관 파손 원인
> ① 외부에서 충격을 가할 때
> ② 급열, 급냉시
> ③ 유리관의 재질이 불량한 경우
> ④ 수면계의 너트를 너무 무리하게 조인 경우

55 보일러 사고 중 취급상의 원인으로 가장 거리가 먼 것은?
① 압력초과   ② 재료불량
③ 수위감소   ④ 과열

> **해설**
> 취급상의 원인
> ① 과열 ② 저수위 ③ 압력초과 ④ 부식
> 제작상의 원인
> ① 재료불량 ② 용접불량 ③ 강도불량 ④ 구조불량 ⑤ 설계불량

56 다음 중 보일러 내부를 청소 시 사용하는 물질로 가장 적절한 것은?
① 염화나트륨   ② 질소
③ 수산화나트륨   ④ 유황

57 제어대상과 그 제이장치를 짝지은 것 중 틀린 것은?
① 증기압력 제어 : 압력조절기   ② 공기·연료제어 : 모듀트릴모터
③ 연소제어 : 맥도널   ④ 노내압 조절 : 배기댐퍼조절장치

정답 54 ① 55 ② 56 ③ 57 ③

58 프로세스 계 내에 시간지연이 크거나 외란이 심할 경우 조절계를 이용하여 설정점을 작동시키게 하는 제어방식은?

① 프로그램 제어
② 캐스케이드 제어
③ 피드백 제어
④ 시퀀스 제어

해설

(1) 케스케이드 제어
 ① 1차제어장치가 제어명령을 발하고 2차제어 장치가 이 명령을 바탕으로 제어
 ② 프로세스계 내에 시간지연이 크거나 외란이 심할 경우 조절계를 이용하여 설정점을 작동시키는 제어
(2) 피드백 제어 : 출력 측의 신호를 입력측으로 되돌려 정정동작을 하는 제어
(3) 시퀀스 제어 : 처음 정해진 순서에 의해 제어의 각 단계를 순차적으로 제어
(4) 프로그램제어 : 목표값이 시간에 따라 미리 결정된 제어

59 보일러의 형식을 원통형, 수관식, 특수식 보일러로 구분할 때 원통형 보일러로만 구성되어 있는 것은?

① 코르니시 보일러, 베록스 보일러, 슈미트 보일러
② 코르니시 보일러, 코크란 보일러, 케와니 보일러
③ 스코치 보일러, 벤슨 보일러, 슐져 보일러
④ 베록스 보일러, 라몽트 보일러, 슈미트 보일러

해설

보일러의 종류
① 원통형 보일러
 ㉠ 입형 보일러 : 입형연관, 입형횡관, 코크란
 ㉡ 노통 보일러 : 코르니쉬, 랭커셔
 ㉢ 연관 보일러 : 횡연관, 기관차, 케와니
 ㉣ 노통연관 보일러 : 노통연관팩케이지형, 하우덴존슨, 스코치
② 수관식 보일러
 ㉠ 자연순환식 : 바브콕, 쓰네기찌, 타꾸마, 2동D형
 ㉡ 강제순환식 : 베록스, 라몽
 ㉢ 관류식 : 슬쳐어, 옛모스, 벤숀, 람진
③ 특수 보일러
 ㉠ 열매체 B : 모빌섬, 수은, 다우삼, 카네크롤
 ㉡ 간접가열 B : 슈미트, 레플러
 ㉢ 폐열 B : 하이내, 리히

60 관류보일러의 특징에 대한 설명으로 틀린 것은?
① 수관군의 배치가 자유롭다.
② 전열면적당 보유수량이 적어 시동시간이 적다.
③ 부하변동에 따른 압력변화가 적다.
④ 드럼이 없어 순환비가 1이다.

> **해설**
> 관류보일러의 특징
> ① 전열면적당 보유수량이 적어 시동시간이 좋다(짧다).
> ② 수관군의 배치가 자유롭다.
> ③ 내부구조가 복잡해 청소, 검사, 수리곤란
> ④ 가동부하가 짧아 부하측에 대응하기 쉽다.
> ⑤ 고압이므로 증기의 열량이 크다. 고압대용량에 적합, 효율이 좋다.
> ⑥ 급수처리가 까다롭다.
> ⑦ 부하변동에 대한 압력변화가 크다.
> ⑧ 드럼이 없어 순환비 $\left(\dfrac{급수량}{발생증기량}\right)$가 1이다.

61 증기트랩 불량으로 인한 증기누출원인으로 가장 거리가 먼 것은?
① 간헐적 작동
② 밸브개폐불량
③ 오리피스의 고장
④ 트랩작동부의 고장

62 보일러 수처리에서 이온교환체와 관계가 있는 것은?
① 천연산 제오라이트
② 탄산소다
③ 히드라진
④ 황산마그네슘

63 가마울림 현상의 방지 대책이 아닌 것은?
① 2차 공기의 가열, 통풍 조절을 개선한다.
② 연소실과 연도를 개조한다.
③ 수분이 많은 연료를 사용한다.
④ 연소실내에서 완전연소 시킨다.

> **해설**
> 가마울림 현상의 방지 대책
> ① 수분이 적은 연료사용
> ② 연소실내에서 완전연소시킨다.
> ③ 연소실과 연도를 개조한다.
> ④ 2차공기의 가열
> ⑤ 통풍조절개선

정답 60 ③ 61 ④ 62 ① 63 ③

64 아래 자동제어계에 대한 블록선도로부터 ⓐ, ⓑ, ⓒ를 옳게 표기한 것은?

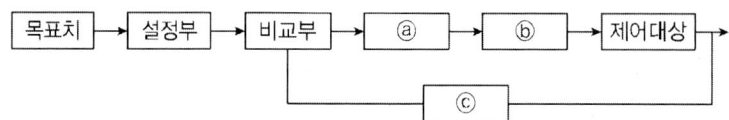

① ⓐ : 조작부, ⓑ : 조절부, ⓒ : 검출부
② ⓐ : 조절부, ⓑ : 조작부, ⓒ : 검출부
③ ⓐ : 조절부, ⓑ : 검출부, ⓒ : 조작부
④ ⓐ : 조작부, ⓑ : 검출부, ⓒ : 조절부

해설

피드백제어
① 피드백 제어(feed-back control system) : 자동제어방식의 기본적인 것으로 신호에 의하여 주어진 목표값과 조작한 결과인 제어량이 원인이 되어 제어동작을 되돌려 진행하는 것으로 출력측의 신호를 입력측으로 돌려보내는 조작으로 폐회로를 구성한다.(보일러의 기본제어이다)

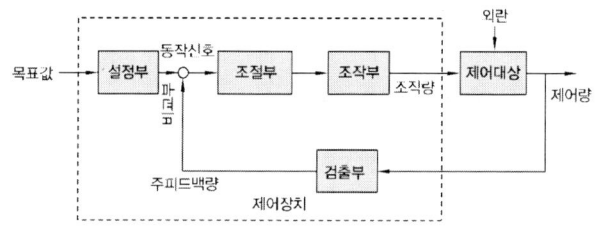

<피드백 제어장치 회로>

㉠ 제어량 : 제어대상에 대한 전체량 가운데 제어코자하는 목적의 량
㉡ 제어대상 : 제어를 행하려는 대상물
㉢ 목표값 : 제어의 출력이 소정의 값을 만족하도록 목표를 세운 외부에서 주어진 값
㉣ 검출부 : 제어대상으로부터 압력이나 온도, 유량 등의 제어량을 검출하여 신호로 만드는 역할을 하는 부분
㉤ 조절부 : 동작신호를 받아 규정된 동작을 하기 위해 조작신호를 만들어 조작부로 보내는 부분
㉥ 조작부 : 실제의 제어대상에 그 역할을 하는 부분으로 조작신호를 받아서 조작량으로 변환한다.
㉦ 외란 : 제어계를 혼란시키는 외적작용으로 가스유량, 탱크주위온도, 가스공급압, 공급온도 및 목표값 변경 등의 변화를 말한다.
㉧ 기준입력 : 목표값과 피드백 신호를 비교하기 위하여 주피드백신호와 같은 종류의 신호로 목표값을 변화시켜 제어계의 폐쇄 루프에 입력하는 입력신호를 말한다.
㉨ 동작신호 : 주피드백량과 기준입력을 비교하여 얻어들여진 편차량신호를 말하는 것으로 조절부의 입력이 되는 것이다.

② 시퀀스제어(sequence control system) : 피드백 제어에 의하지 않고 정해진 순서에 따라 제어 단계를 순차적으로 진행하는 방식

65 자동제어의 특징으로 가장 거리가 먼 것은?
① 생산성이 향상되어 원가 절감이 가능하다.
② 제품의 균일화 등 품질향상을 기할 수 있다.
③ 사람이 할 수 없는 곤란한 작업도 가능하다.
④ 자동화에 의한 안전성 저해와 인건비 증가를 수반한다.

66 보일러 수위 제어용으로 액면에서 부자가 상하로 움직이며 수위를 측정하는 방식은?
① 직관식
② 플로트식
③ 압력식
④ 방사선식

67 보일러에서 3요소식 수위제어장치의 검출 대상은?
① 수위, 급수량, 증기량
② 수위, 급수량, 연소량
③ 급수량, 연소량, 증기량
④ 급수량, 증기량, 공기량

> **해설**
> 수위제어방식
> ① 1요소식 : 수위
> ② 2요소식 : 수위, 급수량
> ③ 3요소식 : 수위, 급수량, 증기량

68 다음 그림은 증기압력 제어에서 병렬제어 방식의 구성을 표시한 것이다. (　)에 적당한 용어는?

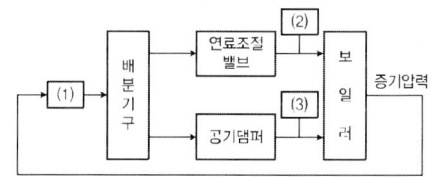

① (1) : 압력조절기, (2) : 목표치, (3) : 제어량
② (1) : 조작량, (2) : 설정신호, (3) : 공기량
③ (1) : 압력조절기, (2) : 연료공급량, (3) : 공기량
④ (1) : 연료공급량, (2) : 공기량, (3) : 압력조절기

69 인젝터의 특징에 관한 설명으로 틀린 것은?

① 구조가 간단하고 소형이다.
② 별도의 소요 동력이 필요하다.
③ 설치장소를 적게 차지한다.
④ 시동과 정지가 용이하다.

해설

인젝터 : 보일러에서 발생한 증기를 사용해서 급수하는 방식으로 증기압 2[kg/cm^2] 이상의 증기로 공급되는 급수를 가열하며 공급하게 된다. 이때 급수는 인젝터작용에 의하여 보일러 내의 압력 이상의 압력으로 변하게 된다.

증기의 열에너지 → 운동 에너지로 변화 → 압력 에너지로 변화 → 급수

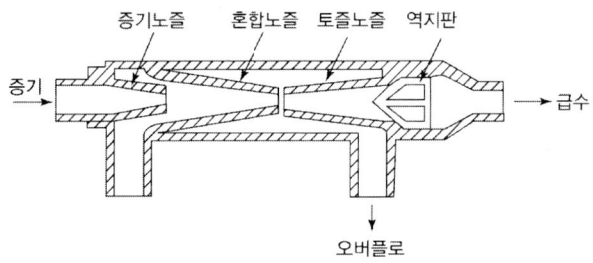

<인젝터의 구조>

[특징]
① 장점
  ㉠ 동력이 필요 없다.
  ㉡ 설치장소를 적게 차지한다.
  ㉢ 구조가 간단하며 가격이 저렴하다.
  ㉣ 급수가 예열되어 열응력 발생을 방지한다.
② 단점
  ㉠ 흡입양정이 낮아 급수조절이 어렵다.
  ㉡ 증기압이 낮으면 급수가 곤란하다.
  ㉢ 구조상 소용량이다.
  ㉣ 급수온도가 높아지면 급수가 곤란하다.

※ 인젝터 작동불능원인
① 증기 속에 수분이 많이 포함되어있다.
② 증기압력이 낮거나(2kg/cm^2 이하) 너무 높다. (10 kg/cm^2 이상)
③ 급수온도가 높다(50°C 이상)
④ 흡입측의 공기 누입.
⑤ 노출부의 마모. 파손
⑥ 인젝터 과열시

70 노통 보일러에서 노통에 직각으로 설치한 것으로 전열면적을 증가시키고 물의 순환도 좋게 하며, 노통을 보강하는 역할도 하는 것은?
① 파형노통
② 아담스 조인트(Adamson joint)
③ 갤로웨이관(galloway tube)
④ 거싯 스테이(gusset stay)

71 노통연관 보일러의 특징에 대한 설명으로 틀린 것은?
① 전열면적이 넓어서 노통보일러보다 효율이 좋다.
② 패키지형으로 설치공사의 시간과 비용을 절약할 수 있다.
③ 노통에 의한 내분식이므로 열손실이 적다.
④ 증발량이 많아 증기발생 소요시간이 길다.

> **해설**
> 노통연관 보일러의 특징
> ① 구조가 복잡하여 청소, 수리가 곤란하다.
> ② 급수처리가 까다롭다.
> ③ 증발속도가 빨라 과열로 인한 스케일 부착이 쉽다.
> ④ 내분식이므로 열손실이 적다.
> ⑤ 전열면적이 넓어 노통보일러 보다 효율이 좋다.

72 보일러 운전 중 연소장치 이상에 따른 소화현상의 발생 사고에 대한 원인으로 틀린 것은?
① 연소 장치의 기계적 고장의 경우
② 통풍장치의 고장으로 공기량이 부족한 경우
③ 수분의 혼입이나 통풍에 의한 통풍교란의 경우
④ 스트레이너가 막혀서 펌프흡입구에서 급유온도가 상승하여 압력이 갑자기 올라갈 경우

73 보일러 설비에 관한 설명으로 틀린 것은?
① 보일러 본체는 온수 또는 증기를 발생시키는 부분이다.
② 절탄기, 공기예열기 등은 보일러 열효율 증대장치이다.
③ 연소열을 보일러수에 전달하는 면을 전열면이라 한다.
④ 관 속에 물이 흐르고 외부의 연소가스에 의해 가열되는 관은 연관이다.

> **해설**
> • 연관 : 관속에 연소가스가 흐르고 관외부에 물이 흐름
> • 수관 : 관속에 물이 흐르고 관외부에 연소가스가 흐름

정답 70 ③ 71 ④ 72 ④ 73 ④

74 신설 보일러의 소다끓이기(soda boiling) 작업 시 사용할 수 있는 약품으로 가장 거리가 먼 것은?

① 염화나트륨 ② 탄산나트륨
③ 수산화나트륨 ④ 제3인산나트륨

해설
소다끓이기(보링) : 설치, 제작시 부착된 페인트, 유지, 녹등을 제거하기 위해 동내부에 소다계통의 약액을 주입하고 가압하여(0.3~0.5 kg/cm^2) 2~3일간 끓여 반복분출
・사용약액 : ① 가성소다 ② 탄산소다 ③ 재3인산소다

75 보일러의 외부 청소방법이 아닌 것은?

① 산세법 ② 수세법
③ 스팀 쇼킹법 ④ 워터 쇼킹법

해설
외부청소방법 : ① 스팀쇼킹법 ② 워터쇼킹법 ③ 수세법 ④ 샌드블로우법

76 보일러 급수 중의 불순물이 용해되어 전열면 벽에 고착하지 않고 동체 저부에 침전되는 것은?

① 스케일 ② 부유물
③ 슬러지 ④ 슬래그

77 증발관과 같이 열 부하가 높은 관의 집중과열점 부근에서 수산화나트륨의 농도가 대단히 높아져 pH의 상승으로 부식이 심하게 일어나는 것을 무엇에 의한 부식이라고 하는가?

① 알칼리에 의한 부식 ② 염화마그네슘에 의한 부식
③ 증기분해에 의한 부식 ④ 산세척에 의한 부식

78 수질이 산성인지 알칼리성인지를 판단할 수 있는 값을 나타내는 기호는?

① °dH ② pH
③ ppm ④ ppb

해설
1 2 3 4 5 6 pH 7 8 9 10 11 12 13 14
← 강산성   강알카리성 →

정답 74 ① 75 ① 76 ③ 77 ① 78 ②

79 보일러 자동제어의 장점으로 가장 거리가 먼 것은?
① 효율적인 운전으로 연료비가 절감된다.
② 보일러 설비의 수명이 길어진다.
③ 보일러 운전을 안전하게 한다.
④ 급수처리 비용이 증가한다.

해설
자동제어의 장점
① 일정한 온도나 압력의 증기를 얻기위함
② 경제적이고 고효율적인 증기의 생산
③ 보일러의 안전운전
④ 인건비 절감
⑤ 보일러설비의 수명이 길어진다.
⑥ 효율적인 운전으로 연료비 절감

80 슬러지의 주성분으로 틀린 것은?
① 탄산염　　　　　② 수산화물
③ 산화철　　　　　④ 염화마그네슘

해설
슬러지의 주성분
① 탄산염　② 수산화물　③ 산화철

81 용량이 몇 T/h 이상의 보일러에는 무엇을 설치하는가?
① 유량계　　　　　② 압력계
③ 온도계　　　　　④ 액면계

해설
용량 1T/h 이상의 보일러에는 유량계를 설치한다.

82 배관은 움직이지 않도록 고정부착하는 조치를 하여야 하는데 관경이 20mm인 경우 배관의 고정은 몇 m인가?
① 1m　　　　　　② 2m
③ 3m　　　　　　④ 4m

해설
배관의 고정
① 관경이 13mm 미만 : 1m마다
② 관경이 13mm이상 33mm 미만 : 2m마다
③ 관경이 33mm이상 : 3m마다

정답 79 ④　80 ④　81 ①　82 ②

83 배기가스온도의 측정위치는 보일러 어디에 설치하는가?
① 연도 ② 굴뚝
③ 전열면최종출구 ④ 과열기

해설
배기가스온도 측정위치 : 전열면최종출구 또는 최종가열기 출구

84 보일러 용량이 15T/h인 경우 배기가스온도차는 얼마인가?
① 150°C이하 ② 210°C이하
③ 250°C이하 ④ 300°C이하

해설

보일러용량(T/h)	배기가스온도차
5이하	300°C이하
5초과 20이하	250°C이하
20초과	210°C이하

85 보일러 외벽온도는 주위온도보다 몇 °C를 초과하여서는 아니되는가?
① 10°C ② 20°C
③ 30°C ④ 40°C

86 강철제 보일러의 수압시험 압력이 0.4MPa인 경우 수압시험 압력은?
① 0.4 ② 0.8
③ 1 ④ 1.2

해설
강철제 보일러의 수압시험 압력
① 최고사용압력이 0.43 MPa이하 : P×2
② 최고사용압력이 0.43 MPa 초과 1.5 MPa 이하 : P×1.3+0.3
③ 최고사용압력이 1.5 MPa 초과 : P×1.5

87 다음 중 BOD란 무엇인가?
① 알카리도 ② 경도
③ 용존산소 ④ 생물학적산소요구량

해설
BOD(Biochemical Oxygen Demand) : BOD가 높으면 수중유기물이 많은 것

정답 83 ② 84 ③ 85 ③ 86 ② 87 ④

88 1ppm이란 용액 몇 kgf의 용질 1mg이 녹아있는 경우인가?

① 1kgf
② 10kgf
③ 100kgf
④ 1000kgf

해설

① 1ppm : 용액 1kgf 중의 용질 1mg함유 $\left(\dfrac{1}{10^6}\right)$

② 1ppb : 용액 1ton중의 용질 1mg함유 $\left(\dfrac{1}{10^9}\right)$

89 일반적으로 보일러를 정지시키기 위한 순서로 옳은 것은?

① 연료차단 - 공기차단 - 주증기밸브 폐쇄 - 댐퍼 폐쇄
② 연료차단 - 공기차단 - 주증기밸브 폐쇄 - 댐퍼 개방
③ 공기차단 - 연료차단 - 주증기밸브 폐쇄 - 댐퍼 폐쇄
④ 주증기밸브 폐쇄 - 공기차단 - 연료차단 - 댐퍼 개방

해설

보일러 정지시키는 순서
연료공급차단 → 공기차단 → 주증기밸브 폐쇄 → 댐퍼 폐쇄

90 pH가 높으면 보일러 수중의 경도 성분인 (㉠), (㉡) 등의 화합물의 용해도가 감소되기 때문에 스케일 부착이 어렵게 된다. ㉠, ㉡에 들어갈 적당한 용어는?

	㉠	㉡		㉠	㉡
①	망간,	나트륨	②	인산,	나트륨
③	탄닌,	나트륨	④	칼슘,	마그네슘

해설

pH가 높으면 수중의 경도성분인 Ca, Mg 등의 화합물의 용해도가 감소되기 때문에 스케일 부착이 어렵게 된다.

91 신설 보일러의 가동 전 준비사항에 대한 설명으로 틀린 것은?
① 공구나 기타 물건이 동체 내부에 남아 있는지 반드시 확인한다.
② 기수분리기나 부속품의 부착상태를 확인한다.
③ 신설 보일러에 대해서는 가급적 가열건조를 시키지 않고 자연건조(1주 이상)를 시킨다.
④ 제작 시 내부에 부착한 페인트, 유지, 녹 등을 제거하기 위해 내면을 소다 끓이기 등을 통하여 제거한다.

> 해설
>
> 신설보일러 가동 전 준비사항
> ① 내부점검
> ② 노 및 연도내의 점검
> ③ 부속품의 정비 상황 점검
> ④ 소다보링 : 설치 제작시 부착된 페인트, 유지, 녹등을 제거하기 위해 동내부에 소다계통의 약액을 주입하고 가압하여 $(0.3 \sim 0.5) kg/cm^2$ 2~3일간 끓여 반복분출
> ⑤ 자동제어 장치의 점검
> ⑥ 부속장치의 점검

92 보일러에서 압력차단(제한)스위치의 작동압력은 어느 정도 조정하여야 하는가?
① 사용압력과 같게 조정한다.
② 안전밸브 작동압력과 같게 조정한다.
③ 안전밸브 작동압력보다 약간 낮게 조정한다.
④ 안전밸브 작동압력보다 약간 높게 조정한다.

> 해설
>
> • 안전두 : 정상고압 +3
> • 고압차단스위치 : 정상고압 +4
> • 안전밸브 : 정상고압 +5

93 보일러에서 저수위로 인한 사고의 원인으로 가장 거리가 먼 것은?
① 저수위 제어장치의 고장
② 보일러 급수장치의 고장
③ 증기 발생량의 부족
④ 분출장치의 누수

> 해설
>
> 저수위로 인한 사고원인
> ① 보일러급수장치의 고장   ② 저수의 제어장치의 고장
> ③ 분출장치의 누수   ④ 증발량 과잉
> ⑤ 수면계 수위의 오판   ⑥ 급수계통의 이상

정답 91 ③ 92 ③ 93 ③

94 다음 중 역화의 원인으로 틀린 것은?
① 프리퍼지 및 포스트퍼지 부족 시
② 연료보다 공기의 공급이 우선된 경우
③ 점화 시 착화가 늦은 경우
④ 연료의 불완전 및 미연소

해설
역화의 원인
① 프리퍼지 부족시
② 점화 시 착화가 늦은 경우
③ 과다한 연료공급
④ 공기보다 연료공급이 먼저된 경우
⑤ 압입통풍의 과대
⑥ 흡입통풍 부족시

95 온수보일러에서 물의 온도가 393K(120°C)초과하는 온수보일러에 안전장치로 설치하는 것은?
① 안전밸브
② 압력계
③ 방출밸브
④ 수면계

해설
온수보일러 120°C 이상 : 방출밸브(호칭지름 20A이상)
온수보일러 120°C 초과 : 안전밸브(호칭지름 20A이상)

96 주철제 보일러의 특징에 관한 설명으로 틀린 것은?
① 내식성, 내열성이 좋다.
② 구조가 간단하고, 충격이나 열응력에 강하다.
③ 내부 청소가 어렵다.
④ 저압으로 운전되므로 파열 시 피해가 적다.

해설
주철제 보일러의 특징
① 인장 및 충격에 약하다.
② 구조가 복잡하므로 청소 및 검사 곤란
③ 고압대용량에 부적합하다.
④ 열에 의한 부동팽창으로 균열이 생기기 쉽다.
⑤ 섹션증감으로 용량을 변경할 수 있다.
⑥ 저압이므로 파열시 피해가 적다.
⑦ 전열면적이 크고 효율이 좋다.
⑧ 주물제작이므로 복잡한 구조로 제작이 가능

97 사용 중인 보일러의 점화 전 준비사항과 가장 거리가 먼 것은?
① 수면계의 수위를 확인한다.
② 압력계의 지시압력 감시 등 증기압력을 관리한다.
③ 미연소가스의 배출을 위해 댐퍼를 완전히 열고 노와 연도 내를 충분히 통풍시킨다.
④ 연료, 연소장치를 점검한다.

해설
점화점 준비사항
① 자동제어장치의 점검　　② 연료 및 연소장치 점검
③ 분출 및 분출장치의 점검　④ 수위점검
⑤ 프리퍼지 점검

98 보일러 사용 중 수시로 점검해야 할 사항으로만 구성된 것은?
① 압력계, 수면계　　　　　② 배기가스 성분, 댐퍼
③ 안전밸브, 스톱밸브, 맨홀　④ 연료의 성상, 급수의 수질

99 유류 보일러에서 연료유의 예열온도가 낮을 때 발생될 수 있는 현상이 아닌 것은?
① 화염이 편류된다.　　　　② 무화가 불량하게 된다.
③ 기름의 분해가 발생한다.　④ 그을음이나 분진이 발생한다.

해설
예열온도가 높을 때
① 연료소비량 증대　② 분사분량　③ 기름의 분해　④ 탄화물 생성

100 보일러 산세관 시 사용하는 부식 억제제의 구비조건으로 틀린 것은?
① 점식발생이 없을 것
② 부식 억제능력이 클 것
③ 물에 대한 용해도가 작을 것
④ 세관액의 온도농도에 대한 영향이 적을 것

해설
부식억제제의 종류 및 구조조건
① 인히비터 : 부식억제 능력이 클 것
② 알콜류 : 점식발생이 없을 것
③ 알데히드류 : 물에대한 용해도가 클 것
④ 아연유도체 : 세관액의 온도·농도에 대한 영향이 적을 것

정답 97 ② 98 ① 99 ③ 100 ④

101 보일러 이상연소 중 불완전연소의 원인이 아닌 것은?
① 연소용 공기량이 부족할 경우
② 연소속도가 적정하지 않을 경우
③ 버너로부터의 분무입자가 작을 경우
④ 분무연료와 연소용 공기와의 혼합이 불량할 경우

해설
불완전 연소의 원인
① 연료와 공기의 부적합시
② 연소용공기량의 부적정시
③ 연소속도가 적정하지 않을 경우
④ 연소실내의 온도가 낮을 경우
⑤ 배기가스온도가 낮을 경우

102 보일러 급수 중에 용해되어 있는 칼슘염, 규산염 및 마그네슘염이 농축되었을 때 보일러에 영향을 미치는 것으로 가장 적절한 것은?
① 슬러지 생성의 원인이 된다.
② 보일러의 효율을 향상시킨다.
③ 가성취화와 부식의 원인이 된다.
④ 스케일 생성과 국부적 과열의 원인이 된다.

103 보일러 수면계의 기능시험의 시기가 아닌 것은?
① 수면계를 보수 교체했을 때
② 2개 수면계의 수위가 서로 다를 때
③ 수면계 수위의 움직임이 민첩할 때
④ 포밍이나 프라이밍 현상이 발생할 때

해설
수면계 점검시기
① 2개의 수면계 수위가 다를 때
② 수면계를 교체시
③ 수위의 움직임이 없을 때
④ 프라이밍, 포밍발생시

104 난방면적(바닥면적)이 45m², 벽체 면적(창문, 문 포함)은 50m², 외기 온도는 -5℃, 실내온도 23℃, 벽체의 열관류율이 5kcal/m²·h·℃일 때 방위계수가 1.1이라면 이 때의 난방부하는? (단, 천장면적은 바닥면적과 동일한 것으로 본다.)

① 7700 kcal/h
② 19600 kcal/h
③ 21560 kcal/h
④ 23100 kcal/h

해설

$Q = K \cdot A \cdot \triangle t$
$= 5 \times (45 + 50 + 45) \times (23 - (-5)) \times 1.1$
$= 21580 kcal/h$

105 보일러 설치 시 옥내설치 방법에 대한 설명으로 틀린 것은?

① 소용량 보일러는 반격벽으로 구분된 장소에 설치할 수 있다.
② 보일러 동체 최상부로부터 보일러실의 천장까지의 거리에는 제한이 없다.
③ 연료를 저장할 때는 보일러 외측으로부터 2m 이상 거리를 둔다.
④ 보일러는 불연성물질의 격벽으로 구분된 장소에 설치하여야 한다.

해설

보일러 동체 최상부로부터 천정, 배관 등 보일러 상부에 있는 구조물까지의 거리는 1.2 m 이상 (단, 소형보일러는 0.6 m 이상으로 할 수 있다.)

106 노통보일러에서 노통에 갤로웨이 관(galloway tube)을 설치하는 장점으로 틀린 것은?

① 물의 순환 증가
② 연소가스 유동저항 감소
③ 전열면적의 증가
④ 노통의 보강

해설

갤로웨이관 설치 목적
① 노통의 강도 보강
② 전열면적증가
③ 관수순환촉진

107 폐열가스를 이용하여 본체로 보내는 급수를 예열하는 장치는?

① 절탄기
② 급유예열기
③ 공기예열기
④ 과열기

해설

절탄기(이코노마이져) : 연소가스여열을 이용하여 급수를 예열하는 장치

108 가스용 보일러의 보일러 실내 연료 배관 외부에 반드시 표시해야 하는 항목이 아닌 것은?

① 사용 가스명
② 최고 사용압력
③ 가스 흐름방향
④ 최고 사용온도

109 보일러의 안전저수위란 무엇인가?

① 사용 중 유지해야 할 최저의 수위
② 사용 중 유지해야 할 최고의 수위
③ 최고사용압력에 상응하는 적정수위
④ 최대증발량에 상응하는 적정수위

110 다음 중 강제통풍방식이 아닌 것은?

① 자연통풍
② 압입통풍
③ 흡입통풍
④ 평형통풍

> **해설**
> 통풍방식
> ① 압입통풍방식
>   ㉠ 연소실입구설치
>   ㉡ 정압을 얻음
>   ㉢ 배기가스유속 8m/s이하
> ② 흡입통풍방식
>   ㉠ 연도중심부설치
>   ㉡ 부압을 얻음
>   ㉢ 배기가스유속 8~10m/s
> ③ 압입통풍방식
>   ㉠ 연소실입구+연도중심부 설치
>   ㉡ 배기가스 유속 10m/s 초과 유지
>   ㉢ 정압과 부압을 얻음
>   ㉣ 가장 강한 통풍력을 얻을 수 있다.
>   ㉤ 동력 소비가 크다.

정답 108 ④ 109 ① 110 ①

111 열 설비에 사용되는 자동제어 계의 동작순서로 옳은 것은?
① 조작 – 검출 – 판단(조절) - 비교 - 측정
② 비교 – 판단(조절) - 조작 - 검출
③ 검출 – 비교 – 판단(조절) - 조작
④ 판단 – 비교(조절) - 검출 – 조작

해설

자동제어계의 동작순서
검출 - 비교 - 판단 - 조작

112 정해진 순서에 따라 순차적으로 제어하는 방식은?
① 피드백 제어　　　　② 추종 제어
③ 시퀀스 제어　　　　④ 프로그램 제어

해설

① 시퀀스 제어 : 처음 정해진 순서에 따라 제어단계를 순차적으로 제어(신호등, 엘리베이터, 에스컬레이터)
② 피드백 제어 : 출력측의 신호를 입력측으로 되돌려 정정동작을 행하는 제어(보일러)
③ 케스케이드 제어 : 1차제어장치가 제어명령을 발하고 2차제어장치가 이 명령을 바탕으로 제어량 조절
④ 프로그램 제어 : 목표값이 시간에 따라 미리 결정된 일정한 제어
⑤ 추종 제어 : 목표값이 시간에 따라 임의로 변화되는 값으로 부여한 제어

113 수관보일러에서 수관의 배열을 마름모(지그재그)형으로 배열시키는 주된 이유는?
① 연소가스 접촉에 의한 전열을 양호하게 하기 위하여
② 보일러수의 순환을 양호하게 하기 위하여
③ 수관의 스케일 생성을 막기 위하여
④ 연소가스의 흐름을 원활히 하기 위하여

114 증기난방 배관용으로 쓰이는 증기트랩에 관한 설명으로 옳은 것은?
① 방열기의 송수구 또는 배관의 윗부분에 증기가 모이는 곳에 설치한다.
② 증기트랩을 설치하는 주목적은 고압의 증기와 공기를 배출하는 것이다.
③ 방열기나 증기관 속에 생긴 응축수를 환수관으로 배출한다.
④ 증기트랩은 마찰 저항이 커야 하며 내마모성 및 내식성 등이 작아야 한다.

해설

증기트랩 : 관내응축수를 배출하여 수격작용 및 부식방지

115 보일러수 중 알칼리 용액의 농도가 높을 때 응력이 큰 금속표면에 미세한 균열이 일어나는 것을 무엇이라고 하는가?
① 피팅(pitting) ② 가성취화
③ 그루빙(grooving) ④ 포밍(foaming)

해설
① 구식(그루빙) : 팽창, 수축의 반복적인 응력에 의해 V, U자형의 홈을 만듦
② 포밍(foaming) : 유지분 등으로 인해 수면이 거품으로 뒤덮히는 현상
③ 피팅(점식) : 용존산소 원인
④ 가성취화 : 고온·고압보일러에서 알카리도가 높을 때 Na, H등이 강재의 결정입계에 침투하여 재질을 열화시키는 현상

116 재생식 공기 예열기로서 일반 대형 보일러에 주로 사용되는 것은?
① 엘레멘트 조립식 ② 융그스트롬식
③ 판형식 ④ 관형식

117 기수분리기 설치시의 장점이 아닌 것은?
① 습증기의 발생률을 높인다. ② 마찰손실을 작게 한다.
③ 관내의 부식을 방지한다. ④ 수격작용을 방지한다.

해설
기수분리기 설치 시 장점
① 건조증기를 얻음
② 수격작용방지
③ 관내부식방지
④ 마찰손실을 적게 한다.

118 보일러의 과열 원인으로 가장 거리가 먼 것은?
① 물의 순환이 나쁠 때
② 고온의 가스가 고속으로 전열면에 마찰할 때
③ 관석이 많이 퇴석한 부분이 가열되어 열전달이 높아질 때
④ 보일러의 이상 저수위에 의하여 빈 보일러를 운전하였을 때

해설
과열의 원인
① 이상감수 ② 전열면 국부과열
③ 관수의 농축 ④ 스케일의 생성
⑤ 관수의 순환불량

119 다음 중 보일러의 인터록의 종류가 아닌 것은?
① 고수위 ② 저연소
③ 불착화 ④ 프리퍼지

> **해설**
> 인터록 : 구비조건이 맞지 않을 때 그 조건이 충족될 때까지 다음 단계를 정지시키는 것
> [종류]
> ① 저연소인터록 ② 저수위 인터록
> ③ 불착화인터록 ④ 압력초과인터록
> ⑤ 프리퍼지인터록

120 옥내 보일러실에 연료를 저장하는 경우 보일러 외측으로부터 얼마 이상 거리를 두고 저장해야 하는가? (단, 소형 보일러는 제외한다.)
① 0.6 m 이상 ② 1 m 이상
③ 1.2 m 이상 ④ 2 m 이상

> **해설**
> 옥내보일러에 연료를 저장하는 경우 보일러 좌측으로부터 2 m 이상 거리를 두고 저장(단 소형 보일러는 1 m 이상)

121 보일러 파열사고 원인 중 구조물의 강도 부족에 의한 원인이 아닌 것은?
① 재료의 불량 ② 용접 불량
③ 용수관리의 불량 ④ 동체의 구조 불량

> **해설**
> 구조물의 강도 부족에 의한 원인
> ① 재료불량 ② 용접불량 ③ 강도불량 ④ 구조불량 ⑤ 설계불량

122 보일러 압력계의 검사를 해야 하는 시기로 가장 거리가 먼 것은?
① 2개가 설치된 경우 지시도가 다를 때
② 비수현상이 일어난 때
③ 신설보일러의 경우 압력이 오르기 시작했을 때
④ 부르동관이 높은 열을 받았을 때

> **해설**
> 압력계검사시기
> ① 두 개가 설치된 경우 지시도가 다를 때
> ② 비수현상이 일어난 때
> ③ 신설보일러의 경우 압력이 오르기 시작했을 때

정답 119 ① 120 ④ 121 ④ 122 ④

123 증기트랩의 구비 조건이 아닌 것은?
① 마찰저항이 적을 것
② 내구력이 있을 것
③ 공기를 뺄 수 있는 구조로 할 것
④ 보일러 정지와 함께 작동이 멈출 것

해설
증기트랩의 구비조건
① 동작이 확실한 것
② 내식, 내마모성이 있을 것
③ 마찰저항이 적을 것
④ 응축수를 연속적으로 배출할 수 있을 것
⑤ 공기의 배제나 정지 후 응축수빼기가 가능할 것

124 과열증기 사용 시 장점에 대한 설명으로 틀린 것은?
① 이론상의 열효율이 좋아진다.
② 고온부식이 발생하지 않는다.
③ 증기의 마찰저항이 감소된다.
④ 수격작용이 방지된다.

해설
과열기, 재열기 : 고온부식 발생

125 노통보일러의 특징에 관한 설명으로 틀린 것은?
① 구조가 간단하고 제작이 쉽다.
② 급수처리가 비교적 복잡하다.
③ 전열면적이 다른 형식에 비해 적어 효율이 낮다.
④ 수부가 커서 부하변동에 영향을 적게 받는다.

해설
노통보일러의 특징
① 전열면적이 적어 효율이 적다.
② 관내보유수량이 많아 부하변동에 대한 압력변화가 적다.
③ 예열부하가 커서 부하측에 대응하기 어렵다.
④ 보유수량이 많아 파열시 피해가 크다.
⑤ 급수처리가 간단하다.
⑥ 구조가 간단하여 청소, 검사, 수리가 쉽다.
⑦ 내분식이어서 연료의 질이나 연소공간 확보가 어렵다.

정답 123 ④ 124 ② 125 ②

126 발열량이 40000 kJ/kg인 중유 40 kg을 연소해서 실제로 보일러에 흡수된 열량이 1400000 kJ일 때 이 보일러의 효율은 몇 %인가?

① 84.6
② 87.5
③ 89.3
④ 92.4

해설

보일러 효율 = $\dfrac{1,400,000}{40 \times 40,000} \times 100 = 87.5\%$

127 보일러 부속기기 중 발생 증기량에 비해 소비량이 적을 때 남은 잉여증기를 저장 하였다가, 과부하시 긴급히 사용하는 잉여증기의 저장장치는?

① 병향류식 과열기
② 재열기
③ 방사대류형 과열기
④ 증기 축열기

해설

증기축열기 : 평상시에는 잉여증기를 저장하였다가 과부하시나 응급시에 그 잉여증기를 공급하는 장치

128 초임계압력 이상의 고압증기를 얻을 수 있으며 드럼이 없으며 가열, 증발, 과열이 동시에 이루어지는 보일러는?

① 노통보일러
② 연관보일러
③ 열매체보일러
④ 관류보일러

해설

관류보일러의 특징
① 전열면적이 크고 효율이 높다.
② 가동부하가 짧아 부하측에 대응하기 쉽다.
③ 고압이므로 증기의 열량이 크다.
④ 순환비 $\left(\dfrac{급수량}{증발량}\right)$가 1이어서 드럼이 필요없다.
⑤ 급수처리가 까다롭다.
⑥ 내부구조가 복잡하므로 청소, 검사, 수리가 곤란하다.

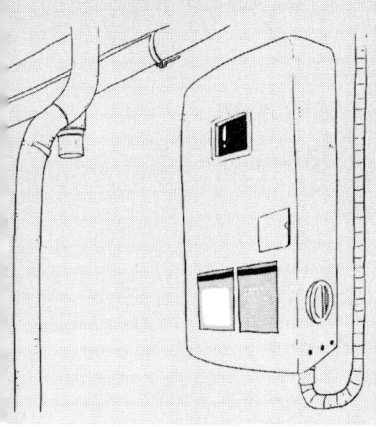

제 4 과목
열설비안전관리 및 검사기준

01 경질 스케일 반응식

$$MgSO_4 + CaCO_3 + H_2O \rightarrow CaSO_4 + Mg(OH)_2 + CO_2$$

02 응축수환수방식

① 중력환수식 : 비중량차에 의한 자연환수방식
② 기계환수식 : 펌프에 의한 강제환수 방식
③ 진공환수식 : 진공펌프에 의한 강제환수 방식으로 증기의 순환이 가장 빠르며 설치 장소에 제한을 받지 않는다.

03 만주보존시 약제

① 가성소다 ② 아황산소다 ③ 탄산소다 ④ 히드라진

04 점화전 점검사항

① 자동제어 장치의 점검   ② 연료 및 연소장치의 점검
③ 분출 및 분출장치의 점검   ④ 수위 점검
⑤ 프리퍼지 및 포스트 퍼지 점검 ⑥ 안전저수위 이하로 급수한 경우

05 외처리법

① 용존산소 제거법
  ㉠ 탈기법 : CO_2, O_2 가스체 제거
  ㉡ 기폭법 : Fe, Mn 제거
② 현탁질 고형물 제거법(불순물제거법) : ㉠ 침전법 ㉡ 여과법 ㉢ 응집법
③ 용해 고형물 제거법 : ㉠ 이온교환법 ㉡ 약제법 ㉢ 증류법

06

급수펌프의 용량 = 응축수량×3
$$= 5000 \times 3 = 15000 \text{ kg/h} \div 60 \text{ min/h} = 250 \text{ kg/min}$$

07 스케일 부착 방지 대책

① 응축수를 보일러 급수로 재사용한다.
② 관수분출작업을 적절히 행한다.
③ 급수처리된 용수 사용
④ 청관제를 적절히 사용

08 과태료

① 2천만원 이하의 과태료
  ㉠ 효율관리자재에 대한 에너지소비효율등급 또는 에너지소비효율을 표시하지 아니하거나 거짓으로 표시를 한 자
  ㉡ 에너지진단을 받지 아니한 에너지다소비사업자
② 1천만원 이하의 과태료
  ㉠ 에너지사용계획을 제출하지 아니하거나 변경하여 제출하지 아니한 자(단, 국가 또는 지방자치단체인 사업주관자는 제외)
  ㉡ 개선명령을 정당한 사유없이 이행하지 아니한 자
③ 300만원 이하의 과태료
  ㉠ 에너지사용의 제한 또는 금지에 관한 조정·명령 기타 필요한 조치에 위반한 자
  ㉡ 정당한 이유 없이 수요관리투자계획과 시행결과를 제출하지 아니한 자
  ㉢ 수요관리투자계획을 수정·보완하여 시행하지 아니한 자
  ㉣ 공공사업주관자가 에너지사용계획의 조정·보완을 요청을 받은 경우 정당한 이유 없이 거부하거나 이행하지 아니한 공공사업주관자
  ㉤ 에너지사용계획에 따른 관련 자료의 제출요청을 정당한 이유 없이 거부한 사업주관자

ⓗ 에너지사용계획의 자료요청, 권고받은 조치의 이행여부에 대한 점검이나 실태파악을 정당한 이유 없이 거부·방해 또는 기피한 사업 주관자

09
① 저온부식의 원인 : ㉠ 황(S) ㉡ SO_2(아황산가스)
② 고온부식의 원인 : ㉠ V(바나듐) ㉡ V_2O_5(오산화바나듐)

10 자발적 협약에 포함할 내용
① 온실가스 배출 감축목표
② 에너지 이용 효율향상목표
③ 협약체결 전년도 에너지 소비현황
④ 에너지 관리체제 및 에너지관리방법

11 에너지이용합리화 기본계획
산업통상자원부장관 5년마다 수립
① 기본 계획
  ㉠ 에너지 절약형 경제구조로의 전환
  ㉡ 에너지 이용 효율의 증대
  ㉢ 에너지 이용합리화를 위한 기술개발
  ㉣ 에너지 이용합리화를 위한 홍보 및 교육
  ㉤ 열사용가자재의 안전관리
  ㉥ 에너지원간 대체
  ㉦ 에너지의 합리적인 이용을 통한 온실가스의 배출을 줄이기 위한 대책
  ㉧ 에너지 이용 합리화를 위한 가격예시제의 시행에 관련사항

12 에너지 다소비 업자의 신고
① 연료 및 열전력의 연산사용량 합계 : 2천ToE 이상
② 산업통상자원부령으로 정하는 바에 따라 매년 1월 31일까지 시·도지에게 신고
  ㉠ 전년도 에너지사용량 제품생산량
  ㉡ 전년도의 에너지 이용 합리화실적 및 해당연도의 계획
  ㉢ 에너지 관리자의 현황
  ㉣ 에너지사용 기자재의 현황
  ㉤ 해당연도의 에너지사용예정량, 제품생산예정량

13 효율관리기자재
① 자동차　　　　　　　　　② 조명기기
③ 전기냉장고　　　　　　　④ 전기냉방기
⑤ 삼상유도전동기　　　　　⑥ 전기세탁기

14
① 500만원 이하의 벌금
　㉠ 효율관리기자재에 대한 에너지사용량의 측정결과를 신고하지 아니한 자
　㉡ 대기전력경고표지대상제품에 대한 측정결과를 신고하지 아니한 자
　㉢ 대기전력경고표지를 하지 아니한 자
　㉣ 대기전력저감우수제품임을 표시하거나 거짓 표시를 한 자
　㉤ 대기전력저감기준에 미달하는 경우 시정명령을 정당한 사유 없이 이행하지 아니한 자
　㉥ 고효율에너지인증대상기자재의 인증을 받은 자가 아닌 자는 해당 고효율에너지인증대상기자재에 고효율에너지기자재의 인증 표시를 위반하여 인증 표시를 한 자
② 1천만원 이하의 벌금
　㉠ 검사대상기기조종자를 선임하지 아니한 자
③ 2천만원 이하의 벌금
　㉠ 효율 관리 기자재의 생산 또는 판매금지 명령에 위반한 자
④ 1년 이하의 징역 또는 1천만원 이하의 벌금
　㉠ 검사대상기기의 검사를 받지 아니한 자
　㉡ 검사에 합격되지 아니한 검사대상기기를 사용한 자
⑤ 2년 이하의 징역 또는 2천만원 이하의 벌금
　㉠ 에너지저장시설의 보유 또는 저장의무의 부과시 정당한 이유 없이 이를 거부하거나 이행하지 아니한 자
　㉡ 에너지수급의 안정을 기하기 위한 조정·명령 등의 조치를 위반한 자
　㉢ 공단의 임직원으로 근무하거나 근무하였던 사람이 직무상 알게 된 비밀을 누설하거나 도용한 자

15 하트포트 이음

저압증기난방의 습식 환수방식에 있어 보일러의 수위가 환수관의 접속부로의 누설로 인해 저수위사고가 일어날 것을 방지하기 위해 증기관과 환수관 사이에 표준수면에서 50[mm] 아래에 균형관을 설치한다.

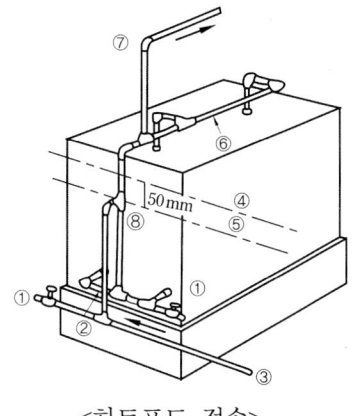

① 드레인관   ② 환수 헤더
③ 환수주관   ④ 표면 수면
⑤ 안전 저수면 ⑥ 증기 헤더
⑦ 증기 주관   ⑧ 균형관

<하트포드 접속>

16 유류화재시 소화설비

① CO_2 ② 분말   ③ 포말

17 안전밸브 증기 누설 원인

① 스프링 장력 감쇄시   ② 조종압력이 낮은 경우
③ 밸브 축이 이완된 경우   ④ 밸브시트에 이물질이 혼입된 경우
⑤ 밸브시트가 오염된 경우   ⑥ 밸브시트 가공 불량시
⑦ 밸브가 밸브시트를 균일하게 누르지 못한 경우

18 매년 1월31일까지 관할시 도지사에게 신고

<신고사항>

① 전년도의 에너지 사용량, 제품생산량
② 전년도의 에너지이용합리화 실적 및 해당연도의 계획
③ 당해연도의 에너지사용예정량, 제품생산예정량
④ 에너지 관리자의 현황
⑤ 에너지 사용기자재의 현황

20 ① 프리퍼지(pre-purge) : 점화전 댐퍼를 열고 연소실이나 연도내의 미연소 가스를 송풍기를 이용해 내보내는 것
② 포스트 퍼지(post-purge) : 점화 후 댐퍼를 열고 연소실이나 연도내의 미연소 가스를 송풍기를 이용해 내보내는 것

21 ① 비등점 : 100℃
② 어는점 : 0℃
③ 임계압력 : 225.65kg/cm^2 (22.65MPa)
④ 임계온도 : 374.15℃
⑤ 증발잠열 : 539kcal/kg

22 ① 안전저수위 : 보일러운전 중 유지해야 할 최저수위
② 상용수위 : 보일러운전 중 유지해야 할 수위

23 슈트블로우 사용시 주의사항
① 부하가 적거나(50℃ 이하) 소화 후 사용하지 말 것
② 분출기 내의 응축수를 배출시킨 후 사용할 것
③ 한곳으로 집중적으로 사용함으로서 전열면에 무리를 가하지 말 것
④ 분출하기 전 연도 내 배풍기를 사용 유인통풍을 증가시킬 것

24 역화의 원인
① 프리퍼지, 포스트퍼지 부족시   ② 점화시 착화가 늦은 경우
③ 공기보다 연료먼저 투입시   ④ 압입 통풍이 강할 경우
⑤ 흡입통풍 부족시   ⑥ 유압과대시 등

25 소다끓이기(보링)
설치, 제작시 부착된 페인트 유지, 녹등을 제거하기 위해 동내부에 소다계통의 약액을 주입하고 가압하여 (0.3~0.5kg/cm^2) 2~3일간 끓여 반복분출
사용약액 : ① 가성소다   ② 탄산소다   ③ 제3인산소다

26 ① 포화수엔탈피 $(x) = 0$
② 습포화증기엔탈피 : $0 < x < 1$
③ 건포화증기엔탈피 : $(x) = 1$
④ 과열포화증기엔탈피 : $x > 1$

27 외부청소방법
① 스팀쇼킹법   ② 워터쇼킹법   ③ 수세법   ④ 샌드블로우법

28 고온부식 방지 대책
① 회분개질제를 사용하여 회분의 융점을 높인다.
② 연료중의 바나듐 제거
③ 고온가스가 접촉되는 부분에 보호피막을 한다.
④ 연소가스온도를 바나듐의 융점온도 이하로 유지
⑤ 양질의 연료를 선택한다.
⑥ 첨가제를 사용한다.

29 연료배관 외부에 반드시 표시해야 하는 항목
① 사용가스명   ② 최고사용압력   ③ 가스흐름방향

30 캐리오버(carry over)
주증기 밸브 급개로 인해 증기 중의 수분이 포함되어 함께 이송되는 현상
<방지책>
① 기수분리기 설치   ② 비수방지관설치
③ 주증기밸브서개   ④ 압력을 규정압력으로 유지
⑤ 부유물이나 유지분등이 함유된 물을 급수하지 않는다.

31 에너지 수급의 안정을 위한 조치(산업통상자원부장관)
① 에너지 배급
② 에너지의 비축과 저장
③ 에너지 사용 기자재의 사용 제한
④ 지역별 주요수급자별 에너지 할당

⑤ 에너지 공급설비의 가동 및 조업
⑥ 에너지의 도입·수출입 및 위탁가공
⑦ 에너지의 양도·양수의 제한 또는 금지
⑧ 에너지의 유통시설과 그 사용 및 유통경로
⑨ 에너지 공급자 상호간의 에너지교환 또는 분배사용

32 관내처리
① pH 조정제 : 인(산소다), 암(모니아), 수(산화나트륨)
② 연화제 : 인산소다, 탄산소다, 수산화나트륨
③ 탈산소제 : 탄닌, 아황산소다, 히드라진
④ 슬러지조정제 : 리(그닌), 녹(말), 탄(닌)
⑤ 가성취화방지제 : 리(그닌), 황(산소다), 탄(닌)

33
옥내보일러에 연료를 저장하는 경우 보일러 외측으로부터 2m 이상 거리를 두고 저장 (단, 소형보일러는 1m 이상)

34 구조물의 강도 부족에 의한 원인
① 재료불량 ② 용접불량 ③ 구조불량 ④ 설계불량

35 증기응축수량 $= \dfrac{Q \times A}{r} = \dfrac{650\,\text{kcal/m}^2\text{h}}{538\,\text{kcal/kg}}$

여기서, Q(증기방열기 방열량) 650 kcal/m²h
A(소요방열면적) m²

36 가마울림 현상의 방지 대책
① 수분이 적은 연료 사용 　　　② 연소실내에서 완전연소시킨다.
③ 연소실과 연도를 개조한다. 　④ 2차공기의 가열
⑤ 통풍조절 개선

37 지역에너지계획은 5년마다 수립해야 되는데 지역에너지 계획에 포함 되어야 할 사항

① 국내외 에너지 수요와 공급추이 및 전망에 관한사항
② 에너지관련 전문인력의 양성 등에 관한 사항
③ 에너지 안전관리를 위한 대책에 관한 사항
④ 에너지의 안정적 공급을 위한 대책에 관한 사항
⑤ 에너지사용합리화와 이를 통한 온실가스 배출감소를 위한 대책에 관한 사항
⑥ 신·재생에너지 등 환경친화적 에너지 사용을 위한 대책에 관한사항
⑦ 미활용 에너지원의 개발, 사용을 위한 대책에 관한사항

38 에너지이용 계획 수립 사업주관자

① 도시개발 사업   ② 산업단지개발사업
③ 에너지개발사업   ④ 항만건설사업
⑤ 철도건설사업   ⑥ 공항건설사업
⑦ 관광단지개발사업
⑧ 개발촉진지구개발사업 또는 지역종합개발사업

39 배관이음부와의 거리

① 절연전선 : 15cm 이상
② 접속기, 점멸기, 굴뚝 : 30cm 이상
③ 안전기, 계량기, 콘센트, 개폐기 : 60cm 이상

41 관수의 pH값

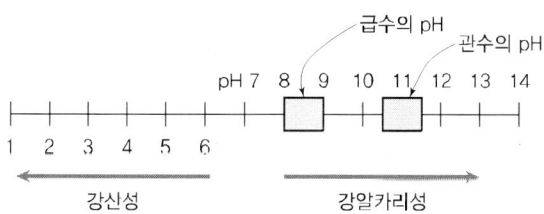

42 검사대상기기를 설치검사 받으려는 자는 검사대상기기 설치검사 신청서를 공단이사장에게 제출

43 건조보존법(장기보존) : 6개월 이상
　　흡습제 : ① CaO　　② $CaCl_2$　　③ Al_2O_3　　④ SiO_2

44 펌프에서 발생되는 현상
　① 캐비테이션(cavitation) : 유수 중에 어느 부분의 정압이 그때 물의 온도에 해당하는 증기압 이하로 되어 물이 증발을 일으키고 수중에 용입되어 있던 공기가 낮은 압력으로 인하여 기포가 발생하는 현상으로 공동현상이라고도 한다.
　　㉮ 영향
　　　　㉠ 소음과 진동 발생　　　㉡ 깃에 대한 침식
　　　　㉢ 양정곡선과 효율곡선의 저하
　　㉯ 발생조건
　　　　㉠ 흡입 양정이 지나치게 길 때　㉡ 과속으로 유량이 증대될 때
　　　　㉢ 흡입관 입구 등에서 마찰저항 증가시　㉣ 관로 내의 온도가 상승될 때
　　㉰ 방지대책
　　　　㉠ 양흡입 펌프를 사용한다.
　　　　㉡ 수직축 펌프를 사용하고 회전차를 수중에 잠기게 한다.
　　　　㉢ 펌프를 두 대 이상 설치한다.
　　　　㉣ 펌프의 회전수를 낮춘다.
　　　　㉤ 펌프의 설치위치를 낮추어 흡입양정을 짧게 한다.
　　　　㉥ 관지름을 크게 하고 흡입측의 저항을 최소로 줄인다.
　② 수격작용(water hammering) : 펌프에서 물을 압송하고 있을 때 정전 등으로 급히 펌프가 멈추거나 수량조절 밸브를 급히 폐쇄할 때 관내 유속이 급속히 변화하면 물에 의한 심한 압력의 변화가 생겨 관벽을 치는 현상을 수격작용이라고 한다.
　　㉮ 수격작용 방지책
　　　　㉠ 완폐 체크 밸브를 토출구에 설치하고 밸브를 적당히 제어한다.
　　　　㉡ 관경을 크게 하고 관내 유속을 느리게 한다.
　　　　㉢ 관로에 조압수조(surge tank)를 설치한다.
　　　　㉣ 플라이 휠을 설치하여 펌프속도의 급변을 막는다.

③ 서징(surging) : 펌프를 운전할 때 송출압력과 송출유량이 주기적으로 변동하여 펌프 입구 및 출구에 설치된 진공계, 압력계의 지침이 흔들리는 현상을 말하며 맥동현상이라고도 한다.

    ㉮ 서징현상 발생원인
       ㉠ 펌프를 운전시 주기적으로 운동, 양정, 토출량이 변화될 때
       ㉡ 수량조절 밸브가 저장탱크 뒤쪽에 있을 때
       ㉢ 배관 중에 공기탱크나 물탱크가 있을 때

45 U자 관형 열교환기의 특징
① 구조가 간단하다.   ② 제작비가 싸다.
③ 열팽창에 대해 자유롭다.   ④ 고압유체에는 적당

46
$$방열기\ 방열량 = 방열계수 \times \left(\frac{입구 + 출구온도}{2} - 실내온도\right)$$
$$= 6.8 \times \left(\frac{90+75}{2} - 18\right)$$
$$= 438.6\,\text{kcal/m}^2$$

47 냉각관

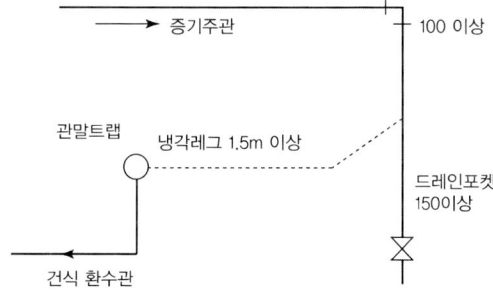

48 스프링식 안전밸브
① 저양정식 안전밸브   ② 고양정식 안전밸브
③ 전양정식 안전밸브   ④ 전양식 안전밸브

49 기수분리기

증기중의 수분을 제거하여 건조증기를 얻기 위한 장치

[종류]
① 싸이클론식
② 스크레버식
③ 건조스크린식
④ 베플식

50 에너지 수급안정을 위한 조치

① 산업통상자원부장관은 국내외 에너지사정의 변동에 따른 에너지의 수급차질에 대비하기 위하여 대통령령으로 정하는 주요 에너지사용자와 에너지공급자에게 에너지저장시설을 보유하고 에너지를 저장하는 의무를 부과할 수 있다.

② 에너지저장의무 부과대상자
  ㉠ 전기사업법에 의한 전기사업자
  ㉡ 도시가스사업법에 의한 도시가스사업자
  ㉢ 석탄산업법에 의한 석탄가공업자
  ㉣ 집단에너지사업법에 의한 집단에너지사업자
  ㉤ 연간 2만 석유환산톤(TOE) 이상의 에너지를 사용하는 자

③ 산업통상자원부장관은 국내외 에너지사정의 변동으로 에너지수급에 중대한 차질이 발생하거나 발생할 우려가 있다고 인정되면 에너지수급의 안정을 기하기 위하여 필요한 범위에서 에너지사용자·에너지공급자 또는 에너지사용기자재의 소유자와 관리자에게 다음 각 호의 사항에 관한 조정·명령, 그 밖에 필요한 조치를 할 수 있다.
  ㉠ 지역별·주요 수급자별 에너지 할당
  ㉡ 에너지공급설비의 가동 및 조업
  ㉢ 에너지의 비축과 저장
  ㉣ 에너지의 도입·수출입 및 위탁가공
  ㉤ 에너지공급자 상호간의 에너지의 교환 또는 분배사용
  ㉥ 에너지의 유통시설과 그 사용 및 유통경로
  ㉦ 에너지의 배급
  ㉧ 에너지의 양도·양수의 제한 또는 금지

51 한국에너지공단의 사업

① 에너지진단 및 에너지관리지도
② 신에너지 및 재생에너지 개발사업의 촉진
③ 에너지관리에 관한 조사·연구·교육 및 홍보
④ 에너지이용 합리화사업을 위한 토지·건물 및 시설 등의 취득·설치·운영·대여 및 양도
⑤ 집단에너지사업의 촉진을 위한 지원 및 관리
⑥ 에너지사용기자재의 효율관리 및 열사용기자재의 안전관리
⑦ 사회취약계층의 에너지이용 지원
⑧ 에너지이용 합리화 및 이를 통한 온실가스의 배출을 줄이기 위한 사업
⑨ 에너지기술의 개발·도입·지도 및 보급
⑩ 에너지이용 합리화, 신에너지 및 재생에너지의 개발과 보급, 진단 에너지공급사업을 위한 자금의 융자 및 지원
⑪ 에너지절약사업과 이를 통한 온실가스의 배출을 줄이는 사업을 하는 데에 필요한 지원

52 검사대상기기

구분	검사대상기기	적용범위
보일러	강철제보일러 주철제보일러	[아래에 해당하는 것은 제외] 1. 최고사용압력이 0.1MPa 이하이고, 동체의 안지름이 300mm 이하이며, 길이가 600mm 이하인 것 2. 최고사용 압력이 0.1MPa 이하이고, 전열면적이 5 m^2 이하인 것 3. 2종 관류보일러 4. 온수를 발생시키는 보일러로서 대기개방형인 것
	소형온수보일러	가스를 사용하는 것으로서 가스사용량이 17kg/h(도시가스는 232.6kW)를 초과하는 것
압력용기	1종, 2종 압력용기	열사용기자재의 압력용기의 적용범위에 따른다.
요로	철금속가열로	정격용량이 0.58MW를 초과하는 것

53 효율관리 기자재
① 자동차　　　　　　　　② 전기냉방기
③ 전기냉장고　　　　　　④ 전기세탁기
⑤ 조명기기　　　　　　　⑥ 삼상유도전동기

54 강철제보일러의 수압시험 압력
① 최고사용압력이 0.43MPa 이하 : $P \times 2$
② 최고사용압력이 0.43 초과 1.5MPa 이하 : $P \times 1.3 + 0.3$
③ 최고사용압력이 1.5MPa 초과 : $P \times 1.5$배

55 불완전 연소의 원인
① 연료와 공기의 부적정시　　　② 연소용공기량의 부적정시
③ 연소속도가 적정하지 않을 경우　④ 연소실내의 온도가 낮을 경우
⑤ 배기가스온도가 낮을 경우

56 점화전 준비사항
① 자동제어장치 점검　　　　② 연료 및 연소장치 점검
③ 분출 및 분출장치 점검　　④ 수위 점검
⑤ 프리퍼지 및 포스트 퍼지 부족시

57 보일러 설치시공 기준에서 옥내에 보일러 설치시 불연성 물질의 반격벽으로 구분된 장소에 설치하는 보일러
① 소형관류보일러　　　　　② 소용량주철제보일러
③ 가스용 온수보일러

58 에너지이용합리화법에 따라 보일러사용자와 보험계약을 체결한 보험사업자가 15일 이내에 시·도지사에게 알려야 하는 경우
① 보험계약이 해지된 경우　　② 사용자에게 보험금을 지급한 경우
③ 보험계약에 따른 보증기간이 만료된 경우

59 산업통상부령으로 정하는 기자재에 대한 고시기준
① 에너지의 최고 사용량
② 에너지의 최저소비 효율
③ 에너지의 목표 사용량
④ 에너지의 목표소비 효율

60 신설보일러 가동전 준비사항
① 내부점검
② 노 및 연료내의 점검
③ 부속품의 정비상황 점검
④ 소다보링 : 설치제작시 부착된 페인트, 유지, 녹등을 제거하기 위해 동내부에 소다계통의 약액을 주입하고 가압하여 (0.3~0.5)kg/cm² 2~3일간 끓여 반복분출
⑤ 자동제어 장치의 점검
⑥ 부속장치의 점검

61 에너지다소비업자가 매년 1월 31일까지 신고해야 할 사항
① 전년도의 에너지사용량, 제품생산량
② 전년도의 에너지이용 합리화 실적 및 해당연도의 계획
③ 에너지 사용기자재의 현황
④ 에너지 관리자의 현황
⑤ 당해연도의 에너지사용예정량, 제품생산예정량

62 증기난방의 분류방법
① 응축수환수방식 : ㉠ 중력환수식 ㉡ 기계환수식 ㉢ 진공환수식
② 배관 방식에 의한 분류 : ㉠ 단관식 ㉡ 복관식
③ 증기공급방식에 의한 분류 : ㉠ 상향순환식 ㉡ 하향순환식
④ 증기압력에 의한 분류

63 표준방열량
① 온수난방 : 450kcal/m²h
② 증기난방 : 650kcal/m²h

온수 : 1 kWh = 860 kcal/h
$$x = 450 \text{ kcal/h}$$
$$x = \frac{1\,\text{kWh} \times 450}{860\,\text{kcal/h}} = 0.523\,\text{kW/m}^2$$

증기 : 1 kWh = 860 kcal/h
$$x = 650 \text{ kcal/h}$$
$$x = \frac{1\,\text{kWh} \times 650\,\text{kcal/h}}{860\,\text{kWh}} = 0.7558\,\text{kW/m}^2$$

64
$$\text{방열기 쪽수} = \frac{\text{난방부하}}{\text{방열기방열량} \times \text{쪽당방열면적}}$$

65 개조검사
① 증기보일러를 온수보일러로 개조
② 연료 또는 연소방법의 변경
③ 보일러섹션에 의한 용량변경
④ 철금속가열로서 산업통상자원부장관이 정하여 고시하는 경우의 수지

66 증기트랩의 종류
① 기계적 트랩 : 포화수와 포화증기 비중차이용(버킷트·플로우트)
② 온도조절 트랩 : 포화수와 포화증기 온도차 이용(바이메탈, 벨로우즈)
③ 열역학적 트랩 : 포화수와 포화증기의 열역학적인 특성차(오리피스, 디스크)

67
① 상향순환식 : 송수주관을 상향구배로 하고 난방개소의 방열면을 보일러 설치 기준면보다 높게 하여 온수의 순환이 상향되어 환수하는 방식을 말한다.

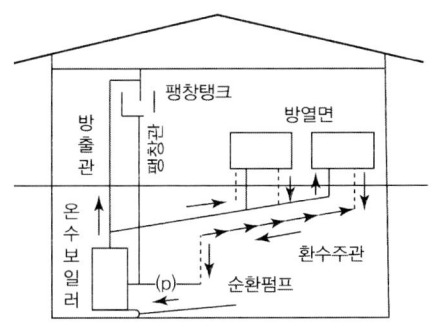

② 하향순환식 : 송수주관을 연직으로 배관하여 팽창관 및 방출관을 설치하고 온수를 하향으로 흐르게 하는 배관 형식을 말한다.

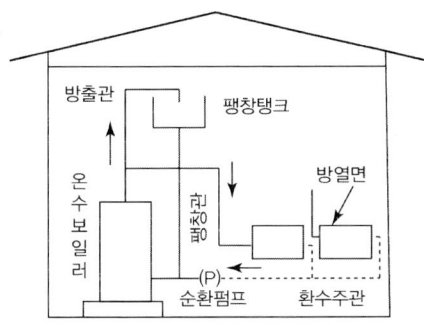

68 수요절감 위해 연차별로 수립해야 하는 것
① 장기에너지 수급계획
② 에너지 기술 개발
③ 비상시 에너지 수급방안

69 에너지공급자
① 에너지 생산 사업자
② 에너지저장사업자
③ 에너지수입사업자
④ 에너지전환사업자

70 수면계 점검시기
① 2개의 수면계 수위가 다를 때
② 수면계를 교체시
③ 수위의 움직임이 없을 때
④ 프라이밍, 포밍발생시

71 산세관시 부식발생 방지를 위한 대책
① 금속조직의 변화에 의한 부식방지
② 산화성 이온에 의한 부식
③ 농도차 및 온도차에 의한 부식 방지

72 스케일 생성 시 장해
① 연료손실이 크고 효율이 나빠진다.
② 수관이 과열되고 팽출과 파열이 발생할 수 있다.
③ 국부적인 과열이 발생하고 전열효율이 나빠진다.
④ 관수순환불량

73 인터록
구비조건이 맞지 않을 때 그 구비조건이 맞을 때 까지 다음단계를 정지시키는 것
[종류]
① 저연소인터록   ② 저수위인터록
③ 불착화인터록   ④ 압력초과인터록
⑤ 프리퍼지인터록

74 수면계유리관 파손 원인
① 외부에서 충격을 가할 때
② 급열급냉시
③ 유리관의 재질이 불량한 경우
④ 수면계의 너트를 너무 무리하게 조인 경우

75 에너지 저장의무 부과 대상자
① 도시가스사업자   ② 전기사업자   ③ 석탄가공업자

75 보일러 동체 최상부도부터 천정, 배관 등 보일러 상부에 있는 구조물까지의 거리는 1.2 m 이상(단, 소형보일러는 0.6m 이상으로 할 수 있다)

77 · 전열면적이 50m² 이하 : 안전밸브 1개 설치
· 전열면적이 50m² 이상 : 안전밸브 2개 설치

78 에너지사용계획을 수립하여 제출하여야하는 대상 사업
① 철도건설사업　② 공항건설사업　③ 도시개발사업

79 연소실 버너 선정시 검토사항
① 연료의 종류　② 유량조절　③ 공기조절　④ 연소실분위기

80 보일러 보존방법
· 건조보조법(장기보존) : 6개월 이상
· 만수보조법(단기보존) : 2~3개월
· 질소 봉입법 : 질소순도 99.5%의 것으로 0.6kg/cm² 정도로 가압봉입하여 공기로 치환
· 건조보존법흡수제 : CaO, $CaCl_2$, Al_2O_3, SiO_2
· 만수보존법첨가제 : 가성소다, 아황산소다, 탄산소다

81 분출률= $\dfrac{a}{b-a} \times 100$, 분출량(ℓ/day)= $\dfrac{x-a}{b-a}$

여기서, b(ppm) : 보일러수중의 허용농도
　　　　a(ppm) : 급수중의 염화물농도

82 환산증발량(상당증발량)= $\dfrac{G \times (h'' - h')}{539}$

83 보일러가 과열되는 원인
① 관수의 순환이 느릴 때
② 관수가 농축 되었을 때
③ 전열면에 스케일(관석)이 부착시
④ 관수의 수위가 너무 낮을 때

84 예열온도가 높을 때
① 연료소비량 증대　　② 분사량
③ 기름의 분해　　　　④ 탄화물 생성

85 유기산의 종류
① 구연산　　② 하트록산
③ 옥살산　　④ 설파민산
⑤ 초산　　　⑥ 포름알데히드

86 산업 재해 발생 원인
① 과실　② 숙련부족　③ 신체적인 결함

87 저수위로 인한 사고원인
① 보일러급수장치의 고장
② 저수위제어장치의 고장
③ 분출장치의 누수

88 분출목적
① 관수 pH 조절　　　　　② 관수농축방지
③ 슬러지 및 스케일 생성 방지　④ 프라이밍, 포밍발생방지
⑤ 부식방지

89 제작상의 불량
① 재료불량　　② 용접불량
③ 강도불량　　④ 구조불량
⑤ 설계불량

90 취급상의 사고
① 저수위사고　　② 역화(폭발)
③ 압력초과　　　④ 부식
⑤ 급수처리 불량

91 안전밸브 작동시험방법

안전밸브가 2개 이상인 경우 : 1개는 최고사용압력 이하, 기타는 최고사용압력의 1.03배 이하

92 압력계 검사시기
① 두 개가 설치 된 경우 지시도가 다를 때
② 비수 현상이 일어난 때
③ 신설보일러의 경우 압력이 오르기전
④ 부르돈관이 높은 열을 받았을 때

93 pH가 높으면 수중의 경도성분인(Ca, Mg 등의 화합물의 용해도가 감소되기 때문에 스케일 부착이 어렵게 된다.)
연료의 유출속도가 너무 늦으면 역화가 일어나고 너무 빠르면 실화가 일어난다.

94 안전밸브
보일러내부의 증기압 이상 상승시 자동으로 이상 증기압을 외부로 배출하여 사고방지
(1) 안전밸브의 종류 : ① 스프링식 ② 추식 ③ 지렛대식
(2) 스프링식 안전밸브형식

① 저양정식 : 안전밸브의 리프트가 시트지름의 $\frac{1}{40}$ 이상 $\frac{1}{15}$ 미만일 것

② 고양정식 : 안전밸브 리프트가 시트지름의 $\frac{1}{15}$ 이상 $\frac{1}{7}$ 미만

③ 전양정식 : 안전밸브의 리프트가 시트지름의 $\frac{1}{7}$ 이상일 것

④ 정양식 : 시트지름이 목부지름보다 1.15배 이상인 것

(3) 안선밸브 분출용량 계산식

① 저양정식(W)kg/h = $\frac{(1.03P+1)A}{22}$

② 고양정식(W)kg/h = $\frac{(1.03P+1)A}{10}$

③ 전양정식(W)kg/h = $\frac{(1.03P+1)A}{5}$

④ 전양식(kg/h) = $\dfrac{(1.03P+1)A}{2.5}$

여기서, A(mm²) : 밸브시트지름 = $\dfrac{\pi D^2}{4}$

P(kg/cm²·g) : 분출압력

(4) 누설 시 원인
① 스프링장력 감쇄시
② 조종압력이 낮은 경우
③ 시트와 밸브축이 이완된 경우
④ 밸브시트에 이물질이 낀 경우
⑤ 밸브와 시트의 가공이 불량한 경우

(5) 안전밸브 및 압력방출장치의 크기 : 안전밸브 및 압력방출장치의 크기는 25A이상으로 하여야 하나 20A이상으로 할 수 있는 경우
① 최고사용압력이 0.1MPa이하의 보일러
② 최고사용압력이 0.5MPa이하의 보일러로 전열면적이 2m²이하인 것
③ 최고사용압력이 0.5MPa이하의 보일러 동체의 안지름이 500mm이하이고 동체의 길이가 1000mm이하의 것
④ 최대증발량이 5T/h이하의 관류보일러
⑤ 소용량보일러

(6) 법적기준
① 증기보일러에는 2개이상의 안전밸브를 설치하여야 한다.(단, 전열면적이 50m²이하는 1개 설치)
② 과열기 출구에 1개이상의 안전밸브설치
③ 재열기 또는 독립과열기 입·출구에 각각 1개이상의 안전밸브 설치

(7) 안전밸브시험
① 안전밸브작동시험은 1년에 2회정도 행함
② 점검은 분출압력의 75%이상 되었을 때 1일 1회 이상 행함

95 화염검출기

연소실내의 갑작스런 실화, 소화, 불착화시 정상 연소상태를 검출하여 정상연소상태가 아닌 때에 연료공급을 차단사고 방지

(1) 플레임 아이(Flame eye)

화염에서 나타나는 방사선을 전기적 신호로 바꾸어 화염의 정상유무를 검출하는 형식으로 화염의 발광을 이용한 검출기이다. 종류로는 유화카드뮴광 도전셋(Cds셋), 유화연광 도전셋(Pbs셋), 광전관, 자외선 광전관 등이 있다.

(2) 플레임 로드(Flame rod)(가스 연료에만 적용된다)

화염의 이온화현상(고온측 : 양이온)을 통해 이때의 전기전도성을 이용하여 화염의 유무를 검출하는 형식이다.

(3) 스텍 스위치

화염의 발열현상을 이용한 것으로 내부에 바이메탈을 사용 열에 의한 팽창현상으로 화염의 정상유무를 검출한다. 응답속도가 매우 느리므로 소용량 보일러에 사용한다.

96 저수위 경보장치

(1) 설치목적 : 보일러 수위가 안전저수위 이하로 도달하기 직전 경보를 발함과 동시에 연료공급 차단

(2) 종류

① 부자식 ② 전극식 ③ 기계식 ④ 열팽창식

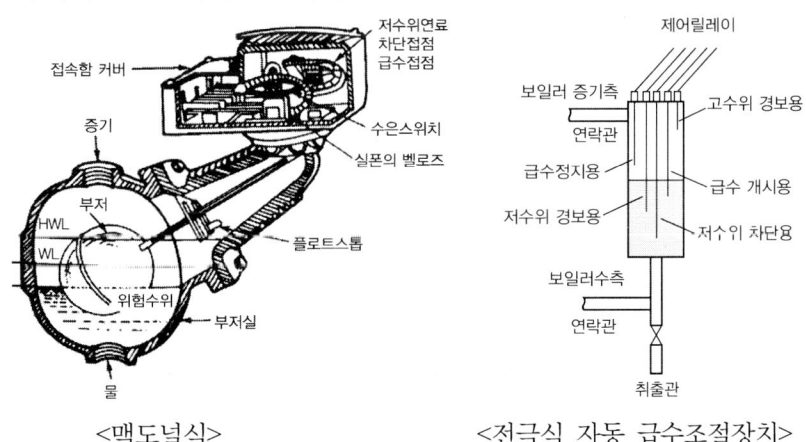

<맥도널식>   <전극식 자동 급수조절장치>

97 방폭문

연소실 내의 미연소가스 축적으로 인한 가스폭발 시 폭발가스를 외부로 배출 사고방지

(1) 설치위치 : 연소실 후부나 좌·우측
(2) 종류
    ① 스윙식(개방형)
    ② 스프링식(밀폐형)

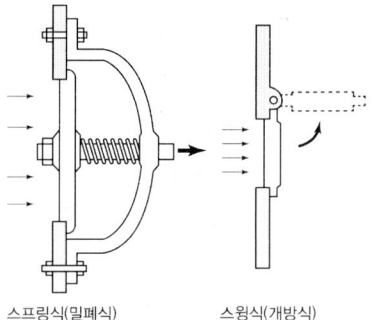

98 방출밸브

온수보일러의 안전장치로 1개이상 설치

(1) 120°C이하의 온수보일러 : 방출밸브설치 (호칭지름은 20A 이상)
(2) 120°C초과의 온수보일러 : 안전밸브설치 (호칭지름은 20A 이상)

99 팽창탱크(Expansion tank)

온수보일러에서 이상팽창압력을 흡수하는 장치로 개방식 85~95°C, 밀폐식 100°C이상

(1) 팽창탱크의 설치목적
    ① 보충수공급
    ② 체적팽창, 이상팽창압력 흡수
    ③ 관내 온수온도와 압력을 일정하게 유지
    ④ 관수배출을 하지 않아 열손실 방지
(2) 개방식 팽창탱크는 최고층 방열기 보다 1m이상 높게 설치

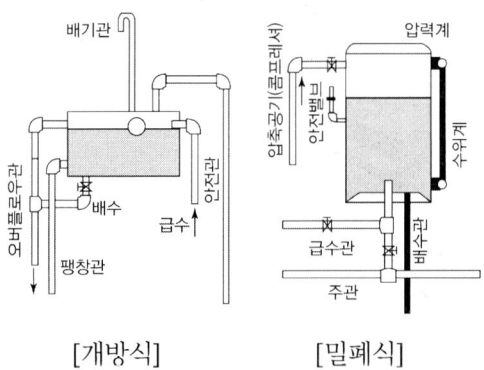

100 연료차단밸브(전자밸브)

보일러점화 시 또는 운전중 프리퍼지 불착화, 압력초과, 저수위 등이 화염검출기, 댐퍼나 송풍기, 저수위경보기, 압력차단스위치와 연결되어 응급시 연료를 차단하는 밸브 바이패스배관을 하지 못함

101 안전관리의 목적

(1) 인명의 존중
(2) 사회복지의 증진
(3) 경제성의 향상
(4) 생산성의 향상

102 사고의 원인

(1) 직접원인
  ① 불완전한 행동(인적원인) : 안전조치 불이행, 불안전한 상태의 방치
  ② 불완전한 상태(물적원인) : 작업환경의 결함, 보호구복장등의 결함
(2) 간접원인
  ① 기술적원인 : 기계, 기구, 장비등의 방호설비, 기계설비등의 기술적결함
  ② 교육적원인 : 무시, 경시, 훈련미숙, 나쁜습관 등
  ③ 신체적원인 : 피로, 수면부족, 각종질병 등
  ④ 정신적원인 : 초조, 긴장, 공포, 태만, 불만, 반항 등
  ⑤ 관리적원인 : 책임감 부족, 근로의욕 침체 등

103 안전관리일반

(1) 온도 : 18~21℃
(2) 습도 : 30~35%
(3) 불쾌지수 : 위험한계 75%이상
(4) 유해가스
  ① CO_2의 영향
    ㉠ 1~2% : 작업능률저하, 실수유발
    ㉡ 3%이상 : 호흡장해
    ㉢ 5~10% : 일정시간 머물면 치명적
  ② CO의 영향 : 두통, 현기증, 질식, 경련, 기울림

104 안전색채 표시사항

(1) 적색 : 정지, 금지
(2) 황적색 : 위험
(3) 황색 : 주의
(4) 녹색 : 안전안내, 진행유도, 구급신호
(5) 청색 : 조심, 지시
(6) 백색 : 정리정돈, 통로
(7) 적자색 : 방사능

105 화재등급별 소화방법

분류	A급 화재	B급 화재	C급 화재	D급 화재
명칭	보통화재	유류·가스화재	전기화재	금속화재
가연물	목재, 종이, 섬유	유류, 가스	전기	Mg분, Al분
주된소화효과	냉각효과	질식효과	질식, 냉각	질식 효과
적응소화제	① 물 소화기 ② 강화액 소화기	① 포말 소화기 ② CO_2소화기 ③ 분말소화기 ④ 증발성 액체소화기	① 유기성 소화액 ② CO_2소화기 ③ 분말	① 건조사 ② 팽창 질석 ③ 팽창 진주암
구분색	백색	황색	청색	

106 연소범위(폭발범위)

(1) 이황화탄소 : 1.2~44%
(2) 부탄 : 1.8~8.4%
(3) 아세틸렌 : 2.5~81%
(4) 프로판 : 2.1~9.5%
(5) 프로필렌 : 2.4~11%
(6) 산화에틸렌 : 3~80%
(7) 에틸렌 : 3.1~32%
(8) 에탄 : 3~12.5%
(9) 수소 : 4~75%
(10) 메탄 : 5~15%
(11) 황화수소 : 4.3~45.5%
(12) 시안화수소 : 6~41%
(13) 일산화탄소 : 12.5~74%
(14) 암모니아 : 15~28%

107 공업용기 도색

<u>청</u><u>탄</u><u>산</u> <u>산녹</u>에서 <u>황</u><u>아</u>체 안주삼아 <u>수</u>준잔 높이들고 <u>백</u>암산 바라보니
　①　　②　　　③　　　　④　　　　　　⑤

<u>염소</u>는 갈색으로 보이고 <u>쥐</u>들은 <u>기타</u>를 치더라
　⑥　　　　　　　　⑦

① 탄산가스 : 청색　　② 산소 : 녹색
③ 아세틸렌 : 황색　　④ 수소 : 주황
⑤ 암모니아 : 백색　　⑥ 염소 : 갈색
⑦ 기타 : 쥐색(회색)

[가스명칭]
① 아세틸렌 : 흑색
② 암모니아 : 흑색
③ LPG : 적색
④ 기타 : 백색

108 에너지 이용 합리화법에 따라 인정검사 대상기기 관리자의 교육을 이수한 사람의 관리범위

(1) 압력용기
(2) 증기보일러에서 최고사용압력이 1MPa 이하이고 전열면적이 $10m^2$ 이하인 것
(3) 온수발생 또는 열매체를 가열하는 보일러로서 출력이 581.5kW 이하인 것

109 열사용 기자재

(1)

구분	품목명
보일러	강철제보일러, 주철제보일러, 소형온수보일러, 구멍탄용온수보일러, 축열식전기보일러
태양열집열기	태양열 집열기
압력용기	1종압력용기, 2종압력용기
요로	요업요로, 금속요로

(2) 열사용기자재에서 제외되는 것
　① 선박용 보일러 및 압력용기
　② 철도사업을 하기 위하여 설치하는 기관차 및 철도차량용 보일러
　③ 고압가스 안전관리법, 액화석유가스 안전관리법에 따라 검사를 받는 보일러 및

압력용기

④ 전기용품 및 생활용품 안전관리법 및 의료기기법의 적용받는 2종압력용기
⑤ 전기사업자가 설치하는 발전소의 발전용 보일러 및 압력용기

110 에너지이용 합리화법에서 정한 에너지절약전문기업 등록의 취소요건

(1) 에너지절약 전문기업으로 등록한 업체가 그 등록의 취소를 신청한 경우
(2) 규정에 의한 등록기준에 미달한 경우
(3) 거짓이나 그 밖의 부정한 방법으로 등록을 한 경우
(4) 거짓이나 그 밖의 부정한 방법으로 규정에 따른 지원을 받거나 지원 받은 자금을 다른 용도로 사용한 경우

111 에너지사용의 제한 또는 금지

(1) 에너지사용의 시기 및 방법의 제한
(2) 에너지사용시설 및 에너지사용기자재에 사용할 에너지의 지정 및 사용 에너지의 전환
(3) 특정 지역에 대한 에너지사용의 제한
(4) 차량 등 에너지 사용 기자재의 사용제한
(5) 위생 접객업소 및 그 밖의 에너지 사용시설에 대한 에너지 사용의 제한

112 검사대상기기 관리자 교육

검사대상기기 관리자로 선임된 날로부터 6개월 이내에 그 후에는 교육을 받은 날로부터 3년마다 교육을 받아야 함

113 검사대상기기 관리대행기관 지정제출 서류

(1) 장비명세서 및 기술인격명세서(장기)
(2) 향후 1년간 안전관리대행 사업계획서
(3) 변경사항을 증명할 수 있는 서류(변경지정 경우에만 해당)

114 개선명령의 요건

산업통상부 장관이 에너지다소비업자에게 개선명령을 할 수 있는 경우는 에너지관리 지도결과 10% 이상의 에너지효율개선이 기대되고 효율개선을 위한 투자의 경제성이 있다고 인정되는 경우

115 에너지사용계획 제출 대상사업
(1) 공공사업주관자
　　① 연간 2500ToE이상의 연료 및 열을 사용하는 시설
　　② 연간 1천만 kWh이상의 전력을 사용하는 시성
(2) 민간사업주관자
　　① 연간 5000ToE이상의 연료 및 열을 사용하는 시설
　　② 연간 2천만 kWh이상의 전력을 사용하는 시설

116 개조검사의 대상
(1) 보일러 섹션의 증감에 의하여 용량을 변경하는 경우
(2) 증기보일러를 온수보일러로 개조하는 경우
(3) 연료 또는 연소방법을 변경하는 경우
(4) 노통, 연소실, 천정판, 경판, 관판, 동체, 돔 또는 스테이의 변경으로서 산업통상자원부장관이 정하여 고시하는 경우의 수리
(5) 철금속 가열로서 산업통상자원부장관이 정하여 고시하는 경우의 수리

117 특정열사용기자재 설치·시공범위

구분	품목명	설치, 시공범위
보일러	강철제 보일러, 주철제 보일러, 온수 보일러, 구멍탄용 온수보일러, 축열식 전기보일러	해당기기의 설치·배관 및 세관
태양열 집열기	태양열 집열기	해당기기의 설치·배관 및 세관
압력용기	1종 압력용기, 2종 압력용기	해당기기의 설치·배관 및 세관
요업요로	연속식 유리용융가마, 불연속식 유리용융가마, 유리용융도가니가마, 터널가마, 도염식 가마, 셔틀가마, 회전가마, 석회용선가마	해당기기의 설치를 위한 시공
금속요로	용선로, 비철금속용융로, 금속 소둔로, 철금속 가열로, 금속균열로	해당기기의 설치를 위한 시공

118 산업통상자원부령으로 정하는 기자재에 대한 고시기준
(1) 에너지의 최고사용량
(2) 에너지의 목표사용량
(3) 에너지의 최저소비 효율
(4) 에너지의 목표소비 효율

119 에너지이용합리화법에 따라 보일러사용자로 보험계약을 체결한 보험사업자가 15일 이내에 시·도지사에게 알려야 하는 경우
(1) 보험계약이 해지된 경우
(2) 사용자에게 보험금을 지급한 경우
(3) 보험계약에 따른 보증기간이 만료된 경우

120 용어의 정의
(1) "에너지"란 연료, 열 및 전기를 말한다.
(2) "연료"란 석유, 가스, 석탄 그 밖에 열을 발생하는 열원을 말한다. 다만, 제품의 원료로 사용하는 것을 제외한다.
(3) "에너지사용시설"이란 에너지를 사용하는 공장, 사업장 등의 시설이나 에너지를 전환하여 사용하는 시설을 말한다.
(4) "에너지사용자"란 에너지사용시설의 소유자 또는 관리자를 말한다.
(5) "에너지공급설비"란 에너지를 생산, 전환, 수송 또는 저장하기 위하여 설치하는 설비를 말한다.
(6) "에너지공급자"란 에너지를 생산, 수입, 전환, 수송, 저장 또는 판매하는 사업자를 말한다.
(7) "에너지사용기자재"란 열사용기자재나 그 밖에 에너지를 사용하는 기자재를 말한다.
(8) "열사용기가재"란 연료 및 열을 사용하는 기기, 축열식 전기기기와 단열성 자재로서 산업통상자원부령으로 정하는 것을 말한다.

121 세제지원이 되는 시설투자
(1) 노후보일러 및 산업용 요로 등 에너지 다소비 설비의 대체
(2) 집단에너지 사업, 열병합발전사업, 폐열이용사업과 대체연료사용을 위한 시설 및 기기류의 설치

122 용접검사 면제 대상 범위

(1) 강철제 보일러, 주철제 보일러
    ① 강철제 보일러 중 전열면적이 $5m^2$ 이하이고 최고사용압력이 0.35MPa 이하인 것
    ② 주철제 보일러
    ③ 1종 관류보일러
    ④ 온수보일러 중 전열면적이 $18m^2$ 이하이고 최고사용압력이 0.35MPa 이하인 것

(2) 1종 압력용기, 2종 압력용기
    ① 용접이음(동체와 플랜지와의 용접이음은 제외)이 없는 강관을 동체로 한 헤더
    ② 압력용기 중 동체의 두께가 6mm 미만인 것으로서 최고사용압력(MPa)과 내부 부피(m^3)를 곱한 수치가 0.02이하(난방용의 경우에는 0.05이하)인 것
    ③ 전열교환식인 것으로서 최고사용압력이 0.35MPa이하이고, 동체의 안지름이 600mm 이하인 것

123 에너지이용 합리화법에 따라 공공사업주관자는 이행계획을 작성하여 제출하여야 하는데 이행계획에 반드시 포함되어야 할 사항

(1) 이행방법
(2) 이행주체
(3) 이행시기

124 수요관리전문기관

(1) 한국에너지공단
(2) 수요관리사업의 수행능력이 있다고 인정되는 기관으로서 산업통상자원부령으로 정하는 기관

125 핵심내용

(1) 공단이사장 또는 검사기관의 장은 매달 검사대상기기의 검사실적을 다음달 10일까지 시·도지사에게 보고한다.
(2) 효율관리기자재의 측정결과의 신고 : 90일 이내 한국에너지공단
(3) 평균에너지 소비효율의 산정방법 : 평균에너지소비효율의 개선기간은 개선명령을 받은 날로부터 다음해 12월 31일까지로 한다.
(4) 평균에너지 소비효율의 개선명령을 받은 자는 개선명령을 받은 날로부터 60일 이내에 개선명령 이행계획을 수립하여 제출하여야 한다.

(5) 효율관리기자재의 광고내용 : 효율관리기자재의 제조업자 수입업자 또는 판매업자가 하는 광고내용에는 에너지소비효율등급 또는 에너지소비효율 포함
(6) 검사에 합격한 날이 검사유효기간 만료일 전 30일 이내인 경우 검사기간 만료일의 다음날부터 계산한다.
(7) 특정열사용기가재의 설치·시공이나 세관을 업으로 하는 자는 건설산업기본법에 따라 시·도지사에게 등록하여야 한다.

126 에너지이용합리화법의 목적
① 국민경제의 건전한 발전에 이바지
② 에너지의 합리적인 이용을 증진
③ 지구온난화의 최소화에 이바지

127 시공업의 기술인력 및 검사대상기기 관리자에 대한 교육

구분	교육과정	기간	교육기관
시공업기술인력	난방시공업 1종기술자과정 난방시공업 2, 3종기술자과정	1일	한국열관리시공협회 전국보일러설비협회
검사대상기기관리자	중·대형보일러 관리자과정 소형보일러, 압력용기관리자과정	1일	한국에너지기술협회

128 에너지이용 합리화법에 따라 냉난방온도의 기준
(1) 난방온도 : 20°C이하
(2) 냉방온도 : 26°C이하
(3) 판매시설 및 공항의 경우에는 냉방온도 25°C이상으로 한다.

129 대기전력 경고표지 대상 제품
(1) 오디오
(2) 컴퓨터
(3) 모니터
(4) 프린터
(5) 복합기
(6) 복사기
(7) 팩시밀리
(8) 전자레인지
(9) 스캐너
(10) DVD플레이어
(11) 유·무선전화기
(12) 라디오카세트
(13) 도어폰

130 에너지진단 주기

연간에너지사용량	에너지진단주기
20만 티오이 이상	부분진단 : 3년 전체진단 : 5년
20만 티오이 미만	5년

131 검사의 유효기간
(1) 개조검사
　　① 보일러 : 1년
　　② 압력용기 및 철금속가열로 : 2년
(2) 계속사용검사
　　① 안전검사
　　　　㉠ 보일러 : 1년
　　　　㉡ 압력용기 : 2년
　　② 운전성능검사
　　　　㉠ 보일러 : 1년
　　　　㉡ 철금속가열로 : 2년
(3) 설치검사
　　① 보일러 : 1년
　　② 압력용기 및 철금속가열로 : 2년
(4) 설치장소변경검사
　　① 보일러 : 1년
　　② 압력용기 및 철금속가열로 : 2년

132 핵심내용
(1) 목표에너지원단위란 : 에너지를 사용하여 만드는 제품의 단위당 에너지사용목표량 또는 건축물의 단위면적당 에너지사용목표량
(2) 열사용기자재, 연료 및 열을 사용하는 기기 및 축열식전기기기와 단열성자재를 말한다.
(3) 검사대상기기의 선·해임신고 : 30일이내
(4) 검사대상기기의 변경신고, 중지신고, 폐기신고 : 15일 이내
(5) 냉·난방온도 제한대상 건물 : 연간에너지사용량이 2천 ToE이상인 건물
(6) 에너지이용합리화 기본계획수립 : 5년마다

(7) 간이에너지 총조사 : 3년마다

(8) 검사대상기기의 계속사용검사신청은 계속사용검사 신청서를 검사유효 기간 만료 10일전까지 공단이사장에서 제출

133 고효율에너지 인증대상기자재

(1) 산업건물용 보일러

(2) 무정전전원장치

(3) 발광다이오드(LED)등 조명기기

(4) 펌프

(5) 폐열회수용환기장치

134 관리자의 자격 및 관리범위

관리자의 자격	관리범위
에너지관리기능장 또는 에너지관리기사	용량이 30t/h를 초과하는 보일러
에너지관리기능장, 에너지관리기사 또는 에너지관리산업기사	용량이 10t/h를 초과하고 30t/h이하인 보일러
에너지관리기능장, 에너지관리기사, 에너지관리산업기사 또는 에너지관리기능사	용량이 10t/h이하인 보일러
에너지관리기능장, 에너지관리기사, 에너지관리산업기사, 에너지관리기능사 또는 인정검사대상기기 관리자의 교육을 이수한 자	1. 증기보일러로서 최고사용압력이 1MPa 이하이고, 전열면적이 $10m^2$ 이하인 것 2. 온수 발생 또는 열매체를 가열하는 보일러로서 출력이 581.5kW 이하인 것 3. 압력용기

135 산업통상자원부장관의 에너지온실요인을 줄이기 위한 개선명령을 정당한 사유없이 이행하지 아니한 자의 과태료 부과기준

(1) 1회 위반 : 300만원

(2) 2회 위반 : 500만원

(3) 3회 위반 : 700만원

(4) 4회 위반 : 1000만원

136 검사에 필요한 조치

(1) 수압시험의 준비
(2) 비파괴검사의 준비
(3) 기계적 시험의 준비
(4) 조립식인 검사대상기기의 조립해체
(5) 운전성능 측정의 준비
(6) 검사대상기기의 정비
(7) 검사대상기기의 피복물 제거
(8) 안전밸브 및 수면측정장치의 분해 및 정비

에너지관리산업기사 필기
Industrial Engineer Energy Management

에너지관리산업기사
과년도 출제문제

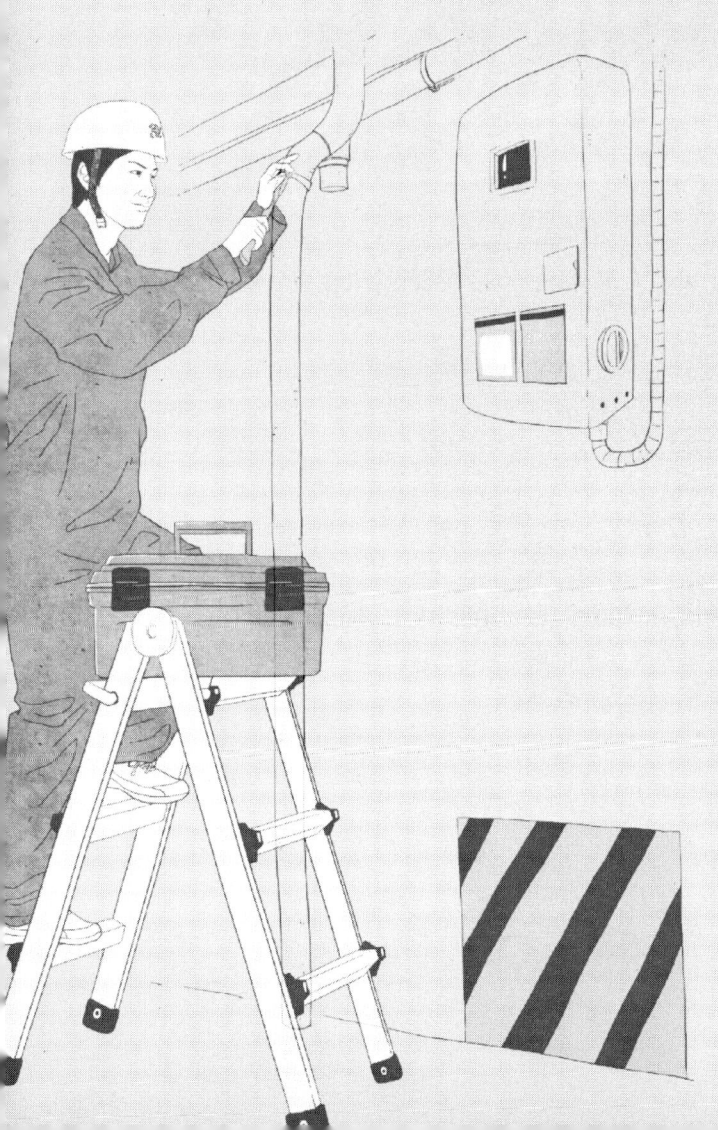

2014년 제1회 에너지관리산업기사 출제문제

제1과목 : 열역학 및 연소관리

01 천연가스는 약 몇 °C에서 액화되는가?
① −122°C
② −132°C
③ −152°C
④ −162°C

해설 액화온도
① 천연가스 : −162°C
② 프로판 : −42.1°C
③ 부탄 : −0.5°C
④ 산소 : −183°C
⑤ 수소 : −253°C
⑥ 질소 : −196°C
⑦ 아세틸렌 : −84°C

02 이상기체의 가역단열 변화를 가장 바르게 표시하는 식은 무엇인가?(단, P : 절대압력, V : 체적, k : 비열비, C : 상수이다.)
① $P^k V = C$
② $P^{k-1} V^n = C$
③ $PV^k = C$
④ $PV^{k-1} = C$

해설 이상기체의 가역단열 변화 : $PV^k = C$

03 압축비가 5인 오토사이클에서의 이론 열효율은?(단, 비열비[k]는 1.3으로 한다.)
① 32.8%
② 38.8%
③ 41.6%
④ 43.8%

해설 오토사이클 이론 열효율 $= 1 - \left(\dfrac{1}{\epsilon}\right)^{k-1} = 1 - \left(\dfrac{1}{5}\right)^{1.3-1} = 38.29\%$

1. ④ 2. ③ 3. ②

04

다음 [보기]의 특징을 가지는 고체연료 연소방법은 무엇인가?

[보기]
- 미분쇄할 필요가 없다.
- 부하변동에 따른 적응력이 좋지 않다.
- 도시쓰레기 및 오물의 소각로서 많이 사용된다.

① 유동층 연소   ② 화격자 연소
③ 미분탄 연소   ④ 스토커식 연소

 유동층연소의 특징
① 미분쇄할 필요가 없다
② 부하변동에 따른 적응력이 좋지 않다
③ 도시쓰레기 및 오물의 소각로서 많이 사용된다.

05

다음 [그림]은 물의 압력-온도 선도를 나타낸 것이다. 액체와 기체의 혼합물은 어디에 존재하는가?

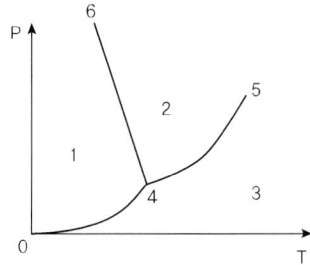

① 영역 1   ② 선 4-6   ③ 선 0-4   ④ 선 4-5

 영역 1 : 고체, 2 : 액체, 영역 3 : 증기, 4 : 증발곡선 : 4~5, 0~4 : 승화곡선
5 : 임계점, 4~6 : 용해곡선, 점4 : 삼중점

06

프로판가스 $1Sm^3$를 공기과잉계수 1.1의 공기로 완전연소시켰을 때의 습연소가스량은 약 몇 Sm^3인가?

① 14.5   ② 25.8   ③ 28.2   ④ 33.9

 $C_3H_8 + 5O_2 \to 3CO_2 + 4H_2O + (N_2)$
실제 습연소가스량 $= (m-1)A_o + CO_2 + H_2O + N_2$
$$= (1.1-1) \times \frac{5}{0.21} + 3 + 4 + (5 \times \frac{0.79}{0.21})$$
$= 28.18 Sm^3/Sm^3$

07

보일러 연소안전 장치에서 화염의 방사선을 전기신호로 바꾸어 화염 유무를 검출하는 플레임아이에 대한 설명으로 옳은 것은?

① Pbs셀, Cds셀 등은 자외선 파장의 영역에서 감지한다.
② 가스화염은 방사선이 적으므로 자외선 광전관을 사용한다.
③ 광전관은 100°C 이상 고온에서 기능이 파괴되므로 주의하여 사용한다.
④ 플레임 아이는 가열된 적색 노벽에 직시하도록 설치하여 사용한다.

해설 플레임아이 검출소자
① 자외선광전관 : 오일, 가스에 사용
② 적외선광전관 : 적외선을 이용
③ Cds(황화카드뮴셀) : 경유
④ Pbs(황화납셀) : 오일, 가스에 사용

08

질량 m[kg]의 어떤 기체로 구성된 밀폐계가 Q[kJ]의 열을 받아 일을 하고, 이 기체의 온도가 ΔT°C 상승하였다면 이 계가 한 일은 몇 kJ인가? (단, 이 기체의 정적비열은 C_v[kJ/kg·K], 정압비열은 C_p[kJ/kg·K]이다.)

① $Q - mC_v\Delta T$
② $mC_v\Delta T - Q$
③ $Q - mC_p\Delta T$
④ $mC_p\Delta T - Q$

해설 밀폐계에서 한 일은 공급받은 열량에서 기체의 온도변화에 소요된 열량의 차
$W = Q - mC_v\Delta t$

09

수증기의 내부에너지 및 엔탈피가 터빈 입구에서 각각 u_1[kJ/kg], h_1[kJ/kg]이고 터빈 출구에서 u_2[kJ/kg], h_2[kJ/kg]이다. 터빈의 출력은 몇 kW인가? (단, 발생되는 수증기의 질량 유형은 $\dot{m}$[kg/s]이다.)

① $(u_1 - u_2)$
② $\dot{m}(u_1 - u_2)$
③ $(h_1 - h_2)$
④ $\dot{m}(h_1 - h_2)$

해설 터빈이 한 일량은 터빈입구와 엔탈피 차에 수증기 질량을 곱한 값
$$\therefore \text{kW} = \frac{\dot{m}(h_1 - h_2)}{3600}$$
1 kW = 3600 kJ/h

10

메탄(CH_4)의 가스상수는 몇 J/kg · K인가?

① 29.3 ② 53 ③ 287 ④ 519.6

해설 메탄의 가스 상수

① $\dfrac{848 \text{kg} \cdot \text{m/kcal} \cdot \text{k}}{M}$

② $\dfrac{848 \text{kg} \cdot \text{m/kmol} \cdot \text{k}}{16 \text{kg/kmol}} = 53 \text{kg} \cdot \text{m}$

③ 1 kcal = 427 kg · m

$x = 53$ kg · m

$x = 0.124$ kcal × 1000 cal/1 kcal

   $= 124.12$ cal

④ 1J = 0.24 cal

$x = 124.12$ cal

$x = \dfrac{1J \times 124.12 \, cal}{0.24 \, cal}$

   $= 517.16$ J/kg · K

11

탄소 0.87, 수소 0.1, 황 0.03의 연료가 있다. 과잉공기 50%를 공급할 경우 실제 건배기가스량(Sm^3/kg)은?

① 8.89 ② 9.94 ③ 10.5 ④ 15.19

해설 실제 건배기가스량 = $(m - 0.21)A_o + 1.867C + 0.7S + 0.8N$

$A_o = 8.89C + 26.67(H - \dfrac{O}{8}) + 3.33s$

$\quad = 8.89 \times 0.87 + 26.67(0.1 - \dfrac{O}{8}) + 3.33 \times 0.33 = 10.50 \, sm^3$/kg

∴ $G_d = ((1.5 - 0.21) \times 10.5) + 1.867 \times 0.87 + 0.7 \times 0.03 = 15.19 \, sm^3$/kg

12

증기 동력사이클의 기본 사이클인 랭킨 사이클(Rankine cycle)에서 작동 유체(물, 수증기)의 흐름을 옳게 나타낸 것은?

① 펌프 → 응축기 → 보일러 → 터빈 → 펌프
② 펌프 → 보일러 → 응축기 → 터빈 → 펌프
③ 펌프 → 보일러 → 터빈 → 응축기 → 펌프
④ 펌프 → 터빈 → 보일러 → 응축기 → 펌프

해설 랭킨사이클 작동유체의 흐름
펌프 → 보일러 → 터빈 → 응축기 → 펌프

13

수증기의 증발잠열에 대한 설명으로 옳은 것은?

① 포화온도가 감소하면 감소한다.
② 포화압력이 증가하면 증가한다.
③ 건포화증기와 포화액의 엔탈피 차이다.
④ 약 540 kcal/kg(2257 kJ/kg)으로 항상 일정하다.

해설 수증기의 증발잠열
① 포화온도가 감소하면 증가한다.
② 포화압력이 증가하면 감소한다.
③ 건포화증기엔탈피＝포화수엔탈피+r(증발잠열)
  증발잠열＝건포화증기엔탈피－포화수엔탈피

14

열역학 제1법칙은?

① 질량 불변의 법칙
② 에너지 보존의 법칙
③ 엔트로피 보존의 법칙
④ 작용, 반작용의 법칙

해설 열역학 법칙
① 열역학 제 0법칙(열평형의 법칙＝온도를 정의)
② 열역학 제 1법칙(에너지 보존의 법칙)
  ㉠ 일은 열로 변화시킬 수 있고 열은 일로 변화시킬 수 있다.
  ㉡ 1 kcal＝427 kg . m
③ 열역학 제 2법칙(엔트로피의 법칙)
  ㉠ 일은 열로 변화시킬 수 있고 열은 일로 변화시킬 수 없다.
  ㉡ 100%의 열기관은 만들 수 없다.
  ㉢ 외부에서 일을 하여주지 않고는 저온에서 고온으로 이동시킬 수 없다.
④ 열역학 제 3법칙
  ㉠ 어떤 경우라도 절대온도 0℃에 도달할 수 없다는 법칙.

15

폴리트로픽지수 n의 값이 특정 값을 가질 때 상태변화가 된다. 다음 중 옳은 것은?

① $n=0$일 때 등온변화
② $n=1$일 때 정압변화
③ $n=\infty$일 때 정적변화
④ $n=0.5$일 때 단열변화

해설 폴리트로픽지수
① 등압변화($n=0$)
② 등온변화($n=1$)
③ 등적변화($n=\infty$)
④ 단열변화($n=k$)

정답 13. ③ 14. ② 15. ③

16

잠열변화 과정에 해당하는 것은?

① −20°C의 얼음을 0°C의 얼음으로 변화시켰다.
② 0°C의 얼음을 0°C의 물로 변화시켰다.
③ 0°C의 물을 100°C의 물로 변화시켰다.
④ 100°C의 증기를 110°C의 증기로 변화시켰다.

해설) 잠열 : 온도변화 없이 상태만 변화하는 것

17

오토사이클에 대한 설명으로 틀린 것은?

① 등엔트로피 압축, 정적 가열, 등엔트로피 팽창, 정적 방열의 과정으로 구성된다.
② 작동유체의 비열비가 클수록 열효율이 높아진다.
③ 압축비가 높을수록 열효율이 높아진다.
④ 저속 디젤기관에 주로 적용된다.

해설) 오토사이클
① 열효율은 압축비에 대한 함수
② 압축비가 커지면 열효율 상승한다.
③ 열효율은 공기표준 사이클보다 낮다.
④ 이상연소에 의해 열효율은 크게 제한을 받는다.
⑤ 전기 점화기관의 이상적인 사이클로서 등적사이클이라고도 함

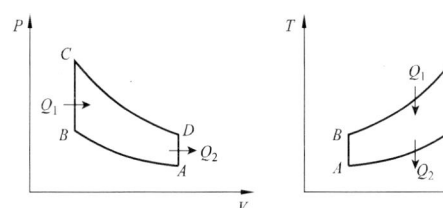

㉠ A–B : 단열압축 ㉡ B–C : 등적가열
㉢ C–D : 단열팽창 ㉣ D–A : 등적방열

카르노사이클의 P-V 선도

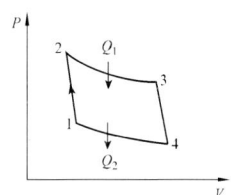

① 1–2 : 단열압축   ② 2–3 : 등온팽창
③ 3–4 : 단열팽창   ④ 4–1 : 등온압축

16. ②   17. ④

냉동사이클 선도

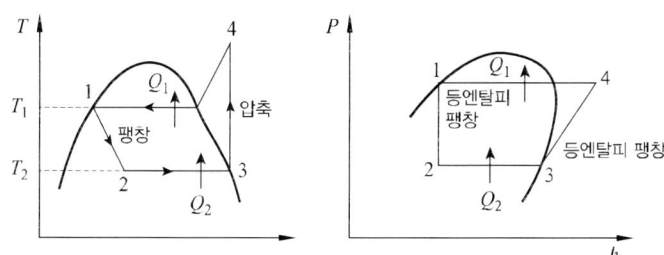

① 1–2(단열팽창=등엔탈피팽창) : 팽창밸브를 지나 교축팽창시키면 엔탈피가 일정한 상태에서 압력과 온도가 내려가 습증기가 된다.
② 2–3(등온팽창) : 습증기가 증발기에 들어가서 외부로부터 열 Q_2를 받아 증발하여 냉동시키려는 물체를 냉각
③ 3–4(단열압축) : 건포화증기의 냉매를 압축기로 과열증기로 만듦
④ 4–1(등온압축=냉각과정) : 과열증기가 압축기에 의해 냉각되어 열량 Q_1을 방출하고 포화액으로 되는 등온 냉각과정
⑤ COP(성적계수) : $Q_2/A_w = Q_2/Q_1 - Q_2 = T_2/T_1 - T_2$

18 1 mol의 프로판이 이론 공기량으로 완전연소되면 연소가스는 몇 mol이 생성되는가?
① 6   ② 18.8   ③ 23.8   ④ 25.8

 습연소가스량(Gwd)=$(1-0.21)A_o$+CO_2+H_2O
$1C_3H_8 + 5O_2 \rightarrow 3CO_2 + 4H_2O$
$A_o = \dfrac{5}{0.21} = 23.8$
∴ Gwd = (1–0.21)23.8+3+4 = 25.802

19 어떤 압력하에서 포화수의 엔탈피를 h, 물의 증발잠열을 γ, 건도를 x라 할 때, 습포화증기의 엔탈피 h''를 구하는 식은?
① $h'' = h + \gamma x$ ② $h'' = h + \gamma$
③ $h'' = h - \gamma x$ ④ $h'' = h - \gamma$

해설 습포화증기엔탈피 = 포화수엔탈피 + 건조도 × 증발잠열
건포화증기엔탈피 = 포화수엔탈피 + 증발잠열
과열증기엔탈피 = 건포화증기엔탈피 + $C \times \Delta t$

20 다음 중 열역학 제2법칙과 가장 직접적인 관련이 있는 물리량은?
① 엔트로피   ② 엔탈피   ③ 열량   ④ 내부에너지

제2과목 : 계측 및 에너지 진단

21 열전온도계의 열전대 종류 중 사용온도가 가장 높은 것은 무엇인가?

① K형 : 크로멜-알로멜
② R형 : 백금-백금·로듐
③ J형 : 철-콘스탄탄
④ T형 : 구리-콘스탄탄

해설 열전대온도계 : 두금속의 열기전력이용(제백효과)
① PR(백금-백금로듐)(R형)
  ㉠ 산화성 분위기에 가장 강하다. ㉡ 환원성 분위기에 약하다.
  ㉢ 금속증기에 침식 ㉣ 온도 : 0~1600℃
  ㉤ 백금 87%(+극), 백금로듐 13%(-극) ㉥ 값이 싸고, 정도가 높고 안정성 우수
  ㉦ 열전대온도계 중 가장 고온 측정
② CA(크로멜-알루멜)(K형)
  ㉠ 크로멜(Ni(90%)+Cr(10%), 알루멜(Ni(94%)+Mn(2.5%)+Al(2.0%)+Fe(0.5%))
  ㉡ 산화성 분위기에 약하다.
  ㉢ 온도 : 0~1200℃
③ CC(동-콘스탄탄)(T형)
  ㉠ 수분에 의한 내식성이 크다.
  ㉡ 콘스탄탄(Cu(55%)+Ni(45%))
  ㉢ 온도 : -200~350℃
  ㉣ 열전대 온도계 중 가장 저온 측정
④ IC(철-콘스탄탄)(J형)
  ㉠ 환원성 분위기에 강하다.
  ㉡ 온도 : -20~850℃

22 냉각식 노점계를 자동화시킨 습도계로서 저습도의 측정은 가능하지만 기구가 다소 복잡한 것은?

① 듀셀 노점계
② 광전관식 노점습도계
③ 모발 습도계
④ 냉각식 노점계

23 다음 [그림]과 같은 조작량의 변화는?

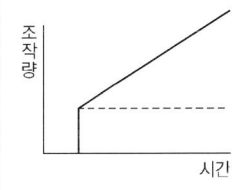

① P동작
② I동작
③ PI동작
④ PID동작

21. ② 22. ② 23. ③

해설 조작량의 변화

① 비례동작 :　　　　　② 적분동작 :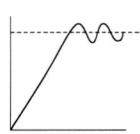

③ 미분동작 : 　　④ PI동작 :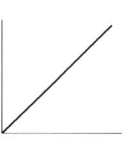

⑤ PID 동작 : 　　⑥ PD 동작 :

24
운전 조건에 따른 보일러 효율에 대한 설명으로 틀린 것은 무엇인가?
① 전부하 운전에 비하여 부분부하 운전 시 효율이 좋다.
② 전부하 운전에 비하여 과부하 운전에서는 효율이 낮아진다.
③ 보일러의 배기가스온도가 높아지면 열손실이 커진다.
④ 보일러의 운전효율을 최대로 유지하려면 효율—부하곡선이 평탄한 것이 좋다.

해설 전부하 운전효율이 부분부하 운전시 효율보다 좋다.

25
다음 중 비접촉식 온도계가 아닌 것은 무엇인가?
① 광고온계　　　　　　② 방사온도계
③ 열전온도계　　　　　④ 색온도계

해설 비접촉식 온도계
① 광고온도계　　　　　② 방사온도계
③ 광전관식온도계　　　④ 색온도계

① 광고온계 : 물체의 방사휘도와 고온계에 들어있는 기준온도의 고온체인 전구의 필라멘트 휘도를 특색파장(적색유리)을 통하여 육안으로 휘도를 비교 관측하여 온도를 측정한다.
　㉮ 특징
　　㉠ 방사율에 의한 보정량이 적다.
　　㉡ 개인오차가 발생하므로 다수의 사람이 정밀 측정한다.
　　㉢ 휴대 및 취급이 용이하다.
　　㉣ 비접촉 중 가장 정확한 온도를 측정한다(±10~15℃).
　　㉤ 측정시 수동을 요하므로 자동제어가 불가능하다.
　　㉥ 연속측정이 곤란하고 700[℃] 이하에서는 측정이 곤란하다(측정온도범위 700~ 3,000℃).

② 광전관식 온도계 : 광고온계와 같은 측정원리로 장점을 보다 효율적으로 이용하고 단점을 보완하여 두 개의 광전관을 통해 측온체로부터 빛을 얻어 양자의 휘도를 같도록 하여 필라멘트전류로부터 온도지시 위치를 얻게 한다.
㉮ 특징
㉠ 응답속도가 매우 빠르다. ㉡ 자동제어 및 기록이 용이하다.
㉢ 이동하는 물체의 측정이 용이하다. ㉣ 구조가 복잡하다.

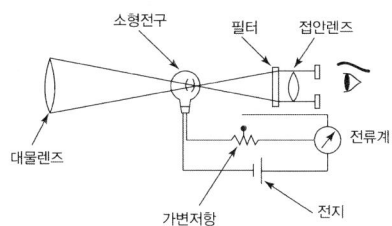
〈광고온계의 구조〉

③ 방사온도계 : 물체온도가 올라가면 복사 에너지가 높아진다. 이를 이용하여 온도를 측정하는 것으로 비교적 높은 온도와 온도측정을 하는데 이러한 복사 에너지는 절대온도의 4제곱에 비례한다. 즉, 복사에너지 $E = \epsilon_1 \cdot a \cdot T_4 = 4.88 \times \epsilon \times \left(\dfrac{T}{100}\right)^4$ [kcal/m²h]
이는 스테판볼츠만의 법칙을 적용한다.
E : 복사 에너지열량, ϵ : 전방사율, a : 비례상수, T : 절대온도

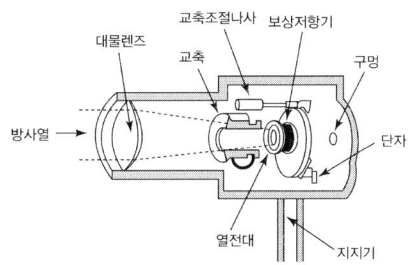
〈방사온도계의 구조〉

㉮ 특징
㉠ 측정지연시간이 적다.
㉡ 자동제어 및 기록이 가능하다.
㉢ 이동하는 물체의 표면을 고온측정한다.
㉣ 방사율에 의한 보정량이 크고 정밀한 정도가 어렵다.

26 보일러 실제증발량에 증발계수를 곱한 값은 무엇인가?
① 상당증발량 ② 단위 시간당 연료소모량
③ 연소실 열부하 ④ 전열면 열부하

 · 상당증발량 = $\dfrac{G(h''-h')}{539}$ · 증발계수 = $\dfrac{(h''-h')}{539}$

26. ①

- 연소실열부하 = $\dfrac{Gf \times Hl}{V}$
- 전열면열부하 = $\dfrac{G(h'' - h')}{A}$
- 증발배수 = $\dfrac{G}{Gf}$

27. 다음 중 다이어프램의 재질로서 옳지 않은 것은 무엇인가?

① 고무 ② 양은
③ 탄소강 ④ 스테인리스강

해설 탄성식 압력계

① 다이어프램 압력계(격막식 압력계)
  ㉠ 미소한 압력을 측정할 때 사용(+, -차압을 측정할 수 있다)
  ㉡ 재질은 고무, 테프론, 양은, 스테인리스 등이 쓰이며 측정 가능 범위는 공업용이 20~5,000[mmAq]이다.
  ㉢ 부식성 유체의 측정이 가능하다.
  ㉣ 온도의 영향을 받기 쉽다.
  ㉤ 측정의 응답속도가 빠르다.
  ㉥ 이상압력으로 파손되어도 위험성이 작다.

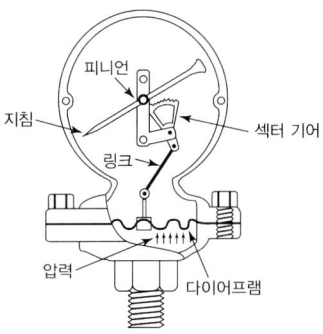
〈다이어프램 압력계〉

② 브르돈관 압력계(bourdon tube)
  ㉠ 고압장치에 가장 많이 사용되는 압력계로 2차 압력계의 대표적이다.
  ㉡ 브르돈관의 재질은 저압인 경우에는 황동, 청동, 인청동 등을 사용하며 고압일 때는 니켈강 등 특수강을 사용한다.
  ㉢ 암모니아용, 아세틸렌용 압력계에는 Cu 및 Cu 합금의 사용을 금하고 연강재를 사용한다.
  ㉣ 산소용 압력계는 '금유,'라는 표시가 되어 있는 전용의 것을 사용한다.
  ㉤ 금속의 탄성원리를 이용한 압력계로 상용 압력의 1.5배 이상 2배 이하의 눈금이 있는 것을 사용한다.

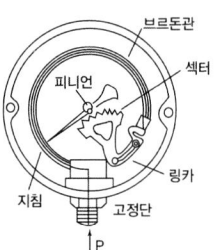
〈브르돈관식 압력계〉

③ 벨로우즈 압력계
  ㉠ 신축에 의한 압력을 이용한다.
  ㉡ 유체 내의 먼지 등의 영향이 적고 압력 변동에 적응하기 어렵다.
  ㉢ 측정압력은 0.01~10[kg/cm²], 정밀도는 ±1~2[%]이다.

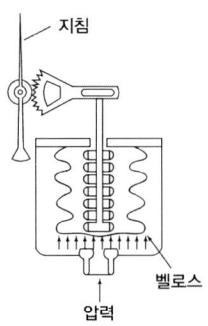
〈벨로스 압력계〉

정답 27. ③

28
제어동작 중 비례 적분 미분 동작을 나타내는 기호는?
① PID
② PI
③ P
④ ON–OFF

 연속동작
① P동작(비례동작)
② I동작(적분동작)
③ D동작(미분동작)
④ PI동작(비례적분동작)
⑤ PID동작(비례적분미분동작)

29
다음 중 측정제어 방식이 아닌 것은 무엇인가?
① 케스케이드 제어
② 비율 제어
③ 시퀀스 제어
④ 프로그램 제어

 추치제어방식 : 목표값이 변화되는 값으로 목표값을 측정하면서 제어목표량을 목표값에 맞추는 제어
① 캐스케이드제어 : 1차제어장치가 제어명령을 말하고 2차제어장치가 이 명령을 바탕으로 제어량을 조절하는 측정제어
② 프로그램제어 : 목표값이 시간에 따라 미리 결정된 일정한 제어
③ 추종제어 : 목표값이 시간에 따라 임의로 변화되는 값
④ 비율제어 : 2개 이상의 제어값의 값이 정해진 비율을 보유하여 제어

30
다음 중 아르키메데스의 원리를 이용한 압력계는 무엇인가?
① 플로트식
② 침종식
③ 단관식
④ 랭밸런스식

 아르키메데스 원리이용
① 침종식 압력계
② 편위식 액면계

31
Bomb 열량계에서 수당량을 계산하는 식은 $W = \dfrac{(H \times m) + e_1 + e_2}{\Delta t}$ (cal/℃)이다.
여기서 e_1이 나타내는 것은 무엇인가?
① NO의 생성열
② NO의 연소열
③ CO_2의 생성열
④ CO_2의 연소열

W : 수당량(cal/℃), H : 표준샘플열량(cal/g)
m : 샘플의 질량, e_1 : 질산의 열량(cal), e_2 : 황산의 열량

32

물속에 피토관을 설치하였더니 전압이 12 mmH₂O, 정압이 6 mmH₂O 이었다. 이 때 유속은 약 몇 m/s인가?

① 12.4   ② 10.8   ③ 9.8   ④ 7.6

해설 $V = \sqrt{2g(\text{전압} - \text{정압})} = \sqrt{2 \times 9.8 \times (12-6)} = 10.84$ m/s

33

보일러 열정산에서 입열항목에 해당하는 것은 무엇인가?

① 발생증기의 흡수열량   ② 배기가스의 열량
③ 연소잔재물이 갖고 있는 열량   ④ 연소용 공기의 열량

해설 입열항목
① 연료의 연소열   ② 연료의 현열   ③ 급수의 현열
④ 공기의 현열   ⑤ 노내분입증기보유열

34

내경 25.4mm인 관도에서 물의 평균유속이 1 m/sec일 때 중량 유량은 약 몇 kg/s인가?

① 0.51   ② 1.67   ③ 2.34   ④ 2.87

해설 중량유량 $= r \times V \times A = 1000 \times 1 \times 0.785 \times 0.0254^2 = 0.506$ kg/s

35

장치 내에 공급된 열량 중에서 그 열을 유효하게 이용한 열량과의 비율을 나타낸 것은?

① 열정산   ② 발열량
③ 유효출열   ④ 열효율

36

다음 중 1 N(뉴턴)에 대한 설명으로 옳은 것은 무엇인가?

① 질량 1 kg의 물체에 가속도 1 m/s²이 작용하여 생기게 하는 힘이다.
② 질량 1 g의 물체에 가속도 1 cm/s²이 작용하여 생기게 하는 힘이다.
③ 면적 1 cm²에 1 kg의 무게가 작용할 때의 응력이다.
④ 면적 1 cm²의 1 g의 무게가 작용할 때의 응력이다.

해설 1N(뉴턴) : 질량 1 kg의 물체에 가속도 1 m/s²이 작용하여 생기게 하는 힘

정답 32. ② 33. ④ 34. ① 35. ④ 36. ①

37

SI 단위계의 기본단위에 해당 되지 않는 것은?

① 길이　　② 질량　　③ 압력　　④ 시간

해설 SI 기본단위
① 길이(m)　② 질량(kg)　③ 시간(sec)　④ 전류(A)
⑤ 온도(K)　⑥ 광도(cd)　⑦ 물질량(몰)

38

보일러 열정산시 측정할 필요가 없는 것은?

① 급수량 및 급수온도　　② 연소용 공기의 온도
③ 배기가스의 압력　　　　④ 과열기의 전열면적

해설 열정산시 측정사항
① 외기온도　　　　② 급수량　　　　③ 연료량
④ 연소용공기량　　⑤ 급수온도측정　⑥ 발생증기량측정
⑦ 배기가스온도측정　⑧ 포화증기건조도측정　⑨ 증기압력의 측정

39

보일러 자동제어의 연소제어(A. C. C)에서 조작량에 해당되지 않는 것은?

① 연료량　　　② 연소가스량
③ 공기량　　　④ 전열량

해설 보일러자동제어(ABC)

제어	제어량	조작량
STC	과열증기온도	전열량
FWC	보일러수위	급수량
ACC	증기압력계제어	연료량, 공기량
	노내압력계제어	연소가스량, 송풍량

40

계측기의 보전관리 사항에 해당되지 않는 것은?

① 정기 점검과 일상 점검　　② 정기적인 계측기의 교체
③ 보전 요원의 교육　　　　　④ 계측기의 시험 및 교정

해설 계측기의 보전관리사항
① 계측기의 시험 및 교정
② 보전요원의 교육
③ 정기점검과 일상점검

제3과목 : 열설비구조 및 시공

41 직경 200 mm 배관을 이용하여 매분 2500 L의 물을 흘려 보낼 때 배관 내의 유속은 약 몇 m/s인가?

① 1.1 ② 1.3 ③ 1.5 ④ 1.8

해설 $Q = A \times V$

$$V = \frac{Q}{A} = \frac{2.5 \text{m}^3/\text{min}}{0.785 \times 0.2^2 \times 60} = 1.326 \text{ m/s}$$

42 소용량 강철제보일러의 규격을 옳게 나타낸 것은 무엇인가?

① 강철제보일러 중 전열면적이 1 m² 이하이고 최고사용 압력이 0.35 MPa 이하인 것
② 강철제보일러 중 전열면적이 5 m² 이하이고 최고사용 압력이 0.35 MPa 이하인 것
③ 강철제보일러 중 전열면적이 10 m² 이하이고 최고사용 압력이 0.1 MPa 이하인 것
④ 강철제보일러 중 전열면적이 15 m² 이하이고 최고사용 압력이 0.1 MPa 이하인 것

해설 소용량 강철제보일러 : 최고사용압력이 0.35 MPa 이하이고 전열면적이 5 m² 이하인 것

43 코크스로용 내화물로 사용되는 규석벽돌의 특징이 아닌 것은 무엇인가?

① 열전도율이 비교적 크다. ② 이상팽창을 한다.
③ 고온강도가 크다. ④ 내식성, 내마모성이 크다.

해설 규석벽돌의 특성
① 내식성, 내마모성이 크다. ② 고온강도가 크다.
③ 열전도율이 비교적 크다. ④ 산성 내화물이다.
⑤ 저온에서 스폴링이 발생되기 쉽다. ⑥ 고온에서 팽창계수가 적고 안정

44 돌로마이트(dolomite) 내화물에 대한 설명으로 틀린 것은 무엇인가?

① 염기성 슬래그에 대한 저항이 크다.
② 소화성이 크다.
③ 내화도는 SK26~30 정도이다.
④ 내스폴링성이 크다.

해설 돌로마이트 내화물특징
① 내스폴링성이 크다. ② 소화성이 크다. ③ 염기성슬래그에 대한 저항이 크다.

45
검사대상기기인 보일러의 연료 또는 연소방법을 변경한 경우 받아야 하는 검사는?
① 구조검사
② 개조검사
③ 계속사용 성능검사
④ 설치검사

해설 개조검사
① 연료 또는 연소방법을 변경한 경우
② 증기보일러를 온수보일러로 개조한 경우
③ 보일러 섹션을 증감하여 용량을 변경한 경우

46
분말 철광석을 괴상화하는데 적합한 로는 무엇인가?
① 소결로
② 저항로
③ 가열로
④ 도가니로

47
용광로의 종류가 아닌 것은 무엇인가?
① 전로식
② 철피식
③ 철대식
④ 절충식

해설 용광로의 종류
① 철대식 : 노상충부의 하중의 철탑으로 지지하고 노용부는 철대를 두르고 6~8개의 지주로 지탱
② 철피식 : 노용부를 철피로 보강한 것으로 6~8개의 지주로 지탱
③ 절충식

48
도시가스 공급설비인 정압기의 기능을 바르게 설명한 것은 무엇인가?
① 1차 압력을 일정하게 유지
② 2차 압력을 일정하게 유지
③ 1자 압력과 2차 압력을 모두 일정하게 유지
④ 1차 압력과 2차 압력의 합을 일정하게 유지

해설 정압기의 기능 : 2차 압력을 일정하게 유지

45. ② 46. ① 47. ① 48. ②

49

5 kg/cm² . g의 응축수열을 회수하여 재사용하기 위하여 설치한 다음 [조건]의 Flash Tank의 재증발 증기량(kg/h)은 약 얼마인가?

[조건]
- 응축수량 : 3 t/h
- 응축수 엔탈피 : 162 kcal/kg
- Flash Tank에서의 재증발 증기엔탈피 : 645 kcal/kg
- Flash Tank 배출 응축수 엔탈피 : 120 kcal/kg

① 1050　　② 360　　③ 240　　④ 195.3

해설 재증발증기량 = $\dfrac{3000 \times (162-120)}{645-120}$ = 240 kcal/kg

50

신축이음 중 온수 혹은 저압증기의 배관분기관 등에 사용되는 것으로 2개 이상의 엘보를 사용하여 나사맞춤부의 작용에 의하여 신축을 흡수하는 것은 무엇인가?

① 벨로우즈 이음(Bellows Expansion Joint)
② 슬리브 이음(Sleeve Joint)
③ 스위블 이음(Swivel Joint)
④ 신축곡관(Expansion Loop Bend)

해설 신축이음
① 루우프형
　㉠ 신축곡관형, 만곡형　　㉡ 고압증기의 옥외 배관에 사용
　㉢ 응력이 생김　　㉣ 곡률반경은 관지름의 6배 이상
② 슬리이브형
　㉠ 미끄럼형, 슬라이드형
③ 벨로우즈형
　㉠ 파상형, 주름통식, 펙레스신축이음　　㉡ 응력이 생기지 않음
④ 스위블형
　㉠ 방열기용　　㉡ 나사의 회전에 의해 신축흡수
　㉢ 2개 이상의 엘보우 사용 시공

51

증기와 응축수의 온도 차이를 이용한 증기트랩은 무엇인가?

① 단노즐식　　② 상향버켓식　　③ 플로트식　　④ 바이메탈식

해설 증기트랩(스팀트랩) : 관내응축수를 배출해서 수격작용 및 부식방지
① 기계적 트랩 : 포화수와 포화증기의 비중차 이용(버킷트, 플로우트 트랩)
② 온도조절 트랩 : 포화수와 포화증기의 온도차 이용(바이메탈, 벨로우즈트랩)
③ 열역학적 트랩 : 포화수와 포화증기의 열역학적인 특성 차(오리피스, 디스크트랩)

52
보일러를 본체의 구조에 따라 분류한 방법으로 가장 올바른 것은 무엇인가?
① 연관보일러, 원통보일러, 수관보일러
② 원통보일러, 수관보일러, 특수보일러
③ 노통보일러, 수관보일러, 관류보일러
④ 연관보일러, 수관보일러, 관류보일러

 보일러를 본체구조에 다른 분류
① 원통형 보일러 ② 수관식 보일러 ③ 특수보일러

53
다음 A, B에 들어갈 안지름 크기로 맞는 것은 무엇인가?

압력계와 연결된 증기관은 최고사용압력에 견디는 것으로서 그 크기는 황동관 또는 동관을 사용할 때는 안지름이 (A)mm 이상, 강관을 사용할 때는 (B)mm 이상이어야 한다.

① A = 6.5, B = 12.7
② A = 8.5, B = 13.7
③ A = 5.5, B = 11.8
④ A = 4.8, B = 10.7

압력계안지름
① 동관 : 6.5 mm 이상
② 강관 : 12.7 mm 이상

54
알루미늄 용해 조업에서 고온을 피하고 노온도를 700~750°C로 지정한 주된 이유는 무엇인가?
① 연료 절약
② 가스의 흡수 및 산화방지
③ 노재의 침식 방지
④ 알루미늄의 증발방지

55
보일러의 응축수를 회수하여 재사용하는 이유로서 가장 거리가 먼 것은?
① 용수비용 절감   ② 보일러효율 향상
③ 절탄기 사용 억제   ④ 보일러 급수질 향상

보일러응축수를 회수하여 재사용 하는 이유
① 보일러 효율 상승 ② 용수비용절감 ③ 보일러급수질 향상

56 특수 유체보일러에 사용되는 열매체의 종류가 아닌 것은 무엇인가?
① 다우삼 ② 모빌썸
③ 바아크 ④ 카네크롤

[해설] 열매체 보일러의 종류
① 모빌섬   ② 수은   ③ 다우삼
④ 카네크롤 ⑤ 세큐리티53

57 신·재생에너지설비 중 수소에너지 설비에 대하여 바르게 나타낸 것은?
① 물이나 그 밖에 연료를 변환시켜 수소를 생산하거나 이용하는 설비
② 물의 유동에너지를 변환시켜 전기를 생산하는 설비
③ 수소와 산소의 전기화학 반응을 통하여 전기 또는 열을 생산하는 설비
④ 물, 지하수 및 지하의 열 등의 온도차를 변환시켜 에너지를 생산하는 설비

58 다음 중 무기질 보온재에 속하는 것은 무엇인가?
① 펠트   ② 콜크
③ 규조토   ④ 우레탄 폼

[해설] 무기질 보온재
① 탄산마그네슘 : 250℃   ② 그라스울 (유리섬유) : 300℃
③ 석면 : 400℃   ④ 규조토 : 500℃
⑤ 암면 : 600℃   ⑥ 규산칼슘, 펄라이트 : 650℃
⑦ 실리카 화이버 : 1100℃   ⑧ 세라믹 화이버 : 1300℃

59 보일러에서 보염장치를 설치하는 목적이 아닌 것은 무엇인가?
① 연소 화염을 안정시킨다.
② 안정된 착화를 도모한다.
③ 연소가스 체류 시간을 짧게 해 준다.
④ 저공기비 연소를 가능하게 한다.

[해설] 보염장치(착화와 연소화염을 안정시키고 공기와 연소의 혼합을 도모케하여 저공기비연소를 하게 하는 장치)
① 설치목적
  ㉠ 연료의 분무를 돕고 공기와의 혼합을 양호하게 한다.
  ㉡ 안정된 착화를 도모한다.

ⓒ 화염의 형상을 도모한다.
　　ⓓ 연소실의 온도분포를 고르게 하고 국부과열을 방지한다.
　　ⓔ 연소가스의 체류시간을 지연시켜 돕는다.
② 종류
　　㉠ 버너 타일 : 버너의 첨단부분을 보호하며 화염의 모양을 형성시켜 연속화염을 안정시키는 내화재로 구축된 장치이다.
　　㉡ 콤버스터 : 저온의 노에서도 연소를 안정시켜 분출흐름의 모양을 안정시킨 장치이다.
　　㉢ 스테이 빌라이저 : 연료유의 분무흐름이나 연소공기 사이에서 저유속 흐름을 유도함으로 불꽃의 안정성을 유지케 하는 장치이다.
　　㉣ 윈드 박스(Wind box) : 버너 벽면에 설치된 밀폐상자로 공기흐름을 적절히 유지하며 동압을 정압으로 유지

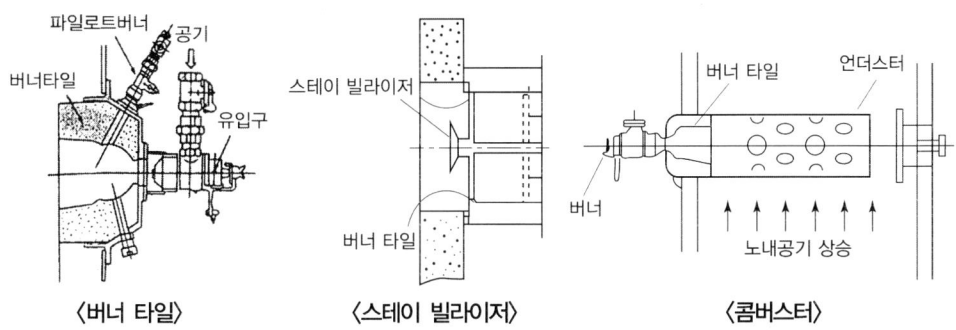

⟨버너 타일⟩　　⟨스테이 빌라이저⟩　　⟨콤버스터⟩

60
육용강재 보일러에서 관판의 롤확관 부착부는 완전한 고리형을 이룬 접촉면의 두께가 몇 mm 이상이어야 하는가?

① 7 mm　　② 10 mm
③ 13 mm　　④ 16 mm

제4과목 : 열설비 취급 및 안전관리

61
방열기의 전 응축수량이 5000 kg/h일 때 응축수 펌프의 양수량은?

① 83 kg/min　　② 150 kg/min
③ 200 kg/min　　④ 250 kg/min

해설　급수펌프의 용량 = 응축수량×3 = 5000×3 = 15000 kg/h÷60 min/h = 250 kg/min

60. ②　61. ④

62

보일러수 이온교환 처리 시 주의사항으로 틀린 것은 무엇인가?
① 이온교환 처리에 앞서 현탁물, 유리염소 등을 제거하여야 한다.
② 강산성 양이온 교환수지의 경우는 수지를 보충할 필요가 없다.
③ 원수에 대하여 수질 감시를 하여야 한다.
④ 처리수의 수질과 수량을 감시하여야 한다.

해설 강산성 양이온교환수지의 경우 수지를 보충할 필요가 있다.

63

보일러 급수 중 철염이 함유되어 있는 경우 처리하는 방법으로 가장 적합한 것은?
① 기폭법
② 탈기법
③ 가열법
④ 이온교환법

해설 외처리법
① 용존산소 제거법
  ㉠ 탈기법 : CO_2, O_2 가스체 제거
  ㉡ 기폭법 : Fe, Mn 제거
② 현탁질 고형물제거법 : ㉠ 침전법 ㉡ 여과법 ㉢ 응집법
③ 용해 고형물 제거법 : ㉠ 이온교환법 ㉡ 약제법 ㉢ 증류법

64

사용 중인 보일러의 점화전 점검 또는 준비사항이 아닌 것은 무엇인가?
① 수위와 압력 확인
② 노벽 및 내화물 건조
③ 노 내의 환기, 송풍 확인
④ 부속장치 확인

해설 점화전 점검사항
① 자동제어 장치의 점검
② 연료 및 연소장치의 점검
③ 분출 및 분출장치의 점검
④ 수위점검
⑤ 프리퍼지 및 포스트퍼지 점검

65

보일러 본체가 과열되는 원인이 아닌 것은?
① 보일러 동 내부에 스케일이 부착한 경우
② 안전수위 이상으로 급수한 경우
③ 국부적으로 심하게 복사열을 받는 경우
④ 보일러수의 순환이 좋지 않은 경우

해설 안전저수위 이하로 급수한 경우

66
보일러 운전이 끝난 후 노내 및 연도에 체류하고 있는 가연성가스를 취출시키는 작업은?
① 분출작업　　② 댐퍼작동
③ 프리퍼지　　④ 포스트퍼지

해설
· 프리퍼지(Pre-purge) : 점화전 댐퍼를 열고 연소실이나 연도 내의 미연소 가스를 송풍기를 이용 내보내는 것
· 포스트퍼지(Post-purge) : 점화 후 댐퍼를 열고 연소실이나 연도 내의 미연소 가스를 송풍기를 이용 내보내는 것

67
급수용으로 사용되는 표준대기압에서 물의 일반적 성질 중 맞지 않는 것은 무엇인가?
① 응고점은 100℃이다.　　② 임계압력은 22 MPa이다.
③ 임계온도는 374℃이다.　　④ 증발잠열은 539 kcal/kg이다.

해설
① 비등점 : 100℃　　② 어는점 : 0℃
③ 임계압력 : 225.65kg/cm^2(22.565 MPa)　　④ 임계온도 : 374.15℃
⑤ 증발잠열 : 539 kcal/kg

68
보일러의 동판에 점식(Pitting)이 발생하는 가장 큰 원인은?
① 급수 중에 포함되어 있는 산소 때문
② 급수 중에 포함되어 있는 탄산칼슘 때문
③ 급수 중에 포함되어 있는 인산마그네슘 때문
④ 급수 중에 포함되어 있는 수산화나트륨 때문

해설 용존산소 : 점식의 원인

69
검사대상기기 조종자의 선임에 대한 설명으로 틀린 것은?
① 에너지관리기사 소지자는 모든 검사대상기기를 조정할 수 있다.
② 최고사용압력이 1MPa 이하이고, 전열면적이 10m^2 이하인 증기보일러는 인정검사대상기기조종자가 조종할 수 있다.
③ 1구역당 1인 이상의 조종자를 채용해야 한다.
④ 조종자를 선임치 아니한 경우 2천만원 이하의 벌금에 처할 수 있다.

해설 조종자를 선임치 아니한 경우 1천만원 이하의 벌금에 처한다.
[법규 변경] 검사대상기기조종자 → 검사대상기기관리자

70 산세관 시 부식 발생방지를 위한 대책이 아닌 것은 무엇인가?
① 산화성이온에 의한 부식방지
② 농도차 및 온도차에 의한 부식방지
③ 금속조직의 변화에 의한 부식방지
④ 세관액의 처리조건에 의한 부식방지

 산세관시 부식발생 방지를 위한 대책
① 금속조직의 변화에 의한 부식방지
② 산화성 이온에 의한 부식
③ 농도차 및 온도차에 의한 부식방지

71 보일러 청관제 중 슬러지 조정제가 아닌 것은 무엇인가?
① 탄닌
② 리그닌
③ 전분
④ 수산화나트륨

 내처리
① PH조정제 : ㉠ 인산소다 ㉡ 암모니아 ㉢ 수산화나트륨
② 연화제 : ㉠ 인산소다 ㉡ 탄산소다 ㉢ 수산화나트륨
③ 탈산소제 : ㉠ 탄닌 ㉡ 아황산소다 ㉢ 히드라진
④ 슬러지 조정제 : ㉠ 리그닌 ㉡ 녹말(전분) ㉢ 탄닌

72 관류보일러에서 보일러와 압력방출장치와의 사이에 체크밸브가 설치되어 있다. 압력방출장치는 안전을 위하여 규정상 몇 개 이상 설치되어 있는가?
① 1개
② 2개
③ 3개
④ 4개

73 버킷 트랩을 사용하여 응축수를 위로 배출시키려면 트랩 출구에 어떤 밸브를 설치하는가?
① 앵글 밸브
② 게이트 밸브
③ 글로브 밸브
④ 체크 밸브

 체크밸브 : 유체의 역류방지

74
증기보일러의 과열(소손)방지대책이 아닌 것은?
① 보일러 수위를 이상 저하시키지 말 것
② 보일러수를 과도하게 농축시키지 말 것
③ 보일러수 중에 유지를 혼입시키지 말 것
④ 화염을 국부적으로 집중시킬 것

해설 화염을 국부적으로 집중시키지 말 것

75
자발적 협약에 포함하여야 할 내용이 아닌 것은 무엇인가?
① 협약 체결 전년도 에너지소비 현황
② 에너지이용 효율향상 목표
③ 온실가스배출 감축 목표
④ 고효율기자재의 생산 목표

해설 자발적 협약에 포함할 내용
① 온실가스 배출 감축목표
② 에너지 이용 효율향상 목표
③ 협약체결 전년도 에너지 소비현황
④ 에너지관리체제 및 에너지관리방법

76
보일러 관수처리가 부적당할 때 나타나는 현상으로 가장 거리가 먼 것은 무엇인가?
① 잦은 분출로 열손실이 증대된다.
② 프라이밍이나 포밍이 발생한다.
③ 보일러수가 농축되는 것을 방지한다.
④ 보일러 판과 관에 부식을 일으킨다.

해설 ① 관수농축
② 슬러지 스케일생성

77
에너지법에서 정한 에너지 공급설비가 아닌 것은 무엇인가?
① 전환설비　　　　　② 수송설비
③ 개발설비　　　　　④ 생산설비

해설 에너지공급설비
① 생산　② 수송　③ 전환　④ 저장

74. ④　75. ④　76. ③　77. ③

78
에너지사용계획을 수립하여 산업통상자원부 장관에게 제출하여야 하는 자는?
① 민간사업주관자로 연간 5천 티오이 이상의 연료 및 열을 사용하는 시설
② 공공사업주관자로 연간 2천 티오이 이상의 연료 및 열을 사용하는 시설
③ 민간사업주관자로 연간 1천만 킬로와트시 이상의 전력을 사용하는 시설
④ 공공사업주관자로 연간 2백만 킬로와트 이상의 전력을 사용하는 시설

79
보통 가연성 물질의 위험성은 무엇을 기준으로 하는가?
① 착화점　　② 연소점　　③ 산화점　　④ 인화점

해설 인화점 : 가연성 물질이 공기 중의 산소와 화합하여 점화원에 의하여 연소를 시작하는 최저온도, 가연성 물질이 위험성을 판단하는 기준

80
보일러에서 증기를 송기할 때의 조작방법으로 틀린 것은 무엇인가?
① 증기헤더의 드레인 밸브를 열어 응축수를 배출한다.
② 주증기관 내에 관을 따뜻하게 하기 위해 다량의 증기를 급격히 보낸다.
③ 주증기 밸브의 열림 정도를 단계적으로 한다.
④ 주증기 밸브를 완전히 연 다음 약간 되돌려 놓는다.

해설 주증기관은 5분 이상 만개한다.

2014년 제2회 에너지관리산업기사 출제문제

제1과목 : 열역학 및 연소관리

01 열펌프의 성능계수를 나타낸 식은? (단, Q_1은 고열원의 열량, Q_2는 저열원의 열량이다.)

① $\dfrac{Q_1}{Q_1 - Q_2}$ ② $\dfrac{Q_2}{Q_1 - Q_2}$

③ $\dfrac{Q_1 - Q_2}{Q_1}$ ④ $\dfrac{Q_1 - Q_2}{Q_2}$

해설 열펌프의 성능계수 $= \dfrac{Q_1}{Q_1 - Q_2} = \dfrac{T_1}{T_1 - T_2}$

냉동기의 성능계수 $= \dfrac{Q_2}{Q_1 - Q_2} = \dfrac{T_2}{T_1 - T_2}$

효율 $= \dfrac{Q_2 - Q_1}{Q_1} \times 100 = \dfrac{T_2 - T_1}{T_1} \times 100$

02 −10°C의 얼음 1kg에 일정한 비율로 열을 가할 때 시간과 온도의 관계를 바르게 나타낸 그림은? (단, 압력은 일정하다.)

① 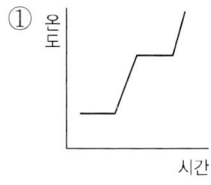 ②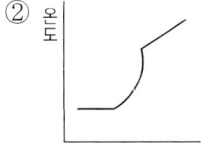

③ 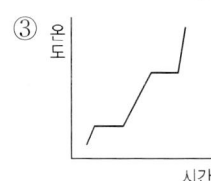 ④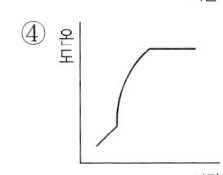

1. ① 2. ③

03 열역학 제1법칙을 가장 잘 설명한 것은?
① 열에너지가 기계적 에너지보다 고급의 에너지 형태이다.
② 열은 일과 같이 에너지의 이동형태의 하나로 일과 열은 서로 변환될 수 있다.
③ 제1종의 영구기관은 에너지의 공급 없이 영구히 일할 수 있는 기관으로 실현 가능하다.
④ 시스템과 주위의 총 엔트로피는 계속 증가한다.

해설 열역학법칙
① 열역학 제 1법칙(에너지 보존의 법칙)
㉠ 일은 열로 변환시킬 수 있고 열은 일로 변환시킬 수 있다.
㉡ $1\,kcal = 427\,kg \cdot m$
㉢ 일의 열당량 = $\dfrac{1\,kcal}{427\,kg \cdot m}$
　　열의 일당량 = $\dfrac{427\,kg \cdot m}{1\,kcal}$
② 열역학 제 2법칙(엔트로피의 법칙)
㉠ 100%의 열효율을 가진 기관은 만들 수 없다.
㉡ 외부에서 열을 가해주지 않고는 저온에서 고온으로 이동할 수 없다.
③ 열역학 제 0법칙(열평형의 법칙 = 온도를 정의)
④ 열역학 제 3법칙 : 어떤 경우라도 절대온도 0K에 도달할 수 없다는 법칙

04 기체가 가역 단열팽창할 때와 가역 등온팽창할 때 내부 에너지의 감소량은?
① 같다.(변화가 없다.)　　② 알 수 없다.
③ 등온팽창 때가 크다.　　④ 단열팽창 때가 크다.

05 몰리에선도로부터 파악하기 어려운 것은?
① 포화수의 엔탈피　　② 과열증기의 과열도
③ 포화증기의 엔탈피　　④ 과열증기의 단열팽창 후 상대습도

해설 몰리엘 선도

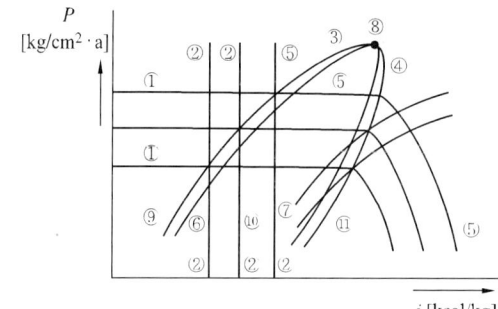

① 등압선　　② 등엔탈피선
③ 포화액선　　④ 건조포화증기선
⑤ 등온선　　⑥ 등건조도선
⑦ 등엔트로피선　　⑧ 임계점
⑨ 과냉각액 구역
⑩ 습포화증기 구역
⑪ 과열증기 구역

정답 3. ②　4. ④　5. ④

06 1 kg의 공기가 일정온도 200°C에서 팽창하여 처음 체적의 6배가 되었다. 전달된 열량은 약 몇 kJ인가? (단, 공기의 기체상수는 0.287 kJ/kg·K이다.)

① 243　　　② 321　　　③ 413　　　④ 582

해설 $Q = RT \ln \dfrac{V_2}{V_1} = 0.287 \times (273 + 200) \times \ln\left(\dfrac{6}{1}\right) = 243.23 \text{ KJ}$

07 증기 동력사이클에서 열효율을 높이기 위하여 사용하는 방식으로 가장 적합한 것은?

① 재열 – 팽창사이클　　② 재생 – 흡열사이클
③ 재생 – 재열사이클　　④ 재열 – 방열사이클

해설 증기동력사이클에서 열효율을 높이기 위해 사용하는 방식 : 재생–재열사이클

08 15°C인 공기 4 kg이 일정한 체적을 유지하며 400 kJ의 열을 받는 경우 엔트로피 증가량은 약 몇 kJ/K인가? (단, 공기의 정적비열은 0.71 kJ/kg·K이다.)

① 1.13　　　② 26.7　　　③ 100　　　④ 400

해설
$Q = G \cdot C_v \cdot \Delta t = GCV(T_2 - T_1)$
$\therefore T_2 = \dfrac{Q}{GC_v} + T_1 = \dfrac{400}{4 \times 0.71} + (273 + 15) = 428.8 \text{K}$
$\therefore \Delta S = GCV \ln\left(\dfrac{T_2}{T_1}\right) = 4 \times 0.71 \times \ln\left(\dfrac{428.8}{273 + 15}\right) = 1.13 \text{KJ}$

09 다음 중 Mollier 선도를 이용하여 증기의 상태를 해석할 경우 가장 편리한 계산은?

① 터빈효율 계산　　　　② 엔탈피 변화 계산
③ 사이클에서 압축비 계산　　④ 증발시의 체적증가량 계산

해설 몰리엘신도를 이용하여 승기의 상태를 해석할 경우 가장 편리한 계산식 : 엔탈피변화계산

10 절대온도 T, 압력 P로 표시되는 가역 단열과정에 대한 식으로 올바른 것은? (단, 비열비 $k = C_p/C_v$이다.)

① $TP^{k-1} = C$　　　　② $TP^k = C$
③ $TP^{\frac{k+1}{k}} = C$　　　④ $TP^{\frac{1-k}{k}} = C$

6. ①　7. ③　8. ①　9. ②　10. ④

11 증기를 터빈 내부에서 팽창하는 도중에 몇 단으로 나누어 그 중 일부를 빼내어 급수의 가열에 사용하는 증기 사이클은?

① 랭킨 사이클(Rankine cycle) ② 재열사이클(reheating cycle)
③ 재생사이클(regenerative cycle) ④ 추가사이클(supplement cycle)

12 「어떤 물체의 온도를 1℃ 높이는데 필요한 열량」으로 정의되는 것은?

① 열관류량 ② 열전달율 ③ 열전도율 ④ 열용량

 열전도율(kcal/mh℃) : 어떤 물체 1m를 1시간 동안 1℃ 올리는데 필요한 열량
열전달율(열관류율)kcal/m²h℃ : 어떤 물체를 1 m²를 1시간동안 1℃ 올리는데 필요한 열량

13 화력발전소에서 저위발열량 27,500 kJ/kg인 유연탄을 시간당 170 ton을 사용하여 500,000 kW의 전기를 생산하고 있다. 이 화력발전소의 효율(%)은 얼마인가?

① 34 ② 38 ③ 42 ④ 46

효율 = $\dfrac{유효열}{G_f \times H_l} \times 100 = \dfrac{500000 \times 860}{170 \times 1000 \,\text{kg/h} \times 6569.5} = 37.43\%$

1kcal = 4.186kJ, x = 27500kJ, $x = \dfrac{1kcal \times 27500kJ}{14.186kJ} = 6569.5kJ$

14 압력 0.4 MPa, 체적 0.8 m³인 용기에 습증기 2 kg이 들어있다. 액체의 질량은 약 몇 kg 인가? (단, 0.4 MPa에서 비체적은 포화액이 0.001 m³/kg, 건포화증기가 0.46 m³/kg이다.)

① 0.131 ② 0.262 ③ 0.869 ④ 1.738

$V_x = V' + x(V'' - V')$

$x = \dfrac{V_x - V'}{V'' - V'} = \dfrac{\dfrac{0.8}{2} - 0.001}{0.46 - 0.001} = 0.869$

수증기속의 액체 질량 = $2 \times (1 - 0.869) = 0.262kg$

15 「2개의 물체가 또 다른 물체와 서로 열평형을 이루고 있으면 그들 상호 간에도 서로 열평형 상태에 있다.」라는 것은 열역학 몇 법칙인가?

① 열역학 제0법칙 ② 열역학 제1법칙
③ 열역학 제2법칙 ④ 열역학 제3법칙

16

여과 집진장치를 설명한 것으로 틀린 것은?
① 건식 집진장치의 한 종류이다.
② 외형상의 여과속도가 느릴수록 미세한 입자를 포집할 수 있다.
③ 100℃ 이상의 고온가스·습가스의 처리에 적합하다.
④ 집진효율이 좋고, 설비비용이 적게 든다.

해설 집진장치
① 건식 집진 장치
  ㉠ 중력침강식 : 함진배기 중의 입자를 중력에 의해 포집하는 방식으로 수십m 이상의 거친 입자의 포집에 사용되며 입력손실은 대략 5~10[mmAq] 정도이다. 처리가스속도가 늦을수록, 흐름이 균일할수록 집진율이 높다.
  ㉡ 관성력식 : 함진가스를 방해판 등에 충돌시켜 기류의 급격한 전환에 의해 침강력을 가지게 될 때 분리포집하는 방식으로 전환각도가 적고 전환회수가 많을수록 집진율이 높다.

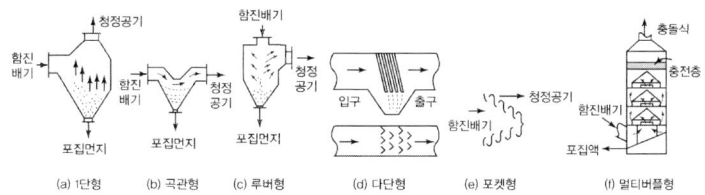

〈관성력 집진장치의 형식과 구조〉

  ㉢ 원심력식 : 함진가스에 선회운동을 주어 입자에 작용하는 원심력에 의하여 입자를 분리하는 방식으로 내통경은 적게 처리가스 속도는 크게 하면 집진율이 높아진다. 접선유입식, 축류식 등이 있으며 소형의 싸이클론을 다수 설치한 블로우 다운 방식의 멀티싸이클론이 있다.

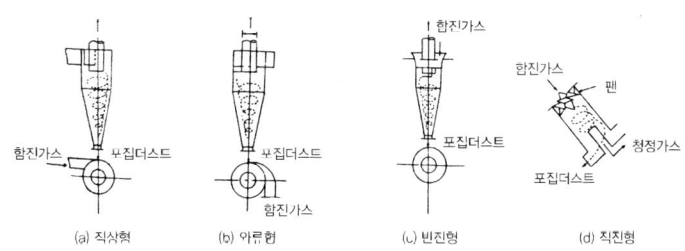

〈원심력 집진장치〉

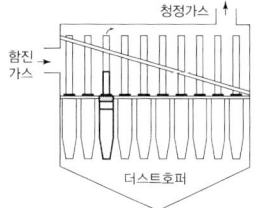

〈멀티 싸이클론〉

16. ③

17 1 kg의 메탄을 20 kg의 공기와 연소시킬 때 과잉공기율은 약 몇 %인가?
① 5%　　② 14%　　③ 17%　　④ 21%

해설
$CH_4 + 2O_2 \rightarrow CO_2 + 2H_2O$
16 kg　2×32 kg　44 kg　18 kg
22.4 m³　2×22.4 m³　22.4 m³　22.4 m³
∴ 16 kg = 2×32 kg
1 kg = x
$x = \dfrac{2 \times 32\,kg}{16\,kg} = 4\,kg/kg$
$A_o = \dfrac{4}{0.232} = 17.24\,kg/kg$
∴ m(공기비) $= \dfrac{A}{A_o} = \dfrac{20}{17.24} = 1.16$
∴ 과잉공기율 $= (m-1) \times 100 = (1.16-1) \times 100 = 16\%$
③ 천연가스 : 메탄이 주성분($CH_4 + 2O_2 \rightarrow CO_2 + 2H_2O$)
④ 액화석유가스 : C_3H_8이 주성분

18 다음 연료의 이론공기량(Sm^3/Sm^3)의 개략치가 가장 큰 것은?
① 오일가스　　② 석탄가스
③ 천연가스　　④ 액화석유가스

해설 ① 오일가스 : C_2H_4가 주성분
$C_2H_4 + 3O_2 \rightarrow 2CO_2 + 2H_2O$
② 석탄가스 : 석탄을 1000°C 내외로 건류시 얻어지는 가스, CH_4, H_2 주성분
$H_2 + \dfrac{1}{2}O_2 \rightarrow H_2O$
$CH_4 + 2O_2 \rightarrow CO_2 + 2H_2O$

19 500°C와 0°C 사이에서 운전되는 카르노기관의 열효율은?
① 49.9%　　② 64.7%　　③ 85.6%　　④ 100%

해설 열효율 $= \dfrac{T_1 - T_2}{T_1} \times 100 = \dfrac{(273+500)-(273+0)}{(273+500)} = 64.68\%$

20

메탄 1 Sm³ 연소에 소요되는 이론공기량(Sm³)은?

① 8.9 ② 9.5 ③ 11.1 ④ 13.2

해설

$$CH_4 + 2O_2 \rightarrow CO_2 + 2H_2O$$

16 kg　　2×32 kg　　44 kg　　2×18 kg
22.4 m³　2×22.4 m³　22.4 m³　2×22.4 m³

∴ 22.4 m³ = 2×22.4 m³

1 m³ = x   　　　$x = \dfrac{1m^3 \times 2 \times 22.4m^3}{22.4m^3} = 2m^3/m^3(O_o)$

∴ $A_0 = \dfrac{O_o}{0.21} = \dfrac{2}{0.21} = 9.52 \ m^3/m^3$

제2과목 : 계측 및 에너지 진단

21

시료가스를 채취할 때의 주의사항으로 틀린 것은?

① 채취구로부터 공기침입이 없어야 한다.
② 시료가스의 배관은 가급적 짧게 한다.
③ 드레인 배출장치 설치 여부와는 무관하다.
④ 가스성분과 화학성분을 발생시키는 부품을 사용하지 않아야 한다.

해설 시료가스를 채취시 주의사항
① 가스성분과 화학성분을 발생시키는 부품을 사용하지 말아야 한다.
② 시료가스의 배관은 가급적 짧게 한다.
③ 채취구로부터 공기침입이 없어야 한다.
④ 배관에는 경사를 두고 최하단에는 드레인 장치가 필요
⑤ 가스성분과 반응하는 배관은 사용금지

22

검출기에서 검출한 신호를 증폭하거나 다른 신호로 변환시켜 전달시키는 제어기기를 무엇이라 하는가?

① 조작부 ② 조절기 ③ 증폭기 ④ 전송기

해설 · 전송기 : 검출기에서 검출한 신호를 증폭하거나 다른 신호로 변환시켜 전달시키는 제어기기
· 조작부 : 조절부에서 나오는 신호를 조작량으로 변환시켜 제어대상에 조작을 가하는 부분

23

열전대의 접점온도가 T_1, T_3일 때 열기전력은 접점온도가 T_1, T_2일 때와 T_2, T_3일 때의 열기전력을 합한 것과 같다. 이는 다음 어느 열전대 원리에 해당하는가?

① 제백(Seebeck)효과 ② 톰슨(Thomson)효과
③ 중간금속의 법칙 ④ 중간온도의 법칙

해설
- 제백효과 : 2개 이상의 서로 다른 고체들이 회로를 이루며 두 접점이 다른 온도일 때 기전력과 그로인한 전류가 생기는 현상
- 줄톰슨효과 : 압축가스를 단열팽창시키면 온도와 압력이 내려가는 현상

24

압력계 선택 시 유의하여야 할 사항으로 틀린 것은?

① 진동이나 충격 등을 고려하여 필요한 부속품을 준비하여야 한다.
② 사용목적에 따라 크기, 등급, 정도를 결정한다.
③ 사용압력에 따라 압력계의 범위를 결정한다.
④ 사용 용도는 고려하지 않아도 된다.

해설 사용용도도 고려해야 한다.

25

수소(H_2)가 연소되면 증기를 발생시킨다. 이 증기를 복수시키면 증발열이 발생한다. 만약 수소 1 kg을 연소시켜 증기를 완전 복수시키면 얼마의 증발열을 얻을 수 있는가?

① 600 kcal ② 1800 kcal
③ 5400 kcal ④ 10800 kcal

해설
$Hl = Hh - 600(9H + W)$
여기서, $600(9H=W)$: 수증기의 증발잠열(x)
$x = Hh - Hl = 34000 - 28800 = 5200\,\text{kcal/kg}$
수소의 고위발열량 : $H_2 + \frac{1}{2}O_2 \rightarrow H_2O + 68000\,\text{kcal/kmol}$
∴ 2 kg = 68000 kcal/kg
   1 kg = x
$x = 34000$ kcal/kg
저위발열량 : 57600 kcal/kmol
$\frac{57600}{2} = 28800$

26

보일러 열정산에서 출열 항목인 것은?

① 사용시 연료의 발열량 ② 연료의 현열
③ 공기의 현열 ④ 배기가스의 보유열

정답 23. ④ 24. ④ 25. ③ 26. ④

해설 · 출열항목
　① 배기가스 손실열(손실열 중 가장 크다)　② 불완전연소에 의한 손실열
　③ 미연분에 의한 손실열　　　　　　　　④ 방사에 의한 손실열
　⑤ 발생증기 보유열(이용이 가능한 열)
· 입열항목
　① 연료의 연소열　　　　　　　　　　　② 연료의 현열
　③ 공기의 현열　　　　　　　　　　　　④ 급수의 현열
　⑤ 노내분입증기 보유열

27
무게를 기준으로 한 단위로 힘(F), 길이(L), 시간(T)을 기준으로 하는 단위계는?
① 절대단위　　　　　　　　　② 중력단위
③ 국제단위　　　　　　　　　④ 실용단위

해설 단위계
① 절대단위 : 길이(L), 질량(kg), 시간(T)
② 중력단위 : 힘(F), 시간(T), 길이(L)

28
증기보일러의 용량표시 방법으로 일반적으로 가장 많이 사용되는 것으로 일명 정격용량이라고도 하는 것은?
① 상당증발량　　　　　　　　② 최고사용압력
③ 상당방열면적　　　　　　　④ 시간당 발열량

해설 보일러용량표시
① 정격출력($Q_1 + Q_2 + Q_3 + Q_4$)　　② 정격용량($Q_1 + Q_2 + Q_3$)
③ 보일러마력　　　　　　　　　　　　　④ 상당증발량
⑤ 전열면적　　　　　　　　　　　　　　⑥ 상당방열면적

29
다음 압력값 중 그 크기가 다른 것은?
① 760 mmHg　　　　　　　　② 1 kg/cm^2
③ 1 atm　　　　　　　　　　　④ 14.7 psi

해설 표준대기압 = 1atm = 76cmHg = 760mmHg = 0.76mHg
　　　　　　　= 10.322mH$_2$O = 1033.2cmH$_2$O = 10332mmH$_2$O = 29.92inHg
　　　　　　　= 14.7PSI = 760Torr = 101325Pa = 101325N/m^2
　　　　　　　= 101.325kPa = 1013.25hPa = 1013mbar
　　　　　　　= 0.10332MPa

27. ②　28. ①　29. ②

30 매시간 1600 kg의 연료를 연소시켜서 11200 kg/h의 증기를 발생시키는 보일러의 효율은? (단, 석탄의 저위발열량은 6040 kcal/kg, 발생증기의 엔탈피는 742 kcal/kg, 급수온도는 23°C이다.)

① 73.3% ② 83.3% ③ 93.3% ④ 98.6%

해설 효율 $= \dfrac{G \times (h'' - h)}{Gf \times Hℓ} \times 100 = \dfrac{11200 \times (742 - 23)}{1600 \times 6040} \times 100 = 83.33\%$

31 다음 중 액면 측정 방법이 아닌 것은?

① 퍼지식   ② 부자식
③ 정전 용량식   ④ 박막식

해설 액면측정방법
① 직접측정법 : 플로우트식(부자식), 직관식, 검척식
② 간접측정법 : 고정튜브식, 회전튜브식, 슬립튜브식, 방사선식, 정전용량식, 차압식, 기포식, 햄프슨식 등

32 다음 중 보일러 배기가스 중의 O_2 농도제어를 통해 연소 공기량을 미세하게 제어하는 시스템은?

① O_2 트리밍   ② O_2 분석기
③ O_2 컨트롤러   ④ O_2 센서

해설 O_2 트리밍 : 배기가스중의 O_2 농도제어를 통해 연소공기량을 미세하게 제어

33 다음 중 물리적 가스 분석계에 해당하는 것은?

① 오르자트 가스분석계   ② 연소식 O_2계
③ 미연소가스계   ④ 열전도율형 CO_2계

해설 ·물리적가스 분석법
① 자기식 O_2 분석계(지르코니아식 O_2계)   ② 세라믹식 O_2계
③ 가스크로마토그래피   ④ 열전도율 CO_2계
⑤ 적외선가스분석계   ⑥ 밀도식 CO_2계
·화학적 분석법
① 흡수분석법 : 오르자트법, 헴펠법, 게겔법
② 미연소계(연소열법)
③ 자동화학식 CO_2계

34

실제 증발량 1300kg/h, 급수온도 35°C, 전열면적 50m²인 노통연관식 보일러의 전열면 열부하는 약 몇 kcal/m²·h인가? (단, 발생 증기 엔탈피는 660kcal/kg이다.)

① 13580　　　　　　　② 16250
③ 18675　　　　　　　④ 20458

 전열면열부하 = $\dfrac{G(h'' - h')}{A}$

$= \dfrac{1300 \times (660 - 35)}{50}$

$= 16250 \, \text{kcal/m}^2\text{h}$

35

보일러 열정산 시의 측정사항이 아닌 것은?

① 배기가스 온도　　　　② 급수 압력
③ 연료사용량 및 발열량　④ 외기온도 및 기압

 열정산시 측정사항
① 외기온도
② 배기가스온도(전열면 최종출구)
③ 연료량 - 액체연료 : 허용오차 ± 1.0%
　　　　　- 고체연료 : 허용오차 ± 1.5%
　　　　　- 기체연료 : 허용오차 ± 1.6%
④ 급수량
⑤ 급수온도측정(절탄기 입구에서 측정)
⑥ 연소공기량 측정
⑦ 발생증기 측정(급수량에서 산정)
⑧ 과열기 및 재열증기 온도 측정(출구에서 측정)
⑨ 포화증기의 건조도 측정
⑩ 증기압력의 측정

36

방사된 열에너지의 성질과 양을 이용하여 온도를 측정하는 계기가 아닌 것은?

① 압력식 온도계　　　　② 광고 온도계
③ 광전관식 온도계　　　④ 방사 온도계

 비접촉식온도계 : 방사 열에너지의 성질과 양을 이용하여 온도를 측정
① 광고온도계
② 방사온도계
③ 광전관식온도계

34. ②　35. ②　36. ①

37

고온 측정용으로 가장 적합한 온도계는?
① 금속저항온도계 ② 유리온도계
③ 열전대온도계 ④ 압력온도계

해설
· 열전대온도계 : 0~1600°C
· 압력식온도계 : -30~600°C
· 금속저항온도계 : -200~500°C
· 유리제온도계(수은온도계) : -60 ~ 360°C

38

여러 가지 주파수의 정현파(sin파)를 입력신호로 하여 출력의 진폭과 위상각의 지연으로부터 계의 동특성을 규명하는 방법은?
① 시정수 ② 프로그램제어
③ 주파수응답 ④ 비례제어

해설
· 시정수 : 스텝 입력에 대한 출력이 최종값의 63.2%에 달하는 시간
· 주파수응답 : 여러 가지 주파수의 정현파를 입력신호로 하여 출력의 진폭과 위상각의 지연으로부터 계의 동특성을 규명하는 방법

39

노 내의 온도측정이나 벽돌의 내화도 측정용으로 사용되는 온도계는?
① 제겔콘
② 바이메탈온도계
③ 색온도계
④ 서미스터온도계

해설 제겔콘 : 노내의 온도측정이나 벽돌의 내화도 측정용

40

보일러 냉각기의 진공도가 730mmHg일 때 절대압력으로 표시하면 약 몇 kg/cm²a 인가?
① 0.02 ② 0.04
③ 0.12 ④ 0.18

해설 760-730=30mmHg

$$\therefore \frac{30}{760} \times 1.0332 = 0.04 \, \text{kg/cm}^2$$

정답 37. ③ 38. ③ 39. ① 40. ②

제3과목 : 열설비구조 및 시공

41 보일러의 계속사용 안전검사 유효기간은?

① 1년　　② 2년　　③ 3년　　④ 없음

해설 계속사용검사 $\begin{bmatrix}\text{안전검사}\\\text{성능검사}\end{bmatrix}$ 1년 (보일러)
- 설치검사 : 1년(보일러)
- 개조검사 : 1년(보일러)

42 에너지이용합리화법시행규칙상 인정검사대상기기 조종자의 교육을 이수한 자의 조정 범위가 아닌 것은?

① 용량이 10t/h 이하인 보일러
② 압력용기
③ 증기보일러로서 최고사용압력이 1MPa 이하이고, 전열면적이 10m² 이하인 것
④ 열매체를 가열하는 보일러로서 용량이 581.5kW 이하인 것

해설 인정검사 대상기기 조종자의 교육을 이수한자의 조정범위
① 압력용기
② 증기보일러로서 최고사용압력이 1 MPa 이하이고 전열면적이 10 m² 이하인 것
③ 열매체를 가열하는 보일러로서 용량이 581.5 kW 이하인 것
[법규 변경] 인정검사대상기기 조종자 → 인정검사대상기기 관리자

43 입형보일러의 특징에 대한 설명으로 틀린 것은?

① 설치면적이 적다.　　② 설치가 간편하다.
③ 전열면적이 적다.　　④ 열효율이 좋고 부하능력이 크다.

해설 입형보일러의 특징
① 소용량 저압용이다.　　② 설치면적이 적다.
③ 열효율이 낮다.　　④ 전열면적이 작다.
⑤ 구조가 간단하다.

44 복사열에 대한 반사특성을 이용하여 보온효과를 얻는 보온재 중 가장 효과가 큰 것은?

① 실리카 화이버　　② 염화비닐 강판
③ 마스틱(mastic)　　④ 알루미늄 판

41. ①　42. ①　43. ④　44. ④

45 여러 용도에 쓰이는 물질과 그 물질을 구분하는 기준온도에 대한 설명으로 틀린 것은?

① 내화물이란 SK26 이상 물질을 말한다.
② 단열재는 800℃~1200℃ 및 단열효과가 있는 재료를 말한다.
③ 무기질 보온재는 500~800℃에 견디어 보온하는 재료를 말한다.
④ 내화단열재는 SK20 이상 및 단열효과가 있는 재료를 말한다.

해설 내화단열재 : 내화재와 단열재의 중간으로 SK10(1300℃) 이상에서 견디는 것

46 검사대상 증기보일러의 안전밸브로 사용하는 안전밸브는?

① 스프링식 안전밸브
② 지렛대식 안전밸브
③ 중추식 안전밸브
④ 복합식 안전밸브

해설 증기보일러의 안전밸브 : 스프링식 안전밸브

47 연료전지 중 작동온도가 높고 고효율이며 유연성이 좋으나 전지부품의 고온부식이 일어나는 단점이 있는 것은?

① 용융탄산염 연료전지
② 재생형 연료전지
③ 고분자전해질 연료전지
④ 인산형 연료전지

해설 연료전지 : 수소와 산소의 화학반응으로 생기는 화학에너지를 직접전기에너지로 변환시키는 기술
· 종류
① 용융탄산염 연료전지 : 작동온도가 높고 고효율이며 유연성이 좋으나 전지부품의 고온부식이 일어나는 단점이 있다.
② 고분자전해질 연료전지 : 높은 전력밀도·높은 연비·빠른 충전 및 탄소배출이 없다는 점에서 전기자동에 활용가능성이 높다
③ 인산형 연료전지 : 연료의 화학에너지를 전기화학반응에 의해 많이 개발되어졌으며 실용화에 근접

48 가마를 사용하는데 있어 내용수명(耐用壽命)과의 관계가 가장 먼 것은?

① 열처리 온도
② 가마 내의 부착물(휘발분 및 연료의 재)
③ 온도의 급변
④ 피열물의 열용량

해설 　내용수명 : 고정자산의 수명으로 건물, 기계, 장치 등의 유형자산에 대해서 자산을 했을 때부터 폐기할 때까지의 기간
　　·가마를 사용하는데 있어 내용수명
　　　① 온도의 급변
　　　② 열처리 온도
　　　③ 가매내의 부착물(휘발분 및 연료의 재)

49
열사용기자재 관리규칙상 검사대상기기의 설치자가 그 사용 중인 검사대상기기를 폐기한 때에는 그 폐기한 날로부터 며칠 이내에 신고하여야 하는가?

① 15일　　　　② 20일　　　　③ 30일　　　　④ 60일

해설 　검사대상기기 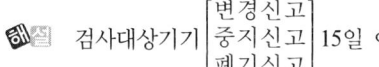 15일 이내

50
관의 안지름을 D(cm), 평균유속을 v(m/s)라 하면 평균 유량 Qm³/s를 구하는 식은?

① $Q = DV$　　　　　　　　② $Q = \pi D^2 V$

③ $Q = \dfrac{\pi}{4}\left(\dfrac{D}{100}\right)^2 V$　　　④ $Q = \left(\dfrac{V}{100}\right)^2 D$

해설 　$Q(\text{m}^3/\sec) = A \times V$
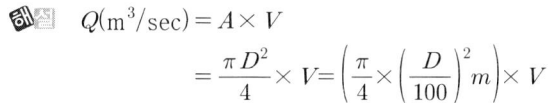

51
파이프 바이스의 크기 표시는?

① 레버의 크기　　　　　　　　② 고정 가능한 관경의 치수
③ 죠를 최대로 벌려 놓은 전체 길이　　④ 프레임(Frame)의 가로 및 세로 길이

해설 　·파이프 바이스의 크기 : 고정가능한 파이프지름의 치수
　　·수평바이스의 크기 : 죠우를 최대로 벌려놓은 전장

52
에너지이용합리화법 시행규칙에서 정한 특정 열사용 기자재 및 그 설치·시공범위의 구분에서 품목명에 포함되지 않는 것은?

① 용선로　　　　　　　　② 태양열 집광기
③ 1종 압력용기　　　　　④ 구멍탄용 온수보일러

특정열사용 기자재 설치·시공범위

구분	품목명	설치, 시공범위
보일러(기관)	강철제 보일러, 주철제 보일러, 온수 보일러, 구멍탄용 온수보일러, 축열식 전기 보일러	해당기기의 설치, 배관 및 세관
태양열 집열기	태양열 집열기	해당기기의 설치, 배관 및 세관
압력용기	1종 압력용기, 2종 압력용기	해당기기의 설치, 배관 및 세관
요업요로	연속식 유리용융가마, 불연속식 유리용융가마, 유리용융도가니가마, 터널가마, 도염식 가마, 셔틀가마, 회전가마, 석회용선가마	해당기기의 설치를 위한 시공
금속요로	용선로, 비철금속용융로, 금속 소둔로, 철금속 가열로, 금속균열로	해당기기의 설치를 위한 시공

53 증기보일러의 전열면에서 벽의 두께는 22mm, 열전도율은 50kcal/m·h·°C이고 열전달률은 열가스 측이 18kcal/m²·h·°C, 물 측이 5,200kcal/m²·h·°C이다. 물 측에 평균두께 3mm의 물때(열전도율 1.8kcal/m²·h·°C)와 가스 측에 평균두께 1mm의 그을음(열전도율 0.1kcal/m²·h·°C)이 부착되어 있는 경우 열관류율은 약 몇 kcal/m²·h·°C인가?(단, 전열면은 평면이다.)

① 11.7   ② 14.7   ③ 25.3   ④ 28.7

해설
$$K = \cfrac{1}{\cfrac{1}{\alpha_1} + \cfrac{d_1}{\lambda_1} + \cfrac{d_2}{\lambda_2} + \cfrac{d_3}{\lambda_3} + \cfrac{1}{\alpha_2}}$$
$$= \cfrac{1}{\cfrac{1}{18} + \cfrac{0.001}{0.1} + \cfrac{0.022}{50} + \cfrac{0.003}{1.8} + \cfrac{1}{5200}}$$
$$= 14.74 \text{ kcal/m}^2\text{h°C}$$

54 에너지이용 합리화법 시행규칙에 따라 가스를 사용하는 소형 온수보일러 중 검사대상기기에 해당되는 것은 가스사용량이 몇 kg/h를 초과하는 경우인가?

① 10kg/h   ② 13kg/h   ③ 17kg/h   ④ 15kg/h

55 보온재 선정 시 고려하여야 할 조건 중 틀린 것은?
① 부피비중이 적어야 한다.
② 열전도율이 가능한 높아야 한다.
③ 흡수성이 적고, 가공이 용이하여야 한다.
④ 불연성이고 화재 시 유독가스를 발생하지 않아야 한다.

해설 보온재의 구비조건
① 비중이 적어야 한다(가벼워야 한다).
② 열전도율이 적어야 한다(보온능력이 커야 한다).
③ 사용온도에 견디고 충분한 강도를 가져야 한다.
④ 기계적 강도가 있어야 한다.
⑤ 다공질이며 기공이 균일해야 한다.
⑥ 흡습성이 적어야 한다.

56 2개의 증기드럼 하부에 하나의 물드럼을 배치하고 삼각형 순환도를 형성하는 급경사 곡관형 보일러는?
① 가르베 보일러
② 야로 보일러
③ 스털링 보일러
④ 타쿠마 보일러

57 다음 중 관류보일러로 맞는 것은?
① 슐저(Sulzer) 보일러
② 라몬트(Lamont) 보일러
③ 벨럭스(Velox) 보일러
④ 타쿠마(Takuma) 보일러

 관류보일러(초임계압력 보일러)
① 슐처 ② 옛모스 ③ 벤손 ④ 람진

58 피열물을 부압의 가마 내에서 가열 시 피열물이 받는 영향은?
① 환원되기 쉽다.
② 내부 열이 유출된다.
③ 산화되기 쉽다.
④ 중성이 유지된다.

59 다음 중 노재가 갖추어야 할 조건이 아닌 것은?
① 사용 온도에서 연화 및 변형이 되지 않을 것
② 팽창 및 수축이 잘될 것
③ 온도 급변에 의한 파손이 적을 것
④ 사용목적에 따른 열전도율을 가질 것

해설 내화물의 구비조건
① 스폴링현상이 적을 것
② 고온에서 팽창, 수축이 적을 것
③ 화학적으로 침식되지 않을 것
④ 온도급변에도 충분히 견딜 것
⑤ 내마모성 및 내침식성을 가질 것
⑥ 사용온도에서 연화변형 되지 않을 것
⑦ 사용온도에서 충분한 압축강도를 가질 것

60

증기 엔탈피가 2,800kJ/kg이고, 급수 엔탈피가 125kJ/kg일 때 증발계수는 약 얼마인가? (단, 100℃ 포화수가 증발하여 100℃의 건포화증기로 되는데 필요한 열량은 2,256.9kJ/kg이다.)

① 1.0 ② 1.2 ③ 1.4 ④ 1.6

해설 증발계수 $= \dfrac{h'' - h'}{539}$

$= \dfrac{2800 - 125}{2256.9} = 1.185$

제4과목 : 열설비 취급 및 안전관리

61

보일러 외부 청소법 중 수관보일러에 대한 가장 적합한 기구는?

① 슈트블로어 ② 워터 쇼킹
③ 스크랩퍼   ④ 샌드 블라스트

해설 슈트블로우 : 손으로는 쉽게 청소를 못하는 수관식 보일러에서 증기분사, 공기분사, 물분사 등을 이용 분진제거

62

보일러의 급수처리 방법에 해당되지 않는 것은?

① 이온교환법 ② 증류법
③ 희석법   ④ 여과법

해설 급수처리방법
① 내처리법 : ㉠ PH조정제 : 인산소다, 암모니아, 수산화나트륨
㉡ 연화제 : 인산소다, 탄산소다, 수산화나트륨
㉢ 탈산소제 : 탄닌, 아황산소다, 히드라진
㉣ 슬러지조정제 : 리그닌, 녹말, 탄닌
㉤ 가성취화방지제 : 인산소다, 질산소다, 탄닌

② 외처리법 : ㉠ 용존산소제거법 ┬ 탈기법 : CO_2, O_2 제거
　　　　　　　　　　　　　　└ 기폭법 : Fe, Mn, CO_2 제거
　　　　　　　　㉡ 현탁질고형물제거법 ┬ 침전법
　　　　　　　　　　　　　　　　　├ 여과법
　　　　　　　　　　　　　　　　　└ 응집법
　　　　　　　　㉢ 용해고형물제거법 ┬ 이온교환법
　　　　　　　　　　　　　　　　├ 약제법
　　　　　　　　　　　　　　　　└ 증류법

63
보일러의 고온부식 방지대책으로 틀린 것은?
① 회분 개질제를 첨가하여 바나듐의 융점을 낮춘다.
② 연료 중의 바나듐 성분을 제거한다.
③ 고온가스가 접촉되는 부분에 보호막을 한다.
④ 연소가스 온도를 바나듐의 융점온도 이하로 유지한다.

해설 고온부식 방지책
① 연료중의 바나듐 제거
② 회분개질제를 사용 회분융점 높여 고온부식 방지
③ 고온의 전열면 표면에 보호피막을 입힌다.
④ 고온의 전열면 표면에 방청도장을 입힌다.
⑤ 첨가제를 사용
⑥ 양질의 연료 선택

64
다음 중 저온부식의 원인이 되는 성분은?
① 휘발성분　　　② 회분
③ 탄소분　　　　④ 황분

해설 ・저온부식 원인 : 황, 아황산가스, 무수황산, 황산
・고온부식 원인 : 오산화바나듐, 바나듐

65
에너지 다소비사업자는 연료・열 및 전력의 연간 사용량의 합계가 몇 티오이 이상인 자를 말하는가?
① 500　　　　　② 1,000
③ 1,500　　　　④ 2,000

해설 에너지 다소비업자는 연료, 열 및 전력의 연간사용량 합계가 2000 TOE 이상인 자

63. ①　64. ④　65. ④

66 다음 반응 중 3질 스케일 반응식으로 옳은 것은?
① Ca(HCO₃) + 열 → CaCO₃ + H₂O + CO₂
② 3CaSO₄ + 2Na₃PO₄ → Ca₃(PO₄)₃ + 3Na₂SO₄
③ MgSO₄ + CaCO₃ + H₂O → CaSO₄ + Mg(OH)₂ + CO₂
④ MgCO₃ + H₂O → Mg(OH)₂ + CO₂

해설 경질스케일 반응식
MgSO₄ + CaCO₃ + H₂O → CaSO₄ + Mg(OH)₂ + CO₂

67 보일러에서 습증기의 발생으로 증기수송관의 방열손실로 이어지는 원인이 아닌 것은?
① 저수위 운전
② 피크(Peak) 부하 발생
③ 보일러의 저압운전
④ 보일러수 내에 고형물 과다

해설 저수위 운전 : 과열의 원인

68 환수관이 고장을 일으켰을 때 보일러의 물이 유출하는 것을 막기 위하여 하는 배관방법은?
① 리프트 이음 배관법
② 하아트 포드 연결법
③ 이경관 접속법
④ 증기 주관 관말 트랩 배관법

해설 하트 포드 접속법

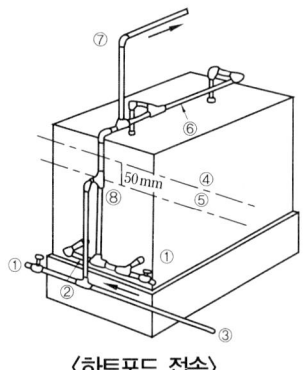

① 드레인관 ② 환수 헤더
③ 환수주관 ④ 표면 수면
⑤ 안전 저수면 ⑥ 증기 헤더
⑦ 증기 주관 ⑧ 균형관

〈하트포드 접속〉

① 저압증기 난방에 사용
② 증기관과 환수관 사이에 표준수면에서 50 mm 이내에 균형관설치
③ 보일러수위가 환수관의 접속부로의 누설로 인해 저수위사고가 일어날 것을 방지하기위해 사용

69 에너지이용합리화 기본계획을 수립하는 기관의 장은?
① 안전행정부장관　　② 국토교통부장관
③ 산업통상자원부장관　　④ 고용노동부장관

　해설　에너지 이용 합리화 기본계획 수립 : 산업통상자원부장관

70 에너지사용량의 신고 대상인 자가 매년 1월 31일까지 신고해야 할 사항이 아닌 것은?
① 전년도의 수지계산서　　② 전년도의 에너지이용 합리화 실적
③ 해당 연도의 에너지사용 예정량　　④ 에너지사용기자재의 현황

　해설　에너지다소비업자의 신고사항 : 매년 1월 31일까지 시·도지사에게 신고
　　① 전년도의 에너지사용량 및 제품 생산량
　　② 당해연도의 에너지 사용 예정량 및 제품 생산 예정량
　　③ 에너지사용 기자재의 현황
　　④ 에너지관리자의 현황
　　⑤ 전년도의 에너지 이용 합리화 실적 및 해당년도 계획

71 보일러가 급수 부족으로 과열되었을 때의 조치로 가장 적합한 것은?
① 급속히 급수하여 냉각시킨다.
② 연도 댐퍼를 닫고, 증기를 취출한다.
③ 연소를 중지하고, 서서히 냉각시킨다.
④ 소량의 연료 및 연소용 공기를 계속 공급한다.

72 보일러실 내의 유류화재 시 소화설비로 가장 적합한 것은?
① 스프링클러 설비　　② 분말소화 설비
③ 연결살수 설비　　④ 옥내소화전 설비

　해설　유류화재시 소화설비 : 분말, CO_2, 포말

73 에너지사용계획을 수립하여 산업통상자원부장관에게 제출하여야하는 사업주관자에 해당되지 않는 사업은?
① 에너지 개발사업　　② 관광단지 개발사업
③ 철도 건설사업　　④ 주택 개발사업

해설 에너지 사용계획 수립 사업 주관자
① 철도건설사업 ② 도시개발사업
③ 공항건설사업 ④ 항만건설사업
⑤ 에너지개발사업 ⑥ 관광단지개발사업

74

다음 (   )안에 각각 들어갈 말은?

> 산업통상자원부장관은 효율관리기자재가 (㉠)에 미달하거나 (㉡)를(을) 초과하는 경우에는 생산 또는 판매금지를 명할 수 있다.

① ㉠ 최대소비효율기준 ㉡ 최저사용량기준
② ㉠ 적정소비효율기준 ㉡ 적정사용량기준
③ ㉠ 최저소비효율기준 ㉡ 최대사용량기준
④ ㉠ 최대사용량기준 ㉡ 저소비효율기준

해설 산업통상자원부장관은 효율관리기자재가 최저소비효율기준에 미달하거나 최대사용량 기준을 초과하는 경우에는 생산 또는 판매를 명할 수 있다.

75

보일러 안전밸브에서 증기의 누설 원인으로 틀린 것은?

① 밸브와 밸브 시트 사이에 이물질이 존재한다.
② 밸브 입구의 직경이 증기압력에 비해서 너무 작다.
③ 밸브 시트가 오염되어 있다.
④ 밸브가 밸브 시트를 균일하게 누르지 못한다.

해설 안전밸브 증기누설원인
① 스프링장력 감쇄시
② 조종압력이 너무 낮은 경우
③ 밸브시트에 이물질 혼입시
④ 밸브시트 가공불량시
⑤ 밸브축이 이완시

76

보일러의 만수보존을 실시하고자 할 때 사용되는 약제가 아닌 것은?

① 가성소다 ② 생석회
③ 히드라진 ④ 아황산소다

해설 만수보존법(2~3개월) : 단기보존
첨가약품 : 가성소다, 탄산소다, 아황산소다

77 증기난방의 응축수 환수방법 중 증기의 순환속도가 제일 빠른 환수방식은?
① 진공 환수식   ② 기계 환수식
③ 중력 환수식   ④ 강제 환수식

해설 증기순환속도 : 진공환수식 > 기계환수식 > 중력환수식

78 어떤 보일러수의 불순물 허용농도가 500ppm이고, 급수량이 1일 50톤이며, 급수 중의 고형물 농도가 20ppm일 때 분출률은 약 얼마인가?
① 2.4%   ② 3.2%   ③ 4.2%   ④ 5.4%

해설 분출률 $= \dfrac{a}{r-a} \times 100 = \dfrac{20}{500-20} \times 100 = 4.166\%$

79 보일러 내처리제 중 가성취화 방지에 사용되는 약제는?
① 히드라진   ② 염산   ③ 암모니아   ④ 인산나트륨

80 다음 중 2년 이하의 징역 또는 2000만원 이하의 벌금에 처하는 경우는?
① 에너지 저장의무를 이행하지 아니한 경우
② 검사대상기기 조종자를 선임하지 아니한 경우
③ 검사대상기기의 사용정지 명령에 위반한 경우
④ 검사대상기기를 설치하고 검사를 받지 아니하고 사용한 경우

해설 벌금
① 2년 이하의 징역 또는 2천만원 이하의 벌금
  ㉠ 에너지 저장시설의 보유 또는 저장의무의 부과시 정당한 이유없이 이를 거부하거나 이행하지 아니한 자
  ㉡ 조징, 명령 등의 조치를 위반한 사
  ㉢ 직무상 알게 된 비밀을 누설하거나 도용한 자
② 1년 이하의 징역 또는 1천만원이하의 벌금
  ㉠ 검사대상기기의 검사를 받지 아니한 자
  ㉡ 검사에 합격하지 아니한 검사대상기기 사용자
③ 2천만원 이하의 벌금
  ㉠ 생산 또는 판매금지 명령을 위반한 자
④ 1천만원 이하의 벌금
  ㉠ 검사대상기기 조종자를 선임하지 아니한 자   [법규 변경] 조종자 → 관리자
  ㉡ 검사를 거부, 방해 또는 기피한 자

77. ① 78. ③ 79. ④ 80. ①

2014년 제4회 에너지관리산업기사 출제문제

제1과목 : 열역학 및 연소관리

01 다음 중 사이클 상태변화 과정이 틀린 것은?

① 오토 사이클 : 단열압축 → 등적가열 → 단열팽창 → 등적방열
② 디젤 사이클 : 단열압축 → 등압가열 → 단열팽창 → 등적방열
③ 사바테 사이클 : 단열압축 → 등압가열 → 등적가열 → 단열팽창
④ 브레이톤 사이클 : 단열압축 → 등압가열 → 단열팽창 → 등압방열

해설 오토사이클

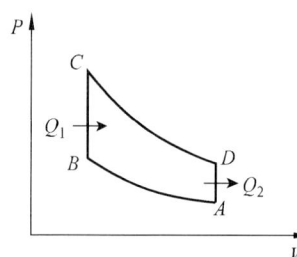

㉠ A–B : 단열압축 ㉡ B–C : 등적가열
㉢ C–D : 단열팽창 ㉣ D–A : 등적방열

카르노사이클 P-V선도

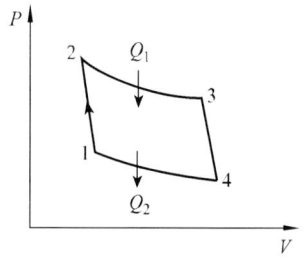

① 1–2 : 단열압축 ② 2–3 : 등온팽창
③ 3–4 : 단열팽창 ④ 4–1 : 등온압축

정답 1. ③

냉동사이클

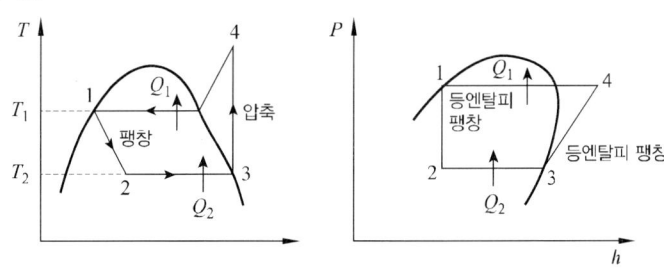

① 1-2 (단열팽창 = 등엔탈피팽창) : 팽창밸브를 지나 교축팽창시키면 엔탈피가 일정한 상태에서 압력과 온도가 내려가 습증기가 된다.
② 2-3 (등온팽창) : 습증기가 증발기에 들어가서 외부로부터 열 Q_2를 받아 증발하여 냉동시키려는 물체를 냉각
③ 3-4 (단열압축) : 건포화증기의 냉매를 압축기로 과열증기로 만듦
④ 4-1 (등온압축 = 냉각과정) : 과열증기가 압축기에 의해 냉각되어 열량 Q_1을 방출하고 포화액으로 되는 등온 냉각과정
⑤ COP (성적계수) = $Q_2/A_w = Q_2/Q_1 - Q_2 = T_2/T_1 - T_2$

브레이톤사이클 : 단열압축 → 정압가열 → 단열팽창 → 정압배기

02 카르노사이클로 작동되는 효율 28%인 기관이 고온체에서 100kJ의 열을 받아들일 때, 방출열량은 몇 kJ인가?
① 17   ② 28   ③ 44   ④ 72

 효율 = $\left(\dfrac{W}{Q_1}\right) = \dfrac{Q_1 - Q_2}{Q_1}$

∴ $\dfrac{0.28}{1} = \dfrac{100 - Q_2}{100}$

$100 - Q_2 = 28$ ∴ $Q_2 = 100 - 28 = 72\ \text{KJ}$

03 전기식 집진장치의 특징에 대한 설명으로 틀린 것은?
① 집진효율이 90~99.5% 정도로 높다.
② 고전압장치 및 정전설비가 필요하다.
③ 미세입자 처리도 가능하다.
④ 압력손실이 크다.

 집진장치
① 원심력식 : 함진가스에 선회운동을 주어 입자에 작용하는 원심력에 의하여 입자를 분리하는 방식으로 내통경은 적게 처리가스 속도는 크게 하면 집진율이 높아진다. 접선유입식, 축류식 등이 있으며 소형의 싸이클론을 다수 설치한 블로우 다운 방식의 멀티싸이클론이 있다.

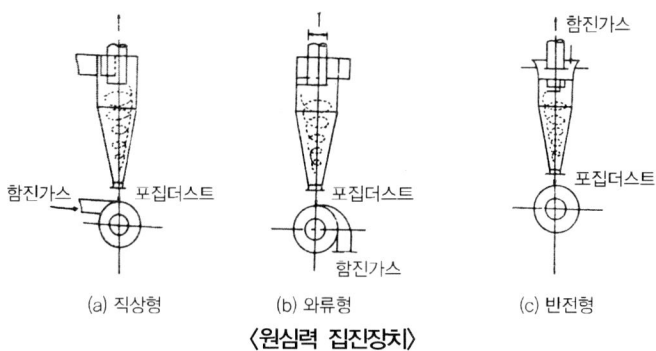

〈원심력 집진장치〉

② 여과식 : 함진가스를 여과제(filter)를 통하여 분리, 포착하는 방식이다. 내면여과방식과 표면여과방식으로 나뉘며 표면여과방식 중 대표적인 백(bag) 필터가 있다.

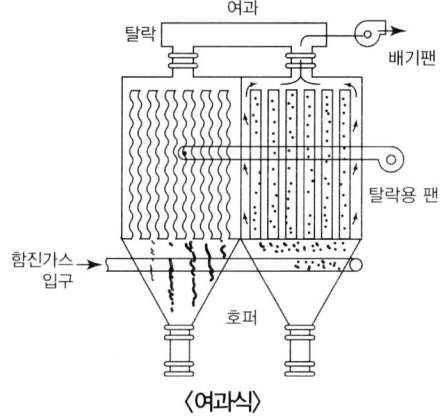

〈여과식〉

③ 전기식 : (습식에도 포함된다.) 고압의 직류전원을 사용하여 방전극 근처에서 양이온과 자유전자로부터 이루어지는 프라스마 형성에 의해 입자를 전리하는 방식으로 이러한 방전을 코로나 방전현상이라하며 가스 중 함유입자는 음이온으로 되어 부착 분리되어 제거하는 장치이다. (코트렐 집진장치가 대표적이다.)

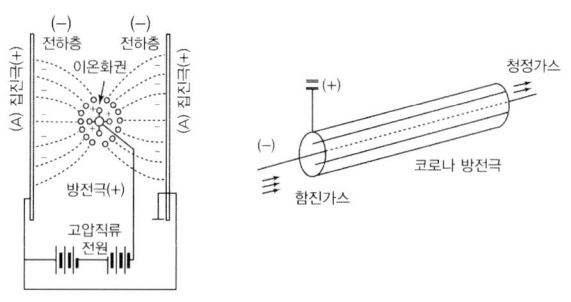

〈코로나 방전관〉

※ 특징
① 압력손실이 적다.
② 적용범위가 넓다.

③ 더스트의 외부 배출이 용이하다.
④ 미세입자의 포집이 용이하고 가장 높은 집진율을 얻을 수 있다.

참고 습식 집진장치
① 세정식 : 물 또는 다른 액체의 액면 또는 액막에 의해 함유가스를 세정하여 가스흐름으로 부터 분진입자를 분리 포집하는 방식으로 건식법에 비해 높은 집진율을 얻을 수 있으나 용수의 확보와 배수처리 대책이 문제시 된다.
  ㉠ 유수식

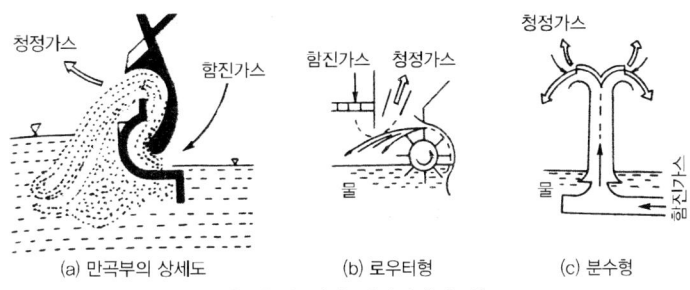

〈유수식 세정 집진장치의 예〉

  ㉡ 가압수식 : 물을 가압공급하여 함진가스를 세정하여 분리제거하는 방식으로 벤튜리젯 트, 싸이클론스크레버 형식과 충전탑이 있다.
※ 집진 장치 선정시 고려할 사항
  ① 입도분포   ② 입자비중   ③ 입자 밀도   ④ 입자 형상
  ⑤ 용적   ⑥ 온도   ⑦ 부식성   ⑧ 점성 및 폭발성

〈벤튜리 스크러버〉

04

냉매가 갖추어야 하는 조건으로 거리가 먼 것은?
① 증발잠열이 작아야 한다.
② 임계온도가 높아야 한다.
③ 화학적으로 안정되어야 한다.
④ 증발온도에서 압력이 대기압보다 높아야 한다.

해설 냉매가 갖추어야할 조건
  ① 증발잠열이 커야한다.   ② 증발온도가 낮아야 한다.

③ 임계온도가 높아야 한다.　　　④ 화학적으로 안정되어야 한다.
⑤ 증발온도에서 압력이 대기압보다 높아야 한다.
⑥ 압축비가 적어야 한다.　　　　⑦ 점도가 적을 것
⑧ 금속에 대한 부식성이 적을 것　⑨ 인체에 대한 독성이 없을 것
⑩ 누설시 발견이 용이할 것　　　⑪ 폭발성이 없을 것

05

보일러 절탄기 등에서 발생할 수 있는 저온부식의 원인이 되는 물질은?
① 질소가스　　　② 아황산가스
③ 바나듐　　　　④ 수소가스

해설　절탄기, 공기예열기 : 저온부식원인 (S, SO_2, SO_3, H_2SO_4)
　　　　과열기, 재열기 : 고온부식원인 (V, V_2O_5)

06

다음 중 가장 높은 온도는?
① 20°C　　② 295K　　③ 530°R　　④ 68°F

해설
① K = °C + 273 = 20 + 273 = 293K
② 295K
③ °R = 1.8K　　K = $\dfrac{530}{1.8}$ = 294.4K
④ °R = °F + 450 + 528K
　°R = 1.8K　　K = $\dfrac{530}{1.8}$ = 293.3K

07

어떤 가역 열기관이 400°C에서 1,000kJ을 흡수하여 일을 생산하고 100°C에서 열을 방출한다. 이 과정에서 전체 엔트로피 변화는 약 몇 kJ/K인가?
① 0　　② 2.5　　③ 3.3　　④ 4

해설　가역열기관은 카르노사이클로 단열과정에서의 $\Delta Q = 0$이다. ∴ $\Delta S = G = \dfrac{\Delta Q}{T}$

08

비열 1.3kJ/kg·°C, 온도 30°C인 어떤 물질 10kg을 온도 520°C까지 가열하는데 필요한 열량(kcal)은? (단, 가열과정에서 물질의 상(相) 변화는 없다.)
① 5,147　　② 6,370　　③ 4,490　　④ 4,900

해설　$Q = G \cdot C \cdot \Delta t = 10 \times 1.3 \times (520 - 30) = 6370$ kcal

09

다음 연료 중 단위 중량당 발열량이 가장 큰 것은?

① C   ② H_2 ③ CO   ④ S

해설

$C + O_2 \rightarrow CO_2 + 97200$ kcal/kmol
12 kg   32kg   44kg
12 kg/kmol = 97200 kcal/kmol
1 kg = x $x = \dfrac{1\,kg \times 97200\,kcal/kmol}{12\,kg/kmol} = 8100$ kcal/kg

② $H_2 + \dfrac{1}{2}O_2 \rightarrow H_2O + 68000$ kcal/kmol
   21 kg   16 kg   18 kg
∴ 21kg = 68000 kcal

1kg = x $x = \dfrac{1kg \times 68000}{2kg} = 34000\,kcal/kg$

1kg = x $x = \dfrac{1\,kg \times 68000\,kcal}{2\,kg} = 34000$ kcal/kg

③ $S + O_2 \rightarrow SO_2 + 80000$ kcal/kmol
   32 kg   32 kg   44 kg
32 kg = 80000 kcal

1kg = x $x = \dfrac{1\,kg \times 80000\,kcal}{32\,kg} = 2500$ kcal/kg

10

$1Sm^3$의 메탄(CH_4) 가스를 공기와 같이 연소시킬 경우 이론공기량(Sm^3)은?

① 2.52   ② 4.52   ③ 7.52   ④ 9.52

해설

$CH_4 + 2O_2 \rightarrow CO_2 + 2H_2O$
22.4 m³   2×22.4 m³
1 m³ x

$x = \dfrac{1\,m^3 \times 2 \times 22.4\,m^3}{22.4^3} = 2\,m^3/m^3$

$A_o = \dfrac{O_o}{0.21} = \dfrac{2}{0.21} = 9.52\,m^3/m^3$

11

공기 중에서 수소의 연소반응식이 $H_2 + \dfrac{1}{2}O_2 \rightleftarrows H_2O$일 때 건연소가스량($Sm^3/Sm^3$)은?

① 1.88   ② 2.38   ③ 2.88   ④ 3.33

해설 건연소 가스량 $= (1-0.21)A_o = (1-0.21)2.38 = 1.88$

$H_2 + \dfrac{1}{2}O_2 \rightarrow H_2O$

$A_o = \dfrac{0.5}{0.21} = 2.38\,m^3/m^3$

9. ②   10. ④   11. ①

12
27°C에서 12L의 체적을 갖는 이상기체가 일정 압력에서 127°C까지 온도가 상승하였을 때 체적은 얼마인가?
① 12L
② 16L
③ 27L
④ 56.4L

해설 $\dfrac{V_1}{T_1} = \dfrac{V_2}{T_2}$ $V_2 = \dfrac{V_1 \times T_2}{T_1} = \dfrac{12 \times (273+127)}{(273+27)} = 16\ell$

13
다음 연소장치 중 연소부하율이 가장 높은 것은?
① 마플로
② 가스터빈
③ 중유 연소 보일러
④ 미분탄 연소 보일러

해설 연소부하율이 높은 순서
가스터빈 → 미분탄 연소 보일러 → 중유연소보일러 → 마플로

14
보일러의 부속장치 중 원심력을 이용한 집진장치는?
① 루버식 집진장치
② 코로나식 집진장치
③ 사이클론식 집진장치
④ 백 필터식 집진장치

해설 문제 3번 참조

15
이상기체의 성질에 대한 표현으로 틀린 것은? (단, u는 내부에너지, h는 엔탈피, k는 비열비, C_v는 정적비열, C_p는 정압비열, R은 기체상수, r은 온도이다.)

① $h = u + RT$
② $R = \dfrac{dh}{dT} - \dfrac{du}{dT}$
③ $C_v = \dfrac{1}{k-1}R$
④ $C_p = \dfrac{k}{k-1}C_v$

해설 ① 엔탈피 $= u + APV = u + RT$
② 기체상수 $= C_P - C_v = \dfrac{dh}{dT} - \dfrac{du}{dT}$
③ 정적비열 $= \dfrac{1 \times R}{k-1}$
④ 정압비열 $= \dfrac{k \times R}{k-1}$

16 일반 기체상수의 단위를 바르게 나타낸 것은?
① kJ/K   ② kJ/kg   ③ kJ/kmol   ④ kJ/kmol·K

 기체상수
① 1.987kcal/mol·K = 8.35 kJ/kmol·K
② 848 kg.m/kmol·K
  1 kcal = 427kg·m
  $x = 848$kg·m $x = \dfrac{1\,\text{kcal} \times 848\,\text{kg}\cdot\text{m}}{427\,\text{kg}\cdot\text{m}} = 1.987$ kcal
③ 8.314 J/mol·K
④ 0.082 ℓ.atm/mol·K

17 탄소(C) 1kg을 완전 연소시킬 때 생성되는 CO_2의 양은 약 얼마인가?
① 1.67kg   ② 2.67kg   ③ 3.67kg   ④ 6.34kg

해설
C + O_2 → CO_2
12 kg   32 kg   44 kg
1 kg x
$x = \dfrac{1\,\text{kg} \times 44\,\text{kg}}{12\,\text{kg}} = 3.6$ kg/kg

18 보일러 연소가스 폭발의 가장 큰 원인은?
① 중유가 불완전 연소할 때
② 저수위로 보일러를 운전할 때
③ 증기의 압력이 지나치게 높을 때
④ 연소실 내에 미연가스가 차 있을 때

해설 연소가스 폭발원인
① 프리퍼지, 포스트퍼지 부족 시   ② 공기보다 연료 먼저 투입시
③ 점화시 착화가 늦은 경우   ④ 2차공기의 예열 부족시
⑤ 연소실 내 기름이 흘러 들어간 경우

19 물 1kmol이 100℃, 1기압에서 증발할 때 엔트로피 변화는 몇 kJ/K인가? (단, 물의 기화열은 2,257kJ/kg이다.)
① 22.57   ② 100   ③ 109   ④ 139

 엔트로피 $= \dfrac{\Delta Q}{T} = \dfrac{2257 \times 18}{(273+100)} = 108.9$ kJ/K

16. ④   17. ③   18. ④   19. ③

20. 이상기체의 특성이 아닌 것은?

① $dU = C_v dT$ 식을 만족한다.　② 비열은 온도만의 함수이다.
③ 엔탈피는 압력만의 함수이다.　④ 이상기체상태방정식을 만족한다.

해설 이상기체의 성질
① 보일-샬의 법칙을 따른다.
② 아보가드로 법칙에 따른다.
③ 온도에 관계없이 비열비는 일정
④ 내부에너지는 체적에 관계없이 온도에 의해서만 결정
⑤ 기체상호간에 작용하는 인력과 분자의 크기 무시
⑥ 분자간의 충돌은 완전탄성체로 이루어짐

제2과목 : 계측 및 에너지 진단

21. 열전대 온도계의 원리로 맞는 것은?

① 전기적으로 온도를 측정한다.　② 두 물체의 열기전력을 이용한다.
③ 히스테리시스의 원리를 이용한다.　④ 물체의 열전도율이 큰 것을 이용한다.

해설 열전대온도계 : 두 물체의 열기전력 이용(제백 효과)
① PR(백금-백금로듐)(R형)
　㉠ 산화성 분위기에 가장 강하다　㉡ 환원성 분위기에 약하다
　㉢ 금속증기에 침식　㉣ 온도 : 0~1600℃
　㉤ 백금 87%(+극), 백금로듐 13%(-극)　㉥ 값이 싸고, 정도가 높고 안정성 우수
　㉦ 열전대온도계 중 가장 고온 측정
② CA(크로멜 - 알루멜)(K형)
　㉠ 크로멜(Ni(90%) + Cr(10%), 알루멜(Ni(94%)+Mn(2.5%)+Al(2.0%)+Fe(0.5)
　㉡ 산화성 분위기에 약하다.　㉢ 온도 : 0~1200℃
③ CC(동-콘스탄탄)(T형)
　㉠ 수분에 의한 내식성이 크다.　㉡ 콘스탄탄(Cu(55%)+Ni(45%))
　㉢ 온도 : -200~350℃　㉣ 열전대 온도계 중 가장 저온 측정
④ IC(철-콘스탄탄)(J형)
　㉠ 환원성 분위기에 강하다.　㉡ 온도 : -20~850℃

22. 배가스 중 산소농도를 검출하여 적정 공연비를 제어하는 방식을 무엇이라 하는가?

① O_2 Trimming 제어　② 배가스량 제어
③ 배가스 온도 제어　④ CO 제어

해설 O_2 Trimming 제어 : 배기가스 중 산소농도를 검출하여 적정공연비를 제어하는 방식

23

압력의 차원을 절대단위계로 바르게 나타낸 것은?

① MLT^{-2} ② $ML^{-1}T^{-1}$ ③ $ML^{-1}T^{-2}$ ④ $ML^{-2}T^{-2}$

해설 $kg(f) = kg \cdot m/s^2$
$F = MLT^{-2}$
압력 $= \dfrac{힘}{면적} = FL^{-2} = MLT^{-2} \times L^{-2} = ML^{-1}T^{-2}$
절대단위 : $kg/m^2 \times m/sec^2 = kg/m \; sec^2$

24

비접촉식 온도계에 해당하는 것은?

① 유리 온도계   ② 저항 온도계
③ 압력 온도계   ④ 광고 온도계

해설 비접촉식 온도계 : 광고 온도계, 방사 온도계, 색 온도계, 광전관식 온도계

25

연료가 보유하고 있는 열량으로부터 실제 유효하게 이용된 열량과 각종 손실에 의한 열량 등을 조사하여 열량의 출입을 계산한 것은?

① 열정산   ② 보일러 효율
③ 전열면 부하   ④ 상당 증발량

해설 열정산 : 연료가 보유하고 있는 열량으로부터 실제 유효하게 이용된 열량과 각종 손실에 의한 열량 등을 조사하여 열량의 출입을 계산

26

오차의 종류로서 계통오차에 해당되지 않는 것은?

① 고유오차   ② 개인오차
③ 우연오차   ④ 이론오차

해설 ① 계통오차 : 측정값에 어떤 일정한 영향을 주는 원인에 의해 생기는 오차
· 종류
  ㉠ 환경오차 : 온도, 압력, 습도에 의한 오차
  ㉡ 계기오차(고유오차) : 측정기가 불완전하거나 내부적 요인의 영향, 사용상의 제한등으로 생기는 오차
  ㉢ 이론오차 : 공식, 계산 등으로 생기는 오차
  ㉣ 개인오차 : 개인의 버릇에 의한 오차

23. ③   24. ④   25. ①   26. ③

27

다음 유량계 중 용적식 유량계가 아닌 것은?

① 오벌식 유량계　　　② 로터미터
③ 루츠식 유량계　　　④ 로터리 피스톤식 유량계

해설
① 용적식유량계 : 습식, 건식, 오우벌식, 루츠식, 로터리피스톤, 로터리베인
② 차압식유량계 : 벤튜리미터, 플로우미터, 오리피스미터
③ 면적식유량계 : 로터미터

28

보일러 자동제어와 관련된 약호가 틀린 것은?

① FWC : 급수제어　　　② ACC : 자동연소제어
③ ABC : 보일러 자동제어　　　④ STC : 증기압력제어

해설 제어량과 조작량의 관계

제어	제어량	조작량
STC(증기온도제어)	과열증기온도	전열량
FWC(급수제어)	보일러수위	급수량
ACC(자동연소제어)	증기압력계제어	연료량, 공기량
	노내압력계제어	연소가스량, 송풍량

29

증기보일러의 상당 증발량(G_e)에 대한 표기로 옳은 것은? (단, 실제 증발량 : G_a, 발생 증기엔탈피 : h_2, 급수엔탈피 : h_1 이다.)

① $\dfrac{Ga(h_2 + h_1)}{450}$　　　② $\dfrac{Ga(h_2 - h_1)}{450}$

③ $\dfrac{Ga(h_2 + h_1)}{539}$　　　④ $\dfrac{Ga(h_2 - h_1)}{539}$

해설 상당증발량(환산증발량) = $\dfrac{G \times (h'' - h')}{539}$

100℃ 포화수를 100℃ 건포화증기로 바꿀 수 있는 능력

30

보일러의 열정산을 하는 목적이 아닌 것은?

① 열의 분포 상태를 알 수 있다.
② 보일러 조업 방법을 개선하는 데 이용할 수 있다.
③ 노의 개축, 축로의 자료로 이용할 수 있다.
④ 시험부하는 원칙적으로 정격부하로 한다.

해설 열정산의 목적
① 열의 손실 파악
② 열설비의 성능 능력 파악
③ 조업 방법 개선
④ 열정산 기초자료
⑤ 열의 이동상태 파악

31

오르자트(Orsat)법에 의한 가스분석법에서 가스성분에 따른 흡수제의 연결이 바르게 된 것은?

① CH₄ : 가성소다 수용액
② CO : 알칼리성 피로카롤 용액
③ CO₂ : 30% 수산화칼륨 수용액
④ O₂ : 암모니아성 염화제1구리 용액

해설 · 오르자트분석법
① CO₂ : KOH 30% 수용액
② O₂ : 알카리성 피롤카롤용액
③ CO : 암모니아성 염화제1동용액

· 헴펠법
① CO₂ : KOH 30% 수용액
② CmHn : 발열황산 25%
③ O₂ : 알카리성 피롤카롤용액
④ CO : 암모니아성 염화제1동용액

32

원리 및 구조가 간단하고, 고온·고압에도 사용할 수 있으므로 공업적으로 가장 많이 사용되는 액면 측정 방식은?

① 부자식
② 기포식
③ 차압식
④ 음향식

해설 · 부자식 액면계(플로우트식 액면계) : 원리 및 구조가 간단하고 고온·고압에서도 사용 할 수 있어 공업적으로 가장 많이 사용
· 햄프슨식 액면계 : 극저온 저장탱크의 액면측정

33

잔류 편차를 남기기 때문에 단독으로 사용하지 않고 다른 동작과 결합시켜 사용되는 것은?

① D 동작
② P 동작
③ I 동삭
④ PI 동작

해설 · 연속동작
① P동작(비례동작) : 잔류편차가 남는 동작
② I동작(적분동작) : 잔류편차가 남지 않는 동작
③ D동작(미분동작) : 편차의 변화속도에 비례하여 조작량가감
· 불연속동작(on-off) 동작
① 2위치 동작
② 다위치동작
③ 불연속속도조작

31. ③ 32. ① 33. ②

34

스테판-볼츠만의 법칙에서 완전 흑체표면에서의 복사열 전달열과 절대온도의 관계로 옳은 것은?

① 절대온도에 비례한다.
② 절대온도의 제곱에 비례한다.
③ 절대온도의 3제곱에 비례한다.
④ 절대온도의 4제곱에 비례한다.

해설 스테판볼쯔만의 법칙 : 복사열전달율은 절대온도 4승에 비례한다.

① 복사전열량$(Q) = 4.88 \times \varepsilon \times A \left(\left(\dfrac{T_1}{100} \right)^4 - \left(\dfrac{T_2}{100} \right)^4 \right)$

② 복사열전달율$(\alpha) = \dfrac{4.88 \times \varepsilon \times \left[\left(\dfrac{T_1}{100} \right)^4 - \left(\dfrac{T_2}{100} \right)^4 \right]}{t_1 - t_2}$

ε = 흑도, $T_1[K]$ = 표면부의 절대 온도, $T_2[K]$ = 실내의 절대 온도
$A[m^2]$ = 면적, t_1 = 표면부 온도, t_2 = 실내 온도

35

액면계의 측정방법에 대한 설명으로 틀린 것은?

① 직접 측정 방법으로 직관식이 있다.
② 직접 측정 방법으로 다이어프램식이 있다.
③ 간접 측정 방법으로 초음파식이 있다.
④ 간접 측정 방법으로 방사선식이 있다.

해설 액면계의 분류
① 직접측정방법 : ㉠ 부자식(플로우트식) ㉡ 직관식 ㉢ 검척식
② 간접측정방법 : ㉠ 고정튜브식 ㉡ 슬립튜브식 ㉢ 회전튜브식 ㉣ 초음파식 ㉤ 기포식
㉥ 방사선식 등

36

저항식 습도계에 대한 설명이 바르게 된 것은?

① 직류전압에 의한 저항치를 측정하여 비교습도를 표시
② 직류전압에 의한 저항치를 측정하여 상대습도를 표시
③ 교류전압에 의한 저항치를 측정하여 비교습도를 표시
④ 교류전압에 의한 저항치를 측정하여 상대습도를 표시

해설 저항식 습도계 : 교류전압에 의한 저항치를 측정하여 상대습도 표시
·특징 : ㉠ 전기지항의 변화가 쉽게 측정된다. ㉡ 감도가 크면 응답이 빠르다
㉢ 상대습도의 측정이 가능 ㉣ 원격측정, 자동제어에 이용

37

증기 발생을 위해 쓰인 열량과 보일러에 공급된 열량(입열량)과의 비를 무엇이라고 하는가?

① 전열면 열부하 ② 보일러 효율
③ 증발계수 ④ 전열면의 증발율

해설 보일러 효율 = $\dfrac{G \times h'' - h'}{Gf \times H\ell} \times 100$

  = $\dfrac{Ge \times 539}{Gf \times H\ell} \times 100$

  = $\dfrac{난방부하}{Gf \times H\ell} \times 100$

  = $\dfrac{G \times c \times \Delta t}{Gf \times H\ell} \times 100$

  = 연소효율 × 전열효율 × 100

38

보일러 열정산 시 입열 항목에 해당되지 않는 것은?

① 방산에 의한 손실열 ② 연료의 연소열
③ 연료의 현열 ④ 공기의 현열

해설
- 입열항목
  ① 연료의 연소열 ② 연료의 현열
  ③ 급수의 현열 ④ 공기의 현열
  ⑤ 노내분입증기 보유열
- 출열항목
  ① 배기가스 손실열(손실열중 가장 크다)
  ② 불완전 연소에 의한 손실열
  ③ 미연분에 의한 손실열
  ④ 방사에 의한 손실열
  ⑤ 발생증기 보유열(이용이 가능한 열)

39

오리피스 유량계의 교축기구 바로 직전과 직후에 차압을 추출하는 방식의 탭으로서 정압분포가 편중되어도 환상실에 의하여 평균된 차압을 추출할 수 있는 것은?

① 베나탭 ② 코너탭
③ 니플탭 ④ 플랜지탭

해설 평균차압을 추출할 수 있는 방법
  ① 코너탭 : 조리개의 전후에서 압력을 뽑아내는 방식
  ② 플랜지탭 : 조리개의 전후에 ±25.4mm의 거리에서 뽑아내는 방식

37. ② 38. ① 39. ②

③ 베너탭 : 하류측을 흐르는 단면적이 최소로 되는 축류위치(D0.3~D0.7)에서 차압을 뽑아내는 형식

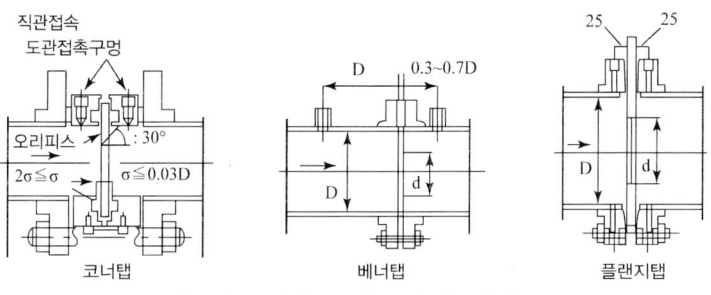

〈오리피스에서 차압을 뽑아내는 방식〉

40
어떠한 조건이 충족되지 않으면 다음 동작을 저지하는 제어방법은?
① 인터록 제어
② 피드백 제어
③ 자동연소 제어
④ 시퀀스 제어

 인터록제어 : 구비조건이 맞지 않을 때 그 조건이 충족될 때 까지 다음단계를 정지시키는 것
· 종류 : ① 저수위 인터록
② 저연소 인터록
③ 불착화 인터록
④ 압력초과 인터록
⑤ 프리퍼지 인터록

제3과목 : 열설비구조 및 시공

41
검사대상기기의 설치자의 변경신고 사항으로 옳은 것은?
① 기존 설치자가 15일 이내에 신고
② 기존 설치자가 30일 이내에 신고
③ 새로운 설치자가 15일 이내에 신고
④ 새로운 설치자가 30일 이내에 신고

변경신고, 중지신고, 폐기신고 : 15일 이내

42
20℃ 상온에서 재료의 열전도율(kcal/mh℃)이 큰 순서대로 나열된 것으로 옳은 것은?
① 구리-알루미늄-철-물-고무
② 구리-알루미늄-철-고무-물
③ 알루미늄-구리-철-물-고무
④ 알루미늄-철-구리-고무-물

정답 40. ① 41. ③ 42. ①

해설 열전도율 순서

은 > 구리 > 금 > 알루미늄 > 마그네슘 > 아연 > 니켈 > 철 > 납
　　　332　　　　175　　　　　　　　　　　　　　　　　41
물 : 0.51　　고무 : 0.137kcal/mh°C

43

유리용융용 탱크가마의 구성요소 중 브릿지 벽(Bridge Wall)의 역할은?

① 2차 공기를 취입한다.
② 청진(淸塵)된 유리액을 내보낸다.
③ 연소가스(Gas)가 조업부로 넘어가는 것을 막아준다.
④ 미청진(未淸塵) 유리액이 조업부로 넘어가는 것을 막아준다.

해설 브릿지 벽(bridge wall)의 역할 : 미청진(부유물) 유리액이 조업부로 넘어가는 것 방지

44

동관의 경납 용접 시의 특징을 설명한 것으로 틀린 것은?

① 용접온도는 200~300°C 정도이다.
② 용접재는 인동납이나 은납이 사용된다.
③ 연납 용접보다 이음부의 강도가 높다.
④ 연납 용접보다 사용압력이 높은 곳에 적용한다.

해설 경납용접시 특징
① 용접온도 700~850°C 이다.
② 용접재 : ㉠ 은납(주성분 : 은 + 구리 + 아연)
　　　　　㉡ 황동납(주성분 : 구리 + 아연)
　　　　　㉢ 인동납
③ 연납용접보다 사용압력이 높은 곳에 사용
④ 연납용접보다 이음부의 강도가 높다.

45

태양에너지이용 기술재료 중 에너지 교환재료가 아닌 것은?

① 집열재료　　　　　　　　　　② 열매(熱媒) 재료
③ 반사재료　　　　　　　　　　④ 투과재료

해설 에너지 교환재료
① 투과재료　② 반사재료　③ 집열재료

46 LD 전로법을 평로법에 비교한 것으로 틀린 것은?
① 평로법보다 생산 능률이 높다.
② 평로법보다 공장 건설비가 싸다.
③ 평로법보다 작업비, 관리비가 싸다.
④ 평로법보다 고철의 배합량이 많다.

해설 LD전로법
① 평로법보다 생산능률이 높다.
② 평로법보다 공장 건설비가 싸다.
③ 평로법보다 작업비, 관리비가 싸다.
④ 평로법보다 고철의 배합량이 적다.

47 열전도율이 0.8kcal/mh°C인 콘크리트벽의 안쪽과 바깥쪽의 온도가 각각 25°C와 20°C이다. 벽의 두께가 5cm일 때 $1m^2$당 매시간 전달되어 나가는 열량은 약 몇 kcal인가?
① 0.8　　② 8　　③ 80　　④ 800

해설 $Q = \dfrac{\lambda A \triangle t}{d} = \dfrac{0.8 \times 1 \times (25-20)}{0.05} = 80\,\text{kcal/h}$

48 보일러 보급수 펌프의 양수량이 500L/min, 양정이 100m, 펌프효율 45%, 안전율 5%일 때 펌프의 축동력(kW)은 약 얼마인가?
① 19.0　　② 20.9　　③ 22.7　　④ 25.1

해설 축동력(kW) = $\dfrac{\gamma \times Q \times H}{102 \times E} = \dfrac{\gamma \times Q \times H}{102 \times E \times 60} = \dfrac{1000 \times 0.5 \times 100}{102 \times 0.45 \times 60} = 18.15\,\text{kW}$

$= \dfrac{\gamma \times Q \times H}{102 \times E \times 3600}$

49 보일러에 진동이 있거나 충격이 가하여져도 안전하게 작동하는 안전밸브는?
① 추식 안전밸브
② 레버식 안전밸브
③ 지레식 안전밸브
④ 스프링식 안전밸브

50

검사대상기기인 보일러의 계속사용검사 중 운전성능검사의 유효기간은?

① 6개월　　② 1년
③ 2년　　④ 3년

 계속사용검사 [안전검사 / 성능검사] 1년 (보일러)
· 설치검사 ┌ 1년(보일러)
　　　　　└ 압력용기 및 철금속 가열로 : 2년
· 개조검사 ┌ 1년(보일러)
　　　　　└ 압력용기 및 철금속 가열로 : 2년

51

가로열의 내벽온도를 1,200℃, 외벽온도를 200℃로 유지하고 매시간당 1m²에 대한 열손실을 400kcal로 설계할 때 필요한 노벽의 두께(cm)는 약 얼마인가? (단, 노벽 재료의 열전도율은 0.1kcal/m·h·℃이다.)

① 10　　② 15　　③ 20　　④ 25

 $t = \dfrac{\lambda \triangle t}{Q} = \dfrac{0.1 \times (1200 - 200)}{400}$
$= 0.25\text{m} \times 100\text{cm}/1\text{cm} = 25\text{cm}$

52

내화재의 스폴링(spalling)에 대한 설명 중 맞는 것은?

① 온도의 급격한 변화로 인하여 균열이 생기는 현상
② 내화재료의 자기 변태점
③ 내화재료 표면에 헤어 크랙(Hair Crack)이 생기는 현상
④ 어떤 면을 경계로 하여 대칭이 되는 것

스폴링현상(박락현상) : 온도의 급격한 변화로 인하여 균열이 생기는 현상

53

내열범위가 –260~260℃ 정도이고 탄성이 부족하고 기름에 침해되지 않는 패킹제는?

① 오일 실 패킹　　② 합성수지 패킹
③ 네오프렌　　④ 석면 조인트 시트

플랜지패킹
① 고무패킹 : ㉠ 네오플랜의 합성고무는 내열범위가 –46~121℃로 증기배관에도 사용
② 석면조인트시트 : ㉠ 광물질의 미세한 섬유로 450℃의 고온배관에도 사용
③ 합성수지패킹 : ㉠ 가장 우수한 것으로 테프론이 있으며 내열범위는 –260~260℃이다.
④ 오일시일패킹 : ㉠ 힌지를 내유가공한 것으로 펌프나 기어박스에 사용

50. ②　51. ④　52. ①　53. ②

⑤ 나사용 패킹
　㉠ 액상합성수지 : 내열범위가 -30~130[°C] 약품에 강하고 내유성이 강해 증기, 기름, 약품 배관에 사용
　㉡ 일산화연 : 페인트에 소량의 일산화연을 혼합사용, 냉매배관 등에 사용
⑥ 글랜드패킹
　㉠ 아마존패킹 : 면포와 내열고무 콤파운드를 가공성형, 압축기용 그랜드에 사용
　㉡ 모울드 패킹 : 석면, 흑연, 수지를 배합성형, 밸브, 펌프 등에 사용
　㉢ 석면각형 패킹 : 석면을 각형으로 짜서 만든 것으로 내열, 내산성이 좋아 대형밸브 그랜드에 사용
　㉣ 석면얀 : 석면을 꼬아서 만든 것으로 소형밸브, 수면계 콕 등에 사용

54

에너지이용 합리화법에서의 검사대상기기 계속사용검사에 관한 내용으로 틀린 것은?

① 계속사용검사신청서는 유효기간 만료 10일 전까지 제출하여야 한다.
② 유효기간 만료일이 9월 1일 이후인 경우에는 5개월 이내에서 계속사용검사를 연기할 수 있다.
③ 검사대상기기 검사연기신청서는 공단 이사장에게 제출하여야 한다.
④ 계속사용검사신청서에는 해당 검사기기의 설치검사증 사본을 첨부하여야 한다.

해설 검사유효기간 만료일이 9월 1일 이후인 경우 4개월 이내에서 계속사용검사를 연기할 수 있다.

55

검사대상기기조종자의 선임기준에 관한 설명으로 틀린 것은?

① 1구역마다 1인 이상을 선임하여야 한다.
② 에너지관리기사 자격증 소지자는 모든 검사대상기기 조종자로 선임될 수 있다.
③ 압력용기의 경우 한 시야로 볼 수 있는 범위마다 2인 이상의 조종자를 선임하여야 한다.
④ 중앙통제·조종설비를 갖춘 경우는 1인이 통제·조종할 수 있는 범위마다 1인 이상을 선임하여야 한다.

해설 압력용기의 경우에는 검사대상기기조종자 1인이 관리할 수 있는 범위로 한다.
[법규 변경] 조종자 → 관리자

56

보온재 중 무기질의 보온재가 아닌 것은?

① 석면　　　　　　　　　② 탄산마그네슘
③ 규조토　　　　　　　　④ 펠트

정답 54. ② 55. ③ 56. ④

해설 무기질 보온재
① 탄산 마그네슘 : ㉠ 250℃ 이하
㉡ 염기성탄산마그네슘 85% + 석면 15%
② 그라스울 : 300℃ 이하
③ 석면 : 400℃ 이하
④ 규조토 : 500℃ 이하
⑤ 암면 : 600℃ 이하
⑥ 규산칼슘, 펄라이트 : 650℃ 이하
⑦ 실리카화이버 : 1100℃ 이하
⑧ 세라믹화이버 : 1300℃ 이하

57 급수처리에 연관되는 설명으로 틀린 것은?
① 보일러는 연수보다는 경수가 좋다.
② 수질이 불량하면 각종 용기나 배관계에 관석이 발생한다.
③ 수질이 불량하면 보일러 수명과 열효율에 영향을 줄 수 있다.
④ 관류보일러는 반드시 급수처리를 하여 수질이 좋아야 한다.

해설 경수보다 연수가 좋다 ─ 급수의 pH : 7~9
                            └ 관수의 pH : 10.5~11.8

58 다음 오일버너 중 유량 조절범위가 가장 큰 것은?
① 유압식   ② 회전식   ③ 저압 기류식   ④ 고압 기류식

해설 유량조절범위
① 유압식 : ㉠ 논리턴식 1 : 1.5, 40~90°, 5~20 kg/cm²
           ㉡ 리턴식 :   1 : 3, 40~80°, 0.3 kg/cm²
② 회전식 : ㉠ 1 : 5   30°   2~7 kg/cm²
③ 고압기류식 : ㉠ 1 : 10
④ 저압기류식 : ㉠ 1 : 5   30~60°

59 다음 중 관류보일러에 해당되는 것은?
① 슐처 보일러   ② 레플러 보일러
③ 열매체 보일러   ④ 슈미드-하트만 보일러

해설 관류보일러의 종류
① 슐처   ② 옛모스   ③ 벤슨   ④ 람진

57. ①   58. ④   59. ①

60 스코치(Scotch) 보일러에서 화실 천장판의 강도보강에 사용되는 스테이(Stay)의 종류는?
① 볼트 스테이(Bot Stay)
② 튜브 스테이(Tube Stay)
③ 거셋 스테이(Gusset Stay)
④ 가이드 스테이(Guide Stay)

 스테이(버팀) : 강도가 약한 부분의 강도보강을 위하여 사용되는 이음부분

종류	사용 장소(목적)
관 스테이	연관의 경판 선단 부위에 관을 확관 마찰이나 마모에 견디게 한다.
바아 스테이	경판, 화실, 천정판의 강도 보강용
보울트 스테이	평행판의 강도보강(횡연관 보일러)
가셋트 스테이	경판의 동판의 강도보강(노통 보일러)
도리 스테이	화실 천정판의 강도보강(기관차 보일러)
도그 스테이	맨홀, 청소의 밀봉용

〈관 스테이〉

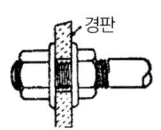
〈바 스테이〉

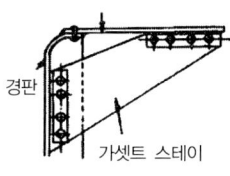
〈가셋트 스테이〉

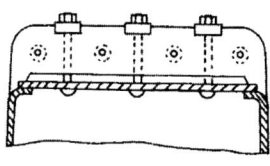
〈도리 스테이〉

제4과목 : 열설비 취급 및 안전관리

61 보일러가 과열되는 경우와 가장 거리가 먼 것은?
① 보일러 수가 농축되었을 때
② 보일러 수의 순환이 빠를 때
③ 보일러의 수위가 너무 저하되었을 때
④ 전열면에 관석(Scale)이 부착되었을 때

 보일러가 과열되는 원인
　① 관수농축시
　② 저수위시
　③ 전열면에 스케일(관석)부착 시
　④ 관수순환이 느릴 때

62 다음 증기난방법 중에서 응축수 환수법이 아닌 것은?
① 중력환수식
② 건식환수관식
③ 기계환수식
④ 진공환수식

> **해설** 응축수환수방법 : ㉠ 중력환수식 ㉡ 기계환수식 ㉢ 진공환수식
> 증기공급방식에 의한 분류 : ㉠ 상향식 ㉡ 하향식
> 배관방식에 따른 분류 : ㉠ 단관식 ㉡ 복관식

63 화학 세관에서 사용하는 유기산에 해당되지 않는 것은?
① 인산
② 초산
③ 구연산
④ 포름알데히드

> **해설** 유기산 : ① 구연산 ② 하트록산 ③ 옥살산 ④ 설파민산 ⑤ 초산 ⑥ 포름알데히드
> 무기산 : ① 인산 ② 염산 ③ 황산 ④ 질산

64 산업재해 발생의 원인으로 볼 수 없는 것은?
① 과실
② 숙련 부족
③ 장기근속
④ 신체적인 결함

65 제3자로부터 위탁받아 에너지사용시설의 에너지절약을 위한 관리·용역과 에너지절약형 시설투자에 관한 사업을 하는 기업은?
① 에너지관리공단
② 수요관리전문기관
③ 에너지절약전문기업
④ 에너지관리진단기업

66 보일러를 건조보존 방법으로 보존할 때의 설명으로 틀린 것은?
① 모든 뚜껑, 밸브, 콕 등은 전부 개방하여 둔다.
② 습기를 제거하기 위하여 생석회를 보일러 안에 둔다.
③ 연도는 습기가 없게 항상 건조한 상태가 되도록 한다.
④ 보일러 수를 전부 빼고 스케일 제거 후 보일러 내에 열풍을 통과시켜 완전 건조시킨다.

> **해설** 모든 뚜껑, 밸브, 콕 등은 전부 밀폐하여 둔다.

62. ② 63. ① 64. ③ 65. ③ 66. ①

67 보일러 급수에 포함되는 불순물 중 경질 스케일을 만드는 물질은?
① 황산칼슘(CaSO₄)　　② 탄산칼슘(CaCO₃)
③ 탄산마그네슘(MgCO₃)　　④ 수산화칼슘(Ca(OH)₂)

해설　・경질스케일을 만드는 물질
　　　　① 황산칼슘　② 규산칼슘　③ 황산마그네슘　④ 실리카
　　・연질스케일을 만드는 물질
　　　　① 탄산칼슘　② 탄산마그네슘　③ 산화철

68 에너지이용 합리화법에 의한 검사대상기기의 검사에 관한 설명으로 틀린 것은?
① 검사대상기기를 개조하는 경우에는 시·도지사의 검사를 받아야 한다.
② 검사대상기기는 유효기간 만료일 전에 검사신청을 하여야 한다.
③ 검사대상기기의 설치장소를 변경한 경우에는 시·도지사의 검사를 받아야 한다.
④ 검사대상기기를 설치하는 경우에는 설치계획을 산업통상자원부장관의 검사를 받아야 한다.

해설　검사대상기기를 설치하는 경우에는 설치계획을 에너지관리공단 이사장에게 제출

69 보일러를 사용하지 않고 장기간 보존할 경우 가장 적합한 보존법은?
① 만수 보존법　　② 건조 보존법
③ 밀폐 만수 보존법　　④ 청관제 만수 보존법

해설　보일러 보존법
　　① 건조보존법(장기보존) : 6개월 이상
　　　　흡습제 : CaCl₂, CaO, SiO₂, Al₂O₃
　　② 만수보존법(단기보존) : 2~3개월
　　　　첨가약품 : 가성소다, 아황산소다, 탄산소다
　　③ 질소봉입법 : ㉠ 순도 99.5% 이상　㉡ 압력 0.6kg/cm²(0.06MPa)

70 증기사용 중 유의사항에 해당되지 않는 것은?
① 수면계 수위가 항상 상용수위가 되도록 한다.
② 과잉공기를 많게 하여 완전연소가 되도록 한다.
③ 배기가스 온도가 갑자기 올라가는지를 확인한다.
④ 일정압력을 유지할 수 있도록 연소량을 가감한다.

해설　과잉공기를 적게 하여 완전연소가 되도록 한다.

71 보일러 내 스케일(Scale) 부착 방지대책으로 잘못된 것은?
① 청관제를 적절히 사용한다.
② 급수 처리된 용수를 사용한다.
③ 관수 분출 작업을 적절히 행한다.
④ 응축수를 보일러 급수로 재사용치 않는다.

해설 응축수를 보일러급수로 재사용한다.

72 실외와 접촉하는 북향의 벽체의 면적이 40m²이고, 실외온도는 -10°C, 실내온도는 24°C일 때 난방부하는 약 몇 kcal/h인가? (단, 방위계수는 1.15, 열관류율은 0.47 kcal/m²h°C이다.)
① 628.1   ② 735.1   ③ 745.4   ④ 828.3

해설 $Q = K \cdot A \cdot \Delta t \cdot Z$
$= 0.47 \times 40 \times (24-(-10)) \times 1.15 = 735.08$ kcal/h

73 에너지이용 합리화법상 국내외 에너지 사정의 변동으로 에너지 수급에 중대한 차질이 발생하거나 발생할 우려가 있다고 인정될 경우, 에너지 수급의 안정을 위한 조치사항에 해당되지 않는 것은?
① 에너지의 배급
② 에너지의 비축과 저장
③ 에너지 판매시설의 확충
④ 에너지사용기자재의 사용 제한

해설 수급안정을 위한 조치
① 에너지 배급
② 에너지의 비축과 저장
③ 에너지의 양도, 양수의 제한 또는 금지
④ 에너지공급설비의 가동 및 조업
⑤ 에너지의 유통시설과 그 사용 및 유통경로
⑥ 에너지의 도입, 수출입 및 위탁가공
⑦ 에너지공급지 상호간의 에너지 교환 또는 분배사용

74 에너지 사용의 제한 또는 금지에 관한 조정·명령, 그 밖에 필요한 조치를 위반한 자에 대한 벌칙은?
① 3백만원 이하의 벌금
② 1천만원 이하의 벌금
③ 3백만원 이하의 과태료
④ 1천만원 이하의 과태료

71. ④ 72. ② 73. ③ 74. ③

75 연간 에너지 사용량이 대통령령으로 정하는 기준량 이상이면 누구에게 신고하여야 하는가?
① 시·도지사
② 산업통상자원부장관
③ 한국난방시공협회장
④ 에너지관리공단 이사장

해설 시도지사에게 매년 1월 31일까지 신고

76 포밍과 프라이밍이 발생했을 때 나타나는 현상이 아닌 것은?
① 캐리오버 현상이 발생한다.
② 수격작용이 발생할 수 있다.
③ 수면계의 수위 확인이 곤란하다.
④ 수위가 급히 올라가고 고수위 사고의 위험이 있다.

해설 프라이밍, 포밍발생시 나타나는 현상
① 수면계 수위 확인 곤란
② 수격작용 발생
③ 캐리오버현상 발생
④ 배관부식 발생
⑤ 증기열량 감소

77 증기난방의 응축수 환수방법 중 증기의 순환이 가장 빠른 것은?
① 기계환수식
② 진공환수식
③ 단관식 중력환수식
④ 복관식 중력환수식

해설 진공환수식의 특징
① 증기의 순환이 가장 빠르다
② 방열기 방열량 조절을 광범위하게 할 수 있다.
③ 환수관의 지름을 작게할 수 있다.
④ 방열기 설치장소에 제한을 받지 않는다.

78 보일러 점화하기 전에 역화와 폭발을 방지하기 위하여 다음 중 가장 먼저 취해야 할 조치는?
① 포스트퍼지를 실시한다.
② 화력의 상승속도를 빠르게 한다.
③ 댐퍼를 열고 체류가스를 배출시킨다.
④ 연료의 점화가 빨리 그리고 신속하게 전파되도록 한다.

정답 75. ① 76. ④ 77. ② 78. ③

79

연료의 연소 시 고온부식의 주된 원인이 되는 성분은?

① 황　　　② 질소　　　③ 탄소　　　④ 바나듐

- 고온부식의 원인 : 바나듐, 오산화바나듐
- 저온부식의 원인 : 황, 아황산가스, 무수황산, 황산

80

보일러 내에 스케일이 다량으로 생성되었을 때의 장해에 해당되지 않는 것은?

① 연료손실이 크고 효율이 나빠진다.
② 수관이 과열되고 팽출과 파열이 발생할 수 있다.
③ 국부적인 과열이 발생하고 전열효율이 나빠진다.
④ 보일러 연소가스의 통풍저항이 증가한다.

스케일의 장해
① 열전도율 감소
② 증기효율 감소
③ 관수순환불량
④ 통수공차단
⑤ 수관이 과열되고 팽출발생

2015년 제1회 에너지관리산업기사 출제문제

제1과목 : 열역학 및 연소관리

01 교축과정(throttling process)을 거친 기체는 다음 중 어느 양이 일정하게 유지되는가?
① 압력
② 엔탈피
③ 체적
④ 엔트로피

해설
- 단열팽창(교축과정) : 등엔탈피과정
- 단열압축 : 등엔트로피과정

02 축소 노즐에서 가역 단열팽창할 때 일어나는 현상은?
① 압력 감소
② 엔트로피 감소
③ 온도 증가
④ 엔탈피 증가

해설 축소 노즐에서 가역 단열팽창시 일어나는 현상
① 압력감소 ② 엔트로피 증가
③ 온도감소 ④ 엔탈피 감소

03 상태량이 아닌 것은?
① U(내부 에너지)
② H(엔탈피)
③ Q(열)
④ G(깁스 자유에너지)

해설 상태함수 : 상태량이라 하며 계의 상태에 이르는 과정과 경로에 무관한 물성치
- 용량성 상태함수
  ① 내부량 ② 엔탈피 ③ 깁스자유에너지 ④ 체적 ⑤ 엔트로피 ⑥ 전기저항
- 강도성 상태함수
  ① 온도 ② 압력 ③ 점도 ④ 전압
- 비상태함수 : 상태가 변할 때 과정과 경로에 따라 그 변화량이 변화하는 변수, 일량, 열량

정답 1. ② 2. ① 3. ③

04

압축비에 대한 설명으로 틀린 것은?

① 오토사이클의 효율은 압축비의 함수이다.
② 압축비가 감소하면 일반적으로 오토사이클의 효율은 증가한다.
③ 디젤사이클의 효율은 압축비와 차단비(cut-off ratio)의 함수이다.
④ 동일한 압축비에서는 디젤 사이클의 효율이 오토사이클의 효율보다 낮다.

 압축비가 감소하면 일반적으로 오토사이클의 효율이 감소

$$n = 1 - \left(\frac{1}{\epsilon}\right)^{k-1}$$

05

이상기체의 온도가 T_1에서 T_2로 변하고 압력이 P_1에서 P_2로 변하였다. 이 때 비체적은 V_1에서 V_2로 변하였다고 하면, 엔트로피의 변화는 어떻게 표시되는가? (단, C_v는 정적비열, C_p는 정압비열이며, R은 기체상수다.)

① $\Delta s = C_p \ln \dfrac{T_2}{T_1} + R \ln \dfrac{P_2}{P_1}$

② $\Delta s = C_v \ln \dfrac{T_2}{T_1} - R \ln \dfrac{v_2}{v_1}$

③ $\Delta s = C_p \ln \dfrac{T_2}{T_1}$

④ $\Delta s = C_v \ln \dfrac{P_2}{P_1} + C_p \ln \dfrac{v_2}{v_1}$

06

탱크 내에 900kPa의 공기 20kg이 충전되어 있다. 공기 1kg을 뺄 때 탱크 내 공기온도가 일정하다면 탱크 내 공기압력은?

① 655kPa
② 755kPa
③ 855kPa
④ 900kPa

 20 kg = 900 KPa
1kg = x $x = \dfrac{1\text{kg} \times 900\text{KPa}}{20\text{kg}} = 45$ KPa

∴ 900 KPa − 45 KPa = 855 KPa

07

기체 동력 사이클과 관계가 없는 것은?

① 증기원동소
② 가스터빈
③ 디젤기관
④ 불꽃점화 자동차기관

 기체 동력 사이클
① 디젤기관　② 가스터빈　③ 불꽃점화자동차기관

08 그림과 같은 관로에 펌프를 설치하여 계속 가동시키면 관로를 움직이는 유체의 온도는 어떻게 변하는가? (단, 관로에 외부로부터 열 출입은 없는 것으로 가정한다.)

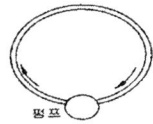

① 온도가 일단 낮아진 후 원래의 온도로 된다.
② 상승한다.
③ 하강한다.
④ 변화가 없다.

 관로에 외부로부터 열출입이 없어도 관로를 움직이는 유체의 마찰에 의하여 유체의 온도는 상승

09 카르노 열기관의 효율(η)을 열역학적 온도(θ)로 표시한 것은? (단, $\theta_1 > \theta_2$)

① $\eta = 1 - \dfrac{\theta_2}{\theta_1}$
② $\eta = \dfrac{\theta_2 - \theta_1}{\theta_2}$
③ $\eta = \dfrac{\theta_1 - \theta_2}{\theta_2}$
④ $\eta = \dfrac{\theta_1}{\theta_2}$

10 표준대기압 상태에서 진공도 90%에 해당하는 압력은?

① 0.92988ata
② 0.10332ata
③ 684mmHg
④ 1.013bar

해설 1.0332atm × 0.1 = 0.10332atm

11 섭씨와 화씨의 온도 눈금이 같은 경우는 몇 도인가?

① 20°C
② 0°C
③ −20°C
④ −40°C

해설 °C = $\dfrac{5}{9}$(°F−32) = $\dfrac{5}{9}$(−40−32) = −40°C

°F = $\dfrac{9}{5}$ × −40 +32 = −40°F

12

압력 400kPa, 체적 2m³인 공기가 가역 단열 팽창하여 100kPa로 되었다. 이 때 외부에 대한 절대 일(absolute work)은 얼마인가? (단, 공기의 비열비는 1.4이다.)

① 262kJ ② 600kJ
③ 655kJ ④ 832kJ

해설 $w = \dfrac{P_1 V_1}{k-1}\left[1-\left(\dfrac{P_2}{P_1}\right)^{\frac{k-1}{k}}\right] = \dfrac{400 \times 2}{1.4-1}\left[1-\left(\dfrac{100}{400}\right)^{\frac{1.4-1}{1.4}}\right] = 654.1\,\text{KJ}$

13

댐퍼에서 형상에 따른 분류가 아닌 것은?

① 터보형 댐퍼 ② 버터플라이 댐퍼
③ 시로코형 댐퍼 ④ 스폴리트 댐퍼

해설 댐퍼의 형상에 따른 분류
① 스폴리티댐퍼 ② 버터플라이댐퍼 ③ 시로코형댐터

14

어떤 이상기체를 가역단열과정으로 압축하여 압력이 P_1에서 P_2로 변하였다. 압축 후의 온도를 구하는 식은? (단, 1은 초기상태, 2는 최종상태, k는 비열비를 나타낸다.)

① $T_2 = T_1\left(\dfrac{P_2}{P_1}\right)^{\frac{k-1}{k}}$ ② $T_2 = T_1\left(\dfrac{P_2}{P_1}\right)^{\frac{1-k}{k}}$

③ $T_2 = T_1\left(\dfrac{P_2}{P_1}\right)^{\frac{k}{k-1}}$ ④ $T_2 = T_1\left(\dfrac{P_2}{P_1}\right)^{\frac{k}{1-k}}$

해설 압축후의 온도(T_2)=$\left(\dfrac{P_2}{P_1}\right)^{\frac{k-1}{k}} \times T_1$

15

단열처리된 밀폐용기 내에 물이 0.09m³ 채워져 있을 때 800℃의 철 3kg을 넣어 평형온도가 20℃로 되었다면 이 때 물의 온도 상승은 약 얼마인가? (단, 철의 비열은 0.46kJ/kg·℃이며, 물의 비열은 4.2kJ/kg·℃이다.)

① 2.85℃ ② 19.61℃
③ 27.65℃ ④ 47.36℃

해설
- 잃은열량(Q_1)=$0.09 \times 1000 \times 4.2 \times (20-tm)$
- 얻은열량(Q_2)=$3 \times 0.46 \times (800-20)$

$Q_1 = Q_2$

∴ 0.09 × 1000 × 4.2 × (20–t_m) = 3 × 0.46 × (800–20)

7560–378t_m = 1076.4

∴ 20–17.15 = 2.85°C ∴ $t_m = \dfrac{7560 - 1076.4}{378}$ = 17.15°C

16 어떠한 계의 초기상태를 i, 최종상태를 f, 중간경로를 p라 할 때 이 계에 의해 행해진 일은?

① i와 f에만 관계가 있다.
② i와 p에만 관계가 있다.
③ f와 p에만 관계가 있다.
④ i와 f와 p 모두와 관계가 있다.

17 중유 5kg을 완전 연소시켰을 때 총 저위발열량은? (단, 중유의 고위발열량은 41860 kJ/kg이고, 중유 1kg 속에는 수소 0.2kg, 수분 0.1kg이 함유되어 있다.)

① 185.4MJ
② 172.1MJ
③ 165.2MJ
④ 161.3MJ

해설 Hl = Hh–600(9H+W) = 41860 – 600 × 4.186(9×0.2+0.1) = 37088 KJ/kg

∴ 총저위발열량 = 37088×5× $\dfrac{1}{1000}$ = 185.4 MJ

18 이상기체 0.5kg을 압력이 일정한 과정으로 50°C에서 150°C로 가열할 때 필요한 열량은? (단, 이 기체의 정적비열은 3kJ/kg·K, 정압비열은? 5kJ/kg·K이다)

① 150kJ
② 250kJ
③ 400kJ
④ 550kJ

해설 $Q = G \cdot C \cdot \Delta t = 5 \times 0.5 \times (150 - 50) = 250 KJ$

19 황의 연소 반응식이 S + O_2 → SO_2일 때, 이론 공기량은?

① 1.88Nm³/kg
② 2.38Nm³/kg
③ 2.88Nm³/kg
④ 3.33Nm³/kg

해설 S   + O_2 → SO_2
32 kg   32 kg   64 kg
22.4Nm³ 22.4 Nm³   22.4 Nm³

∴ 32 kg = 22.4 Nm³

$$1\text{kg} = x$$

$$x = \frac{1\,\text{kg} \times 22.4\,\text{Nm}^3}{32\,\text{kg}} = 0.7\,\text{Nm}^3$$

$$\therefore Ao = \frac{O_o}{0.21} = \frac{0.7}{0.21} = 3.33\,\text{Nm}^3/\text{kg}$$

20

공기보다 비중이 커서 누설이 되면 낮은 곳에 고여 인화폭발의 원인이 되는 가스는?

① 수소
② 메탄
③ 일산화탄소
④ 프로판

해설
① 수소(H_2) : 2g ÷ 29g = 0.0689
② 메탄(CH_4) : 16g ÷ 29g = 0.5
③ 일산화탄소(CO) : 28g ÷ 29g = 0.965
④ 프로판(C_3H_8) : 44g ÷ 29g = 1.52
1보다 작으면 공기보다 가볍고 1보다 크면 공기보다 무겁다.

제2과목 : 계측 및 에너지 진단

21

방사온도계에 대한 설명으로 틀린 것은?

① 방사율에 의한 보정량이 적다.
② 계기에 따라 거리계수가 정해지므로 측정거리에 제한이 있다.
③ 측온체와의 사이에 있는 수증기, CO_2등의 영향을 받는다.
④ 물체표면에서 방출하는 방사열을 이용하여 온도를 측정한다.

해설
방사온도계 : 물체온도가 올라가면 복사 에너지가 높아진다. 이를 이용하여 온도를 측정하는 것으로 비교적 높은 온도와 온도측정을 하는데 이러한 복사 에너지는 절대온도의 4제곱에 비례한다.

즉, 복사에너지 $E = \epsilon_1 \cdot a \cdot T_4$

$= 4.88 \times \epsilon \times \left(\dfrac{T}{100}\right)^4 [\text{kcal/m}^2\text{h}]$

이는 스테판볼츠만의 법칙을 적용한다.

E : 복사 에너지 열량
ϵ : 전방사율
a : 비례상수
T : 절대온도

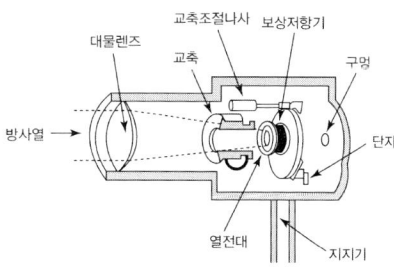

〈방사온도계의 구조〉

20. ④ 21. ①

① 특징
　㉠ 측정지연시간이 적다.
　㉡ 자동제어 및 기록이 가능하다.
　㉢ 이동하는 물체의 표면을 고온측정한다.
　㉣ 방사율에 의한 보정량이 크고 정밀한 정도가 어렵다.
　㉤ 측정거리의 영향을 받는다.

22
열정산 시 연료의 입열량에 가장 큰 영향을 미치는 물질은?
① 물과 질소
② 탄소와 수소
③ 수소와 산소
④ 질소와 수소

23
배기가스 분석방법 중 현저히 낮은 열전도율을 이용한 가스 분석계는?
① 미연가스계
② 적외선식 가스분석계
③ 전기식 CO_2계
④ 가스 크로마토그래피

해설 전기식 CO_2계 : 현저히 낮은 열전도율을 이용한 가스분석계

참고 (1) 가스크로마토그래피
　① 캐리어가스 : H_2, He, N_2, Ar
　② 부품 및 성분 : 컬럼(분리관), 기록계, 압력계, 항온조, 유량조절기, 가스샘플
　③ 충진제 : 활성탄, 실리카겔, 소바비드, 뮬레큘러시브
　④ 분리가 잘 안될 때 : 시료주입구 온도 높인다.

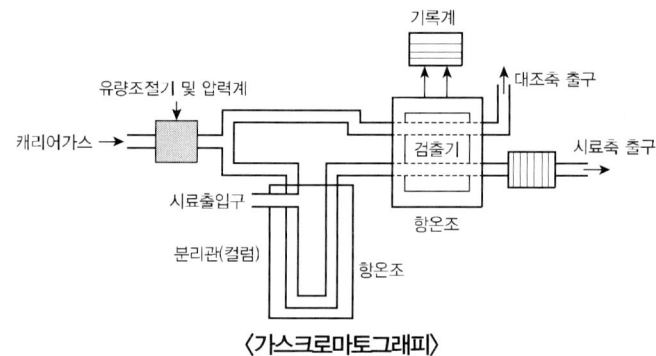
〈가스크로마토그래피〉

　⑤ 종류
　　㉮ FID(수소이온화검출기)
　　　㉠ 전극간의 전기 전도도가 증대하는 것을 이용
　　　㉡ 탄화수소에서 감도가 최고이다.(프로판, 부탄, 프로필렌 등)
　　　㉢ H_2, O_2, CO, CO_2, SO_2 등은 감도가 적다.
　　　㉣ 산소, 질소, 탄산가스, 염소, 아황산가스, 불활성가스(He, Ne, Ar등)나 물에 거의 응답하지 않음

정답 22. ② 23. ③

㉯ TCD(열전도도형검출기)
  ㉠ 금속필라멘트의 저항변화를 이용하는 것
  ㉡ 일반적으로 가장 널리 사용
㉰ ECD(전자포획이온화검출기)
  ㉠ 이온전류가 감소하는 것을 이용
  ㉡ 할로겐 및 산화물에는 감도가 최고이다.
㉱ FPD(염광광도 검출기) : 황화합물이나 인화합물 검출

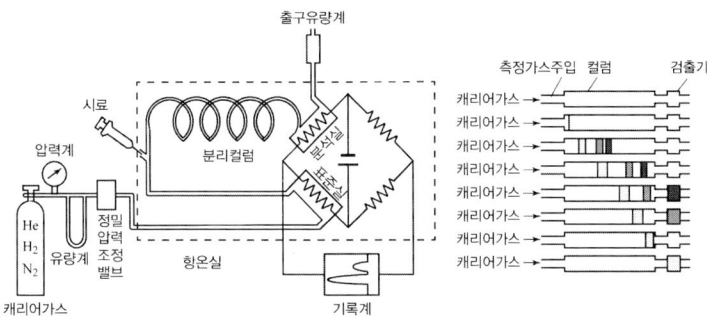

〈가스크로마토그래피〉

(2) 자동화학식 CO_2계 : 오르자트의 원리로 CO_2를 흡수시켜 시료가스용적이 흡수된 CO_2가 감소되는 측정방법으로 피스톤에 의해 자동으로 CO_2의 농도를 지시한다.
※ 특징
① 선택성이 양호하다.
② 연속측정이 가능하나 유리파손에 주의
③ 점검 및 보수가 어렵다.
④ 흡수액 선정으로 O_2도 측정이 가능하다.
  ㉮ 연소식 O_2계 : 반응열이 산소농도에 따라 변화하는 점을 이용한 것으로 H_2의 혼합이 필요하며 촉매로 파라듐이 사용된다.
  ㉯ (CO + H_2계) : 미연 연소계라고도 하며 연소식 O_2계와 반대로 O_2(지연성가스)를 혼합 반응에 의해 H_2, CO의 농도를 측정한다. 촉매로는 백금을 사용한다.

24
배관시공 시 적당한 온도계의 설치 높이는 약 몇 m인가?
① 4.5 ② 3.5 ③ 2.5 ④ 1.5

25
계측기의 구비조건으로 틀린 것은?
① 취급과 보수가 용이해야 한다.
② 견고하고 신뢰성이 높아야 한다.
③ 설치되는 장소의 주위 조건에 대하여 내구성이 있어야 한다.
④ 구조가 복잡하고, 전문가가 아니면 취급할 수 없어야 한다.

해설 계측기의 구비조건
① 구조가 간단하고 취급이 쉬워야 한다.
② 견고하고 신뢰성이 높아야 한다.
③ 보수가 용이해야 한다.
④ 설치되는 장소 주위 조건에 대하여 내구성이 있어야 한다.

26 보일러 수위 검출 및 조절을 위해 사용되는 장치 중 코프식이 적용되는 방식은?
① 전극식   ② 차압식   ③ 열팽창식   ④ 부자(Float)식

해설 수위검출기의 종류
① 부자식(플로우트식)   ② 전극식
③ 자석식   ④ 코우프스식(금속관열팽창이용)

27 계측기의 특성이 시간적 변화가 작은 정도를 나타내는 것은?
① 안정성   ② 신뢰도   ③ 내구성   ④ 내산성

28 자동제어장치에서 입력을 정현파상의 여러 가지 주파수로 진동시켜서 계나 요소의 특성을 알아내는 방법은?
① 주파수 응답   ② 시정수(time constant)
③ 비례동작   ④ 프로그램제어

해설 · 시정수(time constant) : 출력이 최대출력의 63%에 이를 때까지의 시간
· 펄스(Pulse) : 극히 짧은 시간 동안 흐르는 신호용약전류
· 외란 : 제어계를 혼란시키는 외적작용 온도, 압력, 가스공급압
· 비례동작(p동작) : ① 잔류 편차 허용될 때 사용
② 조작량은 제어 편차의 변화속도에 비례한 동작
③ 부하변화가 적은 프로세스에 사용
④ 외란이 있으면 잔류편차 생김

29 비열 0.3kcal/m³℃인 배기가스의 유량 및 온도가 각각 2000m³/h, 210℃이고 외기온도가 −10℃라고 할 때, 이와 같은 배기가스로 인한 손실열량은?
① 125000kcal/h   ② 132000kcal/h
③ 140000kcal/h   ④ 147000kcal/h

해설 $Q = G \cdot C \cdot \Delta t = 2000 \times 0.3 \times (210 - (-10)) = 132000 \text{ kcal/h}$

30

차압식 유량계로 유량을 측정 시 차압이 2500mmH$_2$O일 때 유량이 300m^3/h라면, 차압이 900mmH$_2$O일 때의 유량은?

① 108m^3/h ② 150m^3/h ③ 180m^3/h ④ 200m^3/h

 $Q_1 = \sqrt{P_1}$

$Q_2 = \sqrt{P_2}$ $Q_2 = \dfrac{Q_1 \times \sqrt{P_2}}{\sqrt{P_1}} = \dfrac{300 \times \sqrt{900}}{\sqrt{2500}} = 180\,\text{m}^3/\text{h}$

31

자동제어장치에서 조절계의 입력신호 전송방법에 따른 분류로 가장 거리가 먼 것은?

① 공기식 ② 유압식 ③ 전기식 ④ 수압식

 신호전송방법
① 공기압 신호전송
  ㉠ 사용조작압력은 0.2~1[kg/cm^2]이다.
  ㉡ 신호전달거리가 100~150[m] 정도이다.
  ㉢ 온도제어 등에 적합하고 위험이 적다.
  ㉣ 배관이 용이하고 보존이 쉽다.
  ㉤ 내열성이 우수하나 압축성이므로 신호전달에 지연이 된다.
  ㉥ 희망특성을 살리기 어렵다.
② 유압식 신호전송
  ㉠ 사용유압은 0.2~1[kg/cm^2]이다.
  ㉡ 신호전달거리가 300[m] 정도이다.
  ㉢ 높은 유압이 필요하다.
  ㉣ 인화 위험성이 많다.
③ 전기식 신호전송
  ㉠ 사용전류는 4~30[mA] 또는 10~50[mADC]의 전류를 통일신호로 한다.
  ㉡ 신호전달거리는 0.3~10[km]까지 가능하다.
  ㉢ 신호전달의 지연이 없고 배선이 용이하다.
  ㉣ 대규모 조작력이 필요한 경우에 사용된다.
  ㉤ 높은 기술을 요하며 가격이 비싸다.

32

보일러의 용량 표시방법과 관계가 없는 것은?

① 상당증발량 ② 전열면적
③ 보일러마력 ④ 연료소비량

보일러의 용량표시 방법
① 정격출력 ② 정격용량 ③ 보일러마력
④ 상당증발량 ⑤ 전열면적 ⑥ 상당방열면적

30. ③ 31. ④ 32. ④

33 보일러 열정산 시 보일러 최종 출구에서 측정하는 값은?
① 급수온도
② 예열공기온도
③ 과열증기온도
④ 배기가스온도

해설 배기가스온도 : 전열면 최종출구에서 측정

34 열팽창계수가 서로 다른 박판을 사용하여 온도 변화에 따라 휘어지는 정도를 이용한 온도계는?
① 제겔콘 온도계
② 바이메탈 온도계
③ 알코올 온도계
④ 수은 온도계

해설 바이메탈 온도계 : 열팽창계수가 다른 서로 다른 박판을 사용하여 온도변화에 따라 휘어지는 정도를 이용한 온도계

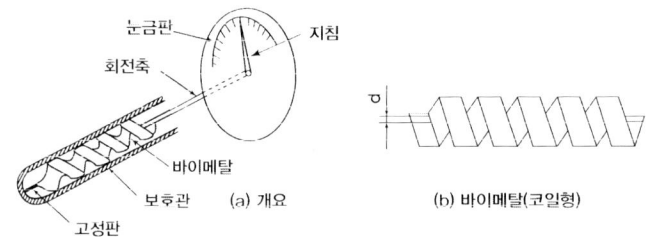

〈바이메탈 온도계〉

특징 : ① 고압기기의 온도 측정용 ② 응답속도가 빠르다.
③ 자동온도기록장치에서 사용 ④ 측정온도범위 −50~500℃ 정도

35 출력이 일정한 값에 도달한 이후의 제어계의 특성을 무엇이라고 하는가?
① 과도특성
② 스텝특성
③ 정상특성
④ 주파수응답

36 보일러의 능력에 대한 표기인 보일러 마력이란 어떤 값인가? (단, 실제증발량 및 상당증발량 단위는 kgf/h이다.)
① 실제증발량/15.65
② 상당증발량/15.65
③ 실제증발량/539
④ 상당증발량/539

정답 33. ④ 34. ② 35. ③ 36. ②

해설 보일러 마력 : 상당증발량이 15.65kg을 증발시킬 수 있는 능력

$$B-HP = \frac{Ge}{15.65} = \frac{G \times (h'' - h')}{15.65 \times 539}$$

37

모세관의 상부에 보조 구부를 설치하고 사용온도에 따라 수은의 양을 조절하여 미세한 온도차를 측정할 수 있는 온도계는?

① 액체팽창식 온도계
② 열전대 온도계
③ 가스압력 온도계
④ 베크만 온도계

해설 베크만온도계 : 측정온도의 사용에 따라 수은 양을 가감할 수 있어 0.01[℃] 정도의 미소온도까지 측정가능하며 실제 온도측정이 불가능하며 열량계로서도 쓰인다. 최고 사용온도는 150[℃] 이내다.

참고 ① 유리 온도계 : 유리관 내에 봉입된 감온체가 온도변화에 따라 팽창수축함에 따라 이동하는 액면의 위치에 의해 온도를 지시한다.

㉮ 수은 온도계
  ㉠ 측정온도 범위가 –35~350[℃] 정도인 것이 보통이지만 불활성가스를 봉입한 것은 650[℃] 까지 측정이 가능
  ㉡ 정도는 ±1[℃]이고 다른 유리온도계에 비해 응답속도가 빠른 편이다.
  ㉢ 비열이 작아 열전도율이 크며 유리제 온도계 중 가장 고온을 측정한다.
  ㉣ 저온에서는 유기액체인 알콜(–100℃), 톨루엔(–100~100℃), 펜탄(–200~30℃) 등이 사용된다.

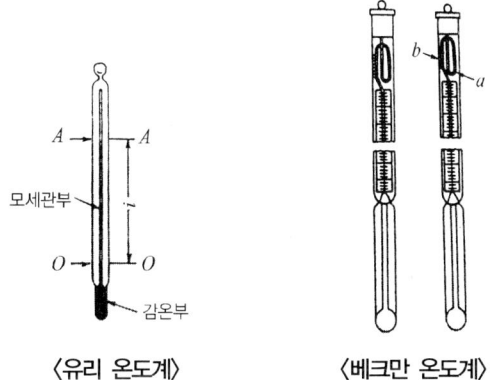

〈유리 온도계〉   〈베크만 온도계〉

㉯ 알콜 온도계 : 측정온도 범위가 –100[℃]까지 측정할 수 있어 저온용으로 적당하다.

38

안지름 10cm인 관에 물이 흐를 때 피토관으로 측정한 유속이 3m/s이면 유량은?

① 13.5kg/s
② 23.5kg/s
③ 33.5kg/s
④ 53.5kg/s

해설 $Q = r \times V \times A = 1000 \text{ kg/m}^3 \times 3 \text{ m/s} \times 0.785 \times 0.1^2 = 23.55 \text{ kg/s}$

37. ④ 38. ②

39 헴펠 분석법에서 가스가 흡수되는 순서로 옳은 것은?

① $CO_2 \rightarrow O_2 \rightarrow CO \rightarrow C_mH_n \rightarrow H_2 \rightarrow CH_4$
② $CO_2 \rightarrow C_mH_n \rightarrow O_2 \rightarrow CO \rightarrow H_2 \rightarrow CH_4$
③ $CO_2 \rightarrow CO \rightarrow O_2 \rightarrow H_2 \rightarrow C_mH_n \rightarrow CH_4$
④ $CO_2 \rightarrow O_2 \rightarrow CO \rightarrow H_2 \rightarrow CH_4 \rightarrow C_mH_n$

해설 헴펠분석법
① CO_2 : KOH30% 수용액
② C_mH_n : 발연황산25%
③ O_2 : 알카리성 피롤카롤 용액
④ CO : 암모니아성 염화제1동용액

40 다음 중 탄성식 압력계로써 가장 높은 압력 측정에 사용되는 것은?

① 다이어프램식　　② 벨로스식
③ 부르동관식　　　④ 링밸런스식

해설 탄성식 압력계
① 브르돈관 압력계(bourdon tube)
　㉠ 고압장치에 가장 많이 사용되는 압력계로 2차 압력계의 대표적이다.
　㉡ 브르돈관의 재질은 저압인 경우에는 황동, 청동, 인청동 등을 사용하며 고압일 때는 니켈강 등 특수강을 사용한다.
　㉢ 암모니아용, 아세틸렌용 압력계에는 Cu 및 Cu 합금의 사용을 금하고 연강재를 사용한다.
　㉣ 산소용 압력계는 '금유' 라는 표시가 되어 있는 전용의 것을 사용한다.
　㉤ 금속의 탄성원리를 이용한 압력계로 상용 압력의 1.5배 이상 2배 이하의 눈금이 있는 것을 사용한다.

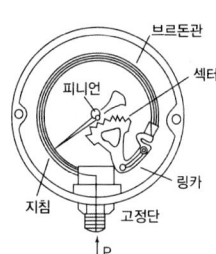

〈브르돈관식 압력계〉

② 다이어프램 압력계(격막식 압력계)
　㉠ 미소한 압력을 측정할 때 사용(+, -차압을 측정할 수 있다)
　㉡ 재질은 고무, 테프론, 양은, 스텐인리스 등이 쓰이며 측정 가능 범위는 공업용이 20~5,000[mmAq] 이다.
　㉢ 부식성 유체의 측정이 가능하다.
　㉣ 온도의 영향을 받기 쉽다.
　㉤ 측정의 응답속도가 빠르다.

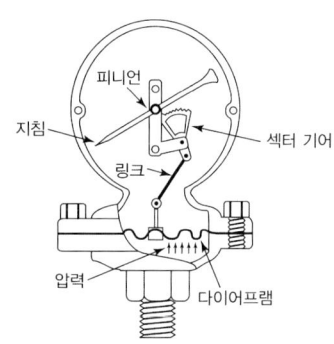

〈다이어프램 압력계〉

ⓑ 이상압력으로 파손되어도 위험성이 작다.
③ 벨로우즈 압력계
ⓐ 신축에 의한 압력을 이용한다.
ⓑ 유체 내의 먼지 등의 영향이 적고 압력 변동에 적응하기 어렵다.
ⓒ 측정압력은 0.01~10[kg/cm^2], 정밀도는 ±1~2[%]이다.
④ 피에조 전기 압력계
ⓐ 수정이나 전기식, 롯셀염 등의 결정체의 특수방향에 압력을 가하면 그 표면에 전기가 발생되고 발생한 전기량은 압력에 비례하여 측정하는 원리이다.
ⓑ 가스 폭발, 금속한 압력 변화를 측정하는 데 유효하다.
ⓒ 고압 측정용 압력계이다.
ⓓ 피에조 효과를 이용한 것이다.
⑤ 스트레인게이지
ⓐ 금속이나 합금, 금속산화물(반도체) 등에 기계적 변형이 일어나면 전기저항이 변화되는 것을 이용한 것이다.
ⓑ 적당한 변형계 소자에 압력에 의한 변형을 주어 압력을 측정한다.

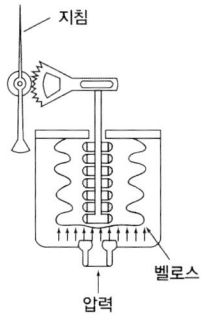

〈벨로스 압력계〉

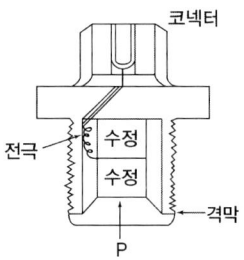

〈피에조 전기 압력계〉

제3과목 : 열설비구조 및 시공

41 액체연료 연소장치 중 고압기류식 버너의 선단부에 혼합실을 설치하고 공기, 기름 등을 혼합시킨 후 노즐에서 분사하여 무화하는 방식은?
① 내부 혼합식
② 외부 혼합식
③ 무화 혼합식
④ 내, 외부 혼합식

42 두께 50mm인 보온재로 시공한 기기의 방열량이 160kcal/h일 때, 보온재의 열전도율은? (단, 보온판의 내·외부 온도는 각각 300°C, 100°C이고, 단면적은 1m^{2}이다.)
① 0.02kcal/m·h·°C
② 0.04kcal/m·h·°C
③ 0.05kcal/m·h·°C
④ 0.08kcal/m·h·°C

해설 $Q = \dfrac{\lambda \cdot A \cdot \Delta t}{d}$ $\lambda = \dfrac{Q \times d}{A \times \Delta t} = \dfrac{160 \times 0.05}{1 \times (300-100)} = 0.04$ kcal/mh°C

41. ① 42. ②

43 청동 또는 스테인리스강을 파형으로 주름을 잡아서 아코디언과 같이 만들고, 이 주름의 신축으로 온도 변화에 따른 배관의 길이 방향 신축을 흡수하는 이음은?

① 루프형 ② 스위블형
③ 슬리브형 ④ 벨로우즈형

해설 신축이음
① 루우프형 신축이음
  ㉠ 신축곡관형, 만곡형이라 한다.
  ㉡ 고압증기의 옥외배관에 사용
  ㉢ 곡률반경은 관지름의 6배 이상
  ㉣ 응력이 생김
② 슬리이브형
  ㉠ 미끄럼형 이라고도 함
  ㉡ 나사 결합형 50A 이하, 플랜지 결합형 65A초과
③ 벨로우즈형
  ㉠ 주름통식, 파상형, 팩레스신축이음
  ㉡ 응력이 생기지 않음
④ 스위블형
  ㉠ 방열기용
  ㉡ 나사의 회전에 의해 신축흡수

44 열교환기의 열전달 성능을 직접적으로 향상시키는 방법으로 가장 거리가 먼 것은?

① 유체의 유속을 빠르게 한다.
② 유체의 흐르는 방향을 향류로 한다.
③ 열교환기의 입출구 높이 차를 크게 한다.
④ 열전도율이 높은 재료를 사용한다.

해설 열교환기의 입, 출구차를 적게 한다.

45 크롬이나 크롬 마그네시아 벽돌이 고온에서 산화철을 흡수하여 표면이 부풀어 오르거나 떨어져 나가는 현상을 의미하는 것은?

① 열화 ② 스폴링(spalling)
③ 슬래킹(slaking) ④ 버스팅(bursting)

해설 버스팅(busting) : 크롬이나 크롬-마그네시아 벽돌이 고온에서 산화철을 흡수하여 표면이 부풀어 오르거나 떨어져 나가는 현상

46
수관식 보일러의 특징이 아닌 것은?
① 부하변동에 따른 압력변화가 적다.
② 전열면적이 크나 보유수량이 적어서 증기발생시간이 단축된다.
③ 증발량이 많아서 수위변동이 심하므로 급수조절에 유의해야 한다.
④ 고압, 대용량에 적합하다.

 수관식 보일러의 특징
① 부하변동에 대한 압력 변화가 크다.
② 고압 대용량에 적합하다.
③ 전열면적이 크고 보유수량이 적어서 증기발생 시간이 단축된다.
④ 증발량이 많아서 수위변동이 심하므로 급수조절에 유의
⑤ 외분식이어서 연료의 질에 장애를 받지 않으며 연소상태도 양호
⑥ 내부구조가 복잡하여 청소, 검사, 수리곤란
⑦ 제작이 까다로우며 비용도 많이 든다.
⑧ 외분식이어서 노벽 방산손실이 많다
⑨ 효율이 90% 이상으로 매우 높다
⑩ 고온 고압의 증기를 발생 열의 이용도를 높였다.

47
증기보일러의 부속장치에 해당되지 않는 것은?
① 급수장치
② 송기장치
③ 통풍장치
④ 팽창장치

해설 부속장치
① 안전장치 ② 급수장치 ③ 송기장치
④ 통풍장치 ⑤ 예열장치(폐열회수장치)

48
관류 보일러 설계에서 순환비란?
① 순환수량과 포화수량의 비
② 포화수량과 발생증기량의 비
③ 순환수량과 발생증기량의 비
④ 순환수량과 포화증기량의 비

 순환비 = $\dfrac{급수량}{증발량}$

49
검사를 받아야 하는 검사대상기기의 종류에 포함되지 않는 것은?
① 강철제 보일러
② 태양열 집열기
③ 주철제 보일러
④ 2종 압력용기

해설 검사대상기기의 종류

구분	검사대상기기	적용범위
보일러	강철제 보일러 주철제 보일러	[아래에 해당하는 것은 제외] 1. 최고사용압력이 0.1 MPa 이하이고, 동체의 안지름이 300 mm 이하이며, 길이가 600 mm 이하인 것 2. 최고압력이 0.1 MPa 이하이고, 전열면적이 5 m² 이하인 것 3. 2종 관류보일러 4. 온수를 발생시키는 보일러로서 대기개방형인 것
	소형온수보일러	가스를 사용하는 것으로서 가스사용량이 17 kg/h(도시가스는 232.6 kW)을 초과하는 것
압력용기	1종, 2종 압력용기	열사용기자재의 압력용기의 적용범위에 따른다.
요로	철금속가열로	정격용량이 0.58 MW를 초과하는 것

50
유리섬유(glass wool)보온재의 최고 안전사용 온도는?

① 200°C　② 300°C　③ 400°C　④ 500°C

해설 안전사용온도
① 탄산마그네슘 : 250°C　② 그라스울(유리섬유) : 300°C　③ 석면 : 400°C
④ 규조토 : 650°C　⑤ 암면 : 600°C　⑥ 규산칼슘 : 650°C

51
보일러 수에 포함된 성분 중 포밍(foaming)발생 원인과 가장 거리가 먼 것은?

① 나트륨(Na)　② 칼륨(K)
③ 칼슘(Ca)　④ 산소(O_2)

해설 용존산소 : 점식의 원인

52
검사대상기기의 설치자가 그 검사대상기기의 사용을 중지한 경우에는 중지한 날부터 며칠 이내에 사용중지 신고서를 에너지관리공단 이사장에게 제출하여야 하는가?

① 15일　② 20일　③ 25일　④ 30일

53
특수보일러에 해당하지 않는 것은?

① 벤슨 보일러　② 다우섬 보일러
③ 레플러 보일러　④ 슈미트-하트만 보일러

해설 특수보일러
① 열매체보일러 : 모빌섬, 수은, 다우삼, 카네크롤

정답 50. ② 51. ④ 52. ① 53. ①

② 간접가열보일러 : 슈미트, 레플러
③ 폐열보일러 : 하이네, 리히보일러

54

주철관의 소켓 접합 시 얀(yarn)을 삽입하는 주된 이유는?
① 누수 방지 ② 외압의 완화
③ 납의 이탈 방지 ④ 납의 강도 증가

해설 주철관의 접합
① 소켓 접합 : 허브(hub)에 스피고트(spigot)를 삽입 얀(yarn)을 단단히 꼬아 감고 정으로 다진 후 납을 채워 다시 정으로 다져(코킹) 접합하는 방법이다.

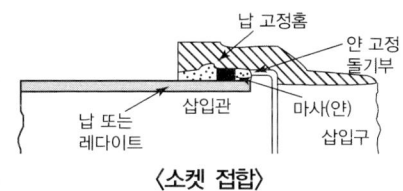

〈소켓 접합〉

② 기계적 접합 : 플랜지 접합과 소켓 접합의 장점을 취한 것으로 150[mm] 이하의 수도관에 사용된다. 다소의 굴곡에도 누수가 발생하지 않으며 스패너 하나만으로도 시공할 수 있고 수중작업에도 용이하게 사용된다.
③ 플랜지 접합 : 플랜지가 달린 주철관을 서로 맞추어 보울트로 죄어 접합하는 것으로 사용 유체에 따라 패킹제는 고무, 마, 석면, 납, 동 등을 사용하며 그리스를 발라두면 해체시 편리하다.

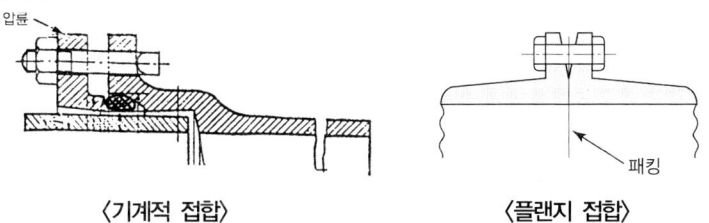

〈기계적 접합〉   〈플랜지 접합〉

④ 빅토리 접합 : 빅토리형 주철관을 고무링과 금속제 칼라를 사용 접합하는 것으로 관지름이 350[mm] 이하이면 2분, 400[mm] 이상이면 4분하여 조여준다. 특히 관내의 압력이 증가함에 따라 고무링이 관벽에 밀착하여 더욱더 기밀이 유지된다.
⑤ 타이론 접합 : 원형의 고무링 하나만으로 접합하는 방식이다.

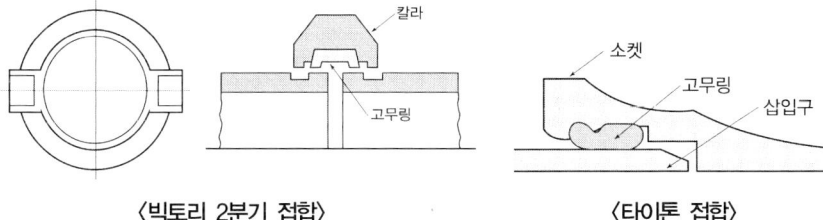

〈빅토리 2분기 접합〉   〈타이톤 접합〉

54. ①

55 대표적인 연속식 가마로 조업이 쉽고 인건비, 유지비가 적게 들며, 열효율이 좋고 열손실이 적은 가마는?
① 등요(Up hill kiln)
② 셔틀요(Shuttle kiln)
③ 터널요(Tunnel kiln)
④ 승염식요(Up draft kiln)

해설 셔틀요 : 1개의 가마에 2개의 대차를 사용
① 조업주기단축 ② 작업간단 ③ 요체의 보유열이용간단
승염식요 : 소성실 4~5개 인접시켜 앞소성실의 폐가스열을 뒷소성실에 이용

56 에너지이용 합리화법 시행규칙에서 검사의 종류 중 개조검사 대상이 아닌 것은?
① 보일러의 설치장소를 변경하는 경우
② 연료 또는 연소방법을 변경하는 경우
③ 증기보일러를 온수보일러로 개조하는 경우
④ 보일러섹션의 증감에 의하여 용량을 변경하는 경우

해설 개조검사
① 증기보일러를 온수보일러로 개조하는 경우
② 연료 또는 연소방법을 변경하는 경우
③ 보일러 섹션 증감에 의하여 용량을 변경하는 경우

57 규석질 벽돌의 특징에 대한 설명이 틀린 것은?
① 내화도가 높으며 내마모성이 좋다.
② 열전도율이 샤모트질 벽돌보다 작다.
③ 저온에서 스폴링이 발생되기 쉽다.
④ 용융점 부근까지 하중에 견딘다.

해설 열전도율이 샤모트질 벽돌보다 크다.

58 배관 지지 장치 중 열팽창에 의한 이동을 구속하기 위한 레스트레인트(restraint)에 해당되지 않는 것은?
① 앵커(anchor)
② 스토퍼(stopper)
③ 가이드(guide)
④ 브레이스(brace)

해설 배관의지지
(1) 행거 : 배관의 하중을 위해서 잡아주는 장치이다.
① 리지드 행거(rigid hanger) : 비임에 턴버클을 이용 지지하는 것으로 상하방향 변위에

없는 곳에 사용한다.
② 스프링 행거(spring hanger) : 턴버클 대신 스프링을 사용한 것이다.
③ 콘스탄트 행거(constant hanger) : 배관의 상하이동에 관계없이 관지지력이 일정한 것으로 중추식과 스프링식이 있다.

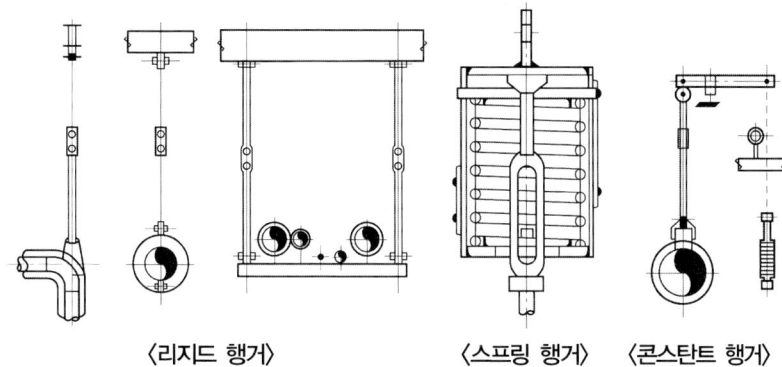

〈리지드 행거〉　　〈스프링 행거〉　〈콘스탄트 행거〉

(2) 서포트(support) : 배관의 하중을 밑에서 떠받쳐 지지해 주는 장치이다.
　① 파이프 슈(pipe shoe) : 관에 직접 접속하는 지지구로 수평배관과 수직배관의 연결부에 사용된다.
　② 리지드 서포트(rigid support) : H비임이나 I비임으로 받침을 만들어 지지한다.
　③ 스프링 서포트(spring support) : 스프링의 탄성에 의해 상하 이동을 허용한 것이다.
　④ 로울러 서포트(roller support) : 관의 축 방향의 이동을 허용한 지지구이다.

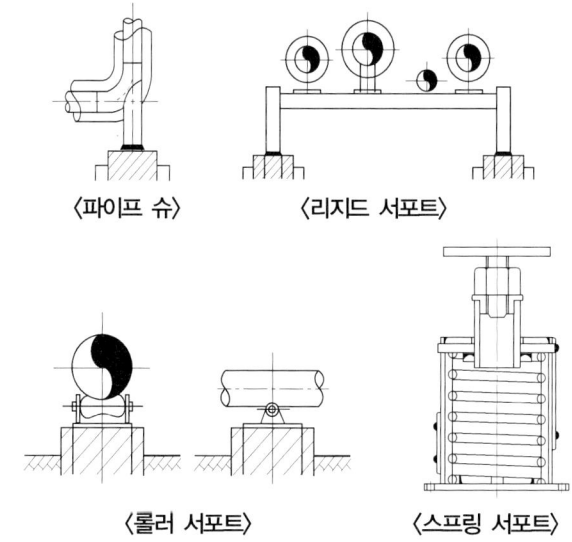

〈파이프 슈〉　　〈리지드 서포트〉

〈롤러 서포트〉　　〈스프링 서포트〉

(3) 리스트레인(restrain) : 열팽창에 의한 배관의 이동을 구속 또는 제한하는 장치이다.
　① 앵커(anchor) : 리지드 서포트의 일종으로 관의 이동 및 회전을 방지하기 위해 지지점에 완전히 고정하는 장치이다.
　② 스톱(stop) : 배관의 일정한 방향과 회전만 구속하고 다른 방향은 자유롭게 이동하게 하는 장치이다.
　③ 가이드(guide) : 배관의 곡관부분이나 신축 조인트부분에 설치하는 것으로 회전을 제한하거나 축방향의 이동을 허용하며 직각방향으로 구속하는 장치이다.

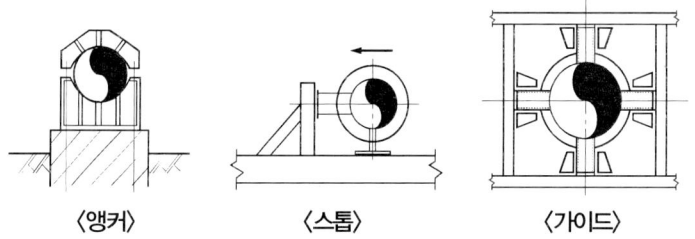

〈앵커〉　　　〈스톱〉　　　〈가이드〉

59 에너지이용 합리화법 시행규칙에서 검사의 종류 중 계속사용검사에 포함되는 것은?
① 설치검사　　　　　② 개조검사
③ 안전검사　　　　　④ 재사용검사

 계속사용검사
① 안전검사　② 운전성능검사　③ 재사용검사

60 보일러 절탄기(economizer)에 대한 설명으로 옳은 것은?
① 보일러의 연소량을 일정하게 하고 과잉열량을 물에 저장하여 과부하시 증기 방출하여 증기 부족을 보충시키는 장치이다.
② 연소가스의 여열을 이용하여 보일러 급수를 예열하는 장치이다.
③ 연도로 흐르는 연소가스의 여열을 이용하여 연소실에 공급되는 연소공기를 예열시키는 장치이다.
④ 보일러에서 발생한 습포화 증기를 압력은 일정하게 유지하면서 온도만 높여 과열증기로 바꾸어 주는 장치이다.

해설 ① 증기축열기　③ 공기예열기　④ 과열기

제4과목 : 열설비 취급 및 안전관리

61 보일러 내면의 상당히 넓은 범위에 걸쳐 거의 똑같이 생기는 상태의 부식으로 가장 적합한 것은?
① 국부부식　　　　　② 응력부식
③ 틈부식　　　　　　④ 전면부식

62

보일러수의 이상증발 예방대책이 아닌 것은?

① 송기에 있어서 증기밸브를 빠르게 연다.
② 보일러수의 블로우 다운을 적절히 하여 보일러수의 농축을 막는다.
③ 보일러의 수위를 너무 높이지 않고 표준수위를 유지하도록 제어한다.
④ 보일러수의 유지분이나 불순물을 제거하고 청관제를 넣어 보일러수 처리를 한다.

63

보일러 사고에 관한 내용으로 틀린 것은?

① 압궤는 고온의 화염을 받는 전열면이 과열이 지나쳐서 견디지 못하고 안쪽으로 눌리어 오목하게 들어간 현상이다.
② 팽출은 전열면의 과열이 지나쳐 내압력 작용에 견디지 못하고 밖으로 부풀어 나오는 현상이다.
③ 라미네이션은 기포 및 가스구멍이 혼재된 강괴를 압연할 경우 강판 및 강관이 기포에 의해 내부에서 두장으로 분리되는 현상이다.
④ 블리스터는 라미네이션 상태에서 가열이 지나쳐 내부로 오목하게 들어간 현상이다.

해설 블리스터는 라미네이션 상태에서 가열시 지나쳐 외부로 오목하게 나온 현상

64

보일러 시공 작업장의 환경 조건에 관한 설명으로 틀린 것은?

① 작업장의 조명은 작업면과 바닥 등에 너무 짙은 그림자가 생기지 않아야 한다.
② 보일러실은 통풍이 양호하고 배수가 잘 되어야 한다.
③ 소음이 심한 작업을 할 경우에는 귀마개 등의 보호구를 착용한다.
④ 작업장에서 발생하는 분진의 허용기준은 탄산칼슘($CaCO_3$)의 함량에 따라 좌우한다.

65

보일러나 배관 내에서 온수의 온도 상승으로 인한 물의 팽창에 따른 위험을 방지하기 위해 설치하는 탱크는?

① 순환탱크
② 팽창탱크
③ 압력탱크
④ 서지탱크

해설 팽창탱크 : 체적 팽창이나 이상 팽창압력 흡수
역할 : ① 보충수공급
② 온수의 온도를 일정하게 유지
③ 안전밸브역할

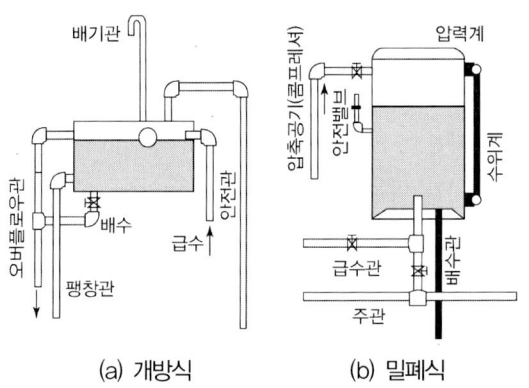

(a) 개방식   (b) 밀폐식

66 방열기의 방열량이 700kcal/m²·h이고, 난방부하가 5000kcal/h일 때 5-650주철방열기(방열면적 a = 0.26m²/쪽)를 설치하고자 한다. 소요되는 쪽수는?

① 24쪽 ② 28쪽 ③ 32쪽 ④ 36쪽

해설 방열기 쪽수 = $\dfrac{난방부하}{방열기방열량 \times 쪽당방열면적} = \dfrac{5000}{700 \times 0.26} = 27.47 ≒ 28쪽$

67 에너지기본계획의 효율적인 달성과 지역경제의 발전을 위한 지역에너지계획기간은?

① 1년 이상 ② 3년 이상 ③ 5년 이상 ④ 10년 이상

해설 에너지법 7조(지역에너지계획의 수립)
특별시장·광역시장·특별자치시장·도지사 또는 특별자치도지사(이하 "시·도지사"라 한다)는 관할 구역의 지역적 특성을 고려하여 에너지기본계획(이하 "기본계획"이라 한다)의 효율적인 달성과 지역경제의 발전을 위한 지역에너지계획(이하 "지역계획"이라 한다)을 <u>5년마다 5년 이상</u>을 계획기간으로 하여 수립·시행하여야 한다.

68 산업통상자원부장관이 냉·난방온도를 제한온도에 적합하게 유지관리하지 않은 기관에 시정조치를 명할 때 포함되지 않는 사항은?

① 시정조치 명령의 대상 건물 및 대상자
② 시정결과 조치 내용 통지 사항
③ 시정조치 명령의 사유 및 내용
④ 시정기한

69 산업통상자원부장관은 에너지의 이용효율을 높이기 위하여 에너지를 사용하여 만드는 제품 또는 건축물의 무엇을 정하여 고시하여야 하는가?
① 제품의 단위당 에너지 생산 목표량
② 제품의 단위당 에너지 절감 목표량
③ 건축물의 단위면적당 에너지 사용 목표량
④ 건축물의 단위면적당 에너지 저장 목표량

70 보일러 수면계 유리관의 파손 원인으로 가장 거리가 먼 것은?
① 프라이밍 또는 포밍 현상이 발생한 때
② 수면계의 너트를 너무 무리하게 조인 경우
③ 유리관의 재질이 불량한 경우
④ 외부에서 충격을 받았을 때

 수면계유리관 파손 원인
① 외부에서 충격을 가할 때
② 급열, 급냉시
③ 유리관의 재질이 불량한 경우
④ 수면계의 너트를 너무 무리하게 조인 경우

71 에너지이용합리화법 시행규칙에서 정한 효율관리기자재가 아닌 것은?
① 보일러
② 자동차
③ 조명기기
④ 전기냉장고

 효율관리기자재
① 자동차   ② 조명기기   ③ 전기냉장고
④ 전기냉방기   ⑤ 삼상유도전동기   ⑥ 전기세탁기

72 효율관리기자재의 제조업자가 광고매체를 이용하여 효율관리기자재의 광고를 하는 경우 광고내용에 포함되어야 할 사항은?
① 에너지의 절감량
② 에너지의 효율등급기준
③ 에너지의 사용량
④ 에너지의 소비효율

73 산업통상자원부장관이 에너지다소비사업자에게 개선 명령을 할 수 있는 경우는 에너지관리지도 결과 몇 퍼센트 이상의 에너지효율개선이 기대되는 경우인가?
① 5%   ② 10%   ③ 15%   ④ 20%

 산업통상자원부장관이 에너지다소비사업자에게 개선명령을 할 수 있는 경우는 에너지관리지도 결과 10퍼센트 이상의 에너지효율 개선이 기대되고 효율 개선을 위한 투자의 경제성이 있다고 인정되는 경우로 한다.

74 가스폭발의 방지대책으로 틀린 것은?
① 버너까지의 전 연료배관 속의 공기는 완전히 빼 둘 것
② 연료속의 수분이나 슬러지 등을 충분히 배출할 것
③ 점화시의 분무량은 당해 버너의 고연소율 상태의 양으로 할 것
④ 연소량을 증가시킬 경우에는 먼저 공기 공급량을 증가시킨 후에 연료량을 증가시킬 것

75 보일러 사고 중 취급상의 원인으로 가장 거리가 먼 것은?
① 압력초과   ② 재료불량
③ 수위감소   ④ 과열

 제작상의 불량
① 재료불량   ② 용접불량   ③ 강도불량   ④ 구조불량   ⑤ 설계불량

76 권한의 위임 또는 업무의 위탁사항으로 에너지관리공단이 행하지 않는 것은?
① 에너지절약전문기업의 등록   ② 진단기관의 관리·감독
③ 과태료의 부과 및 징수   ④ 검사대상기기의 검사

해설 에너지관리공단 행함
① 온실가스배출 감축실적의 등록 및 관리
② 에너지다소비사업자 신고의 접수
③ 에너지관리지도
④ 냉난방온도의 유지·관리 여부에 대한 점검 및 실태 파악
⑤ 검사대상기기의 검사, 검사증의 교부 및 검사대상기기 폐기 등의 신고의 접수
⑥ 검사대상기기조종자의 선임·해임 또는 퇴직신고의 접수 및 검사대상 기기조종자의 선임기간 연기에 관한 승인   *[법규 변경] 조종자 → 관리자
⑦ 에너지사용계획의 검토(에너지사용계획의 검토기준, 검토방법, 그 밖에 필요한 사항은 산업통상자원부령으로 정함)
⑧ 에너지사용계획의 조성·보완 이행여부의 점검 및 실태파악

정답 73. ② 74. ③ 75. ② 76. ③

⑨ 효율관리기자재의 측정결과 신고의 접수
⑩ 대기전력경고표지대상제품의 측정결과 신고의 접수
⑪ 대기전력저감대상제품의 측정결과 신고의 접수
⑫ 고효율에너지기자재 인증 신청의 접수 및 인증
⑬ 고효율에너지기자재의 인증취소 또는 인증사용정지 명령
⑭ 에너지절약전문기업의 등록 및 관리·감독

77

보일러수를 분출하는 목적으로 틀린 것은?
① 저수위 운전 방지
② 관수의 농축 방지
③ 관수의 pH 조절
④ 전열면에 스케일 생성 방지

해설 분출목적
① 관수 PH 조절   ② 관수농축방지   ③ 슬러지 및 스케일생성방지
④ 프라이밍 포밍발생방지   ⑤ 부식방지

78

에너지이용합리화법에서 티오이(T.O.E)란?
① 에너지 탄성치
② 전력경제성
③ 에너지소비효율
④ 석유환산톤

해설 T.O.E : Tom of Energy (석유환산톤)

79

바나듐어택 이란 바나듐 산화물에 의한 어떤 부식을 말하는가?
① 산화부식
② 저온부식
③ 고온부식
④ 알칼리부식

해설
· 고온부식의 원인 : V, V_2O_5
· 저온부식의 원인 : S, SO_2, SO_3, H_2SO_4

80

다음 중 보일러 내부를 청소할 때 사용하는 물질로 가장 적절한 것은?
① 염화나트륨   ② 질소   ③ 수산화나트륨   ④ 유황

77. ①   78. ④   79. ③   80. ③

2015년 제2회 에너지관리산업기사 출제문제

제1과목 : 열역학 및 연소관리

01 통풍기를 크게 원심식과 축류식으로 구분할 때 축류식에서 주로 사용하는 풍량 조절 방식은?

① 회전수를 변화시켜 풍량을 조절한다.
② 댐퍼를 조절하여 풍량을 조절한다.
③ 흡입 베인의 개도에 의해 풍량을 조절한다.
④ 날개를 동익가변시켜 풍량을 조절한다.

[해설] 축류식 송풍기 풍량조절방법 : 날개를 동익가변시켜 풍량조절

02 압력이 200kPa인 이상기체 200kg이 있다. 온도를 일정하게 유지하면서 압력을 40 kPa로 변화시켰다면 엔트로피 변화량은? (단, 기체상수는 0.287kJ/kg·K이다)

① 40.1kJ/K ② 52.8kJ/K
③ 73.1kJ/K ④ 92.4kJ/K

[해설] 등온변화 $\Delta S = GR \ln\left(\dfrac{P_1}{P_2}\right) = 200 \times 0.287 \times \ln\left(\dfrac{20}{40}\right) = 92.38 \text{kJ/K}$

03 기체의 가역 단열 압축에서 엔트로피는 어떻게 되는가?

① 감소한다.   ② 증가한다.
③ 변하지 않는다.   ④ 증가하다 감소한다.

[해설]
· 단열압축 : 등엔트로피 일정
· 단열팽창 : 등엔탈피 일정

정답 1. ④ 2. ④ 3. ③

04 집진장치의 선택을 위한 고려사항으로 거리가 먼 것은?
① 분진의 색상 ② 설치장소
③ 예상 집진효율 ④ 분진의 입자크기

 집진장치 선택을 위한 고려사항
① 분진의 입자크기 ② 설치장소 ③ 예상집진효율 ④ 입자비중
⑤ 입자밀도 ⑥ 온도 ⑦ 부식성 ⑧ 점성 및 폭발성
⑨ 입도분포

05 공기비(m)에 대한 설명으로 옳은 것은?
① 공기비가 크면 연소실 내의 연소온도는 높아진다.
② 공기비가 적으면 불완전연소의 가능성이 있어서 매연이 발생할 수 있다.
③ 공기비가 크면 SO_2, NO_2 등의 함량이 감소하여 장치의 부식이 줄어든다.
④ 연료의 이론연소에 필요한 공기량을 실제연소에 사용한 공기량으로 나눈 값이다.

06 검출된 증기압력이 설정된 압력에 이르면 연료공급을 차단하는 신호를 발생하는 발신기는?
① 압력 경보기 ② 압력 발신기 ③ 압력 설정기 ④ 압력 제한기

07 탄소 1kg을 완전 연소시키는데 필요한 산소량은 약 몇 kg인가?
① 1.67 ② 1.87 ③ 2.67 ④ 3.67

   C + O_2 → CO_2
12 kg   32 kg   44 kg
22.4 Nm^3 22.Nm^3 22 Nm
∴ 12 kg = 32 kg
1 kg = x $x = \dfrac{1\,kg \times 32\,kg}{12\,kg} = 2.667\,kg$

08 카르노 사이클로 작동되는 기관이 250℃에서 300kJ의 열을 공급받아 25℃에서 방열했을 때의 일은 얼마인가?
① 30kJ ② 129kJ ③ 171kJ ④ 225kJ

4. ① 5. ② 6. ④ 7. ③ 8. ②

해설 효율 = $\dfrac{T_1 - T_2}{T_1} \times 100 = \dfrac{(273+250)-(273+25)}{(273+250)} \times 100 = 43.02\%$

일 = 300 kJ × 0.43 = 129 kJ

09
430K에서 500kJ의 열을 공급받아 300K에서 방열시키는 카르노사이클의 열효율과 일량으로 옳은 것은?

① 30.2%, 349kJ ② 30.2%, 151kJ
③ 69.8%, 151kJ ④ 69.8%, 349kJ

해설 열효율 = $\dfrac{T_1 - T_2}{T_1} \times 100 = \dfrac{430-300}{430} \times 100 = 30.2\%$

일량 = 500 kJ × 0.302 = 151 kJ

10
피스톤-실린더 안에 있는 압력 300kPa, 온도 400K의 일정 질량의 이상기체가 등엔트로피 과정을 통하여 압력이 100kPa으로 변화한 후 평형을 이루었다. 비열비가 1.4이면 최종 온도는?

① 275K ② 283K ③ 292K ④ 301K

해설 $T_2 = \left(\dfrac{P_2}{P_1}\right)^{\frac{K-1}{K}} \times T_1 = \left(\dfrac{100}{300}\right)^{\frac{1.4-1}{1.4}} \times 400\text{K} = 292.24\text{K}$

11
압력을 나타내는 관계식으로 잘못된 것은?

① $1\text{Pa} = 1\text{N/m}^2$
② $1\text{bar} = 10^3\text{Pa}$
③ $1\text{atm} = 1.01325\text{bar}$
④ 절대압력 = 대기압력 + 게이지압력

해설 압력 = 1 atm = 76 cmHg = 760 mmHg = 0.76 mHg
= 1.0332 kg/cm² = 1033.2 g/cm² = 10332 kg/m²
= 10.332 mH₂O = 1033.2 cmH₂O = 10332 mmH₂O
= 30 inHg = 14.7 PSI = 1013 bar = 1013 mbar
= 101325 N/m² = 101325 pa = 101.3 kpa = 0.10332 MPa
= 760 Torr

12
다음 연소반응식 중 발열량(kcal/kg-mol)이 가장 큰 것은?

① $C + \dfrac{1}{2}O_2 = CO$
② $CO + \dfrac{1}{2}O_2 = CO_2$
③ $C + O_2 = CO_2$
④ $S + O_2 = SO_2$

정답 9. ② 10. ③ 11. ② 12. ③

해설 연소반응식
① $C + O_2 \to CO_2 + 97200$ kcal/kmol
② $H_2 + \dfrac{1}{2}O_2 \to H_2O + 68000$ kcal/kmol
③ $S + O_2 \to SO_2 + 80000$ kcal/kmol

13

다음의 압력-엔탈피 선도에 나타낸 냉동사이클에서 압축과정을 나타내는 구간은?

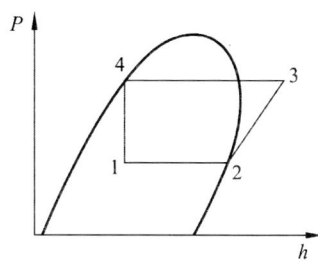

① $1 \to 2$
② $2 \to 3$
③ $3 \to 4$
④ $4 \to 1$

해설 냉동사이클

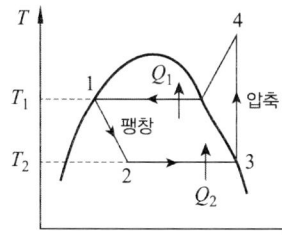 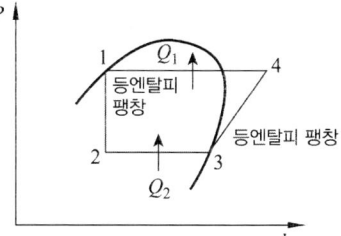

① 1-2(단열팽창=등엔탈피팽창) : 팽창밸브를 지나 교축팽창시키면 엔탈피가 일정한 상태에서 압력과 온도가 내려가 습증기가 된다.
② 2-3(등온팽창) : 습증기가 증발기에 들어가서 외부로부터 열 Q_2를 받아 증발하여 냉동시키려는 물체를 냉각
③ 3-4(단열압축) : 건포화증기의 냉매를 압축기로 과열증기로 만듦
④ 4-1(등온압축=냉각과정) : 과열증기가 압축기에 의해 냉각되어 열량 Q_1을 방출하고 포화액으로 되는 등온 냉각과정
⑤ COP(성적계수) : $Q_2/A_w = Q_2/Q_1 - Q_2 = T_2/T_1 - T_2$

14

물 1kg이 대기압에서 증발할 때 엔트로피의 증가량은? (단, 대기압에서 물의 증발잠열은 2260kJ/kg이다.)

① 1.41kJ/K ② 6.05kJ/K
③ 10.32kJ/K ④ 22.63kJ/K

해설 엔트로피증가량 $= \dfrac{\Delta Q}{T} = \dfrac{2260\,\text{kJ}}{(273+100)\,\text{K}} = 6.05$ kJ/K

15 이상기체의 상태 방정식은?

① $Pv = RT$ ② $PvT = R$ ③ $Tv = RP$ ④ $PT = Rv$

해설 이상기체상태방정식
① $PV = RT$ ② $PV = nRT$ ③ $PV = \dfrac{wRT}{M}$
④ $PV = ZnRT$ ⑤ $PV = \dfrac{ZWRT}{M}$ ⑥ $PV = GRT$

16 어떤 이상기체가 체적 V_1, 압력 P_1으로부터 체적 V_2, 압력 P_2까지 등온팽창 하였다. 이 과정 중에 일어난 내부 에너지의 변화량 ($\triangle U = U_2 - U_1$)과 엔탈피의 변화량 ($\triangle H = H_2 - H_1$)을 옳게 나타낸 것은?

① $\triangle U = 0$, $\triangle H = 0$ ② $\triangle U < 0$, $\triangle H = 0$
③ $\triangle U = 0$, $\triangle H < 0$ ④ $\triangle U > 0$, $\triangle H > 0$

17 동일한 고온열원과 저온열원에서 작동할 때, 다음 사이클 중 효율이 가장 높은 것은?

① 정적(Otto) 사이클 ② 카르노(Carnot) 사이클
③ 정압(Diesel) 사이클 ④ 랭킨(Rankine) 사이클

해설 사이클 중 열효율이 가장 높은 것 : 카르노사이클

18 내부에너지의 엔탈피에 대한 설명으로 틀린 것은?

① 내부에너지 변화량은 공급열량에서 외부로 한 일을 차감한 것이다.
② 엔탈피는 유체가 가지는 에너지로서 내부에너지와 유동에너지의 합을 말한다.
③ 내부에너지는 시스템의 분자구조 및 분자의 운동과 관련된 운동에너지이다.
④ 내부에너지는 물체를 구성하는 분자운동의 강도와는 관련이 없다.

해설 내부에너지는 물체를 구성하는 분자운동의 강도와 관련이 있다.

19 기체 연료의 고위발열량(kcal/Nm³)이 높은 것에서 낮은 순서로 바르게 나열된 것은?

① 오일가스 > 수성가스 > 고로가스 > 발생로가스 > LNG
② LNG > 발생로가스 > 고로가스 > 수성가스 > 오일가스
③ LNG > 오일가스 > 수성가스 > 발생로가스 > 고로가스
④ LNG > 오일가스 > 발생로가스 > 수성가스 > 고로가스

정답 15. ① 16. ① 17. ② 18. ④ 19. ③

해설   ① LNG : 10500　　② 오일가스 : 3000~10000　　③ 수성가스 : 2800
　　　④ 발생로가스 : 1100　　⑤ 고로가스 : 900

20 프로판 1kg의 연소 시 저발열량을 계산하면 약 얼마인가? (단, C+O$_2$ → CO$_2$+406.9MJ, H$_2$+$\frac{1}{2}$O$_2$ → H$_2$O+284.65MJ)

① 43.6MJ/kg　　② 53.6MJ/kg　　③ 63.6MJ/kg　　④ 73.6MJ/kg

해설   C$_3$H$_8$ + 5O$_2$ → 3CO$_2$ + 4H$_2$O

$$Hℓ = \frac{탄소발열량 \times 수소발열량}{프로판\ 분자량} = \frac{(3 \times 406.9 + \frac{8}{2} \times 284.65)}{44} = 53.62\ \text{MJ/kg}$$

제2과목 : 계측 및 에너지 진단

21 열전대 온도계의 보호관 중 상용 사용온도가 약 1000°C로서 급열, 급냉에 잘 견디고, 산에는 강하나 알칼리에는 약한 비금속 온도계 보호관은?

① 자기관　　② 석영관　　③ 황동관　　④ 카보런덤관

해설 비금속보호관

종류	최고사용온도	특징
카보란담관	1600~1700°C	• 이중보호관 및 방사고온계용 • 다공질로서 급열 급랭에 강함
자기관	1450~1550°C	• 내열성 및 알카리에 약함 • 용융금속등알카리에 약함
석영관	1000~1050°C	• 급열, 급냉에 잘견딤 • 산에는 강하나 알카리에는 약함 • 환원성가드에 기밀성이 약간 떨어짐

22 원인을 알 수 없는 오자로서 측정 때마다 측정치가 일정하지 않고 산포에 의하여 일어나는 오차는?

① 과오에 의한 오차　　② 우연 오차
③ 계통적 오차　　　　④ 계기 오차

해설 ・우연오차 : 원인을 알 수 없는 오차로서 측정 때마다 일정하지 않고 산포에 의해 일어나는 오차
　　・계통적오차 : 발생된 원인이 명백하여 보정이 가능한 오차
　　① 측정기자체의 오차　② 지시의 지연에 따른 오차　③ 개인오차

23 미터 자체의 오차 또는 계측기가 가지고 있는 고유의 오차이며 제작 당시 가지고 있는 계통적인 오차는?
① 감차   ② 공차
③ 기차   ④ 정차

24 제어대상과 그 제어장치를 짝지은 것 중 틀린 것은?
① 증기압력 제어 : 압력조절기
② 공기·연료제어 : 모듀트럴모터
③ 연소제어 : 맥도널
④ 노내압 조절 : 배기댐퍼조절장치

25 면적식 유량계 중 로터미터에 대한 설명으로 틀린 것은?
① 부식성 유체나 슬러리 유체 측정이 가능하다.
② 고점도 유체나 소유량에 대한 측정도 가능하다.
③ 진동이 적고 수직으로 설치해야 한다.
④ 압력손실이 크며 가격이 저렴하다.

해설 로터미터의 특징
① 진동시 적은 장소에 수직으로 설치
② 부식성 유체나 슬러리 유체 측정에 적합
③ 유량에 따른 균등 눈금을 읽는다.
④ 압력손실이 적으며 정도가 ±1~2%
⑤ 고점도 및 소량의 유체에 대한 측정이 가능하다.

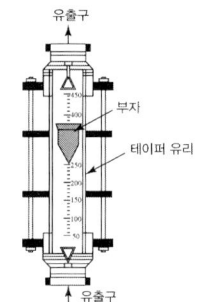

26 상당증발량(Ge)과 보일러 효율(η)과의 관계가 옳은 것은? (단, 연료 소비량은 G, 연료의 저위발열량은 H_L이다.)
① $539 \cdot Ge = G \cdot H_L \cdot \eta$
② $539 \cdot H_L = Ge \cdot G \cdot \eta$
③ $539 \cdot G = H_L \cdot Ge \cdot \eta$
④ $539 \cdot \eta = G \cdot Ge \cdot H_L$

해설 $\dfrac{효율}{1} = \dfrac{GE \times 539}{H_l \times G_f} \times 100$

$Ge \times 539 = 효율 \times H_l \times G_f$

정답 23. ③   24. ③   25. ④   26. ①

27 전열면 열부하를 가장 바르게 나타낸 것은?

① 보일러 연소실 용적 1m³당 연료를 소비시켜 발생한 총 열량[kcal/m³·h]
② 보일러 전열면적 1m²당 1시간 동안의 보일러 열출력[kcal/m²·h]
③ 보일러 전열면적 1m²당 1시간 동안의 실제 증발량[kg/m²·h]
④ 화격자 면적 1m²당 1시간 동안 연소시키는 석탄의 양[kg/m²·h]

해설 전열면 열부하(kcal/m²h) = $\frac{G \times (h'' - h')}{A}$ = $\frac{kg/h \times kcal/kg}{m^2}$ = kcal/m²h

28 프로세스 계 내에 시간지연이 크거나 외란이 심할 경우 조절계를 이용하여 설정점을 작동시키게 하는 제어방식은?

① 프로그램 제어
② 캐스케이드 제어
③ 피드백 제어
④ 시퀀스 제어

해설 · 피드백 제어 : 출력 측의 신호를 입력측으로 되돌려 정정동작을 하는 제어
· 시퀀스 제어 : 처음 정해진 순서에 의해 제어의 각 단계를 순차적으로 제어
· 케스케이드 제어 : ① 1차제어장치가 제어명령을 발하고 2차제어 장치가 이 명령을 바탕으로 제어량 조절
② 프로세스계 내에 시간지연이 크거나 외란이 심할 경우 조절계를 이용하여 설정점을 작동시키는 제어
· 프로그램제어 : 목표값이 시간에 따라 미리 결정된 제어

29 SI단위(국제단위)계의 기본단위가 아닌 것은?

① cd
② A
③ V
④ K

해설 SI 기본단위 7개
① kg(질량) ② m(길이) ③ sec(시간) ④ A(전류=암페어)
⑤ K(온도=켈빈) ⑥ mol(몰=물질량) ⑦ Cd(광도 = 칸델라)

30 측온 저항체로 사용할 수 없는 것은?

① 백금
② 콘스탄탄
③ 고순도 니켈
④ 구리

측온저항체
① 백금 ② 니켈 ③ 동 ④ 더미스터

31 개방형 마노미터로 측정한 용기의 압력이 2,000mmH₂O일 때, 용기의 절대압력은 약 몇 MPa인가?
① 0.12　　② 1.21　　③ 12.07　　④ 30.03

해설 절대압력 = 게이지압력 + 대기압
$$= \frac{2000\,mmH_2O}{10332\,mmH_2O} + 1.0332\,kg/cm^2$$
$$= 1.226\,kg/cm^2 \cdot a$$
$$= 0.1226\,MPa$$

32 보일러의 효율 계산과 관계없는 것은?
① 급수량　　② 고위발열량
③ 연료반입량　　④ 배기가스온도

33 보일러의 열정산의 조건으로 가장 거리가 먼 것은?
① 측정시간은 3시간으로 한다.
② 발열량은 연료의 총발열량으로 한다.
③ 기준온도는 시험 시의 외기온도를 기준으로 한다.
④ 증기의 건도는 0.98이상으로 한다.

해설 열계산의 기준
① 측정시간은 2시간　　② 측정은 매 10분마다
③ 열계산은 사용연료 1kg에 대해　　④ 증기건도는 0.98로 한다.
⑤ 발열량은 고위발열량 기준　　⑥ 기준온도는 외기온도기준 0℃
⑦ 압력변동은 ±7% 이내　　⑧ 증기발생량 변동은 ±15% 이내

34 중력을 이용한 압력 측정기기는?
① 액주계　　② 부르동관
③ 벨로우즈　　④ 다이어프램

해설 액주계
① u자관식 압력계　　② 단관식 압력계
③ 경사관식 압력계　　④ 2액마노미터

35 목표 값이 시간에 따라 미리 결정된 일정한 제어는?
① 추종제어
② 비율제어
③ 프로그램제어
④ 캐스케이드 제어

36 광전관식 온도계의 측정온도 범위로 옳은 것은?
① 700~3000°C
② -20~350°C
③ -50~650°C
④ -260~1000°C

해설 비접촉식온도계
① 광고온계 : 물체의 방사휘도와 고온계에 들어있는 기준온도의 고온체인 전구의 필라멘트 휘도를 특색파장(적색유리)을 통하여 육안으로 휘도를 비교관측하여 온도를 측정한다.
㉮ 특징
㉠ 방사율에 의한 보정량이 적다.
㉡ 개인오차가 발생하므로 다수의 사람이 정밀측정한다.
㉢ 휴대 및 취급이 용이하다.
㉣ 비접촉 중 가장 정확한 온도를 측정한다(±10~15°C).
㉤ 측정시 수동을 요하므로 자동제어가 불가능하다.
㉥ 연속측정이 곤란하고 700[°C] 이하에서는 측정이 곤란하다(측정온도범위 700~ 3000°C).
② 광전관식 온도계 : 광고온계와 같은 측정원리로 장점을 보다 효율적으로 이용하고 단점을 보완하여 두 개의 광전관을 통해 측온체로부터 빛을 얻어 양자의 휘도를 같도록 하여 필라멘트전류로부터 온도지시 위치를 얻게 한다.
㉮ 특징
㉠ 응답속도가 매우 빠르다.   ㉡ 자동제어 및 기록이 용이하다.
㉢ 이용하는 물체의 측정이 용이하다.   ㉣ 구조가 복잡하다.
㉯ 측정온도범위 : 700~3000[°C]
③ 방사온도계 : 물체온도가 올라가면 복사 에너지가 높아진다. 이를 이용하여 온도를 측정하는 것으로 비교적 높은 온도와 온도측정을 하는데 이러한 복사 에너지는 절대온도의 4제곱에 비례한다. 즉 복사에너지

$$E = \epsilon_1 \cdot a \cdot T^4 = 4.88 \times \epsilon \times \left(\frac{T}{100}\right)^4 \text{[kcal/m}^2\text{h]}$$

E : 복사 에너지열량 ϵ : 전방사율 a : 비례상수 T : 절대온도
이는 스테판볼츠만의 법칙을 적용한다.
㉮ 특징
㉠ 측정지연시간이 적다.
㉡ 자동제어 및 기록이 가능하다.
㉢ 이동하는 물체의 표면을 고온측정한다.
㉣ 방사율에 의한 보정량이 크고 정밀한 정도가 어렵다.
㉤ 측정거리의 영향을 받는다.

35. ③ 36. ①

㉯ 측정온도범위 : 50~3000[°C]

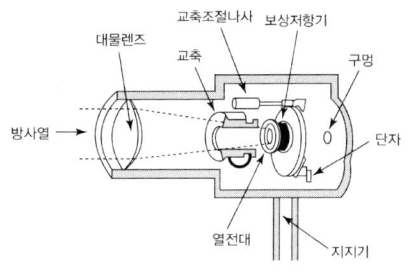
〈방사온도계의 구조〉

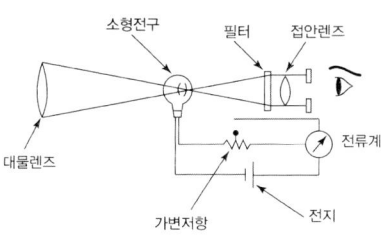
〈광고온도계의 구조〉

37. T형 열전대의 (-)측 재료로 사용되는 것은?

① 구리(Copper)
② 알루멜(Alummel)
③ 크로멜(crommel)
④ 콘스탄탄(constantan)

해설 열전대온도계(접촉식 중 가장 높은 측정, 열기전력 이용(제백효과))
① PR(백금 - 백금로듐)(R형)
  ㉠ 산화성 분위기에 가장 강하다.   ㉡ 환원성 분위기에 약하다.
  ㉢ 금속증기에 침식   ㉣ 온도 : 0~1600°C
  ㉤ 백금 87%(+극), 백금로듐 13% (-극) ㉥ 값이 싸고, 정도가 높고 안정성 우수
  ㉦ 열전대온도계 중 가장 고온측정
② CA(크로멜 - 알루멜)(K형)
  ㉠ 크로멜(Ni(90%)+Cr(10%), 알루멜(Ni(94%)+Mn(2.5%)+Al(2.0%)+Fe(0.5))
  ㉡ 산화성 분위기에 약하다.   ㉢ 온도 : 0~1200°C
③ CC(동 - 콘스탄탄)(T형)
  ㉠ 수분에 의한 내식성이 크다.   ㉡ 콘스탄탄(Cu(55%)+Ni(45%))
  ㉢ 온도 : -200~350°C   ㉣ 열전대 온도계 중 가장 저온 측정
④ IC(철 - 콘스탄탄)(J형)
  ㉠ 환원성 분위기에 강하다.   ㉡ 온도 : -20~850°C

38. 보일러에서 열전달 형태에 대한 설명으로 옳은 것은?

① 복사만으로 된다.
② 전도만으로 된다.
③ 대류만으로 된다.
④ 전도, 대류, 복사가 동시에 일어난다.

해설 보일러의 열전달 형태 : 전도, 대류, 복사가 동시에 일어남

39
극저온 가스저장탱크의 액면 측정에 주로 사용되는 것은?
① 로터리식　　　　　　② 슬립튜브 식
③ 다이어프램식　　　　④ 햄프슨식

해설　극저온 저장탱크 액면측정 : 햄프슨식(차압계)액면계

40
자동제어에 대한 설명으로 틀린 것은?
① 제어장치의 전기식 조절기의 전류신호는 보통 4~20mA이다.
② 검출계에서 측정한 양 또는 조건을 측정변수라고 한다.
③ 조작부는 조절기에서 나오는 신호를 조작량으로 변환시켜 제어대상에 조작을 가하는 부분이다.
④ 플래퍼 노즐은 변위를 공기압으로 바꾸는 일반적인 기구이다

제3과목 : 열설비구조 및 시공

41
과열기 설치 형식에서 대향류의 특징을 설명한 것으로 옳은 것은?
① 과열관은 고온가스에 의한 소손율이 적다.
② 가스와 증기의 평균 온도차가 적다.
③ 열전달량이 다른 배열에 비해 적다
④ 열전달이 양호하고 고온에서 배열관의 손상이 크다.

해설　과열기 설치형식에서 대향류의 특징
　　　① 열전달이 양호하고 고온에서 배열관의 손상이 크다.
　　　② 열전달량이 다른 배열에 비해 크다.
　　　③ 기도와 증기의 평균온도차가 크다.
　　　④ 과열관은 고온가스에 의한 소손율이 크다.

42
다음 내화물 중 내화도가 가장 낮은 것은?
① 샤모트질 벽돌　　　　② 고알루미나질 벽돌
③ 크롬질 벽돌　　　　　④ 크롬-마그네시아 벽돌

해설　내화물중 내화도가 가장 낮은 것 : 샤모트질 벽돌

43 배관의 식별표시 중 물질의 종류와 식별 색이 틀린 것은?

① 산, 알칼리 : 회보라색
② 기름 : 어두운 주황
③ 공기 : 흰색
④ 증기 : 어두운 파랑

해설 ·증기 : 어두운 적색   ·가스 : 황색   ·물 : 청색

44 보일러의 형식을 원통형, 수관식, 특수식 보일러로 구분할 때 원통형 보일러로만 구성되어 있는 것은?

① 코르니시 보일러, 베록스 보일러, 슈미트 보일러
② 코르니시 보일러, 코크란 보일러, 케와니 보일러
③ 스코치 보일러, 벤슨 보일러, 슐져 보일러
④ 베록스 보일러, 라몽트 보일러, 슈미트 보일러

해설 보일러의 종류
① 원통형 보일러
  ㉠ 입형 보일러 : 입형연관, 입형횡관 코크란
  ㉡ 연관 보일러 : 횡연관, 기관차, 케와니
  ㉢ 노통연관 보일러 : 노통연관팩케이지형, 하우덴존슨, 스코치
② 수관식 보일러
  ㉠ 자연순환식 : 바브콕, 쓰네기찌, 타꾸마, 2동D형
  ㉡ 강제순환식 : 베록스, 라몽
  ㉢ 관류식 : 슬처어, 옛모스, 벤숀, 람진
③ 특수 보일러
  ㉠ 열매체 B : 모빌섬, 수은, 다우삼 카네크롤
  ㉡ 간접가열 B : 슈미트, 레플러
  ㉢ 폐열 B : 하이내, 리히

45 증기 축열기에 대한 설명으로 틀린 것은?

① 열을 저장하는 매체는 증기이다.
② 변압식은 보일러 출구 증기 측에 설치한다.
③ 저부하시 잉여증기의 열량을 저장한다.
④ 정압식 보일러 입구 급수 측에 설치한다.

해설 열을 저장하는 매체는 물이다.

정답 43. ④ 44. ② 45. ①

46

보일러 급수펌프의 구비조건으로 틀린 것은?

① 고온 고압에 견딜 것
② 저부하에서도 효율이 좋을 것
③ 병렬운전을 할 수 없을 것
④ 작동이 간단하고 취급이 용이할 것

 급수펌프의 구비조건
① 고온, 고압에 견딜 것
② 병렬운전에 지장이 없을 것
③ 저부하에서도 효율이 좋고 작동이 간단해야 한다.
④ 원심펌프는 고속운전에 지장이 없어야 한다.
⑤ 취급이 용이하고 효율이 좋아야 한다.
⑥ 구조가 간단하고 부하변동에 대응하여야 한다.

47

현장에서 많이 사용되며 상온에서 수동식은 50A, 동력식은 100A까지의 관을 벤딩할 수 있는 특징을 지닌 파이프 벤딩기는?

① 로터리식   ② 다이헤드식   ③ 램식   ④ 호브식

48

열관류율 $K = 2W/m^2 \cdot K$인 벽체를 사이에 두고 실내온도와 외기온도가 각각 20℃와 −10℃라고 한다. 실내표면 열전달계수 $\alpha_r = 8.34 W/m^2 \cdot K$라고 할 때, 실내 측 벽면 온도는?

① 11.3℃   ② 11.8℃   ③ 12.3℃   ④ 12.8℃

① $Q = k(t_2 - t_1) = 2 \times (20 - (-10)) = 60 kcal/m^2 h$
② 실내측 벽면온도 = $Q = \frac{1}{2}(t_2 - t_0)$
$t_0 = 20 - \left(60 \times \frac{1}{8.34}\right) = 12.81℃$

49

다음과 같이 도면에 표기된 방열기의 방열량은 약 얼마인가?(단, 표준 발열량 : 756 W/m², 방열량 보정계수 : 0.948, 1쪽당 방열면적 : 0.26m²이다.)

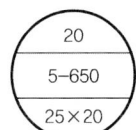

① 3546W
② 3627W
③ 3727W
④ 4147W

 방열기 방열량 계산
Q = 방열기 표준 방열량 × 방열기 쪽수 × 방열 면적 × 방열량 보정계수
= $756 \times 20 \times 0.26 \times 0.948 = 3726.78W$

46. ③   47. ③   48. ④   49. ③

50 검사대상기기설치자는 검사대상기기 조종자를 해임하거나 조종자가 퇴직하는 경우 다른 검사대상기기 조종자를 언제까지 선임해야 하는가?

① 해임 또는 퇴직 후 5일 이내
② 해임 또는 퇴직 후 10일 이내
③ 해임 또는 퇴직 후 20일 이내
④ 해임 또는 퇴직 이전

해설 검사대상기기조종자가 퇴직하는 경우에는 해임 또는 퇴직이전에 따른 검사대상기기조종자를 선임해야한다. *[법규 변경] 조종자 → 관리자

51 신·재생에너지 설비 설치전문기업의 설비 설치대상이 되는 에너지원이 두 종류 이상인 경우 기술인력에 대한 신고기준으로 옳은 것은?

① 국가기술자격법에 따른 기계·전기·토목·건축·에너지·환경 분야 등의 기능사 2명 이상
② 국가기술자격법에 따른 기계·전기·토목·건축·에너지·환경 분야 등의 기사 2명 이상
③ 국가기술자격법에 따른 기계·전기·토목·건축·에너지·환경 분야 등의 기능사 3명 이상
④ 국가기술자격법에 따른 기계·전기·토목·건축·에너지·환경 분야 등의 기사 3명 이상

52 부정형 내화물이 아닌 것은?

① 내화 모르타르
② 플라스틱 내화물
③ 세라믹 화이버
④ 캐스터블 내화물

해설 부정형 내화물
① 캐스터블 내화물 ② 플라스틱 내화물 ③ 내화모르타르

53 다음 중 무기질 보온재가 아닌 것은?

① 석면
② 암면
③ 코르크
④ 규조토

해설 무기질 보온재
① 탄산마그네슘 : 250℃ 이하   ② 그라스울 : 300℃ 이하
③ 석면 : 400℃ 이하   ④ 규조토 : 500℃ 이하
⑤ 암면 : 600℃ 이하   ⑥ 규산칼슘 : 650℃ 이하
⑦ 펄라이트 : 650℃ 이하   ⑧ 실리카화이버 : 1100℃ 이하
⑨ 세라믹화이버 : 1300℃ 이하

정답 50. ④ 51. ④ 52. ③ 53. ③

54

내화 모르타르의 구비 조건으로 틀린 것은?
① 필요한 내화도를 가질 것
② 건조, 소성에 의한 수축, 팽창이 적을 것
③ 화학 조성이 사용 벽돌과 같지 않을 것
④ 시공성이 좋을 것

해설 내화 모르타르의 구비 조건
① 화학조성이 사용벽돌과 같을 것 ② 시공성이 좋을 것
③ 필요한 내화도를 가질 것 ④ 건조, 소성에 의한 팽창, 수축이 적을 것

55

동관의 끝 부분을 확관 하는데 사용하는 공구는?
① 익스팬더
② 사이징 툴
③ 튜브 벤더
④ 티뽑기

해설 동관용 공구
① 동관용 공구
  ㉠ 토치 램프 : 동관접합, 벤딩 등의 작업을 하기 위해 가열용으로 사용하는 가열공구로서, 가솔린용과 석유용이 있다.
  ㉡ 사이징 투울 : 동관의 끝을 정확하게 원형으로 가공하는 공구
  ㉢ 튜브 벤더 : 동관 굽힙용 공구
  ㉣ 익스펜더 : 동관의 확관용 공구
  ㉤ 플레어링 투울 : 동관의 압축 접합용 공구

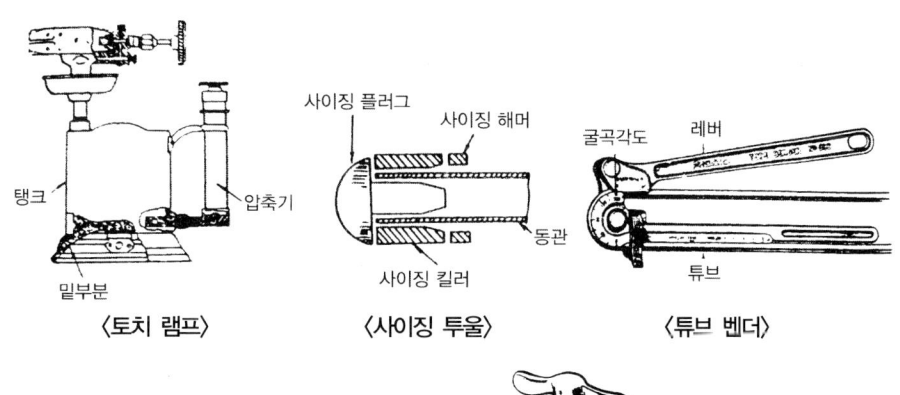

〈토치 램프〉 〈사이징 투울〉 〈튜브 벤더〉

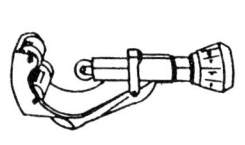
〈튜브 커터〉

〈플레어링 투울〉

56

두께 200mm인 콘크리트(열전도도 $k = 1.6$W/m·K)에 두께 10 mm인 석고판 (열전도도 $k = 0.2$W/m·K)을 부착하였다. 실내측 표면열전달계수 $\alpha_r = 8.4$W/m²·K, 실외측 표면열전달계수 $\alpha_o = 23.2$W/m²·K라고 하면 열관류율은?

① 2.37W/m²·K
② 2.57W/m²·K
③ 2.77W/m²·K
④ 2.97W/m²·K

해설 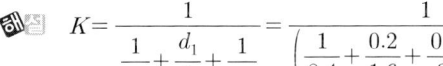 $= \dfrac{1}{\left(\dfrac{1}{8.4} + \dfrac{0.2}{1.6} + \dfrac{0.01}{0.2} + \dfrac{1}{23.2}\right)} = 2.966$ W/m². k

57

일정량의 연료를 연소시킬 때 보일러의 전열량을 많게 하는 방법으로 틀린 것은?

① 연소가스의 유동을 빠르게 하고, 관수순환을 느리게 한다.
② 전열면에 부착된 스케일 등을 제거한다.
③ 연소율을 증가시키기 위해 양질의 연료를 사용한다.
④ 적당한 양의 공기로 연료를 완전 연소시킨다.

해설 연소가스의 유동을 빠르게 하고 관수순환을 빠르게 한다.

58

관류보일러의 특징에 대한 설명으로 틀린 것은?

① 수관군의 배치가 자유롭다.
② 전열면적당 보유수량이 적어 시동시간이 적다.
③ 부하변동에 따른 압력변화가 적다.
④ 드럼이 없어 순환비가 1이다.

해설 관류보일러의 특징
① 부하변동에 대한 압력변화가 크다.
② 드럼이 없어 순환이 ($\dfrac{급수량}{증발량}$)가 1이다.
③ 전열면적당 보유수량이 적어 시동시간이 짧다.
④ 수관군의 배치가 자유롭다.
⑤ 고압대용량에 적합하고 열효율이 높다.
⑥ 내부구조가 복잡해 청소, 검사, 수리가 곤란하다.
⑦ 가동부하가 짧아 부하측에 대응하기 쉽다.
⑧ 완벽한 급수처리를 해야 한다.
⑨ 고압이므로 증기의 열량이 크다.

59. 터널요(Tunnel kiln)의 구성요소가 아닌 것은?
① 예열대 ② 소성대
③ 냉각대 ④ 건조대

 터널요의 구성요소 : ① 예열대   ② 소성대   ③ 냉각대

60. 증기트랩 불량으로 인한 증기 누출 원인으로 가장 거리가 먼 것은?
① 간헐적 작동 ② 밸브개폐 불량
③ 오리피스의 고장 ④ 트랩 작동부의 고장

제4과목 : 열설비 취급 및 안전관리

61. 검사대상기기의 검사를 받지 아니하고 사용한 자에 대한 벌칙으로 옳은 것은?
① 오백만원 이하의 벌금 ② 이천만원 이하의 벌금
③ 2년 이하의 징역 ④ 일천만원 이하의 벌금

벌칙
① 2년 이하의 징역 또는 2천만원 이하의 벌금
  ㉠ 에너지저장시설의 보유 또는 저장의무의 부과시 정당한 이유 없이 이를 거부하거나 이행하지 아니한 자
  ㉡ 에너지수급의 안정을 기하기 위한 조정·명령 등의 조치를 위반한 자
  ㉢ 공단의 임직원으로 근무하거나 근무하였던 사람이 직무상 알게 된 비밀을 누설하거나 도용한 자
② 1년 이하의 징역 또는 1천만원이하의 벌금
  ㉠ 검사대상기기의 검사를 받지 아니한 자
  ㉡ 검사에 합격되지 아니한 검사대상기기를 사용한 자
③ 2천만원 이하의 벌금
  ㉠ 효율 관리 기자재의 생산 또는 판매금지 명령에 위반한 자
④ 1천만원 이하의 벌금
  ㉠ 검사대상기기조종자를 선임하지 아니한 자   *[법규 변경] 조종자 → 관리자
  ㉡ 검사대상기기 검사를 받지 아니하고 사용한자
⑤ 500만원 이하의 벌금
  ㉠ 효율관리기자재에 대한 에너지사용량의 측정결과를 신고하지 아니한 자
  ㉡ 대기전력경고표지 대상제품에 대한 측정결과를 신고하지 아니한 자
  ㉢ 대기전력경고표지를 하지 아니한 자

㉣ 대기전력저감우수제품임을 표시하거나 거짓 표시를 한자
㉤ 대기전력저감기준에 미달하는 경우 시정명령을 정당한 사유 없이 이행하지 아니한 자
㉥ 고효율에너지인증대상기자재의 인증을 받은 자가 아닌 자는 해당 고효율에너지인증대상기자재에 고효율에너지기자재의 인증 표시를 위반하여 인증 표시를 한 자

62

증기보일러에서 안전밸브는 2개 이상 설치하여야 하지만 전열면적이 몇 m^2 이하이면 1개 이상으로 해도 되는가?

① $10m^2$ 이하
② $30m^2$ 이하
③ $50m^2$ 이하
④ $100m^2$ 이하

해설
- 전열면적이 $50m^2$ 이하 : 안전밸브 1개 설치
- 전열면적이 $50m^2$ 이상 : 안전밸브 2개 설치

63

에너지이용합리화법에 따라 에너지사용계획을 수립하여 제출하여야 하는 대상사업이 아닌 것은?

① 도시개발사업
② 공항건설사업
③ 철도건설사업
④ 개발제한지구 개발사업

해설 에너지 사용 계획을 수립하여 제출하여야 하는 대상사업
① 철도건설사업   ② 공항건설사업   ③ 도시개발사업

64

보일러 급수처리의 목적을 설명한 것으로 틀린 것은?

① 전열면의 스케일의 생성을 방지하기 위하여
② 점식 등의 내면부식을 방지하기 위하여
③ 보일러 수의 농축을 방지하기 위하여
④ 라미네이션 현상을 방지하기 위하여

해설 급수처리 목적
① 관수농축방지
② 관수 PH 조절
③ 슬러지나 스케일 생성 방지
④ 부식방지
⑤ 프라이밍, 포밍발생 방지

65

보일러 관수의 pH 값이 산성인 것은?

① 4
② 7
③ 9
④ 12

해설 관수 pH값

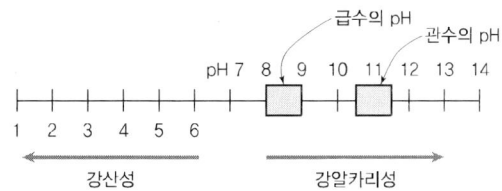

66
보일러 사고 중 취급상의 원인으로 가장 거리가 먼 것은?
① 공작시공 및 사용재료의 불량
② 저수위로 인한 보일러의 과열
③ 보일러수의 처리불량 등으로 인한 내부 부식
④ 보일러수의 농축이나 스케일 부착으로 인한 과열

해설 제작상의 원인
① 재료불량 ② 용접불량 ③ 강도불량 ④ 구조불량 ⑤ 설계불량

67
에너지법상 지역에너지계획은 5년마다 수립하여야 한다. 이 지역에너지계획에 포함되어야 할 사항은?
① 국내외 에너지수요와 공급추이 및 전망에 관한 사항
② 에너지의 안전관리를 위한 대책에 관한 사항
③ 에너지 관련 전문인력의 양성 등에 관한 사항
④ 에너지의 안정적 공급을 위한 대책에 관한 사항

해설 지역에너지 계획에 포함 되어야 할 사항
① 에너지수급의 추이와 전망에 관한 사항
② 에너지의 안정적 공급을 위한 대책에 관한 사항
③ 신·재생에너지 등 환경친화적 에너지 사용을 위한 대책에 관한 사항
④ 에너지 사용의 합리화와 이를 통한 온실가스의 배출감소를 위한 대책에 관한 사항
⑤ 「집단에너지사업법」에 의하여 집단에너지공급대상지역으로 지정된 지역의 경우 해당 지역의 집단에너지공급을 위한 대책에 관한 사항
⑥ 미활용 에너지원의 개발·사용을 위한 대책에 관한 사항

68
관로 속을 흐르는 물 등의 유체속도를 급격히 변화시킬 때 생기는 압력변화로 밸브를 급격히 개폐시 발생하는 이상 현상은?
① 수격 작용
② 캐비테이션
③ 맥동 현상
④ 포밍

66. ① 67. ④ 68. ①

해설 펌프에서 발생되는 현상

① 캐비테이션(cavitation) : 유수 중에 어느 부분의 정압이 그때 물의 온도에 해당되는 증기압 이하로 되어 물이 증발을 일으키고 수중에 용입되어 있던 공기가 낮은 압력으로 인하여 기포가 발생하는 현상으로 공동현상이라고도 한다.

㉮ 영향
  ㉠ 소음과 진동 발생 ㉡ 깃에 대한 침식
  ㉢ 양정곡선과 효율곡선의 저하

㉯ 발생조건
  ㉠ 흡입 양정이 지나치게 길 때 ㉡ 과속으로 유량이 증대될 때
  ㉢ 흡입관 입구 등에서 마찰저항 증가시 ㉣ 관로 내의 온도가 상승될 때

㉰ 방지대책
  ㉠ 양흡입 펌프를 사용한다.
  ㉡ 수직축 펌프를 사용하고 회전차를 수중에 잠기게 한다.
  ㉢ 펌프를 두 대 이상 설치한다.
  ㉣ 펌프의 회전수를 낮춘다.
  ㉤ 펌프의 설치위치를 낮추어 흡입양정을 짧게 한다.
  ㉥ 관지름을 크게 하고 흡입측의 저항을 최소로 줄인다.

② 수격작용(water hammering) : 펌프에서 물을 압송하고 있을 때 정전 등으로 급히 펌프가 멈추거나 수량조절 밸브를 급히 폐쇄할 때 관내 유속이 급속히 변화하면 물에 의한 심한 압력의 변화가 생겨 관벽을 치는 현상을 수격작용이라고 한다.

㉮ 수격작용 방지책
  ㉠ 완폐 체크 밸브를 토출구에 설치하고 밸브를 적당히 제어한다.
  ㉡ 관경을 크게 하고 관내 유속을 느리게 한다.
  ㉢ 관로에 조압수조(surge tank)를 설치한다.
  ㉣ 플라이 휠을 설치하여 펌프속도의 급변을 막는다.

③ 서징(surging) : 펌프를 운전할 때 송출압력과 송출유량이 주기적으로 변동하여 펌프입구 및 출구에 설치된 진공계, 압력계의 지침이 흔들리는 현상을 말하며 맥동현상이라고도 한다.

㉮ 서징현상 발생원인
  ㉠ 펌프를 운전시 주기적으로 운동, 양정, 토출량이 변화될 때
  ㉡ 수량조절 밸브가 저장탱크 뒤쪽에 있을 때
  ㉢ 배관 중에 공기탱크나 물탱크가 있을 때

69 가스용 보일러의 연료배관에 대한 설명으로 틀린 것은?
① 배관은 외부에 노출하여 시공해야 한다.
② 배관이음부와 절연전선과의 거리는 5cm 이상 유지해야 한다.
③ 배관이음부와 전기접속기와의 거리는 30cm 이상 유지해야 한다.
④ 배관이음부와 전기계량기와의 거리는 60cm 이상 유지해야 한다.

해설 배관이음부와의 거리
① 절연전선 : 10cm 이상 (전선 : 15cm 이상)
② 접속기, 점멸기 굴뚝 : 30cm 이상
③ 안전기, 계량기, 콘센트, 개폐기 : 60cm 이상

70 산업통상자원부장관이 에너지관리지도결과 에너지다소비사업자에게 개선명령을 할 수 있는 경우는?

① 3% 이상의 효율개선이 기대되고 투자경제성이 인정되는 경우
② 5% 이상의 효율개선이 기대되고 투자경제성이 인정되는 경우
③ 7% 이상의 효율개선이 기대되고 투자경제성이 인정되는 경우
④ 10% 이상의 효율개선이 기대되고 투자경제성이 인정되는 경우

71 보일러의 용수처리는 관내처리와 관외처리로 분류되는데 다음 중 관내처리에 해당되는 것은?

① pH조절
② 이온교환
③ 진공탈기
④ 침강분리

해설 관내처리
① PH조정제 : 인산소다, 암모니아, 수산화나트륨
② 연화제 : 인산소다, 탄산소다, 수산화나트륨
③ 탈산소제 : 탄닌, 아황산소다, 히드라진
④ 슬러지조정제 : 리그닌, 녹말, 탄닌
⑤ 가성취화방지제 : 리그닌, 황산소다, 탄닌, 인산소다

72 다관 원통형 열교환기에서 U자 관형열교환기의 특징으로 옳은 것은?

① 구조가 복잡하다.
② 제작비가 비싸다.
③ 열팽창에 대해 자유롭다.
④ 고압유체에는 부적합하다.

해설 u자 관형 열교환기의 특징
① 구조가 간단하다.
② 제작비가 싸다.
③ 열팽창에 대해 자유롭다.
④ 고압유체에는 적당

73 에너지다소비사입자가 에너지 손실요인의 개선 명령을 받은 때는 개선 명령일로부터 며칠 이내에 개선 계획을 수립하여 제출하여야 하는가?

① 20일
② 30일
③ 50일
④ 60일

70. ④ 71. ① 72. ③ 73. ④

74 보일러 수처리에서 이온교환체와 관계가 있는 것은?
① 천연산 제오라이트　　② 탄산소다
③ 히드라진　　　　　　④ 황산마그네슘

75 온수난방에서 방열기의 입구온도가 90°C, 출구온도가 75°C, 방열계수가 6.8kcal/m² · h · °C이고, 실내온도가 18°C일 때 방열기의 방열량은?
① 352.7kcal/m² · h　　② 364.2kcal/m² · h
③ 392.8kcal/m² · h　　④ 438.6kcal/m² · h

해설 방열기 방열량 = 방열계수 × $\left(\dfrac{입구 + 출구온도}{2} - 실내온도\right)$

$= 6.8 \times \left(\dfrac{90+75}{2} - 18\right) = 438.6 \text{ kcal/m}^2 \cdot h$

76 보일러 급수 중의 용해 고형물을 제거하기 위한 방법이 아닌 것은?
① 약품 처리법　② 이온 교환법　③ 탈기법　④ 증류법

해설 외처리법
① 용존산소 제거법 : ㉠ 탈기법 ㉡ 기폭법
② 현탁질고형물 제거법 : ㉠ 침전법 ㉡ 여과법 ㉢ 응집법
③ 용해고형물 제거법 : ㉠ 이온교환법 ㉡ 약제법 ㉢ 증류법

77 에너지이용합리화법에 따라 제3자로부터 에너지 절약형 시설투자에 관한 사업을 위탁받아 수행하는 자를 무엇이라고 하는가?
① 에너지진단기업　　　　② 수요관리투자기업
③ 에너지절약전문기업　　④ 에너지기술개발전담기업

78 보일러 수격작용의 방지법이 틀린 것은?
① 응축수가 고이는 곳에 트랩을 설치한다.
② 증기관을 경사지게 설치한다.
③ 증기관의 보온을 잘 한다.
④ 주증기밸브를 열 때는 신속히 개방한다.

해설 주증기 밸브를 서개한다.

정답 74. ①　75. ④　76. ③　77. ③　78. ④

79 다음의 방열기 중 대류작용으로만 열이동을 시키는 것은?

① 길드 방열기 ② 주형 방열기
③ 벽걸이형 방열기 ④ 컨벡터

해설 컨벡터 : 대류 방열기라고 함

80 가마울림 현상의 방지 대책이 아닌 것은?

① 2차 공기의 가열, 통풍 조절을 개선한다.
② 연소실과 연도를 개조한다.
③ 수분이 많은 연료를 사용한다.
④ 연소실내에서 완전연소 시킨다.

해설 가마울림 현상의 방지 대책
① 수분이 적은 연료사용 ② 연소실내에서 완전연소시킨다.
③ 연소실과 연도를 개조한다. ④ 2차공기의 가열
⑤ 통풍조절개선

79. ④ 80. ③

제1과목 : 열역학 및 연소관리

01 작동 유체에 상(phase)의 변화가 있는 사이클은?
① 랭킨사이클 ② 오토사이클
③ 스터링사이클 ④ 브레이튼사이클

해설 작동유체의 상의 변화가 있는 사이클 : 랭킨사이클

02 보일러 연소실 내 미연가스의 폭발을 대비하여 설치하는 안전장치는?
① 방폭문 ② 안전밸브
③ 가용전 ④ 화염검출기

해설 방폭문 : 연소실내 미연소가스 축적으로 인한 가스 폭발시 폭발가스를 외부로 배출사고방지

03 습증기 영역에 대한 표현 중 옳은 것은? (단, x는 건도이다.)
① $x = 0$ ② $0 < x < 1$ ③ $x = 1$ ④ $x > 1$

해설 $x = 0$ (포화수엔탈피) $0 < x < 1$ (습포화증기엔탈피)
$x = 1$ (건포화증기엔탈피) $x > 1$ (과열증기엔탈피)

04 과열증기에 대한 설명으로 옳은 것은?
① 건포화증기를 가열하여 압력과 온도를 상승시킨 증기이다.
② 건포화증기를 온도의 변동 없이 압력을 상승시킨 증기이다.
③ 건포화증기를 압축하여 온도와 압력을 상승시킨 증기이다.
④ 건포화증기를 가열하여 압력의 변동 없이 온도를 상승시킨 증기이다.

해설 과열증기 : 건포화증기를 가열하여 압력의 변동없이 온도를 상승시킨 증기

정답 1. ① 2. ① 3. ② 4. ④

05
급수의 비탄산염 경도가 크고 보일러 내처리를 행하지 않거나 행하여도 pH조정제의 투입이 불충분하여 보일러수의 pH가 상승되지 않는 경우에 주로 생성되는 스케일의 종류는?
① 황산칼슘
② 규산칼슘
③ 탄산칼슘
④ 염화칼슘

06
25°C, 1기압에서 10L의 산소를 100L까지 등은 팽창시킬 경우, 단위 질량당 엔트로피 변화는? (단, 기체상수 $R = 0.26\text{kJ/kg} \cdot \text{K}$이다.)
① 0.2kJ/kg · K
② 0.6kJ/kg · K
③ 23.4kJ/kg · K
④ 90.8kJ/kg · K

해설 $\Delta S = R \ln\left(\dfrac{V_2}{V_1}\right) = 0.26 \times \ln\left(\dfrac{100}{10}\right) = 0.598 \text{kJ/kg} \cdot \text{K}$

07
음속에 대한 설명으로 옳은 것은?
① 분자량이 클수록 음속은 증가한다.
② 기체상수가 클수록 음속은 증가한다.
③ 압력이 높을수록 음속은 감소한다.
④ 온도가 낮을수록 음속은 증가한다.

해설 음속$(c) = \sqrt{k \cdot g \cdot R \cdot T} = \sqrt{1.4 \times 9.8 \times 29.24 \times (273+0)} = 331 \text{m/sec}$
이때 k : 비열비(1.4), g : 중력가속도(9.8m/s²), R : 기체상수(29.24), T : 절대온도

08
계 내에 이상기체(기체상수 : 0.35kJ/kg · K, 정압비열 : 0.75kJ/kg · K)가 초기상태 75kPa, 50°C인 조건에서 5kg이 들어 있다. 이 기체를 일정 압력 하에서 부피가 2배가 될 때까지 팽창시킨 다음, 일정 부피에서 압력이 2배가 될 때까지 가열하였다면 전 과정에서 이 기체에 전달된 전열량은?
① 565kJ
② 1210kJ
③ 1290kJ
④ 2503kJ

해설 (1) 정압(일정 압력)상태에서의 전열량 계산
① 정압상태에서 팽창시킨 온도 계산
$\dfrac{P_1 V_1}{T_1} = \dfrac{P_2 V_2}{T_2}$ 에서 $P_1 = P_2$이므로
$\therefore T_2 = \dfrac{V_2 T_1}{V_1} = \dfrac{2V_1 \times (273+50)}{V_1} = 646[\text{K}]$

05. ① 06. ② 07. ② 08. ④

② 전열량 계산

$$\therefore Q_1 = GC_p \Delta T = 5 \times 0.75 \times \{646 - (273 + 50)\} = 1211.25 [\text{kJ}]$$

(2) 정적(일정 부피)상태에서의 전열량 계산

① 정적상태에서 가열한 후 온도 계산 : 정압상태에서 팽창시킨 후 온도(646K)가 처음상태의 온도가 된다.

$$\frac{P_1 V_1}{T_1} = \frac{P_2 V_2}{T_2} \text{에서 } V_1 = V_2 \text{이므로}$$

$$\therefore T_2 = \frac{P_2 T_1}{P_1} = \frac{2P_1 \times 646}{P_1} = 1292 [\text{K}]$$

② 비열비 계산

$$C_p - C_v = R \text{에서}$$

$$\therefore C_v = C_p - R = 0.75 - 0.35 = 0.4 [\text{kJ/kg} \cdot \text{K}]$$

$$\therefore k = \frac{C_p}{C_v} = \frac{0.75}{0.4} = 1.875$$

③ 전열량 계산

$$\therefore Q_2 = \frac{1}{k-1} mR(T_2 - T_1)$$

$$= \frac{1}{1.875 - 1} \times 5 \times 0.35 \times (1292 - 646) = 1292 [\text{kJ}]$$

(3) 합계 전열량 계산

$$\therefore Q_a = Q_1 + Q_2 = 1211.25 + 1292 = 2503.25 [\text{kJ}]$$

09

물 120kg을 20°C에서 80°C까지 가열하는데 필요한 열량은? (단, 물의 비열은 4.2 kJ/kg°C이다.)

① 252kJ ② 3600kJ ③ 7200kJ ④ 30240kJ

해설 $Q = G \cdot C \cdot \triangle t$ = 120kg × 4.2kJ/kg°C × (80 − 20)°C = 30240kJ

10

그림은 증기원동소의 재열사이클을 T–S선도 상에 표시한 것이다. 재열과정에 해당하는 것은?

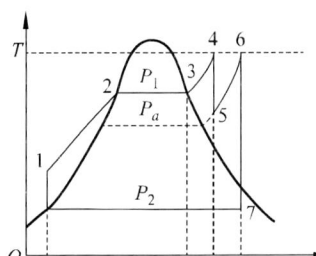

① 3 → 4
② 5 → 6
③ 2 → 3
④ 7 → 1

11 탄소(C) 20kg을 완전히 연소시키는데 요구되는 이론공기량은 약 몇 Nm³인가?

① 178　　② 155　　③ 47　　④ 37

해설　$C + O_2 \rightarrow CO_2 + 97200\,kcal/kmol$
　　　　12 kg　　32 kg　　　44 kg
　　　　22.4 m³　22.4 m³　　22.4 m³

∴ 12 kg = 22.4 Nm³
　 20 kg = x

$$x = \frac{20\,kg \times 22.4\,Nm^3}{12\,kg} = 37.33\,Nm^3/kg$$

$$\therefore A_0 = \frac{37.33}{0.21} = 177.76\,Nm^3/kg$$

12 배기가스의 회전운동으로 원심력에 의하여 매진(煤塵)을 분리하는 장치는?

① 전기집진장치　　　　　② 사이클론집진장치
③ 세정집진장치　　　　　④ 여과집진장치

해설　집진장치 : 배기가스 중의 분진, 회분, 유해가스(CO, SO_2, NO_2) 처리
① 건식집진장치
② 관성력식 : 함진가스를 방해판 등에 충돌시켜 기류의 급격한 전환에 의해 침강력을 가지게 될 때 분리포집하는 방식으로 전환각도가 적고 전환회수가 많을수록 집진율이 높다.

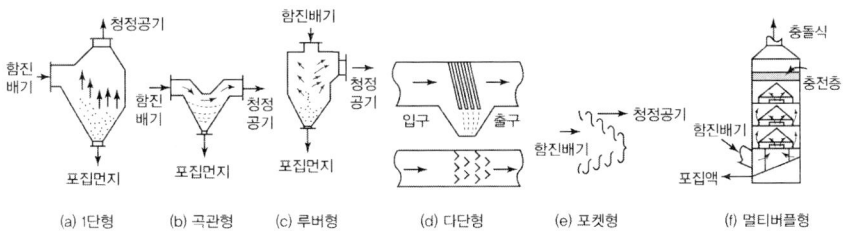

〈관성력 제진장치의 형식과 구조〉

③ 원심력식 : 함진가스에 선회운동을 주어 입자에 작용하는 원심력에 의하여 입자를 분리하는 방식으로 내통경은 적게 처리가스 속도는 크게 하면 집진율이 높아진다. 접선유입식, 축류식 등이 있으며 소형의 싸이클론을 다수 설치한 블로우 다운 방식의 멀티싸이클론이 있다.

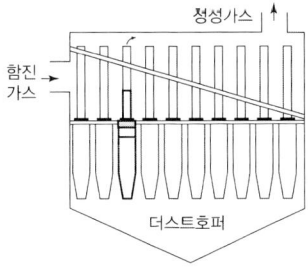

〈멀티 싸이클론〉

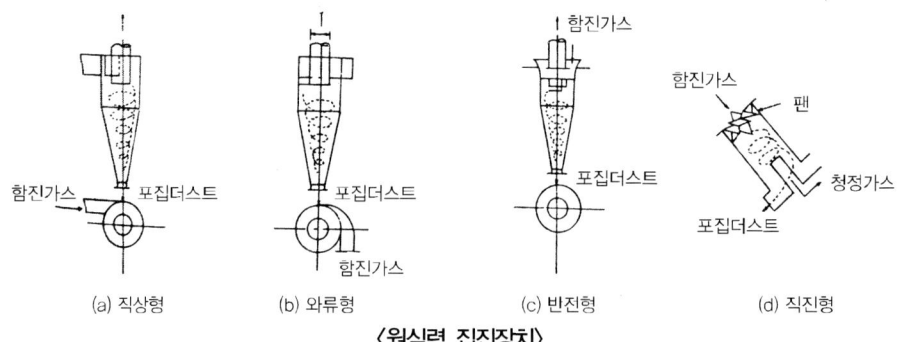

〈원심력 집진장치〉

④ 여과식 : 함진가스를 여과제(filter)를 통하여 분리, 포착하는 방식이다. 내면여과방식과 표면여과방식으로 나뉘며 표면여과방식 중 대표적인 백(bag) 필터가 있다

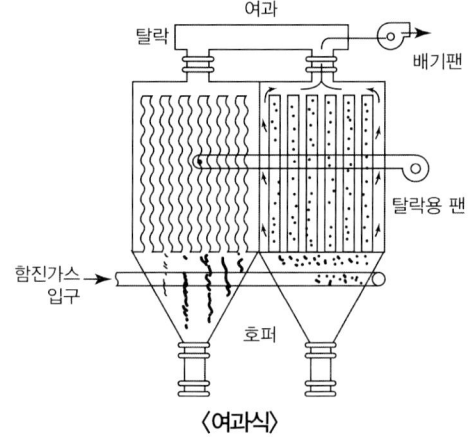

〈여과식〉

⑤ 전기식(습식에도 포함된다) : 고압의 직류전원을 사용하여 방전극 근처에서 양이온과 자유 전자로부터 이루어지는 프라스마 형성에 의해 입자를 전리하는 방식으로 이러한 방전을 코로나 방전현상이라 하며 가스 중 함유입자는 음이온으로 되어 부착 분리되어 제거하는 장치이다. (코트렐 집진장치가 대표적이다.)

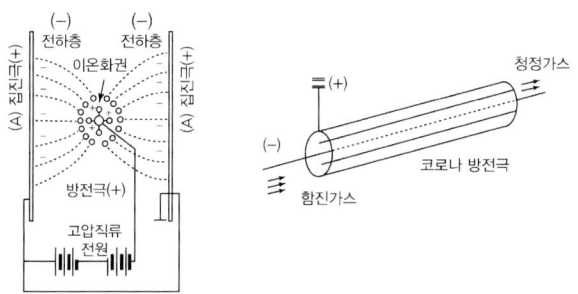

〈코로나 방전관〉

※ 특징
① 압력손실이 적다.
② 적용범위가 넓다.

③ 더스트의 외부 배출이 용이하다.
④ 미세입자의 포집이 용이하고 가장 높은 집진율을 얻을 수 있다.

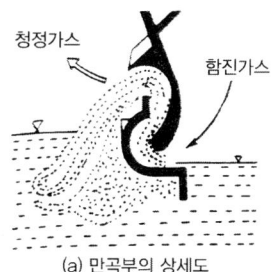  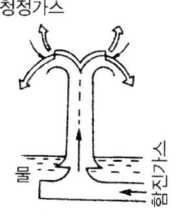 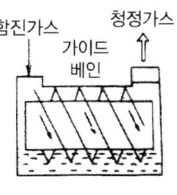
　(a) 만곡부의 상세도　　　(b) 로우터형　　　(c) 분수형　　　(d) 나선가이드 베인형

〈유수식 세정 집진장치의 예〉

② 가압수식 : 물을 가압공급하여 함진가스를 세정하여 분리제거하는 방식으로 벤튜리젯트, 싸이클론스크레버 형식과 충전탑이 있다.
③ 유수식

※ 집진 장치 선정시 고려할 사항
　㉠ 입도분포　㉡ 입자비중　㉢ 입자 밀도　㉣ 입자 형상
　㉤ 용적　　　㉥ 온도　　　㉦ 부식성　　　㉧ 점성 및 폭발성

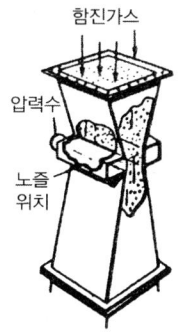

〈벤튜리 스크러버〉

13 지름 3m인 완전한 구(sphere)형의 풍선 안에 6kg의 기체가 있다. 기체의 비체적 (m^3/kg)은?

① $\dfrac{\pi}{4}$　　② $\dfrac{\pi}{2}$　　③ $\dfrac{3\pi}{4}$　　④ π

해설　$V = \dfrac{\pi D^3}{6} = \dfrac{3.14 \times 3^3}{6} = 14.13$

비체적 = $\dfrac{14.13\,m^3}{6\,kg} = 2.355\,m^3/kg$

∴ $\dfrac{3 \times 3.14}{4} = 2.355$

13. ③

14

기체연료의 특징에 대한 설명으로 틀린 것은?

① 화염온도의 상승이 비교적 용이하다.
② 연소장치의 온도 및 온도분포의 조절이 어렵다.
③ 다량으로 사용하는 경우 수송 및 저장 등이 불편하다.
④ 연소 후에 유해성분의 잔류가 거의 없다.

 기체연료의 특징
① 적은 공기량으로 완전연소 시킬 수 있다.
② 가스누설시 폭발의 위험이 있다.
③ 발열량이 낮은 연료로 고온을 얻을 수 있다.
④ 운반, 저장이 어렵다.
⑤ 황분, 회분이 거의 없어 전열면 오손이 없다.
⑥ 연소효율 및 점화효율이 좋다.
⑦ 고온도 분위기 조성
⑧ 집중가열, 균일가열 분위기 조성
⑨ 연소후 유해성분의 잔류가 거의 없다.
⑩ 화염 온도의 상승이 비교적 용이하다.

15

0.4kmol의 CO_2가 온도 150℃, 압력 80kPa일 때의 체적은? (단, 기체상수 $\overline{R}$은 8.314kJ/kmol·K이다.)

① $2.7m^3$ ② $17.5m^3$
③ $20.7m^3$ ④ $30.5m^3$

 $PV = mRT$

$$V = \frac{mRT}{P} = \frac{0.4 \times 8.314 \times (273+180)}{80} = 17.58 m^3$$

16

기체연료와 그 제조방법에 대한 설명 중 옳은 것은?

① 액화천연가스 : 석유정제과정에서 생성되는 프로판·부탄을 주체로 하는 가스를 압축 액화한다.
② 액화석유가스 : 석유의 경질유분을 ICI식, CRG식, 사이클링식 등의 개질장치로 분해한다.
③ 나프타분해가스 : 알라스카 중동 등지에서 생산되는 가스를 그대로 액화시킨다.
④ 대체천연가스 : 납사 등을 특수조건하에서 분해하여 천연가스와 동등한 특성을 가진 가스로 제조한다.

17 기체연료 연소장치인 가스버너의 특징에 대한 설명으로 틀린 것은?
① 연소 성능이 좋고 고부하 연소가 가능하다.
② 연소조절이 용이하며 속도가 빠르다.
③ 연소의 조절범위가 좁고 보수가 어렵다.
④ 매연이 적어 공해 대책에 유리하다.

해설 가스버너의 특징
① 연소의 조절범위가 넓고 보수가 쉽다.
② 매연이 적어 공해 대책에 유리하다.
③ 연소조절이 용이하며 속도가 빠르다.
④ 연소성능이 좋고 고부하 연소가 가능하다.

18 석탄의 공업분석 시 필수적으로 측정하는 항이 아닌 것은?
① 수분　　　　　　　　② 황분
③ 휘발분　　　　　　　④ 회분

해설 고정탄소＝100−(수분＋회분＋휘발분)

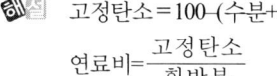

19 기체연료를 $1m^3$씩 완전연소시켰을 때 연소가스가 가장 많이 발생하는 것은?
① 일산화탄소　　　　　② 프로판
③ 수소　　　　　　　　④ 부탄

해설 기체연료 $1m^3$ 완전연소시 연소가스 발생량
① $2CO + 1O_2 \rightarrow 2CO_2$
　　$2 \times 22.4 \, m^3$　　$2 \times 22.4 \, m^3$　　$x = \dfrac{1m^3 \times 2 \times 22.4 \, m^3}{2 \times 22.4} = 1m^3$
　　$1m^3$　　　　　x

② $C_3H_8 + 5O_2 \rightarrow 3CO_2 + 4H_2O$
　　$22.4 \, m^3$　　　　　$3 \times 22.4 \, m^3$
　　$1m^3$　　　　　x　　$x = \dfrac{1m^3 \times 3 \times 22.4 \, m^3}{22.4 \, m^3} = 3m^3$

③ $2H_2 + 1O_2 \rightarrow 2H_2O$
　　2×22.4　　　　2×22.4
　　1　　　　　　　x　　$x = \dfrac{1 \times 2 \times 22.4}{2 \times 22.4} = 1m^3$

④ $2C_4H_{10} + 13O_2 \rightarrow 8CO_2 + 10H_2O$
　　2×22.4　　　　　8×22.4
　　1　　　　　　　x　　$x = \dfrac{8 \times 22.4 \, m^3}{2 \times 22.4} = 4m^3$

20
열은 일로 일은 열로 전환시킬 수 있다는 것은 열역학 제 몇 법칙에 해당되는가?

① 0법칙   ② 1법칙   ③ 2법칙   ④ 3법칙

해설 열역학법칙
① 열역학 0법칙(열평형의 법칙 = 온도를 정의)
② 열역학 제1법칙(에너지보존의 법칙)
  ㉠ 일은 열로 열은 일로 변화시킬 수 있다(제1종영구기관).
  ㉡ 열과 일의 관계 : 1kcal = 427kg·m = 4.186KJ
③ 열역학 제2법칙(엔트로피의 법칙 = 일할 수 있는 능력의 법칙)
  ㉠ 일은 열로 변화시킬 수 있지만 열은 일로 변화시킬 수 없다.
  ㉡ 일은 소비하지 않고 열을 저온체에서 고온체로 이동시킬 수 없다(클라우시우스).
④ 열역학 제3법칙
  ㉠ 어떤 경우라도 절대온도 0K에 도달할 수 없다는 법칙

제2과목 : 계측 및 에너지 진단

21
아래 자동제어계에 대한 블록선도로부터 ⓐ, ⓑ, ⓒ를 옳게 표기한 것은?

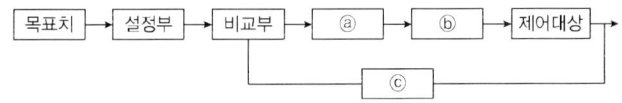

① ⓐ : 조작부, ⓑ : 조절부, ⓒ : 검출부
② ⓐ : 조절부, ⓑ : 조작부, ⓒ : 검출부
③ ⓐ : 조절부, ⓑ : 검출부, ⓒ : 조작부
④ ⓐ : 조작부, ⓑ : 검출부, ⓒ : 조절부

해설 피드백제어
① 피드백 제어(feed-back control system) : 자동제어방식의 기본적인 것으로 신호에 의하여 주어진 목표값과 조작한 결과인 제어량이 원인이 되어 제어동작을 되돌려 진행하는 것으로 출력측의 신호를 입력측으로 돌려보내는 조작으로 폐회로를 구성한다.(보일러의 기본 제어이다)

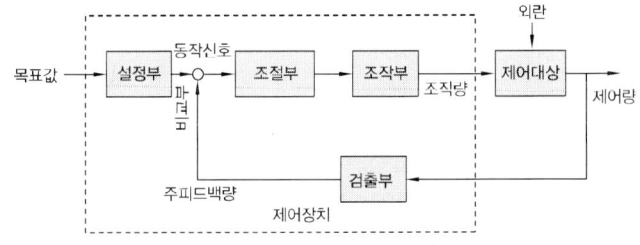

〈피드백 제어장치 회로〉

㉠ 제어량 : 제어대상에 대한 전체량 가운데 제어코자하는 목적의 량
㉡ 제어대상 : 제어를 행하려는 대상물
㉢ 목표값 : 제어의 출력이 소정의 값을 만족하도록 목표를 세운 외부에서 주어진 값
㉣ 검출부 : 제어대상으로부터 압력이나 온도, 유량 등의 제어량을 검출하여 신호로 만드는 역할을 하는 부분
㉤ 조절부 : 동작신호를 받아 규정된 동작을 하기 위해 조작신호를 만들어 조작부로 보내는 부분
㉥ 조작부 : 실제의 제어대상에 그 역할을 하는 부분으로 조작신호를 받아서 조작량으로 변환한다.
㉦ 외란 : 제어계를 혼란시키는 외적작용으로 가스유량, 탱크주위온도, 가스공급압, 공급온도 및 목표값 변경 등의 변화를 말한다.
㉧ 기준입력 : 목표값과 피드백 신호를 비교하기 위하여 주피드백신호와 같은 종류의 신호로 목표값을 변화시켜 제어계의 폐쇄 루프에 입력하는 입력신호를 말한다.
㉨ 동작신호 : 주피드백량과 기준입력을 비교하여 얻어들여진 편차량신호를 말하는 것으로 조절부의 입력이 되는 것이다.
㉩ 시퀀스제어(sequence control system) : 피드백 제어에 의하지 않고 정해진 순서에 따라 제어단계를 순차적으로 진행하는 방식

22
저항온도계의 종류가 아닌 것은?

① 서미스터 온도계   ② 백금 저항온도계
③ 니켈 저항온도계   ④ CA 저항온도계

 저항온도계의 종류
① 백금저항온도계   ② 니켈저항온도계
③ 동저항온도계   ④ 서미스터온도계

23
상당증발량에 대한 정의로 옳은 것은?

① 보일러 발생열량을 이용하여 표준대기압하에서 100°C의 포화증기를 100°C의 포화수로 만들 수 있는 증기량을 말한다.
② 보일러 발생열량을 이용하여 표준대기압하에서 80°C의 환수를 100°C의 포화증기로 만들 수 있는 증기량을 말한다.
③ 보일러 발생열량을 이용하여 표준대기압하에서 100°C의 포화수를 100°C의 포화증기로 만들 수 있는 증기량을 말한다.
④ 보일러 발생열량을 이용하여 표준대기압하에서 0°C의 물을 100°C의 포화증기로 만들 수 있는 증기량을 말한다.

22. ④   23. ③

24

여러 성분의 가스를 분석할 수 있으며 분리성능이 매우 좋고 선택성이 뛰어나 기체 및 비점 300°C 이하의 액체시료 분석에 사용되는 분석기는?

① 오르자트 분석기 ② 적외선 가스분석기
③ 가스크로마토그래피 ④ 도전율식 가스분석기

해설 가스크로마토그래피 : 분리성능이 매우 좋고 선택성이 뛰어나 기체 및 비점 300°C이하의 액체 시료 분석에 사용
① 캐리어가스 : H_2, He, N_2, Ar
② 부품 및 성분 : 컬럼(분리관), 기록계, 압력계, 항온조, 유량조절기, 가스샘플
③ 충진제 : 활성탄, 실리카겔, 소바비드, 뮬레큘러시브
④ 분리가 잘 안될 때 : 시료주입구 온도 높인다.

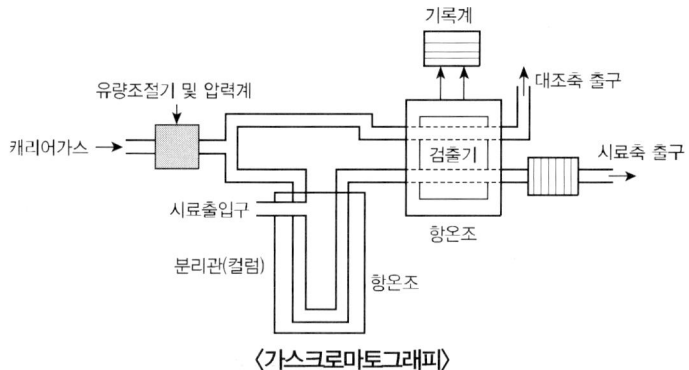

〈가스크로마토그래피〉

25

유체의 정의에 대한 설명으로 틀린 것은?

① 유체는 그것을 담은 용기에 따라 형상이 달라진다.
② 유체는 정지 상태에 있을 때에는 전단력을 받지 않는다.
③ 유체는 분자상호간의 거리와 운동범위가 고체보다 작다.
④ 아무리 작은 전단력을 받더라도 저항하지 못하고 연속적으로 변형한다.

26

다음 중 접촉식 온도계가 아닌 것은?

① 바이메탈온도계 ② 백금저항온도계
③ 열전대온도계 ④ 광고온계

해설 비접촉식 온도계
① 광고온도계 ② 방사온도계 ③ 광전관식온도계 ④ 색온도계

27 펌프로 물을 양수할 때, 흡입관의 압력이 진공 압력계로 50mmHg일 때, 절대 압력은? (단, 대기압은 750mmHg으로 가정한다.)
① 1.13MPa ② 0.09MPa
③ 0.03MPa ④ 0.01MPa

  진공절대압력 = 대기압 − 진공게이지압력 = 750−50 = 700mmHg
$= \dfrac{700}{750} \times 1.0332 \text{ kg/cm}^2 = 0.921 \text{ kg/cm}^2 \div 10 \text{ kg/cm}^2/1\text{MPa} = 0.092 \text{ MPa}$

28 보일러 수위 제어용으로 액면에서 부자가 상하로 움직이며 수위를 측정하는 방식은?
① 직관식 ② 플로트식
③ 압력식 ④ 방사선식

29 동일 측정 조건하에서 어떤 일정한 영향을 주는 원인에 의하여 생기는 오차를 무슨 오차라고 하는가?
① 우연오차 ② 계통오차
③ 과실오차 ④ 필연오차

  • 우연오차 : 원인을 알 수 없는 오차로서 측정할 때마다 일정하지 않고 산포에 의해 일어나는 오차
  • 계통오차 : 발생된 원인이 명백하여 보정이 가능한 오차
    ① 측정기자체의 오차   ② 지시의 지연에 따른 오차   ③ 개인오차

30 자동제어의 특징으로 가장 거리가 먼 것은?
① 생산성이 향상되어 원가 절감이 가능하다.
② 제품의 균일화 등 품질향상을 기할 수 있다.
③ 사람이 할 수 없는 곤란한 작업도 가능하다.
④ 사농화에 의한 안전성 저해와 인건비 증가를 수반한다.

31 미세한 압력 측정용으로 가장 적절한 압력계는?
① 부르돈관식 ② 벨로즈식
③ 경사관식   ④ 분동식

32

부르돈관식 압력계에서 부르돈관의 재료로 가장 거리가 먼 것은?
① 납 ② 인청동
③ 스테인리스강 ④ 황동

해설 2차압력계
① 브르돈관 압력계(bourdon tube)
  ㉠ 고압장치에 가장 많이 사용되는 압력계로 2차 압력계의 대표적이다.
  ㉡ 브르돈관의 재질은 저압인 경우에는 황동, 청동, 인청동 등을 사용하며 고압일 때는 니켈강 등 특수강을 사용한다.
  ㉢ 암모니아용, 아세틸렌용 압력계에는 Cu 및 Cu 합금의 사용을 금하고 연강재를 사용한다.
  ㉣ 산소용 압력계는 '금유'라는 표시가 되어 있는 전용의 것을 사용한다.
  ㉤ 금속의 탄성원리를 이용한 압력계로 상용압력의 1.5배 이상 2배 이하의 눈금이 있는 것을 사용한다.

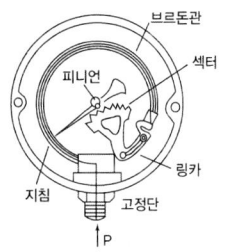
〈브르돈관식 압력계〉

② 다이어프램 압력계(격막식 압력계)
  ㉠ 미소한 압력을 측정할 때 사용(+, -차압을 측정할 수 있다)
  ㉡ 재질은 고무, 테프론, 양은, 스테인리스 등이 쓰이며 측정 가능 범위는 공업용이 20~5000[mmAq]이다.
  ㉢ 부식성 유체의 측정이 가능하다.
  ㉣ 온도의 영향을 받기 쉽다.
  ㉤ 측정의 응답속도가 빠르다.
  ㉥ 이상압력으로 파손되어도 위험성이 작다.

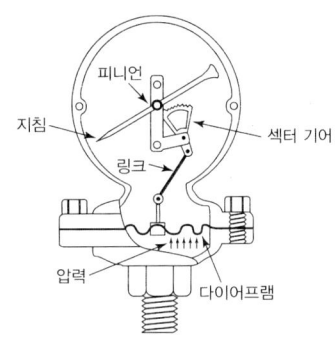
〈다이어프램 압력계〉

③ 벨로우즈 압력계
  ㉠ 신축에 의한 압력을 이용한다.
  ㉡ 유체 내의 먼지 등의 영향이 적고 압력 변동에 적응하기 어렵다.
  ㉢ 측정압력은 0.01~10[kg/cm^2], 정밀도는 ±1~2[%]이다.

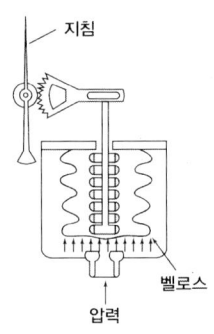
〈벨로스 압력계〉

33

보일러 열정산에서 출열 항목에 속하는 것은?
① 연료의 현열 ② 연소용 공기의 현열
③ 노내 분입 증기의 보유열량 ④ 미연분에 의한 손실열

해설 입열항목과 출열항목
① 연료의 현열(입열)   ② 연소용 공기의 현열(입열)
③ 노내 분입 증기열(입열)   ④ 미연분에 의한 손실열(출열)

34
다음 그림은 증기압력 제어에서 병렬제어 방식의 구성을 표시한 것이다. ( )에 적당한 용어는?

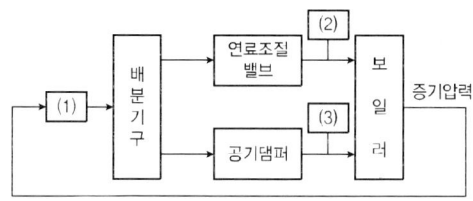

① (1) : 압력조절기, (2) : 목표치, (3) : 제어량
② (1) : 조작량, (2) : 설정신호, (3) : 공기량
③ (1) : 압력조절기, (2) : 연료공급량, (3) : 공기량
④ (1) : 연료공급량, (2) : 공기량, (3) : 압력조절기

35
보일러에서 3요소식 수위제어장치의 검출 대상은?
① 수위, 급수량, 증기량   ② 수위, 급수량, 연소량
③ 급수량, 연소량, 증기량   ④ 급수량, 증기량, 공기량

해설 수위제어방식
① 1요소식 : 수위
② 2요소식 : 수위, 급수량
③ 3요소식 : 수위, 급수량, 증기량

36
국제단위계(SI)의 유도단위계에 속하는 것은?
① 미터(m)   ② 켈빈(K)
③ 칸델라(cd)   ④ 라디안(rad)

해설 · 유도단위
① 넓이 : m^2 ② 부피 : m^3 ③ 속도 : m/s   ④ 각속도 : rad/s
⑤ 각가속도 : rad/s^2 ⑥ 밀도 : kg/m^3 ⑦ 휘도 : Cd/m^2
⑧ 힘(N) : $kg·m/s^2$ ⑨ 압력(Pa) : N/m^2 ⑩ 에너지(J) : N·m
· 기본단위 (7개)
① kg(질량)   ② m(길이)   ③ sec(시간)   ④ A(전류=암페어)
⑤ K(온도=켈빈)   ⑥ mol(몰=물질량)   ⑦ Cd(광도 = 칸델라)

34. ③   35. ①   36. ④

37

아래 그림과 같은 피드백(Feed-back)제어계의 등가 합성 전달 함수는?

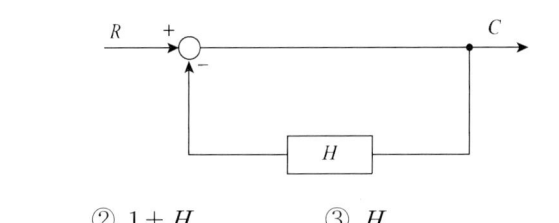

① $\dfrac{1}{H}$ ② $1+H$ ③ H ④ $\dfrac{1}{1+H}$

38

접촉식 온도계로서 내화물의 내화도 측정에 주로 사용되는 온도계는?

① 제게르콘(segercone)
② 백금저항온도계
③ 기체식압력온도계
④ 백금-백금・로듐 열전대온도계

해설 제겔콘온도계 : 내화물의 내화도 측정(600~2000℃)

39

초음파 유량계의 원리는 무엇을 응용한 것인가?

① 제벡 효과   ② 도플러 효과
③ 바이메탈 효과   ④ 펠티에 효과

해설 초음파유량계의 원리 : 도플러효과(어떤 파동의 파동원가 반사체의 상대속도에 따라 소리나 전기기파의 진동수와 파장이 바뀌는 현상)
(소리를 내는 관찰자가 움직일 때의 소리의 진동수가 정지해있을 때 들리는 소리의 진동수가 다르기 때문)

40

제어계의 동작을 위한 기구요소에 대한 설명으로 틀린 것은?

① 스프링(spring) : 노즐의 변위를 압력으로 변화시킨다.
② 파일럿 밸브(pilot valve) : 변위량을 증폭시키는데 이용된다.
③ 벨로즈(bellows) : 일종의 주름통이며 단독보다는 스프링과 조합하여 사용하며 압력 제한기나 압력조절기 등이 이에 속한다.
④ 다이어프램(diaphragm) : 얇은 박판으로서 외압의 변화로 격막판이 팽창이나 수축을 하면서 압력변화를 위치변화로 전환한다.

제3과목 : 열설비구조 및 시공

41 아래 벽체구조의 열관류율(kcal/h · m² · ℃) 값은? (단, 이때 내측 열저항 값은 0.05 m² · h · ℃/kcal, 외측 열저항 값은 0.13m² · h · ℃/kcal이다.)

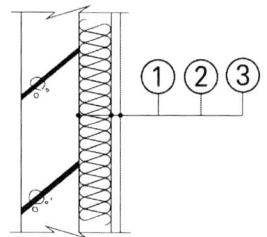

재료	두께(mm)	열전도율(kcal/h · m² · ℃)
내측		
① 콘크리트	250	1.4
② 글라스울	100	0.031
③ 석고보드	20	0.20
외측		

① 0.27 ② 0.37 ③ 0.47 ④ 0.57

$$K = \frac{1}{\frac{1}{\alpha_1} + \frac{d_1}{\lambda_1} + \frac{d_2}{\lambda_2} + \frac{d_3}{\lambda_3} + \frac{1}{\alpha_2}}$$
$$= \frac{1}{\left(0.05 + \frac{0.25}{1.4} + \frac{0.1}{0.031} + \frac{0.02}{0.2} + 0.13\right)}$$
$$= 0.2714 \, kcal/m^2 \cdot h \cdot ℃$$

42 보일러 분출장치의 설치 목적으로 가장 거리가 먼 것은?
① 보일러수의 농축을 방지한다.
② 전열면에 스케일 생성을 방지한다.
③ 보일러의 저수위 운전을 방지한다.
④ 프라이밍이나 포밍의 발생을 방지한다.

 분출장치 설치 목적
　① 관수 PH 조절　　　　② 관수농축방지
　③ 프라이밍, 포밍발생방지　④ 슬러지나 스케일 생성방지
　⑤ 부식방지

43 인젝터의 특징에 관한 설명으로 틀린 것은?
① 구조가 간단하고 소형이다.　② 별도의 소요 동력이 필요하다.
③ 설치장소를 적게 차지한다.　④ 시동과 정지가 용이하다.

해설 인젝터 : 보일러에서 발생한 증기를 사용해서 급수하는 방식으로 증기압 2[kg/cm²] 이상의 증기로 공급되는 급수를 가열하며 공급하게 된다. 이때 급수는 인젝터작용에 의하여 보일러 내의 압력 이상의 압력으로 변하게 된다.

증기의 열에너지 → 운동 에너지로 변화 → 압력 에너지로 변화 → 급수

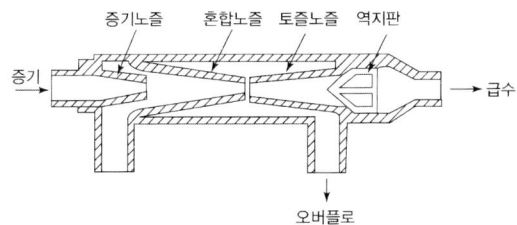

〈인젝터의 구조〉

※ 특징
　① 장점
　　㉠ 동력이 필요 없다.
　　㉡ 설치장소를 적게 차지한다.
　　㉢ 구조가 간단하며 가격이 저렴하다.
　　㉣ 급수가 예열되어 열응력 발생을 방지한다.
　② 단점
　　㉠ 흡입양정이 낮아 급수조절이 어렵다.
　　㉡ 증기압이 낮으면 급수가 곤란하다.
　　㉢ 구조상 소용량이다.
　　㉣ 급수온도가 높아지면 급수가 곤란하다.

※ 인젝터 작동불능원인
　① 증기 속에 수분이 많이 포함되었다.
　② 증기압력이 낮거나(2kg/cm²) 너무 높다(10kg/cm² 이상).
　③ 급수온도가 높다(50℃ 이상)
　④ 흡입측의 공기 누입
　⑤ 노출부의 마모·파손
　⑥ 인젝터 과열시

※ 작동순서
　① 인젝터 출구측 밸브를 연다.　　② 인젝터 급수 밸브를 연다.
　③ 인젝터 증기 밸브를 연다.　　　④ 인젝터 조절 핸들을 연다.

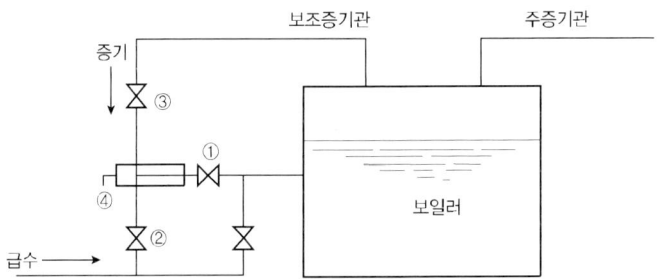

44 다음 중 가마 내의 부력을 계산하는 식은? (단, 가스의 밀도(kg/m³) : p, 가마의 높이 (m) : H, 외기의 온도(K) : T_o, 가스의 평균 온도(K) : T_c이다.)

① $355 \times \rho \times H \left(\dfrac{1}{T_o} - \dfrac{1}{T_c} \right)$ mmHg
② $355 \times \rho \left(\dfrac{1}{T_o} - \dfrac{1}{T_c} \right)$ mmHg
③ $273 \times \rho \times H \left(\dfrac{1}{T_o} - \dfrac{1}{T_c} \right)$ mmHg
④ $273 \times H \left(\dfrac{1}{T_o} - \dfrac{1}{T_c} \right)$ mmHg

45 연속식 요에서 터널요의 구성요소가 아닌 것은?
① 건조대　② 예열대　③ 소성대　④ 냉각대

해설　터널요의 구성요소 : ① 예열대　② 소성대　③ 냉각대

46 내화물이 구비하여야 할 물리적, 화학적 성질이 아닌 것은?
① 팽창 또는 수축이 적을 것
② 사용온도에서 연화 또는 변화하지 않을 것
③ 온도의 급격한 변화에 의한 파손이 적을 것
④ 상온에서는 압축강도가 작아도 좋으나 사용온도에서는 커야 함

해설　내화물의 구비조건(용융점이 높은 비금속물질을 말하며 한국공업규격 내화물의 내화도 SK26번 (1580℃) 이상))
① 팽창 또는 수축이 적을 것
② 내화도가 높을 것(융점이 높을 것)
③ 사용온도에서 연화 또는 변화하지 않을 것
④ 급격한 온도 변화에 견딜 것(스폴링에 견딜 것)
⑤ 마모에 강할 것
⑥ 열용량은 축열 및 연료손실에 따른 조건을 구비할 것
⑦ 열전도도는 목적에 맞게 적거나 클 것
⑧ 화학적 침식에 저항력이 있을 것

47 노통 보일러에서 노통에 직각으로 설치한 것으로 전열면적을 증가시키고 물의 순환도 좋게 하며, 노통을 보강하는 역할도 하는 것은?
① 파형노통
② 아담스 조인트(Adamson joint)
③ 갤로웨이관(galloway tube)
④ 거싯 스테이(gusset stay)

해설　갤로웨이관 : ① 노통의 강도 보강　② 관수순환촉진　③ 전열면적증가

44. ③　45. ①　46. ④　47. ③

48 머플(Muffle)로에 대한 설명 중 틀린 것은?
① 간접 가열로이다.
② 열원은 주로 가스가 사용된다.
③ 로 내는 높은 진공분위기가 된다.
④ 소형품의 담금질과 뜨임가열에 이용된다.

해설 머플로는 내열강재의 용기를 외부에서 가열하고 그 용기속에 열처리품을 장입하여 간접가열하는 가스로이다. 열효율이 좋지 않으나 제품을 균일하게 가열할 수 있으며 제품의 담금질과 뜨임가열에 이용된다. 또한 불꽃이 직접적으로 재료에 닿지 않으므로 재료의 손상이 적다.

49 플레어 접합은 일반적으로 관경 몇 mm 이하의 동관에 대하여 적용하는가?
① 10mm ② 20mm ③ 30mm ④ 40mm

50 다음 중 산성내화물이 아닌 것은?
① 샤모트질 내화물 ② 반규석질 내화물
③ 돌로마이트질 내화물 ④ 납석질 내화물

해설
· 산성질 내화물 : ① 샤모트질 ② 납석질 ③ 규석질
· 중성질 내화물 : ① 탄소질 ② 크롬질 ③ 고알루미나질
· 염기성 내화물 : ① 마그네시아질 ② 돌로마이트질

51 착화를 원활하게 하는 보염기(stabilizer)의 종류가 아닌 것은?
① 축류식 선회기 ② 반경류식 선회기
③ 대류식 선회기 ④ 혼류식 선회기

해설 보염기의 종류
① 축류식선회기 ② 혼류식선회기 ③ 반경류식선회기

52 입형 보일러의 특징에 대한 설명으로 틀린 것은?
① 내분식 보일러이다. ② 설치면적을 작게 할 수 있다.
③ 대용량, 고압용으로 사용된다. ④ 내부청소 및 검사가 곤란하다.

> **해설** 입형보일러의 특징
> ① 소용량, 저압용으로 사용
> ② 연소실이 좁아 완전연소 곤란
> ③ 효율이 낮다.
> ④ 내분식 보일러이다.
> ⑤ 내부청소 및 검사가 곤란하다.

53

배관의 이음법 중 폴리에틸렌관의 이음법에 해당하지 않는 것은?

① 융착 슬리브 이음
② 테이퍼 조인트 이음
③ 인서트 이음
④ 콤포 이음

> **해설** 폴리에틸렌관의 이음법
> ① 용착슬리브이음 : 관끝의 외면과 조인트 내면을 동시에 가열용융접합
> ② 테이퍼조인트접합 : 유니온과 같은 형식으로 포금제 테이퍼조인트 사용접합
> ③ 인서트조인트접합 : 50A 이하의 접합 클램프와 인서트소켓 사용접합

54

층류와 난류의 유동상태 판단의 척도가 되는 무차원수는?

① 마하수   ② 프란틀수
③ 넛셀수   ④ 레이놀즈수

> **해설** 층류와 난류의 유동상태 판단의 척도 : 레이놀즈수

55

노통연관 보일러의 특징에 대한 설명으로 틀린 것은?

① 전열면적이 넓어서 노통보일러보다 효율이 좋다.
② 패키지형으로 설치공사의 시간과 비용을 절약할 수 있다.
③ 노통에 의한 내분식이므로 열손실이 적다.
④ 증발량이 많아 증기발생 소요시간이 길다.

> **해설** 노통연관 보일러의 특징
> ① 내분식이므로 열손실이 적다.
> ② 전열면적이 넓어 노통보일러 보다 효율이 좋다.
> ③ 구조가 복잡하여 청소, 수리가 곤란하다.
> ④ 급수처리가 까다롭다.
> ⑤ 증발속도가 빨라 과열로 인한 스케일 부착이 쉽다.

53. ④   54. ④   55. ④

56

열역학적 트랩의 종류로 옳은 것은?

① 디스크 트랩
② 플로트 트랩
③ 버킷 트랩
④ 바이메탈 트랩

해설 증기트랩의 종류
① 기계적 트랩 : 포화수와 포화증기의 비중차이용 (버킷트랩, 플로트트랩)
② 온도조절 트랩 : 포화수와 포화증기의 온도차 이용 (바이메탈, 벨로우즈)
③ 열역학적 트랩 : 포화수와 포화증기의 열역학적 특성차 이용 (오리피스트랩, 디스크트랩)

57

탄산마그네슘 보온재에 관한 설명으로 틀린 것은?

① 물 반죽을 하여 사용한다.
② 안전사용 온도는 약 250℃ 이하이다.
③ 석면 85%, 탄산마그네슘 15%를 배합한 것이다.
④ 방습 가공한 것은 습기가 많은 곳의 옥외 배관에 적합하다.

해설 탄산마그네슘 85%, 석면 15% 배합한 것

58

보일러 설비에 관한 설명으로 틀린 것은?

① 보일러 본체는 온수 또는 증기를 발생시키는 부분이다.
② 절탄기, 공기예열기 등은 보일러 열효율 증대장치이다.
③ 연소열을 보일러수에 전달하는 면을 전열면이라 한다.
④ 관 속에 물이 흐르고 외부의 연소가스에 의해 가열되는 관은 연관이다.

해설 ·연관 : 관속에 연소가스가 흐르고 관외부에 물이 흐름
·수관 : 관속에 물이 흐르고 관외부에 연소가스가 흐름

59

증기의 압력에너지를 이용하여 피스톤을 작동시켜 급수를 행하는 비동력 펌프는?

① 볼류트펌프　　② 터빈펌프
③ 워싱턴펌프　　④ 프로펠러펌프

해설 왕복식펌프
① 워싱턴 펌프　② 웨어 펌프　③ 플린저 펌프

60

벽돌을 105℃~120℃사이에서 건조시킨 무게를 W, 이것을 물속에서 3시간 끓인 후 물속에서 유지시킨 무게를 W_1, 물속에서 꺼내어 표면 수분을 닦은 무게를 W_2라고 할 때 겉보기 비중을 구하는 식은?

① $\dfrac{W}{W-W_1}$ ② $\dfrac{W}{W-W_2}$

③ $\dfrac{W}{W_2-W_1}$ ④ $\dfrac{W-W_2}{W_2-W_1}$

제4과목 : 열설비 취급 및 안전관리

61

보일러 운전 중 연소장치 이상에 따른 소화현상의 발생 사고에 대한 원인으로 틀린 것은?

① 연소 장치의 기계적 고장의 경우
② 통풍장치의 고장으로 공기량이 부족한 경우
③ 수분의 혼입이나 통풍에 의한 통풍교란의 경우
④ 스트레이너가 막혀서 펌프흡입구에서 급유온도가 상승하여 압력이 갑자기 올라갈 경우

62

에너지이용 합리화법에서 정한 에너지관리자에 대한 교육기간은?

① 1일
② 2일
③ 3일
④ 5일

63

보일러의 정상 정지 시 유의사항으로 틀린 것은?

① 남은 열로 인한 증기 압력 상승을 확인한다.
② 노벽 및 전열면의 급랭을 방지힐 수 있는 조치를 한다.
③ 작업종료 시까지 필요한 증기를 남겨놓고 운전을 정지한다.
④ 상용수위보다 낮게 급수한 후 드레인 밸브를 연다.

60. ①　61. ④　62. ③　63. ④

64 신설 보일러의 소다끓이기(soda boiling) 작업 시 사용할 수 있는 약품으로 가장 거리가 먼 것은?
① 염화나트륨   ② 탄산나트륨
③ 수산화나트륨   ④ 제3인산나트륨

해설
· 소다끓이기(보링) : 설치, 제작시 부착된 페인트 유지, 녹등을 제거하기 위해 동내부에 소다계통의 약액을 주입하고 가압하여(0.3~0.5 kg/cm²) 2~3일간 끓여 반복분출
· 사용약액 : ① 가성소다   ② 탄산소다   ③ 재3인산소다

65 중유보일러의 연소가스 중 부식을 일으키는 성분은?
① 공기   ② 황화수소
③ 아황산가스   ④ 이산화탄소

해설 저온부식
① SO_2 ② SO_3 ③ H_2SO_4

66 에너지법에서 에너지공급자가 아닌 자는?
① 에너지 수입사업자   ② 에너지 저장사업자
③ 에너지 전환사업자   ④ 에너지사용시설의 소유자

해설 에너지 공급자
① 에너지생산사업자   ② 에너지저장사업자   ③ 에너지수입사업자   ④ 에너지전환사업자

67 보일러 수처리에서 용해 고형물의 불순물을 처리하는 순환기 외처리 방법은?
① 여과   ② 응집침전
③ 전염탈염   ④ 침강분리

해설 외처리 방법
① 용존산소 제거법 : ㉠ 탈기법 ㉡ 기폭법
② 불순물제거법 : ㉠ 침전법 ㉡ 여과법 ㉢ 응집법
③ 용해고형물제거법 : ㉠ 이온교환법 ㉡ 약제법 ㉢ 증류법

68 증기의 건도(x)가 '0'이면 무엇을 말하는가?
① 포화수   ② 습증기   ③ 과열증기   ④ 건포화증기

정답 64. ①　65. ③　66. ④　67. ③　68. ①

해설
① 포화수엔탈피 : $(x) = 0$
② 건포화증기탈피 : $(x) = 1$
③ 과열증기엔탈피 : $x > 1$

69 보일러의 외부 청소방법이 아닌 것은?
① 산세법 ② 수세법
③ 스팀 쇼킹법 ④ 워터 쇼킹법

해설 외부청소방법 : ① 스팀쇼킹법 ② 워터쇼킹법 ③ 수세법 ④ 샌드블로우법

70 부식의 종류 중 균열을 동반하는 부식에 속하는 것은?
① 점식 ② 틈새부식 ③ 수소취화 ④ 탈성분부식

71 보일러 급수 중의 불순물이 용해되어 전열면벽에 고착하지 않고 동체 저부(低部)에 침전되는 것은?
① 스케일 ② 부유물 ③ 슬러지 ④ 슬래그

72 보일러 운전 중 역화방지 대책에 대한 설명으로 옳은 것은?
① 점화 시 착화는 천천히 한다.
② 노 내에 연료를 우선 공급한 후 공기를 공급한다.
③ 점화 시 댐퍼를 닫고 미연소가스를 배출시킨 뒤 점화한다.
④ 실화 시 재점화 할 때는 노 내는 충분히 환기시킨 후 점화한다.

73 증발관과 같이 열 부하가 높은 관의 집중과열점 부근에서 수산화나트륨의 농도가 대단히 높아져 pH의 상승으로 부식이 심하게 일어나는 것을 무엇에 의한 부식이라고 하는가?
① 알칼리에 의한 부식 ② 염화마그네슘에 의한 부식
③ 증기분해에 의한 부식 ④ 산세척에 의한 부식

69. ① 70. ③ 71. ③ 72. ④ 73. ①

74 백색분말로 흡습성은 없으나, 승화와 강의 부식 억제성을 가지고 있는 약품은?
① 생석회
② VCI(Volatile Corrosion Inhibitor)
③ 실리카겔
④ 활성알루미나

75 에너지이용합리화법에 따라 국가·지방자치단체 등이 추진하여야하는 에너지의 효율적 이용과 온실가스의 배출 저감을 위하여 필요한 조치의 구체적인 내용은 무엇으로 정하는가?
① 산업통상자원부령
② 고용노동부령
③ 대통령령
④ 환경부령

76 수질이 산성인지 알칼리성인지를 판단할 수 있는 값을 나타내는 기호는?
① °dH
② pH
③ ppm
④ ppb

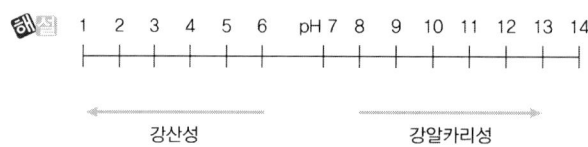

77 에너지이용합리화법상 에너지의 이용효율을 높이기 위하여 관계 행정기관의 장과 협의하여 건축물의 단위 면적당 에너지사용목표량을 정하여 고시하여야 하는 자는?
① 산업통상자원부장관
② 환경부장관
③ 시·도지사
④ 국무총리

78 산업통상자원부장관은 에너지이용 합리화를 위하여 에너지를 소비하는 에너지사용기자재 중 산업통상자원부령이 정하는 기자재에 대하여 고시할 수 있는 사항이 아닌 것은?
① 에너지의 소비효율 또는 사용량의 표시
② 에너지의 소비효율 등급기준 및 등급표시
③ 에너지의 소비효율 또는 생산량의 측정방법
④ 에너지의 최저소비효율 또는 최대사용량의 기준

79 보일러의 설계에 있어 고려해야 할 사항으로 틀린 것은?

① 보일러는 최대 사용량에 대하여 충분한 증발과 표면적을 갖도록 설계되어야 하며 모든 관군에서 순환이 잘 되어야 한다.
② 보일러와 부속기기는 운전 및 보수, 청소 등이 용이하게 설계되어야 하며 수시 점검을 위한 검사구 및 맨홀 등을 갖추어야 한다.
③ 보일러 노벽은 서냉이 되도록 하고 연소실은 완전 연소가 이루어지도록 충분한 체적이 되게 한다.
④ 연소실은 공기가 잘 통하도록 하여야 하며 물청소를 할 수 없는 구조로 설계한다.

80 에너지법에서 사용하는 용어에 대한 설명으로 틀린 것은?

① "에너지"란 연료·열 및 전기를 말한다.
② "에너지사용자"란 에너지시설의 판매자 또는 공급자를 말한다.
③ "에너지사용기자재"란 열사용기자재나 그 밖에 에너지를 사용하는 기자재를 말한다.
④ "에너지사용시설"이란 에너지를 사용하는 공장·사업장 등의 시설이나 에너지를 전환하여 사용하는 시설을 말한다.

해설 에너지 사용자 : 에너지 사용시설의 소유자, 관리자, 점유자

79. ④ 80. ②

2016년 제1회 에너지관리산업기사 출제문제

제1과목 : 열역학 및 연소관리

01 기체연료 연소 장치 중 가스버너의 특징으로 틀린 것은?
① 공기비 제어가 불가능하다.
② 정확한 온도제어가 가능하다.
③ 연소상태가 좋아 고부하 연소가 용이하다.
④ 버너의 구조가 간단하고 보수가 용이하다.

해설 가스버너의 특징
① 공기비제어가 가능하다.
② 버너의 구조가 간단하고 보수가 용이하다.
③ 연소상태가 좋아 고부하 연소가 가능하다.
④ 정확한 온도제어가 가능하다.

02 고열원 300°C와 저열원 30°C의 사이클로 작동되는 열기관의 최고 효율은?
① 0.47 ② 0.52 ③ 1.38 ④ 2.13

해설 $Q = \dfrac{T_1 - T_2}{T_1} = \dfrac{(273+300)-(273+30)}{(273+300)} = 0.471$

03 공기 1kg을 15°C로부터 80°C로 가열하여 체적이 0.8m³에서 0.95m³로 되는 과정에서의 엔트로피 변화량은? (단, 밀폐계로 가정하며, 공기의 정압비열은 1.004kJ/kg·K이며, 기체상수는 0.287kJ/kg·K이다.)
① 0.2kJ/K ② 1.3kJ/K ③ 3.8kJ/K ④ 6.5kJ/K

해설 정압과정의 엔트로피 변화량
$\Delta S = G \cdot C_p \cdot \ln\left(\dfrac{T_2}{T_1}\right) = 1 \times 1.004 \times \ln\left(\dfrac{273+80}{273+15}\right) = 0.204$

정답 1. ① 2. ① 3. ①

04. 열역학 제2법칙에 대한 설명으로 옳은 것은?

① 음식으로 섭취한 화학에너지는 운동에너지로 변한다.
② 0°C의 물과 0°C의 얼음은 열적 평형상태를 이루고 있다.
③ 증기 기관의 운동에너지는 연료로부터 나온 에너지이다.
④ 효율이 100%인 열기관은 만들 수 없다.

해설 열역학 제 2법칙(엔트로피의 법칙)
① 100%의 열효율 기관은 만들 수 없다.
② 클라우시스 : 일을 소비하지 않고 열을 저온체에서 고온체로 이동시킬 수 없다.
③ 켈빈-플랭크 : 고온체로부터 받은 열량을 전부 일로 전환시키는 열기관은 있을 수 없으며 그 일부는 반드시 저온체로 전달되어야 한다.
④ 하나의 열원에서 열을 취득하여 그것을 전부일로 바꾸고 다른 것으로는 아무런 변화를 일으키지 않고 계속하여 작용하는 기관

05. 안전밸브의 크기에 대한 선정원칙은?

① 증발량과 증기압력에 비례한다.
② 증발량과 증기압력에 반비례한다.
③ 증발량에 반비례하고, 증기압력에 비례한다.
④ 증발량에 비례하고, 증기압력에 반비례한다.

해설 안전밸브 크기 선정원칙 : 증발량에 비례하고, 증기압력에 반비례한다.

06. 폴리트로픽 지수가 무한대($n = \infty$)인 변화는?

① 정온(등온)변화
② 정적(등적)변화
③ 정압(등압)변화
④ 단열변화

해설 폴리트로픽지수(n)
$n = 0$ (등압변화) $n = 1$ (등온변화)
$n = k$ (단열변화) $n = \infty$ (등적변화)

07. 가솔린 기관의 이론 표준 사이클인 오토사이클(Otto cycle)의 4가지 기본과정에 포함되지 않는 것은?

① 정압가열
② 단열팽창
③ 단열압축
④ 등적방열

해설 오토사이클

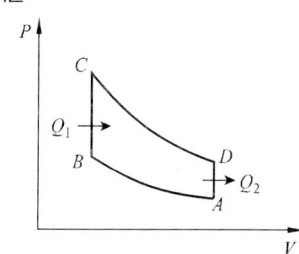 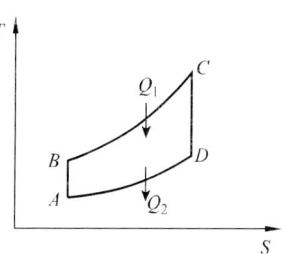

㉠ A–B : 단열압축 ㉡ B–C : 등적가열
㉢ C–D : 단열팽창 ㉣ D–A : 등적방열

참고 카르노사이클의 P-V 선도

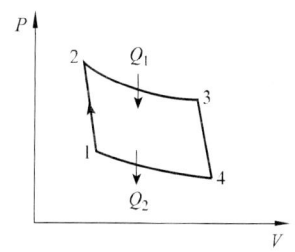

① 1–2 : 단열압축 ② 2–3 : 등온팽창
③ 3–4 : 단열팽창 ④ 4–1 : 등온압축

냉동사이클 선도

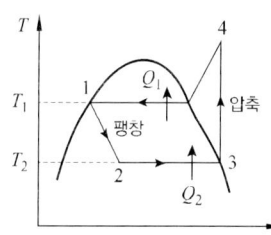 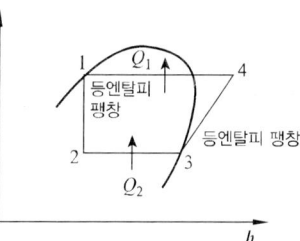

① 1–2(단열팽창=등엔탈피팽창) : 팽창밸브를 지나 교축팽창시키면 엔탈피가 일정한 상태에서 압력과 온도가 내려가 습증기가 된다.
② 2–3(등온팽창) : 습증기가 증발기에 들어가서 외부로부터 Q_2를 받아 증발하여 냉동시키려는 물체를 냉각
③ 3–4(단열압축) : 건포화증기의 냉매를 압축기로 과열증기로 만듦
④ 4–1(등온압축=냉각과정) : 과열증기가 압축기에 의해 냉각되어 열량 Q_1을 방출하고 포화액으로 되는 등온 냉각과정

08 기름 5kg을 15°C에서 115°C까지 가열하는데 필요한 열량은? (단, 기름의 평균 비열은 0.65kcal/kg·°C이다.)

① 325kcal ② 422kcal ③ 510kcal ④ 525kcal

해설 $Q = G.C.\Delta t$ = 5kg × 0.65kcal/kg°C × (115–15) = 325 kcal

09

탄소 72.0%, 수소 5.3%, 황 0.4%, 산소 8.9%, 질소 1.5%, 수분 0.9%, 회분 11.0%의 조성을 갖는 석탄의 고위 발열량은?

① 4990kcal/kg ② 5890kcal/kg
③ 6990kcal/kg ④ 7266kcal/kg

$$Hh = 8100C + 34000\left(H - \frac{O}{8}\right) + 2500S$$
$$= \left(8100 \times 0.72 + 34000\left(0.053 - \frac{0.089}{8}\right) + 2500 \times 0.004\right)$$
$$= 7265.75 \text{ kcal/kg}$$

10

증발잠열이 0kcal/kg이고, 액체와 기체의 구별이 없어지는 지점을 무엇이라고 하는가?

① 포화점 ② 임계점 ③ 비등점 ④ 기화점

임계점 : 증발잠열이 0kcal/kg이고 액체와 기체의 구별이 없어지는 지점.

11

표준대기압하에서 메탄(CH_4), 공기의 가연성 혼합기체를 완전 연소시킬 때 메탄 1kg을 연소시키기 위해서 필요한 공기량은? (단, 공기 중의 산소는 23.15wt%이다.)

① 4.4kg ② 17.3kg ③ 21.1kg ④ 28.8kg

CH_4 + $2O_2$ → CO_2 + $2H_2O$
16 kg   2×32 kg   44kg   2×18 kg
22.4 m³   2×22.4 m³   22.4m³   2×22.4m³

∴ 16 kg = 2×32 kg
1 kg = x

$$x = \frac{1\,kg \times 2 \times 32\,kg}{16\,kg} = 4\,kg(\text{이론산소량})$$

$$A_o(\text{이론공기량}) = \frac{\text{이론산소량}}{0.232} = \frac{4}{0.232} = 17.278\,kg/kg$$

12

C중유 1kg을 연소시켰을 때 생성되는 수증기 양은? (단, C중유의 수소함량은 11%로 하고, 기타 수분은 없는 것으로 가정한다.)

① 0.52Nm³/kg ② 0.75Nm³/kg
③ 1.00Nm³/kg ④ 1.23Nm³/kg

$W = 1.244(9H + W) = 1.244 \times (9 \times 0.11) = 1.23\,Nm^3/kg$

13 과열증기에 대한 설명으로 가장 적합한 것은?
① 보일러에서 처음 발생한 증기이다.
② 습포화증기의 압력과 온도를 높인 것이다.
③ 건포화증기를 가열하여 온도를 높인 것이다.
④ 액체의 증발이 끝난 상태로 수분이 전혀 함유되지 않는 증기이다.

14 공기비(m)에 대한 설명으로 옳은 것은?
① 공기비는 이론공기량을 실제공기량으로 나눈 값이다.
② 어떠한 연료든 연료를 연소시킬 경우 이론 공기량보다 더 적은 공기량으로 완전연소가 가능하다.
③ 일반적으로 연료를 완전연소 시키기 위해 실제 공기량이 적을수록 좋으며 열효율도 증대 된다.
④ 실제 공기비는 연료의 종류에 따라 다르며, 연료와 공기의 접촉면적 비율이 작을수록 커진다.

해설 $m = \dfrac{A(\text{실제공기량})}{A_0(\text{이론공기량})}$

15 다음 랭킨사이클에서 1-2과정은 보일러 및 과열기에서의 열 흡수, 2-3은 터빈에서의 일, 3-4는 응축기에서의 열 방출, 4-1은 펌프의 일을 표시할 때, 열효율을 나타내는 식은? (단, h_1, h_2, h_3, h_4는 각 지점에서의 엔탈피를 나타낸다.)

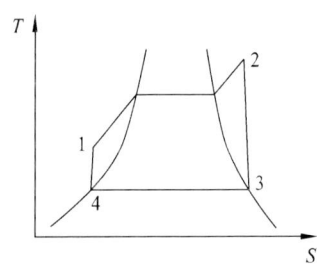

① $\dfrac{h_3 - h_4}{h_2 - h_1}$

② $1 - \dfrac{h_3 - h_4}{h_2 - h_1}$

③ $1 - \dfrac{h_2 - h_3}{h_2 - h_1}$

④ $\dfrac{h_1 - h_4}{h_2 - h_1}$

해설 $\eta = \dfrac{W}{Q_1} = \dfrac{W_T - W_P}{Q_1}$
$= \dfrac{(h_2 - h_3) - (h_1 - h_4)}{h_2 - h_1} = \dfrac{(h_2 - h_1) - (h_3 - h_4)}{h_2 - h_1} = 1 - \dfrac{h_3 - h_4}{h_2 - h_1}$
∴ $Q_1 = h_2 - h_1$, $Q_2 = h_3 - h_4$에 해당된다.

정답 13. ③ 14. ④ 15. ②

16 다음 과정 중 등온과정에 가장 가까운 것으로 가정할 수 있는 것은?
① 공기가 500rpm으로 작동되는 압축기에서 압축되고 있다.
② 압축공기를 이용하여 공기압 이용 공구를 구동한다.
③ 압축공기 탱크에서 공기가 작은 구멍을 통해 누설된다.
④ 2단 공기 압축기에서 중간냉각기 없이 대기압에서 500kPa까지 압축한다.

17 공급열량과 압축비가 일정한 경우에 다음 중 효율이 가장 좋은 것은?
① 오토사이클
② 디젤사이클
③ 사바테사이클
④ 브레이튼사이클

18 물질의 상 변화와 관계있는 열량을 무엇이라 하는가?
① 잠열
② 비열
③ 현열
④ 반응열

해설
· 현열 : 상태변화 없이 온도만 변화하는 것
· 잠열 : 온도변화 없이 상태만 변화하는 것

19 어떤 계가 한 상태에서 다른 상태로 변할 때, 이 계의 엔트로피의 변화는?
① 항상 감소한다.
② 항상 증가한다.
③ 항상 증가하거나 불변이다.
④ 증가, 감소, 불변 모두 가능하다.

해설 어떤 계가 한 상태에서 다른 상태로 변할 때 : 이 계의 엔트로피 변화는 증가, 감소, 불변 모두 가능하다.

20 어떤 증기의 건도가 0보다 크고 1보다 작으면 어떤 상태의 증기인가?
① 포화수
② 습증기
③ 포화증기
④ 과열증기

해설 포화수 = 0   습증기 = 0 < x < 1   포화증기 = 1   과열증기 = 1 > 0

16. ③   17. ①   18. ①   19. ④   20. ②

제2과목 : 계측 및 에너지 진단

21 아르키메데스의 원리를 이용하여 측정하는 액면계는?

① 액압측정식 액면계 ② 전극식 액면계
③ 편위식 액면계 ④ 기포식 액면계

해설 편위식 액면계 : 아르키메데스의 원리를 이용 측정하는 액면계

22 증기보일러에서 부하율을 올바르게 설명한 것은?

① 최대연속증발량(kg/h)을 실제증발량(kg/h)으로 나눈 값의 백분율이다.
② 실제증발량(kg/h)을 상당증발량(kg/h)으로 나눈 값의 백분율이다.
③ 실제증발량(kg/h)을 최대연속증발량(kg/h)으로 나눈 값의 백분율이다.
④ 상당증발량(kg/g)을 실제증발량(kg/h)으로 나눈 값의 백분율이다.

해설 부하율 = $\dfrac{\text{실제증발량}}{\text{최대연속증발량}} \times 100$

23 보일러 자동제어의 장점으로 가장 거리가 먼 것은?

① 효율적인 운전으로 연료비가 절감된다.
② 보일러 설비의 수명이 길어진다.
③ 보일러 운전을 안전하게 한다.
④ 급수처리 비용이 증가한다.

해설 급수처리 비용이 감소한다.

24 자동제어계에서 제어량의 성질에 의한 분류에 해당되지 않는 것은?

① 서보기구 ② 다수변제어
③ 프로세스제어 ④ 정치제어

해설 자동제어계에서 제어량의 성질에 따른 분류
① 서보기구 : 제어량이 물체의 위치, 방위, 자세 혹은 그 변화로서 있을 때의 피드백제어를 총칭(예 : 항공기의 방향제어, 레이더의 방향 및 선박)
② 프로세스제어 : 도시가스공업, 석유공업, 화학공업 등의 프로세스 공업에 있어서 제품처리를 할 때의 상태량 (온도, 압력, 유량, 농도, 점도, 습도, 액면)
③ 자동조정 : 부하의 전류, 전압, 전력, 주파수 등의 제어완동기가 전동기의 속도제어 및 발전기의 전압, 전류 등의 제어에 사용
④ 다변수제어

정답 21. ③ 22. ③ 23. ④ 24. ④

25
직각으로 굽힌 유리관의 한쪽을 수면 바로 밑에 넣고 다른 쪽은 연직으로 세워 수평방향으로 설치하였다. 수면위로 상승된 높이가 13mm일 때 유속은?
① 0.1m/s
② 0.3m/s
③ 0.5m/s
④ 0.7m/s

해설 $V = \sqrt{2gh} = \sqrt{2 \times 9.8 \times 0.013} = 0.5\,\text{m/sec}$

26
다음 화염검출기 중 가장 높은 온도에서 사용할 수 있는 것은?
① 프레임 로드
② 황화카드뮴 셀
③ 광전관 검출기
④ 자외선 검출기

해설 화염검출기의 종류
① 플레임 아이 : 화염의 발광체
② 플레임 로드 : 화염의 이온화 (전기전도성, 온도가 가장 높음)
③ 스택스위치 : 화염의 발열

27
보일러의 점화, 운전, 소화를 자동적으로 행하는 장치에 관한 설명으로 틀린 것은?
① 긴급연료차단 밸브 : 버너에 연료 공급을 차단시키는 전자밸브
② 유량조절 밸브 : 버너에서의 분사량 조절
③ 스택스위치 : 풍압이 낮아진 경우 연료의 차단신호를 송출
④ 전자개폐기 : 연료 펌프, 송풍기 등의 가동·정지

해설 스택스위치 : 버너분사정지에 수십초가 걸리므로 주로 소용량 보일러에서 사용

28
지르코니아식 O_2 측정기의 특징에 대한 설명 중 틀린 것은?
① 응답속도가 빠르다.
② 측정범위가 넓다.
③ 설치장소 주위외 온도 변화에 영향이 적다.
④ 온도 유지를 위한 전기로가 필요 없다.

해설 세라믹식 O_2계 (지르코니아식O_2계) 특징
① 측정가스 중 가연성 가스가 혼합되어 있으면 측정이 곤란
② 응답속도가 빠르며, 주위조건변화에도 큰 영향이 없다.
③ 측정범위가 대단히 넓다.
④ 측정부의 온도 유지를 위해 전기로가 필요하다.

29

0°C에서의 저항이 100Ω인 저항온도계를 로 안에서 측정 시 저항이 200Ω이 되었다면, 이 로 안의 온도는? (단, 저항온도계수는 0.005이다.)

① 100°C ② 150°C ③ 200°C ④ 250°C

해설 $t = \dfrac{R-R_0}{R_0 \times \alpha} = \dfrac{200-100}{100 \times 0.005} = 200℃$

30

서로 다른 금속의 열팽창계수 차이를 이용하여 온도를 측정하는 것은?

① 열전대 온도계 ② 바이메탈 온도계
③ 측온저항체 온도계 ④ 서미스터

해설 바이메탈 온도계 : 서로 다른 금속의 열팽창 계수 차이를 이용하여 온도측정
· 특징
① 구조가 간단하고 견고하다. ② 고압기기의 온도측정용.
③ 응답속도가 빠르다. ④ 자동온도 기록장치에 사용
⑤ 측정온도 범위 : -50~500°C

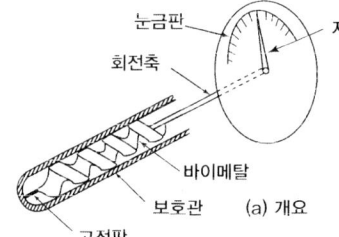

〈바이메탈 온도계〉

31

보일러 연도에서 가스를 채취하여 분석할 때 분석계 입구에서 1차 필터로 주로 사용되는 것은?

① 아런덤 ② 유리솜 ③ 소결금속 ④ 카보런덤

해설 ·1차 필터 : ① 유리솜 ② 솜 ③ 석면
·2차 필터 : ① 카보런덤 ② 알런덤 ③ 소결금속

32

탄성식 압력계가 아닌 것은?

① 부르돈관 압력계 ② 벨로즈 압력계
③ 다이어프램 압력계 ④ 경사관식 압력계

정답 29. ③ 30. ② 31. ② 32. ④

해설 탄성식 압력계의 종류(2차압력계)
① 브르돈관 압력계(bourdon tube)
  ㉠ 고압장치에 가장 많이 사용되는 압력계로 2차 압력계의 대표적이다.
  ㉡ 브르돈관의 재질은 저압인 경우에는 황동, 청동, 인청동 등을 사용하며 고압일 때는 니켈강 등 특수강을 사용한다.
  ㉢ 암모니아용, 아세틸렌용 압력계에는 Cu 및 Cu 합금의 사용을 금하고 연강재를 사용한다.
  ㉣ 산소용 압력계는 '금유'라는 표시가 되어 있는 전용의 것을 사용한다.
  ㉤ 금속의 탄성원리를 이용한 압력계로 상용압력의 1.5배 이상 2배 이하의 눈금이 있는 것을 사용한다.
② 다이어프램 압력계(격막식 압력계)
  ㉠ 미소한 압력을 측정 할 때 사용(+, -차압을 측정할 수 있다)
  ㉡ 재질은 고무, 테프론, 양은, 스테인리스 등이 쓰이며 측정 가능 범위는 공업용이 20~5000[mmAq]이다.
  ㉢ 부식성 유체의 측정이 가능하다.
  ㉣ 온도의 영향을 받기 쉽다.
  ㉤ 측정의 응답속도가 빠르다.
  ㉥ 이상압력으로 파손되어도 위험성이 작다.
③ 벨로우즈 압력계
  ㉠ 신축에 의한 압력을 이용한다.
  ㉡ 유체 내의 먼지 등의 영향이 적고 압력 변동에 적응하기 어렵다.
  ㉢ 측정압력은 0.01~10[kg/cm²], 정밀도는 ±1~2[%]이다.

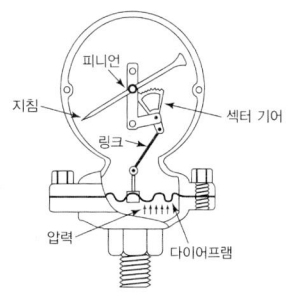
〈다이어프램 압력계〉

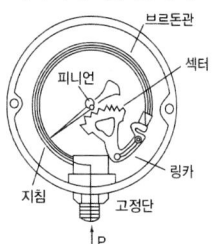
〈브르돈관식 압력계〉

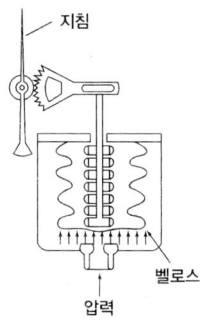
〈벨로스 압력계〉

33. 다음 중 차압식 유량계가 아닌 것은?

① 벤투리 유량계　　　② 오리피스 유량계
③ 피스톤형 유량계　　④ 플로우 노즐 유량계

해설 차압식 유량계 : 관내 교축기구를 설치하여 그전·후 압력차를 이용 순간유량 측정

벤투리미터	플로우미터(노즐)	오리피스미터
① 구조가 복잡하고 교환이 어렵다. ② 압력손실이 가장 적다. ③ 가격이 비싸다. ④ 정밀도가 좋고 내구성이 좋다. ⑤ 침전물 생성 우려가 없고 대형이다.	① 오리피스에 비해 압력손실이 적다. ② 고압유체나 슬러지유체 측정 ③ 동일 조건하에서 오리피스보다 유량통과량이 많다.	① 구조가 간단 제작이나 장착이 용이하다. ② 좁은 장소에 설치가 가능하다. ③ 유체의 압력손실이 가장 크다. ④ 침전물 생성 우려 ⑤ 베르누이 정리 이용

33. ③

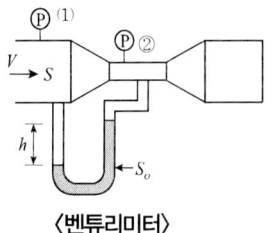
〈벤튜리미터〉

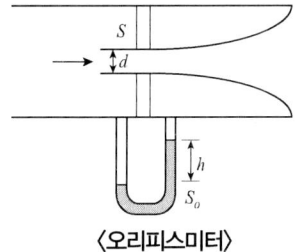
〈오리피스미터〉

34

1ppm이란 용액 몇 kgf의 용질 1mg이 녹아 있는 경우인가?
① 1kgf   ② 10kgf   ③ 100kgf   ④ 1000kgf

해설 · 1PPM : 용액 1kgf 중의 용질 1mg 함유
· 1PPb : 용액 1Ton 중의 용질 1mg 함유

35

다음 중 패러데이(Faraday)법칙을 이용한 유량계는?
① 전자유량계   ② 델타유량계
③ 스와르미터   ④ 초음파유량계

36

보일러 5마력의 상당증발량은?
① 55.65kg/h   ② 78.25kg/h
③ 86.45kg/h   ④ 98.35kg/h

해설 보일러 1마력 : 상당증발량이 15.65kg/h인 보일러의 능력
∴ 1마력=15.65kg/h
　 5마력=x
　 $x = \dfrac{5마력 \times 15.65\,kg/h}{1마력} = 78.25$

37

용적식 유량계의 특징에 대한 설명으로 틀린 것은?
① 맥동의 영향이 적다.
② 직관부는 필요 없으며, 압력손실이 크다.
③ 유량계 전단에 스트레이너가 필요하다.
④ 점도가 높은 경우에도 측정이 가능하다.

해설 **용적식 유량계** : 유량을 일정한 분량으로 측정해서 계속 유체를 보내어 회전수의 회전에 의해 측정하는 방법으로 순도가 높은 측정을 할 수 있는 유량계로서 적산유량에 적합하다.

① 종류

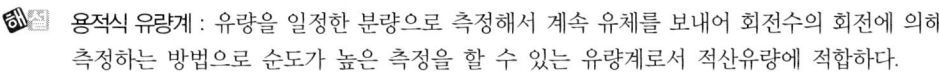

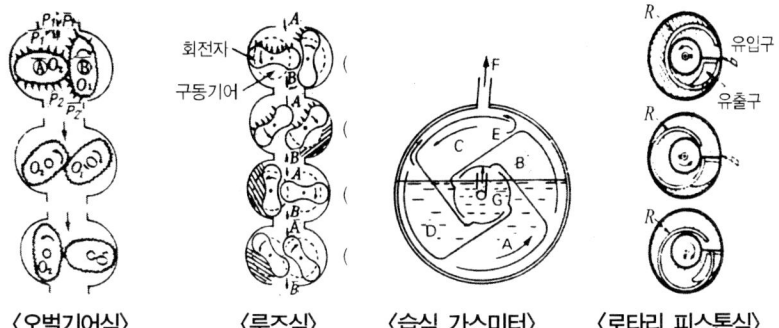

② 특징
　㉠ 고점도 유체 측정에 적합하다.
　㉡ 맥동의 영향이 적어 정도가 높다. (±0.2~0.5)
　㉢ 고형물의 혼입을 막기 위해 입구측에 반드시 여과기를 설치한다.
　㉣ 회전자의 재질은 부식을 방지하기 위해 주철, 포금, 스테인리스 등을 설치한다.

38 다음의 블록 선도에서 피드백제어의 전달함수를 구하면?

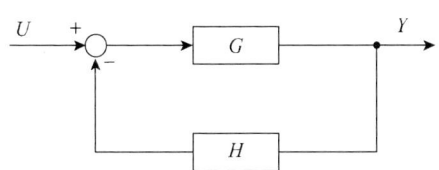

① $F = \dfrac{G}{1-H}$　　② $F = \dfrac{G}{1+H}$

③ $F = \dfrac{G}{1-GH}$　　④ $F = \dfrac{G}{1+GH}$

39 한 시간 동안 연도로 배기되는 가스량이 300kg, 배기가스 온도 240°C, 가스의 평균 비열이 0.32kcal/kg·°C이고, 외기 온도가 –10°C일 때, 배기가스에 의한 손실열량은?

① 14100kcal/h　　② 24000kcal/h
③ 32500kcal/h　　④ 38400kcal/h

해설 $Q = G \cdot C \cdot \triangle t = 300 \times 0.32 \times (240-(-10)) = 24000\,\text{kcal/h}$

38. ④　39. ②

40

다음 공업 계측기기 중 고온측정용으로 가장 적합한 온도계는?

① 유리 온도계 ② 압력 온도계
③ 방사 온도계 ④ 열전대 온도계

해설 열전대 온도계 : 열기전력 이용(접촉식온도계 중 가장 높은 온도 측정)
① PR(백금-백금로듐)(R형)
  ㉠ 산화성 분위기에 가장 강하다.
  ㉡ 환원성 분위기에 약하다.
  ㉢ 금속증기에 침식
  ㉣ 온도 : 0~1600°C
  ㉤ 백금 87%(+극), 백금로듐 13%(-극)
  ㉥ 값이 싸고, 정도가 높고 안정성 우수
  ㉦ 열전대온도계 중 가장 고온 측정
② CA(크로멜-알루멜)(K형)
  ㉠ 크로멜Ni(90%)+Cr(10%), 알루멜(Ni(94%)+Mn(2.5%)+Al(2.0%)+Fe(0.5%)
  ㉡ 산화성 분위기에 약하다.
  ㉢ 온도 : 0~1200°C
③ CC(동-콘스탄탄)(T형)
  ㉠ 수분에 의한 내식성이 크다.   ㉡ 콘스탄탄(Cu(55%)+Ni(45%))
  ㉢ 온도 : -200~350°C   ㉣ 열전대 온도계 중 가장 저온 측정
④ IC(철-콘스탄탄)(J형)
  ㉠ 환원성 분위기에 강하다.   ㉡ 온도 : -20~850°C

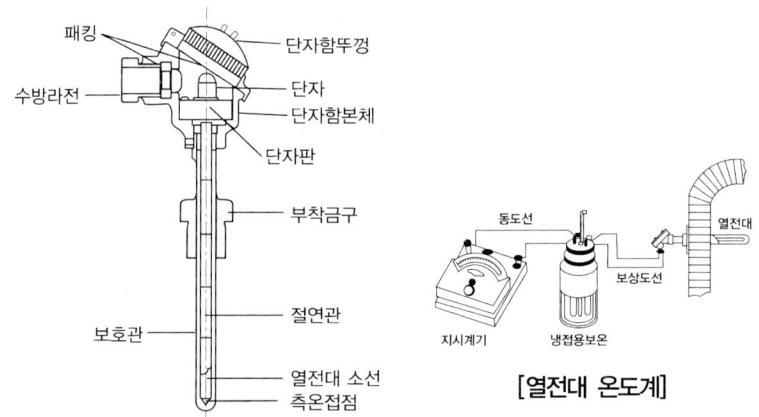

〈열전대 온도계 사용도〉   [열전대 온도계]

- 보상도선 : 열전대의 재료를 전부분에 사용하면 비용이 너무 많이 들기 때문에 측온부의 열전대단자에서 기준접점의 계기까지 거리를 보상도선으로 대용하고 경제적이고 편리하게 종류로는 일반용과 내열용을 나누며 일반용은 105[°C] 정도까지 견디는 비닐피복으로 침수의 위험시에도 절연이 되는 것이며 내열용은 200[°C]까지 견딜 수 있는 글라스울로 절연피복시킨다.

제3과목 : 열설비구조 및 시공

41 마그네시아를 원료로 하는 내화물이 수증기의 작용을 받아 Mg(OH)$_2$을 생성하는데 이 때 큰 비중변화에 의한 체적변화를 일으켜 노벽에 균열이 발생하는 현상은?

① 슬래킹(Slaking) ② 스폴링(Spalling)
③ 버스팅(Bursting) ④ 해밍(Hamming)

해설
· 스폴링(Spalling) : 얇게 금이 가는 현상
· 버스팅(Bursting) : 어떤 현상이 연속적이고 집중적으로 발생하는 것

42 보일러 관석(scale)에 대한 설명 중 틀린 것은?

① 관석이 부착하면 열전도율이 상승한다.
② 수관 내에 관석이 부착하면 관수 순환을 방해한다.
③ 관석이 부착하면 국부적인 과열로 산화, 팽창파열의 원인이 된다.
④ 관석의 주성분은 크게 나누어 황산칼슘, 규산칼슘, 탄산칼슘 등이 있다.

해설 관석(스케일) 부착하면 열전도율이 감소한다.

43 큐폴라에 대한 설명으로 틀린 것은?

① 규격은 매 시간당 용해할 수 있는 중량(ton)으로 표시한다.
② 코크스 속의 탄소, 인, 황 등의 불순물이 들어가 용탕의 질이 저하된다.
③ 열효율이 좋고 용해시간이 빠르다.
④ Al합금이나 가단주철 및 칠드 롤러(Chilled roller)와 같은 대형 주물제조에 사용된다.

해설 용선로(큐폴라)
① 주철의 용해에 사용된다.
② 열효율이 좋고 용해시간이 빠르다.
③ 규격은 매시간당 용해 할 수 있는 중량(톤)으로 표시
④ 코크스속의 탄소, 인, 황 등의 불순물이 들어가 용량의 질이 저하된다.

44 산소를 로(爐)속에 공급하여 불순물을 제거하고 강철을 제조하는 로(爐)는?

① 큐폴라   ② 반사로   ③ 전로   ④ 고로

해설
· 고로 : 광석에서 금속을 얻는 공정에 사용하는 노
· 용광로 : 철광석을 탄소를 이용해 선철을 만들거나 납, 구리 등의 제련할 때 사용

41. ① 42. ① 43. ④ 44. ③

45 매 초당 20 L의 물을 송출시킬 수 있는 급수 펌프에서 양정이 7.5 m, 펌프효율이 75%일 때, 펌프의 소요 동력은?
① 4.34 kW
② 2.67 kW
③ 1.96 kW
④ 0.27 kW

해설 $kW = \dfrac{r \times Q \times H}{102 \times E} = \dfrac{1000 \times 0.02 \times 7.5}{102 \times 0.75} = 1.96\,kW$

46 검사대상기기의 계속사용검사 중 산업통상자원부령으로 정하는 항목의 검사에 불합격한 경우 일정 기간 내 그 검사에 합격할 것을 조건으로 계속 사용을 허용한다. 그 기간은 몇 개월 이내인가? (단, 철금속가열로는 제외한다.)
① 6개월
② 7개월
③ 8개월
④ 10개월

47 강판의 두께가 12 mm이고 리벳의 직경이 20 mm이며, 피치가 48 mm의 1줄 겹치기 리벳 조인트가 있다. 이 강판의 효율은?
① 25.9%
② 41.7%
③ 58.3%
④ 75.8%

해설 강판의 효율 $= \dfrac{48-20}{48} \times 100 = 58.33\%$

48 다음 중 수관식 보일러에 속하는 것은?
① 노통보일러
② 기관차형보일러
③ 바브콕보일러
④ 횡연관식보일러

해설 수관식 보일러
① 자연순환식 수관 보일러 : 바브콕, 쓰네기찌, 타꾸마, 2동D형, 3동A형
② 강제순환식 수관 보일러 : 벨록스, 라몽
③ 관류식 수관 보일러 : 슬처어, 옛모스, 벤숀, 람진

49 다음 중 산성내화물의 주요 화학 성분은?
① SiO_2
② MgO
③ FeO
④ SiC

해설 산성내화물의 주요화학성분 : SiO_2(이산화규소 = 실리카겔)

50 증기배관에서 감압밸브 설치 시 주의점에 대한 설명으로 가장 거리가 먼 것은?
① 감압밸브는 부하설비에 가깝게 설치한다.
② 감압밸브 앞에는 스트레이너를 설치하여야 한다.
③ 감압밸브 1차측의 관 축소시 동심레듀셔를 설치하여야 한다.
④ 감압밸브 앞에는 기수분리기나 트랩을 설치하여 응축수를 제거한다.

해설 감압밸브 1차 측 관축소시 편심레듀셔를 사용한다.

51 수관보일러와 비교하여 원통보일러의 특징으로 틀린 것은?
① 형상에 비해서 전열면적이 적고, 열효율은 수관보일러보다 낮다.
② 전열면적당 수부의 크기는 수관보일러에 비해 크다.
③ 구조가 간단하므로 취급이 쉽다.
④ 구조상 고압용 및 대용량에 적합하다.

해설 원통형 보일러의 특징
① 구조상 고압, 대용량에 부적합
② 급수처리가 간단하다.
③ 수면이 넓어 기수공발이 적다.
④ 구조가 간단하고 취급이 용이하다.
⑤ 청소, 검사, 수리가 용이
⑥ 관수의 보유수량이 많다, 부하변동에 큰 영향이 없다.
⑦ 예열부하가 커서 부하에 대응하기 어렵다.
⑧ 전열면적이 적어 효율이 낮다.
⑨ 보유수량이 많아 폭발시 피해가 크다.

52 관류보일러의 특징으로 틀린 것은?
① 관(管)으로만 구성되어 기수드럼이 필요하지 않기 때문에 간단한 구조이다.
② 전열 면적당 보유수량이 많기 때문에 발생까지의 시간이 많이 소요된다.
③ 부하변동에 의해 압력변동이 생기기 쉽기 때문에 급수량 및 연료량의 자동제어 장치가 필요하다.
④ 충분히 수 처리된 급수를 사용하여야 한다.

해설 관류보일러의 특징 : 하나의 관에서 급수펌프로 공급된 관수가 예열, 증발, 과열이 동시에 일어나는 형식
특징
① 순환이 $\left(\dfrac{급수량}{증발량}\right)$가 1이어서 드럼이 필요없다.
② 전열 면적이 크고 효율이 높다.   ③ 가동부하가 짧아 부하측에 대응하기 쉽다.
④ 고압이므로 증기의 열량이 크다.   ⑤ 완벽한 급수처리를 해야 한다.

50. ③   51. ④   52. ②

⑥ 내부구조복잡, 청소, 검사, 수리가 곤란   ⑦ 급수의 유속을 균일하게 유지해야 한다.
⑧ 부하변동에 대응해야 한다.

53

검사대상기기의 검사종류 중 제조검사에 해당되는 것은?
① 구조검사   ② 개조검사
③ 설치검사   ④ 계속사용검사

54

큐폴라(Cupola)의 다른 명칭은?
① 용광로   ② 반사로   ③ 용선로   ④ 평로

55

오르자트(orsat) 가스분석기로 측정할 수 있는 성분이 아닌 것은?
① 산소(O_2)   ② 일산화탄소(CO)
③ 이산화탄소(CO_2)   ④ 수소(H_2)

해설 오르자트 가스 분석기
① CO_2 : KOH 30% 수용액
② O_2 : 알카리성 피롤카롤 용액
③ CO : 암모니아성 염화제1동용액

56

어느 대향류 열교환기에서 가열유체는 80℃로 들어가서 30℃로 나오고 수열유체는 20℃로 들어가서 30℃로 나온다. 이 열교환기의 대수 평균온도차는?
① 25℃   ② 30℃   ③ 35℃   ④ 40℃

해설 대수평균온도차 $= \dfrac{(T_1-t_2)-(T_2-t_1)}{\ln\dfrac{(T_1-t_2)}{(T_2-t_1)}} = \dfrac{(80-30)-(30-20)}{\ln\dfrac{(80-30)}{(30-20)}} = 24.86℃$

57

단열벽돌을 요로에 사용 시 특징에 대한 설명으로 틀린 것은?
① 축열 손실이 적어진다.
② 전열 손실이 적어진다.
③ 노내 온도가 균일해지고, 내화물의 배면에 사용하면 내화물의 내구력이 커진다.
④ 효과적인 면도 적지 않으나 가격이 비싸므로 경제적인 이익은 없다.

정답 53. ①   54. ③   55. ④   56. ①   57. ④

58 다음 중 박스 트랩(box trap) 중 하나로 주로 아파트 및 건물의 발코니 등의 바닥 배수에 사용하여 상층의 배수 침투 및 악취 분출 방지역할을 하는 트랩은?
① 벨 트랩
② S 트랩
③ 관 트랩
④ 그리스 트랩

 벨트랩 : 아파트 및 건물의 발코니 등의 바닥배수에 사용하여 상층의 배수침투 및 악취분출 방지역할

59 보일러 검사를 받는 자에게는 그 검사의 종류에 따라 필요한 사항에 대한 조치를 하게 할 수 있다. 그 조치에 해당되지 않는 것은?
① 비파괴검사의 준비
② 수압시험의 준비
③ 운전성능 측정의 준비
④ 보온단열재의 열전도 시험준비

60 열사용기자재 중 검사대상기기에 해당되는 것은?
① 태양열 집열기
② 구멍탄용 가스보일러
③ 제2종 압력용기
④ 축열식 전기보일러

검사대상기기
① 강철제보일러   ② 주철제보일러   ③ 온수보일러
④ 1종, 2종 압력용기   ⑤ 철금속가열로

제4과목 : 열설비 취급 및 안전관리

61 강철제 보일러의 최고 사용압력이 1.6 MPa일 때 수압시험 압력은 최고 사용압력의 몇 배로 계산하는가?
① 최고 사용압력의 1.3배
② 최고 사용압력의 1.5배
③ 최고 사용압력의 2배
④ 최고 사용압력의 3배

강철제 보일러의 수압시험 압력
① 최고사용압력이 0.43 MPa이하 : P×2
② 최고사용압력이 0.43 초과 1.5 MPa 이하 : P×1.3+0.3
③ 최고사용압력이 1.5 MPa 초과 : P×1.5배

58. ①   59. ④   60. ③   61. ②

62 일반적으로 보일러를 정지시키기 위한 순서로 옳은 것은?
① 연료차단 – 공기차단 – 주증기밸브 폐쇄 – 댐퍼 폐쇄
② 연료차단 – 공기차단 – 주증기밸브 폐쇄 – 댐퍼 개방
③ 공기차단 – 연료차단 – 주증기밸브 폐쇄 – 댐퍼 폐쇄
④ 주증기밸브 폐쇄 – 공기차단 – 연료차단 – 댐퍼 개방

해설 보일러 정지시키는 순서
연료공급차단 → 공기차단 → 주증기밸브 폐쇄 → 댐퍼 폐쇄

63 증기보일러 가동 중 과부하 상태가 될 때 나타나는 현상으로 틀린 것은?
① 프라이밍(priming)발생이 적어진다.
② 단위연료당 증발량이 작아진다.
③ 전열면 증발률은 증가한다.
④ 보일러 효율이 떨어진다.

해설 프라이밍 발생이 많아진다.

64 pH가 높으면 보일러 수중의 경도 성분인 (㉠), (㉡) 등의 화합물의 용해도가 감소되기 때문에 스케일 부착이 어렵게 된다. ㉠, ㉡에 들어갈 적당한 용어는?

    ㉠   ㉡   ㉠   ㉡
① 망간, 나트륨   ② 인산, 나트륨
③ 탄닌, 나트륨   ④ 칼슘, 마그네슘

해설 PH가 높으면 수중의 경도성분인 Ca, Mg 등의 화합물의 용해도가 감소되기 때문에 스케일 부착이 어렵게 된다.

65 보일러 가동 중 연료소비의 과대 원인으로 가장 거리가 먼 것은?
① 연료의 발열량이 낮을 경우
② 연료의 예열온도가 높을 경우
③ 연료 내 물이나 협잡물이 포함된 경우
④ 연소용 공기가 부족한 경우

해설 연료의 예열온도가 낮은 경우

정답 62. ① 63. ① 64. ④ 65. ②

66 압력 0.1 kg/cm²의 증기를 이용하여 난방을 하는 경우 방열기 내의 증기 응축량은? (단, 0.1 kg/cm²에서의 증발잠열은 538 kcal/kg이다.)

① 13.5 kg/m²·h ② 12.1 kg/m²·h
③ 1.35 kg/m²·h ④ 1.21 kg/m²·h

 증기응축수량 = $\dfrac{Q \times A}{r} = \dfrac{650\,\text{kcal/m}^2}{538\,\text{kcal/kg}} = 1.205\,\text{kg/m}^2\text{h}$

Q(증기방열기 방열량) 650kcal/m²h
A(소요방열면적) m²

67 다음 소형 온수보일러 중 에너지이용합리화법에 의한 검사대상기기는?

① 전기 및 유류겸용 소형온수보일러
② 유류를 연료로 쓰는 가정용 소형온수보일러
③ 도시가스 사용량이 20만kcal/h 이하인 소형온수보일러
④ 가스 사용량이 17 kg/h를 초과하는 소형온수보일러

검사대상기기

구분	검사대상기기	적용범위
보일러	강철제보일러 주철제보일러	[아래에 해당하는 것은 제외] 1. 최고사용압력이 0.1 MPa 이하이고, 동체의 안지름이 300 mm 이하이며, 길이가 600 mm 이하인 것 2. 최고사용 압력이 0.1 MPa 이하이고, 전열면적이 5 m² 이하인 것 3. 2종 관류보일러 4. 온수를 발생시키는 보일러로서 대기개방형인 것
	소형온수보일러	가스를 사용하는 것으로서 가스사용량이 17 kg/h(도시가스는 232.6 kW)를 초과하는 것
압력용기	1종, 2종 압력용기	열사용기자재의 압력용기의 적용범위에 따른다.
요로	철금속가열로	정격용량이 0.58 MW를 초과하는 것

68 에너지이용합리화법에 따라 다음 중 효율관리 기자재가 아닌 것은?

① 자동차 ② 컴퓨터
③ 조명기기 ④ 전기세탁기

효율관리기자재
① 자동차 ② 전기냉방기 ③ 전기냉장고
④ 전기세탁기 ⑤ 조명기기 ⑥ 삼상유도전동기

69

보일러에서 압력계에 연결하는 증기관(최고사용 압력에 견디는 것)을 강관으로 하는 경우 안지름은 최소 몇 mm 이상으로 하여야 하는가?

① 6.5 mm
② 12.7 mm
③ 15.6 mm
④ 17.5 mm

해설 압력계안지름
① 동관 : 6.5 mm 이상
② 강관 : 12.7 mm 이상

70

에너지이용합리화법에 따른 한국에너지공단의 사업이 아닌 것은?

① 열사용 기자재의 안전관리
② 도시가스 기술의 개발 및 도입
③ 신에너지 및 재생에너지 개발사업의 촉진
④ 에너지이용 합리화 및 이를 통한 온실가스의 배출을 줄이기 위한 사업과 국제협력

해설 한국에너지공단의 사업
① 에너지진단 및 에너지관리지도
② 신에너지 및 재생에너지 개발사업의 촉진
③ 에너지관리에 관한 조사·연구·교육 및 홍보
④ 에너지이용 합리화사업을 위한 토지·건물 및 시설 등의 취득·설치·운영·대여 및 양도
⑤ 집단에너지사업의 촉진을 위한 지원 및 관리
⑥ 에너지사용기자재의 효율관리 및 열사용기자재의 안전관리
⑦ 사회취약계층의 에너지이용 지원
⑧ 에너지이용 합리화 및 이를 통한 온실가스의 배출을 줄이기 위한 사업
⑨ 에너지기술의 개발·도입·지도 및 보급
⑩ 에너지이용 합리화, 신에너지 및 재생에너지의 개발과 보급, 집단에너지공급사업을 위한 자금의 융자 및 지원
⑪ 에너지절약사업과 이를 통한 온실가스의 배출을 줄이는 사업을 하는데 필요한 지원

71

보일러설비 계획 시 연소장치의 버너를 선정할 때 검토해야 할 사항으로 가장 거리가 먼 것은?

① 연료의 종류
② 안전밸브 여부
③ 유량조절 및 공기조절
④ 연소실의 분위기(압력, 온도조절)

해설 연소실 버너 선정시 검토사항
① 연료의 종류 ② 유량조절 ③ 공기조절 ④ 연소실분위기

정답 69. ② 70. ② 71. ②

72

신설 보일러의 가동 전 준비사항에 대한 설명으로 틀린 것은?

① 공구나 기타 물건이 동체 내부에 남아 있는지 반드시 확인한다.
② 기수분리기나 부속품의 부착상태를 확인한다.
③ 신설 보일러에 대해서는 가급적 가열건조를 시키지 않고 자연건조(1주 이상)를 시킨다.
④ 제작 시 내부에 부착한 페인트, 유지, 녹 등을 제거하기 위해 내면을 소다 끓이기 등을 통하여 제거한다.

해설 신설보일러 가동 전 준비사항
  ① 내부점검
  ② 노 및 연도내의 점검
  ③ 부속품의 정비 상황 점검
  ④ 소다보링 : 설치 제작시 부착된 페인트, 유지, 녹등을 제거하기 위해 동내부에 소다계통의 약액을 주입하고 가압하여 (0.3~0.5)kg/cm² 2~3일간 끓여 반복분출
  ⑤ 자동제어 장치의 점검
  ⑥ 부속장치의 점검

73

보일러에서 저수위로 인한 사고의 원인으로 가장 거리가 먼 것은?

① 저수위 제어장치의 고장
② 보일러 급수장치의 고장
③ 증기 발생량의 부족
④ 분출장치의 누수

해설 저수위로 인한 사고원인
  ① 보일러급수장치의 고장
  ② 저수의 제어장치의 고장
  ③ 분출장치의 누수

74

보일러에서 압력차단(제한)스위치의 작동압력은 어떻게 조정하여야 하는가?

① 사용압력과 같게 조정한다.
② 안전밸브 작동압력과 같게 조정한다.
③ 안전밸브 작동압력보다 약간 낮게 조정한다.
④ 안전밸브 작동압력보다 약간 높게 조정한다.

해설 안전두 : 정상고압 +3
   고압차단스위치 : 정상고압 +4
   안전밸브 : 정상고압 +5

75 에너지관리자에 대한 교육을 실시하는 기관은?
① 시·도
② 한국에너지공단
③ 안전보건공단
④ 한국산업인력공단

76 다음 석탄재의 조성 중 많을수록 석탄재의 융점을 낮아지게 하는 성분이 아닌 것은?
① Fe_2O_3
② CaO
③ SiO_2
④ MgO

77 감압밸브 설치 시 배관시공법에 대한 설명으로 틀린 것은?
① 감압밸브는 가급적 사용처에 근접시공 한다.
② 감압밸브 앞에는 여과기를 설치해야 한다.
③ 감압 후 배관은 1차측 보다 확관되어야 한다.
④ 감압장치의 안전을 위하여 밸브 앞에 안전밸브를 설치한다.

해설 밸브뒤에 안전밸브 설치한다.

78 에너지이용합리화법에 의한 에너지 사용시설이 아닌 것은?
① 발전소
② 에너지를 사용하는 공장
③ 에너지를 사용하는 사업장
④ 경유 등을 사용하는 가정

79 에너지법에 의하면 에너지 수급에 차질이 발생할 경우를 대비하여 비상시 에너지수급계획을 수립하여야 하는 자는?
① 대통령
② 국방부장관
③ 산업통상자원부장관
④ 한국에너지공단이사장

해설 에너지수급안정을 위한 조치
① 산업통상자원부장관은 국내외 에너지사정의 변동에 따른 에너지의 수급차질에 대비하기 위하여 대통령령으로 정하는 주요 에너지사용자와 에너지공급자에게 에너지저장시설을 보유하고 에너지를 저장하는 의무를 부과할 수 있다.
② 에너지저장의무 부과대상자
  ㉠ 전기사업법에 의한 전기사업자

정답 75. ② 76. ③ 77. ④ 78. ④ 79. ③

ⓛ 도시가스사업법에 의한 도시가스사업자
ⓒ 석탄산업법에 의한 석탄가공업자
ⓔ 집단에너지사업법에 의한 집단에너지사업자
ⓜ 연간 2만 석유환산톤(TOE) 이상의 에너지를 사용하는 자

③ 산업통상자원부장관은 국내외 에너지사정의 변동으로 에너지수급에 중대한 차질이 발생하거나 발생할 우려가 있다고 인정되면 에너지수급의 안정을 기하기 위하여 필요한 범위에서 에너지사용자·에너지공급자 또는 에너지사용기자재의 소유자와 관리자에게 다음 각 호의 사항에 관한 조정·명령, 그 밖에 필요한 조치를 할 수 있다.
㉠ 지역별·주요 수급자별 에너지 할당
㉡ 에너지공급설비의 가동 및 조업
㉢ 에너지의 비축과 저장
㉣ 에너지의 도입·수출입 및 위탁가공
㉤ 에너지공급자 상호간의 에너지의 교환 또는 분배사용
㉥ 에너지의 유통시설과 그 사용 및 유통경로
㉦ 에너지의 배급
㉧ 에너지의 양도·양수의 제한 또는 금지

80

온수보일러에서 물의 온도가 393K(120°C)를 초과하는 온수보일러에 안전장치로 설치하는 것은?

① 안전밸브 ② 압력계
③ 방출밸브 ④ 수면계

  온수보일러 ⎡ 120°C 이하 : 방출밸브 ⎤ 호칭지름 20A 이상
         ⎣ 120°C 초과 : 안전밸브 ⎦

80. ①

제1과목 : 열역학 및 연소관리

01 가로, 세로, 높이가 각각 3 m, 4 m, 5 m인 직육면체 상자에 들어있는 이상기체의 질량이 80 kg일 때, 상자 안의 기체의 압력이 100 kPa이면 온도는? (단, 기체상수는 250 J/kg·K이다.)

① 27℃ ② 31℃ ③ 34℃ ④ 44℃

해설 $PV = GRT$ $T = \dfrac{PV}{GR} = \dfrac{100 \times (3 \times 4 \times 5)}{80 \times 0.250} = 300°K - 273 = 27℃$

02 랭킨 사이클의 효율을 올리기 위한 방법이 아닌 것은?
① 유입되는 증기의 온도를 높인다.
② 배출되는 증기의 온도를 높인다.
③ 배출되는 증기의 압력을 낮춘다.
④ 유입되는 증기의 압력을 높인다.

해설 랭킨사이클의 효율을 올리기 위해서는
유입되는 증기의 온도·압력이 클수록, 배출되는 증기의 압력이 낮을수록 증가한다.

03 프로판(C_3H_8) 20 vol%, 부탄(C_4H_{10}) 80 vol%의 혼합가스 1 L를 완전 연소하는데 50%의 과잉 공기를 사용하였다면 실제 공급된 공기량은? (단, 공기 중 산소는 21 vol%로 가정한다.)

① 27L ② 34L ③ 44L ④ 51L

해설
$C_3H_8 + 5O_2 \rightarrow 3CO_2 + 4H_2O$
$C_4H_{10} + 6.5O_2 \rightarrow 4CO_2 + 5H_2O$
∴ $\dfrac{(5 \times 0.2 + 6.5 \times 0.8)}{0.21} = 29.52 \times 1.5 = 44.28l$

정답 1. ① 2. ② 3. ③

04 압력이 300kPa인 공기가 가역단열 변화를 거쳐 체적이 처음 체적의 5배로 증가하는 경우의 최종 압력은? (단, 공기의 비열비는 1.4이다.)

① 23kPa ② 32kPa
③ 143kPa ④ 276kPa

해설 ① 가역단열과정의 P, V, T 관계

$$\frac{T_2}{T_1} = \left(\frac{V_1}{V_2}\right)^{k-1} = \left(\frac{P_2}{P_1}\right)^{\frac{k-1}{k}}$$ 에서

$$\therefore \left(\frac{V_1}{V_2}\right)^{k-1} = \left(\frac{1}{5}\right)^{1.4-1} = 0.5253$$

$$\therefore \left(\frac{P_2}{P_1}\right)^{\frac{k-1}{k}} = \left(\frac{P_2}{P_1}\right)^{\frac{1.4-1}{1.4}} = \left(\frac{P_2}{P_1}\right)^{0.2857}$$

② 최종압력 계산

$$\left(\frac{V_1}{V_2}\right)^{k-1} = \left(\frac{P_2}{P_1}\right)^{\frac{k-1}{k}}$$ 에서 $0.5253 = \left(\frac{P_2}{P_1}\right)^{0.2857}$

$$\therefore \frac{P_2}{P_1} = \sqrt[0.2857]{0.2523}$$

$$\therefore P_2 = P_1 \times \sqrt[0.2857]{0.2523} = 300 \times \sqrt[0.2857]{0.2523} = 31.513[kPa]$$

05 압력(유압)분무식 버너에 대한 설명으로 틀린 것은?

① 유지 및 보수가 간단하다.
② 고점도의 연료도 무화가 양호하다.
③ 압력이 낮으면 무화가 불량하게 된다.
④ 분출 유량은 유압의 평방근에 비례한다.

 유압분무식(압력 5~20kg/cm²)
  ① 대용량 제작에 사용   ② 무화매체가 필요 없다.
  ③ 설비가 간단하면 분무상태가 양호   ④ 유량조절범위가 좁다(1:1.5 정도)
  ⑤ 압력이 낮으면 무화가 불량   ⑥ 유지 및 보수가 간단
  ⑦ 분출유량은 유압의 평방근에 비례

06 저위발열량이 27000kJ/kg인 연료를 시간당 20kg씩 연소시킬 때 발생하는 열을 전부 활용할 수 있는 열기관의 동력은?

① 150 kW ② 900 kW
③ 9000 kW ④ 540000 kW

4. ②   5. ②   6. ①

해설 동력 = 20 kg/h × 6428.57 kcal/kg = 128571 kcal/h ÷ 860 kcal/h/1 kg = 149.50 kW

1 kcal = 4.2 KJ

$$x = \frac{1kcal \times 27000kJ}{4.2kJ} = 6428.57 kcal/kg$$

x = 27000 KJ

07 보일러의 부속장치 중 안전장치가 아닌 것은?
① 화염검출기　　　　　　② 가용전
③ 증기압력제한기　　　　④ 증기 축열기

해설 안전장치
① 안전밸브　② 화염 검출기　③ 방폭문
④ 가용전　⑤ 증기압력제한기　⑥ 증기압력 조절기

08 대기압이 750 mmHg일 때, 탱크의 압력계가 9.5 kg/cm²를 지시한다면 이 탱크의 절대 압력은?
① 7.26 kg/cm²　　　　　② 10.52 kg/cm²
③ 14.27 kg/cm²　　　　 ④ 18.45 kg/cm²

해설 절대압력 = 게이지압력 + 대기압

$$= 9.5 kg/cm^2 + \left(\frac{750 mmHg}{760 mmHg}\right) \times 1.0332 kg/cm^2 = 10.52 kg/cm^2$$

09 다음 열기관 사이클 중 가장 이상적인 사이클은?
① 랭킨사이클　　　　　　② 재열사이클
③ 재생사이클　　　　　　④ 카르노사이클

10 프로판(C_3H_8), 5 Nm³을 이론 산소량으로 완전 연소시켰을 때 건연소가스량은?
① 10Nm³　　② 15Nm³　　③ 20Nm³　　④ 25Nm³

해설 　$C_3H_8 + 5O_2 \rightarrow 3CO_2 + 4H_2O$
　　　22.4 Nm³　　　　3×22.4 Nm³
　　　5 Nm³　　　　　 x

$$x = \frac{5 \times 3 \times 22.4 Nm^3}{22.4 Nm^3} = 15 Nm^3$$

정답 7. ④　8. ②　9. ④　10. ②

11
기체의 C_p(정압비열)와 C_v(정적비열)의 관계식으로 옳은 것은?

① $C_p = C_v$
② $C_p \leqq C_v$
③ $C_p < C_v$
④ $C_p > C_v$

해설 $C_p > C_v$ (정압비열은 정적 비열보다 항상 크다)

K(비열비) $= \dfrac{C_p}{C_v}$ (비열비는 항상 1보다 크다)

12
다음 중 연료품질평가 시 세탄가를 사용하는 연료는?

① 중유   ② 등유   ③ 경유   ④ 가솔린

해설 연료품질 검사시 *세탄가*를 사용 : 경유
*세탄가 : 디젤기관에서 연료의 착화하기 쉬움을 나타내는 지수

13
100℃ 건포화증기 2 kg이 온도 30℃인 주위로 열을 방출하여 100℃ 포화액으로 변했다. 증기의 엔트로피 변화는? (단, 100℃에서의 증발잠열은 2257 kJ/kg이다.)

① −14.9kJ/K
② −12.1kJ/K
③ −11.3kJ/K
④ −10.2kJ/K

해설 $\Delta S = \dfrac{Q}{T_2} - \dfrac{Q}{T_1}$ 에서 2kg의 증기에 대한 엔트로피

∴ $\Delta S = -\dfrac{Q}{T_1} = -\dfrac{2 \times 2257}{273+100} = -12.10$ kJ/K

14
보일러 송풍기의 형식 중 원심식 송풍기가 아닌 것은?

① 다익형   ② 리버스형
③ 프로펠러형   ④ 터보형

해설 원심식 송풍기
① 디보형 송풍기(후향 날개)
  ㉠ 고속회전으로 소음이 크다. ㉡ 풍압이 높다.
  ㉢ 대형이며 가격이 비싸다.   ㉣ 효율이 높다.
  ㉤ 설치면을 크게 차지한다.
② 플레이트 송풍기
  ㉠ 효율이 높다.   ㉡ 풍량은 그다지 많지 않다.
③ 다익형 송풍기 (전향날개)
  ㉠ 효율이 낮고 설치면적이 적다. ㉡ 저전압, 저회전에 사용
  ㉢ 소형경량이며 값이 싸다.

11. ④ 12. ③ 13. ② 14. ③

15 보일러의 수면이 위험수위보다 낮아지면 신호를 발신하여 버너를 정지시켜주는 장치는?
① 노내압 조절장치　　　② 저수위 차단장치
③ 압력 조절장치　　　　④ 증기트랩

16 500 L의 탱크에 압력 1 atm, 온도 0°C인 산소가 채워져 있다. 이 산소를 100°C까지 가열하고자 할 때 소요열량은? (단, 산소의 정적비열은 0.65 kJ/kg·K이며, 가스상수는 26.5 kg·m/kg·K이다.)
① 20.8 kJ　　　　② 46.4 kJ
③ 68.2 kJ　　　　④ 100.6 kJ

해설 ① 0°C 상태에서의 산소무게 : $PV = GRT$
$$G = \frac{PV}{RT} = \frac{10332 \times 0.5}{26.5 \times 273} = 0.714 \text{ kg}$$
② 소요열량
$$Q = G \cdot C \cdot \Delta t$$
$$= 0.714 \times 0.65 \times ((273+100) - 273) = 46.41 \text{ kJ}$$

17 가역 및 비가역 과정에 대한 설명으로 틀린 것은?
① 가역과정은 실제로 얻어질 수 없으나 거의 근접할 수 있다.
② 비가역과정의 인자로는 마찰, 점성력, 열전달 등이 있다.
③ 가역과정은 이상적인 과정으로 최대의 열효율을 갖는 과정이다.
④ 가역과정은 고열원, 저열원 사이의 온도차와 작동 물질에 따라 열효율이 달라진다.

해설 가열 과정은 고열원·저열원 사이의 온도차와 작동물질에 따라 열효율이 같다.

18 "일과 열은 서로 변환될 수 있다"는 것과 가장 관계가 깊은 법칙은?
① 열역학 제 1법칙　　② 열역학 제 2법칙
③ 줄(Joule)의 법칙　　④ 푸리에(Fourier)의 법칙

해설 ① 열역학 제0법칙 (열평형의 법칙 = 온도를 정의)
② 열역학 제1법칙 (에너지 보존의 법칙)
　→ 일은 열로 변화시킬 수 있고 열은 일로 변화시킬 수 있다
　→ 1 kcal = 427 kg · m
③ 열역학 제 2법칙 (엔트로피의 법칙 = 일을 할 수 있는 능력의 법칙)
　㉠ 100%의 열효율 기관은 만들 수 없다.

ⓒ 클라우시스 : 열을 소비하지 않고 열을 저온체에서 고온체로 이동시킬 수 없다
ⓒ 켈빈-플랭크 : 고온체로부터 받은 열량을 전부일로 변화시키는 열기관은 있을 수 없으며 그 일부는 반드시 저온체로 전달되어야 한다.
④ 열역학 제3법칙
ⓐ 어떤 경우라도 절대온도 0K에 도달할 수 없다는 법칙

19

어떤 냉동기의 냉각수, 냉수의 온도 및 유량을 측정하였더니 다음 표와 같이 나타났다. 이 냉동기의 성능계수(COP)는?

항목	유량(Ton/h)	입구온도(℃)	출구온도(℃)
냉수	30	12	7
냉각수	47	29	33

① 3.65　　② 3.95　　③ 4.25　　④ 4.55

 $COP = \dfrac{Q_2}{AW} = \dfrac{Q_2}{Q_1 - Q_2}$

$= \dfrac{(30 \times 10^3 \times 1 \times (12-7))}{\{47 \times 10^3 \times 1 \times (33-29)\} - \{30 \times 10^3 \times 1 \times (12-7)\}} = 3.947$

20

다음 연료 중 단위중량당 고위발열량이 가장 큰 것은?

① 탄소　　② 황　　③ 수소　　④ 일산화탄소

① C + O₂ → CO₄ + 97200 kcal/kmol
　12　　32　　　44

12 kg/kmol = 97200 kcal/kmol
1 kg = x

$x = \dfrac{1\,kg \times 97200\,kcal/kmol}{12\,kg/kmol} = 8100\,kcal/kg$

② H₂ + ½O₂ → H₂O + 68000 kcal/kmol
　2 kg　16 kg　　18 kg

∴ 2 kg/kmol = 68000 kcal/kmol

$x = \dfrac{1\,kg \times 68000\,kcal/kmol}{2\,kg/kmol} = 34000\,kcal/kg$

③ S + O₂ → SO₂ + 80000 kcal/kmol
　32 kg　32 kg　64 kg

32 kg/kmol = 80000 kcal/kmol
1 kg = x

$x = \dfrac{1\,kg \times 80000\,kcal/kmol}{32\,kg/kmol} = 2500\,kcal/kg$

제2과목 : 계측 및 에너지 진단

21 물이 들어있는 저장탱크의 수면에서 5 m 깊이에 노즐이 있다. 이 노즐의 속도계수(C_v)가 0.95일 때, 실제 유속(m/s)은?

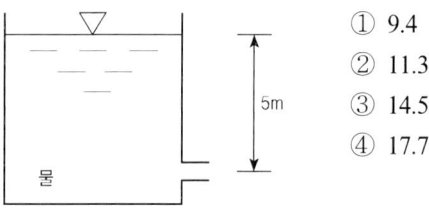

① 9.4
② 11.3
③ 14.5
④ 17.7

해설 $V = C_v \sqrt{2gh} = 0.95 \sqrt{2 \times 9.8 \times 5} = 9.4$ m/s

22 0°C에서 수은주의 높이가 760mm에 상당하는 압력을 1표준기압 또는 대기압이라 할 때 다음 중 1atm과 다른 것은?

① 1013 mbar
② 101.3 Pa
③ 1.033 kg/cm²
④ 10.332mH₂O

해설 표준대기압 = 1 atm = 1.0332 kg/cm² = 10332 kg/m² = 1033.2 g/cm²
= 760 mmHg = 76 mHg = 0.76 mHg
= 760 Torr = 29.92 inHg = 10.332mH₂O = 1033.2cmH₂O
= 10332 mmH₂O = 1.013 bar = 1013 mbar = 101325 Pa
= 101325 N/m² = 101.3 KPa = 0.10332 MPa

23 다음 중 유체의 흐름 중에 프로펠러 등의 회전자를 설치하여 이것의 회전수로 유량을 측정하는 유량계의 종류는?

① 유속식
② 전자식
③ 용적식
④ 피토관식

해설 유량계
① 면적식 유량계 : 입구 전후의 압력차를 일정하게 유지하도록 교축의 면적을 변화시켜 이때의 면적을 측정하여 순간 유량을 알아내는 방법으로 유량의 측정원리는 베르누이정리를 이용한 것이다.
종류 : 로터미터·부력식·피스톤식
특징 : ㉠ 진동이 적은 장소에 수직으로 설치한다.
㉡ 부식성 유체나 슬러리 유체의 측정에 적합하다.
㉢ 고점도 및 소량의 유체에 대한 측정이 가능하다.
㉣ 압력손실이 적으며 정도가 ±1~2[%]이다.

ⓜ 유량에 따른 균등눈금을 얻는다.
② 차압식 유량계 : 일정하게 유체가 흐르는 관 내부에 교축
　기구를 설치하여 그 전후의 압력차를 이용하여 순간유량
　을 측정하는 방법이다. 교축기구로는 벤튜리, 플로우 노즐
　오리피스 등이 있다.
　㉮ 벤튜리
　　ⓐ 압력손실이 가장 적다.
　　ⓑ 정밀도가 높고 내구성이 좋다.
　　ⓒ 가격이 고가이며 교환이 어렵다.
　　ⓓ 구조가 복잡하다.
　　ⓔ 침전물 생성이 없고 대형이다.
　㉯ 플로우 노즐
　　ⓐ 가격 및 압력손실은 중간정도이다.
　　ⓑ 고압유체 측정 용이(레이놀드수가 클 때)
　　ⓒ 다소의 슬러리 유체에도 사용된다.
　　ⓓ 측정유량이 오리피스보다 많다.
　㉰ 오리피스
　　ⓐ 압력손실이 가장 크다.
　　ⓑ 제작 및 부착이 쉽고 경제적이므로 널리 사용 된다.
　　ⓒ 구조가 간단하며 동심·편심으로 제작된다.
③ 유속식 유량계 : 흐르는 유체의 관에 터빈이나 프로펠러 등을 설치하여 유속에 따라 압력
　의 변화로 회전수를 측정하여 적산하는 유량계이다.
　㉮ 종류 : 수도미터, 축류익차식(울트만)·차압식
　㉯ 특징
　　ⓐ 구조가 간단하다.
　　ⓑ 저점도의 유체 측정에 적합하다.
　　ⓒ 난류에 의한 측정오차가 발생 한다.
　　ⓓ 정도가 ±0.5[%]이다.
④ 전자식 유량계 : 전도성의 물체가 기전력을 발생하여 도전성유체의 유속 또는 유량을 구하
　는 것으로 전자유도에 의한 페러데이법칙을 이용한 유량계이다.
　㉮ 특징
　　ⓐ 유량에 대한 직선의 눈금을 얻을 수 있다.
　　ⓑ 검출의 시간 지연이나 압력손실이 거의 없다.

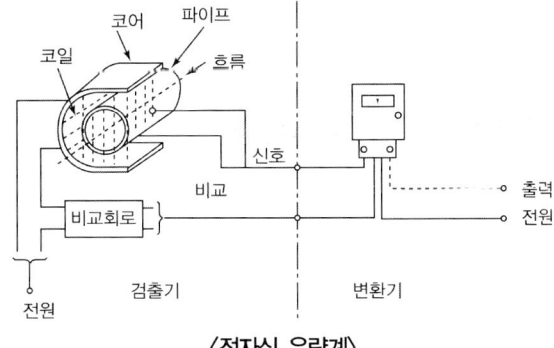

〈전자식 유량계〉

⑤ 용적식 유량계 : 유량을 일정한 분량으로 측정해서 계속 유체를 보내어 회전수의 회수에 의해 측정하는 방법으로 정도가 높은 측정을 할 수 있는 유량계로서 적산유량에 적합하다.
㉮ 종류
　㉠ 오벌기어식　　㉡ 루우즈식　　㉢ 가스미터식 : 건식·습식
　㉣ 로타리 피스톤　㉤ 로타리 베인식

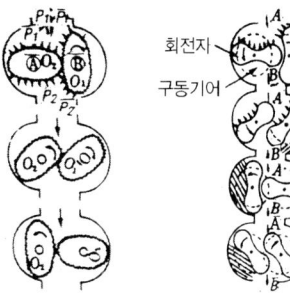 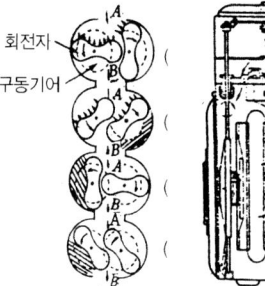 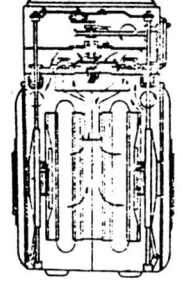 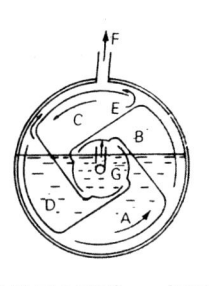 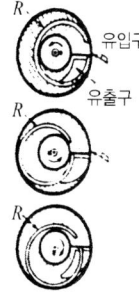

〈오벌기어식〉　〈루우즈식〉　〈건식 가스미터〉　〈습식 가스미터〉　〈로타리 피스톤식〉

㉯ 특징
　㉠ 고점도 유체 측정에 적합하다.
　㉡ 맥동의 영향이 적어 정도가 높다.(±0.2~0.5)
　㉢ 고형물의 혼입을 막기 위해 입구측에 반드시 여과기를 설치한다.
　㉣ 회전자의 재질은 부식을 방지하기 위해 주철, 포금, 스테인레스 등을 설치한다.

⑥ 유속식 유량계 : 관내에 흐르는 유체의 유속을 측정하여 관의 단면적을 곱함으로 유량을 측정한다.
㉮ 피토우관식 유량계
$$V = \sqrt{2g\frac{(P_1 - P_s)}{e}} = \sqrt{2gh} \text{ [m/s]}$$
∴ 유량 $Q = A \times C \times V$에서 $= A \times C\sqrt{2g\frac{(P_1 - P_s)}{e}}$ [m³/s]

㉯ 특징
　㉠ 더스트·미스트 등이 많은 유체의 측정은 부적합하다.
　㉡ 기체의 속도가 5[m/sec] 이하는 부적합하다.
　㉢ 유체의 압력에 대한 충분한 강도를 가져야 한다.
　㉣ 노즐의 마모나 관내의 속도·분포의 상태에 따라 오차가 발생한다.
　㉤ 일시적인 시험용으로 사용한다.
　㉥ 유체흐름의 방향에 평행하게 피토우관을 설치한다.

24
열전대 온도계에서 냉접점(기준접점)이란?
① 측온 개소에 두는 + 측의 열전대 선단
② 기준온도(통상 0℃)로 유지되는 열전대 선단
③ 측온 접점에 보상도선이 접속되는 위치
④ 피측정 물체와 접촉하는 열전대의 접점

해설 냉접점이란 : 기준온도(통상 0℃)로 유지되는 열전대선단

25
다음 중 오르사트(orsat) 가스분석기에서 분석하는 가스가 아닌 것은?
① CO_2 ② O_2 ③ CO ④ N_2

해설 오르자트 분석
① CO_2 : KOH 30% 수용액
② O_2 : 알카리성 피롤카롤용액
③ CO : 암모니아성 염화제1동용액

26
급수온도 15℃에서 압력 10 kg/cm², 온도 183.2℃의 증기를 2000 kg/h 발생시키는 경우, 이 보일러의 상당증발량은? (단, 증기엔탈피는 715 kcal/kg로 한다.)
① 2003 kg/h   ② 2473 kg/h
③ 2597 kg/h   ④ 2950 kg/h

해설 상당증발량 $= \dfrac{G \times (h'' - h')}{539} = \dfrac{2000 \times (715 - 15)}{539} = 2597.4 \text{ kg/h}$

27
계측기기 측정법의 종류가 아닌 것은?
① 적산법   ② 영위법
③ 치환법   ④ 보상법

해설 계측기의 측정법
① 보상법   ② 영위법   ③ 치환법

28
용적식 유량계의 특징에 관한 설명으로 틀린 것은?
① 고점도 유체의 유량 측정이 가능하다.
② 입구측에 여과기를 설치해야 한다.
③ 구조가 간단하며 적산용으로 부적합하다.
④ 유체의 맥동에 대한 영향이 적다.

29
2개의 제어계를 조합하여 1차 제어장치가 제어량을 측정하여 제어 명령을 하면 2차 제어장치가 이 명령을 바탕으로 제어량을 조절하는 제어방식은?
① 비율 제어   ② on–off 제어
③ 프로그램 제어   ④ 캐스케이드 제어

25. ④   26. ③   27. ①   28. ③   29. ④

해설 · **추치제어** : 목표값이 변화하는 것으로 목표값을 추정하면서 제어목표량을 목표값에 맞추는 제어방식
① 추종제어 : 목표값이 시간에 따라 임의로 변화되는 값으로 부여한 제어
② 프로그램제어 : 목표값이 시간에 따라 미리결정된 일정한 제어
③ 캐스케이드제어 : 1차제어장치가 제어명령을 말하고 2차제어 장치가 이명령을 바탕으로 제어량을 조절하는 측정제어

30 아래와 같은 경사압력계에서 $P_1 - P_2$는 어떻게 표시되는가? (단, 유체의 밀도는 ρ, 중력가속도는 g로 표시된다.)

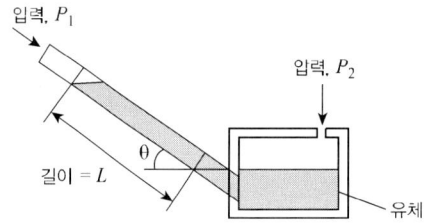

① $P_1 - P_2 = \rho g L$
② $P_1 - P_2 = -\rho g L$
③ $P_1 - P_2 = \rho g L \sin\theta$
④ $P_1 - P_2 = -\rho g L \sin\theta$

해설 경사압력계에서 P_1보다는 P_2의 압력이 높으므로
$P_2 - P_1 = \rho \times g \times L \times \sin\theta$ ∴ $P_1 - P_2 = -\rho \times g \times L \times \sin\theta$

31 다음 중 구조상 보상도선을 반드시 사용하여야 하는 온도계는?
① 열전대식온도계
② 광고온계
③ 방사온도계
④ 전기식온도계

해설 열전대 온도계 : 두 개의 서로 다른 금속선을 양단에 연결하여 폐회로를 구성(2위치동작)하여 양단접점에 온도차를 주어 열기전력이 발생하는 제백효과 이용
① 열전대의 종류
㉮ PR(R) 백금–백금로듐 : 0~1600℃
　㉠ 산화성분위기에 강하다.
　㉡ 금속증기에 침식되기 쉽다.
　㉢ 가격이 비싸다.
　㉣ 열전대온도계중 가장 고온측정
㉯ CA(K) 크로멜–알루멜 : 0~1200℃
　㉠ 산화성분위기에서 노화가 빠르다.　㉡ 가격이 싸다.
㉰ CC(T) 동–콘스탄탄 : –200~300℃
　㉠ 수분에 의한 내식성이 강하다.　㉡ 저온측정용
㉱ IC(J) 철–콘스탄탄 : –20~800℃

㉠ 환원성 분위기에 강하다.
㉡ 보상도선 : ⓐ 일반용 : 105℃까지 견디는 비닐피복
　　　　　　 ⓑ 내열용 : 200℃까지 견디는 그라스울
② 냉접점 : 얼음이나 물을 보온병에 넣어 냉접점을 0℃로 유지하기 위해 열적인 평형을 유지시킨다.
③ 열전대 온도계의 특징
　㉠ 고온측정에 적합
　㉡ 전원장치가 필요 없다
　㉢ 원격지시기록 가능
　㉣ 측정할 곳에 직접 열접점을 넣어야 함
　㉤ 보상도선이나 냉접점으로 인해 오차가 발생하기 쉽다.

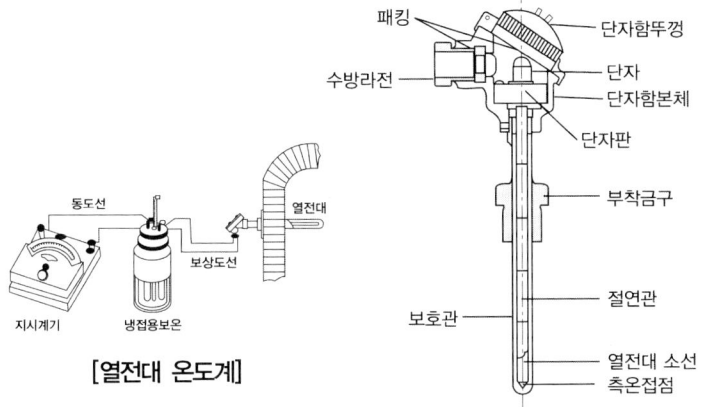

[열전대 온도계]

32

저항온도계의 일종으로 온도변화에 따라 저항치가 변화하는 반도체의 성질을 이용 온도계수가 크고 응답속도가 빠르며, 국부적인 온도측정이 가능한 온도계는?

① 열전대온도계　　　　② 서미스터온도계
③ 베크만온도계　　　　④ 바이메탈온도계

해설 서미스터 온도계
① 서미스터의 저항체 Fe, Cu, Mn, Ni, Co 등의 금속산화물의 압축소결체
② 미소온도 측정가능
③ 온도계수가 크다(백금의 10배)
④ 응답속도가 매우 빠르다
⑤ 국부적인 온도 측정에 적합
⑥ 온도범위 −100~300℃
⑦ 넓은 온도측정에 적합
⑧ 동일특성의 성질을 얻기 어렵다.
⑨ 외부전원이 필요하다.

32. ②

33 액면계를 측정방법에 따라 분류할 때 간접법을 이용한 액면계가 아닌 것은?
① 게이지 글라스 액면계 ② 초음파식 액면계
③ 방사선식 액면계 ④ 압력식 액면계

> 해설 액면계의 종류
> ① 초음파식 ② 방사선식 ③ 압력식 ④ 부자식 ⑤ 정전용량식
> ⑥ 차압식 ⑦ 햄프슨식 ⑧ 고정튜브식 ⑨ 회전튜브식 ⑩ 슬립튜브식

34 압력 12 kgf/cm² 로 공급되는 어떤 수증기의 건도가 0.95이다. 이 수증기가 1kg 당 엔탈피는? (단, 압력 12 kgf/cm² 에서 포화수의 엔탈피는 189.8 kcal/kg, 포화증기 엔탈피는 664.5 kcal/kg이다.)
① 474.7 kcal/kg ② 531.3 kcal/kg
③ 640.8 kcal/kg ④ 854.3 kcal/kg

> 해설 $h_2 = h' + x(h'' - h') = 189.8 + 0.95 \times (664.5 - 189.8) = 640.76 \, \text{kcal/kg}$

35 오차에 대한 설명으로 틀린 것은?
① 계통오차는 발생원인을 알고 보정에 의해 측정값을 바르게 할 수 있다.
② 계측상태의 미소변화에 의한 것은 우연오차이다.
③ 표준편차는 측정값에서 평균값을 더한 값의 제곱의 산술평균의 제곱근이다.
④ 우연오차는 정확한 원인을 찾을 수 없어 완전한 제거가 불가능하다.

> 해설 표준편차 : 분포에서 개인점수와 중간점수간의 평균차이

36 전자 밸브를 이용하여 온도를 제어하려 할 때 전자 밸브에 온도 신호를 보내기 위해 필요한 장치는?
① 압력센서 ② 플로트 스위치 ③ 스톱 밸브 ④ 서모스탯

37 잔류편차(off-set)가 있는 제어는?
① P 제어 ② I 제어 ③ PI제어 ④ PID 제어

> 해설 제어 방식
> ① 연속동작
> ㉠ P동작(비례동작)

            ⓐ 잔류편차 허용될 때 사용
            ⓑ 조작량은 제어 편차의 변화속도에 비례한 동작
            ⓒ 부하변화가 적은 프로세스 사용
            ⓓ 부하가 변화하는 등의 외란이 있으면(off-set : 잔류편차)생김
        ⓒ I동작(적분동작)
            ⓐ 잔류편차 허용되지 않을 때 사용
            ⓑ 제어의 안정성이 떨어지고 일반적으로 진동함
        ⓒ D동작(미분동작)
            ⓐ 편차가 변화하는 속도에 비례해서 조작량 가감
            ⓑ 일반적으로 진동이 제어되어 빨리 안정
    ② 불연속 동작(on-off 동작이라고도 함)
        ㉠ 이위치 동작 : 조작량이 정해진 두 값 중 하나를 취하여 밸브가 열리고 닫히는 이위치제어
        ㉡ 다위치동작 : 동작신호의 크기에 따라 조작량이 셋 이상의 정해진 값 중 하나를 취하는 것
        ㉢ 불연속 속도 조작

38

보일러의 상당증발량이란 1시간 동안의 실제 증발량을 몇 기압, 몇 °C의 포화수를 같은 온도의 포화 증기로 만드는 증기량으로 환산하여 표시한 것인가?

① 1기압, 0°C
② 1기압, 100°C
③ 3기압, 85°C
④ 10기압, 100°C

39

보일러의 열손실에 해당되지 않는 것은?

① 굴뚝으로 배출되는 배기가스 열량의 손실
② 미보온에 의한 방열손실
③ 연료 중의 수소나 수분에 의한 손실
④ 연료의 불완전연소에 의한 손실

해설 열손실
① 배기가스 손실열   ② 불완전 연소에 의한 손실열   ③ 미연분에 의한 손실열
④ 방사에 의한 손실열   ⑤ 발생증기 보유열

40

보일러 드럼(drum) 수위를 제어하기 위하여 활용되고 있는 수위제어 검출방식이 아닌 것은?

① 전극식   ② 차압식   ③ 플로트식   ④ 공기식

해설 수위제어 검출방식
① 부자식(플로우르식)   ② 전극식   ③ 열팽창식(코우프스식)   ④ 차압식

38. ②   39. ③   40. ④

제3과목 : 열설비구조 및 시공

41 증기 어큐뮬레이터(accumulator)를 설치할 때의 장점이 아닌 것은?
① 증기의 과부족을 해소시킨다.
② 보일러의 연소량을 일정하게 할 수 있다.
③ 부하 변동에 대한 보일러의 압력 변화가 적다.
④ 증기 속에 포함된 수분을 제거한다.

해설 기수분리기 : 증기속에 포함된 수분을 제거하는 장치

42 입형보일러의 특징에 관한 설명으로 틀린 것은?
① 설치면적이 비교적 작은 곳에 유리하다.
② 전열면적을 크게 할 수 있으므로 열효율이 크다.
③ 증기발생이 빠르고 설비비가 적게 든다.
④ 보일러 통을 수직으로 세워 설치한 것이다.

해설 입형보일러의 특징
① 효율은 일반적으로 낮다
② 설치면적이 비교적 작은 곳에 유리
③ 보일러 통을 수직으로 세워 설치한다.
④ 증기발생이 빠르고 설비비가 적게 든다.

43 대형 보일러 설비 중 절탄기(economizer)란?
① 석탄을 연소시키는 장치
② 석탄을 분쇄하기 위한 장치
③ 보일러급수를 예열하는 장치
④ 연소가스로 공기를 예열하는 장치

해설 ·절탄기(이코노마이저) : 연소가스 예열을 이용하여 급수를 예열하는 장치
·공기예열기(에어프리히터) : 연소가스 예열을 이용하여 연소용공기를 예열하는 장치

44 단열 벽돌을 요로에 사용하였을 때 나타나는 효과가 아닌 것은?
① 노내 온도가 균일해진다.
② 열전도도가 작아진다.
③ 요로의 열용량이 커진다.
④ 내화 벽돌을 배면에 사용하면 내화벽돌의 스폴링을 방지한다.

해설 단열 벽돌을 요로에 사용 하였을 때 나타나는 효과
① 요로의 열용량이 적어진다.
② 열전도도가 작아진다.
③ 내화벽돌을 배면에 사용시 내화벽돌의 스폴링을 방지
④ 노내온도가 균일해진다.

45

아래에서 설명하는 밸브의 명칭은?

- 직선배관에 주로 설치한다.
- 유입방향과 유출방향이 동일하다.
- 유체에 대한 저항이 크다.
- 개폐가 쉽고 유량 조절이 용이하다.

① 슬루스 밸브 ② 글로브 밸브
③ 플로트 밸브 ④ 버터플라이 밸브

46

열확산계수에 대한 운동량확산계수의 비에 해당하는 무차원수는?

① 프란틀(Prandtl)수 ② 레이놀즈(Reynolds)수
③ 그라쇼프(Grashoff)수 ④ 누셀(Nusselt)수

47

신·재생에너지 설비 중 지하수 및 지하의 열 등의 온도차를 변환시켜 에너지를 생산하는 설비는?

① 지열에너지 설비 ② 해양에너지 설비
③ 연료전지 설비 ④ 수력에너지 설비

48

주철제 보일러의 특징에 관한 설명으로 틀린 것은?
① 내식성, 내열성이 좋다.
② 구조가 간단하고, 충격이나 열응력에 강하다.
③ 내부 청소가 어렵다.
④ 저압으로 운전되므로 파열 시 피해가 적다.

해설 주철제 보일러의 특징
① 섹션증감으로 용량조절이 용이하다. ② 전열면적이 크고 효율이 높다.

45. ② 46. ① 47. ① 48. ②

③ 저압이므로 파열시 피해가 적다. ④ 주물제작으로 복잡한 구조로 제작이 가능하다.
⑤ 내식, 내열성이 우수하다. ⑥ 인장 및 충격에 약하다.
⑦ 고압, 대용량에 부적합하다. ⑧ 열에 의한 부동팽창으로 균열이 생기기 쉽다.
⑨ 구조가 복잡하므로 내부청소 및 검사곤란

49 강관의 두께를 나타내는 번호인 스케줄 번호를 나타내는 식은? (단, 허용응력 : S, 사용최고압력 : P)

① $10 \times \dfrac{S}{P}$
② $10 \times \dfrac{P}{S}$
③ $10 \times \dfrac{P}{\sqrt{S}}$
④ $10 \times \dfrac{S}{\sqrt{P}}$

해설 스케줄 번호(Sch, No) = $\dfrac{P}{S} \times 10 = \dfrac{P}{S} \times 1000$

50 KS 규격에 일정 이상의 내화도를 가진 재료를 규정하는데 공업요로, 요업요로에 사용되는 내화물의 규정 기준은?

① SK19(1520℃) 이상
② SK20(1530℃) 이상
③ SK26(1580℃) 이상
④ SK27(1610℃) 이상

해설 내화물의 규정기준 : SK26, 1580℃ 이상

51 증발량 3500kg/h인 보일러의 증기엔탈피가 640kcal/kg이며, 급수엔탈피는 20 kcal/kg이다. 이 보일러의 상당증발량은?

① 4155kg/h
② 4026kg/h
③ 3500kg/h
④ 3085kg/h

해설 상당증발량 = $\dfrac{G \times (h'' - h')}{539} = \dfrac{3500 \times (640 - 20)}{539} = 4025.97$ kg/h

52 다음 중 대차(Kiln car)를 쓸 수 있는 가마는?

① 등요(Up hill kiln)
② 선가마(Shaft kiln)
③ 회전요(Rotary kiln)
④ 셔틀가마(Shuttle kiln)

해설 대차를 쓸 수 있는 가마 : 셔틀가마

53

수관보일러의 특징으로 틀린 것은?

① 보일러 효율이 높다.
② 고압 대용량에 적합하다.
③ 전열면적당 보유수량이 적어 가동시간이 짧다.
④ 구조가 간단하여 취급, 청소, 수리가 용이하다.

해설 수관식 보일러의 특징
① 보일러 효율이 높다.
② 고압대용량에 적합하다.
③ 전열면적당 보유수량이 적어 가동시간이 짧다.
④ 구조가 복잡하여 청소, 검사, 수리가 곤란하다.
⑤ 순환통로가 좁아 스케일장애가 심각하므로 완벽한 급수처리를 요함
⑥ 제작이 까다로우며 비용도 많이 든다.
⑦ 고온, 고압의 증기를 발생하여 열의 이용도를 높였다.
⑧ 외분식이어서 노벽으로의 방산손실이 많다.

54

전기전도도 및 열전도도가 비교적 크고, 내식성과 굴곡성이 풍부하여 전기단자, 압력계관, 급수관, 냉난방관에 사용되는 관은?

① 강관
② 동관
③ 스테인리스 강관
④ PVC 관

해설 동관
① 동관의 특징
  ㉠ 전기 및 열전도성이 좋아 열교환기용으로 우수하게 사용된다.
  ㉡ 전연성이 풍부하고 가공이 용이하다.
  ㉢ 연수(年收)에 부식되는 성질이 있어 증류수 및 증기관에는 적합하지 않다.
  ㉣ 유기약품에 침식되지 않아 화학공업용으로 사용된다.
  ㉤ 무게는 가벼우나 외부충격에 약하다.
  ㉥ 알칼리에는 강하나 산에는 약하다.
  ㉦ 가격이 비싸다.
② 동관의 종류
  ㉠ 인탈산동관 : 1종과 2종이 있고, 용접성이 우수하며 수도용, 냉난방용 기기, 열교환기용, 급수관, 송유관, 급탕관에 사용된다.
  ㉡ 황동관 : 동과 아연(Zn)의 합금으로 기계적 성질, 내식성이 우수하여 구조용, 열교환기, 가종 기기의 부품으로 사용된다.
  ㉢ 단동관 : 아연을 10~15[%] 포함한 황동관으로 내구성이 특히 강하다.
  ㉣ 규소청동관 : 규소(Si) 2.5~3.5[%] 포함한 청동관으로 내산성이 특히 강하다.
  ㉤ 니켈동합금관 : 니켈(Ni) 63~70[%]를 포함한 합금동관으로 내식 및 기계적 강도가 크다.

53. ④ 54. ②

55 증기 보일러에 압력계를 설치할 때 압력계와 보일러를 연결시키는 관은?
① 냉각관　　　　　　　② 통기관
③ 사이폰관　　　　　　④ 오버플로우관

해설　· 사이폰관 : 고온의 증기나 물로부터 압력계를 보호하기 위해
　　　· 안지름 : ① 동관 : 6.5 mm 이상
　　　　　　　　② 강관 : 12.7 mm 이상

56 동일 지름의 안전밸브를 설치할 경우 다음 중 분출량이 가장 많은 형식은?
① 저양정식　　　　　　② 온양정식
③ 전량식　　　　　　　④ 고양정식

해설　안전밸브분출량
① 저양정식$(W)\text{kg/h} = \dfrac{(1.03P+1)A.S}{22}$　② 고양정식$(W)\text{kg/h} = \dfrac{(1.03P+1)A.S}{10}$
③ 전양정식$(W)\text{kg/h} = \dfrac{(1.03P+1)A.S}{5}$　④ 전량식$(W)\text{kg/h} = \dfrac{(1.03P+1)A.S}{2.5}$

57 두께 25.4 mm인 노벽의 안쪽온도가 352.7 K이고 바깥쪽 온도는 297.1 K이며 이 노벽의 열전도도가 0.048 W/m·K일 때, 손실되는 열량은?
① 75 W/m²　　　　　　② 80 W/m²
③ 98 W/m²　　　　　　④ 105 W/m²

해설　$Q = \dfrac{\lambda.A.\Delta t}{d} = \dfrac{0.048 \times (352.7 - 297.1)}{0.0254} = 105.07 \text{ W/m}^2$

58 배관재료에 대한 설명으로 틀린 것은?
① 주철관은 용접이 용이하고 인장강도가 크기 때문에 고압용 배관에 사용된다.
② 탄소강 강관은 인장강도가 크고, 접합작업이 용이하여 일반배관, 고온고압의 증기 배관으로 사용된다.
③ 동관은 내식성, 굴곡성이 우수하고 전기열의 양도체로서 열교환기용, 압력계용으로 사용된다.
④ 알루미늄관은 열전도도가 좋으며, 가공이 용이하여 전기기기, 광학기기, 열교환기 등에 사용된다.

해설　주철관은 용접이 어렵고, 인장강도가 약하고, 저압용에 사용된다.

정답　55. ③　56. ③　57. ④　58. ①

59 안전밸브의 증기누설이나 작동불능의 원인으로 가장 거리가 먼 것은?
① 밸브 구경이 사용압력에 비해 클 때
② 밸브 축이 이완될 때
③ 스프링의 장력이 감소될 때
④ 밸브 시트 사이에 이물질이 부착될 때

해설 안전밸브 누설 원인
① 스프링 장력 감소 시   ② 조종압력이 낮을 때
③ 밸브시트 이물질 부착 시   ④ 밸브시트가공불량
⑤ 밸브 축이 이완될 때   ⑥ 밸브디스크 불량 시

60 배관용 탄소 강관 접합 방식이 아닌 것은?
① 나사접합   ② 용접접합
③ 플랜지접합   ④ 압축접합

해설 강관접합방식
① 나사접합   ② 용접접합   ③ 플랜지접합

제4과목 : 열설비 취급 및 안전관리

61 에너지이용 합리화법에 따라 보일러 사용자와 보험계약을 체결한 보험사업자가 15일 이내에 시·도지사에게 알려야 하는 경우가 아닌 것은?
① 보험계약담당자가 변경된 경우
② 보험계약에 따른 보증기간이 만료한 경우
③ 보험계약이 해지된 경우
④ 사용자에게 보험금을 지급한 경우

해설 에너지이용합리화법에 따라 보일러사용자와 보험계약을 체결한 보험사업자가 15일 이내에 시·도지사에게 알려야 하는 경우
① 보험계약이 해지된 경우
② 사용자에게 보험금을 지급한 경우
③ 보험계약에 따른 보증기간이 만료된 경우

59. ①   60. ④   61. ①

62 보일러 스케일 발생의 방지대책과 가장 거리가 먼 것은?
① 보일러수에 약품을 넣어 스케일 성분이 고착되지 않게 한다.
② 물에 용해도가 큰 규산 및 유지분 등을 이용하여 세관 작업을 실시한다.
③ 보일러수의 농축을 막기 위하여 분출을 적절히 실시한다.
④ 급수 중의 염류 불순물을 될 수 있는 한 제거한다.

63 사용 중인 보일러의 점화 전 준비사항과 가장 거리가 먼 것은?
① 수면계의 수위를 확인한다.
② 압력계의 지시압력 감시 등 증기압력을 관리한다.
③ 미연소가스의 배출을 위해 댐퍼를 완전히 열고 노와 연도 내를 충분히 통풍시킨다.
④ 연료, 연소장치를 점검한다.

해설 점화 전 준비사항
① 자동제어장치 점검   ② 연료 및 연소장치 점검
③ 분출 및 분출장치 점검   ④ 수위점검
⑤ 프리퍼지 및 포스트 퍼지 부족시

64 에너지이용 합리화법에서 정한 효율관리기자재에 속하지 않는 것은?
① 전기냉장고   ② 자동차
③ 조명기기   ④ 텔레비전

해설 효율관리 기자재
① 자동차   ② 전기냉장고   ③ 전기세탁기
④ 전기냉방기 ⑤ 조명기기   ⑥ 삼상유도전동기

65 에너지이용합리화법에서 효율관리기자재의 지정 등 산업통상자원부령으로 정하는 기자재에 대한 고시기준이 아닌 것은?
① 에너지의 목표소비효율   ② 에너지의 목표사용량
③ 에너지의 최저소비효율   ④ 에너지의 최저사용량

해설 산업통상부령으로 정하는 기자재에 대한 고시기준
① 에너지의 최고사용량   ② 에너지의 최저소비효율
③ 에너지의 목표사용량   ④ 에너지의 목표소비효율

정답 62. ② 63. ② 64. ④ 65. ④

66
보일러 사용 중 수시로 점검해야 할 사항으로만 구성된 것은?
① 압력계, 수면계
② 배기가스 성분, 댐퍼
③ 안전밸브, 스톱밸브, 맨홀
④ 연료의 성상, 급수의 수질

67
에너지이용 합리화법에 따라 다음 중 벌칙기준이 가장 무거운 것은?
① 해당 법에 따른 검사대상기기의 검사를 받지 아니한 자
② 해당 법에 따른 검사대상기기조종자를 선임하지 아니한 자
③ 해당 법에 따른 에너지저장시설의 보유 또는 저장의무의 부과시 정당한 이유 없이 이를 거부하거나 이행하지 아니한 자
④ 해당 법에 따른 효율관리기자재에 대한 에너지 사용량의 측정결과를 신고하지 아니한 자

해설 벌칙
① 2년 이하의 징역 또는 2천만원 이하의 벌금
  ㉠ 에너지저장시설의 보유 또는 저장의무의 부과시 정당한 이유 없이 이를 거부하거나 이행하지 아니한 자
  ㉡ 에너지수급의 안정을 기하기 위한 조정·명령 등의 조치를 위반한 자
  ㉢ 공단의 임직원으로 근무하거나 근무하였던 사람이 직무상 알게 된 비밀을 누설하거나 도용한 자
② 1년 이하의 징역 또는 1천만원이하의 벌금
  ㉠ 검사대상기기의 검사를 받지 아니한 자
  ㉡ 검사에 합격되지 아니한 검사대상기기를 사용한 자
③ 2천만원 이하의 벌금
  ㉠ 효율 관리 기자재의 생산 또는 판매금지 명령에 위반한 자
④ 1천만원 이하의 벌금
  ㉠ 검사대상기기조종자를 선임하지 아니한 자   *[법규 변경] 조종자 → 관리자
  ㉡ 검사대상기기 검사를 받지 아니하고 사용한자
⑤ 500만원 이하의 벌금
  ㉠ 효율관리기자재에 대한 에너지사용량의 측정결과를 신고하지 아니한 자
  ㉡ 대기전력경고표지 대상제품에 대한 측정결과를 신고하지 아니한 자
  ㉢ 대기전력경고표지를 하지 아니한 자
  ㉣ 대기전력저감우수제품임을 표시하거나 거짓 표시를 한자
  ㉤ 대기전력저감기준에 미달하는 경우 시정명령을 정당한 사유 없이 이행하지 아니한 자
  ㉥ 고효율에너지인증대상기자재의 인증을 받은 자가 아닌 자는 해당 고효율에너지인증대상기자재에 고효율에너지기자재의 인증 표시를 위반하여 인증 표시를 한 자

66. ①　67. ③

68 보일러 산세관 시 사용하는 부식억제제의 구비조건으로 틀린 것은?
① 점식발생이 없을 것
② 부식 억제능력이 클 것
③ 물에 대한 용해도가 작을 것
④ 세관액의 온도농도에 대한 영향이 적을 것

해설 물에 대한 용해도가 클 것

69 보일러설치검사 기준에 정한 압력방출장치 및 안전밸브에 대한 설명으로 틀린 것은?
① 증기 보일러에는 2개 이상 안전밸브를 설치하여야 한다.
② 전열면적이 50 m² 이하의 증기보일러에서는 안전밸브를 1개 이상으로 한다.
③ 관류보일러에서 보일러와 압력방출장치와의 사이에 체크밸브를 설치할 경우 압력방출 장치는 2개 이상으로 한다.
④ 안전밸브는 쉽게 검사할 수 있는 장소에 밸브 축을 수평으로 하여 가능한 한 보일러 동체에 간접 부착한다.

해설 밸브축을 수직으로 하여 가능한 한 보일러 동체에 직접 부착한다.

70 다음 중 보일러 급수에 함유된 성분 중 전열면 내면 침식의 주원인이 되는 것은?
① O_2 ② N_2 ③ $CaSO_4$ ④ $NaSO_4$

해설 용존산소(O_2) : 점식(침식)의 원인

71 시공업자단체에 관하여 에너지이용 합리화법에 규정한 것을 제외하고 어느 법의 사단 법인에 관한 규정을 준용하는가?
① 상법   ② 행정법
③ 민법   ④ 집단에너지사업법

72 에너지이용 합리화법에 따라 에너지저장의무 부과대상자로 가장 거리가 먼 것은?
① 전기사업자   ② 석탄가공업자   ③ 도시가스사업자   ④ 원자력사업자

해설 에너지 저장의무 부과 대상자
① 도시가스 사업자   ② 전기사업자   ③ 석탄가공업자

정답 68. ③   69. ④   70. ①   71. ③   72. ④

73 보일러 급수 중에 용해되어 있는 칼슘염, 규산염 및 마그네슘염이 농축되었을 때 보일러에 영향을 미치는 것으로 가장 적절한 것은?
① 슬러지 생성의 원인이 된다.
② 보일러의 효율을 향상시킨다.
③ 가성취화와 부식의 원인이 된다.
④ 스케일 생성과 국부적 과열의 원인이 된다.

74 보일러 이상연소 중 불완전연소의 원인이 아닌 것은?
① 연소용 공기량이 부족할 경우
② 연소속도가 적정하지 않을 경우
③ 버너로부터의 분무입자가 작을 경우
④ 분무연료와 연소용 공기와의 혼합이 불량할 경우

 불완전 연소의 원인
　　① 연료와 공기의 부적합시　　② 연소용공기량의 부적정시
　　③ 연소속도가 적정하지 않을 경우　④ 연소실내의 온도가 낮을 경우
　　⑤ 배기가스온도가 낮을 경우

75 보일러의 성능을 향상시키기 위하여 지켜야 할 사항이 아닌 것은?
① 과잉공기를 가급적 많게 한다.
② 외부 공기의 누입을 방지한다.
③ 증기나 온수의 누출을 방지한다.
④ 전열면의 그을음 등을 주기적으로 제거한다.

 과잉공기를 가급적 적게 한다.

76 유류 보일러에서 연료유의 예열온도가 낮을 때 발생될 수 있는 현상이 아닌 것은?
① 화염이 편류된다.
② 무화가 불량하게 된다.
③ 기름의 분해가 발생한다.
④ 그을음이나 분진이 발생한다.

 예열온도가 높을 때
　　① 연료소비량 증대　② 분사분량　③ 기름의 분해　④ 탄화물 생성

73. ④　74. ③　75. ①　76. ③

77 보일러의 분출사고 시 긴급조치 사항을 틀린 것은?
① 보일러 부근에 있는 사람들을 우선 안전한 곳으로 긴급히 대피시켜야 한다.
② 연소를 정지시키고 압입통풍기를 정지시킨다.
③ 다른 보일러와 증기관이 연결되어 있는 경우에는 증기밸브를 닫고 증기관 연결을 끊는다.
④ 급수를 정지하여 수위 저하를 막고 보일러의 수위유지에 노력한다.

78 보일러 설치 시 옥내설치 방법에 대한 설명으로 틀린 것은?
① 소용량 보일러는 반격벽으로 구분된 장소에 설치할 수 있다.
② 보일러 동체 최상부로부터 보일러실의 천장까지의 거리에는 제한이 없다.
③ 연료를 저장할 때는 보일러 외측으로부터 2m 이상 거리를 둔다.
④ 보일러는 불연성물질의 격벽으로 구분된 장소에 설치하여야 한다.

해설 보일러 동체 최상부로부터 천정, 배관 등 보일러 상부에 있는 구조물까지의 거리는 1.2 m 이상(단, 소형보일러는 0.6 m 이상으로 할 수 있다.)

79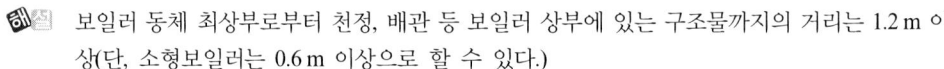
① 7700 kcal/h   ② 19600 kcal/h
③ 21560 kcal/h   ④ 23100 kcal/h

해설 $Q = K \cdot A \cdot \Delta t = 5 \times (45+50+45) \times (23-(-5)) \times 1.1 = 21580$ kcal/h

80 보일러 수면계의 기능시험의 시기가 아닌 것은?
① 수면계를 보수 교체했을 때
② 2개 수면계의 수위가 서로 다를 때
③ 수면계 수위의 움직임이 민첩할 때
④ 포밍이나 프라이밍 현상이 발생할 때

해설 수면계 점검시기
① 2개의 수면계수위가 다를 때   ② 수면계를 교체시
③ 수위의 움직임이 없을 때   ④ 프라이밍, 포밍발생시

2016년 제4회 에너지관리산업기사 출제문제

제1과목 : 열역학 및 연소관리

01 다음 중 열관류율의 단위로 옳은 것은?
① kcal/m²·h·℃
② kcal/m·h·℃
③ kcal/h
④ kcal/m²·h

해설 단위
① 열관류율(열전달율 = 열통과율) : Kcal/m²h℃
② 열전도율 : Kcal/mh℃
③ 비열 : Kcal/kg℃
④ 연소실 열부하 : Kcal/m³h
⑤ 전열면 열부하 : Kcal/m²h
⑥ 증발배수 : Kg/Kg
⑦ 열용량 : Kcal/℃

02 0℃의 얼음 100g을 50℃의 물 400g에 넣으면 몇 ℃가 되는가? (단, 얼음의 융해잠열 80 kcal/kg이고, 물의 비열은 1kcal/kg·℃로 가정한다.)
① 8.4℃
② 13.5℃
③ 24℃
④ 38.8℃

해설 $t_m = \dfrac{G_1 \cdot C_1 \cdot t_1 + G_2 \cdot C_2 \cdot t_2 - G \cdot r}{G_1 \cdot C_1 + G_2 \cdot C_2} = \dfrac{0.1 \times 1 \times 0 + 0.4 \times 1 \times 50 - 0.1 \times 80}{0.1 \times 1 + 0.4 \times 1} = 24℃$

03 액체 연료 연료방식에서 연료를 무화시키는 목적으로 틀린 것은?
① 연소효율을 높이기 위하여
② 연소실의 열부하를 낮게 하기 위하여
③ 연료와 연소용 공기의 혼합을 고르게 하기 위하여
④ 연료 단위 중량당 표면적을 크게 하기 위하여

1. ① 2. ③ 3. ②

액체연료를 무화시키는 목적
① 단위중량당 표면적을 크게 하기 위해
② 연소효율, 점화효율을 높이기 위해
③ 연료와 연소용공기의 혼합을 고르게 하기 위해

04 기체연료의 연소 형태로서 가장 옳은 것은?
① 확산연소 ② 증발연소 ③ 표면연소 ④ 분해연소

 연소형태

표면연소	고체가 표면의 고온을 유지하며 타는 것	목탄, 코크스, 금속분
분해연소	고체가 가열되어 열분해가 일어나고 가연성 가스가 공기중의 산소와 타는 것	석탄, 목재, 종이, 플라스틱
자기연소	공기 중의 산소를 필요로 하지 않고 자신의 분해되면서 타는 것	화약, 폭약
증발연소(고체)	고체가 가열되어 가연성 가스를 발생하며 타는 것	장뇌, 나프탈렌, 송지
증발연소(액체)	액체의 면에서 증발하는 가연성 증기가 공기와 혼합 연소 범위 내에 있을 때 열원에 의해 타는 것	알콜, 휘발유, 등유, 경유
확산연소	가연성 기체와 공기의 혼합 가스가 밀폐용기 중에 있을 때 점화되면 폭발적으로 타는 것	아세틸렌, 수소, 메탄

05 회분이 연소에 미치는 영향에 대한 설명으로 틀린 것은?
① 연소실의 온도를 높인다.
② 통풍에 지장을 주어 연소효율을 저하시킨다.
③ 보일러 벽이나 내화벽돌에 부착되어 장치를 손상 시킨다.
④ 용융 온도가 낮은 회분은 클린커(clinker)를 작용시켜 통풍을 방해한다.

 회분이 연소에 미치는 영향
① 전열면에 고착하여 전열방해
② 연료의 질 저하
③ 고온부식 발생
④ 보일러 벽이나 내화벽돌에 부착하여 장치손상
⑤ 용융온도가 낮은 회분은 클린커(Clinker)를 적용시켜 통풍 방해
⑥ 통풍에 지장을 주어 연소 효율을 저하시킨다.

06 압력 0.2 MPa, 온도 200°C의 이상기체 2 kg이 가역단열과정으로 팽창하여 압력이 0.1 MPa로 변화하였다. 이 기체의 최종온도는? (단, 이 기체의 비열비는 1.4이다.)
① 92°C ② 115°C ③ 365°C ④ 388°C

해설 $T_2 = \left(\dfrac{p_2}{p_1}\right)^{\frac{k-1}{k}} \times T_1 = \left(\dfrac{0.1}{0.2}\right)^{\frac{1.4-1}{1.4}} \times (273+200) = 388K - 273K = 115°C$

07 정적과정, 정압과정 및 단열과정으로 구성된 사이클은?
① 카르노사이클 ② 디젤사이클
③ 브레이턴사이클 ④ 오토사이클

해설 오토사이클에 대한 설명
① 열효율은 압축비에 대한 함수
② 압축비가 커지면 열효율 상승한다.
③ 열효율은 공기표준 사이클보다 낮다.
④ 이상연소에 의해 열효율은 크게 제한을 받는다.
⑤ 전기 점화기관의 이상적인 사이클로서 등적 사이클이라고도 함

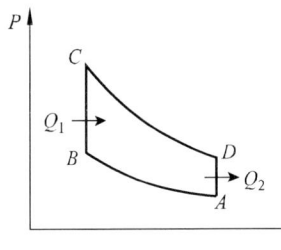
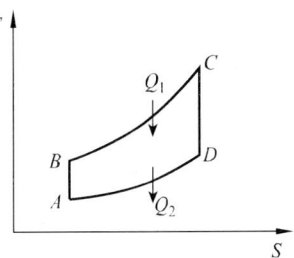

㉠ A-B : 단열압축   ㉡ B-C : 등온팽창
㉢ C-D : 단열팽창   ㉣ D-A : 등적방열

카르노사이클의 P-V 선도

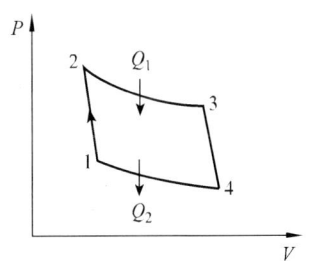

① 1-2 : 단열압축   ② 2-3 : 등온팽창
③ 3-4 : 단열팽창   ④ 4-1 : 등온압축

08 습증기의 건도에 관한 설명으로 옳은 것은?
① 습증기 1kg 중에 포함되어 있는 액체의 양을 습증기 1kg 중에 포함된 건포화증기의 양으로 나눈 값
② 습증기 1kg 중에 포함되어 있는 건포화 증기의 양을 습증기 1kg 중에 포함된 액체의 양으로 나눈 값

③ 습증기 1kg 중에 포함되어 있는 액체의 양을 습증기 1kg으로 나눈 값
④ 습증기 1kg 중에 포함되어 있는 건포화 증기의 양을 습증기 1kg으로 나눈 값

해설 습증기 : 습증기 1kg 중에 포함되어 있는 건포화증기의 건조 습증기 1kg으로 나눈 것

09
다음 연료 중 이론공기량(Nm^3/Nm^3)을 가장 많이 필요로 하는 것은? (단, 동일 조건으로 기준한다.)

① 메탄   ② 수소   ③ 아세틸렌   ④ 이산화탄소

해설 ① $CH_4 + 2O_2 \rightarrow CO_2 + H_2O$
$$A_0 = \frac{2}{0.21} = 9.52 \ Nm^3/Nm^3$$
② $H_2 + \frac{1}{2}O_2 \rightarrow H_2O$
$$A_0 = \frac{0.5}{0.21} = 2.38 \ Nm^3/Nm^3$$
③ $C_2H_2 + 2.5O_2 \rightarrow 2CO_2 + H_2O$
$$A_0 = \frac{2.5}{0.21} = 11.9 \ Nm^3/Nm^3$$

10
오토 사이클에서 압축비가 7일 때 열효율은? (단, 비열비 $k = 1.4$이다.)

① 0.13   ② 0.38   ③ 0.54   ④ 0.76

해설 열효율 $= 1 - \left(\frac{1}{\varepsilon}\right)^{K-1} = 1 - \left(\frac{1}{7}\right)^{1.4-1} = 0.541$

11
물 1 kg 이 100°C에서 증발할 때 엔트로피의 증가량은? (단, 이 때 증발열은 2257 kJ/kg이다.)

① 0.01 kJ/kg·K   ② 1.4 kJ/kg·K   ③ 6.1 kJ/kg·K   ④ 22.5 kJ/kg·K

해설 엔트로피증가량 $= \frac{\Delta Q}{T} = \frac{2257}{(273+100)} = 6.05 \ KJ/Kg$

12
온도 27°C, 최초 압력 100 kPa인 공기 3 kg을 가역단열적으로 1000 kPa까지 압축하고자 할 때 압축일의 값은? (단, 공기의 비열비 및 기체상수는 각각 $K = 1.4$, $R = 0.287$ kJ/kg·K이다.)

① 200 kJ   ② 300 kJ   ③ 500 kJ   ④ 600 kJ

해설 ① $\dfrac{T_2}{T_1} = \left(\dfrac{P_2}{P_1}\right)^{\frac{k-1}{k}}$

∴ $T_2 = \left(\dfrac{P_2}{P_1}\right)^{\frac{k-1}{k}} \times T_1 = \left(\dfrac{1000}{100}\right)^{\frac{1.4-1}{1.4}} = 579.21°K$

② 압축일(W)
$= \dfrac{1}{k-1} GR(T_1 - T_2) = \dfrac{1}{1.4-1} \times 3 \times 0.287 \times (300 - 579.21) = 600.9 kJ$
부호는 (−)이다.

13
대기압 하에서 건도가 0.9인 증기 1 kg이 가지고 있는 증발잠열은?

① 53.9 kcal ② 100.3 kcal
③ 485.1 kcal ④ 539.2 kcal

해설 증발잠열 = 0.9 × 539 kcal/kg = 485kcal

14
공기 과잉계수(공기비)를 옳게 나타낸 것은?

① 실제연소 공기량 ÷ 이론공기량
② 이론공기량 ÷ 실제연소 공기량
③ 실제연소 공기량 − 이론공기량
④ 공급공기량 − 이론공기량

해설 공기비(과잉공기계수) $= \dfrac{A_0}{A_0'} = \dfrac{N_2}{N_2 - 3.76O_2} = \dfrac{CO_2(\max\%)}{CO_2(\%)}$

15
디젤사이클의 이론열효율을 표시하는 식에서 차단비(cut off ratio) σ를 나타내는 식으로 옳은 것은?

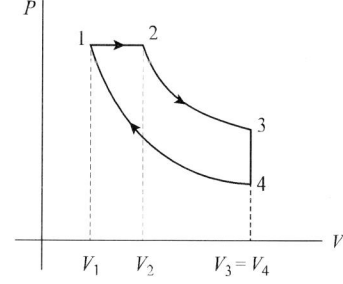

① $\sigma = \dfrac{V_1}{V_3}$ ② $\sigma = \dfrac{V_3}{V_1}$
③ $\sigma = \dfrac{V_2}{V_1}$ ④ $\sigma = \dfrac{V_1}{V_2}$

13. ③ 14. ① 15. ③

16

5 kcal의 열을 전부 일로 변환하면 몇 kgf·m인가?

① 50 kgf·m   ② 100 kgf·m
③ 327 kgf·m   ④ 2135 kgf·m

해설 1 kcal = 427 kg·m
5 kcal = x

$$x = \frac{5\,\text{kcal} \times 427\,\text{kg}\cdot\text{m}}{1\,\text{kcal}} = 2135\,\text{kgf}\cdot\text{m}$$

17

기체연료 저장설비인 가스홀더의 종류가 아닌 것은?

① 유수식 가스홀더   ② 무수식 가스홀더
③ 고압 가스홀더   ④ 저압 가스홀더

해설 가스홀더의 종류 : ① 유수식   ② 무수식   ③ 고압 홀더

18

어떤 기체가 압력 300 kPa, 체적 2 m³의 상태로부터 압력 500 kPa, 체적 3 m³의 상태로 변화하였다. 이 과정 중에 내부에너지의 변화가 없다고 하면 엔탈피의 변화량은?

① 570 kJ   ② 870 kJ
③ 900 kJ   ④ 975 kJ

해설 엔탈피변화량 = [(500×3) − (300×2)] = 900 kJ

19

프로판가스 1Nm³를 완전연소시키는 데 필요한 이론공기량은? (단, 공기 중 산소는 21%이다.)

① 21.92Nm³   ② 22.61Nm³
③ 23.81Nm³   ④ 24.62Nm³

해설
C_3H_8 + $5O_2$ → $3CO_2$ + $4H_2O$
22.4 Nm³   5×22.4 Nm³   3×22.4 Nm³   4×22.4 Nm³
1 Nm³ x

$$x = \frac{1\,\text{Nm}^3 \times 5 \times 22.4\,\text{Nm}^3}{22.4\,\text{Nm}^3} = 5\,\text{Nm}^3/\text{Nm}^3(O_0)$$

A_0(이론공기량) = $\dfrac{5}{0.21}$ = 23.8 Nm³/Nm³

20

압력에 관한 설명으로 옳은 것은?

① 압력은 단위면적에 작용하는 수직성분과 수평성분의 모든 힘으로 나타낸다.
② 1 Pa는 1 m²에 1 kg의 힘이 작용하는 압력이다.
③ 절대압력은 대기압과 게이지압력의 합으로 나타낸다.
④ A, B, C 기체의 압력을 각각 P_a, P_b, P_c 라고 표현할 때 혼합기체의 압력은 평균값인 $\dfrac{P_a + P_b + P_c}{3}$ 이다.

해설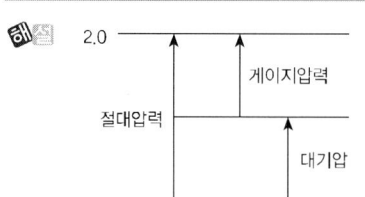

① 절대압력 = 게이지압력 + 대기압
② 게이지압력 = 절대압의 - 대기압
③ 대기압 = 절대압의 - 게이지압력

제2과목 : 계측 및 에너지 진단

21

다음 Ⓐ, Ⓑ에 들어갈 내용으로 적절한 것은?

유체 관로에 설치된 오리피스(orifice) 전후의 압력차는 (Ⓐ)에 (Ⓑ)한다.

	Ⓐ	Ⓑ
①	유량의 제곱	비례
②	유량의 평방근	비례
③	유량	반비례
④	유량의 평방근	반비례

해설   유체관로에 설치된 오리피스 전,후의 압력차는 유량의 제곱에 비례한다.

22

수위제어방식이 아닌 것은?

① 1요소식
② 2요소식
③ 3요소식
④ 4요소식

해설   수위제어 방식
① 1 요소식 : 수위만 제어
② 2 요소식 : 수위, 증기량
③ 3 요소식 : 수위, 증기, 급수량

20. ③   21. ①   22. ④

23 다음 중 저압가스의 압력측정에 사용되며, 연돌가스의 압력측정에 가장 적당한 압력계는?

① 링밸런스식 압력계 ② 압전식 압력계
③ 분동식 압력계 ④ 부르동관식 압력계

해설 링 밸런스 압력계 : 저압가스 압력측정에 사용되고, 연돌가스의 압력측정에 사용

24 다음 중 유량을 나타내는 단위가 아닌 것은?

① m^3/h ② kg/min ③ L/s ④ kg/cm^2

해설 kg/cm^2 : 압력의 단위

25 보일러 자동제어의 수위제어방식 3요소식에서 검출하지 않는 것은?

① 수위 ② 노내압 ③ 증기유량 ④ 급수유량

26 다음 중 온도를 높여주면 산소 이온만을 통과시키는 성질을 이용한 가스분석계는?

① 세라믹 O_2계 ② 갈바닉 전자식 O_2계
③ 자기식 O_2계 ④ 적외선 가스분석계

해설 물리적가스 분석계
① 세라믹식 O_2계(지르코니아식 O_2계) : 지르코니아(ZrO_2)를 주원료로 한 특수 세라믹은 온도를 높이면 산소이온만을 통과시키는 성질로 파이프 내외부에 백금의 다공질 전극을 붙여 파이프 전체를 850[℃]로 보존하여 파이프 외부에 공기를 흐르게 하고 측정하려는 가스를 내부에 흐르게 하였을 경우 양극의 기전력을 측정해 가스 중에서 산소의 농도를 알아낸다.

※ 특징
① 측정가스 중 가연성가스가 혼합되어 있으면 측정이 곤란하다.
② 응답속도가 빠르며 주위조건의 변화에도 큰 영향이 없다.
③ 측정부의 온도유지를 위해 전기로가 필요하다.
④ 측정범위가 대단히 넓다.

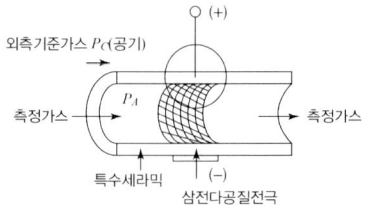

〈지르코니아식 O_2계의 내부구조〉

② 밀도식 CO_2계 : CO_2의 밀도와 점도를 이용한 것으로 가스 및 공기와 같은 크기의 모세관을 통과할 때 생기는 저항차에 의해 탄산가스량을 측정하는 것이며 이때의 저항차에 따라 밀도차가 일어나는 분서계이다. 즉, CO_2의 밀도가 공기에 비해 현저히 큰 점을 이용했다.

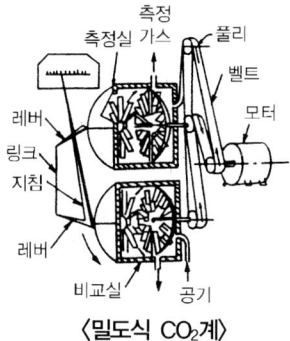

〈밀도식 CO_2계〉

③ 가스크로마토그래피 : 실리카겔, 활성탄 등의 흡착제를 충진한 세관(내부에 캐리어가스 충전을 통하여 그때에 나타난 이동 속도차를 이용하여 열전도율계 등으로 검출하여 측정하는 것으로 연구실용과 공업용이 있다. 특히, 선택성이 우수하며 연속측정이 가능한 가스분석계이다.

※ 캐리어가스 : H_2, N_2, Ar, He 등

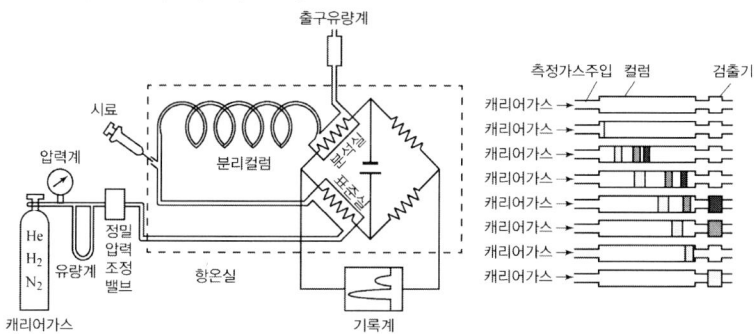

〈가스크로마토 그래피〉

④ 자기식 O_2계(자화율식 O_2계) : 산소가 다른 가스와 비교하여 강한 상자성체이므로 자장에 흡인되는 성질을 이용한 것으로 흡인력을 직접 이용하고 자기풍 및 계면압력을 사용한 두 종류가 있으며 연소가스의 과잉공기계로 가장 많이 보급되어 있는 자기풍에 의한 것이다.

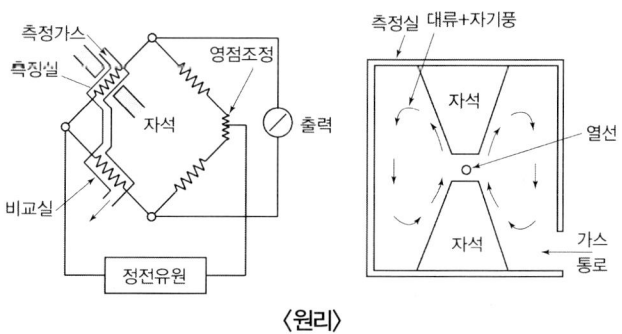

〈원리〉

⑤ 적외선 가스분석계 : 압력차를 금속박막의 변위, 전기용량의 변화로 검출하여 CO_2 농도를

지시 및 기록시키는 것으로 적외선을 흡수하지 않는 N_2, O_2, H_2, Cl_2 등 대칭성 2 원자 분자를 제외한 CO, CO_2, CH_4 등 대부분의 분자를 각각 적외선 스펙트럼을 이용한 가스분석기이다.

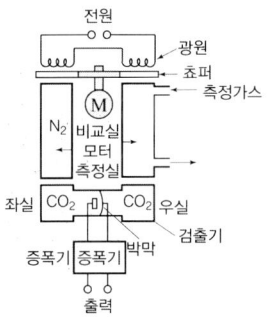

〈적외선가스 분석기〉

⑥ 열전도율형 CO_2계 : CO_2의 열전도율이 공기에 비해 극히 작은 점을 이용한 것으로 연소가스 CO_2 분석에 많이 사용된다. 측정가스를 도입하는 측정실과 공기가 담긴 비교실 속에 백금선을 두어 전류를 약 100[℃]로 가열하면 백금선의 온도는 주위 가스의 열전도에 의해 발열량이 많고 적음을 변화시키며 백금선온도의 상승은 전기저항장치를 증가시키며 휘스톤 · 브리지 회로에 불평형 전압이 생겨 이때의 전압을 측정해서 CO_2 농도를 지시한다.

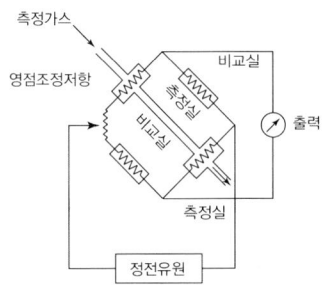

〈열전도율식 CO_2계〉

27

열전달에 대한 설명으로 틀린 것은?

① 유체의 밀도차에 의한 유동에 의해 열이 전달되는 형태는 전도이다.
② 대류 전열에는 자연대류와 강제대류 방식이 있다.
③ 중간 열매체를 통하지 않고 열이 이동되는 형태는 복사이다.
④ 열전달에는 전도, 대류, 복사의 3방식이 있다.

해설 유체의 밀도차에 의한 유동에 의해 열이 전달되는 형태 : 대류

28

측정기의 우연오차와 가장 관련이 깊은 것은?

① 감도   ② 부주의   ③ 보정   ④ 산포

정답 27. ① 28. ④

29

1차 제어장치가 제어명령을 하고 2차 제어장치가 1차 명령을 바탕으로 제어량을 조절하는 측정제어는?

① 캐스케이드제어
② 추종제어
③ 프로그램제어
④ 비율제어

해설 추치제어
① 캐스케이드제어 : 1차제어장치가 제어명령을 말하고 2차제어장치가 이 명령을 바탕으로 제어량 조절
② 프로그램제어 : 목표값이 시간에 따라 미리결정된 일정한 제어
③ 추종제어 : 목표값이 시간에 따라 임의로 변화되는 값으로 부여한 제어
④ 비율제어 : 2개 이상의 제어값의 값이 정해진 비율을 보유하여 제어

30

저항식 습도계의 특징에 관한 설명으로 틀린 것은?

① 연속기록이 가능하다.
② 응답이 느리다.
③ 자동제어가 용이하다.
④ 상대습도 측정이 쉽다.

해설 응답이 빠르다.

31

지름이 200mm인 관에 비중이 0.9인 기름이 평균속도 5m/s로 흐를 때 유량은?

① 14.7kg/s
② 15.7kg/s
③ 141.4kg/s
④ 157.1kg/s

해설 $Q = A \times V \times r$
$= 0.785 \times 0.2^2 m^2 \times 5m/Sec \times 0.9 \times 1000kg/m^3 = 141.3kg/sec$

32

제어동작 중 제어량에 편차가 생겼을 때 편차의 적분차를 가감하여 조작단의 이동속도가 비례하는 동작으로 잔류편차가 남지 않으나 제어의 안정성이 떨어지는 동작은?

① 2위치 동작
② 비례 동작
③ 미분 동작
④ 적분 동작

해설 제어방식
① 연속동작
  ㉠ P동작(비례동작)
    ⓐ 잔류편차 허용될 때 사용
    ⓑ 조작량은 제어 편차의 변화속도에 비례한 동작
    ⓒ 부하변화가 적은 프로세스에 사용

ⓓ 부하가 변화하는 등의 외란이 있으면(off-set : 잔류편차)생김
ⓒ I동작(적분동작)
ⓐ 잔류편차 허용되지 않을 때 사용
ⓑ 제어의 안정성이 떨어지고 일반적으로 진동함
ⓒ D동작(미분동작)
ⓐ 편차가 변화하는 속도에 비례해서 조작량 가감
ⓑ 일반적으로 진동이 제어되어 빨리 안정
② 불연속 동작(On-Off 동작이라고도 함)
㉠ 이위치동작 : 조작량이 정해진 두 값 중 하나를 취하여 밸브가 열리고 닫히는 이위치 제어
㉡ 다위치동작 : 동작신호의 크기에 따라 조작량이 셋 이상의 정해진 값 중 하나를 위하는 것
㉢ 불연속 속도 조작

33

압력계 선택 시 유의하여야 할 사항으로 틀린 것은?
① 진동이나 충격 등을 고려하여 필요한 부속품을 준비하여야 한다.
② 사용목적에 따라, 크기, 등급, 정도를 결정한다.
③ 사용압력에 따라 압력계의 범위를 결정한다.
④ 사용 용도는 고려하지 않아도 된다.

해설 사용용도를 고려하여야 한다.

34

다음 중 탄성식 압력계가 아닌 것은?
① 부르동관식 압력계
② 링 밸런스식 압력계
③ 벨로즈식 압력계
④ 다이어프램식 압력계

해설 탄성식 압력계
① 브르돈관 압력계
㉠ 고압장치에 가장 많이 사용되는 압력계로 2차 압력계의 대표적이다.
㉡ 브르돈관의 재질은 저압인 경우에는 황동, 청동, 인청동 등을 사용하며 고압일 때는 니켈강 등 특수강을 사용한다.
㉢ 암모니아용, 아세틸렌용 압력계에는 Cu 및 Cu 합금의 사용을 금하고 연강재를 사용한다.

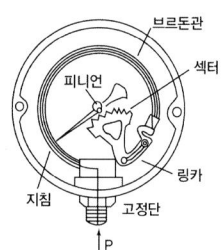

〈브르돈관식 압력계〉

㉣ 산소용 압력계는 '금유'라는 표시가 되어 있는 전용의 것을 사용한다.
㉤ 금속의 탄성원리를 이용한 압력계로 상용압력의 1.5배 이상 2배 이하의 눈금이 있는 것을 사용한다.

② 벨로우즈
  ㉠ 신축에 의한 압력을 이용한다.
  ㉡ 유체 내의 먼지 등의 영향이 적고 압력 변동에 적응하기 어렵다.
  ㉢ 측정압력은 0.01~10[kg/cm^2], 정밀도는 ±1~2[%]이다.
③ 다이어프램압력계(격막식 압력계)
  ㉠ 미소한 압력을 측정할 때 사용(+, -차압을 측정할 수 있다)
  ㉡ 재질은 고무, 테프론, 양은, 스테인리스 등이 쓰이며 측정 가능 범위는 공업용이 20~5,000[mmAq]이다.
  ㉢ 부식성 유체의 측정이 가능하다.
  ㉣ 온도의 영향을 받기 쉽다.
  ㉤ 측정의 응답속도가 빠르다.
  ㉥ 이상압력으로 파손되어도 위험성이 작다.
④ 피에조 전기 압력계
  ㉠ 수정이나 전기석, 롯세염 등의 결정체의 특수방향에 압력을 가하면 그 표면에 전기가 발생되고 발생한 전기량은 압력에 비례하여 측정하는 원리이다.
  ㉡ 가스 폭발, 급속한 압력 변화를 측정하는데 유효하다.
  ㉢ 고압 측정용 압력계이다.
  ㉣ 피에조 효과를 이용한 것이다.

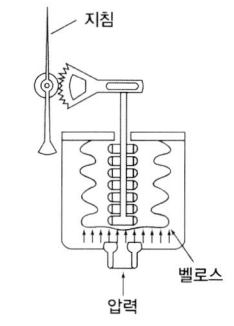
〈벨로스 압력계〉

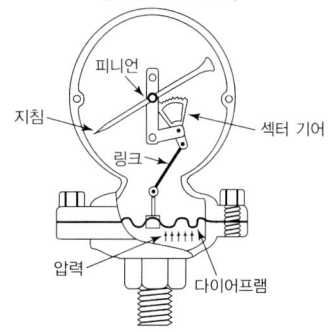
〈다이어프램 압력계〉

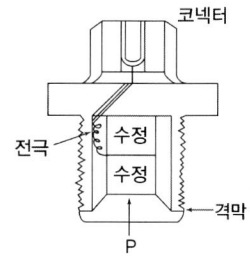
〈피에조 전기 압력계〉

35

다음 중 온-오프동작(on-off action)은?
① 2위치 동작   ② 적분 동작
③ 속도 동작   ④ 비례 동작

해설 On-Off 동작
  ① 이위치동작   ② 다위치동작   ③ 불연속속도조작

35. ①

36

가스분석계인 자동화학식 CO_2계에 대한 설명으로 틀린 것은?

① 오르자트(orsat)식 가스분석계와 같이 CO_2를 흡수액에 흡수시켜 이것에 의한 시료 가스 용액의 감소를 측정하고 CO_2 농도를 지시한다.
② 피스톤의 운동으로 일정한 용적의 시료 가스가 $CaCO_2$ 용액 중에 분출되며 CO_2는 여기서 용액에 흡수된다.
③ 조작은 모두 자동화되어 있다.
④ 흡수액에 따라 O_2 및 CO의 분석계로도 사용할 수 있다.

해설 자동화학식 CO_2계
오르자트의 원리도 CO_2를 흡수시켜 시료가스용적이 흡수된 CO_2 양이 감소되는 측정방법으로 피스톤에 의해 자동으로 CO_2의 농도를 지시한다.
※ 특징
① 선택성이 양호하다.
② 연속측정이 가능하나 유리파손에 주의
③ 점검 및 보수가 어렵다.
④ 흡수약 선정으로 O_2도 측정이 가능하다.
  ㉠ 연소식 O_2계 : 반응열이 산소농도에 따라 변화하는 점을 이용한 것으로 H_2의 (가연성가스)합이 필요하며 촉매로 파라듐이 사용된다.
  ㉡ ($CO+H_2$계) : 미연 연소계라고도 하며 연소식 O_2계와 반대로 O_2(지연성가스)를 혼합 반응의 의해 H_2, CO의 농도를 측정한다. 촉매로는 백금을 사용한다.

37

압력식 온도계가 아닌 것은?

① 액체압력식 온도계
② 증기압력식 온도계
③ 열전 온도계
④ 기체압력식 온도계

해설 압력식 온도계
① 액체압력식 온도계
② 기체압력식온도계
③ 증기압력식온도계
④ 고체팽창식

참고 유리온도계
① 수은온도계 : $-35\sim350°C$
② 베크만온도계 : $150°C$ 이내
③ 알콜온도계 : $-100°C$
④ 탄소저항봉입식온도계 : $-100\sim200°C$

38

적외선 가스분석계의 특징에 대한 설명으로 옳은 것은?

① 선택성이 뛰어나다.
② 대상 범위가 좁다.
③ 저농도의 분석에 부적합하다.
④ 측정가스의 더스트 방지나 탈습에 충분한 주의가 필요 없다.

정답 36. ② 37. ③ 38. ①

적외선가스분석계의 특징
① 선택성이 뛰어나다.
② 저농도기술의 분석에 적합하다.
③ 대상범위가 넓고 연속측정이용하다.
④ 더스트 및 습기 방지에 주의

39. 열전대 온도계의 특징이 아닌 것은?

① 냉접점이 있다.
② 접촉식으로 가장 높은 온도를 측정한다.
③ 전원이 필요하다.
④ 자동제어, 자동기록이 가능하다.

 열전대온도계의 특징
① 고온측정에 적합
② 지시계 및 기록계로 할 수 있다.
③ 보상도선이나 냉접점으로 인한 오차가 발생할 수 있다.
④ 전원장치가 필요없다.
⑤ 측정할 곳에 직접 열접점을 넣어야한다.

40. 다음 중 열량의 계량단위가 아닌 것은?

① J ② kWh ③ Ws ④ kg

 질량의 단위 : kg

제3과목 : 열설비구조 및 시공

41. 증기 보일러에서 안전밸브 부착에 대한 설명으로 옳은 것은?

① 보일러 몸체에 직접 부착시키지 않는다.
② 밸브 축을 수직으로 하여 부착한다.
③ 안전밸브는 항상 3개 이상 부착해야 한다.
④ 안전을 고려하여 쉽게 보이는 곳에 설치하지 않는다.

 ・보일러 몸체에 직접 부착시킨다.
・안전밸브는 2개 이상 설치한다.
・안전밸브는 쉽게 보이는 곳에 설치한다.

39. ③ 40. ④ 41. ②

42

아래 팽창탱크 구조 도시에서 ㉠으로 지시된 관의 명칭은?

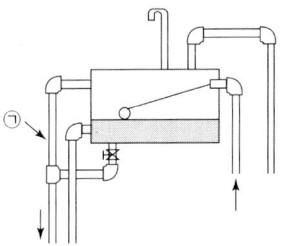

① 통기관
② 안전관
③ 배수관
④ 오버플로우관

해설 팽창탱크 : 체적팽창이나 이상 팽창압력을 흡수하여 사고 방지
① 설치목적 : ㉠ 체적팽창, 이상 팽창압력 흡수
㉡ 보충수공급
㉢ 관내온수온도와 압력을 일정하게 유지
㉣ 관수를 배출하지 않아 열손실 방지

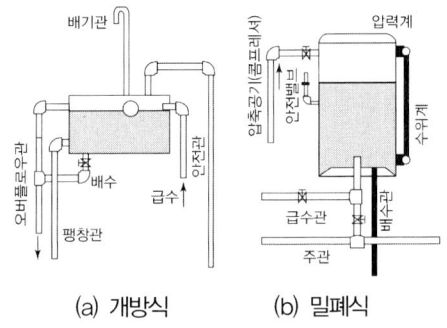

(a) 개방식   (b) 밀폐식

43

보일러 과열기에 대한 설명으로 틀린 것은?

① 과열기를 설치함으로써 보일러 열효율을 증대시킬 수 있다.
② 과열기 내의 증기와 연소가스의 흐름 방향에 따라 병향류식, 대향류식, 혼류식으로 구분할 수 있다.
③ 전열방식에 따라 방사형, 대류형, 방사대류형이 있다.
④ 과열기 외부는 황(S)에 의한 저온 부식이 발생한다.

해설 과열기는 고온부식 발생

44

허용인장응력 10 kgf/mm², 두께 12 mm의 강판을 160 mm V홈 맞대기 용접이음을 할 경우 그 효율이 80%라면 용접두께는 얼마로 하여야 하는가? (단, 용접부의 허용응력은 8 kgf/mm²이다.)

① 6 mm   ② 8 mm   ③ 10 mm   ④ 12 mm

$$t = \frac{PD}{200SE - 1.2P} + C = \frac{1000 + 0}{200 \times 8 \times 0.8 - 1.2 \times 1000} = 12.5 \text{mm}$$

∴ 10 kgf/mm² → 1000 kgf/cm²

45

비동력 급수장치인 인젝터(injector)의 특징에 관한 설명으로 틀린 것은?
① 구조가 간단하다.
② 흡입양정이 낮다.
③ 급수량의 조절이 쉽다.
④ 증기와 물이 혼합되어 급수가 예열된다.

 인젝터 : 보일러에서 발생한 증기를 사용해서 급수하는 방식으로 증기압 2[kg/cm²] 이상의 증기로 공급되는 급수를 가열하며 공급하게 된다. 이때 급수는 인젝터작용에 의하여 보일러 내의 압력 이상의 압력으로 변하게 된다.

증기의 열에너지 → 운동 에너지로 변화 → 압력 에너지로 변화 → 급수

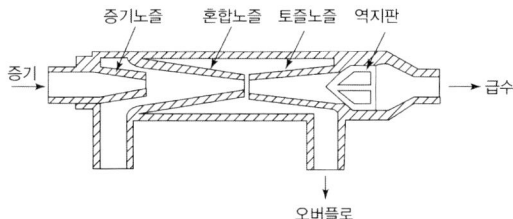

〈인젝터의 구조〉

※ 특징
　① 장점
　　㉠ 동력이 필요 없다.
　　㉡ 설치장소를 적게 차지한다.
　　㉢ 구조가 간단하며 가격이 저렴하다.
　　㉣ 급수가 예열되어 열응력 발생을 방지한다.
　② 단점
　　㉠ 흡입양정이 낮아 급수조절이 어렵다.
　　㉡ 증기압이 낮으면 급수가 곤란하다.
　　㉢ 구조상 소용량이다.
　　㉣ 급수온도가 높아지면 급수가 곤란하다.

44. ④　45. ③

※ 인젝터 작동불능원인
① 증기 속에 수분이 많이 포함되어있다.
② 증기압력이 낮거나(2 kg/cm² 이하) 너무 높다. (10 kg/cm² 이상)
③ 급수온도가 높다(50℃ 이상)
④ 흡입측의 공기 누입.
⑤ 노출부의 마모 . 파손
⑥ 인젝터 과열시

※ 작동순서
① 인젝터 출구측 밸브를 연다.   ② 인젝터 급수 밸브를 연다.
③ 인젝터 증기 밸브를 연다.   ④ 인젝터 조절 핸들을 연다.

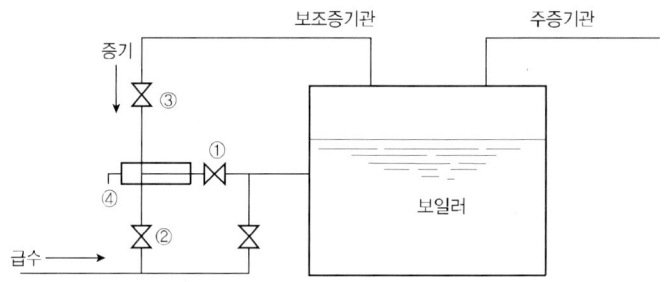

46

다음 중 보일러 분출 작업의 목적이 아닌 것은?
① 관수의 불순물 농도를 한계치 이하로 유지한다.
② 프라이밍 및 캐리오버를 촉진한다.
③ 슬러지분을 배출하고 스케일 부착을 방지한다.
④ 관수의 순환을 용이하게 한다.

 분출목적
① 관수의 PH 조절   ② 관수농축방지
③ 부식방지   ④ 프라이밍, 포밍발생방지
⑤ 슬러지, 스케일생성방지 ⑥ 관수순환촉진

47

노벽을 통하여 전열이 일어난다. 노벽의 두께 200 mm, 평균 열전도도 3.3 kcal/m·h·℃, 노벽 내부온도 400℃, 외벽온도는 50℃라면 10시간 동안 손실되는 열량은?
① 5775 kcal/m²   ② 11550 kcal/m²
③ 57750 kcal/m²   ④ 66000 kcal/m²

 $Q = \dfrac{\lambda, A, \Delta t}{d} = \dfrac{3.3 \times (400-50)}{0.2}$
= 5775 kcal/h × 10h
= 57750 kcal

48
압력용기 및 철금속가열로의 설치검사에 대한 검사의 유효기간은?

① 1년　　② 2년　　③ 3년　　④ 4년

해설 검사대상기기 검사의 유효기간
① 설치검사 : ㉠ 보일러 : 1년 ㉡ 압력용기 및 철금속 가열로 : 2년
② 개조검사 : ㉠ 보일러 : 1년 ㉠ 압력용기 및 철금속 가열로 : 2년
③ 안전검사 : ㉠ 보일러 : 1년 ㉠ 압력용기 및 철금속 가열로 : 2년
④ 운전성능검사 : ㉠ 보일러 : 1년 ㉠ 압력용기 및 철금속 가열로 : 2년

49
크롬질 벽돌의 특징에 대한 설명으로 틀린 것은?

① 내화도가 높고 하중연화점이 낮다.
② 마모에 대한 저항성이 크다.
③ 온도 급변에 잘 견딘다.
④ 고온에서 산화철을 흡수하여 팽창한다.

50
두께 25 mm, 넓이 1 m²의 철판의 전열량이 매시간 1000 kcal가 되려면 양면의 온도차는 얼마이어야 하는가? (단, 열전도계수 $K=50$ kcal/m·h·°C이다.)

① 0.5°C　　② 1°C　　③ 1.5°C　　④ 2°C

해설 $Q = \dfrac{\lambda A \Delta t}{d}$

$\Delta t = \dfrac{Q \times d}{\lambda \times A} = \dfrac{1000 \times 0.025}{50 \times 1} = 0.5°C$

51
증기트랩을 설치할 경우 나타나는 장점이 아닌 것은?

① 응축수로 인한 관 내의 부식을 방지할 수 있다.
② 응축수를 배출할 수 있어서 수격작용을 방지할 수 있다.
③ 관 내 유체의 흐름에 대한 마찰 저항을 줄일 수 있다.
④ 관 내의 불순물을 제거할 수 있다.

 증기트랩설치 시 장점
① 수격작용방지
② 부식방식
③ 마찰저항감소

48. ②　49. ③　50. ①　51. ④

52 강제순환식 수관보일러의 강제순환 시 각 수관 내의 유속을 일정하게 설계한 보일러는?

① 라몽트 보일러
② 베록스 보일러
③ 레플러 보일러
④ 밴손 보일러

53 다음 중 알루미나 시멘트를 원료로 사용하는 것은?

① 캐스터블 내화물
② 플라스틱 내화물
③ 내화모르타르
④ 고알루미나질 내화물

 캐스터블 내화물 : 알루미나 시멘트를 원료로 사용

54 방청용 도료 중 연단을 아마인유와 혼합하여 만들며, 녹스는 것을 방지하기 위하여 널리 사용되는 것은?

① 광명단 도료
② 합성수지 도료
③ 산화철 도료
④ 알루미늄 도료

해설 방청용 도료
① 광명단 도료
  ㉠ 연단에 아마인유를 혼합
  ㉡ 페인트 밑칠용
② 알루미늄 도료
  ㉠ 알루미늄 분말을 유성바니스에 혼합한 것
  ㉡ 방열기에 사용
  ㉢ 400~500℃의 내열성을 가지며 방청효과가 매우 좋음
③ 산화철 도료
  ㉠ 산화제2철을 보일유나 아마인유에 혼합한 것
  ㉡ 도막이 부드럽고 가격이 싸지만 녹방지가 완벽하지 못함.

55 검사대상기기의 용접검사를 받으려 할 경우 용접검사 신청서와 함께 검사기관의 장에게 몇 가지 서류를 제출해야 하는데 다음 중 그 서류에 해당하지 않는 것은?

① 용접 부위도
② 연간 판매 실적
③ 검사대상기기의 설계도면
④ 검사대상기기의 강도계산서

56

복사증발기에 수십 개의 수관을 병렬로 배치시키고 그 양단에 헤더를 설치하여 물의 합류와 분류를 되풀이하는 구조로 된 보일러는?

① 간접가열 보일러 ② 강제순환 보일러
③ 관류 보일러 ④ 바브콕 보일러

해설 관류 보일러의 종류
① 슐처어 → 수관이 병렬로 배치되어 폐열회수능력을 크게 한 형식
② 옛모스
③ 람진
④ 벤손

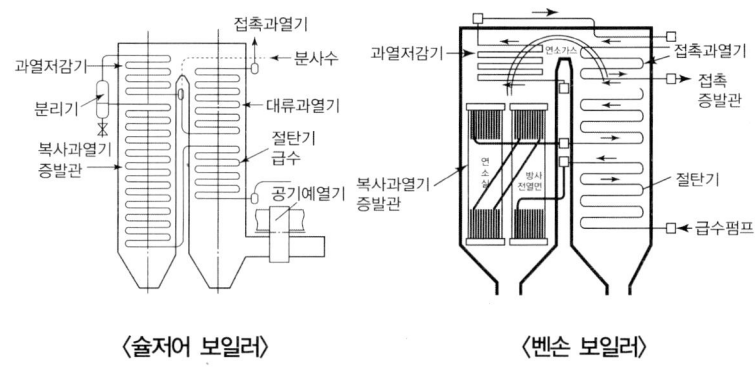

〈슐저어 보일러〉 〈벤손 보일러〉

57

보일러 안지름이 1850 mm를 초과하는 것은 동체의 최소 두께를 얼마 이상으로 하여야 하는가?

① 6 mm ② 8 mm ③ 10 mm ④ 12 mm

58

노통보일러에서 노통에 갤로웨이 관(galloway tube)을 설치하는 장점으로 틀린 것은?

① 물의 순환 증가 ② 연소가스 유동저항 감소
③ 전열면적이 증가 ④ 노통의 보강

해설 갤로웨이관 설치 목적
① 노통의 강도 보강
② 전열면적증가
③ 관수순환촉진

56. ③ 57. ④ 58. ②

59 검사대상기기인 보일러의 사용연료 또는 연소방법을 변경한 경우에 받아야 하는 검사는?
① 구조검사
② 설치검사
③ 개조검사
④ 용접검사

해설 개조검사
① 증기보일러를 온수보일러로 개조하는 경우
② 보일러 섹션증강의 증감에 의해 용량을 변경하는 경우
③ 연료 또는 연소방법을 변경하는 경우

60 폐열가스를 이용하여 본체로 보내는 급수를 예열하는 장치는?
① 절탄기
② 급유예열기
③ 공기예열기
④ 과열기

제4과목 : 열설비 취급 및 안전관리

61 보일러의 설치시공기준에서 옥내에 보일러를 설치할 경우 다음 중 불연성 물질의 반격벽으로 구분된 장소에 설치할 수 있는 보일러가 아닌 것은?
① 노통 보일러
② 가스용 온수 보일러
③ 소형 관류 보일러
④ 소용량 주철제 보일러

해설 보일러설치시공 기준에서 옥내에 보일러 설치시 불연성물질의 반격벽으로 구분된 장소에 설치하는 보일러
① 소형관류 보일러   ② 소용량 주철제 보일러   ③ 가스용 온수 보일러

62 에너지이용 합리화법에 따라 검사대상기기조종자를 선임하지 아니한 자에 대한 벌칙기준은?
① 1천만원 이하의 벌금
② 2천만원 이하의 벌금
③ 5백만원 이하의 벌금
④ 1년 이하의 징역

해설 벌칙
① 500만원 이하의 벌금
㉠ 효율관리기자재에 대한 에너지사용량의 측정결과를 신고하지 아니한 자

ⓒ 대기전력경고표지대상제품에 대한 측정결과를 신고하지 아니한 자
  ⓒ 대기전력경고표지를 하지 아니한 자
  ⓔ 대기전력저감우수제품임을 표시하거나 거짓 표시를 한 자
  ⓜ 대기전력저감기준에 미달하는 경우 시정명령을 정당한 사유 없이 이행하지 아니한 자
  ⓗ 고효율에너지인증대상기자재의 인증을 받은 자가 아닌 자는 해당고효율에너지인증대상기자재에 고효율에너지기자재의 인증 표시를 위반하여 인증 표시를 한 자
② 1천만원 이하의 벌금
  ⓐ 검사대상기기조종자를 선임하지 아니한 자   *[법규 변경] 조종자 → 관리자
③ 2천만원 이하의 벌금
  ⓐ 효율 관리 기자재의 생산 또는 판매금지 명령에 위반한 자
④ 1년 이하의 징역 또는 1천만원이하의 벌금
  ⓐ 검사대상기기의 검사를 받지 아니한 자
  ⓑ 검사에 합격되지 아니한 검사대상기기를 사용한 자
⑤ 2년 이하의 징역 또는 2천만원 이하의 벌금
  ⓐ 에너지저장시설의 보유 또는 저장의무의 부과시 정당한 이유없이 이를 거부하거나 이행하지 아니한 자
  ⓑ 에너지수급의 안정을 기하기 위한 조정·명령 등의 조치를 위반한 자
  ⓒ 공단의 임직원으로 근무하거나 근무하였던 사람이 직무상 알게 된 비밀을 누설하거나 도용한 자

63

에너지이용 합리화법에 따라 검사대상기기 설치자는 검사대상기기조종자가 해임되거나 퇴직하는 경우 다른 검사대상기기 조종자를 언제 선임해야 하는가?
① 해임 또는 퇴직 이전
② 해임 또는 퇴직 후 10일 이내
③ 해임 또는 퇴직 후 30일 이내
④ 해임 또는 퇴직 후 3개월 이내

 검사대상기기조종자가 퇴직하는 경우에는 해임 또는 퇴직이전에 따른 검사대상기기조종자를 선임해야한다.   *[법규 변경] 조종자 → 관리자

64

가스용 보일러의 보일러 실내 연료 배관 외부에 반드시 표시해야 하는 항목이 아닌 것은?
① 사용 가스명
② 최고 사용압력
③ 가스 흐름방향
④ 최고 사용온도

 연료배관 외부에 반드시 표시해야 하는 항복
  ① 사용가스명
  ② 최고사용압력
  ③ 가스흐름방향

63. ①   64. ④

65
보일러 점화조작 시 주의사항으로 틀린 것은?
① 연료가스의 유출속도가 너무 늦으면 실화 등이 일어나고 너무 빠르면 역화가 발생한다.
② 연소실의 온도가 낮으면 연료의 확산이 불량해지며 착화가 잘 안 된다.
③ 연료의 예열온도가 너무 낮으면 무화불량의 원인이 된다.
④ 유압이 낮으면 점화 및 분사가 불량하고 높으면 그을음이 축적된다.

해설 연료의 유출속도가 너무 늦으면 역화가 일어나고 너무 빠르면 실화가 일어난다.

66
증기난방의 분류 방법이 아닌 것은?
① 증기관의 배관 방식에 의한 분류
② 응축수의 환수 방식에 의한 분류
③ 증기압력에 의한 분류
④ 급기 배관 방식에 의한 분류

해설 증기난방의 분류방법
① 응축수환수방식 : ㉠ 중력환수식 ㉡ 기계환수식 ㉢ 진공환수식
② 배관방식에 의한 분류 : ㉠ 단관식 ㉡ 복관식
③ 증기공급방식에 의한 분류 : ㉠ 상향순환식 ㉡ 하향순환식
④ 증기압력에 따른 분류

67
증기보일러의 압력계 부착 시 강관을 사용할 때 압력계와 연결된 증기관 안지름의 크기는 얼마이어야 하는가?
① 6.5 mm 이하
② 6.5 mm 이상
③ 12.7 mm 이하
④ 12.7 mm 이상

해설 압력계 연결관
① 동관 : 6.5 mm 이상
② 강관 : 12.7 mm 이상

68
보일러가 과열되는 경우로 가장 거리가 먼 것은?
① 보일러에 스케일이 퇴적될 때
② 이상저수위 상태로 가동될 때
③ 화염이 국부적으로 전열면에 충돌할 때
④ 황(S)분이 많은 연료를 사용할 때

해설 과열의 원인
① 이상저수위 상태로 가동시
② 보일러 스케일 퇴적시
③ 화염이 국부적으로 전열면에 충돌시
④ 급수장치 고장시

69

다음 중 보일러에 점화하기 전 가장 우선적으로 점검해야 할 사항은?

① 과열기 점검
② 증기압력 점검
③ 수위 확인 및 급수 계통 점검
④ 매연 CO_2 농도 점검

해설 점화 전 점검사항
① 자동제어장치의 점검
② 연료 및 연소장치의 점검
③ 분출 및 분출장치의 점검
④ 수위점검
⑤ 프리퍼지, 포스트 퍼지 점검

70

보일러의 안전저수위란 무엇인가?

① 사용 중 유지해야 할 최저의 수위
② 사용 중 유지해야 할 최고의 수위
③ 최고사용압력에 상응하는 적정수위
④ 최대증발량에 상응하는 적정수위

해설
· 안전저수위 : 보일러운전 중 유지해야 할 최저 수위
· 상용수위 : 보일러운전 중 유지해야 할 수위

71

보일러의 고온부식 방지대책으로 틀린 것은?

① 회분 개질제를 첨가하여 바나듐의 융점을 낮춘다.
② 연료 중의 바나듐 성분을 제거한다.
③ 고온가스가 접촉되는 부분에 보호피막을 한다.
④ 연소가스 온도를 바나듐의 융점온도 이하로 유지한다.

해설 고온부식 방지책
① 연료중의 바나듐 제거
② 회분개질제를 사용하여 회분융점 높여 고온부식 방지
③ 첨가제를 사용한다.
④ 양질의 연료 선택
⑤ 고온의 전열면 표면에 내식재료 사용
⑥ 고온의 전열면 표면에 방청도장을 입힌다.

69. ③ 70. ① 71. ①

72

캐리오버의 방지책으로 가장 거리가 먼 것은?

① 부유물이나 유지분 등이 함유된 물을 급수하지 않는다.
② 압력을 규정압력으로 유지해야 한다.
③ 염소이온을 높게 유지해야 한다.
④ 부하를 급격히 증가시키지 않는다.

73

보일러 점화 시 역화(逆火)의 원인으로 가장 거리가 먼 것은?

① 프리퍼지가 부족했다.
② 연료 중에 물 또는 협잡물이 섞여 있었다.
③ 연도 댐퍼가 열려 있었다.
④ 유압이 과대했다.

해설 역화의 원인
① 프리퍼지, 포스트퍼지 부족시
② 점화시 착화가 늦은 경우
③ 공기보다 연료 먼저 투입시
④ 2차 공기의 예열 부족시
⑤ 유압 과대시
⑥ 압입통풍이 강할 때
⑦ 연료 중에 물 또는 협잡물 혼입시

74

에너지이용 합리화법에 따라 에너지절약전문기업으로 등록을 하려는 자는 등록신청서를 누구에게 제출하여야 하는가?

① 한국에너지공단이사장 ② 시·도지사
③ 산업통상자원부장관 ④ 시공업자단체의 장

75

에너지이용 합리화법에 따라 검사에 불합격한 검사대상기기를 사용한 자에 대한 벌칙 기준은?

① 1년 이하의 징역 또는 1천만원 이하의 벌금
② 1천만원 이하의 벌금
③ 2년 이하의 징역 또는 2천만원 이하의 벌금
④ 500만원 이하의 벌금

정답 72. ③ 73. ③ 74. ③ 75. ①

76 증기난방의 응축수 환수방법 중 증기의 순환속도가 제일 빠른 환수방식은?
① 진공 환수식
② 기계 환수식
③ 중력 환수식
④ 강제 환수식

해설 진공 환수식 > 기계 환수식 > 중력 환수식

77 에너지이용 합리화법에 따라 효율관리기자재의 제조업자는 해당 효율관리기자재의 에너지 사용량을 어느 기관으로부터 측정받아야 하는가?
① 검사기관
② 시험기관
③ 확인기관
④ 진단기관

78 기름연소장치의 점화에 있어서 점화불량의 원인으로 가장 거리가 먼 것은?
① 연료 배관 속에 물이나 슬러지가 들어갔다.
② 점화용 트랜스의 전기 스파크가 일어나지 않는다.
③ 송풍기 풍압이 낮고 공연비가 부적당하다.
④ 연도가 너무 습하거나 건조하다.

79 에너지법에서 정한 에너지공급설비가 아닌 것은?
① 전환설비
② 수송설비
③ 개발설비
④ 생산설비

해설 에너지공급설비 : 생산, 수송, 저장, 전환

80 다음 통풍의 종류 중 노 내 압력이 가장 높은 것은?
① 자연통풍
② 압입통풍
③ 흡입통풍
④ 평형통풍

76. ①　77. ②　78. ④　79. ③　80. ②

2017년 제1회 에너지관리산업기사 출제문제

제1과목 : 열역학 및 연소관리

01 표준 대기압하에서 실린더 직경이 5 cm인 피스톤 위에 질량 100 kg의 추를 놓았다. 실린더 내 가스의 절대압력은 약 몇 kPa인가? (단, 피스톤 중량은 무시한다.)

① 501 ② 601
③ 1000 ④ 1100

해설 1.0332 kg/cm² = 101.3 kPa
5.09 kg/cm² = x

$P = \dfrac{W}{A} = \dfrac{100}{0.785 \times 5^2} = 5.09 \, kg/cm^2$

$x = \dfrac{5.09 \times 101.3}{1.0332 \, kg/cm^2} = 477 \, kPa + 101.3 \, kPa = 600.34 \, kPa$

02 공기비(m)에 대한 설명으로 옳은 것은?

① 연료를 연소시킬 경우 이론 공기량에 대한 실제공급 공기량의 비이다.
② 연료를 연소시킬 경우 실제공급 공기량에 대한 이론 공기량의 비이다.
③ 연료를 연소시킬 경우 1차 공기량에 대한 2차 공기량의 비이다.
④ 연료를 연소시킬 경우 2차 공기량에 대한 1차 공기량의 비이다.

해설 공기비(m) = $\dfrac{A(실제공기량)}{A_0(이론공기량)} = \dfrac{N_2}{N_2 - 3.76 O_2} = \dfrac{CO_2(mm)\%}{CO_2(\%)}$

03 어떤 기압 하에서 포화수의 현열이 185.6 kcal/kg 이고, 같은 온도에서 증기 잠열이 414.4 kcal/kg인 경우, 증기의 전열량은? (단, 건조도는 1이다.)

① 228.8 kcal/kg ② 650.0 kcal/kg
③ 879.3 kcal/kg ④ 600.0 kcal/kg

해설 증기의 전열량 = 현열 + 잠열 = (185.6+414.4) = 600 kcal/kg

정답 1. ② 2. ① 3. ④

04

기체연료의 특징에 관한 설명으로 틀린 것은?

① 유황이나 회분이 거의 없다.
② 화재, 폭발의 위험이 크다.
③ 액체연료에 비해 체적당 보유 발열량이 크다.
④ 고부하 연소가 가능하고 연소실 용적을 작게 할 수 있다.

해설 기체연료의 특징
① 적은공기량으로 완전연소 시킬 수 있다.
② 가스누설시 폭발의 위험이 있다.
③ 발열량이 높은 연료로 고온을 얻을 수 있다.
④ 운반 저장이 어렵다.
⑤ 황분 회부가 거의 없어 전열면 오손이 없다.
⑥ 연소효율 전열효율이 좋다.
⑦ 고온도분위기 유지
⑧ 고부하연소가 가능하고 연소실 용적을 작게 할 수 있다.

05

실제연소가스량(G)에 대한 식으로 옳은 것은? (단, 이론연소가스량: G_o, 과잉공기비: m, 이론공기량: A_o이다.)

① $G = G_o + (m+1)A_o$
② $G = G_o - (m-1)A_o$
③ $G = G_o + (m-1)A_o$
④ $G = G_o - (m+1)A_o$

06

온도 150℃의 공기 1 kg이 초기 체적 0.248 m³에서 0.496 m³으로 될 때까지 단열 팽창하였다. 내부에너지의 변화는 약 몇 kJ/kg인가? (단, 정적비열(C_v)은 0.72 kJ/kg·℃, 비열비(k)는 1.4이다.)

① –25 ② –74 ③ 110 ④ 532

해설 ① 단열팽창 후 온도 계산 : $\frac{T_2}{T_1} = \left(\frac{P_2}{P_1}\right)^{\frac{k-1}{k}} = \left(\frac{V_1}{V_2}\right)^{k-1}$

$$\therefore T_2 = \left(\frac{V_2}{V_1}\right)^{(k-1)} \times T_1$$

$$= \left(\frac{0.248}{0.496}\right)^{1.4-1} = 320.57\text{K}$$

② 내부에너지 변화량
$\Delta u = C_v(T_2 - T_1) = 0.72 \times (320.57 - (273 + 150))$
$= -73.75 \text{ kcal/kg}$

4. ③ 5. ③ 6. ②

07

엔트로피의 변화가 없는 상태변화는?
① 가역 단열 변화
② 가역 등온 변화
③ 가역 등압 변화
④ 가역 등적 변화

해설 가역단열변화 : 엔트로피일정

08

다음 중 액체연료의 점도와 관련이 없는 것은?
① 캐논–펜스케(Cannon–Fenske)
② 몰리에(Mollier)
③ 스톡스(Stokes)
④ 포아즈(Poise)

해설 액체연료의 점도와 관련있는 것
① 스톡스(stokes) ② 포아즈(poise) ③ 캐논–펜스케(cannon–Fenske)

09

탄소(C) 1 kg을 완전 연소시킬 때 생성되는 CO_2의 양은 약 얼마인가?
① 1.67 kg ② 2.67 kg ③ 3.67 kg ④ 6.34 kg

해설
$$C + O_2 \rightarrow CO_2$$
12 kg　44 kg
1 kg　x
$$x = \frac{1\,kg \times 44\,kg}{12\,kg} = 3.67\,kg$$

10

다음은 물의 압력–온도 선도를 나타낸다. 임계점은 어디를 말하는가?

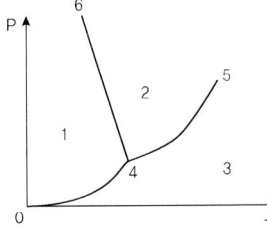

① 점 0
② 점 4
③ 점 5
④ 점 6

해설
① 영역 1 : 고체
② 영역 2 : 액체
③ 영역 3 : 증기
④ 점4 : 삼중점
⑤ 점5 : 임계점
⑥ 선 0–4 : 승화곡선
⑦ 선 4~5 : 증발곡선
⑧ 선 4~6 : 용해곡선

정답 7. ①　8. ②　9. ③　10. ③

11 보일러 굴뚝의 통풍력을 발생시키는 방법이 아닌 것은?
① 연도에서 연소가스와 외부공기의 밀도차에 의해서 생기는 압력차를 이용하는 방법
② 벤튜리 관을 이용하여 배기가스를 흡입하는 방법
③ 압입 송풍기를 사용하는 방법
④ 흡입 송풍기를 사용하는 방법

해설 굴뚝의 통풍력을 발생시키는 현상
① 압입 송풍기를 사용하는 방법
② 흡입 송풍기를 사용하는 방법
③ 연도에서 연소가스와 외부공기의 밀도차에 의해 생기는 압력차를 이용하는 방법

12 어떤 가역 열기관이 400°C에서 1000 kJ을 흡수하여 일을 생산하고 100°C에서 열을 방출한다. 이 과정에서 전체 엔트로피 변화는 약 몇 kJ/K인가?
① 0 ② 2.5 ③ 3.3 ④ 4

해설 단열가역과정일 경우에는 전체 엔트로피의 변화는 없다.

13 이상 기체의 단열변화 과정에 대한 식으로 맞는 것은? (단, k는 비열비이다.)
① $PV = const$ ② $P^k V = const$
③ $PV^k = const$ ④ $PV^{1/k} = const$

14 –10°C의 얼음 1 kg에 일정한 비율로 열을 가할 때 시간과 온도의 관계를 바르게 나타낸 그림은? (단, 압력은 일정하다.)

①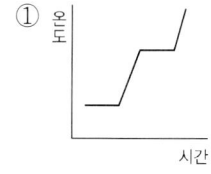
②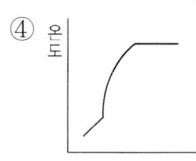
③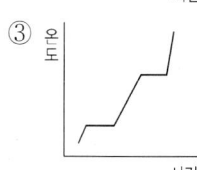
④

15

다음 ( )안에 들어갈 내용으로 옳은 것은?

| 잠열은 물체의 (㉠)변화는 일으키지 않고, (㉡)변화만을 일으키는데 필요한 열량이며, 표준 대기압하에서 물 1 kg의 증발잠열은 (㉢) kcal/kg이고, 얼음 1 kg의 융해잠열은 (㉣) kcal/kg이다. |

	㉠	㉡	㉢	㉣
①	상(phase)	온도	539	80
②	체적	상(phase)	739	90
③	비열	상(phase)	439	90
④	온도	상(phase)	539	80

해설 · 현열 : 물체의 상태변화 없이 온도만 변화 · 잠열 : 온도변화 없이 상태만 변함
· 물의 증발 잠열 : 539kcal/kg · 얼음의 융해 잠열 : 80kcal/kg
· 물의 임계압력 : 225.65kg/cm² · 물의 임계온도 : 374.15°C

16

압력이 300 kPa, 체적이 0.5 m³인 공기가 일정한 압력에서 체적이 0.7 m³으로 팽창했다. 이 팽창 중에 내부에너지가 50 kJ 증가했다면 팽창에 필요한 열량은 몇 kJ인가?

① 50 ② 60 ③ 100 ④ 110

해설 팽창에 필요한 열량 : 내부에너지 + 외부에너지 = 50 kJ + 300(0.7−0.5) = 110 kJ

17

기체의 분자량이 2배로 증가하면 기체상수는 어떻게 되는가?

① 2배 ② 4배 ③ 1/2배 ④ 불변

해설 $\dfrac{kg \cdot m/kmol \ K}{M} = \dfrac{1}{2}$

18

연소의 3요소에 해당하지 않는 것은?

① 가연물 ② 인화점 ③ 산소공급원 ④ 점화원

해설 연소의 3요소 : ① 가연물 ② 점화원 ③ 산소공급원

19

물 1 kmol이 100°C, 1기압에서 증발할 때 엔트로피 변화는 몇 kJ/K 인가? (단, 물의 기화열은 2257 kJ/kg 이다.)

① 22.57 ② 100 ③ 109 ④ 139

해설 $\Delta S = \dfrac{\Delta Q}{T} = \dfrac{40626}{(273+100)} = 108.9 \text{kJ/K}$

H₂O(물)의 $\Delta Q = 18\text{kg} \times 2257 = 40626$

20
27°C에서 12 L의 체적을 갖는 이상기체가 일정 압력에서 127°C까지 온도가 상승하였을 때 체적은 약 얼마인가?

① 12 L ② 16 L ③ 27 L ④ 56 L

해설 $\dfrac{V_1}{T_1} = \dfrac{V_2}{T_2}$, $V_2 = \dfrac{V_1 \times T_2}{T_1} = \dfrac{12 \times (273+127)}{(273+27)} = 16 \text{L}$

제2과목 : 계측 및 에너지 진단

21
증기 보일러에서 압력계 부착 시 증기가 압력계에 직접 들어가지 않도록 부착하는 장치는?

① 부압관 ② 사이폰관
③ 맥동댐퍼관 ④ 플랙시블관

해설 싸이폰관 : 고온의 증기나 물로부터 압력계를 보호하기 위해
① 싸이폰관 안지름 : 6.5mm 이상
② 동관 : 6.5mm 이상
③ 강관 : 12.7mm 이상

22
열 설비에 사용되는 자동제어 계의 동작순서로 옳은 것은?

① 조작 – 검출 – 판단(조절) – 비교 – 측정
② 비교 – 판단(조절) – 조작 – 검출
③ 검출 – 비교 – 판단(조절) – 조작
④ 판단 – 비교(조절) – 검출 – 조작

해설 열설비에 사용되는 자동제어계의 동작순서 : 검출–비교–판단–조작

23
오르자트 분석 장치에서 암모니아성 염화 제1동 용액으로 측정할 수 있는 것은?

① CO_2 ② CO ③ N_2 ④ O_2

해설 흡수분석법
① 오르자트분석법 CO_2: KOH 30%수용액
   O_2 : 알칼리성 피롤카롤용액
   CO : 암모니아성염화제1동용액
② 헴펠법 CO_2 : KOH30%수용액
   C_mH_m : 발연황산 25%
   O_2 : 알카리성 피롤카롤 용핵
   CO : 암모니아성 염화제 1동용액
③ 게겔법 CO_2 : KOH 30% 수용액
   C_2H_2 : 옥소수은칼륨용액
   C_3H_6 : 87%황산
   C_2H_4 : 취소수용액
   O_2 : 알카리성 피롤카롤용액
   CO : 암모니아성 염화 제1동용액

24 증기부와 수부의 굴절률 차를 이용한 것으로 증기는 적색, 수부는 녹색으로 보이도록 한 것으로 고압의 대용량이나, 발전용 보일러에 사용되는 수면계는?
① 2색식 수면계   ② 유리관 수면계
③ 평형투시식 수면계   ④ 평형반사식 수면계

25 보일러에서 아래 식은 무엇을 나타내는가? (단, G : 매시간당 증발량(kg/h), G_f : 매시간당 연료소비량(kg/h), H_ℓ : 연료의 저위발열량(kcal/kg), i_2 : 증기의 엔탈피(kcal/kg), i_1 : 급수의 엔탈피(kcal/kg))

$$\frac{G(i_2 - i_1)}{H_\ell \cdot G_f} \times 100$$

① 보일러 마력   ② 보일러 효율
③ 상당 증발량   ④ 연소 효율

해설
· 보일러마력 = $\frac{G}{15.65} = \frac{G \times (h-h)}{15.65 \times 53P}$ · 상당증발량(Ge) = $\frac{G \times (h-h)}{539}$

· 연소효율 = $\frac{Q_r}{H_\ell} \times 100$ · 증빌계수 = $\frac{h-h}{539}$

· 증발배수 = $\frac{G}{G_f}$ · 연소실열부하(kcal/cm³h) = $\frac{G_f \times H_\ell}{V}$

· 전열면열부하(kcal/m²h) = $\frac{G \times (h-h)}{A}$

26
보일러 실제증발량에 증발계수를 곱한 값은?
① 상당 증발량
② 연소실 열부하
③ 전열면 열부하
④ 단위 시간당 연료 소모량

27
액면계에서 액면측정 방식에 대한 분류로 틀린 것은?
① 부자식
② 차압식
③ 편위식
④ 분동식

 분동식 : 압력계

28
증기 건도를 향상시키기 위한 방법과 관계가 없는 것은?
① 저압의 증기를 고압의 증기로 증압시킨다.
② 증기주관에서 효율적인 드레인 처리를 한다.
③ 기수분리기를 설치하여 증기의 건도를 높인다.
④ 포밍, 프라이밍 현상을 방지하여 캐리오버 현상이 일어나지 않도록 한다.

해설 증기 건도를 향상시키기 위한 방법
① 비수방지관설치 ② 기수분리기설치 ③ 프라이밍, 포밍발생방지
④ 증기트랩설치 ⑤ 증기주관에서 드레인처리

29
정해진 순서에 따라 순차적으로 제어하는 방식은?
① 피드백 제어
② 추종 제어
③ 시퀀스 제어
④ 프로그램 제어

해설
· 피드백 제어 : 출력측의 신호를 입력측으로 되돌려 정정동작을 행하는 제어
· 시퀀스 제어 : 처음 정해진 순서에 따라 제어단계를 순차적으로 제어
· 추종 제어 : 목표값이 시간에 따라 임의로 변화되는 값으로 부여한 제어
· 프로그램 제어 : 목표값이 시간에 따라 미리 결정된 일정한 제어
· 캐스게이드 제어 : 1차제어장치가 제어명령을 발하고 2차제어장치가 이 명령을 바탕으로 제어량 조절

30
SI 단위표시에서 압력단위 표시방법으로 옳은 것은?
① mmHg/cm²
② cm²/kg
③ kg/at
④ N/m²

 SI 단위 입력단위
① 1.013 bar ② 1013 mbar ③ 101.325 N/m²

26. ① 27. ④ 28. ① 29. ③ 30. ④

④ 101325 pa   ⑤ 101.3 kPa   ⑥ 0.10332 MPa 등

31 다음 중 연소실내의 온도를 측정할 때 가장 적합한 온도계는?
① 알코올 온도계   ② 금속 온도계
③ 수은 온도계   ④ 열전대 온도계

해설 열전대 온도계 : 연소실내의 온도측정, 열기전력이용(제백효과)

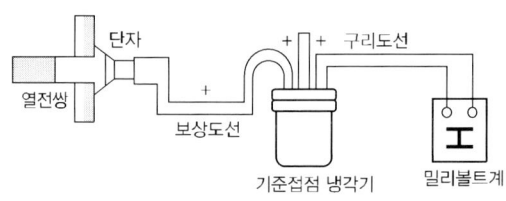
〈열전도온도계〉

① PR(백금-백금로듐)(R형)
  ㉠ 산화성 분위기에 가장 강하다.   ㉡ 환원성 분위기에 약하다.
  ㉢ 금속증기에 침식   ㉣ 온도 : 0~1600℃
  ㉤ 백금 87%(+극), 백금로듐13%(-극)   ㉥ 값이 싸고, 정도가 높고 안정성 우수
  ㉦ 열전대온도계 중 가장 고온 측정
② CA(크로멜-알루멜)(K형)
  ㉠ 크로멜(Ni(90%)+Cr(10%), 알루멜(Ni(94%)+Mn(2.5%)+Al(2.0%) Fe(0.5%)
  ㉡ 산화성 분위기에 약하다.   ㉢ 온도 : 0~1200℃
③ CC(동-콘스탄탄)(T형)
  ㉠ 수분에 의한 내식성이 크다.   ㉡ 콘스탄탄(Cu(55%)+Ni(45%))
  ㉢ 온도 : 200~350℃   ㉣ 열전대 온도계 중 가장 저온 측정
④ IC(철-콘스탄탄)(J형)
  ㉠ 환원성 분위기에 강하다.   ㉡ 온도 : -20~850℃

32 다음 그림과 같은 액주계 설치 상태에서 비중량이 γ, γ_1이고 액주 높이차가 h일 때 관로압 P_X는 얼마인가?

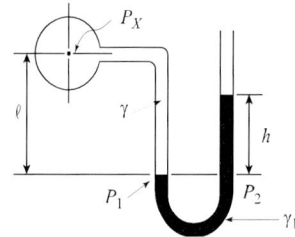

① $P_X = \gamma_1 h + \gamma \ell$
② $P_X = \gamma_1 h - \gamma \ell$
③ $P_X = \gamma_1 \ell - \gamma h$
④ $P_X = \gamma_1 \ell + \gamma h$

해설 $P_1 = P_2$이므로 $P_x + r \times \ell = r_1 \times h$
$P_x = r_1 \times h - r \times \ell$

정답 31. ④ 32. ②

33

공기압 신호 전송에 대한 설명으로서 틀린 것은?
① 조작부의 동특성이 우수하다.
② 제진, 제습 공기를 사용하여야 한다.
③ 공기압이 통일되어 있어 취급이 편리하다.
④ 전송 거리가 길어도 전송 지연이 발생되지 않는다.

해설 신호전달방식의 종류와 특징
① 공기압 신호전송
  ㉠ 사용조작압력은 0.2~1[kg/cm^2]   ㉡ 신호전달거리가 100~150[m] 정도이다.
  ㉢ 온도제어 등에 적합하고 위험이 적다.   ㉣ 배관이 용이하고 보존이 쉽다.
  ㉤ 내열성이 우수하나 압축성이므로 신호전달에 지연이 된다.
  ㉥ 희망특성을 살리기 어렵다.
② 유압식 신호전송
  ㉠ 사용유압은 0.2~1[kg/cm^2]   ㉡ 신호전달거리가 300[m] 정도이다.
  ㉢ 높은 유압이 필요하다.   ㉣ 인화 위험성이 많다.
③ 전기식 신호전송
  ㉠ 신호전달거리는 0.3~10[km]까지 가능하다.
  ㉡ 신호 전달의 지연이 없고 배선이 용이하다.
  ㉢ 대규모 조작력이 필요한 경우에 사용된다.
  ㉣ 높은 기술을 요하며 가격이 비싸다.

34

유체주에 해당하는 압력의 정확한 표현식은? (단, 유체주의 높이 h, 압력 P, 밀도 ρ, 비중량 γ, 중력 가속도 g라 하고, 중력 가속도는 지점에 따라 거의 일정하다고 가정한다.)
① $P = h\rho$ ② $P = hg$ ③ $P = \rho g h$ ④ $P = \gamma g$

해설 $P = r \times h = (\rho \times g)h$

35

물체의 탄성 변위량을 이용한 압력계가 아닌 것은?
① 다이아프램 압력계   ② 경사관식 압력계
③ 부르돈관 압력계   ④ 벨로즈 압력계

  탄성식 압력계의 종류(2차압력계)
① 브르돈관 압력계(bourdon tube)
  ㉠ 고압장치에 가장 많이 사용되는 압력계로 2차 압력계의 대표적이다.
  ㉡ 브르돈관의 재질은 저압인 경우에는 황동, 청동, 인청동 등을 사용하며 고압일 때는 니켈강 등 특수강을 사용한다.
  ㉢ 암모니아용, 아세틸렌용 압력계에는 Cu 및 Cu 합금의 사용을 금하고 연강재를 사용한다.

33. ④ 34. ③ 35. ②

ⓔ 산소용 압력계는 '금유'라는 표시가 되어 있는 전용의 것을 사용한다.
ⓜ 금속의 탄성원리를 이용한 압력계로 상용압력의 1.5배 이상 2배 이하의 눈금이 있는 것을 사용한다.

② 다이어프램 압력계(격막식 압력계)
ⓐ 미소한 압력을 측정시 사용(+, -차압을 측정할 수 있다)
ⓑ 재질은 고무, 테프론, 양은, 스테인리스 등이 쓰이며 측정 가능 범위는 공업용이 20~5,000[mmAq]이다.
ⓒ 부식성 유체의 측정이 가능하다.
ⓓ 온도의 영향을 받기 쉽다.
ⓔ 측정의 응답속도가 빠르다.
ⓕ 이상압력으로 파손되어도 위험성이 작다.

③ 벨로우즈 압력계
ⓐ 신축에 의한 압력을 이용한다.
ⓑ 유체 내의 먼지 등의 영향이 적고 압력 변동에 적응하기 어렵다.
ⓒ 측정압력은 0.01~10[kg/cm²], 정밀도는 ±1~2[%]이다.

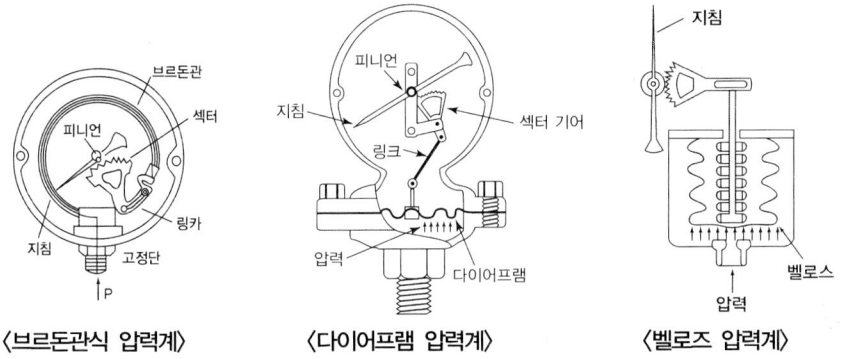

〈브르돈관식 압력계〉   〈다이어프램 압력계〉   〈벨로즈 압력계〉

36

계량 계측기의 교정을 나타내는 말은?
① 지시값과 표준기의 지시값 차이를 계산하는 것
② 지시값과 참값을 일치하도록 수정하는 것
③ 지시값과 오차값의 차이를 계산하는 것
④ 지시값과 참값의 차이를 계산하는 것

해설 계량 계측기의 교정을 나타내는 말 지시값과 표준기의 지시값 차이를 계산하는 것

37

융커스식 열량계의 특징에 관한 설명으로 틀린 것은?
① 가스의 발열량 측정에 가장 많이 사용된다.
② 열량측정 시 시료가스 온도 및 압력을 측정한다.
③ 구성 요소로는 가스 계량기, 압력 조정기, 기압계, 온도계, 저울 등이 있다.
④ 열량측정 시 가스 열량계의 배기 온도는 측정하지 않는다.

해설 열량 측정시 가스열량계의 배기가스온도 측정

38
2차 지연 요소에 대한 설명으로 옳은 것은?
① 1차 지연 요소 2개를 직렬로 연결한 것으로 1차 지연 요소보다 응답속도가 더 늦어진다.
② 1차 지연 요소 2개를 직렬로 연결한 것으로 1차 지연 요소보다 응답속도가 더 빨라진다.
③ 1차 지연 요소 2개를 병렬로 연결한 것으로 1차 지연 요소보다 응답속도가 더 늦어진다.
④ 1차 지연 요소 2개를 병렬로 연결한 것으로 1차 지연 요소보다 응답속도가 더 빨라진다.

해설 2차지연요소 : 1차지연요소 2개를 직렬로 연결한 것으로. 1차지연요소보다 응답속도가 더 늦어진다.

39
보일러 열정산에 있어서 출열 항목이 아닌 것은?
① 불완전 연소 가스에 의한 손실 열량
② 복사열에 의한 손실 열량
③ 발생 증기의 흡수 열량
④ 공기의 현열에 의한 열량

해설 · 입열항목
　　① 연료의 연소열　　② 연료의 현열
　　③ 급수의 현열　　　④ 공기의 현열
　　⑤ 노내분입증기 보유열
· 출열항목
　　① 배기가스손실열　　② 불완전연소에 의한 손실열
　　③ 미연분에 의한 손실열　　④ 방사에 의한 손실열
　　⑤ 발생증기 보유열

40
SI 단위계의 기본단위에 해당 되지 않는 것은?
① 길이　　② 질량　　③ 압력　　④ 시간

해설 SI 단위계의 기본단위
　　① 길이　　② 질량　　③ 시간　　④ 암페어(A)
　　⑤ 온도(K)　⑥ 물질량(mol)　⑦ 광도(cd)

38. ①　39. ④　40. ③

제3과목 : 열설비구조 및 시공

41 보온재 중 무기질 보온재가 아닌 것은?
① 석면 ② 탄산마그네슘
③ 규조토 ④ 펠트

 무기질 보온재
① 탄산마그네슘 : 250℃ 이하 ② 암면 : 600℃ 이하
③ 그라스울(유리섬유) : 300℃ ④ 규산칼슘 : 650℃
⑤ 석면 : 400℃ ⑥ 실리카화이버 : 1100℃ 이하
⑦ 규조토 : 500℃ ⑧ 세라믹 화이버 : 1300℃

42 배관을 아래에서 위로 떠 받쳐 지지하는 장치 중의 하나로 배관의 굽힘부 등에 관으로 영구히 고정시키는 것은?
① 앵커 ② 파이프 슈
③ 스토퍼 ④ 가이드

해설 배관의 지지

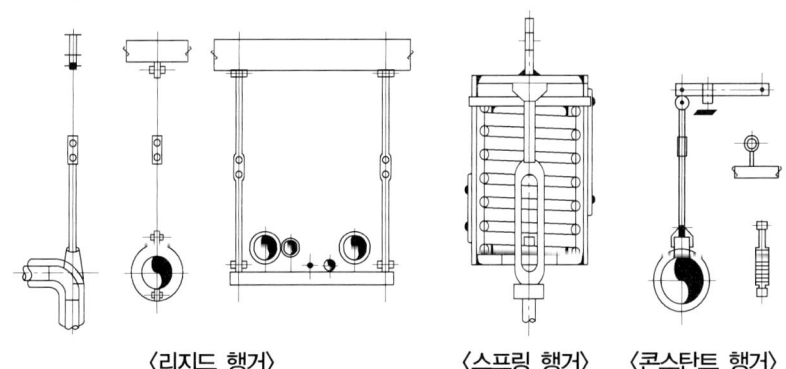

〈리지드 행거〉   〈스프링 행거〉 〈콘스탄트 행거〉

(1) 행거 : 배관의 하중을 위에서 잡아주는 장치이다.
① 리지드 행거(rigid hanger) : I비임에 턴버클을 이용 지지하는 것으로 상하방향에 변위에 없는 곳에 사용한다.
② 스프링 행거(spring hanger) : 턴버클 대신 스프링을 사용한 것이다.
③ 콘스탄트 행거(constant hanger) : 배관의 상하이동에 관계없이 관지력이 일정한 것으로 중추식과 스프링식이 있다.
(2) 서포트
① 파이프 슈(pipe shoe) : 관에 직접 접속하는 지지구로 수평배관과 수직배관의 연결부에 사용된다.
② 리지드 서포트(rigid support) : H 비임이나 I 비임으로 받침을 만들어 지지한다.

정답 41. ④ 42. ②

③ 스프링 서포트(spring support) : 스프링의 탄성에 의해 상하 이동을 허용한 것이다.
④ 롤러 서포트(roller support) : 관의 축 방향의 이동을 허용한 지지구이다.

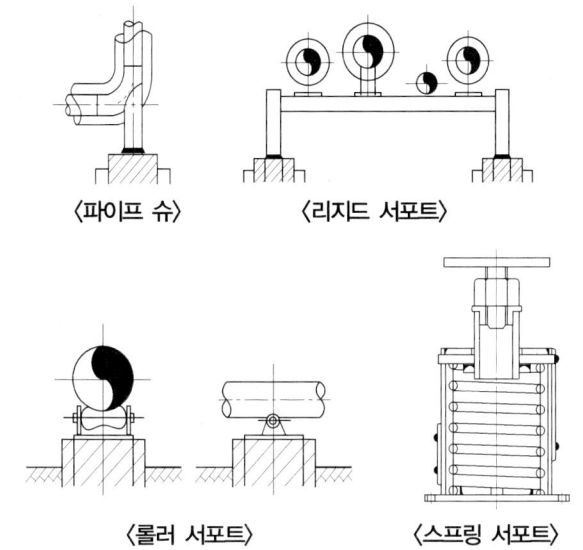

(3) 리스트레인(restrain) : 열팽창에 의한 배관의 이동을 구속 또는 제한하는 장치이다.
 ① 앵커(anchor) : 리지드 서포트의 일종으로 관의 이동 및 회전을 방지하기 위해 지지점에 완전히 고정하는 장치이다.
 ② 스톱(stop) : 배관의 일정한 방향과 회전만 구속하고 다른 방향을 자유롭게 이동하게 하는 장치이다.
 ③ 가이드(guide) : 배관의 곡관부분이나 신축 조인트부분에 설치하는 것으로 회전을 제한하거나 축방향의 이동을 허용하며 직각방향을 구속하는 장치이다.

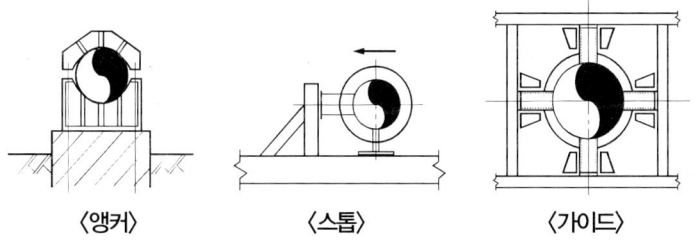

43

수관보일러에 대한 설명으로 틀린 것은?

① 수관 내에 흐르는 물을 연소가스로 가열하여 증기를 발생시키는 구조이다.
② 수관에서 나오는 기포를 물과 분리하기 위하여 증기드럼이 필요하다.
③ 일반적으로 제작비용이 커 대용량 보일러에 적용이 많으나 중소형에도 적용이 가능하다.
④ 노통내면 및 동체 수부의 면을 고온가스로 가열하게 되어 비교적 열손실이 적다.

43. ④

44

다음 중 수관보일러는 어느 것인가?

① 관류 보일러 ② 케와니 보일러
③ 입형 보일러 ④ 스코치 보일러

해설 보일러의 종류
① 원통형 보일
  ㉠ 입형보일러 : 입형연관식, 입형횡관식, 코크란
  ㉡ 횡형보일러 : 노통-코르니쉬, 랭거셔
           연관-횡연관식, 기관차, 케와니
           노통연관-노통연관펙케이지형, 하우덴존슨 스코치
② 수관식 보일러 : ㉠ 자연순환식 : 바브콕, 쓰레기찌, 타꾸마, 2동D형, 3동A형
           ㉡ 강제순환식 : 벨록스, 라몬트(라몽)
           ㉢ 관류식 : 슬처어, 옛모스, 벤숀 람진
③ 특수 : ㉠ 열매체보일러 : 수은, 다우삼, 카네크롤, 모빌섬, 세큐리티53
       ㉡ 폐열 보일러 : 하이네 리히
       ㉢ 간접가열 보일러 : 슈미트, 레플러

45

보일러의 종류에서 랭커셔 보일러는 무슨 보일러에 해당하는가?

① 수직 보일러 ② 연관 보일러
③ 노통 보일러 ④ 노통연관 보일러

46

조업방식에 따른 요의 분류 시 불연속식 요에 해당되지 않는 것은?

① 횡염식 요 ② 터널식 요
③ 승염식 요 ④ 도염식 요

해설 불연속식요
① 도염식요 ② 승염식요 ③ 횡염식요

47

호칭지름 15A의 강관을 반지름 90 mm로 90도 각도로 구부릴 때 곡선부의 길이는?

① 130 mm ② 141 mm
③ 182 mm ④ 280 mm

해설 곡선부 길이$(L) = \dfrac{2\pi R Q}{360}$

$= \dfrac{2 \times 3.14 \times 90 \times 90}{360} = 141.3 \text{ mm}$

48
평로법과 비교하여 LD전로법에 관한 설명으로 틀린 것은?
① 평로법보다 생산 능률이 높다.
② 평로법보다 공장 건설비가 싸다.
③ 평로법보다 작업비, 관리비가 싸다.
④ 평로법보다 고철의 배합량이 많다.

해설 평로법보다 고철의 배합량이 적다.

49
수관보일러에서 수관의 배열을 마름모(지그재그)형으로 배열시키는 주된 이유는?
① 연소가스 접촉에 의한 전열을 양호하게 하기 위하여
② 보일러수의 순환을 양호하게 하기 위하여
③ 수관의 스케일 생성을 막기 위하여
④ 연소가스의 흐름을 원활히 하기 위하여

해설 수관식보일러에서 수관의 배열을 마름모형으로 배열시키는 주된 이유 연소가스 접촉에 의한 전열을 양호하게 하기 위해

50
보온벽의 온도가 안쪽 20℃, 바깥쪽 0℃이다. 벽 두께가 20 cm, 벽 재료의 열전도율이 0.2 kcal/m·h·℃일 때, 벽 1 m²당, 매 시간의 열손실량은?
① 0.2 kcal/h　　　　　　② 0.4 kcal/h
③ 20 kcal/h　　　　　　④ 50 kcal/h

해설 $Q = \dfrac{\lambda \cdot A \cdot \Delta T}{d} = \dfrac{0.2 \times 1 \times (20.0)}{0.2} = 20 \text{ kcal/h}$

51
다음 보온재 중 안전사용 온도가 가장 높은 것은?
① 석면　　　　　　　② 암면
③ 규조토　　　　　　④ 펄라이드

해설 안전사용온도
① 탄산마그네슘 : 250℃　　② 그라스울(유리섬유) : 300℃
③ 석면 : 400℃　　　　　　④ 규조토 : 500℃
⑤ 암면 : 600℃　　　　　　⑥ 규산칼슘 : 650℃
⑦ 펄라이트 : 650℃　　　　⑧ 실리카화이버 : 1100℃
⑨ 세라믹화이버 : 1300℃

52 에너지이용 합리화법에 따른 보일러의 제조검사에 해당되는 것은?
① 용접검사 ② 설치검사
③ 개조검사 ④ 설치장소 변경검사

53 증기난방 배관용으로 쓰이는 증기트랩에 관한 설명으로 옳은 것은?
① 방열기의 송수구 또는 배관의 윗부분에 증기가 모이는 곳에 설치한다.
② 증기트랩을 설치하는 주목적은 고압의 증기와 공기를 배출하는 것이다.
③ 방열기나 증기관 속에 생긴 응축수를 환수관으로 배출한다.
④ 증기트랩은 마찰 저항이 커야 하며 내마모성 및 내식성 등이 작아야 한다.

해설 증기트랩 : 관내응축수를 배출하여 수격작용 및 부식방지

54 12 m의 높이에 0.1 m³/s의 물을 퍼 올리는데 필요한 펌프의 축 마력은? (단, 펌프의 효율은 80%이다.)
① 15 PS ② 20 PS
③ 30 PS ④ 38 PS

해설 $PS = \dfrac{R \times Q \times H}{75 \times E} = \dfrac{1000 \times 0.1 \times 12}{75 \times 0.8} = 20\,PS$

55 돌로마이트(dolomite)의 주요 화학성분은?
① SiO_2 ② $SiO_2,\ Al_2O_3$
③ $CaCO_3,\ MgCO_3$ ④ Al_2O_3

해설 돌로마이트의 화학성분 : $CaCO_3$(탄산칼슘)
$MgCO_3$(탄산마그네슘)

56 에너지이용 합리화법에 의한 검사대상기기 조종자의 선임, 해임 또는 퇴직에 관한 신고는 신고 사유가 발생한 날부터 며칠 이내에 해야 하는가?
① 15일 ② 30일
③ 20일 ④ 2개월

정답 52. ① 53. ③ 54. ② 55. ③ 56. ②

57 증기과열기의 종류를 열가스의 흐름 방향에 따라 분류할 때 해당되지 않는 것은?
① 병류형 ② 직류형
③ 향류형 ④ 혼류형

해설 증기과열의 종류
① 열가스 흐름에 의한 분류 — 병류형
　　　　　　　　　　　　　향류형
　　　　　　　　　　　　　혼류형
② 열가스 접촉에 의한 분류 — 접촉(대류)과열기
　　　　　　　　　　　　　복사(방사)과열기
　　　　　　　　　　　　　접촉, 복사 과열기

58 그림과 같은 고체 벽면에 의하여 열이 전달될 때 전달 열량을 계산하는 식은? (단, λ : 열전도율, S : 전열면적, τ : 시간, δ : 두께이다.)

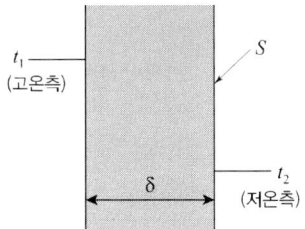

① $Q = \dfrac{\delta \cdot S(t_1 - t_2) \cdot \tau}{\lambda}$　　② $Q = \dfrac{\lambda \cdot (t_1 - t_2) \cdot \tau}{\delta \cdot S}$

③ $Q = \dfrac{S \cdot (t_1 - t_2) \cdot \tau}{\lambda \cdot \delta}$　　④ $Q = \dfrac{\lambda \cdot S(t_1 - t_2) \cdot \tau}{\delta}$

59 보일러수 중 알칼리 용액의 농도가 높을 때 응력이 큰 금속표면에 미세한 균열이 일어나는 것을 무엇이라고 하는가?
① 피팅(pitting) ② 가성취화
③ 그루빙(grooving) ④ 포밍(foaming)

해설 ·구식(그루빙) : 팽창, 수축의 반복적인 응력에 의해 V, U자형의 홈을 만듦
·구식발생장소 : ① 노통보일러의 경판접합부 및 만곡부
　　　　　　　② 관판, 나사스테이 만곡부
　　　　　　　③ 연돌관, 화실하단 노통의 플랜지만곡부
·포밍(foaming) : 유지분 등으로 인해 수면이 거품으로 뒤덮히는 현상
·피팅(점식) : 용존산소 원인

57. ②　58. ④　59. ②

60 재생식 공기 예열기로서 일반 대형 보일러에 주로 사용되는 것은?
① 엘레멘트 조립식　　② 융그스트롬식
③ 판형식　　　　　　④ 관형식

제4과목 : 열설비 취급 및 안전관리

61 보일러의 건식 보존법에서 보일러 내부에 넣어두는 건조 약품으로 가장 적합한 것은?
① 탄산칼슘　　　　　② 실리카겔
③ 염화나트륨　　　　④ 염화수소

해설　건식보존법(6개월 이상) : 장기보존
　　　흡습제 : ① 생석회　② 염화칼슘　③ 실리카겔　④ 활성알루미나
　　　만수보존법(2~3개월) : 단기보존(PH 12~13 유지)
　　　첨가약품 : 가성소다, 탄산소다, 아황산소다 첨가

62 건식 환수관에서 증기관 내의 응축수를 환수관에 배출할 때는 응축수가 체류하기 쉬운 곳에 무엇을 설치하여야 하는가?
① 안전밸브　　　　　② 드레인 포켓
③ 릴리프 밸브　　　　④ 공기빼기 밸브

해설　냉각관

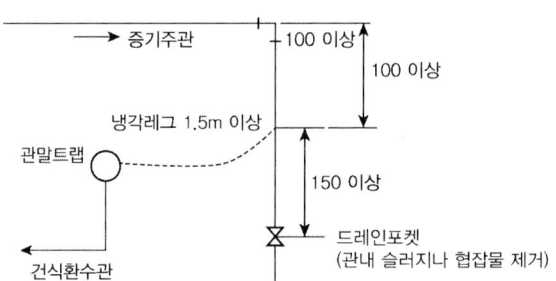

63 스프링식 안전밸브에 속하지 않는 것은?
① 전량식 안전밸브　　② 고양정식 안전밸브
③ 전양정식 안전밸브　④ 기체용식 안전밸브

스프링식 안전밸브
① 저양정식 안전밸브   ② 고양정식 안전밸브
③ 전양정식 안전밸브   ④ 전양식 안전밸브

64
송수주관을 상향구배로 하고 방열면을 보일러 설치 기준면보다 높게 하여 온수를 순환시키는 배관방식은?
① 단관식   ② 복관식
③ 상향순환식   ④ 하향순환식

· **상향순환식** : 송수주관을 상향구배로 하고 난방개소의 방열면을 보일러 설치 기준면보다 높게 하여 온수의 순환이 상향으로 송수되어 환수하는 방식을 말한다.

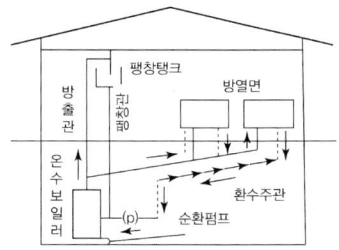

· **하향순환식** : 송수주관을 연직으로 배관하여 팽창관 및 방출관을 설치하고 온수를 하향으로 흐르게 하는 배관 형식을 말한다.

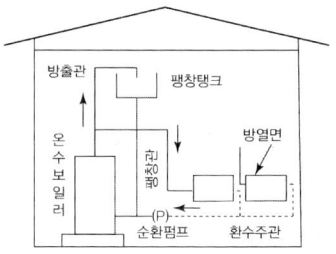

65
보일러의 급수처리에 있어서 용해 고형물(경도성분)을 침전시켜 연화할 목적으로 사용되는 약제는?
① H_2SO_4 ② NaOH   ③ Na_2CO_3 ④ $MgCl_2$

 내처리
① PH조정제 : 인산소다, 암모니아, 수산화나트륨
② 연화제 : 인산소다, 탄산소다, 수산화나트륨
③ 탄산소제 : 탄닌, 아황산소다, 히드라진(하이드라진)
④ 슬러지조정제 : 리그닌, 녹말(녹말), 전분

66 보일러 운전 중 취급상의 사고에 해당되지 않는 것은?
① 압력초과
② 저수위 사고
③ 급수처리 불량
④ 부속장치 미비

<해설> 취급상의 사고
① 저수위사고 ② 역화(폭발) ③ 압력초과
④ 부식 ⑤ 급수처리 불량

67 보일러에 사용되는 탈산소제의 종류로 옳은 것은?
① 황산
② 염화나트륨
③ 하이드라진
④ 수산화나트륨

<해설> 탈산소제 : 탄닌, 아황산소다, 히드라진

68 에너지이용 합리화법에서 검사대상기기조종자의 선임·해임 또는 퇴직신고의 접수는 누구에게 하는가?
① 국토교통부장관
② 환경부장관
③ 한국에너지공단이사장
④ 한국열관리시공협회장

69 보일러 안전밸브의 작동시험 방법으로 틀린 것은?
① 안전밸브가 2개 이상인 경우 그 중 1개는 최고사용압력 이하, 기타는 최고사용압력의 1.3배 이하이어야 한다.
② 과열기의 안전밸브 분출압력은 증발부 안전밸브의 분출압력 이하이어야 한다.
③ 안전밸브가 1개인 경우 분출압력은 최고사용압력 이하이어야 한다.
④ 재열기 및 독립과열기에 있어서는 안전밸브가 1개인 경우 분출압력은 최고사용압력 이하이어야 한다.

<해설> 안전밸브 작동시험방법
안전밸브가 2개 이상인 경우 : 1개는 최고사용압력이하이라는 최고사용압력의 1.03배 이하

70 다음 중 보일러 수의 슬러지 조정제로 사용되는 청관제는?
① 전분
② 가성소다
③ 탄산소다
④ 아황산소다

정답 66. ④ 67. ③ 68. ③ 69. ① 70. ①

해설 슬러지 조정제 : 리그닌, 녹말(전분), 탄닌

71 에너지이용 합리화법에 따른 개조검사에 해당되지 않는 것은?
① 온수보일러를 증기보일러로 개조
② 보일러 섹션의 증감에 의한 용량의 변경
③ 연료 또는 연소 방법의 변경
④ 철금속가열로로서 산업통상자원부장관이 정하여 고시하는 경우의 수리

해설 개조검사
① 증기보일러를 온수보일러로 개조
② 연료 또는 연소방법의 변경
③ 보일러 섹션증감에 의하여 용량 변경
④ 철금속 가열로서 산업통상부장관이 정하여 고시하는 경우의 수리

72 에너지이용 합리화법에 따라 검사대상기기 조종자는 중·대형 보일러 조종자 교육 과정이나 소형보일러·압력용기 조종자 교육 과정을 받아야 하는데, 여기서 중·대형 보일러 조종자 교육 과정을 받아야 하는 기준으로 옳은 것은?
① 검사대상기기 조종자 중 용량이 1 t/h(난방용의 경우에는 5 t/h)를 초과하는 강철제 보일러 및 주철제 보일러의 조종자
② 검사대상기기 조종자 중 용량이 3 t/h(난방용의 경우에는 5 t/h)를 초과하는 강철제 보일러 및 주철제 보일러의 조종자
③ 검사대상기기 조종자 중 용량이 1 t/h(난방용의 경우에는 10 t/h)를 초과하는 강철제 보일러 및 주철제 보일러의 조종자
④ 검사대상기기 조종자 중 용량이 3 t/h(난방용의 경우에는 10 t/h)를 초과하는 강철제 보일러 및 주철제 보일러의 조종자

73 열역학적 트랩으로 수격현상에 강하고 과열증기에도 사용할 수 있으며 구조가 간단하여 유지보수가 용이한 증기트랩은?
① 버킷 트랩
② 디스크 트랩
③ 벨로즈 트랩
④ 바이메탈식 트랩

해설 증기트랩의 종류
① 기계적 트랩 : 포화수와 포화증기 비중차 이용(버킷, 플로우트)
② 온도조절 트랩 : 포화수와 포화증기의 열역학적인 특성차(바이메탈, 벨로우즈)
③ 열역학적 트랩 : 포화수와 포화증기의 열역학적인 특성차(오리피스, 디스크)

71. ① 72. ① 73. ②

74 사무실에서 증기난방을 할 때 필요한 전체 방열량이 20000 kcal/h이라면 5세주 650 mm 주철제 방열기로 난방을 할 때 필요한 방열기의 쪽수는? (단, 5세주 650 mm 주철제 방열기의 쪽당 방열면적은 $0.26\ m^2$이다.)

① 119쪽 ② 129쪽 ③ 139쪽 ④ 150쪽

해설: 방열기쪽수 = $\dfrac{\text{난방부하}}{\text{방열기방열량} \times \text{쪽당방열면적}} = \dfrac{20000}{650 \times 0.26} = 118.34 = 119$쪽

75 보일러에서 증기를 송기할 때의 조작방법으로 틀린 것은?

① 증기헤더의 드레인 밸브를 열어 응축수를 배출한다.
② 주증기관 내에 관을 따뜻하게 하기 위해 다량의 증기를 급격히 보낸다.
③ 주증기 밸브의 열림 정도를 단계적으로 한다.
④ 주증기 밸브를 완전히 연 다음 약간 되돌려 놓는다.

해설: 증기공급을 천천히 한다(수격작용발생)

76 에너지이용 합리화법에 관한 내용으로 다음 (   )안에 각각 들어갈 용어로 옳은 것은?

> 산업통상자원부장관은 효율관리기자재가 (㉠)에 미달하거나 (㉡)을 초과하는 경우에는 해당 효율관리기자재의 제조업자 또는 판매업자에게 그 생산이나 판매의 금지를 명할 수 있다.

	㉠	㉡
①	최대소비효율기준	최저사용량기준
②	적정소비효율기준	적정사용량기준
③	최저소비효율기준	최대사용량기준
④	최대사용량기준	최저소비효율기준

77 하트포드 배관에서 환수주관과 균형관(balance pipe)의 연결 위치는 보일러 사용수위(표준수위)에서 몇 mm 아래 위치하는가?

① 30 ② 50 ③ 70 ④ 100

해설: 하트포드이음 : 저압증기난방의 습식환수 방식에 있어 보일러의 수위가 환수관의 접속부로의 누설로 인해 저수위 사고가 일어날 것을 방지하기 위해 증기관 환수관 사이에 표준수면에서 50 mm 아래에 균형관 설치

정답 74. ① 75. ② 76. ③ 77. ②

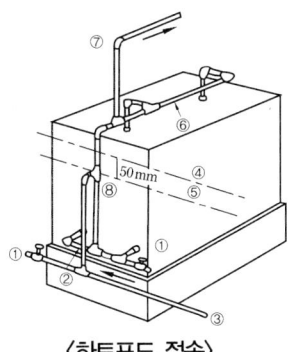

〈하트포드 접속〉

① 드레인관　② 환수 헤더
③ 환수주관　④ 표면 수면
⑤ 안전 저수면　⑥ 증기 헤더
⑦ 증기 주관　⑧ 균형관

78 증기의 순환이 가장 빠르며 방열기 설치장소에 제한을 받지 않는 환수방식으로 증기와 응축수를 진공펌프로 흡입 순환시키는 난방법은?
① 중력환수식　② 기계환수식
③ 진공환수식　④ 자연환수식

79 에너지이용 합리화법에 따라 국내외 에너지사정의 변동으로 에너지수급에 중대한 차질이 발생하거나 발생할 우려가 있다고 인정될 경우, 에너지수급의 안정을 위한 조치사항에 해당 되지 않는 것은?
① 에너지의 배급　② 에너지의 비축과 저장
③ 에너지 판매시설의 확충　④ 에너지사용기자재의 사용 제한

 에너지 수급안정을 위한 조치사항
① 지역별, 주요수급자별 에너지 할당　② 에너지공급설비의 가동 및 조업
③ 에너지의 비축과 저장　④ 에너지 배급
⑤ 에너지양도, 양수의 제한 또는 금지　⑥ 에너지의 유통시설과 그 사용 및 유통경로
⑦ 에너지 공급자 상호간의 에너지 교환 또는 분배사용
⑧ 에너지 도입, 수출입 및 위탁가공

80 다음 중 보일러의 보존방법이 아닌 것은?
① 건식보존법　② 소다 보일링법
③ 만수보존법　④ 질소봉입법

보일러 보존 방법 : ① 건식 보존법　② 만수보존법　③ 질소봉입법

2017년 제2회 에너지관리산업기사 출제문제

제1과목 : 열역학 및 연소관리

01 비열에 대한 설명으로 틀린 것은?
① 비열은 1℃의 온도를 변화시키는데 필요한 단위질량당의 열량이다.
② 정압비열은 압력이 일정할 때 기체 1kg을 1℃ 높이는데 필요한 열량이다.
③ 기체의 정압비열과 정적비열은 일반적으로 같지 않다.
④ 정압비열은 정적비열보다 클 수도, 작을 수도 있다.

해설 비열비$(K) = \dfrac{C_p}{C_v}$

∴ 정압비열이 정적 비열보다 항상 크다.
그래서 비열비는 항상 1보다 크다.

02 보일러의 자연통풍에서 통풍력을 크게 하기 위한 방법이 아닌 것은?
① 연돌의 높이를 높인다.
② 배기가스 온도를 높인다.
③ 연돌 상부 단면적을 작게 한다.
④ 연도의 굴곡부를 줄인다.

해설 자연통풍에서 통풍력을 크게 하는 방법
① 연돌의 상부단면적을 크게 한다. ② 연돌의 높이를 높인다.
③ 배기가스 온도를 높인다. ④ 연도의 굴곡부를 줄인다.

03 두 개의 단열과정과 두 개의 등온과정으로 이루어진 사이클은?
① 오토사이클 ② 디젤사이클
③ 카르노사이클 ④ 브레이튼사이클

정답 1. ④ 2. ③ 3. ③

카르노사이클 P - V 선도

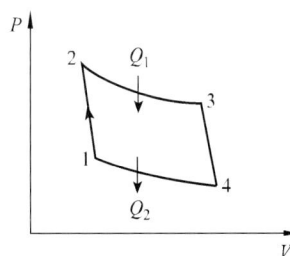

① 1 - 2 : 단열압축
② 2 - 3 : 등온팽창
③ 3 - 4 : 단열팽창
④ 4 - 1 : 등온압축

04 엔트로피(entropy)에 대한 설명으로 옳은 것은?
① 열역학 제2법칙과 관련된 것으로서 비가역 사이클에서는 항상 엔트로피가 증가한다.
② 열역학 제1법칙과 관련된 것으로 가역사이클이 비가역 사이클보다 엔트로피의 증가가 뚜렷하다.
③ 열역학 제2법칙으로 정의된 엔트로피는 과정의 진행방향과는 아무런 관련이 없다.
④ 엔트로피의 단위는 K/kJ이다.

 엔트로피 : 열역학 제2법칙과 관련된 것으로 비가역사이클에서는 항상 엔트로피가 증가한다.

05 어떤 용기 내의 기체의 압력이 계기압력으로 P_g이다. 대기압을 P_a라고 할 때, 기체의 절대압력은?
① $P_g - P_a$ ② $P_g + P_a$ ③ $P_g \times P_a$ ④ P_g / P_a

절대압력

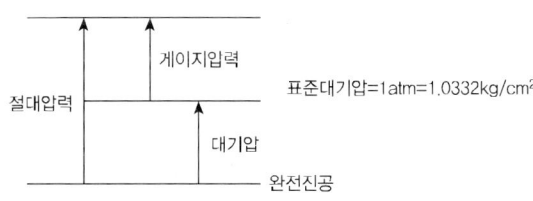

① 절대압력(kg/cm². a) = 게이지압력 + 대기압
② 게이지압력(kg/cm². g) = 절대압력 - 대기압
③ 대기압 = 절대압력 - 게이지압력

06 증기터빈에 36 kg/s의 증기를 공급하고 있다. 터빈의 출력이 3×10^4 kW이면 터빈의 증기소비율은 몇 kg/kW·h인가?
① 3.08   ② 4.32   ③ 6.25   ④ 7.18

해설 증기소비효율 = $\dfrac{36\,kg/s \times 3600\,sec/h}{3 \times 10^4\,kW} = 4.32$

07

통풍압력을 2배로 높이려면 원심형 송풍기의 회전수를 몇 배로 높여야 하는가? (단, 다른 조건은 동일하다고 본다.)

① 1 ② $\sqrt{2}$ ③ 2 ④ 4

해설 풍압(P_2) = $P_1 \times \left(\dfrac{N_2}{N_1}\right)^2$

∴ $\dfrac{P_2}{P_1} = \left(\dfrac{N_2}{N_1}\right)^2$ 에서 P_2 처음 압력의 2배

∴ $P_2 = 2P_1$

∴ $\dfrac{N_2}{N_1} = \sqrt{\dfrac{2P_1}{P_2}} = \sqrt{\dfrac{2P_1}{P_1}} = \sqrt{2}$

08

탄소를 완전 연소시키면 다음 반응식과 같이 탄산가스와 함께 높은 열이 발생한다. 이를 참고하여 탄소(C) 1 kg을 완전연소시켰을 때 발생하는 열량은?

$$C + O_2 = CO_2 + 97200\,kcal/kmol$$

① 2550 kcal/kg ② 8100 kcal/kg ③ 12720 kcal/kg ④ 16200 kcal/kg

해설 ① C + O_2 → CO_2 + 97200 kcal/kmol
 12 kg 32 kg 44 kg

∴ 12 kg/kmol = 97200 kcal/kmol

1 kg = x

$x = \dfrac{1\,kg \times 97200\,kcal/kmol}{12\,kg/kmol} = 8100\,kcal/kmol$

② H_2 + $\dfrac{1}{2}O_2$ → H_2O + 68000 kcal/kmol
 2 kg 16 kg 18 kg

2 kg/kmol = 68000 kcal/kmol

1 kg = x

$x = \dfrac{1\,kg \times 68000\,kcal/kmol}{2\,kg/kmol} = 34000\,kcal/kg$

③ S + O_2 → SO_2 + 80000 kcal/kmol
 32 kg 32 kg 64 kg

∴ 32 kg = 80000 kcal/kmol

1 kg = x

$$x = \frac{1\,\text{kg} \times 80000\,\text{kcal/kmal}}{32\,\text{kg/kmal}} = 2500\,\text{kcal/kg}$$

∴ Hh = 8100C + 34000 (H − $\frac{O}{8}$) + 2500S

09 연소장치의 선회방식 보염기가 아닌 것은?
① 평행류식　② 축류식　③ 반경류식　④ 혼류식

해설 선회방식 보염기
① 축류식　② 혼류식　③ 반경류식

10 연돌의 입구 온도가 200°C, 출구 온도가 30°C일 때, 배출가스의 평균온도는 약 몇 °C인가?
① 85°C　② 90°C　③ 109°C　④ 115°C

해설 배출가스 평균온도(t_m) = $\dfrac{(t_1 - t_2)}{\ln\left(\dfrac{t_1}{t_2}\right)} = \dfrac{(200 - 30)}{\ln\left(\dfrac{200}{30}\right)} ≒ 90\,°C$

이때, t_m : 평균온도,　t_1 : 입구온도,　t_2 : 출구온도

11 보일러 집진장치 중 매진을 액막이나 액방울에 충돌시키거나 접촉시켜 분리하는 것은?
① 여과식　　　　　　② 세정식
③ 전기식　　　　　　④ 관성 분리식

해설 집진장치
(1) 습식 집진 장치
① 세정식 : 물 또는 다른 액체의 액면 또는 액막에 의해 함유가스를 세정하여 가스흐름으로부터 분진입자를 분리 포집하는 방식으로 건식법에 비해 높은 집진율을 얻을 수 있으나 용수의 확보와 배수처리 대책이 문제시 된다.

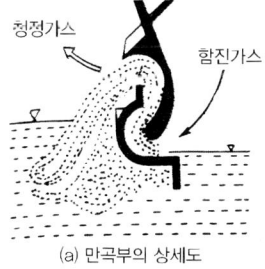
(a) 만곡부의 상세도

(b) 로우티형

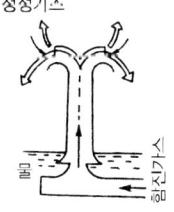
(c) 분수형

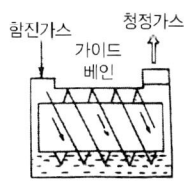
(d) 나선가이드 베인형

〈유수식 세정 집진장치의 예〉

② 가입수식 : 물을 가압 공급하여 함진가스를 세정하여 분리 제거하는 방식으로 벤튜리 젯트, 싸이클론스크레버 형식과 충전탑이 있다.

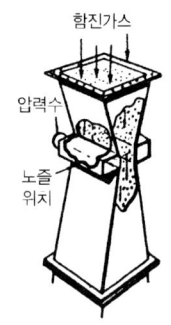

〈벤튜리 스크러버〉

(2) 전기식(습식에도 포함된다) : 고압의 직류전원을 사용하여 방전극 근처에서 양이온과 자유전자로부터 이루어지는 프라스마 형성에 의해 입자를 전리하는 방식으로 이러한 방전을 코로나 방전현상이라 하며 가스 중 함유입자는 음이온으로 되어 부착 분리되어 제거하는 장치이다. (코트렐 집진장치가 대표적이다.)

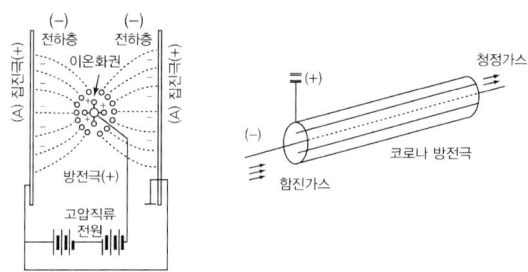

〈코로나 방전관〉

※ 특징
① 압력손실이 적다.
② 적용범위가 넓다.
③ 더스트의 외부 배출이 용이하다.
④ 미세입자의 포집이 용이하고 가상 높은 집진율을 얻을 수 있다.

(1) 건식 집진 장치
① 중력침강식 : 함진배기 중의 입자를 중력에 의해 포집하는 방식으로 수십 μ 이상의 거칠은 입자의 포집에 사용되며 입력손실은 대략 5~10[mmAq] 정도이다. 처리가스속도가 늦을수록, 흐름이 균일할수록 집진율이 높다.
② 관성력식 : 함진가스를 방해판 등에 충돌시켜 기류의 급격한 전환에 의해 침강력을 가지게 될 때 분리포집하는 방식으로 전환각도가 적고 전환호수가 많을수록 집진율이 높다

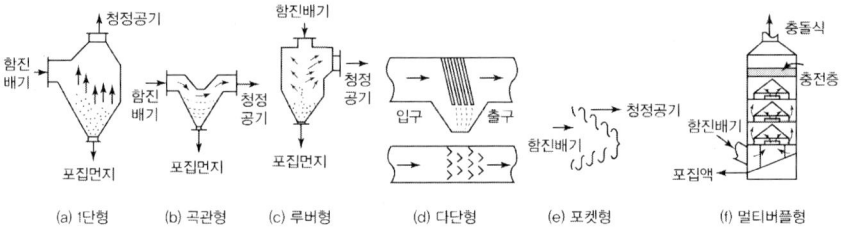

〈관성력 제진장치의 형식과 구조〉

③ 원심력식 : 함진가스에 선회운동을 주어 입자에 작용하는 원심력에 의하여 입자를 분리하는 방식으로 내통경은 적게 처리가스 속도는 크게 하면 집진율이 높아진다. 접선유입식, 축류식 등이 있으며 소형의 싸이클론을 다수 설치한 블로우 다운 방식의 멀티 싸이클론이 있다.

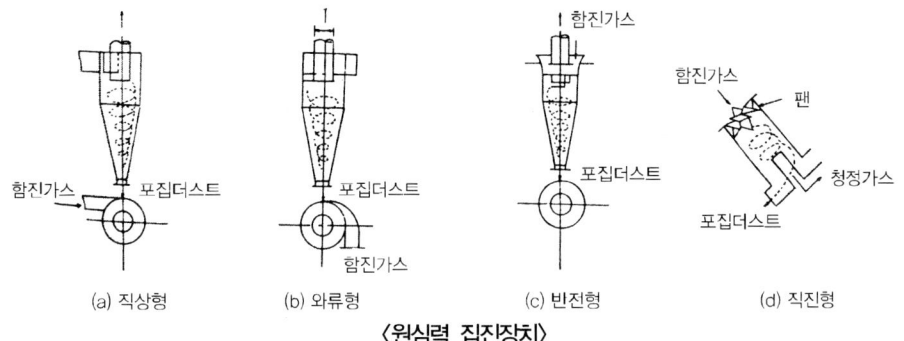

〈원심력 집진장치〉

④ 여과식 : 함진가스를 여과제(filter)를 통하여 분리, 포착하는 방식이다. 내면여과방식과 표면여과방식으로 나뉘며 표면여과방식 중 대표적인 백(bag) 필터가 있다.

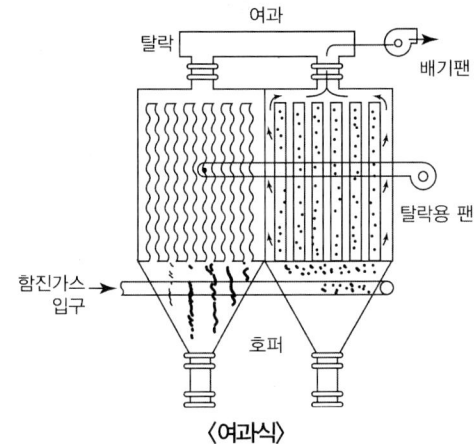

〈여과식〉

12

기체연료의 특징에 관한 설명으로 틀린 것은?

① 회분발생이 많고 수송이나 저장이 편리하다.
② 노 내의 온도분포를 쉽게 조절할 수 있다.
③ 연소조절, 점화, 소화가 용이하다.
④ 연소효율이 높고 약간의 과잉공기로 완전연소가 가능하다.

해설 기체연료의 특징
① 적은공기량으로 완전연소가 가능하다.
② 가스 누설시 폭발의 위험이 있다.
③ 발열량이 낮은 연료로 고온을 얻을 수 있다.

12. ①

④ 운반 저장이 어렵다.
⑤ 황분, 회분이 거의 없어 전열면 오손이 없다.
⑥ 연소효율 및 전열효율이 좋다.
⑦ 고온도 분위기
⑧ 집중효율 균일효율을 얻을 수 있다.

13 고체 연료가 가열되어 외부에서 점화하지 않아도 연소가 일어나는 최저 온도를 무엇이라고 하는가?
① 착화온도
② 최적온도
③ 연소온도
④ 기화온도

14 이상기체 5 kg이 350°C에서 150°C까지 "$PV^{1.3}$ = 상수"에 따라 변화하였다. 엔트로피의 변화는? (단, 가스의 정적비열은 0.653 kJ/kg·K이고, 비열비(k)는 1.4이다.)
① 1.69 kJ/K
② 1.52 kJ/K
③ 0.85 kJ/K
④ 0.42 kJ/K

해설 폴리트로픽 과정
$$\Delta S = GC\frac{n-k}{n-1}\ln\frac{T_2}{T_1} = 5 \times 0.653 \times \frac{1.3-1.4}{1.3-1} \times \ln\left(\frac{273+150}{273+350}\right) = -0.421 \text{ kJ/K}$$

15 가스연료 연소 시 발생하는 현상 중 옐로우 팁(Yellow tip)을 바르게 설명한 것은?
① 버너에서 부상하여 일정한 거리에서 연소하는 불꽃의 모양
② 불꽃의 색상이 적황색으로 1차공기가 부족한 경우 발생하는 불꽃의 모양
③ 가스연소 시 공기량이 과다하여 발생하는 불꽃의 모양
④ 불꽃이 염공을 따라 거꾸로 들어가는 현상

해설 옐로우팁 : 불꽃의 색상이 적황색으로 1차공기가 부족한 경우 발생하는 불빛의 모양
① : 리프팅   ④ : 역화

16 탄소 0.87, 수소 0.1, 황 0.03의 조성을 가지는 연료가 있다. 이론 건배가스량은 약 몇 Nm^3/kg인가?
① 7.54
② 8.84
③ 9.94
④ 10.84

해설 G_{od}(이론건배기 가스량) = $8.89C + 21.07(H-\frac{O}{8}) + 3.33S + 0.8N$

정답 13. ① 14. ④ 15. ② 16. ③

G_w(실제건배기 가스량) = $G_{od} + (m-1)A_o$

∴ G_{od} = 8.89 × 0.87 + 21.07(0.1) + 3.33 × 0.03 + 0.8 × 0
       = 9.94 Nm³/kg

17
압력 200 kPa, 체적 0.4 m³인 공기를 압력이 일정한 상태에서 체적을 0.6 m³로 팽창시켰다. 팽창 중에 내부에너지가 80 kJ 증가하였으면 팽창에 필요한 열량은?

① 40 kJ   ② 60 kJ   ③ 80 kJ   ④ 120 kJ

해설 열량 = 내부에너지 + 외부에너지
         = 80 kJ + 200(0.6 − 0.4) = 120 kJ

18
증기의 압력이 높아질 때 나타나는 현상에 관한 설명으로 틀린 것은?

① 포화온도가 높아진다.
② 증발잠열이 증대한다.
③ 증기의 엔탈피가 증가한다.
④ 포화수 엔탈피가 증가한다.

해설 증발잠열이 감소한다.

19
15℃의 물 1 kg을 100℃의 포화수로 변화시킬 때 엔트로피 변화량은? (단, 물의 평균 비열은 4.2 kJ/kg·K이다.)

① 1.1 kJ/K   ② 8.0 kJ/K
③ 6.7 kJ/K   ④ 85.0 kJ/K

· 1 = 15℃ 물 → 100℃ 물
· 1 = G · C · △t = 1 × 4.2 × (100 − 15) = 357 kJ

$$\Delta S = \frac{\Delta Q}{T} = \frac{357\,\text{kJ}}{(273+15)\,\text{K}} = 1.197 \text{ kJ/K}$$

20
석탄을 공업 분석하였더니 수분이 3.35%, 휘발분이 2.65%, 회분이 25.5%이었다. 고정 탄소분은 몇 %인가?

① 37.6   ② 49.4   ③ 59.8   ④ 68.5

해설 고정탄소 = 100 − (수분 + 회분 + 휘발분)
           = 100 − (3.35 + 25.5 + 2.65) = 68.5%

17. ④ 18. ② 19. ① 20. ④

제2과목 : 계측 및 에너지 진단

21 다음 중 액주계를 읽는 정확한 위치는?

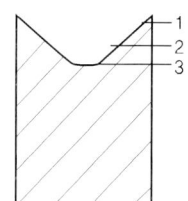

① 1
② 2
③ 3
④ 아무 곳이든 괜찮다.

22 보일러 열정산시 입열항목에 해당되지 않는 것은?
① 방산에 의한 손실열
② 연료의 연소열
③ 연료의 현열
④ 공기의 현열

해설 입열항목
① 연료의 연소열 ② 연료의 현열 ③ 급수의 현열
④ 공기의 현열 ⑤ 노내분입증기 보유열

23 반도체 측온저항체의 일종으로 니켈, 코발트, 망간 등 금속산화물을 소결시켜 만든 것으로 온도계수가 부(-)특성을 지닌 것은?
① 더미스터 측온체
② 백금 측온체
③ 니켈 측온체
④ 등 측온체

해설 저항식온도계
① 더미스터(-100~300℃) : Ni . Mn. Co. Fe. Cu 등의 금속산화물의 분발을 혼합소결시켜 만듦
② 백금저항식(-200~500℃)
③ 니켈저항온도계(-80~300℃)
④ 동저항온도계(0~120℃)

24 열전대에 관한 설명으로 틀린 것은?
① 열전대의 접점은 용접하여 만들어도 무방하다.
② 열전대의 기본 현상을 발견한 사람은 Seebeck이다.
③ 열전대를 통한 열의 흐름은 온도의 측정에 영향을 미치지 않는다.
④ 열전대의 구비조건으로 전기저항, 저항온도 계수 및 열전도율이 작아야 한다.

해설 열전대온도계 : 열전쌍의 회로에서 두 접점 사이의 온도차로 열기전력을 발생시켜 그 전위차를 하여 두 접점의 온도차를 알 수 있는 계기를 열전대 온도계라 한다.

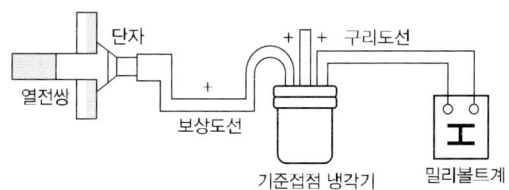

〈열전대 온도계 구성〉

〈열전대의 종류와 측정범위〉

종류	+ 측	- 측	측정온도
철-콘스탄탄(IC)	순철	콘스탄탄 (Cu : 55%, Ni : 45%)	-20~800℃
크로멜-알루멜(CA)	크로멜 (Ni : 90%, Cr : 10%)	알루멜 (Ni : 94%, Mn : 2.5%) (Al : 2%, Fe:0.5%)	-20~1,200℃
구리-콘스탄탄(CC)	순구리	콘스탄탄 (Cu : 55%, Ni : 45%)	-200~350℃
백금-백금 로듐(PR)	(Rh : 13, Pt : 87%) 백금 로듐	순백금 (Cu : 60%, Ni : 40%)	0~1,600℃

25 면적식 유량계의 특징에 대한 설명으로 틀린 것은?

① 고점도 액체의 측정이 가능하다.
② 부식액의 측정에 적합하다.
③ 적산용 유량계로 사용된다.
④ 유량 눈금이 균등하다.

해설 면적식 유량계(로터미터)
· 특징
① 부식성유체나 슬러리유체의 측정에 적합
② 고점도 및 소량의 유체에 대한 측정이 가능
③ 유량에 따른 균등 눈금을 얻는다.
④ 진동이 적은 장소에 수직으로 설치
⑤ 압력 손실이 적으며 정도가 ± 1~2%이다.

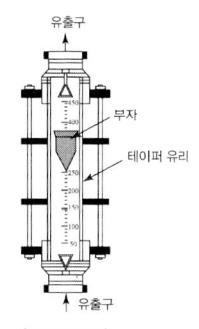

〈로터미터〉

26 보일러 1마력은 몇 kgf의 상당증발량에 해당하는가? (단, 100℃의 물을 1시간 동안 같은 온도의 증기로 변화시킬 수 있는 능력이다.)

① 10.65 　② 12.68 　③ 15.65 　④ 17.64

25. ③　26. ③

해설 보일러 마력
① 표준대기압하에서 (760 mmHg) 100℃의 포화수 15.65 kg을 1시간에 100℃의 포화증기로 바꿀 수 있는 능력
② 상당증발량이 15.65 kg인 보일러의 능력
③ 보일러마력 = $\dfrac{G_e}{15.65}$

27 다음 중 질량의 보조단위가 아닌 것은?
① L/min   ② g/s   ③ t/s   ④ g/h

28 보일러의 노내압을 제어하기 위한 조작으로 적절하지 않은 것은?
① 연소가스 배출량의 조작   ② 공기량의 조작
③ 댐퍼의 조작   ④ 급수량 조작

해설

제어	제어량	조작량
S. T. C	과열증기온도	조작량
F. W. C	보일러수위	급수량
A. C. C	증기압력계제어	연료량, 공기량
	노내압력계제어	연소가스량, 송풍량

29 탄성식 압력계의 일종으로 보일러의 증기압 측정 등 공업용으로 많이 사용되는 압력계는?
① 링 밸런스식 압력계   ② 부르동관식 압력계
③ 벨로즈식 압력계   ④ 피스톤식 압력계

해설 탄성식 압력계(2차 압력계)
① 브르돈관 압력계(bourdon tube)
  ㉠ 고압장치에 가장 많이 사용되는 압력계로 2차 압력계의 대표적이다.
  ㉡ 브르돈관의 재질은 저압인 경우에는 황동, 청동, 인청동 등을 사용하며 고압일 때는 니켈강 등 특수강을 사용한다.
  ㉢ 암모니아용, 아세틸렌용 압력계에서는 Cu 및 Cu 합금의 사용을 금하고 연강재를 사용한다.
  ㉣ 산소용 압력계에서는 '금유, 라는 표시가

〈브르돈관식 압력계〉

되어있는 전용의 것을 사용한다.
ⓜ 금속의 탄성원리를 이용한 압력계로 상용 압력의 1.5배 이상 2배 이하의 눈금이 있는 것을 사용한다.
② 다이어프램 압력계 (격막식 압력계)
㉠ 미소한 압력을 측정할 때 사용(+, - 차압을 측정할 수 있다)
㉡ 재질은 고무, 테프론, 양은, 스테인레스 등이 쓰이며 측정 가능 범위는 공업용이 20~5,000[mmAq]이다.
㉢ 부식성 유체의 측정이 가능하다.
㉣ 온도의 영향을 받기 쉽다.
㉤ 측정의 응답속도가 빠르다.
㉥ 이상입력으로 파손되어도 위험성이 작다.
③ 벨로우즈 압력계
㉠ 신축에 의한 압력을 이용한다.
㉡ 유체 내의 먼지 등의 영향이 적고 압력 변동에 적응하기 어렵다.
㉢ 측정압력은 0.01~10[kg/cm], 정밀도는 ±1~2[%]이다.

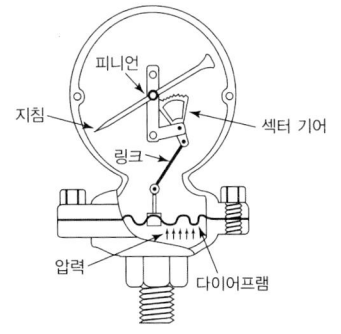
〈다이어프램 압력계〉

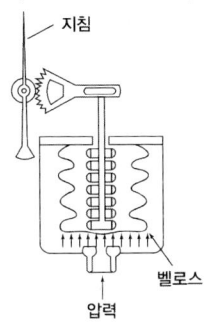
〈벨로스 압력계〉

30
다이어프램 압력계에 대한 설명으로 틀린 것은?
① 연소로의 드래프트게이지로 사용된다.
② 먼지를 함유한 액체나 점도가 높은 액체의 측정에는 부적당하다.
③ 측정이 가능한 범위는 공업용으로는 20~5000mmH$_2$O 정도이다.
④ 다이어프램의 재료로는 고무, 인청동, 스테인리스 등의 박판이 사용된다.

31
다음 중 O$_2$계로 사용되지 않는 것은?
① 연소식   ② 자기식   ③ 적외선식   ④ 세라믹식

 O$_2$계의 종류
① 연소식 O$_2$계   ② 세라믹식 O$_2$계   ③ 자기식 O$_2$계

32
다음 중 SI 기본단위가 아닌 것은?
① 물질량[mol]   ② 광도[Cd]
③ 전류[A]   ④ 힘[N]

30. ②   31. ③   32. ④

해설 SI 기본단위
① 길이(m)　② 질량(kg)　③ 시간(s)　④ 전류(A)
⑤ 온도(K)　⑥ 물질량(mol)　⑦ 광도(cd)

33
두께가 15cm이며 열전도율이 40kcal/m·h·°C, 내부온도가 230°C, 외부온도가 65°C일 때, 전열면적 1m² 당 1시간 동안에 전열되는 열량은 몇 kcal/h인가?
① 40000
② 42000
③ 44000
④ 46000

해설 $Q = \dfrac{\lambda \cdot A \cdot \Delta t}{d} = \dfrac{40 \times 1 \times (230-65)}{0.15} = 44000 \text{ kcal/h}$

34
다음 중 보일러의 자동제어가 아닌 것은?
① 온도제어
② 급수제어
③ 연소제어
④ 위치제어

해설 보일러자동제어
① S.T.C.(Steam Temperature Control) – 증기온도 제어
② F.W.C(Feed Water Control) – 급수제어
③ A.C.C(Automatic Combustion Control) – 자동연소제어

35
다음 중 비접촉식 온도계에 해당하는 것은?
① 유리온도계
② 저항온도계
③ 압력온도계
④ 광고온도계

해설 비접촉식온도계
① 광고온도계
② 방사온도계
③ 광전관식온도계
④ 색온도계

36
유압식 신호전달 방식의 특징에 대한 설명으로 틀린 것은?
① 비압축성이므로 조작속도 및 응답이 빠르다.
② 주위의 온도변화에 영향을 받지 않는다.
③ 전달의 지연이 적고 조작량이 강하다.
④ 인화의 위험성이 있다.

해설 주위온도 변화에 영향을 받는다.

정답 33. ③　34. ④　35. ④　36. ②

37
조절기가 50~100°F 범위에서 온도를 비례제어하고 있을 때 측정온도가 66°F와 70°F에 대응할 때의 비례대는 몇 %인가?
① 8　　　② 10　　　③ 12　　　④ 14

해설 비례대 $= \dfrac{100-70}{70-66} = 7.5 = 8$

38
열정산 기준에서 보일러 범위에 포함되지 않는 열은?
① 입열
② 출열
③ 손실열
④ 외부열원

39
다음 중 압력을 표시하는 단위가 아닌 것은?
① kPa　　　② N/m²　　　③ bar　　　④ kgf

해설 압력의 단위
① kpa　② N/m²　③ bar　④ mbar
⑤ pa　⑥ inhg　⑦ mmH₂O　⑧ MPa 등

40
액면에 부자를 띄워 부자가 상하로 움직이는 위치로 액면을 측정하는 것으로서 주로 저장 탱크, 개방 탱크 및 고압 밀폐탱크 등의 액위 측정에 사용되는 액면계는?
① 직관식 액면계
② 플로트식 액면계
③ 방사성 액면계
④ 압력식 액면계

제3과목 : 열설비구조 및 시공

41
전기로나 시멘트 소성용 회전가마의 소성대 내벽에 사용하기 가장 적합한 내화물은?
① 내화점토질 내화물
② 크롬–마그네시아 내화물
③ 고알루미나질 내화물
④ 규석질 내화물

해설 크롬-마그네시아 내화물 : 전기로나 시멘트 소성용 화전 가마의 소성대 내벽에 사용하기 가장 적합한 내화물

37. ①　38. ④　39. ④　40. ②　41. ②

참고 부정형 내화물의 종류
① 캐스터불내화물 ② 플라스틱내화물 ③ 스프레이 내화물
④ 레밍내화물 ⑤ 내화모르타르

42
다음 중 사용압력이 비교적 낮은 곳의 배관에 사용하는 "배관용 탄소 강관"의 기호로 맞는 것은?
① SPPH
② SPP
③ SPPS
④ SPA

해설 배관용강관
① SPP(배관용탄소강관) 사용압력이 10 kg/cm² 이하인 물 기름 배관에 사용
② SPPS(압력배관용탄소강관) 사용압력이 10 kg/cm² 이상 100 kg/cm² 미만
③ SPHT(고압배관용탄소강관) 사용압력이 100 kg/cm² 이상
④ SPLT(저온배관용탄소강관)

43
배관에 나사가공을 하는 동력 나사 절삭기의 형식이 아닌 것은?
① 오스터식
② 호브식
③ 로터리식
④ 다이헤드식

해설 동력용 나사 절삭기 형식
① 오스터식 ② 호브식 ③ 다이헤드식

44
가열로의 내벽온도를 1200°C, 외벽온도를 200°C로 유지하고 매시간당 1m²에 대한 열손실을 400 kcal로 실세일 때 필요한 노벽의 두께는? (단, 노벽 재료의 열전도율은 0.1 kcal/m·h·°C이다.)
① 10 cm
② 15 cm
③ 20 cm
④ 25 cm

해설 $Q = \dfrac{\lambda \cdot A \cdot \Delta t}{d}$

$d = \dfrac{\lambda \cdot A \cdot \Delta t}{Q} = \dfrac{0.1 \times 1 \times (1200-200)}{400} = 0.25 \text{ m} \times 100 \text{ cm}/1 \text{ m} = 25 \text{ cm}$

45
배관시공 시 보온재로 사용되는 석면에 대한 설명으로 옳은 것은?
① 유기질 보온재로서 진동이 있는 장치의 보온재로 많이 쓰인다.
② 약 400°C 이하의 파이프나 탱크, 노벽 등의 보온재로 적합하며, 약 400°C를 초과하면 탈수 분해된다.

③ 열전도율이 작고 300~320℃에서 열분해되며, 방습 가공한 것은 습기가 많은 곳의 옥외배관에 사용한다.
④ 석회석을 주원료로 사용하며 화학적으로 결합시켜 만든 것으로 사용온도는 650℃까지 이다.

46

보일러에서 사용하는 분출관 및 분출밸브 등에 대한 설명으로 틀린 것은?
① 보일러 아랫부분에는 분출관과 분출밸브 또는 분출코크를 설치해야 한다. (관류보일러는 제외)
② 일반적으로 2개 이상의 보일러를 같이 사용할 경우 분출관은 공동으로 사용해야 한다.
③ 분출밸브의 크기는 호칭지름 25 mm 이상의 것이어야 한다. (전열면적 10 m² 이하의 보일러는 호칭지름 20 mm 이상 가능)
④ 최고사용압력 0.7 MPa 이상의 보일러의 분출관에는 분출밸브 2개 또는 분출밸브와 분출코크를 직렬로 갖추어야 한다.

해설 일반적으로 2개 이상의 보일러를 같이 사용시 분출관은 각각 사용

47

보일러에 공기예열기를 설치했을 때의 특징에 관한 설명으로 틀린 것은?
① 보일러의 열효율이 증가된다.
② 노 내의 연소속도가 빨라진다.
③ 연소상태가 좋아진다.
④ 질이 나쁜 연료는 연소가 불가능하다.

해설 질이 나쁜 연료도 연소가 가능

48

탄성이 부족하기 때문에 석면, 고무, 파형 금속관 등으로 표면 처리하여 사용하는 합성수지류의 패킹에 속하는 것은?
① 네오프렌 ② 펠트
③ 유리섬유 ④ 테프론

해설 패킹 : 회전부, 접합부로 부터의 기밀을 유지하기 위하여 사용하는 것으로 일명 가스킷이라고도 한다. 패킹재의 선정은 관내 유체의 물리적·화학적 성질과 기계적 성질을 고려해야 한다.
① 플랜지 패킹
　㉮ 고무 패킹 : ㉠ 탄성은 우수하나 흡수성이 없다
　　　　　　　　㉡ 산이나 알칼리에는 강하나 기름에 침식된다.

46. ② 47. ④ 48. ④

            ⓒ 100[℃] 이상 고온 배관에는 사용할 수 없으며 주로 급·배수용이다.
        ④ 석면 조인트 시트 : 광물질의 미세한 섬유로 450[℃]로 증기 배관에도 사용된다.
        ⑤ 합성수지 패킹 : 가장 우수한 것으로 테플론이 있으며 내열범위는 –260~260[℃]까지 이다.
        ⑥ 오일시일 패킹 : 한지를 내유가공한 것으로 내열도가 낮아 펌프, 기어박스 등에 사용된다.
        ⑦ 금속 패킹 : 구리, 납, 연강, 스테인레스강 등이 있으며 탄성이 적어 누설 위험이 있다.
    ② 나사용 패킹
        ㉮ 페인트 : 광명단을 혼합사용하는 것으로 오일 배관에는 사용하지 못한다.
        ㉯ 일산화연 : 페인트에 소량의 일산화연을 혼합사용하며 냉매배관에 많이 사용된다.
        ㉰ 액상합성수지 : 내열범위가 –30~130[℃]정도로 약품에 강하고 내유성이 강해 증기, 기름, 약품배관에 사용된다.
    ③ 글랜드 패킹 : 밸브를 회전부분에 기밀을 유지할 목적으로 사용된다.
        ㉮ 석면각형 패킹 : 석면을 각형으로 짜서 만든 것으로 내열, 내산성이 좋아 대형 밸브 그랜드로 사용한다.
        ㉯ 석면 얀 : 석면을 꼬아서 만든 것으로 소형 밸브, 수면계의 콕크 주로 소형 밸브 그랜드로 사용한다.
        ㉰ 아마존 패킹 : 면포와 내열 고무 콤파운드를 가공 성형한 것으로 압축기의 그랜드용에 쓰인다.
        ㉱ 모울드 패킹 : 석면, 흑연, 수지 등을 배합 성형한 것으로 밸브, 펌프 등의 그랜드용에 쓰인다.

참고 방청용 도료
① 광명단 도료 : 연단을 아마인유와 혼합한 것으로 밀착력 및 풍화에 강해 녹을 방지하기 위한 페인트 밑칠에 사용한다.
② 산화철도료 : 산화제2철을 보일유나 아마인유에 혼합한 것으로 도막이 부드럽고 가격이 싸지만 녹방지가 완벽하지 못하다.
③ 알루미늄 도료(은분) : 알루미늄 분말을 유성 바니스에 혼합한 것으로 열을 잘 반사하여 방열기에 사용한다. 400~500[℃]의 내열성을 가지며 방청효과가 매우 좋다.
④ 합성수지도료 : ㉮ 프탈산 도료 ㉯ 요소멜라민 도료 ㉰ 염화비닐 도료 등이 있다.

49

증기 엔탈피가 2800 kJ/kg이고 급수 엔탈피가 125 kJ/kg일 때 증발계수는 약 얼마인가? (단, 100℃ 포화수가 증발하여 100℃의 건포화증기로 되는데 필요한 열량은 2256.9 kJ/kg이다.)

① 1.08
② 1.19
③ 1.44
④ 1.62

해설 증발계수 $= \dfrac{(2800-125)}{2256.9} = 1.185$

50
터널가마의 레일과 바퀴부분이 연소가스에 의해서 부식되지 않도록 하는 시공법은?
① 샌드시일(sand seal)   ② 에어커튼(air curtain)
③ 내화갑   ④ 칸막이

해설 샌드시일 : 터널가마의 레일과 바퀴부분이 연소가 가스에 의해서 부식되지 않도록 하는 시공법

51
에너지이용 합리화법에 따라 발전용 보일러에 부착되는 안전밸브의 분출정지 압력은 분출압력의 얼마 이상이어야 하는가?
① 분출압력의 0.93배 이상   ② 분출압력의 0.95배 이상
③ 분출압력의 0.98배 이상   ④ 분출압력의 1.0배 이상

52
보일러 연소 시 배기가스 성분 중 완전연소에 가까울수록 줄어드는 성분은?
① CO_2 ② H_2O ③ CO ④ N_2

해설
· 완전연소시 : CO_2 발생
· 불완전연소시 : CO 발생

53
다음 중 에너지이용 합리화법에 따라 소형 온수보일러에 해당하는 것은?
① 전열면적이 14 m^2 이하이고 최고사용압력이 0.35 MPa 이하의 온수를 발생하는 것
② 전열면적이 24 m^2 이하이고 최고사용압력이 0.5 MPa 이상의 온수를 발생하는 것
③ 전열면적이 24 m^2 이하이고 최고사용압력이 0.35 MPa 이하의 온수를 발생하는 것
④ 전열면적이 14 m^2 이하이고 최고사용압력이 0.5 MPa 이상의 온수를 발생하는 것

해설 소형온수보일러 : 전열면적이 14 m^2 이하이고 최고 사용압력이 0.35 MPa 이하의 온수를 발생하는 보일러

54
관류 보일러의 특징에 관한 설명으로 틀린 것은?
① 대형관류 보일러에는 벤슨 보일러, 슐저 보일러 등이 있다.
② 초임계 압력 하에서 증기를 얻을 수 있다.
③ 드럼이 필요 없다.
④ 부하 변동에 대한 적응력이 적다.

50. ① 51. ① 52. ③ 53. ① 54. ④

해설 관류보일러의 특징 : 하나의 관계에서 급수펌프로 공급된 관수가 예열, 증발, 과열이 동시에 일어나는 형식으로 초임계압력 보일러 이다.

※ 특징

① 순환이=($\frac{급수량}{증발량}$)가 1이여서 드럼이 필요없다.
② 전열면적이 크고 효율이 높다.
③ 고압이므로 증기의 열량이 크다.
④ 가동부하가 짧아 부하측에 대응하기 쉽다.
⑤ 완벽한 급수처리를 한다.
⑥ 부하변동에 대응해야 한다.
⑦ 콤팩트하므로 청소, 검사, 수리가 어렵다.

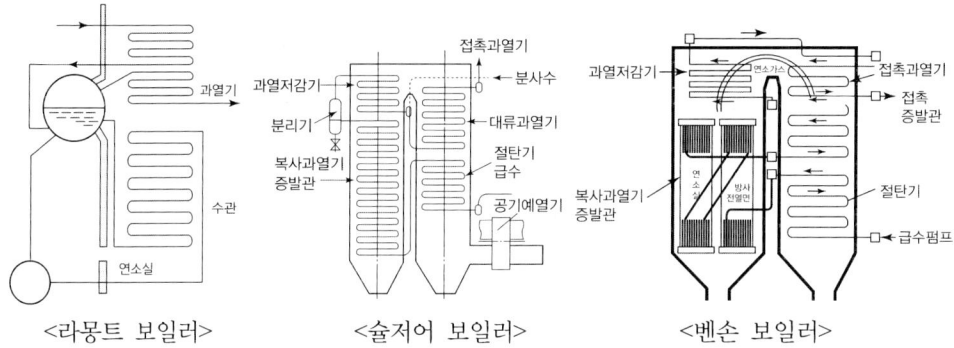

<라몽트 보일러>   <슐저어 보일러>   <벤손 보일러>

55. 내화물의 구비조건으로 틀린 것은?

① 상온 및 사용온도에서 압축강도가 클 것
② 사용목적에 따라 적당한 열전도율을 가질 것
③ 팽창은 크고 수축이 작을 것
④ 온도변화에 의한 파손이 작을 것

해설 내화물의 구비조건
① 팽창 및 수축이 작을 것
② 고온에서 내압력을 가질 것
③ 마모에 강할 것
④ 상온 및 사용용도에서 압축강도가 클 것
⑤ 스폴링에 견딜 것(급격한 온도변화에 견딜 것)
⑥ 사용목적에 따라 적당한 열전도율을 가질 것
⑦ 화학적 침식에 저항력이 있을 것
⑧ 내화도가 높고 융점 및 인화점이 높을 것
⑨ 열용량은 축열 및 연료 손실에 따른 조건을 구비할 것

56 에너지이용 합리화법에 따라 검사대상기기의 설치자가 그 사용 중인 검사대상기기를 폐기한 때에는 그 폐기한 날로부터 며칠 이내에 폐기신고서를 제출하여야 하는가?

① 15일   ② 20일   ③ 30일   ④ 60일

해설 변경신고, 중지신고, 폐기신고 : 15일 이내

57 에너지이용 합리화법에 따라 증기보일러에 설치되는 안전밸브가 2개 이상인 경우 각각의 작동시험 기준은?

① 최고사용압력의 0.97배 이하, 1.0배 이하
② 최고사용압력의 0.98배 이하, 1.03배 이하
③ 최고사용압력의 1.0배 이하, 1.0배 이하
④ 최고사용압력의 1.0배 이하, 1.03배 이하

58 겔로웨이 관(Galloway tube)을 설치함으로써 얻을 수 있는 이점으로 틀린 것은?

① 화실 내벽의 강도 보강
② 전열면적 증가
③ 관수의 대류 순환을 촉진
④ 열로 인한 신축변화의 흡수용이

해설 겔로웨이관 설치시 이점
① 관수 순환 촉진
② 전열 면적 증가
③ 화실 내 벽의 강도 증가

59 관의 안지름이 D(cm), 평균유속이 V(m/s)일 때, 평균 유량 Q(m³/s)을 구하는 식은?

① $Q = DV$ ② $Q = \dfrac{\pi}{4}D^2 V$

③ $Q = \dfrac{\pi}{4}\left(\dfrac{D}{100}\right)^2 V$ ④ $Q = \left(\dfrac{V}{100}\right)^2 D$

해설 Q(m³/sec) $= A \times V$에서

$$= \dfrac{\pi D^2}{4} \times V = \dfrac{\pi \left(\dfrac{D^2}{100}\right)}{4} V$$

1 m = 100 cm이므로 (d)

60 기수분리기 설치시의 장점이 아닌 것은?

① 습증기의 발생률을 높인다.   ② 마찰손실을 작게 한다.
③ 관내의 부식을 방지한다.   ④ 수격작용을 방지한다.

해설 기수분리기 : 증기 중의 수분을 제거하여 건조증기를 얻기 위한 장치
① 건조증기를 얻음   ② 수격작용방지
③ 관내부식방지   ④ 마찰손실을 적게 한다.

제4과목 : 열설비 취급 및 안전관리

61 염산 등을 사용하여 보일러내의 스케일을 용해시켜 제거하는 방법에 대한 설명으로 틀린 것은?

① 스케일의 시료를 채취하여 분석하고, 용해시험을 통하여 세정방법을 결정하여야 한다.
② 본체에 부착되어 있는 안전밸브, 수면계, 밸브류 등은 분리하지 않는다.
③ 수소가 발생하여 폭발의 우려가 있으므로 통풍이 잘 되는 장소에서 세정하여야 한다.
④ 화학세정이 끝난 다음에는 반드시 물로 충분하게 세척하여 사용한 약액의 영향이 미치지 않도록 주의한다.

해설 본체에 부착되어 있는 안전밸브, 수면계, 밸브류 등은 분리한다.

62 증기보일러 압력계와 연결되는 증기관을 황동관 또는 동관으로 하는 경우 안지름은 최소 몇 mm 이상이여야 하는가?

① 3.5 mm   ② 5.5 mm   ③ 6.5 mm   ④ 12.7 mm

해설 압력계연결관
① 동관 : 6.5 mm 이상   ② 강관 : 12.7 mm 이상

63 보일러의 과열 원인으로 가장 거리가 먼 것은?

① 물의 순환이 나쁠 때
② 고온의 가스가 고속으로 전열면에 마찰할 때
③ 관석이 많이 퇴적한 부분이 가열되어 열전달이 높아질 때
④ 보일러의 이상 저수위에 의하여 빈 보일러를 운전하였을 때

64

트랩이나 스트레이너 등의 고장, 수리, 교환 등에 대비하여 설치하는 것은?

① 바이패스 배관 ② 드레인 포켓
③ 냉각 레그 ④ 체크 밸브

해설 바이패스관 : 트랩이나 스트레이너 등의 고장 수리 · 교환 등에 대비하여 설치

65

보일러를 사용하지 않고 장기간 보존할 경우 가장 적합한 보존법은?

① 만수 보존법 ② 건조 보존법
③ 밀폐 만수 보존법 ④ 청관제 만수 보존법

해설
- 건조 보조법(장기보존) : 6개월
- 만수 보존법(단기보존) : 2~3개월
- 질소 봉입법 : 질소순도 99.5%의 것으로 0.6kg/cm² 정도로 가압봉입하여 공기로 치환
- 건조 보존법 흡습제 : CaO, CaCl$_2$, Al$_2$O$_3$, SiO$_2$
- 만수보존법 첨가제 : 가성소다. 이황산소다, 탄산소다

66

에너지이용 합리화법에 따라 에너지사용계획을 수립하여 산업통상자원부장관에게 제출하여야 하는 자는?

① 민간사업주관자로 연간 5천 티오이 이상의 연료 및 열을 사용하는 시설을 설치하려는 자
② 공공사업주관자로 연간 2천 티오이 이상의 연료 및 열을 사용하는 시설을 설치하려는 자
③ 민간사업주관자로 연간 1천만 킬로와트시 이상의 전력을 사용하는 시설을 설치하려는 자
④ 공공사업주관자로 연간 2백만 킬로와트시 이상의 전력을 사용하는 시설을 설치하려는 자

67

보일러에서 가연가스와 미연가스가 노 내에 발생하는 경우가 아닌 것은?

① 연도가 너무 짧은 경우
② 점화조작에 실패한 경우
③ 노 내에 다량의 그을림이 쌓여있는 경우
④ 연소정지 중에 연료가 노 내에 스며든 경우

해설 연도가 너무 긴 경우

64. ① 65. ② 66. ① 67. ①

68 보일러를 건조보존 방법으로 보존할 때의 유의사항으로 틀린 것은?
① 모든 뚜껑, 밸브, 콕 등은 전부 개방하여 둔다.
② 습기를 제거하기 위하여 생석회를 보일러 안에 둔다.
③ 연도는 습기가 없게 항상 건조한 상태가 되도록 한다.
④ 보일러 수를 전부 빼고 스케일 제거 후 보일러 내에 열풍을 통과시켜 완전 건조시킨다.

해설 모든 뚜껑 밸브 혹은 전부 닫아야 한다.

69 다음 중 보일러의 인터록의 종류가 아닌 것은?
① 고수위   ② 저연소   ③ 불착화   ④ 프리퍼지

해설 인터록 : 구비조건이 맞지 않을 때 그 구비조건이 맞을때 까지 다음단계를 정지시키는 것
·종류 : ① 저연소인터록   ② 저수위 인터록   ③ 불착화인터록
④ 압력초과인터록   ⑤ 프리퍼지인터록

70 에너지이용 합리화법에 따라 특정열사용기자재 시공업은 누구에게 등록을 하여야 하는가?
① 국토교통부장관   ② 산업통상자원부장관
③ 시·도지사   ④ 한국에너지공단이사장

71 옥내 보일러실에 연료를 저장하는 경우 보일러 외측으로부터 얼마 이상 거리를 두고 저장해야 하는가? (단, 소형 보일러는 제외한다.)
① 0.6 m 이상   ② 1 m 이상   ③ 1.2 m 이상   ④ 2 m 이상

해설 옥내보일러에 연료를 저장하는 경우 보일러 좌측으로부터 2 m 이상 거리를 두고 저장(단 소형보일러는 1 m 이상)

72 다음 반응 중 경질 스케일 반응식으로 옳은 것은?
① $Ca(HCO_3) + 열 \rightarrow CaCO_3 + H_2O + CO_2$
② $3CaSO_4 + 2Na_3PO_4 \rightarrow Ca_3(PO_4)_3 + 3Na_2SO_4$
③ $MgSO_4 + CaCO_3 + H_2O \rightarrow CaSO_4 + Mg(OH)_2 + CO_2$
④ $MgCO_3 + H_2O \rightarrow Mg(OH)_2 + CO_2$

해설 $MgSO_4 + CaCO_3 + H_2O \rightarrow CaSO_4 + Mg(OH)_2 + CO_2$

정답 68. ① 69. ① 70. ③ 71. ④ 72. ③

73 보일러 파열사고 원인 중 구조물의 강도 부족에 의한 원인이 아닌 것은?
① 재료의 불량
② 용접 불량
③ 용수관리의 불량
④ 동체의 구조 불량

해설 구조물의 강도 부족에 의한 원인
① 재료불량 ② 용접불량 ③ 구조불량 ④ 설계불량

74 증기보일러에서 포밍, 프라이밍이 발생하는 원인으로 틀린 것은?
① 주 증기 밸브를 천천히 개방했을 때
② 증기 부하가 과대할 때
③ 보일러 수가 농축되었을 때
④ 보일러수 중에 불순물이 많이 포함되었을 때

해설 주증기 밸브를 급개했을 때

75 매시 발생증기량이 2000 kg/h, 급수의 엔탈피는 10 kcal/kg, 발생증기의 엔탈피가 549 kcal/kg일 때, 이 보일러의 매시 환산증발량은?
① 1250 kg/h
② 1500 kg/h
③ 2000 kg/h
④ 2540 kg/h

해설 환산증발량(상당증발량)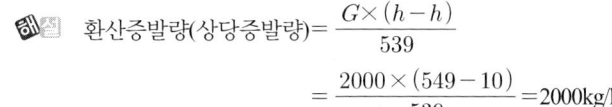

$$= \frac{2000 \times (549-10)}{539} = 2000 \, kg/h$$

76 보일러의 외부부식 원인이 아닌 것은?
① 빗물, 지하수 등에 의한 습기나 수분에 의한 경우
② 증기나 보일러수 등의 누출로 인한 습기나 수분에 의한 경우
③ 재나 회분 속에 함유된 부식성 물질(바나듐 등)에 의한 경우
④ 강재 속에 함유된 유황분이나 인분이 온도상승과 더불어 산화되거나 또는 이외의 원인으로 녹이 생긴 경우

77 증기 난방법의 종류를 중력, 기계, 진공 환수방식으로 구분한다면 무엇에 따른 분류인가?
① 응축수 환수 방식
② 환수관 배관 방식
③ 증기 공급 방식
④ 증기 압력 방식

해설 응축수환수방식
① 중력환수식   ② 기계환수식   ③ 진공환수식

78 보일러 압력계의 검사를 해야 하는 시기로 가장 거리가 먼 것은?
① 2개가 설치된 경우 지시도가 다를 때
② 비수현상이 일어난 때
③ 신설보일러의 경우 압력이 오르기 시작했을 때
④ 부르동관이 높은 열을 받았을 때

해설 압력계검사시기
① 두 개가 설치된 경우 지시도가 다를 때
② 비수현상이 일어난 때
③ 신설보일러의 경우 압력이 오르기 전
④ 부르돈관이 높은 열을 받았을 때

79 에너지이용 합리화법에 따라 대통령령으로 정하는 에너지공급자가 해당 에너지의 효율향상과 수요절감을 위해 연차별로 수립해야하는 것은?
① 비상시 에너지수급방안
② 에너지기술개발계획
③ 수요관리투자계획
④ 상기에너지수급계획

해설 수요절감 위해 연차별로 수립해야 하는 것

80 에너지이용 합리화법에 의한 검사대상기기 조종자를 선임하지 아니 한 자에 대한 벌칙 기준은?
① 3백만원 이하의 과태료
② 5백만원 이하의 벌금
③ 1천만원 이하의 벌금
④ 1년 이하의 징역 또는 2천만원 이하의 벌금

정답 77. ① 78. ③ 79. ③ 80. ③

해설 벌칙 기준

① 2년 이하의 징역 또는 2천만원 이하의 벌금
  ㉠ 에너지저장시설의 보유 또는 저장의무의 부과시 정당한 이유 없이 이를 거부하거나 이행하지 아니한 자
  ㉡ 에너지수급의 안정을 기하기 위한 조정·명령 등의 조치를 위반한 자
  ㉢ 공단의 임직원으로 근무하거나 근무하였던 사람이 직무상 알게 된 비밀을 누설하거나 도용한 자
② 1년 이하의 징역 또는 1천만원이하의 벌금
  ㉠ 검사대상기기의 검사를 받지 아니한 자
  ㉡ 검사에 합격되지 아니한 검사대상기기를 사용한 자
③ 2천만원 이하의 벌금
  ㉠ 효율 관리 기자재의 생산 또는 판매금지 명령에 위반한 자
④ 1천만원 이하의 벌금
  ㉠ 검사대상기기조종자를 선임하지 아니한 자   *[법규 변경] 조종자 → 관리자
⑤ 500만원 이하의 벌금
  ㉠ 효율관리기자재에 대한 에너지사용량의 측정결과를 신고하지 아니한 자
  ㉡ 대기전력경고표시대상제품에 대한 측정결과를 신고하지 아니한 자
  ㉢ 대기전력경고표시를 하지 아니한 자
  ㉣ 대기전력저감우수제품임을 표시하거나 거짓 표시를 한 자
  ㉤ 대기전력저감기준에 미달하는 경우 시정명령을 정당한 사유 없이 이행하지 아니한 자
  ㉥ 고효율에너지인증대상기자재의 인증을 받은 자가 아닌 자는 해당 고효율에너지 인증대상자재에 고효율에너지기자재의 인증 표시를 위반하여 인증 표시를 한 자

제1과목 : 열역학 및 연소관리

01 탄화도를 기준으로 석탄을 분류할 때 탄화도 증가에 따라 석탄의 일반적인 성질 변화로 옳은 것은?
① 휘발성이 증가한다.
② 고정탄소량이 감소한다.
③ 수분이 감소한다.
④ 착화 온도가 낮아진다.

 탄화도증가에 따라 석탄의 일반적인 성질
① 휘발성이 감소한다.
② 고정탄소량이 증가한다.
③ 수분이 감소한다.
④ 착화온도가 높아진다.

02 다음 중 건식 집진형식이 아닌 것은?
① 백필터식
② 사이클론식
③ 멀티클론식
④ 벤튜리스크러버식

 건식 집진장치
① 중력침강식 ② 관성력식 ③ 싸이클론식
④ 여과식 ⑤ 전기식

03 이론 습연소가스량(G_{ow})과 이론 건연소가스량(G_{od})과의 관계를 옳게 나타낸 것은? (단, 단위는 Nm^3/kg이다.)
① $G_{ow} = G_{od} + (9H + W)$
② $G_{od} = G_{ow} + (9H + W)$
③ $G_{ow} = G_{od} + 1.25(9H + W)$
④ $G_{od} = G_{ow} + 1.25(9H + W)$

해설 이론 습배기가스량(이론습연소가스량) $G_{ow} = G_{od} + 1.25(9H + W)$

정답 1. ③ 2. ④ 3. ③

04
어느 열기관이 외부로부터 Q의 열을 받아서 외부에 100 kJ의 일을 하고 내부 에너지가 200 kJ 증가하였다면 받은 열(Q)은 얼마인가?

① 100 kJ ② 200 kJ ③ 300 kJ ④ 400 kJ

 Q = 내부에너지 + 외부에너지
   = 200 + 100 = 300 kJ

05
대기압에서 물의 증발잠열은 약 얼마인가?

① 334 kJ/kg ② 539 kJ/kg ③ 1000 kJ/kg ④ 2264 kJ/kg

 물의 증발잠열 : 539 kcal/kg
1 kcal = 4.186 kJ
539 kcal = x
$$x = \frac{539 \text{ kcal} \times 4.2 \text{ kJ}}{1 \text{ kcal}} = 2263.8 \text{ kJ}$$

06
공기 2 kg이 압력 400 kPa, 온도 10°C인 상태로부터 정압하에서 온도가 200°C로 변화할 때 엔트로피 변화량은? (단, 정압비열은 1.003 kJ/kg·K, 정적비열은 0.716 kJ/kg·K이다.)

① 0.51 kJ/K
② 1.03 kJ/K
③ 136.12 kJ/K
④ 190.63 kJ/K

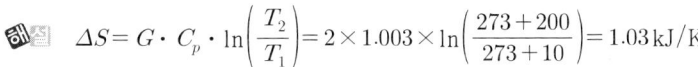
$$\Delta S = G \cdot C_p \cdot \ln\left(\frac{T_2}{T_1}\right) = 2 \times 1.003 \times \ln\left(\frac{273+200}{273+10}\right) = 1.03 \text{ kJ/K}$$

07
연소안전장치 중 화염이 발광체임을 이용하여 화염을 검출하는 것으로, 광전관, PbS셀(cell), CdS셀 등을 사용하는 것은?

① 플레임 아이 ② 플레임 로드
③ 스택 스위치 ④ 연료차단 밸브

 화염검출기 종류
① 플레임아이 : 화염의 발광체 이용(광전관, Pbs셀(유화가느뮴광도전셋), CdS셀, 자외선 광전관)
② 플레임로드 : 화염의 이온화 현상이용
③ 스택 스위치 : 화염의 발열 현상이용(버너분사정지에 수십초가 걸리므로 주로 소용량 보일러 사용)

08 보일러의 안전장치 중 보일러 내부 증기 압력이 스프링 조정압력보다 높을 경우 내부의 벨로즈가 신축하여 수은 등 스위치를 작동하게 하여 전자밸브로 하여금 자동으로 연료 공급을 중단하게 함으로써 압력초과로 인한 보일러 파열사고를 방지해 주는 안전장치는?

① 안전밸브 ② 압력제한기
③ 방폭문   ④ 가용전

해설 안전밸브 : 증기압이상 상승시 이상증기압을 외부로 배출하여 사고방지

① 안전밸브 분출용량 계산식

ㄱ. $W(저양정식) = \dfrac{(1.03P+1)A \cdot C}{22}$

ㄴ. $W(고양정식) = \dfrac{(1.03P+1)A \cdot C}{10}$

ㄷ. $W(전양정식) = \dfrac{(1.03P+1)A \cdot C}{5}$

ㄹ. $W(전양식) = \dfrac{(1.03P+1)A \cdot C}{2.5}$

$A = \dfrac{\pi D^2}{4}$ (D : 밸브시트지름)

② 스프링식 안전밸브 유량제한 기구

ㄱ. 저양정식 : 안전밸브의 리프트가 시트지름의 $\dfrac{1}{40}$ 이상 $\dfrac{1}{15}$ 미만인 것

ㄴ. 고양정식 : 안전밸브의 리프트가 시트지름의 $\dfrac{1}{15}$ 이상 $\dfrac{1}{7}$ 미만인 것

ㄷ. 전양정식 : 안전밸브의 리프트가 시트지름의 $\dfrac{1}{7}$ 이상인 것

ㄹ. 전양식 : 시트지름이 목부지름보다 $\dfrac{1}{7}$ 이상인 것

③ 누설시 원인

ㄱ. 스프링장력 감쇄시
ㄴ. 조종압력이 너무 낮다.
ㄷ. 밸브시트에 이물질이 낀 경우
ㄹ. 시트와 밸브축이 이완된 경우
ㅁ. 밸브와 시트의 가공이 불량한 경우

09 탄소 1 kg을 연소시키기 위해서 필요한 이론적인 산소량은?

① 1 Nm³ ② 1.867 Nm³
③ 2.667 Nm³ ④ 22.4 Nm³

해설 이론산소량(O_o) = $1.867C + 5.6(H - \dfrac{O}{8}) + 0.7s$

이론공기량(A_o) = $8.89C + 26.67(H - \dfrac{O}{8}) + 3.33s$

10

1 kg의 공기가 일정온도 200°C에서 팽창하여 처음 체적의 6배가 되었다. 전달된 열량 (kJ)은? (단, 공기의 기체상수는 0.287 kJ/kg·K이다)

① 243　　② 321　　③ 413　　④ 582

해설 $Q = GRT \ln\left(\dfrac{V_2}{V_1}\right) = 1 \times 0.287 \times (273 + 200) \times \ln\left(\dfrac{6}{1}\right) = 243.23 \text{ kJ}$

11

공기보다 비중이 커서 누설이 되면 낮은 곳에 고여 인화폭발의 원인이 되는 가스는?

① 수소　　② 메탄　　③ 일산화탄소　　④ 프로판

해설 공기의 평균분자량 = 29 g(1보다 크면 공기보다 무거운 것)
① H_2(수소) : 2 g ÷ 29 g = 0.0689
② CH_4(메탄) : 12 + 4 = 16 g ÷ 29 g = 0.55
③ CO(일산화탄소) : 12 + 16 = 28 g ÷ 29 g = 0.965
④ C_3H_8(프로판) : 12 × 3 + 8 = 44 g ÷ 29 g = 1.52

12

압축비가 5, 차단비가 1.6, 비열비가 1.4인 가솔린 기관의 이론열효율은?

① 34.6%　　② 37.9%　　③ 47.5%　　④ 53.9%

해설 열효율 $= 1 - \left(\dfrac{1}{\varepsilon}\right)^{K-1} = 1 - \left(\dfrac{1}{5}\right)^{1.4-1} = 47.46\%$

13

절대온도 1K 만큼의 온도차는 섭씨온도로 몇 °C의 온도차와 같은가?

① 1°C　　② 5/9°C　　③ 273°C　　④ 274°C

14

연도가스 분석에서 CO가 전혀 검출되지 않았고, 산소와 질소가 각각(O_2)Nm³/kg 연료, (N_2)Nm³/kg 연료일 때 공기비(과잉공기율)는 어떻게 표시되는가?

① $m = \dfrac{0.21}{0.21 - 0.79(O_2)/(N_2)}$

② $m = \dfrac{0.79}{0.79 - 0.21(O_2)/(N_2)}$

③ $m = \dfrac{1}{1 - 0.79(N_2)/(O_2)}$

④ $m = \dfrac{1}{1 - 0.21(O_2)/(N_2)}$

10. ①　11. ④　12. ③　13. ①　14. ①

해설 공기비$(m) = \dfrac{A}{A_0} = \dfrac{N_2}{N_2 - 3.76 O_2} = \dfrac{CO_2(\max)\%}{CO_2(\%)}$

15
기체연료의 연소방식 중 예혼합연소방식의 특징에 대한 설명으로 틀린 것은?
① 화염이 짧다.
② 부하에 따른 조작범위가 좁다.
③ 역화의 위험성이 매우 작다.
④ 내부 혼합형이다.

해설 역화의 위험성이 매우 크다.

16
프로판 가스(LPG)에 대한 설명으로 틀린 것은?
① 황분이 적고 유독성분 함량이 많다.
② 질식의 우려가 있다.
③ 가스 비중이 공기보다 크다.
④ 누설 시 인화 폭발성이 있다.

17
열역학 제2법칙에 관한 설명으로 틀린 것은?
① 과정의 방향성을 제시한 비가역 법칙이다.
② 엔트로피 증가 법칙을 의미한다.
③ 열은 고온으로부터 저온으로 자동적으로 이동한다.
④ 열이 주위와 계에 아무런 변화를 주지 않고 운동 에너지로 변화할 수 있다.

해설 열역학 제2법칙(엔트로피의 법칙)
① 클라우시스 : 일을 소비하지 않고 열을 저온체에서 고온체로 이동시킬 수 없다
② 켈빈 – 플랭크 : 고온체로부터 받은 열량을 전부일로 전환시키는 열기관은 있을 수 없으며 그 일부는 반드시 저온체로 전달 되어야한다. 따라서 열효율이 100%인 기관을 만들 수 없다.
③ 과정의 방향성을 제시한 비가역 법칙이다.
④ 열은 고온으로부터 저온으로 자동적으로 이동한다.

18
25℃의 철(Fe) 35 kg을 온도 76℃로 올리는데 소요열량이 675 kcal이다. 이 철의 비열 (a)과 열용량(b)은?
① a : 0.38 kcal/kg·℃, b : 13.2 kcal/℃

정답 15. ③ 16. ① 17. ④ 18. ①

② a : 2.64 kcal/kg·°C, b : 9.25 kcal/°C
③ a : 0.38 kcal/kg·°C, b : 9.25 kcal/°C
④ a : 0.26 kcal/kg·°C, b : 13.2 kcal/°C

해설 비열 = $\dfrac{675}{35 \times (76-25)} = 0.378$

열용량 = $G \times C = 35 \times 0.378 = 13.23$

19

공기압축기가 100 kPa, 20°C, 0.8 m³인 1 kg의 공기를 1 MPa까지 가역 등온과정으로 압축할 때 압축기의 소요일(kJ)은?

① 184　　　② 232　　　③ 287　　　④ 324

해설 $wt = mP_1V_1 \ln\left(\dfrac{P_1}{P_2}\right) = 1 \times 100 \times 0.8 \times \ln\left(\dfrac{100}{1000}\right) = 184.206 \text{kJ}$

20

습증기 영역에서 건도에 관한 설명으로 틀린 것은?

① 건도가 1에 가까워질수록 건포화증기 상태에 가깝다.
② 건도가 0에 가까워질수록 포화수 상태에 가깝다.
③ 건도가 x일 때 습도는 $x-1$이다.
④ 건도가 1에 가까울수록 갖고 있는 열량이 크다.

해설 건도가 x일 때 습도는 $1-x$이다.

제2과목 : 계측 및 에너지 진단

21

편위식 액면계는 어떤 원리를 이용한 것인가?

① 아르키메데스의 부력 원리
② 토리첼리의 법칙
③ 달톤의 분압법칙
④ 도플러의 원리

해설 편위식 액면계 : 아르키메데스의 부력 원리 이용

19. ①　20. ③　21. ①

22
서미스터(Thermistor)에 대한 설명으로 틀린 것은?
① 응답이 빠르다.
② 전기저항체 온도계이다.
③ 좁은 장소에서의 온도 측정에 적합하다.
④ 충격에 대한 기계적 강도가 양호하고, 흡습 등에 열화되지 않는다.

해설 서미스터(저항계 : Ni, Mn, Co, Fe, Cu)
① 미소한 온도 측정이 가능   ② 온도계수가 크다(백금의 약 100배)
③ 응답속도가 매우 빠르다.   ④ 국극부적인 온도 측정 가능
⑤ 온도범위는 −100~300℃   ⑥ 넓은 온도측정에는 부적합
⑦ 동일특성의 성질은 얻기 어렵다.   ⑧ 외부전원이 필요하다.

23
자유 피스톤식 압력계에서 추와 피스톤의 무게 합이 30 kg이고 피스톤 직경이 3 cm일 때 절대압력은 몇 kg/cm²인가? (단, 대기압은 1 kg/cm²으로 한다.)
① 4.244   ② 5.244   ③ 6.244   ④ 7.244

해설 절대압력 = $\dfrac{W}{A} = \dfrac{30\,\mathrm{kg}}{0.785 \times 3^2} + 1 = 5.246$

24
노내압을 제어하는데 필요하지 않은 조작은?
① 급수량 조작   ② 공기량 조작
③ 댐퍼의 조작   ④ 연소가스 배출량 조작

해설 제어량과 조작량의 관계

제어	제어량	조작량
S, T, C	증기온도제어	전열량
F, W, C	보일러수위	급수량
A, C, C	증기압력계제어	연료량, 공기량
	노내압력제어	연소가스량, 송풍량

25
보일러 열정산 시 측정사항이 아닌 것은?
① 외기온도   ② 급수 압력
③ 배기가스 온도   ④ 연료사용량 및 발열량

해설 보일러 열정산 측정사항
① 외기온도   ② 연료량   ③ 급수량

④ 급수온도측정   ⑤ 연소용공기량측정   ⑥ 발생증기량측정
⑦ 증기압력의 측정   ⑧ 포화증기의건조도측정   ⑨ 배기가스온도측정

참고 열계산의 기준
① 측정시간 : 2시간   ② 측정은 : 매 10분마다
③ 증기의 건도는 0.98로 한다.   ④ 열계산은 사용연료 1 kg에 대해
⑤ 압력변동은 ± 7% 이내   ⑥ 증기발생량 변동은 ± 15% 이내

26
방사율이 0.8, 물체의 표면온도가 300°C, 물체 벽면체 온도가 25°C일 때 공간에 방출하는 단위 면적당 방사에너지는 약 몇 W/m²인가?

① 2300   ② 3780   ③ 4550   ④ 5760

 스테판볼쯔만의 법칙 : 4.88 kcal/m²h K⁴ =5.693(W/m² k⁴)을 적용

$$Q = 0.8 \times 5.693 \times \left\{ \left(\frac{273+300}{100}\right)^4 - \left(\frac{273+25}{100}\right)^4 \right\} = 4550.47 \, W/m^2$$

27
다음 중 전기식 제어방식의 특징으로 가장 거리가 먼 것은?
① 고온 다습한 주위환경에 사용하기 용이하다
② 전송거리가 길고 전송지연이 생기지 않는다.
③ 신호처리나 컴퓨터 등과의 접속이 용이하다.
④ 배선이 용이하고 복잡한 신호에 적합하다.

해설 신호전달방식의 종류와 특징
① 공기압 신호전송
  ㉮ 사용조작압력은 0.2~1[kg/cm²]이다.
  ㉯ 신호전달거리가 100~150[m] 정도이다.
  ㉰ 온도제어 등에 적합하고 위험이 적다.
  ㉱ 배관이 용이하고 보존이 쉽다.
  ㉲ 내열성이 우수하나 압축성이므로 신호전달에 지연이 된다.
  ㉳ 희망특성을 살리기 어렵다.
② 유압식 신호전송
  ㉮ 사용유압은 0.2~1[kg/cm²]이다.
  ㉯ 신호전달거리가 300[m] 정도이다.
  ㉰ 높은 유압이 필요하다.
  ㉱ 인화 위험성이 많다.
③ 전기식 신호전송
  ㉮ 사용전류는 4~30[mA] 또는 10~50[mADC]의 전류를, 통일신호로 한다.
  ㉯ 신호전달거리는 0.3~10[km]까지 가능하다.
  ㉰ 신호전달의 지연이 없고 배선이 용이하다.
  ㉱ 대규모 조작력이 필요한 경우에 사용된다.
  ㉲ 높은 기술을 요하며 가격이 비싸다.

⟨전달방식에 의한 각 특징 비교⟩

생식	장점	단점
공기식	• 배관이 용이 • 위험성이 없다 • 보존이 비교적 용이	• 신호의 전달 지연이 있다. • 조작지연이 있다. • 희망특성을 살리기 어렵다.
유압식	• 조작속도가 크다. • 조작력이 강대 • 희망특성의 것을 만드는 것이 용이	• 기름이 넘치면 더럽다. • 인화의 위험이 있다. • 수기압정도의 유압원이 필요
전기식	• 배선의 용이 • 신호의 전달지연이 없다. • 신호의 복잡한 취급이 용이	• 조작속도가 빠른 비례조작부를 만드는 것이 곤란하다 • 보존에 기술이 요한다.

28 다음 중 연속동작이 아닌 것은?

① 비례동작 ② 미분동작 ③ 적분동작 ④ ON-Off 동작

해설 · 연속동작
① 비례동작(P동작) ② 미분동작(D동작) ③ 적분동작(I동작)
· 불연속동작(On-Off동작)
① 이위치 동작 ② 다위치 동작 ③ 불연속 속도조작

29 다음 중 물리적 가스분석계가 아닌 것은?

① 전기식 CO_2계 ② 연소열식 O_2계
③ 세라믹식 O_2계 ④ 자기식 O_2계

해설 물리적가스분석계
① 가스크로마토그래피 : 실리카겔, 활성탄 등의 흡착제를 충진한 배관(내부에 캐리어가스충전)을 통하여 나타난 이동 속도차를 이용하여 열전도율계 등으로 검출하여 측정하는 것으로 연구실용과 공업용이 있다. 특히, 선택성이 우수하며 연속측정이 가능한 가스분석계이다.
※ 캐리어가스 : H_2, N_2, Ar, He 등

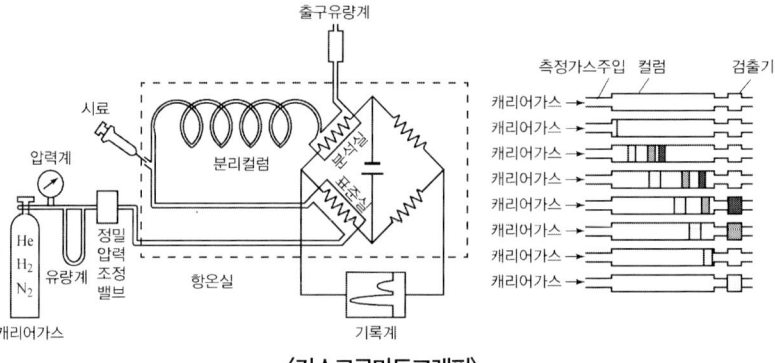

⟨가스크로마토그래피⟩

② 세라믹식 O₂계(지르코니아식 O₂계) : 지르코니아(ZrO_2)를 주원료로 한 특수 세라믹은 온도를 높이면 산소이온만을 통과시키는 성질로 파이프 내외부에 백금의 다공질 전극을 붙여 파이프 전체를 850[℃]로 보존하여 파이프 외부에 공기를 흐르게 하고 측정하려는 가스를 내부에 흐르게 하였을 경우 양극의 기전력을 측정해 가스 중에서 산소의 농도를 알아낸다.
※ 특징
① 측정가스 중 가연성가스가 혼합되어 있으면 측정이 곤란하다.
② 응답속도가 빠르며 주위조건의 변화에도 큰 영향이 없다.
③ 측정부의 온도유지를 위해 전기로가 필요하다.
④ 측정범위가 대단히 넓다.

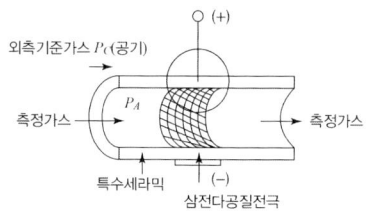

〈지르코니아식 O₂계의 내부 구조〉

③ 밀도식 CO_2계 : CO_2의 밀도와 점도를 이용한 것으로 가스 및 공기와 같은 크기의 모세관을 통과할 때 생기는 저항차에 의해 탄산가스량을 측정하는 것이며 저항차에 따라 밀도차가 일어나는 분석계이다. 즉, CO_2의 밀도가 공기에 비해 현저히 큰 점을 이용했다.

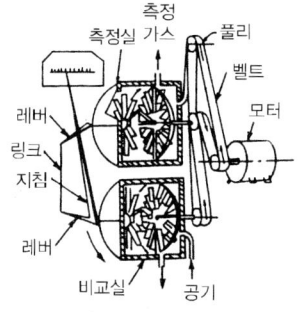

〈밀도식 CO_2계〉

④ 열전도율형 CO_2계 CO_2의 열전도율이 공기에 비해 극히 작은 점을 이용한 것으로 연소가스 CO_2 분석에 많이 사용된다. 측정가스를 도입하는 측정실과 공기가 담긴 비교실 속에 백금선을 두어 전류를 약 100[℃]로 가열하면 백금선의 온도는 주위 가스의 열전도에 의해 발열량이 많고 적음을 변화시키며 백금선온도의 상승은 전기저항장치를 증가시키며 휘스톤. 브리지 회로에 불평형 전압이 생겨 이때의 전압을 측정해서 CO_2 농도를 지시한다.

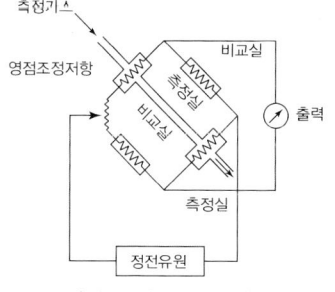

〈열전도율식 CO_2계〉

(자기식 O₂계) 산소가 다른 가스와 비교하여 강한 상자성체이므로 자장에 흡인 되는 성질을 이용한 것으로 흡인력을 직접 이용하고 자기풍 및 계면압력을 사용한 두 종류가 있으며 연소가스의 과잉공기로 가장 많이 보급되어 있는 자기풍에 의한 것이다.

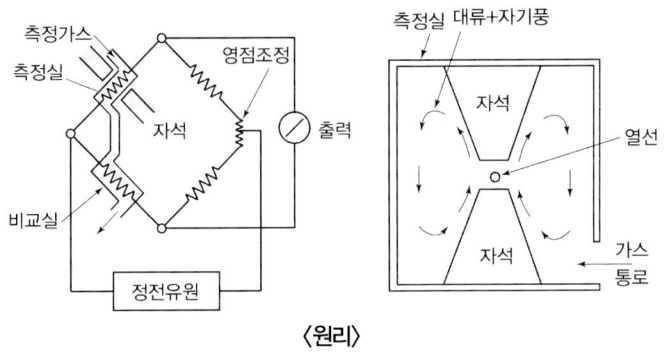

⟨원리⟩

⑥ 적외선 가스분석계 : 압력차를 금속박막의 변위, 전기용량의 변화로 검출하여 CO_2 농도를 지시 및 기록시키는 것으로 적외선을 흡수하지 않는 N_2, O_2, H_2, Cl_2 등 대칭성 2 원자 분자를 제외한 CO, CO_2, CH_4 등 대부분의 분자를 각각 적외선 스펙트럼을 이용한 가스분석기이다.

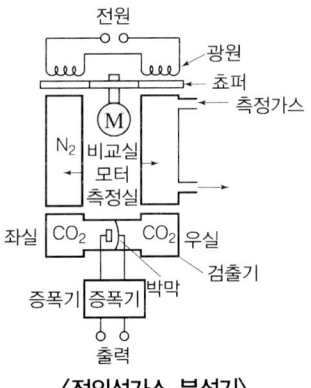

⟨적외선가스 분석기⟩

※ 특징
① 저농도가스의 분석에 적합하다. ② 선택성이 우수하다.
③ 더스트 및 습기방지에 주의한다. ④ 대상범위가 넓고 연속측정이 용이하다.

30

저항온도계의 측온 저항체로 쓰이지 않는 것은?
① Fe   ② Ni   ③ Pt   ④ Cu

해설 저항온도계의 측온체
① 동저항온도계 : 0~120℃
② 니켈저항 : -50~300℃
③ 백금 : -200~500℃
④ 더미스터 : -100~300℃

31

열정산에서 출열 항목에 해당하는 것은?

① 공기의 현열
② 연료의 현열
③ 연료의 발열량
④ 배기가스의 현열

해설 출열항목
① 배기가스 손실열
② 불완전연소에 의한 손실열
③ 미연분에 의한 손실열
④ 방사에 의한 손실열
⑤ 발생증기 보유열

32

다음 단위 중에서 에너지의 차원을 가지고 있는 것은?

① $kg·m/s^2$
② $kg·m^2/s^2$
③ $kg·m^2/s^3$
④ $kg·m^2/s$

33

광전관식 온도계의 특징에 대한 설명으로 옳은 것은?

① 응답속도가 느리다.
② 구조가 다소 복잡하다.
③ 기록의 제어가 불가능하다.
④ 고정물체의 측정만 가능하다.

해설 광전관식 온도계의 특징
① 응답속도가 매우 빠르다.
② 자동제어 및 기록이 가능하다.
③ 이동하는 물체의 측정이 용이
④ 구조가 복잡하다.

34

보일러의 자동제어와 관련된 약호가 틀린 것은?

① FWC : 급수제어
② ACC : 자동연소제어
③ ABC : 보일러 자동제어
④ STC : 증기압력제어

해설 ABC(보일러자동제어)
① STC(증기온도제어)
② FWC(급수제어)
③ ACC(자동연소제어)
④ LC(로컬제어)

35

부력과 중력의 평형을 이용하여 액면을 측정하는 것은?

① 초음파식 액면계
② 정전용량식 액면계
③ 플로트식 액면계
④ 차압식 액면계

해설 플로우트식 액면계 : 부력과 중력의 평형을 이용 액면측정

31. ④ 32. ② 33. ② 34. ④ 35. ③

36 연료가 보유하고 있는 열량으로부터 실제 유효하게 이용된 열량과 각종 손실에 의한 열량 등을 조사하여 열량의 출입을 계산한 것은?
① 열정산
② 보일러효율
③ 전열면부하
④ 상당증발량

해설 보일러효율 = $\dfrac{G_e \times 539}{G_f \times H_\ell} \times 100$

= $\dfrac{G \times (h-h)}{G_f \times H_\ell} \times 100$

전열면열부하 = $\dfrac{G \times (h-h)}{A}$

상당증발량 = $\dfrac{G \times (h-h)}{539}$

37 가정용 수도미터에 사용되는 유량계는?
① 플로우 노즐 유량계
② 오벌유량계
③ 월트만 유량계
④ 플로트 유량계

38 각 물리량에 대한 SI 기본단위의 명칭이 아닌 것은?
① 전류 - 암페어(A)
② 온도 - 섭씨(℃)
③ 광도 - 칸델라(cd)
④ 물질의 양 - 몰(mol)

해설 SI기본단위
① 길이(미터) ② 질량(킬로그램) ③ 시간(초) ④ 전류(암페어)
⑤ 온도(켈빈온도) ⑥ 물질량(몰) ⑦ 광도(칸델라)

39 다음 중 열량의 단위가 아닌 것은?
① 주울(J)
② 중량 킬로그램미터(kg·m)
③ 왓트시간(Wh)
④ 입방미터매초(m³/s)

해설 열량의 단위
① BTu ② CHu ③ Kcal
④ J ⑤ Wh ⑥ kg.m

40

다음 상당증발량을 구하는 식에서 i_2가 뜻하는 것은?

$$상당증발량 = \frac{G(i_2 - i_1)}{538.8} (kg/h)$$

① 증기발생량
② 급수의 엔탈피
③ 발생 증기의 엔탈피
④ 대기압 하에서 발생하는 포화증기의 엔탈피

해설 상당증발량(환산증발량) $= \dfrac{G \times (h' - h'')}{539}$

여기서, G(kg/h) : 실제증발량
h'(kcal/kg) : 발생증기엔탈피
h''(kcal/kg) : 급수엔탈피

제3과목 : 열설비구조 및 시공

41

섹션이라고 불리는 여러 개의 물집들을 연결하고 하부로 급수하여 상부로 증기 또는 온수를 방출하는 구조로 되어 있으며, 압력에 약해서 0.3 MPa 이하에서 주로 사용하는 보일러는?

① 노통연관식 보일러
② 관류 보일러
③ 수관식 보일러
④ 주철제 보일러

해설 주철제보일러 : 주물로 제작한 형식으로 내부구조를 복잡하게 하여 전열면적이 비교적 큰 저압용 보일러 3 kg/cm² 이하에서 사용, 조합방식은 전후, 좌우, 맞세움, 조합으로 섹션을 용량에 알맞게 조절사용

※ 특징
① 섹션증감으로 용량조절이 가능
② 전열면적이 크고 효율이 높다.
③ 저압이므로 파열사고시 피해가 적다.
④ 내식 내열성이 우수
⑤ 현장 반입시 조립식으로 유리
⑥ 인장 및 충격에 약하다.
⑦ 고압대용량에 부적합
⑧ 구조가 복잡하므로 내부청소 및 검사가 곤란
⑨ 열에 의한 부동팽창으로 균열이 생기기 쉽다.

40. ③ 41. ④

42 보온 시공상의 주의사항으로 틀린 것은?
① 보온재와 보온재의 틈새는 되도록 적게 한다.
② 냉·온수 수평배관의 현수밴드는 보온을 내부에서 한다.
③ 증기관 등이 벽·바닥 등을 관통할 때는 벽면에서 25 mm 이내는 보온하지 않는다.
④ 보온의 끝 단면은 사용하는 보온재 및 보온 목적에 따라 필요한 보호를 한다.

 냉, 온수 수평배관의 현수밴드는 보온을 외부에서 한다.

43 동관의 압축이음 시 동관의 끝을 나팔형으로 만드는데 사용되는 공구는?
① 사이징 툴   ② 플레어링 툴
③ 튜브 벤더   ④ 익스펜더

 동관용 공구
① 토치 램프 : 납땜, 동관접합, 벤딩 등의 작업을 하기 위해 가열용으로 사용하는 가열공구로서, 가솔린용과 석유용이 있다.
② 사이징 투울 : 동관의 끝을 정확하게 원형으로 가공하는 공구
③ 튜브 벤더 : 동관 굽힘용 공구
④ 익스펜더 : 동관의 확관용 공구
⑤ 플레어링 투울 : 동관의 압축 접합용 공구

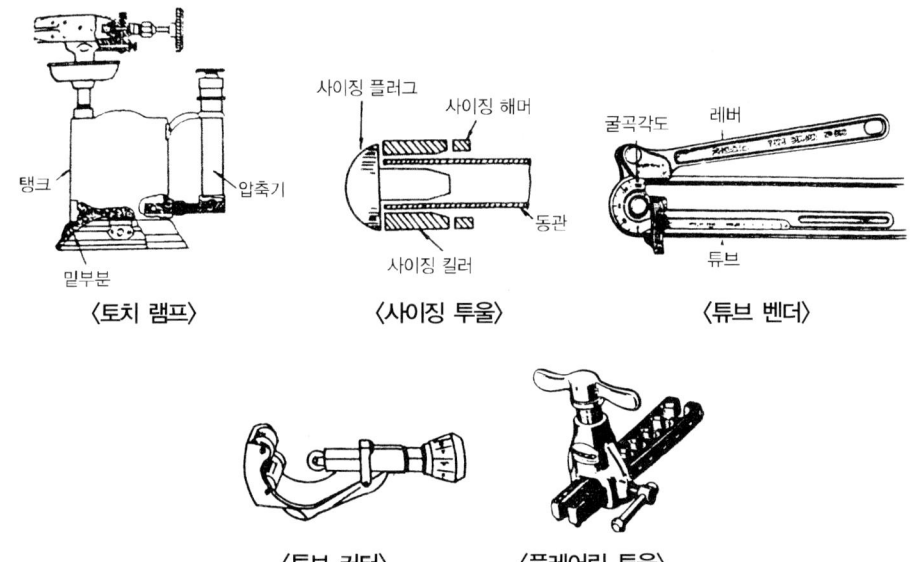

〈토치 램프〉   〈사이징 투울〉   〈튜브 벤더〉

〈튜브 커터〉   〈플레어링 투울〉

44
보온재에서 열전도율이 작아지는 요인이 아닌 것은?
① 기공이 작을수록
② 재질의 밀도가 클수록
③ 재질내의 수분이 적을수록
④ 재료의 두께가 두꺼울수록

해설 재질의 밀도가 작을수록

45
다음 중 유기질 보온재가 아닌 것은?
① 펠트
② 기포성 수지
③ 코르크
④ 암면

해설 유기질 보온재
① 폼류 : ㉠ 경질우레탄폼 ㉡ 폴리스틸렌폼 ㉢ 염화비닐폼
② 펠트류 : ㉠ 양모 ㉡ 우모
③ 텍스류 : ㉠ 톱밥 ㉡ 녹재 ㉢ 펄프
④ 코르크류 : ㉠ 탄화콜크
⑤ 기포성수지

46
열전도율 30kcal/m·h·°C, 두께 10mm인 강판의 양면 온도차가 2°C이다. 이 강판 1m²당 전열량(kcal/h)은?
① 60000
② 15000
③ 6000
④ 1500

해설 $Q = \dfrac{\lambda \cdot A \cdot \Delta t}{d} = \dfrac{30 \times 1 \times 2}{0.01} = 6000 \text{ kcal/h}$

47
보일러 노통 안에 겔로웨이관(galloway tube)을 2~4개 설치하는 이유로 가장 적합한 것은?
① 전열면적을 증대시키기 위함
② 스케일의 부착방지를 위함
③ 소형으로 제작하기 위함
④ 증기가 새는 것을 방지하기 위함

해설 겔로웨이관 설치 목적
① 전열면적증가
② 노통의 강도보강
③ 관수순환촉진

48 보일러 통풍기의 회전수(N)와 풍량(Q), 풍압(P), 동력(L)에 대한 관계식 중 틀린 것은?

① $Q_2 = P_1 \left(\dfrac{N_2}{N_1}\right)^{1/2}$ ② $Q_2 = Q_1 \left(\dfrac{N_2}{N_1}\right)$

③ $P_2 = P_1 \left(\dfrac{N_2}{N_1}\right)^2$ ④ $L_2 = L_1 \left(\dfrac{N_2}{N_1}\right)^3$

해설 풍량(Q_2) = $Q_1 \times \left(\dfrac{N_2}{N_1}\right) \times \left(\dfrac{D_2}{D_1}\right)^3$

풍압(P_2) = $P_1 \times \left(\dfrac{N_2}{N_1}\right)^2 \times \left(\dfrac{D_2}{D_1}\right)^2$

동력(kW_2) = $kW_1 \times \left(\dfrac{N_2}{N_1}\right)^3 \times \left(\dfrac{D_2}{D_1}\right)^5$

49 절탄기(economizer)에 관한 설명으로 틀린 것은?
① 보일러 드럼 내의 열응력을 경감시킨다.
② 배기가스의 폐열을 이용하여 연소용 공기를 예열하는 장치이다.
③ 보일러의 효율이 증대된다.
④ 일반적으로 연도의 입구에 설치된다.

해설 절탄기(이코노마이저) : 배기가스 여열을 이용하여 급수를 예열하는 장치

50 글로브 밸브의 디스크 형상 종류에 속하지 않는 것은?
① 스윙형 ② 반구형
③ 원뿔형 ④ 반원형

해설 체크밸브 : 유체의 역류방지
 ① 종류 : 스윙형, 리프트형

51 다음 중 관류식 보일러에 해당되는 것은?
① 슐처 보일러 ② 레플러 보일러
③ 열매체 보일러 ④ 슈미드-하트만 보일러

해설 관류보일러의 종류
 ① 슐처 ② 엣모스 ③ 벤손 ④ 람진 ⑤ 가와사키

정답 48. ① 49. ② 50. ① 51. ①

52

증기트랩의 구비 조건이 아닌 것은?

① 마찰저항이 적을 것
② 내구력이 있을 것
③ 공기를 뺄 수 있는 구조로 할 것
④ 보일러 정지와 함께 작동이 멈출 것

해설 증기트랩의 구비조건
① 동작이 확실한 것
② 내식, 내마모성이 있을 것
③ 마찰저항이 적을 것
④ 응축수를 연속적으로 배출할 수 있을 것
⑤ 공기의 배제나 정지 후 응축수빼기가 가능할 것

53

과열증기 사용 시 장점에 대한 설명으로 틀린 것은?

① 이론상의 열효율이 좋아진다.
② 고온부식이 발생하지 않는다.
③ 증기의 마찰저항이 감소된다.
④ 수격작용이 방지된다.

해설 고온부식 발생

54

패킹 재료 중 합성수지류로서 탄성은 부족하나 약품, 기름에도 침식이 적어 많이 사용되며, 내열성이 양호한 것은?

① 테프론
② 네오프렌
③ 콜크
④ 우레탄

해설 패킹 : 회전부, 접합부로 부터의 기밀을 유지하기 위하여 사용하는 것으로 일명 가스킷이라고도 한다. 패킹재의 선정은 관대 유체의 물리적 . 화학적 성질을 고려해야 한다.
① 플랜지 패킹
  ㉮ 고무 패킹
    ㉠ 탄성은 우수하나 흡수성이 없다.
    ㉡ 산이나 알칼리에는 강하나 기름에 침식된다.
    ㉢ 100[℃] 이상 고온 배관에는 사용할 수 없으며 주로 급 . 배수용이다.
    ㉣ 네오프렌의 합성고무는 내열범위가 -46~121[℃]로 증기 배관에도 사용된다.
  ㉯ 석면 조인트 시트 : 광물질의 미세한 섬유로 450[℃]의 고온배관에도 사용된다.
  ㉰ 합성수지 패킹 : 가장 우수한 것으로 테프론이 있으며 내열범위는 -260~260[℃]까지이다.
  ㉱ 오일시일 패킹 : 한지를 내유가공한 것으로 내열도가 낮아 펌프, 기어박스 등에 사용된다.
② 나사용 패킹
  ㉮ 페인트 : 광명단을 혼합사용하는 것으로 오일 배관에는 사용하지 못한다.
  ㉯ 일산화연 : 페인트에 소량의 일산화연을 혼합사용하며 냉매배관에 많이 사용된다.
  ㉰ 액상합성수지 : 내열범위가 -30~130[℃] 정도로 약품에 강하고 내유성이 강해 증기. 기름, 약품배관에 사용된다.

③ 글랜드 패킹 : 밸브의 회전부분에 기밀을 유지할 목적으로 사용된다.
　㉮ 석면각형 패킹 : 석면을 각형으로 짜서 만든 것으로 내열, 내산성이 좋아 대형 밸브 그랜드로 사용한다.
　㉯ 석면 얀 : 석면을 꼬아서 만든 것으로 소형 밸브, 수면계의 콕크 주로 소형 밸브 그랜드로 사용한다.
　㉰ 아마존 패킹 : 면포와 내열 고무 콤파운드를 가공 성형한 것으로 압축기의 그랜드용에 쓰인다.
　㉱ 모울드 패킹 : 석면, 흑연, 수지 등을 배합 성형한 것으로 밸브, 펌프 등의 그랜드용에 쓰인다.

참고　방청용 도료
① 광명단 도료 : 연단을 아마인유와 혼합한 것으로 밀착력 및 풍화에 강해 녹을 방지하기 위한 페인트 밑칠에 사용한다.
② 산화철 도료 : 산화제2철을 보일유나 아마인유에 혼합한 것으로 도막이 부드럽고 가격이 싸지만 녹방지가 완벽하지 못하다.
③ 알루미늄 도료(은분) : 알루미늄분말을 유성 바니스에 혼합한 것으로 열을 잘 반사하여 방열기에 사용한다. 400~500[℃]의 내열성을 가지며 방청효과가 매우 좋다.

55
다음 중 내화 점토질 벽돌에 속하지 않는 것은?
① 납석질 벽돌　　② 샤모트질 벽돌
③ 고알루미나 벽돌　④ 반규석질 벽돌

 내화점토질 벽돌
① 샤모트질　② 납석질　③ 반규석질

56
다음 중 노재가 갖추어야 할 조건이 아닌 것은?
① 사용 온도에서 연화 및 변형이 되지 않을 것
② 팽창 및 수축이 잘 될 것
③ 온도급변에 의한 파손이 적을 것
④ 사용목적에 따른 열전도율을 가질 것

 팽창 및 수축이 적을 것

57
증기보일러에는 원칙적으로 2개 이상의 안전밸브를 설치하여야 하지만, 1개를 설치할 수 있는 최대 전열면적 기준은?
① 10 m² 이하　　② 30 m² 이하
③ 50 m² 이하　　④ 100 m² 이하

58 노통보일러의 특징에 관한 설명으로 틀린 것은?
① 구조가 간단하고 제작이 쉽다.
② 급수처리가 비교적 복잡하다.
③ 전열면적이 다른 형식에 비해 적어 효율이 낮다.
④ 수부가 커서 부하변동에 영향을 적게 받는다.

해설 급수처리가 비교적 간단하다.

59 직경 500 mm, 압력 12 kg/cm²의 내압을 받는 보일러 강판의 최소두께는 몇 mm로 하여야 하는가? (단, 강판의 인장응력은 30 kg/mm², 안전율은 4.5이고, 이음효율은 0.58로 가정하며 부식여유는 1 mm이다.)
① 8.8 mm   ② 7.8 mm   ③ 7.0 mm   ④ 6.3 mm

해설 두께$(t) = \dfrac{PD}{200SE - 1.2P} + C = \dfrac{12 \times 500}{200 \times \left(\dfrac{30}{4.5}\right) \times 0.58 - 1.2 \times 12} + 1$

$= 8.9$ mm

60 원심펌프의 소요동력이 15 kW이고, 양수량이 4.5 m³/min일 때, 이 펌프의 전양정은? (단, 펌프의 효율은 70%이며, 유체의 비중량은 1000 kg/m³이다.)
① 10.5 m   ② 14.28 m   ③ 20.4 m   ④ 28.56 m

해설 $kW = \dfrac{r \times Q \times H}{102 \times E \times 60}$

∴ $H = \dfrac{kW \times 102 \times E \times 60}{r \times Q} = \dfrac{15 \times 102 \times 0.7 \times 60}{1000 \times 4.5} = 14.28$ m

제4과목 : 열설비 취급 및 안전관리

61 에너지이용 합리화법에 의한 검사대상기기의 개조검사 대상이 아닌 것은?
① 보일러 섹션의 증감에 의하여 용량을 변경하는 경우
② 증기보일러를 온수보일러로 개조하는 경우
③ 연료 또는 연소방법을 변경하는 경우
④ 보일러의 증설 또는 개체하는 경우

해설 검사대상기기의 개조검사
① 증기보일러를 온수보일러로 개조하는 경우
② 연료 또는 연소방법의 변경하는 경우
③ 보일러 섹션증감에 의하여 용량을 변경하는 경우
④ 철금속 가열로서 산업통상부장관이 정하여 고시하는 경우의 수리

62 에너지이용 합리화법상 특정열사용기자재 중 요업요로에 해당하는 것은?
① 용선로
② 금속소둔로
③ 철금속가열로
④ 회전가마

해설 특정열사용기자재
① 보일러 : ㉠ 강철제보일러 ㉡ 주철제보일러 ㉢ 온수보일러 ㉣ 구멍탄용온수보일러 ㉤ 축열식전기보일러
② 압력용기 : ㉠ 1종압력용기 ㉡ 2종압력용기
③ 요업요로 : ㉠ 회전가마 ㉡ 터널가마 ㉢ 셔틀가마 ㉣ 연속식 유리용융가마 ㉤ 유리용융도가니가마
④ 금속요로 : ㉠ 용선로 ㉡ 비철금속용융로 ㉢ 철금속가열로 ㉣ 금속균열로 ㉤ 금속소둔로

63 다음은 보일러 수압시험 압력에 관한 설명이다. ㉠~㉣에 해당하는 숫자로 알맞은 것은?

[보기]
강철제 보일러의 수압시험은 최고사용압력이 (㉠) 이하일 때는 그 최고사용압력의 (㉡)배의 압력으로 한다. 다만, 그 시험압력이 (㉢) 미만인 경우에는 (㉣)로 한다.

	㉠	㉡	㉢	㉣
①	4.3 MPa	1.5	0.2 MPa	0.2 MPa
②	4.3 MPa	2	2 MPa	2 MPa
③	0.43 MPa	2	0.2 MPa	0.2 MPa
④	0.43 MPa	1.5	0.2 MPa	2 MPa

해설 강철제보일러의 수압시험압력
① 최고 사용압력이 0.43 MPa 이하 : $P \times 2$배
② 최고 사용압력이 0.43~1.5MPa 이하 : $P \times 1.3+0.3$
③ 최고 사용압력이 1.5MPa 초과 : $P \times 1.5$배

64 보일러를 2~3개월 이상 장기간 휴지하는 경우 가장 적합한 보존방법은?
① 건식보존법
② 습식보존법
③ 단기만수보존법
④ 장기만수보존법

해설
- 건조 보존법(장기보존법) : 6개월 이상
- 흡습제 : CaO, SiO$_2$, CaCl$_2$, Al$_2$O$_3$
- 만수보존법(단기보존법) : 2~3개월
- 첨가제 : 가성소다, 아황산소다, 탄산소다

65
보일러 급수처리법 중 내처리 방법은?
① 여과법   ② 폭기법
③ 이온교환법   ④ 청관제의 사용

해설 관외처리
① 용존산소제거법 : ㉠ 탈기법 : CO$_2$, O$_2$ 가스제거
　　　　　　　　　 ㉡ 기폭법 : Fe, Mn 제거
② 현탁고형물제거법(불순물제거법) : ㉠ 침전법(침강법) ㉡ 여과법 ㉢ 응집법
③ 용해 고형물 제거법 : ㉠ 이온교환법 ㉡ 약제법 ㉢ 증류법

66
주형방열기에 온수를 흐르게 할 경우, 상당방열면적(EDR)당 발생되는 표준방열량 (kW/m^2)은?
① 0.332   ② 0.523
③ 0.755   ④ 0.899

해설 표준방열량
① 온수난방 : 450 kcal/m^{2}h
② 증기난방 : 650 kcal/m^{2}h
∴ 1 kWh = 860 kcal/h
　　x = 450 kcal/h
$$x = \frac{1\,\text{kWh} \times 450\,\text{kcal/h}}{860\,\text{kcal/h}} = 0.523\,\text{kW/m}^2(\text{증기})$$

67
보일러 내의 스케일 발생방지 대책으로 틀린 것은?
① 보일러 수에 약품을 넣어 스케일 성분이 고착되지 않게 한다.
② 기수분리기를 설치하여 경도 성분을 제거한다.
③ 보일러수의 농축을 막기 위하여 관수분출 작업을 적절히 한다.
④ 급수 중의 염류 등 스케일 생성 성분을 제거한다.

해설 기수분리기 : 증기중의 수분을 제거하여 건조증기를 얻기 위한 장치
종류 : ㉠ 싸이클론식   ㉡ 스크러버식
　　　 ㉢ 건조스크린식 ㉣ 배플식

65. ④　66. ②　67. ②

68 에너지이용 합리화법에 따라 특정열사용기자재의 안전관리를 위해 산업통상자원부장관이 실시하는 교육의 대상자가 아닌 자는?
① 에너지관리자
② 시공업의 기술인력
③ 검사대상기기 조종자
④ 효율관리기자재 제조자

69 에너지이용 합리화법에 따라 에너지이용 합리화 기본계획 사항에 포함되지 않는 것은?
① 에너지 소비형 산업구조로의 전환
② 에너지원간 대체(代替)
③ 열사용기자재의 안전관리
④ 에너지의 합리적인 이용을 통한 온실가스의 배출을 줄이기 위한 대책

해설 에너지이용 합리화 기본계획
　① 에너지 절약형 경제구조로의 전환　② 에너지 이용효율의 증대
　③ 에너지 이용 합리화를 위한 기술개발　④ 에너지 이용 합리화를 위한 홍보 및 교육
　⑤ 열사용 기자재의 안전관리　⑥ 에너지원간의 대체
　⑦ 에너지의 합리적인 이용을 통한 온실가스의 배출을 줄이기 위한 대책
　⑧ 에너지 이용 합리화를 위한 가격예시제의 시험에 관한 사항

70 보일러 관수의 분출 작업 목적이 아닌 것은?
① 스케일 부착 방지
② 저수위 운전 방지
③ 포밍, 프라이밍 현상을 방지
④ 슬러지 취출

해설 분출 목적
　① 관수농축방지
　② 관수 pH 조절
　③ 부식방지
　④ 프라이밍, 포밍발생방지
　⑤ 슬러지, 스케일 생성방지

71 보일러 운전 정지 시 주의사항으로 틀린 것은?
① 작업종료 시까지 증기의 필요량을 남긴 채 운전을 정지한다.
② 벽돌 쌓은 부분이 많은 보일러는 압력 상승 방지를 위해 급히 증기밸브를 닫는다.
③ 보일러의 압력을 급히 내리거나 벽돌 등을 급냉시키지 않는다.
④ 보일러 수는 정상수위보다 약간 높게 급수하고, 급수 후 증기밸브를 닫고, 증기관의 드레인 밸브를 열어 놓는다.

정답 68. ④　69. ①　70. ②　71. ②

72

에너지이용 합리화법에 따라 에너지다소비사업자가 매년 1월 31일까지 신고해야 할 사항이 아닌 것은?

① 전년도의 수지계산서
② 전년도의 분기별 에너지이용 합리화 실적
③ 해당 연도의 분기별 에너지사용 예정량
④ 에너지사용기자재의 현황

해설 에너지다소비업자가 매년 1월 31일까지 신고해야 할 사항
① 전년도의 에너지사용량, 제품생산량
② 전년도의 에너지이용 합리화 실적 및 해당연도의 계획
③ 에너지 사용 기자재의 현황
④ 에너지관리자의 현황
⑤ 당해연도의 에너지사용예정량, 제품생산예정량

73

중유를 A급, B급, C급의 3종류로 나눌 때, 이것을 분류하는 기준은 무엇인가?

① 점도에 따라 분류
② 비중에 따라 분류
③ 발열량에 따라 분류
④ 황의 함유율에 따라 분류

74

에너지이용 합리화법에 따라 검사에 합격되지 아니 한 검사대상기기를 사용한 자에 대한 벌칙 기준은?

① 2년 이하의 징역 또는 2천만원 이하의 벌금
② 1년 이하의 징역 또는 1천만원 이하의 벌금
③ 3천만원 이하의 벌금
④ 5백만원 이하의 벌금

해설 벌칙
① 2년 이하의 징역 또는 2천만원 이하의 벌금
  ㉠ 에너지저장시설의 보유 또는 저장의무의 부과시 이유 없이 이를 거부하거나 이행하지 아니한 자
  ㉡ 에너지수급의 안정을 기하기 위한 조정·명령 등의 조치를 위반한 자
  ㉢ 공단의 임직원으로 근무하거나 근무하였던 사람이 직무상 알게 된 비밀을 누설하거나 도용한 자
② 1년 이하의 징역 또는 1천만원이하의 벌금
  ㉠ 검사대상기기의 검사를 받지 아니한 자
  ㉡ 검사에 합격되지 아니한 검사대상기기를 사용한 자
③ 2천만원 이하의 벌금
  ㉠ 효율 관리 기자재의 생산 또는 판매금지 명령에 위반한 자
④ 1천만원 이하의 벌금
  ㉠ 검사대상기기조종자를 선임하지 아니한 자   *[법규 변경] 조종자 → 관리자

72. ①   73. ①   74. ②

75 다음 중 원수로부터 탄산가스나 철, 망간 등을 제거하기 위한 수처리 방식은?
① 탈기법　　　　　　　② 기폭법
③ 응집법　　　　　　　④ 이온교환법

해설 용존산소제거법
　　·탈기법 : CO_2, O_2 가스체 제거
　　·기폭법 : CO_2, Fe, Mn 제거

76 진공환수식 증기 난방법에서 방열기 밸브로 사용하는 것은?
① 콕 밸브　　　　　　　② 팩리스 밸브
③ 바이패스 밸브　　　　④ 솔레노이드 밸브

77 다음 중 보일러를 점화하기 전에 역화와 폭발을 방지하기 위하여 가장 먼저 취해야 할 조치는?
① 포스트 퍼지를 실시한다.
② 화력의 상승속도를 빠르게 한다.
③ 댐퍼를 열고 체류가스를 배출시키다.
④ 연료의 점화가 신속하게 이루어지도록 한다.

해설 프리퍼지 : 점화전 댐퍼를 열고 연소실, 연도 내의 미연소가스를 송풍기를 이용 내보내는 것

78 연소 조절 시 주의사항에 관한 설명으로 틀린 것은?
① 보일러를 무리하게 가동하지 않아야 한다.
② 연소량을 급격하게 증감하지 말아야 한다.
③ 불필요한 공기의 연소실내 침입을 방지하고, 연소실 내를 저온으로 유지한다.
④ 연소량을 증가시킬 경우에는 먼저 통풍량을 증가시킨 후에 연료량을 증가시킨다.

해설 연소실내를 고온으로 유지한다.

정답 75. ②　76. ②　77. ③　78. ③

79 다음 [조건]과 같은 사무실의 난방부하(kW)는?

[조건]
- 바닥 및 천정 난방면적 : 48m²
- 실내온도 : 18℃
- 방위에 따른 부가 계수 : 1.1
- 벽체의 열관류율 : 5 kcal/m²·h·℃
- 외기온도 : 영하 5℃
- 벽체의 전면적 : 70 m²

① 24 ② 20 ③ 18 ④ 13

해설 난방부하 $= KA\Delta t$
$= 5 \times (48 + 70 + 48) \times (18 - (-5)) \times 1.1$
$= 20999 \text{kcal/h}$

1kW=860kcal/h
$x = 20999 \text{ kcal/h}$
$x = \dfrac{1\,\text{kW} \times 20999\,\text{kcal/h}}{800\,\text{kcal/h}} = 24.41\text{kW}$

80 보일러 사용이 끝난 후 다음 사용을 위하여 조치해야 할 주의사항으로 틀린 것은?
① 석탄연료의 경우 재를 꺼내고 청소한다.
② 자동 보일러의 경우 스위치를 전부 정상 위치에 둔다.
③ 예열용 기름을 노 내에 약간 넣어둔다.
④ 유류 사용 보일러의 경우 연료계통의 스톱밸브를 닫고 버너를 청소하고 노 내에 기름이 들어가지 않도록 한다.

해설 예열용 기름을 노내에 넣어두면 역화가 일어난다.

79. ①   80. ③

2018년 제1회 에너지관리산업기사 출제문제

제1과목 : 열역학 및 연소관리

01 온도-엔트로피(T-S)선도 상에서 상태변화를 표시하는 곡선과 S축(엔트로피 축) 사이의 면적은 무엇을 나타내는가?
① 일량 ② 열량 ③ 압력 ④ 비체적

해설 온도-엔트로피(T-S)선도 : 증기가 상태변화를 하는 동안 주고 받은 열량을 면적으로 나타낸다.

02 보일러의 연료로 사용되는 LNG의 일반적인 특징에 대한 설명으로 틀린 것은?
① 메탄을 주성분으로 한다.
② 유독성 물질이 적다.
③ 비중이 공기보다 가벼워서 누출되어도 가스폭발의 위험이 적다.
④ 연소범위가 넓어서 특별한 연소기구가 필요치 않다.

해설 LNG의 일반적인 특징
① 연소범위 5~15%로 좁다. ② 연소기구가 필요하다.
③ 유독성물질이 적다. ④ 주성분은 메탄이다.
⑤ 비중이 공기보다 가볍다. ⑥ 누출시 가스폭발의 위험이 있다.

03 고체 및 액체연료의 이론산소량(Nm³/kg)에 대한 식을 바르게 표기한 것은? (단, C는 탄소, H는 수소, O는 산소, S는 황이다.)
① 1.87C + 5.6(H − O/8) + 0.7S
② 2.67C + 8(H − O/8) + S
③ 8.89C + 26.7H − 3.33(O − S)
④ 11.49C + 34.5H − 4.31(O − S)

해설 체적당이론산소량(O_0)Nm³/kg = $1.867C + 5.6\left(H - \dfrac{O}{8}\right) + 0.7S$

체적당이론공기량(A_0)Nm³/kg = $8.89C + 26.67\left(H - \dfrac{O}{8}\right) + 3.33S$

정답 1. ② 2. ④ 3. ①

04. 고위발열량과 저위발열량의 차이는 무엇인가?
① 연료의 증발잠열
② 연료의 비열
③ 수분의 증발잠열
④ 수분의 비열

해설 h_ℓ(저위발열량)= H_h(고위발열량)$-600(9H+w)$
∴ 수증기의 증발잠열= $H_h + H_\ell$

05. 압력 90 kPa에서 공기 1 L의 질량이 1 g이었다면 이 때의 온도(K)는? (단, 기체상수 (R)은 0.287 kJ/kg·K이며, 공기는 이상기체이다.)
① 273.7
② 313.5
③ 430.2
④ 446.3

해설 $PV = GRT$ $T = \dfrac{PV}{GR} = \dfrac{90 \times 0.001}{0.001 \times 0.287} = 313.59\,K$

06. 가연성가스 용기와 도색 색상의 연결이 틀린 것은?
① 아세틸렌 – 황색
② 액화염소 – 갈색
③ 수소 – 주황색
④ 액화암모니아 – 회색

해설 공업용기 도색

청탄산 산녹에서 황아체 안주삼아 수주잔 높이들고 백암산 바라보니
　　①　　②　　　③　　　　　　　　④　　　　⑤
염소는 갈색으로 보이고 쥐들은 기타를 치더라
　　⑥　　　　　　　　　　　⑦

① 탄산가스 : 청색
② 산소 : 녹색
③ 아세틸렌 : 황색
④ 수소 : 주황
⑤ 암모니아 : 백색
⑥ 염소 : 갈색
⑦ 기타 : 쥐색(회색) : 아르곤, 프로판

07. 연소설비 내에 연소 생성물(CO_2, N_2, H_2O 등)의 농도가 높아지면 연소 속도는 어떻게 되는가?
① 연소 속도와 관계가 없다.
② 연소 속도가 저하된다.
③ 연소 속도가 빨라진다.
④ 초기에는 느려지나 나중에는 빨라진다.

4. ③　5. ②　6. ④　7. ②

08 보일의 법칙에 따라 가스의 상태변화에 대해 일정한 온도에서 압력을 상승시키면 체적은 어떻게 변화하는가?
① 압력에 비례하여 증가한다. ② 변화 없다.
③ 압력에 반비례하여 감소한다. ④ 압력의 자승에 비례하여 증가한다.

해설 · 보일의 법칙(T=일정)
$$P_1 V_1 = P_2 V_2$$
$$\therefore V_2 = \frac{P_1 \times V_1}{P_2}$$
∴ 온도가 일정할 때 기체의 체적은(V_2) 압력(P_2)에 반비례한다.

· 샬의 법칙(P=일정)
$$\frac{V_1}{T_1} = \frac{V_2}{T_2} \quad \therefore V_2 = \frac{V_1 \times T_2}{T_1}$$
∴ 압력이 일정할 때 기체의 체적은 절대온도(T_2)에 비례한다.

· 보일-샬의 법칙
$$\frac{P_1 V_1}{T_1} = \frac{P_2 V_2}{T_2} \quad \therefore V_2 = \frac{P_1 \times V_1 \times T_2}{P_2 \times T_1}$$
∴ 기체의 체적은 압력에 반비례하고 절대온도에 비례한다.

09 중유의 비중이 크면 탄화수소비(C/H 비)가 커지는데 이 때 발열량은 어떻게 되는가?
① 커진다. ② 관계없다.
③ 작아진다. ④ 불규칙하게 변한다.

해설 발열량(고위) : $\frac{C}{H}$ 비가 크면 작아진다.
① 중유 : 10000~10800
② 경유 : 10500~11000
③ 등유 : 10800~11200
④ 가솔린 : 11000~11300

10 외부로부터 열을 받지도 않고 외부로 열을 방출하지도 않는 상태에서 가스를 압축 또는 팽창시켰을 때의 변화를 무엇이라고 하는가?
① 정압변화 ② 정적변화
③ 단열변화 ④ 폴리트로픽변화

해설 단열변화 : 외부로부터 열을 받지 않고 외부로 열을 방출하지도 않는 상태에서 가스를 압축 또는 팽창시켰을 때의 변화

11 중유의 종류 중 저점도로서 예열을 하지 않고도 송유나 무화가 가장 양호한 것은?

① A급 중유 ② B급 중유 ③ C급 중유 ④ D급 중유

해설 중유의 종류
① A급 중유 : 예열하지 않음
② B, C급 중유 : 예열함

12 체적 300 L의 탱크 안에 350°C의 습포화 증기가 60 kg이 들어있다. 건조도(%)는 얼마인가? (단, 350°C 포화수 및 포화증기의 비체적은 각각 0.0017468 m³/kg, 0.008811 m³/kg이다.)

① 32 ② 46 ③ 54 ④ 68

해설 현재의 습증기 비체적
① $V = \dfrac{V}{G} = \dfrac{0.3}{60} = 0.05 \, \text{m}^3/\text{kg}$
② 증기의 건조도 계산
$V = v' + x(v'' - v')$ 에서 $x = \dfrac{V - v'}{v'' - v'} = \dfrac{0.005 - 0.0017468}{0.008811 - 0.0017468} \times 100 = 46.05\%$

13 재생 가스터빈 사이클에 대한 설명으로 틀린 것은?

① 가스터빈 사이클에 재생기를 사용하여 압축기 출구온도를 상승시킨 사이클이다.
② 효율은 사이클 내 최대 온도에 대한 최저 온도의 비와 압력비의 함수이다.
③ 효율과 일량은 압력비가 최대일 때 최대치가 나타난다.
④ 사이클 효율은 압력비가 증가함에 따라 감소한다.

해설 재생가스터빈사이클
① 사이클 효율은 압력비가 증가함에 따라 감소한다.
② 효율은 사이클내 최대온도에 대한 최저온도의 비와 압력비의 함수이다.
③ 가스터빈 사이클에 재생기를 사용하여 압축기 출구온도를 상승시킨 사이클이다.

14 연료의 원소분석법 중 탄소의 분석법은?

① 에쉬카법 ② 리비히법 ③ 켈달법 ④ 보턴법

해설 연료의 원소분석법
① 탄소, 수소 : 리비히법, 세필드법
② 전황분 : 연소용량법, 산소봄브법, 에쉬카법
③ 질소 : 켈달법

11. ① 12. ② 13. ③ 14. ②

15 액체연료를 분석한 결과 그 성분이 다음과 같았다. 이 연료의 연소에 필요한 이론 공기량(Nm^3/kg)은? [탄소: 80%, 수소: 15%, 산소: 5%]

① 10.9   ② 12.3   ③ 13.3   ④ 14.3

해설 이론공기량(A_0) = $8.89C + 26.67\left(H - \dfrac{O}{8}\right) + 3.33S$

= $8.89 \times 0.8 + 26.67\left(0.15 - \dfrac{0.05}{8}\right) + 3.33 \times 0 = 10.9 \, Nm^3/kg$

16 고열원 온도 800 K, 저열원 온도 300 K인 두 열원 사이에서 작동하는 이상적인 카르노 사이클이 있다. 고열원에서 사이클에 가해지는 열량이 120 kJ이라면, 사이클의 일(kJ)은 얼마인가?

① 60   ② 75   ③ 85   ④ 120

해설 $Q = \dfrac{T_1}{T_1 - T_2} = \dfrac{800}{800 - 300} = 1.6$

∴ $\dfrac{120 \, kJ}{1.6} = 75$

17 증기의 압력이 높아졌을 때 나타나는 현상으로 틀린 것은?

① 현열이 증대한다.   ② 습증기발생이 높아진다.
③ 포화온도가 높아진다.   ④ 증발잠열이 증대한다.

해설 증기압이 높아졌을 때 나타나는 현상
① 증발잠열이 감소한다.   ② 포화온도가 높아진다.
③ 습증기발생이 높아진다.   ④ 현열이 증대한다.

18 같은 온도 범위에서 작동되는 다음 사이클 중 가장 효율이 높은 사이클은?

① 랭킨 사이클   ② 디젤 사이클
③ 카르노 사이클   ④ 브레이튼 사이클

19 다음 중 1기압 상온상태에서 이상기체로 취급하기에 가장 부적당한 것은?

① N_2 ② He   ③ 공기   ④ H_2O

해설 H_2O(물) : 액체

20 과열증기에 대한 설명으로 옳은 것은?

① 건조도가 1인 상태의 증기
② 주어진 온도에서 증발이 일어났을 때의 증기
③ 온도는 일정하고 압력만이 증가된 상태의 증기
④ 압력이 일정할 때 온도가 포화온도 이상으로 증가된 상태의 증기

해설 과열증기 : 압력이 일정할 때 온도가 포화온도 이상으로 증가된 상태의 증기

제2과목 : 계측 및 에너지 진단

21 보일러 열정산에서 입열항목에 해당하는 것은?

① 연소잔재물이 갖고 있는 열량   ② 발생증기의 흡수열량
③ 연소용 공기의 열량   ④ 배기가스의 열량

해설 입열항목
  ① 연료의 연소열   ② 연료의 현열
  ③ 급수의 현열   ④ 노내분입증기보유열
  ⑤ 공기의 현열

참고 출열항목
  ① 배기가스 손실열   ② 불완전연소에 의한 손실열
  ③ 미연분에 의한 손실열   ④ 방산에 의한 손실열
  ⑤ 발생증기 보유열

22 다음 전기식 조절기에 대한 설명으로 옳지 않은 것은?

① 배관을 설치하기 힘들다.
② 신호의 전달 지연이 거의 없다.
③ 계기를 움직이는 곳에 배선을 한다.
④ 신호의 취급 및 변수 간의 계산이 용이하나.

해설 신호전달방식 특징
  ① 공기압식
    ㉠ 배관보존이 용이하고 보존이 쉽다.   ㉡ 신호전달거리가 100~150 m
    ㉢ 희망특성을 살리기 어렵다.   ㉣ 신호전달의 지연이 된다.
    ㉤ 온도제어 등에 적합하고 위험이 적다. ㉥ 사용조작 압력은 0.2~1 kg/cm²이다.
  ② 유압식
    ㉠ 인화의 위험성이 많다.

20. ④ 21. ③ 22. ①

         ㉡ 신호전달거리가 300 m이다.
         ㉢ 높은 유압이 필요하다.
         ㉣ 사용유압은 0.2~1 kg/cm²이다.
      ③ 전기식
         ㉠ 신호전달의 지연이 없고 배선이 용이하다.
         ㉡ 대규모 조작력이 필요한 경우에 사용된다.
         ㉢ 높은 기술을 요하며 가격이 비싸다.
         ㉣ 신호전달거리 300~10000m이다.

23. 보일러 열정산 시 보일러 최종 출구에서 측정하는 값은?

① 급수온도 　　　　　② 예열공기온도
③ 배기가스온도 　　　④ 과열증기온도

해설 배기가스온도측정 : 전열면 최종출구

24. 다음의 연소가스 측정방법 중 선택성이 가장 우수한 것은?

① 열전도율식 　　　　② 연소열식
③ 밀도식 　　　　　　④ 자기식

해설 연소가스측정방법 중 선택성이 가장 우수 : 자기식

25. 다음 중 측정제어 방식이 아닌 것은?

① 캐스케이드 제어 　　② 프로그램 제어
③ 시퀀스 제어 　　　　④ 비율 제어

해설 측정제어방식
① 추치제어 : 목표값이 변화되는 것으로 목표값을 측정하면서 제어목표량을 목표값에 맞추는 제어방식
　㉠ 추종제어 : 목표값이 시간에 따라 임의로 변화되는 값
　㉡ 캐스케이드제어 : 1차제어장치가 제어명령을 발하고 2차제어장치가 이 명령을 바탕으로 제어량 조절
　㉢ 프로그램제어 : 목표값이 시간에 따라 미리 결정된 일정한 제어
　㉣ 비율제어 : 2개 이상의 제어값의 값이 정해진 비율을 보유하여 제어

26. 압력을 나타내는 단위가 아닌 것은?

① N/m² 　　② bar 　　③ Pa 　　④ N·s/m²

압력의 단위
① bar ② Pa ③ N/m² ④ MPa ⑤ mmH₂O
⑥ cmH₂O ⑦ kPa ⑧ inHg ⑨ kg/cm² ⑩ atm 등

27

열전대온도계가 갖추어야 할 특성으로 옳은 것은?

① 열기전력과 전기저항은 작고 열전도율은 커야 한다.
② 열기전력과 전기저항이 크고 열전도율은 작아야 한다.
③ 전기저항과 열전도율은 작고 열기전력은 커야 한다.
④ 전기저항과 열전도율은 크고 열기전력은 작아야 한다.

 열전대온도계 : 두 개의 서로 다른 금속선을 양단에 연결하여 폐회로를 구성하여 양단접점에 온도차를 주어 열기전력이 발생하는 제백효과를 이용

① 열전대의 구비조건
  ㉠ 기전력이 크고 온도변화에 따라 연속 상승할 것
  ㉡ 장시간 사용해도 기전력이 안정될 것
  ㉢ 외부의 온도변화에 신속하게 반응할 것
  ㉣ 내열성 가스의 기밀유지 및 내식성이 클 것

② 보상도선
  ㉠ 일반용 : 105°C   ㉡ 내열용 : 200°C

③ 종류
  ㉠ 백금-백금로듐
    ⓐ 사용온도범위 0~1600°C   ⓑ 산화성분위기에 강하다
    ⓒ 금속증기에 침식되기 쉽다
  ㉡ 크로멜-알루멜
    ⓐ 사용온도범위 0~1200°C   ⓑ 산화성분위기에 노화가 빠르다.
  ㉢ 철-콘스탄탄
    ⓐ 사용온도범위 –20~800°C   ⓑ 환원성분위기에 가장 강하다
  ㉣ 동-콘스탄탄
    ⓐ 사용온도범위 –200~350°C   ⓑ 저온측정용
    ⓒ 수분에 의한 내식성이 강하다

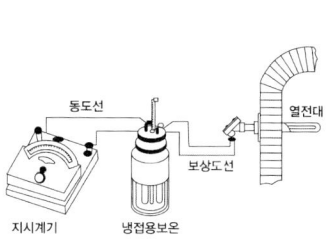

[열전대 온도계]

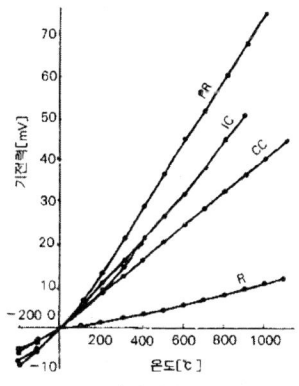

〈열기전력 특성의 곡선〉

27. ③

28

다음 계측기의 구비조건으로 적절하지 않은 것은?

① 취급과 보수가 용이해야 한다.
② 견고하고 신뢰성이 높아야 한다.
③ 설치되는 장소의 주위 조건에 대하여 내구성이 있어야 한다.
④ 구조가 복잡하고, 전문가가 아니면 취급할 수 없어야 한다.

해설 구조가 간단하고 취급이 쉬워야 한다.

29

화씨온도 68°F는 섭씨온도로 몇 °C인가?

① 15   ② 20   ③ 36   ④ 68

해설 $°C = \frac{5}{9}(°F - 32) = \frac{5}{9}(68 - 32) = 20°C$

$°F = \frac{9}{5} \times °C + 32$

$K = °C + 273$

$°R = °F + 460$

30

다음 국제단위계(SI)에서 사용되는 접두어 중 가장 작은 값은?

① n   ② p   ③ d   ④ μ

해설 국제단위계의 접두어 : 국가표준기본법 시행령 제10조

인자	접두어	기호	인자	접두어	기호
10^1	데카	da	10^{-1}	데시	d
10^2	헥토	h	10^{-2}	센티	c
10^3	킬로	k	10^{-3}	밀리	m
10^6	메가	M	10^{-6}	마이크로	μ
10^9	기가	G	10^{-9}	나노	n
10^{12}	테라	T	10^{-12}	피코	p

31

보일러내의 포화수 상태에서 습증기 상태로 가열하는 경우 압력과 온도 변화로 옳은 것은?

① 압력증가, 온도일정
② 압력일정, 온도감소
③ 압력일정, 온도증가
④ 압력일정, 온도일정

해설 습증기 상태로 가열하는 경우 압력과 온도변화 : 압력일정, 온도일정

32 다음 중 접촉식 온도계가 아닌 것은?
① 유리 온도계
② 방사 온도계
③ 열전 온도계
④ 바이메탈 온도계

해설 비접촉식 온도계
① 광고온도계   ② 방사온도계   ③ 광전관식온도계   ④ 색온도계

33 보일러 자동제어인 연소제어(A.C.C)에서 조작량에 해당되지 않는 것은?
① 연소가스량
② 연료량
③ 공기량
④ 전열량

해설 제어량과 조작량의 관계

제어	제어량	조작량
S.T.C	과열증기온도	전열량
F.W.C	보일러수위	급수량
A.C.C	증기압력계제어	연료량, 공기량
	노내압력계제어	연소가스량, 송풍량

34 다음 열전대 종류 중 사용온도가 가장 높은 것은?
① K형 : 크로멜-알루멜
② R형 : 백금-백금·로듐
③ J형 : 철-콘스탄탄
④ T형 : 구리-콘스탄탄

해설 문제 27번 참조

35 다음 액면계의 종류 중 보일러 드럼의 수위 경보용에 주로 사용되며, 액면에 부자를 띄워 그것이 상하로 움직이는 위치에 따라 액면을 측정하는 방식은?
① 플로트식
② 차압식
③ 초음파식
④ 정전용량식

해설 ·부자식 액면계 : 보일러 드럼의 수위 경보용에 주로 사용되며 액면에 부자를 띄워 그것이 상하로 움직이는 위치에 따라 액면 측정

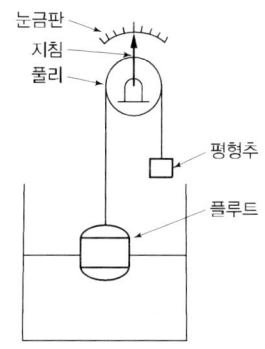

- **차압식 액면계**
  ㉠ 액체의 높이 압력과 측정계기 압력과의 압력차에 의한 액면을 이용 측정
  ㉡ 고압밀폐 탱크에 적합

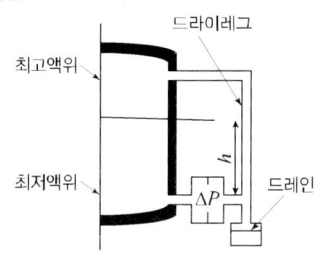

- **기포식액면계**
  ㉠ 기포관을 액체탱크 밑바닥에 파이프를 연결하여 일정량의 기포로부터 압축공기를 적당한 유량으로 보내어 선단으로부터 기포를 방출시키면 기포관의 배압은 액의 정압과 같아지는데 기포관의 배압을 측정 간접적으로 액면을 측정
  ㉡ 고온의 액체, 부식성액체, 고형물을 혼입하는 액체 등에 사용

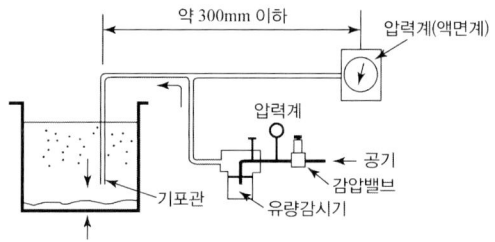

36 발열량이 40000 kJ/kg인 중유 40 kg을 연소해서 실제로 보일러에 흡수된 열량이 1400000 kJ일 때 이 보일러의 효율은 몇 %인가?

① 84.6 ② 87.5
③ 89.3 ④ 92.4

해설 보일러 효율 $= \dfrac{손실열량}{Gf \times He} \times 100 = \dfrac{1400000}{40 \times 40000} \times 100 = 87.5\%$

37

다음 중 탄성식 압력계의 종류가 아닌 것은?

① 부르동관식 압력계　　② 다이어프램식 압력계
③ 환상천평식 압력계　　④ 벨로스식 압력계

해설 탄성식 압력계의 종류
① 브르돈관 압력계
　㉠ 2차압력계의 대표적
　㉡ 브르돈관 재질
　　ⓐ 저압 : 황동, 청동, 인청동
　　ⓑ 고압 : 니켈강, 특수강
　㉢ 암모니아, 아세틸렌용 압력계 : 동 및 동 합금사용금지
　㉣ 상용압력의 1.5배 이상 2배 이하의 눈금이 있는 것 사용
　㉤ 산소압력계는 "금유"라는 표기가 있는 전용의 것 사용

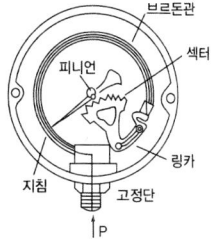
〈브르돈관식 압력계〉

② 다이어프램 압력계(격막식 압력계)
　㉠ 미소압력 측정　　㉡ 부식성 유체 측정
　㉢ 온도의 영향을 받기 쉽다.　　㉣ 측정의 응답속도가 빠르다.
　㉤ 이상압력으로 파손되어도 위험성이 적다.　㉥ 재질: 고무, 테프론, 양은, 스텐레스
③ 벨로우즈압력계
　㉠ 신축에 의한 압력을 이용한다.
　㉡ 유체내의 먼지 등의 영향이 적고 압력 변동에 적응하기 어렵다.

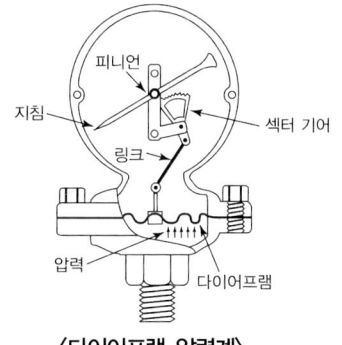
〈다이어프램 압력계〉

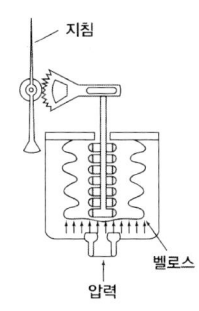
〈벨로스 압력계〉

38

액주식 압력계에서 사용되는 액체의 구비조건 중 틀린 것은?

① 항상 액면은 수평을 만들 것
② 온도 변화에 의한 밀도 변화가 클 것
③ 점도, 팽창계수가 적을 것
④ 모세관 현상이 적을 것

해설 온도 변화에 의한 밀도변화가 적을 것

37. ③　38. ②

39 링밸런스식 압력계에 대한 설명 중 옳은 것은?
① 압력원에 가깝도록 계기를 설치한다.
② 부식성 가스나 습기가 많은 곳에서는 다른 압력계보다 정도가 높다.
③ 도압관은 될 수 있는 한 가늘고 긴 것이 좋다.
④ 측정 대상 유체는 주로 액체이다.

40 어떠한 조건이 충족되지 않으면 다음 동작을 저지하는 제어방법은?
① 인터록제어
② 피드백제어
③ 자동연소제어
④ 시퀀스제어

해설 인터록제어 : 어떠한 조건이 충족되지 않으면 다음동작을 저지하는 제어
· 종류
① 저수위 인터록
② 저연소인터록
③ 불착화인터록
④ 압력초과인터록
⑤ 프리퍼지인터록

제3과목 : 열설비구조 및 시공

41 관류보일러의 일반적인 특징에 관한 설명으로 옳은 것은?
① 증기압력이 고압이므로 급수펌프가 필요 없다.
② 전열면적에 대한 보유수량이 많아 가동시간이 길다.
③ 보일러 드럼이 필요 없고 지름이 작은 전열관을 사용하여 증발속도가 빠르다.
④ 열용량이 크기 때문에 추종성이 느리다.

42 초임계압력 이상의 고압증기를 얻을 수 있으며 증기드럼을 없애고 긴 관으로만 이루어진 수관식 보일러는?
① 노통보일러
② 연관보일러
③ 열매체보일러
④ 관류보일러

해설 관류보일러 : 하나의 관계에서 급수펌프로 공급된 관수가 예열, 증발, 과열이 동시에 일어나는 형식
① 특징
㉠ 순환비 $\left(\dfrac{\text{급수량}}{\text{증발량}}\right)$가 1이어서 드럼이 필요없다.

ⓛ 가동부하(예열부하)가 짧아 부하측에 대응하기 쉽다
ⓒ 전열면적이 크고 효율이 높다
ⓔ 고압이므로 증기의 열량이 크다
ⓜ 완벽한 급수처리 필요
ⓗ 내부구조가 복잡하므로 청소, 검사, 수리곤란
ⓢ 급수의 유속을 균일하게 유지

② 종류
  ㉠ 슐처   ㉡ 옛모스   ㉢ 벤손   ㉣ 람진

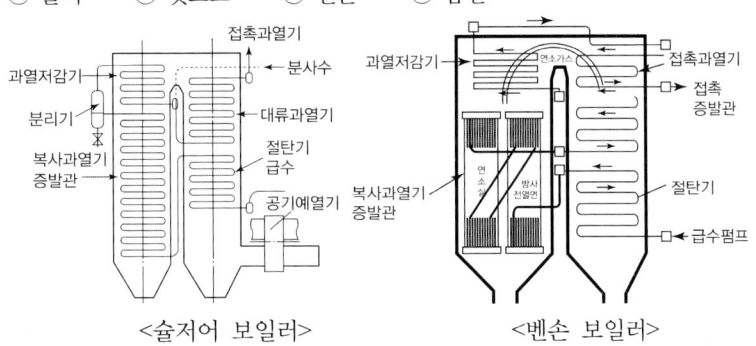

〈슐저어 보일러〉   〈벤손 보일러〉

43

보일러 부속기기 중 발생 증기량에 비해 소비량이 적을 때 남은 잉여증기를 저장 하였다가, 과부하시 긴급히 사용하는 잉여증기의 저장장치는?

① 병향류식 과열기   ② 재열기
③ 방사대류형 과열기 ④ 증기 축열기

해설 증기축열기(스팀어큐뮬레이터) : 증기량에 비해 소비량이 적을 때 남은 잉여증기를 저장하였다가 과부하시나 긴급시에 사용

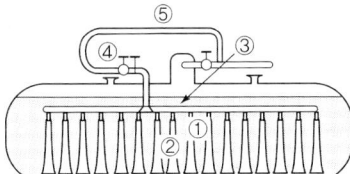

① 증기분사구
② 순환통
③ 배기관
④ 첵크 밸브
⑤ 송출관

44

강도와 유연성이 커서 곡률반경에 대해 관경의 8배까지 굽힘이 가능하고 내한 내열성이 강한 배관재료는?

① 염화비닐관   ② 폴리부틸렌관
③ 폴리에틸렌관   ④ XL관

45 다음 온수 보일러의 부속품 중 증기 보일러의 압력계와 기능이 동일한 것은?
① 액면계　② 압력조절기　③ 수고계　④ 수면계

46 찬물이 한곳으로 인입되면 보일러가 국부적으로 냉각되어 부동팽창에 의한 악영향을 방지하기 위해 설치하는 장치는?
① 체크 밸브
② 급수 내관
③ 기수 분리기
④ 주증기 정지판

해설　급수내관 : 안전저수위 50 mm 하부에 긴배관설치
① 설치이점
　㉠ 급수가 이루어지면서 예열하게 되어 열응력발생 방지
　㉡ 수면부 이하에서 급수가 이루어지기 때문에 수격작용방지
　㉢ 집중급수를 피함으로 동내 부동팽창 방지

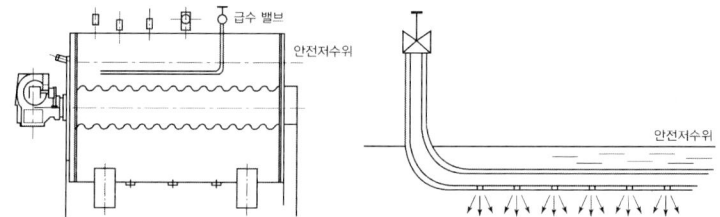

47 20℃ 상온에서 재료의 열전도율(kcal/m·h·℃)이 큰 것부터 낮은 순서대로 바르게 나열한 것은?
① 구리 > 알루미늄 > 철 > 물 > 고무
② 구리 > 알루미늄 > 철 > 고무 > 물
③ 알루미늄 > 구리 > 철 > 물 > 고무
④ 알루미늄 > 철 > 구리 > 고무 > 물

해설　열전도율 큰 순서 : 은 > 구리 > 금 > 알루미늄 > 마그네슘 > 아연 > 니켈 > 철 등

48 에너지이용 합리화법에 따라 검사대상기기의 계속사용검사를 받으려는 자는 계속사용검사신청서를 검사유효기간 만료 며칠 전까지 제출하여야 하는가?
① 3일　② 5일　③ 10일　④ 30일

해설　· 변경신고, 중지신고, 폐기신고 : 15일 이내
　　· 에너지 관리자의 채용, 해임신고 : 30일 이내

49 공기예열기는 전열식과 재생식으로 나뉜다. 다음 중 재생식 공기예열기에 해당되는 것은?

① 관형식
② 강판형식
③ 판형식
④ 융그스트롬식

해설 공기예열기의 종류
① 전열식
② 증기식
③ 재생식(융그스트롬식) : 금속판에 가스와 공기를 교내로 접촉시켜 재생시킨 다음 공기에 열을 주는 방식
④ 강관형
⑤ 강판형

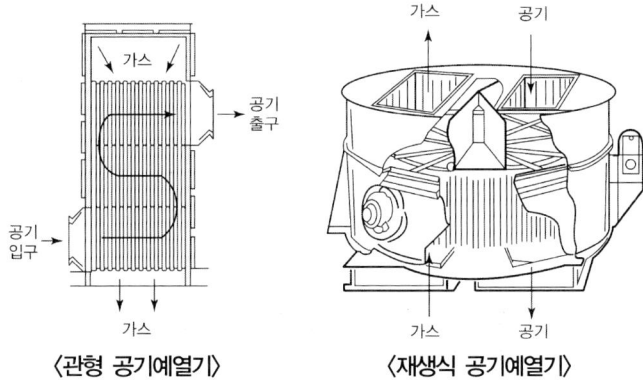

〈관형 공기예열기〉   〈재생식 공기예열기〉

50 불에 타지 않고 고온에 견디는 성질을 의미하는 것으로 제게르콘(Segercone) 번호(SK)로 표시하는 것은?

① 내화도
② 감온성
③ 크리프계수
④ 점도지수

해설 내화도 : 불에 타지 않고 고온에 견디는 성질을 의미하는 것으로 제겔콘번호 SK로 표시

51 관의 안지름을 D(cm), 1초간의 평균유속을 V(m/sec)라 하면 1초간의 평균유량 Q (m³/sec)을 구하는 식은?

① $Q = DV$
② $Q = \pi D^2 V$
③ $Q = \dfrac{\pi}{4}(D/100)^2 V$
④ $Q = (V/100)^2 D$

52 탄화규소질 내화물에 관한 특성으로 틀린 것은?
① 탄화규소를 주원료로 한다.
② 내열성이 대단히 우수하다.
③ 내마모성 및 내스폴링성이 크다.
④ 화학적 침식이 잘 일어난다.

해설 화학적 침식이 안 일어난다.

53 내화 골재에 주로 알루미나 시멘트를 섞어 만든 부정형 내화물은?
① 내화 모르타르
② 돌로마이트
③ 캐스터블 내화물
④ 플라스틱 내화물

해설 부정형 내화물 : 일정한 형태가 없는 비성형 내화물로 시공시 형태가 주어짐
· 종류
① 캐스터블 내화물   ② 플라스틱 내화물   ③ 내화모르타르
④ 스프레이 내화물   ⑤ 레밍 내화물(내화물 = 내화벽돌)

54 에너지이용 합리화법에 의한 검사대상기기인 보일러의 연료 또는 연소방법을 변경한 경우 받아야 하는 검사는?
① 구조검사
② 개조검사
③ 계속사용 성능검사
④ 설치검사

해설 개조검사
① 보일러 섹션을 변경하는 경우
② 증기보일러를 온수보일러로 개조시
③ 연료 또는 연소방법을 변경한 경우

55 열매체 보일러에서 사용하는 유체 중 온도에 따른 물과 다우섬 사용에 관한 비교 설명으로 옳은 것은?
① 100℃ 온도에서 물과 다우섬 모두 증발이 일어난다.
② 100℃ 온도에서 물과 증발되며 다우섬은 증발이 일어나지 않는다.
③ 물은 300℃ 온도에서 액체만 순환된다.
④ 다우섬은 300℃ 온도에서 액체만 순환된다.

해설 열매체 보일러 : 비교적 저압에서 고온의 증기를 얻는 보일러
· 종류 : ① 수은   ② 다우삼   ③ 카네크롤   ④ 세큐리티53   ⑤ 모빌섬

56
평행류 열교환기에서 가열 유체가 80℃로 들어가 50℃로 나오고, 가스는 10℃에서 40℃로 가열된다. 열관류율이 25 kcal/m²·h·℃일 때, 시간당 7200 kcal의 열교환율을 위한 열교환 면적은?

① 1.4 m² ② 3.5 m²
③ 6.7 m² ④ 9.3 m²

해설 $Q = K \cdot A \cdot \Delta t$

$$A = \frac{Q}{K \times \Delta t} = \frac{7200}{25 \times (80-50)} = 9.6 \, \text{m}^2$$

57
시로코형 송풍기를 사용하는 보일러에서 출구압력이 42 mmAq, 효율 65%, 풍량이 850 m³/min일 때 송풍기 축동력은?

① 0.01 PS ② 12.2 PS
③ 476 PS ④ 732.3 PS

해설 $$PS = \frac{Q \times P}{75 \times E \times 60} = \frac{850 \times 42}{75 \times 0.65 \times 60} = 12.2 \, PS$$

58
강관의 접합 방법으로 부적합한 것은?

① 나사이음 ② 플랜지이음
③ 압축이음 ④ 용접이음

해설 강관의 접합법
① 나사접합 ② 용접접합 ③ 플랜지 접합

59
주철제 보일러의 일반적인 특징에 관한 설명으로 틀린 것은?

① 조립 및 분해나 운반이 편리하다.
② 쪽수의 증감에 따라 용량 조절에 유리하다.
③ 내부구조가 간단하여 청소가 쉽다.
④ 고압용 보일러로는 적합하지 않다

해설 주철제 보일러의 특징
① 장점
  ㉠ 내식, 내열성이 우수하다.
  ㉡ 전열면적이 크고 효율이 높다.
  ㉢ 저압이므로 파열사고시 피해가 적다.

56. ④ 57. ② 58. ③ 59. ③

   ⓐ 주물제작으로 복잡한 구조로 제작이 가능
   ⓑ 섹션증감으로 용량조절이 용이
   ⓒ 현장반입시 조립식으로 유리
 ② 단점
   ㉠ 고압, 대용량에 부적합
   ㉡ 열에 의한 부동팽창으로 균열이 생기기 쉽다.
   ㉢ 인장 및 충격에 약하다.
   ㉣ 구조가 복잡하므로 내부청소 및 검사곤란

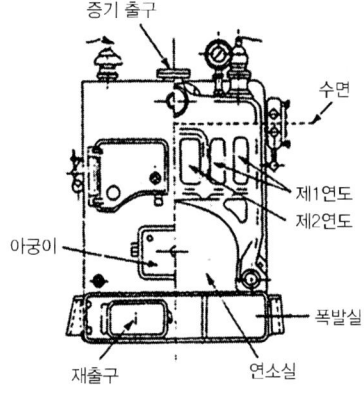

60

보일러의 증기 공급, 차단을 위하여 설치하는 밸브는?
① 스톱밸브　　　　② 게이트 밸브
③ 감압밸브　　　　④ 체크밸브

·체크밸브 : 유체의 역류방지
·감압밸브 : 고압의 증기를 저압의 증기로 바꾸어줌

제4과목 : 열설비 취급 및 안전관리

61

스케일의 종류와 성질에 대한 설명으로 틀린 것은?
① 중탄산칼슘은 급수에 용존되어 있는 염류중에 슬러지를 생성하는 주된 성분이다.
② 중탄산칼슘의 용해도는 온도가 올라갈수록 떨어지기 때문에 높은 온도에서 석출된다.
③ 황산칼슘은 주로 증발관에서 스케일화 되기 쉽다.
④ 중탄산마그네슘은 보일러 수 중에서 열분해하여 탄산마그네슘으로 된다.

62 회전차(impeller)의 둘레에 안내깃을 달고 이것에 의해 물의 속도를 압력으로 변화시켜 급수하는 펌프는?
① 인젝터펌프　　　　　　② 분사펌프
③ 원심펌프　　　　　　　④ 피스톤펌프

해설 원심펌프
① 터빈펌프 : 안내깃이 있다(가이드베인)
② 볼류트펌프 : 안내깃이 없다.

63 보일러의 증기 배관에서 수격작용의 발생을 방지하는 방법으로 틀린 것은?
① 환수관 등의 배관 구배를 작게 한다.
② 배관 관경을 크게 한다.
③ 송기를 급격히 하지 않는다.
④ 증기관의 드레인 빼기장치로 관 내의 드레인을 완전히 배출시킨다.

해설 수격작용방지법 : 주증기밸브 급개로 인하여 관내응축수가 관벽을 치는 현상
① 방지법
　㉠ 주증기밸브 서개　　　　㉡ 관의 기울기를 준다.
　㉢ 관의 굴곡을 피한다.　　㉣ 증기트랩을 설치한다.
　㉤ 관을 보온한다.

64 보일러 저수위 사고 방지 대책으로 틀린 것은?
① 수면계의 수위를 수시로 점검한다.
② 급수관에서는 체크 밸브를 부착한다.
③ 관수 분출작업은 부하가 적을 때 행한다.
④ 저수위가 되면 연도 댐퍼를 닫고 즉시 급수한다.

65 보일러수의 이상증발 예방대책이 아닌 것은?
① 송기에 있어서 증기밸브를 빠르게 연다.
② 보일러수의 블로우 다운을 적절히 하여 보일러수의 농축을 막는다.
③ 보일러의 수위를 너무 높이지 않고 표준수위를 유지하도록 제어한다.
④ 보일러수의 유지분이나 불순물을 제거하고 청관제를 넣어 보일러수 처리를 한다.

해설 송기에 있어 증기밸브는 서서히 연다(5분 이상 만개)

62. ③　63. ①　64. ④　65. ①

66 프라이밍, 포밍의 발생 원인으로 틀린 것은?
① 보일러수에 유지분이 다량 포함되어 있다.
② 증기부하가 급변하고 고수위로 운전하였다.
③ 보일러수가 과도하게 농축되었다.
④ 송기밸브를 천천히 열어 송기했다.

해설 프라이밍, 포밍 발생원인
① 보일러수가 과도하게 농축되었다.
② 고수위로 운전하였다.
③ 관수에 유지분이 다량 포함되었다.

67 에너지이용 합리화법에 따라 산업통상자원부장관은 에너지관리지도 결과, 에너지가 손실되는 요인을 줄이기 위하여 필요하다고 인정하는 경우에 에너지다소비업자에게 어떤 조치를 할 수 있는가?
① 에너지손실 요인의 개선을 명할 수 있다.
② 벌금을 부과할 수 있다.
③ 시공업의 등록을 말소시킬 수 있다.
④ 에너지사용정지를 명할 수 있다.

68 온수난방에서 각 방열기에 공급되는 유량분배를 균등히 하여 전후방 방열기의 온도차를 최소화 시키는 방식으로 환수배관의 길이가 길어지는 단점이 있는 배관 방식은?
① 하트포드 배관법   ② 역환수식 배관법
③ 콜드 드래프트 배관법   ④ 직접 환수식 배관법

해설 역환수식 배관법(리버스리턴방식) : 온수난방에서 각방열기에 공급되는 유량분배를 균등히 하여 전, 후방 방열기의 온도차를 최소화 시키는 방식

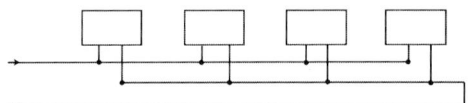

69 에너지이용 합리화법에 따라 에너지사용량이 대통령령으로 정하는 기준량 이상인 자는 매년 언제까지 신고해야 하는가?
① 1월 31일   ② 3월 31일   ③ 6월 30일   ④ 12월 31일

70

노통연관 보일러의 유지해야 할 최저수위 위치로 옳은 것은?(단, 연관이 노통보다 30mm 높은 경우이다.)

① 연관 최상면에서 100 mm 상부에 오도록 한다.
② 연관 최상면에서 75 mm 상부에 오도록 한다.
③ 노통 상면에서 100 mm 상부에 오도록 한다.
④ 노통 상면에서 75 mm 상부에 오도록 한다.

해설 안전저수위
① 입형횡관보일러 : 화실천정판 최고부위 75 mm
② 횡연관보일러 : 최상단연관최고부위 75 mm
③ 노통연관식보일러 : 연관이 높은 경우 최상단부위 75 mm
④ 노통보일러 : 노통이 높을 경우 노통최상단부 100 mm 이상

71

에너지이용 합리화법에 따라 에너지다소비업자가 매년 그 에너지사용시설이 있는 지역을 관할하는 시·도지사에게 신고하여야 하는 사항이 아닌 것은?

① 전년도의 분기별 에너지사용량
② 해당 연도의 분기별 에너지이용 합리화 실적
③ 에너지관리자의 현황
④ 해당 연도의 분기별 제품생산예정량

해설 에너지 다소비업자가 매년 시·도지사에게 신고하여야 할 사항
① 당해 연도 제품생산 예정량
② 해당 연도 분기별 제품 생산 예정량
③ 에너지 관리자의 현황
④ 전년도 에너지 이용합리화 실적
⑤ 전년도 분기별 에너지 사용량

72

복사 난방의 특징에 대한 설명으로 틀린 것은?

① 실내의 온도분포가 거의 균등하다.
② 난방의 쾌감도가 좋다.
③ 실내에 방열기가 없으므로 바닥의 이용도가 높다.
④ 열용량이 크므로 외기온도가 급변할 경우 방열량 조절이 쉽다.

해설 복사난방의 특징
① 장점
　㉠ 실내공간의 이용률이 높다.　㉡ 쾌감도가 좋다.
　㉢ 열손실이 적다.　㉣ 온도분포가 균일하다.

70. ② 71. ② 72. ④

② 단점
　㉠ 예열이 길어 부하에 대응하기 어렵다.
　㉡ 매입배관으로 고장, 수리, 점검이 어렵다.
　㉢ 표면부의 균열발생이 쉽다.
　㉣ 설비비가 많이 든다.

73
보일러 급수의 스케일(관석) 생성 성분 중 경질스케일은 생성하는 물질은?
① 탄산마그네슘　　　　　　② 탄산칼슘
③ 수산화칼슘　　　　　　　④ 황산칼슘

해설
· 경질 스케일의 원인 : ① 황산염　② 규산염
· 연질 스케일의 원인 : ① 인산염　② 탄산염

74
에너지이용 합리화법에 따라 강철제 보일러 및 주철제 보일러에서 계속사용검사의 면제 대상 범위에 해당되지 않는 것은?
① 전열면적 5 m² 이하의 증기보일러로서 대기에 개방된 안지름이 25 mm 이상인 증기관이 부착된 것
② 전열면적 5 m² 이하의 증기보일러로서 수두압이 5m 이하이며 안지름이 25 mm 이상인 대기에 개방된 U자형 입관이 보일러의 증기부에 부착된 것
③ 온수보일러로서 유류·가스 외의 연료를 사용하는 것으로 전열면적이 30 m² 이상인 것
④ 온수보일러로서 가스 외의 연료를 사용하는 주철제 보일러

해설 온수보일러로서 유류가스외의 연료를 사용하는 것으로 전열면적이 30 m² 이하일 것

75
다음 중 에너지이용 합리화법에 따라 2년 이하의 징역 또는 2000만원 이하의 벌금 기준에 해당하는 경우는?
① 에너지 저장의무를 이행하지 아니한 경우
② 검사대상기기 조종자를 선임하지 아니한 경우
③ 검사대상기기의 사용정지 명령에 위반한 경우
④ 검사대상기기를 설치하고 검사를 받지 아니하고 사용한 경우

해설 벌칙
① 2년 이하의 징역 또는 2천만원 이하의 벌금
　㉠ 에너지저장시설의 보유 또는 저장의무의 부과시 정당한 이유 없이 이를 거부하거나 이행하지 아니한 자
　㉡ 에너지수급의 안정을 기하기 위한 조정·명령 등의 조치를 위반한 자
　㉢ 공단의 임직원으로 근무하거나 근무하였던 사람이 직무상 알게 된 비밀을 누설하거나

　　　　　도용한 자
② 1년 이하의 징역 또는 1천만원 이하의 벌금
　㉠ 검사대상기기의 검사를 받지 아니한 자
　㉡ 검사에 합격되지 아니한 검사대상기기를 사용한 자
③ 2천만원 이하의 벌금
　㉠ 효율 관리 기자재의 생산 또는 판매금지 명령에 위반한 자
④ 1천만원 이하의 벌금
　㉠ 검사대상기기조종자를 선임하지 아니한 자　　　*[법규 변경] 조종자 → 관리자
⑤ 500만원 이하의 벌금
　㉠ 효율관리기자재에 대한 에너지사용량의 측정결과를 신고하지 아니한 자
　㉡ 대기전력경고표지대상제품에 대한 측정결과를 신고하지 아니한 자
　㉢ 대기전력경고표지를 하지 아니한 자
　㉣ 대기전력저감우수제품임을 표시하거나 거짓 표지를 한 자
　㉤ 대기전력저감기준에 미달하는 경우 시정명령을 정당한 사유 없이 이행하지 아니한 자
　㉥ 고효율에너지인증대상기자재의 인증을 받은 자가 아닌 자는 해당 고효율에너지인증대상기자재에 고효율에너지기자재의 인증 표시를 위반하여 인증 표시를 한 자

76

에너지이용 합리화법에 따라 특정열사용 기자재 시공업을 할 경우에는 시·도지사에게 등록하여야 한다. 이때 특정열사용기자재 시공업의 범주에 포함되지 않는 것은?

① 기자재의 설치　　　　　　② 기자재의 제조
③ 기자재의 시공　　　　　　④ 기자재의 세관

 특정열사용기자재 시공업의 범주
　① 기자재 설치　　② 기자재 시공　　③ 기자재 세관

77

강철제 보일러 수압시험압력에 대한 설명으로 틀린 것은?

① 보일러 최고사용압력이 0.43 MPa 이하일 때는 그 최고사용압력의 2배의 압력으로 한다.
② 시험압력이 0.2 MPa 미만일 때는 0.2 MPa의 압력으로 한다.
③ 보일러 최고사용압력이 0.43 MPa 초과 1.5 MPa 이하일 때는 그 최고사용압력의 1.3배의 압력으로 한다.
④ 보일러 최고사용압력이 1.5 MPa를 초과할 때는 그 최고사용압력의 1.5배의 압력으로 한다.

 강철제 보일러 수압시험 압력
　① 최고사용압력이 0.43 MPa 이하 : $P \times 2$
　② 최고사용압력이 0.43~1.5 MPa 이하 : $P \times 1.3 + 0.3$
　③ 최고사용압력이 1.5 MPa 이상 : $P \times 1.5$

76. ②　77. ③

78

보일러의 보존을 위한 보일러 청소에 관한 설명으로 틀린 것은?

① 보일러 청소의 목적은 사용 수명을 연장하고 그 사고를 방지하며 열효율을 향상시키기 위함이다.
② 보일러 청소 횟수를 결정하는 요소에는 보일러 부하, 보일러의 종류, 급수의 성질 등을 들 수 있다.
③ 외부 청소법의 종류에는 증기 청소법, 워터 쇼킹법, 샌드블라스트법, 스틸쇼트 세정법 등을 들 수 있다.
④ 내부 청소법은 수세법과 물리적 방법으로 나뉘어 진다.

79

방열기의 방열량이 700 kcal/m²·h이고, 난방 부하가 5000 kcal/h 일 때 5-650주철 방열기 (방열면적 $a = 0.26$ m²/쪽)를 설치하고자 한다. 소요되는 쪽수는?

① 24쪽   ② 28쪽   ③ 32쪽   ④ 36쪽

해설 쪽수 = $\dfrac{\text{난방부하}}{\text{방열기방열량} \times \text{쪽당방열면적}}$

= $\dfrac{5000}{700 \times 0.26} = 27.47 = 28$쪽

80

수면계의 시험회수 및 점검시기로 틀린 것은?

① 1일 1회 이상 실시한다.
② 2개의 수면계 수위가 다를 때 실시한다.
③ 안전밸브가 작동한 다음에 실시한다.
④ 수면계 수위가 의심스러울 때 실시한다.

2018년 제2회 에너지관리산업기사 출제문제

제1과목 : 열역학 및 연소관리

01 전기식 집진장치의 특징에 관한 설명으로 틀린 것은?
① 집진효율이 90~99.5% 정도로 높다.
② 고전압장치 및 정전설비가 필요하다.
③ 미세입자 처리도 가능하다.
④ 압력손실이 크다.

해설 집진장치
① 관성력식 : 함진가스를 방해판 등에 충돌시켜 기류의 급격한 전환에 의해 침강력을 가지게 될 때 분리포집하는 방식

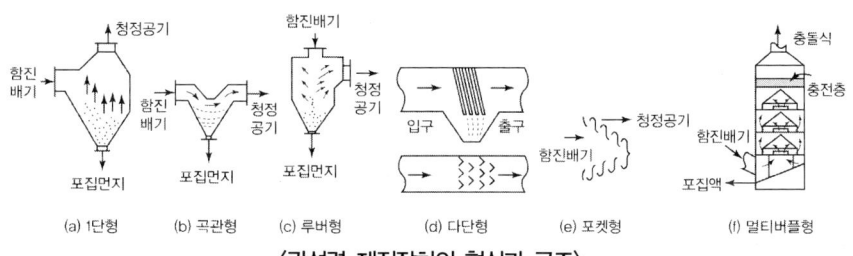

〈관성력 제진장치의 형식과 구조〉

② 원심력식 : 함진가스에 선회운동을 주어 입자에 작용하는 원심력에 의하여 입자를 분리하는 방식

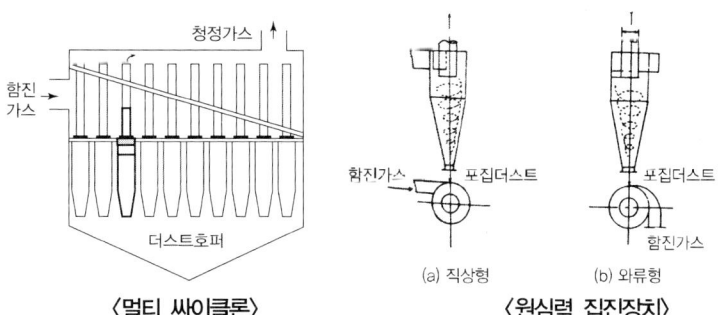

1. ④

③ 여과식 : 함진가스를 여과제를 통하여 분리 포착하는 방식 대표적으로 여과식이 있다.

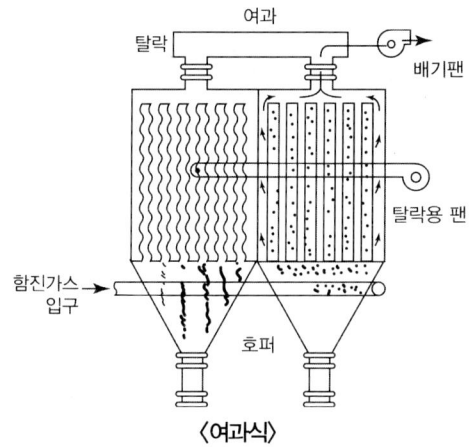
〈여과식〉

④ 전기식
  ㉠ 방전극 근처에서 양이온과 자유전자로부터 이루어지는 플라즈마 형성에 의해 입자를 전리하는 방식 이러한 방전을 코로나 방전이라 한다.
  ㉡ 대표적으로 : 코트렐집진장치가 있다.

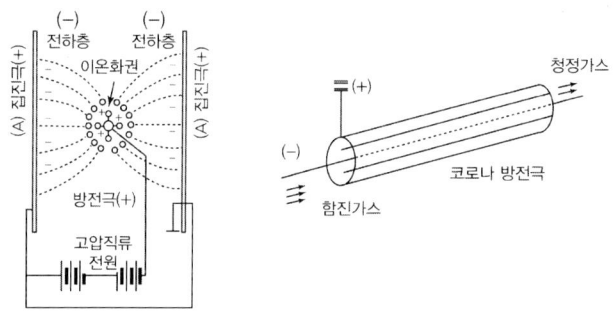
〈코로나 방전관〉

⑤ 특징
  ㉠ 가장 높은 집진율을 얻을 수 있다.
  ㉡ 더스트의 외부 배출이 용이
  ㉢ 적용범위가 넓다.
  ㉣ 압력손실이 적다.

02 사이클론식 집진기는 어떤 성질을 이용한 것인가?
① 관성력 ② 부력
③ 원심력 ④ 중력

03

냉동기에서의 성능계수 COP_R과 열펌프에서의 성능계수 COP_H와의 관계식으로 옳은 것은?

① $COP_R = COP_H$
② $COP_R = COP_H + 1$
③ $COP_R = COP_H - 1$
④ $COP_R = 1 - COP_H$

해설 $COP_H = COP_R + 1$
$COP_R = COP_H - 1$

04

그림은 P–T(압력–온도)선도상에서의 물의 상태도이다. 다음 설명 중 틀린 것은?

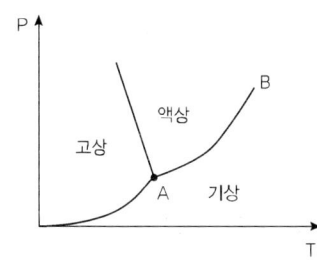

① A점을 삼중점이라 한다.
② B점을 임계점이라 한다.
③ B점은 온도의 기준점으로 사용된다.
④ 곡선 AB는 증발곡선을 표시한다.

해설
① 삼중점 : 액체, 고체, 기체가 만나는 점
② 임계점 : 액화할 수 있는 최고의 점
③ AB : 증발곡선

05

가스가 40 kJ의 열량을 받음과 동시에 외부에 30 kJ의 일을 했다. 이때 이 가스의 내부에너지 변화량은?

① 10 kJ 증가
② 10 kJ 감소
③ 70 kJ 증가
④ 70 kJ 감소

해설 내부에너지 변화량 = 40 kJ – 30 kJ = 10 kJ 증가

06

산소를 일정 체적하에서 온도를 27°C로부터 –3°C로 강하시켰을 경우 산소의 엔트로피(kJ/kg·K)의 변화는 얼마인가? (단, 산소의 정적비열은 0.654 kJ/kg·K이다.)

① –0.0689
② 0.0689
③ –0.0582
④ 0.0582

해설 $\Delta S = C_v \ln\left(\dfrac{T_2}{T_1}\right) = 0.654 \times \ln\left(\dfrac{273-3}{273+27}\right) = -0.0689 \text{ kJ/kg·K}$

07

열역학 제1법칙과 가장 밀접한 관련이 있는 것은?

① 시스템의 에너지 보존   ② 시스템의 열역학적 반응속도
③ 시스템의 반응방향   ④ 시스템의 온도효과

해설 열역학 제1법칙(에너지 보존의 법칙)
① 일은 열로, 열은 일로 변화시킬 수 있다. (제1종영구기관)
② 1 kcal=427 kg·m

참고 열역학 제2법칙(엔트로피의 법칙=일을 할 수 있는 능력에 관한 법칙)
① 하나의 열원에서 열을 취득하여 그것을 전부 일로 바꾸고 다른 것으로는 아무런 변화를 일으키지 않고 계속하여 작용하는 기관, 즉 열의 그 자신으로는 다른 물체에 아무런 변화도 주지 않고 선 저온의 물체에서 고온의 물체로 이동하지 않는다.
② 클라우시스 표현 : 일을 소비하지 않고 열을 저온체에서 고온체로 이동시킬 수 없다.
③ 켈빈플랭크 : 고온체로 받을 열량을 전부일로 전환시키는 열기관은 없으며 그 일부는 반드시 저온체로 전달되어야 한다. 따라서 열효율이 100%인 기관은 만들 수 없다.

08

86보일러 마력에 60°C의 물을 공급하여 686.48 kPa의 포화수증기를 제조한다. 보일러 효율이 72%이고, 연료 소비량이 100 kg/h이라고 할 때, 이 연료의 저위 발열량(MJ/kg)은? (단, 686.48 kPa 포화수증기의 엔탈피는 2.763 MJ/kg이다.)

① 31.31   ② 36.54   ③ 42.18   ④ 45.39

해설 효율 $= \dfrac{Ge \times 539}{Gf \times Hl} \times 100 = \dfrac{2256\,Ge}{Gf \times Hl} \times 100$

$\therefore Hl = \dfrac{2256\,G}{Gf \times E} = \dfrac{2256 \times (15.65 \times 86)}{100 \times 0.72} = 42171.53\,\text{kJ/kg} = 42.17\,\text{MJ/kg}$

1kcal=4.186kJ

$\therefore$ 539kcal/kg → 2256kJ/kg

1보일러마력 = 상당증발량이 15.65kg을 증발시킬 수 있는 능력(15.65×86)

09

급수 중 용존하고 있는 O_2, CO_2 등의 용존 기체를 분리 제거하는 것을 무엇이라고 하는가?

① 폭기법   ② 기폭법   ③ 탈기법   ④ 이온교환법

해설 관외처리법
① 용존산소 제거법
  ㉠ 탈기법 : CO_2, O_2 가스체제거
  ㉡ 기폭법 : Fe, Mn 등 제거
② 현탁질고형물제거법(불순물제거법)
  ㉠ 침전법   ㉡ 여과법   ㉢ 응집법
③ 용해고형물제거법
  ㉠ 이온교환법   ㉡ 약제법   ㉢ 증류법

10 탄소 0.87, 수소 0.1, 황 0.03의 연료가 있다. 과잉공기 50%를 공급할 경우 실제 건배기가스량(Nm³/kg)은?

① 8.89 ② 9.94 ③ 10.5 ④ 15.19

 실제건배기가스량
$= (m-0.21)A_0 + 1.867C + 0.7S + 0.8N + 1.244(9H+W)$
$= (1.5-0.21) \times 10.51 + 1.867 \times 0.87 + 0.7 \times 0.03 + 1.244 \times 0.1$
$= 15.31 \text{ Nm}^3/\text{kg}$
$A_0 = 8.87C + 26.67\left(H - \dfrac{O}{8}\right) + 3.33 \times 0.03 = 10.50 \text{ Nm}^3/\text{kg}$

11 고체나 유체에서 서로 접하고 있는 물질의 구성분자 간에 정지상태에서 열에너지가 고온의 분자로부터 저온의 분자로 이동하는 현상을 무엇이라 하는가?

① 열전도 ② 열관류
③ 열발생 ④ 열전달

12 어떤 온수보일러의 수두압이 30 m일 때, 이 보일러에 가해지는 압력(kg/cm²)은?

① 0.3 ② 3 ③ 3000 ④ 30000

 $1 \text{ kg/cm}^2 = 10 \text{ mH}_2\text{O}$
$x = 30 \text{mH}_2\text{O}$
$x = \dfrac{1 \text{ kg/cm}^2 \times 30 \text{ m H}_2\text{O}}{10 \text{ m H}_2\text{O}} = 3 \text{ kg/cm}^2$

13 다음 중 기체 연료의 장점이 아닌 것은?

① 연소가 균일하고 연소조절이 용이하다.
② 회분이나 매연이 없어 청결하다.
③ 저장이 용이하고 설비비가 저가이다.
④ 연소효율이 높고 점화소화가 용이하다.

기체연료의 장점
① 적은공기량으로 완전연소시킬 수 있다. ② 발열량이 낮은 연료로 고온을 얻을 수 있다.
③ 황분, 회분이 없어 전연면오손이 없다. ④ 연소효율이 높고 점화, 소화가 용이
⑤ 연소가 균일하고 연소조절이 용이 ⑥ 고온도분위기를 얻을 수 있다.
⑦ 집중가열, 균일가열분위기 조성가능 ⑧ 운반, 저장이 어렵다.

14

열과 일에 대한 설명으로 틀린 것은?
① 모두 경계를 통해 일어나는 현상이다.   ② 모두 경로함수이다.
③ 모두 불완전 미분형을 갖는다.   ④ 모두 양수의 값을 갖는다.

 열은 +, -값을 갖는다.

15

오일 버너 중 유량 조절범위가 1 : 10 정도로 크며, 가동 시 소음이 큰 버너는?
① 유압 분무식   ② 회전 분무식
③ 저압 공기식   ④ 고압 기류식

 고압기류식 버너 : 저압공기(증기)분무와 동일한 원리로 2~7kg/cm² 의 고압의 공기(증기)를 사용하는 방식
· 특징
  ① 공기와 연료의 혼합방식에 따라 내부혼합식, 외부혼합식이 있다.
  ② 유량조절범위 : 1 : 10정도로 넓다
  ③ 분무각도는 30°

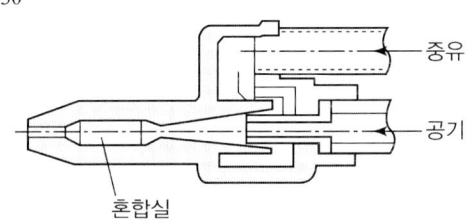

〈고압공기 분무 버너(내부혼합)〉

버너형식	분무각도[°]	유량조절범위
유압식	40~90°의 범위	논리턴식으로 1 : 1.5 리턴식으로 1 : 3.0
회전식	40~80°의 범위	1 : 5
고압기류식	약 30°	1 : 10
저압공기식	30~60°의 범위	1 : 5

참고 회전식버너 : 버너 전방에 분사컵을 설치하여 고속으로 회전하면서 원심력을 얻어낸다. 이때 연료를 0.3[kg/cm²] 정도 가압 분출하여 1차로 공급된 공기가 에어노즐을 통해 무화하는 형식이다.
· 장점
  ① 유량조절범위가 비교적 넓다(1 : 5)   ② 소음이 적고 자동화에 용이하다.
  ③ 분무각이 넓다(40~80°).
· 단점
  ① 점도가 커지면 무화가 곤란하다(A . B중유 사용).
  ② 유량이 적어지면 무화가 곤란하다.

16 디젤기관의 열효율은 압축비 ϵ, 차단비(또는 단절비) σ와 어떤 관계가 있는가?
① ϵ와 σ가 증가할수록 열효율이 커진다.
② ϵ와 σ가 감소할수록 열효율이 커진다.
③ ϵ가 감소하고, σ가 증가할수록 열효율이 커진다.
④ ϵ가 증가하고, σ가 감소할수록 열효율이 커진다.

17 다음 중 석탄의 원소분석 방법이 아닌 것은?
① 리비히법 ② 에쉬카법 ③ 라이트법 ④ 켈달법

 연료의 원소분석방법
① 탄소, 수소 : 리비히법, 세필드법
② 전황분 : 연소용량법, 산소봄브법, 에슈카법
③ 질소 : 켈달법

18 체적이 $5.5 \, m^3$인 기름의 무게가 $4500 \, kgf$일 때 이 기름의 비중은?
① 1.82 ② 0.82 ③ 0.63 ④ 0.55

해설 밀도 $= \dfrac{4500}{5.5} = 818$

$\therefore \dfrac{818}{1000} = 0.818$

19 다음 중 열의 단위 1kcal와 다른 값은?
① 426.8 kgf·m   ② 1 kWh
③ 0.00158 PSh   ④ 4.1855 kJ

해설 1 kcal = 427 kgf·m = 4.186 kJ
① 1 psh = 632 kcal/h

$\therefore \dfrac{1 \, kcal}{632 \, kcal/h} = 0.00158 \, psh$

② 1 kWh = 860 kcal/h

$\dfrac{1}{860} = 0.00116 \, kWh$

16. ④ 17. ③ 18. ② 19. ②

20 보일러의 연소 온도에 직접적으로 영향을 미치는 인자로 가장 거리가 먼 것은?
① 산소의 농도　② 연료의 발열량
③ 공기비　④ 연료의 단위 중량

해설 연소온도에 직접적으로 영향을 미치는 인자
① 공기비　② 산소의 농도　③ 연료의 발열량

제2과목 : 계측 및 에너지 진단

21 다음 중 보일러 부하율(%)을 바르게 나타낸 것은?
① $\dfrac{최대연속증기발생량}{상당증기발생량} \times 100$
② $\dfrac{상당증기발생량}{최대연속증기발생량} \times 100$
③ $\dfrac{실제증기발생량}{최대연속증기발생량} \times 100$
④ $\dfrac{최대연속증기발생량}{실제증기발생량} \times 100$

해설 부하율 = $\dfrac{실제증기발생량}{최대연속증기발생량} \times 100$

22 상당증발량(G_e, kg/hr)을 구하는 공식으로 맞는 것은? (단, G는 실제 증발량(kg/hr), h_2는 발생증기의 엔탈피(kJ/kg), h_1는 급수의 엔탈피(kJ/kg)이다.)
① $G_e = \dfrac{G(h_1 - h_2)}{2256}$
② $G_e = \dfrac{G(h_2 - h_1)}{2256}$
③ $G_e = \dfrac{G(h_1 - h_2)}{226}$
④ $G_e = \dfrac{G(h_2 - h_1)}{226}$

해설 상당증발량(G_e) = $\dfrac{G(h' - h)}{539 \, \text{kcal/kg}}$

∴ 1 kcal = 4.186 kJ
539 kcal = x
$x = \dfrac{539 \times 4.186}{1 \, \text{kcal}} = 2256.25 \, \text{kJ/kg}$

23
절대단위계 및 중력 단위계에 대한 설명으로 옳은 것은?
① MKS 단위계는 길이(m), 질량(kg), 시간(sec)을 기준으로 한다.
② 절대단위계는 질량(F), 길이(L), 시간(T)을 기준으로 한다.
③ 중력단위계는 힘(F), 길이(k), 시간(sec)을 기준으로 한다.
④ 기계공학 분야에는 중력단위를 사용해서는 안된다.

24
아스팔트유, 윤활유, 절삭유 등 인화점 80℃ 이상의 석유제품의 인화점 측정에 사용하는 시험기는?
① 타그 밀폐식
② 타그 개방방식
③ 클리블랜드 개방식
④ 아벨펜스키 밀폐식

- 클리블랜드 개방식 : 아스팔트유, 윤활유, 절삭유 등 인화점이 80℃이상의 석유제품의 인화점 측정에 사용
- 타그 밀폐식 : 인화점이 80℃ 이하의 온도로 인화점 측정
- 세타 밀폐식 : 인화점이 0℃ 이상 80℃ 미만 인화점 측정

25
다음 중 보일러 자동제어 장치의 종류로 가장 거리가 먼 것은?
① 연소제어
② 급수제어
③ 급유제어
④ 증기온도제어

보일러자동제어의 종류
① S.T.C(Steam temperature control)증기온도제어
② F.W.C(Feed water control)급수제어
③ A.C.C(Automatic combustion control)자동연소제어

26
오르자트분석계에서 채취한 시료량 50 cc 중 수산화칼륨 30% 용액에 흡수되고 남은 양이 41.8 cc이었다면, 흡수된 가스의 원소와 그 비율은?
① O_2, 16.4%
② CO_2, 16.4%
③ O_2, 8.2%
④ CO_2, 8.2%

오르자트 분석
① CO_2 : KOH 30% 용액
② O_2 : 알카리성 피롤카롤 용액
③ CO : 암모니아성 염화제1동용액

$$\therefore \frac{50-41.8}{50} \times 100 = 16.4\%$$

23. ① 24. ③ 25. ③ 26. ②

27 상자성체이므로 자력을 이용하여 자기풍을 발생시켜 농도를 측정할 수 있는 기체는?
① 산소
② 수소
③ 이산화탄소
④ 메탄가스

28 열전 온도계에 사용되는 보상도선에 대한 설명으로 옳은 것은?
① 열전대의 보호관 단자에서 냉접점 단자까지 사용하는 도선이다.
② 열전대를 기계적으로나 화학적으로 보호하기 위해서 사용한다.
③ 열전대와 다른 특성을 가진 전선이다.
④ 주로 백금과 마그네슘의 합금으로 만든다.

해설 **열전대온도계** : 두 개의 서로 다른 금속선을 양단에 연결하여 폐회로를 구성하여 양단접점에 온도차를 주어 열기전력 발생하는 제백효과를 이용
① 열전대의 구비조건
 ㉠ 기전력이 크고 온도변화에 따라 연속상승할 것
 ㉡ 장시간 사용해도 기전력이 안정될 것
 ㉢ 외부의 온도변화에 신속하게 반응할 것
 ㉣ 내열성가스의 기밀유지 및 내식성이 클 것
② 보상도선
 ㉠ 일반용 : 105℃
 ㉡ 내열용 : 200℃
③ 종류
 ㉠ 백금-백금로듐(R)
  ⓐ 사용온도범위 0~1600℃ ⓑ 산화성분위기에 강하다.
  ⓒ 금속증기에 침식되기 쉽다.
 ㉡ 크로멜-알루멜(K)
  ⓐ 사용온도범위 0~1200℃ ⓑ 산화성분위기에 노화가 빠르다.
 ㉢ 철-콘스탄탄(J)
  ⓐ 사용온도범위 -20~800℃ ⓑ 환원성분위기에 가장 강하다.
 ㉣ 동-콘스탄탄(T)
  ⓐ 사용온도범위 -200~350℃ ⓑ 저온측정용
  ⓒ 수분에 의한 내식성이 강하다.

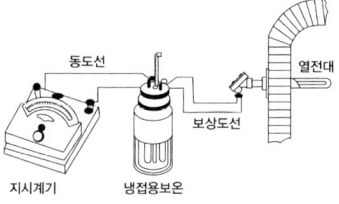

[열전대 온도계]

29

P동작의 비례이득이 4일 경우 비례대는 몇 %인가?

① 20 ② 25 ③ 30 ④ 40

해설 비례대 = $\frac{1}{4} \times 100 = 25\%$

30

다음 중 용적식 유량계가 아닌 것은?

① 벤츄리식 ② 오벌기어식
③ 로터리피스톤식 ④ 루트식

해설
- 면적식 유량계 : 교축기구 전후의 압력차를 일정하게 유지하도록 교축의 면적을 변화시켜 이 때의 면적을 측정하여 순간의 유량을 알아내는 방법으로 유량의 측정원리는 베르누이정리를 이용한 것이다.
  ① 종류 : 로터미터. 부력식. 피스톤식
  ② 특징
    ㉠ 진동이 적은 장소에 수직으로 설치한다.
    ㉡ 부식성 유체나 슬러리 유체의 측정에 적합하다
    ㉢ 고점도 및 소량의 유체에 대한 측정이 가능하다.
    ㉣ 압력손실이 적으며 정도가 ±1~2[%]이다.
    ㉤ 유량에 따른 균등눈금을 얻는다.
- 용적식 유량계 : 유량을 일정한 분량으로 측정해서 계속 유체를 보내어 회전수의 회수에 의해 측정하는 방법으로 정의
  ① 종류
    ㉠ 오벌기어식 ㉡ 루우즈식
    ㉢ 가스미터식 : 건식. 습식 ㉣ 로타리 피스톤 ㉤ 로타리 베인식

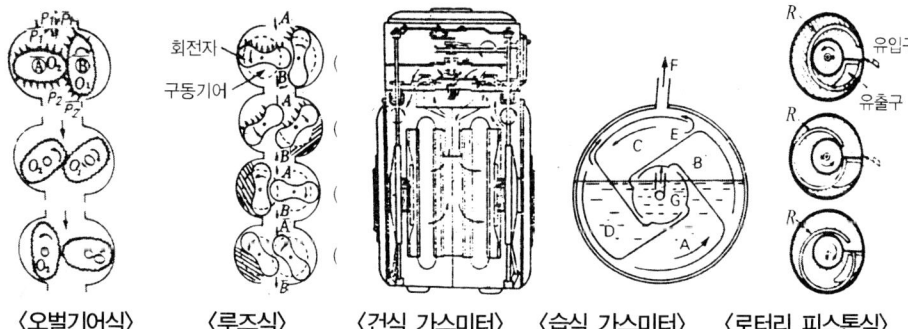

〈오벌기어식〉 〈루즈식〉 〈건식 가스미터〉 〈습식 가스미터〉 〈로타리 피스톤식〉

  ② 특징
    ㉠ 고점도 유체 측정에 적합하다.
    ㉡ 맥동의 영향이 적어 정도가 높다(±0.2~0.5).
    ㉢ 고형물의 혼입을 막기 위해 입구측에 반드시 여과기를 설치한다.
    ㉣ 회전자의 재질은 부식을 방지하기 위해 주철, 포금, 스테인레스 등을 설치한다.

29. ② 30. ①

31 출력이 일정한 값에 도달한 이후의 제어계의 특성을 무엇이라고 하는가?

① 과도특성　　② 스텝특성　　③ 정상특성　　④ 주파수응답

해설　① 정상특성 : 출력이 일정한 값에 도달한 이후의 제어계의 특성
② 과도특성 : 동기기 조정계 용어 어느 지정된 자극하에서의 과도상태가 종료될 때까지의 특성
③ 주파수특성 : 증폭회로, 필터회로 또는 전송선로 등에 있어 그 전달 특성의 주파수 의존성을 나타내는 특성

32 다음 중 제어 계기의 공기압 신호의 압력 범위는 일반적으로 몇 kg/cm^2인가?

① 0.01~0.05　　② 0.06~0.1
③ 0.2~1.0　　　④ 2.0~5.0

해설　신호전달방식 특징
① 공기압식
　㉠ 배관보존이 용이하고 보존이 쉽다.　　㉡ 신호전달거리가 100~150 m
　㉢ 희망특성을 살리기 어렵다.　　　　　㉣ 신호전달의 지연이 된다.
　㉤ 온도제어 등에 적합하고 위험이 적다.　㉥ 사용조작압력은 0.2~1 kg/cm^2이다.
② 유압식
　㉠ 인화의 위험성이 많다.　　　㉡ 신호전달거리가 300 m이다.
　㉢ 높은 유압이 필요하다.　　　㉣ 사용유압은 0.2~1 kg/cm^2이다.
③ 전기식
　㉠ 신호전달의 지연이 없고 배선이 용이하다.
　㉡ 대규모 조작력이 필요한 경우에 사용된다.
　㉢ 높은기술을 요하며 가격이 비싸다.
　㉣ 신호전달거리 300~10000 m이다.

33 열정산에서 입열에 해당되는 것은?

① 공기의 현열　　　　② 발생증기의 흡수열
③ 배기가스의 손실열　④ 방산에 의한 손실열

해설　입열항목 : ① 연료의 연소열　② 연료의 현열　③ 공기의 현열
　　　　　　　④ 급수의 현열　　⑤ 노내분입증기보유열

34 다음 압력계 중 가장 높은 압력을 측정할 수 있는 것은?

① 다이아프램식 압력계　　② 벨로우즈식 압력계
③ 부르동관식 압력계　　　④ U자관식 압력계

해설 탄성식압력계의 종류
① 브르돈관 압력계
  ㉠ 2차압력계의 대표적
  ㉡ 브르돈관재질
    ⓐ 저압 : 황동, 청동, 인청동
    ⓑ 고압 : 니켈강, 특수강
  ㉢ 암모니아, 아세틸렌용압력계 : 동 및 동합금 사용금지
  ㉣ 상용압력의 1.5배 이상 2배 이하의 눈금이 있는 것 사용
  ㉤ 산소압력계는 "금유"라는 표기가 있는 전용의 것 사용
② 다이어프램압력계(격막식 압력계)
  ㉠ 미소압력 측정
  ㉡ 부식성 유체 측정
  ㉢ 온도의 영향을 받기 쉽다.
  ㉣ 측정의 응답속도가 빠르다.
  ㉤ 이상압력으로 파손되어도 위험성이 적다.
  ㉥ 재질 : 고무, 테프론, 양은, 스텐레스

〈브르돈관식 압력계〉

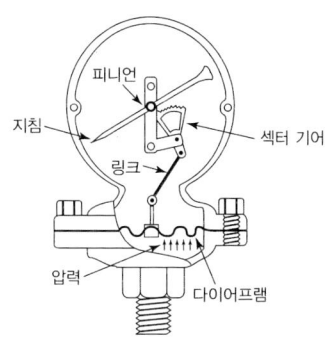
〈다이어프램 압력계〉

35

다음 액면계에 대한 설명 중 옳지 않은 것은?
① 공기압을 이용하여 액면을 측정하는 액면계는 퍼지식 액면계이다.
② 고압 밀폐 탱크의 액면제어용으로 가장 많이 사용하는 것은 부자식 액면계이다.
③ 기준 수위에서 압력과 측정액면에서의 압력차를 비교하여 액위를 측정하는 것은 차압식 액면계이다.
④ 관내의 공기압과 액압이 같아지는 압력을 측정하여 액면의 높이를 측정하는 것은 정전용량식 액면계이다.

해설 정전용량식 액면계 : 서로 마주 대하고 있는 두 개의 전열된 전극간의 정전용량은 전극 사이에 있는 물질의 유전율의 함수로 기체와 액체 유전율은 서로 다르므로 탱크 내에 전극을 놓고 액체의 높이 변화에 따라 액체량이 달라지는 구조로 하여 액면의 높이를 정전용량의 크기로 반환시킬 수 있다. 또한 가동부나 정밀한 기계부분이 없으므로 견고하고 신뢰성이 높아 그 액의 경계나 분체의 레벨도 측정할 수 있다.

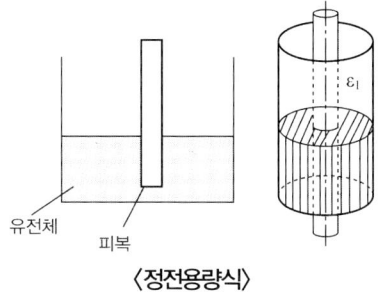
〈정전용량식〉

35. ④

36 다음 서미스터 저항온도계에 사용되는 서미스터 재질 중 가장 적절하지 않은 것은?
① 코발트　　　　　　　② 망간
③ 니켈　　　　　　　　④ 크롬

 서미스터재질
① 철　② 구리　③ 망간　④ 니켈　⑤ 코발트

37 대유량의 측정에 적합하고, 비전도성 액체라도 유량 측정이 가능하며 도플러효과를 이용한 유량계는?
① 플로노즐유량계　　　② 벤튜리유량계
③ 임펠러유량계　　　　④ 초음파유량계

초음파 유량계 : 대유량의 측정에 적합하고, 비전도성 액체라도 유량 측정이 가능하고 도플러 효과를 이용한 유량계

38 다음 출열 항목 중 열손실이 가장 큰 것은?
① 방산에 의한 손실　　　② 배기가스에 의한 손실
③ 불완전 연소에 의한 손실　④ 노 내 분입 증기에 의한 손실

출열항목
① 배기가스 손실열(손실열 중 가장 크다)　② 불완전연소에 의한 손실
③ 미연분에 의한 손실열　④ 방사에 의한 손실열
⑤ 발생증기 보유열

39 다음 중 열량의 계량 단위가 아닌 것은?
① 주울(J)　　　　　　　② 와트(W)
③ 와트초(WS)　　　　　④ 칼로리(kcal)

40 다음 중 화학적 가스 분석계의 종류로 옳은 것은?
① 열전도율법　　　　　② 연소열법
③ 도전율법　　　　　　④ 밀도법

화학적 가스분석법
① 오르자트(Orsat) 가스분석 : 배기가스를 흡수액에 흡수시켜 뷰렛의 상태에 의해 측정하는

장치로 CO_2, O_2, CO의 순서에 의해 측정한다.
㉮ 흡수액의 성분
  ㉠ CO_2의 흡수액-수산화칼륨(KOH) 30[%]수용액(1cc당 40cc 흡수)
  ㉡ O_2의 흡수액-알칼리성 피롤카롤용액(1cc당 8cc 흡수)
  ㉢ CO의 흡수액-암모니아성 염화제1동용액(1cc 10cc 흡수) CO_2의 양이 많을수록 완전연소에 가까우며 CO가 많으면 불완전연소하게 된다. 또한 O_2의 양이 많게 되면 과잉공기에 의한 열손실로 노내의 냉각이 초래된다.

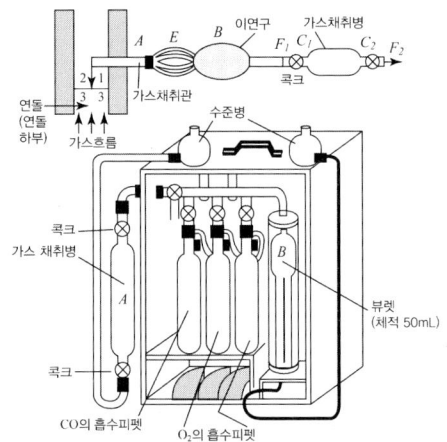

㉯ 계산식
$$CO_2 = \frac{KOH30[\%]용액의\ 흡수량}{시료채취량} \times 100[\%]$$
$$O_2 = \frac{알칼리성\ 피롤카롤\ 흡수량}{시료채취량} \times 100[\%]$$
$$CO = \frac{암모니아성\ 염화제1동용액흡수량}{시료채취량} \times 100$$

② 자동화학식 CO_2계
③ 연소식 O_2계 : 반응열이 산소농도에 따라 변화하는 것을 이용하는 것으로 H_2의 혼합이 필요하며 촉매로 파라듐이 사용된다.
④ $CO+H_2$계(미연소계) : 연소식 O_2계와 반대로 지연성가스를 혼합반응열에 의해 H_2, CO_2의 농도를 측정한다.

제3과목 : 열설비구조 및 시공

41 축열기(steam accumulator)를 설치했을 경우에 대한 설명으로 틀린 것은?
① 보일러 증기측에 설치하는 변압식과 보일러 급수측에 설치하는 정압식이 있다.
② 보일러 용량 부족으로 인한 증기의 과부족을 해소할 수 있다.
③ 연료 소비량을 감소시킨다.
④ 부하변동에 대한 압력변동이 발생한다.

41. ④

해설 증기축열기
① 연료소비량을 감소시킨다.
② 보일러 용량 부족으로 인한 증기의 과부족을 해소할 수 있다.
③ 보일러 증기측에 설치하는 변압식과 보일러 급수측에 설치하는 정압식이 있다.

42 다음 중 무기질 보온재에 속하는 것은?
① 규산칼슘 보온재
② 양모 펠트 보온재
③ 탄화 코르크 보온재
④ 기포성 수지 보온재

해설 무기질 보온재
① 탄산마그네슘 : 250℃ 이하
② 그라스울(유리섬유) : 300℃ 이하
③ 석면 : 400℃ 이하
④ 규조토 : 500℃ 이하
⑤ 규산칼슘 : 650℃ 이하
⑥ 암면 : 600℃ 이하
⑦ 세라믹화이버 : 1300℃ 이하
⑧ 실리카화이버 : 1100℃ 이하

43 T형 필렛 용접이음에서 모재의 두께를 h(mm), 하중을 W(kg), 용접길이를 ℓ(mm)이라 할 때 인장응력(kg/mm²)을 계산하는 식은?

① $\sigma = \dfrac{W}{0.707\,h\,\ell}$
② $\sigma = \dfrac{W\ell}{0.707\,h}$
③ $\sigma = \dfrac{W}{h\,\ell}$
④ $\sigma = \dfrac{0.707\,W}{h\,\ell}$

해설 인장응력 $= \dfrac{0.707\,W}{h\,\ell}$

44 에너지이용 합리화법에 따른 인정검사대상기기 조종자의 교육을 이수한 자의 조종 범위가 아닌 것은?
① 용량이 10 t/h 이하인 보일러
② 압력용기
③ 증기보일러로서 최고사용압력이 1 MPa 이하이고, 전열면적이 10 m² 이하인 것
④ 열매체를 가열하는 보일러로서 용량이 581.5 kW 이하인 것

해설 인정검사 대상기기 조종자의 교육을 이수한 자의 조정범위
① 압력용기
② 증기보일러로서 최고사용압력이 1 MPa 이하이고 전열면적이 10 m² 이하인 것
③ 열매체를 가열하는 보일러로서 용량이 581.5 kW 이하인 것
*[법규 변경] 조종자 → 관리자

45

보일러에서 보염장치를 설치하는 목적으로 가장 거리가 먼 것은?

① 연소 화염을 안정시킨다. ② 안정된 착화를 도모한다.
③ 저공기비 연소를 가능하게 한다. ④ 연소가스 체류 시간을 짧게 해 준다.

해설 ① 보염장치 : 착화와 연소화염을 안정시키고 공기와 연료의 혼합을 도모케 하여 저공기비 연소를 하게 하는 장치이다.

> ※ 설치목적
> ① 연료의 분무를 돕고 공기와의 혼합을 양호하게 한다.
> ② 안정된 착화를 도모한다.
> ③ 화염의 형상을 조절한다.
> ④ 연소실의 온도분포를 고르게 하고 국부과열을 방지한다.
> ⑤ 연소가스의 체류시간을 지연시켜 돕는다.

㉠ 스테이 빌라이저 : 연료유의 분무흐름이나 연소공기 사이에서 저유속 흐름을 유도함으로 불꽃의 안정성을 유지케 하는 장치이다.
㉡ 윈드 박스(Wind box) : 버너 벽면에 설치된 밀폐상자로 공기흐름을 적절히 유지하며 동압을 정압 상태로 바꾸어 착화나 연속화염을 안정시키는 장치이다.
㉢ 버너 타일 : 버너의 첨단부분을 보호하며 화염의 모양을 형성시켜 연속화염을 안정시키는 내화재로 구축된 장치이다.
㉣ 콤버스터 : 저온의 노에서도 연소를 안정시켜 분출흐름의 모양을 안정시킨 장치이다.

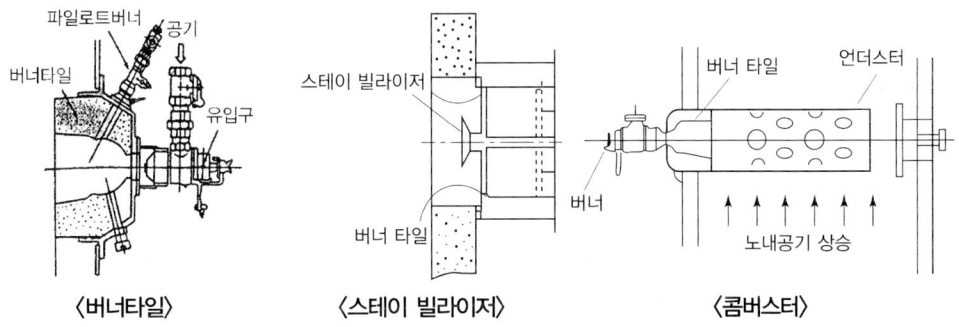

〈버너타일〉　〈스테이 빌라이저〉　〈콤버스터〉

46

가마를 사용하는데 있어 내용수명과의 관계가 가장 거리가 먼 것은?

① 가마 내의 부착물(휘발분 및 연료의 재)
② 피열물의 열용량
③ 열처리 온도
④ 온도의 급변

해설 가마를 사용하는데 있어 내용수명과의 관계
① 열처리 온도　② 온도의 급변　③ 가마내의 부착물

45. ④　46. ②

47 강관 50 A의 방향 전환을 위해 맞대기 용접식 롱 엘보 이음쇠를 사용하고자 한다. 강관 50 A의 용접식 이음쇠인 롱 엘보의 곡률반경은? (단, 강관 50 A의 호칭지름은 60 mm로 하고 곡률반지름 60mm, 각도 90°이다.)

① 50 mm   ② 60 mm   ③ 90 mm   ④ 100 mm

 곡률반경 $= \dfrac{2\pi RQ}{360} = \dfrac{2 \times 3.14 \times 90 \times 60}{360} = 94.2\,\text{mm}$

48 보일러의 가용전(가용마개)에 사용되는 금속의 성분은?
① 납과 알루미늄의 합금   ② 구리와 아연의 합금
③ 납과 주석의 합금   ④ 구리와 주석의 합금

49 영국에서 개발된 최초의 관류보일러로 수십 개의 수관을 병렬로 배치시킨 고압용 대용량 보일러는?
① 라몬트   ② 스털링
③ 벤슨   ④ 슐져

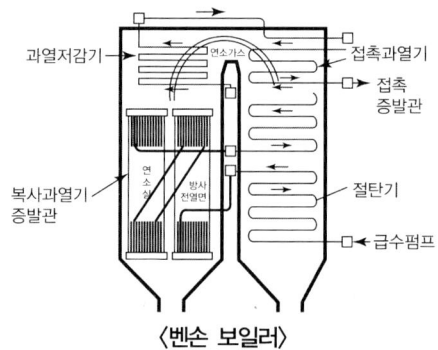

벤슨보일러 : 영국에서 개발된 최초의 관류보일러로 수십개의 수관을 병렬로 배치시킨 고압대용량 보일러

〈벤슨 보일러〉

50 다음 중 급수 중의 보일러 과열의 직접적인 원인이 될 수 있는 물질은?
① 탄산가스   ② 수산화나트륨
③ 히드라진   ④ 유지

 보일러 과열의 직접적인 원인
① 유지분   ② 고형분

정답 47. ③   48. ③   49. ③   50. ④

51 간접가열용 열매체 보일러 중 다우섬액을 사용하는 보일러 형식은?
① 레플러보일러 ② 슈미트-하트만보일러
③ 슐져보일러   ④ 라몬트보일러

52 신축이음 중 온수 혹은 저압증기의 배관분기관 등에 사용되는 것으로 2개 이상의 엘보를 사용하여 나사맞춤부의 작용에 의하여 신축을 흡수하는 것은?
① 벨로즈 이음   ② 슬리브 이음
③ 스위블 이음   ④ 신축곡관

해설 신축이음
① 루프형신축이음
  ㉠ 신축곡관형, 만곡형이라 한다.   ㉡ 고압증기의 옥외배관에 사용
  ㉢ 응력이 생김   ㉣ 곡률반경은 관지름의 6배 이상
② 벨로우즈형
  ㉠ 펙렉스신축이음, 파상형, 주름통식   ㉡ 응력이 생기지 않음
③ 스위블형
  ㉠ 방열기용   ㉡ 나사의 회전에 의해 신축을 흡수
  ㉢ 2개 이상의 엘보우를 사용 시공

53 압력배관용 강관의 인장강도가 24 kg/mm², 스케쥴번호가 120일 때 이 강관의 사용압력(kgf/cm²)은? (단, 안전율은 4로 한다.)
① 96   ② 72   ③ 60   ④ 24

해설 $SCh.NO = \dfrac{P}{S} \times 10$

$P = \dfrac{SCh.NO \times S}{10} = \dfrac{120 \times \left(\dfrac{24}{4}\right)}{10} = 72\,kgf/cm^2$

54 에너지이용 합리화법에 따라 검사면제를 위한 보험을 제조안전보험과 사용안전보험으로 구분할 때 제조안전보험의 요건이 아닌 것은?
① 검사대상기기의 설치와 관련된 위험을 담보할 것
② 연 1회 이상 검사기준에 따른 위험관리 서비스를 실시할 것
③ 검사대상기기의 계속사용에 따른 재물 종합위험 및 기계위험을 담보할 것
④ 검사대상기기의 제조상 하자와 관련된 제3자의 법률상 손해배상책임을 담보할 것

51. ② 52. ③ 53. ② 54. ③

55

다음 중 보일러의 급수설비에 속하지 않는 것은?
① 급수내관 ② 응축수 탱크
③ 인젝터 ④ 취출밸브

해설 급수설비
① 급수펌프 ② 급수탱크 ③ 응축수탱크
④ 급수내관 ⑤ 인젝터 ⑥ 환원기

56

화염의 이온화를 이용한 전기 전도성으로 화염의 유무를 검출하는 화염검출기는?
① 플래임 로드 ② 플래임 아이
③ 자외선 광전관 ④ 스택 스위치

해설 화염검출기
① 플레임아이 : 화염의 발광체이용
② 플레임로드 : 화염의 이온화현상 이용(전기전도성 이용)
③ 스텍스위치 : 화염의 발열 이용

57

증발량 2000 kg/h인 보일러의 상당증발량(kg/h)은? (단, 증기의 엔탈피는 600 kcal/kg, 급수의 엔탈피는 30 kcal/kg이다.)
① 1560 kg/h ② 2115 kg/h
③ 2565 kg/h ④ 2890 kg/h

해설
$$상당증발량 = \frac{G \times (h' - h)}{539}$$
$$= \frac{2000 \times (600 - 30)}{539}$$
$$= 2115 \, kg/h$$

58

축열식 반사로를 사용하여 선철을 용해, 정련하는 방법으로 시멘스-마틴법(siemens-martins process)이라고도 하는 것은?
① 불림로 ② 용선로
③ 평로 ④ 전로

해설
· 평로 : 축열식 반사로를 사용하여 선철을 용해 정련화하는 방법 시멘스-마틴법이라고도 함
· 전로 : 용선로 본체의 출탕공 앞에 설치한 노. 주입에 필요한 용탕량 온도 및 성분을 조정한다.
· 용선로 : 선철의 용해에 가장 널리 사용되는 원통형의 노

59 보일러 그을음 제거 장치인 수트블로워의 분사형식이 아닌 것은?
  ① 모래분사 ② 물분사
  ③ 공기분사 ④ 증기분사

> **해설** 슈트블로워의 분사형식
>   ① 증기분사   ② 공기분사   ③ 물분사

60 에너지이용 합리화법에서의 검사대상기기 계속사용검사에 관한 내용으로 틀린 것은?
  ① 검사대상기기 계속사용검사신청서는 검사유효기간 만료 10일전까지 제출하여야 한다.
  ② 검사유효기간 만료일이 9월 1일 이후인 경우에는 3개월 이내에서 계속사용검사를 연기할 수 있다.
  ③ 검사대상기기 검사연기신청서는 한국에너지공단이사장에게 제출하여야 한다.
  ④ 검사대상기기 계속사용검사신청서에는 해당 검사기기 설치검사증 사본을 첨부하여야 한다.

> **해설** 검사유효기간 만료일이 9월 1일 이후인 경우에는 4개월 이내에서 계속사용검사를 연기할 수 있다.

제4과목 : 열설비 취급 및 안전관리

61 에너지이용 합리화법에 따라 에너지다소비사업자란 연간 에너지사용량이 얼마 이상인 자를 말하는가?
  ① 5백 티오이   ② 1천 티오이
  ③ 1천 5백 티오이   ④ 2천 티오이

> **해설** 에너지 이용 합리화법에 따라 에너지다소비업자란 연간에너지 사용량이 2천티오이 이상인자

62 다음 중 보일러의 인터록 제어에 속하지 않는 것은?
  ① 저수위 인터록   ② 미분 인터록
  ③ 불착화 인터록   ④ 프리퍼지 인터록

> **해설** 인터록제어 : 구비조건이 맞지 않을 때 그 조건이 충족될 때까지 다음단계를 정지시키는 것
>   ① 저수위인터록   ② 저연소인터록   ③ 불착화인터록
>   ④ 압력초과인터록   ⑤ 프리퍼지 인터록

59. ①   60. ②   61. ④   62. ②

63 기계장치에서 발생하는 소음 중 주로 기계의 진동과 관련되는 소음은?
① 고체음
② 공명음
③ 기류음
④ 공기전파음

해설
- 공명음 : 모음, 유음, 비음을 통틀어 이르는 말
- 고체음 : 기계장치에서 발생하는 소음 중 주로 기계 진동과 관련된 소음
- 기류음 : 공기의 흐름에 의해 발생하는 소리

64 보일러에서 그을음 불어내기(수트 블로우) 작업을 할 때의 주의사항으로 틀린 것은?
① 댐퍼의 개도를 줄이고 통풍력을 적게 한다.
② 한 장소에 장시간 불어대지 않도록 한다.
③ 수트 블로우를 하기 전에 충분히 드레인을 실시한다.
④ 소화한 직후의 고온 연소실 내에서는 하여서는 안된다.

해설 슈트 블로우 작업시 주의사항
① 부하가 적거나(50% 이하)소화 후 사용하지 말 것
② 한 장소에 장시간 불어대지 않도록 한다.
③ 분출하기 전 연도 내 배풍기를 사용 유인통풍을 증가시킬 것
④ 분출기 내의 응축수를 배출시킨 후 사용할 것
⑤ 전열면에 무리를 가하지 말 것

65 증기트랩의 설치에 관한 설명으로 옳은 것은?
① 응축수와 증기를 배출하기 위하여 설치하는 중요한 부품이다.
② 응축수량이 많이 발생하는 증기관에는 열동식 트랩이 주로 사용된다.
③ 냉각래그(cooling leg)는 1.5 m 이상 설치하며 증기 공급관의 관말부에 설치한다.
④ 증기트랩의 주위에는 바이패스관을 설치할 필요가 없다.

해설 냉각래그

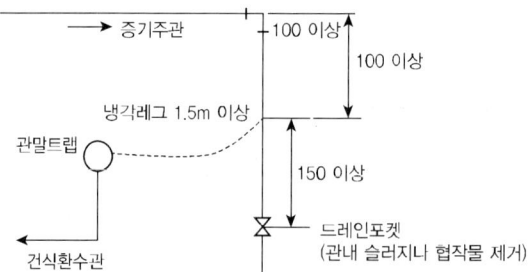

66
에너지이용 합리화법에 따라 검사대상기기의 설치자가 사용 중인 검사대상기기를 폐기한 경우에는 폐기한 날부터 며칠 이내에 폐기신고서를 제출해야 하는가?

① 10일 ② 15일 ③ 20일 ④ 30일

 · 변경신고, 중지신고, 폐기신고 : 15일 이내
· 유효기간만료 : 10일 이내
· 에너지관리자채용, 해임신고 : 30일 이내

67
강철제 보일러의 수압시험 방법에 관한 설명으로 틀린 것은?

① 수압시험 중 또는 시험 후에도 물이 얼지 않도록 해야 한다.
② 물을 채운 후 천천히 압력을 가한다.
③ 규정된 시험수압에 도달된 후 30분이 경과된 뒤에 검사를 실시한다.
④ 시험수압은 규정된 압력의 10% 이상을 초과하지 않도록 적절한 제어를 마련한다.

해설 시험수압은 규정된 압력의 6% 이상 초과금지

68
다음 증기 난방의 응축수 환수방법 중 응축수의 환수 및 증기의 회전이 가장 빠른 방식은?

① 중력 환수식 ② 기계 환수식
③ 진공 환수식 ④ 자연 환수식

 응축수 환수방법
① 진공환수식(가장 빠르다)
② 기계환수식
③ 중력환수식

69
보일러 관수의 pH 및 알칼리도 조정제로 사용되는 약품이 아닌 것은?

① 탄닌 ② 인산나트륨
③ 탄산나트륨 ④ 수산화나트륨

해설 내처리
① pH 조정제 : 인산소다, 암모니아, 수산화나트륨
② 연화제 : 인산소다, 탄산소다, 수산화나트륨
③ 슬러지조정제 : 리그닌, 녹말, 탄산소다
④ 탈산소제 : 탄닌, 아황산소다, 히드라진

66. ②　67. ④　68. ③　69. ①

70 가스용 보일러의 연료 배관 외부에 표시해야 하는 항목이 아닌 것은?

① 사용 가스명 ② 가스의 제조일자
③ 최고 사용압력 ④ 가스 흐름방향

해설 가스보일러 연료배관 외부에 표시하는 항목

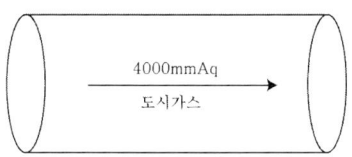

가. 최고사용압력 : 4000 mmAq
나. → : 가스흐름방향
다. 사용 가스명 : 도시가스

71 보일러 내부부식 중의 하나인 가성취화의 특징에 관한 설명으로 틀린 것은?

① 균열의 방향이 불규칙적이다.
② 주로 인장응력을 받는 이음부에 발생한다.
③ 반드시 수면 위쪽에서 발생한다.
④ 농알칼리 용액의 작용에 의하여 발생한다.

해설 수면아래에서 발생한다.

72 보일러 설치 시 안전밸브 작동시험에 관한 설명으로 틀린 것은?

① 안전밸브의 분출압력은 안전밸브가 1개인 경우 최고사용압력 이하이어야 한다.
② 안전밸브의 분출압력은 안전밸브가 2개 이상인 경우 그 중 1개는 최고사용압력 이하, 기타는 최고사용압력의 1.03배 이하이어야 한다.
③ 발전용 보일러에 부착하는 안전밸브의 분출정지 압력은 분출압력의 1.07배 이상이어야 한다.
④ 재열기 및 독립과열기에 있어서 안전밸브가 하나인 경우 최고사용압력 이하에서 분출하여야 한다.

73 환수관이 고장을 일으켰을 때 보일러의 물이 유출하는 것을 막기 위하여 하는 배관방법은?

① 리프트 이음 배관법 ② 하트포드 연결법
③ 이경관 접속법 ④ 증기 주관 관말 트랩 배관법

정답 70. ② 71. ③ 72. ③ 73. ②

해설 하트포드접속법 : 저압증기난방의 습식 환수방식에 있어 보일러의 수위가 환수관의 접속부로의 누설로 인해 저수위사고가 일어날 것을 방지하기 위해 증기관과 환수관 사이에 표준수면에서 50 mm 하부에 균형관 설치

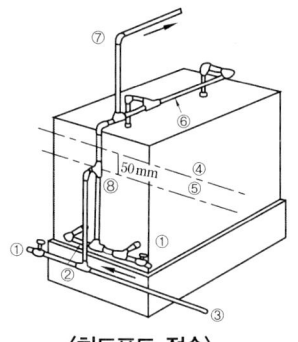

① 드레인관　② 환수 헤더
③ 환수주관　④ 표면 수면
⑤ 안전 저수면　⑥ 증기 헤더
⑦ 증기 주관　⑧ 균형관

〈하트포드 접속〉

74

보일러 점화 시 역화의 원인에 해당되지 않는 것은?
① 프리퍼지가 불충분 하였을 경우
② 착화가 지연되거나 혹은 불착화를 발견하지 못하고 연료를 노내에 분무한 경우
③ 점화원(점화봉, 점화용 전극)을 사용하였을 경우
④ 연료의 공급밸브를 필요이상 급개하였을 경우

해설 역화의 원인
① 프리퍼지, 포스트퍼지 부족시　② 점화시 착화가 늦은 경우
③ 공기보다 연료먼저 투입시　④ 압입통풍이 강할 경우
⑤ 흡입통풍 부족시　⑥ 연료의 공급밸브를 필요이상 급개시

75

다음 중 보일러 급수 내 장해가 되는 철염이 함유되어 있는 경우, 이를 제거하기 위한 방법으로 가장 적합한 것은?
① 폭기법
② 탈기법
③ 가열법
④ 이온교환법

76

건물의 난방면적이 $85\ m^2$이고, 배관부하가 14%, 온수사용량이 20 kg/h, 열손실지수가 $140\ kcal/m^2 \cdot h$일 때 난방부하(kcal/h)는?
① 8500　② 9500　③ 11900　④ 12900

해설 난방부하 = 열손실지수 × 난방면적 = 140 × 85 = 11900

74. ③　75. ①　76. ③

77 보일러 스케일로 인한 영향이 아닌 것은?
① 배기가스 온도 저하 ② 전열면 국부 과열
③ 보일러 효율 저하 ④ 관수 순환 악화

해설 스케일의 영향
① 관수 순환 불량 ② 전열면 국부 과열 ③ 보일러 효율 저하

78 가동 중인 보일러를 정지시키고자 하는 경우 가장 먼저 조치해야 할 안전사항은?
① 급수를 사용 수위보다 약간 높게 한다.
② 송풍기를 정지시키고 댐퍼를 닫는다.
③ 연료의 공급을 차단한다.
④ 주증기 밸브를 닫는다.

79 에너지이용 합리화법에 따라 등록이 취소된 에너지절약전문기업은 등록 취소일로부터 몇 년이 경과해야 다시 등록을 할 수 있는가?
① 1년 ② 2년 ③ 3년 ④ 5년

80 보일러의 고온부식 방지대책에 해당되지 않는 것은?
① 바나듐(V)이 적은 연료를 사용한다.
② 실리기 분말과 같은 첨가제를 사용한다.
③ 고온의 전열면에 내식재료를 사용하거나 보호피막을 입힌다.
④ 돌로마이트, 마그네시아 등의 첨가제를 중유에 첨가해서 부착물의 성상을 바꾸어 전열면에 부착되지 못하도록 한다.

해설 고온부식방지책
① 연료중의 바나듐제거
② 고온의 전열면 표면에 내식재료, 방청도장한다.
③ 첨가제를 사용한다(돌로마이트 알루미나 분말).
④ 양질의 연료를 선택한다.
⑤ 회분개질제를 사용회분의 융점 높여 고온부식 방지

정답 77. ① 78. ③ 79. ② 80. ②

2018년 제4회 에너지관리산업기사 출제문제

제1과목 : 열역학 및 연소관리

01 보일러 절탄기 등에 발생할 수 있는 저온부식의 원인이 되는 물질은?
① 질소가스
② 아황산가스
③ 바나듐
④ 수소가스

 · 저온부식 원인 : 황, 아황산가스, 무수황산, 황산
· 고온부식 원인 : 오산화바나듐, 바나듐

02 보일러 연료의 완전연소 시 공기비(m)의 일반적인 값은?
① m > 1
② m = 1
③ m < 1
④ m = 0

 공기비의 일반적인 값
① m=0 (연소하지 않음)
② m=1 (이론적으로 완전연소)
③ m>1 (완전연소)
④ m<1 (불완전연소)

03 다음 중 집진효율이 가장 좋은 집진장치는 무엇인가?
① 중력식 집진장치
② 관성력식 집진장치
③ 여과식 집진장치
④ 원심력식 집진장치

 집진장치
① 원심력식 : 함진가스에 선회운동을 주어 입자에 작용하는 원심력에 의하여 입자를 분리하는 방식으로 내통경은 적게 처리가스 속도는 크게 하면 집진율이 높아진다. 접선유입식, 축류식 등이 있으며 소형의 싸이클론을 다수 설치한 블로우 다운 방식의 멀티싸이클론이 있다.

01. ② 02. ① 03. ③

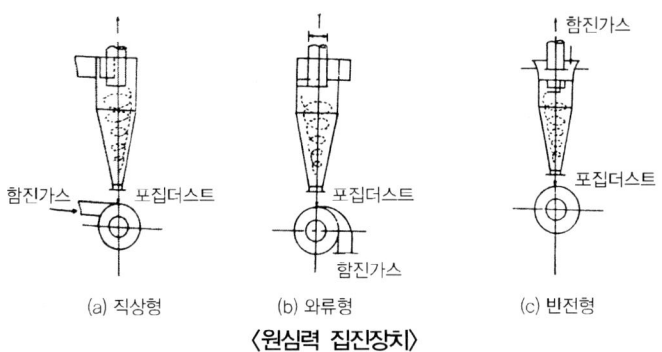

〈원심력 집진장치〉

② 여과식 : 함진가스를 여과제(filter)를 통하여 분리, 포착하는 방식이다. 내면여과방식과 표면여과방식으로 나뉘며 표면여과방식 중 대표적인 백(bag) 필터가 있다.

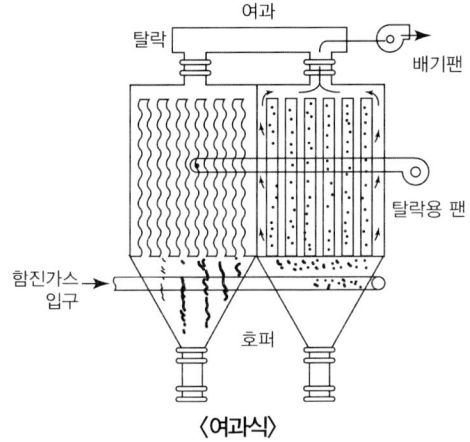

〈여과식〉

③ 전기식 : (습식에도 포함된다.) 고압의 직류전원을 사용하여 방전극 근처에서 양이온과 자유전자로부터 이루어지는 프라스마 형성에 의해 입자를 전리하는 방식으로 이러한 방전을 코로나 방전현상이라하며 가스 중 함유입자는 음이온으로 되어 부착 분리되어 제거하는 장치이다. (코트렐 집진장치가 대표적이다.)

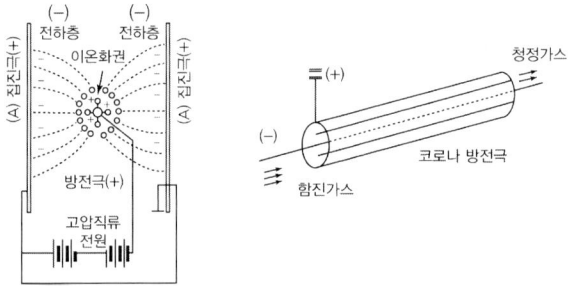

〈코로나 방전관〉

※ 특징
  ① 압력손실이 적다.
  ② 적용범위가 넓다.

③ 더스트의 외부 배출이 용이하다.
④ 미세입자의 포집이 용이하고 가장 높은 집진율을 얻을 수 있다.

참고 습식 집진장치

① 세정식 : 물 또는 다른 액체의 액면 또는 액막에 의해 함유가스를 세정하여 가스흐름으로부터 분진입자를 분리 포집하는 방식으로 건식법에 비해 높은 집진율을 얻을 수 있으나 용수의 확보와 배수처리 대책이 문제시 된다.

㉠ 유수식

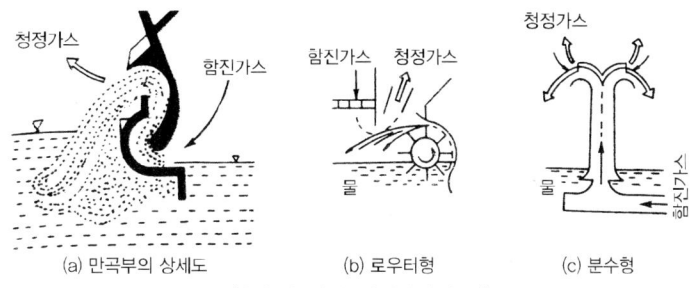

〈유수식 세정 집진장치의 예〉

㉡ 가압수식 : 물을 가압공급하여 함진가스를 세정하여 분리제거하는 방식으로 벤튜리젯트, 싸이클론스크레버 형식과 충전탑이 있다.

※ 집진 장치 선정시 고려할 사항
① 입도분포   ② 입자비중   ③ 입자 밀도   ④ 입자 형상
⑤ 용적   ⑥ 온도   ⑦ 부식성   ⑧ 점성 및 폭발성

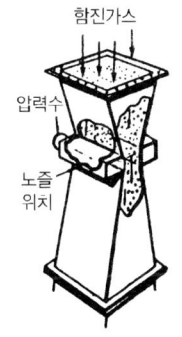

〈벤튜리 스크러버〉

04. 이상기체에 대한 설명으로 틀린 것은?

① 기체분자간의 인력을 무시할 수 있고 이상기체의 상태방정식을 만족하는 기체
② 보일-샤를의 법칙(Pv / T=Const)을 만족하는 기체
③ 분자 간에 완전 탄성충돌을 하는 기체
④ 일상생활에서 실제로 존재하는 기체

해설 이상기체의 성질
① 보일-샬의 법칙을 따른다.
② 아보가드로 법칙에 따른다.
③ 온도에 관계없이 비열비는 일정
④ 내부에너지는 체적에 관계없이 온도에 의해서만 결정
⑤ 기체상호간에 작용하는 인력과 분자의 크기 무시
⑥ 분자간의 충돌은 완전탄성체로 이루어짐

05. 중유연소의 취급에 대한 설명으로 틀린 것은?

① 중유를 적당히 예열한다.
② 과잉공기량을 가급적 많이 하여 연소시킨다.
③ 연소용 공기는 적절히 예열하여 공급한다.
④ 2차공기의 송입을 적절히 조절한다.

해설 중유 연소시 취급사항
① 과잉공기량을 가급적 적게하여 연소시킨다.
② 2차공기의 송입을 적절히 조절한다.
③ 연소용 공기는 적절히 예열하여 공급한다.
④ 중유를 적당히 예열한다.

06. 다음 사이클에 대한 설명으로 옳은 것은?

① 오토사이클은 정압사이클이다.
② 디젤사이클은 정적사이클이다.
③ 사바테사이클의 압력상승비(α)가 1인 상태가 디젤사이클이다.
④ 오토사이클의 효율은 압축비가 증가에 따라 감소한다.

해설 오토사이클은 등적사이클이다.
디젤사이클은 정압사이클이다.
오토사이클의 열효율은 압축비가 증가한다.

정답 04. ④ 05. ② 06. ③

07

고열원 227°C, 저열원 17°C의 온도범위에서 작동하는 카르노 사이클의 열효율은?

① 7.5%   ② 42%
③ 58%   ④ 92.5%

해설 열효율 $= \dfrac{T_1 - T_2}{T_1} \times 100 = \dfrac{(273+227)-(273+17)}{(273+227)} \times 100 = 42\%$

08

다음 ( )안에 들어갈 경판의 두께 기준에 대한 설명으로 바르게 짝지어진 것은?

[보기]

경판의 최소두께는 전반구형인 것을 제외하고 계산상 필요한 이음매 없는 동체판의 두께 이상이어야 한다. 다만, 어떠한 경우도 (a)이상으로 하고, 스테이를 부착하는 경우에는 (b)이상으로 한다.

① a : 6mm, b : 10mm   ② a : 4mm, b : 8mm
③ a : 4mm, b : 10mm   ④ a : 6mm, b : 8mm

해설 경판의 최소두께는 전반구형인 것을 제외하고 계산상 필요한 이음매 없는 동체판의 두께 이상이어야 한다. 다만, 어떠한 경우도 6mm이상으로 하고, 스테이를 부착하는 경우에는 8mm이상으로 한다.

09

온도측정과 연관된 열역학의 기본법칙으로서 열적평형과 관련된 법칙은?

① 열역학의 제 0법칙   ② 열역학의 제 1법칙
③ 열역학의 제 2법칙   ④ 열역학의 제 3법칙

해설 열역학 법칙
① 열역학 제 0법칙(열평형의 법칙, 온도를 정의)
② 열역학 제 1법칙(에너지 보존의 법칙)
  · 일은 열로 변화시킬 수 있고 열은 일로 변화시킬 수 있다
③ 열역학 제 2법칙(엔트로피의 법칙, 일 할 수 있는 능력에 관한 법칙)
  ㉠ 일은 열로 변화시킬 수 있고 열은 일로 변화시킬 수 없다
  ㉡ 클라우시스 : 일을 소비하지 않고 열은 일로 변환시킬 수 없다.
  ㉢ 켈빈플랭크 : 열효율이 100%인 기관은 만들 수 없다.
④ 열역학 제 3법칙
  · 어떤 경우라도 절대온도 0°C에 도달할 수 없다는 법칙

07. ② 08. ④ 09. ①

10
1Kg의 물이 0°C에서 100°C까지 가열될 때 엔트로피의 변화량(KJ/K)은? (단, 물의 평균비열은 4.184KJ/Kg·K이다.)

① 0.3
② 1
③ 1.3
④ 100

해설
$$\triangle s = C \times m \times \ln\left(\frac{T_f}{T_i}\right)$$
$$= 4.184 kJ/kg \cdot K \times 1 kg \times \ln\left(\frac{(273.15+100)}{(273.15+0)}\right) = 1.3 kJ/K$$

11
전체 일(W)을 면적으로 나타낼 수 있는 선도로서 가장 적합한 것은?

① P-T(압력-온도)선도
② P-V(압력-체적)선도
③ h-s(엔탈피-엔트로피)선도
④ T-V(온도-체적)선도

해설 전체일을 면적으로 나타낼 수 있는 선도 : P-V선도

12
매연의 발생 방지방법으로 틀린 것은?

① 공기비를 최소화하여 연소한다.
② 보일러에 적합한 연료를 선택한다.
③ 연료가 연소하는데 충분한 시간을 준다.
④ 연소실 내의 온도가 내려가지 않도록 공기를 적정하게 보낸다.

해설 매연발생 방지법
① 공기비를 적정하게 연소시킨다.
② 연소실내의 온도가 내려가지 않도록 공기를 적성아게 보낸다.
③ 연료 연소하는데 충분한 시간과 공간을 준다.
④ 보일러에 적합한 연료를 선택한다.
⑤ 연료와 공기의 혼합을 적정하게 한다.
⑥ 연료중에 불순물이 없게한다.

13
포화수의 증발현상이 없고 액체와 기체의 구분이 없어지는 지점을 무엇이라 하는가?

① 삼중점
② 포화점
③ 임계점
④ 비점

해설 임계점 : 증발잠열이 0 kcal/kg이고 액체와 기체의 구별이 없어지는 지점.

14

연료 1Kg을 연소시키는데 이론적으로 2.5Nm³의 산소가 소요된다. 이 연료 1Kg을 공기비 1.2로 연소시킬 때 필요한 실제공기량(Nm²/Kg)은?

① 11.9
② 14.3
③ 18.5
④ 24.4

해설 실제공기량(A) $= m \times A_0 = 1.2 \times 11.90 = 14.285 \, Nm^3/kg$

$A_0 = \dfrac{2.5}{0.21} = 11.90$

15

기체연료 연소장치 중 가스버너의 특징으로 틀린 것은?

① 공기비 제어가 불가능하다.
② 정확한 온도제어가 가능하다.
③ 연소상태가 좋아 고부하연소가 용이하다.
④ 버너의 구조가 간단하고 보수가 용이하다.

해설 가스버너의 특징
① 연소의 조절범위가 넓고 보수가 쉽다.
② 매연이 적어 공해 대책에 유리하다.
③ 연소조절이 용이하며 속도가 빠르다.
④ 연소성능이 좋고 고부하 연소가 가능하다.

16

고체연료의 일반적인 연소방법이 아닌 것은?

① 화격자연소
② 미분탄연소
③ 유동층연소
④ 예혼합연소

 기체연료의 연소 : ① 확산연소 ② 예혼합연소

17

증기 동력사이클의 기본 사이클인 랭킨사이클에서 작동유체의 흐름을 바르게 나타낸 것은?

① 펌프 → 응축기 → 보일러 → 터빈
② 펌프 → 보일러 → 응축기 → 터빈
③ 펌프 → 보일러 → 터빈 → 응축기
④ 펌프 → 터빈 → 보일러 → 응축기

해설 랭킨사이클 작동유체의 흐름
펌프 → 보일러 → 터빈 → 응축기 → 펌프

14. ② 15. ① 16. ④ 17. ③

18 다음 중 공기와 혼합 시 폭발범위가 가장 넓은 것은?
① 메탄
② 프로판
③ 일산화탄소
④ 메틸알코올

> **해설** 폭발범위(연소범위)
> ① 메탄 : 5 ~ 15%
> ② 프로판 : 2.1 ~ 9.5%
> ③ 일산화탄소 : 12.5 ~ 74%
> ④ 메틸알콜 : 7.3 ~ 36%

19 랭킨 사이클의 열효율 증대 방안이 아닌 것은?
① 응축기 압력을 낮춘다.
② 증기를 고온으로 가열한다.
③ 보일러의 압력을 높인다.
④ 응축기 온도를 높인다.

> **해설** 랭킨사이클의 효율을 올리기 위한 방법
> ① 배출되는 증기의 온도를 낮춘다.
> ② 유입되는 증기의 온도를 높인다.
> ③ 유입되는 증기의 압력을 높인다.
> ④ 배출되는 증기의 압력을 낮춘다.

20 노내의 압력이 부압이 될 수 없는 통풍방식은?
① 흡입통풍
② 압입통풍
③ 평형통풍
④ 자연통풍

> **해설** 통풍방식
> ① 압입통풍방식
>   ㉠ 연소실입구설치
>   ㉡ 정압유지
>   ㉢ 배기가스유속 8m/s이하
> ② 흡입통풍방식
>   ㉠ 연도중심부설치
>   ㉡ 부압유지
>   ㉢ 배기가스유속 8~10m/s
> ③ 압입통풍방식
>   ㉠ 연소실입구+연도중심부설치
>   ㉡ 정압+부압유지
>   ㉢ 배기가스 유속 10m/s 초과 유지

정답 18. ③ 19. ④ 20. ②

제2과목 : 계측 및 에너지 진단

21 보일러 전열량을 크게하는 방법으로 틀린 것은?
① 보일러의 전열면적을 작게하고 열가스의 유동을 느리게 한다.
② 전열면에 부착된 스케일을 제거한다.
③ 보일러수의 순환을 잘 시킨다.
④ 연소율을 높인다.

해설 연소가스의 유동을 빠르게 하고 관수순환을 빠르게 한다.

22 다음 중 부르돈관(Bourdon tube)압력계에서 측정된 압력은?
① 절대압력   ② 게이지압력
③ 진공압   ④ 대기압

해설 2차압력계
① 브르돈관 압력계(bourdon tube)
  ㉠ 고압장치에 가장 많이 사용되는 압력계로 2차 압력계의 대표적이다.
  ㉡ 브르돈관의 재질은 저압인 경우에는 황동, 청동, 인청동 등을 사용하며 고압일 때는 니켈강 등 특수강을 사용한다.
  ㉢ 암모니아용, 아세틸렌용 압력계에는 Cu 및 Cu 합금의 사용을 금하고 연강재를 사용한다.
  ㉣ 산소용 압력계는 '금유'라는 표시가 되어 있는 전용의 것을 사용한다.
  ㉤ 금속의 탄성원리를 이용한 압력계로 상용 압력의 1.5배 이상 2배 이하의 눈금이 있는 것을 사용한다.

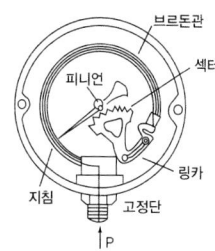
〈브르돈관식 압력계〉

② 다이어프램 압력계(격막식 압력계)
  ㉠ 미소한 압력을 측정할 때 사용(+, -차압을 측정할 수 있다)
  ㉡ 재질은 고무, 테프론, 양은, 스텐인리스 등이 쓰이며 측정 가능 범위는 공업용이 20~5000[mmAq]이다.
  ㉢ 부식성 유체의 측정이 가능하다.
  ㉣ 온도의 영향을 받기 쉽다.
  ㉤ 측정의 응답속도가 빠르다.
  ㉥ 이상압력으로 파손되어도 위험성이 작다.

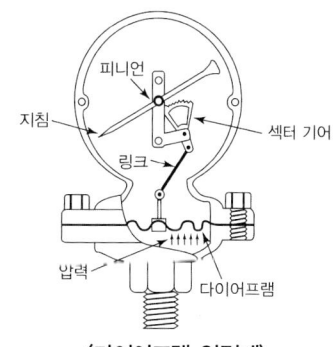
〈다이어프램 압력계〉

21. ① 22. ②

③ 벨로우즈 압력계
  ㉠ 신축에 의한 압력을 이용한다.
  ㉡ 유체 내의 먼지 등의 영향이 적고 압력 변동에 적응하기 어렵다.
  ㉢ 측정압력은 0.01~10[kg/cm²], 정밀도는 ±1~2[%]이다.

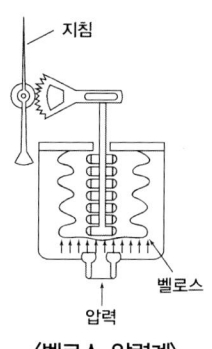

〈벨로스 압력계〉

23

다음 중 SI기본단위에 속하지 않는 것은?
① 길이
② 시간
③ 열량
④ 광도

해설 SI 기본단위 7개
① kg(질량)   ② m(길이)   ③ sec(시간)   ④ A(전류=암페어)
⑤ K(온도=켈빈)   ⑥ mol(몰=물질량)   ⑦ Cd(광도 = 칸델라)

24

보일러 열정산 시 측정할 필요가 없는 것은?
① 급수량 및 급수온도
② 연소용 공기의 온도
③ 과열기의 전열면적
④ 배기가스의 압력

해설 보일러 열정산 측정사항
① 외기온도   ② 연료량   ③ 급수량
④ 급수온도측정   ⑤ 연소용공기량측정   ⑥ 발생증기량측정
⑦ 증기압력의 측정   ⑧ 포화증기의건조도측정   ⑨ 배기가스온도측정

참고 열계산의 기준
① 측정시간 : 2시간   ② 측정은 매 10분마다
③ 증기의 건도는 0.98로 한다.   ④ 열계산은 사용연료 1 kg에 대해

25

액주식 압력계의 액체로서 구비조건이 아닌 것은?
① 항상 액면은 수평으로 만들 것
② 온도변화에 의한 밀도의 변화가 적을 것
③ 화학적으로 안정적이고 휘발성 및 흡수성이 클 것
④ 모세관 현상이 적을 것

해설 휘발성 및 흡수성이 적을 것

26

다음 보일러 자동제어 중 증기온도 제어는?

① ABC ② ACC
③ FWC ④ STC

 보일러자동제어의 종류
① S.T.C(Steam temperature control)증기온도제어
② F.W.C(Feed water control)급수제어
③ A.C.C(Automatic combustion control)자동연소제어

27

자동제어장치에서 조절계의 종류에 속하지 않는 것은?

① 공기압식 ② 전기식
③ 유압식   ④ 증기식

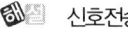 신호전송방법
① 공기압 신호전송
  ㉠ 사용조작압력은 0.2~1[kg/cm²]이다.
  ㉡ 신호전달거리가 100~150[m] 정도이다.
  ㉢ 온도제어 등에 적합하고 위험이 적다.
  ㉣ 배관이 용이하고 보존이 쉽다.
  ㉤ 내열성이 우수하나 압축성이므로 신호전달에 지연이 된다.
  ㉥ 희망특성을 살리기 어렵다.
② 유압식 신호전송
  ㉠ 사용유압은 0.2~1[kg/cm²]이다.
  ㉡ 신호전달거리가 300[m] 정도이다.
  ㉢ 높은 유압이 필요하다.
  ㉣ 인화 위험성이 많다.
③ 전기식 신호전송
  ㉠ 사용전류는 4~30[mA] 또는 10~50[mADC]의 전류를 통일신호로 한다.
  ㉡ 신호전달거리는 0.3~10[km]까지 가능하다.
  ㉢ 신호전달의 지연이 없고 배선이 용이하다.
  ㉣ 대규모 조작력이 필요한 경우에 사용된다.
  ㉤ 높은 기술을 요히며 가격이 비싸다.

28

열전대의 종류 중 환원성이 강하지만 산화의 분위기에는 약하고 가격이 저렴하며 IC 열전대라고 부르는 것은?

① 동-콘스탄탄
② 철-콘스탄탄
③ 백금-백금로듐
④ 크로멜-알루멜

해설 열전대온도계(접촉식 중 가장 높은 측정, 열기전력 이용(제백효과))
① PR(백금 – 백금로듐)(R형)
　㉠ 산화성 분위기에 가장 강하다.　㉡ 환원성 분위기에 약하다.
　㉢ 금속증기에 침식　㉣ 온도 : 0~1600°C
　㉤ 백금 87%(+극), 백금로듐 13% (-극)　㉥ 값이 싸고, 정도가 높고 안정성 우수
　㉦ 열전대온도계 중 가장 고온측정
② CA(크로멜 – 알루멜)(K형)
　㉠ 크로멜(Ni(90%)+Cr(10%), 알루멜(Ni(94%)+Mn(2.5%)+Al(2.0%)+Fe(0.5)
　㉡ 산화성 분위기에 약하다.　㉢ 온도 : 0~1200°C
③ CC(동 – 콘스탄탄)(T형)
　㉠ 수분에 의한 내식성이 크다.　㉡ 콘스탄탄(Cu(55%)+Ni(45%))
　㉢ 온도 : –200~350°C　㉣ 열전대 온도계 중 가장 저온 측정
④ IC(철 – 콘스탄탄)(J형)
　㉠ 환원성 분위기에 강하다.　㉡ 온도 : –20~850°C

29

그림과 같은 경사관 압력계에서 P_1의 압력을 나타내는 식으로 옳은 것은?

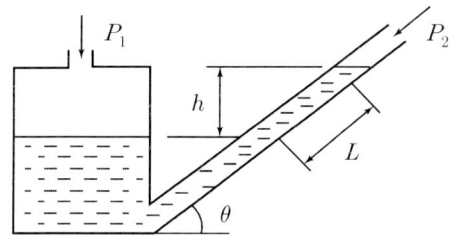

① $P_1 = \dfrac{P_2}{\gamma \times L} 90$
② $P_1 = P_2 \times \gamma \times L \times \cos\theta$
③ $P_1 = P_2 \times \gamma \times L \times \tan\theta$
④ $P_1 = P_2 \times \gamma \times L \times \sin\theta$

정답 28. ② 29. ④

30
열전대가 있는 보호관 속에서 MgO, Al_2O_3를 넣고 길게 만든 것으로서 진동이 심하고 가소성이 있는 곳에 주로 사용되는 열전대는?

① 시이드(Sheath) 열전대 ② CA(K형) 열전대
③ 서미스트 열전대 ④ 석영관 열전대

해설 시이드 열전대 : 보호관 속에서 MgO, Al_2O_3를 넣고 길게만든 것으로서 진동이 심하고 가소성이 있는 곳에 주로 사용

31
오차에 대한 설명으로 틀린 것은?
① 계측기 고유오차의 최대허용한도를 공차라 한다.
② 과실오차는 계통오차가 아니다.
③ 오차는 "측정값–참값"이다.
④ 오차율은 "참값/오차"이다.

해설 오차율 : 참값과 근사값과의 차이의 정도를 나타내는 비율

32
다음 중 열전대 온도계의 비금속 보호관이 아닌 것은?
① 석영관 ② 자기관
③ 황동관 ④ 카보런덤관

해설 비금속보호관

종류	최고사용온도	특징
카보란담관	1600~1700℃	• 이중보호관 및 방사고온도계용 • 다공질로서 급열 급랭에 강함
자기관	1450~1550℃	• 내열성 및 알카리에 약함 • 용융금속 등 알카리에 약함
석영관	1000~1050℃	• 급열, 급냉에 잘견딤 • 산에는 강하나 알카리에는 약함 • 환원성가스에 기밀성이 약간 떨어짐

33
보일러의 1마력은 한 시간에 몇 Kg의 상당증발량을 나타낼 수 있는 능력인가?
① 15.65 ② 30.0
③ 34.5 ④ 40.56

해설 보일러 1마력 : 상당증발량이 15.65 kg/h인 보일러의 능력

34
보일러에 대한 인터록이 아닌 것은?
① 압력초과 인터록　　② 온도초과 인터록
③ 저수위 인터록　　④ 저연소 인터록

해설 인터록제어
구비조건에 맞지 않을 때 그 조건이 충족될 때까지 다음 단계를 정지시키는 것
① 저수위 인터록　　② 저연소인터록
③ 불착화 인터록　　④ 압력초과 인터록
⑤ 프리퍼지 인터록

35
미량성분의 양을 표시하는 단위인 ppm은?
① 1만분의 1단위　　② 10만분의 1단위
③ 100만분의 1단위　　④ 10억분의 1단위

해설 PPM(part's per million) : 100만분의 1단위

36
물탱크에서 h=10m, 오리피스의 지름이 5cm일 때 오리피스의 유량은 약 몇 m^3/s인가?
① 0.0275　　② 0.1099
③ 0.14　　④ 14

해설 $Q = A \times V$에서 $V = \sqrt{2gh}$
$= \dfrac{\pi D^2}{4} \times \sqrt{2gh}$
$= 0.785 \times 0.05^2 \times \sqrt{2 \times 9.8 \times 10} = 0.027475 \, m^3/s$

37
다음 중 광학적 성질을 이용한 가스분석법은?
① 가스 크로마토그래피법　　② 적외선 흡수법
③ 오르자트법　　④ 세라믹법

해설 적외선 가스분석계 : 압력차를 금속박막의 변위, 전기용량의 변화로 검출하여 CO_2 농도를 지시 및 기록시키는 것으로 적외선을 흡수하지 않는 N_2, O_2, H_2, Cl_2 등 대칭성 2 원자 분자를 제외한 CO, CO_2, CH_4 등 대부분의 분자를 각각 적외선 스펙트럼을 이용한 가스분석기이다.

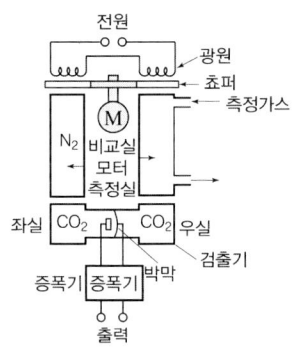

〈적외선가스 분석기〉

〈특징〉
㉠ 저농도가스의 분석에 적합하다.
㉡ 선택성이 우수하다.
㉢ 더스트 및 습기방지에 주의한다.
㉣ 대상범위가 넓고 연속측정이 용이하다.

38
보일러의 자동제어에서 제어량의 대상이 아닌 것은?
① 증기압력
② 보일러수위
③ 증기온도
④ 급수온도

해설 보일러 자동제어(ABC)

제어	제어량	조작량
STC(증기온도제어)	과열증기온도	전열량
FWC(급수제어)	보일러수위	급수량
ACC(자동연소제어)	증기압력계제어	연료량, 공기량
	노내압력계제어	연소가스량, 송풍량

39
다음 중 보일러 열정산을 하는 목적으로 가장 거리가 먼 것은?
① 연료의 성분을 알 수 있다.
② 열의 행방을 파악할 수 있다.
③ 열설비 성능을 파악할 수 있다.
④ 열의 손실을 파악하여 조업 방법을 개선할 수 있다.

해설 열정산시 측정사항
① 외기온도   ② 급수량   ③ 연료량
④ 연소용공기량   ⑤ 급수온도측정   ⑥ 발생증기량측정
⑦ 배기가스온도측정   ⑧ 포화증기건조도측정   ⑨ 증기압력의 측정

38. ④   39. ①

40 액면계의 특징에 대한 설명으로 옳지 않은 것은?
① 방사선식 액면계는 밀폐고압탱크나 부식성 탱크의 액면측정에 용이하다.
② 부자식 액면계는 초대형 지하탱크의 액면을 측정하기에 적합하다.
③ 박막식 액면계는 저압밀폐탱크와 고농도액체 저장탱크의 액면측정에 용이하다.
④ 유리관식 액면계는 지상탱크에 적합하며 직접적인 자동제어가 불가능하다.

해설 박막식 액면계는 저압밀폐탱크와 고농도액체저장탱크의 액면측정에 용이하지 않다.

제3과목 : 열설비구조 및 시공

41 다음 중 에너지이용합리화법에 따라 검사대상 기기인 보일러의 검사유효기간이 1년이 아닌 검사는?
① 설치장소변경검사　　② 개조검사
③ 계속사용안전검사　　④ 용접검사

해설 검사대상기기 검사의 유효기간
① 설치장소변경검사 : ㉠ 보일러 : 1년 ㉡ 압력용기 및 철금속 가열로 : 2년
② 개조검사 : ㉠ 보일러 : 1년 ㉡ 압력용기 및 철금속 가열로 : 2년
③ 계속사용안전검사 : ㉠ 보일러 : 1년 ㉡ 압력용기 : 2년
④ 운전성능검사 : ㉠ 보일러 : 1년 ㉡ 철금속 가열로 : 2년

42 에너지이용합리화법에 따라 검사의 전부 또는 일부를 면제할 수 있다. 다음 중 용접검사가 면제되는 경우에 해당되는 것은?
① 강철제보일러 중 전열면적이 $5m^2$이하이고, 최고사용압력이 3.5MPa인 것
② 강철제보일러 중 헤더의 안지름이 200mm이고 전열면적이 $10m^2$이며 최고사용압력이 0.35MPa인 관류보일러
③ 압력용기 중 도체의 두께가 6mm이고 최고사용압력(MPa)과 내용적(m^2)을 곱한 수치가 0.2이하인 것
④ 온수보일러로서 전열면적이 $15m^2$이고 최고사용압력이 0.35MPa인 것

43 관을 구부렸다가 힘을 제거하면 탄성이 작용하여 다시 펴지는 현상을 무엇이라 하는가?
① 스프링백 ② 브레이스
③ 플렉시블 ④ 벨로즈

해설
- 스프링백 : 관을 구부렸다가 힘을 제거하면 탄성이 작용하여 다시 펴지는 현상
- 브레이스 : 펌프 압축기 등에서 발생하는 진동, 서어징, 수격작용등에 의한 진동, 충격 등을 완화하는 완충기

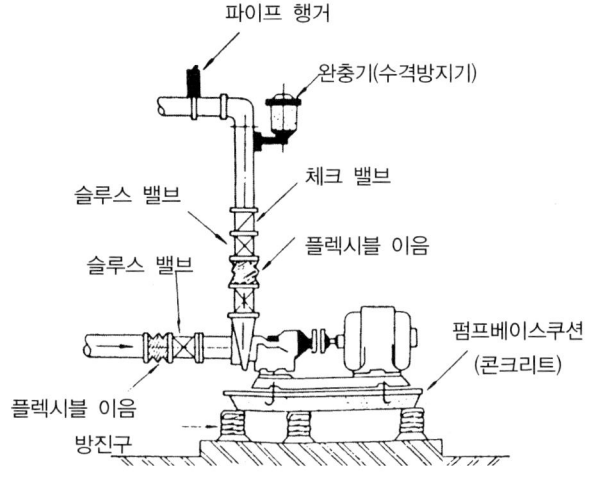

44 원심력 송풍기의 회전수가 2500rpm일 때 송풍량은 150m³/min이었다. 회전수를 3000rpm으로 증가시키면 송풍량은(m³/min)?
① 259 ② 216
③ 180 ④ 125

해설
$Q'(풍량) = Q \times \left(\dfrac{N_2}{N_1}\right) = 150 \times \left(\dfrac{3,000}{2,500}\right) = 180 m^3/\min$

$H'(양정) = H \times \left(\dfrac{N_2}{N_1}\right)^2$

$kW(동력) = kW \times \left(\dfrac{N_2}{N_1}\right)^3$

45 배관용 연결부속 중 관의 수리, 점검, 교체가 필요한 곳에 사용되는 것은?
① 플러그 ② 니플
③ 소켓 ④ 유니온

해설
① 관의 점검, 수리, 교체 : 유니온, 플랜지
② 관 끝을 막을 때 : 플러그, 캡
③ 서로 다른 지름의 관을 연결시 : 이경티, 이경엘보, 이경소켓, 붓싱
④ 관을 도중에서 분기할 때 : 티, 와이, 크로스
⑤ 같은 지름의 관을 직선 연결시 : 소켓, 니플, 유니온, 플랜지

46 다음 중 아담슨 조인트, 갤로웨이관과 관련이 있는 원통보일러는?
① 노통보일러 ② 연관보일러
③ 입형보일러 ④ 특수보일러

해설 아담슨조인트, 겔로웨이관과 관련있는 보일러 : 원통형보일러
① 아담슨 조인트 : 노통의 열응력에 따른 신축 문제를 고려 1~2[m] 정도로 분할제작 플랜지형식으로 접합한 방식으로 강도보강, 노통 후부의 이음부를 보호하는 특징을 갖고 있다.

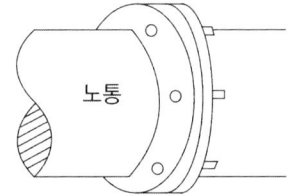

② 브레이징 스페이스(Breathing space) : 노통 호흡장소, 노통 보일러의 경우 경판과 동판의 강도를 보강하기 위해 가셋트 스테이를 설치하게 되는데 가셋트 스테이의 하단부와 노통 사이의 거리를 브레이징 스페이스라 하고 최소 225[mm]

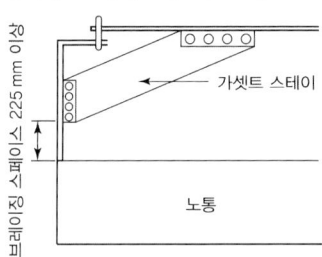

47 검사대상 증기보일러에서 사용해야 하는 안전밸브는?

① 스프링식 안전밸브
② 지렛대식 안전밸브
③ 중추식 안전밸브
④ 복합식 안전밸브

해설 증기보일러에 사용해야 하는 안전밸브 : 스프링식 안전밸브

48 보일러의 부대장치에 대한 설명으로 옳은 것은?

① 윈드박스는 흡입통풍의 경우에 풍도에서의 정압을 동압으로 바꾸어 노 내에 유입시킨다.
② 보염기는 보일러 운전을 정지할 때 진화를 원활하게 한다.
③ 플레임 아이는 연소 중에 발생하는 화염빛을 감지부에서 전기적 신호로 바꾸어 화염의 유무를 검출한다.
④ 플레임 로드는 연소온도에 의하여 화염의 유무를 검출한다.

해설 화염검출기
① 플레임아이 : 화염의 발광체 이용
② 플레임로드 : 화염의 이온화 현상 이용
③ 스텍스위치 : 화염의 발열현상 이용

49 보온재의 보온효율을 바르게 나타낸 것은? (단, Q_0 : 보온을 하지 않았을 때 표면으로부터의 방열량, Q : 보온을 하였을 때 표면으로부터의 방열량이다.)

① $\dfrac{Q_0}{Q}$
② $\dfrac{Q}{Q_0}$
③ $\dfrac{Q_0 - Q}{Q}$
④ $\dfrac{Q_0 - Q}{Q_0}$

해설 보온효율 = $\dfrac{Q_1 - Q_2}{Q_1} \times 100$

Q_1 : 보온을 하지 않았을 때 표면으로 부터의 방열량
Q_2 : 보온을 하였을 때 표면으로 부터의 방열량

50 내화벽돌이나 단열벽돌을 쌓을 때 유의사항으로 틀린 것은?
① 열의 이동을 막기 위하여 불꽃이 접촉하는 부분에 단열벽돌을 쌓고 그 다음에 내화벽돌을 쌓는다.
② 물기가 없는 건조한 것과 불순물을 제거한 것을 쌓는다.
③ 내화 모르타르는 화학조성이 사용 내화벽돌과 비슷한 것을 사용한다.
④ 내화벽돌과 단열벽돌 사이에는 내화 모르타르를 사용한다.

해설 열의 이동을 막기 위하여 불꽃이 접촉하는 부분에 내화벽돌을 쌓고 그 다음에 단열벽돌을 쌓는다.

51 기수분리기에 대한 설명으로 옳은 것은?
① 보일러에 투입되는 연소용 공기 중에서 수분을 제거하는 장치
② 보일러 급수 중에 포함되어 있는 공기를 제거하는 장치
③ 증기사용처에서 증기사용 후 물과 증기를 분리하는 장치
④ 보일러에서 발생한 증기 중에 남아있는 물방울을 제거하는 장치

해설 기수분리기 : 증기중의 수분을 제거하여 건조증기를 얻기 위한 장치
종류 : ㉠ 싸이클론식   ㉡ 스크레버식
       ㉢ 건조스크린식   ㉣ 베플식

52 에너지이용합리화법에 따라 검사대상기기설치자가 변경되는 경우 새로운 검사대상기기의 설치자는 그 변경일로부터 며칠 이내에 신고서를 공단이사장에게 제출해야 하는가?
① 7일   ② 10일
③ 15일   ④ 30일

해설 검사대상기기의 설치자의 변경신고
검사대상기기의 설치자가 변경된 경우 새로운 검사대상기기의 설치자는 그 변경일부터 15일 이내에 검사대상기기 설치자 변경신고서를 공단이사장에게 제출하여야 한다.

53 불연속식 가마로서 바닥은 직사각형이며 여러 개의 흡입구멍이 연도에 연결되어있고 화교가 버너 포트의 앞쪽에 설치되어 있는 것은?
① 도염식가마   ② 터널가마
③ 둥근가마   ④ 호프만가마

해설 불연속식요
① 도염식요   ② 승염식요   ③ 횡염식요

54 발열량이 5500kcal/kg인 석탄을 연소시키는 보일러에서 배기가스 온도가 400°C일 때 보일러의 열효율(%)은? (단, 연소가스량은 10Nm³/kg, 연소가스의 비열은 0.33kcal/Nm³·°C, 실온과 외기온은 0°C이며, 미연분에 의한 손실과 방사에 의한 열손실은 무시한다.)

① 64　　　　　　　　　② 70
③ 76　　　　　　　　　④ 80

 열효율 = $\dfrac{G \cdot C \cdot \triangle t}{Gf \times H\ell} \times 100$

　　　　= $\dfrac{10 \times 0.33 \times (400-0)}{5,500} \times 100 = 24\%$ (출열)

∴ (100–24)% = 76%

55 돌로마이트 내화물에 대한 설명으로 틀린 것은?

① 염기성 슬래그에 대한 저항이 크다.　② 소화성이 크다.
③ 내화도는 SK26~30이다.　　　　　　④ 내스폴링성이 크다.

 돌로마이트 내화물 특징
① 내스폴링성 크다.
② 소화성이 크다.
③ 염기성슬래그에 대한 저항이 크다.

56 에너지이용합리화법에 따라 특정열사용기자재 중 온수보일러를 설치하는 경우 제 몇 종 난방시공자가 시공할 수 있는가?

① 제 1종　　　　　　　② 제 2종
③ 제 3종　　　　　　　④ 제 4종

특정열사용기자재 중 온수보일러를 설치하는 경우 : 제1종 난방시공업자

57 특수 열매체 보일러에서 사용하는 특수열매체로 적합하지 않은 것은?

① 다우섬　　　　　　　② 카네크롤
③ 수은　　　　　　　　④ 암모니아

열매체 보일 : 비교적 저압에서 고온의 증기를 얻는 보일러
·종류 : ① 수은　② 다우삼　③ 카네크롤　④ 세큐리티53　⑤ 모빌섬

58 에너지이용합리화법에 따라 검사대상기기의 계속사용검사 중 산업통상자원부령으로 정하는 항목의 검사에 불합격한 경우 일정기간 내 그 검사에 합격할 것을 조건으로 계속 사용을 허용한다. 그 기간을 불합격한 날부터 몇 개월 이내인가? (단, 철금속가열로는 제외한다.)

① 6개월   ② 7개월
③ 8개월   ④ 10개월

59 구조가 간단하여 취급이 용이하고 수리가 간편하며, 수부가 크므로 열의 비축량이 크고 사용 증기량이 변동에 따른 발생증기의 압력변동이 작은 이점이 있으나 폭발 시 재해가 큰 보일러는?

① 원통형 보일러   ② 수관식 보일러
③ 관류보일러   ④ 열매체 보일러

해설 원통형 보일러의 특징
① 구조상 고압 대용량에 부적합
② 급수처리가 간단하다.
③ 수면이 넓어 기수공발이 적다.
④ 구조가 간단하고 취급이 용이
⑤ 청소, 검사, 수리가 용이
⑥ 관수의 보유수량이 많아 부하변동에 큰 영향이 없다.
⑦ 예열부하가 커서 부하에 대응하기 어렵다.
⑧ 전열면적이 적어 효율이 낮다.
⑨ 보유수량이 많아 폭발시 피해가 크다

60 용광로에 장입하는 코크스의 역할로 가장 거리가 먼 것은?

① 열원으로 사용   ② SiO_2, P의 환원
③ 광석의 환원   ④ 선철의 흡수

해설 용광로에 장입하는 코크스의 역할
① 광석의 환원
② 선철의 흡수
③ 열원으로 사용

제4과목 : 열설비 취급 및 안전관리

61 보일러 수의 불순물 농도가 400ppm이고 1일 급수량이 5000L일 때, 이 보일러의 1일 분출량(L/day)은 얼마인가? (단, 급수 중의 불순물농도는 50ppm이고, 응축수는 회수하지 않는다.)

① 688
② 714
③ 785
④ 828

 일일분출량(ℓ/day) = $\dfrac{x \times d}{r - d} = \dfrac{5{,}000 \times 50}{400 - 50} = 714.28\ell/day$

62 에너지법에 따라 에너지 수급에 중대한 차질이 발생할 경우를 대비하여 비상시 에너지수급 계획을 수립하여야 하는 자는?

① 대통령
② 국토교통부장관
③ 산업통상자원부장관
④ 한국에너지공단이사장

해설 에너지수급안정을 위한 조치
① 산업통상자원부장관은 국내외 에너지사정의 변동에 따른 에너지의 수급차질에 대비하기 위하여 대통령령으로 정하는 주요 에너지사용자와 에너지공급자에게 에너지저장시설을 보유하고 에너지를 저장하는 의무를 부과할 수 있다.
② 에너지저장의무 부과대상자
  ㉠ 전기사업법에 의한 전기사업자
  ㉡ 도시가스사업법에 의한 도시가스사업자
  ㉢ 석탄산업법에 의한 석탄가공업자
  ㉣ 집단에너지사업법에 의한 집단에너지사업자
  ㉤ 연간 2만 석유환산톤(TOE) 이상의 에너지를 사용하는 자
③ 산업통상자원부장관은 국내외 에너지사정의 변동으로 에너지수급에 중대한 차질이 발생하거나 발생할 우려가 있다고 인정되면 에너지수급의 안정을 기하기 위하여 필요한 범위에서 에너지사용자·에너지공급자 또는 에너지사용기자재의 소유자와 관리자에게 다음 각호의 사항에 관한 조정·명령, 그 밖에 필요한 조치를 할 수 있다.
  ㉠ 지역별·주요 수급자별 에너지 할당
  ㉡ 에너지공급설비의 가동 및 조업
  ㉢ 에너지의 비축과 저장
  ㉣ 에너지의 도입·수출입 및 위탁가공
  ㉤ 에너지공급자 상호간의 에너지의 교환 또는 분배사용
  ㉥ 에너지의 유통시설과 그 사용 및 유통경로
  ㉦ 에너지의 배급
  ㉧ 에너지의 양도·양수의 제한 또는 금지

61. ② 62. ③

63 공급되는 1차 고온수를 감압하여 직결하는데, 여기에 귀환하는 2차 고온수 일부를 바이패스시켜 합류시킴으로서 고온수의 온도를 낮추어 시스템에 공급하도록 하는 고온수 난방방식을 무엇이라고 하는가?
① 고온수 직결방식 ② 브리드인 방식
③ 열 교환방식 ④ 캐스케이드 방식

64 보일러 내부부식의 발생을 방지하는 방법으로 틀린 것은?
① 급수나 관수 중의 불순물을 제거한다.
② 급열, 급냉을 피하여 열응력작용을 방지한다.
③ 보일러 수의 PH를 약산성으로 유지한다.
④ 분출을 적당히 하여 농축수를 제거한다.

해설 보일러의 수를 약 알카리성으로 유지한다.

65 에너지법에서 사용하는 용어의 정의로 옳은 것은?
① 에너지는 연료, 열 및 전기를 말한다.
② 연료는 석유, 석탄 및 핵연료를 말한다.
③ 에너지공급자는 에너지를 개발, 판매하는 사업자를 말한다.
④ 에너지사용자는 에너지공급시설의 소유자 또는 관리자를 말한다.

66 보일러 급수의 외처리 방법 중 기폭법과 탈기법으로 공통으로 제거할 수 있는 가스는?
① 수소 ② 질소
③ 탄산가스 ④ 황화수소

해설 외처리법
① 용존산소 제거법 : ㉠ 탈기법 : CO_2, O_2 가스체 제거
㉡ 기폭법 : Fe, Mn 제거
② 현탁질 고형물 제거법(불순물제거법) : ㉠ 침전법 ㉡ 여과법 ㉢ 응집법
③ 용해 고형물 제거법 : ㉠ 이온교환법 ㉡ 약제법 ㉢ 증류법

정답 63. ② 64. ③ 65. ① 66. ③

67

이온교환수지의 이온교환 능력이 소진되었을 때 재생 처리를 하는데, 이온교환처리장치의 운전 공정 순서로 옳은 것은?

[보기]
　　ⓐ 압출　　ⓑ 부하　　ⓒ 역세　　ⓓ 수세　　ⓔ 통약

① ⓐ → ⓔ → ⓒ → ⓑ → ⓓ
② ⓒ → ⓑ → ⓐ → ⓔ → ⓓ
③ ⓐ → ⓑ → ⓒ → ⓓ → ⓔ
④ ⓒ → ⓔ → ⓐ → ⓓ → ⓑ

해설 이온교환처리 장치의 운전공정순서
역세 → 통약 → 압출 → 수세 → 부하

68

보일러 성능검사 시 증기건도 측정이 불가능한 경우, 강철제 증기보일러의 증기건도는 몇 % 인가?

① 90　　　　② 93
③ 95　　　　④ 98

해설
- 강철제 증기보일러의 증기건도 : 98% 이상(0.98)
- 주철제 증기보일러의 증기건도 : 97% 이상(0.97)

69

에너지이용합리화법에 따라 산업통상자원부장관이 효율관리기자재에 대하여 고시하여야 하는 사항에 해당되지 않는 것은?

① 에너지의 소비효율 또는 사용량의 표시
② 에너지의 소비효율 등급기준 및 등급표시
③ 에너지의 소비효율 또는 생산량의 측정방법
④ 에너지의 최저소비효율 또는 최고 사용량의 기준

해설 산업통상자원부장관이 효율관리 기자재에 대하여 고시하여야 하는 사항
① 에너지소비효율 또는 사용량의 표시
② 에너지소비효율 등급기준 및 등급표시
③ 에너지 최저소비효율 또는 최고사용량의 기준

67. ④　68. ④　69. ③

70 온수난방 배관에서 원칙적으로 배관 중 밸브류를 설치해서는 안 되는 곳은?
① 송수주관 ② 환수주관
③ 방출관   ④ 팽창관

해설 온수난방 배관에서 원칙적으로 배관 중 밸브류를 설치해서는 안되는 곳 : 안전관(방출관), 팽창관

71 보일러 수면계 유리판의 파손 원인으로 가장 거리가 먼 것은?
① 프라이밍 또는 포밍 현상이 발생할 때
② 수면계의 너트를 너무 무리하게 조인 경우
③ 유리관의 재질이 불량한 경우
④ 외부에서 충격을 받았을 때

해설 수면계유리관 파손 원인
① 외부에서 충격을 가할 때
② 급열, 급냉시
③ 유리관의 재질이 불량한 경우
④ 수면계의 너트를 너무 무리하게 조인 경우

72 표준 대기압에서 급수용으로 사용되는 물의 일반적인 성질에 관한 설명으로 틀린 것은?
① 물의 비중이 가장 높은 온도는 약 1°C이다.
② 임계압력은 약 22MPa이다.
③ 임계온도는 약 374°C이다.
④ 증발잠열은 약 2256KJ/Kg이다.

해설 ① 비등점 : 100°C   ② 어는점 : 0°C
③ 임계압력 : 225.65kg/cm^2(22.565 MPa) ④ 임계온도 : 374.15°C
⑤ 증발잠열 : 539 kcal/kg(2256kJ/kg)

73 온수발생보일러는 온수 온도가 얼마 이하일 때, 방출밸브를 설치하여야 하는가?
① 100°C   ② 120°C
③ 130°C   ④ 150°C

해설 온수발생보일러
① 온수의 온도가 120°C 이하 : 방출밸브 (호칭경 20A 이상)
② 온수의 온도가 120°C 초과 : 안전밸브 (호칭경 20A 이상)

정답 70. ④ 71. ① 72. ① 73. ②

74

다음 중 에너지이용 합리화법에 따라 특정열 사용기자재가 아닌 것은?

① 온수보일러　　　　　② 1종압력용기
③ 터널가마　　　　　　④ 태양열온수기

해설 특정열사용 기자재 설치·시공범위

구분	품목명	설치, 시공범위
보일러(기관)	강철제 보일러, 주철제 보일러, 온수 보일러, 구명탄용 온수보일러, 축열식 전기 보일러	해당기기의 설치, 배관 및 세관
태양열 집열기	태양열 집열기	해당기기의 설치, 배관 및 세관
압력용기	1종 압력용기, 2종 압력용기	해당기기의 설치, 배관 및 세관
요업요로	연속식 유리용융가마, 불연속식 유리용융가마, 유리용융도가니가마, 터널가마, 도염식 가마, 셔틀가마, 회전가마, 석회용선가마	해당기기의 설치를 위한 시공
금속요로	용선로, 비철금속용융로, 금속 소둔로, 철금속 가열로, 금속균열로	해당기기의 설치를 위한 시공

75

보일러의 점식을 일으키는 요인 중 국부전지가 유지되는 주요 원인으로 가장 밀접한 것은?

① 실리카 생성　　　　② 염화마그네슘 생성
③ PH상승　　　　　　④ 용존산소 존재

해설 용존산소 : 점식의 원인

76

신설 보일러에 행하는 소다 끓임에 대한 설명으로 옳은 것은?

① 보일러 내부에 부착된 철분, 유지분 등을 제거하는 방법
② 보일러 본체의 누수여부를 확인하는 작업
③ 보일러 부속장치의 누수여부를 확인하는 작업
④ 보일러수의 순환상태 및 증발력을 점검하는 작업

해설
· **소다끓이기(보링)** : 설치, 제작시 부착된 페인트 유지, 녹등을 제거하기 위해 동내부에 소다계통의 약액을 주입하고 가압하여(0.3~0.5 kg/cm^2) 2~3일간 끓여 반복분출
· **사용약액** : ① 가성소다　② 탄산소다　③ 재3인산소다

74. ④　75. ④　76. ①

77 저압 증기 난방장치의 하트포트 배관방식에서 균형관에 접속하는 환수주관의 분기 위치는 보일러 표준수면에서 약 몇 mm 아래가 적정한가?
① 30 ② 50
③ 80 ④ 100

해설 하트포드이음 : 저압증기난방의 습식환수 방식에 있어 보일러의 수위가 환수관의 접속부로의 누설로 인해 저수위 사고가 일어날 것을 방지하기 위해 증기관 환수관 사이에 표준수면에서 50 mm 아래에 균형관 설치

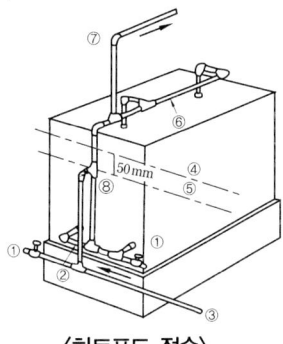

① 드레인관 ② 환수 헤더
③ 환수주관 ④ 표면 수면
⑤ 안전 저수면 ⑥ 증기 헤더
⑦ 증기 주관 ⑧ 균형관

〈하트포드 접속〉

78 보일러의 외부 청소방법이 아닌 것은?
① 산세법 ② 수세법
③ 스팀 쇼킹법 ④ 워터 쇼킹법

해설 외부청소방법 : ① 스팀쇼킹법 ② 워터쇼킹법 ③ 수세법 ④ 샌드블로우법

79 에너지이용합리화법에 의한 검사대상기기의 검사에 관한 설명으로 틀린 것은?
① 검사대상기기를 개조하여 사용하려는 자는 시·도지사의 검사를 받아야 한다.
② 검사대상기기의 계속사용검사를 받으려는 자는 유효기간 만료 전에 검사신청서를 제출하여야 한다.
③ 검사대상기기의 설치장소를 변경한 경우에는 시·도지사의 검사를 받아야 한다.
④ 검사대상기기를 사용 중지하는 경우에는 별도의 신고가 필요없다.

해설 검사대상기기의 설치자가 그 검사대상기기의 사용을 중지한 경우에는 중지한 날부터 15일 이내에 검사대상기기 사용중지신고서를 공단이사장에게 제출하여야 한다.

80 보일러에서 압력차단(제한)스위치의 작동압력은 어느 정도 조정하여야 하는가?
① 사용압력과 같게 조정한다.
② 안전밸브 작동압력과 같게 조정한다.
③ 안전밸브 작동압력보다 약간 낮게 조정한다.
④ 안전밸브 작동압력보다 약간 높게 조정한다.

· 안전두 : 정상고압 +3
· 고압차단스위치 : 정상고압 +4
· 안전밸브 : 정상고압 +5

제1과목 : 열역학 및 연소관리

01 다음 중 에너지 보존과 가장 관련이 있는 열역학의 법칙은?
① 제0법칙
② 제1법칙
③ 제2법칙
④ 제3법칙

해설 열역학 제1법칙(에너지보존의 법칙)
① 일은 열로 열은 일로 변환 시킬 수 있다.
② 1kcal = 427kg·m

02 이상기체에 대하여 C_P와 C_V의 관계식으로 옳은 것은?(단, C_P는 정압비열, C_V는 정적비열, R은 기체상수이다.)
① $C_P = C_V - R$
② $C_P = C_V + R$
③ $C_P = R - C_V$
④ $R = C_P / C_V$

해설 $R = C_P - C_V$
$C_P = R + C_V$

03 과열증기에 대한 설명으로 옳은 것은?
① 습포화증기에서 압력을 높인 것이다.
② 동일압력에서 온도를 높인 습포화증기이다.
③ 건포화증기를 가열해서 압력을 높인 것이다.
④ 건포화증기에 열을 가해 온도를 높인 것이다.

해설 과열증기 : 건포화증기에 열을 가해 온도를 높인 것이다.

정답 01. ② 02. ② 03. ④

04

액체연소장치의 무화요소와 가장 거리가 먼 것은?
① 액체의 운동량
② 주위 공기와의 마찰력
③ 액체와 기체의 표면장력
④ 기체의 비중

 액체연소장치의 무화요소
　① 액체와 기체의 표면장력
　② 액체의 운동량
　③ 주위 공기와의 마찰력

05

회분이 연소에 미치는 영향에 대한 설명으로 틀린 것은?
① 연소실의 온도를 높인다.
② 통풍에 지장을 주어 연소효율을 저하시킨다.
③ 보일러 벽이나 내화벽돌에 부착되어 장치를 손상시킨다.
④ 용융 온도가 낮은 회분은 클린커(clinker)를 발생시켜 통풍을 방해한다.

 회분이 연소에 미치는 영향
　① 연소실의 온도를 낮춘다.
　② 보일러벽이나 내화벽돌에 부착되어 장치를 손상시킨다.
　③ 용융온도가 낮은 회분은 클린커(clinker)를 발생시켜 통풍을 방해
　④ 통풍에 지장을 주어 연소효율을 저하시킨다.

06

체적 0.5m³, 압력 20MPa, 온도 20℃인 일정량의 이상기체가 압력 100kPa, 온도 80℃가 되면 기체의 체적(m³)은?
① 6
② 8
③ 10
④ 12

$$\frac{P_1 V_1}{T_1} = \frac{P_2 V_2}{T_2}$$

$$V_2 = \frac{P_1 \times V_1 \times T_2}{P_2 \times T_1} = \frac{2 \times 0.5 \times (273+80)}{0.1 \times (273+20)} = 12.04 \text{cm}^3$$

07 폴리트로픽 지수가 무한대(n=∞)인 변화는?
① 정온(등온)변화   ② 정적(등적)변화
③ 정압(등압)변화   ④ 단열변화

해설 폴리트로픽지수
① 등압변화=0
② 등온변화=1
③ 단열변화=K
④ 등적변화=∞

08 어떤 물질이 온도변화 없이 상태가 변할 때 방출되거나 흡수되는 열을 무엇이라 하는가?
① 현열   ② 잠열
③ 비열   ④ 열용량

해설 현열 : 상태변화 없이 온도만 변화
잠열 : 온도변화 없이 상태만 변화

09 보일러에서 댐퍼의 설치목적으로 가장 거리가 먼 것은?
① 통풍력을 조절한다.
② 가스의 흐름을 차단한다.
③ 연료 공급량을 조절한다.
④ 주연도와 부연도가 있을 때 가스 흐름을 전환한다.

해설 댐퍼의 설치목적
① 연소가스의 흐름 차단
② 통풍력 조절
③ 주연도에서 부연도로 가스의 흐름 전환

10 랭킨사이클의 효율을 높이기 위한 방법으로 옳은 것은?
① 보일러의 가열온도를 높인다.   ② 응축기의 응축온도를 높인다.
③ 펌프 소요 일을 증대시킨다.   ④ 터빈의 출력을 줄인다.

해설 랭킨사이클의 효율을 높이기 위한 방법 : 보일러의 가열온도를 높인다.

11
파형의 강판을 다수 조합한 형태로 된 기수분리기의 형식은?
① 배플형
② 스크러버형
③ 사이클론형
④ 건조스크린형

 기수분리기 : 증기 중의 수분을 분리하여 건조증기를 얻기 위한 장치
종류 : ① 싸이클론식(원심력식)
② 스크레버식(장애판)
③ 건조스크린식(망)
④ 베플식(관성력)

12
430K에서 500kJ의 열을 공급받아 300K에서 방열시키는 카르노사이클의 열효율과 일량으로 옳은 것은?
① 30.2%, 349kJ
② 30.2%, 151kJ
③ 69.8%, 151kJ
④ 69.8%, 349kJ

 열효율 $= \dfrac{T_1 - T_2}{T_1} \times 100 = \dfrac{430 - 300}{430} \times 100 = 30.2\%$

일량 $= 0.302 \times 500\text{kJ} = 151.16\text{kJ}$

13
다음 중 이상기체 상태방정식에서 체적이 절대온도에 비례하게 되는 조건은?
① 밀도가 일정할 때
② 엔탈피가 일정할 때
③ 비중량이 일정할 때
④ 압력이 일정할 때

샬의 법칙(P=일정)

$\dfrac{V_1}{T_1} = \dfrac{V_2}{T_2} \qquad V_2 = \dfrac{V_1 \times T_2}{T_1}$

∴ 압력이 일정 할 때 기체의 체적은 절대온도에 따라 비례한다.

14
공기 40kg에 포함된 질소의 질량(kg)은 얼마인가?(단, 공기는 체적비로 질소 80%와 산소 20%로 구성되어 있다.)
① 25
② 27
③ 29
④ 31

40kg × 0.8 = 32kg(질소)
40kg × 0.2 = 8kg(산소)

15 다음 변환과정 중에서 엔탈피의 변화량과 열량의 변화량이 같은 경우는 어느 것인가?
① 등온변화과정　　　　　② 정적변화과정
③ 정압변화과정　　　　　④ 단열변화과정

16 다음 중 중유를 버너로 연소시킬 때 연소상태에 가장 적게 영향을 미치는 것은?
① 황분　　　　　　　　　② 점도
③ 인화점　　　　　　　　④ 유동점

해설　연소상태에 영향을 미치는 것
　　　① 점도　　　　　　　　② 인화점
　　　③ 착화점　　　　　　　④ 유동점

17 연료 중 유황이나 회분은 거의 포함하지 않으나 쉽게 인화하여 화재 및 폭발의 위험이 큰 연료는?
① B-C유　　　　　　　　② 코크스
③ 중유　　　　　　　　　④ LPG

해설　가연성가스는 누설되면 폭발의 위험이 있다.
　　　① LPG　　　　　　　　② LNG

18 다음 중 기체연료 연소장치의 종류가 아닌 것은?
① 계단형　　　　　　　　② 포트형
③ 저압버너　　　　　　　④ 고압버너

해설　기체연료의 연소장치
　　　① 포트형　　　　　　　② 저압버너
　　　③ 고압버너　　　　　　④ 송풍버너

정답　15. ③　16. ①　17. ④　18. ①

19 압력 1500kPa, 체적 0.1m³의 기체가 일정 압력 하에 팽창하여 체적이 0.5m³가 되었다. 이 기체가 외부에 한 일(kJ)은 얼마인가?

① 150
② 600
③ 750
④ 900

해설 W(kJ) = 1500 × (0.5 − 0.1) = 600kJ

20 액체연료 공급 라인에 설치하는 여과기의 설치방법에 대한 설명으로 틀린 것은?

① 여과기 전후에 압력계를 부착하여 일정 압력차 이상이면 청소하도록 한다.
② 여과기의 청소를 위해 여과기 2개를 직렬로 설치한다.
③ 유량계와 같이 설치하는 경우 연료가 여과기를 거쳐 유량계로 가도록 한다.
④ 여과기의 여과망은 유량계보다 버너 입구 측에 더 가는 눈의 것을 사용한다.

해설 여과기의 청소를 위해 여과기 2개를 병렬로 설치한다.

제2과목 : 계측 및 에너지 진단

21 계단상 입력(STEP INPUT)변화에 대한 아래 그림은 어떤 제어동작의 특성을 나타낸 것인가?

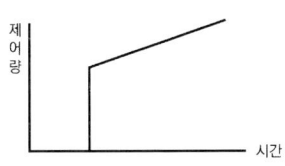

① 적분동작
② 비례, 적분, 미분동작
③ 비례, 미분동작
④ 비례, 적분동작

해설 조작량의 변화(제어동작의 특성)

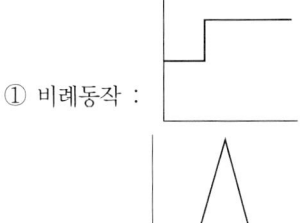
① 비례동작 :
③ 미분동작 :

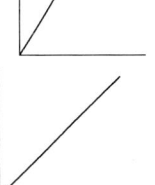
② 적분동작 :
④ PI동작 :

19. ② 20. ② 21. ④

⑤ PID동작 :   ⑥ PD동작 :

22
다음 중 사용온도가 가장 높은 경우에 적합한 보호관으로 급냉, 급열에 약한 것은?
① 자기관 ② 석영관
③ 황동강관 ④ 내열강관

 비금속보호관

종류	최고사용온도	특징
카보란담관	1600~1700℃	• 이중보호관 및 방사고온계용 • 다공질로서 급열 급랭에 강함
자기관	1450~1550℃	• 내열성 및 알카리에 약함 • 용융금속 등 알카리에 약함
석영관	1000~1050℃	• 급열, 급냉에 잘견딤 • 산에는 강하나 알카리에는 약함 • 환원성가스에 기밀성이 약간 떨어짐

23
보일러 효율 80%, 실제 증발량 4t/h, 발생증기 엔탈피 650kcal/kgf, 급수 엔탈피 10kcal/kgf, 연료 저위 발열량 9500kcal/kgf 일 때, 이 보일러의 시간당 연료 소비량은 약 몇 kgf/h인가?
① 193 ② 264
③ 337 ④ 394

 효율 $= \dfrac{G \times (h'' - h')}{Gf \times Hl}$

$Gf(kgf/h) = \dfrac{G \times (h'' - h')}{E \times Hl} \times 100 = \dfrac{4 \times 1000 \times (650 - 10)}{0.8 \times 9500} = 336.84$

24
측정계기의 감도가 높을 때 나타나는 특성은?
① 측정범위가 넓어지고 정도가 좋다.
② 넓은 범위에서 사용이 가능하다.
③ 측정시간이 짧아지고 측정범위가 좁아진다.
④ 측정시간이 길어지고 측정범위가 좁아진다.

측정기의 감도가 높을 때 나타나는 현상 : 측정시간이 길어지고 측정범위가 좁아진다.

25 계측계의 특성으로 계측에 있어 변환기의 선정 또는 측정의 참값을 판단하는 계의 특성 중 정특성에 해당하는 것은?
① 감도
② 과도특성
③ 유량특성
④ 시간지연 동 오차

26 금속이나 반도체의 온도변화로 전기저항이 변하는 원리를 이용한 전기저항 온도계의 종류가 아닌 것은?
① 백금저항 온도계
② 니켈저항 온도계
③ 서미스터 온도계
④ 베크만 온도계

> **해설** 저항온도계 종류
> ① 동저항온도계 : 0~120℃
> ② 니켈저항온도계 : -50~300℃
> ③ 서미스터 : -100~300℃
> ④ 백금온도계 : -200~500℃

27 열팽창계수가 서로 다른 박판을 사용하여 온도 변화에 따라 휘어지는 정도를 이용한 온도계는?
① 제겔콘 온도계
② 바이메탈 온도계
③ 알코올 온도계
④ 수은 온도계

> **해설** 바이메탈 온도계 : 서로 다른 금속의 열팽창계수 차이를 이용하여 온도측정
> ・특징
> ① 구조가 간단하고 견고하다.
> ② 고압기기의 온도측정용.
> ③ 응답속도가 빠르다.
> ④ 자동온도 기록장치에 사용
> ⑤ 측정온도 범위 : -50~500℃

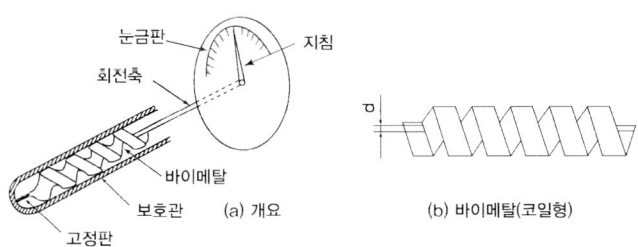

〈바이메탈 온도계〉

25. ① 26. ④ 27. ②

28 다음 중 고체연료의 열량측정을 위한 원소분석 성분으로 맞는 것은?
① 탄소 ② 수소
③ 질소 ④ 휘발분

29 연소실 열발생률의 단위는 어느 것인가?
① kcal/m³h ② kcal/mh
③ kg/m²h ④ kg/m³h

해설 연소실 열발생율 $= \dfrac{Gf \times Hl}{V} = \dfrac{kg \times kcal/kg}{m^3} = kcal/m^3 h$

30 액주식 압력계 중 하나인 U자관 압력계에 사용되는 유체의 구비조건에 대한 설명으로 틀린 것은?
① 점성이 작아야 한다.
② 휘발성과 흡습성이 작아야 한다.
③ 모세관 현상 및 표면장력이 커야 한다.
④ 온도에 따른 밀도 변화가 작아야 한다.

해설 U자관 압력계에 사용되는 유체의 구비조건
① 모세관현상 및 표면장력이 적어야 한다.
② 온도에 따른 밀도변화가 적어야 한다.
③ 휘발성과 흡습성이 작아야 한다.
④ 점성이 작아야 한다.

31 계측기기의 구비조건으로 적절하지 않은 것은?
① 연속 측정이 가능하여야 한다.
② 유지보수가 어렵고 신뢰도가 높아야 한다.
③ 정도가 좋고 구조가 간단하여야 한다.
④ 설치장소의 주위 조건에 대하여 내구성이 있어야 한다.

해설 계측기의 구비조건
① 유지보수가 쉽고 신뢰도가 높아야 한다.
② 정도가 좋고 구조가 간단하여야 한다.
③ 설치장소 주위 조건에 대하여 내구성이 있어야 한다.
④ 연속측정이 가능하여야 한다.

정답 28. ④ 29. ① 30. ③ 31. ②

32
프로세스제어계 내에 시간지연이 크거나 외란이 심한 경우에 사용하는 제어는?
① 프로세스제어　　② 캐스케이드제어
③ 프로그램제어　　④ 비율제어

해설 캐스케이드제어 : 시간지연이 크거나 외란이 심한 경우 사용
* 추치제어 방식 : 목표값이 변화되는 값으로 목표값을 측정하면서 제어 목표량을 목표값에 맞추는 제어
① 캐스케이드 제어 : 1차 제어 장치가 제어명령을 말하고 2차 제어 장치가 이 명령을 바탕으로 제어량을 조절하는 측정제어
② 프로그램 제어 : 목표값이 시간에 따라 미리 결정된 일정한 제어
③ 추종제어 : 목표값이 시간에 따라 임의로 변화되는 값
④ 비율제어 : 2개 이상의 제어값의 값이 정해진 비율을 보유하여 제어

33
보일러의 증발계수 계산공식으로 알맞은 것은?(단, h'' : 발생증기의 엔탈피(kcal/kgf), h : 급수의 엔탈피(kcal/kgf)이다.)
① 증발계수=$(h''+h)/539$　　② 증발계수=$(h''-h)/539$
③ 증발계수=$539/(h+h'')$　　④ 증발계수=$539/(h-h'')$

해설 증발계수=$\dfrac{h''-h'}{539}$
(kcal/kg) 발생증기 엔탈피
(kcal/kg) 급수엔탈피

34
안지름이 16cm인 관속을 흐르는 물의 유속이 24m/s라면 유량은 몇 m³/s인가?
① 0.24　　② 0.36
③ 0.48　　④ 0.60

해설 Q = A×V = 0.785×0.16²×24 = 0.482

35
다음의 가스분석법 중에서 정량범위가 가장 넓은 것은?
① 도전율법　　② 자기식법
③ 열전도율법　　④ 가스크로마토그래피법

해설 가스분석법 중 정량범위가 가장 넓은 것 : 열전도율법

32. ②　33. ②　34. ③　35. ③

36

한 시간 동안 연도로 배기되는 가스량이 300kg, 배기가스 온도 240℃, 가스의 평균비열이 0.32kcal/kg·℃이고 외기온도가 –10℃일 때, 배기가스에 의한 손실열량은 약 몇 kcal/h인가?

① 14100 ② 24000
③ 32500 ④ 38400

해설 배기가스열량(Q) = G · C · △t = 300 × 0.32 × (240 − (−10)) = 24000

37

다음 중 차압식 유량계의 종류로 압력손실이 가장 적은 유량측정 방식은?

① 터빈형 ② 플로우트형
③ 벤투리관 ④ 오발기어형 유량계

해설 차압식 유량계 : 관내 교축기구를 설치하여 그전 . 후 압력차를 이용 순간유량 측정

벤투리미터	플로우미터(노즐)	오리피스미터
① 구조가 복잡하고 교환이 어렵다.	① 오리피스에 비해 압력손실이 적다.	① 구조가 간단 제작이나 장착이 용이하다.
② 압력손실이 가장 적다.	② 고압유체나 슬러지유체 측정	② 좁은 장소에 설치가 가능하다.
③ 가격이 비싸다.	③ 동일 조건하에서 오리피스보다 유량통과량이 많다.	③ 유체의 압력손실이 가장 크다.
④ 정밀도가 좋고 내구성이 좋다.		④ 침전물 생성 우려
⑤ 침전물 생성 우려가 없고 대형이다.		⑤ 베르누이 정리 이용

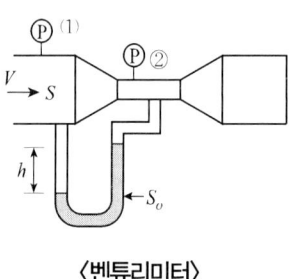

〈벤튜리미터〉

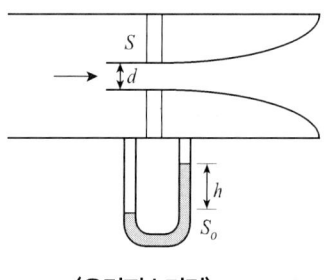

〈오리피스미터〉

38. 부르동관 압력계에 대한 설명으로 틀린 것은?

① 얇은 금속이나 고무 등의 탄성 변형을 이용하여 압력을 측정한다.
② 탄성식 압력계의 일종으로 고압의 증기압 측정이 가능하다.
③ 부르동관이 손상되는 것을 방지하기 위하여 압력계 입구 쪽에 사이폰관을 설치한다.
④ 압력계 지침을 움직이는 부분은 기어나 링의 형태로 되어 있다.

해설 탄성식 압력계의 종류(2차 압력계)
① 브르돈관 압력계(bourdon tube)
  ㉠ 고압장치에 가장 많이 사용되는 압력계로 2차 압력계의 대표적이다.
  ㉡ 브르돈관의 재질은 저압인 경우에는 황동, 청동, 인청동 등을 사용하며 고압일 때는 니켈강 등 특수강을 사용한다.
  ㉢ 암모니아용, 아세틸렌용 압력계에는 Cu 및 Cu 합금의 사용을 금하고 연강재를 사용한다.
  ㉣ 산소용 압력계는 '금유' 라는 파시가 되어 있는 전용의 것을 사용한다.
  ㉤ 금속의 탄성원리는 이용한 압력계로 상용압력의 1.5배 이상 2배 이하의 눈금이 있는 것을 사용한다.

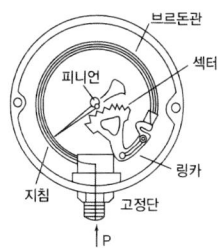

〈브르돈관식 압력계〉

② 다이어프램 압력계(격막식 압력계)
  ㉠ 미소한 압력을 측정할 때 사용(+, -차압을 측정할 수 있다.)
  ㉡ 재질은 고무, 테프론, 양은, 스테인리스 등이 쓰이며 측정 가능 범위는 공업용이 20~5,000[mmAq]이다.
  ㉢ 부식성 유체의 측정이 가능하다.
  ㉣ 온도의 영향을 받기 쉽다.
  ㉤ 측정의 응답속도가 빠르다.
  ㉥ 이상압력으로 파손되어도 위험성이 작다.

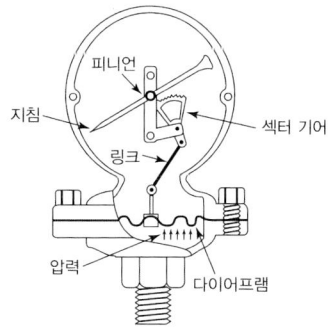

〈다이어프램 압력계〉

38. ①

③ 벨로우즈 압력계
  ㉠ 신축에 의한 압력을 이용한다.
  ㉡ 유체 내의 먼지 등의 영향이 적고 압력 변동에 적응하기 어렵다.
  ㉢ 측정압력은 0.01~10[kg/cm²], 정밀도는 ±1~2[%]이다.

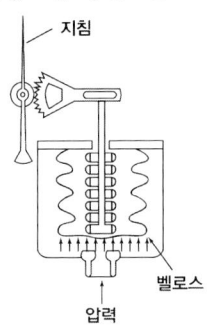

〈벨로스 압력계〉

39
보일러 연소특성으로 어떤 조건이 충족되지 않으면 다음 동작이 중지되는 인터록(Inter Lock)의 종류가 아닌 것은?
① 온오프 인터록
② 불착화 인터록
③ 저수위 인터록
④ 프리퍼지 인터록

해설 인터록의 종류
① 저연소 인터록
② 저수위 인터록
③ 불착화 인터록
④ 압력초과 인터록
⑤ 프리퍼지 인터록

40
다음 중 차압을 일정하게 하고 가변 단면적을 이용하여 유량을 측정하는 유량계는?
① 노즐
② 피토관
③ 모세관
④ 로터미터

해설 유량계
① 면적식 유량계 : 교축기구 전후의 압력차를 일정하게 유지하도록 교축의 면적을 변화시켜 이때의 면적을 측정하여 순간의 유량을 알아내는 방법으로 유량의 측정원리는 베르누이 정리를 이용한 것이다.
  ㉮ 종류 : 로터미터 · 부력식 · 피스톤식
  ㉯ 특징
    ㉠ 진동이 적은 장소에 수직으로 설치한다.
    ㉡ 부식성 유체나 슬러리 유체의 측정에 적합하다.
    ㉢ 압력손실이 적으며 정도가 ±1~2[%]이다.
    ㉣ 유량에 따른 균등눈금을 얻는다.

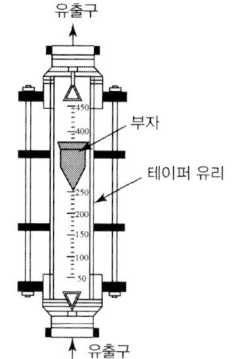

제3과목 : 열설비구조 및 시공

41 철강재 가열로의 연소가스는 어떤 상태로 유지되어야 하는가?

① SO_2가 가스가 많아야 한다.　② CO 가스가 검출되어서는 안된다.
③ 환원성 분위기이어야 한다.　④ 산성 분위기이어야 한다.

해설　철강재 가열로 안의 연소가스 상태 : 환원성 분위기

42 에너지이용 합리화법에 따라 검사대상기기 관리자의 선임기준에 관한 설명으로 옳은 것은?

① 검사대상기기관리자의 선임기준은 1구역마다 1명 이상으로 한다.
② 1구역은 검사대상기기 1대를 기준으로 정한다.
③ 중앙통제설비를 갖춘 시설은 관리자 선임이 면제된다.
④ 압력용기의 경우 1구역은 검사대상기기 관리자 2명이 관리할 수 있는 범위로 한다.

해설　검사대상기기 관리자의 선임기준 : 1구역당 1인이상

43 다음은 과열기에서 증기의 유동방향과 연소가스의 유동방향에 따른 분류이다. 고온의 연소가스와 고온의 증기가 접촉하여 열효율은 양호하나 고온에서 배열관의 손상이 큰 특징이 있는 과열기의 형식은?

① 병행류식　② 대향류식
③ 혼류식　④ 평행류식

44 에너지이용 합리화법에서 정한 검사대상기기의 검사 유효기간이 없는 검사의 종류는?
① 설치검사 ② 구조검사
③ 계속사용검사 ④ 설치장소변경검사

 유효기간이 없는 검사
① 개조검사
② 용접검사
③ 구조검사

45 공업로의 조업방법 중 연속식 재료 반송방식이 아닌 것은?
① 푸셔형 ② 워킹빔형
③ 엘리베이터형 ④ 회전 노상형

 공업로 조업방법 중 연속식 재료 반송방식
① 푸셔형
② 회전노상형
③ 워킹빔형

46 보일러 종류에 따른 특징에 관한 설명으로 틀린 것은?
① 관류보일러는 보일러 드럼과 대형 헤더가 있어 작은 전열관을 사용할 수 있기 때문에 중량이 무거워진다.
② 수관보일러는 노통보일러에 비하여 전열면적이 크므로 증발량이 크다.
③ 수관보일러는 증발량에 비해 수부가 적어 부하변동에 따른 압력변화가 크다.
④ 원통보일러는 보유수량이 많아 파열사고 발생 시 위험성이 크다.

관류보일러의 특징
① 전열면적당 보유수량이 적어 시동시간이 짧다.
② 수관 군의 배치가 자유롭다.
③ 내부구조가 복잡. 청소, 검사, 수리곤란
④ 가동부하가 짧아 부하측에 대응하기 쉽다.
⑤ 고압대용량에 적합하고 효율이 높다.
⑥ 급수처리가 까다롭다.
⑦ 부하변동에 대한 압력변화가 크다.
⑧ 드럼이 없어 순환비($\frac{급수량}{증발량}$)이 1이다.

47
검사대상기기에 대해 개조검사의 적용대상에 해당되지 않는 것은?
① 연료를 변경하는 경우
② 연소방법을 변경하는 경우
③ 온수보일러를 증기보일러로 개조하는 경우
④ 보일러 섹션의 증감에 의하여 용량을 변경하는 경우

해설 개조검사의 적용대상
① 증기보일러를 온수보일러로 개조한 경우
② 보일러섹션을 증감하여 용량을 변경하는 경우
③ 연료 또는 연소방법을 변경하는 경우

48
에너지이용 합리화법에 따라 검사대상기기의 계속사용검사신청서를 검사유효기간 만료 최대 며칠 전까지 제출해야 하는가?
① 7일전   ② 10일전
③ 15일전   ④ 30일전

해설 검사대상기기의 계속사용검사신청서를 검사유효기간 만료 최대 10일전까지 제출

49
탄력을 이용하여 분출압력을 조정하는 방식으로 보일러에 진동이 있거나 충격이 가해져도 안전하게 작동하는 안전밸브는?
① 추식 안전밸브   ② 레버식 안전밸브
③ 지렛대식 안전밸브 ④ 스프링식 안전밸브

50
노통보일러에서 브리징 스페이스(Breathing space)의 간격을 적게 할 경우 어떤 장해가 발생하기 쉬운가?
① 불완전 연소가 되기 쉽다.   ② 증기 압력이 낮아지기 쉽다.
③ 서징 현상이 발생되기 쉽다.   ④ 구루빙 현상이 발생되기 쉽다.

해설 브리징스페이스를 적게할 경우 구루빙현상이 발생되기 쉽다.

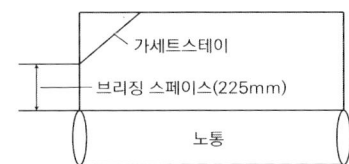

51

염기성 내화물의 주원료가 아닌 것은?
① 마그네시아　　　　② 돌로마이트
③ 실리카　　　　　　④ 포스테라이트

 염기성내화물의 주원료
　① 돌로마이트
　② 마그네시아
　③ 포스테라이트

52

다음 중 가스 절단에 속하지 않는 것은?
① 분말 절단　　　　② 플라즈마 제트 절단
③ 가스 가우징　　　④ 스카핑

 ① 스카핑 : 강괴, 강편, 슬래그, 탈탄층, 표면균열등의 표면결함을 불꽃가공에 의해 제거하는 방법으로 얕은홈 가공시 사용
② 분말절단 : 주철, 비철금속, 스텐레스는 가스절단이 용이하지 않으므로 철분을 연속적으로 절단용 산소에 혼합공급하므로서 그 산화열 또는 용제의 화학작용을 이용하여 절단
③ 가스가우징 : 용접부분의 뒷면을 따내든지 H형, U형의 용접홈을 가공하기 위해 깊은 홈을 파내는 방법

53

내벽은 내화벽돌로 두께 220mm, 열전도율이 1.1kcal/m·h·℃, 중간벽은 단열벽돌로 두께 9cm, 열전도율 0.12kcal/m·h·℃, 외벽은 붉은 벽돌로 두께 20cm, 열전도율 0.8kcal/m·h·℃로 되어 있는 노벽이 있다. 내벽 표면의 온도가 1,000℃ 일 때 외벽의 표면 온도는 약 몇 ℃인가? (단, 외벽 주위온도는 20℃, 외벽 표면의 열전달율은 7kcal/m²·h·℃ 로 한다.)

① 104℃　　　　② 124℃
③ 141℃　　　　④ 267℃

① 벽면 1m²당 1시간동안 손실열량
$$Q = K(t_2 - t_1)$$
$$= \left[\cfrac{1}{\cfrac{d_1}{\lambda_1} + \cfrac{d_2}{\lambda_2} + \cfrac{d_3}{\lambda_3} + \cfrac{d_4}{\lambda_4} + \cdots + \cfrac{1}{\alpha_2}}\right] \times (t_2 - t_1)$$
$$= \left[\cfrac{1}{\cfrac{0.22}{1.1} + \cfrac{0.09}{0.12} + \cfrac{0.2}{0.8} + \cfrac{1}{7}}\right] \times (1000 - 20)$$
$$= 729.787 kcal/m^2 h$$

② 외벽 표면의 온도계산

$$t_o = t_2 - \left[Q \times \left(\frac{d_1}{\lambda_1} + \frac{d_2}{\lambda_2} + \frac{d_3}{\lambda_3}\right)\right]$$
$$= 1000 - \left[729.787 \times \left(\frac{0.22}{1.1} + \frac{0.09}{0.12} + \frac{0.2}{0.8}\right)\right]$$
$$= 124.255℃$$

54 아크 용접기의 구비조건으로 틀린 것은?

① 사용 중에 온도상승이 커야 한다.
② 가격이 저렴하고 사용 유지비가 적게 들어야 한다.
③ 아크 발생이 잘 되도록 무부하 전압이 유지되어야 한다.
④ 전류 조정이 용이하고 일정한 전류가 흘러야 한다.

해설 아크용접기의 구비조건
① 사용중에 온도상승이 적어야 한다.
② 전류조정이 용이하고 일정한 전류가 흘러야 한다.
③ 아크발생이 잘되도록 무부하 전압이 유지되어야 한다.
④ 가격이 저렴하고 사용 유지비가 적게 들어야 한다.

55 에너지이용 합리화법에 따라 검사를 받아야 하는 검사대상기기 검사의 종류에 해당되지 않는 것은?

① 설치검사
② 자체검사
③ 개조검사
④ 설치장소 변경검사

56 노통보일러와 비교하여 연관보일러의 특징에 대한 설명으로 틀린 것은?

① 보일러 내부 청소가 간단하다.
② 전열면적이 크므로 중량당 증발량이 크다.
③ 증기발생에 소요시간이 짧다.
④ 보유수량이 적다.

해설 원통형 보일러의 특징
① 보유수량이 많아 파열시 피해가 크다.
② 급수처리가 간단한다.
③ 구조상 고압대용량에 부적합
④ 전열면적이 적어 효율이 낮다.
⑤ 관수의 보유수량이 많아 부하변동에 대한 압력변화가 적다.

54. ① 55. ② 56. ①

⑥ 예열부하가 커서 부하에 대응하기 어렵다.
⑦ 청소, 검사, 수리가 용이

57

에너지이용 합리화법에 따라 열사용기자재 중 소형 온수보일러는 최고사용압력 얼마 이하의 온수를 발생하는 보일러를 의미하는가?

① 0.35MPa 이하
② 0.5MPa 이하
③ 0.65MPa 이하
④ 0.85MPa 이하

해설 소형온수보일러 : 최고사용압력이 0.35MPa 이하의 온수를 발생하는 보일러

58

아래 벽체구조의 열관류율(kcal/h · m² · ℃) 값은? (단, 이때 내측 열저항 값은 0.05 m² · h · ℃/kcal, 외측 열저항 값은 0.13m² · h · ℃/kcal이다.)

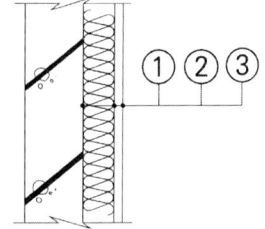

재료	두께(mm)	열전도율(kcal/h·m²·℃)
내측		
① 콘크리트	250	1.4
② 글라스울	100	0.031
③ 석고보드	20	0.20
외측		

① 0.27
② 0.37
③ 0.47
④ 0.57

해설
$$K = \frac{1}{\frac{1}{\alpha_1} + \frac{d_1}{\lambda_1} + \frac{d_2}{\lambda_2} + \frac{d_3}{\lambda_3} + \frac{1}{\alpha_2}}$$

$$= \frac{1}{\left(0.05 + \frac{0.25}{1.4} + \frac{0.1}{0.031} + \frac{0.02}{0.2} + 0.13\right)}$$

$$= 0.2714 \text{kcal/m}^2 \cdot h \cdot ℃$$

59

나사식 가단 주철제 관 이음쇠에서 유체의 상태가 300℃ 이하의 증기, 공기, 가스 및 기름일 경우 최고사용압력 기준으로 옳은 것은?

① 1.4MPa
② 2.0MPa
③ 1.0MPa
④ 2.5MPa

해설 나사식 가단주철제 관 이음쇠에서 유체의 상태가 300℃ 이하의 증기, 공기, 가스 및 기름일 경우 최고사용압력이 1.0MPa 이하

60 원심펌프가 회전속도 600rpm에서 분당 6m³의 수량을 방출하고 있다. 이 펌프의 회전속도를 900rpm으로 운전하면 토출수량(m³/min)은 얼마가 되겠는가?

① 3.97
② 9
③ 12
④ 13.5

해설
$$Q' = Q \times \left(\frac{N_2}{N_1}\right) = 6 \times \left(\frac{900}{600}\right) = 9 \, m^3/min$$

$$H' = H \times \left(\frac{N_2}{N_1}\right)^2 \qquad Kw' = Kw \times \left(\frac{N_2}{N_1}\right)^3$$

제4과목 : 열설비 취급 및 안전관리

61 다음 중 역귀환 배관방식이 사용되는 난방설비는?

① 증기난방
② 온풍난방
③ 온수난방
④ 전기난방

해설 역귀환 방식이 사용되는 난방설비 : 온수난방

62 증기트랩을 사용하는 이유로 가장 적합한 것은?

① 증기배관 내의 수격작용을 방지한다.
② 증기의 송기량을 증가시킨다.
③ 증기배관의 강도를 증가시킨다.
④ 증기발생을 왕성하게 해준다.

해설 증기트랩설치목적 : 관내응축수를 배출하여 수격작용 및 부식 방지

63 보일러의 분출밸브 크기와 개수에 대한 설명으로 틀린 것은?

① 정상 시 보유수량 400kg 이하의 강제순환보일러에는 열린 상태에서 전개하는데 회전축을 적어도 3회전 이상 회전을 요하는 분출밸브 1개를 설치하여야 한다.
② 최고사용압력 0.7MPa 이상의 보일러의 분출관에는 분출밸브 2개 또는 분출밸브와 분출코크를 직렬로 갖추어야 한다.
③ 2개 이상의 보일러에서 분출관을 공동으로 하여서는 안된다.
④ 전열면적이 10m² 이하인 보일러에서 분출밸브의 크기는 호칭지름 20mm 이상으로 할 수 있다.

해설 전열면적이 10m² 이하 : 20A 이상
전열면적이 10m² 초과 : 25A 이상

60. ② 61. ③ 62. ① 63. ①

64 수질의 용어 중 ppb(parts per billion)에 대한 설명으로 옳은 것은?
① 물 1kg 중에 함유되어 있는 불순물의 양을 mg으로 표시한 것이다.
② 물 1ton 중에 함유되어 있는 불순물의 양을 mg으로 표시한 것이다.
③ 물 1kg 중에 함유되어 있는 불순물의 양을 g으로 표시한 것이다.
④ 물 1ton 중에 함유되어 있는 불순물의 양을 g으로 표시한 것이다.

해설 PPM(part's per million) $\frac{1}{100만}$: 물 1kg 중에 함유되어 있는 불순물의 양을 mg으로 나타낸 것

PPB(part's per billion) $\frac{1}{10억}$: 물 1ton 중의 함유되어 있는 불순물의 양을 mg으로 나타낸 것

65 보일러를 휴지상태로 보존할 때 부식을 방지하기 위해 채워두는 가스로 가장 적절한 것은?
① 아황산가스　　　② 이산화탄소
③ 질소가스　　　　④ 헬륨가스

66 에너지이용 합리화법에 따라 에너지다소비사업자가 산업통상자원부령으로 정하는 바에 따라 해당 시·도지사에 신고해야 할 사항이 아닌 것은?
① 전년도의 분기별 에너지사용량
② 해당 연도의 수입, 지출 예산서
③ 해당 연도의 제품생산예정량
④ 전년도의 분기별 에너지이용 합리화 실적

해설 에너지다소비업자가 매년 1월 31일까지 시·도지사에게 신고
　　① 전년도의 에너지사용량, 제품생산량
　　② 전년도의 에너지이용 합리화실적 및 해당년도의 계획
　　③ 당해년도의 에너지 사용예정량, 제품생산량
　　④ 에너지 관리자의 현황
　　⑤ 에너지 사용 기자재의 현황

정답 64. ② 65. ③ 66. ②

67

방열계수가 8.5kcal/m² · h · °C인 방열기에서 방열기 입구온도 85°C, 실내온도 20°C, 방열기 출구온도 65°C이다. 이 방열기의 방열량(kcal/m² · h)은?

① 450.8
② 467.5
③ 386.7
④ 432.2

해설 방열기 방열량(kcal/m²h)
$$= 방열계수 \times \left(\frac{입구온도 + 출구온도}{2} - 실내온도 \right)$$
$$= 8.5 \times \left(\frac{85+65}{2} - 20 \right) = 467.5$$

68

다음 중 공기비가 작을 경우 연소에 미치는 영향으로 틀린 것은?

① 불완전 연소가 되어 매연 발생이 심하다.
② 연소가스 중 SO_3의 함유량이 많아져 저온부식이 촉진된다.
③ 미연소에 의한 열손실이 증가한다.
④ 미연소 가스로 인한 폭발사고가 일어나기 쉽다.

해설 공기비가 작을 경우 연소에 미치는 영향
① 불완전 연소가 되어 매연발생이 심하다.
② 미연소가스로 인한 폭발사고가 일어나기 쉽다.
③ 미연소에 의한 열손실이 능가한다.

69

에너지법상 지역에너지계획은 5년마다 수립하여야 한다. 이 지역에너지계획에 포함되어야 할 사항은?

① 국내외 에너지수요와 공급추이 및 전망에 관한 사항
② 에너지의 안전관리를 위한 대책에 관한 사항
③ 에너지 관련 전문인력의 양성 등에 관한 사항
④ 에너지의 안정적 공급을 위한 대책에 관한 사항

해설 지역에너시 계획에 포함되어야 할 사항
① 에너지 수급의 추이와 전망에 관한 사항
② 에너지의 안정적 공급을 위한 대책에 관한 사항
③ 신재생에너지 등 환경친화적 에너시 사용을 위한 대책에 관한 사항
④ 에너지 이용 합리화와 이를 통한 온실가스 배출감소를 위한 대책에 관한 사항
⑤ 미활용에너지원의 개발, 사용을 위한 대책에 관한 사항

67. ② 68. ② 69. ④

70 화학 세관에서 사용하는 유기산에 해당되지 않는 것은?
① 인산　　　　　　　② 초산
③ 구연산　　　　　　④ 옥살산

해설　유기산
　　① 하트록산　　　② 구연산
　　③ 옥살산　　　　④ 설파민산
　　⑤ 초산

71 에너지이용 합리화법에 따라 검사대상기기설치자는 검사대상기기로 인한 사고가 발생한 경우 한국에너지공단에 통보하여야 한다. 그 통보를 하여야 하는 사고의 종류로 가장 거리가 먼 것은?
① 사람이 사망한 사고　　　② 사람이 부상당한 사고
③ 화재 또는 폭발 사고　　　④ 가스 누출사고

72 증기난방에서 방열기 안에서 생긴 응축수를 보일러에 환수할 때 응축수와 증기가 동일한 관을 흐르도록 하는 방식은?
① 단관식　　　　　　② 복합식
③ 복관식　　　　　　④ 혼수식

해설　응축수와 증기가 동일한 관으로 흐르도록 하는 방식 : 단관식
　　　응축수와 증기가 별도의 관으로 흐르도록 하는 방식 : 복관식

73 보일러 이상연소 중 불완전연소의 원인으로 가장 거리가 먼 것은?
① 연소용 공기량의 부족할 경우
② 연소속도가 적정하지 않을 경우
③ 버너로부터의 분무입자가 작을 경우
④ 분무연료와 연소용 공기와의 혼합이 불량할 경우

해설　보일러 이상연소 중 불안전연소의 원인
　　① 연료와 공기의 혼합 부적정시
　　② 연소용 공기량 부족시
　　③ 연소속도가 적정하지 않을 경우

74
급수 중에 용존산소가 보일러에 주는 가장 큰 영향은?
① 포밍을 일으킨다.　　② 강판, 강관을 부식시킨다.
③ 오존을 발생시킨다.　④ 습증기를 발생시킨다.

해설 용존산소 : 점식의 원인

75
보일러 산세관 시 사용하는 부식 억제제의 구비조건으로 틀린 것은?
① 점식발생이 없을 것
② 부식 억제능력이 클 것
③ 물에 대한 용해도가 작을 것
④ 세관액의 온도농도에 대한 영향이 적을 것

해설 물에 대한 용해도가 클 것

76
보일러 수처리에서 이온교환체와 관계가 있는 것은?
① 천연산 제오라이트　② 탄산소다
③ 히드라진　　　　　④ 황산마그네슘

해설 보일러 수처리에서 이온 교환체 : 천연산 제올라이트

77
에너지이용 합리화법에 따른 특정열사용기자재 및 그 설치·시공범위에 속하지 않는 것은?
① 강철제 보일러의 설치
② 태양열 집열기의 세관
③ 3종 압력용기의 배관
④ 연속식 유리용융가마의 설치를 위한 시공

74. ②　75. ③　76. ①　77. ③

78 보일러를 옥내에 설치하는 경우 설치 시 유의사항으로 틀린 것은?(단, 소형보일러 및 주철제보일러는 제외한다.)

① 도시가스를 사용하는 보일러실에서는 환기구를 가능한 한 낮게 설치하여 가스가 누설되었을 때 체류하지 않는 구조이어야 한다.
② 보일러 동체 최상부로부터 천정, 배관 등 보일러 상부에 있는 구조물까지의 거리는 1.2m 이상이어야 한다.
③ 보일러 동체에서 벽, 배관, 기타 보일러 측부에 있는 구조물까지 거리는 0.45m 이상이어야 한다.
④ 보일러 및 보일러에 부설된 금속제의 굴뚝 또는 연도의 외측으로부터 0.3m 이내에 있는 가연성 물체에 대하여는 금속 이외의 불연성 재료로 피복하여야 한다.

해설 도시가스를 사용하는 보일러에서는 환기구를 천정에서 30cm 이내 설치하여 누설시 체류하지 않는 구조

79 보일러 급수처리의 목적으로 가장 거리가 먼 것은?

① 응결수 증가 방지
② 전열면의 스케일의 생성 방지
③ 프라이밍, 포밍 등의 발생 방지
④ 점식 등의 내면 부식 방지

해설 급수처리 목적
① 관수 PH 조절
② 관수농축 방지
③ 프라이밍, 포밍발생 방지
④ 슬러지, 스케일 생성 방지
⑤ 부식 방지

80 에너지이용 합리화법에 따라 산업통상자원부장관에게 에너지사용계획을 제출하여야 하는 사업주관자가 실시하는 사업의 종류가 아닌 것은?

① 에너지 개발사업
② 관광단지 개발사업
③ 철도 건설사업
④ 주택 개발사업

해설 에너지이용 계획수립 사업주관자
① 철도건설사업
② 도시개발사업
③ 산업단지개발사업
④ 에너지개발사업
⑤ 공항건설사업
⑥ 항만건설사업
⑦ 관광단지개발사업

정답 78. ① 79. ① 80. ④

2019년 제2회 에너지관리산업기사 출제문제

제1과목 : 열역학 및 연소관리

01 절대온도 293K는 섭씨온도로 얼마인가?
① -20℃
② 0℃
③ 20℃
④ 566℃

해설 $℃ = \dfrac{5}{9}(℉-32)$

$K = ℃ + 273$ ∴ $℃ = 293 - 273 = 20℃$

02 굴뚝 높이가 50m, 연소가스 평균온도가 227℃, 대기온도가 27℃일 때 이 굴뚝의 이론 통풍력(mmH$_2$O)은?(단, 표준상태에서 공기의 비중량은 1.29kg/m^3, 연소가스의 비중량은 1.34kg/m^{3}이며, 굴뚝 내의 각종 압력손실은 무시한다.)
① 13.7
② 22.1
③ 26.5
④ 30.4

해설 $Z = 273H\left(\dfrac{ra}{273+대기온도} - \dfrac{rg}{273+평균온도}\right)$

$= 273 \times 50 \times \left(\dfrac{1.29}{273+27} - \dfrac{1.34}{273+227}\right) = 22.113\,mmH_2O$

01. ③ 02. ②

03 공기비(m)에 대한 설명으로 옳은 것은?
① 공기비가 크면 연소실 내의 연소온도는 높아진다.
② 공기비가 작으면 불완전연소의 가능성이 있어서 매연이 발생할 수 있다.
③ 공기비가 크면 SO_2, NO_2 등의 함량이 감소하여 장치의 부식이 줄어든다.
④ 공기비는 연료의 이론연소에 필요한 공기량을 실제연소에 사용한 공기량으로 나눈 값이다.

해설 공기비 $= \dfrac{A_o}{A_o} = \dfrac{21}{21-O_2} = \dfrac{N_2}{N_2 - 3.76 O_2}$

04 고체연료의 일반적인 주성분은 무엇인가?
① 나트륨　　② 질소
③ 유황　　　④ 탄소

05 액체연료의 특징에 대한 설명으로 틀린 것은?
① 액체연료는 기체연료에 비해 밀도가 크다.
② 액체연료는 고체연료에 비해 단위 질량당 발열량이 크다.
③ 액체연료는 고체연료에 비해 완전 연소시키기가 어렵다.
④ 액체연료는 고체연료에 비해 연소장치를 작게 할 수 있다.

해설 액체연료의 특징
① 연소효율 및 열효율이 좋다. 연소온도가 높아 국부가열위험성이 많다.
② 화재 및 역화의 위험이 있다.
③ 품질이 균일하여 발열량이 높다.
④ 운반 및 저장 취급이 용이
⑤ 회분이 적고 연소조절이 쉽다.

06 비중이 0.8인 액체의 압력이 $2kg/cm^2$일 때, 액체의 양정(m)은?
① 4　　　　② 16
③ 20　　　 ④ 25

해설 $P = r \times h$
$h = \dfrac{P}{r} = \dfrac{2 \times 10^4}{0.8 \times 1000} = 25m$

07

 몰리에르 선도로부터 파악하기 어려운 것은?

① 포화수의 엔탈피 ② 과열증기의 과열도
③ 포화증기의 엔탈피 ④ 과열증기의 단열팽창 후 상대습도

해설 몰리에르선도

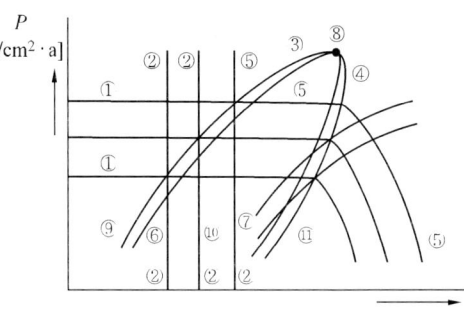

① 등압선 ② 등엔탈피선 ③ 포화액선 ④ 건조포화증기선
⑤ 등온선 ⑥ 등건조도선 ⑦ 등엔트로피선 ⑧ 임계점
⑨ 과냉각액 구역 ⑩ 습포화증기 구역 ⑪ 과열증기 구역

08

 정압비열 5kJ/kg·K의 기체 10kg을 압력을 일정하게 유지하면서 20℃에서 30℃까지 가열하기 위해 필요한 열량(kJ)은?

① 400 ② 500
③ 600 ④ 700

해설 $Q(kJ) = G \cdot C_p \cdot \triangle t = 10 \times 5 \times (30-20) = 500 kJ$

09

 다음 중 건식 집진장치에 해당하지 않은 것은?

① 백 필터 ② 사이클론
③ 벤튜리 스크레버 ④ 멀티클론

해설 건식집진장치
① 중력침강식 ② 관성력식
③ 싸이클론식 ④ 여과식
⑤ 전기식

10 노 앞과 연돌하부에 송풍기를 두어 노 내압을 대기압보다 약간 낮게 조절한 통풍방식은?
① 압입통풍   ② 흡입통풍
③ 간접통풍   ④ 평형통풍

해설 통풍방식
① 압입통풍방식
㉠ 연소실 입구설치
㉡ 배기가스유속 8m/sec 이하
② 흡입통풍방식
㉠ 연돌하부에 설치
㉡ 배기가스유속 8~10m/s 이하
③ 평형통풍방식
㉠ 연소실입구와 연돌하부에 설치
㉡ 배기가스유속 10m/s 초과

11 증기 축열기(steam accumulator)의 부품이 아닌 것은?
① 증기 분사노즐   ② 순환통
③ 증기 분배관   ④ 트레이

해설 증기축열기
저부하 또는 변동부하시 잉여증기를 저장하고 과부하시(peak)에 저장된 잉여증기를 공급하는 장치로 변압식과 정압식이 있다.
· 변압식 : 보일러 출구 증기측에 설치
· 정압식 : 보일러 입구 급수측에 설치

① 증기분사구
② 순환통
③ 배기관
④ 첵크 밸브
⑤ 송출관

정답 10. ④ 11. ④

12

압력에 관한 설명으로 옳은 것은?

① 압력은 단위면적에 작용하는 수직성분과 수평성분의 모든 힘으로 나타낸다.
② 1Pa은 1m²에 1kg의 힘이 작용하는 압력이다.
③ 압력이 대기압보다 높을 경우 절대압력은 대기압과 게이지압력의 힘이다.
④ A, B, C 기체의 압력을 각각 P_a, P_b, P_c라고 표현할 때 혼합기체의 압력은 평균값인 $\dfrac{P_a + P_b + P_c}{3}$이다.

해설 절대압력(kg/cm²a)
① 절대압력=게이지압력+대기압
② 게이지압력=절대압력-대기압
③ 대기압=절대압력-게이지압력

13

500°C와 0°C 사이에서 운전되는 카르노사이클의 열효율(%)은?

① 49.9
② 64.7
③ 85.6
④ 99.2

해설 카르노사이클의 열효율 = $\dfrac{T_1 - T_2}{T_1} \times 100 = \dfrac{(273+500)-(273)}{(273+500)} \times 100 = 64.68\%$

14

증기 동력사이클의 효율을 높이는 방법이 아닌 것은?

① 과열기를 설치한다.
② 재생사이클을 사용한다.
③ 증기의 공급온도를 높인다.
④ 복수기의 압력을 높인다.

해설 증기동력사이클의 효율을 높이는 방법
① 과열기를 설치한다.
② 재생사이클을 설치한다.
③ 증기의 공급온도를 높인다.
④ 복수기의 압력을 낮춘다.

15

인화점에 대한 설명으로 틀린 것은?

① 가연성 증기발생시 연소범위의 하한계에 이르는 최저온도이다.
② 점화원의 존재와 연관된다.
③ 연소가 지속적으로 확산될 수 있는 최저온도이다.
④ 연료의 조성, 점도, 비중에 따라 달라진다.

16 카르노사이클의 과정 중 그 구성이 옳은 것은?
① 2개의 가역등온과정, 2개의 가역팽창과정
② 2개의 가역정압과정, 2개의 가역단열과정
③ 2개의 가역등온과정, 2개의 가역단열과정
④ 2개의 가역정압과정, 2개의 가역등온과정

해설 카르노사이클의 P-V 선도

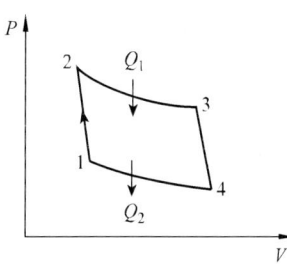

〈두 개의 단열과정과 두 개의 등온과정〉

① 1-2 : 단열압축   ② 2-3 : 등온팽창
③ 3-4 : 단열팽창   ④ 4-1 : 등온압축

오토사이클

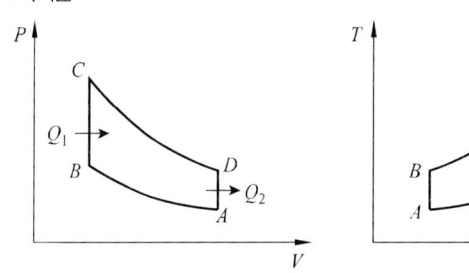 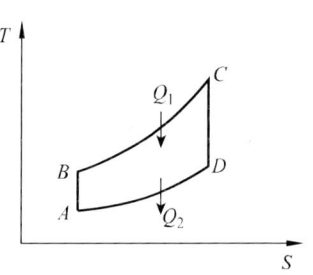

〈두개의 단열과정과 두 개의 등적과정〉

① A-B : 단열압축   ② B-C : 등적과열
③ C-D : 단열팽창   ④ D-A : 등적방열

냉동사이클 선도

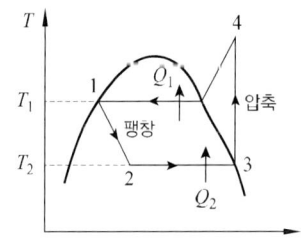 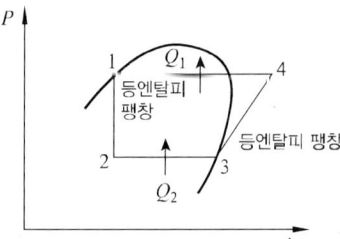

① 1-2(단열팽창=등엔탈피팽창) : 팽창밸브를 지나 교축팽창시키면 엔탈피가 일정한 상태에서 압력과 온도가 내려가 습증기가 된다.
② 2-3(등온팽창) : 습증기가 증발기에 들어가서 외부로부터 열 Q_2를 받아 증발하여 냉동시키려는 물체를 냉각
③ 3-4(단열압축) : 건포화증기의 냉매를 압축기로 과열증기로 만듦
④ 4-1(등온압축=냉각과정) : 과열증기가 압축기에 의해 냉각되어 열량 Q_1을 방출하고 포화액으로 되는 등온 냉각과정
⑤ COP(성적계수)$= Q_2/Aw = Q_2/Q_1 - Q_2 = T_2/T_1 - T_2$

17

탱크 내에 900kPa의 공기 20kg이 충전되어 있다. 공기 1kg을 뺄 때 탱크 내 공기온도가 일정하다면 탱크 내 공기압력(kPa)은?

① 655
② 755
③ 855
④ 900

 공기압력(kPa)$=\dfrac{900}{20}=45kPa$

∴ $900 - 45 = 855kPa$

18

보일러의 통풍력에 영향을 미치는 인자로 가장 거리가 먼 것은?

① 공기예열기, 댐퍼, 버너 등에서 연소가스와의 마찰저항
② 보일러 본체 전열면, 절탄기, 과열기 등에서 연소가스와의 마찰저항
③ 통풍 경로에서 유로의 방향전환
④ 통풍 경로에서 유로의 단면적 변화

19

열역학 기본법칙으로 일종의 에너지보존 법칙과 관련된 것은?

① 열역학 제3법칙
② 열역학 제2법칙
③ 열역학 제0법칙
④ 열역학 제1법칙

 열역학 제1법칙(에너지보존의 법칙)
① 일은 열로, 열은 일로 변환 시킬 수 있다.
② 1kcal=427kg·m

20 이상기체의 가역 단열과정에서 절대온도 T와 압력 P의 관계식으로 옳은 것은?(단, 비열비 $k = C_p/C_v$이다.)

① $TP^{k-1} = C$
② $TP^k = C$
③ $TP^{\frac{k+1}{k}} = C$
④ $TP^{\frac{1-k}{k}} = C$

제2과목 : 계측 및 에너지 진단

21 유량계의 종류 중 차압식이 아닌 것은?
① 오리피스
② 플로우 노즐
③ 벤투리미터
④ 로터미터

 차압식 유량계
① 벤투리미터
② 오리피스미터
③ 플로우노즐

22 유출량을 일정하게 유지하면 유입량이 증가됨에 따라 수위가 상승하여 평형을 이루지 못하는 요소는?
① 1차 지연요소
② 2차 지연요소
③ 적분요소
④ 낭비시간요소

해설 적분요소 : 유출량을 일정하게 하면 유입량이 증가함에 따라 수위가 상승하여 평형을 이루지 못하는 요소

23 다음 자동제어 방법 중 피드백 제어(Feedback-control)가 아닌 것은?
① 보일러 자동제어
② 증기온도 제어
③ 급수 제어
④ 연소 제어

 피드백제어
① 보일러자동제어
② 급수제어
③ 증기온도제어

정답 20. ④ 21. ④ 22. ③ 23. ④

24

표준대기압(1atm)과 거리가 먼 것은?

① 1.01325bar
② 101325Pa
③ 10.332N/m²
④ 1.033kgf/cm²

 표준대기압

$= 1\text{atm} = 76\text{cmHg} = 760\text{mmHg} = 1.0332\text{kg/cm}^2$

$= 1033.2\text{g/cm}^2 = 10332\text{kg/cm}^2 = 10.332\text{mH}_2\text{O} = 1033.2\text{cmH}_2\text{O}$

$= 10332\text{mmH}_2\text{O} = 30\text{inHg} = 14.7\text{PSI} = 1.01325\text{bar}$

$= 101325\text{mbar} = 101325\text{N/m}^2 = 101325\text{Pa} = 101.325\text{kPa}$

$= 760\text{Torr} = 0.10332\text{MPa}$

25

다음 그림과 같이 부착된 압력계에서 개방탱크의 액면 높이(h)는 약 몇 m인가?(단, 액의 비중량 950kgf/m³, 압력 2kgf/cm², h_0=10m이다.)

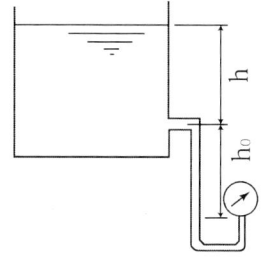

① 1.105
② 11.05
③ 3.105
④ 31.05

 $P = r \times h$ (이때 h ; 전체 길이)

$h = \dfrac{P}{r} = \dfrac{2 \times 10^4 \text{kgf/m}^2}{950 \text{kgf/m}^3} = 21.05\text{m}$

∴ 21.05m − 10m = 11.05m

26

휘도를 표준온도의 고온 물체와 비교하여 온도를 측정하는 온도계는?

① 액주온도계
② 광고온계
③ 열전대온도계
④ 기체팽창온도계

광고온도계 : 휘도를 표준온도의 고온물체와 비교하여 온도측정

27

가스분석방법으로 세라믹식 O_2계에 대한 설명으로 옳은 것은?

① 응답이 느리다.
② 온도조절용 전기로가 필요 없다.
③ 연속측정이 가능하며 측정범위가 좁다.
④ 측정가스 중에 가연성 가스가 존재하면 사용이 불가능하다.

해설 세라믹식 O_2계

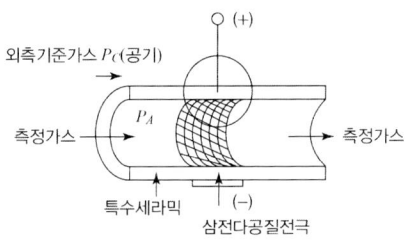

〈지르코니아식 O_2계의 내부구조〉

① 측정가스 중 가연성가스가 혼입되어 있으면 측정곤란
② 측정범위가 대단히 넓다.
③ 측정부의 온도유지를 위해 전기로가 필요하다.
④ 응답속도가 빠르며 주의조건의 변화에도 큰 영향이 없다.

28

상당 증발량이 300kg/h이고, 급수온도가 30°C, 증가 엔탈피가 730kcal/kg인 보일러의 실제 증발량은 약 몇 kg/h인가?

① 215.3　　② 220.5
③ 231.0　　④ 244.8

해설 상당증발량 = $\dfrac{G \times (h'' - h')}{539}$

$G = \dfrac{상당증발량 \times 539}{(h'' - h')} = \dfrac{(300 \times 539)}{(730 - 30)} = 231 \text{kg/h}$

29

다음 오차의 분류 중에서 측정자의 부주의로 생기는 오차는?

① 우연오차　　② 과실오차
③ 계기오차　　④ 계통적오차

해설 과실오차 : 측정자의 부주의로 생기는 오차

30

다음 중 내화물의 내화도 측정에 주로 사용되는 온도계는?

① 제겔콘
② 백금저항 온도계
③ 기체압력식 온도계
④ 백금 – 백금·로듐 열전대 온도계

해설 내화물의 내화도 측정 : 제겔콘(600~2000℃),
점토, 규석질, 금속산화물 등을 배합하여 만든 것

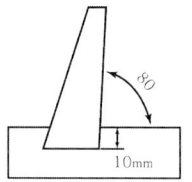

〈제에겔 콘 온도계〉

31

보일러 용량표시에 관한 설명으로 옳은 것은?

① 단위면적당 증기 발생량을 상당증발량이라 한다.
② 급수의 엔탈피를 h_1(kcal/kg), 증기의 엔탈피를 h_2(kcal/kg)라 할 때 증발계수 f를 계산하는 식은 $539(h_2 - h_1)$이다.
③ 1시간에 15.65kg의 증발량을 가진 능력을 1상당증발량이라 한다.
④ 보일러 본체 전열면적당 단위시간에 발생하는 증발량을 증발률이라 한다.

해설 보일러 마력 : 상당증발량이 15.65kg을 1시간에 증발시킬 수 있는 능력
15.65kg/h × 539kcal/kg = 8,435kcal/h

32

아르키메데스의 부력의 원리를 이용한 액면 측정방식은?

① 차압식
② 기포식
③ 편위식
④ 초음파식

해설 아르키메데스의 부력원리를 이용한 액면측정방식
편위식 액면계, 침종식 압력계

33

간접 측정식 액면계가 아닌 것은?

① 유리관식
② 방사선식
③ 정전용량식
④ 압력식

34
보일러에서 사용하는 압력계의 최고 눈금에 대한 설명으로 옳은 것은?
① 보일러 최고사용압력의 4배 이하로 하되 2배보다 작아서는 안된다.
② 보일러 최고사용압력의 4배 이하로 하되 최고사용압력보다 작아서는 안된다.
③ 보일러 최고사용압력의 3배 이하로 하되 1.5배보다 작아서는 안된다.
④ 보일러 최고사용압력의 3배 이하로 하되 최고사용압력보다 작아서는 안된다.

해설 압력계눈금범위 : 최고사용압력의 1.5배 이상 3배 이하

35
계통오차로서 계측기가 가지고 있는 고유의 오차는?
① 기차　　　　② 감차
③ 공차　　　　④ 정차

해설 기차 : 계통오차로서 계측기가 가지고 있는 고유오차

36
보일러 본체에서 발생한 포화증기를 같은 압력하에서 고온으로 재가열하여 수분을 증발시키고 증기의 온도를 상승시키는 장치는?
① 절탄기　　　② 과열기
③ 축열기　　　④ 흡수기

해설 절탄기 : 연소가스 여열 이용. 급수를 예열하는 장치

37
수소(H_2)가 연소되면 증기를 발생시킨다. 이 증기를 복수시키면 증발열이 발생한다. 만약 수소 1kg을 연소시켜 증기를 완전 복수시키면 얼마의 증발열을 얻을 수 있는가?
① 600kcal　　　② 1800kcal
③ 5400kcal　　　④ 10800kcal

해설
$$H_2 + \frac{1}{2}O_2 \rightarrow H_2O$$
2kg　16kg　18kg
1kg　　　　x
$$x = \frac{1kg \times 18kg}{2kg} = 9kg \times 600kcal/kg = 5400kcal$$

정답 34. ③　35. ①　36. ②　37. ③

38

2개의 제어계를 조합하여 1차 제어장치가 제어량을 측정하여 제어명령을 발하고, 2차 제어장치가 이 명령을 바탕으로 제어량을 조절하는 제어방식은?

① 비율제어 ② 캐스케이드 제어
③ 추종제어 ④ 추치제어

해설 추치제어 방식 : 목표값이 변화되는 값으로 목표값을 측정하면서 제어 목표량을 목표값에 맞추는 제어
① 캐스케이드 제어 : 1차 제어 장치가 제어명령을 말하고 2차 제어 장치가 이 명령을 바탕으로 제어량을 조절하는 측정제어
② 프로그램 제어 : 목표값이 시간에 따라 미리 결정된 일정한 제어
③ 추종제어 : 목표값이 시간에 따라 임의로 변화되는 값
④ 비율제어 : 2개 이상의 제어값의 값이 정해진 비율을 보유하여 제어

39

도전성 유체에 자장을 형성시켜 기전력 측정에 의해 유량을 측정하는 것은?

① 전자 유량계 ② 칼만식 유량계
③ 델타 유량계 ④ 애뉼바 유량계

해설 전자식유량계(페러데이의 전자유도법칙) : 도전성유체에 자장을 형성시켜 기전력 측정에 의해 유량을 측정

40

자동제어방식에서 전기식 제어방식의 특징으로 옳은 것은?

① 조작력이 약하다. ② 신호의 복잡한 취급이 어렵다.
③ 신호전달 지연이 있다. ④ 배선이 용이하다.

해설 전기식
① 신호전달거리 300 ~ 10,000m
② 신호전달의 지연이 없다.
③ 대규모 조작력에 사용
④ 배선이 용이하다.

38. ② 39. ① 40. ④

제3과목 : 열설비구조 및 시공

41 요로의 열효율을 높이는 방법으로 가장 거리가 먼 것은?
① 발열량이 높은 연료 사용
② 단열보온재 사용
③ 적정 노압 유지
④ 배기가스 회수장치 사용

해설 요로의 열효율을 높이는 방법
① 단열 보온재 사용
② 적정 노압 유지
③ 배기가스 회수장치 사용

42 검사대상기기인 보일러의 계속사용검사 중 안전검사 유효기간은?(단, 안전성향상계획과 공정안전보고서를 작성하는 경우는 제외한다.)
① 1년
② 2년
③ 3년
④ 4년

해설 계속사용 - 안전검사 : 1년
- 성능검사 : 1년

43 증기와 응축수와의 비중차를 이용하는 증기트랩은?
① 버킷형
② 벨로즈형
③ 디스크형
④ 오리피스형

해설 증기트랩 : 관내응축수를 배출하여 수격작용 및 부식방지
① 기계적트랩 : 포화수와 포화증기의 비중차 이용(버킷트, 플로우트)
② 온도조절트랩 : 포화수와 포화증기의 온도차 이용(바이메탈, 벨로우즈)
③ 열역학적트랩 : 포화수와 포화증기의 열역학적 특성차(오리피스, 디스크)

정답 41. ① 42. ① 43. ①

44

보온재의 구비조건으로 틀린 것은?
① 사용온도 범위에 적합해야 한다. ② 흡습, 흡수성이 커야 한다.
③ 장시간 사용에도 견딜 수 있어야 한다. ④ 부피, 비중이 작아야 한다.

해설 보온재의 구비조건
① 비중이 작아야 한다.(가벼워야 한다.)
② 열전도율이 적어야 한다.(보온능력이 커야 한다.)
③ 사용온도에 견디고 변질되지 말아야 한다.
④ 기계적 강도가 있어야 한다.
⑤ 다공질이며 기공이 균일해야 한다.
⑥ 흡습, 흡수성이 적어야 한다.

45

맞대기 용접이음에서 안장하중이 2000kgf, 강판의 두께가 6mm라 할 때 용접길이 (mm)는?(단, 용접부의 허용인장응력은 7kgf/mm²이다.)
① 40.1
② 44.3
③ 47.6
④ 52.2

해설 $\sigma = \dfrac{P}{t\ell}$ $\quad l = \dfrac{P}{\sigma \times t} = \dfrac{2000}{7 \times 6} = 47.62 \text{mm}$

46

전기적, 화학적 성질이 우수한 편이고 비중이 0.92~0.96 정도이며 약 90℃에서 연화하지만, 저온에 강하여 한랭지 배관으로 우수한 관은?
① 염화비닐관
② 석면 시멘트관
③ 폴리에틸렌관
④ 철근 콘크리트관

 폴리에틸렌관
① 비중이 0.92~0.96이다.
② 전기적, 화학적 성질이 우수한 편이다.
③ 90℃에서 연화한다.
④ 저온에서 강하여 한랭지 배관으로 사용(-60℃에서도 취성이 안나타남)

참고 석면시멘트관 : 석면과 시멘트를 1:5~1:6으로 혼합하여 로울러로 압력을 가해 성형시킨 관
① 금속관에 비해 내식성이 크다.
② 내알칼리성이 우수
③ 수도용, 가스관, 배수관, 공업용수관에 사용

47 다음 중 탄성압력계에 해당하지 않는 것은?
① 부르동관 압력계　　② 벨로즈식 압력계
③ 다이어프램 압력계　　④ 링밸런스식 압력계

> **해설** 탄성식 압력계의 종류
> ① 브르돈관 압력계
> ② 벨로우즈 압력계
> ③ 다이어프램 압력계

48 에너지이용 합리화법에 따라 보일러 설치 검사 시 가스용 보일러의 운전성능 기준 중 부하율이 90%일 때 배기가스 성분기준으로 옳은 것은?
① O_2 3.7% 이하, CO_2 12.7% 이상
② O_2 4.0% 이하, CO_2 11.0% 이상
③ O_2 3.7% 이하, CO_2 10.0% 이상
④ O_2 4.0% 이하, CO_2 12.7% 이상

49 이음쇠 안쪽에 내장된 그래브링과 O-링에 의한 삽입식 접합으로 나사 및 용접 이음이 필요 없고 이종관과의 접합 시 커넥터 및 어댑터를 사용하고 나사이음을 하는 관은?
① 스테인리스강 이음관　　② 폴리부틸렌(PB) 이음관
③ 폴리에틸렌(PE) 이음관　　④ 열경화성 PVC 이음관

50 유량 300L/s, 양정 10m인 급수펌프의 효율이 90%이라면 소요되는 축동력(kW)은?(단, 물의 비중량은 1000kg/m³으로 한다.)
① 24.5　　② 27.1
③ 30.6　　④ 32.7

> **해설** $kW = \dfrac{r \times Q \times H}{102 \times E} = \dfrac{(1000 \times 0.3 \times 10)}{(102 \times 0.9)} = 32.679 kW$

정답　47. ④　48. ③　49. ②　50. ④

51 조업방법에 따라 분류할 때 다음 중 등요(오름가마)는 어디에 속하는가?
① 불연속식요 ② 반연속식요
③ 연속식요 ④ 회전가마

52 액체연료 연소장치 중 고압기류식 버너의 선단부에 혼합실을 설치하고 공기, 기름 등을 혼합시킨 후 노즐에서 분사하여 무화하는 방식은?
① 내부 혼합식 ② 외부 혼합식
③ 무화 혼합식 ④ 내·외부 혼합식

53 노통보일러에서 노통이 열응력에 의해서 신축이 일어나므로 노통의 신축 작용에 대처하기 위해 설치하는 이음방법은?
① 평형조인트 ② 브레이징 스페이스
③ 가셋 스테이 ④ 아담스 조인트

 아담슨 조인트 : 노통의 열응력에 따른 신축 문제를 고려 1~2[m] 정도로 분할제작 플랜지형식으로 접합한 방식으로 강도보강, 노통 후부의 이음부를 보호하는 특징을 갖고 있다.

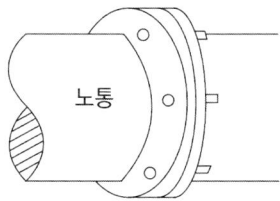

참고 브레이징 스페이스(Breathing space) : 노통 호흡장소, 노통 보일러의 경우 경판과 동판의 강도를 보강하기 위해 가셋트 스테이를 설치하게 되는데 가셋트 스테이의 하단부와 노통 사이의 거리를 브레이징 스페이스라 하고 최소 225[mm]

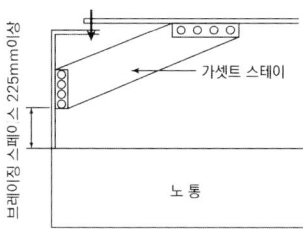

〈브레이징 스페이스의 예〉

51. ②　52. ①　53. ④

54 열전도율이 0.8kcal/m · h · °C인 콘크리트 벽의 안쪽과 바깥쪽의 온도가 각각 25°C와 20°C이다. 벽의 두께가 5cm일 때 1m² 당 전달되어 나가는 열량(kcal/h)은?
① 0.8　　　　　　　　　　② 8
③ 80　　　　　　　　　　④ 800

해설 $Q = \dfrac{\lambda \cdot A \cdot \triangle t}{d} = \dfrac{0.8 \times 1 \times (25-20)}{0.05\text{m}} = 80\text{kcal/h}$

55 다음 보일러 중 일반적으로 효율이 가장 좋은 것은?(단, 동일한 조건을 기준으로 한다.)
① 노통 보일러　　　　　　② 연관 보일러
③ 노통연관 보일러　　　　④ 입형 보일러

해설 효율이 좋은 순서
수관식 > 노통연관 > 연관 > 입형 > 노통

56 다음 중 수관식 보일러에 해당되는 것은?
① 노통보일러　　　　　　② 기관차형보일러
③ 바브콕보일러　　　　　④ 횡연관식보일러

해설 수관식 보일러
① 자연순환식수관보일러 : 바브콕, 쓰네기찌, 타구마, 2동D형, 3동A형,
② 강제순환식수관보일러 : 벨록스, 라몽
③ 관류식수관보일러 : 슬처, 엣모스, 벤숀, 람진

57 다음 보온재 중 안전사용온도가 가장 낮은 것은?
① 펄라이트　　　　　　　② 규산칼슘
③ 탄산마그네슘　　　　　④ 세라믹화이버

해설 무기질 보온재
① 탄산마그네슘 : 250°C 이하　　② 그라스울(유리섬유) : 300°C 이하
③ 석면 : 400°C 이하　　　　　　④ 규조토 : 500°C 이하
⑤ 암면 : 600°C 이하　　　　　　⑥ 규산칼슘 펄라이트 : 650°C 이하
⑦ 실리카화이버 : 1100°C 이하　⑧ 세라믹화이버 : 1300°C 이하

정답　54. ③　55. ③　56. ③　57. ③

58 에너지이용 합리화법에 따른 보일러의 제조검사에 해당되는 것은?
① 용접검사 ② 설치검사
③ 개조검사 ④ 설치장소 변경검사

59 보일러 사용 중 정전되었을 때 조치사항으로 적절하지 못한 것은?
① 연료공급을 멈추고 전원을 차단한다.
② 댐퍼를 열어둔다.
③ 급수는 상용수위보다 약간 많을 정도로 한다.
④ 급수탱크가 다른 시설과 공용으로 사용될 때에는 보일러용 이외의 급수관을 차단한다.

해설 댐퍼를 닫는다.

60 내화 모르타르의 구비조건으로 틀린 것은?
① 접착성이 클 것 ② 필요한 내화도를 가질 것
③ 화학조성이 사용벽돌과 같을 것 ④ 건조, 소성에 의한 수축, 팽창이 클 것

해설 내화 모르타르의 구비조건
① 건조, 소성에 의한 팽창, 수축이 적을 것
② 화학조성이 사용벽돌과 같을 것
③ 필요한 내화도를 가질 것
④ 접착성이 클 것

제4과목 : 열설비 취급 및 안전관리

61 다음 중 보일러 급수에 함유된 성분 중 전열면 내면 점식의 주원인이 되는 것은?
① O_2 ② N_2
③ $CaSO_4$ ④ $NaSO_4$

해설 용존산소 : 점식의 주원인

62 보일러에서 산 세정 작업이 끝난 후 중화처리를 한다. 다음 중 중화처리 약품으로 사용할 수 있는 것은?
① 가성소다　　　　　　② 염화나트륨
③ 염화마그네슘　　　　④ 염화칼슘

해설 중화방청처리
① 가성소다　　② 탄산소다
③ 인산소다　　④ 암모니아
⑤ 히드라진

63 에너지이용 합리화법에 따라 검사대상기기 적용범위에 해당하는 소형 온수보일러는?
① 전기 및 유류겸용 소형 온수보일러
② 유류를 연료로 쓰는 가정용 소형 온수보일러
③ 최고사용압력이 0.1MPa 이하이고, 전열면적이 $5m^2$ 이하인 소형 온수보일러
④ 가스 사용량이 17kg/h를 초과하는 소형 온수보일러

해설 소형온수보일러 : 가스사용량이 17kg/h 초과 도시가스 열량으로 20만 kcal/h 초과

64 보일러 운전 중 취급상의 사고에 해당되지 않는 것은?
① 압력초과　　　　　　② 저수위 사고
③ 급수처리 불량　　　　④ 부속장치 미비

해설 제작상의 결함
① 재료불량　　② 용접불량
③ 강도불량　　④ 구조불량
⑤ 설계불량

65 다음 보일러의 외부청소 방법 중 압축공기와 모래를 분사하는 방법은?
① 샌드 블라스트법　　　② 스틸 쇼트 크리닝법
③ 스팀 쇼킹법　　　　　④ 에어 쇼킹법

66

에너지이용 합리화법에 따라 용접검사신청서 제출 시 첨부 하여야 할 서류가 아닌 것은?
① 용접 부위도
② 검사대상기기의 설계도면
③ 검사대상기기의 강도계산서
④ 비파괴시험성적서

해설 용접검사신청서 제출시 첨부해야할 서류
① 용접부위도
② 검사대상기기의 설계도면
③ 검사대상기기의 강도계산서

67

에너지이용 합리화법에 따라 에너지저장의무 부과대상자로 가장 거리가 먼 것은?
① 전기사업자
② 석탄가공업자
③ 도시가스사업자
④ 원자력사업자

해설 에너지저장의무 부과대상자
① 전기사업법에 의한 전기사업자
② 도시가스법에 의한 도시가스사업자
③ 석탄사업법에 의한 석탄 가공업자
④ 집단에너지 사업법에 의한 집단에너지 사업자
⑤ 연간 2만 석유환산톤(TOE) 이상의 에너지를 사용하는자

68

에너지이용 합리화법에 따라 산업통상자원부장관 또는 시·도지사의 업무 중 한국에너지공단에 위탁된 업무에 해당하는 것은?
① 특정열사용기자재의 시공업 등록
② 과태료의 부과·징수
③ 에너지절약 전문기업의 등록
④ 에너지관리대상자의 신고 접수

해설 한국에너지 공단사업
① 조사, 연구, 교육, 홍보
② 신에너지 및 재생에너지 개발사업의 촉진
③ 에너지 진단 및 에너지 관리지도, 에너지개발도입, 지도 및 보급
④ 집단에너지 사업의 촉진을 위한 지원 및 관리
⑤ 토지, 건물 및 시설 등의 취득, 설비운영, 대여 및 양도
⑥ 사회계층의 에너지 이용 지원
⑦ 온실기스 배출을 줄이기 위한 사업
⑧ 에너지 절약 전문기업의 등록
⑨ 검사대상기기의 검사
⑩ 검사대상기기 관리자 채용·해임신고

66. ④ 67. ④ 68. ③

69 급수처리 방법인 기폭법에 의하여 제거되지 않는 성분은?
① 탄산가스   ② 황화수소
③ 산소   ④ 철

 외처리 방법
① 용존산소 제거법
㉠ 탈기법 : CO_2, O_2 가스체제거
㉡ 기폭법 : Fe, Mn, CO_2, H_2S
② 현탁질고형물제거법
㉠ 침전법   ㉡ 여과법   ㉢ 응집법
③ 용해고형물제거법
㉠ 이온교환법   ㉡ 약제법   ㉢ 증류법

70 보일러 급수처리의 목적으로 가장 거리가 먼 것은?
① 스케일 생성 및 고착 방지   ② 부식 발생 방지
③ 가성취화 발생 감소   ④ 배관 중의 응축수 생성 방지

 급수처리 목적
① 관수농축방지
② 관수PH조절
③ 포밍, 프라이밍 발생방지
④ 스케일, 슬러지 생성 방지
⑤ 부식 방지

71 증기난방의 응축수 환수방법 중 증기의 순환이 가장 빠른 것은?
① 기계환수식   ② 진공환수식
③ 단관식 중력환수식   ④ 복관식 중력환수식

응축수 환수방식
① 중력환수식
② 기계환수식
③ 진공환수식(가장빠름)

72
보일러 가동 중 프라이밍과 포밍의 방지 대책으로 틀린 것은?
① 급수처리를 하여 불순물 등을 제거할 것
② 보일러수의 농축을 방지할 것
③ 과부하가 되지 않도록 운전할 것
④ 고수위로 운전 할 것

해설 프라이밍, 포밍 발생 방지
① 관수농축방지
② 적정수위로 운전
③ 급수처리하여 불순물등을 제거할 것
④ 과부하가 되지 않도록 운전할 것

73
포밍과 프라이밍이 발생했을 때 나타나는 현상으로 가장 거리가 먼 것은?
① 캐리오버 현상이 발생한다.
② 수격작용이 발생한다.
③ 수면계의 수위 확인이 곤란하다.
④ 수위가 급히 올라가고 고수위 사고의 위험이 있다.

74
에너지이용 합리화법에 따라 검사대상기기관리자에 대한 교육기간은 얼마인가?
① 1일   ② 3일
③ 5일   ④ 10일

해설 검사대상기기 관리자에 대한 교육기간 : 1일

75
에너지이용 합리화법에 따라 가스사용량이 17kg/h를 초과하는 가스용 소형 온수보일러에 대해 면제되는 검사는?
① 계속사용 안전검사   ② 설치검사
③ 제조검사   ④ 계속사용 성능검사

72. ④   73. ④   74. ①   75. ③

76 온수난방에서 방열기 내 온수의 평균온도가 85℃, 실내온도가 20℃, 방열계수가 7.2kcal/m²·h·℃이라면, 이 방열기의 방열량(kcal/m²·h)은?
① 468
② 472
③ 496
④ 592

해설 방열기 방열량=방열계수×(평균온도−실내온도)=7.2×(85−20)=468kcal/m²h

77 에너지이용 합리화법에 따라 산업통상자원부장관이 냉·난방온도를 제한온도에 적합하게 유지관리하지 않은 기관에 시정조치를 명령할 때 포함되지 않는 사항은?
① 시정조치 명령의 대상 건물 및 대상자
② 시정결과 조치 내용 통지 사항
③ 시정조치 명령의 사유 및 내용
④ 시정기한

해설 냉난방온도를 제한온도에 적합하게 유지관리하지 않은 기관에 시정조치 명령시 포함되어야 할 사항
① 시정기한
② 시정조치명령의 사유 및 내용
③ 시정조치명령의 대상건물 및 대상자

78 사고의 원인 중 간접원인에 해당되지 않는 것은?
① 기술적 원인
② 관리적 원인
③ 인적 원인
④ 교육적 원인

해설 사고의 원인
(1) 직접원인
① 불완전한 행동(인적 원인) : 안전조치 불이행, 불안전한 상태의 방치 등
② 불완전한 상태(물적 원인) : 작업환경의 결함, 보호구 복장 등의 결함 등
(2) 간접원인
① 기술적 원인 : 기계, 기구, 장비 등의 방호설비, 경계설비 등의 기술적 결함
② 교육적 원인 : 무지, 경시, 몰이해, 훈련미숙, 나쁜습관 등
③ 신체적 원인 : 각종 질병, 피로, 수면부족 등
④ 정신적 원인 : 태만, 반항, 불만, 초조, 긴장, 공포 등
⑤ 관리적 원인 : 책임감 부족, 작업기준의 불명확, 근로의욕 침체 등

79

스케일의 영향으로 보일러 설비에 나타나는 현상으로 가장 거리가 먼 것은?

① 전열면의 국부과열 ② 배기가스 온도 저하
③ 보일러의 효율 저하 ④ 보일러의 순환 장애

 스케일의 영향
① 효율저하 ② 연료소비량 증대
③ 배기가스손실 증대 ④ 통수공차단
⑤ 관수순환불량 ⑥ 과열로 인한 파열사고

80

수관식보일러와 비교하여 노통연관식 보일러의 특징에 대한 설명으로 옳은 것은?

① 청소가 곤란하다.
② 시동하고 나서 증기 발생시간이 짧다.
③ 연소실을 자유로운 형상으로 만들 수 있다.
④ 파열시 더욱 위험하다.

 수관식 보일러의 특징
① 고압대용량에 적합
② 급수처리가 까다롭다.(양질의 급수 필요)
③ 전열면적당 보유수량이 적어 가동시간이 짧다.
④ 구조가 복잡하여 청소, 검사, 수리곤란
⑤ 제작이 까다로우며 비용도 많이 든다.
⑥ 보일러 효율이 좋다.
⑦ 외분식이어서 노벽방산손실이 많다.
⑧ 연료의 질에 크게 영향을 받지 않는다.

2019년 제4회 에너지관리산업기사 출제문제

제1과목 : 열역학 및 연소관리

01 다음 중 모리엘(Mollier)선도를 이용할 때 가장 간단하게 계산할 수 있는 것은?
① 터빈효율 계산
② 엔탈피 변화 계산
③ 사이클에서 압축비 계산
④ 증발시의 체적증가량 계산

해설 몰리에르선도

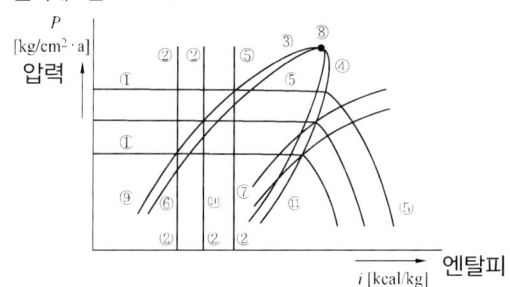

① 등압선 ② 등엔탈피선 ③ 포화액선 ④ 건조포화증기선
⑤ 등온선 ⑥ 등건조도선 ⑦ 등엔트로피선 ⑧ 임계점
⑨ 과냉각액 구역 ⑩ 습포화증기 구역 ⑪ 과열증기 구역

02 액체연료의 특징에 대한 설명으로 틀린 것은?
① 수송과 저장이 편리하다.
② 단위 중량에 대한 발열량이 석탄보다 크다.
③ 인화, 역화 등 화재의 위험성이 없다.
④ 연소 시 매연이 적게 발생한다.

정답 01. ② 02. ③

액체연료의 특징
① 연소효율 및 열효율이 증가
② 연소온도가 높아 국부과열 위험성이 많다.
③ 화재 및 역화의 위험성이 있다.
④ 품질이 균일하여 발열량이 높다.
⑤ 운반 및 저장 취급이 용이
⑥ 연소 시 매연이 적게 발생된다.

03

탄소(C) 1kg을 완전히 연소시키는 데 요구되는 이론산소량은 몇 Nm^3 인가?
① 1.87
② 2.81
③ 5.63
④ 8.94

 C + O_2 → CO_2
12kg   22.4Nm^3 22.4Nm^3
1kg x

$$x = \frac{1kg \times 22.4Nm^3}{12kg} = 1.867 Nm^3/kg$$

04

오토사이클에 대한 설명으로 틀린 것은?
① 일정 체적 과정이 포함되어 있다.
② 압축비가 클수록 열효율이 감소한다.
③ 압축 및 팽창은 등엔트로피 과정으로 이루어진다.
④ 스파크 점화 내연기관의 사이클에 해당된다.

 오토사이클

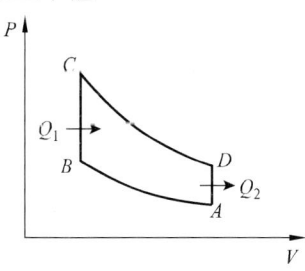

㉠ A-B : 단열압축   ㉡ B-C : 등적가열
㉢ C-D : 단열팽창   ㉣ D-A : 등적방열

05
연돌의 통풍력에 관한 설명으로 틀린 것은?
① 일반적으로 직경이 크면 통풍력도 크게 된다.
② 일반적으로 높이가 증가하면 통풍력도 증가한다.
③ 연돌의 내면에 요철이 적은 쪽이 통풍력이 크다.
④ 연돌의 벽에서 배기가스의 열방사가 많은 편이 통풍력이 크다.

해설 ① 일반적으로 높이가 증가하면 통풍력도 증가
② 일반적으로 직경이 크면 통풍력도 크게 된다.
③ 연돌의 내면에 요철이 적은 쪽이 통풍력이 크다.

06
용기내부에 증기 사용처의 증기 압력 또는 열수 온도보다 높은 압력과 온도의 포화수를 저장하여 증기 부하를 조절하는 장치를 무엇이라고 하는가?
① 기수분리기 ② 스팀 어큐뮬레이터
③ 스토리지 탱크 ④ 오토 클레이브

해설 증기축열기(스팀어큐뮬레이터) : 저부하 또는 변동부하시 잉여증기를 저장하고 피크시에 저장된 잉여증기를 공급하는 장치

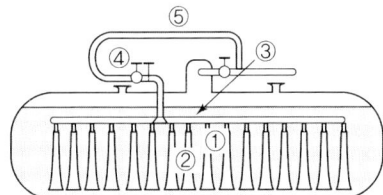

① 증기분사구
② 순환통
③ 배기관
④ 체크 밸브
⑤ 송출관

07
그림은 초기 체적이 V_i 상태에 있는 피스톤이 외부로 일을 하여 최종적으로 체적이 V_f 인 상태로 된 것을 나타낸다. 외부로 가장 많은 일을 한 과정은?

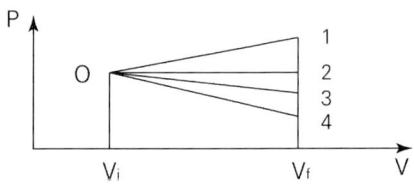

① 0 – 1 과정 ② 0 – 2 과정
③ 0 – 3 과정 ④ 0 – 4 과정

해설 0 – 1 : 가장 많은 일을 한 과정
0 – 4 : 가장 적게 일을 한 과정

08 물질을 연소시켜 생긴 화합물에 대한 설명으로 옳은 것은?

① 수소가 연소했을 때는 물로 된다.
② 황이 연소했을 때는 황화수소로 된다.
③ 탄소가 불완전 연소했을 때는 이산화탄소가 된다.
④ 탄소가 완전 연소했을 때는 일산화탄소가 된다.

$2H_2 + O_2 \rightarrow H_2O$
$S + O_2 \rightarrow SO_2$
$C + \dfrac{1}{2}O_2 \rightarrow CO$
$C + O_2 \rightarrow CO_2$

09 분사컵으로 기름을 비산시켜 무화하는 버너는?

① 유압분무식　　　　② 공기분무식
③ 증기분무식　　　　④ 회전분무식

회전식 버너 : 버너 전방에 분사컵을 설치하여 고속으로 회전하면서 원심력을 얻어낸다. 연료를 0.3kg/cm² 정도 가압분출하여 공급된 공기가 에어노즐을 통해 무화하는 형식
① 장점
　㉠ 유량조절범위가 비교적 넓다(1 : 5)
　㉡ 소음이 적고 자동화에 용이하다.
　㉢ 분무각이 넓다(40~80°).
② 단점
　㉠ 점도가 커지면 무화가 곤란하다(A. B중유 사용).
　㉡ 유량이 적어지면 무화가 곤란하다.

10 랭킨사이클에서 단열과정인 것은?
① 펌프 ② 발전기
③ 보일러 ④ 복수기

11 다음 [그림]은 물의 압력-온도 선도를 나타낸 것이다. 액체와 기체의 혼합물은 어디에 존재하는가?

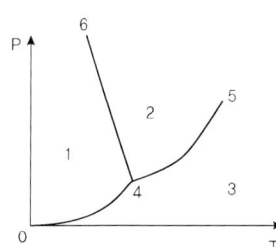

① 영역 1 ② 선 4 – 6
③ 선 0 – 4 ④ 선 4 – 5

해설 물의 압력-온도선도

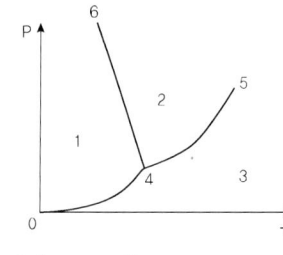

① 점 0
② 점 4
③ 점 5
④ 점 6

① 영역 1 : 고체 ② 영역 2 : 액체
③ 영역 3 : 증기 ④ 점4 : 삼중점
⑤ 점5 : 임계점 ⑥ 선 0~4 : 승화곡선
⑦ 선 4~5 : 증발곡선 ⑧ 선 4~6 : 용해곡선

12 일을 할 수 있는 능력에 관한 법칙으로 기계적인 일이 없이는 스스로 저온부에서 고온부로 이동할 수 없다는 법칙은?
① 열역학 제0법칙 ② 열역학 제1법칙
③ 열역학 제2법칙 ④ 열역학 제3법칙

해설 열역학 제2법칙 (엔트로피의 법칙=일할 수 있는 능력의 법칙)
① 일은 열로 변환시킬 수 있으나 열은 일로 변환시킬 수 없다.
② 기계적인 일이 없이는 스스로 저온부에서 고온부로 이동할 수 없다는 법칙
③ 100%의 열효율을 가진 기관은 만들 수 없다.

13

보일러 매연의 발생 원인으로 틀린 것은?
① 연소 기술이 미숙할 경우
② 통풍이 많거나 부족할 경우
③ 연소실의 온도가 너무 낮을 경우
④ 연료와 공기가 충분히 혼합된 경우

 매연발생원인
　　① 연소기술의 미숙
　　② 연소실의 온도가 너무 낮다.
　　③ 연료속에 수분, 슬러지 혼입 시
　　④ 연소장치의 부적정
　　⑤ 통풍의 과다 및 부족시
　　⑥ 연료와 공기의 혼합불량

14

다음 연료 중 고위발열량이 가장 큰 것은? (단, 동일 조건으로 가정한다.)
① 중유
② 프로판
③ 석탄
④ 코크스

 프로판 : 12,000kcal/kg
　　중유 : 9,750kcal/kg
　　석탄 : 6,500kcal/kg

15

엔탈피는 다음 중 어느 것으로 정의되는가?
① 과정에 따라 변하는 양
② 내부 에너지와 유동 일의 합
③ 정적하에서 가해진 열량
④ 등온하에서 가해진 열량

엔탈피(H) = u + APV

u(내부에너지)　　　　　A(일의 열당량) $\dfrac{1kcal}{427kg.m}$

P(압력) kg/m²　　　　　V(비체적) m³/kg

13. ④　14. ②　15. ②

16 이상기체의 가역단열변화에 대한 식으로 틀린 것은? (단, k는 비열비이다.)

① $\dfrac{P_2}{P_1} = \left(\dfrac{V_2}{V_1}\right)^{k-1}$ ② $\dfrac{T_2}{T_1} = \left(\dfrac{V_1}{V_2}\right)^{k-1}$

③ $\dfrac{T_2}{T_1} = \left(\dfrac{P_2}{P_1}\right)^{\frac{k-1}{k}}$ ④ $\left(\dfrac{V_1}{V_2}\right)^{k-1} = \left(\dfrac{P_2}{P_1}\right)^{\frac{k-1}{k}}$

해설 이상기체의 가역단열변화

① $\dfrac{T_2}{T_1} = \left(\dfrac{P_2}{P_1}\right)^{\frac{k-1}{k}}$ ② $\dfrac{T_2}{T_1} = \left(\dfrac{V_1}{V_2}\right)^{k-1}$

③ $\left(\dfrac{P_2}{P_1}\right)^{\frac{k-1}{k}} = \left(\dfrac{V_1}{V_2}\right)^{k-1}$

17 탱크 내에 900kPa의 공기 20kg이 충전되고 있다. 공기 1kg을 뺄 때 탱크 내 공기온도가 일정하다면 탱크 내 공기압력은?

① 655kPa ② 755kPa
③ 855kPa ④ 900kPa

해설 20kg = 900kPa
1kg = x ∴ 900kPa−45kPa = 855kPa
$x = \dfrac{1kg \times 900kPa}{20kg} = 45kPa$

18 C(87%), H(12%), S(1%)의 조성을 가진 중유 1kg을 연소시키는 데 필요한 이론공기량은 몇 Nm^3/kg 인가?

① 6.0 ② 8.5
③ 9.4 ④ 11.0

해설 $A_o = 8.89C + 26.67(H - \dfrac{O}{8}) + 3.33S$
= (8.89 × 0.87 + 26.67(0.12) + 3.33 × 0.01)
= 11.2677 Nm^3/kg

정답 16. ① 17. ③ 18. ④

19

연소 시 일반적으로 실제공기량과 이론공기량의 관계는 어떻게 설정하는가?
① 실제 공기량은 이론공기량과 같아야 한다.
② 실제 공기량은 이론공기량보다 작아야 한다.
③ 실제 공기량은 이론공기량보다 커야 한다.
④ 아무런 관계가 없다.

해설 실제공기량 = A_o + 과잉공기량 = m × A_o

20

카르노사이클의 작동순서로 알맞은 것은?
① 등온팽창 → 단열팽창 → 등온압축 → 단열압축
② 등온팽창 → 등온압축 → 단열팽창 → 단열압축
③ 등온압축 → 등온팽창 → 단열팽창 → 단열압축
④ 단열압축 → 단열팽창 → 등온팽창 → 등온압축

해설 카르노사이클의 작동순서
단열압축 → 등온팽창 → 단열팽창 → 등온압축

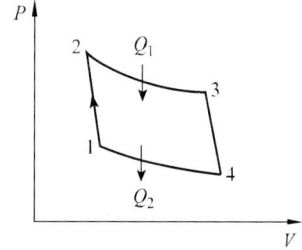

㉠ 1-2 : 단열압축
㉡ 2-3 : 등온팽창
㉢ 3-4 : 단열팽창
㉣ 4-1 : 등온압축

제2과목 : 계측 및 에너지 진단

21

물 20kg을 포화증기로 만들려고 한다. 전열효율이 80%일 때, 필요한 공급 열량(kJ)은?
(단, 포화증기 엔탈피는 2780kJ/kg, 급수 엔탈피는 100kJ/kg이다.)
① 53600 ② 55500
③ 67000 ④ 69400

해설 공급열량 = 20×(2,780-100)=53,600kJ

∴ $\dfrac{53,600 kJ}{0.8} = 67,000 kJ$

19. ③ 20. ① 21. ③

22 물체의 탄성 변위량을 이용한 압력계가 아닌 것은?
① 다이어프램식 압력계   ② 경사관식 압력계
③ 부르동관식 압력계   ④ 벨로스식 압력계

해설 탄성식 압력계
① 브르돈관 압력계   ② 다이어프램 압력계   ③ 벨로우즈 압력계

23 배가스 중 산소농도를 검출하여 적정 공연비를 제어하는 방식을 무엇이라 하는가?
① O_2 Trimming 제어   ② 배가스 온도 제어
③ 배가스량 제어   ④ CO 제어

해설 O_2 트리밍 제어 : 배기가스 중 산소농도를 검출하여 적정 공연비를 제어하는 방식

24 잔류편차(off-set)가 있는 제어는?
① P 제어   ② I 제어
③ PI 제어   ④ PID 제어

해설 연속 동작
① P 동작(비례 동작) : 잔류편차가 있는 동작
② I 동작(적분 동작) : 잔류편차가 없는 동작
③ D 동작(미분 동작) : 편차변화속도에 비례하여 조작량 가감

25 배관의 열팽창에 의한 배관 이동을 구속 또는 제한하는 레스트레인트의 종류에 속하지 않는 것은?
① 스토퍼(stopper)   ② 앵커(anchor)
③ 가이드(guide)   ④ 서포트(support)

해설 레스트레인트의 종류 : 배관의 상·하 좌우 이동을 구속 또는 제한하는 장치
① 앵커(anchor) : 리지드 서포트의 일종으로 관의 이동 및 회전을 방지하기 위해 지지점에 완전히 고정하는 장치이다.
② 스톱(stop) : 배관의 일정한 방향과 회전만 구속하고 다른 방향은 자유롭게 이동하게 하는 장치이다.
③ 가이드(guide) : 배관의 곡관부분이나 신축 조인트부분에 설치하는 것으로 회전을 제한하거나 축방향의 이동을 허용하며 직각방향으로 구속하는 장치이다.

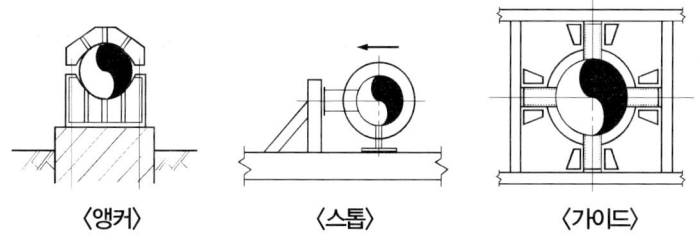

<앵커>   <스톱>   <가이드>

> 참고 서포트의 종류
> ① 파이프 슈(pipe shoe) : 관에 직접 접속하는 지지구로 수평배관과 수직배관의 연결부에 사용된다.
> ② 리지드 서포트(rigid support) : H 비임이나 I 비임으로 받침을 만들어 지지한다.
> ③ 스프링 서포트(spring support) : 스프링의 탄성에 의해 상하 이동을 허용한 것이다.
> ④ 로울로 서포트(roller support) : 관의 축 방향의 이동을 허용한 지지구이다.

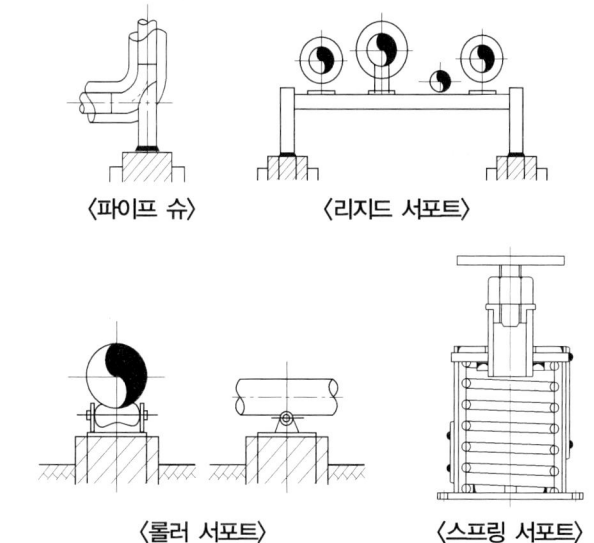

<파이프 슈>   <리지드 서포트>

<롤러 서포트>   <스프링 서포트>

26

다음 중 열량의 계량단위가 아닌 것은?
① J
② kWh
③ Ws
④ kg

해설 열량의 계량단위
① PSh   ② kWh   ③ J   ④ Ws

27 진동이 일어나는 장치의 진동을 억제시키는데 가장 효과적인 제어동작은?
① on-off 동작
② 비례 동작
③ 미분 동작
④ 적분 동작

28 측정기로 여러 번 측정할 때 측정한 값의 흩어짐이 작으면, 즉 우연오차가 작다면 이 측정기는 어떠한가?
① 정밀도가 높다.
② 정확도가 높다.
③ 감도가 좋다.
④ 치우침이 적다.

29 가스 분석을 위한 시료채취 방법으로 틀린 것은?
① 시료채취 시 공기의 침입이 없도록 한다.
② 가능한 한 시료 가스의 배관을 짧게 한다.
③ 시료 가스는 가능한 한 벽에 가까운 가스를 채취한다.
④ 가스성분과 화학성분을 일으키는 배관재나 부품을 사용하지 않는다.

> **해설** 가스분석을 위한 시료채취 방법
> ① 가스성분과 화학성분을 일으키는 배관재나 부품을 사용하지 않음
> ② 시료가스는 가능한 벽에서 먼 가스를 채취한다.
> ③ 가능한 시료가스의 배관을 짧게한다.
> ④ 시료채취 시 공기의 침입이 없도록 한다.

30 보일러 효율시험 측정 위치(방법)에 대한 설명으로 틀린 것은?
① 연료 온도 - 유량계 전
② 급수 온도 - 보일러 출구
③ 배기가스 온도 - 전열면 출구
④ 연료 사용량 - 체적식 유량계

> **해설** 급수온도 : 급수입구

정답 27. ③ 28. ① 29. ③ 30. ②

31

비접촉식 광전관식 온도계의 특징으로 틀린 것은?

① 연속 측정이 용이하다. ② 이동하는 물체의 온도 측정이 용이하다.
③ 응답 속도가 빠르다. ④ 기록제어가 불가능하다.

 광전관식 온도계
① 기록, 제어가 가능하다. ② 응답속도가 빠르다.
③ 이동하는 물체의 온도측정이 용이하다. ④ 연속측정이 용이하다.
⑤ 온도는 700~3,000°C ⑥ 구조가 복잡하다.

32

다음 중 압력의 계량 단위가 아닌 것은?

① N/m^2 ② mmHg
③ mmAq ④ Pa/cm^2

 압력의 단위
① N/m^2 ② Pa ③ kPa ④ MPa ⑤ mmHg ⑥ mmAq 등

33

유체의 압력차를 일정하게 유지하고 유체가 흐르는 단면적을 변화시켜 유량을 측정하는 계측기는?

① 오리피스 ② 플로우 노즐
③ 벤투리미터 ④ 로터미터

 면적식 유량계 : 교축기구 전후의 압력차를 일정하게 유지하도록 교축의 면적을 변화시켜 이때의 면적을 측정하여 순간의 유량을 알아내는 방법으로 유량의 측정원리는 베르누이정리를 이용한 것이다.
① 종류 : 로터미터. 부력식. 피스톤식
② 특징
  ㉠ 진동이 적은 장소에 수직으로 설치한다.
  ㉡ 부식성 유체나 슬러리 유체의 측정에 적합하다
  ㉢ 고점도 및 소량의 유체에 대한 측정이 가능하다.
  ㉣ 압력손실이 적으며 정도가 ±1~2[%]이다.
  ㉤ 유량에 따른 균등눈금을 얻는다.

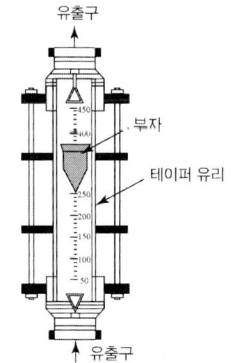

참고 　차압식 유량계 : 관내 교축기구를 설치하여 그 전·후 압력차를 이용 순간유량 측정

벤투리미터	플로우미터(노즐)	오리피스미터
① 구조가 복잡하고 교환이 어렵다. ② 압력손실이 가장 적다. ③ 가격이 비싸다. ④ 정밀도가 좋고 내구성이 좋다. ⑤ 침전물 생성 우려가 없고 대형이다.	① 오리피스에 비해 압력손실이 적다. ② 고압유체나 슬러지유체 측정 ③ 동일 조건하에서 오리피스보다 유량통과량이 많다.	① 구조가 간단 제작이나 장착이 용이하다. ② 좁은 장소에 설치가 가능하다. ③ 유체의 압력손실이 가장 크다. ④ 침전물 생성 우려 ⑤ 베르누이 정리 이용

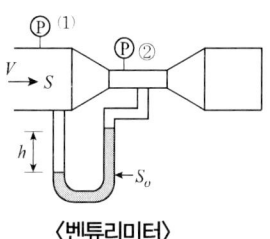
〈벤투리미터〉

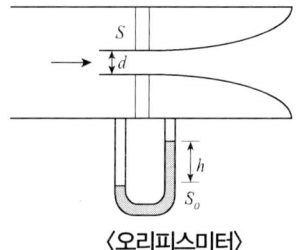
〈오리피스미터〉

34

보일러의 열정산 조건으로 가장 거리가 먼 것은?

① 측정 시간은 최소 30분으로 한다.
② 발열량은 연료의 총발열량으로 한다.
③ 증기의 건도는 0.98 이상으로 한다.
④ 기준 온도는 시험 시의 외기 온도를 기준으로 한다.

해설 　열정산의 기준
　　① 측정시간은 1시간　　　　② 발열량은 고위발열량 기준
　　③ 연료의 비중은 0.963kg/ℓ　④ 증기의 건조는 0.98
　　⑤ 열계산은 사용연료 1kg에 대해　⑥ 압력변동은 ±7% 이내
　　⑦ 증기발생량 변동은 ±15%이내　⑧ 기준온도는 외기온도 기준

35

모세관 상부에 수은을 고이게 하여 측정온도에 따라 수은의 양을 조절하여 0.01°C까지 정도가 좋은 온도계로 열량계에 많이 사용하는 것은?

① 색온도계　　　　　　　② 저항온도계
③ 베크만 온도계　　　　　④ 액체 압력식 온도계

해설 　베크만 온도계 : 측정온도의 사용에 따라 수은 양을 가감할 수 있어 0.01°C 정도의 미소온도까지 측정이 가능하며 최고사용온도는 150°C 이내이다.

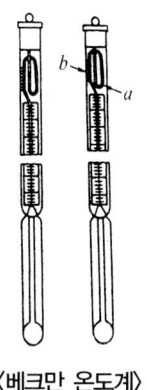

〈베크만 온도계〉

참고 바이메탈 온도계 : 서로 다른 금속의 열팽창 계수 차이를 이용하여 온도측정
· 특징
① 구조가 간단하고 견고하다.   ② 응답속도가 빠르다.
③ 고압기기의 온도측정용이다. ④ 측정온도범위가 –50~500°C이다.
⑤ 자동온도기록장치에 사용

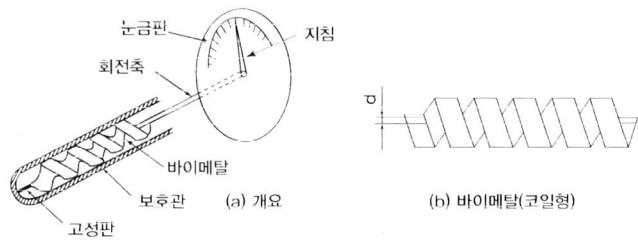

〈바이메탈 온도계〉

36

제어계가 불안정해서 제어량이 주기적으로 변화하는 좋지 못한 상태를 무엇이라고 하는가?
① 외란   ② 헌팅
③ 오버슈트   ④ 스탭응답

· 헌팅 : 제어계가 불안정해시 제어량이 주기적으로 변화하는 좋지 못한 상태
· 외란 : 제어계를 혼란시키는 외적작용으로 가스공급압, 가스유량, 공급온도, 탱크주위온도, 목표값변경 등의 변화를 말한다.
· 스탭응답(인디셜응답) : 입력과 출력이 평형상태에 있을 때 입력을 다소변화시켜 새로운 평형상태로 변화할 때 출력의 시각적 결과를 말한다.

36. ②

37

비접촉식 온도계의 특성 중 잘못 짝지어진 것은?

① 광전관 온도계 : 서로 다른 금속선에서 생긴 열기전력을 측정
② 광고온계 : 한 파장의 방사에너지 측정
③ 방사온도계 : 전 파장의 방사에너지 측정
④ 색온도계 : 고온체의 색 측정

해설 열전대 온도계 : 서로 다른 금속선에서 생긴 열기전력을 측정

38

다음 중 유량을 나타내는 단위가 아닌 것은?

① m^3/h ② kg/min
③ L/s ④ kg/cm^2

해설 kg/cm^2 : 압력의 단위

39

두께 144mm의 벽돌벽이 있다. 내면온도 250℃, 외면온도 150℃일 때 이 벽면 $10m^2$에서 손실되는 열량(W)은? (단, 벽돌의 열전도율은 0.7W/m℃이다.)

① 2790 ② 4860
③ 6120 ④ 7270

해설 $Q = \dfrac{\lambda \cdot A \cdot \triangle t}{d} = \dfrac{0.7 \times 10 \times (250-150)}{0.144} = 4,861(W)$

40

물의 삼중점에 해당되는 온도(℃)는?

① –273.87 ② 0
③ 0.01 ④ 4

제3과목 : 열설비구조 및 시공

41 자연 순환식 수관보일러의 종류가 아닌 것은?

① 야로우 보일러 ② 타쿠마 보일러
③ 라몬트 보일러 ④ 스털링 보일러

해설 자연순환식 수관 보일러
① 바브콕 ② 쓰네기찌 ③ 타꾸마 ④ 2동 D형
⑤ 3동A형 ⑥ 스털링 ⑦ 야로우

42 배관에 사용되는 보온재의 구비 조건으로 틀린 것은?

① 물리적·화학적 강도가 커야 한다.
② 흡수성이 적고, 가공이 용이해야 한다.
③ 부피, 비중이 작아야 한다.
④ 열전도율이 가능한 한 커야 한다.

해설 보온재의 구비조건
① 비중이 적을 것   ② 열전도율이 적을 것
③ 사용온도에 견딜 것   ④ 기계적 강도가 있을 것
⑤ 다공질이며 기공이 균일할 것   ⑥ 흡습성이 적을 것

43 보일러 노통의 구비 조건으로 적절하지 않은 것은?

① 전열작용이 우수해야 한다.
② 온도 변화에 따른 신축성이 있어야 한다.
③ 증기의 압력에 견딜 수 있는 충분한 강도가 필요하다.
④ 연소가스의 유속을 크게 하기 위하여 노통의 단면적을 작게 한다.

해설 연소가스의 유속을 크게하기 위하여 노통의 단면적을 크게한다.

41. ③   42. ④   43. ④

44 에너지이용 합리화법에 따라 검사대상기기인 보일러의 계속사용검사 중 운전성능 검사의 유효기간은?
① 6개월　　　　　　　　② 1년
③ 2년　　　　　　　　　④ 3년

해설 계속사용검사 : ① 안전검사 : 1년, ② 운전성능검사 : 1년

45 감압밸브를 작동방법에 따라 분류할 때 해당되지 않는 것은?
① 솔레노이드식　　　　② 다이어프램식
③ 벨로스식　　　　　　④ 피스톤식

해설 감압밸브의 종류
① 벨로우즈식　② 피스톤식　③ 다이어프램식

46 상온의 물을 양수하는 펌프의 송출량이 $0.7m^3/s$ 이고 전양정이 40m인 펌프의 축동력은 약 몇 kW인가? (단, 펌프의 효율은 80%이다.)
① 327　　　　　　　　② 343
③ 376　　　　　　　　④ 443

해설 $kW = \dfrac{\gamma \times Q \times H}{102 \times E} = \dfrac{1,000 \times 0.7 \times 40}{102 \times 0.8} = 343.13 kW$

47 캐리오버(Carry over)를 방지하기 위한 대책으로 틀린 것은?
① 보일러 내에 증기세정장치를 설치한다.
② 급격한 부하변동을 준다.
③ 운전 시에 블로우 다운을 행한다.
④ 고압보일러에서는 실리카를 세서한다.

해설 급격한 부하변동을 피한다.

48
보일러 내부의 전열면에 스케일이 부착되어 발생하는 현상이 아닌 것은?
① 전열면 온도 상승
② 전열량 저하
③ 수격현상 발생
④ 보일러수의 순환 방해

 스케일이 부착되어 발생하는 현상
① 전열량저하
② 전열면온도상승
③ 열전도율저하
④ 관수순환불량
⑤ 통수공차단

49
급수의 성질에 대한 설명으로 틀린 것은?
① pH는 최적의 값을 유지할 때 부식방지에 유리하다.
② 유지류는 보일러수의 포밍의 원인이 된다.
③ 용존산소는 보일러 및 부속장치의 부식의 원인이 된다.
④ 실리카는 슬러지를 만든다.

 실리카는 슬러지를 만들지 않는다.

50
관경 50A 인 어떤 관의 최대인장강도가 400 MPa일 때, 허용응력(MPa)은? (단, 안전율은 4이다.)
① 100
② 125
③ 168
④ 200

 허용응력 = $\dfrac{\text{인장강도}}{\text{안전율}} = \dfrac{400}{4} = 100\,\text{MPa}$

51
용해로, 소둔로, 소싱로, 균열보의 분류방식은?
① 조업방식
② 전열방식
③ 사용목적
④ 온도상승속도

 사용목적에 따른 분류
① 용해로 ② 균열로 ③ 소성로 ④ 소둔로

52 다음 중 관류보일러로 옳은 것은?
① 슐저(Sulzer) 보일러　　② 라몬트(Lamont) 보일러
③ 벨럭스(Velox) 보일러　　④ 타쿠마(Takuma) 보일러

해설 관류보일러의 종류
① 슐처　② 엣모스　③ 벤숀　④ 람진

53 에너지이용 합리화법에서 검사의 종류 중 계속사용검사에 해당하는 것은?
① 설치검사　　　　　　　② 개조검사
③ 안전검사　　　　　　　④ 재사용검사

해설 ① 계속사용안전검사
② 계속사용성능검사

54 다음 중 에너지이용 합리화법에 따라 소형온수보일러에 해당하는 것은?
① 전열면적이 14m² 이하이고 최고사용압력이 0.35MPa 이하의 온수를 발생하는 것
② 전열면적이 14m² 이하이고 최고사용압력이 0.5MPa 이상의 온수를 발생하는 것
③ 전열면적이 24m² 이하이고 최고사용압력이 0.35MPa 이하의 온수를 발생하는 것
④ 전열면적이 24m² 이하이고 최고사용압력이 0.5MPa 이상의 온수를 발생하는 것

해설 소형보일러란 : 최고사용압력이 0.35MPa이하이고 전열면적이 14m²이하인 것

55 보일러 증기과열기의 종류 중 증기와 열 가스의 흐름이 서로 반대 방향인 방식은?
① 병류식(병행류)　　　　② 향류식(대향류)
③ 혼류식　　　　　　　　④ 분사식

해설 열가스 흐름에 의한 분류
① 병류형　② 향류형　③ 혼류형

정답 52. ①　53. ③　54. ①　55. ②

56

동경관을 직선으로 연결하는 부속이 아닌 것은?
① 소켓   ② 니플
③ 리듀서   ④ 유니온

 나사이음의 사용목적별 분류
① 관 끝을 막을 때 : 플러그, 캡
② 관을 도중에서 분기할 때 : 티, 와이, 크로스
③ 같은지름의 관을 직선 연결 시 : 유니온, 플랜지, 소켓, 니플
④ 배관의 방향을 바꿀 때 : 엘보우, 벤드
⑤ 서로 다른 지름의 관을 연결 시 : 이경엘보우, 이경소켓, 부싱, 이경 티

57

가열로의 내벽 온도를 1200°C, 외벽 온도를 200°C로 유지하고 매 시간당 $1m^2$에 대한 열손실을 1440 kJ로 설계할 때 필요한 노벽의 두께(cm)는? (단, 노벽 재료의 열전도율은 0.1 W/m·°C이다.)

① 10   ② 15
③ 20   ④ 25

해설 $Q = \dfrac{\lambda \cdot A \cdot \triangle t}{d}$ ∴ $d = \dfrac{\lambda \cdot A \cdot \triangle t}{Q} = \dfrac{0.86 \times 1 \times (1,200 - 200)}{342.85} = 0.25m = 25cm$

∴ 1kcal = 4.2kJ
   x = 1,440kJ

$x = \dfrac{1kcal \times 1,440kJ}{4.2kJ} = 342.85 kcal$

1kWh = 860kcal/h   1,000Wh = 860kcal/h
                              1Wh = x

$x = \dfrac{1\text{Wh} \times 860\text{kcal/h}}{1,000\text{Wh}} = 0.86\text{Wh}$

58

용해로에 대한 설명이 틀린 것은?
① 용해로는 용탕을 만들어 내는 것을 목적으로 한다.
② 전기로에는 형식에 따라 아크로, 저항로, 유도용해로가 있다.
③ 반사로는 내화벽돌로 만든 아치형의 낮은 천장으로 구성되어 있다.
④ 용선로는 자연통풍식과 강제통풍식으로 나뉘며 석탄, 중유, 가스를 열원으로 사용한다.

해설 용선로 : 선철의 용해에 가장 널리 사용되는 원통형의 노

56. ③   57. ④   58. ④

59 보일러 사고의 종류인 저수위의 원인이 아닌 것은?
① 급수계통의 이상
② 관수의 농축
③ 분출계통의 누수
④ 증발량의 과잉

 저수위 원인
① 급수계통의 이상
② 증발량의 과잉
③ 분출계통의 누수

60 에너지이용 합리화법에 따라 검사 대상기기 관리자 선임에 대한 설명으로 틀린 것은?
① 검사대상기기 설치자는 검사대상기기 관리자가 퇴직한 경우 시·도지사에게 신고하여야 한다.
② 검사대상기기 설치자는 검사대상기기 관리자가 퇴직하는 경우 퇴직 후 7일 이내에 후임자를 선임하여야 한다.
③ 검사 대상기기 관리자의 선임기준은 1구역마다 1명 이상으로 한다.
④ 검사 대상기기 관리자의 자격기준과 선임기준은 산업통상자원부령으로 정한다.

 검사대상기기 설치자는 검사대상기기 관리자가 퇴직하는 경우 퇴직 후 30일 이내에 후임자를 선임하여야 한다.

제4과목 : 열설비 취급 및 안전관리

61 특정열사용기자재의 시공업을 하려는 자는 어느 법에 따라 시공업 등록을 해야 하는가?
① 건축법
② 집단에너지사업법
③ 건설산업기본법
④ 에너지이용 합리화법

특정열사용 기자재의 시공업을 하려는 자는 건설산업기본법에 따라 시공업을 등록해야 한다.

62

다음은 보일러 설치 시공기준에 대한 설명으로 틀린 것은?

① 전열면적 $10m^2$를 초과하는 보일러에서 급수밸브 및 체크밸브의 크기는 호칭 20A 이상이어야 한다.
② 최대증발량이 5t/h 이하인 관류보일러의 안전밸브는 호칭지름 25A 이상이어야 한다.
③ 2개 이상의 원격지시 수면계를 시설하는 경우에 한하여 유리수면계는 1개 이상으로 할 수 있다.
④ 증기보일러의 압력계에는 물을 넣은 안지름 6.5mm 이상의 사이폰관 또는 동등한 작용을 하는 장치를 부착해야 한다.

해설 안전밸브 및 압력방출장치의 크기는 25A이상 이어야하나 20A이상으로 하여야 하는 경우
① 최고 사용압력이 0.1MPa이하의 보일러
② 최대증발량이 5T/H이하의 관류보일러
③ 소용량 보일러
④ 최고사용압력이 $5kg/cm^2$ 이하의 보일러로 전열면적이 $2m^2$ 이하의 보일러
⑤ 최고사용압력이 $5kg/cm^2$ (0.5MPa)이하의 보일러로 동체안지름이 500mm 이하이며 동체의 길이가 1000mm 이하의 것

63

증기 발생 시 주의사항으로 틀린 것은?

① 연소 초기에는 수면계의 주시를 철저히 한다.
② 증기를 송기할 때 과열기의 드레인을 배출시킨다.
③ 급격한 압력상승이 일어나지 않도록 연소상태를 서서히 조절시킨다.
④ 증기를 송기할 때 증기관 내의 수격작용을 방지하기 위하여 응축수의 배출을 사후에 실시한다.

해설 증기 송기시 증기관내의 수격작용을 방지하기 위하여 응축수 배출을 사전에 실시한다.

64

과열기가 설치된 보일러에서 안전밸브의 설치기준에 대해 맞게 설명된 것은?

① 과열기에 설치하는 안전밸브는 고장에 대비하여 출구에 2개 이상 있어야 한다.
② 관류보일러는 과열기 출구에 최대증발량에 해당하는 안전밸브를 설치할 수 있다.
③ 과열기에 설치된 안전밸브의 분출용량 및 수는 보일러 동체의 분출용량 및 수에 포함이 안 된다.
④ 과열기에 안전밸브가 설치되면 동체에 부착되는 안전밸브는 최대증발량의 90%이상 분출할 수 있어야 한다.

해설 과열기 출구에 1개 이상의 안전밸브 설치

62. ② 63. ④ 64. ②

65 단관 중력순환식 온수난방 방열기 및 배관에 대한 설명으로 틀린 것은?
① 방열기마다 에어벤트 밸브를 설치한다.
② 방열기는 보일러보다 높은 위치에 오도록 한다.
③ 배관은 주관 쪽으로 앞 올림 구배로 하여 공기가 보일러 쪽으로 빠지도록 한다.
④ 배수밸브를 설치하여 방열기 및 관내의 물을 완전히 뺄 수 있도록 한다.

해설 배관은 주관쪽으로 앞 내림구배로 하여 공기가 보일러쪽으로 빠지도록 한다.

66 진공환수식 증기난방의 장점이 아닌 것은?
① 배관 및 방열기 내의 공기를 뽑아내므로 증기순환이 신속하다.
② 환수관의 기울기를 크게 할 수 있고 소규모 난방에 알맞다.
③ 방열기 밸브의 개폐를 조절하여 방열량의 폭넓은 조절이 가능하다.
④ 응축수의 유속이 신속하므로 환수관의 직경이 작아도 된다.

해설 진공환수식 증기난방의 장점
① 응축수의 유속이 신속하므로 환수관의 직경이 작아도 된다.
② 방열기 밸브의 개폐를 조절하여 방열량의 폭넓은 조절이 가능하다.
③ 배관 및 방열기 내의 공기를 뽑아내므로 증기순환이 신속하다.
④ 대규모난방에 적합하다.

67 선설 보일러의 소다 끓이기의 주요 목적은?
① 보일러 가동 시 발생하는 열응력을 감소하기 위해서
② 보일러 동체와 관의 부식을 방지하기 위해서
③ 보일러 내면에 남아있는 유지분을 제거하기 위해서
④ 보일러 동체의 강도를 증가시키기 위해서

해설 소다 끓이기(소다보링) : 보일러 내면에 남아 있는 페인트·유지분 녹등을 제거

68 어떤 급수용 원심펌프가 800 rpm으로 운전하여 전양정이 8m이고 유량이 2m³/min를 방출한다면 1600rpm으로 운전할 때는 몇 m³/min을 방출할 수 있는가?
① 2 ② 4
③ 6 ④ 8

해설 $Q_2 = Q_1 \times \left(\dfrac{N_2}{N_1}\right) = 2 \times \left(\dfrac{1,600}{800}\right) = 4 \text{m}^3/\text{min}$

정답 65. ③ 66. ② 67. ③ 68. ②

69 보일러의 동판에 점식(Pitting)이 발생하는 가장 큰 원인은?
① 급수 중에 포함되어 있는 산소 때문
② 급수 중에 포함되어 있는 탄산칼슘 때문
③ 급수 중에 포함되어 있는 인산마그네슘 때문
④ 급수 중에 포함되어 있는 수산화나트륨 때문

해설 점식 발생원인 : 급수중에 포함되어 있는 산소때문

70 수격작용을 예방하기 위한 조치사항이 아닌 것은?
① 송기할 때는 배관을 예열할 것
② 주증기 밸브를 급 개방하지 말 것
③ 송기하기 전에 드레인을 완전히 배출할 것
④ 증기관의 보온을 하지 말고 냉각을 잘 시킬 것

해설 수격작용방지책
① 주증기 밸브 서개   ② 관을 보온할 것
③ 관에 기울기를 준다   ④ 관의 굴곡을 피할 것
⑤ 증기트랩설치(송기 전 드레인 완전히 배출)

71 온도를 측정하는 원리와 온도계가 바르게 짝지어진 것은?
① 열팽창을 이용 – 유리제 온도계
② 상태변화를 이용 – 압력식 온도계
③ 전기저항을 이용 – 서모컬러 온도계
④ 열기전력을 이용 – 바이메탈식 온도계

해설 ・열기전력 이용 : 열전온도계
・전기저항이용 : 동저항, 니켈저항, 더미스터, 백금저항
・상태변화를 이용 : 바이메탈 온도계

69. ① 70. ④ 71. ①

72 에너지법에서 에너지공급자가 아닌 자는?
① 에너지를 수입하는 사업자
② 에너지를 저장하는 사업자
③ 에너지를 전환하는 사업자
④ 에너지사용시설의 소유자

해설 에너지 공급자
① 생산 ② 수송 ③ 저장 ④ 전환

73 보일러의 만수보존법은 어느 경우에 가장 적합한가?
① 장기간 휴지할 때
② 단기간 휴지할 때
③ N2 가스의 봉입이 필요할 때
④ 겨울철에 동결의 위험이 있을 때

해설
· 만수보존법(2~3개월) : 단기보존
· 첨가약품 : 가성소다, 탄산소다, 아황산소다
· 건조보존법(6개월 이상) : 장기보존
① 생석회 ② 염화칼슘 ③ 실리카겔 ④ 활성알루미나

74 보일러를 사용하지 않고 장기간 보존할 경우 가장 적합한 보존법은?
① 건조 보존법
② 만수 보존법
③ 밀폐 만수 보존법
④ 청관제 만수 보존법

75 에너지이용 합리화법에 따라 검사대상기기 관리자가 퇴직한 경우, 검사 대상기기 관리자 퇴직 신고서에 자격증수첩과 관리할 검사 대상기기 검사증을 첨부하여 누구에게 제출하여야 하는가?
① 시 · 도지사
② 시공업자단체장
③ 산업통상자원부장관
④ 한국에너지공단 이사장

해설 한국에너지 관리공단 사업
① 조사, 연구, 교육, 홍보
② 신에너지 및 재생에너지 개발사업의 촉진
③ 에너지 진단 및 에너지 관리지도 개발·도입·지도 및 부급
④ 집단에너지 사업의 촉진을 위한 지원 및 관리
⑤ 토지, 건물 및 시설 등의 취득설비운영 대여 및 양도
⑥ 사회 계층의 에너지 이용지원
⑦ 온실가스배출을 줄이기 위한 사업
⑧ 검사대상 기기의 검사
⑨ 검사증 교부
⑩ 검사대상기기 관리자의 선·해임신고

76

다음 중 에너지이용 합리화법에 따라 검사대상기기의 검사유효기간이 다른 하나는?

① 보일러 설치장소 변경 검사
② 철금속가열로 운전성능검사
③ 압력용기 및 철금속가열로 설치검사
④ 압력용기 및 철금속가열로 재사용검사

77

진공환수식 증기난방에서 환수관 내의 진공도는?

① 50~75 mmHg
② 70~125 mmHg
③ 100~250 mmHg
④ 250~350 mmHg

해설 진공환수식 증기난방에서 환수관내의 진공도 : 100~250mmHg

78

에너지이용 합리화법에 따라 효율관리기자재에 에너지소비효율 등을 표시해야 하는 업자로 옳은 것은?

① 효율관리기자재의 제조업자 또는 시공업자
② 효율관리기자재의 제조업자 또는 수입업자
③ 효율관리기자재의 시공업자 또는 판매업자
④ 효율관리기자재의 수입업자 또는 시공업자

해설 효율관리기자재에 에너지 소비효율등을 표시하는 업자
효율관리기자재의 제조업자 또는 수입업자

79

보일러 관석(scale)의 성분이 아닌 것은?

① 황산칼슘($CaSO_4$)
② 규산칼슘($CaSiO_2$)
③ 탄산칼슘($CaCO_3$)
④ 염화칼슘($CaCl_2$)

해설 관석의 성분
① 황산칼슘 ② 규산칼슘 ③ 탄산칼슘

76. ① 77. ③ 78. ② 79. ④

80 에너지이용 합리화법에서 에너지사용계획을 제출하여야 하는 민간사업주관자가 설치하려는 시설로 옳은 것은?

① 연간 5천 티오이 이상의 연료 및 열을 사용하는 시설
② 연간 1만 티오이 이상의 연료 및 열을 생산하는 시설
③ 연간 1천만 킬로와트시 이상의 전기를 사용하는 시설
④ 연간 2천만 킬로와트시 이상의 전기를 생산하는 시설

2020년 제1·2회 에너지관리산업기사 출제문제

제1과목 : 열역학 및 연소관리

01 1Nm³의 혼합가스를 6Nm³의 공기로 연소시킨다면 공기비는 얼마인가? (단, 이 기체의 체적비는 CH₄=45%, H₂=30%, CO₂=10%, O₂=8%, N₂=7%이다.)

① 1.2
② 1.3
③ 1.4
④ 3.0

해설 혼합기체의 이론공기량 계산(Nm³/kg)
① $A_o = 2.38(H_2+CO) + 9.52CH_4 - 4.76O_2$
  $= (2.38 \times 0.3 + 9.52 \times 0.45 - 4.76 \times 0.08) = 4.617 \text{Nm}^3/\text{Nm}^3$
② 공기비 계산 $= \dfrac{A}{A_o} = \dfrac{6}{4.617} = 1.299 \text{Nm}^3/\text{Nm}^3$

02 보일의 법칙을 나타내는 식으로 옳은 것은? (단, C는 일정한 상수이고, P, V, T는 각각 압력, 체적, 온도를 나타낸다.)

① $\dfrac{T}{V} = C$
② $\dfrac{V}{T} = C$
③ $FV = C$
④ $\dfrac{PV}{T} = C$

해설
• 보일의 법칙 : PV=C
• 샬의 법칙 : $\dfrac{V}{T} = C$
• 보일-샬의 법칙 : $\dfrac{PV}{T} = C$

01. ② 02. ③

03

어떤 계 내에 이상기체가 초기상태 75kPa, 50°C인 조건에서 5kg이 들어 있다. 이 기체를 일정 압력 하에서 부피가 2배가 될 때까지 팽창시킨 다음, 일정 부피에서 압력이 2배가 될 때까지 가열하였다면 전 과정에서 이 기체에 전달된 전열량(kJ)은?(단, 이 기체의 기체상수는 0.35kJ/kg · K, 정압비열은 0.75kJ/kg · K이다.)

① 565
② 1210
③ 1290
④ 2503

해설
(1) 정압상태에서의 전열량계산
  ① 정압상태에서 팽창시킨 온도계산
  $\dfrac{P_1 V_1}{T_1} = \dfrac{P_2 V_2}{T_2}$ 에서 $P_1 = P_2$ 이므로
  $\therefore T_2 = \dfrac{T_1 \times V_2}{V_1} = \dfrac{(273+90) \times 2V_1}{V_1} = 646K$
  ② 전열량계산 $Q_1 = G \cdot C_p \cdot \triangle t = 5 \times 0.75 \times (646 - (273+50)) = 1211.25 kJ$

(2) 정적상태에서의 전열량계산
  ① 정적상태에서 가열한 후 온도계산
  $\dfrac{P_1 V_1}{T_1} = \dfrac{P_2 V_2}{T_2}$ $V_1 = V_2$
  $\therefore T_2 = \dfrac{P_2 \times T_1}{P_1} = \dfrac{2P_1 \times 646}{P_1} = 1292K$
  ② 비열비계산
  R=CP−CV에서
  CV=CP−R=0.75−0.35=0.4kJ/kgK
  $\therefore K = \dfrac{CP}{CV} = \dfrac{0.75}{0.4} = 1.875$
  ③ 전열량계산
  $Q_2 = \dfrac{1}{K-1} mR(T_2 - T_1) = \dfrac{1}{1.875-1} \times 5 \times 0.35 \times (1292-646) = 1292 kJ$

(3) 합계전열량(Q_T) = $Q_1 + Q_2$ = 1211.25 + 1292 = 2503.25kJ

04

증기의 특성에 대한 설명 중 틀린 것은?
① 습증기를 단열압축시키면 압력과 온도가 올라가 과열 증기가 된다.
② 증기의 압력이 높아지면 포화 온도가 낮아진다.
③ 증기의 압력이 높아지면 증발잠열이 감소된다.
④ 증기의 압력이 높아지면 포화증기의 비체적(m^3/kg)이 작아진다.

해설 증기의 특성
  ① 증기의 압력이 높아지면 포화온도가 높아진다.
  ② 증기의 압력이 높아지면 포화증기의 비체적(m^3/kg)이 작아진다.

정답 03. ④ 04. ②

③ 증기의 압력이 높아지면 증발잠열이 감소한다.
④ 습증기를 단열팽창시키면 압력과 온도가 올라가 과열증기가 된다.

05 공기 과잉계수(공기비)를 옳게 나타낸 것은?
① 실제연소 공기량 ÷ 이론공기량
② 이론공기량 ÷ 실제연소 공기량
③ 실제연소 공기량 − 이론공기량
④ 공급공기량 − 이론공기량

 공기비 = $\dfrac{A}{A_o} = \dfrac{21}{21-O_2} = \dfrac{CO_{2(max)}\%}{CO_2(\%)} = \dfrac{N_2}{N_2 - 3.76O_2}$

06 이상적인 증기압축 냉동사이클에 대한 설명으로 옳지 않은 것은?
① 팽창과정은 단열상태에서 일어나며, 대부분 등엔트로피 팽창을 한다.
② 압축과정에서는 기체상태의 냉매가 단열압축되어 고온고압의 상태가 된다.
③ 응축과정에서는 냉매의 압력이 일정하며 주위로의 열전달을 통해 냉매가 포화액으로 변한다.
④ 증발과정에서는 일정한 압력상태에서 저온부로부터 열을 공급받아 냉매가 증발한다.

증기압축 냉동사이클
① 압축과정에서는 기체상태의 냉매가 단열압축되어 고온 고압의 상태가 된다.
② 응축과정에서는 냉매의 압력이 일정하며 주위로의 열전달을 통해 냉매가 포화액으로 변한다.
③ 팽창과정은 단열상태에서 일어나며 대부분 등엔탈피 팽창을 한다.
④ 증발과정에서는 일정한 압력상태에서 저온부로부터 열을 공급받아 냉매가 증발한다.

07 중유는 A, B, C 급으로 분류한다. 이는 무엇을 기준으로 분류하는가?
① 인화점
② 발열량
③ 전도
④ 황분

05. ① 06. ① 07. ③

08 체적 20m³의 용기 내에 공기가 채워져 있으며, 이 때 온도는 25°C이고, 압력은 200kPa이다. 용기 내의 공기온도를 65°C까지 가열시키는 경우에 소요 열량은 약 몇 kJ인가?(단, 기체상수는 0.287kJ/kg·K, 정적비열은 0.71kJ/kg·K이다.)
① 240 ② 330
③ 1330 ④ 2840

해설 20m³의 용기속의 공기무게
PV=GRT에서
$$G(kg) = \frac{PV}{RT} = \frac{2.04 \times 10^4 \times 20}{\frac{848}{29} \times (273+25)} = 46.82kg$$
Q=G·Cp·△t=46.82×0.71×(65-25)=1329.7kJ

09 15°C의 물 1kg을 100°C의 포화수로 변화시킬 때 엔트로피 변화량(kJ/K)은?
(단, 물의 평균 비열은 4.2kJ/kg·K이다.)
① 1.1 ② 6.7
③ 8.0 ④ 85.0

해설 $$\triangle S = \frac{\triangle Q}{T} = \frac{4.2 \times (100-15)}{(273+15)} = 1.19 kJ/K$$

10 액체 및 고체연료와 비교한 기체연료의 일반적인 특징에 대한 설명으로 틀린 것은?
① 점화 및 소화가 간단하다.
② 연소 시 재가 없고, 연소효율도 높다.
③ 가스가 누출되면 폭발의 위험성이 있다.
④ 저장이 용이하며, 취급에 주의를 요하지 않는다.

해설 기체연료의 특징
① 적은공기량으로 완전연소 가능
② 가스누설시 폭발의 위험이 있다.
③ 발열량이 낮은 연료로 고온을 얻을 수 있다.
④ 운반, 저장이 어렵나.
⑤ 황분, 회분이 거의 없어 전열면 오손이 없다.
⑥ 연소효율, 점화효율이 좋다.
⑦ 고온도분위기 생성
⑧ 집중가열, 균일가열 가능

11

다음 중 열량의 단위에 해당하지 않는 것은?

① PS
② kcal
③ BTU
④ kJ

해설 열량의 단위
① kcal
② BTU
③ CHU
④ kJ
⑤ J

12

오일의 점도가 높아도 비교적 무화가 잘 되고 버너의 방식이 외부혼합형과 내부혼합형이 있는 것은?

① 저압기류식 버너
② 고압기류식 버너
③ 회전분무식 버너
④ 유압분무식 버너

해설 고압기류식 버너
① 압력은 2~7kg/cm² 이다.
② 공기와 연료의 혼합방식에 따라 내부혼합식과 외부혼합식이 있다.
③ 오일의 점도가 높아도 무화가 잘 됨
④ 유량조절범위는 1 : 10으로 가장 넓다.
⑤ 분무각도는 30°
*유압분무식 버너
① 압력이 5~20kg/cm² 고압을 가해 분무연소
② 유량은 유압의 평방근에 비례한다.
③ 대용량의 제작에 용이하다.
④ 분무상태가 양호
⑤ 분사각도 40~90°
⑥ 유량조절범위가 좁다.

13

자연 통풍에 있어서 연도 가스의 온도가 높아졌을 경우 통풍력은?

① 변하지 않는다.
② 감소한다.
③ 증가한다.
④ 증가하다가 감소한다.

11. ① 12. ② 13. ③

14
다음 연료의 구비조건 중 적당하지 않은 것은?
① 구입이 용이해야 한다.
② 연소 시 발열량이 낮아야 한다.
③ 수송이나 취급 등이 간편해야 한다.
④ 단위 용적당 발열량이 높아야 한다.

해설 연소 시 발열량이 커야한다.

15
공기표준 브레이튼 사이클에 대한 설명으로 틀린 것은?
① 등엔트로피 과정과 정압과정으로 이루어진다.
② 작동유체가 기체이다.
③ 효율은 압력비와 비열비에 의해 결정된다.
④ 냉동사이클의 일종이다.

해설 브레이튼사이클 : 2개의 단열과정과 2개의 등압과정으로 이루어진 가스터빈 사이클

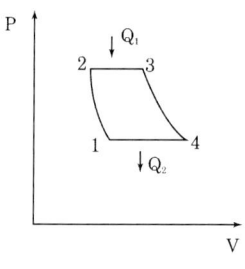
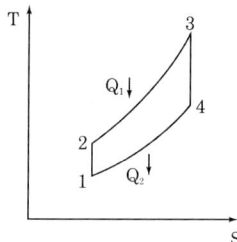

① 1-2 : 단열압축(등엔트로피 과정)
② 2-3 : 등압과정
③ 3-4 : 단열팽창(등엔탈피과정)
④ 4-1 : 등압과정

16
연소할 때 유효하게 자유로이 연소할 수 있는 수소, 즉 유효수소량(kg)을 구하는 식으로 옳은 것은?(단, H는 연료 속의 수소량(kg)이고, O는 연료 속에 포함된 산소량(kg)이다.)

① $H + \dfrac{O}{8}$ 　　② $H - \dfrac{O}{8}$
③ $H + \dfrac{O}{4}$ 　　④ $H - \dfrac{O}{4}$

해설 $A_o = 8.89C + 26.67\underset{\text{유효수소값}}{\left(H - \dfrac{O}{8}\right)} + 3.33S$

17

연료비가 증가할 때 일어나는 현상이 아닌 것은?

① 착화온도 상승　　② 자연발화 방지
③ 연소속도 증가　　④ 고정탄소량 증가

 연료비증가시 일어나는 현상
① 연소속도 감소
② 자연발화방지
③ 고정탄소량증가
④ 착화온도상승

18

다음 중 이상기체의 등온과정에 대하여 항상 성립하는 것은?(단, W는 일, Q는 열, U는 내부에너지를 나타낸다.)

① $W=0$　　② $Q=0$
③ $|Q| \neq |W|$　　④ $\triangle U=0$

19

건도를 x라고 할 때 건포화증기일 경우 x의 값을 올바르게 나타낸 것은?

① $x=0$　　② $x=1$
③ $x<0$　　④ $0<x<1$

 x = 0 (포화수엔탈피)　　x = 1 (건포화증기엔탈피)
0 < x < 1 (습포화증기엔탈피)　　x > 1 (과열증기엔탈피)

20

LPG의 특징에 대한 설명으로 틀린 것은?

① 무색 투명하다.　　② C_3H_8와 C_4H_{10}가 주성분이다.
③ 상온·상압에서 공기보다 무겁다.　　④ 상온·상압에서는 액체로 존재한다.

 LPG의 특징
① 무색 투명하다.
② 주성분은 C_3H_8, C_4H_{10}이다.
③ 상온, 상압에서 공기보다 무겁다.
④ 상온, 상압에서 기체로 존재한다.
⑤ 연소시 다량의 공기가 필요하다.
⑥ 발열량이 크다.

17. ③　18. ④　19. ②　20. ④

제2과목 : 계측 및 에너지 전단

21 보일러의 증발량이 5t/h이고 보일러 본체의 전열 면적이 25m²일 때 이 보일러의 전열면증발률(kg/m²·h)은?

① 75
② 150
③ 175
④ 200

해설 전열면증발율(kg/m²h) = $\dfrac{G}{A} = \dfrac{5 \times 1000\text{kg/h}}{25\text{m}^2} = 200\text{kg/m}^2\text{h}$

22 자동제어시스템의 종류 중 자동제어계의 시간응답특성에 대한 설명으로 틀린 것은?

① 오버슈트 = $\dfrac{\text{최대오버슈트}}{\text{최종목표값}}$

② 감쇠비 = $\dfrac{\text{최대오버슈트}}{\text{제2오버슈트}}$

③ 지연시간 = 응답이 최초로 목표값의 50%가 되는데 요하는 시간
④ 상승시간 = 목표값이 10%에서 90%까지 도달하는데 요하는 시간

해설 감쇠비 : 과도응답의 소멸되는 속도 = $\dfrac{\text{제2오버슈트}}{\text{최대오버슈트}}$
지연시간 : 응답이 최초로 목표값의 50%가 되는데 요하는 시간
상승시간 : 목표값이 10%에서 90%까지 도달하는데 요하는 시간

23 보일러의 증발능력을 표준상태와 비교하여 표시한 값은?

① 증발배수
② 증발효율
③ 증발계수
④ 증발률

해설 증발계수 = $\dfrac{h'' - h'}{539}$

증발배수 = $\dfrac{G(\text{실제증발량})}{G_f(\text{연료소비량})} = \dfrac{G_e}{G_f} = \dfrac{G \times (h'' - h')}{G_f \times 539}$

연소실열부하 = $\dfrac{G_f \times Hl}{V}$

전열면열부하 = $\dfrac{G \times (h'' - h')}{A}$

정답 21. ④ 22. ② 23. ③

24. 다음 중 1N에 대한 설명으로 옳은 것은?

① 질량 1kg의 물체에 가속도 1m/s²이 작용하여 생기게 하는 힘이다.
② 질량 1g의 물체에 가속도 1cm/s²이 작용하여 생기게 하는 힘이다.
③ 면적 1cm²에 1kg의 무게가 작용할 때의 응력이다.
④ 면적 1cm²에 1g의 무게가 작용할 때의 응력이다.

해설 1N : 질량 1kg의 물체에 가속도 1m/s²이 작용하여 생기게 하는 힘이다.

25. 다음 중 유량의 단위로 옳은 것은?

① kg/m² ② kg/m³
③ m³/s ④ m³/kg

해설 유량의 단위 : m³/s, m³/min, m³/h, kg/sec, kg/min, kg/h

26. 탄성식 압력계가 아닌 것은?

① 부르동관 압력계 ② 다이어프램 압력계
③ 벨로우즈 압력계 ④ 환상천평식 압력계

해설 탄성식 압력계의 종류
① 부르동관 압력계(bourdon tube)
  ㉠ 2차압력계의 대표적
  ㉡ 재질
    • 저압 : 황동, 청동, 인청동
    • 고압 : 니켈강, 특수강
  ㉢ 암모니아, 아세틸렌 압력계는 구리 및 구리합금 사용을 금지하고 연강재 사용
  ㉣ 산소압력계는 금유라고 표시되어 있는 전용의 것을 사용
  ㉤ 상용압력의 1.5배이상 2배이하의 눈금이 있는 것 사용

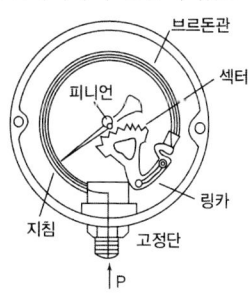

[브르돈관식 압력계]

② 다이어프램 압력계(격막식 압력계)

24. ① 25. ③ 26. ④

㉠ 미소압력측정(200~5000mmAq)
㉡ 부식성유체의 측정이 가능
㉢ 온도의 영향을 받기 쉽다.
㉣ 측정의 응답속도가 빠르다.
㉤ 이상압력으로 파손되어도 위험성이 작다.
㉥ 연돌의 통풍계 측정

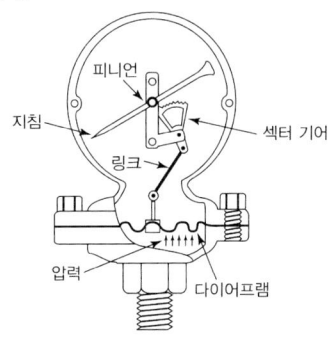

[다이어프램 압력계]

③ 벨로우즈 압력계
㉠ 유체 내의 먼지 등의 영향이 적고 압력 변동에 적응하기 어렵다.
㉡ 신축에 의한 압력을 이용
㉢ 측정압력은 0.01~10kg/cm²

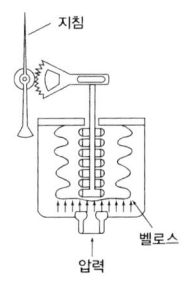

[벨로우즈 압력계]

27 측정 대상과 같은 종류이며 크기 조정이 가능한 기준량을 준비하여 기준량을 측정량에 평행시켜 계측기의 지시가 0위치를 나타낼 때의 기준량의 크기를 측정하는 방법이 있다. 정밀도가 좋은 이러한 측정 방법은 무엇인가?

① 편위법
② 영위법
③ 보상법
④ 치환법

해설 측정방법
① 편위법 : 부르동관 압력계와 같이 측정량과 관계있는 다른 양으로 변환시켜 측정하는 방법으로 정도는 낮지만 측정이 간단하다.
② 영위법 : 기준량과 측정하고자 하는 상태량을 비교 평형 시켜 측정하는 것으로 천칭을 이용하여 질량을 측정하는 것이 해당된다.

③ 치환법 : 지시량과 미리 알고 있는 다른 양으로부터 측정량을 나타내는 방법으로 다이얼 게이지를 이용하여 두께를 측정하는 것이 해당된다.
④ 보상법 : 측정량과 거의 같은 미리 알고 있는 양을 준비하여 측정량과 그 미리 알고 있는 양의 차이로써 측정량을 알아내는 방법이다.

28

다음 중 잔류편차(offset)가 발생되는 결점을 제거하기 위한 제어동작으로 가장 적합한 것은?

① 비례동작   ② 미분동작
③ 적분동작   ④ on-off동작

해설
① 연속동작
  ㉠ P동작(비례동작)
    ⓐ 잔류편차 허용될 때 사용
    ⓑ 조작량은 제어 편차의 변화속도에 비례한 동작
    ⓒ 부하변화가 적은 프로세스에 사용
    ⓓ 부하가 변화하는 등의 외란이 있으면(off-set : 잔류편차)생김
  ㉡ I동작(적분동작)
    ⓐ 잔류편차 허용되지 않을 때 사용
    ⓑ 제어의 안정성이 떨어지고 일반적으로 진동함
  ㉢ D동작(미분동작)
    ⓐ 편차가 변화하는 속도에 비례해서 조작량 가감
    ⓑ 일반적으로 진동이 제어되어 빨리 안정
② 불연속 동작(on-off 동작이라고도 함)
  ㉠ 이위치동작 : 조작량이 정해진 두 값 중 하나를 취하여 밸브가 열리고 닫히는 이위치제어
  ㉡ 다위치동작 : 동작신호의 크기에 따라 조작량이 셋 이상의 정해진 값 중 하나를 취하는 것
  ㉢ 불연속 속도 조작

29

다음 측정방식 중 물리적 가스분석계가 아닌 것은?

① 밀도식   ② 세라믹식
③ 오르자트식   ④ 기체크로마토그래피

해설 화학직 가스분석계
① 오르자트법 ② 헴펠법 ③ 게겔법
④ 자동화학식 CO_2계
  · 연소식 O_2계
  · $CO + H_2$계(미연소계)
*물리적가스분석계
① 가스크로마토그래피
② 세라믹식 O_2계(지르코니아식 O_2계)
③ 밀도식 CO_2계

④ 열전도율형 CO_2계
⑤ 자기식 O_2계
⑥ 적외선가스분석계
　㉠ 산소, 수소, 질소, 염소 분석불가
　㉡ CO_2, CO, CH_4 : 분석가능

30
보일러의 열효율 향상 대책이 아닌 것은?
① 피열물을 가열한 후 불연소시킨다.
② 연소장치에 맞는 연료를 사용한다.
③ 운전조건을 양호하게 한다.
④ 연소실 내의 온도를 높인다.

해설 피열물을 가열 후 완전연소시킨다.

31
운전 조건에 따른 보일러 효율에 대한 설명으로 틀린 것은?
① 전부하 운전에 비하여 부분부하 운전 시 효율이 좋다.
② 전부하 운전에 비하여 과부하 운전에서는 효율이 낮아진다.
③ 보일러의 배기가스온도가 높아지면 열손실이 커진다.
④ 보일러의 운전효율을 최대로 유지하려면 효율-부하곡선이 평탄한 것이 좋다.

해설 부분부하 운전시 보다 전부하 운전이 효율이 좋다.

32
보일러 수위 제어용으로 액면에서 부자가 상하로 움직이며 수위를 측정하는 방식은?
① 직관식
② 플로트식
③ 압력식
④ 방사선식

정답 30. ① 31. ① 32. ②

33

열전대를 보호하기 위하여 사용되는 보호관 중 내식성, 내열성, 기계적 강도가 크고 황을 함유한 산화염에서도 사용할 수 있는 것은?

① 황동관 ② 자기관
③ 카보랜덤관 ④ 내열강관

 비금속보호관

종류	최고사용온도	특징
카보란담관	1600~1700℃	• 이중보호관 및 방사고온도계용 • 다공질로서 급열 급냉에 강함
자기관	1450~1550℃	• 내열성 및 알카리에 약함 • 용융금속등 연소가스에 약함
석영관	1000~1050℃	• 내산, 내열성이 좋다 기계적 강도가 크다. • 환원성가스에 기밀이 약간 떨어진다.

34

아래 그림과 같은 경사관식 압력계에서 압력 P_1과 P_2의 압력차는 몇 kPa인가?
(단, $\theta=30°$, x=100cm, 액체의 비중량은 $8820N/m^3$이다.)

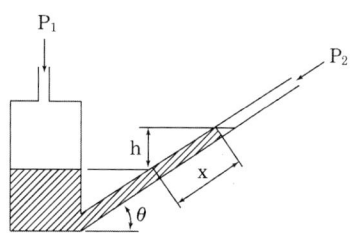

① 4.4 ② 44
③ 8.8 ④ 88

 $P_1 - P_2 = \gamma h \sin\theta = 8820N/m^3 \times 1m \times 0.5 = 4410N/m^2$

∴ 101.325kPa = 101325N/m²
     x   = 4410N/m²

$x = \dfrac{101.325kPa \times 4410N/m^2}{101325N/m^2} = 4.41kPa$

35 열전대 온도계의 원리를 설명한 것으로 옳은 것은?

① 두 종류 금속선의 온도차에 따른 열기전력을 이용한다.
② 기체, 액체, 고체의 열전달계수를 이용한다.
③ 금속판의 열팽창 계수를 이용한다.
④ 금속의 전기저항에 따른 온도계수를 이용한다.

해설 열전대온도계 : 두 금속의 열기전력을 이용온도측정(제백효과이용)
① PR(백금-백금로듐)(R형)
   ㉠ 측정온도 0~1600℃
   ㉡ 산화성분위기에 강하다.
   ㉢ 금속증기에 침식
   ㉣ 환원성 분위기에 약하다.
② CA(크로멜-알루멜)(K형)
   ㉠ 측정온도 0~1200℃
   ㉡ 산화성분위기에 노화가 빠르다.
③ IC(철-콘스탄탄)(J형)
   ㉠ 측정온도 -20~850℃
   ㉡ 환원성분위기에 강하다.
④ CC(동-콘스탄탄)(T형)
   ㉠ 측정온도 -200~350℃
   ㉡ 수분에 의한 내식성이 강하다.

36 광고온계의 특징에 대한 설명으로 틀린 것은?

① 구조가 간단하고 휴대가 편리하다.
② 개인에 따라 오차가 적다.
③ 연속측정이나 제어에는 이용할 수 없다.
④ 고온측정에 적합하다.

해설 비접촉식온도계
① 광고온계 : 물체의 방사휘도와 고온계에 들어있는 기준온도의 고온체인 전구의 필라멘트 휘도를 특색파장(적색유리)을 통하여 육안으로 휘도를 비교 관측하여 온도를 측정한다.
   ㉮ 특징
      ㉠ 방사율에 의한 보정량이 적다.
      ㉡ 개인오차가 발생하므로 다수의 사람이 정밀 측정한다.
      ㉢ 휴대 및 취급이 용이하다.
      ㉣ 비접촉 중 가장 정확한 온도를 측정한다(±10~15℃).
      ㉤ 측정시 수동을 요하므로 자동제어가 불가능하다.
      ㉥ 연속측정이 곤란하고 700[℃] 이하에서는 측정이 곤란하다(측정온도범위 700~3,000℃).

② 광전관식 온도계 : 광고온계와 같은 측정원리로 장점을 보다 효율적으로 이용하고 단점을 보완하여 두 개의 광전관을 통해 측온체로부터 빛을 얻어 양자의 휘도를 같도록 하여 필라멘트전류로부터 온도지시 위치를 얻게 한다.
⑦ 특징
  ㉠ 응답속도가 매우 빠르다.   ㉡ 자동제어 및 기록이 용이하다.
  ㉢ 이동하는 물체의 측정이 용이하다.   ㉣ 구조가 복잡하다.

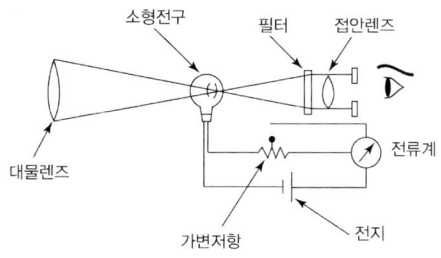

〈광고온계의 구조〉

③ 방사온도계 : 물체온도가 올라가면 복사 에너지가 높아진다. 이를 이용하여 온도를 측정하는 것으로 비교적 높은 온도와 온도측정을 하는데 이러한 복사 에너지는 절대온도의 4제곱에 비례한다. 즉, 복사에너지 $E = \epsilon_1 \cdot a \cdot T_4 = 4.88 \times \epsilon \times \left(\dfrac{T}{100}\right)^4$ [kcal/m²h]
이는 스테판볼츠만의 법칙을 적용한다.
  E : 복사 에너지열량, ϵ : 전방사율, a : 비례상수, T : 절대온도

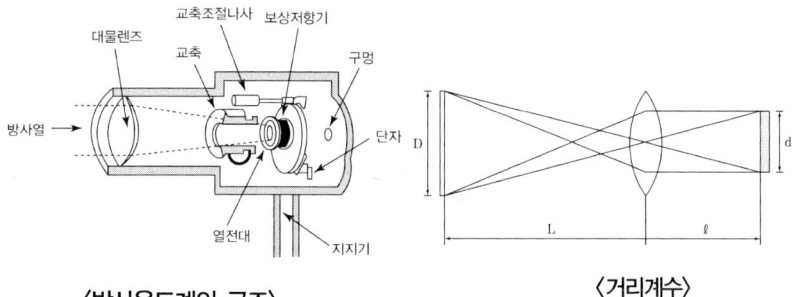

〈방사온도계의 구조〉   〈거리계수〉

⑦ 특징
  ㉠ 측정지연시간이 적다.
  ㉡ 자동제어 및 기록이 가능하다.
  ㉢ 이동하는 물체의 표면을 고온측정한다.
  ㉣ 방사율에 의한 보정량이 크고 정밀한 정도가 어렵다.
⑭ 측정온도범위 : 50~3,000[°C]

37

차압식 유량계로만 나열한 것은?

① 로터리 팬, 피스톤형 유량계, 칼만식 유량계
② 칼만식 유량계, 델타 유량계, 스와르 미터
③ 전자유량계, 토마스 미터, 오벌 유량계
④ 오리피스, 벤투리, 플로-노즐

해설 차압식 유량계 : 관내 교축기구를 설치하여 그전.후 압력차를 이용 순간유량 측정

벤투리미터	플로우미터(노즐)	오리피스미터
① 구조가 복잡하고 교환이 어렵다. ② 압력손실이 가장 적다. ③ 가격이 비싸다. ④ 정밀도가 좋고 내구성이 좋다. ⑤ 침전물 생성 우려가 없고 대형이다.	① 오리피스에 비해 압력손실이 적다. ② 고압유체나 슬러지유체 측정 ③ 동일 조건하에서 오리피스보다 유량통과량이 많다.	① 구조가 간단 제작이나 장착이 용이하다. ② 좁은 장소에 설치가 가능하다. ③ 유체의 압력손실이 가장 크다. ④ 침전물 생성 우려 ⑤ 베르누이 정리 이용

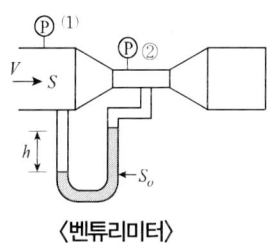
〈벤투리미터〉

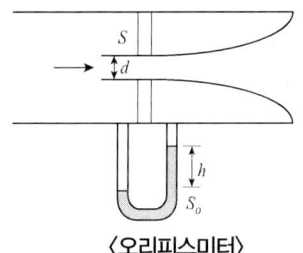
〈오리피스미터〉

38

발생 원인이 운동부분의 마찰, 전기저항의 변화 및 불규칙적으로 변화하는 온도, 기압, 조명 등에 의해서 발생되는 오차는?

① 과실 오차
② 우연 오차
③ 고유 오차
④ 계기 오차

해설
① 우연오차 : 발생원인이 운동부분의 마찰 전기저항의 변화 및 불규칙적으로 변화하는 온도, 기압, 조명등에 의해서 발생되는 오차
② 계통오차 : 측정값에 어떤 일정한 영향을 주는 원인에 의하여 생기는 오차로 원인을 알 수 있기 때문에 제거할 수 있다.
  ㉠ 환경오차 : 온도, 압력, 습도등에 의한 오차
  ㉡ 이론오차 : 공식, 계산등으로 인한 오차
  ㉢ 계기오차(고유오차) : 측정기가 불완전하거나 내부적 요인의 영향 사용상의 제한등으로 생기는 오차
  ㉣ 개인오차 : 개인의 버릇에 의한 오차

39 보일러의 온도를 60°C로 일정하게 유지시키기 위해서 연료량을 연료공급 밸브로 변화시킬 때 다음 중 틀린 것은?
① 목표량 : 60°C
② 제어량 : 온도
③ 조작량 : 연료량
④ 제어장치 : 보일러

40 스테판 볼츠만 법칙을 응용한 온도계로 높은 온도 및 이동물체의 온도 측정에 적합한 온도계는?
① 광고온계
② 복사(방사)온도계
③ 색온도계
④ 광전관식온도계

해설 문제 36번 참고

제3과목 : 열설비구조 및 시공

41 보일러수 내 불순물의 농도 등을 나타내는 미량 단위로서 10억분의 1을 나타내는 단위는?
① ppm
② ppc
③ ppb
④ epm

해설 1PPM : $\frac{1}{100만}$, 1PPB : $\frac{1}{10억}$

42 강관 이음쇠 중 같은 직경의 관을 직선 연결할 때 사용되는 것이 아닌 것은?
① 캡
② 소켓
③ 유니온
④ 플랜지

해설 배관부속
① 관끝을 막을 때 : 플러그, 캡
② 서로 다른관 연결 시 : 이경소켓, 이경엘보, 레듀샤, 붓싱
③ 직선 연결 시 : 소켓, 유니온, 플랜지, 니플
④ 관의 방향을 바꿀 때 : 엘보우, 티, 크로스, 와이

39. ④ 40. ② 41. ③ 42. ①

43 다음 중 에너지이용 합리화법에 따라 검사대상기기에 대한 검사의 면제대상 범위에서 강철제 보일러 중 1종 관류보일러에 대하여 면제되는 검사는?
① 용접검사
② 구조검사
③ 제조검사
④ 계속사용검사

44 다음 중 라몽트 노즐을 갖고 있는 보일러는 어느 형식의 보일러인가?
① 관류 보일러
② 복사 보일러
③ 간접가열 보일러
④ 강제순환식 보일러

해설 수관식 보일러의 종류
① 자연순환식 수관보일러 : 바브콕, 쓰네기찌, 타꾸마, 2동D형, 3동A형
② 강제순환식 수관보일러 : 벨록스, 라몽
③ 관류식 수관보일러 : 슬쳐, 옛모스, 벤숀, 람진

45 노벽이 내화벽돌(두께 24cm)과 절연벽돌(두께 10cm), 적색벽돌(두께 15cm)로 구성되어 만들어질 때 벽 안쪽과 바깥쪽 표면 온도가 각각 900°C, 90°C이라면 열손실(W/m²)은?(단, 내화벽돌, 절연벽돌 및 적색벽돌의 열전도율은 각각 1.4W/m·°C, 0.17W/m·°C, 1.2W/m·°C 이다.)
① 408
② 916
③ 1744
④ 4715

해설 $Q = \dfrac{t_2 - t_1}{\dfrac{d_1}{\lambda_1} + \dfrac{d_2}{\lambda_2} + \dfrac{d_3}{\lambda_3} + \cdots + \dfrac{d_n}{\lambda_n}} = \dfrac{(900-90)}{\left(\dfrac{0.24}{1.4} + \dfrac{0.1}{0.17} + \dfrac{0.15}{1.2}\right)} = 916 \, W/m^2$

46 대향류 열교환기에서 가열유체는 80°C로 들어가서 30°C로 나오고 수열유체는 20°C로 들어가서 30°C로 나온다. 이 열교환기의 대수평균온도차(°C)는?
① 24.9
② 32.1
③ 35.8
④ 40.4

해설 대수평균온도차(향류)
$\dfrac{(Th_1 - TC_2) - (Th_2 - TC_1)}{\ln \dfrac{Th_1 - TC_2}{Th_2 - TC_1}} = \dfrac{(80-30)-(30-20)}{\ln \dfrac{(80-30)}{(30-20)}} = 24.84\,°C$

47 KS규격에 일정 이상의 내화도를 가진 재료를 규정하는데 공업요로, 요업요로에 사용되는 내화물의 규정 기준은?

① SK19(1520℃)이상　　② SK20(1530℃)이상
③ SK26(1580℃)이상　　④ SK27(1610℃)이상

해설 내화물의 규정 : SK26번으로서 1580℃이상
① 내화물의 분류 및 종류
　㉠ 산성 내화물 : 규석질 내화물, 반규석질 내화물, 납석질 내화물, 샤모트질 내화물
　㉡ 염기성 내화물 : 마그네시아 내화물, 불소성 마그네시아 내화물, 개량 마그네시아 내화물, 포스 체라이트 내화물, 마그크로질 내화물, 돌로마이트질 내화물
　㉢ 중성 내화물 : 고알루미나질 내화물, 탄화 규소질 내화물, 크롬질 내화물, 탄소질 내화물
　㉣ 부정형 내화물 : 캐스터블 내화물, 플라스틱 내화물, 레밍믹스, 내화 피복제, 내화 몰타르
② 내화물에서 나타나는 현상
　㉠ 스폴링(spalling)현상 : 박락현상이라 하며 내화물이 사용하는 도중에 갈라지든지, 떨어져 나가는 현상을 말한다.
　㉡ 슬래킹(slacking)현상 : 수증기를 흡수하여 체적변화를 일으켜 분화 떨어져 나가는 현상으로 염기성 내화물에서 공통적으로 일어난다.
　㉢ 버스팅(bursting)현상 : 크롬 철광을 원료로 하는 내화물이 1600[℃]이상에서 산화철을 흡수하여 표면이 부풀어 오르고 떨어져 나가는 현상으로 크롬질 내화물에서 발생한다.

48 에너지이용 합리화법에 따라 보일러의 계속사용검사 중 안전검사의 검사유효기간은?

① 1년　　② 2년
③ 3년　　④ 5년

해설 계속사용안전검사, 계속사용성능검사 – 1년

49 증기트랩 중 고압증기의 관말트랩이나 유닛, 히터 등에 많이 사용하는 것으로 상향식과 하향식이 있는 트랩은?

① 벨로즈 트랩　　② 플로트 트랩
③ 온도조절식 트랩　　④ 비킷 드랩

해설 증기트랩 : 관내응축수를 배출하여 수격작용 및 부식방지
① 기계적트랩 : 포화수와 포화증기의 비중차이용
　㉠ 버킷트랩
　　· 상향버킷
　　· 하향버킷
　㉡ 플로우트트랩(부자식트랩)

47. ③ 48. ① 49. ④

② 온도조절트랩 : 포화수와 포화증기의 온도차 이용
  ㉠ 바이메탈트랩
  ㉡ 벨로우즈트랩
③ 열역학적 트랩 : 포화수와 포화증기의 열역학적 특성 차이용
  ㉠ 오리피스트랩
  ㉡ 디스크트랩

50
에너지이용 합리화법에 따라 개조검사 시 수압시험을 실시해야 하는 경우는?
① 연료를 변경하는 경우
② 버너를 개조하는 경우
③ 절탄기를 개조하는 경우
④ 내압부분을 개조하는 경우

51
단열 벽돌을 요로에 사용하였을 때 나타나는 효과가 아닌 것은?
① 요로의 열용량이 커진다.
② 열전도도가 작아진다.
③ 노내 온도가 균일해진다.
④ 내화 벽돌을 배면에 사용하면 내화 벽돌의 스폴링을 방지한다.

해설 단열벽돌을 요로에 사용시 나타나는 효과
① 내화벽돌의 스폴링을 방지할 수 있다.
② 노내온도가 균일해진다.
③ 열전도도가 작아진다.

52
큐폴라에 대한 설명으로 틀린 것은?
① 규격은 매 시간당 용해할 수 있는 중량(t)으로 표시한다.
② 코크스 속의 탄소, 인, 황 등의 불순물이 들어가 용탕의 질이 저하된다.
③ 열효율이 좋고 용해시간이 빠르다.
④ Al합금이나 가단주철 및 칠드롤 같은 대형 주물제조에 사용된다.

해설 큐폴라(용선로)
① 주철의 용해에 사용된다.
② 열효율이 좋고 용해시간이 빠르다.
③ 규격은 매시간당 용해 할 수 있는 중량(톤)으로 표시
④ 코크스속의 탄소, 인, 황 등의 불순물이 들어가 용탕의 질이 저하된다.

정답 50. ④ 51. ① 52. ④

53

에너지이용 합리화법에 따라 검사대상기기인 보일러의 사용연료 또는 연소방법을 변경한 경우에 받아야 하는 검사는?

① 구조검사 ② 설치검사
③ 개조검사 ④ 용접검사

해설 개조검사를 받아야 하는 경우
① 보일러 섹션을 증감하여 용량을 변경하는 경우
② 증기보일러를 온수보일러로 개조시
③ 연료 또는 연소방법을 변경한 경우

54

어떤 물체의 보온 전과 보온 후의 발산열량이 각각 $2000kJ/m^2$, $400kJ/m^2$이라 할 때, 이 보온재의 보온효율(%)은?

① 20 ② 50
③ 80 ④ 125

해설 보온효율 = $\dfrac{2000-400}{2000} \times 100 = 80\%$

55

보온재의 열전도율을 작게 하는 방법이 아닌 것은?

① 재질 내 수분을 줄인다.
② 재료의 온도를 높게 한다.
③ 재료의 두께를 두껍게 한다.
④ 재료 내 기공은 작고 기공률을 크게 한다.

해설 보온재의 열전도율을 적게하는 방법
① 재료의 온도를 낮게한다.
② 재료의 두께를 두껍게 한다.
③ 재료의 내기공은 작고 기공률을 크게한다.
④ 재질내 수분을 줄인다.

56

관의 지름을 바꿀 때 주로 사용되는 관 부속품은?

① 소켓 ② 엘보
③ 플러그 ④ 리듀서

해설 문 42번 참고

57 보일러수에 포함된 성분 중 포밍의 발생원인 물질로 가장 거리가 먼 것은?
① 나트륨
② 칼륨
③ 칼슘
④ 산소

해설 포밍의 발생원인 물질 : ① 칼륨, ② 칼슘, ③ 나트륨

58 에너지이용 합리화법에 따라 설치된 보일러의 섹션을 증감하여 용량을 변경한 경우 받아야 하는 검사는?
① 구조검사
② 개조검사
③ 설치검사
④ 계속사용성능검사

59 원통형 보일러와 비교한 수관식 보일러의 특징에 대한 설명으로 틀린 것은?
① 전열면적에 비해 보유수량이 적어 증기발생이 빠르다.
② 보유수량이 적어 부하변동에 따른 압력변화가 작다.
③ 양질의 급수가 필요하다.
④ 구조가 복잡하여 청소나 검사, 수리가 불편하다.

해설 수관식 보일러의 특징
① 고압대용량에 적합
② 급수처리가 까다롭다.
③ 전열면적당 보유수량이 적어 가동시간이 짧다.
④ 구조가 복잡하여 청소, 검사, 수리곤란
⑤ 제작이 까다로우며 비용도 많이 든다.
⑥ 보일러 효율이 좋다.
⑦ 외분식이어서 연료의 질에 장애를 받지 않는다.
⑧ 외분식이어서 노벽으로의 방산손실이 많다.
⑨ 보유수량이 적어 부하변동에 대한 압력변화가 크다.

60 다음 중 양이온 교환 수지의 재생에 사용되는 약품이 아닌 것은?
① HCl
② NaOH
③ H_2SO_4
④ NaCl

해설 양이온 교환수지 재생에 사용되는 약품
① 염산(HCl)
② 황산(H_2SO_4)
③ 염화나트륨(NaCl)

정답 57. ④ 58. ② 59. ② 60. ②

제4과목 : 열설비 취급 및 안전관리

61 에너지이용 합리화법상 검사대상기기에 대하여 받아야할 검사를 받지 아니한 자에 해당하는 벌칙은?

① 1천만원 이하의 벌금
② 2천만원 이하의 벌금
③ 1년 이하의 징역 또는 1천만원 이하의 벌금
④ 2년 이하의 징역 또는 2천만원 이하의 벌금

해설 벌금
① 1천만원 이하의 벌금 : 검사대상기기 관리자를 선임하지 아니한 자
② 2천만원 이하의 벌금 : 효율관리기자재의 생산 또는 판매금지 명령에 위반한 자
③ 1년 이하의 징역 또는 1천만원 이하의 벌금
　㉠ 검사대상기기의 검사를 받지 아니한자
　㉡ 검사에 합격되지 아니한 검사대상기기를 사용한 자
④ 2년이하의 징역 또는 2천만원이하의 벌금
　㉠ 에너지저장시설의 보유 또는 저장의무의 부과시 정당한 사유없이 이를 거부하거나 이행하지 아니한 자
　㉡ 에너지수급 안정을 기하기 위한 조정, 명령등의 조치를 위반한자
　㉢ 공단의 임직원으로 근무하거나 근무하였던 사람이 직무상 알게 된 비밀을 누설하거나 도용한 자

62 에너지이용 합리화법에 따라 에너지다소비사업자가 매년 1월 31일까지 신고해야 할 사항이 아닌 것은?

① 전년도의 수지계산서
② 전년도의 분기별 에너지이용 합리화 실적
③ 해당 연도의 분기별 에너지사용예정량
④ 에너지사용기자재의 현황

해설 매년 1월 31일까지 시·도지사에게 신고사항
① 전년도의 에너지 사용량 및 제품생산량
② 전년도의 에너지 이용합리화 실적 및 해당연도의 계획
③ 당해연도의 에너지사용량 및 제품생산 예정량
④ 에너지 관리자의 현황
⑤ 에너지 사용기자재의 현황

61. ③　62. ①

63 보일러 손상의 형태 중 보일러에 사용하는 연강은 보통 200℃~300℃ 정도에서 최고의 항장력을 나타내는데, 750℃~800℃ 이상으로 상승하면 결정립의 변화가 두드러진다. 이러한 현상을 무엇이라 하는가?
① 압궤
② 버닝
③ 만곡
④ 과열

64 보일러에서 압력계에 연결하는 증기관(최고 사용 압력에 견디는 것)을 강관으로 하는 경우 안지름은 최소 몇 mm 이상으로 하여야 하는가?
① 6.5
② 12.7
③ 15.6
④ 17.5

해설 압력계 연결관
① 동관 : 6.5mm 이상(210℃이상 시 사용금지)
② 강관 : 12.7mm이상

65 증기관내의 수격현상이 일어날 때 조치사항으로 틀린 것은?
① 프라이밍이 발생치 않도록 한다.
② 증기배관의 보온을 철저히 한다.
③ 주증기 밸브를 천천히 연다.
④ 증기트랩을 닫아 둔다.

해설 수격작용방지법
① 주증기 밸브를 서개한다.
② 관의 굴곡을 피한다.
③ 관의 기울기를 준다.
④ 관을 보온한다.
⑤ 증기트랩을 설치한다.

66 다음 중 에너지법에 의한 에너지위원회 구성에서 대통령령으로 정하는 사람이 속하는 중앙행정기관에 해당되는 것은?
① 외교부
② 보건복지부
③ 해양수산부
④ 산업통상자원부

정답 63. ② 64. ② 65. ④ 66. ①

67

지역난방의 장점에 대한 설명으로 틀린 것은?

① 각 건물에는 보일러가 필요 없고 인건비와 연료비가 절감된다.
② 건물내의 유효면적이 감소되며 열효율이 좋다.
③ 설비의 합리화에 의해 매연처리를 할 수 있다.
④ 대규모 시설을 관리할 수 있으므로 효율이 좋다.

해설 지역난방의 장점
① 고압의 증기 및 고온수이므로 관경을 적게할 수 있다.
② 열발생설비의 고효율화, 대기오염방지를 효과적으로 시행할 수 있다.
③ 한 곳에 집중설비함으로서 건물의 공간을 유효하게 사용할 수 있다.
④ 폐열의 회수 및 쓰레기 소각 등으로 연료비가 적게든다.
⑤ 작업 인원 절감으로 인건비를 줄일 수 있다.
*단점
① 시설비가 많이든다.
② 설비가 길어지므로 배관손실이 있다.
③ 고압의 증기, 고온수를 사용함으로서 취급에 어려움이 있다.

68

보일러의 보존법 중 이상적인 건조보존법으로 보일러내의 공기와 물을 전부 배출하고 특정 가스를 봉입해 두는 방법이 있다. 이 때 사용되는 가스는?

① 이산화탄소(CO_2)　　② 질소(N_2)
③ 산소(O_2)　　　　　　④ 헬륨(He)

해설 질소봉입법 : 질소의 순도 99.5%의 것으로 0.6kg/cm² 정도로 가압봉입하여 공기와 치환하는 방법
*건조보존법(건식보존법) : 장기·보존(6개월 이상)
　① 흡습제
　　　㉠ CaO
　　　㉡ $CaCl_2$
　　　㉢ SiO_2
　　　㉣ Al_2CO_3
*만수보존법 : 단기보존(2~3개월)
　① 첨가약품
　　　㉠ 가성소다
　　　㉡ 탄산소다
　　　㉢ 아황산소다
　② pH : 12~13정도 유지

69 고온(180°C 이상)의 보일러수에 포함되어 있는 불순물 중 보일러 강판을 가장 심하게 부식시키는 것은?
① 탄산칼슘　　② 탄산가스
③ 염화마그네슘　　④ 수산화나트륨

 염화마그네슘에 의한 부식 : 염화마그네슘이 용존시 180°C이상에서 가스가 분해되어 염산이 발생되며 강을 침식시킴

70 다음 보일러의 부속장치에 관한 설명으로 틀린 것은?
① 재열기 : 보일러에서 발생된 증기로 급수를 예열시켜 주는 장치
② 공기예열기 : 연소가스의 여열 등으로 연소용 공기를 예열하는 장치
③ 과열기 : 포화증기를 가열하여 압력은 일정하게 유지하면서 증기의 온도를 높이는 장치
④ 절탄기 : 폐열가스를 이용하여 보일러에 급수되는 물을 예열하는 장치

 재열기(Reheater) : 증기의 건도를 높이기 위하여 증기를 재가열하는 장치로 과열증기가 고압터빈에서 팽창이 끝나고 응축직전에 회수하여 다시 가열시켜 저압터빈에서 팽창하도록 하는 것으로 열효율을 향상시킴

71 에너지이용 합리화법상 자발적 협약에 포함하여야 할 내용이 아닌 것은?
① 협약 체결 전년도 에너지소비 현황　　② 단위당 에너지이용효율 향상목표
③ 온실가스배출 감축목표　　④ 고효율기자재의 생산 목표

해설 자발적 협약
① 에너지 이용 효율 목표
② 협약체결 전년도 에너지 소비현황
③ 온실가스배출감축목표
④ 에너지 관리체제 및 에너지 관리방법

72

전열면적이 $50m^2$ 이하인 증기보일러에서는 과압방지를 위한 안전밸브를 최소 몇 개 이상 설치해야 하는가?

① 1개 이상   ② 2개 이상
③ 3개 이상   ④ 4개 이상

해설 증기보일러
① 전열면적 $50m^2$ 이하 : 1개
② 전열면적 $50m^2$ 초과 : 2개

73

보일러 설치검사기준상 보일러 설치 후 수압시험을 할 때 규정된 시험수압에 도달된 후 얼마의 시간이 경과된 뒤에 검사를 실시하는가?

① 10분   ② 15분
③ 20분   ④ 30분

해설 수압시험 방법
① 공기를 빼고 물을 채운 후 천천히 압력을 가하여 규정된 시험수압에 도달된 후 30분이 경과된 뒤에 검사를 실시하여 검사가 끝날때까지 그상태 유지
② 시험수압은 규정된 압력의 6%이상을 초과하지 않도록 모든 경우에 대한 적절한 제어를 마련

74

에너지이용 합리화법에 따라 검사대상기기 설치자는 검사대상기기관리자가 해임되거나 퇴직하는 경우 다른 검사대상기기관리자를 언제 선임해야 하는가?

① 해임 또는 퇴직 이전   ② 해임 또는 퇴직 후 10일 이내
③ 해임 또는 퇴직 후 30일 이내   ④ 해임 또는 퇴직 후 3개월 이내

72. ①   73. ④   74. ①

75

다음은 에너지이용 합리화법에 따라 산업통상자원부장관이 에너지저장의무를 부과할 수 있는 에너지저장의무 부과대상자 중 일부이다. ( )안에 알맞은 것은?

[보기]
연간 ( )TOE 이상의 에너지를 사용하는 자

① 5000
② 10000
③ 20000
④ 50000

해설 에너지 저장의무 부과대상자
① 전기사업법에 의한 전기사업자
② 도시가스사업법에 의한 도시가스 사업자
③ 석탄산업법에 의한 석탄가공업자
④ 연간 2만 석유환산톤(TOE)이상의 에너지를 사용하는자
⑤ 집단에너지 사업법에 의한 집단에너지 사업자

76

난방부하가 18800kJ/h인 온수난방에서 쪽당 방열면적이 0.2m²인 방열기를 사용한다고 할 때 필요한 쪽수는?(단, 방열기의 방열량은 표준방열량으로 한다.)

① 30
② 40
③ 50
④ 60

해설 쪽수 = $\dfrac{난방부하}{방열기방열량 \times 쪽당 방열면적} = \dfrac{18800}{1883.7 \times 0.2} = 49.9 = 50$쪽

방열기 방열량의 계산(온수보일러) : 450kcal/m²h
1kcal = 4.186kJ
450kcal = x
$x = \dfrac{450 \text{kcal} \times 4.186 \text{kJ}}{1 \text{kcal}} = 1883.7 \text{kJ/m}^2\text{h}$

77

증기 사용 중 유의사항에 해당되지 않는 것은?
① 수면계 수위가 항상 상용수위가 되도록 한다.
② 과잉공기를 많게 하여 완전연소가 되도록 한다.
③ 배기가스 온도가 갑자기 올라가는지를 확인한다.
④ 일정압력을 유지할 수 있도록 연소량을 가감한다.

해설 과잉공기를 적게하여 완전연소가 되도록 한다.

78

보일러 파열사고의 원인과 가장 먼 것은?

① 안전장치 고장　　② 저수위 운전
③ 강도 부족　　　　④ 증기 누설

해설　안전저수위 이하로 분출하면 안된다.

79

보일러 분출작업시의 주의사항으로 틀린 것은?

① 분출작업은 2명 1개조로 분출한다.
② 저수위 이하로 분출한다.
③ 분출 도중 다른 작업을 하지 않는다.
④ 분출작업을 행할 때 2대의 보일러를 동시에 해서는 안 된다.

80

보일러 수면계를 시험해야 하는 시기와 무관한 것은?

① 발생 증기를 송기할 때　　② 수면계 유리의 교체 또는 보수 후
③ 프라이밍, 포밍이 발생할 때　　④ 보일러 가동 직전

해설　수면계 점검시기
　　① 보일러 가동 전
　　② 프라이밍, 포밍 발생시
　　③ 수면계 유리의 교체 또는 보수후
　　④ 두 개의 수면계 수위가 다를 때
　　⑤ 비수현상시
　　⑥ 연락관에 이상이 발견된 때

78. ④　79. ②　80. ①

2020년 제3회 에너지관리산업기사 출제문제

제1과목 : 열역학 및 연소관리

01 공기 중 폭발범위가 약 2.2~9.5v%인 기체연료는?
① 수소
② 프로판
③ 일산화탄소
④ 아세틸렌

해설 폭발범위(연소범위)
① 수소 : 4~75%
② 프로판 : 2.2~9.5%
③ 일산화탄소 : 12.5~74%
④ 아세틸렌 : 2.5~81%
⑤ 부탄 : 1.8~8.4%
⑥ 메탄 : 5~15% 등

02 압축성 인자(compressibility factor)에 대한 설명으로 옳은 것은?
① 실제기체나 이상기체에 대한 거동에서 벗어나는 정도를 나타낸다.
② 실제기체는 1의 값을 갖는다.
③ 항상 1보다 작은 값을 갖는다.
④ 기체 압력이 0으로 접근할 때 0으로 접근된다.

정답 01. ② 02. ①

03

수소 1kg을 완전연소시키는데 필요한 이론산소량은 약 몇 Nm^3인가?

① 1.86 ② 2
③ 5.6   ④ 26.7

해설 $H_2 + \dfrac{1}{2}O_2 \rightarrow H_2O$

　　　2kg　　　16kg　　　18kg
　　　22.4Nm³　11.2Nm³　22.4Nm³
　　　2kg = 11.2Nm³
　　　1kg = x

$x = \dfrac{1kg \times 11.2Nm^3}{2kg} = 5.6 Nm^3/kg(O_o)$

$A_o(\text{이론공기량}) = \dfrac{O_o}{0.21} = \dfrac{5.6}{0.21} = 26.67 Nm^3/kg$

04

기체연료의 장점에 해당하지 않는 것은?

① 저장이나 운송이 쉽고 용이하다.
② 비열이 작아서 예열이 용이하고 열효율, 화염온도 조절이 비교적 용이하다
③ 연료의 공급량 조절이 쉽고 공기와의 혼합을 임의로 조절할 수 있다.
④ 연소 후 유해잔류 성분이 거의 없다.

해설 기체연료의 특징
　① 적은공기량으로 완전연소 가능
　② 가스누설 시 폭발의 위험이 있다.
　③ 운반저장이 어렵다.
　④ 황분, 회분이 거의 없어 전열면 오손이 없다.
　⑤ 연소효율, 전열효율이 좋다.
　⑥ 고온도분위기 생성
　⑦ 집중가열, 균일가열 가능
　⑧ 연료와 공기의 혼합을 임의로 조절 가능

05

15°C의 물로 −15°C의 얼음을 매시간당 100kg씩 제조하고자 할 때, 냉동기의 능력은 약 몇 kW인가?(단, 0°C 얼음의 응고잠열은 335kJ/kg이고, 물의 비열은 4.2kJ/kg·°C, 얼음의 비열은 2kJ/kg·°C이다.)

① 2   ② 4
③ 12 ④ 30

03. ③　04. ①　05. ③

해설 ① −15°C얼음 → 0°C얼음
$Q_1 = G_1 \cdot C_1 \cdot \triangle t_1$
$= 100\text{kg} \times 2 \times (0-(-15))°C = 3000\text{kJ}$

② 0°C얼음 → 0°C물
$Q_2 = G_2 \times r_2$
$= 100\text{kg} \times 335\text{kJ/kg} = 33500\text{kJ}$

③ 0°C물 → 15°C
$Q_3 = G_3 \cdot C_3 \cdot \triangle t_3$
$= 100\text{kg} \times 4.2 \times (15-0)°C = 6300\text{kJ}$

∴ $(Q_1+Q_2+Q_3) = (3000+33500+6300) = 42800\text{kJ}$

∴ 1kcal = 4.2kJ
    x = 42800kJ

$$x = \frac{1kcal \times 42800kJ}{4.2kJ} = 10190 kcal \div 860 = 11.849$$

냉동기능력 $= \dfrac{Q_2}{Aw} = \dfrac{10190}{860} = 11.849 kW$

06 다음 온도에 대한 설명으로 잘못된 것은?

① 온수의 온도가 110°F로 표시되어 있다면 섭씨온도로는 43.3°C이다.
② 30°C를 화씨온도로 고치면 86°F이다.
③ 섭씨 30°C에 해당하는 절대온도는 303K이다.
④ 40°F는 절대 온도로 464.4K이다.

해설 ① °F = $\dfrac{9}{5}$ × °C + 32 = $\dfrac{9}{5}$ × 30 + 32 = 86°F

② K = °C + 273   K = 30 + 273 = 303K

③ °C = $\dfrac{5}{9}$(°F−32) = $\dfrac{5}{9}$(110−32) = 43.33°C

④ °C = $\dfrac{5}{9}$(°F−32) = $\dfrac{5}{9}$(40−32) = 4.44°C
K = °C + 273 = 4.44 + 273 = 277.44K

07 보일러 통풍에 대한 설명으로 틀린 것은?

① 자연통풍은 굴뚝내의 연소가스의 대기와의 밀도차에 의해 이루어진다.
② 통풍력은 굴뚝 외부의 압력과 굴뚝하부(유입구)의 압력과의 차이이다.
③ 압입통풍을 하는 경우 연소실내는 부압이 작용한다.
④ 강제통풍 방식 중 평형통풍 방식은 통풍력을 조절할 수 있다.

강제통풍방식 중 평형통풍방식
① 연소실입구 + 연도 중심부에 설치
② 배기가스 유속은 10m/s 이상
③ 정압과 부압을 얻음
④ 강한 통풍력을 얻을 수 있으며 통풍력을 조절할 수 있다.

08 과잉공기량이 많을 경우 발생되는 현상을 설명한 것으로 틀린 것은?
① 배기가스 중 CO_2농도가 낮게 된다.
② 연소실 온도가 낮게 된다.
③ 배기가스에 의한 열손실이 증가한다.
④ 불완전연소를 일으키기 쉽다.

  공기비가 적을 경우
① 불완전연소에 의한 매연발생
② 미연소가스로 인한 폭발의 우려가 있다.

09 물질의 상변화 과정동안 흡수되거나 방출되는 에너지의 양을 무엇이라 하는가?
① 잠열   ② 비열
③ 현열   ④ 반응열

  잠열 : 물질의 상변화 과정동안 흡수되거나 방출되는 에너지의 양
비열 : 어떤 물질 1kg을 1℃ 올리는데 필요한 열량
현열 : 상태변화 없이 온도만 변함

10 온도 300K인 공기를 가열하여 600K가 되었다. 초기 상태 공기의 비체적을 $1m^3/kg$, 최종 상태 공기의 비체적을 $2m^3/kg$이라고 할 때, 이 과정 동안 엔트로피의 변화량은 약 몇 kJ/kg·K인가?(단, 공기의 정적비열은 0.7kJ/kg·K, 기체상수는 0.3kJ/kg·K이다.)
① 0.3   ② 0.5
③ 0.7   ④ 1.0

  $\triangle s = CP \ln \dfrac{T_2}{T_1} = 1 \times \ln \dfrac{600}{300} = 0.697$
$CP = R + CV = 0.3 + 0.7 = 1 kJ/kgK$

11 연돌의 상부 단면적을 구하는 식으로 옳은 것은?(단, F : 연돌의 상부 단면적(m^2), t : 배기 가스온도(℃), W : 배기가스 속도(m/s), G : 배기가스 양(Nm^3/h)이다.)

① $F = \dfrac{G(1+0.0037t)}{2700W}$ ② $F = \dfrac{GW(1+0.0037t)}{2700}$

③ $F = \dfrac{G(1+0.0037t)}{3600W}$ ④ $F = \dfrac{GW(1+0.0037t)}{3600}$

 연돌상부단면적(F) = $\dfrac{G \times (1+0.0037t)}{3600V}$

① G(Nm^3/h) 배기가스의 양
② t(℃) 배기가스 온도
③ V(m/s) 배기가스 속도

12 임의의 사이클에서 클라우지우스의 적분을 나타내는 식은?

① $\oint \dfrac{dQ}{T} < 0$ ② $\oint \dfrac{dQ}{T} > 0$

③ $\oint \dfrac{dQ}{T} = 0$ ④ $\oint \dfrac{dQ}{T} \leq 0$

13 압력이 0.1MPa, 온도 20℃의 공기가 6m×10m×4m인 실내에 존재할 때 공기의 질량은 약 몇 kg인가?(단, 공기의 기체상수 R은 0.287kJ/kg·K이다.)

① 270.7   ② 285.4
③ 299.1   ④ 303.6

 PV = GRT

$G = \dfrac{PV}{RT} = \dfrac{0.1 \times (6 \times 10 \times 4)}{0.287 \times (273+20)} = 0.2854 \times 1000 kg/Ton = 285.4kg$

14 원심식 통풍기에서 주로 사용하는 풍량 및 풍속 조절 방식이 아닌 것은?

① 회전수를 변화시켜 조절한다.
② 댐퍼의 개폐에 의해 조절한다.
③ 흡입 베인의 개도에 의해 조절한다.
④ 날개를 동익가변시켜 조절한다.

> **해설** 원심식 송풍기의 풍량조절방법
> ① 회전수 조절법
> ② 흡입가이드베인 조절법
> ③ 흡입댐퍼 조절법
> ④ 바이패스에 의한 방법

15 증기의 건도에 관한 설명으로 틀린 것은?
① 포화수의 건도는 0이다.
② 습증기의 건도는 0보다 크고 1보다 작다.
③ 건포화증기의 건도는 1이다.
④ 과열증기의 건도는 0보다 작다.

> **해설** 과열증기의 건도는 1보다 크다.

16 중유에 대한 설명으로 틀린 것은?
① 점도에 따라 A급, B급, C급으로 나눈다.
② 비중은 약 0.79~0.85이다.
③ 보일러용 연료로 많이 사용된다.
④ 인화점은 약 60~150℃ 정도이다.

> **해설** 중유
> ① 중유의 비중은 0.9~0.95이다.
> ② 점도에 따라 A급, B급, C급으로 나눈다.
> ③ 인화점은 약 60~150℃ 정도이다.
> ④ 보일러용 연료로 많이 사용된다.

17 포화액의 온도를 그대로 두고 압력을 높이면 어떤 상태가 되는가?
① 압축액
② 포화액
③ 습포화 증기
④ 건포화 증기

18 액체연료 사용 시 고려해야할 대상이 아닌 것은?
① 잔류탄소분
② 인화점
③ 점결성
④ 황분

15. ④ 16. ② 17. ① 18. ③

해설 액체연료 사용 시 고려해야 할 사항
① 인화점
② 착화점
③ 발열량
④ 황분
⑤ 잔류탄소분

19 다음 중 CH_4 및 H_2를 주성분으로 한 기체 연료는?
① 고로가스　　② 발생로가스
③ 수성가스　　④ 석탄가스

해설 ① 석탄가스 : 석탄을 건류 시 발생 되는 가스(CH_4, H_2, CO)
　　　발열량은 4670kcal/Nm^3
② 고로가스 : 제철의 용광로에서 부생물로 발생되는 가스(CO, H_2)
　　　발열량은 900kcal/Nm^3
③ 발생로가스 : 석탄, 코크스, 목재 등을 적열상태로 산소를 보내 불완전 연소시켜 얻은 기체
　　　연료 발열량은 1500kcal/Nm^3
④ 수성가스 : 무연탄이나 코크스를 수증기와 작용시켜 생성 (CO, H_2)
　　　발열량은 2800kcal/Nm^3

20 랭킨사이클에서 열효율을 상승시키기 위한 방법으로 옳은 것은?
① 보일러의 온도를 높이고, 응축기의 압력을 높게 한다.
② 보일러의 온도를 높이고, 응축기의 압력을 낮게 한다.
③ 보일러의 온도를 낮추고, 응축기의 압력을 높게 한다.
④ 보일러의 온도를 낮추고, 응축기의 압력을 낮게 한다.

해설 랭킨사이클에서 열효율을 상승시키기 위한 방법
　　보일러의 온도를 높이고 응축기의 압력을 낮게한다.

제2과목 : 계측 및 에너지 진단

21 적외선 가스분석계의 특징에 대한 설명으로 옳은 것은?
① 선택성이 뛰어나다.
② 대상 범위가 좁다.
③ 저농도의 분석에 부적합하다.
④ 측정가스의 더스트 방지나 탈습에 충분한 주의가 필요 없다.

적외선 가스분석기의 특징
① 선택성이 뛰어나다.
② 저농도 기술의 분석에 적합하다.
③ 대상 범위가 넓고 연속측정에 용이하다.
④ Dust(먼지) 및 습기 방지에 주의해야 한다.
⑤ O_2, H_2, N_2, Cl_2 는 분석하지 못하고 CO_2, H_2, CO, CH_4 분석가능하다.

22
다음 중 전기식 제어방식의 특징으로 틀린 것은?
① 고온 다습한 주위환경에 사용하기 용이하다.
② 전송거리가 길고 전송지연이 생기지 않는다.
③ 신호처리나 컴퓨터 등과의 접속이 용이하다.
④ 배선이 용이하고 복잡한 신호에 적합하다.

 전기제어방식
① 전송거리가 길고, 신호전달의 지연이 생기지 않는다.
② 배선이 용이하고 복잡한 신호에 적합하다.
③ 신호처리나 컴퓨터 등과의 접속이 용이하다.

23
매시간 1600kg의 연료를 연소시켜 16000kg/h의 증기를 발생시키는 보일러의 효율(%)은 약 얼마인가?(단, 연료의 발열량 39800kJ/kg, 발생증기의 엔탈피 3023kJ/kg, 급수증기의 엔탈피 92kJ/kg이다.)

① 84.4   ② 73.6
③ 65.2   ④ 88.9

효율 = $\dfrac{G \times (h'' - h')}{Gf \times H\ell} \times 100 = \dfrac{16000 \times (3023 - 92)}{1600 \times 39800} \times 100 = 73.64\%$

24
보일러의 노내압을 제어하기 위한 조작으로 적절하지 않은 것은?
① 연소가스 배출량의 조작   ② 공기량의 조작
③ 댐퍼의 조작   ④ 급수량 조작

제어량과 조작량의 관계

제어	제어량	조작량
S.T.C	과열증기온도	전열량
F.W.C	보일러수위	급수량
A.C.C	증기압력계제어	연료량, 공기량
	노내압력계제어	송풍량, 연소가스량

22. ① 23. ② 24. ④

25 증기보일러의 용량표시 방법 중 일반적으로 가장 많이 사용되는 정격용량은 무엇을 의미하는가?
① 상당증발량　　　② 최고사용압력
③ 상당발열면적　　④ 시간당 발열량

해설 증기보일러의 용량 표시
① 정격출력
② 정격용량
③ 보일러 마력
④ 증기압력
⑤ 상당방열면적

26 보일러 열정산에서 출열 항목에 속하는 것은?
① 연료의 현열　　　　　② 연소용 공기의 현열
③ 미연분에 의한 손실열　④ 노내 분입 증기의 보유열량

해설 출열항목
① 배기가스 손실열
② 불완전연소에 의한 손실열
③ 미연분에 의한 손실열
④ 방사에 의한 손실열
⑤ 발생증기 보유열

27 오차에 대한 설명으로 틀린 것은?
① 계통오차는 발생원인을 알고 보정에 의해 측정값을 바르게 할 수 있다.
② 계측상태의 미소변화에 의한 것은 우연오차이다.
③ 표준편차는 측정값에서 평균값을 더한 값의 제곱의 산술평균의 제곱근이다.
④ 우연오차는 정확한 원인을 찾을 수 없어 완전한 제거가 불가능 하다.

해설 오차
① 계통오차는 발생원인을 알고 보정에 의해 측정값을 바르게 할 수 있다.
② 계통오차는 일련의 측성값에 너느 일정의 치우침을 주는 오차
③ 계통오차는 ㉠ 개인오차 ㉡ 환경오차 ㉢ 계기오차
④ 우연오차
　㉠ 계측상태의 미소변화에 의한 것
　㉡ 정확한 원인을 찾을 수 없어 완전한 제거가 불가능

정답 25. ① 26. ③ 27. ③

28
도너츠형의 측정실이 있고, 온도변화가 적고 부식성 가스나 습기가 적은 곳에 주로 사용되며 저압기체 및 배기가스의 압력측정에 적합한 압력계는?

① 침종식 압력계 ② 환상천평식 압력계
③ 분동식 압력계 ④ 부르동관식 압력계

 환상천평식압력계(링밸런스식 압력계)
　도너츠형의 측정실이 있고, 온도변화가 적고 부식성 가스나 습기가 적은 곳에 주로 사용되며 저압기체 및 배기가스의 압력측정

29
공기식으로 전송하는 계장용 압력계의 공기압 신호압력(kPa) 범위는?

① 20~100 ② 300~500
③ 500~1000 ④ 800~2000

 공기압신호압력 : 0.2~1kg/cm²
　∴ ① 1.0332kg/cm² = 101.325kPa
　　　　0.2m = x
　　　$x = \dfrac{0.2 \times 101.325\text{kPa}}{1.0332\text{kg/cm}^2} = 19.61\text{kPa}$
　② 1.0332kg/cm² = 101.325kPa
　　　　1m = x
　　　$x = \dfrac{1\text{kg/cm}^2 \times 101.325\text{kPa}}{1.0332\text{kg/cm}^2} = 98.06\text{kPa}$

30
보일러 열정산 시 보일러 최종 출구에서 측정하는 값은?

① 급수온도 ② 예열공기온도
③ 배기가스온도 ④ 과열증기온도

 보일러 열정산시 보일러 최종출구에서 측정 : 배기가스 온도

31
2000kPa의 압력을 mmHg로 나타내면 약 얼마인가?

① 10000 ② 15000
③ 17000 ④ 20000

760mmHg = 101.3kPa
　　x = 2000kPa
$x = \dfrac{760\text{mmHg} \times 2000\text{kPa}}{101.3\text{kPa}} = 15004.93\text{mmHg}$

32 다음 온도계 중 가장 높은 온도를 측정할 수 있는 것은?

① 바이메탈 온도계　　② 수은 온도계
③ 백금저항 온도계　　④ PR열전대 온도계

해설 열전대 온도계 : 열기전력 이용(접촉식온도계 중 가장 높은 온도 측정)

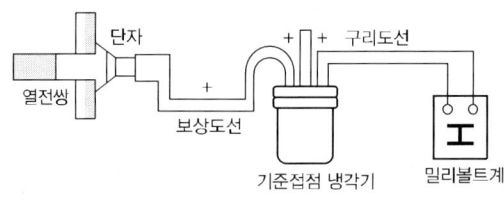

〈열전도온도계〉

① PR(백금-백금로듐)(R형)
　㉠ 산화성 분위기에 가장 강하다.
　㉡ 환원성 분위기에 약하다.
　㉢ 금속증기에 침식
　㉣ 온도 : 0~1600℃
　㉤ 백금 87%(+극), 백금로듐 13%(-극)
　㉥ 값이 싸고, 정도가 높고 안정성 우수
　㉦ 열전대온도계 중 가장 고온 측정
② CA(크로멜-알루멜)(K형)
　㉠ 크로멜Ni(90%)+Cr(10%), 알루멜(Ni(94%)+Mn(2.5%)+Al(2.0%)+Fe(0.5%)
　㉡ 산화성 분위기에 약하다.
　㉢ 온도 : 0~1200℃
③ CC(동-콘스탄탄)(T형)
　㉠ 수분에 의한 내식성이 크다.　　㉡ 콘스탄탄(Cu(55%)+Ni(45%))
　㉢ 온도 : -200~350℃　　㉣ 열전대 온도계 중 가장 저온 측정
④ IC(철-콘스탄탄)(J형)
　㉠ 환원성 분위기에 강하다.　　㉡ 온도 : -20~850℃

33 차압식 유량계로서 교축기구 전·후에 탭을 설치하는 것은?

① 오리피스　　② 로터미터
③ 피토관　　④ 가스미터

해설 차압식 유량계 : 관내 교축기구를 설치하여 그전·후 압력차를 이용 순간유량 측정

벤투리미터	플로우미터(노즐)	오리피스미터
① 구조가 복잡하고 교환이 어렵다. ② 압력손실이 가장 적다. ③ 가격이 비싸다. ④ 정밀도가 좋고 내구성이 좋다. ⑤ 침전물 생성 우려가 없고 대형이다.	① 오리피스에 비해 압력손실이 적다. ② 고압유체나 슬러지유체 측정 ③ 동일 조건하에서 오리피스보다 유량통과량이 많다.	① 구조가 간단 제작이나 장착이 용이하다. ② 좁은 장소에 설치가 가능하다. ③ 유체의 압력손실이 가장 크다. ④ 침전물 생성 우려 ⑤ 베르누이 정리 이용

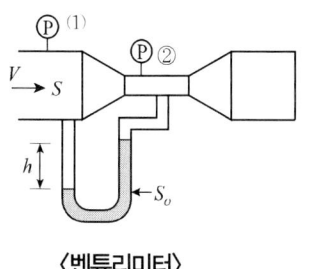

⟨벤투리미터⟩

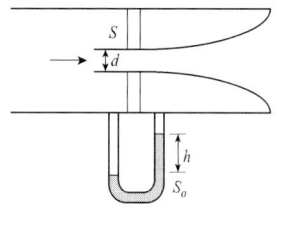

⟨오리피스미터⟩

34

SI 유도단위 상태량이 아닌 것은?

① 넓이 ② 부피
③ 전류 ④ 전압

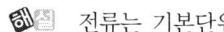 전류는 기본단위

35

원거리 지시 및 기록이 가능하여 1대의 계기로 여러 개소의 온도를 측정할 수 있으며, 제백(Seebeck) 효과를 이용한 온도계는?

① 유리 온도계 ② 압력 온도계
③ 열전대 온도계 ④ 방사 온도계

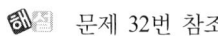 문제 32번 참조

36

서미스터(thermistor)에 관한 설명으로 틀린 것은?

① 온도변화에 따라 저항치가 크게 변하는 반도체로 Ni, Co, Mn, Fe 및 Cu 등의 금속 산화물을 혼합하여 만든 것이다.
② 서미스터는 넓은 온도 범위 내에서 온도계수가 일정하다.
③ 25°C에서 서미스터 온도계수는 약 −2~6%/°C의 매우 큰 값으로서 백금선의 약 10배이다.
④ 측정온도 범위는 −100~300°C정도이며, 측온부를 작게 제작할 수 있어 시간 지연이 매우 적다.

해설 서미스터(thermistor)
① 측정온도 범위는 -100~300℃이다.
② Fe, Cu, Mn, Ni, Co 등의 금속산화물을 혼합하여 만든 것이다.
③ 온도변화에 따라 저항치가 크게 변하는 반도체이다.
④ 측온부를 적게 제작할 수 있어 시간지연이 매우 적다.
⑤ 25℃에서는 온도계수는 백금선의 약 10배이다.

37
고압유체에서 레이놀즈수가 클 때 유량측정에 적합한 교축기구는?
① 플로우 노즐   ② 오리피스
③ 피토관   ④ 벤츄리관

해설 문제 33번 참조

38
보일러에 있어서의 자동제어가 아닌 것은?
① 급수제어   ② 위치제어
③ 연소제어   ④ 온도제어

해설 보일러 자동제어(ABC)
① S.T.C(Steam Temperature Control ; 증기온도제어)
② F.W.C(Feed Water Control ; 급수제어)
③ A.C.C(Automatic Combustion Control ; 자동연소제어)
④ LC(Local control ; 로컬제어) (유온, 유량제어)

39
액체와 계기가 직접 접촉하지 않고 측정하는 액면계로서 산, 알카리, 부식성 유체의 액면 측정에 사용되는 액면계는?
① 직관식 액면계   ② 초음파 액면계
③ 압력식 액면계   ④ 플로트식 액면계

해설 초음파 액면계 : 액체와 계기가 직접 접촉하지 않고 측정하는 액면계로서 산, 알카리, 부식성 유체의 액면 측정에 사용

40
화학적 가스분석계의 측정법에 속하는 것은?
① 도전율법   ② 세라믹법
③ 자화율법   ④ 연소열법

해설 화학적 가스분석계
① 오르자트법 ② 헴펠법 ③ 게겔법 ④ 자동화학식 CO_2계
⑤ 연소식 O_2계(연소열법) ⑥ $CO + H_2$계(미연소계)

제3과목 : 열설비구조 및 시공

41 스폴링(spalling)이란 내화물에 대한 어떤 현상을 의미하는가?
① 용융현상
② 연화현상
③ 박락현상
④ 분화현상

해설 스폴링현상(박락현상) : 엷게 금이 가는 현상

42 강판의 두께가 12mm이고 리벳의 직경이 20mm이며, 피치가 48mm의 1줄 겹치기 리벳조인트가 있다. 이 강판의 효율은?
① 25.9%
② 41.7%
③ 58.3%
④ 75.8%

해설 리벳이음에서 강판의 효율 $= \dfrac{P-d}{P} \times 100 = \dfrac{48-20}{48} \times 100 = 58.3\%$

43 주철관의 공구 중 소켓 접합시 용해된 납물의 비산을 방지하는 것은?
① 클립
② 파이어포트
③ 링크형 파이프 커터
④ 코킹정

해설 클립 : 소켓접합 시 용해된 납물의 비산방지
링크형 파이프 커터 : 주철관용 절단 공구

44 다음 중 전기로에 속하지 않는 것은?
① 전로
② 전기 저항로
③ 아크로
④ 유도로

해설 전로 : 고로에서 만들어진 선철을 제강하기 위해 사용하는 노
전기로 : 유도로, 아크로, 저항로 등이 있고 규소탄화물과 전해하여 알루미늄의 생산에 사용

41. ③ 42. ③ 43. ① 44. ①

45
보일러 설치검사기준상 전열면적이 $7m^2$인 경우 급수밸브 크기의 기준은 얼마이어야 하는가?
① 10A 이상
② 15A 이상
③ 20A 이상
④ 25A 이상

 급수밸브의 크기 : 15A이상
전열면적 $10m^2$ 미만 : 15A이상
전열면적 $10m^2$ 이상 : 20A이상

46
고로에 대한 설명으로 틀린 것은?
① 제철공장에서 선철을 제조하는데 사용된다.
② 광석을 제련상 유리한 상태로 변화시키는데 목적이 있다.
③ 용광로의 하부에 배치된 송풍구로부터 고온의 열풍을 취입한다.
④ 용광로의 상부에 철광석과 환원제 그리고 원료로서 코크스를 투입한다.

 고로
① 제철공장에서 선철을 제조하는데 사용
② 용광로의 상부에 철광석과 환원제 그리고 원료로서 코크스투입
③ 용광로 하부에 배치된 송풍구로부터 고온의 열풍을 취입한다.

47
인젝터의 특징에 관한 설명으로 틀린 것은?
① 구조가 간단하고 소형이다.
② 별도의 소요 동력이 필요하다.
③ 설치장소를 적게 차지한다.
④ 시동과 정지가 용이하다.

인젝터의 특징
① 동력이 필요없다.
② 구조가 간단하며 가격이 저렴
③ 급수가 예열되어 열응력 발생방지
④ 설치장소를 적게 차지한다.
⑤ 급수온도가 높아지면 급수곤란
⑥ 증기압이 낮으면 급수곤란
⑦ 흡입양정이 낮아 급수조절곤란

48

증기보일러에는 원칙적으로 2개 이상의 안전밸브를 설치하여야 하지만, 1개를 설치할 수 있는 최대 전열면적 기준은?

① 10m² 이하
② 30m² 이하
③ 50m² 이하
④ 100m² 이하

해설 전열면적이 50m² 이하 : 1개
전열면적이 50m² 초과 : 2개

49

그림과 같이 노벽에 깊이 10cm의 구멍을 뚫고 온도를 재었더니 250°C이었다. 바깥표면의 온도는 200°C이고, 노벽재료의 열전도율이 0.814W/m·°C일 때 바깥표면 1m2에서 전열량은 약 몇 W인가?

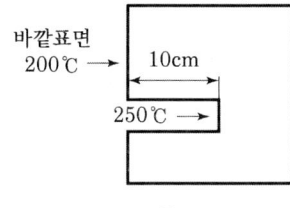

① 59
② 147
③ 171
④ 407

해설 $Q = \dfrac{\lambda A \triangle t}{d} = \dfrac{0.814\,W/m\,°C \times 1m^2 \times (250-200)}{0.1\,m} = 407\,W$

50

다음 중 연관식 보일러에 해당되는 것은?

① 벤슨 보일러
② 케와니 보일러
③ 라몬트 보일러
④ 코르니시 보일러

해설 보일러의 종류
① 원통형 보일
  ㉠ 입형보일러 : 입형연관식, 입형횡관식, 코크란
  ㉡ 횡형보일러 : 노통-코르니쉬, 랭커셔
        연관-횡연관식, 기관차, 케와니
        노통연관-노통연관펙케이지형, 하우덴존슨 스코치
② 수관식 보일러 : ㉠ 자연순환식 : 바브콕, 쓰레기찌, 타꾸마, 2동D형, 3동A형
        ㉡ 강제순환식 : 벨록스. 라몬트(라몽)
        ㉢ 관류식 : 슬처어, 옛모스, 벤숀, 람진
③ 특수 : ㉠ 열매체보일러 : 수은, 다우삼, 카네크롤 모빌섬, 세큐리티53
        ㉡ 폐열 보일러 : 하이네 리히
        ㉢ 간접가열 보일러 : 슈미트, 레플러

51 캐스터블 내화물에 대한 설명으로 틀린 것은?
① 현장에서 필요한 형상으로 성형이 가능하다.
② 접촉부 없이 로체를 수축할 수 있다.
③ 잔존 수축이 크고 열팽창도 작다.
④ 내스폴링성이 작고 열전도율이 크다.

해설 캐스터블 내화물 : 내스폴링성이 크고 열전도율이 적다.

52 중심선의 길이가 600mm이 되도록 25A의 관에 90°와 45°의 엘보를 이음할 때 파이프의 실제 절단 길이(mm)는?

관(호칭)지름		15	20	25	32	40
중심에서 단면까지의 거리(mm)	90°	27	32	38	46	48
중심에서 단면까지의 거리(mm)	45°	21	25	29	34	37
나사가 물리는 길이(a) (mm)		11	13	15	17	19

① 563
② 575
③ 600
④ 650

해설 $\ell = (600 - 23 - 14) = 563mm$
① 38 - 15 = 23
② 29 - 15 = 14

53 에너지이용 합리화법령에 따른 검사의 종류 중 개조검사 적용 대상이 아닌 것은?
① 보일러의 설치장소를 변경하는 경우
② 연료 또는 연소방법을 변경하는 경우
③ 증기보일러를 온수보일러로 개조하는 경우
④ 보일러 섹션의 증감에 의하여 용량을 변경하는 경우

해설 개조검사 적용대상
① 증기보일러를 온수보일러로 개조하는 경우
② 보일러 섹션증감에 의하여 용량을 변경하는 경우
③ 연료 또는 연소방법을 변경하는 경우

54 크롬마그네시아계 내화물에 대한 설명으로 옳은 것은?
① 용융 온도가 낮다.
② 비중과 열팽창성이 작다.
③ 내화도 및 하중연화점이 낮다.
④ 염기성 슬래그에 대한 저항이 크다.

 크롬마그네시아계 내화물
① 염기성 슬래그에 대한 저항이 크다.
② 용융온도가 높다.
③ 열팽창성이 적다.
④ 내화도가 높다.

55 주로 보일러 전열면이나 절탄기에 고정 설치해 두며, 분사관은 다수의 작은 구멍이 뚫려 있고 이곳에서 분사되는 증기로 매연을 제거하는 것으로서 분사관은 구조상 고온가스의 접촉을 고려해야 하는 매연 분출장치는?
① 롱레트랙터블형
② 쇼트레트랙터블형
③ 정치 회전형
④ 공기예열기 클리너

56 에너지이용 합리화법령상 검사대상기기관리자의 선임을 하여야 하는 자는?
① 시·도지사
② 한국에너지공단이사장
③ 검사대상기기판매자
④ 검사대상기기설치자

57 글로브 밸브의 디스크 형상 종류에 속하지 않는 것은?
① 스윙형
② 반구형
③ 원뿔형
④ 반원형

 글로우브 밸브 디스크 형상 종류
① 반구형
② 반원형
③ 원뿔형

54. ④ 55. ③ 56. ④ 57. ①

58 에너지이용 합리화법령상 검사대상기기의 계속사용검사신청서는 검사유효기간 만료 며칠 전까지 한국에너지공단이사장에게 제출하여야 하는가?
① 7일　　　　　　　　　　② 10일
③ 15일　　　　　　　　　　④ 30일

해설 검사대상기기의 계속사용검사 신청서는 검사유효기간 만료 10일 전 까지 한국에너지 공단 이사장에게 제출

59 연도나 매연 속에 복사광선을 통과시켜 광도변화에 따른 매연농도가 지시 기록된다. 이 농도계의 명칭은?
① 링겔만 매연농도계　　　　② 광전관식 매연농도계
③ 전기식 매연농도계　　　　④ 매연포집 중량계

60 원통형 보일러와 비교할 때 수관식 보일러의 장점에 해당되지 않는 것은?
① 수부가 커서 부하변동에 따른 압력변화가 적다.
② 전열면적이 커서 증기발생이 빠르다.
③ 과열기, 공기예열기 설치가 용이하다.
④ 효율이 좋고 고압, 대용량에 많이 쓰인다.

해설 수관식 보일러의 특징
① 고압대용량에 적합
② 급수처리가 까다롭다.
③ 전열면적당 보유수량이 적어 가동시간이 짧다.
④ 구조가 복잡하여 청소, 검사, 수리곤란
⑤ 제작이 까다로우며 비용도 많이든다.
⑥ 보일러효율이 좋다.
⑦ 외분식이어서 노벽방산손실이 많다.
⑧ 고온, 고압의 증기를 발생 열의 이용도를 높였다.

정답 58. ② 59. ② 60. ①

제4과목 : 열설비 취급 및 안전관리

61 보일러 청관제 중 슬러지 조정제가 아닌 것은?
① 탄닌
② 리그닌
③ 전분
④ 수산화나트륨

해설
① PH 조정제 : 인산소다, 암모니아, 수산화나트륨
② 연화제 : 인산소다, 탄산소다, 수산화나트륨
③ 탈산소제 : 탄닌, 아황산소다, 히드라진
④ 슬러지조정제 : 리그닌, 녹말, 탄닌
⑤ 가성취화방지제 : 리그닌, 황산소다, 탄산소다, 아황산소다

62 환수관이 고장을 일으켰을 때 보일러의 물이 유출하는 것을 막기 위하여 하는 배관방법은?
① 리프트 이음 배관법
② 하트포드 연결법
③ 이경관 접속법
④ 증기 주관 관말 트랩 배관법

해설 하트포드접속(hartford connection)
① 저압증기난방식 습식환수방식
② 보일러 수위가 환수관의 접속부로의 누설로 인하여 저수위사고가 일어날 것을 방지하기 위해
③ 증기관과 환수관 사이에 표준 수면에서 50mm이내에 균형관 설치

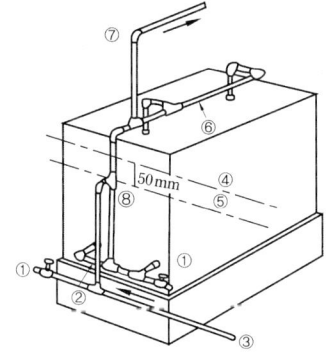

① 드레인관　② 환수 헤더
③ 환수주관　④ 표면 수면
⑤ 안전 저수면　⑥ 증기 헤더
⑦ 증기 주관　⑧ 균형관

〈하트포드 접속〉

61. ④ 62. ②

배관방법		구배	시공요령
단관중력 환수식	상향공급식(역류관)	$\frac{1}{50} \sim \frac{1}{100}$	상향, 하향 공급식 모두 끝내림구배 순류관일 경우 관경이 65[mm] 이상 $\frac{1}{250}$ 구배
	하향공급식(순류관)	$\frac{1}{100} \sim \frac{1}{200}$	
복관중력 환수식	건식환수관 습식환수관	$\frac{1}{200}$	끝내림구배로 보일러까지 배관 환수관은 보일러 수면보다 높게 설치 증기주관은 환수관의 수면보다 400[mm] 이상 높게 설치한다.
진공 환수식		$\frac{1}{200} - \frac{1}{300}$	건식환수를 한다.

63 수트 블로워를 실시할 때 주의사항으로 틀린 것은?

① 수트 블로워 전에 반드시 드레인을 충분히 한다.
② 부하가 클 때나 소화 후에 사용해야 한다.
③ 수트 블로워 할 때는 통풍력을 크게 한다.
④ 수트 블로워는 한 장소에서 오래 사용하면 안 된다.

해설 슈트블로우사용시 주의사항
① 유인통풍을 증가시킬 것
② 전열면에 무리를 가하지 말 것
③ 부하가 적거나 소화 후 사용하지 말 것
④ 분출기 내의 응축수를 배출시킨 후 사용할 것
⑤ 한 장소에서 집중적으로 사용하지 말 것

64 온수난방에서 방열기의 평균온도 80℃, 실내온도 18℃, 방열계수 8.1W/m²·℃의 측정 결과를 얻었다. 방열기의 방열량(W/m²)은 약 얼마인가?

① 146
② 502
③ 648
④ 794

해설 방열기 방열량(W/m²) = 8.1 × (80–18) = 502.2

65 노통이나 화실 등과 같이 외압을 받는 원통 또는 구체의 부분이 과열이나 좌굴에 의해 외압에 견디지 못하고 내부로 들어가는 현상은?

① 팽출
② 압궤
③ 균열
④ 블리스터

해설 압궤가 일어나는 부분 : 노통, 연소실, 관판
팽출이 일어나는 부분 : 보일러동저부, 연관, 수관

66

다음 보일러 운전 중 압력초과의 직접적인 원인이 아닌 것은?

① 압력계의 기능에 이상이 생겼을 때
② 안전밸브의 분출압력 조정이 불확실 할 때
③ 연료공급을 다량으로 했을 때
④ 연소장치의 용량이 보일러 용량에 비해 너무 클 때

해설 연료공급을 다량으로 했을 경우 역화의 우려가 있다.

67

연도 내에서 가스폭발이 일어나는 원인으로 가장 옳은 것은?

① 연소초기에 통풍이 너무 강했다.
② 배기가스 중에 산소량이 과다하다.
③ 연도 중의 미연소가스를 완전히 배출하지 않고 점화하였다.
④ 댐퍼를 너무 열어 두었다.

해설 연도 내에서 가스폭발이 일어나는 원인 : 연도 중의 미연소가스를 완전히 배출하지 않고 점화하였다.

68

가마울림 현상의 방지 대책이 아닌 것은?

① 수분이 많은 연료를 사용한다.
② 연소실과 연도를 개조한다.
③ 연소실내에서 완전연소 시킨다.
④ 2차 공기의 가열, 통풍 조절을 개선한다.

해설 가마울림 현상 방지 대책
　　① 수분이 적은 연료 사용
　　② 연소실과 연도개조
　　③ 연소실 내에서 완전연소시킨다.
　　④ 2차공기의 가열, 통풍, 조절을 개선한다.

66. ③　67. ③　68. ①

69 에너지이용 합리화법령에 따라 산업통상자원부장관이 에너지저장의무를 부과할 수 있는 대상자는?(단, 연간 2만 티오이 이상의 에너지를 사용하는 자는 제외한다.)
① 시장·군수
② 시·도지사
③ 전기사업법에 따른 전기사업자
④ 석유사업법에 따른 석유정제업자

해설 에너지 저장의무 부과 대상자
① 전기사업법에 의한 전기사업자
② 도시가스 사업법에 의한 도시가스사업자
③ 석탄산업법에 의한 석탄가공업자
④ 집단에너지 사업법에 의한 집단에너지 사업자
⑤ 연간 2만 석유환산톤(ToE)이상의 에너지를 사용하는자

70 에너지이용 합리화법령에서 정한 효율관리기자재에 속하지 않는 것은?(단, 산업통상자원부장관이 그 효율의 향상이 특히 필요하다고 인정하여 따로 고시하는 기자재 및 설비는 제외한다.)
① 전기냉장고
② 자동차
③ 조명기기
④ 텔레비전

해설 효율관리기자재
① 삼상유도전동기
② 전기냉장고, 세탁기
③ 자동차
④ 조명기기
⑤ 전기냉방기

71 다음 중 에너지이용 합리화법령상 매년 1월 31일까지 그 에너지사용시설이 있는 지역을 관할하는 시·도지사에게 전년도 분기별 에너지사용량을 신고를 하여야 하는 자에 대한 기준으로 옳은 것은?
① 연료·열 및 전력의 분기별 사용량의 합계가 5백 티오이 이상인 자
② 연료·열 및 전력의 연간 사용량의 합계가 2천 티오이 이상인 자
③ 연간사용당 1천 티오이 이상의 연료 및 열을 사용하거나 연간사용량 2백만 킬로와트시 이상의 전력을 사용하는 자
④ 연간사용량 1천 티오이 이상의 연료 및 열을 사용하거나 계약전력 5백 킬로와트 이상으로서 연간사용량 2백만 킬로와트시 이상의 전력을 사용하는 자

72 보일러의 장기 보전 시 만수보존법에 사용되는 약품은?
① 생석회
② 탄산마그네슘
③ 가성소다
④ 염화칼슘

 만수보존법(단기보존) : 2~3개월
첨가약품 : 가성소다, 아황산소다, 탄산소다

73 에너지이용 합리화법령에 따라 제조업자 또는 수입업자가 효율관리기자재의 에너지 사용량을 측정 받아야 하는 시험 기관은 누가 지정하는가?
① 산업통상자원부장관
② 시·도지사
③ 한국에너지공단이사장
④ 국토교통부장관

 제조업자 또는 수입업자가 효율관리기자재의 에너지사용량을 측정받아야 하는 시험기관 : 산업통상자원부장관

74 고온의 응축수 흡입 시 흡입력증가를 위해 보조로 사용하며 일반적인 펌프보다 효율은 떨어지나, 취급이 용이한 펌프의 종류는?
① 제트펌프
② 기어펌프
③ 와류펌프
④ 축류펌프

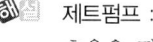 제트펌프 : 고온의 응축수 흡입시 흡입력 증가를 위해 보조로 사용되며 일반적으로 펌프보다 효율은 떨어지나 취급이 용이

75 보일러 수질기준에서 순수처리 기준에 맞지 않는 것은?(단, 25°C 기준이다.)
① pH : 7~9
② 총경도 : 1~2
③ 전기 전도율 : $0.5\mu S/cm$ 이하
④ 실리카 : 흔적이 나타나지 않음

총경도
① 연수 0~75mg/ℓ
② 적당한 경수 75~150mg/ℓ
③ 경수 150~300mg/ℓ
④ 강한경수 300mg/ℓ 이상

72. ③ 73. ① 74. ① 75. ②

76

에너지이용 합리화법령에 따라 검사대상기기 관리자를 선임하지 아니하였을 경우에 부과되는 벌칙기준으로 옳은 것은?

① 100만원 이하의 벌금 ② 500만원 이하의 벌금
③ 1천만원 이하의 벌금 ④ 2천만원 이하의 벌금

해설 벌금
① 1천만원 이하의 벌금
　㉠ 검사대상기기 관리자를 선임하지 아니한 자
② 2천만원 이하의 벌금
　㉠ 효율 관리 기자재의 생산 또는 판매금지 명령에 위반한 자
③ 1년 이하의 징역 또는 1천만원 이하의 벌금
　㉠ 검사대상기기의 검사를 받지 아니한 자
　㉡ 검사에 합격되지 아니한 검사대상기기를 사용한 자
④ 2년 이하의 징역 또는 2천만원 이하의 벌금
　㉠ 에너지저장시설의 보유 또는 저장의무의 부과시 정당한 이유 없이 이를 거부하거나 이행하지 아니한 자
　㉡ 에너지수급의 안전을 기하기 위한 조정·명령 등의 조치를 위반한 자
　㉢ 공단의 임직원으로 근무하거나 근무하였던 사람이 직무상 알게 된 비밀을 누설하거나 도용한 자

77

다음 중 온수난방용 밀폐식 팽창탱크에 설치되지 않는 것은?

① 압축공기 공급관 ② 수위계
③ 일수관(over flow관) ④ 안전밸브

해설 팽창 탱크 설치목적
① 체적팽창, 이상팽창압력을 흡수한다.
② 관내 온수온도와 압력을 일정하게 유지한다.
③ 보충수공급
④ 관수배출을 하지 않아 열손실 방지

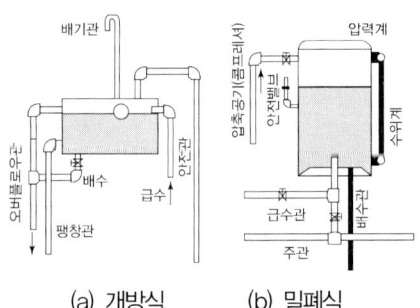

(a) 개방식　(b) 밀폐식

78
프라이밍, 포밍의 방지대책 중 맞지 않는 것은?
① 주증기 밸브를 천천히 개방할 것
② 가급적 안전고수위 상태로 지속 운전할 것
③ 보일러수의 농축을 방지할 것
④ 급수처리를 하여 부유물을 제거할 것

해설 가급적 상용수위 상태로 지속운전할 것

79
난방부하를 계산하는 경우 여러 가지 여건을 검토해야 하는데 이에 대한 사항으로 거리가 먼 것은?
① 건물의 방위
② 천장높이
③ 건축구조
④ 실내소음, 진동

80
다음 중 구식(grooving)이 가장 발생하기 쉬운 곳은?
① 기수드럼
② 횡형 노통의 상반면
③ 연소실과 접하는 수관
④ 경판의 구석의 둥근 부분

해설 구식 발생장소
① 노통 보일러의 경판과 접합부 및 만곡부
② 관, 판, 나사 스테이 만곡부
③ 노통의 플랜지 만곡부

78. ② 79. ④ 80. ④

CBT 제1회 에너지관리산업기사 모의고사

제1과목 : 열역학 및 연소관리

01 랭킨 사이클의 효율을 올리기 위한 방법이 아닌 것은?
① 유입되는 증기의 온도를 높인다.
② 배출되는 증기의 온도를 높인다.
③ 배출되는 증기의 압력을 낮춘다.
④ 유입되는 증기의 압력을 높인다.

 랭킨사이클 효율을 올리기 위한 방법
① 유입되는 증기의 온도를 높인다.
② 배출되는 증기의 압력을 낮춘다.
④ 유입되는 증기의 압력을 높인다.

02 대기압이 750mmHg 일 때, 탱크의 압력계가 9.5kg/cm²를 지시한다면 이 탱크의 절대 압력은?
① 7.26kg/cm²
② 10.52kg/cm²
③ 14.27kg/cm²
④ 18.45kg/cm²

 절대압력 = 게이지압력 + 대기압
= 9.5 kg/cm² + ($\frac{750 \text{mmHg}}{760 \text{mmHg}}$) × 1.0332 kg/cm² = 10.52 kg/cm²

03 기체의 C_p(정압비열)와 C_v(정적비열)의 관계식으로 옳은 것은?
① $C_p - C_v$
② $C_p \leq C_v$
③ $C_p < C_v$
④ $C_p > C_v$

$C_p > C_v$ (정압비열은 정적 비열보다 항상 크다)
K(비열비) = $\frac{C_p}{C_v}$ (비열비는 항상 1보다 크다)

정답 01. ② 02. ② 03. ④

04

오토 사이클에서 압축비가 7 일 때 열효율은? (단, 비열비 k=1.4 이다.)

① 13% ② 38%
③ 54% ④ 76%

 열효율 $= 1 - \left(\dfrac{1}{\varepsilon}\right)^{K-1} = 1 - \left(\dfrac{1}{7}\right)^{1.4-1} = 0.541$

05

단열처리된 밀폐용기 내에 물이 $0.09m^3$ 채워져 있을 때 800℃의 철 3kg을 넣어 평형 온도가 20℃ 로 되었다면 이 때 물의 온도 상승은 약 얼마인가? (단, 철의 비열은 0.46kJ/kg·℃ 이며, 물의 비열은 4.2kJ/kg·℃ 이다.)

① 2.85℃ ② 19.61℃
③ 27.65℃ ④ 47.36℃

- 잃은열량(Q_1) = $0.09 \times 1000 \times 4.2 \times (20 - t_m)$
- 얻은열량(Q_2) = $3 \times 0.46 \times (800 - 20)$

$Q_1 = Q_2$

∴ $0.09 \times 1000 \times 4.2 \times (20 - t_m) = 3 \times 0.46 \times (800 - 20)$
$7560 - 378 t_m = 1076.4$

∴ $20 - 17.15 = 2.85℃$ ∴ $t_m = \dfrac{7560 - 1076.4}{378} = 17.15℃$

06

중유 5kg을 완전 연소시켰을 때 총 저위발열량은? (단, 중유의 고위발열량은 41860kJ/kg이고, 중유 1kg 속에는 수소 0.2kg, 수분 0.1kg이 함유되어 있다.)

① 185.4 MJ ② 172.1 MJ
③ 165.2 MJ ④ 161.3 MJ

 Hl = Hh − 600(9H + W) = 41860 − 600 × 4.186(9×0.2+0.1) = 37088 KJ/kg

∴ 총저위발열량 = 37088×5× $\dfrac{1}{1000}$ = 185.4 MJ

07

공기비(m)에 대한 설명으로 옳은 것은?

① 공기비가 크면 연소실 내의 연소온도는 높아진다.
② 공기비가 적으면 불완전연소의 가능성이 있어서 매연이 발생할 수 있다.
③ 공기비가 크면 SO_2, NO_2 등의 함량이 감소하여 장치의 부식이 줄어든다.
④ 연료의 이론연소에 필요한 공기량을 실제 연소에 사용한 공기량으로 나눈 값이다.

해설 공기비가 클 때
① 온소실 온도 저하 ② 배기가스에 의한 열손실 증대
③ 연소가스 중의 NO_2의 발생이 심하여 대기오염 유발
④ 연소가스 중의 SO_3의 양이 증대되어 저온부식 촉진
공기비가 적을 때
① 불완전 연소에 의한 매연발생량 증가
② 미연소에 의한 열손실 증가
③ 미연소가스에 의한 폭발사고의 발생 위험성 증가

08

피스톤―실린더 안에 있는 압력 300kPa, 온도 400K의 일정 질량의 이상기체가 등엔트로피 과정을 통하여 압력이 100kPa으로 변화한 후 평형을 이루었다. 비열비가 1.4이면 최종 온도는?

① 274K ② 283K
③ 292K ④ 301K

해설 $T_2 = \left(\dfrac{P_2}{P_1}\right)^{\frac{K-1}{K}} \times T_1 = \left(\dfrac{100}{300}\right)^{\frac{1.4-1}{1.4}} \times 400\text{K} = 292.24\text{K}$

09

음속에 대한 설명으로 옳은 것은?

① 분자량이 클수록 음속은 증가한다. ② 기체상수가 클수록 음속은 증가한다.
③ 압력이 높을수록 음속은 감소한다. ④ 온도가 낮을수록 음속은 증가한다.

10

25℃, 1기압에서 10L의 산소를 100L까지 등온 팽창시킬 경우, 단위 질량당 엔트로피 변화는? (단, 기체상수 R = 0.26 kJ/kg·K 이다.)

① 0.2kJ/kg·K ② 0.6kJ/kg·K
③ 23.4kJ/kg·K ④ 90.8kJ/kg·K

해설 $\Delta S = R\ln\left(\dfrac{V_2}{V_1}\right) = 0.26 \times \ln\left(\dfrac{100}{10}\right) = 0.598\text{kJ/kg·K}$

정답 07. ② 08. ③ 09. ② 10. ②

11 과열증기에 대한 설명으로 옳은 것은?
① 건포화증기를 가열하여 압력과 온도를 상승시킨 증기이다.
② 건포화증기를 온도의 변동 없이 압력을 상승시킨 증기이다.
③ 건포화증기를 압축하여 온도와 압력을 상승시킨 증기이다.
④ 건포화증기를 가열하여 압력의 변동 없이 온도를 상승시킨 증기이다.

해설 과열증기 : 건포화증기를 가열하여 압력의 변동없이 온도를 상승시킨 증기

12 1kg의 공기가 일정 온도 200°C에서 팽창하여 처음 체적의 6배가 되었다. 전달된 열량은 약 몇 kJ인가? (단, 공기의 기체상수는 0.287kJ/kg·K이다.)
① 243
② 321
③ 413
④ 582

해설 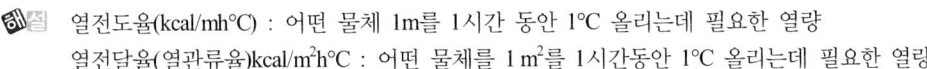 $Q = GRT \ln\left(\dfrac{V_2}{V_1}\right) = 1 \times 0.287 \times (273+200) \times \ln\left(\dfrac{6}{1}\right) = 243.23 \text{ kJ}$

13 "어떤 물체의 온도를 1°C 높이는 데 필요한 열량"으로 정의되는 것은?
① 열관류량
② 열전도율
③ 열전달률
④ 열용량

해설 열전도율(kcal/mh°C) : 어떤 물체 1m를 1시간 동안 1°C 올리는데 필요한 열량
열전달율(열관류율)kcal/m²h°C : 어떤 물체를 1 m²를 1시간동안 1°C 올리는데 필요한 열량

14 "2개의 물체가 또 다른 물체와 서로 열평형을 이루고 있으면 그들 상호 간에도 서로 열평형 상태에 있다."라는 것은 열역학 몇 법칙인가?
① 열역학 제0법칙
② 열역학 제1법칙
③ 열역학 제2법칙
④ 열역학 제3법칙

해설 ① 열역학 제0법칙 (열평형의 법칙 = 온도를 정의)
② 열역학 제1법칙 (에너지 보존의 법칙)
→ 일은 열로 변화시킬 수 있고 열은 일로 변화시킬 수 있다
→ 1 kcal = 427 kg . m
③ 열역학 제 2법칙 (엔트로피의 법칙 = 일을 할 수 있는 능력의 법칙)
㉠ 100%의 열효율 기관은 만들 수 없다.
㉡ 클라우시스 : 일을 소비하지 않고 열을 저온체에서 고온체로 이동시킬 수 없다
㉢ 켈빈-플랭크 : 고온체로부터 받은 열량을 전부일로 변화시키는 열기관은 있을 수 없으

며 그 일부는 반드시 저온체로 전달되어야 한다.
④ 열역학 제3법칙
  ㉠ 어떤 경우라도 절대온도 0K에 도달할 수 없다는 법칙

15
여과 집진장치를 설명한 것으로 틀린 것은?
① 건식 집진 장치의 한 종류이다.
② 외형상의 여과속도가 느릴수록 미세한 입자를 포집할 수 있다.
③ 100°C 이상의 고온가스, 습가스의 처리에 적합하다.
④ 집진효율이 좋고, 설비비용이 적게 든다.

16
500°C 와 0°C 사이에서 운전되는 카르노 기관의 열효율은?
① 49.9% ② 64.7%
③ 85.6% ④ 1

해설 열효율 $= \dfrac{T_1 - T_2}{T_1} \times 100 = \dfrac{(273+500)-(273+0)}{(273+500)} = 64.68\%$

17
어떤 가역 열기관이 400°C에서 1000kJ을 흡수하여 일을 생산하고 100°C에서 열을 방출한다. 이 과정에서 전체 엔트로피 변화는 약 몇 kJ/K인가?
① 0 ② 2.5
③ 3.3 ④ 4

해설 가역열기관은 카르노사이클로 단열과정에서의 $\Delta Q = 0$ 이다. ∴ $\Delta S = G = \dfrac{\Delta Q}{T}$

18
보일러의 부속장치 중 원심력을 이용한 집진장치는?
① 루버식 집진장치 ② 코로나식 집진장치
③ 사이클론식 집진자치 ④ 백 필터식 집진장치

해설 집진장치
① 원심력식 : 함진가스에 선회운동을 주어 입자에 작용하는 원심력에 의하여 입자를 분리하는 방식으로 내통경은 적게 처리가스 속도는 크게 하면 집진율이 높아진다. 접선유입식, 축류식 등이 있으며 소형의 싸이클론을 다수 설치한 블로우 다운 방식의 멀티싸이클론이 있다.

정답 15. ③ 16. ② 17. ① 18. ③

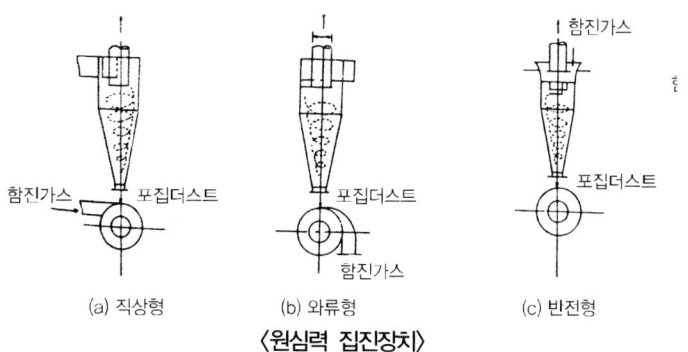

〈원심력 집진장치〉

② 여과식 : 함진가스를 여과제(filter)를 통하여 분리, 포착하는 방식이다. 내면여과방식과 표면여과방식으로 나뉘며 표면여과방식 중 대표적인 백(bag) 필터가 있다.

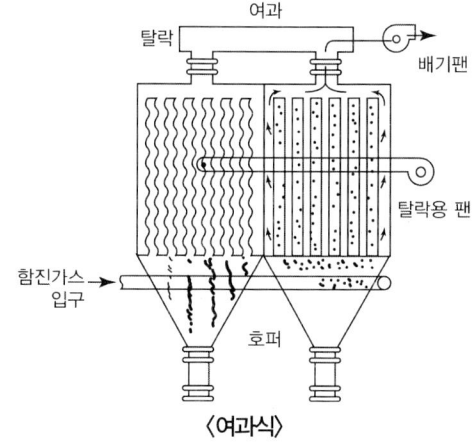

〈여과식〉

③ 전기식 : (습식에도 포함된다.) 고압의 직류전원을 사용하여 방전극 근처에서 양이온과 자유전자로부터 이루어지는 프라스마 형성에 의해 입자를 전리하는 방식으로 이러한 방전을 코로나 방전현상이라며 가스 중 함유입자는 음이온으로 되어 부착 분리되어 제거하는 장치이다. (코트렐 집진장치가 대표적이다.)

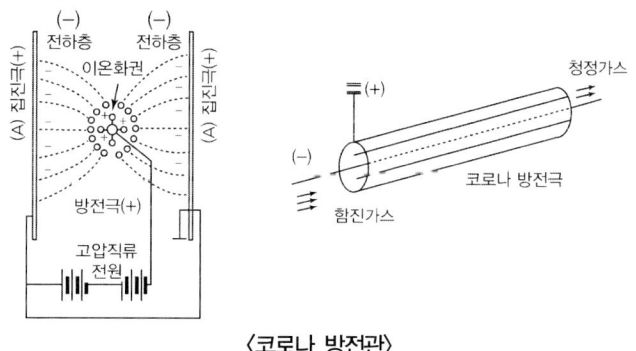

〈코로나 방전관〉

※ 특징
　① 압력손실이 적다.
　② 적용범위가 넓다.

③ 더스트의 외부 배출이 용이하다.
④ 미세입자의 포집이 용이하고 가장 높은 집진율을 얻을 수 있다.

참고 습식 집진장치
① 세정식 : 물 또는 다른 액체의 액면 또는 액막에 의해 함유가스를 세정하여 가스흐름으로부터 분진입자를 분리 포집하는 방식으로 건식법에 비해 높은 집진율을 얻을 수 있으나 용수의 확보와 배수처리 대책이 문제시 된다.
㉠ 유수식

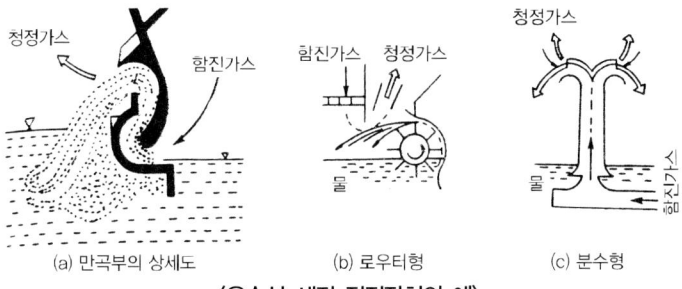

〈유수식 세정 집진장치의 예〉

㉡ 가압수식 : 물을 가압공급하여 함진가스를 세정하여 분리제거하는 방식으로 벤튜리젯트, 싸이클론스크레버 형식과 충전탑이 있다.

※ 집진 장치 선정시 고려할 사항
① 입도분포   ② 입자비중   ③ 입자 밀도   ④ 입자 형상
⑤ 용적   ⑥ 온도   ⑦ 부식성   ⑧ 점성 및 폭발성

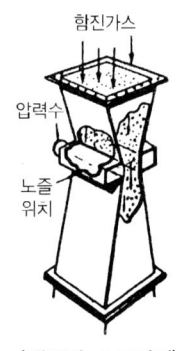

〈벤튜리 스크러버〉

19

기체연료의 일반적인 특징에 대한 설명으로 가장 거리가 먼 것은?
① 저장하기 쉽다.
② 열효율이 높다.
③ 점화 및 소화가 간단하다.
④ 연소용 공기 예열에 의해 저발열량이라도 전열효율을 높일 수 있다.

해설 기체연료의 특징
① 적은 공기량으로 완전연소 시킬 수 있다.

② 가스누설시 폭발의 위험이 있다.
③ 발열량이 낮은 연료로 고온을 얻을 수 있다.
④ 운반, 저장이 어렵다.
⑤ 황분, 회분이 거의 없어 전열면 오손이 없다.
⑥ 연소효율 및 점화효율이 좋다.
⑦ 고온도 분위기 조성
⑧ 집중가열, 균일가열 분위기 조성
⑨ 연소후 유해성분의 잔류가 거의 없다.
⑩ 화염 온도의 상승이 비교적 용이하다.

20 다음 중 보염장치(保炎裝置)가 아닌 것은?
① 에어레지스터   ② 버너타일
③ 컴버스터   ④ 크레이머

해설 ① 보염장치 : 착화와 연소화염을 안정시키고 공기와 연료의 혼합을 도모케 하여 저공기비 연소를 하게 하는 장치이다.

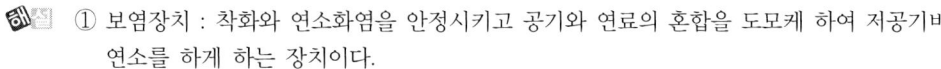

※ 설치목적
① 연료의 분무를 돕고 공기와의 혼합을 양호하게 한다.
② 안정된 착화를 도모한다.
③ 화염의 형상을 조절한다.
④ 연소실의 온도분포를 고르게 하고 국부과열을 방지한다.
⑤ 연소가스의 체류시간을 지연시켜 돕는다.

㉠ 스테이 빌라이저 : 연료유의 분무흐름이나 연소공기 사이에서 저유속 흐름을 유도함으로 불꽃의 안정성을 유지케 하는 장치이다.
㉡ 윈드 박스(Wind box) : 버너 벽면에 설치된 밀폐상자로 공기흐름을 적절히 유지하며 동압을 정압 상태로 바꾸어 착화나 연속화염을 안정시키는 장치이다.
㉢ 버너 타일 : 버너의 첨단부분을 보호하며 화염의 모양을 형성시켜 연속화염을 안정시키는 내화재로 구축된 장치이다.
㉣ 콤버스터 : 저온의 노에서도 연소를 안정시켜 분출흐름의 모양을 안정시킨 장치이다.

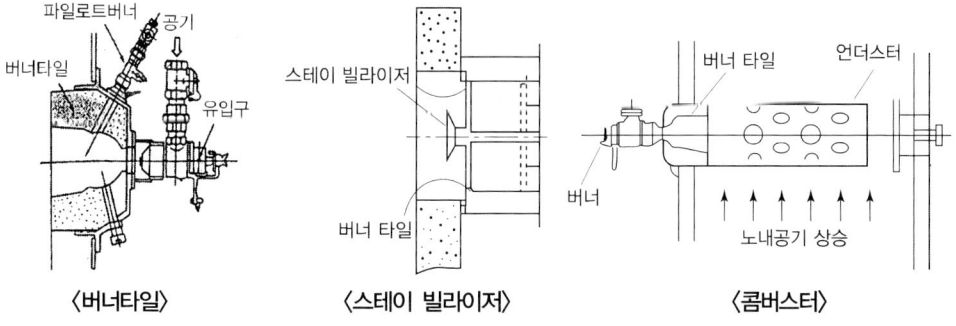

〈버너타일〉   〈스테이 빌라이저〉   〈콤버스터〉

20. ④

제2과목 : 계측 및 에너지진단

21 0°C에서의 저항이 100Ω인 저항온도계를 로 안에서 측정 시 저항시 200Ω이 되었다면, 이 로 안의 온도는? (단, 저항온도계수는 0.005 이다.)

① 100°C ② 150°C
③ 200°C ④ 250°C

해설 $t = \dfrac{R - R_0}{R_0 \times \alpha} = \dfrac{200 - 100}{100 \times 0.005} = 200°C$

22 서로 다른 금속의 열팽창계수 차이를 이용하여 온도를 측정하는 것은?

① 열전대 온도계 ② 바이메탈 온도계
③ 측온저항체 온도계 ④ 서미스터

해설 바이메탈 온도계 : 서로 다른 금속의 열팽창 계수 차이를 이용하여 온도측정
· 특징
① 구조가 간단하고 견고하다. ② 고압기기의 온도측정용.
③ 응답속도가 빠르다. ④ 자동온도 기록장치에 사용
⑤ 측정온도 범위 : -50~500°C

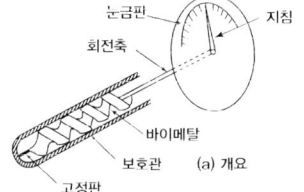

〈바이메탈 온도계〉

23 압력 12kgf/cm²로 공급되는 어떤 수증기의 건도가 0.95이다. 이 수증기가 1kg 당 엔탈피는? (단, 압력 12kgf/cm²에서 포화수의 엔탈피는 189.8kcal/kg, 포화증기 엔탈피는 664.5kcal/kg이다.)

① 474.7kcal/kg ② 531.3kcal/kg
③ 640.8kcal/kg ④ 854.3kcal/kg

해설 $h_2 = h' + x(h'' - h') = 189.8 + 0.95 \times (664.5 - 189.8) = 640.76\,\text{kcal/kg}$

24

다음 중 탄성식 압력계가 아닌 것은?
① 부르동관식 압력계
② 링 밸런스식 압력계
③ 벨로즈식 압력계
④ 다이어프램식 압력계

해설 탄성식 압력계
① 브르돈관 압력계
  ㉠ 고압장치에 가장 많이 사용되는 압력계로 2차 압력계의 대표적이다.
  ㉡ 브르돈관의 재질은 저압인 경우에는 황동, 청동, 인청동 등을 사용하며 고압일 때는 니켈강 등 특수강을 사용한다.
  ㉢ 암모니아용, 아세틸렌용 압력계에는 Cu 및 Cu 합금의 사용을 금하고 연강재를 사용한다.
  ㉣ 산소용 압력계는 '금유'라는 표시가 되어 있는 전용의 것을 사용한다.
  ㉤ 금속의 탄성원리를 이용한 압력계로 상용압력의 1.5배 이상 2배 이하의 눈금이 있는 것을 사용한다.

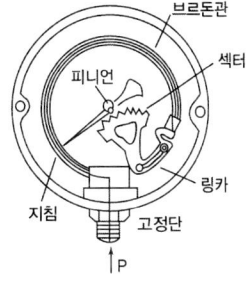

[브르돈관식 압력계]

② 벨로우즈
  ㉠ 신축에 의한 압력을 이용한다.
  ㉡ 유체 내의 먼지 등의 영향이 적고 압력 변동에 적응하기 어렵다.
  ㉢ 측정압력은 0.01~10[kg/cm^2], 정밀도는 ±1~2[%]이다.

③ 다이어프램압력계(격막식 압력계)
  ㉠ 미소한 압력을 측정할 때 사용(+, -차압을 측정할 수 있다)
  ㉡ 재질은 고무, 테프론, 양은, 스테인리스 등이 쓰이며 측정 가능 범위는 공업용이 20~5,000[mmAq]이다.
  ㉢ 부식성 유체의 측정이 가능하다.
  ㉣ 온도의 영향을 받기 쉽다.
  ㉤ 측정의 응답속도가 빠르다.
  ㉥ 이상압력으로 피손되어도 위험성이 작다.

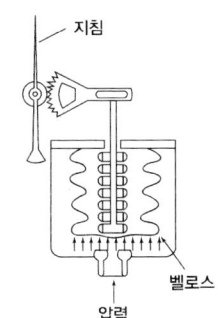

[벨로우즈 압력계]

④ 피에조 전기 압력계
  ㉠ 수정이나 전기석, 롯셀염 등의 결정체의 특수방향에 압력을 가하면 그 표면에 전기가 발생되고 발생한 전기량은 압력에 비례하여 측정하는 원리이다.
  ㉡ 가스 폭발, 급속한 압력 변화를 측정하는 데 유효하다.
  ㉢ 고압 측정용 압력계이다.

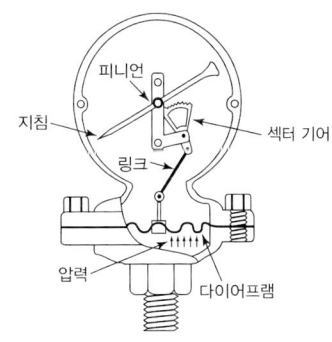

〈다이어프램 압력계〉

24. ②

ㄹ 피에조 효과를 이용한 것이다.

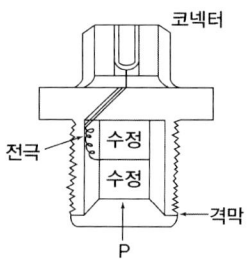

[피에조 전기 압력계]

25 계측기의 특성이 시간적 변화가 작은 정도를 나타내는 것은?
① 안정성
② 신뢰도
③ 내구성
④ 내산성

26 안지름 10cm인 관에 물이 흐를 때 피토관으로 측정한 유속이 3m/s 이면 유량은?
① 13.5kg/s
② 23.5kg/s
③ 33.5kg/s
④ 53.5kg/s

해설 $Q = r \times V \times A = 1000 kg/m^3 \times 3 m/s \times 0.785 \times 0.1^2 = 23.55 kg/s$

27 면적식 유량계 중 로터미터에 대한 설명으로 틀린 것은?
① 부식성 유체나 슬러리 유체 측정이 가능하다.
② 고점도 유체나 소유량에 대한 측정도 가능하다.
③ 진동이 적고 수직으로 설치해야 한다.
④ 압력손실이 크며 가격이 저렴하다.

해설 로터미터의 특징
① 진동시 적은 장소에 수직으로 설치
② 부식성 유체나 슬러리 유체 측정에 적합
③ 유량에 따른 균등 눈금을 읽는다.
④ 압력손실이 적으며 정도가 ±1~2%
⑤ 고점도 및 소량의 유체에 대한 측정이 가능하다.

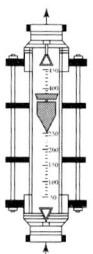

28
SI단위(국제단위)계의 기본단위가 아닌 것은?
① cd
② A
③ V
④ K

해설 SI 기본단위 7개
① kg(질량)　② m(길이)　③ sec(시간)　④ A(전류=암페어)
⑤ K(온도=켈빈)　⑥ mol(몰=물질량)　⑦ Cd(광도 = 칸델라)

29
광전관식 온도계의 측정온도 범위로 옳은 것은?
① 700~3000°C
② −20~350°C
③ 50~650°C
④ −260~1000°C

해설 비접촉식온도계
① 광고온계 : 물체의 방사휘도와 고온계에 들어있는 기준온도의 고온체인 전구의 필라멘트 휘도를 특색파장(적색유리)을 통하여 육안으로 휘도를 비교관측하여 온도를 측정한다.
　㉮ 특징
　　㉠ 방사율에 의한 보정량이 적다.
　　㉡ 개인오차가 발생하므로 다수의 사람이 정밀측정한다.
　　㉢ 휴대 및 취급이 용이하다.
　　㉣ 비접촉 중 가장 정확한 온도를 측정한다(±10~15°C).
　　㉤ 측정시 수동을 요하므로 자동제어가 불가능하다.
　　㉥ 연속측정이 곤란하고 700[°C] 이하에서는 측정이 곤란하다(측정온도범위 700~3000°C).
② 광전관식 온도계 : 광고온계와 같은 측정원리로 장점을 보다 효율적으로 이용하고 단점을 보완하여 두 개의 광전관을 통해 측온체로부터 빛을 얻어 양자의 휘도를 같도록 하여 필라멘트전류로부터 온도지시 위치를 얻게 한다.
　㉮ 특징
　　㉠ 응답속도가 매우 빠르다.　　㉡ 자동제어 및 기록이 용이하다.
　　㉢ 이동하는 물체의 측정이 용이하다.　㉣ 구조가 복잡하다.
　㉯ 측정온도범위 : 700~3000[°C]
③ 방사온도계 : 물체온도가 올라가면 복사 에너지가 높아진다. 이를 이용하여 온도를 측정하는 것으로 비교적 높은 온도와 온도측정을 하는데 이러한 복사 에너지는 절대온도의 4제곱에 비례한다. 즉 복사에너지

$$E = \epsilon_1 \cdot a \cdot T^4 = 4.88 \times \epsilon \times \left(\frac{T}{100}\right)^4 \text{[kcal/m}^2\text{h]}$$

E : 복사 에너지열량　ϵ : 전방사율　a : 비례상수　T : 절대온도
이는 스테판볼츠만의 법칙을 적용한다.
　㉮ 특징
　　㉠ 측정지연시간이 적다.
　　㉡ 자동제어 및 기록이 가능하다.
　　㉢ 이동하는 물체의 표면을 고온측정한다.

28. ③　29. ①

ⓒ 방사율에 의한 보정량이 크고 정밀한 정도가 어렵다.
　　ⓓ 측정거리의 영향을 받는다.
ⓝ 측정온도범위 : 50~3000[°C]

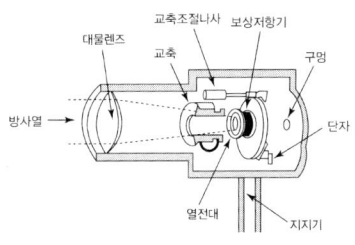
〈방사온도계의 구조〉

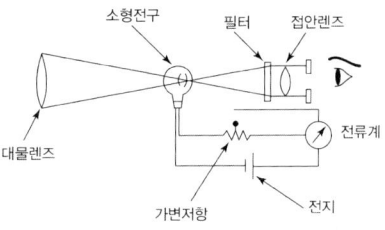
〈광고온계의 구조〉

30
동일 측정 조건하에서 어떤 일정한 영향을 주는 원인에 의하여 생기는 오차를 무슨 오차라고 하는가?

① 우연오차　　② 계통오차
③ 과실오차　　④ 필연오차

 · 우연오차 : 계측상태의 미소한 변화에 의한 오차
　① 측정기 상태의 이상현상　② 측정환경영향
　③ 관측의 오차와 시차　　　④ 온도, 습도, 진동에 따른오차
· 계통오차 : 측장값에 어떤 일정한 영향을 주는 원인에 의한 오차
　① 이론오차　　② 개인오차
　③ 계기오차　　④ 환경오차

31
보일러 실제증발량에 증발계수를 곱한 값은?

① 상당증발량　　② 단위 시간당 연료소모량
③ 연소실 열부하　④ 전열면 열부하

 증발계수 = $\dfrac{h'' - h'}{539}$, 실제증발량 $\dfrac{Ge \times 539}{h'' - h'} \times \dfrac{h'' - h'}{539} = Ge$(상당증발량)

32
다음 중 측정제어 방식이 아닌 것은?

① 캐스케이드 제어　② 비율 제어
③ 시퀀스 제어　　　④ 프로그램 제어

측정제어방식
① 추치제어 : 목표값이 변화되는 것으로 목표값을 측정하면서 제어목표량을 목표값에 맞추는 제어방식
　㉠ 추종제어 : 목표값이 시간에 따라 임의로 변화되는 값

ⓛ 캐스케이드제어 : 1차제어장치가 제어명령을 발하고 2차제어장치가 이 명령을 바탕으로 제어량 조절
ⓒ 프로그램제어 : 목표값이 시간에 따라 미리 결정된 일정한 제어
ⓔ 비율제어 : 2개 이상의 제어값의 값이 정해진 비율을 보유하여 제어

33

내경 25.4mm인 관도에서 물의 평균유속이 2m/sec 일 때 중량 유량은 약 몇 kg/s 인가?

① 1.01
② 1.67
③ 2.34
④ 2.87

 중량유량 = $r \times V \times A = 1000 \times 2 \times 0.785 \times 0.0254^2 = 1.012$ kg/s

34

수소(H_2)가 연소되면 증기를 발생시킨다. 이 증기를 복수시키면 증발열이 발생한다. 만약 수소 1kg 을 연소시켜 증기를 완전 복수시키면 얼마의 증발열을 얻을 수 있는가?

① 600kcal
② 1,800kcal
③ 5,400kcal
④ 10,800kcal

 $H\ell = Hh - 600(9H + W)$
여기서, 600(9H=W) : 수증기의 증발잠열(x)
$x = Hh - H\ell = 34000 - 28800 = 5200$ kcal/kg
수소의 고위발열량 : $H_2 + \frac{1}{2}O_2 \to H_2O + 68000$ kcal/kmol
∴ 2 kg = 68000 kcal/kg
  1 kg = x
x = 34000 kcal/kg
저위발열량 : 57600 kcal/kmol
$\frac{57600}{2} = 28800$

35

보일러 냉각기의 진공도가 700mmHg일 때 절대압력으로 표시하면 약 몇 kg/cm²인가?

① 0.04
② 0.08
③ 0.14
④ 0.19

 760–700=60mmHg
∴ $\frac{60}{760} \times 1.0332 = 0.08$ kg/cm²

36 보일러 열정산시 입열 항목에 해당되지 않는 것은?
① 방산에 의한 손실열 ② 연료의 연소열
③ 연료의 현열 ④ 공기의 현열

해설 · 입열항목
① 연료의 연소열 ② 연료의 현열
③ 급수의 현열 ④ 공기의 현열
⑤ 노내분입증기 보유열
· 출열항목
① 배기가스 손실열(손실열중 가장 크다)
② 불완전 연소에 의한 손실열
③ 미연분에 의한 손실열
④ 방사에 의한 손실열
⑤ 발생증기 보유열(이용이 가능한 열)

37 압력 2.5MPa일 때 포화수 엔탈피는 960kJ/kg, 포화수증기의 엔탈피는 2,800kJ/kg이다. 이때 동일 압력하에서 습증기 5kg의 엔탈피는 10,000kJ이다. 이 습증기의 건도는?
① 0.27 ② 0.37
③ 0.47 ④ 0.57

해설 $h_2 = h' + \lambda(h'' - h')$

$\lambda = \dfrac{h_2 - h'}{h'' - h'} = \dfrac{\dfrac{10000}{5} - 960}{2800 - 960} = 0.565$

38 증기터빈에 36kg/s의 증기를 공급하고 있다. 터빈의 출력이 3×10^4kW 이면 터빈의 증기 소비율은 몇 kg/kW · h 인가?
① 3.00 ② 4.32
③ 6.25 ④ 7.18

해설 증기소비효율 = $\dfrac{36\,\text{kg/s} \times 3600\,\text{sec/h}}{3 \times 10^4\,\text{kW}} = 4.32$

39
오르자트(orsat)법에 의한 가스분석법에서 가스성분에 따른 흡수제의 연결이 바르게 된 것은?

① CH₄ : 가성소다 수용액
② CO : 알칼리성 피로카롤 용액
③ CO₂ : 30% 수산화칼륨 수용액
④ O₂ : 암모니아성 염화제1구리 용액

해설 · 오르자트분석법
  ① CO₂ : KOH 30% 수용액
  ② O₂ : 알카리성 피롤카롤용액
  ③ CO : 암모니아성 염화제1동용액
· 헴펠법
  ① CO₂ : KOH 30% 수용액
  ② CmHn : 발열황산 25%
  ③ O₂ : 알카리성 피롤카롤용액
  ④ CO : 암모니아성 염화제1동용액

40
다음 중 물리적 가스 분석계에 해당하는 것은?

① 오르자트 가스분석계
② 연소식 O₂ 계
③ 미연소가스계
④ 열전도율형 CO₂ 계

해설 물리적가스분석계
  ① 가스크로마토그래피
  ② 세라믹식 O₂계(지르코니아식 O₂계)
  ③ 밀도식 CO₂계
  ④ 열전도율형 CO₂계
  ⑤ 자기식 O₂계
  ⑥ 적외선가스분석계

제3과목 : 열설비 구조 및 시공

41
증기 어큐뮬레이터(accumulator)를 설치할 때의 장점이 아닌 것은?

① 증기의 과부족을 해소시킨다.
② 보일러의 연소량을 일정하게 할 수 있다.
③ 부하 변동에 대한 보일러의 압력변화가 적다.
④ 증기 속에 포함된 수분을 제거한다.

 기수분리기 : 증기속에 포함된 수분을 제거하는 장치

42
전기전도도 및 열전도도가 비교적 크고, 내식성과 굴곡성이 풍부하여 전기단자, 압력계관, 급수관, 냉난방관에 사용되는 관은?

① 강관
② 동관
③ 스테인리스 강관
④ PVC 관

해설 동관

① 동관의 특징
  ㉠ 전기 및 열전도성이 좋아 열교환기용으로 우수하게 사용된다.
  ㉡ 전연성이 풍부하고 가공이 용이하다.
  ㉢ 연수(年收)에 부식되는 성질이 있어 증류수 및 증기관에는 적합하지 않다.
  ㉣ 유기약품에 침식되지 않아 화학공업용으로 사용된다.
  ㉤ 무게는 가벼우나 외부충격에 약하다.
  ㉥ 알칼리에는 강하나 산에는 약하다.
  ㉦ 가격이 비싸다.

② 동관의 종류
  ㉠ 인탈산동관 : 1종과 2종이 있고, 용접성이 우수하며 수도용, 냉난방용 기기, 열교환기용, 급수관, 송유관, 급탕관에 사용된다.
  ㉡ 황동관 : 동과 아연(Zn)의 합금으로 기계적 성질, 내식성이 우수하여 구조용, 열교환기, 각종 기기의 부품으로 사용된다.
  ㉢ 단동관 : 아연을 10~15[%] 포함한 황동관으로 내구성이 특히 강하다.
  ㉣ 규소청동관 : 규소(Si) 2.5~3.5[%] 포함한 청동관으로 내산성이 특히 강하다.
  ㉤ 니켈동합금관 : 니켈(Ni) 63~70[%]를 포함한 합금동관으로 내식 및 기계적 강도가 크다.

43

수관식 보일러의 특징이 아닌 것은?

① 부하변동에 따른 압력변화가 적다.
② 전열면적이 크나 보유수량이 적어서 증기발생시간이 단축된다.
③ 증발량이 많아서 수위변동이 심하므로 급수조절에 유의해야 한다.
④ 고압, 대용량에 적합하다.

해설 수관식 보일러의 특징

① 부하변동에 대한 압력 변화가 크다.
② 고압 대용량에 적합하다.
③ 전열면적이 크고 보유수량이 적어서 증기발생 시간이 단축된다.
④ 증발량이 많아서 수위변동이 심하므로 급수조절에 유의
⑤ 외분식이어서 연료의 질에 장애를 받지 않으며 연소상태도 양호
⑥ 내부구조가 복잡하여 청소, 검사, 수리곤란
⑦ 제작이 까다로우며 비용도 많이 든다.
⑧ 외분식이어서 노벽 방산손실이 많다
⑨ 효율이 90% 이상으로 매우 높다
⑩ 고온 고압의 증기를 발생 열의 이용도를 높였다.

정답 43. ①

44

관류 보일러 설계에서 순환비란?
① 순환수량과 포화수량의 비
② 포화수량과 발생증기량의 비
③ 순환수량과 발생증기량의 비
④ 순환수량과 포화증기량의 비

해설 순환비 =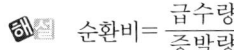

45

검사대상기기의 설치자가 그 검사대상기기의 사용을 중지한 경우에는 중지한 날부터 며칠 이내에 사용중지 신고서를 에너지관리공단 이사장에게 제출하여야 하는가?
① 15일
② 20일
③ 25일
④ 30일

해설 검사대상기기의 사용중지한 경우에는 중지한 날부터 15일 이내에 에너지관리공단 이사장에게 신고서를 제출하여야한다.

46

보일러 급수펌프의 구비조건으로 틀린 것은?
① 고온 고압에 견딜 것
② 저부하에서도 효율이 좋을 것
③ 병렬운전을 할 수 없을 것
④ 작동이 간단하고 취급이 용이할 것

해설 급수펌프의 구비조건
① 고온, 고압에 견딜 것
② 병렬운전에 지장이 없을 것
③ 저부하에서도 효율이 좋고 작동이 간단해야 한다.
④ 원심펌프는 고속운전에 지장이 없어야 한다.
⑤ 취급이 용이하고 효율이 좋아야 한다.
⑥ 구조가간단하고 부하변동에 대응하여야 한다.

47

열관류율 K=2W/m²·K인 벽체를 사이에 두고 실내온도와 외기온도가 각각 20°C와 -10°C라고 한다. 실내표면 열진달계수 α_γ=8.34W/m²·K 라고 할 때 실내 측 벽면 온도는?
① 11.3°C
② 11.8°C
③ 12.3°C
④ 12.8°C

해설 ① $Q = k(t_2 - t_1) = 2 \times (20 - (-10)) = 60 \text{kcal/m}^2\text{h}$
② 실내측 벽면온도 = $Q = \frac{1}{2}(t_2 - t_0)$

$$t_0 = 20 - \left(60 \times \frac{1}{8.34}\right) = 12.81\,\text{℃}$$

48

동관의 끝 부분을 확관 하는데 사용하는 공구는?
① 익스팬더 ② 사이징 툴
③ 튜브 벤더 ④ 티뽑기

해설 동관용 공구
① 동관용 공구
   ㉠ 토치 램프 : 동관접합, 벤딩 등의 작업을 하기 위해 가열용으로 사용하는 가열공구로서, 가솔린용과 석유용이 있다.
   ㉡ 사이징 투울 : 동관의 끝을 정확하게 원형으로 가공하는 공구
   ㉢ 튜브 벤더 : 동관 굽힙용 공구
   ㉣ 익스펜더 : 동관의 확관용 공구
   ㉤ 플레어링 투울 : 동관의 압축 접합용 공구

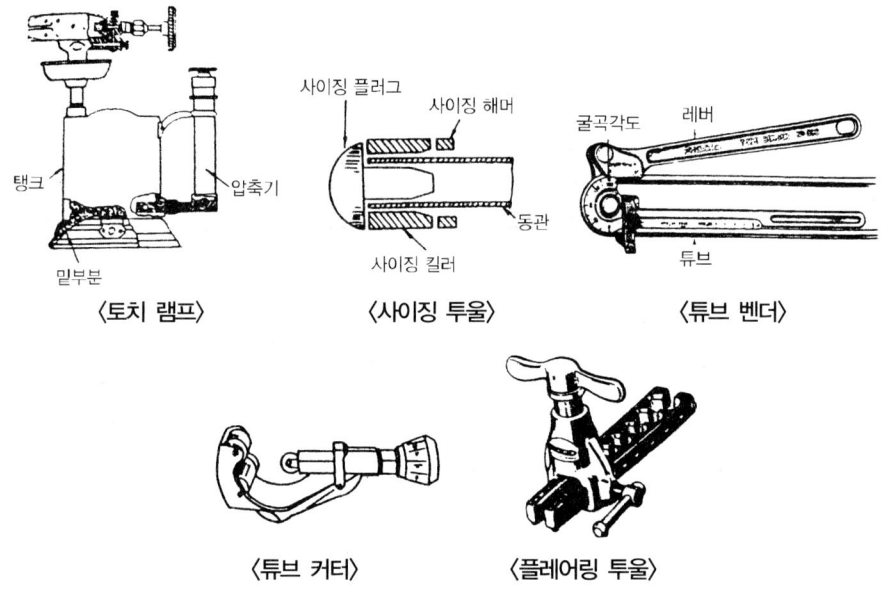

〈토치 램프〉 〈사이징 투울〉 〈튜브 벤더〉

〈튜브 커터〉 〈플레어링 투울〉

49

증기의 압력에너지를 이용하여 피스톤을 작동시켜 급수를 행하는 비동력 펌프는?
① 볼류트펌프 ② 터빈펌프
③ 워싱턴펌프 ④ 프로펠러펌프

해설 왕복식펌프
① 워싱턴 펌프   ② 웨어 펌프   ③ 플린저 펌프

50 보일러 분출장치의 설치 목적으로 가장 거리가 먼 것은?
① 보일러수의 농축을 방지한다.
② 전열면에 스케일 생성을 방지한다.
③ 보일러의 저수위 운전을 방지한다.
④ 프라이밍이나 포밍의 발생을 방지한다.

해설 분출장치 설치 목적
① 관수 PH 조절
② 관수농축방지
③ 프라이밍, 포밍발생방지
④ 슬러지나 스케일 생성방지
⑤ 부식방지

51 직경 200mm 배관을 이용하여 매분 2500L의 물을 흘려 보낼 때 배관 내의 유속은 약 몇 m/s 인가?
① 1.1
② 1.3
③ 1.5
④ 1.8

해설 $Q = A \times V$
$V = \dfrac{Q}{A} = \dfrac{2.5 \text{m}^3/\text{min}}{0.785 \times 0.2^2 \times 60} = 1.326 \text{ m/s}$

52 증기와 응축수의 온도 차이를 이용한 증기트랩은?
① 단노즐식
② 상향버켓식
③ 플로트식
④ 바이메탈식

해설 증기트랩(스팀트랩) : 관내응축수를 배출해서 수격작용 및 부식방지
① 기계적 트랩 : 포화수와 포화증기의 비중차 이용(버킷트, 플로우트 트랩)
② 온도조절 트랩 : 포화수와 포화증기의 온도차 이용(바이메탈, 벨로우즈트랩)
③ 열역학적 트랩 : 포화수와 포화증기의 열역학적인 특성 차(오리피스, 디스크트랩)

53 보일러를 본체의 구조에 따라 분류한 방법으로 가장 올바른 것은?
① 연관보일러, 원동보일러, 수관보일러
② 원통보일러, 수관보일러, 특수보일러
③ 노통보일러, 수관보일러, 관류보일러
④ 연관보일러, 수관보일러, 관류보일러

해설 보일러를 본체구조에 다른 분류
① 원통형 보일러 ② 수관식 보일러 ③ 특수보일러

54

증기보일러의 전열면에서 벽의 두께는 22mm, 열전도율은 50kcal/m·h·°C이고 열전달률 은 열가스 측이 18kcal/m²·h·°C, 물 측이 5,200kcal/m²·h·°C이다. 물 측에 평균두께 3mm의 물때(열전도율 1.8kcal/m·h·°C)와 가스 측에 평균두께 1mm의 그을음(열전도율 0.1kcal/m·h·°C)이 부착되어 있는 경우 열관류율은 약 몇 kcal/m²·h·°C 인가? (단, 전열면은 평면이다.)

① 11.7 ② 14.7
③ 25.3 ④ 28.7

$$K = \frac{1}{\frac{1}{\alpha_1} + \frac{d_1}{\lambda_1} + \frac{d_2}{\lambda_2} + \frac{d_3}{\lambda_3} + \frac{1}{\alpha_2}} = \frac{1}{\frac{1}{18} + \frac{0.001}{0.1} + \frac{0.022}{50} + \frac{0.003}{1.8} + \frac{1}{5200}}$$
$$= 14.74 \text{ kcal/m}^2\text{h°C}$$

55

검사대상기기의 설치자의 변경신고 사항으로 옳은 것은?

① 기존설치자가 15일 이내에 신고 ② 기존설치자가 30일 이내에 신고
③ 새로운 설치자가 15일 이내에 신고 ④ 새로운 설치자가 30일 이내에 신고

 검사대상기기의 설치자가 변경된 경우 새로운 검사대상기기의 설치자는 그 변경일부터 15일 이내에 이를 공단 이사장에게 신고하여야 한다.

56

검사대상기기관리자의 선임기준에 관한 설명으로 틀린 것은?

① 1구역마다 1인 이상 선임하여야 한다.
② 에너지관리기사 자격증 소지자는 모든 검사대상기기 관리자로 선임될 수 있다.
③ 압력용기의 경우 한 시야로 볼 수 있는 범위마다 2인 이상의 관리자를 선임하여야 한다.
④ 중앙통제·조종설비를 갖춘 경우는 1인이 통제·조종할 수 있는 범위마다 1인 이상을 선임하여야 한다.

57

보온재 중 무기질의 보온재가 아닌 것은?

① 석면 ② 탄산마그네슘
③ 규조토 ④ 펠트

무기질 보온재
① 탄산 마그네슘 : ㉠ 250°C 이하 ㉡ 염기성탄산마그네슘 85% + 석면 15%
② 그라스울 : 300°C 이하

정답 54. ② 55. ③ 56. ③ 57. ④

③ 석면 : 400°C 이하
④ 규조토 : 500°C 이하
⑤ 암면 : 600°C 이하
⑥ 규산칼슘, 펄라이트 : 650°C 이하
⑦ 실리카화이버 : 1100°C 이하
⑧ 세라믹화이버 : 1300°C 이하

58. 밀폐 고압탱크나 부식성 탱크의 액면 측정에 가장 적절한 액면계는?
① 차압식
② 플로트(Float)식
③ 노즐식
④ 감마(γ)선식

해설 플로우트식(부자식) : 고온, 고압 밀폐 탱크
차압식(햄프슨식) : 극저온 저장탱크의 액면측정

59. 큐폴라 상부의 배기가스 온도를 측정하고자 한다. 어떤 온도계가 가장 적당한가?
① 광고온계
② 열전대온도계
③ 색온도계
④ 수은온도계

60. 보일러의 자동제어에서 제어량 대상이 아닌 것은?
① 증기압력
② 보일러수위
③ 증기온도
④ 급수온도

해설 보일러 자동제어(ABC)

제어	제어량	조작량
STC(증기온도제어)	과열증기온도	전열량
FWC(급수제어)	보일러수위	급수량
ACC(자동연소제어)	증기압력계제어	연료량, 공기량
	노내압력계제어	연소가스량, 송풍량

58. ④ 59. ② 60. ④

제4과목 : 열설비 취급 및 안전관리

61 온수보일러에서 물의 온도가 393K(120°C)를 초과하는 온수보일러에 안전장치로 설치하는 것은?

① 안전밸브
② 압력계
③ 방출밸브
④ 수면계

해설 온수보일러 [120°C 이하 : 방출밸브 / 120°C 초과 : 안전밸브] 호칭지름 20A 이상

62 강철제 보일러의 최고 사용압력이 1.6 MPa일 때 수압시험 압력은 최고 사용압력의 몇 배로 계산하는가?

① 최고 사용압력의 1.3배
② 최고 사용압력의 1.5배
③ 최고 사용압력의 2배
④ 최고 사용압력의 3배

해설 강철제 보일러의 수압시험 압력
① 최고사용압력이 0.43 MPa이하 : P×2
② 최고사용압력이 0.43 초과 1.5 MPa 이하 : P×1.3+0.3
③ 최고사용압력이 1.5 MPa 초과 : P×1.5배

63 에너지법에 의하면 에너지 수급에 차질이 발생할 경우 대비하여 비상시 에너지수급계획을 수립하여야 하는 자는?

① 대통령
② 국방부장관
③ 산업통상자원부장관
④ 한국에너지공단이사장

해설 에너지수급안정을 위한 조치
① 산업통상자원부장관은 국내외 에너지사정의 변동에 따른 에너지의 수급차질에 대비하기 위하여 대통령령으로 정하는 주요 에너지사용자와 에너지공급자에게 에너지저장시설을 보유하고 에너지를 저장하는 의무를 부과할 수 있다.
② 에너지저장의무 부과대상자
  ㉠ 전기사업법에 의한 전기사업자
  ㉡ 도시가스사업법에 의한 도시가스사업자
  ㉢ 석탄산업법에 의한 석탄가공업자
  ㉣ 집단에너지사업법에 의한 집단에너지사업자
  ㉤ 연간 2만 석유환산톤(TOE) 이상의 에너지를 사용하는 자
③ 산업통상자원부장관은 국내외 에너지사정의 변동으로 에너지수급에 중대한 차질이 발생하거나 발생할 우려가 있다고 인정되면 에너지수급의 안정을 기하기 위하여 필요한 범위

정답 61. ① 62. ② 63. ③

에서 에너지사용자·에너지공급자 또는 에너지사용기자재의 소유자와 관리자에게 다음 각 호의 사항에 관한 조정·명령, 그 밖에 필요한 조치를 할 수 있다.
㉠ 지역별·주요 수급자별 에너지 할당
㉡ 에너지공급설비의 가동 및 조업
㉢ 에너지의 비축과 저장
㉣ 에너지의 도입·수출입 및 위탁가공
㉤ 에너지공급자 상호간의 에너지의 교환 또는 분배사용
㉥ 에너지의 유통시설과 그 사용 및 유통경로
㉦ 에너지의 배급
㉧ 에너지의 양도·양수의 제한 또는 금지

64
에너지이용 합리화법에 따라 검사대상기기 설치자는 검사대상기기관리자가 해임되거나 퇴직하는 경우 다른 검사대상기기 관리자를 언제 선임해야 하는가?
① 해임 또는 퇴직 이전
② 해임 또는 퇴직 후 10일 이내
③ 해임 또는 퇴직 후 30일 이내
④ 해임 또는 퇴직 후 3개월 이내

해설) 검사대상기기 설치자는 관리자를 해임하거나 관리자가 퇴직하는 경우에는 **해임이나 퇴직 이전**에 다른 검사대상기기관리자를 선임하여야 한다.

65
증기난방의 분류 방법이 아닌 것은?
① 증기기관의 배관 방식에 의한 분류
② 응축수의 환수 방식에 의한 분류
③ 증기압력에 의한 분류
④ 급기 배관 방식에 의한 분류

해설) 증기난방의 분류방법
① 응축수환수방식 : ㉠ 중력환수식 ㉡ 기계환수식 ㉢ 진공환수식
② 배관방식에 의한 분류 : ㉠ 단관식 ㉡ 복관식
③ 증기공급방식에 의한 분류 : ㉠ 상향순환식 ㉡ 하향순환식
④ 증기압력에 따른 분류

66
산업통상자원부장관이 에너지다소비사업자에게 개선 명령을 할 수 있는 경우는 에너지관리지도 결과 몇 퍼센트 이상의 에너지효율개선이 기대되는 경우인가?
① 5%
② 10%
③ 15%
④ 20%

해설) 산업통상자원부장관이 에너지다소비사업자에게 개선명령을 할 수 있는 경우는 에너지관리지도 결과 10퍼센트 이상의 에너지효율 개선이 기대되고 효율 개선을 위한 투자의 경제성이 있다고 인정되는 경우로 한다.

67 보일러 사고 중 취급상의 원인으로 가장 거리가 먼 것은?
① 압력초과　　② 재료불량
③ 수위감소　　④ 과열

해설 취급상의 원인
① 저수위로 인한 보일러의 파열
② 보일러수의 처리불량 등으로 인한 내부 부식
③ 보일러수의 농축이나 스케일 부착으로 인한 과열
제작상의 원인
① 재료불량　② 용접불량　③ 강도불량　④ 구조불량　⑤ 설계불량

68 에너지다소비업자는 매년 1월 31일까지 시·도지사에게 신고할 사항 중 틀린 것은?
① 전년도의 수지계산서
② 전년도의 분기별 에너지 이용합리화 실적
③ 해당 년도의 분기별 에너지 사용 예정량
④ 에너지사용 기자재의 현황

해설 에너지다소비업자의 신고사항 : 매년 1월 31일까지 시·도지사에게 신고
① 전년도의 에너지사용량 및 제품 생산량
② 당해연도의 에너지 사용 예정량 및 제품 생산 예정량
③ 에너지사용 기자재의 현황
④ 에너지관리자의 현황
⑤ 전년도의 에너지 이용 합리화 실적 및 해당년도 계획

69 온수난방에서 방열기의 입구온도가 90°C, 출구온도가 75°C, 방열계수가 6.8kcal/m²·h·°C이고, 실내온도가 18°C일 때 방열기의 방열량은?
① 352.7kcal/m²·h　　② 364.2kcal/m²·h
③ 392.8kcal/m²·h　　④ 438.6kcal/m²·h

해설 방열기 방열량 = 방열계수 × $\left(\dfrac{\text{입구} + \text{출구온도}}{2} - \text{실내온도}\right)$
$= 6.8 \times \left(\dfrac{90+75}{2} - 18\right) = 438.6 \text{ kcal/m}^2 \cdot h$

정답 67. ② 68. ① 69. ④

70
보일러 수격작용의 방지법이 틀린 것은?
① 응축수가 고이는 곳에 트랩을 설치한다.
② 증기관을 경사지게 설치한다.
③ 증기관의 보온을 잘 한다.
④ 주증기밸브를 열 때는 신속히 개방한다.

해설 주증기 밸브를 서개한다.

71
에너지이용 합리화법에서 정한 에너지관리자에 대한 교육기간은?
① 1일
② 2일
③ 3일
④ 5일

해설 에너지이용 합리화법에서 정한 에너지관리자에 대한 교육기간은 1일로 산정한다.

72
에너지법에서 사용하는 용어에 대한 설명으로 틀린 것은?
① "에너지"란 연료·열 및 전기를 말한다.
② "에너지사용자"란 에너지시설의 판매자 또는 공급자를 말한다.
③ "에너지사용기자재"란 열사용기자재나 그 밖에 에너지를 사용하는 기자재를 말한다.
④ "에너지사용시설"이란 에너지를 사용하는 공장·사업장 등의 시설이나 에너지를 전환하여 사용하는 시설을 말한다.

해설 에너지 사용자란 : 에너지 사용시설의 소유자, 관리자, 점유자

73
보일러 관수처리가 부적당할 때 나타나는 현상으로 가장 거리가 먼 것은?
① 잦은 분출로 열손실이 증대된다.
② 프라이밍이나 포밍이 발생한다.
③ 보일러수가 농축되는 것을 방지한다.
④ 보일러 판과 관에 부식을 일으킨다.

해설 ① 관수농축 ② 슬러지 스케일생성

74
보통 가연성 물질의 위험성은 무엇을 기준으로 하는가?
① 착화점
② 연소점
③ 산화점
④ 인화점

해설 인화점 : 가연성 물질이 공기 중의 산소와 화합하여 점화원에 의하여 연소를 시작하는 최저온도, 가연성 물질이 위험성을 판단하는 기준

70. ④ 71. ① 72. ② 73. ③ 74. ④

75

에너지사용계획을 수립하여 산업통상자원부장관에게 제출하여야 하는 사업주관자에 해 당되지 않는 사업은?

① 에너지 개발사업　　② 관광단지 개발사업
③ 철도 건설사업　　　④ 주택 개발사업

 에너지 사용계획 수립 사업 주관자
① 철도건설사업　　② 도시개발사업
③ 공항건설사업　　④ 항만건설사업
⑤ 에너지개발사업　⑥ 관광단지개발사업

76

포밍과 프라이밍이 발생했을 때 나타나는 현상이 아닌 것은?

① 캐리오버 현상이 발생한다.
② 수격작용이 발생할 수 있다.
③ 수면계의 수위 확인이 곤란하다.
④ 수위가 급히 올라가고 고수위 사고의 위험이 있다.

 프라이밍, 포밍발생시 나타나는 현상
① 수면계 수위 확인 곤란
② 수격작용 발생
③ 캐리오버현상 발생
④ 배관부식 발생
⑤ 증기열량 감소

77

가마 내의 온도를 비교적 균일하게 할 수 있어 도자기, 내화벽돌의 소성에 적합한 가마는?

① 직염식 가마　　② 승염식 가마
③ 횡염식 가마　　④ 도염식 가마

· 도염식 가마 : 불꽃이 위로 올라갔다가 다시 밑으로 내려와 빠져 나가는 형태의 가마이며 꺾임 불꽃 가마라고 불리운다. 도염식 가마는 가마 내의 온도를 비교적 균일하게 할 수 있고 열효율이 좋으므로 도자기, 내화벽돌의 소성등에 적합한 가마이다.

78
유리를 연속적으로 대량 용융하여 규모가 큰 판유리 등의 대량생산용에 가장 적당한 가마는?
① 회전 가마
② 탱크 가마
③ 터널 가마
④ 도가니 가마

79
보일러 부속장치에 대한 설명으로 틀린 것은?
① 공기예열기란 연소배가스의 폐열로 공급 공기를 가열시키는 장치이다.
② 절탄기란 연료공급을 적당히 분배하여 완전 연소를 위한 장치이다.
③ 과열기란 포화증기를 가열시키는 장치이다.
④ 재열기란 원동기(증기터빈)에서 팽창한 증기를 재가열 시키는 장치이다.

80
보일러수 중 알칼리 용액의 농도가 높을 때 응력이 큰 금속 표면에 미세한 균열이 일어나는 것을 무엇이라고 하는가?
① 피팅(pitting)
② 가성취화
③ 그루빙(grooving)
④ 포밍(foaming)

해설
- **가성취화** : 본문설명
- **구식(그루빙)** : 팽창, 수축의 반복적인 응력에 의해 V, U자형의 홈을 만듦
- **구식발생장소** : ① 노통보일러의 경판접합부 및 만곡부
  ② 관판, 나사스테이 만곡부
  ③ 연돌관, 화실하단 노통의 플랜지만곡부
- **포밍(foaming)** : 유지분 등으로 인해 수면이 거품으로 뒤덮히는 현상
- **피팅(점식)** : 용존산소 원인

78. ② 79. ② 80. ②

CBT 제2회 에너지관리산업기사 모의고사

제1과목 : 열역학 및 연소관리

01 물질의 상 변화와 관계있는 열량을 무엇이라 하는가?
① 잠열
② 비열
③ 현열
④ 반응열

해설
- 현열 : 상태변화 없이 온도만 변화하는 것
- 잠열 : 온도변화 없이 상태만 변화하는 것

02 기름 5kg을 15°C에서 115°C까지 가열하는데 필요한 열량은? (단, 기름의 평균 비열은 0.65 kcal/kg·°C 이다.)
① 325 kcal
② 422 kcal
③ 510 kcal
④ 525 kcal

해설 $Q = G.C. \Delta t = 5kg \times 0.65 kcal/kg°C \times (115-15) = 325 kcal$

03 어떤 증기의 건도가 0 보다 크고 1 보다 작으면 어떤 상태의 증기인가?
① 포화수
② 습증기
③ 포화증기
④ 과열증기

해설 포화수 = 0, 습증기 = $0 < x < 1$, 포화증기 = 1, 과열증기 = $1 > 0$

정답 01. ① 02. ① 03. ②

04

표준대기압하에서 메탄(CH_4), 공기의 가연성 혼합기체를 완전 연소시킬 때 메탄 1kg을 연소시키기 위해서 필요한 공기량은? (단, 공기 중의 산소는 23.15 wt% 이다.)

① 4.4 kg
② 17.3 kg
③ 21.1 kg
④ 28.8 kg

해설
$CH_4 + 2O_2 \rightarrow CO_2 + 2H_2O$
16 kg   2×32 kg   44kg   2×18 kg
22.4 m³ 2×22.4 m³ 22.4m³ 2×22.4m³

∴ 16 kg = 2×32 kg
1 kg = x

$x = \dfrac{1\,kg \times 2 \times 32\,kg}{16\,kg} = 4\,kg$ (이론산소량)

A_o(이론공기량) $= \dfrac{\text{이론산소량}}{0.2315} = \dfrac{4}{0.2315} = 17.278\,kg/kg$

05

증발잠열이 0 kcal/kg 이고, 액체와 기체의 구별이 없어지는 지점을 무엇이라고 하는가?

① 포화점
② 임계점
③ 비등점
④ 기화점

해설 임계점 : 증발잠열이 0 kcal/kg이고 액체와 기체의 구별이 없어지는 지점.

06

프로판(C_3H_8), 5Nm³을 이론 산소량으로 완전 연소시켰을 때 건연소 가스량은?

① 10Nm³
② 15Nm³
③ 20Nm³
④ 25Nm³

해설
$C_3H_8 + 5O_2 \rightarrow 3CO_2 + 4H_2O$
22.4 Nm³   3×22.4 Nm³
5 Nm³ x

$x = \dfrac{5 \times 3 \times 22.4\,Nm^3}{22.4\,Nm^3} = 15\,Nm^3$

07

100°C 건포화증기 2kg이 온도 30°C인 주위로 열을 방출하여 100°C 포화액으로 변했다. 증기의 엔트로피 변화는? (단, 100°C에서의 증발잠열은 2257kJ/kg이다.)

① −14.9kJ/K
② −12.1kJ/K
③ −11.3kJ/K
④ −10.2kJ/K

해설 $\Delta S = \dfrac{Q}{T_2} - \dfrac{Q}{T_1}$ 에서 2kg의 증기에 대한 엔트로피

$\therefore \Delta S = -\dfrac{Q}{T_1} = -\dfrac{2 \times 2257}{273+100} = -12.10 \text{ kJ/K}$

08 다음 연료 중 이론공기량(Nm^3/Nm^3)을 가장 많이 필요로 하는 것은? (단, 동일 조건으로 기준한다.)

① 메탄 ② 수소
③ 아세틸렌 ④ 이산화탄소

해설 ① $CH_4 + 2O_2 \rightarrow CO_2 + H_2O$

$A_0 = \dfrac{2}{0.21} = 9.52 \text{ Nm}^3/\text{Nm}^3$

② $H_2 + \dfrac{1}{2}O_2 \rightarrow H_2O$

$A_0 = \dfrac{0.5}{0.21} = 2.38 \text{ Nm}^3/\text{Nm}^3$

③ $C_2H_2 + 2.5O_2 \rightarrow 2CO_2 + H_2O$

$A_0 = \dfrac{2.5}{0.21} = 11.9 \text{ Nm}^3/\text{Nm}^3$

09 오토 사이클에서 압축비가 7일 때 열효율은? (단, 비열비 k=1.4 이다.)

① 13% ② 38%
③ 54% ④ 76%

해설 열효율 $= 1 - \left(\dfrac{1}{\varepsilon}\right)^{K-1} = 1 - \left(\dfrac{1}{7}\right)^{1.4-1} = 0.541$

10 표준대기압 상태에서 진공도 90%에 해당하는 압력은?

① 0.92988 ata ② 0.10332 ata
③ 684 mmHg ④ 1.013 bar

해설 1.0332atm × 0.1 = 0.10332atm

11

압력이 200kPa 인 이상기체 200kg이 있다. 온도를 일정하게 유지하면서 압력을 40kPa로 변화시켰다면 엔트로피 변화량은? (단, 기체상수는 0.287kJ/kg·K이다)

① 40.1kJ/K
② 52.8kJ/K
③ 73.1kJ/K
④ 92.4kJ/K

해설 등온변화 $\Delta S = GR \ln\left(\dfrac{P_1}{P_2}\right) = 200 \times 0.287 \times \ln\left(\dfrac{200}{40}\right) = 92.38 \text{kJ/K}$

12

물 1kg이 대기압에서 증발할 때 엔트로피의 증가량은? (단, 대기압에서 물의 증발잠열은 2260kJ/kg 이다.)

① 1.41kJ/K
② 6.05kJ/K
③ 10.32kJ/K
④ 22.63kJ/K

해설 엔트로피증가량 $= \dfrac{\Delta Q}{T} = \dfrac{2260 \text{kJ}}{(273+100)\text{K}} = 6.05 \text{ kJ/K}$

13

어떤 압력하에서 포화수의 엔탈피를 h, 물의 증발잠열을 γ, 건도를 x라 할 때, 습포화증기의 엔탈피 h''구하는 식은?

① $h'' = h + \gamma x$
② $h'' = h + \gamma$
③ $h'' = h - \gamma x$
④ $h'' = h - \gamma$

해설 습포화증기엔탈피=포화수엔탈피+건조도 ×증발잠열
건포화증기엔탈피=포화수엔탈피+증발잠열
과열증기엔탈피=건포화증기엔탈피+$C \times \Delta t$

14

다음 중 사이클 상태변화 과정이 틀린 것은?

① 오토 사이클 : 단열압축 → 등적가열 → 단열팽창 → 등적방열
② 디젤 사이클 : 단열압축 → 등압가열 → 단열팽창 → 등적방열
③ 샤바테 사이클 : 난열압축 → 등압가열 → 등적가열 → 단열팽창
④ 브레이톤 사이클 : 단열압축 → 등압가열 → 단열팽창 → 등압방열

해설 · 사바테사이클 : 2개의 단열과정과 2개의 정적과정으로 이루어진 사이클로 고속디젤기관의 기본사이클
· 상태변화과정 : 단열압축 → 정적과열 → 단열팽창 → 정적방열

11. ④ 12. ② 13. ① 14. ③

오토사이클

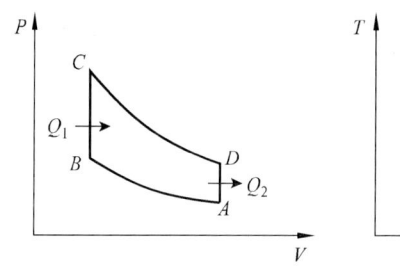 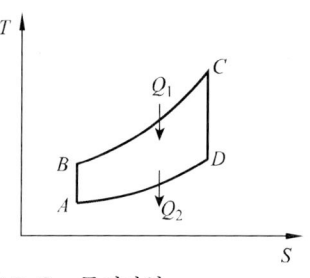

㉠ A-B : 단열압축 ㉡ B-C : 등적가열
㉢ C-D : 단열팽창 ㉣ D-A : 등적방열

카르노사이클 P-V선도

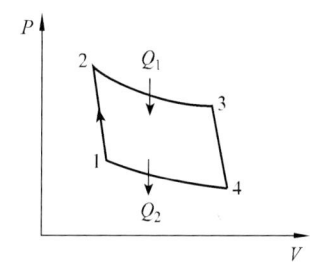

① 1-2 : 단열압축   ② 2-3 : 등온팽창
③ 3-4 : 단열팽창   ④ 4-1 : 등온압축

냉동사이클

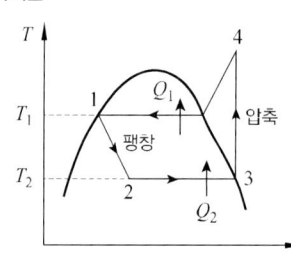 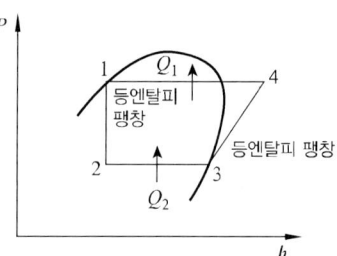

① 1-2 (단열팽창 = 등엔탈피팽창) : 팽창밸브를 지나 교축팽창시키면 엔탈피가 일정한 상태에서 압력과 온도가 내려가 습증기가 된다.
② 2-3 (등온팽창) : 습증기가 증발기에 들어가서 외부로부터 열 Q_2를 받아 증발하여 냉동시키려는 물체를 냉각
③ 3-4 (단열압축) : 건포화증기의 냉매를 압축기로 과열증기로 만듦
④ 4-1 (등온압축 = 냉각과정) : 과열증기가 압축기에 의해 냉각되어 열량 Q_1을 방출하고 포화액으로 되는 등온 냉각과정
⑤ COP (성적계수) = $Q_2/A_w = Q_2/Q_1 - Q_2 = T_2/T_1 - T_2$

브레이톤사이클 : 단열압축 → 정압가열 → 단열팽창 → 정압배기

15

냉매가 갖추어야 하는 조건으로 거리가 먼 것은?

① 증발잠열이 작아야 한다.
② 임계온도가 높아야 한다.
③ 화학적으로 안정되어야 한다.
④ 증발온도에서 압력이 대기압보다 높아야 한다.

해설 냉매가 갖추어야할 조건
① 증발잠열이 커야한다.   ② 증발온도가 낮아야 한다.
③ 임계온도가 높아야 한다.   ④ 화학적으로 안정되어야 한다.
⑤ 증발온도에서 압력이 대기압보다 높아야 한다.
⑥ 압축비가 적어야 한다.   ⑦ 점도가 적을 것
⑧ 금속에 대한 부식성이 적을 것 ⑨ 인체에 대한 독성이 없을 것
⑩ 누설시 발견이 용이할 것   ⑪ 폭발성이 없을 것

16

석탄을 공업분석하였더니 수분이 3.35%, 휘발분이 2.65%, 회분이 25.50%이었다. 고정탄소분은 몇 %인가?

① 37.69
② 49.48
③ 59.87
④ 68.50

해설 고정탄소 = 100 − (수분 + 회분 + 휘발분)
= 100 − (3.35 + 25.5 + 2.65) = 68.5%

17

다음 중 이론공기량에 대하여 가장 올바르게 나타낸 것은?

① 완전 연소에 필요한 1차 공기량
② 완전 연소에 필요한 2차 공기량
③ 완전 연소에 필요한 최소 공기량
④ 완전 연소에 필요한 최대 공기량

18

CH_4 45%, H_2 30%, CO_2 10% O_2 8%, N_2 7%로 구성된 혼합기체연료 $1Nm^3$ 이 있을 때 이 혼합가스를 $6Nm^3$의 공기로 연소 시킨다면 공기비는 약 얼마인가?

① 1.2
② 1.3
③ 1.4
④ 3.0

해설 혼합기체의 이론공기량 계산(Nm^3/kg)
① $A_o = 2.38(H_2 + CO) + 9.52CH_4 - 4.76O_2$
= (2.38 × 0.3 + 9.52 × 0.45 − 4.76 × 0.08) = $4.617Nm^3/Nm^3$
② 공기비 계산 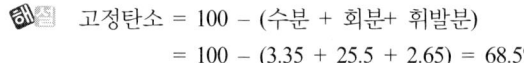 = $\dfrac{A}{A_o} = \dfrac{6}{4.617} = 1.299 Nm^3/Nm^3$

19 액체연료를 분석한 결과 그 성분이 다음과 같았다. 이 연료의 연소에 필요한 이론공기량(Nm^3/kg)은?

탄소 : 80, 수소 : 15%, 산소 : 5%

① 10.9
② 12.3
③ 13.3
④ 14.3

해설 이론공기량(A_0) = $8.89C + 26.67\left(H - \dfrac{O}{8}\right) + 3.33S$

$= 8.89 \times 0.8 + 26.67\left(0.15 - \dfrac{0.05}{8}\right) + 3.33 \times 0 = 10.9 Nm^3/kg$

20 공기와 혼합시 폭발범위가 가장 넓은 것은?

① 메탄
② 프로판
③ 일산화탄소
④ 메틸알코올

해설 폭발범위(연소범위)
① 메탄 : 5~15%
② 프로판 : 2.1~9.5%
③ 일산화탄소 : 12.5~74%
④ 메틸알콜 : 7.3~36%

제2과목 : 계측 및 에너지안전진단

21 다음 공업 계측기기 중 고온측정용으로 가장 적합한 온도계는?

① 유리 온도계
② 압력 온도계
③ 방사 온도계
④ 열전대 온도계

해설 열전대 온도계 : 열기전력 이용(접촉식온도계 중 가장 높은 온도 측정)
① PR(백금-백금로듐)(R형)
  ㉠ 산화성 분위기에 가장 강하다.
  ㉡ 환원성 분위기에 약하다.
  ㉢ 금속증기에 침식
  ㉣ 온도 : 0~1600℃
  ㉤ 백금 87%(+극), 백금로듐 13%(-극)
  ㉥ 값이 싸고, 정도가 높고 안정성 우수
  ㉦ 열전대온도계 중 가장 고온 측정

정답 19. ① 20. ③ 21. ④

② CA(크로멜-알루멜)(K형)
  ㉠ 크로멜Ni(90%)+Cr(10%), 알루멜(Ni(94%)+Mn(2.5%)+Al(2.0%)+Fe(0.5%)
  ㉡ 산화성 분위기에 약하다.
  ㉢ 온도 : 0~1200℃
③ CC(동-콘스탄탄)(T형)
  ㉠ 수분에 의한 내식성이 크다.   ㉡ 콘스탄탄(Cu(55%)+Ni(45%))
  ㉢ 온도 : -200~350℃   ㉣ 열전대 온도계 중 가장 저온 측정
④ IC(철-콘스탄탄)(J형)
  ㉠ 환원성 분위기에 강하다.   ㉡ 온도 : -20~850℃

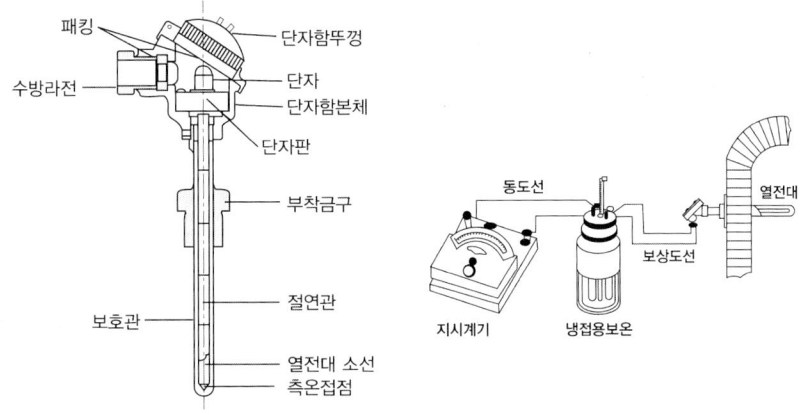

<열전대 온도계 사용도>

- 보상도선 : 열전대의 재료를 전부분에 사용하면 비용이 너무 많이 들기 때문에 측온부의 열전대단자에서 기준접점의 계기까지 거리를 보상도선으로 대용하고 경제적이고 편리하게 종류로는 일반용과 내열용을 나누며 일반용은 105[℃] 정도까지 견디는 비닐피복으로 침수의 위험시에도 절연이 되는 것이며 내열용은 200[℃]까지 견딜 수 있는 글라스울로 절연피복시킨다.

22

증기보일러에서 부하율을 올바르게 설명한 것은?

① 최대연속증발량(kg/h)을 실제증발량(kg/h)으로 나눈 값의 백분율이다.
② 실제증발량(kg/h)을 상당증발량(kg/h)으로 나눈 값의 백분율이다.
③ 실제증발량(kg/h)을 최대연속증발량(kg/h)으로 나눈 값의 백분율이다.
④ 상당증발량(kg/h)을 실제증발량(kg/h)으로 나눈 값의 백분율이다.

해설 부하율 = $\dfrac{실제증발량}{최대연속증발량} \times 100$

22. ③

23

1 ppm 이란 용액 몇 kgf 의 용질 1mg 이 녹아 있는 경우인가?
① 1 kgf ② 10 kgf
③ 100 kgf ④ 1000 kgf

해설
· 1PPM : 용액 1 kgf 중의 용질 1 mg 함유
· 1PPb : 용액 1 Ton 중의 용질 1 mg 함유

24

다음 중 유체의 흐름 중에 프로펠러 등의 회전자를 설치하여 이것의 회전수로 유량을 측정하는 유량계의 종류는?
① 유속식 ② 전자식
③ 용적식 ④ 피토관식

해설 유량계
① 면적식 유량계 : 입구 전후의 압력차를 일정하게 유지하도록 교축의 면적을 변화시켜 이때의 면적을 측정하여 순간 유량을 알아내는 방법으로 유량의 측정원리는 베르누이정리를 이용한 것이다.
종류 : 로터미터·부력식·피스톤식
특징 : ㉠ 진동이 적은 장소에 수직으로 설치한다.
㉡ 부식성 유체나 슬러리 유체의 측정에 적합하다.
㉢ 고점도 및 소량의 유체에 대한 측정이 가능하다.
㉣ 압력손실이 적으며 정도가 ±1~2[%]이다.
㉤ 유량에 따른 균등눈금을 얻는다.
② 차압식 유량계 : 일정하게 유체가 흐르는 관 내부에 교축기구를 설치하여 그 전후의 압력차를 이용하여 순간유량을 측정하는 방법이다. 교축기구로는 벤튜리, 플로우 노즐 오리피스 등이 있다.
㉮ 벤튜리
㉠ 압력손실이 가장 적다.
㉡ 정밀도가 높고 내구성이 좋다.
㉢ 가격이 고가이며 교환이 어렵다.
㉣ 구조가 복잡하다.
㉤ 침전물 생성이 없고 대형이다.
㉯ 플로우 노즐
㉠ 가격 및 압력손실은 중간정도이다.
㉡ 고압유체 측정 용이(레이놀드수가 클 때)
㉢ 다소의 슬러리 유체에도 사용된다.
㉣ 측정유량이 포리피스보다 많다.
㉰ 오리피스
㉠ 압력손실이 가장 크다.
㉡ 제작 및 부착이 쉽고 경제적이므로 널리 사용 된다.
㉢ 구조가 간단하며 동심·편심으로 제작된다.

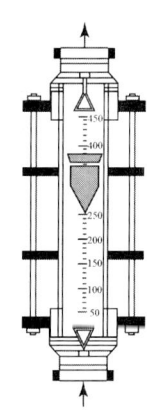

③ 유속식 유량계 : 흐르는 유체의 관에 터빈이나 프로펠러 등을 설치하여 유속에 따라 압력의 변화로 회전수를 측정하여 적산하는 유량계이다.
㉮ 종류 : 수도미터, 축류익차식(울트만)·차압식
㉯ 특징
  ㉠ 구조가 간단하다.
  ㉡ 저점도의 유체 측정에 적합하다.
  ㉢ 난류에 의한 측정오차가 발생 한다.
  ㉣ 정도가 ±0.5[%]이다.
④ 전자식 유량계 : 전도성의 물체가 기전력을 발생하여 도전성유체의 유속 또는 유량을 구하는 것으로 전자유도에 의한 페러데이법칙을 이용한 유량계이다.
㉮ 특징
  ㉠ 유량에 대한 직선의 눈금을 얻을 수 있다.
  ㉡ 검출의 시간 지연이나 압력손실이 거의 없다.

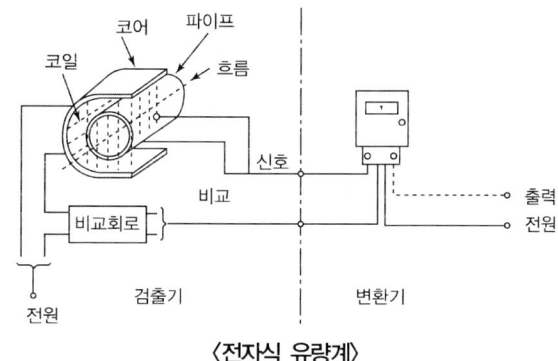

〈전자식 유량계〉

⑤ 용적식 유량계 : 유량을 일정한 분량으로 측정해서 계속 유체를 보내어 회전수의 회수에 의해 측정하는 방법으로 정도가 높은 측정을 할 수 있는 유량계로서 적산유량에 적합하다.
㉮ 종류
  ㉠ 오벌기어식   ㉡ 루우즈식   ㉢ 가스미터식 : 건식·습식
  ㉣ 로타리 피스톤   ㉤ 로타리 베인식

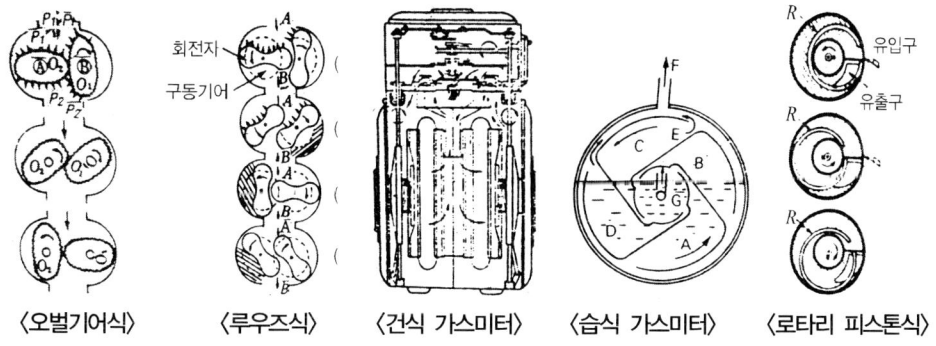

〈오벌기어식〉 〈루우즈식〉 〈건식 가스미터〉 〈습식 가스미터〉 〈로타리 피스톤식〉

㉯ 특징
  ㉠ 고점도 유체 측정에 적합하다.
  ㉡ 맥동의 영향이 적어 정도가 높다.(±0.2~0.5)
  ㉢ 고형물의 혼입을 막기 위해 입구측에 반드시 여과기를 설치한다.

ⓔ 회전자의 재질은 부식을 방지하기 위해 주철, 포금, 스테인레스 등을 설치한다.
ⓖ 유속식 유량계 : 관내에 흐르는 유체의 유속을 측정하여 관의 단면적을 곱함으로 유량을 측정한다.
㉮ 피토우관식 유량계

$$V = \sqrt{2g\frac{(P_1 - P_s)}{e}} = \sqrt{2gh} \ [m/s]$$

$$\therefore 유량 \ Q = A \times C \times V 에서 = A \times C\sqrt{2g\frac{(P_1 - P_s)}{e}} \ [m^3/s]$$

㉯ 특징
 ㉠ 더스트·미스트 등이 많은 유체의 측정은 부적합하다.
 ㉡ 기체의 속도가 5[m/sec] 이하는 부적합하다.
 ㉢ 유체의 압력에 대한 충분한 강도를 가져야 한다.
 ㉣ 노즐의 마모나 관내의 속도·분포의 상태에 따라 오차가 발생한다.
 ㉤ 일시적인 시험용으로 사용한다.
 ㉥ 유체흐름의 방향에 평형하게 피토우관을 설치한다.

25

다음 중 오르샤트(orsat) 가스분석기에서 분석하는 가스가 아닌 것은?
① CO_2　　　　　　　　　　② O_2
③ CO　　　　　　　　　　　④ N_2

 오르자트 분석
① CO_2 : KOH 30% 수용액
② O_2 : 알카리성 피롤카롤용액
③ CO : 암모니아성 염화제1동용액

26

다음 Ⓐ, Ⓑ에 들어갈 내용으로 적절한 것은?

유체 관로에 설치된 오리피스(orifice) 전후의 압력차는 (Ⓐ)에 (Ⓑ)한다.

① Ⓐ 유량의 제곱, Ⓑ 비례　　　② Ⓐ 유량의 평방근, Ⓑ 비례
③ Ⓐ 유량, Ⓑ 반비례　　　　　④ Ⓐ 유량의 평반근, Ⓑ 반비례

 유체관로에 설치된 오리피스 전,후의 압력차는 유량의 제곱에 비례한다.

27

다음 중 온-오프동작(on-off action)은?

① 2위치 동작　　　② 적분 동작
③ 속도 동작　　　　④ 비례 동작

 On-Off 동작
　① 이위치동작　② 다위치동작　③ 불연속속도조작

28

보일러의 용량 표시방법과 관계가 없는 것은?

① 상당증발량　　　② 전열면적
③ 보일러마력　　　④ 연료소비량

 보일러의 용량표시 방법
　① 정격출력　　② 정격용량　　③ 보일러마력
　④ 상당증발량　⑤ 전열면적　　⑥ 상당방열면적

29

보일러 열정산 시 보일러 최종 출구에서 측정하는 값은?

① 급수온도　　　　② 예열공기온도
③ 과열증기온도　　④ 배기가스온도

 배기가스온도 : 전열면 최종출구에서 측정

30

보일러의 능력에 대한 표기인 보일러 마력이란 어떤 값인가? (단, 실제증발량 및 상당증발량 단위는 kgf/h이다.)

① 실제증발량/15.65　　　② 상당증발량/15.65
③ 실제증발량/539　　　　④ 상당증발량/539

 보일러 마력 : 상당증발량이 15.65 kg을 증발시킬 수 있는 능력
$$B-HP = \frac{Ge}{15.65} = \frac{G \times (h'' - h')}{15.65 \times 539}$$

31

프로세스 계 내에 시간지연이 크거나 외란이 심할 경우 조절계를 이용하여 설정점을 작동시키게 하는 제어방식은?

① 프로그램 제어
② 캐스케이드 제어
③ 피드백 제어
④ 시퀀스 제어

해설
- 피드백 제어 : 출력 측의 신호를 입력측으로 되돌려 정정동작을 하는 제어
- 시퀀스 제어 : 처음 정해진 순서에 의해 제어의 각 단계를 순차적으로 제어
- 케스케이드 제어 : ① 1차제어장치가 제어명령을 발하고 2차제어 장치가 이 명령을 바탕으로 제어량 조절
  ② 프로세스계 내에 시간지연이 크거나 외란이 심할 경우 조절계를 이용하여 설정점을 작동시키는 제어
- 프로그램제어 : 목표값이 시간에 따라 미리 결정된 제어

32

상당증발량에 대한 정의로 옳은 것은?

① 보일러 발생열량을 이용하여 표준대기압하에서 100°C의 포화증기를 100°C의 포화수로 만들 수 있는 증기량을 말한다.
② 보일러 발생열량을 이용하여 표준대기압하에서 80°C의 환수를 100°C의 포화증기로 만들 수 있는 증기량을 말한다.
③ 보일러 발생열량을 이용하여 표준대기압하에서 100°C의 포화수를 100°C의 포화증기로 만들 수 있는 증기량을 말한다.
④ 보일러 발생열량을 이용하여 표준대기압하에서 0°C의 물을 100°C의 포화증기로 만들 수 있는 증기량을 말한다.

33

초음파 유량계의 원리는 무엇을 응용한 것인가?

① 제백 효과
② 도플러 효과
③ 바이메탈 효과
④ 펠티에 효과

해설
초음파유량계의 원리 : 도플러효과(어떤 파동의 파동원가 반사체의 상대속도에 따라 소리나 전기기파의 진동수와 파장이 바뀌는 현상)
(소리를 내는 관찰자가 움직일 때의 소리의 진동수가 정지해있을 때 들리는 소리의 진동수가 다르기 때문)

정답 31. ② 32. ③ 33. ②

34 다음 중 비접촉식 온도계가 아닌 것은?

① 광고온계 ② 방사온도계
③ 열전온도계 ④ 색온도계

해설 비접촉식 온도계
① 광고온계 ② 방사온도계
③ 광전관식온도계 ④ 색온도계

① 광고온계 : 물체의 방사휘도와 고온계에 들어있는 기준온도의 고온체인 전구의 필라멘트 휘도를 특색파장(적색유리)을 통하여 육안으로 휘도를 비교 관측하여 온도를 측정한다.
㉮ 특징
㉠ 방사율에 의한 보정량이 적다.
㉡ 개인오차가 발생하므로 다수의 사람이 정밀 측정한다.
㉢ 휴대 및 취급이 용이하다.
㉣ 비접촉 중 가장 정확한 온도를 측정한다(±10~15℃).
㉤ 측정시 수동을 요하므로 자동제어가 불가능하다.
㉥ 연속측정이 곤란하고 700[℃] 이하에서는 측정이 곤란하다(측정온도범위 700~3,000℃).

② 광전관식 온도계 : 광고온계와 같은 측정원리로 장점을 보다 효율적으로 이용하고 단점을 보완하여 두 개의 광전관을 통해 측온체로부터 빛을 얻어 양자의 휘도를 같도록 하여 필라멘트전류로부터 온도지시 위치를 얻게 한다.
㉮ 특징
㉠ 응답속도가 매우 빠르다. ㉡ 자동제어 및 기록이 용이하다.
㉢ 이동하는 물체의 측정이 용이하다. ㉣ 구조가 복잡하다.

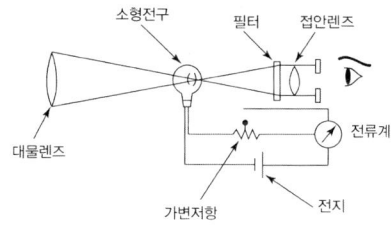

〈광고온계의 구조〉

③ 방사온도계 : 물체온도가 올라가면 복사 에너지가 높아진다. 이를 이용하여 온도를 측정하는 것으로 비교적 높은 온도와 온도측정을 하는데 이러한 복사 에너지는 절대온도의 4제곱에 비례한다. 즉, 복사에너지 $E = \epsilon_1 \cdot a \cdot T_4 = 4.88 \times \epsilon \times \left(\dfrac{T}{100}\right)^4$ [kcal/m²h] 이는 스테판볼츠만의 법칙을 적용한다.
E : 복사 에너지열량, ϵ : 전방사율, a : 비례상수, T : 절대온도

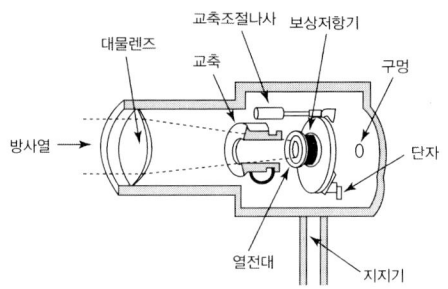

〈방사온도계의 구조〉

㉮ 특징
  ㉠ 측정지연시간이 적다.
  ㉡ 자동제어 및 기록이 가능하다.
  ㉢ 이동하는 물체의 표면을 고온측정한다.
  ㉣ 방사율에 의한 보정량이 크고 정밀한 정도가 어렵다.

35 물속에 피토관을 설치하였더니 전압이 12mmH$_2$O, 정압이 6mmH$_2$O 이었다. 이때 유속은 약 몇 m/s 인가?
① 12.4 ② 10.8
③ 9.8   ④ 7.6

해설 $V = \sqrt{2g(전압-정압)} = \sqrt{2 \times 9.8 \times (12-6)} = 10.84$ m/s

36 보일러 열정산에서 입열항목에 해당하는 것은?
① 발생증기의 흡수열량   ② 배기가스의 열량
③ 연소잔재물이 갖고 있는 열량 ④ 연소용 공기의 열량

해설 입열항목
  ① 연료의 연소열 ② 연료의 현열 ③ 급수의 현열
  ④ 공기의 현열   ⑤ 노내분입증기보유열

37

매시간 1,600kg의 연료를 연소시켜서 11,200kg/h의 증기를 발생시키는 보일러의 효율은? (단, 석탄의 저위발열량은 6,040kcal/kg, 발생증기의 엔탈피는 742kcal/kg, 급수온도는 23°C 이다.)

① 73.3%
② 83.3%
③ 93.3%
④ 98.6%

해설 효율 $= \dfrac{G \times (h'' - h)}{Gf \times H\ell} \times 100 = \dfrac{11200 \times (742 - 23)}{1600 \times 6040} \times 100 = 83.33\%$

38

다음 중 물리적 가스 분석계에 해당되지 않는 것은?

① 오르자트 가스분석계
② 적외선 가스분석계
③ 가스크로마토그래피
④ 열전도율형 CO_2 계

해설
· 물리적가스 분석법
  ① 자기식 O_2 분석계(지르코니아식 O_2계)
  ② 세라믹식 O_2계
  ③ 가스크로마토그래피
  ④ 열전도율 CO_2계
  ⑤ 적외선가스분석계
  ⑥ 밀도식 CO_2계
· 화학적 분석법
  ① 흡수분석법 : 오르자트법, 헴펠법, 게겔법
  ② 미연소계(연소열법)
  ③ 자동화학식 CO_2계

39

다음 유량계 중 용적식 유량계가 아닌 것은?

① 오벌식 유량계
② 로터미터
③ 루츠식 유량계
④ 로터리 피스톤식 유량계

해설
① 용적식유량계 : 습식, 건식, 오우벌식, 루츠식, 로터리피스톤, 로터리베인
② 차압식유량계 : 벤튜리미터, 플로우미터, 오리피스미터
③ 면적식유량계 : 로터미터

40

어떠한 조건이 충족되지 않으면 다음 동작을 저지하는 제어방법은?

① 인터록제어
② 피드백제어
③ 자동연소제어
④ 시퀀스제어

해설 인터록제어 : 구비조건이 맞지 않을 때 그 조건이 충족될 때 까지 다음단계를 정지시키는 것
· 종류 : ① 저수위 인터록 ② 저연소 인터록
         ③ 불착화 인터록 ④ 압력초과 인터록 ⑤ 프리퍼지 인터록

37. ② 38. ① 39. ② 40. ①

제3과목 : 열설비 구조 및 시공

41 관류보일러의 특징으로 틀린 것은?
① 관(管)으로만 구성되어 기수드럼이 필요하지 않기 때문에 간단한 구조이다.
② 전열 면적당 보유수량이 많기 때문에 증기 발생까지의 시간이 많이 소요된다.
③ 부하변동에 의해 압력변동이 생기기 쉽기 때문에 급수량 및 연료량의 자동제어가 장치가 필요하다.
④ 충분히 수 처리된 급수를 사용하여야 한다.

해설 관류보일러의 특징 : 하나의 관에서 급수펌프로 공급된 관수가 예열, 증발, 과열이 동시에 일어나는 형식
특징
① 순환이 ($\frac{급수량}{증발량}$)가 1이어서 드럼이 필요없다.
② 전열 면적이 크고 효율이 높다.
③ 가동부하가 짧아 부하측에 대응하기 쉽다.
④ 고압이므로 증기의 열량이 크다.
⑤ 완벽한 급수처리를 해야 한다.
⑥ 내부구조복잡, 청소, 검사, 수리가 곤란
⑦ 급수의 유속을 균일하게 유지해야 한다.
⑧ 부하변동에 대응해야 한다.

42 큐폴라(Cupola)의 다른 명칭은?
① 용광로
② 반사로
③ 용선로
④ 평로

해설 큐폴라(용선로)
① 주철의 용해에 사용된다.
② 열효율이 좋고 용해시간이 빠르다.
③ 규격은 매시간당 용해 할 수 있는 중량(톤)으로 표시
④ 코크스속의 탄소, 인, 황 등의 불순물이 들어가 용탕의 질이 저하된다.

43 어느 대향류 열교환기에서 가열유체는 80℃로 들어가서 30℃로 나오고 수열유체는 20℃로 들어가서 30℃로 나온다. 이 열교환기의 대수 평균온도차는?
① 25℃
② 30℃
③ 35℃
④ 40℃

해설 대수평균온도차 = $\dfrac{(T_1-t_2)-(T_2-t_1)}{\ln\dfrac{(T_1-t_2)}{(T_2-t_1)}} = \dfrac{(80-30)-(30-20)}{\ln\dfrac{(80-30)}{(30-20)}} = 24.86℃$

정답 41. ② 42. ③ 43. ①

44
증발량 3500kg/h인 보일러의 증기엔탈피가 640kcal/kg이며, 급수엔탈피는 20kcal/kg이다. 이 보일러의 상당증발량은?

① 4155kg/h ② 4026kg/h
③ 3500kg/h ④ 3085kg/h

해설 상당증발량 = $\dfrac{G \times (h'' - h')}{539} = \dfrac{3500 \times (640-20)}{539} = 4025.97$ kg/h

45
증기트랩을 설치할 경우 나타나는 장점이 아닌 것은?

① 응축수로 인한 관 내의 부식을 방지할 수 있다.
② 응축수를 배출할 수 있어서 수격작용을 방지할 수 있다.
③ 관 내 유체의 흐름에 대한 마찰 저항을 줄일 수 있다.
④ 관 내의 불순물을 제거할 수 있다.

해설 증기트랩설치 시 장점
① 수격작용방지
② 부식방지
③ 마찰저항감소

46
강제순환식 수관보일러의 강제순환 시 각 수관 내의 유속을 일정하게 설계한 보일러는?

① 라몽드 보일러 ② 베록스 보일러
③ 레플러 보일러 ④ 밴손 보일러

47
검사대상기기인 보일러의 사용연료 또는 연소방법을 변경한 경우에 받아야 하는 검사는?

① 구조검사 ② 설치검사
③ 개조검사 ④ 용섭검사

해설 개조검사
① 증기보일러를 온수보일러로 개조하는 경우
② 보일러 섹션증강의 증감에 의해 용량을 변경하는 경우
③ 연료 또는 연소방법을 변경하는 경우

48

배관지지 장치 중 열팽창에 의한 이동을 구속하기 위한 레스트레인트(restraint)에 해당되지 않는 것은?

① 앵커(anchor)
② 스토퍼(stopper)
③ 가이드(guide)
④ 브레이스(brace)

해설 레스트레인트의 종류 : 배관의 상·하 좌우 이동을 구속 또는 제한하는 장치
① 앵커(anchor) : 리지드 서포트의 일종으로 관의 이동 및 회전을 방지하기 위해 지지점에 완전히 고정하는 장치이다.
② 스톱(stop) : 배관의 일정한 방향과 회전만 구속하고 다른 방향은 자유롭게 이동하게 하는 장치이다.
③ 가이드(guide) : 배관의 곡관부분이나 신축 조인트부분에 설치하는 것으로 회전을 제한하거나 축방향의 이동을 허용하며 직각방향으로 구속하는 장치이다.

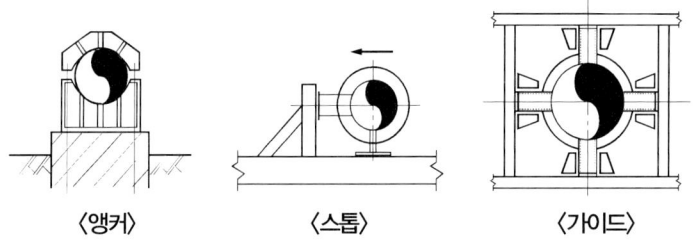

〈앵커〉   〈스톱〉   〈가이드〉

참고 서포트의 종류
① 파이프 슈(pipe shoe) : 관에 직접 접속하는 지지구로 수평배관과 수직배관의 연결부에 사용된다.
② 리지드 서포트(rigid support) : H 비임이나 I 비임으로 받침을 만들어 지지한다.
③ 스프링 서포트(spring support) : 스프링의 탄성에 의해 상하 이동을 허용한 것이다.
④ 로울로 서포트(roller support) : 관의 축 방향의 이동을 허용한 지지구이다.

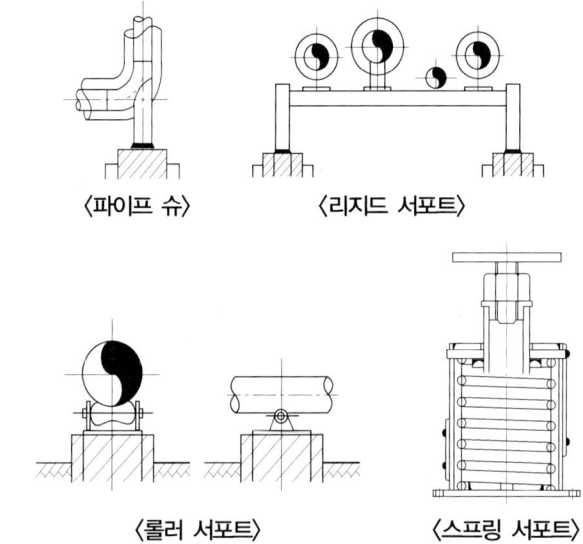

〈파이프 슈〉   〈리지드 서포트〉

〈롤러 서포트〉   〈스프링 서포트〉

49

일정량의 연료를 연소시킬 때 보일러의 전 열량을 많게 하는 방법으로 틀린 것은?

① 연소가스의 유동을 빠르게 하고, 관수순환을 느리게 한다.
② 전열면에 부착된 스케일 등을 제거한다.
③ 연소율을 증가시키기 위해 양질의 연료를 사용한다.
④ 적당한 양의 공기로 연료를 완전 연소시킨다.

해설 연소가스의 유동을 빠르게 하고 관수순환을 빠르게 한다.

50

착화를 원활하게 하는 보염기(stabilizer)의 종류가 아닌 것은?

① 축류식 선회기   ② 반경류식 선회기
③ 대류식 선회기   ④ 혼류식 선회기

해설 보염기의 종류
① 축류식선회기   ② 혼류식선회기   ③ 반경류식선회기

51

연속식 요에서 터널요의 구성요소가 아닌 것은?

① 건조대   ② 예열대
③ 소성대   ④ 냉각대

해설 터널요의 구성요소 : ① 예열대   ② 소성대   ③ 냉각대

52

노통 보일러에서 노통에 직각으로 설치한 것으로 전열면적을 증가시키고 물의 순환도 좋게 하며, 노통을 보강하는 역할도 하는 것은?

① 파형노통   ② 아담스 조인트(Adamson joint)
③ 갤로웨이관(galloway tube)   ④ 거싯 스테이(gusset stay)

해설 갤로웨이관 : ① 노통의 강도 보강   ② 관수순환촉진   ③ 전열면적증가

49. ① 50. ③ 51. ① 52. ③

53 신축이음 중 온수 혹은 저압증기의 배관분기관 등에 사용되는 것으로 2개 이상의 엘보를 사용하여 나사맞춤부의 작용에 의하여 신축을 흡수하는 것은?

① 벨로우즈 이음(Bellows Expansion Joint)
② 슬리브 이음(Sleeve Joint)
③ 스위블 이음(Swivel Joint)
④ 신축곡관(Expansion Loop Joint)

해설 신축이음
① 루프형신축이음
  ㉠ 신축곡관형, 만곡형이라 한다.   ㉡ 고압증기의 옥외배관에 사용
  ㉢ 응력이 생김   ㉣ 곡률반경은 관지름의 6배 이상
② 벨로우즈형
  ㉠ 펙렉스신축이음, 파상형, 주름통식   ㉡ 응력이 생기지 않음
③ 스위블형
  ㉠ 방열기용   ㉡ 나사의 회전에 의해 신축을 흡수
  ㉢ 2개 이상의 엘보우를 사용 시공

54 에너지이용합리화법 시행규칙상 인정검사대상기기 관리자의 교육을 이수한 자의 조정범위가 아닌 것은?

① 용량이 10t/h 이하인 보일러
② 압력 용기
③ 증기보일러로서 최고사용압력이 1MPa 이하이고, 전열면적이 10m² 이하인 것
④ 열매체를 가열하는 보일러로서 용량이 581.5kW 이하인 것

해설 인정검사 대상기기 관리자의 교육을 이수한자의 조정범위
① 압력용기
② 증기보일러로서 최고사용압력이 1 MPa 이하이고 전열면적이 10 m² 이하인 것
③ 열매체를 가열하는 보일러로서 용량이 581.5 kW 이하인 것

55 열사용 기자재 관리규칙상 검사대상기기의 설치자가 그 사용 중인 검사대상기기를 폐기한 때에는 그 폐기한 날로부터 며칠 이내에 신고하여야 하는가?

① 15일   ② 20일
③ 30일   ④ 60일

해설 검사대상기기의 설치자가 그 사용 중인 검사대상기기를 폐기한 때에는 그 폐기한 날부터 15일 이내에 신고서(전자문서로 된 신고서를 포함한다.)로 이를 공단이사장에게 신고하여야 한다.

정답 53. ③ 54. ① 55. ①

56
관의 안지름을 D(cm), 평균유속을 V(m/s)라 하면 평균 유량 Qm³/s 를 구하는 식은?
① Q = DV
② Q = πD²V
③ $Q = \frac{\pi}{4}\left(\frac{D}{100}\right)^2 V$
④ $Q = \left(\frac{V}{100}\right)^2 D$

 $Q(\mathrm{m^3/sec}) = A \times V$
$= \frac{\pi D^2}{4} \times V = \left(\frac{\pi}{4} \times \left(\frac{D}{100}\right)^2 m\right) \times V$

57
파이프 바이스의 크기 표시는?
① 레버의 크기
② 고정 가능한 관경의 치수
③ 죠를 최대로 벌려 놓은 전체 길이
④ 프레임(Frame)의 가로 및 세로 길이

 ·파이프 바이스의 크기 : 고정가능한 파이프지름의 치수
·수평바이스의 크기 : 죠우를 최대로 벌려놓은 전장

58
보일러 보급수 펌프의 양수량이 500L/min, 양정 100m, 펌프효율 45%, 안전율 5%일 때 펌프의 축동력(kW)은 약 얼마인가?
① 19.0
② 20.9
③ 22.7
④ 25.1

$kW = \frac{r \times Q \times H}{102 \times \eta \times 60} = \frac{1000 \times 0.5 \times 100}{102 \times 0.45 \times 60} = 18.15 kW$

59
검사대상기기인 보일러의 계속사용검사 중 운전성능검사의 유효기간은?
① 6개월
② 1년
③ 2년
④ 3년

계속사용검사 : ① 안전검사 : 1년, ② 운전성능검사 : 1년

60
가열로의 내벽온도를 1200℃, 외벽온도를 200℃로 유지하고 매시간당 1m²에 대한 열손실을 400kcal로 설계할 때 필요한 노벽의 두께(cm)는 약 얼마인가? (단, 노벽 재료의 열전도율은 0.1kcal/m·h·℃이다.)
① 10
② 15
③ 20
④ 25

56. ③ 57. ② 58. ① 59. ② 60. ④

해설 $Q = \dfrac{\lambda \cdot A \cdot \Delta t}{d}$

$d = \dfrac{\lambda \cdot A \cdot \Delta t}{Q} = \dfrac{0.1 \times 1 \times (1200 - 200)}{400} = 0.25 \text{ m} \times 100 \text{ cm/1 m} = 25 \text{ cm}$

제4과목 : 열설비 취급 및 안전관리

61 보일러에서 압력차단(제한)스위치의 작동압력은 어떻게 조정하여야 하는가?
① 사용압력과 같게 조정한다.
② 안전밸브 작동압력과 같게 조정한다.
③ 안전밸브 작동압력보다 약간 낮게 조정한다.
④ 안전밸브 작동압력보다 약간 높게 조정한다.

해설 안전두 : 정상고압 +3
고압차단스위치 : 정상고압 +4
안전밸브 : 정상고압 +5

62 에너지관리자에 대한 교육을 실시하는 기관은?
① 시·도
② 한국에너지공단
③ 안전보건공단
④ 한국산업인력공단

해설 에너지이용 합리화법에서 정한 에너지관리자에 대한 교육은 한국에너지공단에서 기간은 1일로 산정한다.

63 보일러에서 압력계에 연결하는 증기관(최고 사용 압력에 견디는 것)을 강관을 하는 경우 안지름은 최소 몇 mm 이상으로 하여야 하는가?
① 6.5 mm
② 12.7 mm
③ 15.6 mm
④ 17.5 mm

해설 압력계 연결관
① 동관 : 6.5mm 이상(210℃이상 시 사용금지)
② 강관 : 12.7mm이상

64

다음 중 보일러 급수에 함유된 성분 중 전열면 내면 점식의 주원인이 되는 것은?

① O_2
② N_2
③ CaSOR
④ $NaSO_4$

해설 용존산소(O_2) : 점식(침식)의 원인

65

가스용 보일러의 보일러 실내 연료 배관 외부에 반드시 표시해야 하는 항목이 아닌 것은?

① 사용 가스명
② 최고 사용압력
③ 가스 흐름방향
④ 최고 사용온도

해설 연료배관 외부에 반드시 표시해야 하는 항목
① 사용가스명
② 최고사용압력
③ 가스흐름방향

66

보일러의 고온부식 방지대책으로 틀린 것은?

① 회분 개질제를 첨가하여 바나듐의 융점을 낮춘다.
② 연료 중의 바나듐 성분을 제거한다.
③ 고온가스가 접촉되는 부분에 보호피막을 한다.
④ 연소가스 온도를 바나듐의 융점온도 이하로 유지한다.

해설 고온부식 방지책
① 연료중의 바나듐 제거
② 회분개질제를 사용하여 회분융점 높여 고온부식 방지
③ 첨가제를 사용한다.
④ 양질의 연료 선택
⑤ 고온의 전열면 표면에 내식재료 사용
⑥ 고온의 전열면 표면에 방청도장을 입힌다.

67

에너지이용 합리화법에 따라 검사에 불합격한 검사대상기기를 사용한 자에 대한 벌칙 기준은?

① 1년 이하의 징역 또는 1천만원 이하의 벌금
② 1천만원 이하의 벌금
③ 2년 이하의 징역 또는 2천만원 이하의 벌금
④ 500만원 이하의 벌금

64. ① 65. ④ 66. ① 67. ①

해설 ① 1천만원 이하의 벌금
　　㉠ 검사대상기기관리자를 선임하지 아니한 자
② 2천만원 이하의 벌금
　　㉠ 효율 관리 기자재의 생산 또는 판매금지 명령에 위반한 자
③ 1년 이하의 징역 또는 1천만원 이하의 벌금
　　㉠ 검사대상기기의 검사를 받지 아니한 자
　　㉡ 검사에 합격되지 아니한 검사대상기기를 사용한 자
④ 2년 이하의 징역 또는 2천만원 이하의 벌금
　　㉠ 에너지저장시설의 보유 또는 저장의무의 부과시 정당한 이유 없이 이를 거부하거나 이행하지 아니한 자
　　㉡ 에너지수급의 안정을 기하기 위한 조정·명령 등의 조치를 위반한 자

68
다음 통풍의 종류 중 노 내 압력이 가장 높은 것은?
① 자연통풍　　　　② 압입통풍
③ 흡입통풍　　　　④ 평형통풍

해설 압입통풍 : 노 안에 설치된 가압송풍기에 의해 공기를 연소로 안으로 압입하는 방식 즉, 공기를 대기압보다 높은 압력으로 노 내에 압입시키는 방식이므로 노 내압은 정압으로 유지되며, 연소효율이 좋지만 역화의 위험성이 있다.

69
보일러 사고에 관한 내용으로 틀린 것은?
① 압궤는 고온의 화염을 받는 전열면이 과열이 지나쳐서 견디지 못하고 안쪽으로 눌리어 오목하게 들어간 현상이다.
② 팽출은 전열면의 과열이 지나쳐 내압력 작용에 견디지 못하고 밖으로 부풀어 나오는 현상이다.
③ 라미네이션은 기포 및 가스구멍이 혼재된 강괴를 압연할 경우 강판 및 강관이 기포에 의해 내부에서 두장으로 분리되는 현상이다.
④ 블리스터는 라미네이션 상태에서 가열이 지나쳐 내부로 오목하게 들어간 현상이다.

해설 블리스터는 라미네이션 상태에서 가열시 지나쳐 외부로 오목하게 나온 현상

70
보일러 관수의 pH 값이 산성인 것은?
① 4　　　　　　　② 7
③ 9　　　　　　　④ 12

해설 관수 pH값

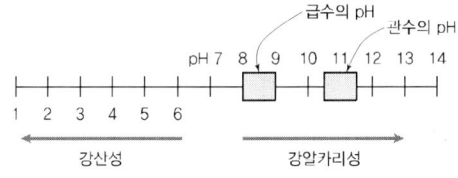

정답 68. ② 69. ④ 70. ①

71 보일러의 용수처리는 관내처리와 관외처리로 분류되는데 다음 중 관내처리에 해당되는 것은?

① pH조절
② 이온교환
③ 진공탈기
④ 침강분리

해설 관내처리
① PH조정제 : 인산소다, 암모니아, 수산화나트륨
② 연화제 : 인산소다, 탄산소다, 수산화나트륨
③ 탈산소제 : 탄닌, 아황산소다, 히드라진
④ 슬러지조정제 : 리그닌, 녹말, 탄닌
⑤ 가성취화방지제 : 리그닌, 황산소다, 탄닌, 인산소다

72 온수난방에서 방열기의 입구온도가 90℃, 출구온도가 75℃, 방열계수가 6.8kcal/m²·h·℃이고, 실내온도가 18℃일 때 방열기의 방열량은?

① 352.7kcal/m²·h
② 364.2kcal/m²·h
③ 392.8kcal/m²·h
④ 438.6kcal/m²·h

해설 방열기 방열량 = 방열계수 × ($\frac{입구+출구온도}{2}$ − 실내온도)

$= 6.8 \times \left(\frac{90+75}{2} - 18\right) = 438.6$ kcal/m²·h

73 에너지법에서 에너지공급자가 아닌 자는?

① 에너지 수입사업자
② 에너지 지정사업자
③ 에너지 전환사업자
④ 에너지사용시설의 소유자

해설 에너지 공급자
① 에너지생산사업자 ② 에너지저장사업자 ③ 에너지수입사업자 ④ 에너지전환사업자

74 증기의 건도(x)가 '0' 이면 무엇을 발하는가?

① 포화수
② 습증기
③ 과열증기
④ 건포화증기

해설 ① 포화수엔탈피 : $(x) = 0$
② 건포화증기탈피 : $(x) = 1$
③ 과열증기엔탈피 : $x > 1$

75 에너지사용계획을 수립하여 산업통상자원부 장관에게 제출하여야 하는 자는?
① 민간사업주관자로 연간 5천 티오이 이상의 연료 및 열을 사용하는 시설
② 공공사업주관자로 연간 2천 티오이 이상의 연료 및 열을 사용하는 시설
③ 민간사업주관자로 연간 1천만 킬로와트시 이상의 전력을 사용하는 시설
④ 공공사업주관자로 연간 2백만 킬로와트시 이상의 전력을 사용하는 시설

76 다음 증기난방법 중에서 응축수 환수법이 아닌 것은?
① 중력환수식　　　　　　② 건식환수관식
③ 기계환수식　　　　　　④ 진공환수식

해설 응축수환수방법 : ㉠ 중력환수식　㉡ 기계환수식　㉢ 진공환수식
증기공급방식에 의한 분류 : ㉠ 상향식　㉡ 하향식
배관방식에 따른 분류 : ㉠ 단관식　㉡ 복관식

77 에너지이용 합리화법상 국내외 에너지사정의 변동으로 에너지수급에 중대한 차질이 발생하거나 발생할 우려가 있다고 인정될 경우, 에너지수급의 안정을 위한 조치 사항에 해당 되지 않는 것은?
① 에너지의 배급　　　　　② 에너지의 비축과 저장
③ 에너지 판매시설의 확충　④ 에너지사용기자재의 사용 제한

해설 수급안정을 위한 조치
① 에너지 배급
② 에너지의 비축과 저장
③ 에너지의 양도, 양수의 제한 또는 금지
④ 에너지공급설비의 가동 및 조업
⑤ 에너지의 유통시설과 그 사용 및 유통경로
⑥ 에너지의 도입, 수출입 및 위탁가공
⑦ 에너지공급자 상호간의 에너지 교환 또는 분배사용

78 어떤 내화벽돌의 열전도율이  0.8kcal/m·h·°C인 재질의 평면벽 약쪽 온도가 800°C와 200°C이며 이 벽을 통한 열전달률이 1,500kcal/m°C·h·°C일 때 벽의 두께는 약 몇 cm 인가?
① 25　　　　　　　　② 32
③ 43　　　　　　　　④ 49

정답 75. ① 76. ② 77. ③ 78. ②

$Q = \dfrac{\lambda \cdot A \cdot \triangle t}{d}$

$d = \dfrac{\lambda \cdot A \cdot \triangle t}{Q} = \dfrac{0.8 \times (800-200)}{1500} = 0.32m \times 100cm/m = 32cm$

79

돌로마이트질 내화물의 주요 화학 성분은?

① SiO_2
② SiO_2, Al_2O_3
③ Al_2O_3
④ CaO, MgO

 돌로마이트의 화학성분 : CaO(산화칼슘), MgO(산화마그네슘)

80

내벽은 내화벽돌로 두께 220mm, 열전도율이 1.1kcal/m·h·°C, 중간벽은 단열벽돌로 두께 9cm, 열전도율 0.12kcal/m·h·°C, 외벽은 붉은 벽돌로 두께 20cm, 열전도율 0.8kcal/m·h·°C로 되어 있는 노벽이 있다. 내벽 표면의 온도가 1,000°C 일 때 외벽의 표면 온도는 약 몇 °C인가? (단, 외벽 주위온도는 20°C, 외벽 표면의 열전달율은 7kcal/m²·h·°C 로 한다.)

① 104°C
② 124°C
③ 141°C
④ 267°C

① 벽면 1m²당 1시간동안 손실열량

$Q = K(t_2 - t_1)$

$= \left[\dfrac{1}{\dfrac{d_1}{\lambda_1} + \dfrac{d_2}{\lambda_2} + \dfrac{d_3}{\lambda_3} + \dfrac{d_4}{\lambda_4} + \cdots + \dfrac{1}{\alpha_2}} \right] \times (t_2 - t_1)$

$= \left[\dfrac{1}{\dfrac{0.22}{1.1} + \dfrac{0.09}{0.12} + \dfrac{0.2}{0.8} + \dfrac{1}{7}} \right] \times (1000 - 20)$

$= 729.787 kcal/m^2 h$

② 외벽 표면의 온도계산

$t_o = t_2 - \left[Q \times \left(\dfrac{d_1}{\lambda_1} + \dfrac{d_2}{\lambda_2} + \dfrac{d_3}{\lambda_3} \right) \right]$

$= 1000 - \left[729.787 \times \left(\dfrac{0.22}{1.1} + \dfrac{0.09}{0.12} + \dfrac{0.2}{0.8} \right) \right]$

$= 124.255 °C$

79. ④ 80. ②

제1과목 : 열역학 및 연소관리

01 증발잠열이 0kcal/kg이고, 액체와 기체의 구별이 없어지는 지점을 무엇이라고 하는가?
① 포화점
② 임계점
③ 비등점
④ 기화점

해설 임계점 : 증발잠열이 0 kcal/kg이고 액체와 기체의 구별이 없어지는 지점.

02 가로, 세로, 높이가 각각 3m, 4m, 5m인 직육면체 상자에 들어있는 이상기체의 질량이 80kg일 때, 상자 안의 기체의 압력이 100kPa이면 온도는? (단, 기체상수는 250J/kg·K이다.)
① 27℃
② 31℃
③ 34℃
④ 44℃

해설 $PV = GRT$ $T = \dfrac{PV}{GR} = \dfrac{100 \times (3 \times 4 \times 5)}{80 \times 0.250} = 300K - 273 = 27℃$

03 기체의 C_p(정압비열)와 C_v(정적비열)의 관계식으로 옳은 것은?
① $C_p = C_v$
② $C_p \leqq C_v$
③ $C_p < C_v$
④ $C_p > C_v$

해설 $C_p > C_v$(정압비열은 정적 비열보다 항상 크다)
K(비열비)$= \dfrac{C_p}{C_v}$ (비열비는 항상 1보다 크다)

정답 01. ② 02. ① 03. ④

04

랭킨 사이클의 효율을 올리기 위한 방법이 아닌 것은?

① 유입되는 증기의 온도를 높인다.   ② 배출되는 증기의 온도를 높인다.
③ 배출되는 증기의 압력을 낮춘다.   ④ 유입되는 증기의 압력을 높인다.

 랭킨사이클의 효율을 올리기 위해서는
유입되는 증기의 온도·압력이 클수록, 배출되는 증기의 압력이 낮을수록 증가한다.

05

어떤 냉동기의 냉각수, 냉수의 온도 및 유량을 측정하였더니 다음 표와 같이 나타났다. 이 냉동기의 성능계수(COP)는?

항목	유량(Ton/h)	입구온도(℃)	출구온도(℃)
냉수	30	12	7
냉각수	47	29	33

① 3.65   ② 3.95
③ 4.25   ④ 4.55

 $\text{COP} = \dfrac{Q_2}{AW} = \dfrac{Q_2}{Q_1 - Q_2}$

$= \dfrac{(30 \times 10^3 \times 1 \times (12-7))}{\{47 \times 10^3 \times 1 \times (33-29)\} - \{30 \times 10^3 \times 1 \times (12-7)\}} = 3.947$

06

0℃의 얼음 100g을 50℃의 물 400g에 넣으면 몇 ℃가 되는가? (단, 얼음의 융해잠열 80 kcal/kg이고, 물의 비열은 1kcal/kg·℃로 가정한다.)

① 8.4℃   ② 13.5℃
③ 24℃   ④ 38.8℃

$t_m = \dfrac{G_1 \cdot C_1 \cdot t_1 + G_2 \cdot C_2 \cdot t_2 - G \cdot r}{G_1 \cdot C_1 + G_2 \cdot C_2} = \dfrac{0.1 \times 1 \times 0 + 0.4 \times 1 \times 50 - 0.1 \times 80}{0.1 \times 1 + 0.4 \times 1} = 24℃$

07
기체의 가역 단열 압축에서 엔트로피는 어떻게 되는가?
① 감소한다. ② 증가한다.
③ 변하지 않는다. ④ 증가하다 감소한다.

해설 ・단열압축 : 등엔트로피 일정
・단열팽창 : 등엔탈피 일정

08
카르노 사이클로 작동되는 기관이 250°C에서 300 kJ의 열을 공급받아 25°C에서 방열했을 때의 일은 얼마인가?
① 30kJ ② 129kJ
③ 171kJ ④ 225kJ

해설 효율 $= \dfrac{T_1 - T_2}{T_1} \times 100 = \dfrac{(273+250) - (273+25)}{(273+250)} \times 100 = 43.02\%$

일 $= 300\,\text{kJ} \times 0.43 = 129\,\text{kJ}$

09
습증기 영역에 대한 표현 중 옳은 것은? (단, x는 건도이다.)
① $x = 0$ ② $0 < x < 1$
③ $x = 1$ ④ $x > 1$

해설 $x = 0$ (포화수엔탈피) $0 < x < 1$ (습포화증기엔탈피)
$x = 1$ (건포화증기엔탈피) $x > 1$ (과열증기엔탈피)

10
피스톤-실린더 안에 있는 압력 300 kPa, 온도 400 K의 일정 질량의 이상기체가 등엔트로피 과정을 통하여 압력이 100 kPa으로 변화한 후 평형을 이루었다. 비열비가 1.4이면 최종 온도는?
① 275K ② 283K
③ 292K ④ 301K

해설 $T_2 = \left(\dfrac{P_2}{P_1}\right)^{\frac{K-1}{K}} \times T_1 = \left(\dfrac{100}{300}\right)^{\frac{1.4-1}{1.4}} \times 400\,\text{K} = 292.24\,\text{K}$

정답 07. ③ 08. ② 09. ② 10. ③

11

25°C, 1기압에서 10 L의 산소를 100 L까지 등은 팽창시킬 경우, 단위 질량당 엔트로피 변화는? (단, 기체상수 $R = 0.26$ kJ/kg·K이다.)

① 0.2kJ/kg·K ② 0.6kJ/kg·K
③ 23.4kJ/kg·K ④ 90.8kJ/kg·K

해설 $\Delta S = R \ln\left(\dfrac{V_2}{V_1}\right) = 0.26 \times \ln\left(\dfrac{100}{10}\right) = 0.598$ kJ/kg·K

12

배기가스의 회전운동으로 원심력에 의하여 매진(煤塵)을 분리하는 장치는?

① 전기집진장치 ② 사이클론집진장치
③ 세정집진장치 ④ 여과집진장치

해설 원심력식 : 함진가스에 선회운동을 주어 입자에 작용하는 원심력에 의하여 입자를 분리하는 방식으로 내통경은 적게 처리가스 속도는 크게 하면 집진율이 높아진다. 접선유입식, 축류식 등이 있으며 소형의 싸이클론을 다수 설치한 블로우 다운 방식의 멀티싸이클론이 있다.

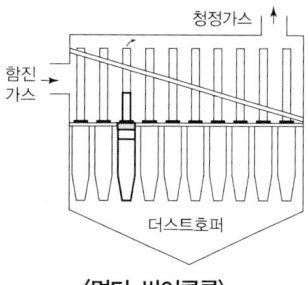

〈멀티 싸이클론〉

13

폴리트로픽지수 n의 값이 특정 값을 가질 때 상태변화가 된다. 다음 중 옳은 것은?

① $n = 0$일 때 등온변화 ② $n = 1$일 때 정압변화
③ $n = \infty$일 때 정적변화 ④ $n = 0.5$일 때 단열변화

해설 폴리트로픽지수
① 등압변화($n = 0$) ② 등온변화($n = 1$)
③ 등적변화($n = \infty$) ④ 단열변화($n = k$)

14

1mol의 프로판이 이론 공기량으로 완전연소되면 연소가스는 몇 mol이 생성되는가?

① 6
② 18.8
③ 23.8
④ 25.8

해설 습연소가스량(Gwd)=$(1-0.21)A_o+CO_2+H_2O$
$1C_3H_8+5O_2 \rightarrow 3CO_2+4H_2O$
$A_o = \dfrac{5}{0.21} = 23.8$
∴ Gwd=$(1-0.21)23.8+3+4=25.802$

15

1 kg의 공기가 일정온도 200°C에서 팽창하여 처음 체적의 6배가 되었다. 전달된 열량은 약 몇 kJ인가? (단, 공기의 기체상수는 0.287 kJ/kg·K이다.)

① 243
② 321
③ 413
④ 582

해설 $Q = RT \ln \dfrac{V_2}{V_1} = 0.287 \times (273+200) \times \ln\left(\dfrac{6}{1}\right) = 243.23 \text{ KJ}$

16

여과 집진장치를 설명한 것으로 틀린 것은?

① 건식 집진장치의 한 종류이다.
② 외형상의 여과속도가 느릴수록 미세한 입자를 포집할 수 있다.
③ 100°C 이상의 고온가스. 습가스의 처리에 적합하다.
④ 집진효율이 좋고, 설비비용이 적게 든다.

해설 집진장치
① 건식 집진 장치
  ㉠ 중력침강식 : 함진배기 중의 입자를 중력에 의해 포집하는 방식으로 수십m 이상의 거칠은 입자의 포집에 사용되며 입력손실은 대략 5~10[mmAq] 정도이다. 처리가스속도가 늦을수록, 흐름이 균일할수록 집진율이 높다.
  ㉡ 관성력식 : 함진가스를 방해판 등에 충돌시켜 기류의 급격한 전환에 의해 침강력을 가지게 될 때 분리포집하는 방식으로 전환각도가 적고 전환회수가 많을수록 집진율이 높다.

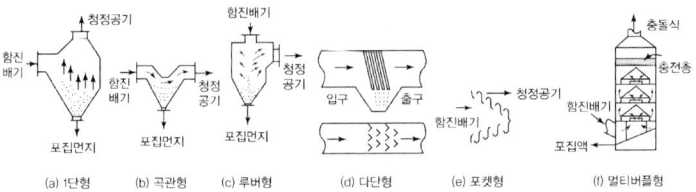

〈관성력 집진장치의 형식과 구조〉

ⓒ 원심력식 : 함진가스에 선회운동을 주어 입자에 작용하는 원심력에 의하여 입자를 분리하는 방식으로 내통경은 적게 처리가스 속도는 크게 하면 집진율이 높아진다. 접선유입식, 축류식 등이 있으며 소형의 싸이클론을 다수 설치한 블로우 다운 방식의 멀티 싸이클론이 있다.

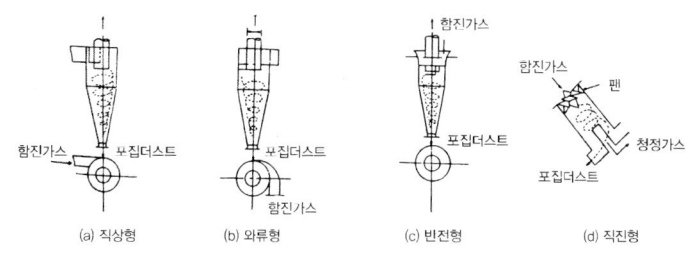

〈원심력 집진장치〉

17

카르노사이클로 작동되는 효율 28%인 기관이 고온체에서 100kJ의 열을 받아들일 때, 방출열량은 몇 kJ인가?

① 17　　　　　　　　　　② 28
③ 44　　　　　　　　　　④ 72

  효율 $= \left(\dfrac{W}{Q_1}\right) = \dfrac{Q_1 - Q_2}{Q_1}$

∴ $\dfrac{0.28}{1} = \dfrac{100 - Q_2}{100}$

$100 - Q_2 = 28$　∴　$Q_2 = 100 - 28 = 72\ \text{KJ}$

18

보일러 연소가스 폭발의 가장 큰 원인은?

① 중유가 불완전 연소할 때　　② 저수위로 보일러를 운전할 때
③ 증기의 압력이 지나치게 높을 때　④ 연소실 내에 미연가스가 차 있을 때

연소가스 폭발원인
① 프리퍼지, 포스트퍼지 부족 시　② 공기보다 연료 먼저 투입시
③ 점화시 착화가 늦은 경우　　　④ 2차공기의 예열 부족시
⑤ 연소실 내 기름이 흘러 들어간 경우

19 이상기체의 특성이 아닌 것은?

① $dU = C_v dT$ 식을 만족한다.　　② 비열은 온도만의 함수이다.
③ 엔탈피는 압력만의 함수이다.　　④ 이상기체상태방정식을 만족한다.

해설 이상기체의 성질
① 보일–샬의 법칙을 따른다.
② 아보가드로 법칙에 따른다.
③ 온도에 관계없이 비열비는 일정
④ 내부에너지는 체적에 관계없이 온도에 의해서만 결정
⑤ 기체상호간에 작용하는 인력과 분자의 크기 무시
⑥ 분자간의 충돌은 완전탄성체로 이루어짐

20 연료의 불완전연소에서 발생되는 그을음(soot, 검댕)에 대한 설명으로 옳은 것은?

① 연료 중 탄소와 수소의 비(C/H)가 작을수록 그을음이 발생하기 쉽다.
② 기체연료의 확산연소는 예혼합연소에 비해 그을음이 발생하기 어렵다.
③ 탈수소 반응이나 방향족 생성반응 등이 일어나기 쉬운 탄화수소일수록 그을음 발생이 어렵다.
④ 분해나 산화하기 쉬운 탄화수소는 그을음을 적게 발생 시킨다.

해설 ① 연료중의 탄소와 수소의 비(C/H)가 클수록 그을음이 발생하기 쉽다.
② 기체연료의 확산연소는 예혼합연소에 비해 그을음이 발생하기 쉽다.
③ 탈수소반응이나 방향족 생성반응 등이 일어나기 쉬운 탄화수소일수록 그을음발생이 쉽다.

제2과목 : 계측 및 에너지진단

21 1ppm이란 용액 몇 kgf의 용질 1mg이 녹아 있는 경우인가?

① 1kgf　　　　　　　　　　② 10kgf
③ 100kgf　　　　　　　　　④ 1000kgf

 · 1PPM : 용액 1 kgf 중의 용질 1 mg 함유
· 1PPb : 용액 1 Ton 중의 용질 1 mg 함유

22

다음 중 유체의 흐름 중에 프로펠러 등의 회전자를 설치하여 이것의 회전수로 유량을 측정하는 유량계의 종류는?

① 유속식 ② 전자식
③ 용적식 ④ 피토관식

해설 유량계

① 면적식 유량계 : 입구 전후의 압력차를 일정하게 유지하도록 교축의 면적을 변화시켜 이때의 면적을 측정하여 순간 유량을 알아내는 방법으로 유량의 측정원리는 베르누이정리를 이용한 것이다.
종류 : 로터미터・부력식・피스톤식
특징 : ㉠ 진동이 적은 장소에 수직으로 설치한다.
　　　㉡ 부식성 유체나 슬러리 유체의 측정에 적합하다.
　　　㉢ 고점도 및 소량의 유체에 대한 측정이 가능하다.
　　　㉣ 압력손실이 적으며 정도가 ±1~2[%]이다.
　　　㉤ 유량에 따른 균등눈금을 얻는다.

② 차압식 유량계 : 일정하게 유체가 흐르는 관 내부에 교축기구를 설치하여 그 전후의 압력차를 이용하여 순간유량을 측정하는 방법이다. 교축기구로는 벤튜리, 플로우 노즐 오리피스 등이 있다.

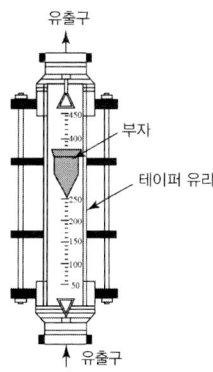

　㉮ 벤튜리
　　㉠ 압력손실이 가장 적다.
　　㉡ 정밀도가 높고 내구성이 좋다.
　　㉢ 가격이 고가이며 교환이 어렵다.
　　㉣ 구조가 복잡하다.
　　㉤ 침전물 생성이 없고 대형이다.
　㉯ 플로우 노즐
　　㉠ 가격 및 압력손실은 중간정도이다.
　　㉡ 고압유체 측정 용이(레이놀드수가 클 때)
　　㉢ 다소의 슬러리 유체에도 사용된다.
　　㉣ 측정유량이 오리피스보다 많다.
　㉰ 오리피스
　　㉠ 압력손실이 가장 크다.
　　㉡ 제작 및 부착이 쉽고 경제적이므로 널리 사용 된다.
　　㉢ 구조가 간단하며 동심・편심으로 제작된다.

③ 유속식 유량계 : 흐르는 유체의 관에 터빈이나 프로펠러 등을 설치하여 유속에 따라 압력의 변화로 회전수를 측정하여 적산하는 유량계이다.
　㉮ 종류 : 수도미터, 축류익차식(울트만)・차압식
　㉯ 특징
　　㉠ 구조가 간단하다.
　　㉡ 저점도의 유체 측정에 적합하다.
　　㉢ 난류에 의한 측정오차가 발생 한다.
　　㉣ 정도가 ±0.5[%]이다.

22. ①

④ 전자식 유량계 : 전도성의 물체가 기전력을 발생하여 도전성유체의 유속 또는 유량을 구하는 것으로 전자유도에 의한 페러데이법칙을 이용한 유량계이다.
  ㉮ 특징
    ㉠ 유량에 대한 직선의 눈금을 얻을 수 있다.
    ㉡ 검출의 시간 지연이나 압력손실이 거의 없다.

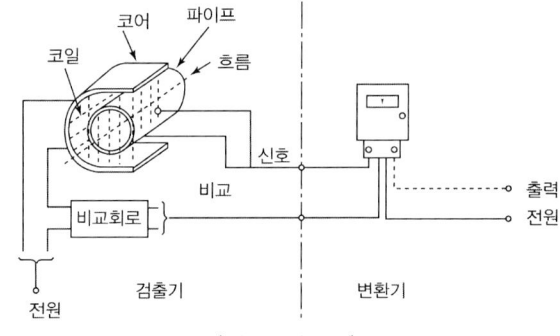

〈전자식 유량계〉

⑤ 용적식 유량계 : 유량을 일정한 분량으로 측정해서 계속 유체를 보내어 회전수의 회수에 의해 측정하는 방법으로 정도가 높은 측정을 할 수 있는 유량계로서 적산유량에 적합하다.
  ㉮ 종류
    ㉠ 오벌기어식   ㉡ 루우즈식   ㉢ 가스미터식 : 건식·습식
    ㉣ 로타리 피스톤 ㉤ 로타리 베인식

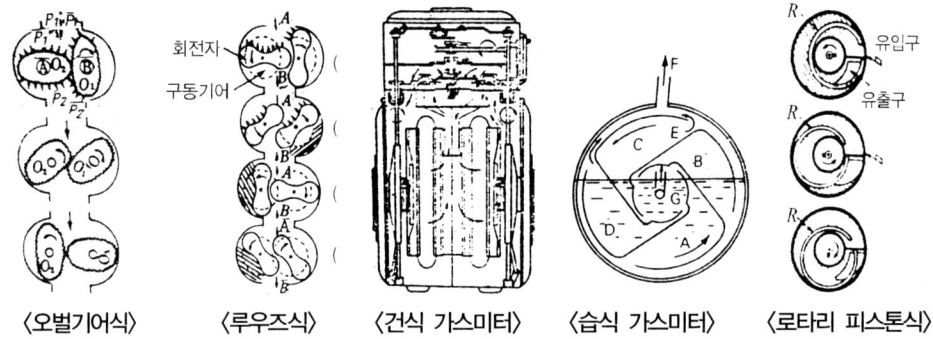

〈오벌기어식〉   〈루우즈식〉   〈건식 가스미터〉   〈습식 가스미터〉   〈로타리 피스톤식〉

  ㉯ 특징
    ㉠ 고점도 유체 측정에 적합하다.
    ㉡ 맥동의 영향이 적어 정도가 높다.(±0.2~0.5)
    ㉢ 고형물의 혼입을 막기 위해 입구측에 반드시 여과기를 설치한다.
    ㉣ 회전자의 재질은 부식을 방지하기 위해 주철, 포금, 스테인레스 등을 설치한다.
⑥ 유속식 유량계 : 관내에 흐르는 유체의 유속을 측정하여 관의 단면적을 곱함으로 유량을 측정한다.
  ㉮ 피토우관식 유량계

$$V = \sqrt{2g\frac{(P_1 - P_s)}{e}} = \sqrt{2gh} \text{ [m/s]}$$

∴ 유량 $Q = A \times C \times V$에서 $= A \times C\sqrt{2g\frac{(P_1 - P_s)}{e}}$ [m³/s]

㉯ 특징
　㉠ 더스트·미스트 등이 많은 유체의 측정은 부적합하다.
　㉡ 기체의 속도가 5[m/sec] 이하는 부적합하다.
　㉢ 유체의 압력에 대한 충분한 강도를 가져야 한다.
　㉣ 노즐의 마모나 관내의 속도·분포의 상태에 따라 오차가 발생한다.
　㉤ 일시적인 시험용으로 사용한다.
　㉥ 유체흐름의 방향에 평형하게 피토우관을 설치한다.

23

보일러 자동제어의 수위제어방식 3요소식에서 검출하지 않는 것은?
① 수위　　　　　　　② 노내압
③ 증기유량　　　　　④ 급수유량

해설
① 1요소식 : 수위
② 2요소식 : 수위, 증기량
③ 3요소식 : 수위, 증기량, 급수량

24

보일러 수위 검출 및 조절을 위해 사용되는 장치 중 코프식이 적용되는 방식은?
① 전극식　　　　　　② 차압식
③ 열팽창식　　　　　④ 부자(Float)식

해설 수위검출기의 종류
① 부자식(플로우트식)　　② 전극식
③ 자석식　　　　　　　　④ 코우프스식(금속관열팽창이용)

25

자동제어장치에서 조절계의 입력신호 전송방법에 따른 분류로 가장 거리가 먼 것은?
① 공기식　　　　　　② 유압식
③ 전기식　　　　　　④ 수압식

해설 신호전송방법
① 공기압 신호전송
　㉠ 사용조작압력은 0.2~1[kg/cm²]이다.
　㉡ 신호전달거리가 100~150[m] 정도이다.
　㉢ 온도제어 등에 적합하고 위험이 적다.
　㉣ 배관이 용이하고 보존이 쉽다.
　㉤ 내열성이 우수하나 압축성이므로 신호전달에 지연이 된다.
　㉥ 희망특성을 살리기 어렵다.
② 유압식 신호전송
　㉠ 사용유압은 0.2~1[kg/cm²]이다.

ⓒ 신호전달거리가 300[m] 정도이다.
ⓒ 높은 유압이 필요하다.
ⓔ 인화 위험성이 많다.
③ 전기식 신호전송
  ㉠ 사용전류는 4~30[mA] 또는 10~50[mADC]의 전류를 통일신호로 한다.
  ㉡ 신호전달거리는 0.3~10[km]까지 가능하다.
  ㉢ 신호전달의 지연이 없고 배선이 용이하다.
  ㉣ 대규모 조작력이 필요한 경우에 사용된다.
  ㉤ 높은 기술을 요하며 가격이 비싸다.

26. 보일러의 용량 표시방법과 관계가 없는 것은?

① 상당증발량 ② 전열면적
③ 보일러마력 ④ 연료소비량

해설 보일러의 용량표시 방법
① 정격출력 ② 정격용량 ③ 보일러마력
④ 상당증발량 ⑤ 전열면적 ⑥ 상당방열면적

27. 헴펠 분석법에서 가스가 흡수되는 순서로 옳은 것은?

① $CO_2 \rightarrow O_2 \rightarrow CO \rightarrow C_mH_n \rightarrow H_2 \rightarrow CH_4$
② $CO_2 \rightarrow C_mH_n \rightarrow O_2 \rightarrow CO \rightarrow H_2 \rightarrow CH_4$
③ $CO_2 \rightarrow CO \rightarrow O_2 \rightarrow H_2 \rightarrow C_mH_n \rightarrow CH_4$
④ $CO_2 \rightarrow O_2 \rightarrow CO \rightarrow H_2 \rightarrow CH_4 \rightarrow C_mH_n$

해설 헴펠분석법
① CO_2 : KOH 30% 수용액
② C_mH_n : 발연황산25%
③ O_2 : 알카리성 피롤카롤 용액
④ CO : 암모니아성 염화제1동용액

정답 26. ④ 27. ②

28

광전관식 온도계의 측정온도 범위로 옳은 것은?

① 700~3000℃   ② -20~350℃
③ -50~650℃   ④ -260~1000℃

 광전관식 온도계 : 광고온계와 같은 측정원리로 장점을 보다 효율적으로 이용하고 단점을 보완하여 두 개의 광전관을 통해 측온체로부터 빛을 얻어 양자의 휘도를 같도록 하여 필라멘트 전류로부터 온도지시 위치를 얻게 한다.
① 특징
  ㉠ 응답속도가 매우 빠르다. ㉡ 자동제어 및 기록이 용이하다.
  ㉢ 이용하는 물체의 측정이 용이하다. ㉣ 구조가 복잡하다.
② 측정온도범위 : 700~3000[℃]

29

다음 중 접촉식 온도계가 아닌 것은?

① 바이메탈온도계   ② 백금저항온도계
③ 열전대온도계   ④ 광고온계

비접촉식 온도계
① 광고온도계   ② 방사온도계   ③ 광전관식온도계   ④ 색온도계

30

다음 그림은 증기압력 제어에서 병렬제어 방식의 구성을 표시한 것이다. ( )에 적당한 용어는?

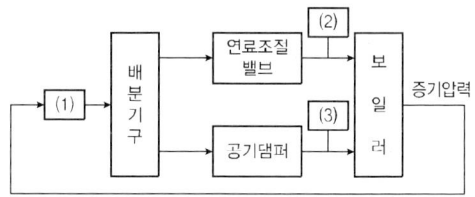

① (1) : 압력조절기, (2) : 목표치, (3) : 제어량
② (1) : 조작량, (2) : 설정신호, (3) : 공기량
③ (1) : 압력조절기, (2) : 연료공급량, (3) : 공기량
④ (1) : 연료공급량, (2) : 공기량, (3) : 압력조질기

28. ① 29. ④ 30. ③

31 펌프로 물을 양수할 때, 흡입관의 압력이 진공 압력계로 50mmHg일 때, 절대 압력은?
(단, 대기압은 750mmHg으로 가정한다.)
① 1.13MPa　　　　　　　　② 0.09MPa
③ 0.03MPa　　　　　　　　④ 0.01MPa

해설 진공절대압력 = 대기압 − 진공게이지압력 = 750−50 = 700mmHg
$= \dfrac{700}{750} \times 1.0332 \text{kg/cm}^2 = 0.921 \text{kg/cm}^2 \div 10 \text{kg/cm}^2/1\text{MPa} = 0.092\text{MPa}$

32 부르돈관식 압력계에서 부르돈관의 재료로 가장 거리가 먼 것은?
① 납　　　　　　　　　　　② 인청동
③ 스테인리스강　　　　　　④ 황동

해설 2차압력계
① 브르돈관 압력계(bourdon tube)
  ㉠ 고압장치에 가장 많이 사용되는 압력계로 2차 압력계의 대표적이다.
  ㉡ 브르돈관의 재질은 저압인 경우에는 황동, 청동, 인청동 등을 사용하며 고압일 때는 니켈강 등 특수강을 사용한다.
  ㉢ 암모니아용, 아세틸렌용 압력계에는 Cu 및 Cu 합금의 사용을 금하고 연강재를 사용한다.
  ㉣ 산소용 압력계는 '금유'라는 표시가 되어 있는 전용의 것을 사용한다.
  ㉤ 금속의 탄성원리를 이용한 압력계로 상용압력의 1.5배 이상 2배 이하의 눈금이 있는 것을 사용한다.
② 다이어프램 압력계(격막식 압력계)
  ㉠ 미소한 압력을 측정할 때 사용(+, −차압을 측정할 수 있다)
  ㉡ 재질은 고무, 테프론, 양은, 스테인리스 등이 쓰이며 측정 가능 범위는 공업용이 20~5000[mmAq]이다.
  ㉢ 부식성 유체의 측정이 가능하다.
  ㉣ 온도의 영향을 받기 쉽다.
  ㉤ 측정의 응답속도가 빠르다.
  ㉥ 이상압력으로 파손되어도 위험성이 작다.

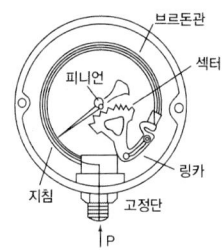

〈브르돈관식 압력계〉

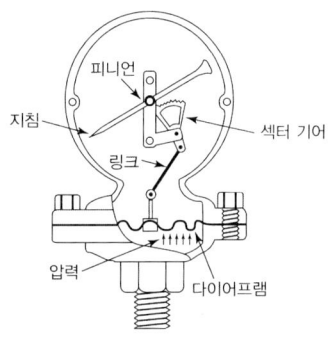

〈다이어프램 압력계〉

③ 벨로우즈 압력계
  ㉠ 신축에 의한 압력을 이용한다.
  ㉡ 유체 내의 먼지 등의 영향이 적고 압력 변동에 적응하기 어렵다.
  ㉢ 측정압력은 0.01~10[kg/cm²], 정밀도는 ±1~2[%]이다.

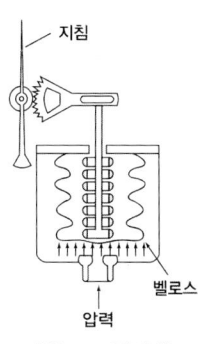

〈벨로스 압력계〉

33
제어동작 중 비례 적분 미분 동작을 나타내는 기호는?
① PID ② PI
③ P   ④ ON–OFF

 연속동작
  ① P동작(비례동작)   ② I동작(적분동작)
  ③ D동작(미분동작)   ④ PI동작(비례적분동작)
  ⑤ PID동작(비례적분미분동작)

34
내경 25.4mm인 관내에서 물의 평균유속이 1m/sec일 때 중량 유량은 약 몇 kg/s인가?
① 0.51 ② 1.67
③ 2.34 ④ 2.87

중량유량 $= r \times V \times A = 1000 \times 1 \times 0.785 \times 0.0254^2 = 0.506$ kg/s

35
여러 가지 주파수의 정현파(sin파)를 입력신호로 하여 출력의 진폭과 위상각의 지연으로부터 계의 동특성을 규명하는 방법은?
① 시정수   ② 프로그램제어
③ 주파수응답   ④ 비례제어

 · 시정수 : 스텝 입력에 대한 출력이 최종값의 63.2%에 달하는 시간
· 주파수응답 : 여러 가지 주파수의 정현파를 입력신호로 하여 출력의 진폭과 위상각의 지연으로부터 계의 동특성을 규명하는 방법

36

열전대 온도계의 원리로 맞는 것은?
① 전기적으로 온도를 측정한다.
② 두 물체의 열기전력을 이용한다.
③ 히스테리시스의 원리를 이용한다.
④ 물체의 열전도율이 큰 것을 이용한다.

해설 열전대온도계 : 두 물체의 열기전력 이용(제백 효과)
① PR(백금-백금로듐)(R형)
  ㉠ 산화성 분위기에 가장 강하다   ㉡ 환원성 분위기에 약하다
  ㉢ 금속증기에 침식   ㉣ 온도 : 0~1600℃
  ㉤ 백금 87%(+극), 백금로듐 13%(-극)   ㉥ 값이 싸고, 정도가 높고 안정성 우수
  ㉦ 열전대온도계 중 가장 고온 측정
② CA(크로멜 - 알루멜)(K형)
  ㉠ 크로멜(Ni(90%) + Cr(10%), 알루멜(Ni(94%)+Mn(2.5%)+Al(2.0%)+Fe(0.5)
  ㉡ 산화성 분위기에 약하다.   ㉢ 온도 : 0~1200℃
③ CC(동-콘스탄탄)(T형)
  ㉠ 수분에 의한 내식성이 크다.   ㉡ 콘스탄탄(Cu(55%)+Ni(45%))
  ㉢ 온도 : -200~350℃   ㉣ 열전대 온도계 중 가장 저온 측정
④ IC(철-콘스탄탄)(J형)
  ㉠ 환원성 분위기에 강하다.   ㉡ 온도 : -20~850℃

37

보일러의 열정산을 하는 목적이 아닌 것은?
① 열의 분포 상태를 알 수 있다.
② 보일러 조업 방법을 개선하는 데 이용할 수 있다.
③ 노의 개축, 축로의 자료로 이용할 수 있다.
④ 시험부하는 원칙적으로 정격부하로 한다.

해설 열정산의 목적
① 열의 손실 파악   ② 열설비의 성능 능력 파악
③ 조업 방법 개선   ④ 열정산 기초자료
⑤ 열의 이동상태 파악

정답 36. ② 37. ④

38

스테판-볼츠만의 법칙에서 완전 흑체표면에서의 복사열 전달열과 절대온도의 관계로 옳은 것은?

① 절대온도에 비례한다. ② 절대온도의 제곱에 비례한다.
③ 절대온도의 3제곱에 비례한다. ④ 절대온도의 4제곱에 비례한다.

 스테판볼쯔만의 법칙 : 복사열전달율은 절대온도 4승에 비례한다.

① 복사전열량$(Q) = 4.88 \times \varepsilon \times A \left(\left(\frac{T_1}{100} \right)^4 - \left(\frac{T_2}{100} \right)^4 \right)$

② 복사열전달율$(\alpha) = \dfrac{4.88 \times \varepsilon \times \left[\left(\frac{T_1}{100} \right)^4 - \left(\frac{T_2}{100} \right)^4 \right]}{t_1 - t_2}$

ε = 흑도, $T_1[K]$ = 표면부의 절대 온도, $T_2[K]$ = 실내의 절대 온도
$A[m^2]$ = 면적, t_1 = 표면부 온도, t_2 = 실내 온도

39

어떠한 조건이 충족되지 않으면 다음 동작을 저지하는 제어방법은?

① 인터록 제어 ② 피드백 제어
③ 자동연소 제어 ④ 시퀀스 제어

 인터록제어 : 구비조건이 맞지 않을 때 그 조건이 충족될 때 까지 다음단계를 정지시키는 것
· 종류 : ① 저수위 인터록 ② 저연소 인터록
       ③ 불착화 인터록 ④ 압력초과 인터록
       ⑤ 프리퍼지 인터록

40

압력 2.5MPa일 때 포화수 엔탈피는 960kJ/kg, 포화수증기의 엔탈피는 2,800kJ/kg이다. 이때 동일 압력하에서 습증기 5kg의 엔탈피는 10,000kJ이다. 이 습증기의 건도는?

① 0.27 ② 0.37
③ 0.47 ④ 0.57

 ① $\dfrac{10,000}{5} = 2,000 kJ/kg$

② 습증기건도 = $\dfrac{2,000 - 960}{2,800 - 960} = 0.565 ≒ 0.57$

38. ④ 39. ① 40. ④

제3과목 : 열설비구조 및 시공

41 검사대상기기의 계속사용검사 중 산업통상자원부령으로 정하는 항목의 검사에 불합격한 경우 일정 기간 내 그 검사에 합격할 것을 조건으로 계속 사용을 허용한다. 그 기간은 몇 개월 이내인가? (단, 철금속가열로는 제외한다.)
① 6개월　　　② 7개월
③ 8개월　　　④ 10개월

해설 계속사용허가기간 : 6개월 이내

42 매 초당 20L의 물을 송출시킬 수 있는 급수 펌프에서 양정이 7.5 m, 펌프효율이 75%일 때, 펌프의 소요 동력은?
① 4.34kW　　　② 2.67kW
③ 1.96kW　　　④ 0.27kW

해설 $kW = \dfrac{r \times Q \times H}{102 \times E} = \dfrac{1000 \times 0.02 \times 7.5}{102 \times 0.75} = 1.96\,kW$

43 어느 대향류 열교환기에서 가열유체는 80°C로 들어가서 30°C로 나오고 수열유체는 20°C로 들어가서 30°C로 나온다. 이 열교환기의 대수 평균온도차는?
① 25°C　　　② 30°C
③ 35°C　　　④ 40°C

해설 대수평균온도차 $= \dfrac{(T_1 - t_2) - (T_2 - t_1)}{\ln\dfrac{(T_1 - t_2)}{(T_2 - t_1)}} = \dfrac{(80 - 30) - (30 - 20)}{\ln\dfrac{(80 - 30)}{(30 - 20)}} = 24.86\,°C$

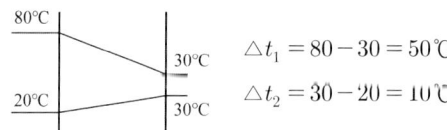

$\triangle t_1 = 80 - 30 = 50\,°C$
$\triangle t_2 = 30 - 20 = 10\,°C$

또는 대수평균온도차 $= \dfrac{\triangle t_1 - \triangle t_2}{\ln\dfrac{\triangle t_1}{\triangle t_2}} = \dfrac{50 - 10}{\ln\dfrac{50}{10}} = 24.86$

44

단열 벽돌을 요로에 사용하였을 때 나타나는 효과가 아닌 것은?
① 노내 온도가 균일해진다.
② 열전도도가 작아진다.
③ 요로의 열용량이 커진다.
④ 내화 벽돌을 배면에 사용하면 내화벽돌의 스폴링을 방지한다.

해설 단열 벽돌을 요로에 사용 하였을 때 나타나는 효과
① 요로의 열용량이 적어진다.
② 열전도도가 작아진다.
③ 내화벽돌을 배면에 사용시 내화벽돌의 스폴링을 방지
④ 노내온도가 균일해진다.

45

수관보일러의 특징으로 틀린 것은?
① 보일러 효율이 높다.
② 고압 대용량에 적합하다.
③ 전열면적당 보유수량이 적어 가동시간이 짧다.
④ 구조가 간단하여 취급, 청소, 수리가 용이하다.

해설 수관식 보일러의 특징
① 보일러 효율이 높다.
② 고압대용량에 적합하다.
③ 전열면적당 보유수량이 적어 가동시간이 짧다.
④ 구조가 복잡하여 청소, 검사, 수리가 곤란하다.
⑤ 순환통로가 좁아 스케일장애가 심각하므로 완벽한 급수처리를 요함
⑥ 제작이 까다로우며 비용도 많이 든다.
⑦ 고온, 고압의 증기를 발생하여 열의 이용도를 높였다.
⑧ 외분식이어서 노벽으로의 방산손실이 많다.

46

두께 25.4mm인 노벽의 안쪽온도가 352.7K이고 바깥쪽 온도는 297.1K이며 이 노벽의 열전도도가 0.048W/m·K일 때, 손실되는 열량은?
① 75W/m²
② 80W/m²
③ 98W/m²
④ 105W/m²

해설 $Q = \dfrac{\lambda \cdot A \cdot \Delta t}{d} = \dfrac{0.048 \times (352.7 - 297.1)}{0.0254} = 105.07 \text{ W/m}^2$

47

두께 25mm, 넓이 1m²의 철판의 전열량이 매시간 1000kcal가 되려면 양면의 온도차는 얼마이어야 하는가? (단, 열전도계수 $K=50$kcal/m·h·°C이다.)

① 0.5°C ② 1°C
③ 1.5°C ④ 2°C

해설
$$Q = \frac{\lambda A \Delta t}{d}$$
$$\Delta t = \frac{Q \times d}{\lambda \times A} = \frac{1000 \times 0.025}{50 \times 1} = 0.5°C$$

48

보일러 수에 포함된 성분 중 포밍(foaming)발생 원인과 가장 거리가 먼 것은?

① 나트륨(Na) ② 칼륨(K)
③ 칼슘(Ca) ④ 산소(O_2)

해설 용존산소 : 점식의 원인

49

증기 축열기에 대한 설명으로 틀린 것은?

① 열을 저장하는 매체는 증기이다.
② 변압식은 보일러 출구 증기 측에 설치한다.
③ 저부하시 잉여증기의 열량을 저장한다.
④ 정압식 보일러 입구 급수 측에 설치한다.

해설 열을 저장하는 매체는 물이다.

50

검사대상기기설치자는 검사대상기기 관리자를 해임하거나 관리자가 퇴직하는 경우 다른 검사대상기기 관리자를 언제까지 선임해야 하는가?

① 해임 또는 퇴직 후 5일 이내 ② 해임 또는 퇴직 후 10일 이내
③ 해임 또는 퇴직 후 20일 이내 ④ 해임 또는 퇴직 이전

해설 검사대상기기관리자가 퇴직하는 경우에는 해임 또는 퇴직이전에 따른 검사대상기기관리자를 선임해야한다.

정답 47. ① 48. ④ 49. ① 50. ④

51 아래 벽체구조의 열관류율(kcal/h · m² · ℃) 값은? (단, 이때 내측 열저항 값은 0.05 m² · h · ℃/kcal, 외측 열저항 값은 0.13m² · h · ℃/kcal이다.)

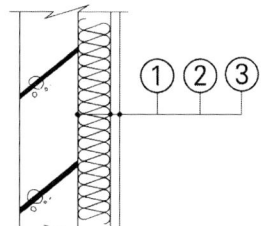

재료	두께(mm)	열전도율(kcal/h · m² · ℃)
내측		
① 콘크리트	250	1.4
② 글라스울	100	0.031
③ 석고보드	20	0.20
외측		

① 0.27 ② 0.37
③ 0.47 ④ 0.57

 $K = \dfrac{1}{\dfrac{1}{\alpha_1} + \dfrac{d_1}{\lambda_1} + \dfrac{d_2}{\lambda_2} + \dfrac{d_3}{\lambda_3} + \dfrac{1}{\alpha_2}}$

$= \dfrac{1}{\left(0.05 + \dfrac{0.25}{1.4} + \dfrac{0.1}{0.031} + \dfrac{0.02}{0.2} + 0.13\right)}$

$= 0.2714 \text{kcal/m}^2 \cdot h \cdot ℃$

52 연속식 요에서 터널요의 구성요소가 아닌 것은?
① 건조대 ② 예열대
③ 소성대 ④ 냉각대

 터널요의 구성요소 : ① 예열대 ② 소성대 ③ 냉각대

53 소용량 강철제보일러의 규격을 옳게 나타낸 것은 무엇인가?
① 강철제보일러 중 전열면적이 1m² 이하이고 최고사용 압력이 0.35MPa 이하인 것
② 강철제보일러 중 전열면적이 5m² 이하이고 최고사용 압력이 0.35MPa 이하인 것
③ 강철제보일러 중 전열면적이 10m² 이하이고 최고사용 압력이 0.1MPa 이하인 것
④ 강철제보일러 중 전열면적이 15m² 이하이고 최고사용 압력이 0.1MPa 이하인 것

소용량 강철제보일러 : 최고사용압력이 0.35MPa 이하이고 전열면적이 5m² 이하인 것

51. ① 52. ① 53. ②

54 보일러를 본체의 구조에 따라 분류한 방법으로 가장 올바른 것은 무엇인가?
① 연관보일러, 원통보일러, 수관보일러
② 원통보일러, 수관보일러, 특수보일러
③ 노통보일러, 수관보일러, 관류보일러
④ 연관보일러, 수관보일러, 관류보일러

해설 보일러를 본체구조에 다른 분류
① 원통형 보일러 ② 수관식 보일러 ③ 특수보일러

55 검사대상 증기보일러의 안전밸브로 사용하는 안전밸브는?
① 스프링식 안전밸브
② 지렛대식 안전밸브
③ 중추식 안전밸브
④ 복합식 안전밸브

해설 증기보일러의 안전밸브 : 스프링식 안전밸브

56 보온재 선정 시 고려하여야 할 조건 중 틀린 것은?
① 부피비중이 적어야 한다.
② 열전도율이 가능한 높아야 한다.
③ 흡수성이 적고, 가공이 용이하여야 한다.
④ 불연성이고 화재 시 유독가스를 발생하지 않아야 한다.

해설 보온재의 구비조건
① 비중이 적어야 한다(가벼워야 한다).
② 열전도율이 적어야 한다(보온능력이 커야 한다).
③ 사용온도에 견디고 충분한 강도를 가져야 한다.
④ 기계적 강도가 있어야 한다.
⑤ 다공질이며 기공이 균일해야 한다.
⑥ 흡습성이 적어야 한다.

정답 54. ② 55. ① 56. ②

57 LD 전로법을 평로법에 비교한 것으로 틀린 것은?
① 평로법보다 생산 능률이 높다.
② 평로법보다 공장 건설비가 싸다.
③ 평로법보다 작업비, 관리비가 싸다.
④ 평로법보다 고철의 배합량이 많다.

 LD전로법
① 평로법보다 생산능률이 높다.
② 평로법보다 공장 건설비가 싸다.
③ 평로법보다 작업비, 관리비가 싸다.
④ 평로법보다 고철의 배합량이 적다.

58 다음 중 관류보일러에 해당되는 것은?
① 슐처 보일러
② 레플러 보일러
③ 열매체 보일러
④ 슈미드-하트만 보일러

 관류보일러의 종류
① 슐처 ② 엣모스 ③ 벤숀 ④ 람진

59 다음 중 구조상 보상도선을 반드시 사용하여야 하는 온도계는?
① 열전대식온도계
② 광고온계
③ 방사온도계
④ 전기식온도계

 열전대 온도계 : 두 개의 서로 다른 금속선을 양단에 연결하여 폐회로를 구성(2위치동작)하여 양단접점에 온도차를 주어 열기전력이 발생하는 제백효과 이용
① 열전대의 종류
　㉮ PR(R) 백금-백금로듐 : 0~1600℃
　　㉠ 산화성분위기에 강하다.
　　㉡ 금속증기에 침식되기 쉽다.
　　㉢ 가격이 비싸다.
　　㉣ 열전대온도계중 가장 고온측정
　㉯ CA(K) 크로멜-알루멜 : 0~1200℃
　　㉠ 산화성분위기에서 노화가 빠르다.　㉡ 가격이 싸다.
　㉰ CC(T) 동-콘스탄탄 : –200~300℃
　　㉠ 수분에 의한 내식성이 강하다.　㉡ 저온측정용
　㉱ IC(J) 철-콘스탄탄 : –20~800℃
　　㉠ 환원성 분위기에 강하다.

57. ④ 58. ① 59. ①

ⓛ 보상도선 : ⓐ 일반용 : 105℃까지 견디는 비닐피복
ⓑ 내열용 : 200℃까지 견디는 그라스울
② 냉접점 : 얼음이나 물을 보온병에 넣어 냉접점을 0℃로 유지하기 위해 열적인 평형을 유지시킨다.
③ 열전대 온도계의 특징
 ㉠ 고온측정에 적합
 ㉡ 전원장치가 필요 없다
 ㉢ 원격지시기록 가능
 ㉣ 측정할 곳에 직접 열접점을 넣어야 함
 ㉤ 보상도선이나 냉접점으로 인해 오차가 발생하기 쉽다.

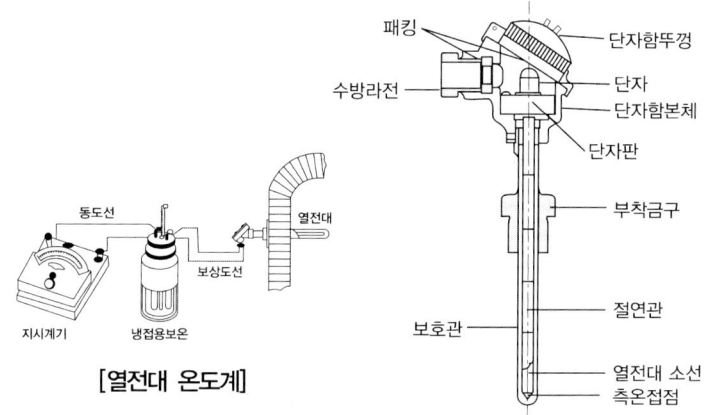

[열전대 온도계]

60

전자유량계는 어떤 유체의 유량을 측정하는데 주로 사용되는가?
① 순수한 물
② 과열된 증기
③ 도전성 유체
④ 비전도성 유체

해설 전자식 유량계
전도성의 물체가 기전력을 발생하여 도전성유체의 유속 또는 유량을 구하는 것으로 전자유도에 의한 페러데이법칙을 이용한 유량계이다.

제4과목 : 열설비취급 및 안전관리

61 강철제 보일러의 최고 사용압력이 1.6MPa일 때 수압시험 압력은 최고 사용압력의 몇 배로 계산하는가?

① 최고 사용압력의 1.3배
② 최고 사용압력의 1.5배
③ 최고 사용압력의 2배
④ 최고 사용압력의 3배

해설 강철제 보일러의 수압시험 압력
① 최고사용압력이 0.43MPa이하 : P×2
② 최고사용압력이 0.43MPa 초과 1.5MPa 이하 : P×1.3+0.3
③ 최고사용압력이 1.5MPa 초과 : P×1.5배

62 증기난방의 분류 방법이 아닌 것은?

① 증기관의 배관 방식에 의한 분류
② 응축수의 환수 방식에 의한 분류
③ 증기압력에 의한 분류
④ 급기 배관 방식에 의한 분류

해설 증기난방의 분류방법
① 응축수환수방식 : ㉠ 중력환수식 ㉡ 기계환수식 ㉢ 진공환수식
② 배관방식에 의한 분류 : ㉠ 단관식 ㉡ 복관식
③ 증기공급방식에 의한 분류 : ㉠ 상향순환식 ㉡ 하향순환식
④ 증기압력에 따른 분류

63 보일러 점화 시 역화(逆火)의 원인으로 가장 거리가 먼 것은?

① 프리퍼지가 부족했다.
② 연료 중에 물 또는 협잡물이 섞여 있었다.
③ 연도 댐퍼가 열려 있었다.
④ 유압이 과대했다.

해설 역화의 원인
① 프리퍼지, 포스트퍼지 부족시
② 점화시 착화가 늦은 경우
③ 공기보다 연료 먼저 투입시
④ 2차 공기의 예열 부족시
⑤ 유압 과대시
⑥ 압입통풍이 강할 때
⑦ 연료 중에 물 또는 협잡물 혼입시

61. ② 62. ④ 63. ③

64 에너지이용 합리화법에 따라 효율관리기자재의 제조업자는 해당 효율관리기자재의 에너지 사용량을 어느 기관으로부터 측정받아야 하는가?
① 검사기관   ② 시험기관
③ 확인기관   ④ 진단기관

해설 효율관리기자재의 제조업자 또는 수입업자는 산업통상자원부장관이 지정하는 <u>시험기관</u>(이하 "효율관리시험기관"이라 한다)에서 해당 효율관리기자재의 에너지 사용량을 측정받아 에너지소비효율등급 또는 에너지소비효율을 해당 효율관리기자재에 표시하여야 한다.

65 보일러 사고에 관한 내용으로 틀린 것은?
① 압궤는 고온의 화염을 받는 전열면이 과열이 지나쳐서 견디지 못하고 안쪽으로 눌리어 오목하게 들어간 현상이다.
② 팽출은 전열면의 과열이 지나쳐 내압력 작용에 견디지 못하고 밖으로 부풀어 나오는 현상이다.
③ 라미네이션은 기포 및 가스구멍이 혼재된 강괴를 압연할 경우 강판 및 강관이 기포에 의해 내부에서 두장으로 분리되는 현상이다.
④ 블리스터는 라미네이션 상태에서 가열이 지나쳐 내부로 오목하게 들어간 현상이다.

해설 블리스터는 라미네이션 상태에서 가열시 지나쳐 외부로 오목하게 나온 현상

66 에너지이용합리화법 시행규칙에서 정한 효율관리기자재가 아닌 것은?
① 보일러   ② 자동차
③ 조명기기   ④ 전기냉장고

해설 효율관리기자재
① 자동차   ② 조명기기   ③ 전기냉장고
④ 전기냉방기   ⑤ 삼상유도전동기   ⑥ 전기세탁기

67 산업통상자원부장관이 에너지다소비사업자에게 개선 명령을 할 수 있는 경우는 에너지관리지도 결과 몇 퍼센트 이상의 에너지효율개선이 기대되는 경우인가?
① 5%   ② 10%
③ 15%   ④ 20%

해설 산업통상자원부장관이 에너지다소비사업자에게 개선명령을 할 수 있는 경우는 에너지관리지도 결과 <u>10퍼센트 이상</u>의 에너지효율 개선이 기대되고 효율 개선을 위한 투자의 경제성이 있다고 인정되는 경우로 한다.

68
권한의 위임 또는 업무의 위탁사항으로 에너지관리공단이 행하지 않는 것은?
① 에너지절약전문기업의 등록
② 진단기관의 관리·감독
③ 과태료의 부과 및 징수
④ 검사대상기기의 검사

 에너지관리공단 행함
① 온실가스배출 감축실적의 등록 및 관리
② 에너지다소비사업자 신고의 접수
③ 에너지관리지도
④ 냉난방온도의 유지·관리 여부에 대한 점검 및 실태 파악
⑤ 검사대상기기의 검사, 검사증의 교부 및 검사대상기기 폐기 등의 신고의 접수
⑥ 검사대상기기관리자의 선임·해임 또는 퇴직신고의 접수 및 검사대상 기기관리자의 선임기간 연기에 관한 승인
⑦ 에너지사용계획의 검토(에너지사용계획의 검토기준, 검토방법, 그 밖에 필요한 사항은 산업통상자원부령으로 정함)
⑧ 에너지사용계획의 조성·보완 이행여부의 점검 및 실태파악
⑨ 효율관리기자재의 측정결과 신고의 접수
⑩ 대기전력경고표지대상제품의 측정결과 신고의 접수
⑪ 대기전력저감대상제품의 측정결과 신고의 접수
⑫ 고효율에너지기자재 인증 신청의 접수 및 인증
⑬ 고효율에너지기자재의 인증취소 또는 인증사용정지 명령
⑭ 에너지절약전문기업의 등록 및 관리·감독

69
보일러수를 분출하는 목적으로 틀린 것은?
① 저수위 운전 방지
② 관수의 농축 방지
③ 관수의 pH 조절
④ 전열면에 스케일 생성 방지

 분출목적
① 관수 PH 조절
② 관수농축방지
③ 슬러지 및 스케일생성방지
④ 프라이밍 포밍발생방지
⑤ 부식방지

70

가스용 보일러의 연료배관에 대한 설명으로 틀린 것은?

① 배관은 외부에 노출하여 시공해야 한다.
② 배관이음부와 절연전선과의 거리는 5cm 이상 유지해야 한다.
③ 배관이음부와 전기접속기와의 거리는 30cm 이상 유지해야 한다.
④ 배관이음부와 전기계량기와의 거리는 60cm 이상 유지해야 한다.

해설 배관이음부와의 거리
① 절연전선 : 10cm 이상(전선 : 15cm 이상)
② 접속기, 점멸기 굴뚝 : 30cm 이상
③ 안전기, 계량기, 콘센트, 개폐기 : 60cm 이상

71

보일러의 용수처리는 관내처리와 관외처리로 분류되는데 다음 중 관내처리에 해당되는 것은?

① pH조절
② 이온교환
③ 진공탈기
④ 침강분리

해설 관내처리
① PH조정제 : 인산소다, 암모니아, 수산화나트륨
② 연화제 : 인산소다, 탄산소다, 수산화나트륨
③ 탈산소제 : 탄닌, 아황산소다, 히드라진
④ 슬러지조정제 : 리그닌, 녹말, 탄닌
⑤ 가성취화방지제 : 리그닌, 황산소다, 탄닌, 인산소다

72

에너지법에서 사용하는 용어에 대한 설명으로 틀린 것은?

① "에너지"란 연료·열 및 전기를 말한다.
② "에너지사용자"란 에너지시설의 판매자 또는 공급자를 말한다.
③ "에너지사용기자재"란 열사용기자재나 그 밖에 에너지를 사용하는 기자재를 말한다.
④ "에너지사용시설"이란 에너지를 사용하는 공장·사업장 등의 시설이나 에너지를 전환하여 사용하는 시설을 말한다.

해설 에너지 사용자 : 에너지 사용시설의 소유자, 관리자, 점유자

정답 70. ② 71. ① 72. ②

73
급수용으로 사용되는 표준대기압에서 물의 일반적 성질 중 맞지 않는 것은 무엇인가?
① 응고점은 100°C이다.
② 임계압력은 22MPa이다.
③ 임계온도는 374°C이다.
④ 증발잠열은 539kcal/kg이다.

해설
① 비등점 : 100°C
② 어는점 : 0°C
③ 임계압력 : 225.65kg/cm² (22.565 MPa)
④ 임계온도 : 374.15°C
⑤ 증발잠열 : 539 kcal/kg(2256kJ/kg)

74
버킷 트랩을 사용하여 응축수를 위로 배출시키려면 트랩 출구에 어떤 밸브를 설치하는가?
① 앵글 밸브
② 게이트 밸브
③ 글로브 밸브
④ 체크 밸브

해설 체크밸브 : 유체의 역류방지

75
자발적 협약에 포함하여야 할 내용이 아닌 것은 무엇인가?
① 협약 체결 전년도 에너지소비 현황
② 에너지이용 효율향상 목표
③ 온실가스배출 감축 목표
④ 고효율기자재의 생산 목표

해설 자발적 협약에 포함할 내용
① 온실가스 배출 감축목표
② 에너지 이용 효율향상 목표
③ 협약체결 전년도 에너지 소비현황
④ 에너지관리체제 및 에너지관리방법

73. ① 74. ④ 75. ④

76 에너지사용계획을 수립하여 산업통상자원부 장관에게 제출하여야 하는 자는?
① 민간사업주관자로 연간 5천 티오이 이상의 연료 및 열을 사용하는 시설
② 공공사업주관자로 연간 2천 티오이 이상의 연료 및 열을 사용하는 시설
③ 민간사업주관자로 연간 1천만 킬로와트시 이상의 전력을 사용하는 시설
④ 공공사업주관자로 연간 2백만 킬로와트 이상의 전력을 사용하는 시설

해설 ① 에너지사용계획을 수립하여 산업통상자원부장관에게 제출하여야 하는 공공사업주관자
   ㉠ 연간 2천5백 티오이 이상의 연료 및 열을 사용하는 시설
   ㉡ 연간 1천만 킬로와트시 이상의 전력을 사용하는 시설
② 에너지사용계획을 수립하여 산업통상자원부장관에게 제출하여야 하는 민간사업주관자
   ㉠ 연간 5천 티오이 이상의 연료 및 열을 사용하는 시설
   ㉡ 연간 2천만 킬로와트시 이상의 전력을 사용하는 시설

77 에너지사용량의 신고 대상인 자가 매년 1월 31일까지 신고해야 할 사항이 아닌 것은?
① 전년도의 수지계산서
② 전년도의 에너지이용 합리화 실적
③ 해당 연도의 에너지사용 예정량
④ 에너지사용기자재의 현황

해설 에너지다소비업자의 신고사항 : 매년 1월 31일까지 시·도지사에게 신고
① 전년도의 에너지사용량 및 제품 생산량
② 당해연도의 에너지 사용 예정량 및 제품 생산 예정량
③ 에너지사용 기자재의 현황
④ 에너지관리자의 현황
⑤ 전년도의 에너지 이용 합리화 실적 및 해당년도 계획

78 보일러를 사용하지 않고 장기간 보존할 경우 가장 적합한 보존법은?
① 만수 보존법
② 건조 보존법
③ 밀폐 만수 보존법
④ 청관제 만수 보존법

해설 보일러 보존법
① 건조보존법(장기보존) : 6개월 이상
   흡습제 : $CaCl_2$, CaO, SiO_2, Al_2O_3
② 만수보존법(단기보존) : 2~3개월
   첨가약품 : 가성소다, 아황산소다, 탄산소다
③ 질소봉입법 : ㉠ 순도 99.5% 이상   ㉡ 압력 0.6 kg/cm²(0.06 MPa)

정답 76. ① 77. ① 78. ②

79 2개 이상의 엘보(Elbow)로 나사의 회전을 이용하여 온수 또는 저압증기용 배관에 사용하는 신축이음방식은?

① 루프형(Loop Type)
② 벨로즈형(Bellows Type)
③ 슬리브형(Sleeve Type)
④ 스위블형(Swivel Type)

해설 신축이음
① 루우프형
  ㉠ 신축곡관형, 만곡형
  ㉡ 고압증기의 옥외 배관에 사용
  ㉢ 응력이 생김
  ㉣ 곡률반경은 관지름의 6배 이상
② 슬리이브형
  ㉠ 미끄럼형, 슬라이드형
③ 벨로우즈형
  ㉠ 파상형, 주름통식, 팩레스신축이음
  ㉡ 응력이 생기지 않음
④ 스위블형
  ㉠ 방열기용
  ㉡ 나사의 회전에 의해 신축흡수
  ㉢ 2개 이상의 엘보우 사용 시공

80 노벽이 두께 24cm의 내화벽돌, 두께 10cm의 절연벽돌 및 두께 15cm의 적색벽돌로 만들어질 때 벽 안쪽과 바깥쪽 표면 온도가 각각 900℃, 90℃라면 열손실은 약 몇 kcal/h·m²인가? (단, 내화벽돌, 절연벽돌 및 적색벽돌의 열전도율은 각각 1.2, 0.15, 1.0kcal/h·m·℃이다.)

① 351
② 797
③ 1501
④ 4057

해설 $Q = K \cdot A \cdot \Delta t$
$= \dfrac{1}{\dfrac{0.24}{1.2} + \dfrac{0.1}{0.15} + \dfrac{0.15}{1.0}} \times 1 \times (900 - 90)$
$= 796.72 kcal/m^2 h$

제1과목 : 열역학 및 연소관리

01 물질의 상 변화와 관계있는 열량을 무엇이라 하는가?
① 잠열　　　　　　　② 비열
③ 현열　　　　　　　④ 반응열

해설
· 현열 : 상태변화 없이 온도만 변화하는 것
· 잠열 : 온도변화 없이 상태만 변화하는 것

02 공급열량과 압축비가 일정한 경우에 다음 중 효율이 가장 좋은 것은?
① 오토사이클　　　　② 디젤사이클
③ 사바테사이클　　　④ 브레이튼사이클

해설 공급열량과 압축비가 일정할 경우
오토사이클 > 디젤사이클 > 사바테사이클

03 저위발열량이 27000kJ/kg인 연료를 시간당 20kg씩 연소시킬 때 발생하는 열을 전부 활용할 수 있는 열기관의 동력은?
① 150kW　　　　　　② 900kW
③ 9000kW　　　　　 ④ 540000kW

해설 동력=20 kg/h × 6428.57 kcal/kg=128571 kcal/h ÷ 860 kcal/h/1 kg=149.50 kW

1 kcal=4.2 KJ　　$x = \dfrac{1kcal \times 27000kJ}{4.2kJ} = 6428.57 kcal/kg$

x =27000 KJ

정답 01. ① 02. ① 03. ①

04

보일러의 부속장치 중 안전장치가 아닌 것은?

① 화염검출기
② 가용전
③ 증기압력제한기
④ 증기 축열기

해설 안전장치
① 안전밸브 ② 화염 검출기 ③ 방폭문
④ 가용전 ⑤ 증기압력제한기 ⑥ 증기압력 조절기

05

프로판(C_3H_8), $5Nm^3$을 이론 산소량으로 완전 연소시켰을 때 건연소가스량은?

① $10Nm^3$
② $15Nm^3$
③ $20Nm^3$
④ $25Nm^3$

해설
$C_3H_8 + 5O_2 \rightarrow 3CO_2 + 4H_2O$
$22.4\,Nm^3 \qquad\qquad 3 \times 22.4\,Nm^3$
$5\,Nm^3 \qquad\qquad\qquad x$

$x = \dfrac{5 \times 3 \times 22.4\,Nm^3}{22.4\,Nm^3} = 15\,Nm^3$

06

100°C 건포화증기 2kg이 온도 30°C인 주위로 열을 방출하여 100°C 포화액으로 변했다. 증기의 엔트로피 변화는? (단, 100°C에서의 증발잠열은 2257kJ/kg이다.)

① $-14.9\,kJ/K$
② $-12.1\,kJ/K$
③ $-11.3\,kJ/K$
④ $-10.2\,kJ/K$

해설 $\Delta S = \dfrac{Q}{T_2} - \dfrac{Q}{T_1}$ 에서 2kg의 증기에 대한 엔트로피

∴ $\Delta S = -\dfrac{Q}{T_1} = -\dfrac{2 \times 2257}{273 + 100} = -12.10\,kJ/K$

07

보일러의 수면이 위험수위보다 낮아지면 신호를 발신하여 버너를 정지시켜주는 장치는?

① 노내압 조절장치
② 저수위 차단장치
③ 압력 조절장치
④ 증기트랩

08

온도 27°C, 최초 압력 100kPa인 공기 3kg을 가역단열적으로 1000kPa까지 압축하고자 할 때 압축일의 값은? (단, 공기의 비열비 및 기체상수는 각각 $K=1.4$, $R=0.287$kJ/kg·K이다.)

① 200kJ ② 300kJ
③ 500kJ ④ 600kJ

해설

① $\dfrac{T_2}{T_1} = \left(\dfrac{P_2}{P_1}\right)^{\frac{k-1}{k}}$

∴ $T_2 = \left(\dfrac{P_2}{P_1}\right)^{\frac{k-1}{k}} \times T_1 = \left(\dfrac{1000}{100}\right)^{\frac{1.4-1}{1.4}} = 579.21\text{K}$

② 압축일(W)
$= \dfrac{1}{k-1} GR(T_1 - T_2) = \dfrac{1}{1.4-1} \times 3 \times 0.287 \times (300 - 579.21) = 600.9\text{kJ}$

부호는 (−)이다.

09

5kcal의 열을 전부 일로 변환하면 몇 kgf·m인가?

① 50kgf·m ② 100kgf·m
③ 327kgf·m ④ 2135kgf·m

해설

1 kcal = 427 kg·m
5 kcal =
$x = \dfrac{5\,\text{kcal} \times 427\,\text{kg·m}}{1\,\text{kcal}} = 2135\,\text{kgf·m}$

10

표준대기압 상태에서 진공도 90%에 해당하는 압력은?

① 0.92988ata ② 0.10332ata
③ 684mmHg ④ 1.013bar

해설 1.0332atm × 0.1 = 0.10332atm

11

공기보다 비중이 커서 누설이 되면 낮은 곳에 고여 인화폭발의 원인이 되는 가스는?

① 수소　　　　　　　② 메탄
③ 일산화탄소　　　　④ 프로판

① 수소(H_2) : 2g ÷ 29g = 0.0689
② 메탄(CH_4) : 16g ÷ 29g = 0.5
③ 일산화탄소(CO) : 28g ÷ 29g = 0.965
④ 프로판(C_3H_8) : 44g ÷ 29g = 1.52
1보다 작으면 공기보다 가볍고 1보다 크면 공기보다 무겁다.

12

탄소 1kg을 완전 연소시키는데 필요한 산소량은 약 몇 kg인가?

① 1.67　　　　　　　② 1.87
③ 2.67　　　　　　　④ 3.67

$$C + O_2 \rightarrow CO_2$$
12 kg　　32 kg　　44 kg
22.4 Nm^3　22.Nm^3　22 Nm
∴ 12 kg = 32 kg
　1 kg = x

$$x = \frac{1\,kg \times 32\,kg}{12\,kg} = 2.667\,kg$$

13

기체연료를 1m^3씩 완전연소시켰을 때 연소가스가 가장 많이 발생하는 것은?

① 일산화탄소　　　　② 프로판
③ 수소　　　　　　　④ 부탄

기체연료 1 m^3 완전연소시 연소가스 발생량

① $2CO + 1O_2 \rightarrow 2CO_2$
　2×22.4 m^3　　2×22.4 m^3
　1m^3　　　　　　x
$$x = \frac{1\,m^3 \times 2 \times 22.4\,m^3}{2 \times 22.4} = 1\,m^3$$

② $C_3H_8 + 5O_2 \rightarrow 3CO_2 + 4H_2O$
　22.4 m^3　　　　3×22.4m^3
　1m^3　　　　　　x
$$x = \frac{1\,m^3 \times 3 \times 22.4\,m^3}{22.4\,m^3} = 3\,m^3$$

③ $2H_2 + 1O_2 \rightarrow 2H_2O$
　2×22.4　　　　　2×22.4
　1　　　　　　　　x
$$x = \frac{1 \times 2 \times 22.4}{2 \times 22.4} = 1\,m^3$$

④ $2C_4H_{10} + 13O_2 \rightarrow 8CO_2 + 10H_2O$
　2×22.4　　　　　8×22.4
　　1　　　　　　　　x　　　$x = \dfrac{8 \times 22.4 \, m^3}{2 \times 22.4} = 4 \, m^3$

14
과열증기에 대한 설명으로 옳은 것은?
① 건포화증기를 가열하여 압력과 온도를 상승시킨 증기이다.
② 건포화증기를 온도의 변동 없이 압력을 상승시킨 증기이다.
③ 건포화증기를 압축하여 온도와 압력을 상승시킨 증기이다.
④ 건포화증기를 가열하여 압력의 변동 없이 온도를 상승시킨 증기이다.

해설　과열증기 : 건포화증기를 가열하여 압력의 변동없이 온도를 상승시킨 증기

15
다음 [그림]은 물의 압력-온도 선도를 나타낸 것이다. 액체와 기체의 혼합물은 어디에 존재하는가?

① 영역 1
② 선 4 - 6
③ 선 0 - 4
④ 선 4 - 5

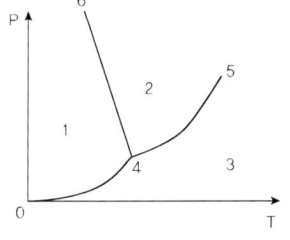

해설　영역 1 : 고체, 2 : 액체, 영역 3 : 증기, 4 : 증발곡선 : 4~5, 0~4 : 승화곡선
　　　5 : 임계점, 4~6 : 용해곡선, 점4 : 삼중점

16
증기 동력사이클의 기본 사이클인 랭킨 사이클(Rankine cycle)에서 작동 유체(물, 수증기)의 흐름을 옳게 나타낸 것은?
① 펌프→응축기→보일러→터빈→펌프
② 펌프→보일러→응축기→터빈→펌프
③ 펌프→보일러→터빈→응축기→펌프
④ 펌프→터빈→보일러→응축기→펌프

해설　랭킨사이클 작동유체의 흐름
　　　펌프 → 보일러 → 터빈 → 응축기 → 펌프

17 증기를 터빈 내부에서 팽창하는 도중에 몇 단으로 나누어 그 중 일부를 빼내어 급수의 가열에 사용하는 증기 사이클은?

① 랭킨 사이클(Rankine cycle) ② 재열사이클(reheating cycle)
③ 재생사이클(regenerative cycle) ④ 추가사이클(supplement cycle)

18 기체연료의 연소에는 층류확산연소, 난류확산연소 및 예혼합연소가 있다. 이 중 가장 고부하 연소가 가능한 연소방식은?

① 층류확산연소 ② 난류확산연소
③ 예혼합연소 ④ 모두 가능하다.

> 예혼합연소 : 연료와 공기를 미리 혼합하여 연소가 가능하며, 고부하연소가 가능하다. 역화의 우려가 있다.

19 다음 중 보염장치(保炎裝置)가 아닌 것은?

① 에어레지스터 ② 버너타일
③ 컴버스터 ④ 크레머

> 보염장치(착화와 연소화염을 안정시키고 공기와 연소의 혼합을 도모케하여 저공기비연소를 하게 하는 장치)
> ① 설치목적
>   ㉠ 연료의 분무를 돕고 공기와의 혼합을 양호하게 한다.
>   ㉡ 안정된 착화를 도모한다.
>   ㉢ 화염의 형상을 도모한다.
>   ㉣ 연소실의 온도분포를 고르게 하고 국부과열을 방지한다.
>   ㉤ 연소가스의 체류시간을 지연시켜 돕는다.
> ② 종류
>   ㉠ 버너 타일 : 버너이 첨단부분을 보호하며 화염의 모양을 형성시켜 연속화염을 안정시키는 내화재로 구축된 장치이다.
>   ㉡ 콤버스터 : 저온의 노에서도 연소를 안정시켜 분출흐름의 모양을 안정시킨 장치이다.
>   ㉢ 스테이 빌라이저 : 연료유의 분무흐름이나 연소공기 사이에서 저유속 흐름을 유도함으로 불꽃의 안정성을 유지케 하는 장치이다.
>   ㉣ 윈드 박스(Wind box) : 버너 벽면에 설치된 밀폐상자로 공기흐름을 적절히 유지하며 동압을 정압으로 유지

17. ③ 18. ③ 19. ④

20 CH₄ 45%, H₂ 30%, CO₂ 10% O₂ 8%, N₂ 7%로 구성된 혼합기체연료 1Nm³ 이 있을 때 이 혼합가스를 6Nm³의 공기로 연소 시킨다면 공기비는 약 얼마인가?

① 1.2
② 1.3
③ 1.4
④ 3.0

해설 혼합기체의 이론공기량 계산(Nm³/kg)
① $A_o = 2.38(H_2+CO)+9.52CH_4-4.76O_2$
 $= (2.38 \times 0.3 + 9.52 \times 0.45 - 4.76 \times 0.08) = 4.617 \text{Nm}^3/\text{Nm}^3$
② 공기비 계산 $= \dfrac{A}{A_o} = \dfrac{6}{4.617} = 1.299 \text{Nm}^3/\text{Nm}^3$

제2과목 : 계측 및 에너지진단

21 보일러 연도에서 가스를 채취하여 분석할 때 분석계 입구에서 1차 필터로 주로 사용되는 것은?

① 아런덤
② 유리솜
③ 소결금속
④ 카보런덤

해설
· 1차 필터 : ① 유리솜 ② 솜 ③ 석면
· 2차 필터 : ① 카보런덤 ② 알런덤 ③ 소결금속

22 다음 접촉식 계측기기 중 고온측정용으로 가장 적합한 온도계는?

① 유리 온도계
② 압력 온도계
③ 방사 온도계
④ 열전대 온도계

해설 열전대 온도계 : 열기전력 이용(접촉식온도계 중 가장 높은 온도 측정)
① PR(백금-백금로듐)(R형)
 ㉠ 산화성 분위기에 가장 강하다.
 ㉡ 환원성 분위기에 약하다.
 ㉢ 금속증기에 침식
 ㉣ 온도 : 0~1600℃
 ㉤ 백금 87%(+극), 백금로듐 13%(-극)
 ㉥ 값이 싸고, 정도가 높고 안정성 우수
 ㉦ 열전대온도계 중 가장 고온 측정

정답 20. ② 21. ② 22. ④

② CA(크로멜-알루멜)(K형)
  ㉠ 크로멜Ni(90%)+Cr(10%), 알루멜(Ni(94%)+Mn(2.5%)+Al(2.0%)+Fe(0.5%)
  ㉡ 산화성 분위기에 약하다.
  ㉢ 온도 : 0~1200℃
③ CC(동-콘스탄탄)(T형)
  ㉠ 수분에 의한 내식성이 크다.   ㉡ 콘스탄탄(Cu(55%)+Ni(45%))
  ㉢ 온도 : -200~350℃   ㉣ 열전대 온도계 중 가장 저온 측정
④ IC(철-콘스탄탄)(J형)
  ㉠ 환원성 분위기에 강하다.   ㉡ 온도 : -20~850℃

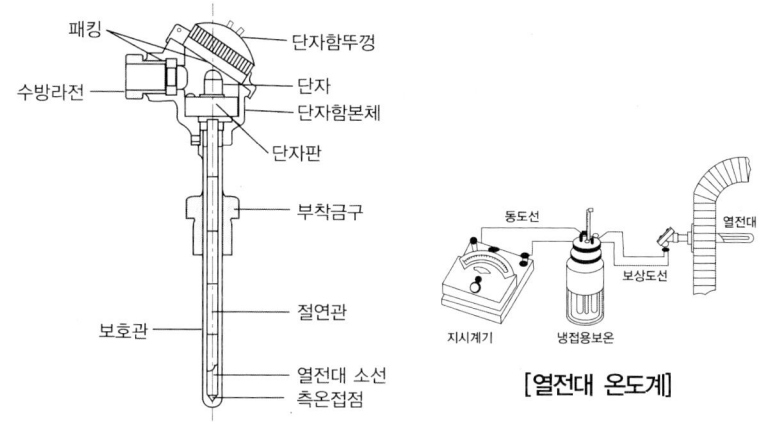

〈열전대 온도계 사용도〉   [열전대 온도계]

– 보상도선 : 열전대의 재료를 전부분에 사용하면 비용이 너무 많이 들기 때문에 측온부의 열전대단자에서 기준접점의 계기까지 거리를 보상도선으로 대용하고 경제적이고 편리하게 종류로는 일반용과 내열용을 나누며 일반용은 105[℃] 정도까지 견디는 비닐피복으로 침수의 위험시에도 절연이 되는 것이며 내열용은 200[℃]까지 견딜 수 있는 글라스울로 절연피복시킨다.

23

자동제어계에서 제어량의 성질에 의한 분류에 해당되지 않는 것은?
① 서보기구   ② 다수변제어
③ 프로세스제어   ④ 정치제어

해설 자동제어계에서 제어량의 성질에 따른 분류
  ① 서보기구 : 제어량이 물체의 위치, 방위, 자세 혹은 그 변화로서 있을 때의 피드백제어를 총칭(예 : 항공기의 방향제어, 레이더의 방향 및 선박)
  ② 프로세스제어 : 도시가스공업, 석유공업, 화학공업 등의 프로세스 공업에 있어서 제품처리를 할 때의 상태량 (온도, 압력, 유량, 농도, 점도, 습도, 액면)
  ③ 자동조정 : 부하의 전류, 전압, 전력, 주파수 등의 제어완동기가 전동기의 속도제어 및 발전기의 전압, 전류 등의 제어에 사용
  ④ 다변수제어

24 한 시간 동안 연도로 배기되는 가스량이 300kg, 배기가스 온도 240℃, 가스의 평균 비열이 0.32kcal/kg·℃이고, 외기 온도가 -10℃일 때, 배기가스에 의한 손실열량은?
① 14100kcal/h
② 24000kcal/h
③ 32500kcal/h
④ 38400kcal/h

해설 $Q = G.C. \Delta t = 300 \times 0.32 \times (240-(-10)) = 24000$ kcal/h

25 다음 화염검출기 중 가장 높은 온도에서 사용할 수 있는 것은?
① 프레임 로드
② 황화카드뮴 셀
③ 광전관 검출기
④ 자외선 검출기

해설 화염검출기의 종류
① 플레임 아이 : 화염의 발광체
② 플레임 로드 : 화염의 이온화 (전기전도성, 온도가 가장 높음)
③ 스택스위치 : 화염의 발열

26 1ppm이란 용액 몇 kgf의 용질 1mg이 녹아 있는 경우인가?
① 1kgf
② 10kgf
③ 100kgf
④ 1000kgf

해설
· 1PPM : 용액 1 kgf 중의 용질 1 mg 함유
· 1PPb : 용액 1 Ton 중의 용질 1 mg 함유

27 서로 다른 금속의 열팽창계수 차이를 이용하여 온도를 측정하는 것은?
① 열전대 온도계
② 바이메탈 온도계
③ 측온저항체 온도계
④ 서미스터

해설 바이메탈 온도계 : 서로 다른 금속의 열팽창 계수 차이를 이용하여 온도측정
· 특징
① 구조가 간단하고 견고하다.
② 고압기기의 온도측정용.
③ 응답속도가 빠르다.
④ 자동온도 기록장치에 사용
⑤ 측정온도 범위 : -50~500℃

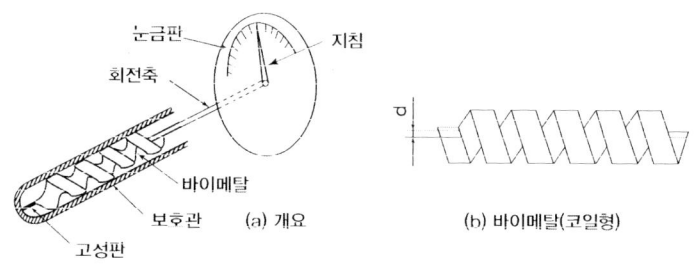
〈바이메탈 온도계〉

28
물이 들어있는 저장탱크의 수면에서 5 m 깊이에 노즐이 있다. 이 노즐의 속도계수(C_v)가 0.95일 때, 실제 유속(m/s)은?

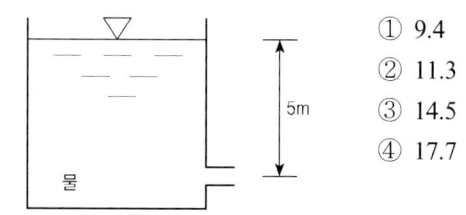

① 9.4
② 11.3
③ 14.5
④ 17.7

해설 $V = C_v \sqrt{2gh} = 0.95 \sqrt{2 \times 9.8 \times 5} = 9.4$ m/s

29
방사온도계에 대한 설명으로 틀린 것은?
① 방사율에 의한 보정량이 적다.
② 계기에 따라 거리계수가 정해지므로 측정거리에 제한이 있다.
③ 측온체와의 사이에 있는 수증기, CO_2등의 영향을 받는다.
④ 물체표면에서 방출하는 방사열을 이용하여 온도를 측정한다.

해설 방사온도계 : 물체온도가 올라가면 복사 에너지가 높아진다. 이를 이용하여 온도를 측정하는 것으로 비교적 높은 온도와 온도측정을 하는데 이러한 복사 에너지는 절대온도의 4제곱에 비례한다.
즉, 복사에너지 $E = \epsilon_1 \cdot a \cdot T_4$
$= 4.88 \times \epsilon \times \left(\dfrac{T}{100}\right)^4$ [kcal/m²h]
이는 스테판볼츠만의 법칙을 적용한다.
E : 복사 에너지 열량
ϵ : 전방사율
a : 비례상수
T : 절대온도

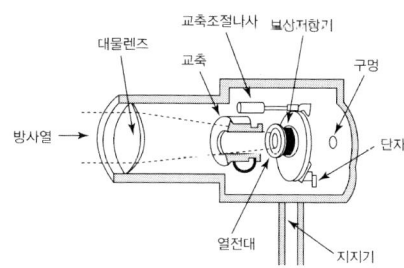
〈방사온도계의 구조〉

28. ① 29. ①

① 특징
   ㉠ 측정지연시간이 적다.
   ㉡ 자동제어 및 기록이 가능하다.
   ㉢ 이동하는 물체의 표면을 고온측정한다.
   ㉣ 방사율에 의한 보정량이 크고 정밀한 정도가 어렵다.
   ㉤ 측정거리의 영향을 받는다.

30 출력이 일정한 값에 도달한 이후의 제어계의 특성을 무엇이라고 하는가?
① 과도특성
② 스텝특성
③ 정상특성
④ 주파수응답

31 열전대 온도계의 보호관 중 상용 사용온도가 약 1000℃로서 급열, 급냉에 잘 견디고, 산에는 강하나 알칼리에는 약한 비금속 온도계 보호관은?
① 자기관
② 석영관
③ 황동관
④ 카보런덤관

 비금속보호관

종류	최고사용온도	특징
카보란담관	1600~1700℃	• 이중보호관 및 방사고온도계용 • 다공질로서 급열 급랭에 강함
자기관	1450~1550℃	• 내열성 및 알카리에 약함 • 용융금속등알카리에 약함
석영관	1000~1050℃	• 급열, 급냉에 잘견딤 • 산에는 강하나 알카리에는 약함 • 환원성가드에 기밀성이 약간 떨어짐

32 냉각식 노점계를 자동화시킨 습도계로서 저습도의 측정은 가능하지만 기구가 다소 복잡한 것은?
① 듀셀 노점계
② 광전관식 노점습도계
③ 모발 습도계
④ 냉각식 노점계

33

보일러 실제증발량에 증발계수를 곱한 값은 무엇인가?
① 상당증발량　　② 단위 시간당 연료소모량
③ 연소실 열부하　　④ 전열면 열부하

- 상당증발량 = $\dfrac{G(h''-h')}{539}$　　· 증발계수 = $\dfrac{(h''-h')}{539}$
- 연소실열부하 = $\dfrac{Gf \times Hl}{V}$　　· 전열면열부하 = $\dfrac{G(h''-h')}{A}$
- 증발배수 = $\dfrac{G}{Gf}$

34

다음 중 다이어프램의 재질로서 옳지 않는 것은 무엇인가?
① 고무　　② 양은
③ 탄소강　　④ 스테인리스강

다이어프램 압력계(격막식 압력계)
① 미소한 압력을 측정할 때 사용(+, -차압을 측정할 수 있다)
② 재질은 고무, 테프론, 양은, 스테인리스 등이 쓰이며 측정 가능 범위는 공업용이 20~5,000[mmAq]이다.
③ 부식성 유체의 측정이 가능하다.
④ 온도의 영향을 받기 쉽다.
⑤ 측정의 응답속도가 빠르다.
⑥ 이상압력으로 파손되어도 위험성이 작다.

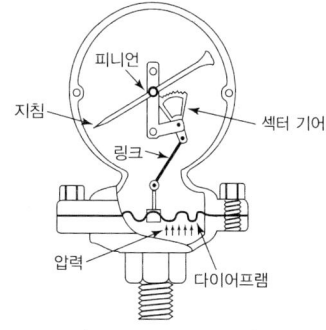
〈다이어프램 압력계〉

35

내경 25.4mm인 관도에서 물의 평균유속이 1 m/sec일 때 중량 유량은 약 몇 kg/s인가?
① 0.51　　② 1.67
③ 2.34　　④ 2.87

중량유량 = $r \times V \times A = 1000 \times 1 \times 0.785 \times 0.0254^2 = 0.506$ kg/s

36

다음 중 1N(뉴턴)에 대한 설명으로 옳은 것은 무엇인가?

① 질량 1kg의 물체에 가속도 $1m/s^2$이 작용하여 생기게 하는 힘이다.
② 질량 1g의 물체에 가속도 $1cm/s^2$이 작용하여 생기게 하는 힘이다.
③ 면적 $1cm^2$에 1kg의 무게가 작용할 때의 응력이다.
④ 면적 $1cm^2$의 1g의 무게가 작용할 때의 응력이다.

해설 1N(뉴턴) : 질량 1kg의 물체에 가속도 $1m/s^2$이 작용하여 생기게 하는 힘

37

노 내의 온도측정이나 벽돌의 내화도 측정용으로 사용되는 온도계는?

① 제겔콘
② 바이메탈온도계
③ 색온도계
④ 서미스터온도계

해설 제겔콘 : 노내의 온도측정이나 벽돌의 내화도 측정용

38

오차의 종류로서 계통오차에 해당되지 않는 것은?

① 고유오차
② 개인오차
③ 우연오차
④ 이론오차

해설 ① 계통오차 : 측정값에 어떤 일정한 영향을 주는 원인에 의해 생기는 오차
· 종류
　㉠ 환경오차 : 온도, 압력, 습도에 의한 오차
　㉡ 계기오차(고유오차) : 측정기가 불완전하거나 내부적 요인의 영향, 사용상의 제한등으로 생기는 오차
　㉢ 이론오차 : 공식, 계산 등으로 생기는 오차
　㉢ 개인오차 : 개인의 버릇에 의한 오차

39

물의 기화열은 1기압에서 2,257kJ/kg이다. 1기압하에서 포화수 1kg을 포화수증기로 만들 때 물의 엔트로피의 변화는 몇 kJ/K인가?

① 0
② 6.05
③ 539
④ 2257

해설 $\triangle s = \dfrac{\triangle Q}{T} = \dfrac{2,257}{273+100} = 6.05 kJ/K$

40. 다음 중 건도가 0 일 때의 상태로 적합한 것은?
① 습증기 ② 건포화증기
③ 과열증기 ④ 포화액체

해설 포화수 = 0   습증기 = 0 < x < 1   포화증기 = 1   과열증기 = 1 > 0

제3과목 : 열설비구조 및 시공

41. 보일러 검사를 받는 자에게는 그 검사의 종류에 따라 필요한 사항에 대한 조치를 하게 할 수 있다. 그 조치에 해당되지 않는 것은?
① 비파괴검사의 준비 ② 수압시험의 준비
③ 운전성능 측정의 준비 ④ 보온단열재의 열전도 시험준비

해설 보일러검사를 받을 시 필요한 조치
① 비파괴검사의 준비
② 수압시험의 준비
③ 운전성능 측정의 준비

42. 큐폴라(Cupola)의 다른 명칭은?
① 용광로 ② 반사로 ③ 용선로 ④ 평로

해설 용선로(큐폴라)
① 주철의 용해에 사용된다.
② 열효율이 좋고 용해시간이 빠르다.
③ 규격은 매시간당 용해 할 수 있는 중량(톤)으로 표시
④ 코크스속의 탄소, 인, 황 등의 불순물이 들어가 용량의 질이 저하된다.

43. 다음 중 박스 트랩(box trap) 중 하나로 주로 아파트 및 건물의 발코니 등의 바닥 배수에 사용하여 상층의 배수 침투 및 악취 분출 방지역할을 하는 트랩은?
① 벨 트랩 ② S 트랩
③ 관 트랩 ④ 그리스 트랩

해설 벨트랩 : 아파트 및 건물의 발코니 등의 바닥배수에 사용하여 상층의 배수침투 및 악취분출 방지역할

40. ④ 41. ④ 42. ③ 43. ①

44

다음 중 수관식 보일러에 속하는 것은?

① 노통보일러 ② 기관차형보일러
③ 바브콕보일러 ④ 횡연관식보일러

해설 수관식 보일러
① 자연순환식 수관 보일러 : 바브콕, 쓰네기찌, 타꾸마, 2동D형, 3동A형
② 강제순환식 수관 보일러 : 벨록스, 라몽
③ 관류식 수관 보일러 : 슬처어, 옛모스, 벤숀, 람진

45

대형 보일러 설비 중 절탄기(economizer)란?

① 석탄을 연소시키는 장치 ② 석탄을 분쇄하기 위한 장치
③ 보일러급수를 예열하는 장치 ④ 연소가스로 공기를 예열하는 장치

해설 · 절탄기(이코노마이져) : 연소가스 예열을 이용하여 급수를 예열하는 장치
· 공기예열기(에어프리히터) : 연소가스 예열을 이용하여 연소용공기를 예열하는 장치

46

강관의 두께를 나타내는 번호인 스케줄 번호를 나타내는 식은? (단, 허용응력 : S, 사용최고압력 : P)

① $10 \times \dfrac{S}{P}$ ② $10 \times \dfrac{P}{S}$

③ $10 \times \dfrac{P}{\sqrt{S}}$ ④ $10 \times \dfrac{S}{\sqrt{P}}$

해설 스케쥴 번호(Sch, No) $= \dfrac{P}{S} \times 10 = \dfrac{P}{S} \times 1000$

47

증기 보일러에 압력계를 설치할 때 압력계와 보일러를 연결시키는 관은?

① 냉가관 ② 통기관
③ 사이폰관 ④ 오버플로우관

해설 · 사이폰관 : 고온의 증기나 물로부터 압력계를 보호하기 위해
· 안지름 : ① 동관 : 6.5 mm 이상
② 강관 : 12.7 mm 이상

정답 44. ③ 45. ③ 46. ② 47. ③

48

안전밸브의 증기누설이나 작동불능의 원인으로 가장 거리가 먼 것은?

① 밸브 구경이 사용압력에 비해 클 때
② 밸브 축이 이완될 때
③ 스프링의 장력이 감소될 때
④ 밸브 시트 사이에 이물질이 부착될 때

해설 안전밸브 누설 원인
① 스프링 장력 감소 시   ② 조종압력이 낮을 때
③ 밸브시트 이물질 부착 시   ④ 밸브시트가공불량
⑤ 밸브 축이 이완될 때   ⑥ 밸브디스크 불량 시

49

특수보일러에 해당하지 않는 것은?

① 벤슨 보일러   ② 다우섬 보일러
③ 레플러 보일러   ④ 슈미트-하트만 보일러

해설 특수보일러
① 열매체보일러 : 모빌섬, 수은, 다우삼, 카네크롤
② 간접가열보일러 : 슈미트, 레플러
③ 폐열보일러 : 하이네, 리히보일러

50

규석질 벽돌의 특징에 대한 설명이 틀린 것은?

① 내화도가 높으며 내마모성이 좋다.
② 열전도율이 샤모트질 벽돌보다 작다.
③ 저온에서 스폴링이 발생되기 쉽다.
④ 용융점 부근까지 하중에 견딘다.

해설 열전도율이 샤모트질 벽돌보다 크다.

51

두께 200mm인 콘크리트(열전도도 $k = 1.6$ W/m·K)에 두께 10 mm인 석고판 (열전도도 $k = 0.2$ W/m·K)을 부착하였다. 실내측 표면열전달계수 $\alpha_r = 8.4$ W/m²·K, 실외측 표면열전달계수 $\alpha_o = 23.2$ W/m²·K라고 하면 열관류율은?

① 2.37W/m²·K   ② 2.57W/m²·K
③ 2.77W/m²·K   ④ 2.97W/m²·K

해설 $K = \dfrac{1}{\dfrac{1}{\alpha_1} + \dfrac{d_1}{\lambda} + \dfrac{1}{\alpha_2}} = \dfrac{1}{\left(\dfrac{1}{8.4} + \dfrac{0.2}{1.6} + \dfrac{0.01}{0.2} + \dfrac{1}{23.2}\right)} = 2.966$ W/m²·K

52

터널요(Tunnel kiln)의 구성요소가 아닌 것은?

① 예열대   ② 소성대
③ 냉각대   ④ 건조대

해설 터널요의 구성요소 : ① 예열대   ② 소성대   ③ 냉각대

53

층류와 난류의 유동상태 판단의 척도가 되는 무차원수는?

① 마하수   ② 프란틀수
③ 넛셀수   ④ 레이놀즈수

해설 층류와 난류의 유동상태 판단의 척도 : 레이놀즈수

54

직경 200 mm 배관을 이용하여 매분 2500 L의 물을 흘려 보낼 때 배관 내의 유속은 약 몇 m/s인가?

① 1.1   ② 1.3
③ 1.5   ④ 1.8

해설 $Q = A \times V$

$V = \dfrac{Q}{A} = \dfrac{2.5 \text{m}^3/\min}{0.785 \times 0.2^2 \times 60} = 1.326$ m/s

정답 51. ④   52. ④   53. ④   54. ②

55
검사대상기기인 보일러의 연료 또는 연소방법을 변경한 경우 받아야 하는 검사는?
① 구조검사 ② 개조검사
③ 계속사용 성능검사 ④ 설치검사

해설 개조검사
① 연료 또는 연소방법을 변경한 경우
② 증기보일러를 온수보일러로 개조한 경우
③ 보일러 섹션을 증감하여 용량을 변경한 경우

56
분말 철광석을 괴상화하는데 적합한 로는 무엇인가?
① 소결로 ② 저항로
③ 가열로 ④ 도가니로

해설
① 소결로 : 분말철광석을 괴상화하는데 적합
② 도가니로 : 공기를 배제한 상태에서 유도가열되는 도가니를 이용, 고순도의 강철을 얻는다.
③ 가열로 : 내화물의 내장이나 강재의 연소실 안에서 연료로부터의 발생열로 고체 또는 유체를 가열하는 장치

57
용광로의 종류가 아닌 것은 무엇인가?
① 전로식 ② 철피식
③ 철대식 ④ 절충식

해설 용광로의 종류
① 철대식 : 노상층부의 하중의 철탑으로 지지하고 노용부는 철대를 두르고 6~8개의 지주로 지탱
② 철피식 : 노용부를 철피로 보강한 것으로 6~8개의 지주로 지탱
③ 절충식

58
내열범위가 −260~260°C 정도이고 탄성이 부족하고 기름에 침해되지 않는 패킹제는?
① 오일 실 패킹 ② 합성수지 패킹
③ 네오프렌 ④ 석면 조인트 시트

55. ② 56. ① 57. ① 58. ②

해설 플랜지패킹
① 고무패킹 : ㉠ 네오플랜의 합성고무는 내열범위가 –46~121°C로 증기배관에도 사용
② 석면조인트시트 : ㉠ 광물질의 미세한 섬유로 450°C의 고온배관에도 사용
③ 합성수지패킹 : ㉠ 가장 우수한 것으로 테프론이 있으며 내열범위는 –260~260°C이다.
④ 오일시일패킹 : ㉠ 힌지를 내유가공한 것으로 펌프나 기어박스에 사용
⑤ 나사용패킹
　㉠ 액상합성수지 : 내열범위가 –30~130[°C] 약품에 강하고 내유성이 강해 증기, 기름, 약품 배관에 사용
　㉡ 일산화연 : 페인트에 소량의 일산화연을 혼합사용, 냉매배관 등에 사용
⑥ 글랜드패킹
　㉠ 아마존패킹 : 면포와 내열고무 콤파운드를 가공성형, 압축기용 그랜드에 사용
　㉡ 모울드 패킹 : 석면, 흑연, 수지를 배합성형, 밸브, 펌프 등에 사용
　㉢ 석면각형 패킹 : 석면을 각형으로 짜서 만든 것으로 내열, 내산성이 좋아 대형밸브 그랜드에 사용
　㉣ 석면얀 : 석면을 꼬아서 만든 것으로 소형밸브, 수면계 콕 등에 사용

59 휘도를 표준온도의 고온 물체와 비교하여 온도를 측정하는 온도계는?
① 액주온도계　　　　② 광고온계
③ 열전대온도계　　　④ 기체팽창온도계

해설 광고온계 : 물체의 방사휘도와 고온계에 들어있는 기준온도의 고온체인 전구의 필라멘트 휘도를 특색파장(적색유리)을 통하여 육안으로 휘도를 비교 관측하여 온도를 측정한다.
① 특징
　㉠ 방사율에 의한 보정량이 적다.
　㉡ 개인오차가 발생하므로 다수의 사람이 정밀 측정한다.
　㉢ 휴대 및 취급이 용이하다.
　㉣ 비접촉 중 가장 정확한 온도를 측정한다(±10~15°C).
　㉤ 측정시 수동을 요하므로 자동제어가 불가능하다.
　㉥ 연속측정이 곤란하고 700[°C] 이하에서는 측정이 곤란하다(측정온도범위 700~ 3,000°C).

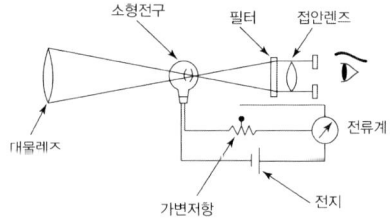

[광고온계 구조]

60 다음 중 온도를 높여주면 산소 이온만을 통과시키는 성질을 이용한 가스분석계는?

① 세라믹 O_2계
② 갈바닉 전자식 O_2계
③ 자기식 O_2계
④ 적외선 가스분석계

해설 세라믹식 O_2계(지르코니아식 O_2계) : 지르코니아(ZrO_2)를 주원료로 한 특수 세라믹은 온도를 높이면 산소이온만을 통과시키는 성질로 파이프 내외부에 백금의 다공질 전극을 붙여 파이프 전체를 850[℃]로 보존하여 파이프 외부에 공기를 흐르게 하고 측정하려는 가스를 내부에 흐르게 하였을 경우 양극의 기전력을 측정해 가스 중에서 산소의 농도를 알아낸다.

※ 특징
① 측정가스 중 가연성가스가 혼합되어 있으면 측정이 곤란하다.
② 응답속도가 빠르며 주위조건의 변화에도 큰 영향이 없다.
③ 측정부의 온도유지를 위해 전기로가 필요하다.
④ 측정범위가 대단히 넓다.

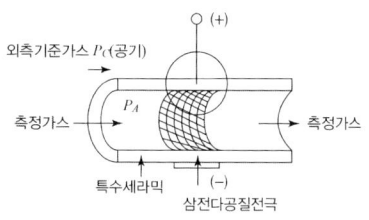

〈지르코니아식 O_2계의 내부구조〉

제4과목 : 열설비취급 및 안전관리

61 신설 보일러의 가동 전 준비사항에 대한 설명으로 틀린 것은?

① 공구나 기타 물건이 동체 내부에 남아 있는지 반드시 확인한다.
② 기수분리기나 부속품의 부착상태를 확인한다.
③ 신설 보일러에 대해서는 가급적 가열건조를 시키지 않고 자연건조(1주 이상)를 시킨다.
④ 제작 시 내부에 부착한 페인트, 유지, 녹 등을 제거하기 위해 내면을 소다 끓이기 등을 통하여 제거한다.

해설 신설보일러 가동 전 준비사항
① 내부점검
② 노 및 연도내의 점검
③ 부속품의 정비 상황 점검
④ 소다보링 : 설치 제작시 부착된 페인트, 유지, 녹등을 제거하기 위해 동내부에 소다계통의 약액을 주입하고 가압하여 (0.3~0.5)kg/cm^2 2~3일간 끓여 반복분출
⑤ 자동제어 장치의 점검
⑥ 부속장치의 점검

62 에너지이용 합리화법에 따라 다음 중 벌칙기준이 가장 무거운 것은?
① 해당 법에 따른 검사대상기기의 검사를 받지 아니한 자
② 해당 법에 따른 검사대상기기관리자를 선임하지 아니한 자
③ 해당 법에 따른 에너지저장시설의 보유 또는 저장의무의 부과시 정당한 이유 없이 이를 거부하거나 이행하지 아니한 자
④ 해당 법에 따른 효율관리기자재에 대한 에너지 사용량의 측정결과를 신고하지 아니한 자

해설 벌칙
① 2년 이하의 징역 또는 2천만원 이하의 벌금
 ㉠ 에너지저장시설의 보유 또는 저장의무의 부과시 정당한 이유 없이 이를 거부하거나 이행하지 아니한 자
 ㉡ 에너지수급의 안정을 기하기 위한 조정·명령 등의 조치를 위반한 자
 ㉢ 공단의 임직원으로 근무하거나 근무하였던 사람이 직무상 알게 된 비밀을 누설하거나 도용한 자
② 1년 이하의 징역 또는 1천만원이하의 벌금
 ㉠ 검사대상기기의 검사를 받지 아니한 자
 ㉡ 검사에 합격되지 아니한 검사대상기기를 사용한 자
③ 2천만원 이하의 벌금
 ㉠ 효율 관리 기자재의 생산 또는 판매금지 명령에 위반한 자
④ 1천만원 이하의 벌금
 ㉠ 검사대상기기관리자를 선임하지 아니한 자
 ㉡ 검사대상기기 검사를 받지 아니하고 사용한자
⑤ 500만원 이하의 벌금
 ㉠ 효율관리기자재에 대한 에너지사용량의 측정결과를 신고하지 아니한 자
 ㉡ 대기전력경고표지 대상제품에 대한 측정결과를 신고하지 아니한 자
 ㉢ 대기전력경고표지를 하지 아니한 자
 ㉣ 대기전력저감우수제품임을 표시하거나 거짓 표시를 한자
 ㉤ 대기전력저감기준에 미달하는 경우 시정명령을 정당한 사유 없이 이행하지 아니한 자
 ㉥ 고효율에너지인증대상기자재의 인증을 받은 자가 아닌 자는 해당 고효율에너지인증대상기자재에 고효율에너지기자재의 인증 표시를 위반하여 인증 표시를 한 자

63
보일러설치검사 기준에 정한 압력방출장치 및 안전밸브에 대한 설명으로 틀린 것은?
① 증기 보일러에는 2개 이상 안전밸브를 설치하여야 한다.
② 전열면적이 50m² 이하의 증기보일러에서는 안전밸브를 1개 이상으로 한다.
③ 관류보일러에서 보일러와 압력방출장치와의 사이에 체크밸브를 설치할 경우 압력방출 장치는 2개 이상으로 한다.
④ 안전밸브는 쉽게 검사할 수 있는 장소에 밸브 축을 수평으로 하여 가능한 한 보일러 동체에 간접 부착한다.

해설 밸브축을 수직으로 하여 가능한 한 보일러 동체에 직접 부착한다.

64
보일러의 분출사고 시 긴급조치 사항을 틀린 것은?
① 보일러 부근에 있는 사람들을 우선 안전한 곳으로 긴급히 대피시켜야 한다.
② 연소를 정지시키고 압입통풍기를 정지시킨다.
③ 다른 보일러와 증기관이 연결되어 있는 경우에는 증기밸브를 닫고 증기관 연결을 끊는다.
④ 급수를 정지하여 수위 저하를 막고 보일러의 수위유지에 노력한다.

해설 보일러의 분출사고 시 긴급조치사항
① 연도 댐퍼를 전개한다.
② 연소를 정지시킨다.
③ 압입통풍기를 정지시킨다.
④ 보일러 부근에 있는 사람들은 우선 안전한 곳으로 긴급 대피시켜야 한다.
⑤ 다른 보일러와 증기관이 연결되어 있는 경우에는 증기밸브를 닫고 증기관 연결을 끊는다.

65
보일러 설치 시 옥내설치 방법에 대한 설명으로 틀린 것은?
① 소용량 보일러는 반격벽으로 구분된 장소에 설치할 수 있다.
② 보일러 동체 최상부로부터 보일러실의 천장까지의 거리에는 제한이 없다.
③ 연료를 저장할 때는 보일러 외측으로부터 2m 이상 거리를 둔다.
④ 보일러는 불연성물질의 격벽으로 구분된 장소에 설치하여야 한다.

해설 보일러 동체 최상부로부터 천정, 배관 등 보일러 상부에 있는 구조물까지의 거리는 1.2m 이상 (단, 소형보일러는 0.6m 이상으로 할 수 있다.)

66 보일러 점화조작 시 주의사항으로 틀린 것은?
① 연료가스의 유출속도가 너무 늦으면 실화 등이 일어나고 너무 빠르면 역화가 발생한다.
② 연소실의 온도가 낮으면 연료의 확산이 불량해지며 착화가 잘 안 된다.
③ 연료의 예열온도가 너무 낮으면 무화불량의 원인이 된다.
④ 유압이 낮으면 점화 및 분사가 불량하고 높으면 그을음이 축적된다.

해설 연료의 유출속도가 너무 늦으면 역화가 일어나고 너무 빠르면 실화가 일어난다.

67 보일러의 안전저수위란 무엇인가?
① 사용 중 유지해야 할 최저의 수위
② 사용 중 유지해야 할 최고의 수위
③ 최고사용압력에 상응하는 적정수위
④ 최대증발량에 상응하는 적정수위

해설 · 안전저수위 : 보일러운전 중 유지해야 할 최저 수위
· 상용수위 : 보일러운전 중 유지해야 할 수위

68 보일러 내면의 상당히 넓은 범위에 걸쳐 거의 똑같이 생기는 상태의 부식으로 가장 적합한 것은?
① 국부부식   ② 응력부식
③ 틈부식   ④ 전면부식

69 산업통상자원부장관은 에너지의 이용효율을 높이기 위하여 에너지를 사용하여 만드는 제품 또는 건축물의 무엇을 정하여 고시하여야 하는가?
① 제품의 단위당 에너지 생산 목표량
② 제품의 단위당 에너지 절감 목표량
③ 건축물의 단위면적당 에너지 사용 목표량
④ 건축물의 단위면적당 에너지 저장 목표량

정답 66. ① 67. ① 68. ④ 69. ③

70

보일러 수면계 유리관의 파손 원인으로 가장 거리가 먼 것은?

① 프라이밍 또는 포밍 현상이 발생한 때
② 수면계의 너트를 너무 무리하게 조인 경우
③ 유리관의 재질이 불량한 경우
④ 외부에서 충격을 받았을 때

 수면계유리관 파손 원인
① 외부에서 충격을 가할 때
② 급열, 급냉시
③ 유리관의 재질이 불량한 경우
④ 수면계의 너트를 너무 무리하게 조인 경우

71

증기보일러에서 안전밸브는 2개 이상 설치하여야 하지만 전열면적이 몇 m² 이하이면 1개 이상으로 해도 되는가?

① 10m² 이하
② 30m² 이하
③ 50m² 이하
④ 100m² 이하

- 전열면적이 50 m² 이하 : 안전밸브 1개 설치
- 전열면적이 50 m² 이상 : 안전밸브 2개 설치

72

에너지다소비사업자가 에너지 손실요인의 개선 명령을 받은 때는 개선 명령일로부터 며칠 이내에 개선 계획을 수립하여 제출하여야 하는가?

① 20일
② 30일
③ 50일
④ 60일

 개선명령을 받은 자는 개선명령을 받은 날부터 **60일 이내**에 개선명령 이행계획을 수립하여 산업통상자원부장관에게 제출하여야 한다

73

보일러 수처리에서 이온교환체와 관계가 있는 것은?

① 천연산 제오라이트
② 탄산소다
③ 히드라진
④ 황산마그네슘

70. ① 71. ③ 72. ④ 73. ①

74 보일러 수격작용의 방지법이 틀린 것은?
① 응축수가 고이는 곳에 트랩을 설치한다.
② 증기관을 경사지게 설치한다.
③ 증기관의 보온을 잘 한다.
④ 주증기밸브를 열 때는 신속히 개방한다.

해설 주증기 밸브를 서개한다.

75 가마울림 현상의 방지 대책이 아닌 것은?
① 2차 공기의 가열, 통풍 조절을 개선한다.
② 연소실과 연도를 개조한다.
③ 수분이 많은 연료를 사용한다.
④ 연소실내에서 완전연소 시킨다.

해설 가마울림 현상의 방지 대책
① 수분이 적은 연료사용 ② 연소실내에서 완전연소시킨다.
③ 연소실과 연도를 개조한다. ④ 2차공기의 가열
⑤ 통풍조절개선

76 수질이 산성인지 알칼리성인지를 판단할 수 있는 값을 나타내는 기호는?
① °dH ② pH
③ ppm ④ ppb

해설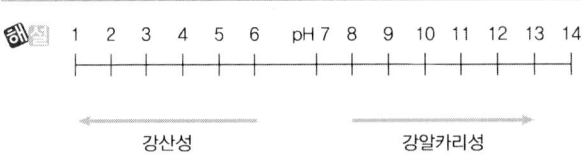

정답 74. ④ 75. ③ 76. ②

77

에너지이용 합리화법에 관한 내용으로 다음 (   )안에 각각 들어갈 용어로 옳은 것은?

> 산업통상자원부장관은 효율관리기자재가 (㉠)에 미달하거나 (㉡)을 초과하는 경우에는 해당 효율관리기자재의 제조업자 또는 판매업자에게 그 생산이나 판매의 금지를 명할 수 있다.

	㉠	㉡
①	최대소비효율기준	최저사용량기준
②	적정소비효율기준	적정사용량기준
③	최저소비효율기준	최대사용량기준
④	최대사용량기준	최저소비효율기준

해설 에너지이용합리화법 제16조(효율관리기자재의 사후관리)
산업통상자원부장관은 효율관리기자재가 **최저소비효율기준**에 미달하거나 **최대사용량기준**을 초과하는 경우에는 해당 효율관리기자재의 제조업자·수입업자 또는 판매업자에게 그 생산이나 판매의 금지를 명할 수 있다.

78

보일러 안전밸브에서 증기의 누설 원인으로 틀린 것은?

① 밸브와 밸브 시트 사이에 이물질이 존재한다.
② 밸브 입구의 직경이 증기압력에 비해서 너무 작다.
③ 밸브 시트가 오염되어 있다.
④ 밸브가 밸브 시트를 균일하게 누르지 못한다.

해설 안전밸브 증기누설원인
① 스프링장력 감쇄시
② 조종압력이 너무 낮은 경우
③ 밸브시트에 이물질 혼입시
④ 밸브시트 가공불량시
⑤ 밸브축이 이완시

77. ③ 78. ②

79

어떤 내화벽돌의 열전도율이 0.8kcal/m·h·°C인 재질의 평면벽 양쪽 온도가 800°C와 200°C이며 이 벽을 통한 열전달률이 1,500kcal/m·h·°C일 때 벽의 두께는 약 몇 cm인가?

① 25　　　　　　　　　② 32
③ 43　　　　　　　　　④ 49

해설 $Q = K \cdot A \cdot \triangle t$ 에서

$$= \frac{1}{\frac{d_1}{\lambda_1}} \times A \times (t_2 - t_1)$$

$$Q = \frac{\lambda_1}{d_1} \times A \times (t_2 - t_1)$$

$$1,500 = \frac{0.8 \times (800 - 200)}{d_1}$$

$$\therefore d_1 = \frac{0.8 \times (800 - 200)}{1,500} = 0.32m \times 100cm/1m = 32cm$$

80

가마 내의 온도를 비교적 균일하게 할 수 있어 도자기, 내화벽돌의 소성에 적합한 가마는?

① 직염식 가마　　　　　② 승염식 가마
③ 횡염식 가마　　　　　④ 도염식 가마

해설
- 도염식 가마 : 도자기를 굽는 가마의 한 종류이며, 불길이 가마벽을 따라 천정 위로 올라갔다가 다시 바닥 밑으로 내려와 구멍으로 빠져 들어가는 구조의 가마이며 꺾임 불꽃 가마라고 불리운다. 도염식 가마는 가마 내의 온도를 비교적 균일하게 할 수 있고 열효율이 좋으므로 도자기, 내화벽돌의 소성등에 적합한 가마이다.

정답 79. ② 80. ④

CBT 제5회 에너지관리산업기사 모의고사

제1과목 : 열 및 연소설비

01 안전밸브의 크기에 대한 선정원칙은?
① 증발량과 증기압력에 비례한다.
② 증발량과 증기압력에 반비례한다.
③ 증발량에 반비례하고, 증기압력에 비례한다.
④ 증발량에 비례하고, 증기압력에 반비례한다.

해설 안전밸브 크기 선정원칙 : 증발량에 비례하고, 증기압력에 반비례한다.

02 공급열량과 압축비가 일정한 경우에 다음 중 효율이 가장 좋은 것은?
① 오토사이클
② 디젤사이클
③ 사바테사이클
④ 브레이튼사이클

해설 공급열량과 압축비가 일정할 경우
오토사이클 > 디젤사이클 > 사바테사이클

03 프로판(C_3H_8) 20vol%, 부탄(C_4H_{10}) 80vol%의 혼합가스 1L를 완전 연소하는데 50%의 과잉 공기를 사용하였다면 실제 공급된 공기량은? (단, 공기 중 산소는 21 vol%로 가정한다.)
① 27L ② 34L ③ 44L ④ 51L

해설 $C_3H_8 + 5O_2 \rightarrow 3CO_2 + 4H_2O$
$C_4H_{10} + 6.5O_2 \rightarrow 4CO_2 + 5H_2O$
$\therefore \dfrac{(5 \times 0.2 + 6.5 \times 0.8)}{0.21} = 29.52 \times 1.5 = 44.28l$

01. ④ 02. ① 03. ③

04 다음 열기관 사이클 중 가장 이상적인 사이클은?
① 랭킨사이클 ② 재열사이클
③ 재생사이클 ④ 카르노사이클

해설 열기관 사이클 중 가장 이상적인 사이클 : 재열사이클

05 다음 중 열관류율의 단위로 옳은 것은?
① kcal/m² · h · ℃ ② kcal/m · h · ℃
③ kcal/h ④ kcal/m² · h

 단위
① 열관류율(열전달율 = 열통과율) : $Kcal/m^2h℃$
② 열전도율 : $Kcal/mh℃$
③ 비열 : $Kcal/kg℃$
④ 연소실 열부하 : $Kcal/m^3h$
⑤ 전열면 열부하 : $Kcal/m^2h$
⑥ 증발배수 : Kg/Kg
⑦ 열용량 : $Kcal/℃$

06 기체연료의 연소 형태로서 가장 옳은 것은?
① 확산연소 ② 증발연소 ③ 표면연소 ④ 분해연소

해설 연소형태

표면연소	고체가 표면의 고온을 유지하며 타는 것	목탄, 코크스, 금속분
분해연소	고체가 가열되어 열분해가 일어나고 가연성 가스가 공기중의 산소와 타는 것	석탄, 목재, 종이, 플라스틱
자기연소	공기 중의 산소를 필요로 하지 않고 자신의 분해되면서 타는 것	화약, 폭약
증발연소(고체)	고체가 가열되어 가연성 가스를 발생하며 타는 것	장뇌, 나프탈렌, 송지
증발연소(액체)	액체의 면에서 증발하는 가연성 증기가 공기와 혼합 연소 범위 내에 있을 때 열원에 의해 타는 것	알콜, 휘발유, 등유, 경유
확산연소	가연성 기체와 공기의 혼합 가스가 밀폐용기 중에 있을 때 점화되면 폭발적으로 타는 것	아세틸렌, 수소, 메탄

07

5kcal의 열을 전부 일로 변환하면 몇 kgf·m인가?
① 50kgf·m
② 100kgf·m
③ 327kgf·m
④ 2135kgf·m

 1 kcal = 427 kg·m
5 kcal = x
$x = \dfrac{5\,\text{kcal} \times 427\,\text{kg·m}}{1\,\text{kcal}} = 2135\,\text{kgf·m}$

08

프로판가스 1Nm^3를 완전연소시키는 데 필요한 이론공기량은? (단, 공기 중 산소는 21%이다.)
① 21.92Nm^3
② 22.61Nm^3
③ 23.81Nm^3
④ 24.62Nm^3

C_3H_8 + $5O_2$ → $3CO_2$ + $4H_2O$
$22.4\,\text{Nm}^3$ $5 \times 22.4\,\text{Nm}^3$ $3 \times 22.4\,\text{Nm}^3$ $4 \times 22.4\,\text{Nm}^3$
$1\,\text{Nm}^3$ x

$x = \dfrac{1\,\text{Nm}^3 \times 5 \times 22.4\,\text{Nm}^3}{22.4\,\text{Nm}^3} = 5\,\text{Nm}^3/\text{Nm}^3(O_0)$

A_0(이론공기량) $= \dfrac{5}{0.21} = 23.8\,\text{Nm}^3/\text{Nm}^3$

09

댐퍼에서 형상에 따른 분류가 아닌 것은?
① 터보형 댐퍼
② 버터플라이 댐퍼
③ 시로코형 댐퍼
④ 스폴리트 댐퍼

댐퍼의 형상에 따른 분류
① 스폴리티댐퍼   ② 버터플라이댐퍼   ③ 시로코형댐퍼

10 공기보다 비중이 커서 누설이 되면 낮은 곳에 고여 인화폭발의 원인이 되는 가스는?
① 수소 ② 메탄
③ 일산화탄소 ④ 프로판

해설 ① 수소(H_2) : 2g ÷ 29g = 0.0689
② 메탄(CH_4) : 16g ÷ 29g = 0.5
③ 일산화탄소(CO) : 28g ÷ 29g = 0.965
④ 프로판(C_3H_8) : 44g ÷ 29g = 1.52
1보다 작으면 공기보다 가볍고 1보다 크면 공기보다 무겁다.

11 430K에서 500kJ의 열을 공급받아 300K에서 방열시키는 카르노사이클의 열효율과 일량으로 옳은 것은?
① 30.2%, 349kJ ② 30.2%, 151kJ
③ 69.8%, 151kJ ④ 69.8%, 349kJ

해설 열효율 $= \dfrac{T_1 - T_2}{T_1} \times 100 = \dfrac{430 - 300}{430} \times 100 = 30.2\%$

일량 $= 500 kJ \times 0.302 = 151 kJ$

12 25℃, 1기압에서 10L의 산소를 100L까지 등온 팽창시킬 경우, 단위 질량당 엔트로피 변화는? (단, 기체상수 R = 0.26 kJ/kg·K 이다.)
① 0.2kJ/kg·K ② 0.6kJ/kg·K
③ 23.4kJ/kg·K ④ 90.8kJ/kg·K

해설 $\Delta S = R \ln\left(\dfrac{V_2}{V_1}\right) = 0.26 \times \ln\left(\dfrac{100}{10}\right) = 0.598 kJ/kg \cdot K$

13

 0.4kmol의 CO_2가 온도 150℃, 압력 80kPa일 때의 체적은? (단, 기체상수 $\overline{R}$은 8.314kJ/kmol·K이다.)

① 2.7m³ ② 17.5m³
③ 20.7m³ ④ 30.5m³

해설 $PV = mRT$
$$V = \frac{mRT}{P} = \frac{0.4 \times 8.314 \times (273+180)}{80} = 17.58 \text{ m}^3$$

14

폴리트로픽지수 n의 값이 특정 값을 가질 때 상태변화가 된다. 다음 중 옳은 것은?

① $n=0$일 때 등온변화 ② $n=1$일 때 정압변화
③ $n=\infty$일 때 정적변화 ④ $n=0.5$일 때 단열변화

해설 폴리트로픽지수
① 등압변화($n=0$) ② 등온변화($n=1$)
③ 등적변화($n=\infty$) ④ 단열변화($n=k$)

15

화력발전소에서 저위발열량 27,500kJ/kg인 유연탄을 시간당 170ton을 사용하여 500,000kW의 전기를 생산하고 있다. 이 화력발전소의 효율(%)은 얼마인가?

① 34 ② 38 ③ 42 ④ 46

해설 효율$= \frac{유효열}{G_f \times H_l} \times 100 = \frac{500000 \times 860}{170 \times 1000 \text{kg/h} \times 6569.5} = 37.43\%$

1kcal = 4.186kJ, $x = 27500$kJ, $x = \frac{1kcal \times 27500kJ}{14.186kJ} = 6569.5kJ$

16

보일러의 부속장치 중 원심력을 이용한 집진장치는?

① 루버식 집진장치 ② 코로나식 집진장치
③ 사이클론식 집진장치 ④ 백 필터식 집진장치

해설 집진장치
원심력식: 함진가스에 선회운동을 주어 입자에 작용하는 원심력에 의하여 입자를 분리하는 방식으로 내통경은 적게 처리가스 속도는 크게 하면 집진율이 높아진다. 접선유입식, 축류식 등이

있으며 소형의 싸이클론을 다수 설치한 블로우 다운 방식의 멀티싸이클론이 있다.

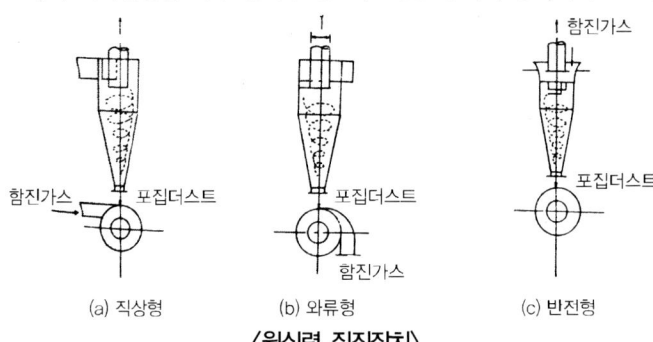

〈원심력 집진장치〉

17 물 1kmol이 100℃, 1기압에서 증발할 때 엔트로피 변화는 몇 kJ/K인가? (단, 물의 기화열은 2,257kJ/kg이다.)

① 22.57　　② 100　　③ 109　　④ 139

해설 엔트로피 = $\dfrac{\Delta Q}{T} = \dfrac{2257 \times 18}{(273+100)} = 108.9$ kJ/K

18 수소 31.9%, 일산화탄소 6.3%, 메탄 22.3%, 에틸렌 3.9%, 이산화탄소 3.8%, 질소 31.8%의 조성을 갖는 가스 연료의 고위발열량은 약 몇 MJ/Sm³인가?

① 10.5　　　　② 11.3
③ 14.2　　　　④ 16.3

해설 Hh(고위발열량) = 3,050H₂ + 3,050CO + 9,530CH₄ + 14,080C₂H₄
　　　　　　　　 = 3,050×0.319 + 3,050×0.063 + 9,580×0.223 + 1,4080×0.039
　　　　　　　　 = 3,839.12kcal/Nm³
∴ 1MJ = 10⁶J 이므로
　1kcal = 4186J
　3839.12 = x
$x = \dfrac{3{,}839.12\,kcal \times 4{,}186J}{1kcal} = 16{,}070{,}556 J \div 10^6 J/1MJ = 16.07 MJ$

19 다음 중 BLEVE(Boiling Liquid Expanding Vapour Explosion)현상을 가장 올바르게 설명한 것은?

① 물이 점성의 뜨거운 기름 표면 아래서 끓을 때 연소를 동반하지 않고 over flow되는 현상
② 물이 연소유(oil)의 뜨거운 표면에 들어갈 때 발생되는 over flow되는 현상
③ 탱크 바닥에 물과 기름의 에멀젼이 섞여 있을 때 물의 비등으로 인하여 급격하게 over flow 되는 현상
④ 과열 상태의 탱크에서 내부의 액화 가스가 분출하여 기화되어 착화되었을 때 폭발하는 현상

해설 블레비(BLEVE) 현상은 용기 안에 가스가 외부의 화재 및 열에 의해 팽창하여 용기가 파열되고 가스가 증발하여 폭발하는 물리적 폭발 현상이다.

20 고체연료를 사용하는 어느 열기관의 출력이 2800kW이고 연료소비율이 매시간 1300kg 일 때 이 열기관의 열효율은 약 몇 % 인가? (단, 이 고체연료의 저위발열양은 28MJ 이다.)

① 28 ② 32 ③ 36 ④ 40

해설 효율 = $\dfrac{\text{정격출력}}{G_f \times H_l} = \dfrac{2,408,000}{1,300 \times 6,688.96} \times 100 = 27.69\%$

① 1kWh = 860kcal/h   2,800kWh = x
$x = \dfrac{2,800kWh \times 860kcal/h}{1kWh} = 2,408,000 kcal/h$

② 28MJ → 28×10⁶J : 28,000kJ
1kcal = 4.186kJ   x = 28,000kJ
$x = \dfrac{1kcal \times 28,000kJ}{4.186kJ} = 6688.96 kcal$

제2과목 : 열설비설치

21 압력 12kgf/cm² 로 공급되는 어떤 수증기의 건도가 0.95이다. 이 수증기가 1kg 당 엔탈피는? (단, 압력 12kgf/cm²에서 포화수의 엔탈피는 189.8kcal/kg, 포화증기 엔탈피는 664.5kcal/kg이다.)

① 474.7kcal/kg ② 531.3kcal/kg ③ 640.8kcal/kg ④ 854.3kcal/kg

해설 $h_2 = h' + x(h'' - h') = 189.8 + 0.95 \times (664.5 - 189.8) = 640.76 \, kcal/kg$

22
보일러 자동제어의 수위제어방식 3요소식에서 검출하지 않는 것은?
① 수위　　　　　　② 노내압
③ 증기유량　　　　④ 급수유량

해설　① 1요소식 : 수위
　　　② 2요소식 : 수위, 증기량
　　　③ 3요소식 : 수위, 증기량, 급수량

23
지름이 200mm인 관에 비중이 0.9인 기름이 평균속도 5m/s로 흐를 때 유량은?
① 14.7kg/s　　　　② 15.7kg/s
③ 141.4kg/s　　　④ 157.1kg/s

해설　$Q = A \times V \times r$
　　　$= 0.785 \times 0.2^2 m^2 \times 5m/Sec \times 0.9 \times 1000 kg/m^3 = 141.3 kg/sec$

24
압력식 온도계가 아닌 것은?
① 액체압력식 온도계　　② 증기압력식 온도계
③ 열전 온도계　　　　　④ 기체압력식 온도계

해설　압력식 온도계
　　　① 액체압력식 온도계　　② 기체압력식온도계
　　　③ 증기압력식온도계　　 ④ 고체팽창식
참고　유리온도계
　　　① 수은온도계 : -35~350℃　　② 베크만온도계 : 150℃ 이내
　　　③ 알콜온도계 : -100℃　　　　④ 탄소저항봉입식온도계 : -100~200℃

25
방사온도계에 내린 설명으로 틀린 것은?
① 방사율에 의한 보정량이 적다.
② 계기에 따라 거리계수가 정해지므로 측정거리에 세한이 있다.
③ 측온체와의 사이에 있는 수증기, CO_2등의 영향을 받는다.
④ 물체표면에서 방출하는 방사열을 이용하여 온도를 측정한다.

해설 방사온도계 : 물체온도가 올라가면 복사 에너지가 높아진다. 이를 이용하여 온도를 측정하는 것으로 비교적 높은 온도와 온도측정을 하는데 이러한 복사 에너지는 절대온도의 4제곱에 비례한다.

즉, 복사에너지 $E = \epsilon_1 \cdot a \cdot T_4$
$$= 4.88 \times \epsilon \times \left(\frac{T}{100}\right)^4 [\text{kcal/m}^2\text{h}]$$

이는 스테판볼츠만의 법칙을 적용한다.

E : 복사 에너지 열량
ϵ : 전방사율
a : 비례상수
T : 절대온도

① 특징
  ㉠ 측정지연시간이 적다.
  ㉡ 자동제어 및 기록이 가능하다.
  ㉢ 이동하는 물체의 표면을 고온측정한다.
  ㉣ 방사율에 의한 보정량이 크고 정밀한 정도가 어렵다.
  ㉤ 측정거리의 영향을 받는다.

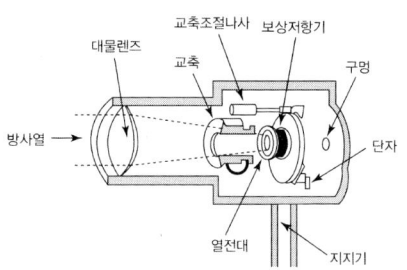
〈방사온도계의 구조〉

26
보일러의 능력에 대한 표기인 보일러 마력이란 어떤 값인가? (단, 실제증발량 및 상당증발량 단위는 kgf/h이다.)

① 실제증발량/15.65　　② 상당증발량/15.65
③ 실제증발량/539　　　④ 상당증발량/539

해설 보일러 마력 : 상당증발량이 15.65 kg을 증발시킬 수 있는 능력
$$B - HP = \frac{Ge}{15.65} = \frac{G \times (h'' - h')}{15.65 \times 539}$$

27
상당증발량(Ge)과 보일러 효율(η)과의 관계가 옳은 것은? (단, 연료 소비량은 G, 연료의 저위발열량은 H_L이다.)

① $539 \cdot Ge = G \cdot H_L \cdot \eta$　　② $539 \cdot H_L = Ge \cdot G \cdot \eta$
③ $539 \cdot G = H_L \cdot Ge \cdot \eta$　　④ $539 \cdot \eta = G \cdot Ge \cdot H_L$

해설 $\dfrac{효율}{1} = \dfrac{GE \times 539}{H_l \times G_f} \times 100$

$Ge \times 539 = 효율 \times H_l \times G_f$

28 목표 값이 시간에 따라 미리 결정된 일정한 제어는?
① 추종제어　　　　　　　　② 비율제어
③ 프로그램제어　　　　　　④ 캐스케이드 제어

해설 목표 값이 시간에 따라 미리 결정된 일정한 제어 : 프로그램 제어

29 T형 열전대의 (-)측 재료로 사용되는 것은?
① 구리(Copper)　　　　　　② 알루멜(Alummel)
③ 크로멜(crommel)　　　　 ④ 콘스탄탄(constantan)

해설 열전대온도계[접촉식 중 가장 높은 측정, 열기전력 이용(제백효과)]
① PR(백금 - 백금로듐)(R형)
　㉠ 산화성 분위기에 가장 강하다.　　㉡ 환원성 분위기에 약하다.
　㉢ 금속증기에 침식　　　　　　　　㉣ 온도 : 0~1600°C
　㉤ 백금 87%(+극), 백금로듐 13% (-극)　㉥ 값이 싸고, 정도가 높고 안정성 우수
　㉦ 열전대온도계 중 가장 고온측정
② CA(크로멜 - 알루멜)(K형)
　㉠ 크로멜(Ni(90%)+Cr(10%), 알루멜(Ni(94%)+Mn(2.5%)+Al(2.0%)+Fe(0.5))
　㉡ 산화성 분위기에 약하다.　　　　㉢ 온도 : 0~1200°C
③ CC(동 - 콘스탄탄)(T형)
　㉠ 수분에 의한 내식성이 크다.　　　㉡ 콘스탄탄(Cu(55%)+Ni(45%))
　㉢ 온도 : -200~350°C　　　　　　　㉣ 열전대 온도계 중 가장 저온 측정
④ IC(철 - 콘스탄탄)(J형)
　㉠ 환원성 분위기에 강하다.　　　　㉡ 온도 : -20~850°C

30 국제단위계(SI)의 유도단위계에 속하는 것은?
① 미터(m)　　　　　　　　② 켈빈(K)
③ 칸델라(cd)　　　　　　　④ 라디안(rad)

해설 유도단위
① 넓이 : m^2　② 부피 : m^3　③ 속도 : m/s　④ 각속도 : rad/s
⑤ 각가속도 : rad/s^2　⑥ 밀도 : kg/m^3　⑦ 휘도 : Cd/m^2
⑧ 힘(N) : $kg,m/s^2$　⑨ 압력(Pa) : N/m^2　⑩ 에너지(J) : N.m

정답 28. ③　29. ④　30. ④

31

다음 중 측정제어 방식이 아닌 것은?

① 캐스케이드 제어 ② 프로그램 제어
③ 시퀀스 제어 ④ 비율 제어

 측정제어방식
① 추치제어 : 목표값이 변화되는 것으로 목표값을 측정하면서 제어목표량을 목표값에 맞추는 제어방식
 ㉠ 추종제어 : 목표값이 시간에 따라 임의로 변화되는 값
 ㉡ 캐스케이드제어 : 1차제어장치가 제어명령을 발하고 2차제어장치가 이 명령을 바탕으로 제어량 조절
 ㉢ 프로그램제어 : 목표값이 시간에 따라 미리 결정된 일정한 제어
 ㉣ 비율제어 : 2개 이상의 제어값의 값이 정해진 비율을 보유하여 제어

32

SI 단위계의 기본단위에 해당 되지 않는 것은?

① 길이 ② 질량 ③ 압력 ④ 시간

 SI 기본단위
① 길이(m) ② 질량(kg) ③ 시간(sec) ④ 전류(A)
⑤ 온도(K) ⑥ 광도(cd) ⑦ 물질량(몰)

33

다음 중 보일러 배기가스 중의 O_2 농도제어를 통해 연소 공기량을 미세하게 제어하는 시스템은?

① O_2 트리밍 ② O_2 분석기
③ O_2 컨트롤러 ④ O_2 센서

 O_2 트리밍 : 배기가스중의 O_2 농도제어를 통해 연소공기량을 미세하게 제어

34

고온 측정용으로 가장 적합한 온도계는?
① 금속저항온도계
② 유리온도계
③ 열전대온도계
④ 압력온도계

해설
- 열전대온도계 : 0~1600°C
- 압력식온도계 : -30~600°C
- 금속저항온도계 : -200~500°C
- 유리제온도계(수은온도계) : -60 ~ 360°C

35

증기보일러의 상당 증발량(G_e)에 대한 표기로 옳은 것은? (단, 실제 증발량 : G_a, 발생 증기엔탈피 : h_2, 급수엔탈피 : h_1이다.)

① $\dfrac{G_a(h_2 + h_1)}{450}$
② $\dfrac{G_a(h_2 - h_1)}{450}$
③ $\dfrac{G_a(h_2 + h_1)}{539}$
④ $\dfrac{G_a(h_2 - h_1)}{539}$

해설
상당증발량(환산증발량) = $\dfrac{G \times (h'' - h')}{539}$

100°C 포화수를 100°C 건포화증기로 바꿀 수 있는 능력

36

발열량이 47,300kJ/kg인 휘발유를 시간당 40kg씩 연소시키는 기관의 열효율이 30%라면, 이 관의 발생동력은 몇 kW인가?
① 158
② 527
③ 1548
④ 1752

해설
열효율 = $\dfrac{출력}{G_f \times H_l} \times 100$

출력 = 0.3 × 47,300kJ/kg × 40kg/h = 567,600kJ/h

∴ 1kcal = 4.186kJ x = 567,600kJ/h

$x = \dfrac{1kcal \times 567,600kJ/h}{4.186kJ}$

= 135594.84kcal/h ÷ 860kcal/h

= 157.7kW

정답 34. ③ 35. ④ 36. ①

37

습증기의 건도에 관한 설명으로 옳은 것은?

① 습증기 1kg 중에 포함되어 있는 액체의 양을 습증기 1kg 중에 포함된 건포화증기의 양으로 나눈 값
② 습증기 1kg 중에 포함되어 있는 건포화 증기의 양을 습증기 1kg 중에 포함된 액체의 양으로 나눈 값
③ 습증기 1kg 중에 포함되어 있는 액체의 양을 습증기 1kg으로 나눈 값
④ 습증기 1kg 중에 포함되어 있는 건포화 증기의 양을 습증기 1kg으로 나눈 값

해설 습증기 : 습증기 1kg 중에 포함되어 있는 건포화증기의 건조 습증기 1kg으로 나눈 것

38

폴리트로픽(Polytropic) 과정에서 폴리트로픽 지수가 무한히 큰 수(n=∞)인 경우는 다음 중 어느 과정에 가장 가까운가?

① 정압(Constant Pressure) 과정
② 정적(Constant Volume) 과정
③ 등온(Constant Temperature) 과정
④ 단열(Adiabatic) 과정

해설 폴리트로픽지수
① 등압변화=0
② 등온변화=1
③ 단열변화=K
④ 등적변화=∞

39

탱크 내에 900kPa의 공기 20kg이 충전되어 있다. 공기 1kg을 뺄 때 탱크 내 공기온도가 일정하다면 탱크 내 공기압력(kPa)은?

① 655
② 755
③ 855
④ 900

해설 공기압력(kPa)=$\frac{900}{20}=45\,kPa$

∴ 900−45=855kPa

40 과열증기에 대한 설명으로 옳은 것은?
① 대기압력보다 압력이 높은 증기
② 동일한 압력에서 건포화증기의 온도보다 높은 온도를 갖는 증기
③ 건포화증기와 습포화증기를 혼합한 증기
④ 동일한 온도에서 건포화증기에 압력을 가한 증기

해설 과열증기 : 건포화증기를 가열하여 압력의 변동없이 온도를 상승시킨 증기

제3과목 : 열설비운전

41 관류보일러의 특징에 대한 설명으로 틀린 것은?
① 부하변동에 대한 압력변화가 적다.
② 급수처리가 까다롭다.
③ 고압이므로 증기의 열량이 크다.
④ 수관군의 배치가 자유롭다.

해설 관류보일러의 특징
① 전열면적당 보유수량이 적어 시동시간이 짧다.
② 수관군의 배치가 자유롭다.
③ 내부구조가 복잡하고 청소, 검사, 수리가 곤란하다.
④ 가동부하가 짧아 부하측에 대응하기 쉽다.
⑤ 고압대용량에 적합하고 효율이 좋다.
⑥ 고압이므로 열량이 크다.
⑦ 급수처리가 까다롭다.
⑧ 부하변동에 대한 압력변화가 크다.
⑨ 드럼이 없어 순환비 $\left(\dfrac{급수량}{발생증기량}\right)$ 가 1이다.

42 증기배관에서 감압밸브 설치 시 주의점에 대한 설명으로 가장 거리가 먼 것은?
① 감압밸브 앞에는 스트레이너를 설치한다.
② 감압밸브 1차측 관 축소시 동심레듀셔를 사용한다.
③ 감압밸브 앞에는 기수분리기나 트랩을 설치하여 응축수를 제거한다.
④ 감압밸브는 부하설비에 가깝게 설치한다.

해설 감압밸브 1차측 관 축소시 편심레듀셔를 사용한다.

43

특수보일러에 해당되지 않는 것은?

① 벤슨보일러 ② 다우섬보일러 ③ 레플러보일러 ④ 슈미트보일러

해설 특수보일러의 종류
  (1) 열매체보일러 : 모빌섬, 수은, 다우삼, 카네크롤, 세큐리티53
  (2) 간접가열 : 슈미트, 레플러
  (3) 폐열보일러 : 하이내, 리히

44

보일러 설비에 관한 설명으로 틀린 것은?

① 보일러 본체는 온수 또는 증기를 발생시키는 부분이다.
② 절탄기 공기예열기등은 보일러 열효율 증대 장치다.
③ 연소열을 보일러 수에 전달하는 면을 전열면이라 한다.
④ 관속에 물이 흐르고 외부의 연소가스에 의해 가열되는 관은 연관이다.

해설 ① 연관 : 관속으로 연소가스가 흐르고 관 외부로는 물이 흐른다.
  ② 수관 : 관속으로 물이 흐르고 관외부로는 연소가스가 흐른다.

45

2개의 증기드럼 하부에 하나의 물드럼을 배치하고 삼각형 순환도를 형성하는 급경사 곡관형 보일러는?

① 가르메보일러 ② 야로보일러
③ 스털링보일러 ④ 타꾸마보일러

해설 스털링보일러 : 2개의 증기드럼 하부에 하나의 물드럼을 배치하고 삼각형 순환도를 형성하는 급경사곡관형 보일러

46

다음 오일버너 중 유량 조절범위가 가장 큰 것은?

① 고압기류식 버너 ② 저압기류식 버너
③ 유압식 버너 ④ 회전식 버너

해설 고압기류식버너의 유량조절범위는 1 : 10정도로 가장 넓다.

버너형식	분무각도[°]	유량조절범위
유압식	40~90°의 범위	논리턴식으로 1 : 1.5 리턴식으로 1 : 3.0
회전식	40~80°의 범위	1 : 5
고압기류식	약 30°	1 : 10
저압공기식	30~60°의 범위	1 : 5

47
다음 중 서보기구의 제어량은?
① 온도
② 유량
③ 물체의 방향
④ 압력

 서보기구 : 제어량이 물체의 위치, 방위(방향), 자세 혹은 그 변화로서 있을 때의 피드백제어를 총칭

48
보일러 용량표시방법과 관계가 없는 것은?
① 상당증발량
② 연료소비량
③ 보일러마력
④ 전열면적

 보일러 용량 표시 방법
① 정격출력
② 정격용량
③ 보일러마력
④ 상당증발량
⑤ 전열면적
⑥ 상당방열면적

49
보일러 사고 중 제작상의 원인으로 가장 거리가 먼 것은?
① 재료불량
② 설계불량
③ 용접불량
④ 부식

 (1) 취급상의 원인
① 역화 ② 저수위 ③ 압력초과 ④ 부식 ⑤ 과열
(2) 제작상의 원인
① 재료불량 ② 용접불량 ③ 강도불량 ④ 구조불량

50. 수관식 보일러와 비교한 원통보일러의 특징으로 틀린 것은?

① 구조가 간단하므로 취급이 쉽다.
② 구조상 고압 및 대용량의 보일러이다.
③ 전열면적당 수부의 크기는 수관보일러에 비해 크다.
④ 형상에 비해서 전열면적이 적고 열효율은 수관보일러보다 낮다.

해설 원통형 보일러의 특징
① 구조상 고압, 대용량에 부적합하다.
② 전열면적이 적어 효율이 좋지 않다.
③ 관내 청소, 검사, 수리가 쉽다.
④ 예열부하가 커서 부하측에 대응하기 어렵다.
⑤ 보유수량이 많아 파열시 피해가 크다.
⑥ 급수처리가 쉽다.
⑦ 구조가 간단하고 취급이 쉽다.

51. 증기트랩을 설치할 경우 나타나는 장점이 아닌 것은?

① 관내 불순물을 제거할 수 있다.
② 관내 유체 흐름에 대한 마찰저항을 줄일 수 있다.
③ 수격작용을 방지한다.
④ 관내의 부식을 방지한다.

해설 증기트랩 : 관내응축수를 배출하여 수격작용 및 부식방지
[종류]
① 기계적 트랩 : 포화수와 포화증기의 비중차 이용(버킷, 플로우트 트랩)
② 온도조절트랩 : 포화수와 포화증기의 온도차 이용(바이메탈, 벨로우즈, 열동식 트랩)
③ 열역학적 트랩 : 포화수와 포화증기의 열역학적 특성차이용(오리피스, 디스크)

52. 검사대상 증기보일러의 안전밸브로 사용하는 것은?

① 스프링식 안전밸브 ② 지렛대식 안전밸브
③ 중추식 안전밸브 ④ 복합식 안전밸브

해설 검사대상 증기보일러의 안전밸브 : 스프링식 안전밸브

50. ② 51. ① 52. ①

53 과열기의 종류 중 열가스흐름에 의한 분류가 아닌 것은?
① 병류형　　　　　　　② 향류형
③ 대류형　　　　　　　④ 혼류형

해설　과열기의 종류
　　　(1) 열가스 흐름에 의한 분류
　　　　　① 병류형　② 혼류형　③ 향류형
　　　(2) 열가스 접촉에 의한 분류
　　　　　① 접촉과열기　② 복사(방사)과열기　③ 접촉, 복사과열기

54 사용중인 보일러의 점화전 점검사항이 아닌 것은?
① 노내환기, 송풍확인　　② 부속장치확인
③ 수위와 압력확인　　　④ 노벽 및 내화물의건조

해설　점화전 점검사항
　　　① 자동제어장치의 점검
　　　② 연료 및 연소장치의 점검
　　　③ 분출 및 분출장치의 점검
　　　④ 수위점검
　　　⑤ 프리퍼지, 포스트퍼지의 점검

55 보일러 자동제어의 장점으로 가장 거리가 먼 것은?
① 보일러 운전을 안전하게 한다.　　② 급수처리 비용이 증가한다.
③ 보일러 설비의 수명이 길어진다.　　④ 효율적인 운전으로 연료비가 절감된다.

해설　자동제어의 장점
　　　① 인건비 절감
　　　② 일정한 온도나 압력으로 증기를 얻기 위함
　　　③ 보일러의 안전운전, 보일러 설비의 수명이 길어진다.
　　　④ 경제적이고 고효율적인 증기의 생산
　　　⑤ 효율적인 운전으로 연료비 절감

정답　53. ③　54. ④　55. ②

56

보일러의 이상연소 중 불완전 연소의 원인이 아닌 것은?

① 버너로부터의 분무입자가 작을 경우
② 연소용 공기량이 부족할 경우
③ 연소속도가 적정하지 않은 경우
④ 분무연료와 연소용 공기와 혼합이 불량한 경우

해설 불완전연소의 원인
① 연료와 공기의 혼합불량 ② 연소용공기량의 부적정시
③ 연소실내의 온도가 낮은 경우 ④ 연소실 용적이 적은 경우
⑤ 연소속도가 적정하지 않을 경우 ⑥ 배기가스온도가 낮을 경우

57

수증기관에 만곡관을 설치하는 주된 목적은?

① 증기관 속의 응결수를 배제하기 위하여
② 강수량의 순환을 좋게하고 급수량의 조절을 쉽게하기 위해
③ 열팽창에 의한 관의 팽창작용을 흡수하기 위하여
④ 증기의 통과를 원활히 하고 급수의 양을 조절하기 위해서

58

노통보일러에서 브리징 스페이스란 무엇을 말하는가?

① 동체와 노통사이의 최소거리   ② 노통과 가셋트 스테이와의 거리
③ 가셋트 스테이간의 거리   ④ 관군과 가셋트 스테이 사이의 거리

해설 노통 보일러의 경우 경판과 동판의 강도를 보강하기 위해 가셋트 스테이를 설치하게 되는게 가셋트 스테이의 하단부와 노통 사이의 거리를 브레이징 스페이스라 한다.

59

보일러 성능시험 시 측정은 매 몇 분마다 실시하여야 하는가?

① 5분   ② 10분   ③ 15분   ④ 20분

해설 보일러 성능시험 시 측정은 매 10분마다 한다.
① 측정시간은 2시간
② 증기의 건도는 0.98로 한다.
③ 열계산의 기준은 고체·액체 kg, 기체는 Nm^3로 한다.
④ 발열량은 고위발열량으로 한다.
⑤ 압력변동은 ±7%이내
⑥ 증기발생량 변동은 ±15%이내

60 보일러 연소가스에 의해 보일러 급수를 예열하는 장치는?
① 과열기 ② 재열기
③ 공기예열기 ④ 절탄기

해설
- 절탄기 : 연소가스의 여열을 이용하여 보일러 급수를 예열하는 장치
- 공기예열기 : 연소가스의 여열 등으로 연소용 공기를 예열하는 장치
- 과열기 : 포화증기를 가열하여 압력은 일정하게 유지하면서 증기의 온도를 높이는 장치
- 재열기 : 원동기(증기터빈)에서 팽창한 증기를 재가열 시키는 장치이다.

제4과목 : 열설비안전관리 및 검사기준

61 보일러에서 압력계에 연결하는 증기관(최고사용 압력에 견디는 것)을 강관으로 하는 경우 안지름은 최소 몇 mm 이상으로 하여야 하는가?
① 6.5mm ② 12.7mm
③ 15.6mm ④ 17.5mm

해설 압력계안지름
① 동관 : 6.5 mm 이상
② 강관 : 12.7 mm 이상

62 압력 0.1kg/cm²의 증기를 이용하여 난방을 하는 경우 방열기 내의 증기 응축량은? (단, 0.1kg/cm²에서의 증발잠열은 538kcal/kg이다.)
① 13.5kg/m²·h ② 12.1kg/m²·h
③ 1.35kg/m²·h ④ 1.21kg/m²·h

해설 증기응축수량 $= \dfrac{Q \times A}{r} = \dfrac{650\,\text{kcal/m}^2}{538\,\text{kcal/kg}} = 1.205\,\text{kg/m}^2\text{h}$

Q(증기방열기 방열량) 650kcal/m²h
A(소요방열면적) m²

정답 60. ④ 61. ② 62. ④

63

보일러설치검사 기준에 정한 압력방출장치 및 안전밸브에 대한 설명으로 틀린 것은?

① 증기 보일러에는 2개 이상 안전밸브를 설치하여야 한다.
② 전열면적이 50m² 이하의 증기보일러에서는 안전밸브를 1개 이상으로 한다.
③ 관류보일러에서 보일러와 압력방출장치와의 사이에 체크밸브를 설치할 경우 압력방출 장치는 2개 이상으로 한다.
④ 안전밸브는 쉽게 검사할 수 있는 장소에 밸브 축을 수평으로 하여 가능한 한 보일러 동체에 간접 부착한다.

 밸브축을 수직으로 하여 가능한 한 보일러 동체에 직접 부착한다.

64

에너지이용 합리화법에 따라 검사대상기기관리자를 선임하지 아니한 자에 대한 벌칙 기준은?

① 1천만원 이하의 벌금
② 2천만원 이하의 벌금
③ 5백만원 이하의 벌금
④ 1년 이하의 징역

 벌칙

① 500만원 이하의 벌금
  ㉠ 효율관리기자재에 대한 에너지사용량의 측정결과를 신고하지 아니한 자
  ㉡ 대기전력경고표지대상제품에 대한 측정결과를 신고하지 아니한 자
  ㉢ 대기전력경고표지를 하지 아니한 자
  ㉣ 대기전력저감우수제품임을 표시하거나 거짓 표시를 한 자
  ㉤ 대기전력저감기준에 미달하는 경우 시정명령을 정당한 사유 없이 이행하지 아니한 자
  ㉥ 고효율에너지인증대상기자재의 인증을 받은 자가 아닌 자는 해당고효율에너지인증대상기자재에 고효율에너지기자재의 인증 표시를 위반하여 인증 표시를 한 자
② 1천만원 이하의 벌금
  ㉠ 검사대상기기관리자를 선임하지 아니한 자
③ 2천만원 이하의 벌금
  ㉠ 효율 관리 기자재의 생산 또는 판매금지 명령에 위반한 자
④ 1년 이하의 징역 또는 1천만원이하의 벌금
  ㉠ 검사대상기기의 검사를 받지 아니한 자
  ㉡ 검사에 합격되지 아니한 섬사대상기기를 사용한 자
⑤ 2년 이하의 징역 또는 2천만원 이하의 벌금
  ㉠ 에너지저장시설의 보유 또는 저장의무의 부과시 정당한 이유없이 이를 거부하거나 이행하지 아니한 자
  ㉡ 에너지수급의 안정을 기하기 위한 조정·명령 등의 조치를 위반한 자
  ㉢ 공단의 임직원으로 근무하거나 근무하였던 사람이 직무상 알게 된 비밀을 누설하거나 도용한 자

65
캐리오버의 방지책으로 가장 거리가 먼 것은?
① 부유물이나 유지분 등이 함유된 물을 급수하지 않는다.
② 압력을 규정압력으로 유지해야 한다.
③ 염소이온을 높게 유지해야 한다.
④ 부하를 급격히 증가시키지 않는다.

해설 캐리오버 방지책
① 부하를 급격히 증가시키지 않는다.
② 주증기 밸브를 서개한다.
③ 기수분리기, 비수방지관을 설치한다.
④ 압력을 규정압력으로 유지한다.
⑤ 유지분이나 부유물 등이 함유된 물을 급수하지 않는다.

66
효율관리기자재의 제조업자가 광고매체를 이용하여 효율관리기자재의 광고를 하는 경우 광고내용에 포함되어야 할 사항은?
① 에너지의 절감량 ② 에너지의 효율등급기준
③ 에너지의 사용량 ④ 에너지의 소비효율

67
보일러 사고 중 취급상의 원인으로 가장 거리가 먼 것은?
① 압력초과   ② 재료불량   ③ 수위감소   ④ 과열

해설 제작상의 불량
① 재료불량 ② 용접불량 ③ 강도불량 ④ 구조불량 ⑤ 설계불량

68
보일러 관수의 pH 값이 산성인 것은?
① 4   ② 7   ③ 9   ④ 12

해설 관수 pH값

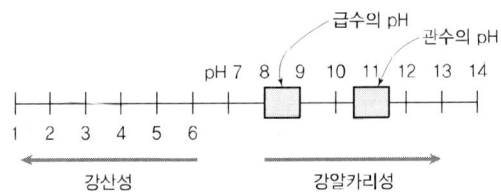

정답 65. ③ 66. ④ 67. ② 68. ①

69 산업통상자원부장관이 에너지관리지도결과 에너지다소비사업자에게 개선명령을 할 수 있는 경우는?
① 3% 이상의 효율개선이 기대되고 투자경제성이 인정되는 경우
② 5% 이상의 효율개선이 기대되고 투자경제성이 인정되는 경우
③ 7% 이상의 효율개선이 기대되고 투자경제성이 인정되는 경우
④ 10% 이상의 효율개선이 기대되고 투자경제성이 인정되는 경우

70 온수난방에서 방열기의 입구온도가 90°C, 출구온도가 75°C, 방열계수가 6.8kcal/m²·h·°C이고, 실내온도가 18°C일 때 방열기의 방열량은?
① 352.7kcal/m²·h
② 364.2kcal/m²·h
③ 392.8kcal/m²·h
④ 438.6kcal/m²·h

해설 방열기 방열량 = 방열계수 × $\left(\dfrac{입구+출구온도}{2} - 실내온도\right)$
$= 6.8 \times \left(\dfrac{90+75}{2} - 18\right) = 438.6\ \text{kcal/m}^2\cdot\text{h}$

71 부식의 종류 중 균열을 동반하는 부식에 속하는 것은?
① 점식   ② 틈새부식   ③ 수소취화   ④ 탈성분부식

72 에너지이용 합리화법에서 정한 에너지관리자에 대한 교육기간은?
① 1일
② 2일
③ 3일
④ 5일

해설 에너지이용 합리화법에서 정한 에너지관리자에 대한 교육기간은 1일로 산정한다.

69. ④ 70. ④ 71. ③ 72. ①

73

사용 중인 보일러의 점화전 점검 또는 준비사항이 아닌 것은 무엇인가?
① 수위와 압력 확인
② 노벽 및 내화물 건조
③ 노 내의 환기, 송풍 확인
④ 부속장치 확인

해설 점화전 점검사항
① 자동제어 장치의 점검
② 연료 및 연소장치의 점검
③ 분출 및 분출장치의 점검
④ 수위점검
⑤ 프리퍼지 및 포스트퍼지 점검

74

보일러가 급수 부족으로 과열되었을 때의 조치로 가장 적합한 것은?
① 급속히 급수하여 냉각시킨다.
② 연도 댐퍼를 닫고, 증기를 취출한다.
③ 연소를 중지하고, 서서히 냉각시킨다.
④ 소량의 연료 및 연소용 공기를 계속 공급한다.

75

보일러 안전밸브에서 증기의 누설 원인으로 틀린 것은?
① 밸브와 밸브 시트 사이에 이물질이 존재한다.
② 밸브 입구의 직경이 증기압력에 비해서 너무 작다.
③ 밸브 시트가 오염되어 있다.
④ 밸브가 밸브 시트를 균일하게 누르지 못한다.

해설 안전밸브 증기누설원인
① 스프링장력 감쇄시
② 조종압력이 너무 낮은 경우
③ 밸브시트에 이물질 혼입시
④ 밸브시트 가공불량시
⑤ 밸브축이 이완시

76

유리를 연속적으로 대량 용융하여 규모가 큰 판유리 등의 대량생산용에 가장 적당한 가마는?

① 회전 가마
② 탱크 가마
③ 터널 가마
④ 도가니 가마

77

다음 중 급수 중의 불순물이 직접 보일러 과열의 원인이 되는 물질은?

① 탄산가스
② 수산화나트륨
③ 히드라진
④ 유지

해설 급수중의 불순물이 직접보일러의 과열의 원인 되는 물질 : 유지분, 고형분

78

축열식 반사로를 사용하여 선철을 용해, 정련하는 방법으로 시멘스-마틴법(siemens-martins process)이 라고도 하는 것은?

① 불림로
② 용선로
③ 평로
④ 전로

해설
- 평로 : 축열식 반사로를 사용하여 선철을 용해 정련화하는 방법 시멘스-마틴법이라고도 함
- 전로 : 용선로 본체의 출탕공 앞에 설치한 노·주입에 필요한 용탕량 온도 및 성분을 조정한다.
- 용선로 : 선철의 용해에 가장 널리 사용되는 원통형의 노

79

증기보일러에는 원칙적으로 2개 이상의 안전밸브를 설치하여야 하지만, 1개를 설치할 수 있는 최대 전열면적 기준은?

① $10m^2$ 이하
② $30m^2$ 이하
③ $50m^2$ 이하
④ $100m^2$ 이하

해설 전열면적이 $50m^2$이하 : 1개
전열면적이 $50m^2$초과 : 2개

80 배관 도면상에 그림과 같은 표시는 어떤 종류의 밸브를 의미하는가?

① 앵글밸브(Angle valve) ② 체크밸브(Check valve)
③ 게이트밸브(Gate valve) ④ 자동밸브(Automatic valve)

해설 밸브의 종류

① 체크밸브 :

② 앵글밸브 :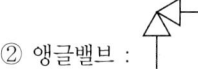

③ 게이지밸브(슬로우스밸브) : ─⋈─

④ 전동밸브 : (M) 형태

⑤ 글로우브 밸브 : ─⊗─

제1과목 : 열 및 연소설비

01 기름 5kg을 15℃에서 115℃까지 가열하는데 필요한 열량은? (단, 기름의 평균 비열은 0.65kcal/kg·℃이다.)

① 325kcal　② 422kcal　③ 510kcal　④ 525kcal

해설 $Q = G.C.\Delta t$ = 5kg × 0.65kcal/kg℃ × (115-15) = 325kcal

02 대기압이 750mmHg일 때, 탱크의 압력계가 9.5kg/cm²를 지시한다면 이 탱크의 절대압력은?

① 7.26kg/cm²　② 10.52kg/cm²
③ 14.27kg/cm²　④ 18.45kg/cm²

해설 절대압력 = 게이지압력 + 대기압
= 9.5kg/cm² + $\left(\dfrac{750\text{mmHg}}{760\text{mmHg}}\right)$ × 1.0332kg/cm² = 10.52kg/cm²

03 오토 사이클에서 압축비가 7일 때 열효율은? (단, 비열비 $k = 1.4$이다.)

① 0.13　② 0.38　③ 0.54　④ 0.76

해설 열효율 = $1 - \left(\dfrac{1}{\varepsilon}\right)^{K-1} = 1 - \left(\dfrac{1}{7}\right)^{1.4-1} = 0.541$

01. ①　02. ②　03. ③

04

섭씨와 화씨의 온도 눈금이 같은 경우는 몇 도인가?
① 20℃
② 0℃
③ -20℃
④ -40℃

 ℃ = $\frac{5}{9}$(℉-32) = $\frac{5}{9}$(-40-32) = -40℃

℉ = $\frac{9}{5}$ × -40 +32 = -40℉

05

피스톤-실린더 안에 있는 압력 300 kPa, 온도 400 K의 일정 질량의 이상기체가 등엔트로피 과정을 통하여 압력이 100 kPa으로 변화한 후 평형을 이루었다. 비열비가 1.4이면 최종 온도는?
① 275K
② 283K
③ 292K
④ 301K

$T_2 = \left(\dfrac{P_2}{P_1}\right)^{\frac{K-1}{K}} \times T_1 = \left(\dfrac{100}{300}\right)^{\frac{1.4-1}{1.4}} \times 400\,\text{K} = 292.24\,\text{K}$

06

압력을 나타내는 관계식으로 잘못된 것은?
① 1 Pa = 1 N/m²
② 1 bar = 10³ Pa
③ 1 atm = 1.01325 bar
④ 절대압력 = 대기압력 + 게이지압력

압력 = 1 atm = 76 cmHg = 760 mmHg = 0.76 mHg
= 1.0332 kg/cm² = 1033.2 g/cm² = 10332 kg/m²
= 10.332 mH₂O = 1033.2 cmH₂O = 10332 mmH₂O
= 30 inHg = 14.7 PSI = 1013 bar = 1013 mbar
= 101325 N/m² = 101325 pa = 101.3 kpa = 0.10332 MPa
= 760 Torr

07

이상기체의 상태 방정식은?

① $Pv = RT$ ② $PvT = R$ ③ $Tv = RP$ ④ $PT = Rv$

 이상기체상태방정식

① $PV = RT$ ② $PV = nRT$ ③ $PV = \dfrac{wRT}{M}$

④ $PV = ZnRT$ ⑤ $PV = \dfrac{ZWRT}{M}$ ⑥ $PV = GRT$

08

보일러 연소실 내 미연가스의 폭발을 대비하여 설치하는 안전장치는?

① 방폭문   ② 안전밸브
③ 가용전   ④ 화염검출기

 방폭문 : 연소실내 미연소가스 축적으로 인한 가스 폭발시 폭발가스를 외부로 배출사고방지

09

음속에 대한 설명으로 옳은 것은?

① 분자량이 클수록 음속은 증가한다.   ② 기체상수가 클수록 음속은 증가한다.
③ 압력이 높을수록 음속은 감소한다.   ④ 온도가 낮을수록 음속은 증가한다.

 음속$(c) = \sqrt{k \cdot g \cdot R \cdot T} = \sqrt{1.4 \times 9.8 \times 29.24 \times (273+0)} = 331 \text{m/sec}$
이때 k : 비열비(1.4), g : 중력가속도(9.8m/s²), R : 기체상수(29.24), T : 절대온도

10

기체연료 연소장치인 가스버너의 특징에 대한 설명으로 틀린 것은?

① 연소 성능이 좋고 고부하 연소가 가능하다.
② 연소조절이 용이하며 속도가 빠르다.
③ 연소의 조절범위가 좁고 보수가 어렵다.
④ 매연이 적어 공해 대책에 유리하다.

 가스버너의 특징
① 연소의 조절범위가 넓고 보수가 쉽다.
② 매연이 적어 공해 대책에 유리하다.
③ 연소조절이 용이하며 속도가 빠르다.
④ 연소성능이 좋고 고부하 연소가 가능하다.

07. ① 08. ① 09. ② 10. ③

11

기체연료를 1m³씩 완전연소시켰을 때 연소가스가 가장 많이 발생하는 것은?
① 일산화탄소　　　② 프로판
③ 수소　　　　　　④ 부탄

해설 기체연료 1m³ 완전연소시 연소가스 발생량

① $2CO + 1O_2 \rightarrow 2CO_2$
　$2 \times 22.4\,m^3$　　　$2 \times 22.4\,m^3$
　$1m^3$　　　　　　　x
　$x = \dfrac{1\,m^3 \times 2 \times 22.4\,m^3}{2 \times 22.4} = 1\,m^3$

② $C_3H_8 + 5O_2 \rightarrow 3CO_2 + 4H_2O$
　$22.4\,m^3$　　　　$3 \times 22.4\,m^3$
　$1m^3$　　　　　　x
　$x = \dfrac{1\,m^3 \times 3 \times 22.4\,m^3}{22.4\,m^3} = 3\,m^3$

③ $2H_2 + 1O_2 \rightarrow 2H_2O$
　2×22.4　　　2×22.4
　1　　　　　　　x
　$x = \dfrac{1 \times 2 \times 22.4}{2 \times 22.4} = 1\,m^3$

④ $2C_4H_{10} + 13O_2 \rightarrow 8CO_2 + 10H_2O$
　2×22.4　　　　8×22.4
　1　　　　　　　　x
　$x = \dfrac{8 \times 22.4\,m^3}{2 \times 22.4} = 4\,m^3$

12

0.4 kmol의 CO_2가 온도 150℃, 압력 80 kPa일 때의 체적은? (단, 기체상수 $\overline{R}$은 8.314 kJ/kmol·K이다.)
① 2.7 m³　　　　② 17.5 m³
③ 20.7 m³　　　④ 30.5 m³

해설 $PV = mRT$

$V = \dfrac{mRT}{P} = \dfrac{0.4 \times 8.314 \times (273 + 180)}{80} = 17.58\,m^3$

13

탄소 0.87, 수소 0.1, 황 0.03의 조성을 가지는 연료가 있다. 이론 건배가스량은 약 몇 Nm³/kg인가?
① 7.54　　　 8.84　　　③ 9.94　　　④ 10.84

해설 G_{od}(이론건배기 가스량) $= 8.89C + 21.07(H - \dfrac{O}{8}) + 3.33S + 0.8N$

G_w(실제건배기 가스량) $= G_{od} + (m-1)A_o$

∴ $G_{od} = 8.89 \times 0.87 + 21.07(0.1) + 3.33 \times 0.03 + 0.8 \times 0$
　　　$= 9.94\,Nm^3/kg$

정답　11. ④　12. ②　13. ④

14

1mol의 프로판이 이론 공기량으로 완전연소되면 연소가스는 몇 mol이 생성되는가?

① 6
② 18.8
③ 23.8
④ 25.8

 습연소가스량(Gwd)=(1-0.21)A_o+CO_2+H_2O

$1C_3H_8 + 5O_2 \rightarrow 3CO_2 + 4H_2O$

$A_o = \dfrac{5}{0.21} = 23.8$

∴ Gwd=(1-0.21)23.8+3+4=25.802

15

어떤 압력하에서 포화수의 엔탈피를 h, 물의 증발잠열을 γ, 건도를 x라 할 때, 습포화증기의 엔탈피 h''를 구하는 식은?

① $h'' = h + \gamma x$
② $h'' = h + \gamma$
③ $h'' = h - \gamma x$
④ $h'' = h - \gamma$

 습포화증기엔탈피=포화수엔탈피+건조도 ×증발잠열

건포화증기엔탈피=포화수엔탈피+증발잠열

과열증기엔탈피=건포화증기엔탈피+$C \times \Delta t$

16

메탄 1 Sm^3 연소에 소요되는 이론공기량(Sm^3)은?

① 8.9 ② 9.5 ③ 11.1 ④ 13.2

$CH_4 + 2O_2 \rightarrow CO_2 + 2H_2O$

16 kg   2×32 kg   44 kg   2×18 kg

22.4 m^3 2×22.4 m^3 22.4 m^3 2×22.4 m^3

∴ 22.4 m^3 = 2×22.4 m^3

1 m^3 = x $\qquad x = \dfrac{1m^3 \times 2 \times 22.4m^3}{22.4m^3} = 2m^3/m^3(O_o)$

∴ $A_0 = \dfrac{O_o}{0.21} = \dfrac{2}{0.21} = 9.52 \; m^3/m^3$

17
27°C에서 12L의 체적을 갖는 이상기체가 일정 압력에서 127°C까지 온도가 상승하였을 때 체적은 얼마인가?
① 12 L
② 16 L
③ 27 L
④ 56.4 L

  $\dfrac{V_1}{T_1} = \dfrac{V_2}{T_2}$ $V_2 = \dfrac{V_1 \times T_2}{T_1} = \dfrac{12 \times (273 + 127)}{(273 + 27)} = 16\ell$

18
부하 변동에 따른 연료량의 조절범위가 가장 큰 버너의 형식은?
① 유압식 버너
② 회전식 버너
③ 고압공기 분무식 버너
④ 저압증기 분무식 버너

버너형식	분무각도[°]	유량조절범위
유압식	40~90°의 범위	논리턴식으로 1 : 1.5 리턴식으로 1 : 3.0
회전식	40~80°의 범위	1 : 5
고압기류식	약 30°	1 : 10
저압공기식	30~60°의 범위	1 : 5

19
고체연료인 석탄, 장작 등이 불꽃을 내면서 타는 형태의 연소로서 가장 옳은 것은?
① 확산연소
② 증발연소
③ 분해연소
④ 표면연소

 연소형태

표면연소	고체가 표면의 고온을 유지하며 타는 것	목탄, 코크스, 금속분
분해연소	고체가 가열되어 열분해가 일어나고 가연성 가스가 공기중의 산소와 타는 것	석탄, 목재, 종이, 플라스틱
자기연소	공기 중의 산소를 필요로 하지 않고 자신의 분해되면서 타는 것	화약, 폭약
증발연소(고체)	고체가 가열되어 가연성 가스를 발생하며 타는 것	장뇌, 나프탈렌, 송지
증발연소(액체)	액체의 면에서 증발하는 가연성 증기가 공기와 혼합 연소 범위 내에 있을 때 열원에 의해 타는 것	알콜, 휘발유, 등유, 경유
확산연소	가연성 기체와 공기의 혼합 가스가 밀폐용기 중에 있을 때 점화되면 폭발적으로 타는 것	아세틸렌, 수소, 메탄

정답 17. ② 18. ③ 19. ③

20

다음 중 보염장치(保炎裝置)가 아닌 것은?
① 에어레지스터 ② 버너타일
③ 컴버스터 ④ 크레이머

해설 ① 보염장치 : 착화와 연소화염을 안정시키고 공기와 연료의 혼합을 도모케 하여 저공기비 연소를 하게 하는 장치이다.

※ 설치목적
① 연료의 분무를 돕고 공기와의 혼합을 양호하게 한다.
② 안정된 착화를 도모한다.
③ 화염의 형상을 조절한다.
④ 연소실의 온도분포를 고르게 하고 국부과열을 방지한다.
⑤ 연소가스의 체류시간을 지연시켜 돕는다.

㉠ 스테이 빌라이저 : 연료유의 분무흐름이나 연소공기 사이에서 저유속 흐름을 유도함으로 불꽃의 안정성을 유지케 하는 장치이다.
㉡ 윈드 박스(Wind box) : 버너 벽면에 설치된 밀폐상자로 공기흐름을 적절히 유지하며 동압을 정압 상태로 바꾸어 착화나 연속화염을 안정시키는 장치이다.
㉢ 버너 타일 : 버너의 첨단부분을 보호하며 화염의 모양을 형성시켜 연속화염을 안정시키는 내화재로 구축된 장치이다.
㉣ 콤버스터 : 저온의 노에서도 연소를 안정시켜 분출흐름의 모양을 안정시킨 장치이다.

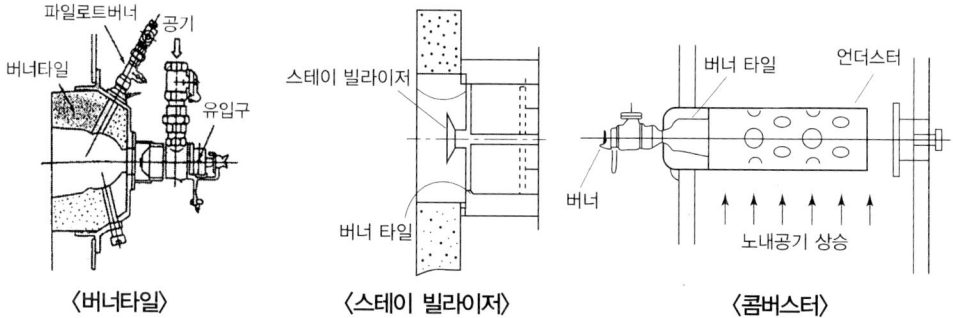

〈버너타일〉 〈스테이 빌라이저〉 〈콤버스터〉

20. ④

제2과목 : 열설비설치

21 다음 화염검출기 중 가장 높은 온도에서 사용할 수 있는 것은?
① 프레임 로드
② 황화카드뮴 셀
③ 광전관 검출기
④ 자외선 검출기

해설 화염검출기의 종류
① 플레임 아이 : 화염의 발광체
② 플레임 로드 : 화염의 이온화 (전기전도성, 온도가 가장 높음)
③ 스택스위치 : 화염의 발열

22 급수온도 15°C에서 압력 10kg/cm², 온도 183.2°C의 증기를 2000kg/h 발생시키는 경우, 이 보일러의 상당증발량은? (단, 증기엔탈피는 715kcal/kg로 한다.)
① 2003kg/h
② 2473kg/h
③ 2597kg/h
④ 2950kg/h

해설 상당증발량 $= \dfrac{G \times (h'' - h')}{539} = \dfrac{2000 \times (715 - 15)}{539} = 2597.4 \text{ kg/h}$

23 용적식 유량계의 특징에 관한 설명으로 틀린 것은?
① 고점도 유체의 유량 측정이 가능하다.
② 입구측에 여과기를 설치해야 한다.
③ 구조가 간단하며 적산용으로 부적합하다.
④ 유체의 맥동에 대한 영향이 적다.

해설 용적식 유량계의 특징
① 입구측에 여과기를 설치한다.
② 유체의 맥동에 대한 영향이 적다.
③ 고점도 유체의 유량 측정이 가능하다.
④ 구조가 간단하며 적산용으로 사용

정답 21. ① 22. ③ 23. ③

24

열전대 온도계의 특징이 아닌 것은?

① 냉접점이 있다.　　　　　　② 접촉식으로 가장 높은 온도를 측정한다.
③ 전원이 필요하다.　　　　　④ 자동제어, 자동기록이 가능하다.

 열전대온도계의 특징
　① 고온측정에 적합
　② 지시계 및 기록계로 할 수 있다.
　③ 보상도선이나 냉접점으로 인한 오차가 발생할 수 있다.
　④ 전원장치가 필요없다.
　⑤ 측정할 곳에 직접 열접점을 넣어야한다.

25

안지름 10cm인 관에 물이 흐를 때 피토관으로 측정한 유속이 3m/s 이면 유량은?

① 13.5kg/s　　　　　　　　② 23.5kg/s
③ 33.5kg/s　　　　　　　　④ 53.5kg/s

 $Q = r \times V \times A = 1000 \text{kg/m}^3 \times 3\text{m/s} \times 0.785 \times 0.1^2 = 23.55 \text{kg/s}$

26

원인을 알 수 없는 오차로서 측정 때마다 측정치가 일정하지 않고 산포에 의하여 일어나는 오차는?

① 과오에 의한 오차　　　　② 우연 오차
③ 계통적 오차　　　　　　　④ 계기 오차

・**우연오차** : 원인을 알 수 없는 오차로서 측정 때마다 일정하지 않고 산포에 의해 일어나는 오차
・**계통적오차** : 발생된 원인이 명백하여 보정이 가능한 오차
　① 측정기자체의 오차　② 지시의 지연에 따른 오차　③ 개인오차

27

극저온 가스저장탱크의 액면 측정에 주로 사용되는 것은?

① 로터리식　　　　　　　　② 슬립튜브 식
③ 다이어프램식　　　　　　④ 햄프슨식

극저온 저장탱크 액면측정 : 햄프슨식(차압계)액면계

24. ③　25. ②　26. ②　27. ④

28
보일러 열정산에서 출열 항목에 속하는 것은?
① 연료의 현열
② 연소용 공기의 현열
③ 노내 분입 증기의 보유열량
④ 미연분에 의한 손실열

해설 입열항목과 출열항목
① 연료의 현열(입열)
② 연소용 공기의 현열(입열)
③ 노내 분입 증기열(입열)
④ 미연분에 의한 손실열(출열)

29
접촉식 온도계로서 내화물의 내화도 측정에 주로 사용되는 온도계는?
① 제게르콘(segercone)
② 백금저항온도계
③ 기체식압력온도계
④ 백금-백금·로듐 열전대온도계

해설 제겔콘온도계 : 내화물의 내화도 측정(600~2000°C)

30
상당증발량에 대한 정의로 옳은 것은?
① 보일러 발생열량을 이용하여 표준대기압하에서 100°C의 포화증기를 100°C의 포화수로 만들 수 있는 증기량을 말한다.
② 보일러 발생열량을 이용하여 표준대기압하에서 80°C의 환수를 100°C의 포화증기로 만들 수 있는 증기량을 말한다.
③ 보일러 발생열량을 이용하여 표준대기압하에서 100°C의 포화수를 100°C의 포화증기로 만들 수 있는 증기량을 말한다.
④ 보일러 발생열량을 이용하여 표준대기압하에서 0°C의 물을 100°C의 포화증기로 만들 수 있는 증기량을 말한다.

31
펌프로 물을 양수할 때, 흡입관의 압력이 진공 압력계로 50mmHg일 때, 절대 압력은? (단, 대기압은 750mmHg으로 가정한다.)
① 1.13MPa
② 0.09MPa
③ 0.03MPa
④ 0.01MPa

해설 진공절대압력 = 대기압 - 진공게이지압력 = 750-50 = 700mmHg
$= \frac{700}{750} \times 1.0332$kg/cm² $= 0.921$kg/cm² ÷ 10kg/cm²/1MPa $= 0.092$MPa

정답 28. ④ 29. ① 30. ③ 31. ②

32

초음파 유량계의 원리는 무엇을 응용한 것인가?

① 제백 효과
② 도플러 효과
③ 바이메탈 효과
④ 펠티에 효과

 초음파유량계의 원리 : 도플러효과(어떤 파동의 파동원가 반사체의 상대속도에 따라 소리나 전기기파의 진동수와 파장이 바뀌는 현상)
(소리를 내는 관찰자가 움직일 때의 소리의 진동수가 정지해있을 때 들리는 소리의 진동수가 다르기 때문)

33

물속에 피토관을 설치하였더니 전압이 $12mmH_2O$, 정압이 $6mmH_2O$ 이었다. 이때 유속은 약 몇 m/s 인가?

① 12.4
② 10.8
③ 9.8
④ 7.6

 $V = \sqrt{2g(전압-정압)} = \sqrt{2 \times 9.8 \times (12-6)} = 10.84$ m/s

34

보일러 자동제어인 연소제어(A.C.C)에서 조작량에 해당되지 않는 것은?

① 연소가스량
② 연료량
③ 공기량
④ 전열량

 제어량과 조작량의 관계

제어	제어량	조작량
S.T.C	과열증기온도	전열량
F.W.C	보일러수위	급수량
A.C.C	증기압력계제어	연료량, 공기량
	노내압력계제어	연소가스량, 송풍량

35

다음 압력값 중 그 크기가 다른 것은?

① 760mmHg
② $1kg/cm^2$
③ 1atm
④ 14.7psi

해설 표준대기압 = 1atm = 76cmHg = 760mmHg = 0.76mHg
= $10.322mH_2O$ = $1033.2cmH_2O$ = $10332mmH_2O$ = 29.92inHg
= 14.7PSI = 760Torr = 101325Pa = $101325N/m^2$
= 101.325kPa = 1013.25hPa = 1013mbar
= 0.10332MPa

36
물의 기화열은 1기압에서 2,257kJ/kg이다. 1기압하에서 포화수 1kg을 포화수증기로 만들 때 물의 엔트로피의 변화는 몇 kJ/K인가?
① 0
② 6.05
③ 539
④ 2257

해설 $\triangle s = \dfrac{\triangle Q}{T} = \dfrac{2,257}{273+100} = 6.05 kJ/K$

37
다음 중 건도가 0 일 때의 상태로 적합한 것은?
① 습증기
② 건포화증기
③ 과열증기
④ 포화액체

해설 포화수 = 0   습증기 = 0 < x < 1   포화증기 = 1   과열증기 = 1 > 0

38
증기터빈에 36kg/s의 증기를 공급하고 있다. 터빈의 출력이 3×10⁴kW이면 터빈의 증기소비율은 몇 kg/kW·h인가?
① 3.08
② 4.32
③ 6.25
④ 7.18

해설 증기소비효율 $= \dfrac{36\,kg/s \times 3600\,\sec/h}{3 \times 10^4\,kW} = 4.32$

39
가솔린 기관의 이론 표준 사이클인 오토사이클(Otto cycle)의 4가지 기본과정에 포함되지 않는 것은?
① 정압가열
② 단열팽창
③ 단열압축
④ 등적방열

해설 오토사이클

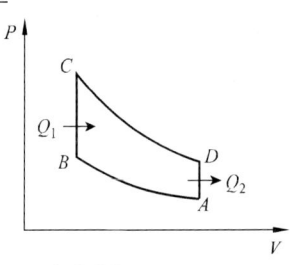

㉠ A-B : 단열압축
㉡ B-C : 등적가열
㉢ C-D : 단열팽창
㉣ D-A : 등적방열

참고 카르노사이클의 P-V 선도

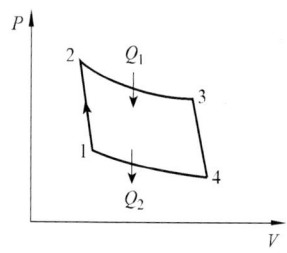

① 1-2 : 단열압축
③ 3-4 : 단열팽창
② 2-3 : 등온팽창
④ 4-1 : 등온압축

냉동사이클 선도

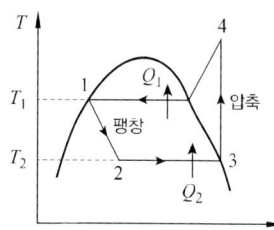 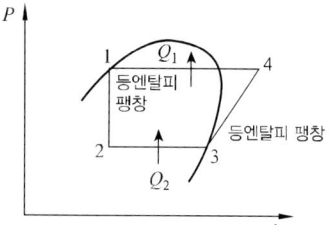

① 1-2(단열팽창=등엔탈피팽창) : 팽창밸브를 지나 교축팽창시키면 엔탈피가 일정한 상태에서 압력과 온도가 내려가 습증기가 된다.
② 2-3(등온팽창) : 습증기가 증발기에 들어가서 외부로부터 Q_2를 받아 증발하여 냉동시키려는 물체를 냉각
③ 3-4(단열압축) : 건포화증기의 냉매를 압축기로 과열증기로 만듦
④ 4-1(등온압축=냉각과정) : 과열증기가 압축기에 의해 냉각되어 열량 Q_1을 방출하고 포화액으로 되는 등온 냉각과정

40

랭킨사이클의 효율을 높이기 위한 방법으로 옳은 것은?

① 보일러의 가열 온도를 높인다.
② 응축기의 응축 온도를 높인다.
③ 펌프 소요 일을 증대시킨다.
④ 터빈의 출력을 줄인다.

해설 랭킨사이클의 효율을 올리기 위한 방법
① 배출되는 증기의 온도를 낮춘다.
② 유입되는 증기의 온도를 높인다.
③ 유입되는 증기의 압력을 높인다.
④ 배출되는 증기의 압력을 낮춘다.

40. ①

제3과목 : 열설비운전

41 보일러 운전 시 캐리오버를 방지하기 위한 방법으로 틀린 것은?
① 주증기밸브를 서서히 연다.
② 증기관을 냉각한다.
③ 과부하는 피한다.
④ 관수의 농축을 방지한다.

해설 캐리오버(carry over) : 주증기 밸브 급개로 인해 증기중에 수분(물방울)이 함께 이송되는 현상
① 주증기 밸브 서개
② 관수농축방지
③ 과부하방지
④ 고수위방지
⑤ 기수분리기, 비수방지관 설치

42 보일러의 안전장치로 가장거리가 먼 것은?
① 방폭문
② 안전밸브
③ 기수분리기
④ 고·저수위 경보기

해설 부속장치
① 안전장치 : 안전밸브, 방폭문, 고·저수위경보기, 화염검출기, 방출밸브, 가용전, 압력차단스위치(압력조절기, 압력제한기)
② 송기장치 : 주증기밸브, 기수분리기, 비수방지관, 감압밸브, 신축이음, 증기헤더, 증기트랩

43 보일러 재료로 이용되는 대부분의 강철제는 200~300°C에서 최대의 강도를 유지하다 몇 °C이상이 되면 재료의 강도가 급격히 저하하는가?
① 350°C
② 450°C
③ 550°C
④ 650°C

해설 크리프현상 : 어느온도(350°C) 이상에서 재료에 일정한 하중을 가할 때 시간의 경과와 더불어 변형이 증대하고 때로는 파괴되는 현상

정답 41. ② 42. ③ 43. ①

44

화염검출 방식으로 가장 거리가 먼 것은?

① 화염의 열을 이용
② 화염의 빛을 이용
③ 화염의 전기전도성 이용
④ 화염의 색을 이용

해설 화염검출기의 종류
① 플레임아이 : 화염의 발광체 이용(광전관, Pbs셀(유화카드뮴광도전셋), CdS셀, 자외선 광전관)
② 플레임로드 : 화염의 이온화 현상이용
③ 스텍 스위치 : 화염의 발열 현상이용(버너분사정지에 수십초가 걸리므로 주로 소용량 보일러 사용)

45

노통연관보일러에서 파형노통에 대한 설명으로 틀린 것은?

① 강도가 크다.
② 제작비가 비싸다.
③ 스케일 생성이 쉽다.
④ 열의 신축에 의한 탄력성이 나쁘다.

해설 파형노통의 특징
(1) 장점
 ① 열의 신축에 의한 탄력성이 좋다.
 ② 평형노통보다 전열면적이 크다.
 ③ 외압에 대한 강도가 크다.
(2) 단점
 ① 제작이 어렵고 가격이 비싸다.
 ② 내부청소 및 검사가 어렵다.
 ③ 스케일 부착이 쉽다.
 ④ 통풍저항이 크다.

46

보일러연소량을 일정하게 하고 저부하시 잉여증기를 축정시켰다가 갑작스런 부하변동이나 과부하등에 대처하기 위해 사용되는 장치는?

① 인젝터
② 재열기
③ 어규뮬레이터
④ 탈기기

해설 증기축열기(스팀어큐뮬레이터) : 평상시에는 잉여증기를 저장하였다가 과부하시나 응급시에 그 잉여증기를 공급하는 장치

44. ④ 45. ④ 46. ③

47

보일러의 전열면적이 10m² 이상 15m² 미만인 경우 방출관의 안지름은 최소 몇 mm 이상이어야 하는가?

① 10   ② 20
③ 30   ④ 40

해설 방출관의 안지름

전열면적	방출관의 안지름
10m² 미만	25A 이상
10m² 이상 15m² 미만	30A 이상
15m² 이상 20m² 미만	40A 이상
20m² 이상	50A 이상

48

보일러 형식에 따른 종류의 연결로 틀린 것은?

① 노통식 원통보일러 - 코르니쉬보일러
② 노통연관식 원통보일러 - 라몽트보일러
③ 자연순환식 수관보일러 - 타꾸마보일러
④ 관류보일러 - 슬처보일러

해설 보일러의 종류
(1) 원통형 보일러
 ① 입형 보일러 : 입형연관, 입형횡관, 코크란보일러
 ② 횡형보일러
  ㉠ 노통보일러 : 코르니쉬, 랭커셔
  ㉡ 연관보일러 : 횡연관, 기관차, 케와니
  ㉢ 노통연관보일러 : 노통연관펙케이지형, 하우덴존슨, 스코치
(2) 수관식보일러
 ① 자연순환식 : 바브콕, 스네기찌, 타꾸마, 2동D형, 3동A형
 ② 강제순환식 : 벨록스, 라몽
 ③ 관류식 : 슬처, 옛모스, 벤숀, 람진
(3) 특수보일러
 ① 열매체보일러 : 모빌섬, 수은, 다우삼, 카네크롬, 세큐리티53
 ② 간접가열보일러 : 슈미트, 레플러
 ③ 폐열보일러 : 하이내, 리히

정답 47. ③ 48. ②

49

공기와 혼합시 폭발범위가 가장 넓은 것은?

① 메탄
② 프로판
③ 메틸알코올
④ 아세틸렌

 ① 메탄 : 5~15%
② 프로판 : 2.1~9.5%
③ 메틸알콜 : 7.3~36%
④ 아세틸렌 : 2.5~81%

50

다음 중 역화의 위험성이 가장 큰 연소방식으로 설비의 시동 및 정지시에 폭발 및 화재에 대비한 안전확보에 각별한 주의를 요하는 방식은?

① 미분탄연소방식
② 예혼합 연소방식
③ 확산연소방식
④ 분무식 연소

예혼합연소는 연료와 공기를 미리 혼합기에서 혼합하여 연소하기 때문에 역화의 위험이 있다.

51

보일러의 과열방지대책으로 가장 거리가 먼 것은?

① 보일러 수의 순환을 좋게 할 것
② 보일러 수를 농축시키지 말 것
③ 보일러 수위를 낮게 할 것
④ 고열 부분에 스케일 슬러지 부착을 방지할 것

보일러 과열방지 대책
① 적정 수위를 유지할 것(상용 수위를 유지할 것)
② 관수순환을 좋게 할 것
③ 관수농축방지
④ 동내면에 스케일이나 슬러지부착 방지
⑤ 전열면에 국부적인 과열을 방지한다
⑥ 연소실 열부하가 너무 높지 않도록 한다.

49. ④ 50. ② 51. ③

52 보일러 수압시험에서 시험수압은 규정된 압력의 몇 %이상을 초과하지 않도록 하는가?
① 3% ② 6%
③ 9% ④ 12%

해설 수압시험 방법
① 수압시험은 규정된 압력의 6%이상 초과 금지
② 규정된 시험수압에 도달된 후 30분 경과후 검사

53 보일러의 과열에 의한 압궤의 발생부분이 아닌 것은?
① 연관 ② 노통상부
③ 화실천정 ④ 가셋스테이

해설
· 압궤가 발생하는 부분 : 노통, 연소실, 관판
· 팽출이 발생하는 부분 : 횡연관, 수관, 보일러동저부

54 안전밸브의 증기누설원인으로 가장 거리가 먼 것은?
① 밸브 구경이 사용압력에 비해 클 때 ② 밸브 축이 이완될 때
③ 스프링의 장력이 감소시 ④ 밸브시트 사이에 이물질 부착시

해설 안전밸브 누설원인
① 스프링 장력 감소 시
② 조종압력이 낮을 때
③ 밸브시트 이물질 부착시
④ 밸브디스크 불량 시
⑤ 밸브축이 이완시
⑥ 밸브시트 가공불량시

55

지역난방의 장점에 대한 설명으로 틀린 것은?

① 대규모시설을 관리할 수 있으므로 효율이 좋다.
② 설비의 합리화에 의한 매연처리를 할 수 있다.
③ 건물내의 유효면적이 감소되어 열효율이 좋다.
④ 각 건물에는 보일러가 필요없고 인건비와 연료비가 절감된다.

 지역난방의 특징
  (1) 장점
    ① 한 곳에 집중설비함으로서 건물의 공간을 유효하게 사용할 수 있다.
    ② 고압의 증기 및 고온수이므로 관경을 적게할 수 있다.
    ③ 열발생설비의 고효율화, 대기오염방지를 효과적으로 시행할 수 있다.
    ④ 폐열의 회수 및 쓰레기소각 등으로 연료비가 적게 든다.
    ⑤ 작업 인원 절감으로 인건비를 줄일 수 있다.
  (2) 단점
    ① 시설비가 많이 든다.
    ② 설비가 길어지므로 배관손실이 있다.
    ③ 고압의 증기 및 고온수를 사용함으로서 취급에 어려움이 있다.

56

보일러 수면계를 시험해야 하는 시기와 무관한 것은?

① 발생증기 송기 시
② 보일러 가동 전
③ 수면계 유리의 교체 또는 보수 후
④ 프라이밍, 포밍 발생 시

수면계 점검시기
  ① 보일러 가동 전
  ② 수면계 유리의 교체 또는 보수후
  ③ 두 개의 수면계 수위가 다를 때
  ④ 연락관에 이상이 발견된 때
  ⑤ 프라이밍, 포밍 발생시
  ⑥ 비수현상시

57

보일러 설치 기준상 전열면적이 8m²인 경우 급수밸브의 크기는?

① 10A 이상
② 15A 이상
③ 20A 이상
④ 25A 이상

전열면적 10m² 미만 : 15A이상
전열면적 10m² 이상 : 20A이상

55. ③ 56. ① 57. ②

58 보일러 자동제어에서 조작량의 대상이 아닌 것은?
① 전열량 ② 연료량
③ 보일러수위 ④ 연소가스량

해설 제어량과 조작량의 관계

제어	제어량	조작량
S.T.C	과열증기온도	전열량
F.W.C	보일러수위	급수량
A.C.C	증기압력계제어	연료량, 공기량
	노내압력계제어	연소가스량, 송풍량

59 주철제 보일러의 특징에 관한 설명으로 틀린 것은?
① 인장 및 충격에 약하다. ② 섹션증감으로 용량을 변경할 수 있다.
③ 내부청소가 쉽다. ④ 저압이므로 파열 시 피해가 적다.

해설 주철제 보일러의 특징
① 인장 및 충격에 약하다.
② 구조가 복잡하므로 청소 및 검사곤란
③ 고압대용량에 부적합하다.
④ 열에 의한 부동팽창으로 균열이 생기기 쉽다.
⑤ 섹션증감으로 용량을 변경할 수 있다.
⑥ 저압이므로 파열 시 피해가 적다.
⑦ 전열면적이 크고 효율이 좋다.
⑧ 주물제작이므로 복잡한 구조로 제작이 가능

60 보일러에서 보염장치를 설치하는 목적이 아닌 것은?
① 연소가스의 체류시간을 짧게해준다. ② 안정된 착화 도모
③ 저공기비 연소를 가능하게 한다. ④ 연소화염을 안정시킨다.

해설 보염장치 : 착화와 연소화염을 안정시키고 연료와 공기의 혼합을 도모케하여 저공기비 연소를 하게하는 장치
(1) 설치목적
① 화염의 형상 조절
② 안정된 착화를 도모한다.
③ 연소가스의 체류시간을 지연시켜 돕는다.
④ 연소실의 온도분포를 고르게하고 국부과열방지

⑤ 연료의 분무를 돕고 공기와의 혼합을 양호하게 한다.
(2) 종류
① 버너타일
② 스테빌라이져
③ 윈드박스
④ 콤버스터

제4과목 : 열설비안전관리 및 검사기준

61 에너지이용합리화법에 의한 에너지 사용시설이 아닌 것은?
① 발전소
② 에너지를 사용하는 공장
③ 에너지를 사용하는 사업장
④ 경유 등을 사용하는 가정

해설 에너지이용합리화법에 의한 에너지사용시설
① 발전소
② 에너지를 사용하는 작업장
③ 에너지를 사용하는 공장

62 보일러 스케일 발생의 방지대책과 가장 거리가 먼 것은?
① 보일러수에 약품을 넣어 스케일 성분이 고착되지 않게 한다.
② 물에 용해도가 큰 규산 및 유지분 등을 이용하여 세관 작업을 실시한다.
③ 보일러수의 농축을 막기 위하여 분출을 적절히 실시한다.
④ 급수 중의 염류 불순물을 될 수 있는 한 제거한다.

해설 스케일발생방지대책
① 급수중의 염류 불순물을 될 수 있는 한 제거한다.
② 보일러수의 농축을 막기 위해 분출을 적절히 실시한다.
③ 보일러수에 약품을 넣어 스케일성분이 고착되지 않게 한다.

63 에너지이용 합리화법에 따라 검사대상기기 설치자는 검사대상기기관리자가 해임되거나 퇴직하는 경우 다른 검사대상기기 관리자를 언제 선임해야 하는가?
① 해임 또는 퇴직 이전
② 해임 또는 퇴직 후 10일 이내
③ 해임 또는 퇴직 후 30일 이내
④ 해임 또는 퇴직 후 3개월 이내

해설 검사대상기기 설치자는 관리자를 해임하거나 관리자가 퇴직하는 경우에는 해임이나 퇴직 이전에 다른 검사대상기기관리자를 선임하여야 한다.

61. ④ 62. ② 63. ①

64 증기난방의 분류 방법이 아닌 것은?
① 증기기관의 배관 방식에 의한 분류
② 응축수의 환수 방식에 의한 분류
③ 증기압력에 의한 분류
④ 급기 배관 방식에 의한 분류

해설 증기난방의 분류방법
① 응축수환수방식 : ㉠ 중력환수식 ㉡ 기계환수식 ㉢ 진공환수식
② 배관방식에 의한 분류 : ㉠ 단관식 ㉡ 복관식
③ 증기공급방식에 의한 분류 : ㉠ 상향순환식 ㉡ 하향순환식
④ 증기압력에 따른 분류

65 보일러 사고에 관한 내용으로 틀린 것은?
① 압궤는 고온의 화염을 받는 전열면이 과열이 지나쳐서 견디지 못하고 안쪽으로 눌리어 오목하게 들어간 현상이다.
② 팽출은 전열면의 과열이 지나쳐 내압력 작용에 견디지 못하고 밖으로 부풀어 나오는 현상이다.
③ 라미네이션은 기포 및 가스구멍이 혼재된 강괴를 압연할 경우 강판 및 강관이 기포에 의해 내부에서 두장으로 분리되는 현상이다.
④ 블리스터는 라미네이션 상태에서 가열이 지나쳐 내부로 오목하게 들어간 현상이다.

해설 블리스터는 라미네이션 상태에서 가열시 지나쳐 외부로 오목하게 나온 현상

66 보일러 수면계 유리관의 파손 원인으로 가장 거리가 먼 것은?
① 프라이밍 또는 포밍 현상이 발생한 때
② 수면계의 너트를 너무 무리하게 조인 경우
③ 유리관의 재질이 불량한 경우
④ 외부에서 충격을 받았을 때

해설 수면계유리관 파손 원인
① 외부에서 충격을 가할 때
② 급열, 급냉시
③ 유리관의 재질이 불량한 경우
④ 수면계의 너트를 너무 무리하게 조인 경우

67

검사대상기기의 검사를 받지 아니하고 사용한 자에 대한 벌칙으로 옳은 것은?

① 오백만원 이하의 벌금
② 이천만원 이하의 벌금
③ 2년 이하의 징역
④ 일천만원 이하의 벌금

 벌칙
① 2년 이하의 징역 또는 2천만원 이하의 벌금
  ㉠ 에너지저장시설의 보유 또는 저장의무의 부과시 정당한 이유 없이 이를 거부하거나 이행하지 아니한 자
  ㉡ 에너지수급의 안정을 기하기 위한 조정·명령 등의 조치를 위반한 자
  ㉢ 공단의 임직원으로 근무하거나 근무하였던 사람이 직무상 알게 된 비밀을 누설하거나 도용한 자
② 1년 이하의 징역 또는 1천만원이하의 벌금
  ㉠ 검사대상기기의 검사를 받지 아니한 자
  ㉡ 검사에 합격되지 아니한 검사대상기기를 사용한 자
③ 2천만원 이하의 벌금
  ㉠ 효율 관리 기자재의 생산 또는 판매금지 명령에 위반한 자
④ 1천만원 이하의 벌금
  ㉠ 검사대상기기관리자를 선임하지 아니한 자
  ㉡ 검사대상기기 검사를 받지 아니하고 사용한자
⑤ 500만원 이하의 벌금
  ㉠ 효율관리기자재에 대한 에너지사용량의 측정결과를 신고하지 아니한 자
  ㉡ 대기전력경고표지 대상제품에 대한 측정결과를 신고하지 아니한 자
  ㉢ 대기전력경고표지를 하지 아니한 자
  ㉣ 대기전력저감우수제품임을 표시하거나 거짓 표시를 한자
  ㉤ 대기전력저감기준에 미달하는 경우 시정명령을 정당한 사유 없이 이행하지 아니한 자
  ㉥ 고효율에너지인증대상기자재의 인증을 받은 자가 아닌 자는 해당 고효율에너지인증대상기자재에 고효율에너지기자재의 인증 표시를 위반하여 인증 표시를 한 자

68

보일러 급수처리의 목적을 설명한 것으로 틀린 것은?

① 전열면의 스케일의 생성을 방지하기 위하여
② 점식 등의 내면부식을 방지하기 위하여
③ 보일러 수의 농축을 방지하기 위하여
④ 라미네이션 현상을 방지하기 위하여

 급수처리 목적
① 관수농축방지
② 관수 pH 조절
③ 슬러지나 스케일 생성 방지
④ 부식방지
⑤ 프라이밍, 포밍발생 방지

69 에너지이용합리화법상 에너지의 이용효율을 높이기 위하여 관계 행정기관의 장과 협의하여 건축물의 단위 면적당 에너지사용목표량을 정하여 고시하여야 하는 자는?
① 산업통상자원부장관
② 환경부장관
③ 시·도지사
④ 국무총리

70 보일러의 동판에 점식(Pitting)이 발생하는 가장 큰 원인은?
① 급수 중에 포함되어 있는 산소 때문
② 급수 중에 포함되어 있는 탄산칼슘 때문
③ 급수 중에 포함되어 있는 인산마그네슘 때문
④ 급수 중에 포함되어 있는 수산화나트륨 때문

해설 점식 발생원인 : 급수중에 포함되어 있는 산소때문

71 환수관이 고장을 일으켰을 때 보일러의 물이 유출하는 것을 막기 위하여 하는 배관방법은?
① 리프트 이음 배관법
② 하트포드 연결법
③ 이경관 접속법
④ 증기 주관 관말 트랩 배관법

해설 하트포드접속(hartford connection)
① 저압증기난방식 습식환수방식
② 보일러 수위가 환수관의 접속부로의 누설로 인하여 저수위사고가 일어날 것을 방지하기 위해
③ 증기관과 환수관 사이에 표준 수면에서 50mm이내에 균형관 설치

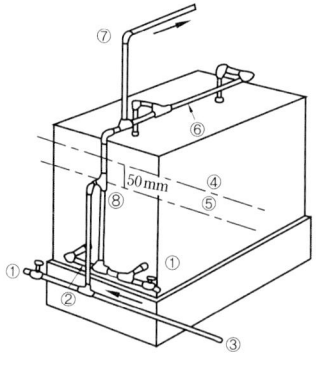

① 드레인관 ② 환수 헤더
③ 환수주관 ④ 표면 수면
⑤ 안전 저수면 ⑥ 증기 헤더
⑦ 증기 주관 ⑧ 균형관

〈하트포드 접속〉

배관방법	구배	시공요령
단관중력 환수식	상향공급식(역류관) $\frac{1}{50} \sim \frac{1}{100}$ 하향공급식(순류관) $\frac{1}{100} \sim \frac{1}{200}$	상향, 하향 공급식 모두 끝내림구배 순류관일 경우 관경이 65[mm] 이상 $\frac{1}{250}$ 구배
복관중력 환수식	건식환수관 $\frac{1}{200}$ 습식환수관	끝내림구배로 보일러까지 배관 환수관은 보일러 수면보다 높게 설치 증기주관은 환수판의 수면보다 400[mm] 이상 높게 설치한다.
진공 환수식	$\frac{1}{200} \sim \frac{1}{300}$	건식환수를 한다.

72
보일러의 고온부식 방지대책으로 틀린 것은?
① 회분 개질제를 첨가하여 바나듐의 융점을 낮춘다.
② 연료 중의 바나듐 성분을 제거한다.
③ 고온가스가 접촉되는 부분에 보호피막을 한다.
④ 연소가스 온도를 바나듐의 융점온도 이하로 유지한다.

해설 고온부식 방지책
① 연료중의 바나듐 제거
② 회분개질제를 사용하여 회분융점 높여 고온부식 방지
③ 첨가제를 사용한다.
④ 양질의 연료 선택
⑤ 고온의 전열면 표면에 내식재료 사용
⑥ 고온의 전열면 표면에 방청도장을 입힌다.

73
화학 세관에서 사용하는 유기산에 해당되지 않는 것은?
① 인산
② 초산
③ 구연산
④ 포름알데히드

해설 유기산 : ① 구연산 ② 하트록산 ③ 옥살산 ④ 설파민산 ⑤ 초산 ⑥ 포름알데히드
무기산 : ① 인산 ② 염산 ③ 황산 ④ 질산

74

보일러를 사용하지 않고 장기간 보존할 경우 가장 적합한 보존법은?

① 만수 보존법　　　　　　　② 건조 보존법
③ 밀폐 만수 보존법　　　　　④ 청관제 만수 보존법

해설　보일러 보존법
① 건조보존법(장기보존) : 6개월 이상
　　흡습제 : $CaCl_2$, CaO, SiO_2, Al_2O_3
② 만수보존법(단기보존) : 2~3개월
　　첨가약품 : 가성소다, 아황산소다, 탄산소다
③ 질소봉입법 : ㉠ 순도 99.5% 이상　　㉡ 압력 0.6 kg/cm^2(0.06 MPa)

75

에너지 사용의 제한 또는 금지에 관한 조정·명령, 그 밖에 필요한 조치를 위반한 자에 대한 벌칙은?

① 3백만원 이하의 벌금　　　② 1천만원 이하의 벌금
③ 3백만원 이하의 과태료　　④ 1천만원 이하의 과태료

76

증기난방의 응축수 환수방법 중 증기의 순환이 가장 빠른 것은?

① 기계환수식　　　　　　　② 진공환수식
③ 단관식 중력환수식　　　　④ 복관식 중력환수식

해설　진공환수식의 특징
① 증기의 순환이 가장 빠르다
② 방열기 방열량 조절을 광범위하게 할 수 있다.
③ 환수관의 지름을 작게할 수 있다.
④ 방열기 설치장소에 제한을 받지 않는다.

77

연료의 연소 시 고온부식의 주된 원인이 되는 성분은?

① 황　　　　② 질소　　　　③ 탄소　　　　④ 바나듐

해설　·고온부식의 원인 : 바나듐, 오산화바나듐
　　 ·저온부식의 원인 : 황, 아황산가스, 무수황산, 황산

78
전형적으로 흑운모의 변질작용으로 생성되는 광물로서 급열처리에 의하여 겉보기 비중과 열전도율이 낮아 단열재로 주로 사용되는 광물은?
① 질석(Vermiculite)
② 펄라이트(Perlite)
③ 팽창혈암(Expanded Shale)
④ 팽창점토(Expanded Clay)

79
재생식 공기예열기로서 일반 대형보일러에 주로 사용되는 것은?
① 엘레멘트 조립식 공기예열기
② 융그스트롬식 공기예열기
③ 판형 공기예열기
④ 관형 공기예열기

해설 공기예열기의 종류
① 전열식
② 증기식
③ 재생식(융그스트롬식) : 금속판에 가스와 공기를 교내로 접촉시켜 재생시킨 다음 공기에 열을 주는 방식
④ 강관형
⑤ 강판형

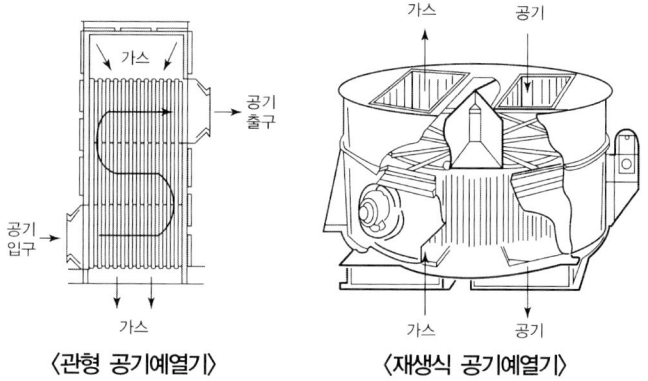

〈관형 공기예열기〉 〈재생식 공기예열기〉

80. 두께 10mm, 인장강도 40kgf/mm²의 연강판으로 8kgf/cm²의 내압을 받는 원통을 만들려고 한다. 이 때 안전율을 4로 한다면 원통의 내경은 몇 mm 로 하여야 하는가?
① 1500
② 2000
③ 2500
④ 3000

해설) $\sigma = \dfrac{PD}{2t}$ $D = \dfrac{2t\sigma}{P} = \dfrac{2 \times 10 \times 1,000}{8} = 2,500 mm$

허용응력$(\sigma) = \dfrac{\text{인장강도}}{\text{안전율}} = \dfrac{40}{4} = 10 kgf/mm^2 \rightarrow 1,000 kgf/cm^2$

제7회 에너지관리산업기사 모의고사

제1과목 : 열 및 연소설비

01 완전진공을 기준으로 측정한 압력은 어떤 압력인가?
① 게이지압력 ② 대기압 ③ 절대압력 ④ 진공게이지 압력

해설 · 대기압을 0으로 기준측정 : 게이지 압력
· 완전진공을 0으로 기준측정 : 절대압력

02 프로판가스 $2Sm^3$를 과잉공기계수 1.1 공기로 완전연소 시켰을 때의 습연소가스량은 약 몇 Sm^3인가?
① 25.8 ② 38.9 ③ 45.5 ④ 56.4

해설 $C_3H_8 + 5O_2 \rightarrow 3CO_2 + 4H_2O + (N_2)$
실제습연소가스량 = $(m-1)A_0 + CO_2 + H_2O + N_2$
= $(1.1-1) \times 10/0.21 + 3 + 4 + (5 \times 79/21) = 56.36 Sm^3$

03 열역학 제 1법칙은?
① 에너지보존의 법칙 ② 엔트로피의 법칙
② 작용과반작용의 법칙 ④ 질량불변의 법칙

해설 열역학의 법칙
① 열역학 제1법칙
    일은 열로 열은 일로 변환시킬 수 있다.
② 열역학 제2법칙
    ㉠ 일은 열로 변환시킬 수 있으나 열은 일로 변환 시킬 수 없다.
    ㉡ 열은 고온에서 저온으로 흐른다.
    ㉢ 외부에서 일을 하여 주지 않고는 열은 저온에서 고온으로 흐르지 않는다.
    ㉣ 효율이 100%인 열기관은 존재 할 수 없다(제2종영구기관).
    ㉤ 에너지공급없이 기관이 작동하는 것(제1종영구기관)

01. ③ 02. ④ 03. ①

04

보일러 열정산에서 입열항목에 해당하는 것은 무엇인가?
① 발생증기의 흡수열량   ② 연소용 공기의 열량
③ 배기가스 열량   ④ 연소잔재물이 갖고 있는 열량

 입열항목

입열항목	출열항목
① 연료의 현열	① 배기가스손실열
② 공기의 현열	② 불완전연소에 의한 손실열
③ 급수의 현열	③ 미연분에 의한 손실열
④ 연료의 연소열	④ 방사에 의한 손실열
⑤ 노내분입증기 보유열	⑤ 발생증기 보유열

05

보일러 자동제어의 연소제어에서 조작량에 해당 되지 않는 것은?
① 전열량   ② 연소가스량   ③ 공기량   ④ 연료량

 보일러자동제어(ABC)

제어	제어량	조작량
STC	과열증기온도	전열량
FWC	보일러수위	급수량
ACC	증기압력계제어	연료량, 공기량
	노내압력계제어	연소가스량

06

1kg의 공기가 일정온도 250°C에서 팽창하여 처음체적의 7배가 되었다. 전달된 열량은 약 몇 kJ인가? (단, 공기의 기체 상수는 0.287kJ/kg · K이다)
① 243   ② 292   ③ 324   ④ 413

 $Q = RT \ln \dfrac{V_2}{V_1} = 0.287 \times (273 + 250) \times \ln\left(\dfrac{7}{1}\right) = 292.08 \text{kJ}$

07

메탄 10Sm³ 연소에 소요되는 이론공기량은 얼마인가?

① 89　　② 95　　③ 110　　④ 132

$$CH_4 + 2O_2 \rightarrow CO_2 + 2H_2O$$
16kg　　2×32kg　　44kg　　2×18
22.4　　2×22.4　　22.4　　2×22.4
22.4Sm³ = 2×22.4Sm³
10Sm³ = X　　$X = \dfrac{1 \times 2 \times 22.4 Sm^3}{22.4} = 20 Sm^3$

A_0(이론공기량) $= \dfrac{\text{이론산소량}}{0.21} = \dfrac{20}{0.21} = 95.23 Sm^3$

08

냉매가 갖추어야 할 조건으로 거리가 먼 것은?

① 임계온도가 높아야 한다.　　② 증발잠열이 작아야 한다.
③ 증발온도가 낮아야 한다.　　④ 화학적으로 안정되어야 한다.

① 비체적이 적을 것
② 독성 및 가연성이 아닐 것
③ 증발잠열이 클 것, 증발온도가 낮을 것
④ 악취가 없을 것
⑤ 부식성이 없을 것
⑥ 임계온도가 높을 것, 응축온도가 낮을 것, 응축압력이 높을 것 등

09

27℃에서 15L의 체적을 갖는 이상기체가 일정압력하에서 130℃까지 온도가 상승 하였을 때 체적은 얼마인가?

① 12L　　② 16L　　③ 20L　　④ 25L

$$\dfrac{V_1}{T_1} = \dfrac{V_2}{T_2}$$

$$V_2 = \dfrac{V_1 \times T_2}{T_1} = \dfrac{15 \times (273+130)}{(273+27)} = 20.15 L$$

07. ②　08. ②　09. ③

10 보일러 연소가스 폭발의 가장 큰 원인은?
① 증기의 압력이 지나치게 높을 때 ② 저수위로 보일러를 운전 할 때
③ 중유가 불완전 연소 할 때 ④ 점화시 착화가 늦은 경우

해설) 연소가스 폭발원인
① 점화시 착화가 늦은 경우
② 프리퍼지, 포스트퍼지 부족 시
③ 공기보다 연료먼저 투입 시
④ 연소실내로 기름이 흘러 들어간 경우
⑤ 2차공기의 예열 부족 시

11 어떠한 조건이 충족되지 않으면 다음 동작을 저지하는 제어 방법은?
① 인터록 제어 ② 시컨스제어
③ 피드백제어 ④ 자동연소제어

해설) 인터록 제어 : 구비조건이 맞지 않을 때 그 조건이 충족될때까지 다음단계를 정지 시키는 것
[종류] 저수위 인터록, 저연소 인터록, 불착화 인터록, 압력초과 인터록, 프리퍼지 인터록
시컨스제어 : 처음 정해진 순서에 의해 제어의 각 단계를 순차적으로 제어
피드백제어 : 출력측의 신호를 입력측으로 되돌려 정정 동작을 행하는 제어

12 탱크내에 1000kPa의 공기 25kg이 충전되어 있다. 공기 1kg을 뺄 때 탱크 내 공기 온도가 일정하다면 탱크 내 공기 압력은?
① 655kPa ② 760kPa
③ 855kPa ④ 960kPa

해설) 25kg = 1000kPa
1kg = x $x = \dfrac{1kg \times 1,000kPa}{25kg} = 40kPa$

∴ 1000kPa - 40kPa = 960kPa

13 교축과정을 거친 기체는 다음 중 어느 양이 일정하게 유지되는가?
① 엔트로피 ② 체적 ③ 엔탈피 ④ 압력

해설) 단열팽창(교축과정) : 등엔탈피과정
단열압축 : 등엔트로피과정

14

섭씨와 화씨의 온도 눈금이 같은 경우는 몇 도인가?
① -20℃　② -40℃　③ -50℃　④ 0℃

 ℃ = ℃ = $\dfrac{5(°F-32)}{9} = \dfrac{5\times(-40+(-32))}{9} = -40℃$

°F = $\dfrac{9\times℃}{5} + 32 = \dfrac{9\times-40}{5} + 32 = -40°F$

15

중유 10kg을 완전 연소시켰을 때 총 저위발열량은?(단, 중유의 고위발열량은 41860kJ/Kg이고 중유 1kg 속에는 수소 0.2kg, 수분이 0.1kg이 함유되어 있다)
① 371MJ　② 254MJ　③ 421MJ　④ 165MJ

 저위발열량 = 고위발열량 − 600×4.186 (9H+W)
= 41860 − 600×4.186 (9×0.2+0.1) = 37087.96KJ/kg
∴ 총저위발열량 = 37087.96×10/1000 = 371MJ

16

공기비에 대한 설명으로 옳은 것은?
① 연료의 이론연소에 필요한 공기량을 실제연소에 사용한 공기량으로 나눈 값이다.
② 공기비가 크면 SO_2, NO_2 등의 함량이 감소하여 장치의 부식이 줄어든다.
③ 공기비가 적으면 불완전 연소의 가능성이 있어서 매연이 발생할 수 있다.
④ 공기비가 크면 연소실 내의 연소온도는 높아진다.

① 연료의 실제연소에 사용한 공기량을 이론연소에 필요한 공기량으로 나눈 값이다.
② 공기비가 크면 SO_2, NO_2 등의 장치의 부식이 커진다.
③ 공기비가 크면 연소실 내의 연소온도는 낮아진다.

17

프로판 40%mol, 부탄 60%mol의 혼합가스 1L를 완전연소하는데 30%의 과잉공기를 사용하였다면 실제 공급된 공기량은? (단, 공기 중 산소는 21 vol%로 가정한다)
① 27L　② 37L　④ 44L　④ 55L

$C_3H_8 + 5O_2 \rightarrow 3CO_2 + 4H_2O$
$C_4H_{10} + 6.5O_2 \rightarrow 4CO_2 + 5H_2O$
∴ $\dfrac{(5\times0.4+6.5\times0.6)}{0.21} = 28.09\times1.3 = 36.52L$

14. ②　15. ①　16. ③　17. ②

18 보일러 부속장치 중 안전장치가 아닌 것은?

① 증기축열기　② 가용전　③ 화염검출기　④ 증기압력제한기

해설 안전장치
　　가용전, 화염검출기, 증기압력제한기, 증기압력조절기, 안전밸브, 방폭문

19 액체연료 연료방식에서 연료를 무화시키는 목적으로 틀린 것은?

① 연료 단위 중량당 표면적을 크게하기 위해서
② 연료와 연소용 공기의 혼합을 고르게 하기 위해서
③ 연소효율을 높이기 위해서
④ 연소실의 열부하를 낮게 하기 위하여

해설 연료를 무화시키는 목적
　　① 연료의 단위 중량당 표면적을 크게하기 위해서
　　② 연료와 연소용 공기의 혼합을 고르게 하기 위해서
　　③ 연소효율을 높이기 위해서
　　④ 연소실의 열부하를 높게 하기 위해서

20 42kJ의 열을 전부 일로 변환하면 몇 kgf·m인가?

① 2584kgf·m　② 3652kgf·m　③ 4284kg·m　④ 5186kg·m

해설　4.186kJ = 427kgf·m
　　　　42kJ　 = x

$$x = \frac{42kJ \times 427kgf \cdot m}{4.186kJ} = 4,284.28 kgf \cdot m$$

제2과목 : 열설비설치

21 보일러의 증발량이 10t/h이고 보일러 본체의 전열면적이 30m²일 때 이 보일러의 전열면 증발율은?

① 150　② 235　③ 333　④ 425

해설　전열면증발률 $= \dfrac{G}{A} = \dfrac{10 \times 1,000 kg/h}{30} = 333.33 kg/m^2 h$

정답 18. ①　19. ④　20. ③　21. ③

22

탄성식 압력계가 아닌 것은?
① 환상천평식 압력계
② 부르돈관 압력계
③ 벨로우즈 압력계
④ 다이어프램 압력계

 탄성식 압력계의 종류
　① 부르돈관식 압력계
　② 벨로우즈식 압력계
　③ 다이어프램 압력계

23

다음 측정방식 중 물리적 가스분석계가 아닌 것은?
① 세라믹식 O_2계　② 오르자트식　③ 기체크로마토그래피　④ 밀도식

 물리적 가스분석계
　① 기체크로마토그래피
　② 세라믹식 O_2계
　③ 자기식 O_2계
　④ 열전도율형 CO_2계
　⑤ 적외선가스 분석계(분석불가 : 산소, 수소, 질소, 염소)

24

어느 대향류 열교환기에서 가열유체는 100℃로 들어가서 40℃로 나오고 수열유체는 30℃로 들어가서 40℃로 나온다. 이 열교환기의 대수평균 온도차는?
① 28℃　　　② 32℃　　　③ 38℃　　　④ 45℃

 $\Delta t_1 = 100 - 40 = 60℃$
　　$\Delta t_2 = 40 - 30 = 10℃$
　　∴ 대수평균온도차 $= \dfrac{(\Delta t_1 - \Delta t_2)}{\ln\left(\dfrac{\Delta t_1}{\Delta t_2}\right)} = \dfrac{(60-10)}{\ln\left(\dfrac{60}{10}\right)} = 27.90℃$

25. 수관식보일러의 특징으로 틀린 것은?

① 고압대용량에 적합하다.
② 구조가 간단하여 취급, 청소, 수리가 용이하다.
③ 급수처리가 까다롭다.
④ 외분식이어서 연료의 질에 제한을 받지 않는다.

해설 수관식보일러의 특징
① 고압대용량에 적합하다.
② 급수처리가 까다롭다.
③ 구조가 복잡하여 청소, 검사, 수리가 곤란하다.
④ 외분식이어서 노벽으로 방산손실이 많다.
⑤ 보유수량이 적어 가동시간이 짧다.
⑥ 고온, 고압의 증기를 발생하여 열의 이용도를 높였다.

26. 다음 중 유량의 단위로 옳은 것은?

① kg/m^2　　　　　② kg/m^3
③ m^3/s　　　　　④ m^3/kg

해설 유량의 단위 : m^3/s, m^3/min, m^3/h, kg/sec, kg/min, kg/h

27. 보온재 선정시 고려하여야 할 조건 중 틀린 것은?

① 흡수성이 적고 기공이 용이해야 한다.
② 부피비중이 적어야 한다.
③ 열전도율이 가능한 높아야 한다.
④ 불연성이고 화재 시 유독가스를 발생하지 않아야 한다.

해설 보온재의 구비조건
① 비중이 적어야 한다(가벼워야 한다).
② 열전도율이 적어야 한다(보온능력이 커야한다).
③ 사용온도에 견디고 충분한 강도를 가져야 한다.
④ 기계적 강도가 있어야 한다.
⑤ 다공질이며 기공이 균일해야 한다.
⑥ 흡수성이 적어야 한다.

정답　25. ②　26. ③　27. ③

28
전자식유량계는 어떤 유체의 유량을 측정하는데 주로 사용 되는가?
① 순수한물   ② 과열된 증기   ③ 도전성 유체   ④ 비전도성 유체

해설 전자식 유량계
페러데이의 전자유도법칙을 이용한 것으로 전도성의 물체가 기전력을 발생하여 도전성 유체의 유속 또는 유량을 구하는 것

29
두께가 20cm이며 열전도율이 210kJ/m·h·°C, 내부온도가 240°C, 외부온도가 60°C일 때 전열면적 1m²당 1시간동안 전열되는 열량은 몇 kJ/h 인가?
① 189000   ② 225000   ③ 245000   ④ 264000

해설 $Q = \dfrac{\lambda \cdot A \times \triangle t}{d} = \dfrac{210 \times 1 \times (240-60)}{0.2} = 189,000 kJ/h$

30
기체연료의 연소방식 중 예혼합연소방식의 특징에 대한 설명으로 틀린 것은?
① 내부 혼합형이다
② 역화의 위험성이 매우 작다
③ 화염이 짧다
④ 부하변화에 따른 조작범위가 좁다

해설 역화의 위험성이 매우 크다

31
다음 중 유기질 보온재가 아닌 것은?
① 기포성수지   ② 암면   ③ 코르크   ④ 펠트

해설 유기질 보온재
① 폼류 : ㉠ 경질우레탄폼 ㉡ 염화비닐폼 ㉢ 폴리스틸렌폼
② 펠트류 : ㉠ 양모 ㉡ 우모
③ 테스류 : ㉠ 톱밥 ㉡ 녹재 ㉢ 펄프
④ 기포성 수지
⑤ 탄화콜크

28. ③ 29. ① 30. ② 31. ②

32
증기트랩의 구비 조건이 아닌 것은?
① 공기를 뺄 수 있는 구조로 할 것
② 보일러 장치와 함께 작동이 멈출 것
③ 마찰저항이 적을 것
④ 내구력이 있을 것

 증기트랩의 구비조건
① 마찰저항이 적을 것
② 내식성, 내마모성, 내구력이 있을 것
③ 동작이 확실 할 것
④ 공기의 배재나 정지 후 응축수 빼기가 가능 할 것
⑤ 응축수를 연속적으로 배출할 수 있을 것

33
연단에 아마인유를 혼합한 것으로 밀착력 및 풍화에 강해 녹을 방지 하기 위한 페인트 밑칠용으로 사용하는 것은?
① 광명단도료
② 알루미늄 도료
③ 산화철 도료
④ 액상합성수지 도료

 광명단 도료
연단을 아마인유와 혼합한 것으로 밀착력 및 풍화에 강해 녹을 방지하기 위한 페인트 밑칠에 사용한다.

34
원심펌프의 소요동력이 20kW이고, 송수량이 5m³/min일 때, 이 펌프의 전양정은? (단, 펌프의 효율은 70%이며, 유체의 비중량은 1000kg/m³이다)
① 10.6m
② 14.38m
③ 17.14m
④ 21.4m

 $kW = \dfrac{r \times Q \times H}{102 \times \eta \times 60}$

$\therefore H = \dfrac{kW \times 102 \times \eta \times 60}{r \times Q} = \dfrac{20 \times 102 \times 0.7 \times 60}{1,000 \times 5} = 17.14 \ m$

정답 32. ② 33. ① 34. ③

35

다음 중 측정제어 방식이 아닌 것은?
① 비율 제어 ② 프로그램 제어 ③ 캐스케이드 제어 ④ 시컨스제어

해설 측정제어방식
① 추치제어 : 목표값이 변화되는 것으로 목표값을 측정하면서 제어목표량을 목표값에 맞추는 제어방식
  ㉠ 캐스케이드 제어 : 1차제어장치가 제어명령을 발하고 2차제어장치가 이 명령을 바탕으로 제어량 조절
  ㉡ 프로그램 제어 : 목표값이 시간에 따라 미리 결정된 일정한 제어
  ㉢ 비율제어 : 2개이상의 제어값의 값이 정해진 비율을 보유하여 제어
  ㉣ 추종제어 : 목표값이 시간에 따라 임의로 변화되는 값

36

발열량이 40000kJ/kg인 중유 50kg을 연소해서 실제로 보일러에 흡수된 열량이 1500000kJ일 때 이 보일러의 효율은 몇%인가?
① 70% ② 75% ③ 80% ④ 90%

해설 보일러 효율 = $\dfrac{공급열량}{Gf \times Hl} = \dfrac{1,500,000 \times 100}{50 \times 40,000} = 75\%$

37

보일러 10마력의 상당증발량은?
① 111.3kg/h ② 156.5kg/h ③ 172.9 ④ 186.7

해설 보일러1마력 : 상당증발량이 15.65kg/h인 보일러의 능력
1마력 = 15.65kg/h
10마력 = x   x = 10마력×15.65kg/h/1마력 = 156.5kg/h

38

산소를 로속에 공급하여 물순물을 제거하고 강철을 제조하는 로는?
① 큐폴라 ② 반사로 ③ 고로 ④ 전로

해설 ① 용광로 : 철광석을 단소를 이용해 선철을 만들거나 납,구리등을 제련할 때 사용
② 전로 : 산소를 로속에서 공급하여 불순물을 제거하고 강철을 제조
③ 고로 : 광석에서 금속을 얻는 공정에 사용하는 노

39 표준대기압(1atm)과 거리가 먼 것은?

① 1.01325bar   ② 101325Pa   ③ 10.332N/m²   ④ 1.033kgf/cm²

해설 1atm=76cmHg=760mmHg=0.76mHg=1.0332kgf/cm²=10332kg/m²=1033.2g/cm²
=10.332mH$_2$O=1033.2cmH$_2$O=10332mmH$_2$O=14.7psi=29.92inHg=760Torr
=1.01325bar=1013.25mbar=10N/cm²=101325Pa=101325N/m²=101.325kPa
=0.101MPa

40 상당증발량이 500kg/h이고, 급수엔탈피가 126kJ/kg, 증기엔탈피가 3066kJ/kg인 보일러의 실제 증발량은 약 몇 kg/h인가?

① 227.5   ② 285.7   ③ 352.8   ④ 383.7

해설 상당증발량 $= G \times \dfrac{(h_2 - h_1)}{2,256}$

$\therefore G = Ge \times \dfrac{2,256}{(h_2 - h_1)} = 500 \times \dfrac{2,256}{(3,066 - 126)} = 383.67 kg/h$

제3과목 : 열설비운전

41 보일러 청관제 중 보일러수의 연화제로 사용되지 않는 것은?

① 황산나트륨   ② 탄산나트륨   ③ 인산나트륨   ④ 수산화나트륨

해설 관내 처리법
① PH조정제 : ㉠ 인산소다   ㉡ 암모니아   ㉢ 수산화나트륨(가성소다)
② 연화제 : ㉠ 인산소다   ㉡ 탄산소다   ㉢ 수산화나트륨
③ 탈산소제 : ㉠ 탄닌   ㉡ 아황산소다   ㉢ 히드라진
④ 슬러지조정제 : ㉠ 리그닌   ㉡ 녹말   ㉢ 탄닌
⑤ 가성취화방지제 : ㉠ 리그닌   ㉡ 황산소다   ㉢ 탄산소다   ㉣ 인산소다
[참고] 소다 = 나트륨

42

보일러에 사용되는 안전밸브 및 압력방출장치의 크기를 20A 이상으로 할 수 있는 보일러가 아닌 것은?

① 최고사용압력이 0.1MPa 이하의 보일러
② 최고사용압력이 1MPa 이하의 보일러로 전열면적이 $5m^2$ 이하의 것
③ 소용량 강철제보일러
④ 최대증발량이 5T/h 이하의 보일러

해설 안전밸브 및 압력방출장치의 크기는 25A이상으로 하나 20A이상으로 할 수 있는 경우
① 최고사용압력이 0.1MPa 이하의 보일러
② 최고사용압력이 0.5MPa 이하이고 동체의 안지름이 550mm이하 동체의 길이가 1000mm이하인 보일러
③ 최고사용압력이 0.5MPa이하이고 전열면적이 $2m^2$이하의 보일러
④ 최대증발량이 5T/h 이하의 관류보일러
⑤ 소용량보일러, 소용량강철제보일러

43

온도 조절식 트랩으로 응축수와 함께 저온의 공기도 통과시키는 특성이 있으며 진공환수식 증기 배관의 방열기 트랩이나 관말 트랩으로 사용되는 것은?

① 바이메탈트랩   ② 버키트랩   ③ 열동식트랩   ④ 디스크트랩

해설 증기트랩 : 관내 응축수를 배출하여 수격작용 및 부식방지
① 기계적트랩 : 포화수와 포화증기의 비중차를 이용(버킷트, 플로우트트랩)
② 온도조절트랩 : 포화수와 포화증기의 온도차 이용(바이메탈, 벨로우즈, 열동식트랩)
③ 열역학적트랩 : 포화수와 포화증기의 열역학적 특성차 이용(오리피스, 디스크트랩)

44

자연통풍 방식에서 통풍력이 증가되는 경우가 아닌 것은?

① 연돌의 높이가 낮은 경우
② 연돌의 단면적이 큰 경우
③ 연도의 굴곡수가 적은 경우
④ 배기가스의 온도가 높은 경우

해설 통풍력 증가 원인
① 연돌의 높이가 높은 경우
② 배기가스 온도가 높은 경우
③ 연도의 굴곡수가 적은 경우
④ 연소실 내의 온도가 높은 경우
⑤ 연도의 단면적이 큰 경우

42. ② 43. ③ 44. ①

45 보일러 사고의 원인 중 제작상의 원인에 해당 되지 않는 것은?
① 재료의 불량   ② 강도부족   ③ 구조의 불량   ④ 압력초과

해설 ① 제작상의 원인
　　　㉠ 재료불량 ㉡ 용접불량 ㉢ 강도불량 ㉣ 구조불량 ㉤ 설계불량
② 취급상의 원인
　　　㉠ 부식 ㉡ 역화 ㉢ 저수위 ㉣ 압력초과

46 보일러 급수장치의 일종인 인젝터 사용시 장점에 관한 설명으로 틀린 것은?
① 급수예열 효과가 있다
② 급수량 조절이 양호하여 급수의 효율이 높다
③ 구조가 간단하고 소형이다
④ 설치에 넓은 장소를 요하지 않는다.

해설 [인젝터 사용 시 장점]
① 동력이 필요 없다.
② 구조가 간단하고 소형이다.
③ 설치장소를 적게 차지한다.
④ 급수가 예열되어 열응력 발생방지
[인젝터 사용 시 단점]
① 증기압이 낮으면 급수곤란
② 흡입양정이 낮으면 급수곤란
③ 급수온도가 높으면 급수곤란

47 특수보일러에 해당되지 않는 것은?
① 레플러 보일러   ② 슬처 보일러   ③ 하이내 보일러   ④ 모빌섬 보일러

해설 특수보일러
① 열매체 보일러 : ㉠ 모빌섬 ㉡ 수은 ㉢ 다우삼 ㉣ 카네크롤 ㉤ 세큐리티53
② 간접가열 보일러 : ㉠ 슈미트 ㉡ 레플러
③ 폐열보일러 : ㉠ 하이내 ㉡ 리히

정답 45. ④   46. ②   47. ②

48

관류보일러의 특징에 대한 설명으로 틀린 것은?

① 가동부하가 짧아 부하측에 대응하기 쉽다
② 급수처리가 까다롭다
③ 수관군의 배치가 자유롭다
④ 부하변동에 대한 압력변화가 크다

해설 관류보일러의 특징
① 고압이므로 증기의 열량이 크다, 고압대용량에 적합
② 급수처리가 까다롭다.
③ 구조가 복잡하여 청소, 검사, 수리곤란
④ 전열면적당 보유수량이 적어 시동시간이 짧다.
⑤ 가동부하가 짧아 부하측에 대응하기 쉽다.
⑥ 수관의 배치가 자유롭다.
⑦ 드럼이 없어 순환비(급수량/발생증기량)가 1이다.

49

강철제 보일러의 수압시험 압력이 1.6MPa인 경우 수압시험 압력은?

① 1.2 ② 1.8 ③ 2.4 ④ 3.2

해설 강철제보일러의 수압시험 압력
① 최고사용압력이 0.43MPa이하 : P×2
② 최고사용압력이 0.43MPa 초과 1.5MPa 이하 : P×1.3+0.3
③ 최고사용압력이 1.5MPa 초과 : P×1.5
∴ 1.6×1.5 = 2.4

50

주철제 보일러의 특징에 관한 설명으로 틀린 것은?

① 인장 및 충격에 약하다.
② 섹션증감으로 용량을 변경할 수 있다.
③ 충격이나 열응력에 강하다.
④ 구조가 복잡하므로 청소 및 검사 곤란

해설 주철제보일러의 특징
① 인장 및 충격에 약하다.
② 구조가 복잡하므로 청소 및 검사 곤란
③ 고압대용량에 부적합하다.
④ 열에 의한 부동팽창으로 균열이 생기기 쉽다.
⑤ 섹션증감으로 용량을 변경할 수 있다.
⑥ 저압이므로 파열시 피해가 적다.

48. ④ 49. ③ 50. ③

51 보일러 이상연수 중 불완전연소의 원인이 아닌 것은?
① 버너로부터의 분무입자가 작을 경우   ② 연소용 공기량이 부족할 경우
③ 배기가스온도가 낮을 경우   ④ 연소속도가 적정하지 않을 경우

해설 불완전 연소의 원인
① 연소용 공기량이 부족할 경우
② 연소속도가 적정하지 않을 경우
③ 연료와 공기의 혼합이 불량한 경우
④ 배기가스온도가 낮을 경우
⑤ 연소실내의 온도가 낮을 경우

52 팽창, 수축의 반복적인 응력에 의해 V,U자형의 홈을 만드는 것을 무엇이라고 하는가?
① 포밍(foaming)   ② 그루빙(grooving)   ③ 가성취화   ④ 피팅

해설 [가성취화]
㉠ 알카리 용액의 농도가 높을 때 응력이 큰 금속표면에 미세한 균열이 일어나는 것
㉡ 고온, 고압보일러에서 알카리도가 높을 때 Na, H등이 강재의 결정 입계에 침투하여 재질을 열화시키는 현상
[구식(그루빙)]
팽창,수축의 반복적인 응력에 의해 V, U자형의 홈을 만드는 것
[점식(피팅)]
용존산소가 원인이며 깨알 모양으로 부식이 일어나는 것

53 보일러에서 3요소식 수위제어 장치의 검출 대상은?
① 수위, 연소량, 급수량   ② 공기량, 증기량, 급수량
③ 수위, 증기량, 급수량   ④ 연소량, 급수량, 증기량

해설 수위제어 방식
① 1요소식 : 수위
② 2요소식 : 수위, 급수량
③ 3요소식 : 수위, 증기량, 급수량

정답 51. ① 52. ② 53. ③

54

화학세관에 사용하는 무기산에 해당하는 것은?

① 초산　　② 질산　　③ 구연산　　④ 설파민산

해설　[유기산]
① 하트록산　② 구연산　③ 옥살산　④ 설파민산
[무기산]
① 인산　② 염산　③ 황산　④ 질산

55

보일러 급수처리 목적을 설명한 것으로 틀린 것은?

① 보일러 수의 농축을 방지 하기 위해서
② 점식등의 내면부식을 방지 하기 위하여
③ 전열면 스케일 생성을 방지 하기 위하여
④ 블리스터 현상을 방지 하기 위해서

해설　급수처리 목적
① 관수농축 방지
② 관수의 PH 조절
③ 프라이밍, 포밍 발생 방지
④ 슬러지, 스케일 생성 방지
⑤ 부식 방지

56

가스보일러의 연료배관에 대한 설명으로 틀린 것은?

① 배관이음부와 전기계량기와의 거리는 60cm 이상 유지해야 한다.
② 배관은 외부에 노출하여 시공 한다.
③ 배관이음부와 절연전선과의 거리는 15cm 이상 유지해야 한다.
④ 배관이음부와 전기접속기와의 거리는 30cm 이상 유지해야 한다.

해설　배관이음부와의 거리
① 절연전선 : 10cm 이상
② 전선 : 15cm 이상
③ 전기접속기, 전기점멸기, 굴뚝 : 30cm 이상 (단열조치한 굴뚝은 15cm 이상)
④ 전기계량기, 전기접속기 : 60cm 이상

54. ②　55. ④　56. ③

57

온수난방에서 방열기의 입구온도가 90°C, 출구온도가 70°C, 방열계수가 28.5kJ/m² · h 이고 실내온도가 18°C 일 때 방열기의 방열량은?

① 1200kJ/m²h
② 1357kJ/m²h
③ 1569kJ/m²h
④ 1767kJ/m²h

 방열기 방열량 = 방열계수 × $\left(\dfrac{\text{입구} + \text{출구온도}}{2} - \text{실내온도}\right)$

$= 28.5 \times \left(\dfrac{90+70}{2} - 18\right) = 1767 \text{ kJ/m}^2 \cdot \text{h}$

58

가마울림 현상의 방지 대책이 아닌 것은?

① 수분이 많은 연료를 사용한다.
② 연소실내에서 완전연소 시킨다.
③ 연소실과 연도를 개조한다.
④ 2차공기의 가열, 통풍조절을 개선한다.

 가마울림 현상의 방지 대책
① 수분이 적은 연료를 사용한다.
② 연소실내에서 완전연소 시킨다.
③ 연소실과 연도를 개조한다.
④ 2차공기의 가열, 통풍조절을 개선한다.

59

기체연료의 특징에 해당되지 않는 것은?

① 가스가 누출되면 폭발의 위험이 있다.
② 적은 공기량으로 완전연소가 가능하다.
③ 저장이 용이하다.
④ 발열량이 낮은 연료로 고온을 얻을 수 있다.

 기체연료의 특징
① 적은공기량으로 완전연소가 가능하다.
② 가스누설시 폭발의 위험이 있다.
③ 발열량이 낮은 연료로 고온을 얻을 수 있다.
④ 운반, 저장이 어렵다.
⑤ 황분, 회분이 거의 없어 전열면 오손이 없다.
⑥ 연소효율, 점화효율이 좋다.
⑦ 집중가열, 균일가열이 가능하다.

정답 57. ④ 58. ① 59. ③

60
난방부하가 19500kJ/h인 온수난방에서 쪽당 방열면적이 0.25m²인 방열기를 사용한다고 할 때 필요한 쪽수는?(단, 방열기의 방열량은 표준방열량으로 한다)
① 35   ② 38   ③ 42   ④ 47

 쪽수 : 쪽수 = $\dfrac{\text{난방부하}}{\text{방열기방열량} \times \text{쪽당방열면적}} = \dfrac{19{,}500}{1{,}883.7 \times 0.25} = 41.4$쪽

1kcal = 4.186kJ
450kcal = x
$x = \dfrac{450 \times 4.186}{1} = 1883.7 kJ/m^2 h$

제4과목 : 열설비안전관리 및 검사기준

61
보일러 건조보존법에서 보일러 내부에 넣어두는 건조 약품으로 가장 적합한 것은?
① 탄산칼슘   ② 염화나트륨   ③ 염화칼슘   ④ 가성소다

 건식보존법(6개월 이상) : 장기보존
흡습제 : ① 생석회   ② 염화칼슘   ③ 실리카겔   ④ 활성알루미나
만수보존법(2~3개월) : 단기보존(PH 12~13 유지)
첨가약품 : 가성소다, 탄산소다, 아황산소다 첨가

62
에너지이용 합리화법에 따른 개조검사에 해당되지 않는 것은?
① 연료 또는 연소방법의 변경
② 철금속 가열로로서 산업통상부장관이 정하여 고시하는 경우의 수리
③ 온수보일러를 증기보일러로 개조
④ 보일러 섹션의 증감에 의한 용량의 변경

 ① 증기보일러를 온수보일러로 개조
② 연료 또는 연소방법의 변경
③ 보일러 섹션증감에 의한 용량 변경
④ 철금속 가열로로서 산업통상부장관이 정하여 고시하는 경우의 수리

63

에너지이용 합리화법에 따라 국내외 에너지사정의 변동으로 에너지수급에 중대한 차질이 발생하거나 발생할 우려가 있다고 인정될 경우 에너지수급의 안정을 위한 조치사항에 해당되지 않는 것은?

① 에너지의 비축과 저장
② 지역별, 수급자별 에너지 할당
③ 에너지공급설비의 가동 및 조업
④ 에너지 판매시설의 확충

해설
① 에너지의 유통시설과 그 사용 및 유통경로
② 에너지의 비축과 저장
③ 에너지공급설비의 가동 및 조업
④ 에너지 배급
⑤ 에너지 도입, 수출입 및 위탁가공
⑥ 에너지의 양도 양수의 제한 또는 금지
⑦ 지역별, 주요수급자별 에너지 할당

64

내화물의 구비조건으로 틀린 것은?

① 팽창도 크고 수축도 클 것
② 스폴링에 견딜 것
③ 상온 및 사용 온도에서 압축강도가 클 것
④ 내화도가 높고 융점 및 인화점이 높을 것

해설
① 상온 및 사용온도에서 압축강도가 클 것
② 사용목적에 따라 적당한 열전도율을 가질 것
③ 내화도가 높고 융점 및 인화점이 높을 것
④ 화학적 침식에 저항력이 있을 것
⑤ 마모에 강할 것
⑥ 상온 및 사용온도에서 압축강도가 클 것
⑦ 스폴링에 견딜 것

65

겔로웨이관을 설치함으로서 얻을 수 있는 잇점으로 틀린 것은?

① 열로 인한 신축변화의 흡수
② 전열면적 증가
③ 화실 내벽의 강도 보강
④ 관수의 대류 순환을 촉진

해설 겔로웨이관의 설치시 잇점
① 전열면적 증가   ② 관수 순환 촉진   ③ 화실내벽의 강도 증가

정답 63. ④ 64. ① 65. ①

66

에너지이용 합리화법에 따라 에너지 사용계획을 수립하여 산업통상자원부장관에게 제출하여야 하는 자는?

① 민간사업주관자로 연간 1천만 킬로와트시 이상의 전력을 사용하는 시설을 설치하려는 자
② 공공사업주관자로 연간 2백만 킬로와트시 이상의 전력을 사용하는 시설을 설치하려는 자
③ 민간사업주관자로 연간 5천 티오이 이상의 연료 및 열을 사용하는 시설을 설치하려는 자
④ 공공사업주관자로 연간 2천 티오이 이상의 연료 및 열을 사용하는 시설을 설치하려는 자

해설 에너지사용계획을 수립하여 산업통상자원부장관에게 제출하여야 하는 민간사업주관자는 다음 각 호의 어느 하나에 해당하는 시설을 설치하려는 자로 한다.
① 연간 5천 티오이 이상의 연료 및 열을 사용하는 시설
② 연간 2천만 킬로와트시 이상의 전력을 사용하는 시설

67

옥내 보일러실에 연료를 저장하는 경우 보일러 외측으로부터 얼마 이상의 거리를 두고 저장해야 하는가? (단, 소형보일러인 경우를 말한다)

① 0.6m 이상   ② 1m 이상   ③ 1.2m 이상   ④ 2m 이상

해설 옥내보일러에 연료를 저장하는 경우 보일러 외측으로부터 2m 이상의 거리유지(단, 소형보일러의 경우 1m 이상)

68

에너지이용 합리화법에 의한 검사대상기기 관리자를 선임하지 아니한 자에 대한 벌칙 기준은?

① 3백만원 이하의 벌금
② 5백만원 이하의 벌금
③ 1천만원 이하의 벌금
④ 1년이하의 징역 또는 1천만원 이하의 벌금

해설 벌칙 기준
① 2년이하의 징역 또는 2천만원 이하의 벌금
  ㉠ 에너지저장시설의 보유 또는 지장의무의 부과시 정당한 이유 없이 이를 거부하거나 이행하시 아니한 사
  ㉡ 에너지수급의 안정을 기하기 위한 조정, 명령 등의 조치를 위반한자
② 1년이하의 징역 또는 1천만원 이하의 벌금
  ㉠ 검사에 합격되지 아니한 검사대상기기를 사용한자
  ㉡ 검사대상기기의 검사를 받지 아니한 자
③ 2천만원 이하의 벌금
  ㉠ 효율관리 기자재의 생산 또는 판매금지 명령에 위반한자
④ 1천만원 이하의 벌금
  ㉠ 검사대상기기 관리자를 선임하지 아니한 자

69

보일러 압력계의 검사를 해야 하는 시기로 가장 거리가 먼 것은?
① 부르동관이 높은 열을 받았을 때
② 신설보일러의 경우 압력이 오르기 시작 할 때
③ 비수현상이 일어 난 때
④ 2개가 설치된 경우 지시도가 다를 때

해설 압력계 검사시기
① 부르동관이 높은 열을 받았을 때
② 신설보일러의 경우 압력이 오르기 전
③ 비수현상 발생시
④ 2개가 설치된 경우 지시도가 다를 때

70

에너지이용 합리화법에 따라 에너지이용 합리화 기본계획 사항에 포함되지 않는 것은?
① 에너지이용 효율의 증대
② 에너지 이용 합리화를 위한 홍보 및 교육
③ 에너지 소비형 산업구조로의 전환
④ 에너지이용 합리화를 위한 기술 개발

해설 에너지이용 합리화 기본계획
① 에너지이용 효율의 증대
② 에너지 이용 합리화를 위한 기술개발
③ 에너지 절약형 산업구조로의 전환
④ 에너지 이용 합리화를 위한 홍보 및 교육
⑤ 에너지의 합리적인 이용을 통한 온실가스의 배출을 줄이기 위한 대책
⑥ 에너지원간의 대체
⑦ 열사용 기자재의 안전관리

71

시로코형 송풍기를 사용하는 보일러에서 출구압력이 54mmAq, 효율이 70%, 풍량이 950m³/min일 때 송풍기 축동력은 몇 kW인가?
① 5kW   ② 9kW   ③ 12kW   ④ 15kW

해설 $kW = \dfrac{Q \times P}{102 \times \eta \times 60} = \dfrac{950 \times 54}{102 \times 0.7 \times 60} = 11.97 kW$

정답 69. ② 70. ③ 71. ③

72

에너지이용 합리화법에 따라 에너지다소비업자가 매년 에너지사용시설이 있는 지역을 관할하는 시·도지사에게 신고하여야 하는 사항이 아닌 것은?

① 해당연도의 분기별 에너지이용 합리화 실적
② 해당연도의 분기별 제품생산 예정량
③ 전년도 분기별 에너지 사용량
④ 에너지관리자의 현황

 에너지 다소비업자가 매년 시·도지사에게 신고하여야 할 사항
① 전연도 에너지이용 합리화 실적
② 전년도 분기별 에너지 사용량
③ 당해연도 제품생산 예정량
④ 에너지 관리자의 현황
⑤ 에너지사용 기자재의 현황

73

강관의 사용압력이 7.20MPa이고 인장강도가 24kg/mm² 이때 이강관의 스케줄번호는 얼마인가? (단, 안전율은 4이다)

① 40   ② 80   ③ 120   ④ 150

 $SCh.No = \dfrac{P}{S} \times 10$

$SCh.NO = \dfrac{7.2 \times 10}{\left(\dfrac{24}{4}\right)} \times 10 = 120$

이때, 1MPa = 10kgf/cm²

74

화염의 이온화를 이용한 전기 전도성으로 화염의 유무를 검출하는 화염검출기는?

① 플레임 아이   ② 스텍스위치   ③ 적외선 광전관   ④ 플레임로드

화염검출기의 종류
① 플레임 아이 : 화염의 발광체이용
 (종류 : 자외선광전관, 적외선광전관, 황화납셀, 황화카드뮴셀)
② 플레임 로드 : 화염의 이온화 현상(전기전도성 이용)
③ 스텍스위치 : 화염의 발열 이용

75 보일러에서 그을음 불어내기(수트블로우) 작업을 할 때의 주의사항으로 틀린 것은?
① 부하가 적거나 소화 후 사용하지 말 것
② 댐퍼의 개도를 줄이고 통풍력을 적게 한다.
③ 전열면에 무리를 가하지 말 것
④ 한 장소에 장시간 불어대지 않도록 할 것

해설 슈트 블로우 작업시 주의 사항
① 한 장소에서 장시간 불어대지 않도록 할 것
② 부하가 적거나(50% 이하)소화 후 사용하지 말 것
③ 분출하기전 연도내 배풍기를 사용 유인통풍을 증가 시킬 것
④ 분출기 내의 응축수를 배출시킨 후 사용할 것
⑤ 전열면에 무리를 가하지 말 것
⑥ 소화한 직후의 고온 연소실 내에서는 하여서는 안된다.

76 보일러의 고온부식 방지대책에 해당되지 않는 것은?
① 실리카 분말과 같은 첨가제를 사용한다.
② 바나듐이 적은 연료를 사용한다.
③ 고온의 전열면에 내식재료를 사용하거나 보호피막을 입힌다.
④ 양질의 연료를 선택한다.

해설 고온부식 방지책
① 연료중의 바나듐을 제거한다.
② 회분개질제를 사용하여 회분의 융점을 높여 고온부식 방지
③ 고온의 전열면 표면에 보호피막을 입힌다.
④ 고온의 전열면 표면에 방청도장을 입힌다.
⑤ 첨가제를 사용한다(돌로마이트, 알루미늄분말, 마그네시아)
⑥ 양질의 연료를 선택한다.
⑦ 적정공기비로 연소 시킨다.

77 보일러수의 불순물 농도가 500ppm이고 1일 급수량이 6000L일 때, 이 보일러의 1일 분출량(L/day)은 얼마인가? (단, 급수중의 불순물농도는 50ppm이고 응축수는 회수하지 않는다)
① 667　　② 728　　③ 755　　④ 825

해설 일일분출량(L/day)= $\dfrac{X-d}{r-d} = \dfrac{6,000 \times 50}{500-50} = 666.66 L/day$

78
보일러 성능 검사시 증기건도 측정이 불가능한 경우 강철제 증기보일러의 증기건도는 몇 %인가?
① 90 ② 93 ③ 95 ④ 98

해설 ① 강철제 증기 보일러의 증기건도 : 98% 이상
② 주철제 증기보일러의 건도 : 97% 이상

79
온수발생 보일러는 온수온도가 얼마 이하 일 때 방출밸브를 설치하는가?
① 100°C ② 120°C ③ 130°C ④ 150°C

해설 온수발생 보일러
① 온수의 온도가 120°C 이하 : 방출밸브 설치
② 온수의 온도가 120°C 초과 : 안전밸브 설치

80
에너지이용 합리화법에 따라 산업통상자원부장관에게 에너지사용계획을 제출하여야 하는 사업주관자가 실시하는 사업의 종류가 아닌 것은?
① 공항건설사업 ② 주택개발사업
③ 관광단지개발사업 ④ 산업단지개발사업

해설 에너지이용 계획수립 사업주관자
① 철도건설사업 ② 도시개발사업
③ 공항건설사업 ④ 항만건설사업
⑤ 에너지개발사업 ⑥ 관광단지개발사업

78. ④ 79. ② 80. ②

이러닝 강의 및 교재내용 문의

올배움 홈페이지 www.kisa.co.kr 에
방문하시면 본 교재의 저자직강 강의를 통하여
자격증 단기합격을 할 수 있습니다.
또한 본 교재의 정오표는
올배움 홈페이지를 통해 확인이 가능하며
그 밖의 다른 의견 및 오탈자를 제보해주시면
더 좋은 강의와 교재로 보답하겠습니다.

www.kisa.co.kr

1544-8509 카톡 ID : kisa

올배움BOOK
홈페이지
바로가기 >

에너지관리산업기사 필기

1판1쇄 발행 2019년 4월 20일	2판1쇄 발행 2020년 1월 20일
3판1쇄 발행 2021년 1월 10일	4판1쇄 발행 2022년 1월 10일
5판1쇄 발행 2023년 1월 10일	6판1쇄 발행 2024년 1월 10일
7판1쇄 발행 2025년 1월 10일	

지 은 이 · 최 갑 규
펴 낸 이 · 이 정 훈
펴 낸 곳 ·
주   소 · 서울시 금천구 가산디지털1로 168 B동 B105(가산동, 우림라이온스밸리)
전   화 · 1544-8509 / FAX 0505-909-0777
홈페이지 · www.kisa.co.kr

법인등록번호 · 110111-5784750
I S B N · 979-11-6517-163-6 (13530)

정가 27,000원

이 책에서 내용의 일부 또는 도해를 다음과 같은 행위자들이 사전 승인없이 인용할 경우에는
저작권법 제93조 「손해배상청구권」에 적용 받습니다.
① 단순히 공부할 목적으로 부분 또는 선체를 복제하여 사용하는 학생 또는 복사업지
② 공공기관 및 사설교육기관(학원, 인정직업학교), 단체 등에서 영리를 목적으로 복제·배포
  하는 대표, 또는 당해 교육자
③ 디스크 복사 및 기타 정보 재생 시스템을 이용하여 사용하는 자

※ 파본은 구입하신 서점에서 교환해 드립니다.